第二届国际
稠（重）油勘探开发技术论坛论文集

辽宁省石油石化学会 ◇ 编

中国石化出版社
HTTP://WWW.SINOPEC-PRESS.COM

图书在版编目(CIP)数据

第二届国际稠(重)油勘探开发技术论坛论文集/
辽宁省石油石化学会编.— 北京：中国石化出版社，
2019.12

ISBN 978-7-5114-5649-6

Ⅰ.①第… Ⅱ.①辽… Ⅲ.①高粘度油气田-油气勘探-文集②高粘度油气田-油气田开发-文集
Ⅳ.①P618.130.8-53②TE345-53

中国版本图书馆 CIP 数据核字(2019)第 301044 号

中国石化出版社出版发行

地址：北京市东城区安定门外大街 58 号
邮编：100011　电话：(010)57512500
发行部电话：(010)57512575
http://www.sinopec-press.com
E-mail：press@sinopec.com
北京艾普海德印刷有限公司印刷
全国各地新华书店经销

*

880×1230 毫米 16 开本 29 印张 824 千字
2019 年 12 月第 1 版　2019 年 12 月第 1 次印刷
定价：190.00 元

前　言

全球稠油技术可采储量约有1万多亿桶，约占石油资源总量的53%。破解稠油勘探开发技术难题，特别是提高采收率、实现经济有效开发、清洁高效开发是石油行业持续发展的重大课题，一定程度上代表了石油行业的技术创新水平，决定着石油科技发展的方向。稠油不仅是汽柴油、化工产品的重要来源，更是优质沥青、石蜡等产品的来源，具有稀油不可替代的价值，因此，稠油的发展始终在石油大家族中占据一席之地，而且前景非常广阔。

辽河油田作为我国规模最大的稠油生产基地，在近50年的勘探开发实践中，探索形成了一整套稠油勘探开发技术体系，逐步积累了较为完善的科技创新成果，有力支撑了千万吨持续稳产。从蒸汽吞吐的试验成功，到蒸汽驱、SAGD、火驱的工业化实施；从“中深层稠油大幅提高采收率技术”获得国家科技进步二等奖，到“国家能源稠(重)油开采研发中心”落户辽河，辽河油田始终坚持在技术创新方面进行着积极的探索和实践。但是当前受勘探开发程度不断加深和国际油价持续低迷的影响，稠油勘探开发在技术可行性、经济可行性方面面临严峻挑战，迫切需要在技术创新方面取得新的突破。

为了更好地总结稠油勘探开发攻关试验成果，便于科技人员之间相互交流和学习，由国家能源稠(重)油开采研发中心、西南石油大学、长江大学、中国石油大学(北京)、辽宁石油石化学会联合组织召开了“国际稠(重)油勘探开发技术论坛”。在会议组和相关单位的精心组织下，在新疆石油学会、山东省石油学会、天津市石油学会等单位大力支持下，在国内外稠油领域著名专家、学者和油田技术人员的积极回应下，会议共收到征文百余篇，经过会议专家审核，优选出了102篇收入本论文集。这些论文涵盖了稠油油藏精细勘探、油田开发、钻采工艺和地面工程等领域的技术进展，重点展示了气体辅助蒸汽吞吐、多介质蒸汽驱、多介质SAGD、多层火驱以及高压注空气试验等方面取得的新技术、新思路、新方法和新成果。通过此次会议交流，借鉴先进经验成果，必将实现新常态下稠油技术再跨越。

在本书出版过程中，得到了论文作者和相关单位的大力支持，编审专家进行了认真审核，在此一并表示衷心感谢！

国家能源稠(重)油开采研发中心
辽宁省石油石化学会
2019年12月

目　　录

对稠油热采常用注汽管柱结构的重新认识

田播源

（中国石油辽河油田分公司钻采工艺研究院，辽宁 盘锦 124010）

摘　要　通过对目前稠油热采工艺中普遍采用的注汽管柱轴向受力定性分析，探讨"无锚定的"热采封隔器移动趋势以及注汽管柱稳定性，得出受轴向合力作用的"无锚定的"热采封隔器做无规律的上下移动导致注汽管柱极易弯曲失稳的结论。呼吁停止使用该种注汽管柱，建议使用井下补偿器与"有锚定的"热采封隔器组成的注汽管柱。

关键词　热采封隔器；井下补偿器；轴向合力；轴向弹性变形

引言

经现场调研，近十余年稠油热采工艺中的蒸汽吞吐、蒸汽驱技术[1]绝大多数采用"隔热油管+井下补偿器+隔热油管+无锚定的热采封隔器"组成的注汽管柱。现场应用中常出现井口套压过高、热量损失大、甚至管柱弯曲或脱落等井下事故。隔热油管隔热效率、管柱连接、井下补偿器漏失及伸缩距长短等事故原因受到了足够重视且可以人为保证，但是"热采封隔器"和"整个注汽管柱"的轴向受力却经常被忽略。本文专门针对轴向受力问题进行定性分析，希望引起热采管柱设计人员的注意。

1　注汽过程中可能产生的轴向力

经受力分析，注汽过程中可能产生的轴向力包括以下8项：油套环空液体向下压力 F_1；热采封隔下部蒸汽向上压力 F_2；注汽管柱热胀冷缩作用力 F_3；注汽管柱内压作用力 F_4；注汽管柱对热采封隔器的拉力 F_5；密封件与套管内壁的摩擦力 f_1；注汽管柱内流体摩擦力 f_2；井下补偿器至热采封隔器之间的隔热油管重力 G。

2　热采封隔器的轴向受力

2.1　轴向受力因素分析及轴向合力公式建立

（1）轴向力 F_3、F_4、f_2 作用在注汽管柱中长度较长的隔热油管上的效果较明显，而在相对长度很小的热采封隔器上的作用效果微乎其微，为了简化，这些力可忽略不计。因此未坐封的热采封隔器（自身重力不计）基本不受轴向力作用，而初始坐封后的热采封隔器主要受到轴向力 F_1、F_2、f_1、G 或 F_5 的作用。

（2）轴向重力 G 和轴向拉力 F_5 是同一物体（隔热油管）赋予的力，不会在同一条件下同时作用在热采封隔器上。利用力的可传性，把隔器所受空间轴向力简化成平面平行力系且作用在同一点上。得轴向合力公式的两种表现形式（力的方向向下为正，力的方向向上为负）：

$$F = F_1 - F_2 \pm f_1 + G \tag{1}$$

$$或\ F = F_1 - F_2 \pm f_1 - F_5 \tag{2}$$

2.2　初始坐封后的轴向受力

2.2.1　轴向力变化特点

（1）随着注汽温度升高，上下压差由零开始逐渐增大。又由于热采封隔器下部受力面积大于其上部受力面积，所以热采封隔器所受方向向上的轴向力 F_2 远大于其所受方向向下的轴向力 F_1，且随注汽温度升高两者差值成倍增大。

（2）热采封隔器为热敏坐封式封隔器，轴向摩擦力 f_1 随注汽温度升高或下降而增大或减小，其最小值可为零，但最大值是有限的。经室内实验，常用的非金属材料（聚四氟、镍丝石墨合成等）密封件与套管内壁之间最大静摩擦力 f_{1max} 一般不大于50kN；而另一种金属材料（紫铜）密封件与套管内壁的最大静摩擦力 f_{1max} 大一些，但由于膨胀液用量控制问题，易造成卡井事故和密封件爆裂失效，所以现场已很少用。

（3）把自由悬挂且在自身重力作用下发生轴

基金项目：中国石油天然气股份有限公司科技部试验基地项目［中油辽字（2014）134号］。

作者简介：田播源（1968-），主任工程师，现主要从事钻采工具检验检测和采油注入工艺技术研究。E-mail：tianby@ petrochina. com. cn。

向弹性变形(弹性限度内)的注汽管柱当成杆件原长，它的变形规律服从虎克定律。如果热采封隔器从初始坐封开始上移，逐渐压缩注汽管柱轴向弹性变形，轴向重力 G 由零逐渐增大(一般不大于最大值 G_{max})；反之，逐渐恢复其原有的轴向弹性变形，轴向重力 G 由某一较大值开始逐渐减小，直至为零。

上提管柱时，轴向重力 G 不作用在热采封隔器上，而出现了轴向拉力 F_5。热采封隔器所受方向向下轴向力越大，向上拉力 F_5 越大，反之越小。因此轴向重力 G 和轴向拉力 F_5 均是可变的"被动力"。

2.2.2　初始坐封至正常注汽之前阶段

初始坐封瞬间，热采封隔器仍可看作不受任何轴向力作用，即轴向力 F_1、F_2、f_1、F_5、G 均为零。该阶段注汽温度是逐渐升高的，首先是热采封隔器上、下环空产生压差，出现轴向力 F_2 大于 F_1 的情况，即所受轴向合力 $F=F_1-F_2<0$，表明热采封隔器所受轴向合力方向向上且开始向上移动，轴向重力 G 就"被动"地由零开始逐渐增大且作用在热采封隔器上。因此该阶段轴向合力符合公式(1)。

随着注汽温度升高以及坐封逐渐完全，轴向力 F_1、F_2、f_1 都在增大，其中 F_1、f_1 增加缓慢且峰值小，F_2 相对于 F_1 增加迅速且成倍增大，轴向合力 $F=F_1-F_2+f_1<0$ 应该是成立的，热采封隔器所受轴向合力方向仍然向上且向上移动，轴向重力 G"被动"地逐渐增大，寻求并建立方向向上的轴向力 F_2 与方向向下的轴向力 F_1、f_1、G 之间的平衡，即 $F=F_1-F_2+f_1+G=0$。当注汽温度再升高，轴向力 F_2 也再迅速增大，原有的平衡被打破，即出现轴向合力 $F=F_1-F_2+f_1+G<0$ 的现象，导致热采封隔器继续向上移动，寻求较大轴向重力 G 来建立方向向上的轴向力 F_2 与方向向下的轴向力 F_1、f_1、G 之间的再平衡。以此推论，注汽温度上升不停，这种"平衡-打破平衡-再平衡"会不断交替出现。

2.2.3　正常注汽阶段

2.2.3.1　理想正常注汽

注汽温度、注汽压力不再增大，相对平稳。依据 2.2.2 方法分析，封隔器在注汽井内某一位置，轴向力 F_1、F_2、f_1、G 之间的平衡不再被打破，即有 $F=F_1-F_2\pm f_1+G=0$ 的成立，也就是说热采封隔器不再移动，但可能具有三种趋势：上移趋势、下移趋势、无移动趋势。

2.2.3.2　实际正常注汽

由于注汽锅炉及输汽管道的运行管理、注汽层地质条件等原因造成注汽温度和注汽压力时大时小，甚至有时波动幅度较大，以致热采封隔器所受轴向合力也随之发生变化。

(1) 当注汽温度和注汽压力向上波动，就会出现 2.2 中分析的轴向合力 $F=F_1-F_2+f_1+G<0$ 的情况，导致热采封隔器继续向上移动，寻求更大的轴向重力 G 来建立方向向上的轴向力 F_2 与方向向下的轴向力 F_1、f_1、G 之间的再平衡。

(2) 当注汽温度和注汽压力向下波动，轴向力 F_1、F_2、f_1 值都相应减小，其中 F_1、f_1 减小缓慢且值小，而轴向重力 G 在波动瞬间仍保持原有较大力，这就使原先保持的热采封隔器所受轴向合力平衡(即 $F=F_1-F_2\pm f_1+G=0$)被打破，出现轴向合力 $F=F_1-F_2\pm f_1+G>0$ 的情况，此时轴向合力方向向下，促使热采封隔器向下移动，导致注汽管柱轴向弹性变形向下恢复一定距离，轴向重力 G"被动"地由原有较大力逐渐减小，寻求新的轴向重力 G 来建立方向向上的轴向力 F_2、f_1 与方向向下的轴向力 F_1、G 之间的平衡(既有 $F=F_1-F_2-f_1+G=0$)。如果注汽温度和注汽压力持续向下波动，这种"平衡-打破平衡-再平衡"也会不断交替出现。如果波动幅度过低，低过封隔器初始坐封温度时，有可能造成封隔器过早解封和密封失效。

2.2.4　注汽任务完成

注汽任务完成后，逐渐降低注汽温度，出现 2.2.3.2 中(2)分析的现象，热采封隔器逐渐下移。注汽温度下降到热采封隔器初始坐封温度时，注汽管柱基本恢复到自由悬挂状态，热采封隔器所受轴向力 F_1、F_2、f_1、G 均趋于零。

由于停止注入水蒸气，井内温度继续下降，注汽管柱的温度效应、压力膨胀效应、流体摩擦力效应产生的轴向效应变形[3]相继大幅减小或消失，造成注汽管柱向上回缩，导致轴向拉力 F_5 作用在热采封隔器上，因此轴向合力符合公式(2)。如果热采封隔器解封且无卡阻时，轴向力 F_1、F_2、f_1、F_5 均为零；如果热采封隔器没有解封或有卡阻时，轴向合力 $F=f_1-F_5$。

3　注汽管柱的轴向受力

(1) 在注汽过程中，当注汽温度和注汽压力上升时，受轴向合力作用的热采封隔器具有向上移动或移动趋势，逐渐压缩注汽管柱的轴向弹性变形，同时注汽管柱也产生着其他效应变形，在它们共同作用下，压缩甚至压紧井下补偿器的伸缩距，如超出预期，可能向井口方向挤压整个注汽管柱。在工程力学中，由几百米甚至上千米隔热油管组成的注汽管柱，在井内属于两端固定的细长压杆[4]。

例：便于分析，在500m注汽管柱中选取12个节点长度，分别计算其实际柔度、自重、临界力及临界应力。利用公式(3)计算注汽管柱的 λ 值：

$$\lambda=\frac{\mu L}{i} \tag{3}$$

$$i=\sqrt{\frac{I}{A}} \tag{4}$$

$$\lambda_p=\pi\sqrt{\frac{E}{\sigma_p}} \tag{5}$$

其中：λ 为压杆实际柔度；μ 为长度系数；l 为压杆长度，mm；i 为惯性半径，mm；I 为惯性矩，mm^4；A 为横截面积，mm^2；λ_p 为材料临界柔度；σ_p 为材料比例极限，Pa；E 为材料弹性模量，Pa。

当 $\lambda\geqslant\lambda_p$ 时，利用欧拉公式计算注汽管柱的 P_{cr} 和 σ_{cr} 值：

$$P_{cr}=\frac{\pi^2 EI}{(\mu i)^2} \tag{6}$$

$$\sigma_{cr}=\frac{\pi^2 E}{\lambda^2} \tag{7}$$

其中：P_{cr} 为压杆临界力，N；σ_{cr} 为压杆临界应力，Pa；计算结果见表1。

从表1中判断：注汽管柱是“超”大柔度构件，随长度增大，承压的临界能力迅速减小，稳定性极差；一段均匀注汽管柱的重力作用点在该段中点，74~75m长注汽管柱的自身重力与37~37.5m长注汽管柱的临界力相近，这表明当长度超过74m时，不需外压力仅靠自身重力就使中点以下的注汽管柱发生侧向弯曲。所以超长的注汽管柱在热采封隔器上移压力作用下极易失稳，严重的发生正弦形或螺旋形变形，甚至管柱脱落。

(2) 注汽结束上提注汽管柱过程，相当于对杆件的拉伸，即轴向拉力 $F_5=f_1$。如果热采封隔器有卡阻，F_5 随 f_1 增大而增大，但 F_5/A 不能大于注汽管柱的屈服极限 σ_s，否则，就会造成注汽管柱塑性变形或管柱脱落事故。

表1　注汽管柱柔度 λ、λ_p 和力 G、P_{cr}、σ_{cr} 值对照表

序号＼参数	长度 L/m	材料临界柔度 λ_p	实际柔度 λ	自重 G/kN	临界力 P_{cr}/kN	临界应力 σ_{cr}/MPa
1	10	100	147	3.165	327.536	93.8559
2	30	100	441	9.495	36.393	10.4285
3	37	100	544	11.711	23.925	6.8558
4	37.5	100	552	11.869	23.291	6.6742
5	50	100	736	15.825	13.102	3.7543
6	74	100	1089	23.421	5.981	1.7140
7	75	100	1103	23.738	5.823	1.6686
8	80	100	1177	25.320	5.118	1.4665
9	100	100	1471	31.654	3.276	0.9387
10	200	100	2942	63.308	0.819	0.2347
11	400	100	5884	126.616	0.205	0.0587
12	500	100	7355	158.270	0.131	0.0376

① 隔热管由外径 Φ114.30 和 Φ73 的油管制成。

② 该构件为两端固定的细长压杆，长度系数 $\mu=0.5$。

③ 材料为 A_3 钢，弹性模量 $E=206$GPa，比例极限 $\sigma_p=200$MPa。

4　结论

(1) 实际应用中，注汽管柱的轴向弹性变形以及注汽温度、注汽压力的波动是客观存在的，这就决定热采封隔器上下移动幅度及频率与注汽温度、注汽压力无规律波动的高低和快慢步调相一致。波动不停，上下移动就不止。

(2) 热采封隔器所受的轴向力 F_1、F_2、f_1、G 均为变量，在促使其所受轴向合力平衡过程中，隔热油管材料刚度及公式中所有轴向力都在起作用，不是仅由属于变量的轴向重力 G 一个因素所能控制的。因此，使用该种工艺管柱注汽时，控制热采封隔器不移动是不可能做到的。

(3) 热采封隔器向上移动，压缩了注汽管柱的轴向弹性变形，使其变为“超”大柔度细长压杆构件。在井下复杂条件下，极易失稳，发生侧向弯曲，甚至发生管柱脱落。

(4) 现场几种实际情况(排除隔热油管之间连接及伸缩补偿器的漏失)：

① 井口套压一直过高，说明热采封隔器有始至终密封不好，致使热量损失大，但管柱基本不发生弯曲。

② 井口套压开始一段时间高后，逐渐降低至平稳，不久又升高，说明热采封隔器有一段时间密封良好，随后密封逐渐失效，致使热量损失，此时管柱有可能发生弯曲。

③ 井口套压开始一段时间高后，逐渐降低至平稳，说明热采封隔器密封良好，但管柱发生弯曲概率很大。

(5) 热采封隔器上下移动是密封失效和注汽管柱受压变形的主要原因。因此该种工艺管柱不但不能达到稠油热注的目的，同时还会造成工具采购及施工作业成本的直接经济损失。我们应摒弃“锚定”是造成套管损坏和卡井的印象，采用井下补偿器与“有锚定的”热采封隔器组成的注汽管柱是较好的解决方案。利用注汽管柱与套管之间的“锚定力”平衡热采封隔器所受方向、大小无法控制的轴向力和消除注汽管柱轴向弹性变形的影响，可有效防止热采封隔器在注汽井内上下移动，即保证有效密封，又省去了人为计算轴向重力 G 的繁琐。

参 考 文 献

[1] 帕拉茨 M. 热力采油[M]. 北京：石油工业出版社，1989：295-305.

[2] 周衍柏．理论力学[M]．南京：江苏科学技术出版社，1979：215-223.

[3] Lubinski A.. Study of the Buckling of Rotary Drilling Strings [J]. API Drilling and Production Practice, 1950, 18(3): 178-214.

[4] 杨晓翔，史云沛．工程力学[M]．哈尔滨：哈尔滨工程大学出版社，1998：344-356.

直线电机无杆泵采油装置试验研究

陈 健 曲玉辰 刘佳欣

（中国石油辽河油田分公司钻采工艺研究院，辽宁 盘锦 124010）

摘 要 直线电机无杆泵采油装置主要部件是潜油间歇式直线往复运动电机，它的主要构件有动子和定子。工作时，动子相对定子做间歇式直线往复运动。动子的运动的速度由电流频率控制，冲程次数由电流间歇时间确定。通过调整电流频率和电流的间歇时间来调整抽油泵的工作状态。其具有适用范围宽、维护成本低、占地面积小、节能环保等特点。通过试验分别在泵内5MPa、10MPa和15MPa的压力下，分别将冲次调到2次/min、4次/min、6次/min，依次记录下排量、水域温度、泵出口温度及平均耗电量等参数。研究得到直线电机无杆泵采油装置特性及其变化规律，具有理论及工程实际意义。

关键词 无杆泵采油装置；直线电机；试验研究

引言

使用直线电机无杆泵采油装置，可省去中间传动机构，进而降低能耗。设想从提出至今，虽然驱动采油设备的方案不同，但是仍存在很多问题没有解决[1-3]。目前，对直线电机驱动采油方案的设计与改进仅依赖于现场试验，但是缺少必要的理论支撑。本文建立直线电机无杆泵采油装置室内试验台，通过试验研究，可以发现直线电机无杆采油装置系统实际运行时存在的问题，得出其性能影响因素和变化规律。为设计结构合理的直线电机抽油泵系统、实现其合理的运行控制提供理论依据，为节能型采油方案的确定提供依据[4-8]。

1 结构及工作原理

1.1 基本结构

直线电机由动子和定子组成，为井下设备提供驱动力，是直线电机无杆抽油泵主要元件之一。插接装置在直线电机的上部，由插头和插座及特种密封油组成，插头安装在有一定重量的插头护罩内，护罩内充满特种密封油其下端用橡胶薄膜封好，上端与新型潜油电缆相连接。插座安装在插座保护体内，保护体下端与电机控制系统相连接，整个保护体内都充满特种密封油，保证插头与插座的紧密接触的同时起到与井液完全隔离的作用，保证电器的绝缘。单芯玻璃钢电缆有多层绝缘，最外层由玻璃钢浇注挤压而成，耐压等级6000V，耐温等级150℃。控制系统主要功能是通过驱动器来控制电机的运行参数，调整冲程速度、冲次从而达到控制出液量的目的；整个控制系统可以通过GPRS进行实现在线调参，远程控制和实时监控，并具有数据远传接口RJ45，根据不同的井况实时调整运行参数。实现在线调参、解决抽油泵空载问题，冲次范围为0.1～10次/min，操作简单、快捷。产品可自动调整频率、冲次。使采油过程运行管理变得更加简单，只需观察仪表数据。出现问题时有各种保护功能，显示屏出现提示、系统发出报警，提示检修，并保存10d的现场运行设备的电流、有功功率、无功功率、功率因数、用电量、示功图等参数以备查看。实现半自动化采油(图1)。

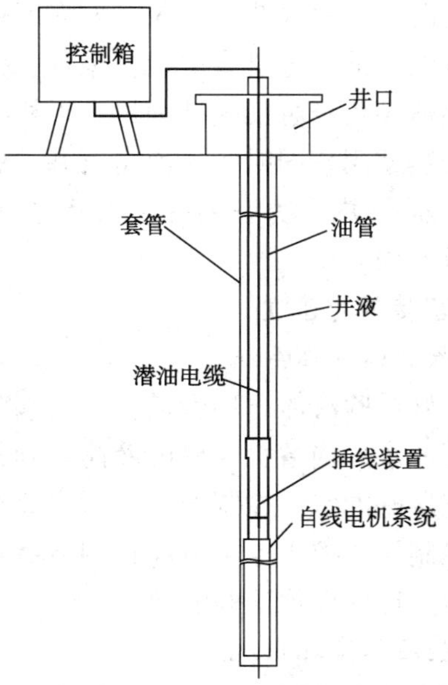

图1 直线电机无杆泵采油装置井场布置图

作者简介：陈健，中油辽河油田公司钻采工艺研究院。E-mail：274894643@ qq. com。

1.2　工作原理及技术特点

直线电机无杆泵采油装置主要部件是潜油间歇式直线往复运动电机，它的主要构件有动子和定子。工作时，动子相对定子做间歇式直线往复运动。动子的运动的速度由电流频率控制，冲程次数由电流间歇时间确定。通过调整电流频率和电流的间歇时间来调整抽油泵的工作状态。动力电缆采用特制的圆轴单芯投入式，当油管柱作业完井后，再将电缆下端从油管内腔上端投入井内，电缆下端装有动力插头和增重块，电缆在重力的作用下，直接下至抽油泵上部电机外出插座上，并与电机外出插座实现自动插接，电机插座内装有特种电气密封油，自动对插接接口实现与井液的电气绝缘密封。

电缆在油管内腔始终处于自由状态，这样，既减少了电缆和油管同时作业劳动强度和不安全因素，又消除了电缆外置安装时，因斜井、水平井机械拖动等原因造成电缆损坏。

抽油泵工作时的冲次次数，是由动子运行和停歇时间来确定，动子运行时，电机消耗能量对抽油泵做功；停歇时，电机不消耗能量。换言之，就是举升时用电，不举升不用电。所以，从理论上讲，该系统是将其消耗的全部电能转化为了有用功，即将全部能量用在了抽油泵抽吸和举升介质上面。实验和理论均证明，该产品与传统的地面驱动抽油泵相比节能效果可高达 30%～80%。实际使用也表明，在同样泵挂深度、同样产液量情况下，单井节电为 50%左右。由于直线电机无杆泵采油装置是直驱无杆采油，因此，只要井况能适用传统游梁式抽油机，无杆抽油泵系统都可安装使用，同时，不论是直井、斜井、大斜度井、水平井、浅海油井、低渗透小排量油井，均可使用。

2　实验室装置的建立

2.1　试验液体循环系统

安装好试验液体循环管道，开启阀门对水箱和蓄水管注水，当蓄水管柱内液体达到预定位置时，将连接好的水位控制器投入蓄水管柱内，通过水位控制器，控制电子节阀管调节蓄水管柱内液面高度，还原模拟油井液面；

2.2　试验液体循环系统

当蓄水管中的试验液体因试验或者蒸发下降至警戒水位时，蓄水管内的水位控制器会通过电子节阀开启进水管道对蓄水管内的试压液体进行补充，当达到预定位置，自动停止；

当直线电机无杆泵采油装置通过直线电机运行时，会将蓄水管柱内试验液体通过排水管流回水箱，再通过蓄水管内的水位控制器对管柱内试验液体进行补充形成一个完整的试压液体循环(可通过调压阀获取所需的泵内压力)；当需要进行计量时，通过三通阀门关闭排水管和试验液体取样；当试验结束后，通过抽水机将水箱内的试验液体排出。

2.3　电力循环系统

将温控探头投入蓄水管内，外接线连接到配电箱的温度显示仪上，对蓄水管柱内水域温度进行测量。通过配电箱调试好过载和欠载设定值，开始时可以暂取电机额定电流值的 1.2 倍和 0.8 倍，分别作为过载和欠载设定值。正常工作后，过载和欠载设定值再根据实际情况进行调整；确认供电系统无问题，开机，验证正反转。变频启动，频率变化一定要缓慢，确认机组启动后把频率调整到预定值。初始工作频率一般不要超过 25Hz(图 2)。

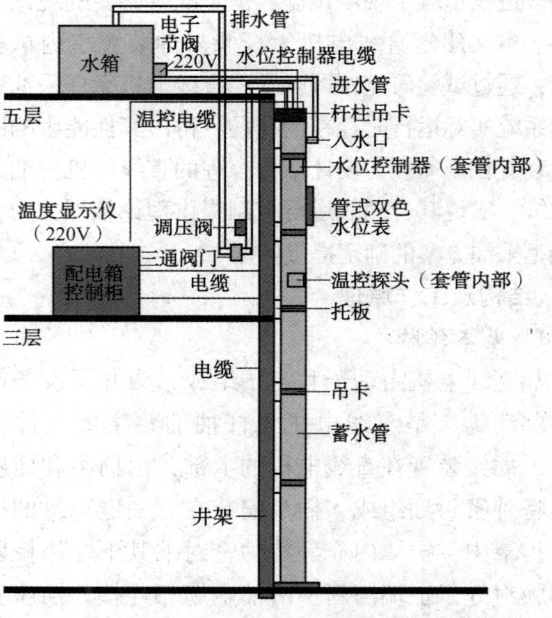

图 2　直线电机无杆泵采油装置试验布置图

3　实验数据及分析

检查电线路-配电箱-接线盒-电机整个线路是否全部连接好，把变压器调至额定值，使整个电路系统连通顺畅，配电箱按右图所示布置；调试好配电箱过载和欠载设定值，开始时可以暂取电机额定电流值的 1.2 倍和 0.8 倍，分别作为过载和欠载设定值。正常工作后，过载和欠载设定值再根据实际情况进行调整；分别在泵内 5MPa、

10MPa 和 15MPa 的压力下，分别将冲次调到 2 次/min、4 次/min、6 次/min，依次记录下排量、水域温度、泵出口温度及平均耗电量等参数（表 1～表 3）。

表 1　5MPa 数据表

冲次	累计工作时间/h	测试平均排量/(kg/h)	平均水域温度/℃	平均泵出口温度/℃	平均耗电量/(kW/h)
2 冲次	68	2.8	42	38	0.85
4 冲次	72	5.66	43	41	0.64
6 冲次	68	8.33	56	48	2.21

表 2　10MPa 数据表

冲次	累计工作时间/h	测试平均排量/(kg/h)	平均水域温度/℃	平均泵出口温度/℃	平均耗电量/(kW/h)
2 冲次	56	2.75	47	42	0.76
4 冲次	72	5.52	50	46	1.35
6 冲次	72	8.26	58	47	2.15

表 3　15MPa 数据表

冲次	累计工作时间/h	测试平均排量/(kg/h)	平均水域温度/℃	平均泵出口温度/℃	平均耗电量/(kW/h)
2 冲次	68	2.73	49	44	0.7
4 冲次	72	5.40	58	51	1.7
6 冲次	72	7.84	68	50	3.55

直线电机无杆采油装置运行过程中发热现象严重，15MPa 情况下相当于井深 1500m，平均水域温度达到 68℃，影响了直线电机无杆采油装置的正常运行。如果将其投入现场使用，首先要解决直线电机的发热与散热问题。

直线电机无杆采油装置彻底取消了抽油杆及地面传动系统，从而解决了杆管偏磨这一难题，在 15MPa 情况下相当于井深 1500m，平均耗电量 3.55kW/h，降低了系统的损耗。

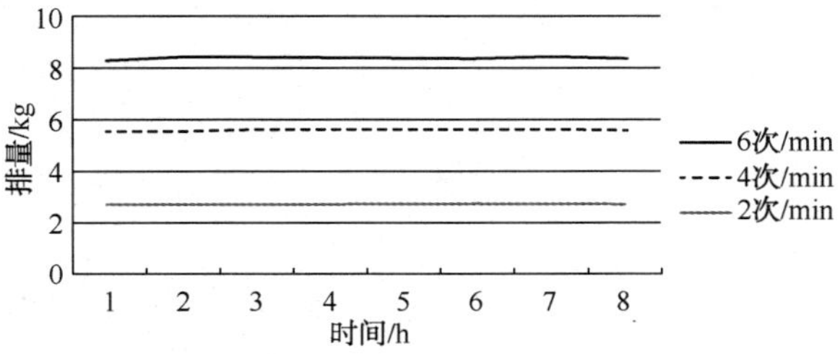

图 3　5MPa 条件下 2 次/min、4 次/min、6 次/min 排量对比图

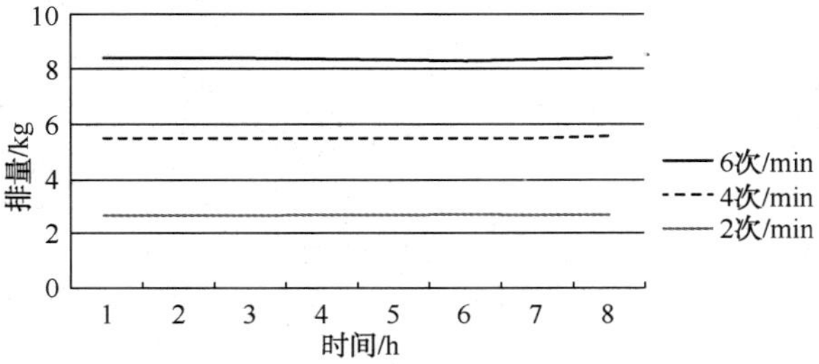

图 4　10MPa 条件下 2 次/min、4 次/min、6 次/min 排量对比图

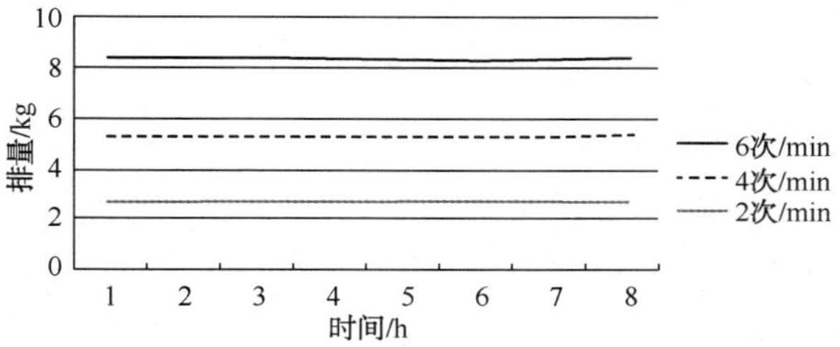

图 5　15MPa 条件下 2 次/min、4 次/min、6 次/min 排量对比图

对比了 5MPa、10MPa 和 15MPa 的压力下，2 次/min、4 次/min、6 次/min 排量发现随着冲次的提升排量也逐渐增大（图 3～图 5）。实验抽汲参数设定为 2～6 次/min，直线电机无杆采油装置实测耗电量为 0.71～3.55kW/h；直线电机无杆采油装置最大理论排量 13.2m^3，室内实验实际排量 3.9～12.15m^3，平均泵效达 83.3%。

4　结论

（1）直线电机无杆采油装置运行过程中发热现象严重，影响了直线电机抽油泵的正常运行。如果将其投入现场使用，首先要解决直线电机的发热与散热问题。

（2）直线电机无杆采油装置彻底取消了抽油杆及地面传动系统，从而解决了杆管偏磨这一难题，也降低了系统的损耗。

（3）实验抽汲参数设定为 2～6 次/min，直线电机无杆采油装置实测耗电量为 0.71～

3.55kW/h.

(4) 直线电机无杆采油装置最大理论排量 14.2m^3，室内实验实际排量 3.6~11.25m^3，平均泵效达 79%。

参 考 文 献

[1] 杨铁宁，张金中．直线电机驱动往复泵流量压力变化规律试验研究[J]．石油矿场机械，2009，38(4)：56-61.

[2] 梁会珍，段宝玉，陈庭举，等．直线电机作为井下泵动力系统的设想[J]．石油钻采工艺，2004，26(3)：75-77.

[3] 魏秦文，张茂，王东莉，等．直线电动机-抽油泵系统设计与试验结果分析[J]．石油机械，2007，35(4)：57-59.

[4] 魏秦文，张留昌，郭咏梅，等．新型直线电机采油泵及其关键技术[J]．石油矿场机械，2007，36(5)：5-9.

[5] 魏秦文，张茂，杨斌，等．直线电机采油泵存在的问题及改进措施[J]．石油矿场机械，2007，36(6)：10-13.

[6] 魏秦文，刘健，侯勇俊，等．直线电机在采油设备中的应用[J]．石油矿场机械，2007，36(8)：54-57.

[7] 曲海，魏秦文，梁政，等．直线电机抽油泵泵阀不同工况特点研究[J]．石油矿场机械，2010，39(3)：12-17.

[8] 邱家友，周晓红，刘焕梅．安塞油田直线电机无杆采油工艺试验效果分析[J]．石油矿场机械，2010，39(7)：64-68.

超稠油井催化降黏与自生泡沫调窜复合技术研究与应用

赵曙光、杨　洪、赖　刚、王　进、王争光

（中国石油新疆油田分公司重油开发公司，新疆 克拉玛依　834000）

摘　要　克拉玛依油田九区稠油油藏注蒸汽开发过程中，受储层强非均质性影响，随着吞吐轮次的增加，汽窜干扰、纵向动用不均等问题日益严重；部分井因原油黏度高导致生产周期短等问题，严重影响开发效果。单一的调窜或者降黏技术取得了一定的效果，但是措施见效率不高。根据九区超稠油油藏储层特点，开展自生泡沫调窜与催化降黏复合技术研究，有效解决注汽不均和稠油高黏问题，提高注入蒸汽利用率，延长开采周期，改善油藏开发效果。

关键词　超稠油井；自生泡沫调窜；催化降黏；复合技术

克拉玛依油田九区浅层稠油油藏位于准噶尔盆地西北缘，油藏埋藏深度160～210m，储层物性差异很大，同一口井纵向上渗透率可达8～9倍，非均质性严重；20℃原油黏度在20×10^4～200×10^4mPa·s之间，黏温反应敏感。

针对汽窜干扰、油稠影响生产的问题，近年来，相继开展了封堵调剖技术研究，如热触变流体调剖，氮气泡沫调剖，高温凝胶调剖等，现场应用实施100余井次；开展超稠油井化学降黏技术攻关，如掺稀降黏、高温乳化降黏等，现场应用200余井次。单一的调剖或者降黏技术，能解决部分问题，但效果不能实现预期目标，开展超稠油吞吐井自生泡沫调窜与催化降黏复合技术研究及应用，探索超稠油开发新技术势在必行。

1　催化降黏技术研究与评价

稠油中含有很多的杂原子，使得C—R（如C—S、C—N、C—O）形成极性共价键。加入催化剂后，发生催化裂解化学反应，使C—S，C—N，C—C，C ═S等键发生断裂，降低稠油分子量，破坏了稠油的结构，降低了分子间范德华力、色散力，氢键作用力等，降解产生的轻质组分和CO_2能有效地溶解重油，进一步降低稠油黏度。

1.1　催化剂优选及评价

（1）催化剂优选：取5个200mL的高压密封罐，每个罐中加入50mL稠油，分别加入50mL有效浓度为0.3%的催化剂KL-A、KL-B、KL-C、KL-D、KL-E的水溶液，放入200℃滚子炉中24h，然后取出样品，测试稠油黏度（剪切速率$10s^{-1}$，测试温度50℃）。

表1　不同催化剂的降黏效果

催化剂	KL-A	KL-B	KL-C	KL-D	KL-E
降黏前黏度/（mPa·s）	230000				
降黏后黏度/（mPa·s）	160540	75670	126270	103730	161460
降黏率/%	30.2	67.1	45.1	54.9	29.8

从表1中数据可以看出，KL-A、KL-B、KL-C、KL-D、KL-E，均对稠油具有不同程度的降黏效果，其中KL-B催化降黏效果最佳，降黏率高达67.1%。

（2）催化剂浓度优选：取5个200mL的高压密封罐，每个罐中加入50mL稠油，分别加入50mL KL-B催化剂，有效浓度分别为0.1%，0.2%，0.3%，0.4%，0.5%催化剂的溶液，放入200℃滚子炉中24h，然后取出样品，测试稠油黏度（剪切速率$10s^{-1}$，测试温度50℃）。

试验结果表明：在浓度考察范围内，催化剂浓度越高，其降黏效率越高，但是明显存在一个拐点。浓度低于0.3%时，浓度增加，降黏能力快速增加。但是当浓度≥0.3%时，其降黏效率受浓度影响极小。因此催化剂最佳应用浓度选择0.3%。

作者简介：赵曙光（1993.3-），男，助理工程师，现从事稠油热采及地面工艺集输管理等工作。E-mail：zhaosg66@petrochina.com.cn。

(3) 反应温度对降黏率的影响：取 5 个 200mL 的高压密封罐，每个罐中加入 50mL 稠油和 50mL 0.3%的 KL-B 催化剂，分别在 150℃，170℃，200℃，22C℃，250℃滚子炉中放置 24h 后取出。测试稠油黏度(剪切速率 $10s^{-1}$，测试温度 50℃)。试验结昊表明，温度对稠油降黏效果影响较大，温度越高，同一时间下，稠油的降黏率越高。KL-B 催化剂，存在明显的温度拐点，200℃以上，降黏效果受温度影响较大。200℃以下，降黏效果受温度影响较小。

综上，确定催化剂的基础配方及应用条件：选择 KL-B 催化剂，应用浓度为 0.3%，使用温度为 200℃，催化反应时间≥24h。

1.2 分散降黏剂优选及评价

(1) 稠油降黏剂优选：选择 KLPS-3，KLPS-4，三防，F-5 四种降黏剂，分别配制成 2%水溶液。选择黏度为 43020mPa·s 的稠油开展试验(测试温度：30℃，剪切速率：$10s^{-1}$)。将稠油与各降黏剂溶液，按照油液体积比 1：1 混合。在室温下搅拌，比较各降黏剂分散情况，并测试可分散样品的黏度。(黏度测试温度：30℃，剪切速率：$10s^{-1}$)

表 2 各降黏剂的效果比较表

降黏剂	清水	KLPS-3	KLPS-4	F-6	F-5
现象	无法分散	分散均一	分散均一	部分分散	存在大量油颗粒
稠油黏度/(mPa·s)	43020				
分散液黏度/(mPa·s)	—	19	50	—	270

从表 2 可知，KLPS-3 和 KLPS-4 降黏剂对稠油的分散降黏作用，明显优于三防药剂和 F-5 降黏剂。因此选择 KLPS-3 和 KLPS-4 作为稠油分散降黏剂。

(2) KLPS 降黏剂浓度优化：配制六种浓度分别为 0.5%，1.0%，2.0%，3.0%，4.0%，5.0%的 KLPS-3 的降黏剂溶液和六种浓度分别为 0.5%，1.0%，1.5%，2.0%，2.5%，3.0%的 KLPS-4 降黏剂溶液，将上述降黏剂溶液与吉 003 原油按照液油比 1：1 混合，然后用玻璃棒快速搅拌均匀，测试样品黏度并观察实验现象。(黏度测试温度：30℃，剪切速率：$10s^{-1}$)

表 3 降黏剂浓度对降黏效果的影响实验数据

KLPS-3	降黏剂浓度/%	0	0.5	1.0	2.0	3.0	4.0	5.0
	降黏后黏度/(mPa·s)	16031	900	140	14	13	14.5	16
	实验现象	无法分散	分散困难		分散均匀，2min 内油液明显分离		分散均匀，2min 内油液未明显分离	
KLPS-4	降黏剂浓度/%	0	0.5	1.0	1.5	2.0	2.5	3.0
	降黏后黏度/(mPa·s)	16031	4586	296	70	35	36	31
	实验现象	无法分散	分散困难，10s 内油液明显分离		分散均匀，2min 内油液明显分离			

从表 3 可知，无降黏剂存在时，稠油无法分散。KLPS-3 降黏剂浓度≤1.0%时，对稠油可分散，但分散困难；浓度在 2.0%~4.0%时，可以将稠油分散均匀，但是分散液不稳定，较易分离；浓度≥4.0%时，可以将稠油分散均匀并且在 2min 内形成稳定分散液。KLPS-4 降黏剂浓度≤1.0%时，对稠油可分散但分散困难；浓度≥1.5%时，可以将稠油分散均匀。根据上述实验结果，选择 KLPS-3 最佳应用浓度为 4%，KLPS-4 最佳应用浓度为 2%。

(3) KLPS 降黏剂热稳定性评价：分别配制 500mL4%KLPS-3 和 2%KLPS-4 降黏剂溶液，将药剂装入高温高压容器中，在 150℃分别放置 1d、3d、5d、7d 取出降黏剂溶液，按照液油体积比 1：1 与试验井 92D9200 井稠油混合，在 30℃下用玻璃棒搅拌均匀，考察其降黏能力变化。记录黏度变化和实验现象。(黏度测试温度：30℃，剪切速率：$10s^{-1}$)

表 4　KLPS-3 和 KLPS-4 降黏剂在 150℃下的热稳定性评价实验

时间/d		0	1	3	5	7
4%KLPS-3	外观	均一溶液	出现沉淀			
	稠油分散情况	油分散均一		油分散均一		
2%KLPS-4	外观	均一溶液		出现沉淀		
	稠油分散情况	油分散均一		油分散均一		

从表 4 可知，在 150℃下 KLPS-3 降黏剂在 1d 内即出现沉淀，KLPS-4 降黏剂 3d 内底部存在少量液状不溶物。虽然降黏剂外观出现一定变化，这两种降黏剂依旧具有良好的降黏能力。说明这两种降黏剂在 150℃下具有良好的热稳定性。同时，KLPS-3 反应时间较短，现场选择 KLPS-3 作为分散降黏剂。

2　自生泡沫凝胶调窜技术研究

自生泡沫凝胶主要由主剂，产气剂，起泡剂三体系组成，产气剂在高温下分解产生大量的气体和凝胶催化剂。气体与起泡剂混合作用形成大量气泡，对地层形成泡沫封堵，催化剂与主剂混合作用形成凝胶，并且将气泡分散在凝胶之中，对地层进行泡沫凝胶封堵。

2.1　自生泡沫凝胶配方研究

（1）主剂浓度对成胶时间的影响：固定产气剂浓度 5%，起泡剂浓度为 0.35%，配制不同浓度的堵剂溶液，放置于 90℃烘箱之中，观察成胶情况。试验表明：主剂浓度越高、成胶速度越快，成胶时间越短。主剂浓度对时间的影响也明显的存在拐点，浓度低于 10%时，浓度增加成胶速度快速增加，浓度高于 10%时，成胶速率受浓度影响变小。

（2）产气剂浓度对成胶时间的影响：固定主剂浓度为 10%，起泡剂 0.35%，改变产气剂加量，考察体系在 90℃下的成胶情况发现：产气剂加量越多，高温下生成催化剂的含量增加。促使反应速度加快，缩短成胶时间。浓度低于 6%时，浓度增加，成胶速度快速增加，浓度高于 6%时，成胶速率受产气剂浓度影响变小。

（3）温度对成胶时间的影响：固定主剂浓度 10%、产气剂浓度 5%，起泡剂浓度 0.35%。考察体系在不同温度下的成胶时间：温度升高，成胶时间缩短，温度对成胶时间的影响存在拐点，70～80℃为成胶温度的拐点，温度低于拐点温度，成胶时间大幅度延长。实际上，当温度≤40℃时，体系就不会发生胶凝反应，这为现场施工配液提供了便利。

2.2　起泡剂筛选及优化

（1）起泡剂筛选：选定耐温起泡剂 JMQ-1，KHD-1，KHD-2，XQ-1，均配制 300mL0.3%水溶液，取 150mL 溶液放置于 250℃钢瓶中静置 1d。分别测试该溶液在热老化前和热老化后的起泡性能。

表 5　起泡剂筛选实验结果

起泡剂	JMQ-1	KHD-1	KHD-2	XQ-1
热老化前起泡体积/mL	600	300	450	650
热老化后起泡体积/mL	500	250	400	250

由表 5 中数据可知：JMQ-1 和 XQ-1 均具有良好的起泡能力，但是 XQ-1 起泡性能对温度极为敏感，在 250℃高温下静置 1d 后起泡能力下降 61.5%，JMQ-1 起泡能力仅下降 17%。因此选择 JMQ-1 作为配方起泡剂。

（2）JMQ-1 起泡剂浓度优化：固定主剂浓度为 10%，产气剂浓度 5%，改变起泡剂浓度，得到不同起泡剂浓度的配方体系。取液 100mL，倒入具塞量筒中，剧烈摇动 3min 后，测量泡沫体积，选择最佳起泡剂用量：随着起泡剂浓度的增加，起泡剂发泡能力加强。但是当起泡剂浓度≥0.35%，起泡剂浓度效应明显减弱，起泡剂浓度增加，起泡能力变化很小，综合考虑，起泡剂应用浓度选择 0.35%。

3　现场试验

2017 年在九区超稠油吞吐井开展自生泡沫调窜与催化降黏复合技术现场试验 3 井次。措施后，三口生产井的平均注汽压力均上升 0.1MPa。其中 J494 井措施后，油层吸汽状况由措施前的 33.3%提高至 100%，井口降黏率 50.7%；97259 井措施后，油层吸汽状况由措施前的 65.2%提高至 100%，井口降黏率达 95.6%；970267 井井口降黏率 44.3%，3 口措施井累计增油 501t。

4　结论

（1）室内试验筛选的催化降黏工艺室内降黏

率高达99%，现场措施平均降黏率63.5%。

(2) 自生泡沫凝胶主剂浓度、产气剂浓度增加或者温度升高，成胶速度加快。

(3) 现场试验表明，超稠油蒸汽吞吐井催化降黏与自生泡沫调窜复合技术，有效解决吞吐井注汽不均问题和稠油高黏问题，提高蒸汽利用率与油井生产周期，改善注蒸汽开发效果。

参 考 文 献

[1] 冯玉军，姚晓．小颗粒水泥在油田上的应用探讨[J]．钻采工艺，1996，(5)：67-73.

[2] 陈辉，单液法硅酸凝胶堵水剂FH-01研究及其应用[J]．油田化学，2008，(3)：218-220.

[3] 王秋霞，曹嫣镔，刘冬青，等．耐高温高效泡沫封堵调剖体系的研制与应用[J]．精细石油化工进展．2004，(1)：22-25。

典型浅层稠油油藏地表窜漏治理技术研究及应用

苏宏益

（中国石油新疆油田分公司重油开发公司，新疆 克拉玛依　834000）

摘　要　浅层稠油油藏在长期注高温、高压蒸汽热采开发过程中，由于原始地层应力、骨架及胶结等结构发生变化，致使地层发育的微裂缝或断层逐渐扩大，油、汽沿着微裂缝或断层窜漏至地表，不仅造成严重环境污染，同时造成油井地质储量最终无法动用。本文通过认真开展地表窜漏治理技术的研究，利用电位数据反演处理、平面解释对比，找出地表窜漏点的窜漏通道，寻找、确定直接相关的注汽源头关键井，并按要求对关键井注入高温封堵剂，封堵、阻碍关键井与窜漏点间的大孔道、裂缝型通道的连通，有效解决了地表窜漏问题，恢复油井地质储量。

关键词　稠油油藏；地表窜漏；电位法监测；高温封堵治理

1　地表窜漏基本情况

1.1　典型浅层稠油油藏概况

典型浅层稠油油藏位于克拉玛依市区东北45km处，其主要为侏罗系齐古组的特超稠油油藏。齐古组地层区域构造位于克-乌弧形断裂上盘的超覆尖灭带上，超覆沉积在三叠系及侏罗系中、下统各组之上，其顶部不同程度地被剥蚀，具有上剥下超的特征。沉积厚度变化为80～124m，按岩电特征可分为三个正旋回，由下而上可划分为G_3、G_2、G_1三个砂层组，由上向下物性变差、储层非均质性增强，为一套弱氧化环境下的辫状河流相沉积。齐古组油藏主要由砂砾岩、粗砂岩、中砂岩及细砂岩等组的砂泥岩碎屑组合体，具有埋藏浅，欠压实，胶结疏松，分选好的特点。储层孔隙度平均27%，空气水平渗透平均$1997\times10^{-3}\mu m$，属大容量、高渗透储集层。原油地面脱气油黏度(20℃)平均为121800mPa·s，密度平均为0.9658g/cm^3，黏温反应极为敏感。原始地层压力为1.8MPa，压力系数0.91，原始地层温度18℃。

1.2　典型层块地表窜漏问题

典型超浅稠油油藏埋藏较浅、地表覆盖层较薄且疏松、存在贯穿性微裂缝等特点，在长期高温、高压蒸汽吞吐生产过程中，地层中出现大孔隙、裂缝性窜喷通道并逐步扩大，势必会出现蒸汽窜出地表的问题，表现为地表喷出油、泥、水混合物，造成严重的环境污染和安全隐患，同时还造成一个或多个井组油井无法注汽、损失产能，油井地质储量最终无法动用，截至目前该区存在地表窜漏点共计8处(图1)，影响日产油水平70.5t/d，影响储量86.6×104t。

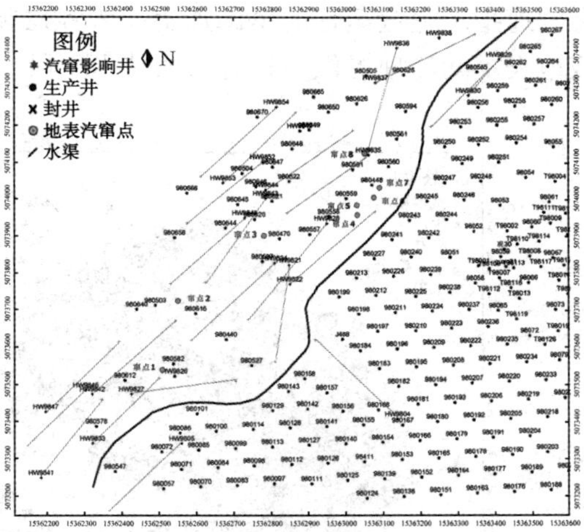

图1　典型层块地表窜漏点分布图

2　地表窜漏治理思路

为了解决浅层稠油油藏地表窜漏问题，首先在窜漏区域开展电位法动态监测工作，根据电位法监测解释结果，结合生产动态，查明地下窜喷通道，优选出治理节点井，然后对节点井实施高温封堵治理。施工完后选择关键井进行试注，若试注时注汽压力稳定，且地表不再窜漏，则可以对治理区域恢复注汽，从而解决困扰井区正常生

作者简介：苏宏益(1982.06-)，男，工程师，现从事油田开发研究及管理工作。E-mail：suhyi@petrochina.com.cn。

产的地表窜漏问题，实现油田稳产增效，整体治理思路如图 2 所示。

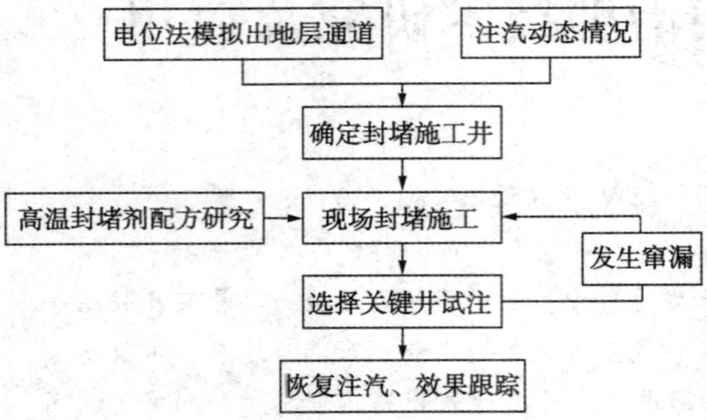

图 2　地表窜漏治理思路

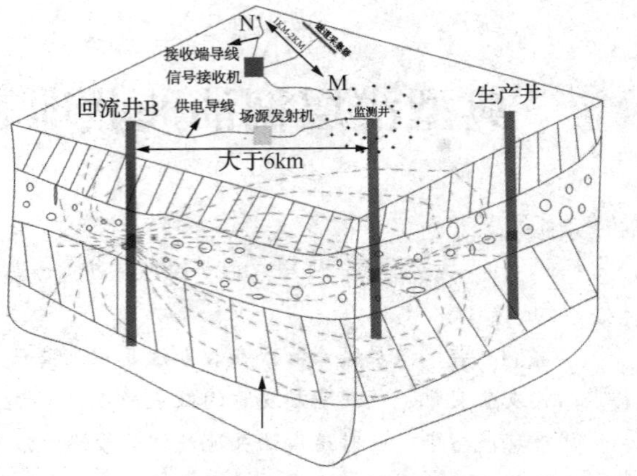

图 3　井间电位监测技术原理示意图

3　地表窜漏通道研究

3.1　电位法监测分析

井间电位监测技术是以传导类电法勘探的基本理论为依据，在蒸汽运移过程中，势必带来地层物理状态的改变，通过测量油层层位内温度变化及地层其他物理状态的改变所引起的地面电位梯度的变化，来达到解释推断目的层段有关参数的目的(图 3)。该方法可以实现井间电阻率的直接测量，提供井间电阻率的二维乃至三维图像，可有效地指示蒸汽运移的窜漏通道，为浅层稠油油藏地表窜漏治理提供一种有效的技术手段。

以某典型地表窜漏区域为例(见图 4，图中由蓝色变化到红色代表由低电位特征变化为高电位特征)，通过区域内两遍野外观测点的电位数据，绘制了电位法平面解释图，从两遍电位法平面解释图对比可以看出，前后两次电位法平面解释结果差异较小，整体上看，工区中部和西部表现为局部低电位特征，沿水渠方向电位表现为条带状低值特征，窜点 4～8 位于水渠西侧的低值区域内；西北部与南部电位值较高，窜点 1～3 位于高值区域内。

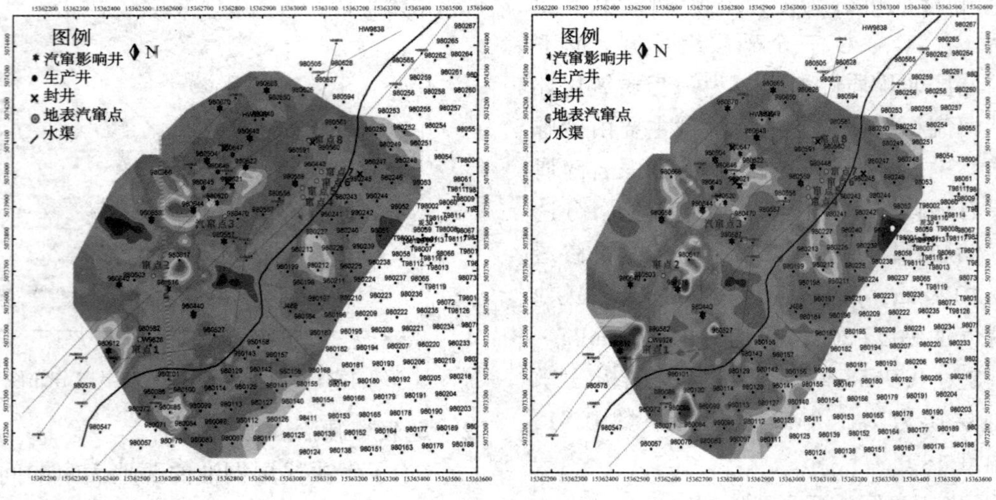

图 4　典型区域监测电位平面分布图(左：第一遍；右：第二遍)

进一步解释汽窜通道的展布特征，绘制了两遍观测结果的变化图(图 5)。对于蒸汽吞吐井来说，热水(汽)的电阻率大于地层原生水的电阻率。第一遍电位法监测是在工区内井长时间停注后进行的，地层内以原生水为主，第二遍监测是在工区内井注蒸汽 2d 后进行的，受高温蒸汽(水)的影响，油层的电阻率是上升的，如果有亏空区域，也显示为局部低值区域。因此第二次相对第一次电阻率升高区域可能为蒸汽通道，而局部的低值区域也可能是汽窜通道内含水饱和度较高所致，或者存在地层亏空较大，矿化度降低所致。

根据以上解释基础，对可能存在的汽窜通道可分为 3 个区域(图 5)：区域 1 汽窜通道主要表现为单向推进，蒸汽在各井之间形成汽窜干扰，经由汽窜通道窜向窜点1、和窜点2；区域2汽窜通道较复杂，即有单向推进特征，也有多通道的特征，受地层非均质性作用，随着开采时间的累加，在该区域地层可能存在亏空或储层胶结疏松，从而形成了通道较多的特点；区域3汽窜通道主要表现为单向推进，蒸汽在井间窜扰之后，经汽窜通道窜向地表窜点。

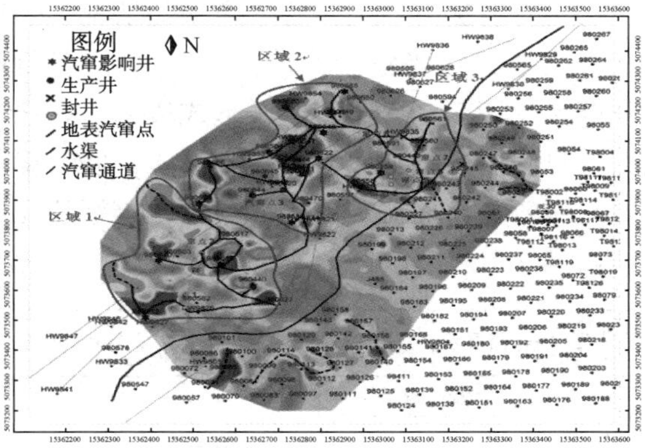

图5　典型区域两遍电位法监测电位变化图

对于窜点3处通道特征较复杂的情况，通过工区内97口已知井的测井资料进行逐井参与电位法正演模型的建立，综合选取最适合的模型，运用谱方法迭代拟合反演技术，对采集到测点数据进行三维空间电阻率的反演处理，得到了反演电阻率三维立体图(图6)。

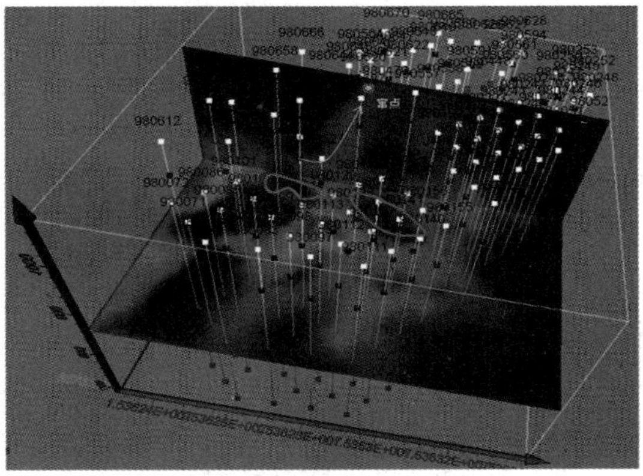

图6　典型区域电阻率三维立体图

3.2　生产动态分析

通过对窜漏区域内井的生产动态分析可以进一步明确通道的准确性，分析主要为以下两方面：一是窜点窜漏时周边吞吐井的注汽情况，二是电位法监测期间的吞吐井注汽情况。

例如典型区域地表发生窜漏时，正在注汽的井有6口，从其注汽曲线可以看出这些井在发生窜漏后，注汽压力或注汽量出现明显降低。分析认为，可能与地表窜漏相关，这些吞吐注汽井处于汽窜通道上，与电位法解释结果一致。

3.3　综合分析确定封堵井

通过解释的窜漏通道，寻找与地表窜漏直接相关的源头井作为后期治理关键井。综合所解释通道及蒸汽运移状态，最终该区选取12口封堵施工井(图7)。

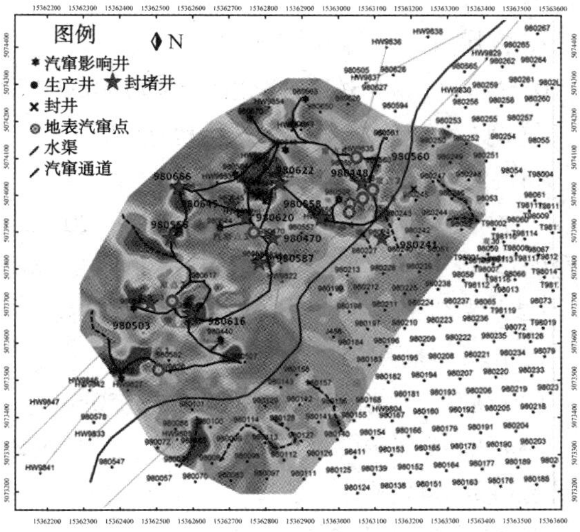

图7　典型区域封堵井选井方案图

4　高温封堵治理研究

4.1　高温封堵剂

通过对国内外封堵剂的种类的优缺点进行分析比较，结合该区区域高渗透、高渗透率地层和高温油藏的特点，通过室内的研究优选出一种适合该地质特征的“复合高温封堵剂”，能有效提高高温封堵的有效期。高温封堵工艺示意图见图8。

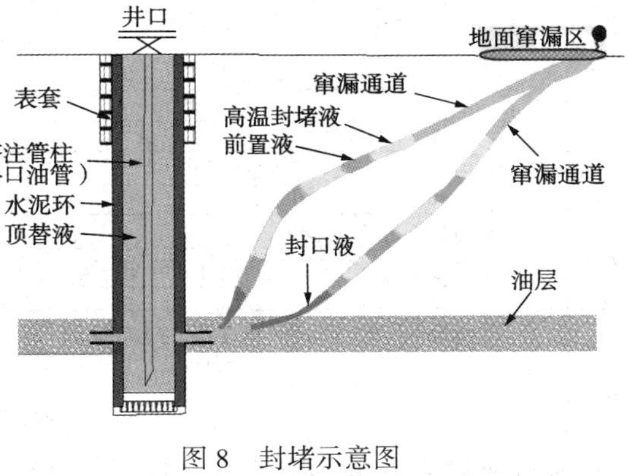

图8　封堵示意图

高温封堵剂的基本配方：

(1) 前置耐高温封堵剂配方

6%～8%膨润土+8%～12%425硅酸盐+0.5%膨胀性堵水剂XTD+0.5%分散稳定剂+5%～10%XD-1(高温封堵剂)+1%～3%纤维材料+1.0%

HTC 促凝剂+有机无机凝胶复合堵剂。

（2）耐高温封堵剂配方

6%～8%膨润土+8%～12%425 硅酸盐+0.5%膨胀性堵水剂 XTD+0.5%分散稳定剂 FS-1+2%的纤维材料 DL-1+5%～10%XD-1(高温封堵剂)+0.5%～0.7%PSAM(磺化聚合物)+0.3%XL-1(交联剂)+0.5%XL-2(交联稳定剂)等。

（3）封口耐高温封堵剂配方

0.5%～0.7%PSAM(磺化聚合物)+0.3%XL-1(交联剂)+0.5%XL-2(交联稳定剂)等。

高温封堵剂的性能指标：

（1）150℃下，胶凝时间 24～48h；200℃下，胶凝时间 12～24h。

（2）堵剂密度为 1.15～1.25g/cm³。

（3）堵剂适用温度：120～260℃。

（4）常温下，堵剂的黏度不大于 50mPa·s。

（5）前置部分堵剂封堵强度大于 6.0MPa；后置封口部分堵剂封堵强度大于 8.0MPa。

4.2 封堵治理施工工艺

根据对浅层稠油油藏地表窜漏通道类型的认识，针对不同类型窜漏通道选取的不同的封堵施工工艺。

（1）针对单一型通道，由于通道类型简单，方向单一，通道上相关井少，井间窜通规模小，采取常规封堵施工工艺(图 9)。依次注入前置液和封堵液，待泵压建立稳定后，注入封口液，清水顶替后关井候凝。

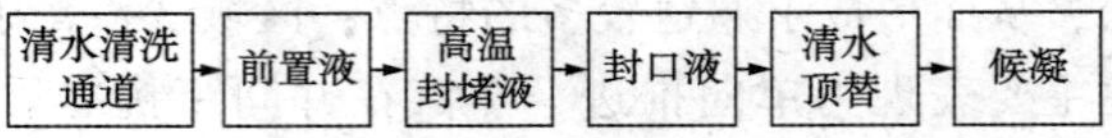

图 9 常规封堵施工工艺流程图

（2）针对通道较大，且通道多的情况，采用多次多段塞式封堵施工工艺(图 10)。前置封堵剂和高温封堵剂多次交替注入形成段塞，在注入堵剂的过程中，增加促凝剂提高泵压，使封堵剂有效封堵较大窜漏通道或较多通道，较好的完成封堵治理。

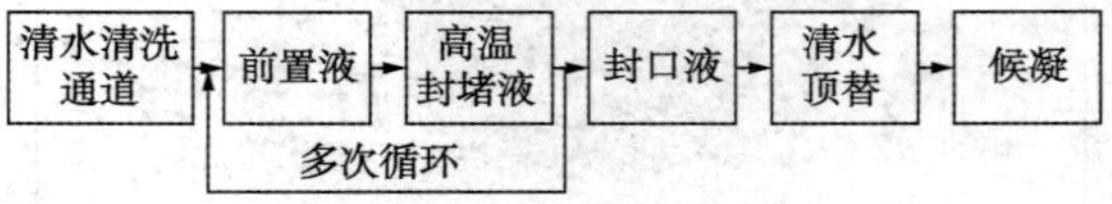

图 10 多次多段塞式封堵施工工艺流程图

以某典型区域窜漏点 3 的 980644 封堵井施工为例，980644 封堵治理施工 4 次，第 1 次封堵施工无法建立泵压；第 2 遍封堵施工泵压最高 2MPa；第 3 遍封堵施工，初期压力上升缓慢，泵压最高 3MPa；第 4 遍封堵施工泵压最高 4.5MPa，满足方案设计泵压，封堵成功(图 11)。

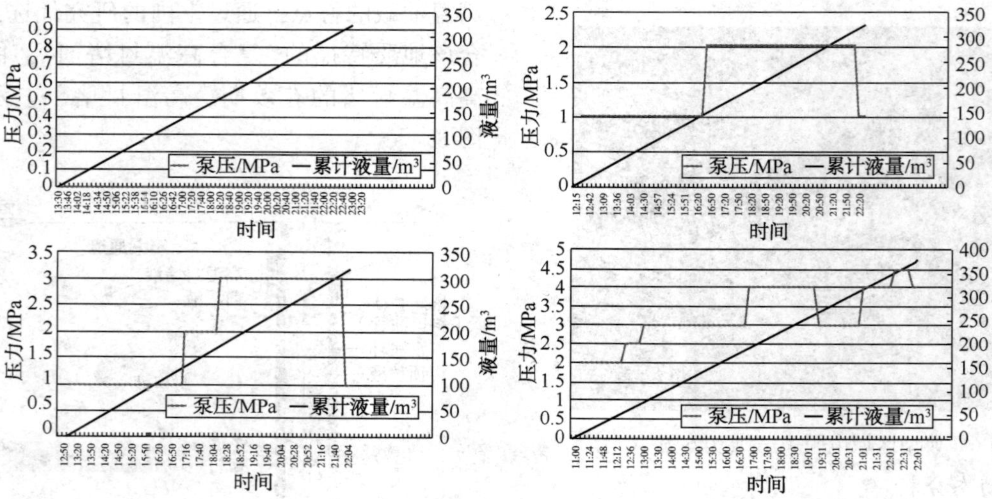

图 11 典型区 980644 井封堵施工曲线图

为验证封堵效果，施工后对封堵井进行了试注汽或恢复注汽，980644 井已经恢复注汽 2 轮，注气压力最高到 3.5MPa，直至目前该窜漏点未发生地表窜漏现象，由此说明该井封堵施工起到了很好的封堵效果。

5 结论

（1）浅层稠油油藏地表窜漏模式主要有单一型通道窜喷模式和复杂型通道窜喷模式有两种，对解决类似油藏地表窜漏问题具有了较好的参照价值。

① 单一型通道窜喷模式(图12)：生产井与窜点间存在直接窜通的通道，蒸汽沿生产层运移至覆盖层较薄弱的地方向上运移，进入到垂向贯通的微裂隙，在浅层横向运移聚集，当压力达到地层破裂压力形成突破，在覆盖层薄弱地方窜出地表。

② 复杂型通道窜喷模式(图13)：汽窜通道较多且通道大，同时通道上可能存在有地层亏空严重的情况，蒸汽由生产井沿多个方向窜漏至向上窜的通道内，之后沿垂向微裂隙进入浅地表，从覆盖层薄弱处窜出地表。

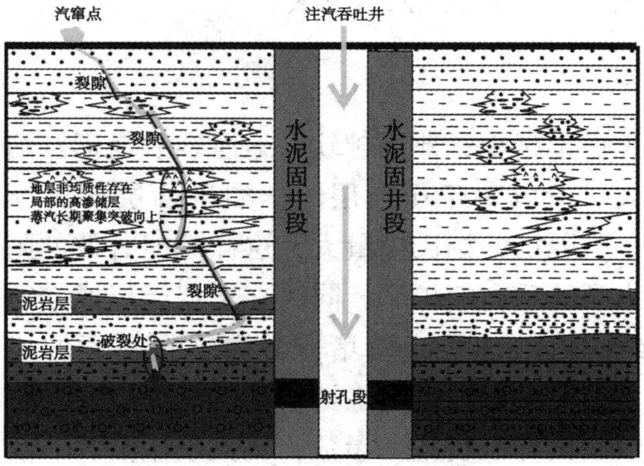

图12　单一型通道窜喷模式图

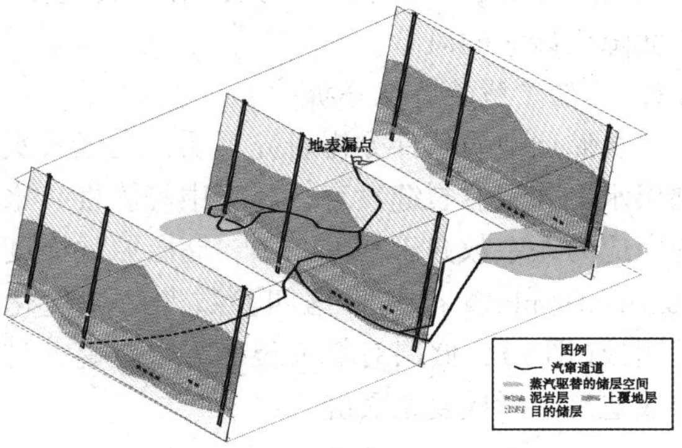

图13　复杂型通道窜喷模式图

(2) 根据对窜漏通道类型的认识，形成了不同窜喷通道类型的封堵施工工艺，针对单一型通道，使用常规封堵施工工艺；针对通道较大且较多类型，采取多次多段塞封堵施工工艺。

(3) 通过有效结合电位法监测及高封堵治理技术研究，能够很好地描述地层的汽窜通道，有效的找到汽窜通道的关键井和节点位置，可准确选择封堵施工井，节约了施工成本和施工时间，提高了封堵施工的效果，有效解决了地表窜漏问题，恢复油井地质储量。

参　考　文　献

[1] 何裕盛著．地下动态导体的充电法探测[M]．北京：地质出版社，2001.

[2] 苏朱刘，严良俊，胡文宝．瞬变电磁资料的处理和解释[J]．石油物探，1996，35(增刊)：6-11.

[3] 王晓慧，赵玲莉，王海峰．重32井区稠油水平井地表汽窜治理技术研究[J]．新疆石油天然气，2014，10(3)：64-67.

[4] 霍进，桑林详，李建新，等．用井间电位监测技术治理重32井区稠油油藏地表汽窜[J]．新疆石油地质，2012，33(4)：495-496.

[5] 何周，徐怀宝，丁超．重32井区地表窜汽通道的研究及封堵治理[J]．天然气勘探与开发，2013，4：61-64.

九区石炭系浅层油藏油井压裂配套技术探讨

梁疆岭　苏宏益　王　进　陈　磊　甘　磊

（中国石油新疆油田分公司重油开发公司，新疆 克拉玛依　834000）

摘　要　九区石炭系油藏为低孔、特低渗火山岩储层，储集类型为典型的孔隙—裂缝型双重介质储层，储层非均质性严重，且天然裂缝发育，人工裂缝启裂和扩展复杂，裂缝延伸过程中净压力较高，且杨氏模量是普通砂岩的2~3倍，形成的人工裂缝宽度狭窄，容易导致砂堵。射孔后需要压裂作业完井，通过人工裂缝的导流能力才有可能获得一定的产能。本文针对石炭系油藏应用常规压裂技术存在时效较低、部分井应用效果不理想等问题，通过开展机械分层+层内/层间转向的"甜点"压裂组合压裂方式。

关键词　机械分层；石炭系；暂堵转向

前言

本文针对石炭系油藏应用常规压裂技术存在时效较低、部分井应用效果不理想等问题，通过开展机械分层+层内/层间转向的"甜点"压裂组合压裂方式。对该储层岩石力学及地应力研究得到该地层压裂过程中容易形成分支裂缝及多裂缝；根据水平井不同完井方式形成了裸眼封隔器+投球滑套分段压裂工艺以及不动管柱多级投球水力喷射分段压裂工艺两种压裂工艺；成功应用了直井暂堵转向压裂及机械分层压裂工艺并取得较好的改造效果，为石炭系等低孔、特低渗油藏提高开发效果提供了指导和借鉴。

1　九区石炭系浅层油藏油井压裂工艺原理及特点

1.1　储层压前评估研究

水力裂缝的扩展以及所产生的几何形状主要受地应力状态控制，尤其是缝高取决于层间应力差，只有层间应力差不足以限制裂缝扩展时，其他诸如沉积平面的滑移、断裂韧性差异才起作用。火山岩储层压裂受储层缝洞、孔隙、天然裂缝系统的影响，容易引起早期脱砂，导致压裂失败，因此压裂前地应力评价极为重要。

1.1.1　储层岩石力学特征分析

岩石的力学参数是石油工程设计的基础，杨氏模量与泊松比的大小反映了地层在一定的受力条件下弹性变形的难易程度，杨氏模量越大，地层越硬，地层就不容易变形，泊松比小；反之，杨氏模量越小，地层越软，地层容易变形，泊松比大。所以对于压裂层段，如果油层杨氏模量小，阻隔层的杨氏模量大，这样就能有效的阻挡水力裂缝垂向的扩展，同时在产层能形成较宽的裂缝，有效地防止砂堵，增加压裂施工的成功率；另一方面根据施工目的层的杨氏模量和泊松比数值设计压裂施工参数，杨氏模量高，一般需要较大排量，来增加裂缝宽度，泊松比大，一般表明岩石较软，需要提高砂比，增加裂缝宽度，从而降低砂堵的风险。

1.1.2　储层脆性特征分析

从储层地质条件分析研究表明，九区石炭系储层水平井天然裂缝发育、属于中等脆性、水平两向应力差系数介于0.1~0.2、储层原油流度低（0.01mD/mPa·s），根据四参数四区域优化设计图板（图1），储层对复杂裂缝需求较高，且压裂改造易于形成复杂裂缝。

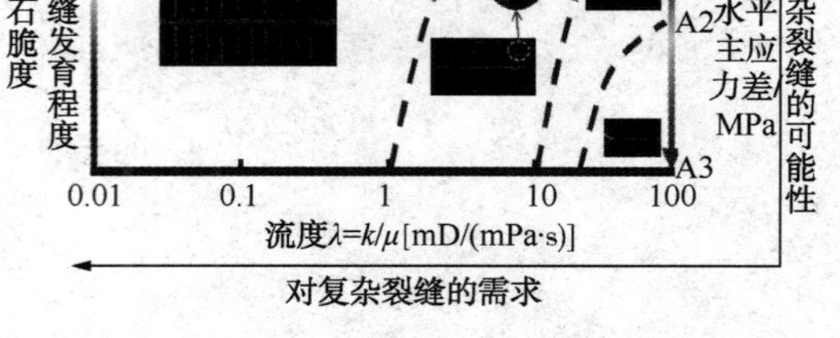

图1　四参数四区域优化设计图板

作者简介：梁疆岭，（1983—），工程师，现工作于新疆油田公司重油开发公司油田工艺研究所，现从事井下作业及压裂管理工作。E-mail：liangjl666@ petrochina. com. cn。

1.1.3 储层裂缝形态分析

根据储层特征以及岩石力学参数、脆性分析结果，九区石炭系储层天然裂缝发育(图2)，孔隙类型以溶孔、粒内溶孔为主，岩石具有一定的脆性特征，裂缝的起裂和扩展不简单是裂缝的张性破坏，而且还存在剪切、滑移、错段等复杂的力学行为。根据九区石炭系油藏应力差异系数结果，可以得到该区应力差异系数为0.10~0.16，平均为0.135，并且压裂施工时净压力大于10MPa时，有明显的多缝特征，可见该油藏容易形成复杂裂缝。水力裂缝表现为近井复杂裂缝，远井以主裂缝为主，且有明显分支裂缝的情况。

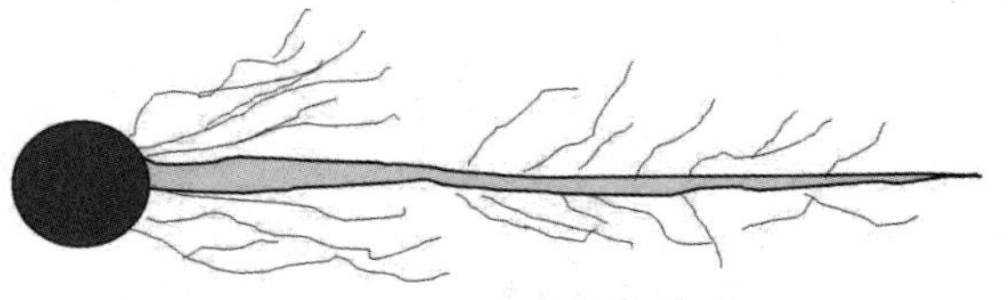

图2 九区石炭系油藏压裂裂缝示意图

1.2 机械分层压裂配套技术

1.2.1 机械分层压裂技术

新型机械分层压裂技术主要用于油水井分层压裂酸化。目前国内油田分层压裂作业以两层或三层为主，其管柱原理均是采用封隔器封隔，采取逐级投球打压的方式来实现分层处理。可实现一趟管柱分别压裂酸化下层和上层或选择压裂酸化任一层，压后可作为生产管柱短时间生产。提高了压裂的针对性、降低作业费用、缩短施工周期，同时降低了管柱砂卡的风险。

管柱结构：机械分层压裂管柱主要由水力锚、上封隔器、喷砂滑套、下封隔器、下直喷等组成，其结构示意图见图3。

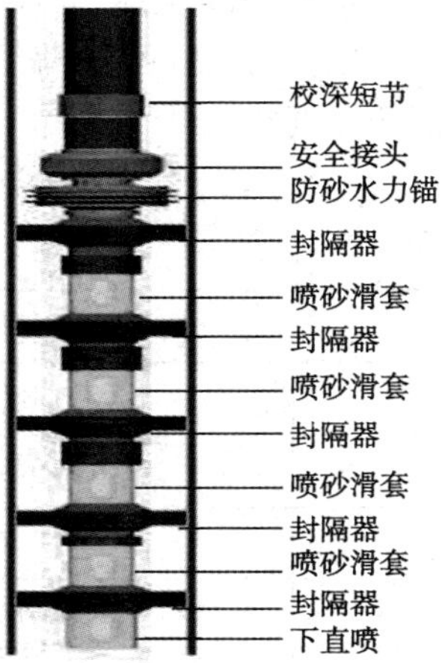

图3 分层压裂管柱工艺结构示意图

(1) 洗井时，向油套环空内加液压，当套管压力高于油管内压力时，压进阀被打开，洗井液进入工具下部，从油管内返出。

(2) 水力锚是承受压裂封隔器上顶的专用工具。它的锚爪靠油管与套管内的压力差伸出，当实施压裂时，油管内的液压力大于封隔器上方油管管环空压力，锚爪被推出卡在套管内壁上，承受封隔器被下部高压形成的上顶力，使封隔器始终处于密封状态。压裂完洗井后油、套管内的压力平衡，锚爪在内部弹簧的作用下被压回钢体内，解除了对油管柱的锚定，从而顺利解封封隔器，起出压裂管柱。

(3) 上部保护套管封隔器采用无卡瓦液压封隔器，它采用旋转或液压坐封，上提解封方式。具有坐封密封可靠，承压能力高、解封方便可靠等特点。坐封后，密封件在锁紧机构的作用下始终保持密封状态。

(4) 脱节喷砂器作为压裂上层的进液通道，同时具有安全接头功能，提出上半部分脱节式喷砂器，便于冲洗和实现下部封隔器的打携作业。

(5) 下部封隔器采用单向卡瓦封隔器，它采用液压或下压坐封，上提解封方式。坐封后，密封件在锁紧机构的作用下始终保持密封状态。

1.2.2 暂堵转向压裂技术

暂堵剂：在进行缝内转向压裂时，本项目在对油井进行二次转向压裂时采用油溶性暂堵剂，其性能参数见表1。在压裂过程中，油溶性暂堵剂随压裂液进入地层，优先进入高渗透层，在孔道或微裂缝中形成桥堵，进行层内暂堵，对高渗层起到起暂堵保护作用，从而使压裂液能顺利进入低渗透层进行压裂造缝，起到降滤增效的作用，提高油层的导流能力，压裂结束后，油层内暂堵剂逐渐被油溶解，随原油流出，不堵塞油层(图4)。

表1 油溶性暂堵转向剂参数

项目	技术指标	实际参数	修约值
外观	固体颗粒	粉红色固体颗粒	/
体积密度/(g/cm^3)	0.56~0.68	0.6655	0.67
软化点/℃	≥30	56	56
细度(1~5mm)/%	≥30	93.2	93
油溶度/%	≥85	88.4	88

在裂缝内添加暂堵剂迫使裂缝不断转向，裂缝一旦转向，主缝的端部暂堵消失，主缝继续向

前延伸，延伸中又不断形成瞬时暂堵，又不断转向。每一条转向缝也是发生连续的暂堵、转向、暂堵消失、裂缝延伸、再暂堵、转向的循环过程。这种裂缝形成的机理，就会不断形成复杂缝，最终形成的裂缝形状是一个网络状的体积裂缝(图5)。

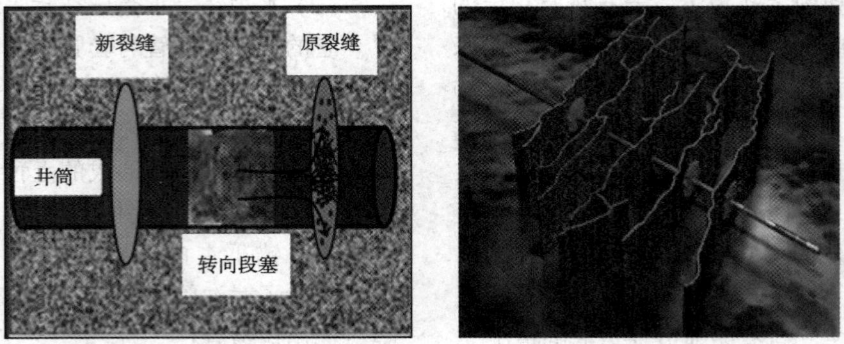

图4　层间暂堵剂实现分段压裂效果示意图

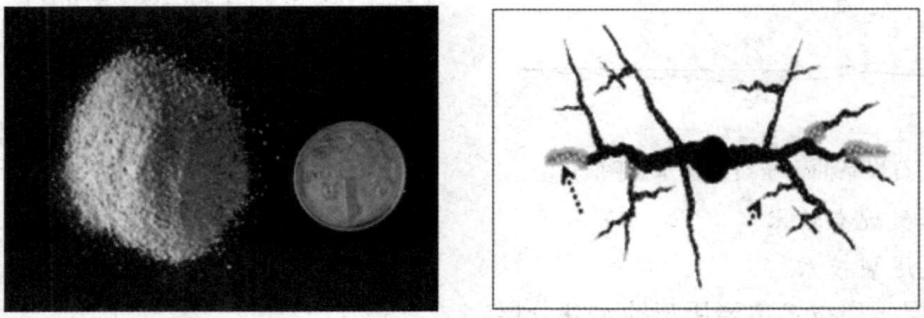

图5　层内暂堵剂实物及暂堵原理示意图

管柱结构：压裂管柱选用 ϕ88.9mm×6.45mmN80 油管+Y344-148 封隔器压裂管柱结构，井口采用 70MPε 压裂井口。

压裂液选择：储层温度 26.5℃，属低温储层，压裂液必须满足低温破胶；通过加入低温破胶促进剂，缩短压裂液破胶时间，需有效地实现压后快速返排。

施工排量较大，压裂液需满足良好的抗剪切、降摩阻性能。

石炭系储层天然裂缝发育，采用低黏滑溜水体系，尽可能地沟通天然裂缝，增大改造体积。

根据室内实验数据，选择该区块成熟的 YLDG-02 速溶胍胶压裂液体系，该体系能够在储层温度下，2~3h 完全破胶，满足后续排液要求。

石炭系储层气孔及裂缝均较发育，为形成复杂的网络裂缝体系，压裂施工前期注入滑溜水，沟通储层微裂缝，为防止加砂压裂过程中因压裂液滤失大发生端部脱砂造成砂堵，优化胍胶前置液(不含段塞部分)比例为 40%~45%，以确保施工顺利。

支撑剂的选择：参考同层施工数据停泵压力约 6~9MPa，推算压裂井底闭合压力约 12~14MPa。

20/40 目石英砂(表2)可以满足该井目的层段的主支撑剂选用要求。

表2　支撑剂的物理性能

项目	兰州砂	新疆砂	宜兴陶粒
外观	棕色	黑、白混色	棕色
粒径范围/mm	0.425~0.850	0.425~0.850	0.2~0.425
平均粒径/mm	0.1	0.678	0.340
密度/(g/cm^3)	1.593	1.595	1.789
视密度/(g/cm^3)	2.625	2.631	3.339
圆度	0.8	0.8	0.9

续表

项目	兰州砂	新疆砂	宜兴陶粒
球度	0.8	0.8	0.9
浊度/FTU	52（指标≤1）	40（指标≤1）	18（指标≤1）
酸溶解度/%	5.6（指标≤5）	4.9（指标≤5）	6.2（指标≤7.0）

技术适用条件：

（1）适用于壁厚<9.17mm 的 6⅝"、7" 套管；

（2）5½" 套管：压裂最大排量 $5m^3/min$、7" 套管：压裂最大排量 $6m^3/min$；

（3）反洗井最大排量 $1m^3/min$；

（4）管柱耐压差不小于 50MPa、耐温 12℃；

（5）管柱封隔器的座封压力 20MPa，解封力小于 200kN；

（6）工具的抗拉能力不小于 300kN。

1.3 压裂裂缝监测技术

1.3.1 微地震裂缝监测技术

压裂过程中，地层破裂（或裂缝延伸扩张）产生微地震波，微地震波在地层中以球面波的形式向四周传播，水平传播一定距离后遇到套管，沿套管传播到地面，检波器接收到信号后通过能量转换器将机械波转换成电磁波，经前置放大器放大后发射送入 AE400C 岩石声发射（微地震波）定位系统进行时差生成处理，生成两组相对时差 $t1$、$t2$。通过微机采集计算震源的位置。

监测系统如图 6 所示。

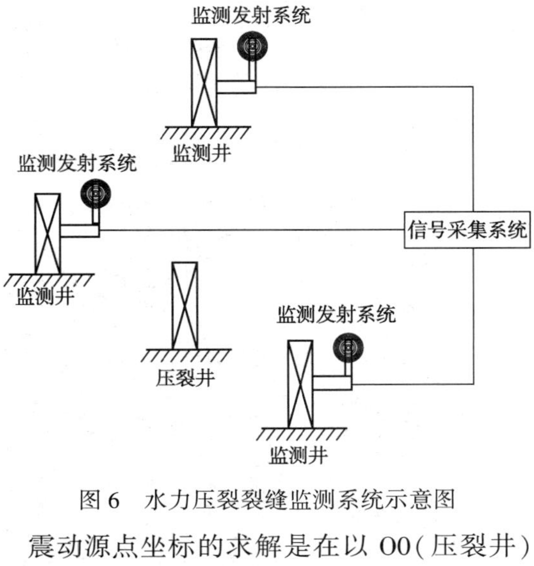

图 6 水力压裂裂缝监测系统示意图

震动源点坐标的求解是在以 O0（压裂井）为原点的坐标系上，以 O^1、O^2、O^3（监测井）三口井为圆心，以 R、$R+\Delta R_1$、$R+\Delta R_2$ 分别为半径作圆，三圆交点即为震动源点，如图 7 所示。

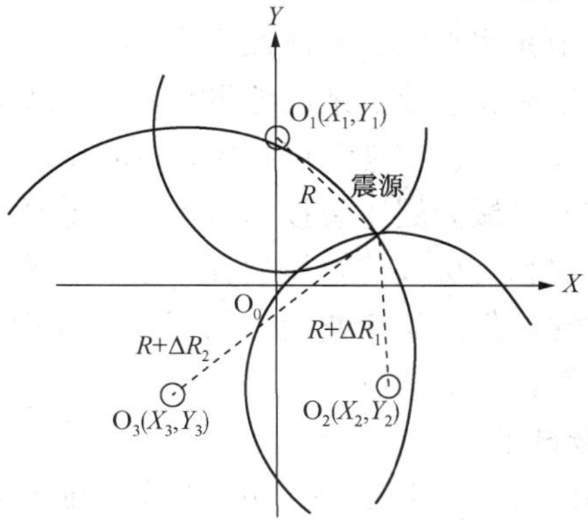

图 7 三圆相交定位方法

1.3.2 裂缝监测技术

水力压裂过程中、随着压裂液的进入，目标层内的电阻率会发生改变，向目的层供电，可将目的层看成一个场源（正常场），当压入量达到一定程度时，大地原电场分布形态发生显著变化（异常场），通过对比正常场与异常场的差异，经过一定的数据处理，就可达到解释压裂方向和反演出裂缝形态的目的。

CDMA 电测仪裂缝检测技术（图 8）在新疆油田有过试验应用，综合考虑微地震裂缝监测技术及 CDMA 电测仪裂缝监测技术工艺原理、监测准确性、施工费用等因素后，决定采用微地震裂缝检测技术对机械分层压裂井进行裂缝检测。

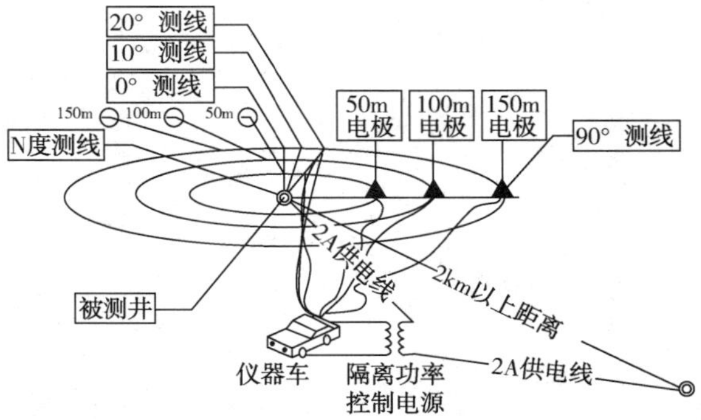

图 8 CDMA 电测仪裂缝检测系统示意图

3 技术可行性对比论证

（1）对于低压低渗透油气藏来说，机械分层+层内转向的“甜点”压裂改造技术可以最大限度地打开储层，增加泄油面积，是提高提高低渗透油气田单井产量、提高油藏储量动用程度和采收率的重要手段，是低渗透油藏开发的趋势。通过现场试验应用，形成了不同情况下的机械分层压裂技术工艺。

（2）结合储层特征，建立地质工程一体化的分层优化基础，分层进行暂堵转向压裂，压裂目的层集中在甜点区、液体效率大幅度提高、缝内暂堵促进裂缝形成复杂的缝网形状，大幅度增加裂缝波及体积，实现动用新储量的目的。

（3）机械分层压裂技术可实现一趟管柱分别压裂下层和上层或选择压裂任一层，提高了压裂的针对性、降低作业费用、缩短施工周期，同时降低了管柱砂卡的风险。

4 现场试验

2017 年 11 月至 2018 年 11 月，油井机械分层压裂施工工艺在九区石炭系加深井和老井补孔、上返井的油层改造中共实施了 11 口井 30 层，工艺成功率 100%，有效率 100%。

九区石炭系机械分层压裂共 11 井次，1 井排液未完，10 井见产可进行数据对比，压后初期产油量 3~17t/d，平均日产油 7.9t，累计产油量为 11145.5t，压裂改造效果显著。

5 结论及认识

（1）九区石炭系共完成 11 口井的机械分层压裂改造，油井增产效果明显，与其他压裂工艺相比有明显优势；施工流程简单，保证了分层精细化压裂的正常进行。

（2）机械分层+暂堵转向压裂的方式，有效地实现了储层精细化压裂与甜点压裂相结合的理念，使储层纵向上的薄互小层得到充分改造为提高裂缝-孔隙性油藏改造提供了技术支持与借鉴。

（3）常规压裂受限于施工规模较低的限制，稳产能力较机械分层+暂堵转向压裂工艺差，因此后者更适合于本区块多层的油井进行压裂改造。

参 考 文 献

[1] 龙刚．川西须家河致密气藏压裂改造关键技术研究[D]．西南石油大学．2005.

[2] 邵心敏．陇东长 7 致密油储层改造缝网模态探讨[D]．西安石油大学．2015.

[3] 王鸿勋，张士诚．水力压裂设计数值计算方法[M]．北京：石油工业出版社，1998.

[4] 崔明月，等．压裂液降滤失剂使用性能及评价方法[J]．油田化学，1998，(3).

[5] 黄雪静，崔茂荣，等．改性菜籽油饼降滤失效果及作用机理[J]．钻井液与完井液，2007，(3).

克拉玛依油田九区稠油油藏综合治砂技术研究与应用

杨 洪 刘 强 甘 磊 赵曙光 王 进

（中国石油新疆油田分公司重油开发公司，新疆 克拉玛依 834000）

摘 要 克拉玛依油田九区浅层稠油油藏埋深浅，胶结疏松，易出砂，影响油井生产时率。通过开展油井出砂原因分析及出砂规律摸索，根据不同出砂状况的油井，分别采取不钻塞人工井壁防砂、挤压砾石充填防砂、螺杆泵排砂等综合治砂技术，在现场实践中分析总结各项技术的适用范围及应用效果，解决出砂对油井生产的影响，为浅层稠油油藏高效开发提供技术支持。

关键词 稠油；出砂；防砂；排砂

1 研究背景及目的

克拉玛依油田九区浅层稠油油藏位于克拉玛依市东北40km，油藏岩性以泥质胶结的细砂岩为主，油层平均中部埋藏深度180m。油层有效厚度5～20m，平均孔隙度30%，原始含油饱和度64.4%，平均渗透率2μm²，油层中部温度19.3℃，20℃时地面脱气原油黏度在5000～1000000mPa·s，黏温反应敏感。九区稠油注蒸汽开发最显著的特点是：地层胶结疏松，油井易于出砂。

据不完全统计，九区浅层稠油油藏出砂井800余口，占总井数的30%以上，其中严重出砂井450口。出砂井分布在九$_6$区北部、九$_{7+8}$区、九浅41井区及J230井区等。出砂井粒径中值为0.22～0.4mm，全区平均粒度中值为0.2845mm。各区块中，九$_{7+8}$粒径中值d_{50}最大，达0.4mm；其余区块粒径中值d_{50}为0.2～0.3mm。由于出砂粒径较小，细小砂粒极易被油流携入泵筒中造成井下泵卡现象，影响油井正常生产。

针对九区浅层稠油油藏出砂影响油井生产时率、增加修井成本的状况，通过开展出砂原因分析与规律摸索，根据油井出砂状况，选择不同的防、排砂技术进行分类分治，降低出砂对油井生产的影响，提高油井生产时率。

2 出砂原因分析

油层出砂是由井底附近地层的岩层结构破坏所引起的，它是各种因素综合影响的结果，这些因素可以归结为两个方面，即地质条件和开发因素，整体可概括为如下几点：

（1）六、九区稠油油藏在温度为20℃时，地层原油黏度为5000～1000000mPa·s，生产过程中原油黏度越大，携砂能力越强，越容易造成出砂。

（2）稠油油藏为松散的砂岩，胶结类型为孔隙性泥质胶结；岩性主要为含砾细砂岩和中细砂岩（细砂指粒径大于0.075mm的颗粒超过85%），岩性成熟度低，特别是经过多周期吞吐后（目前平均处于7个吞吐周期），地层亏空严重，造成油井出砂。

（3）高温高压蒸汽对地层结构有较强的冲刷作用，多轮次的蒸汽吞吐过程中的激动以及吞吐初期大量放喷，使得吞吐回采时油井易出砂。

（4）生产管理中，油井工作制度不合理，造成油井激动出砂而卡井。

（5）地层压力下降，导致油井出砂。地层内流体充满孔隙支撑着上覆岩层的压力。随着油田的不断生产，地层压力也就是孔隙压力逐渐降低，上覆岩层的压力增加了对地层颗粒及胶结物的应力，在胶结强度较低的地层中，随着地层压力下降，增大的应力会使岩石胶结层发生形变，造成油井出砂。

（6）油井汽窜干扰加剧油井出砂情况。发生汽窜时，高速液流在注汽井和受窜井之间流动，对油层破坏作用较大，加剧油井出砂情况。而且，出砂井发生汽窜后，井筒内油温迅速上升，黏度下降，油管内悬浮砂沉降在柱塞上，易造成泵卡。

作者简介：杨洪（1983-），男，高级工程师，现从事稠油热采工作。E-mail：yhong66@petrochina.com.cn。

3 综合治砂技术研究

九区浅层稠油油藏受原油黏度高、地层胶结疏松等因素的制约，要达到理想的开发效果，在采取综合治砂措施时必须坚持防、排砂结合的原则。在油层骨架砂拱稳定、未发现有大粒径骨架砂的前提下，进行适度的排砂生产，保证油流通道的畅通，减少油流阻力；在油层骨架砂拱遭到破坏、出现大粒径骨架砂的前提下，采用在井筒或近井地带采用技术手段重塑地层挡砂屏障，阻止储层骨架的进一步破坏，并对储层构造和油井产能进行恢复。

3.1 出砂程度分析

一般出砂井：修井证实出砂，井底砂面不高(低于30m)，或修井证实的出砂次数低于2次，对油井生产影响不大，尚能正常生产(图1)。

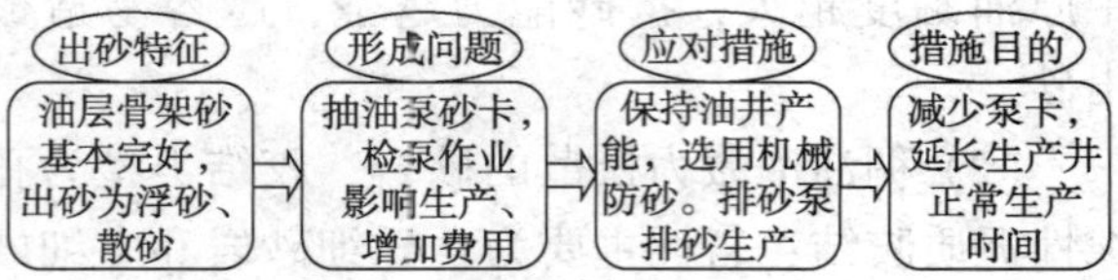

图1 一般出砂井防治砂思路

严重出砂井：修井证实出砂，井底砂面较高(高于30m)出砂次数在2次以上，油井不能正常生产(图2)。

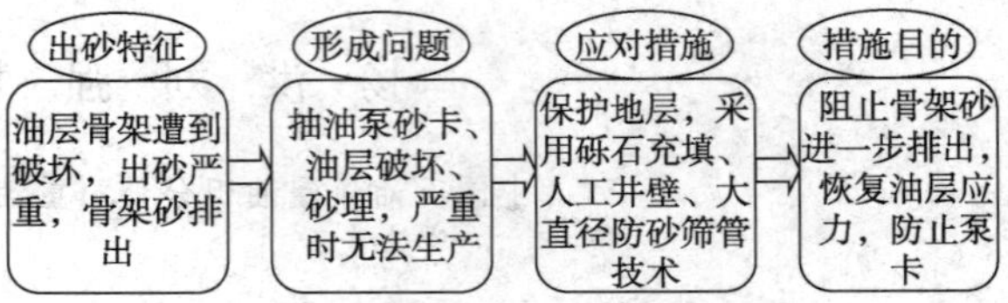

图2 严重出砂井治理思路示意图

3.2 不钻塞人工井壁技术

不钻塞人工井壁防砂工艺是施工时利用泵车将覆膜砂挤入套管外亏空区域，在地层温度和水环境下发生水化、固结等一系列的化学反应，形成高强度、高渗透的人工井壁(图3)，达到防砂的目的，其主要技术指标如表1所示。

表1 不钻塞人工井壁技术指标表

视密度	固结强度	固结渗透率	适用井温
0.9~1.15	10MPa	5~15μm^2	常温-350℃

图3 不钻塞人工井壁覆膜砂和固结体实物图

防砂剂在常温至80℃的水环境下即可胶结，无特殊固结条件；形成的人工井壁孔道分布均匀，可防最小砂粒直径为5μm；人工井壁在套管外形成，有一定的油层半径，因此有较长的渗流通道和较大的渗流面积；固结强度达10MPa，适应了六、九区热采井高强度注汽的需求；具有较好的造壁防砂和充填作用，可应用在轻微汽窜和管外亏空大的严重出砂井上。不钻塞人工井壁防砂技术用携砂液将防砂剂携带至井底油层的亏空处，施工完只需冲砂至人工井底即可把多余的防砂剂冲出井口，不会形成新的人工井底，因此不需钻塞等后续作业。

3.3 挤压砾石充填防砂技术

该技术是指利用挤压充填工具将防砂筛管对准油层并悬挂、锚定、密封，然后打开充填通道，用大排量高砂比携砂液将套管外地层和筛套环空用石英砂一次充填压实，形成连续稳定的高强度高渗透性砂体，阻止地层砂向井筒运移(图4)；同时由于管外充填砾石提高了井筒周围地层的渗透率，从而能改造油层，达到防砂增产的目的。优点：防砂同时改善了油层近井地带导流能力；有效期长，一次防砂成功率高，适应范围广。

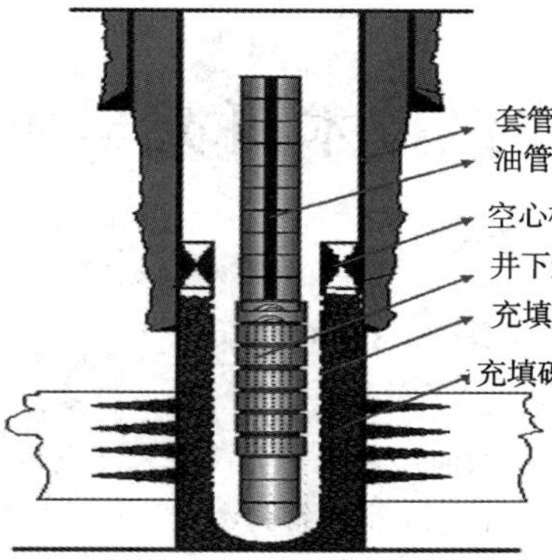

图 4　挤压砾石充填防砂示意图

针对地层泥质含量较高的油井，在防砂施工前采用 PFP-3 防膨剂配制 10%的防膨液对油层正挤进行预处理，处理半径为 1.8m 左右，可有效消除地层黏土膨胀现象，防止施工过程及后期开采过程中对油层的二次污染。

根据油井生产的实际特点，分析到单井产能低，泵沉没度大幅减少会对单井产量影响较大的特点，选用了大通径充填工具（内通径由直径 76mm 变为直径 100mm）和内接箍抽油泵（仅将管式泵外接箍改为内接箍），确保抽油泵可下入充填筛管内，保证抽油泵沉没度不受影响。克服了传统的砾石充填防砂工艺只能将抽油泵下在桥塞上部，导致泵沉没度大幅减少的特点，从而提高了泵效，延长了油井生产的轮次周期。

3.4　螺杆泵排砂采油技术

九区浅层稠油砂岩油藏前期治砂重点是在防砂方面，采用不钻塞人工井壁化学防砂技术、挤压砾石充填机械防砂技术等限制油井出砂，但防砂费用高。通过制定有效的出砂管理制度，根据油层出砂不同状况，采用高温螺杆泵采油技术进行携砂采油（图 5），并在此基础上确定经济合理、环境允许的砂处理方法。

螺杆泵是容积式泵，由地面驱动部分和井下抽油泵组成。螺杆泵采油系统的核心部分是井下抽油泵，其主要部分组成为定子和转子。转子是井下泵中唯一运动的部件，其上部与抽油杆连接。转子是一个横截面为圆形的钢制长螺旋杆。定子是由合成橡胶铸制而成的内嵌式双螺旋体，固定于一钢管内，其上端与油管连接。通过转子和定子相互啮合在吸入腔和排出腔产生容积变化来输送液体，对于地层出砂不严重的油井，螺杆泵采油技术具有较强的携砂举升能力。

4　现场应用情况

2016 年以来，九区浅层稠油油藏应用不钻塞人工井壁防砂 60 余井次，挤压砾石充填防砂 32 井次，螺杆泵排砂采油 18 井次，措施有效率 80%以上；其中不钻塞人工井壁防砂平均防砂有效期 9 个月；挤压砾石充填防砂有效期 12 个月；有效地降低油井的检泵频率，节约了开采成本，延长了油井的正常生产周期，积累了防、排砂生产技术经验。

图 5　螺杆泵排砂采油

5　结论

（1）九区浅层稠油油藏油井出砂是由井底附近地层的岩层结构破坏所引起的，主要是地质条件和开发因素引起的，针对不同程度的出砂，应当采取不同的防、排砂措施。

（2）不钻塞人工井壁防砂施工简单，适用于出砂井的后期防砂和躺井恢复的防砂；针对汽窜井要增大挤注砂量，减少汽窜对施工效果的影响；严重汽窜井不建议此防砂方式。

（3）挤压砾石充填防砂对于近井地带大量亏空的严重出砂井有更好的防砂效果。建议单井产量较高的严重出砂井进行此防砂，现场施工增大施工量。

（4）螺杆泵排砂采油技术能有效减少泵卡，但是对选井具有一定要求，建议配合具有较高渗透性的防砂措施一起使用，既能保护地层骨架砂，又能排出浮砂、散砂，提高油层渗透性。

（5）对于严重出砂地层或开发后期的高含水层，单一的防砂方法已经不能满足防砂采油的需要，因此，可以采取两种或两种以上的防砂方法组合的“复合防砂技术”。复合防砂技术的优点是其挡砂强度更高，防砂更可靠，有效期也更长。

参 考 文 献

［1］吴军，阮林华等．克拉玛依浅层稠油油藏防砂对策．新疆石油科技，2012.

［2］邹蒙蒙．浅谈如何提高浅层稠油油藏防砂效果．中国石油和化工质量与标准，2008.

克拉玛依油田六区稠油水平井选段注汽技术研究与应用

杨 洪 李云鹏 王争光 甘 磊 鲁 阳

（中国石油新疆油田分公司重油开发公司，新疆 克拉玛依 834000）

摘 要 克拉玛依油田六区齐古组油藏埋深浅，非均质性强，常规稠油热采水平井两点式注汽方式引起的蒸汽分布不均、水平段油层动用不均问题严重。本文通过稠油水平井注汽管柱结构分析、水平段地层吸汽状况分析等，对稠油水平井注汽、吸汽状况及影响因素进行定性分析；研究了“小直径封隔器+配汽阀”选段注汽工艺，实现水平井水平段定点、选段配汽，改善了水平段动用程度，提高了水平井开发效果。

关键词 水平井；两点式注汽；封隔器；配汽阀；选段注汽

水平井采油技术具有水平井段长，泄油面积大等特点，是提高油藏单井产量的有效手段。在稠油水平井开发实践中也逐渐暴露出一些问题，如由于油层的非均质性的影响，造成水平井轴向上吸汽量的大小差异较大，加热范围不均，直接影响到水平井注蒸汽开采的效果。

1 研究背景与目的

克拉玛依油田六区浅层稠油油藏位于准噶尔盆地西北缘，油藏埋藏深度平均 210m，地层结构疏松，油藏岩性以砂-砾岩为主，平均孔隙度 30%，平均渗透率 1247mD，20℃时原油黏度为 4000~200000mPa·s，黏温反应敏感，原油黏度突变性大。为了提高六区浅层稠油油藏开发效果，采用了热采水平井开采稠油油藏，在生产实践中发现了部分问题制约了水平井段吸汽状况，影响注蒸汽开采的效果。

（1）常规双管注汽结构（图 1）配汽不均：采用主、副双管注汽，注汽管柱只有两个出汽点，分布在水平井段 A、B 点两端，影响了水平段的均匀动用程度，同时 B 点虽然能有效注汽，但生产过程中 B 点的原油需要流经长的水平井段，热能损失大，原油黏度变化大，流动困难。

（2）水平井油量递减加大，产能优势减弱：主要表现为投产初期生产效果好后期递减快。前 4 周期生产效果好，平均周期产油超过 1000t；后期生产能力逐轮下降，4 周期后周期产油不足 400t。

（3）水平井段吸汽不均严重：浅层稠油油藏非均质性严重，水平井温度剖面监测（图 2）显示，在注蒸汽过程中水平段温度场存在较大差异，通常高温段仅占 1/2~1/3 左右，反映出水平井段吸汽不均匀的矛盾，导致开采周期数增加后，蒸汽的热利用率降低，周期产油量及油汽比递减增大。

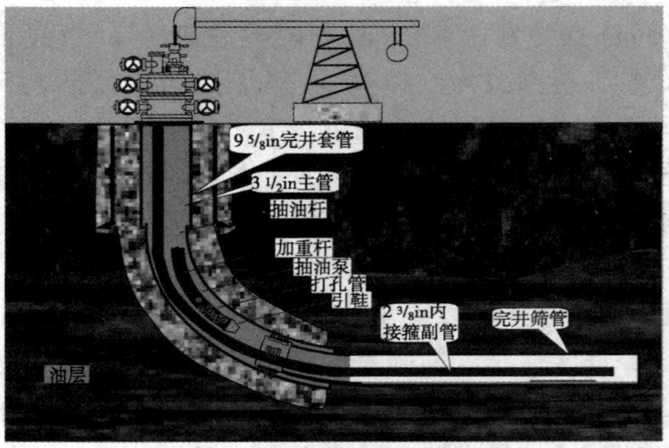

图 1 稠油水平井两点式注汽管柱结构

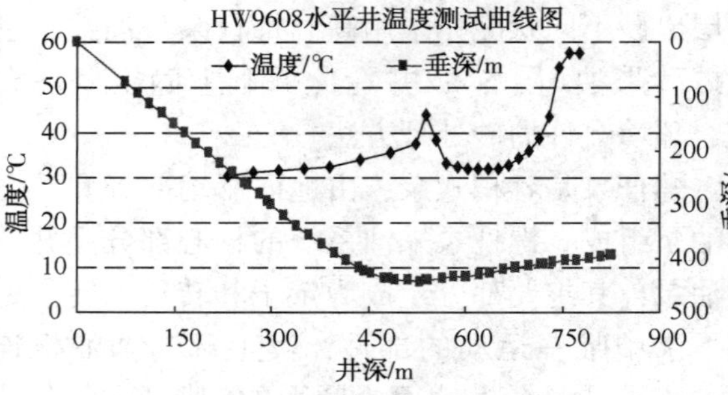

图 2 水平井两点注汽水平井段温度分布

（4）周期末期水平段剩余温度高，影响生产效果：对于超稠油水平井，生产末期水平段 B 点处聚集有高温流体，受中部高黏度原油影响，无法采出，致使生产效果较差。

作者简介：杨洪（1983-），男，高级工程师，现从事稠油热采工作。E-mail：yhong66@petrochina.com.cn。

为了提高热采水平井的动用程度，改善水平井段吸汽能力，提高水平段动用程度，有必要开展稠油热采水平井选段注汽技术研究与应用，通过浅层稠油水平井两点式注汽工艺技术现状分析，研究水平井段吸汽能力状况，总结出影响注汽效果的主要因素；针对水平井蒸汽吞吐阶段，水平段吸汽过程中存在的问题，研究使用“小直径封隔器+配汽阀”的选段注汽工艺，隔离已高度动用的层段，充分发掘低动用层段潜力，实现水平段选段、定点注汽。

2 水平井选段注汽关键技术研究

2.1 两点式注汽工艺水平段吸汽状况分析

目前克拉玛依油田六区浅层稠油热采水平井主要采用主、副同注方式进行吞吐注汽，主管光油管注汽时注汽通道一般距悬挂器20m左右，距A点50m左右，主管带泵注汽时一般距悬挂器35m左右，距A点65m左右，副管位置一般距B点(井底)20m左右。

(1) 水平段蒸汽运移状态分析：注汽前水平段处于同一地层压力系统，A、B两点压力相同。当蒸汽从主管注汽孔出来，蒸汽沿环空向下推进，进入水平段A点处，从A点通过筛管进入油层，沿油层向两端扩散；同样B点处蒸汽从注汽孔出来后也向两端扩散，只是由于副管注汽通道过流面积小，管线长，管线沿程压力损失大，B点附近蒸汽带面积小，注汽干度低，蒸汽携带的热焓较少(图3)。而水平井中部筛管及地层中由于油水混合物的存在，只能依靠副管热传导作用来加热筛管和地层的液体。

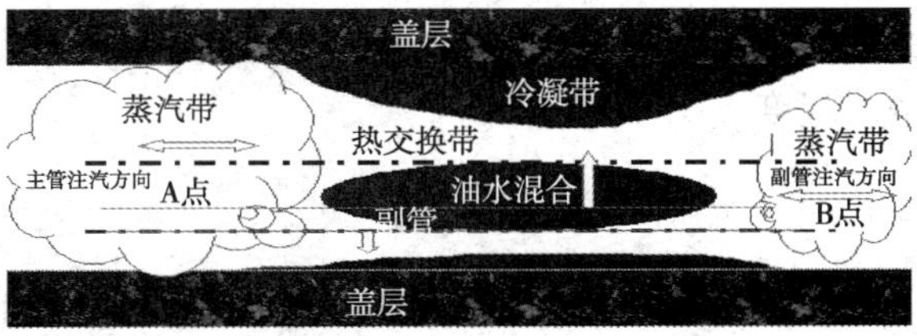

图3 稠油水平井两点式注汽工艺水平井段蒸汽运移示意图

(2) 水平段产出液流动状态分析：水平段A点附近筛管内压力小于A点蒸汽加热带压力，随着加热区液体采出，未加热地带高压区油流流向低压区，由于水平段存在摩擦阻力，当水平段中部被高压低温流体占据，摩阻增大，对于超稠油来说，当温度降到拐点以下，启动压力急剧增加，造成B点处压力最高。

(3) 水平段剩余热量分布状态分析：水平段B点处封存高热量流体无法采出，水平段生产能力不能完全发挥，蒸汽的有效热利用率较低，造成浅层稠油水平井开发效果差。对生产末期水平井进行井温测试(图4)，测试结果表明：B点附近大量的热量聚集，造成超稠油水平井即使注入大量蒸汽，但生产效果依然较差。

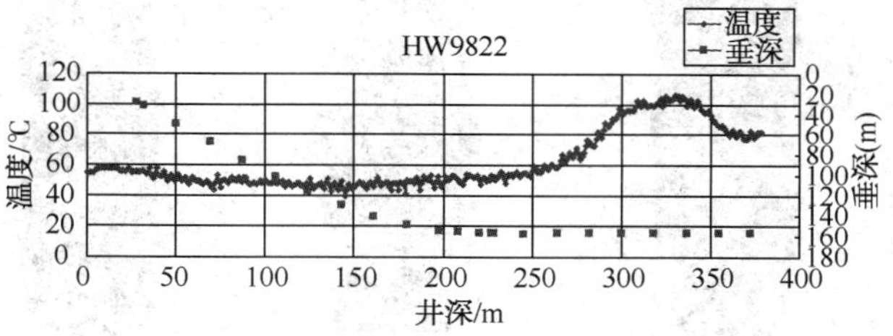

图4 HW9822生产末期井温测试曲线

综上所述，两点式注汽方式影响水平段吸汽不均、水平段动用程度差的主要因素有：

(1) 两点式注汽方式蒸汽无法到达水平段中部，造成水平段中部动用程度差；

(2) 由于水平段各部位受热状况不同，加热面积不同，产出液量也不同，造成A点动用程度最高，B点次之，水平段中部最差；超稠油因存在启动压力，造成B点封存大量的热，严重影响超稠油水平井开发效果。

2.2 水平井选段定点注汽工艺研究

水平井选段定点注汽工艺是采用适当的注汽管柱与完井管柱配合，将以往的笼统注汽方式改变成有针对性的分段注汽方式，调整水平段吸汽剖面，改善水平井的注汽和开采效果。

根据水平井段动用状况，利用配套管柱，在水平井段，采用“小直径软密封热敏封隔器+配注器”的管柱结构(图5)，将A、B点与中间部分分开，将水平井段分隔成相对独立的几个注汽腔，通过配注器数量、位置以及每个配注器配汽量的调整，来控制蒸汽沿水平段的分配，保证在同样注汽量下，蒸汽流过更长的水平段，有控制地加热未动用或动用差层段，从而改善水平井井段动用不均衡的现状。

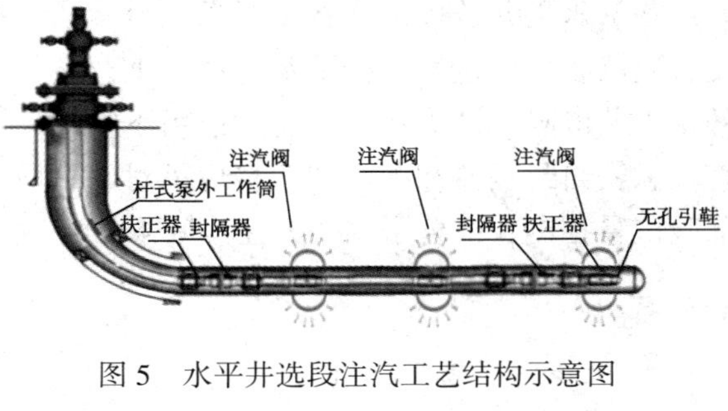

图5 水平井选段注汽工艺结构示意图

水平井选段注汽管柱由 ϕ88. 9mm 油管、蒸汽分配器、小直径软密封热敏封隔器、扶正器、注汽阀组合应用(图 6)，实现三种基本注汽方式。

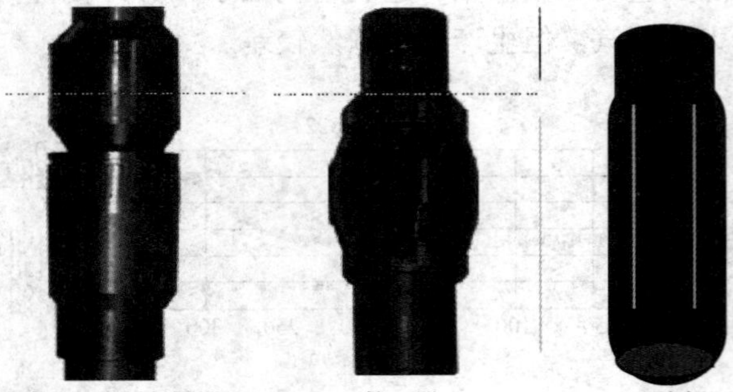

图 6　水平井分段注汽管柱结构

(1) 小直径软密封封隔器：作用是在水平井注汽时，把水平层段分成前后两个空间，以实现分段注汽的目的。①封隔器直径为 130 mm，相对套管或筛管直径，具有较大的安全空间。②水平段密封时，上、下密封高度达到 15mm，能够实现不对称密封，并保证起下管柱的安全性。③密封件密封时，与套管或筛管内壁是过盈配合，当密封件磨损时，在补偿装置的作用下，密封件继续保持良好密封效果。④当注汽结束起管柱时，补偿装置会被压缩而实现解封。

(2) 可伸缩专用扶正器：一是在下管柱过程中保护小直径软密封封隔器；二是在水平段把封隔器位置调整到套管或筛管截面中部，以确保小直径软密封封隔器有效密封。①扶正器主体直径为 130mm，最大外径 152mm，安全性较高。②扶正器支撑件为大倒角可伸缩滑块，能够保证扶正器安全起下。③扶正器的每个支撑件具有 75kg 支撑力，能够确保扶正封隔器。

(3) 配汽阀：为了实现多段注汽方式，设计了注汽阀，其注汽孔道为 40mm×12mm 长方形通道，共计 4 条，均匀分布在注汽阀上。

2.3　技术优势分析

(1) 水平井选段注汽技术根据油藏地质、开发状况等条件，定性分析了常规注汽工艺条件下的水平井段吸、产液状况，通过选用不同数量小直径软密封封隔器和配汽阀，实现了对水平段中部吸汽量控制，改善了水平井注汽效果。

(2) 水平井分段注汽技术根据水平井段动用情况，优化注汽管柱结构，实现有针对性的选段注汽，调整水平段吸汽剖面，解决水平层段油藏动用不均衡问题。

3　现场应用情况

2016 年下半年以来，在克拉玛依油田六区浅层稠油油藏开展了 12 口井的水平井选段注汽技术试验与应用。根据水平井段 A、B 两点处注汽面积及蒸汽 50~70m 的波及范围来最终确定封隔器及注汽阀的具体位置，一般将水平井段第 1 个封隔器设计为距离 A 点 90m 处，最后 1 个封隔器距离 B 点 100m 处，中间的水平井段通过配注器数量、位置的调整，来控制蒸汽沿水平段的分配，达到水平段选段、定点注汽的目的。措施水平井生产效果较措施前有明显提高，12 口措施井累计增油 3600t，投入产出比为 1∶1. 95，经济效益显著。

4　结论

(1) 稠油水平井两点式注汽方式因其水平段中部无法被蒸汽有效加热，这是水平井段动用不均的主要原因，影响了水平井开发效果。

(2) 水平井选段、定点注汽技术有效地解决了水平井段注汽不均的问题，完善了六区稠油水平井开发配套工艺，提高了水平井生产时效和生产效果，对改善水平井开采效果具有重要意义。

(3) 水平井筛管完井工艺方式无法真正意义上实现水平井段分段、定点吸汽的目标，建议采用套管完井，分段射孔技术；对于储层非均质性强的油井，建议采取调剖措施后再实施选段注汽工艺，综合两者技术优势，最大程度提高水平段动用程度。

参　考　文　献

[1] 林军，张勇，张红驰．水平井双管注汽工艺技术[J]. 石油地质与工程，2008，(5).
[2] 张怀文，王姹娣，夏守印．水平井稠油采油技术综述[J]. 新疆石油科技，2004，(14).

SAGD 高温潜油电泵采油技术研究与试验

柳盛森

（中国石油辽河油田分公司曙光采油厂，辽宁 盘锦　124010）

摘　要　举升工艺是SAGD开发的核心技术之一，目前辽河油田SAGD生产井主要以大抽油机配套有杆泵举升为主，基本能够满足生产需要。但受有杆泵泵挂深度和最大载荷影响，液量提升空间有限，在一定程度上将影响SAGD开发进一步推广与应用。电潜泵采油工艺无杆柱机械传动，排量范围大、扬程高，在SAGD生产井提液方面应用空间很大，但受井下高温条件制约，国内研究一直停滞不前，而进口泵价格高、供货周期长，受垄断制约难以规模应用。为进一步提高井筒举升能力，改善SAGD开发效果，为此曙光采油厂和相关科研院所联合在国产潜油电泵机组耐高温、配套管柱等方面开展研究，取得了突破性进展，2015年7月15日，首台国产SAGD高温潜油电泵在辽河油田曙光采油厂杜84馆平K58-1井进行了现场试验并取得一次性成功。

关键词　举升；SAGD；潜油电泵

引言

全球易开采的常规石油资源比例越来越小，石油产业的可持续发展越来越依靠基于技术创新的稠油、超稠油和天然沥青等新兴领域储量的开发。蒸汽辅助重力泄油（Steam Assisted Gravity Drainage，SAGD）技术是开采超稠油和沥青最有前景和潜力的方法。在国外，加拿大36%的稠油和油砂产量来自SAGD技术；在国内，辽河油田已培育数十口SAGD日产百吨井。

生产井排液能力是影响SAGD采油效果的一个重要注采工艺参数，SAGD生产井具有产液量大、温度高、斜度大三大特点，高温电潜泵能够突破有杆泵下泵深度和排量的限制，有效改善SAGD采油效果。目前，超过218℃耐温等级的高温电潜泵的市场和技术被美国斯伦贝谢和贝克休斯两家公司垄断。因此，研制SAGD高温电潜泵（适用井温250℃）对我国超稠油开发和高性能SAGD举升装置的更新换代具有重要的科学意义和工程实用价值。

1　高温潜油电泵的研制

1.1　高温潜油电泵系统工作原理

高温潜油电泵是将潜油电机、保护器、油气分离器、潜油多级离心泵同电缆及油管一同下入井内，地面电源通过变压器、控制柜和电缆将电能输送给潜油电机，潜油电机带动潜油多级离心泵旋转将电能转化为机械能，把油井中的井液举升到地面的机械采油设备。

1.2　高温潜油电机

高温潜油电机是驱动多级离心泵的动力源，为两极鼠笼式三相异步电动机（图1）。电机主要由定子、转子、结构支撑系统、油路循环系统等组成，定子铁心采用整体内压工艺。潜油电机由于受井眼直径和井眼轨迹的客观限制，设计为细长的筒式结构，单节电机最长可达10m。由于高达250℃的高温井液环境，以及电机的自身发热因素，电机采用高耐温、强绝缘的300℃复合电磁线作为电路载体，采用低损耗硅钢片作为磁路载体，采用现代电机设计技术实现了电机的高温运行。潜油电机的工作状态为立式悬挂或倾斜躺置。它的上部止推轴承承受电机的轴向负载和转子自重，电机运行产生的热量传到电机的外壳，

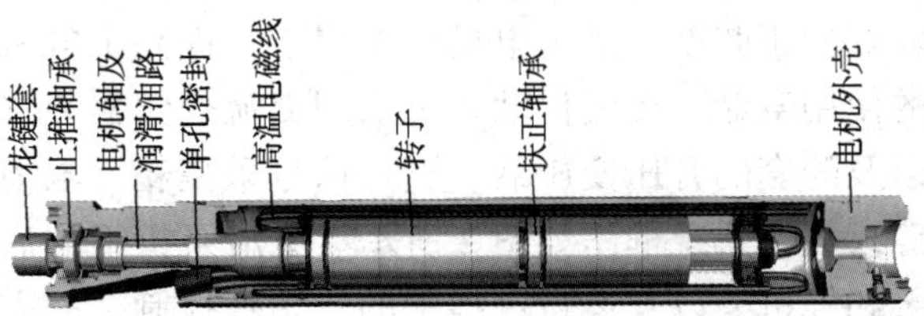

图1　高温潜油电机

被流经电机表面的井液带走。电机与电缆的连接

作者简介：柳盛森（1983-），男，高级工程师，曙光采油厂工艺所项目负责人，主要从事油井举升研究及推广应用工作。E-mail：liushengs@petrochina.com.cn。

方式采用“差压自补偿密封技术及配套结构”设计为“单孔密封结构”。

1.3 高温电机保护器

高温电机保护器是高温电潜泵的关键部件之一。因为工作在井下，必须禁止井液进入高温电机。保护器的功能主要是使电机腔体内外压力平衡，隔离井液与电机油，避免井液进入电机内部。另外，还承担泵轴的重量和泵轮工作时产生的轴向力，这些力是通过轴端接触传递到保护器中平面轴承上的。低温电潜泵保护器通常使用沉淀式保护器和胶囊式保护器。但是高温井多为水平井或斜井，井温高达200℃以上。沉淀式保护器不适用于水平放置或倾斜放置，而胶囊式保护器的弹性囊没有足够的抗拉强度和耐温性，因此这两种保护器都不适用于高温井。因此高温保护器采用了复合金属囊结构，包含多级密封腔，可适用于250℃井液中，实现了高温下保护器的自由呼吸和电机油的补偿功能；根据电机的功率等级和保护时长，可以实现多级金属囊保护器的串接，可靠地保护了高温电潜泵的运行。

1.4 高温多级离心泵

潜油泵是一种多级离心泵，是由上下泵头、泵轴、泵壳、叶轮、导壳、轴承支架及连接系统组成，每一级都由一个旋转的叶轮和一个固定的导壳组成，叶轮串装在泵轴上由方键径向定位，每级叶轮上、下都装有减磨垫，每节泵的两端各有一个轴承支架。叶轮为全浮式。传统导壳和叶轮之间减磨垫材料已不能满足高温要求，本电泵采用改性聚醚醚酮材料制作而成，有极好的耐磨、耐温和摩擦系数小的特点。

2 控制系统

系统采用低压变频、滤波，然后升压的方式来满足高压电机的使用要求。正弦波滤波器能够有效地滤掉高频部分，使其输出的电流波形达到较好的正弦度，满足电机供电要求，提高了电机的使用寿命。交流传动系统采用交流变频器装置以及配套的升压变压器、电机信号采集箱、电缆等组成，系统框图如图2所示。电潜泵机组的启泵和停机，以及运行过程中的一系列控制，都需要由电潜泵控制系统来完成。该控制系统用于控制电潜泵交流异步电动机的运行，可实现对机组的平稳启动、停止，根据负载情况手动调节输出频率，进而调节电机的转速，使设备的生产能力达到自由可调、节能及延长机组使用寿命的目的。

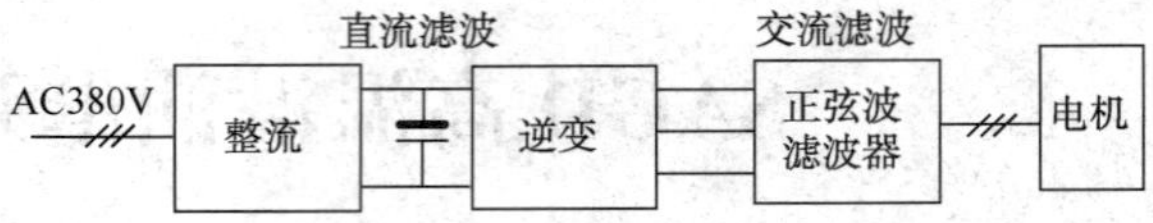

图2 控制系统框图

3 高温电泵井口

该井口装置主要由井口四通、油管悬挂器、主体、穿越器、测试通道等部件组成。油管悬挂器安装在套管四通内部台肩上，内部有提升悬挂内螺纹，悬挂器和套管四通之间采用两道耐高温圈密封和利用油管重力实现的金属密封。与主体之间采用O型密封圈密封，能可靠地密封油管悬挂器、主体、套管四通及管柱环空之间的压力。油管悬挂器采用了偏心的结构，在预留井液通道的旁边设计有动力电缆穿越通道和测试电缆通道。

电泵管柱全部下完后再安装上部井口，首先将电缆穿越器中间段穿入油管悬挂器中拧紧，然后将电缆穿越器下接头与电缆穿越器中间段底部拧紧连接。将测试电缆从测试电缆通道穿出，用卡套紧固密封。之后将其随油管悬挂器一起放入油管头四通中，用定位螺钉实现油管悬挂器的安装定位，最后上紧顶丝。之后安装主体，主体的三个内孔分别对准悬挂器的液流管、穿越器管和测试通道。液流管外的密封圈与主体的最大的内孔密封，穿越器本体的密封圈也与主体相应的内孔实现密封。紧固主体与井口四通的螺丝后，用卡套密封测试电缆出口端。在主体上端继续采用法兰方式安装井口阀门，采油树四通、节流器、采油树帽等零部件。井口主要技术参数，额定工作压力：20.7MPa；工作温度：−29~345℃。

4 现场试验情况

2015年7月15日在曙光油田杜84-馆平K58-1井进行了现场试验，泵深672米，机组一次性启动成功，设备运行状态良好，井下工况参数平稳，电泵的温压监测系统显示泵深附近的井温平均为203℃，电机温度平均208℃，各项性能指标均达到了方案设计要求，高温潜油电泵机组主要参数如表1所示。截止至2018年底，油井已连续生产1208d，累计产液28.4×10^4t，累计产油4.7×10^4t，平均日产液235.1t/d，平均日产油38.9t/d，取得了良好的生产效果。对比有杆泵累增油1.3×10^4t，提液增产效果明显，检泵周期也得到大幅度延长。

2018 年以来，又先后在杜 84－馆 H51、馆 H54、馆 H19、馆 H50、馆 H55、馆 H18 井实施了 SAGD 高温潜油电泵技术。目前我厂现场运行的七口电泵井，生产状况平稳，对比有杆泵合计日增油 110t。

经过功耗测试和计算对比，电泵对比原有的有杆泵每天耗电量降低 160 kW · h，节能幅度达到 21%，也达到了一定的节能效果。电泵没有大型的地面举升设备，系统自动化程度高，没有设备日常维护和检修工作量，节约了生产运行成本，员工管理工作量大幅度降低，劳动效率得到提高。

表 1　高温潜油电泵基本参数

参数	数值
功率	56kW
扬程	700m
排量	$250m^3/d$
高温潜油电机	Φ138，56kW，1365V
电机保护器	Φ130，油黏度 2m/s
多级离心泵	Φ130，76 级
电缆	3×700m，$S=16mm^2$

5　结论

（1）经过现场生产应用证明，高温潜油电泵能够满足 SAGD 产能和井下高温条件需求，生产状况良好。

（2）电泵从根本上解决了有杆泵管杆偏磨、抽油杆柱断脱问题，有效延长了油井检泵周期，提高了生产时率，降低了运行成本。

（3）电泵下深受油井井眼斜度影响较小，可根据 SAGD 实际井况，优选排量和扬程相匹配的泵型，设计合理的泵挂深度，配套注汽井科学调控，动态调整生产参数，促使蒸汽腔合理扩散和泄油，最终改善 SAGD 生产开发效果。

综上所述，高温潜油电泵技术因无杆举升，生产周期长，稳定性好，生产时率得到提高，日常维护成本低，经济效益好于有杆泵举升。同时电泵具有排量范围可调、扬程高、自动化程度先进等技术优点，更有利于现场管理。生产过程中提液效果明显，更适合于高产量、井眼轨迹复杂的油井，在 SAGD 开发方面应用空间很大。

参　考　文　献

[1] 张连山．电动潜油离心泵的现状与发展[J]．国内外石油机械，1997，8(5)：33-34.

[2]刘长松，曹言光，等．107 系列耐高温小直径潜油电机[J]．石油钻采工艺，2013，25(1)：71-73.

[3]万任溥，罗英俊．采油技术手册[M]．北京：石油工业出版社，1993：472-537.

[4]孟大伟．潜油电机设计方法改进研究[J]．石油学报，2007，28(3)：127-130.

薄层稠油油藏油井堵水技术探索与应用

钱 军 高 鹏 刘凤臣 田云霞 王 龙 于兴业 淳于朝君

（中国石化胜利油田分公司河口采油厂工艺研究所，山东 东营 257200）

摘 要 陈南薄层稠油油藏具有单层厚度薄、高孔高渗、小层普遍具有边底水等特点，论文针对不同的井况特征对应用过的不同堵水方式进行阐述，结合不同堵水方式，进行现场试验评价与分析。通过评价分析，总结经验认识，为以后的稠油堵水工艺积累经验。

关键词 薄层稠油油藏；边底水；现场试验评价

引言

随着我国油田已进入高含水期，油井生产过程中出水问题已成为制约油井采油的关键难题。尤其是随着油田进入高含水后期开采阶段，油田的层间、层内和平面矛盾日益突出，导致大量注入水沿高渗透层无效的循环、消耗，不仅浪费了大量的能源[2]，也给油田水平井堵水等带来了极大困难，成功率很低。

陈庄目前稠油热采开井 330 口，其中含水超 90%以上的有 203 口，占 61.5%，平均单井日油 2.0t，由于受边底水、采出程度、多轮次、井身轨迹等因素影响，高含水井呈逐步上升的趋势，已严重制约油田的开发，采用单纯的蒸汽吞吐开发，难以控制周期递减，产量已跌至经济极限。

近几年来，针对稠油热采油井高含水问题，我们采用了氮气泡沫堵水调剖技术，温敏凝胶堵调技术、热固堵剂等，进行了一系列的探索与应用，在措施选井、堵剂选择等方面也取得了一定的认识，为以后热采井的堵水积累了经验。

1 堵水技术的探索与应用

从 2012 年开始，针对陈南油田油井高含水的问题，探索稠油油井堵水方式，主要开展以下技术试验：

（1）2012—，针对弱边水等，进行氮气泡沫堵水调剖技术研究；

（2）2012—2013 年，针对大孔道和高渗透层，引进热固性堵剂堵水调剖，进行深部堵水；

（3）2012—2013 年，针对泡沫调剖对强边水影响井的局限性以及温敏凝胶适应差的特点，开展了“温敏凝胶+固相颗粒”复合堵水试验；

（4）2012—，针对堵调剂强度和堵调半径小的问题，引进聚阳离子凝胶堵水技术；

（5）2014—，因堵剂成本高、有效期短、增油量少等问题，提出固相颗粒超细水泥进行封堵，改善开发效果。

从堵水技术的发展趋势来看，整体向成本低廉，堵水半径逐渐向深部发展，堵剂向复合发展。

1.1 氮气泡沫堵水调剖工艺

1.1.1 室内试验研究分析

针对陈南稠油热采多轮次后高含水的问题，我们开展了堵水调剖工艺的推广试验，以改善热采开发效果。立足于氮气泡沫堵调技术，以增大蒸汽的流度比，封堵汽窜，提高富集油地带的动用程度，实现地层深部封堵调剖。

通过前期室内试验研究，高温泡沫吞吐可提高吞吐采收率 3%~6%，高温泡沫驱可提高汽驱采收率 7%~15%。通过油藏参数对高温氮气泡沫适应性现场统计分析研究，如图 1 所示，确定了高温氮气泡沫堵水调剖的选井条件：

（1）有一定的物质基础：累积采出程度低于 40%；

（2）层间或层内渗透率差异大，存在一定非均质性；

（3）油藏条件下原油黏度<2.5×10^4mPa·s；

（4）油层厚度 6~10m，渗透率>0.5μm^2；

（5）距离油水边距：300~500m，油藏高部位，边底水油水体积比小于 4；

（6）吞吐周期：<8；

（7）油层避射顶部一定厚度，利于氮气在储层中作用的发挥。

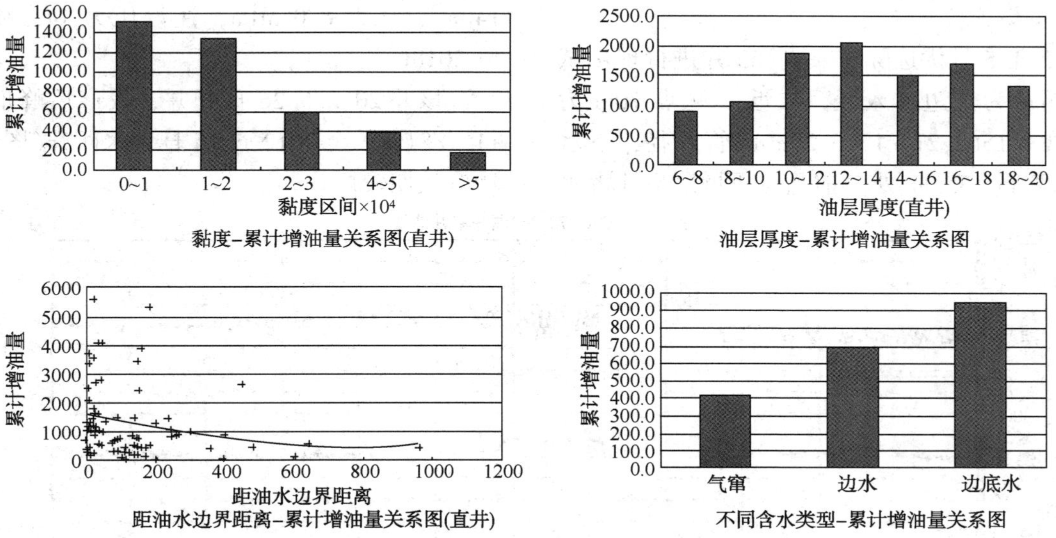

图 1　油藏参数对高温氮气泡沫适应性现场统计分析研究

1.1.2　现场试验与应用

在确定了选井条件后，于 2012 年 5 月在陈 21-65 井进行先导试验，设计氮气、泡沫分两个段塞注入，注入氮气 7.0×10^{4}Nm^3，高温起泡剂 7.0t，注汽压力 14.4MPa，设计注汽量 2200t，于 2012.6.5 日开井，措施前 18.6/1.4/92%，峰值为 53.6/13.2/75.2%，含水下降了 17%。周期累油达到 1308t，较上轮增加 1042t，周期日油 7.3t，较上轮增 5.9t，周期含水下降 14.6%(图 2)。

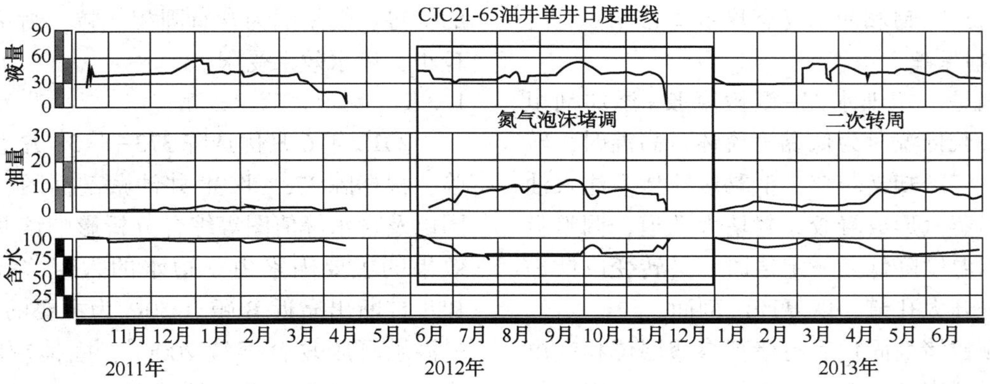

图 2　陈 21-65 氮气泡沫堵调后生产曲线

在取得较大成功后，先后在 3 口井(陈 39-77、陈 42-X76、陈 44-X76)扩大应用，日油水平由措施前平均 1.1t 增加到了 6t，增加了 4.9t，含水也由措施前的 95%下降到了 84.2%，降低了 10.8%，增油降水明显。

1.2　热固性堵剂堵水工艺

1.2.1　堵剂原理

改进热敏膨胀固化剂，筛选热固性堵剂的助剂、优化体系的配方。热固型堵剂固化后封堵高渗透层位和汽窜通道，具有强度高、有效期长等优点，适用于封堵裂缝、孔洞、大孔道和高渗透层。其性能测试结果见表 1。

表 1　250℃条件下热固型封堵实验结果(岩心管长度 L=10cm，24h)

序号	孔隙度/%	堵前渗透率/($10^{-3}\mu m^2$)	堵后渗透率/($10^{-3}\mu m^2$)	封堵率/%	封堵压差/MPa
1	33.955	3490	0.808	99.963	1.35
2	28.81	817	0.030	99.977	3.25
3	33.435	6855	2.101	99.969	0.87
4	32.840	2865	1.50	99.948	1.15
5	29.905	7032	1.715	99.975	0.55
6	30.871	2525	0.525	99.974	0.90

1.2.2 现场试验与应用

2012年5月优选陈373-平63井进行现场试验，分析认为是边水入侵，靠近B靶点70m为出水层段。1562.27~1576.20m筛管缩径，下水平井桥塞于1555m处。前置热固性堵剂堵水 $140m^3$，压力6.0 MPa，注汽压力14.9MPa，注汽2018t。

该井2012.5.26日开井，投产后峰值为62/11.7/81%，至2012.6.15日含水回升(图3)，封堵有效期较短。

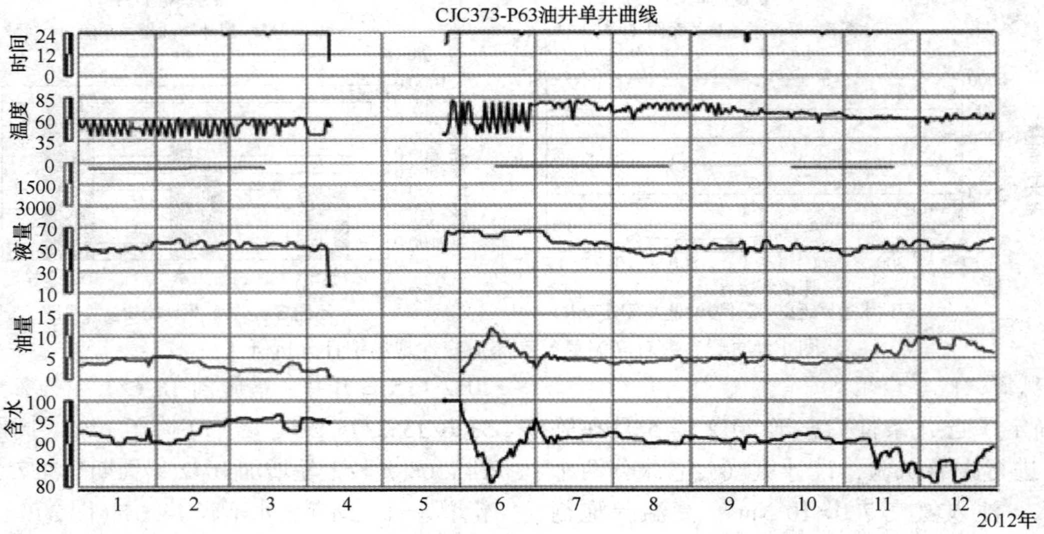

图3 陈373-平38井生产曲线

1.3 温敏凝胶+固相颗粒复合堵水工艺

1.3.1 堵剂原理

该堵剂是由超细水泥+温敏凝胶+添加剂组成，温敏凝胶低温时为低黏度流体，高温时，转变为胶体，经冷却又转变为低黏度流体。注入油层后遇高温蒸汽形成凝胶，封堵大孔道，调整吸汽剖面；当温度降低到一定值时，又转变成低黏度流体，打开大孔道，恢复产液剖面。

固相颗粒堵剂固化后封堵高渗透层位和汽窜通道，具有强度高、有效期长等优点，适用于封堵裂缝、孔洞、大孔道和高渗透层。

该组合具有过筛率高、耐温性强和悬浮性好的优势，但是因为含有固相颗粒，封堵半径相对较小，堵水效果受限。

1.3.2 现场试验与应用

2012年6月优选陈373-平38井进入现场试验，根据陈373-平38井油藏剖面图、小层剖面图以及含水等值图等综合分析影响该井热采生产效果的主要因素由于边水的入侵 综合含水高；初步推断出靠近B靶点50m为主要的出水层段，挤温敏凝胶复合溶液 $200m^3$，固体颗粒30t，压力9.0~10.0 MPa，注汽压力12.5MPa，注汽量2739t。

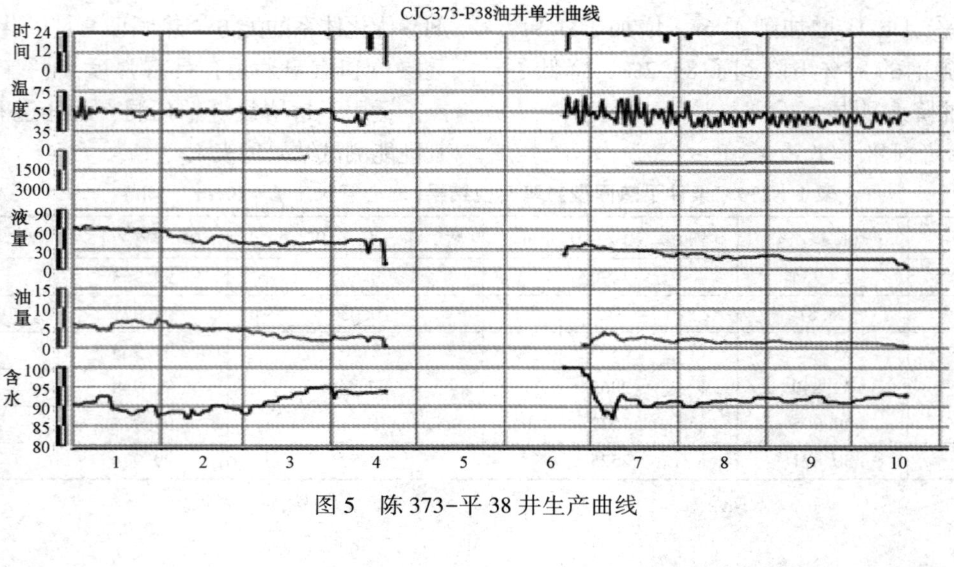

图5 陈373-平38井生产曲线

该井 2012.6.22 日投产，措施前产量为 39.8/2.4/93.6%，措施后峰值为 35/4.2/88%（图 4），没有起到很好的降水增油效果。分析认为是由于堵剂含有固相颗粒，在近井地带聚集，导致近井地带阻塞，影响了效果。

1.4 聚阳离子凝胶堵水工艺

1.4.1 堵剂原理

阳离子分散凝胶进入油层后，在砂岩表面吸附，同时捕捉油藏中的移动颗粒，在孔吼处形成“栓塞”，而当两种凝胶二次成胶后，其吸附及“捕捉”能力更强，形成高强度“栓塞”，从而封堵水窜及汽窜孔道。该堵剂通过性能好、吸附、携带能力强，与原油和水不乳化聚合，单体最高耐温 260℃，复合体耐温最高 400℃。

1.4.2 现场试验与应用

优选陈 371-平 3 井于 2012 年 7 月进行现场试验，方案优化先注入小阳离子凝胶 15t，再注入大阳离子凝胶 15t，配液 700m^3，注入压力 3~6.0 MPa，注汽压力 14.7MPa，注汽量 3200t。7.17 日开井，日液 56.6t，日油 15.2t，含水 73%，较措施前相比，日油上升 12.0t，含水下降 22%，累油 2090t（图 5）。

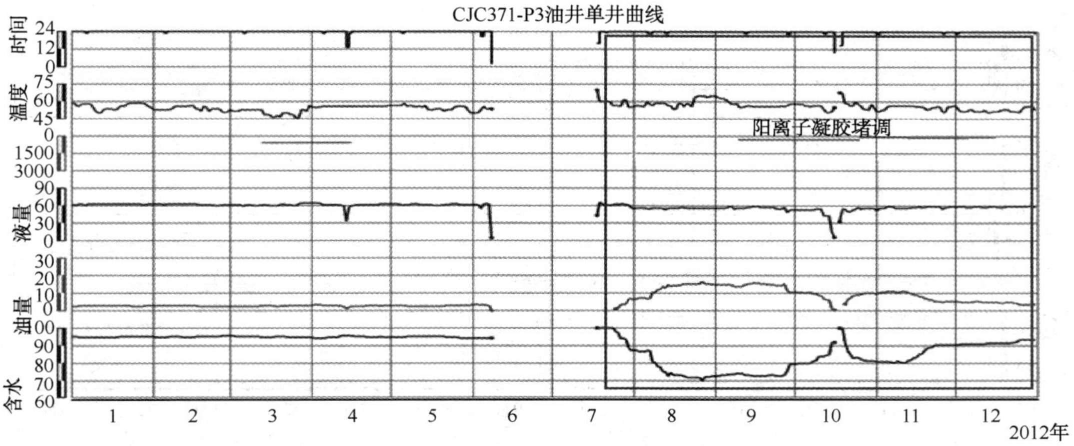

图 5 陈 371-平 3 井生产曲线

在取得较好的效果，积累的应用经验后，于 2013 年 5 月与 2014 年 12 月选取陈 373-平 47、陈 373-平 53 井上扩大应用，陈 373-P47 实施阳离子凝胶堵水，NG 下 12 水平段 145m，第 3 周，累油 9650t，堵水之前正常产量 40/4.0/90%，设计挤阳离子凝胶 30t，注汽量 2600t，注汽压力 13.1MPa，2013.5.15 日开井，峰值产量 63.6/16.6/73%，周期累油 1438t，油汽比 0.5，累增油 650t；陈 373-平 53 由于开井初期调参等因素的影响，效果不是很理想。

1.5 固相颗粒堵水工艺

1.5.1 堵剂原理

堵剂组成是超细水泥，并在其溶液中添加膨润土、自扩散等，使其具有更好地悬浮性，随固相颗粒的浓度变化，有效控制悬浮时间，注入近井地带后，在可控时间内，快速失水，形成高强封口，从而起到堵水目的。

1.5.2 现场试验与应用

近几年来，针对稠油热采井高含水问题，我们采用了氮气泡沫堵水调剖技术，温敏凝胶堵调技术、热固堵剂等，均因堵剂成本高、有效期少，增油量少而没有进一步的推广应用，

为了突破这一难题，我们在技术攻关改进的基础上，提出了以固相颗粒即超细水泥进行封堵，该体系具有成本低、封堵性强的优势，并在陈 373-P25 试验应用，改善开发效果。

该井目前高含水，经综合分析论证，认为 B 靶点为边水侵入，为了提高转周效果，注汽前对该井采用固相颗粒堵剂进行深部封堵。首先前置 2t 自扩散降粘剂配置的溶液 20m^3，然后挤入固相颗粒堵剂 45t 配置的溶液 300m^3，固化后可封堵高渗透层位和汽窜通道，具有强度高、有效期长等优点，适用于封堵裂缝、孔洞、大孔道和高渗透层。

该井于 2015 年 1 月 5 日开井，开井前产量为 7.9/0.4/93.6，开井后峰值产量 55.2/10.8/80.3，截至目前生产 77d，周期累油 400t，周期日油水平 4.7，目前产量为 48.7/4.6/92.5%（图 6）。

2 堵水调剖经验和认识

2.1 深化油藏认识，明确挖潜方向

堵水调剖是一个技术手段，剩余油是我们挖掘的对象，也是调剖成功与否的物质基础。因此搞清楚剩余油分布持点、水淹规律等，对于堵水调剖设计有着重要的指导意义。针对这一点，我们在工作中要和油藏紧密结合起来，充分运用油藏研究成果、动态分析以及各种测试资料和图件等，明确挖潜方向。

2.2 优选堵剂，做好堵剂与油藏和施工目的的匹配

提高堵调效率和工艺的适应性在油藏条件和剩余油分布既定的情况下，要充分做好现有堵调工艺的适应性分析和研究，优选堵剂，做好堵剂和油藏的匹配、堵剂与施工目的的匹配，在投入一定的情况下，尽可能提高堵调效率和堵调的针对性。

2.3 制定科学合理的施工方案，优化施工参数，严把施工质量

有了前面的工作基础，再根据室内研究成果和现场取得的成功经验，做好堵剂用量、组合方式、段塞尺寸、施工参数的优化。施工过程中，严格按照设计执行，遇到异常情况及时调整设计方案。

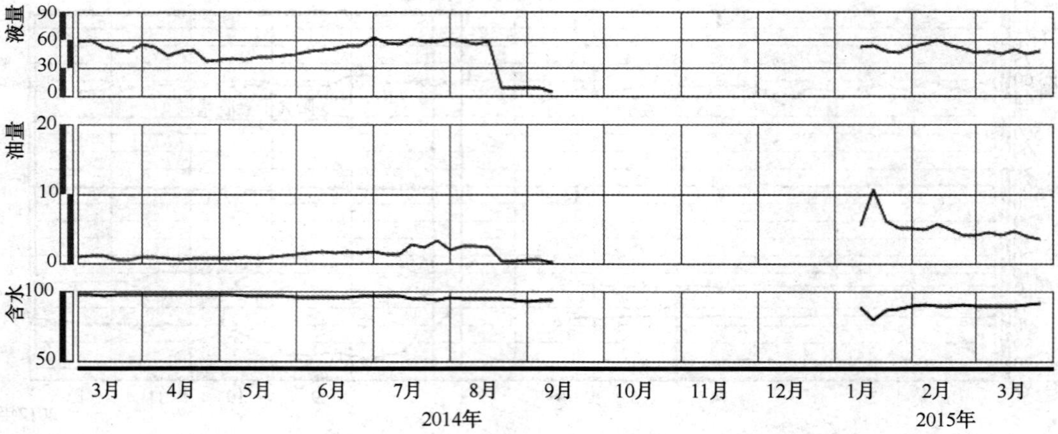

图6 陈373-平25井生产曲线

参 考 文 献

[1] 刘一江，王香增，等．化学调剖堵水技术[M]．石油工业出版社，1999.

[2] 王佩华，等．泡沫堵水调剖技术综述[J]．钻采工艺，2000，23：60-61.

[3] 杨成生．氮气泡沫堵水在油田的应用研究[J]．新疆化工，2010，3：27-31.

[4] 尚志国，苏国，董玉杰．泡沫凝胶选择性堵水剂的研究与应用[J]．钻采工艺，2000，23(1)：70-71.

多薄层边底水稠油油藏化学吞吐增效技术推广与应用

刘凤臣　孟　勇　钱　军　田云霞　王　龙　于兴业

（中国石化胜利油田分公司河口采油厂工艺研究所，山东 东营　257200）

摘　要　随着边底水薄层稠油油藏的进一步热采吞吐开发，区块由初期的高效蒸汽吞吐开发进入了第8轮次的低油汽比开发，区块开发效益逐年变差。目前边底水稠油区块面临着油汽比低、含水上升快，周期短、套损井增多等问题。近两年研发了稠油活性高分子降黏剂，形成了化学吞吐技术，解决了现场生产难题。化学吞吐技术原理是高分子降黏剂通过相似相容嵌入沥青质的层间结构，引起稠油内部的各向异性，使水分子进入稠油内部，保持水包油状态，保证稠油的流动性。化学吞吐技术在边底水薄层稠油开发方面取得一定增油效果，但部分井在提高增油效果方面仍存在较大空间。

关键词　稠油油藏；高分子降黏剂；化学吞吐；气体复合

1　概况

河口采油厂稠油油藏动用含油面积48.2 km^2，动用储量8467×10^4t，其中热采吞吐稠油井596口，日油水平1122t，占全厂日油水平的19.6%，是采油厂上产的主战场。热采吞吐注汽主力区块为陈南薄层稠油，目前区块已经进入蒸汽吞吐多轮次开发后期，面临着原油黏度大，地层压力低，含水上升快，热采周期短等问题，难以满足油田经济开发需要。

随着进一步热采吞吐开发，边底水薄层稠油区块进入蒸汽吞吐多轮次开发后期，面临着油汽比低、含水上升快，周期短、套损井增多等问题，部分井区难以满足油田经济开发需要。近两年研发了稠油活性高分子降黏剂，弥补传统降黏剂的缺陷并解决现场生产难题。但目前该降黏技术针对不同井型、不同井况应用效果存在差异；不同原油物性应用效果也存在较大差异[1]；注入参数和注入工艺还需优化。因此需要针对边底水薄层稠油化学吞吐技术存在的难点问题，拓展思路，提高认识，细化完善选井条件，进而扩大技术适用范围。

2　稠油活性高分子降黏剂研究

2.1　稠油高黏度机理研究

稠油的某些物理性质如流变特性不只是与其化学组成和化学结构有关，更与稠油的胶体结构密切相关。许多学者通过大量和长期的研究工作说明，只有少数含沥青质和胶质的原油是真溶液，大部分原油并不是完全的真溶液，而是一种比较稳定的胶体分散体系，其中分散相由沥青（胶束中心）和其表面或内部吸附的部分可溶质构成，分散介质则由余下的可溶质构成，分散介质亦称胶束间相。实际体系中并不存在截然变化相界面，而是沿胶束核心向外其芳香度和分子极性连续递减至最小（分散本体），呈现出“梯度”变化的特征。由此可以认为，稠油中的分散相是具有超分子结构的胶质沥青质组分。

前人研究表明，胶质对稠油的增黏作用可能正是由于其所含较大量的杂环原子促进了族分子间络合物的形成，而与胶质分子本身的大小关系不大。对脱沥青原油分别用石油醚、四氯化碳、苯、苯-乙醇溶剂抽提。将胶质分成五种亚组分，通过其红外光谱的特征吸收峰，推断胶质主要含芳香羧酸、并含有一定数量的醚类，胺类和酚类化合物。正是这些极性较强的胺、醇、醚类化合物，一方面使胶质分子具有极性，另一方面通过分子间力使胶质分子间、胶质与沥青质分子间产生缔合作用，引起胶质沥青分子的聚集（图1），因而造成原油体系黏度的升高。此外，国外研究者采用CPC逐级分离技术，也证实胶质确实为杂环和各种稠环羧酸的复杂混合物。由于大量羧酸的存在，在地层高矿化度条件下，胶质分子将呈现一定的表面活性。这种混合的表面活性物质

作者简介：刘凤臣（1982-），男，高级工程师，主要研究方向：稠油降黏工艺，稠油降黏工艺技术现场推广应用。E-mail：liufengchen.slyt@sinopec.com。

一方面与原油中所含的水形成 W/O 乳状液，使原油的黏度增大；另一方面又使胶质以稳定的胶体分散状态存在于原油中，容易形成聚集状态稳定的分子聚集体，因而也使原油的黏度增大。

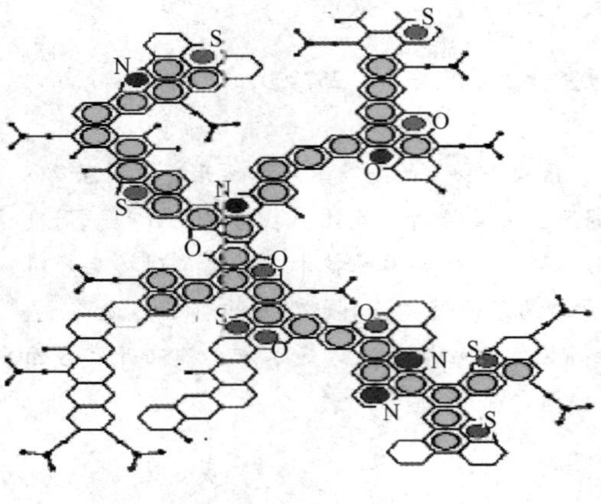

图 1　胶质、沥青质结构示意图

2.2　活性高分子降黏剂降黏机理

目前的稠油降黏药剂其主要组分是表面活性剂，市场上出售的 200℃以上性能仍较好的表面活性剂并不多且价格较高，起效时使用浓度高，增加了污水处理的难度，形成的 O/W 型乳状液稳定性难以控制，因此需要进一步开发新型高效的稠油活性高分子降黏药剂。

通过对稠油形成的原因进行分析，结果表明，含有两亲高活性功能基团、具有一定链长结构的活性分子，可以借助强的形成氢键能力和渗透、分散作用进入胶质和沥青质片状分子之间，部分拆散平面重叠堆砌而成的聚集体，形成片状分子无规则堆砌、有活性分子参与的结构比较松散(形成新的氢键)的聚集体(图 2)，从而降低稠油黏度。这类活性分子有可能开发成为一种理想的高效的稠油降黏类驱油剂。

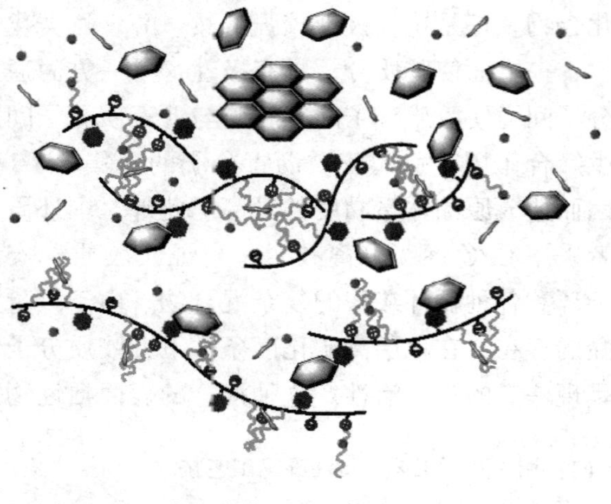

图 2　活性分子分散石油胶体作用机理示意图

研究小组经过大量实验研究，通过引入功能性单体及开发新型功能性活性分子实现了药剂在具有增黏、抗盐、耐温和良好溶解性能的同时，使其具有较高的表面活性，从而能够降低油水界面张力，具有很强的乳化分散原油的能力。其使用浓度较市场常用稠油降黏剂低，不增加后续采出液的破乳和污水处理难度。

2.3　稠油活性高分子降黏剂室内评价

通过室内试验，在油水界面混相过程中，活性高分子与稠油进行接触，在稠油中逐渐渗透分散，把高黏稠油剥离油水界面，形成水包油状态，达到降黏目的(图 3)。

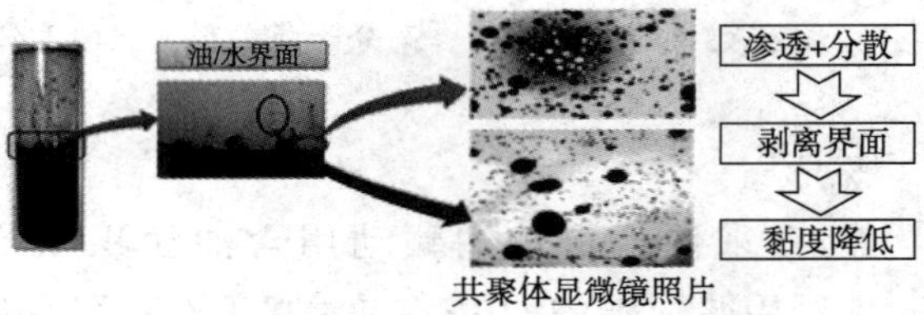

图 3　活性高分子稠油降黏过程

从微观角度观察，把表面吸附沥青质的云母片用 N_2 吹干后分别放入 80℃，1000ppm 浓度的活性高分子溶液及 SDS(普通降黏剂)溶液中，浸泡 2h。把在活性高分子溶液中浸泡过的云母片取出在显微镜下观察，发现经过活性高分子溶液浸泡过的云母片表面出现诸多“holes”，主要是由于活性高分子破坏了沥青质之间强 π-π 相互作用，通过剥离、携带、运移等过程形成的形态。

3　气体(CO_2、N_2)复合配套技术研究

通过对热采吞吐稠油井高黏成因的分析研究，完善了稠油活性高分子降黏剂配方。经过室内评价，稠油活性高分子降黏剂具有较好的耐温性能及降黏率，适合化学吞吐技术。为进一步完善稠油活性高分子降黏剂化学吞吐增效技术，提高应用效果，对气体(CO_2、N_2)复合配套技术进行研究。

3.1　CO_2 作用机理

3.1.1　溶解降黏作用

CO_2 溶于原油后，降低了原油黏度，原油黏度越高，黏度降低程度越大。原油黏度降低时，原油流动能力增加，提高稠油驱替效率。并且原油初始黏度越高，CO_2 降黏效果越明显，如表 1 所示。

表1 不同原油黏度 CO_2 降黏能力

原油初始黏度/(mPa·s)	CO_2完全饱和时原油黏度/(mPa·s)
1000~9000	15~160
100~600	3~5
10~100	1~3
1~9	0.5~0.9

3.1.2 助排作用

由于 CO_2 气体在油层条件下始终是气态，在气相的作用下使环境压力上升，热影响面积扩大。不但扩大了波及范围，而且 CO_2 气体能使原油体积膨胀，使其体积增加 10%~100%，由于大量 CO_2 气体是气相的在 10~15MPa 的注汽压力下，CO_2 气体吸收了大量的弹性势能，在投产后环境压力下降时 CO_2 气体可以释放弹性势能，使环境压力上升，弥补了由于采出原油造成的地层能量亏空，增加了油层的驱油能力，起到助排作用。

3.1.3 萃取作用

CO_2 对稠油具有较强的萃取能力。随着压力的增加，萃取物的饱和分大幅度增加，由初始的 23.67%增加到 68.45%。而芳香分、胶质、沥青质的含量下降，其中胶质的含量大幅度下降。萃取物黏度大幅度下降，50℃时≤20mPa·s（图4）。总之，CO_2 超临界流体大幅度萃取了特超稠油中的轻质组分。由于稠油油藏多数为高孔高渗，因此，萃取剩余物对储层渗透率的影响相对较小，而萃取的轻质组分可以大幅度提高稠油的产量和采出程度。

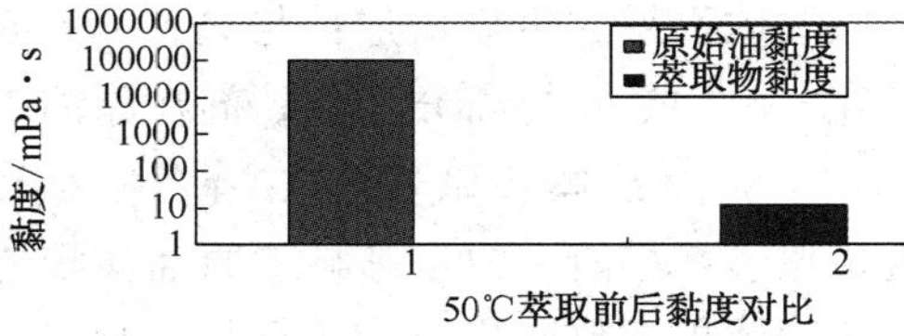

图4 萃取物与初始黏度对比

3.1.4 调剖作用

二氧化碳气溶油能力较强，而且 CO_2 气体，具有气、液、固三种物理状态。其临界温度 31.2℃，临界压力 7.28MPa。当其温度>31.2℃时，在任何压力下，均为气态方式存在，能有效调整吸汽剖面，封堵汽窜通道。

3.2 N_2 作用机理

3.2.1 增加携热能力，降低残余油饱和度

氮气在地层中微溶于水中形成微气泡，一方面推动高分子降黏剂向前运移，提高波及体积；另一方面，氮气进入岩心后，优先占据多孔介质中的油通道，使原来呈束缚状态的原油成为可动油，从而降低了残余油饱和度。

3.2.2 压缩膨胀作用，增强原油流动性

氮气的压缩膨胀作用分散和改变了原油流动形态，增强了原油流动性；同时连续的油被小的氮气段塞分隔为段塞式油，原油的连续性被打破，流动形态发生改变，相互之间的作用力减小，原油流动性增加，有利于采出。

3.2.3 增能作用，补充地层能量

氮气注入地层后，能够有效扩大高分子降黏剂波及体积，补充地层能量，提高回采水率。

3.3 CO_2、N_2 与稠油高分子降黏复合作用评价

CO_2、N_2 在高温高压下溶解到稠油中会对其物性产生明显的影响，利用高压 PVT 装置及落球黏度计进行 CO_2、N_2 溶解及其与高分子降黏剂复合对稠油物性影响的研究评价。

3.3.1 溶解度评价

油藏温度条件下，CO_2、N_2 在原油及含降黏剂溶液的原油中的溶解度进行对比分析。将原油与质量浓度为 1%的稠油活性高分子降黏剂溶液按 7：3 的体积比进行混合，均匀配置成原油乳状液，将不同比例的气体分别于原油及原油乳液均匀混合，利用高压 PVT 试验装置，对油样进行单次脱气试验，测量 65℃下，不同压力条件下，CO_2 和 N_2 分别在原油和原油乳液中的溶解度如图5所示。

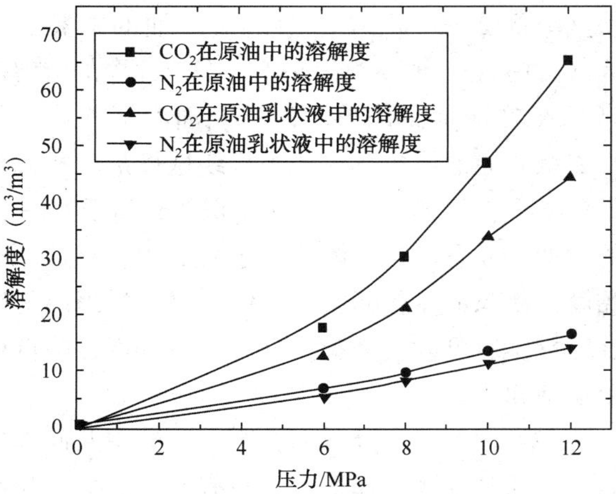

图5 溶解度曲线

由图可以看出:

(1) CO_2和N_2可以较大量的融入原油及乳液中，在相同温度和玉力条件下，CO_2在原油中的溶解度明显大于N_2，稠油区块进行CO_2、N_2气体复合吞吐具有一定的可行性。CO_2和N_2在原油中的溶解度随压力的增大而增加，压力为10MPa时，CO_2在原油中的溶解度为N_2的3.5倍。

(2) CO_2、N_2在化学剂溶液与原油混合形成的乳状液中的溶解度随压力增大而增加，但在相同温度和压力下，CO_2在化学剂溶液与原油混合形成的乳状液中的溶解度明显小于N_2在化学剂溶液与原油混合形成的乳状液中的溶解度，且相同温度压力条件下，CO_2、N_2在原油乳状液中的溶解度小于在脱水脱气原油中的溶解度，由此可知，乳状液中所含的水降低了CO_2、N_2的溶解量，且含水对CO_2在原油中的溶解的影响比N_2大．地层中的含水率对CO_2吞吐和N_2吞吐的效果有一定的影响。

3.3.2 CO_2、N_2及高分子降黏剂协同作用对原油黏度及体积系数的影响

在一定温度(65℃)和不同压力条件下，测量气体及气体与化学剂协同作用对原油的黏度和体积系数的影响，结果如图6所示。

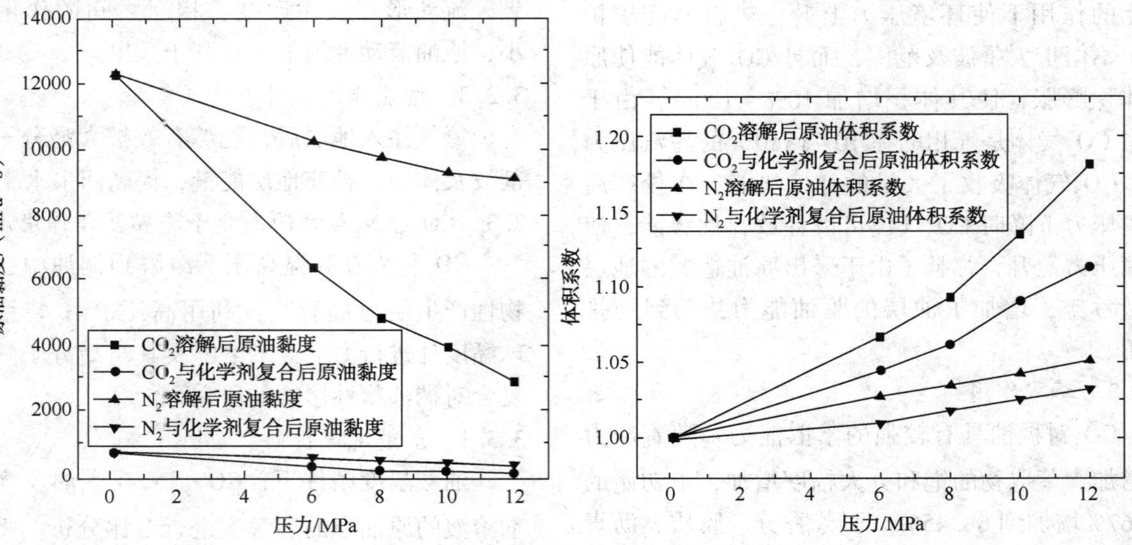

图6 原油黏度及体积系数影响曲线

(1) 该区块原油溶解CO_2、N_2后，黏度降低，体积系数几乎成线性增加。随着溶解气量的增加，体积系数增加，原油黏度降低，但降低幅度减小；在相同温度和压力下，CO_2对原油的溶解降黏效果要明显好于N_2，压力10MPa下，CO_2的溶解可以使稠油黏度降低67.63%，N_2的溶解使其降低23.91%，CO_2溶解对稠油的降黏率约为N_2的3倍，主要原因是CO_2在原油中的溶解度高于N_2在原油中的溶解度；原油溶解气体后体积膨胀，原油体积系数几乎呈线性增加，相同油藏条件下，溶解CO_2的原油体积系数高于溶解N_2的原油体积系数．气体溶解于原油中，降低原油黏度，使原油体积膨胀，不仅可以增加地层的弹性能量，还可以使剩余油剥离岩石表面，降低残余油饱和度。

(2) 气体与高分子降黏剂在原油中共同作用后，原油黏度明显降低，与只有CO_2、N_2和稠油活性高分子降黏剂单独作用相比，CO_2或N_2与高分子降黏剂的协同作用更好地降低原油黏度，其中，N_2降黏效果低于CO_2降黏效果，即在活性高分子降黏剂实现有效降黏的基础上，气体溶解有一定的降黏辅助效果．同时随着气体溶解量的增加，原油的黏度进一步降低。

(3) CO_2或N_2与高分子降黏剂在原油中共同作用后，原油体积系数明显增加；与只有CO_2或N_2作用相比，CO_2或N_2与高分子降黏剂在原油中的协同作用后，原油体积系数增加幅度相对较小，原因是化学剂溶液中的水影响了原油体积的增加，使原油体积系数变化幅度减小，由此可知地层中的含水率会影响CO_2和N_2的溶解度以及原油体积系数的变化。

总之，CO_2或N_2与高分子降黏剂溶液在降低原油黏度方面有很好的协同作用，CO_2、N_2能够在稠油活性高分子降黏剂降黏的基础上进一步降低原油黏度，CO_2、N_2与活性高分子降黏剂协同降黏后，流体的黏度分别为活性高分子降黏剂单

独降黏后黏度18.4%和54.4%。高分子降黏剂与CO_2的协同降黏效果优于高分子降黏剂与N_2的降黏效果．从而，稠油活性高分子降黏剂与CO_2的复合应用能更好地提高原油采收率。

4 化学吞吐工艺技术参数优化

4.1 化学吞吐工艺过程

边底水稠油化学吞吐[5]增效技术是一种化学吞吐工艺技术。化学吞吐技术是在多年化学驱油机理研究的基础上并结合稠油吞吐提出的一项注化学剂开采稠油的新工艺。

注入阶段：与其他常规油井措施类似，首先将化学吞吐液大量注入油层中，一般采用泵车注入，单井挤注量视油层厚度、处理半径以及储层物性而定。

焖井阶段：考虑到化学吞吐液吸附和润湿油层岩石表面，降低原油黏度和油水界面张力，解除近井地带堵塞需要一定的时间，并且为了使化学药剂充分与稠油接触，需要根据各井不同的压力变化情况确定焖井时间。

采油阶段：油井开井生产后，首先回采一部分化学吞吐液，然后产油。由于降低了近井地带油层的表皮系数和油水界面张力，改善了油层表面的润湿性，初期低黏度的稠油乳状液迅速被采出，由此激励了深部稠油的流动，提高了单井产能。

4.2 稠油活性高分子降黏剂浓度优化

不同浓度下活性分子的降黏性能。实验条件：稠油1、2，油水比：1∶1；活性分子1#、2#，总矿化度为1.4×10^4mg/L，其中Ca^{2+}浓度为1000mg/L。测试温度：80℃下油水混合，降至50℃测试。

活性分子体系随浓度增加，降黏率先增大后减小。低浓度就有很好的降黏效果(表2)。随着活性分子浓度增加，溶液中形成了空间网络结构，通过架桥或包卷效应，使乳化分散的稠油聚集，乳状液黏度变大，油水乳状液稳定性增强。

表2 不同浓度活性分子降黏能力

药剂浓度/(mg/L)	300	500	800	1000	1500	2000	3000
活性分子1#混合稠油1降黏后	210	170	135	116	90	180	560
降黏率/%	98.6%	98.8%	99.1%	99.2%	99.4%	98.8%	96.2%
活性分子2#混合稠油2降黏后		510	450	320	240	390	810
降黏率/%		99.6%	99.7%	99.7%	99.8%	99.7%	99.4%

活性分子降黏剂对不同黏度稠油，都有很好的降黏效果(图7)，低至500mg/L的活性分子溶液对稠油降黏率超过50%。浓度为1000mg/L时，降黏率超过98%。但活性分子浓度增大到2000mg/L时，降黏率反而略有下降。

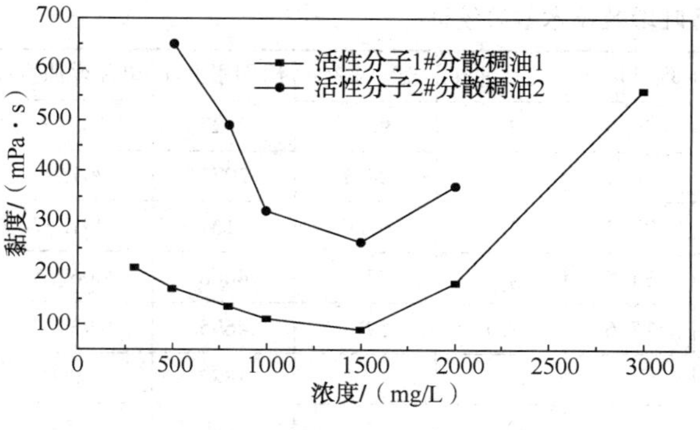

图7 不同浓度活性分子对稠油的降黏效果

从图7可以看出，稠油活性高分子降黏剂最佳浓度为1000~1500mg/L。

4.3 CO_2及降黏剂注入量的优化

利用正交优化试验的方法，分别选用降黏剂周期注入量为3t、5t、6t、8t、10t、15t六个水平，二氧化碳气体周期注入量为60t、80t、100t、120t、150t、200t六个用量水平，开展正交优化，优选高分子降黏剂和二氧化碳气体的用量。

由图8曲线可以周期产油随着CO_2注入量的增加呈上升趋势，当注入量超过150t以后，周期产油下降明显。由高分子降黏剂注入量与周期产油关系曲线可以看出，随着降黏剂量的增加，周期增油量增加，当注入量超过10t以后，周期增油不明显。所以结合现场生产实际，综合考虑成本因素，可以得出，CO_2最佳注入量为100~120t之间，降黏剂最佳注入量为5~10t。

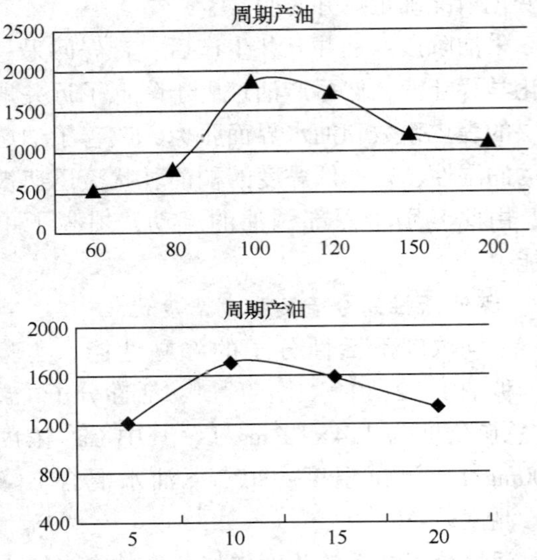

图 8　CO_2、降黏剂注入量与周期产油关系曲线

4.4　注入施工参数优化

在对稠油井实施化学吞吐技术时，需要对稠油井进行有针对性的复配试验，严格遵循“一块一法，一井一策”的原则，根据稠油性质调整配方，如陈 371 西扩块，主要以活性高分子 M100 加分散剂及助溶剂等辅剂为主，而在沾 18 块，根据原油性质不同，调整为活性高分子 M3.0 加分散剂、助溶剂以及稳定剂等辅剂为主。

活性高分子降黏剂的用量要根据单井情况的不同来调整用剂量。如在水平井注剂量设计过程中，以立方体模型设计注剂量(图 9)，而直斜井，以圆柱体模型计算注剂量。

水平井注剂量 Q(立方体模型)：

$$Q = HLW\Phi$$

式中　Q——水平井注入剂量，m^3/d；

H——油藏有效厚度，m；

L——水平井段长，m；

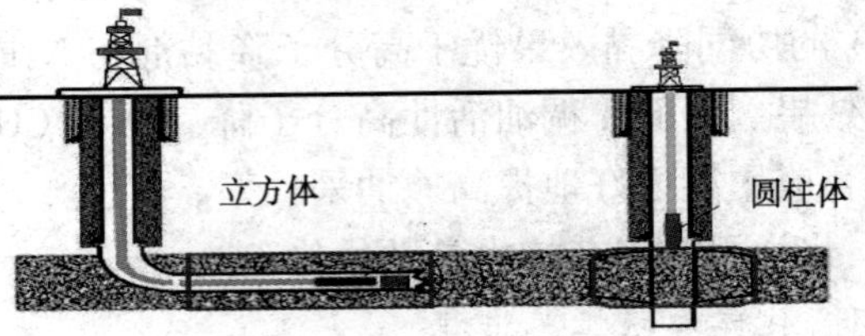

图 9　水平井及定向井注剂用量模型

W——预处理距离，m；

φ——孔隙度,%。

直斜井注液量 Q(圆柱体模型)：

$$Q = \pi r^2 L\Phi$$

式中　Q——水平井注入剂量，m^3/d；

L——油藏有效厚度，m；

r——处理半径，m；

φ——孔隙度,%。

根据稠油活性高分子降黏剂的室内评价测试情况进一步确定施工参数。

(1) 使用本区污水现场混配，污水温度(50~60℃以上)；

(2) 水泥车自套管注入，前置段塞注入后需焖井 5~8h 再进行第二段塞注入；

(3) 注入排量视套压变化情况随时进行调整，排量一般为 15~20m^3/h；

(4) 注入施工完成后需焖井，焖井时间根据套压情况适当进行调整，一般焖井 5~7d。

5　现场实施情况及认识

截止到目前，边底水薄层稠油化学吞吐增效技术应用 53 井次，有效 48 井次，阶段产油 51130t，累增油 31693t，平均单井日增油 600t 左右，取得了较好的开发效果(表 3)。

表 3　边底水稠油油藏化学吞吐增效技术效果统计

序号	井号	质期开始	前日液/t	前日油/t	前含水/%	现日液/t	现日油/t	现含水/%	周期累油/t	单井增油量/t
1	CJC371-P14	2016/7/22	18.9	2.5	86.3	25.5	2.4	90.3	2427	1031.9
2	CJC371-P29	2017/3/14	4	0.0	100	29.4	3.4	88.2	2075	2074.5
3	TPZ18-5-CP12	2017/3/14	9.1	5.4	39.9	22.2	1.9	91.0	6164	2912.7
4	TPZ18-P35C	2017/4/1	新投	0.0		34.1	4.2	87.4	4068	4067.5
5	TPZ18-CP26	2017/7/5	6.4	3.6	42.2	17.6	7.1	59.1	4695	2934.4
6	TPZ18-7-CP12	2017/8/29	5.4	3.0	43.38				1382	272
7	CJC371-P23	2017/9/13	8.5	0.5	93.5	2.9	0.2	89.7	364	155
8	CJC371-P17	2017/9/21	29.5	3.6	87.55	33.4	3.6	88.9	1969	489.6
9	CJC371-P26C	2017/9/23	3.5	0.0	97.8	37.4	0.7	97.9	439	438.7

续表

序号	井号	周期开始	前日液/t	前日油/t	前含水/%	现日液/t	现日油/t	现含水/%	周期累油/t	单井增油量/t
10	TPZ18-P33	2017/9/27	4.8	3.3	28.5	6.6	4.4	31.8	438	197.1
11	CJC371-P22	2017/10/25	29.5	1.5	94.5	36.8	4.6	87.2	1708	1143.5
12	CJC371-P27	2017/11/4	18.2	2.1	88.32	16.2	3.6	77.2	1194	423.6
13	CJC25-P7	2017/11/18	50.6	0.0	100	41.4	4.8	88.2	1715	1714.9
14	YXD35-10-X11	2017/11/24	2	1.0	45.9	19.5	1.3	92.8	483	186.4
15	YXD35-11-X14	2017/11/25	4.5	1.3	69.2	6.2	1.4	75.8	545	120.7
16	TPZ18-P27	2017/12/13	24.4	2.2	90.4	72.5	7.5	89.5	1733	1020.6
17	TPZ18-P23	2018/1/14	13	1.1	91.1	26	2.6	89.6	884	558.7
18	CJC371-P7	2018/1/19	7.2	0.7	89.4	41.2	5.6	86.2	739	557.4
19	CJC25-P11	2018/2/3	37.4	1.7	95.38	0.8		87.5	533	63.4
20	CJC371-P14	2018/2/12	27.2	2.5	90.5	29.4	4.5	84.4	1239	601.6
21	CJC371-P65	2018/2/15	29.1	1.3	95.2	33.6	2.5	92.3	1070	728
22	TPZ188-P1	2018/3/6	15.5	3.2	79.1	33.2	5.8	82.2	1327	559.3
23	CJC371-P53	2018/3/13	13.2	0.4	96.2	56.9	7.3	87.0	1675	1579.7
24	CJC371-P64	2018/3/17	36.1	1.9	94.5	37.4	2.7	92.5	889	448
25	YDZ4-P47	2018/3/30	新投	0.0		17.1	4.4	73.7	1887	1887
26	YDZ4-P48	2018/4/4	新投	0.0		26	5.9	76.9	2561	2561.2
27	CJC371-P42	2018/4/18	39.9	1.7	95.54	38.7	2.6	93.0	399	76
28	TPZ18-P29	2018/4/25	24.9	3.6	85.23	17.5	6.8	60.6	1030	367.3
29	YDZ4-P42	2018/5/2	33.6	3.7	88.71	30.8	4.5	85.1	995	299.3
30	CJC371-P41	2018/5/29	41.7	1.0	97.56	36.9	4.2	88.3	772	611
31	CJC312-X5C	2018/6/5	5.8	1.2	78.91	5.8	2.1	62.1	453	268
32	CJC371-P42	2018/6/8	39.9	1.7	95.54	38.7	2.6	93.0	337	80.6
33	CJC319-P3	2018/6/23				10.7	5	52.3	628	627.7
34	LIL321-2	2018/6/26	4.2	0.3	92.05	7.6	2.3	68.4	185	144.6
35	CJC371-P37C	2018/7/3	35.5	3.5	90.08	43.4	3.7	91.2	438	4.2
36	TPZ18-P7	2018/7/6	34.8	1.8	94.61	37.1	1.4	96.0	271	49.2
37	CJC371-P35C	2018/7/8	53.1	1.3	97.38	41.9	1.7	95.7	197	39.9
38	YDZ4-P44	2018/7/20	42.6	4.5	89.41	35.1	5.4	84.3	361	-107
39	CJC25-P17	2018/8/3	53.4	1.5	97.18	58.8	2.2	96.1	191	48.3
40	CJC25-P19	2018/8/11	37.5	2.5	93.3	27.4	2.6	90.1	207	-10.3
41	CJC371-P29	2018/9/7				45.3	4.9	89.0	193	193.2
42	CJC371-P62	2018/9/14				42.1	5	87.9	204	203.7
43	CJC371-P24	2018/10/5				52.3	3	94.1	65	65.2
44	CJC371-P54	2018/10/17				57.9	1.6	97.1	4	4.3
合计	44								51130	31693

结论及认识

（1）通过对稠油形成的原因进行分析，结果表明，含有两亲高活性功能基团、具有一定链长结构的活性分子，可以借助强的形成氢键能力和渗透、分散作用进入胶质和沥青质片状分子之间，部分拆散平面重叠堆砌而成的聚集体，从而降低稠油黏度。

（2）CO_2、N_2能够在稠油活性高分子降黏剂降黏的基础上进一步降低原油黏度，CO_2、N_2与活性高分子降黏剂协同降黏后，流体的黏度分别为活性高分子降黏剂单独降黏后黏度 18.4%和 54.4%。高分子降黏剂与 CO_2的协同降黏效果优于高分子降黏剂与 N_2的降黏效果，从而，稠油活性高分子降黏剂与 CO_2的复合应用能更好地提高原油采收率。

(3) 通过稠油活性高分子降黏剂化学吞吐提效技术参数优化，确定高分子降黏剂最佳浓度为 1000~1500mg/L，CO_2最佳注入量为 100~120t。

(4) 形成了边底水稠油油藏活性高分子化学吞吐增效技术，提高了稠油活性高分子降黏剂应用范围。

参 考 文 献

[1] 赵福麟．采油化学(第二版)[M]．北京：石油工业出版社，1989，45-256.

[2] 赵国玺．表面活性剂物理化学(第一版)[M]．北京：北京大学出版社，1984，185-245.

[3] 刘忠运．稠油乳化降黏剂研究现状及其发展趋势[R]．2009.

[4] 钱旭红．精细化工概论(第二版)[M]．北京：化学工业出版社，2000：126-148.

[5] 刘玉君．关于稠油热采井化学吞吐技术的探讨[R]．2008.

[6] 路熙．特稠油 OE 型活性分子储层降黏冷采技术[R]．2016.

边底水稠油油藏水平井递减规律研究

冯海潮[1]　杨志成[1]　张卫行[2]　刘喜林[1]　张俊廷[1]

（1. 中海石油(中国)有限公司天津分公司，天津塘沽　300459；
2. 中海油田服务股份有限公司油田生产事业部，天津塘沽　300459）

摘　要　受到产量初值不同的影响，油田间甚至油田内单井递减规律的对比难度很大。为消除产量初值的影响，定义水平井无因次产量，将全油田22口水平井分为隔夹层上部底水驱、隔夹层上部边水驱、隔夹层下部边水驱三种地质油藏模式，分类型研究无因次产量随时间的递减规律，递减规律归纳为3类：跳跃型、台阶型、单调型。分析了影响边底水稠油油藏水平井递减规律的影响因素：递减率随含水率上升而减小，边水驱水平井递减率小于底水驱，随着含水率的上升，驱动类型对递减率的影响程度逐渐减弱，隔夹层有降低水平井递减率的作用。

关键词　稠油油藏；边底水；水平井；递减规律；隔夹层

前言

递减规律是油田开发的主要规律之一，是可采储量预测、开发方案调整、开发效果评价等研究中的重要参数。目前研究多针对油藏类型研究递减规律及方法[1-3]或研究影响油田产量的递减因素[4-6]。对单井递减规律的研究较少，受到储层物性、油层厚度、水平段长度、采油速度、表皮系数等因素的影响，油田间甚至油田内单井的初期产能[7-9]往往存在较大差异，给单井递减规律的对比增加了难度。本文以渤海LD油田为目标，使用无因次产量研究隔夹层控制下的水平井递减规律，消除了单井产量初值的影响，归纳总结出油田内不同类型水平井的递减特点及影响因素。

1　水平井递减规律研究

1.1　LD油田概况

LD油田油藏类型为边、底水驱动的构造层状油藏(图1)，孔隙度为35.0%，渗透率为3000 $\times10^{-3}\mu m^2$，具有高孔高渗的储集物性特征；地层原油黏度为437.00mPa·s，地层原油密度为0.936～0.937g/cm^3，属于重质稠油；采用不规则水平井网天然水驱的开发方式(图2)，水体倍数近百倍。

LD油田目前综合含水率94%，水平井在不同含水率阶段表现出不同的生产规律：中-低含水阶段持续时间短、产能高；高-特高含水阶段持续时间长、产能低。

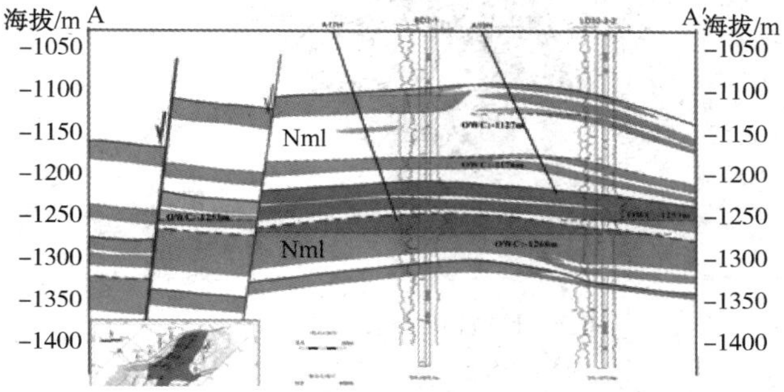

图1　LD油田油藏剖面图

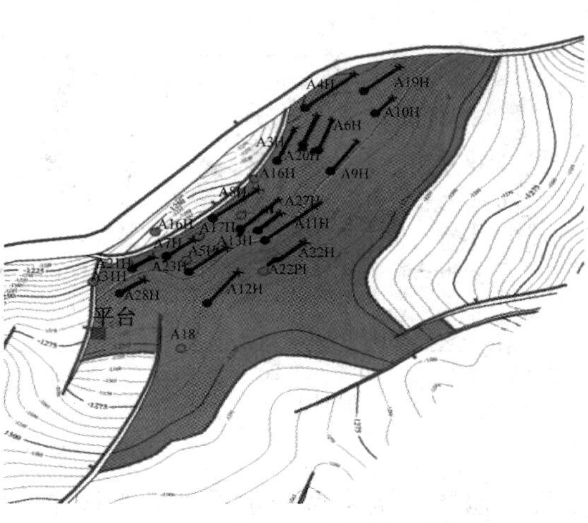

图2　LD油田含油面积图

1.2　隔夹层展布研究

隔层是指储层中能阻止或控制流体运动的非

作者简介：冯海潮(1987-)，男，工程师，2014年毕业于东北石油大学油气田开发工程专业，主要从事稠油油藏开发工作。E-mail：fenghch@cnooc.com.cn。

渗透层，分布面积较大，在井间可以对比，厚度从几十厘米到几十米。而夹层指分布不稳定的不渗透或极低渗透的薄层，不能有效阻止或控制流体的运动。不同规模的隔层和夹层对油水运动规律的控制也不同，但在成因和特征上，两者具有很大的相似性，故本次统称为隔夹层。根据 LD 油田取心井的岩心资料及隔夹层岩性、物性和电性特征，在 LD 油田共识别出三类隔夹层：泥质隔夹层、物性隔夹层及钙质隔夹层。其中，泥质隔夹层和物性隔夹层普遍发育，钙质隔夹层仅局部零星分布，随机性强。通过对 LD 油田明下段Ⅰ油组、Ⅱ油组隔夹层发育特征进行剖析，纵向上发育多套隔夹层，其中Ⅰ、Ⅱ油组之间、Ⅰ油组 3 小层与 4 小层之间、Ⅱ油组上部油层与下部油层之间隔夹层稳定发育，其他小层之间不稳定(图 3)。

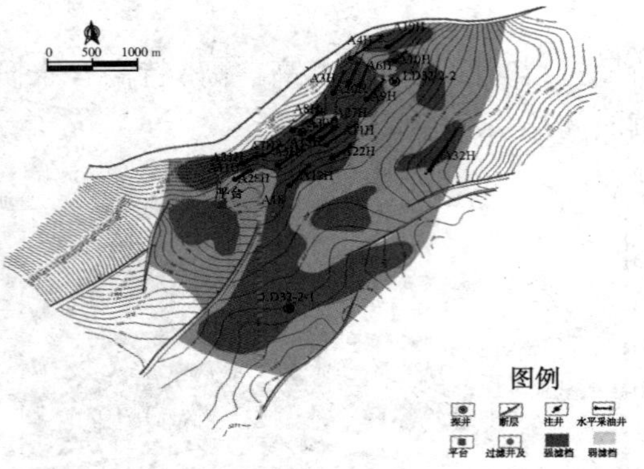

图 3　LD 油田隔夹层平面展布图

根据隔夹层与油井水平段相对位置及油井驱动类型的不同，将 LD 油田水平井分为隔夹层上部底水驱、隔夹层上部边水驱、隔夹层下部边水驱三种地质油藏类型。

2　水平井递减规律研究

2.1　无因次产量

由于水平井初期产能受到水平段长度、油层厚度等多种地质油藏因素影响，不同水平井的初期产能差异较大，受到初期的影响，不同油田水平井甚至是相同油田不同区域的水平井都难以直接对比递减曲线。为了更直观的分析相同类型水平井的递减规律，引入无因次产量的概念，如式 1 所示，无因次产量消除了产量初值的影响，能够将不同生产井置入相同的条件下进行分析对比，相同类型的生产井更能突出共性，弱化个性。

$$Q_{无因次}=Q_o/Q_{初值} \tag{1}$$

式中　$Q_{无因次}$为无因次产量；Q_o为生产井瞬时产量，m^3/d；$Q_{初值}$为生产井初期产量，m^3/d。

2.2　无因次递减规律研究

使用 Arps 递减分析方法对三种地质油藏类型、两个含水阶段的递减规律进行分析对比。

将 LD 油田水平井的无因次产量与时间的关系投入半对数坐标系下，呈现较好的线性关系，表明递减类型为指数递减。将相同地质类型的多条水平井无因次产量曲线置入同一坐标系下，曲线吻合程度较高，通过求取无因次产量的平均值，得到一条平均无因次产量曲线，该曲线的递减规律可以代表这一类水平井的递减规律(图 4)。

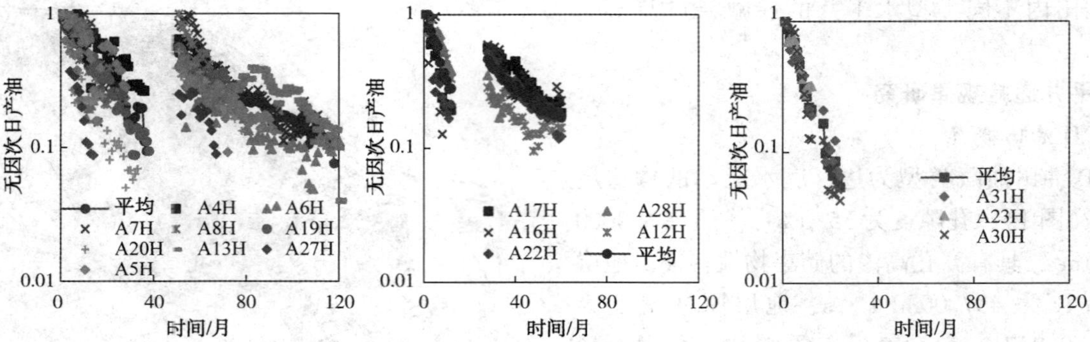

图 4　LD 油田水平井递减规律曲线图

每个地质油藏类型的水平井分别以中-低、高-特高含水两个阶段拟合递减规律，根据地质油藏类型的不同，将 LD 油田水平井无因次产量递减规律总结为三种类型：跳跃型、台阶型、单调型(图 5)。

跳跃型：图 5(a)表示的是隔夹层上部边水驱类型的水平井无因次产量递减规律，中-低含水阶段月递减率 5.1%；进入高-特高含水阶段后通过合理提液，无因次产量“跳跃”回升至初期的 50%以上，月递减率降至 2.2%。代表井如 A5H、A6H 等生产井。

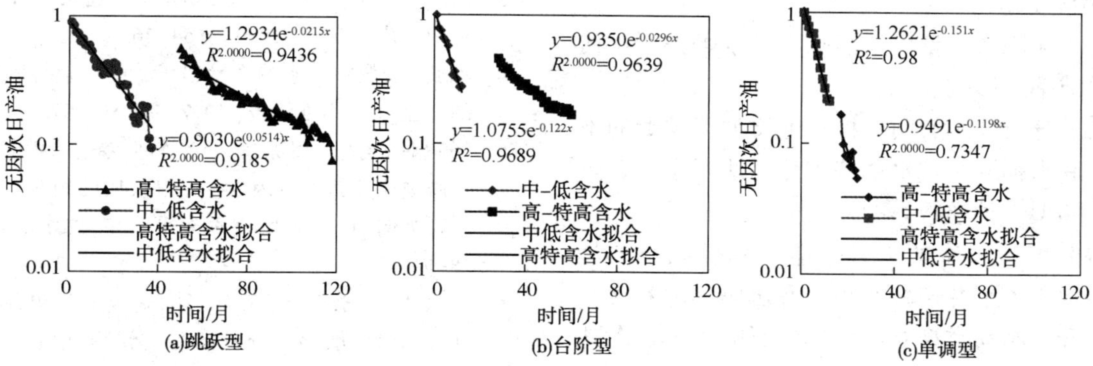

图 5　LD 油田水平井无因次递减率拟合图

台阶型：图 5(b)所示的是隔夹层上部底水驱类型的水平井无因次产量递减规律，中-低含水阶段月递减率达 12.2%，进入高-特高含水阶段后通过合理提液，无因次产量小幅上升，曲线形态类似台阶状，月递减率降至 3.0%。代表井如 A17H、A22H 等生产井。

单调型：图 5(c)所示的是隔夹层下部边水驱类型的水平井无因次产量递减规律，中-低含水阶段月递减率达 15.1%，进入高-特高含水阶段后无因次产量递减略微减小，曲线形态近似线性，月递减率 12.0%。代表井如 A23H、A30H 等生产井。

三种地质油藏类型的水平井中，中-低含水阶段"跳跃型"水平井无因次产量递减率最小、"单调型"水平井无因次产量递减率最大、"台阶型"递减率接近"单调型"。表明：(1)稳定发育的隔夹层能够降低水平井的递减率，"跳跃型"及"台阶型"水平井位于隔夹层上部，受到隔夹层对边底水的阻挡作用，含水上升减慢，递减较小；(2)水平井的驱动类型影响递减率，底水驱相较边水驱，"水锥进"现象更严重，递减更大；(3)相比驱动类型，隔夹层对水平井递减率的影响程度更大。

高-特高含水阶段，"跳跃型"水平井无因次产量递减率最小、"单调型"水平井无因次产量递减率最大、"台阶型"递减率接近"跳跃型"。说明高含水阶段后，隔夹层对递减率的影响进一步加强，驱动类型对递减率的影响进一步减弱。主要原因是经过中-低含水阶段的开发，边水不断推进，水平井的驱动类型逐渐由边水驱向次生底水驱转化，驱动类型的差异逐渐减弱。

综上，LD 油田水平井无因次产量递减率，主要受含水阶段、驱动类型及隔夹层三个因素的影响：(1)随含水率的上升，递减率呈减小的趋势；(2)驱动类型对递减率的影响随着含水率的上升而减弱；(3)隔夹层的遮挡作用能够降低水平井递减率。

3　应用实例

LD 油田综合含水率 94%，稠油油藏特高含水期产液能力大幅上升，但平台处理能力不能满足所有生产井同时提液的需求，为了降低产液受限条件下的油田递减率，LD 油田开展产液结构优化调整，通过提高"跳跃型"水平井的产液比例，降低"台阶型""单调型"水平井的产液比例，减缓油田递减率。截至 2018 年，LD 油田已实施 4 口"跳跃型"水平井提液，7 口"台阶型"、"单调型"水平井关井，油田产量稳中有升、自然递减率逐渐减小(图 6)。

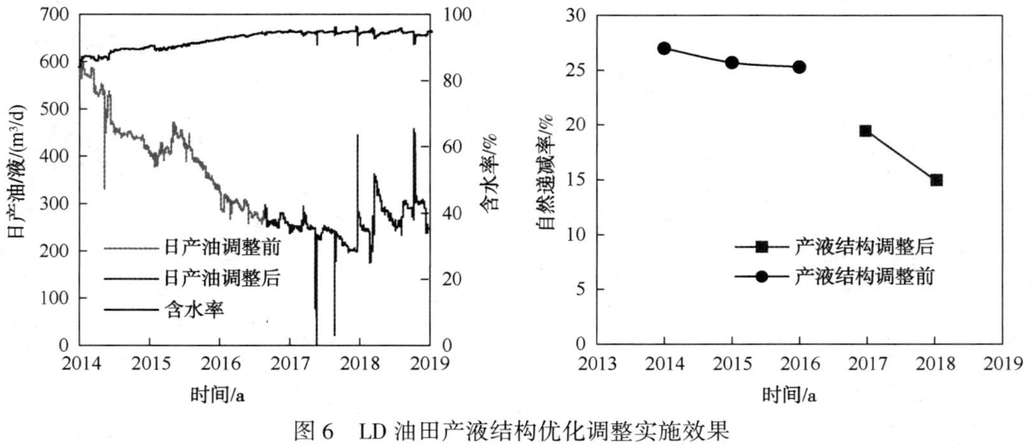

图 6　LD 油田产液结构优化调整实施效果

4 结论与认识

(1) 无因次产量可以消除不同水平井产量初值对递减率的影响。

(2) 分析动态表明，根据地质油藏类型的不同，边底水稠油油藏水平井可分为跳跃型、台阶型、单调型三种递减类型。

(3) 随含水率的上升，递减率呈减小的趋势；边水驱水平井递减率小于底水驱，随着含水率的上升，驱动类型对递减率的影响程度逐渐减弱；隔夹层发育能够降低水平井递减率。

参 考 文 献

[1] 俞启泰．水驱油田产量递减规律[J]．石油勘探与开发，1993(4)：72-80.

[2] 张金庆，孙福街，安桂荣．水驱油田含水上升规律和递减规律研究[J]．油气地质与采收率，2011，18(6)：82-85.

[3] 王宏远．利用 Arps 方法分析水平井递减规律[J]．特种油气藏，2006，13(s1)：54-56.

[4] 李斌，袁俊香．影响产量递减率的因素与减缓递减的途径[J]．石油学报，1997(3)：89 -97.

[5] 杨满平，高超，闫栋栋，等．特低渗透油藏单井产量递减规律及其影响因素——以长庆油田盘古梁长 6 油藏为例[J]．油气地质与采收率，2011，18(4)：68-71.

[6] 王永林，刘永建，张子为，等．靖边气田单井递减规律影响因素敏感性分析[J]．新疆石油科技，2016(04)：26-28.

[7] 胡东晖，鄢捷年．水平井产能的影响因素[J]．石油勘探与开发，1994(5)：44-52.

[8] 陈楠，刘洪杰，魏焜．底水油藏水平井产能影响因素及经济界限研究[J]．重庆科技学院学报：自然科学版，2019，21(1)：38-41.

[9] 范子菲．底水驱动油藏水平井产能公式研究[J]．石油勘探与开发，1993(1)：71-75.

渤海 LD 特稠油油藏波状油水界面主控因素研究

高振南　张风义　葛涛涛　杨建民　耿志刚

（中海石油（中国）有限公司天津分公司，天津塘沽　300459）

摘　要　LD 油田位于渤海海域辽东湾凹陷辽西 1 号断层下降盘，是渤海首个边底水块状特稠油油藏。7 口已钻探井显示，LD 油田储层内部出现油水界面波状起伏的现象，垂向差值高达 23.5m，严重影响后续开发生产策略。根据浮力与毛管力平衡原理，进行油水界面差异理论分析，认为 LD 油田波状油水界面主要受储层物性控制，储层物性越差，地层原油黏度越大，油水界面越高。基于主控因素分析，采用叠前波阻抗反演技术对储层内部隔夹层分布进行识别预测，并应用 *J* 函数建立含水饱和度模型，结果与实测油水界面分布趋势一致。通过枚举平衡法实现 LD 油田波状油水界面的数值模拟表征，并分析油水界面差异对于开发的影响，为相似油田高效开发提供借鉴思路。

关键词　渤海特稠油；波状油水界面；浮力与毛管力；波阻抗反演；隔夹层分布；*J* 函数

引言

目前渤海稠油热采开发正处于起步阶段，LD 油田作为渤海首个边底水块状特稠油油藏，具有油层厚度大、储量大等特点，热采测试产能达 80t/d，充分证明其商业价值，但其复杂的油水关系严重制约油田储量计算、井位部署、井网井型等关键步骤。

本文结合 LD 油田成藏特点及油藏特征，通过油田充注过程、毛管压力机理分析、储层非均质性刻画手段对起伏的波状油水界面进行主控因素研究，并应用枚举平衡法对波状油水界面进行刻画，进而评价油水界面对开发的影响，为具有相似特征的特稠油油藏开发拓宽思路，提供方法依据。

1　油田概况

目标 LD 油田位于渤海海域辽东湾凹陷辽西 1 号断层下降盘，是受辽西 1 号断层和近东西向调节断层所夹持的断块构造（图 1）。该油田于 2012 年被发现，主要含油层系为新近系明化镇组下段和馆陶组。储层类型均为辫状河流相沉积，明下段平均油层厚度为 35.8m，平均孔隙度为 34.4%，平均渗透率为 4181.2mD；馆陶组平均油层厚度为 67.5m，平均孔隙度为 32.9%，平均渗透率为 2908.3mD，均属于高孔、高渗岩石类型。

根据 LD 油田明下段和馆陶组原油分析化验结果，20℃ 条件下，地面原油密度为 1.004～1.006g/cm^3；50℃ 条件下，地面原油黏度为

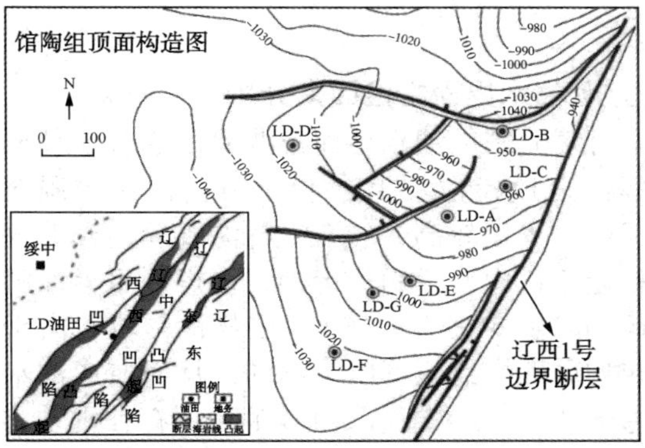

图 1　研究区构造位置

33595～74462mPa·s，属特超稠油范畴，必须用热采方式进行开发，含硫量为 0.43%，含蜡量 0.87～2.23%，胶质沥青质含量接近 45%，地面原油呈现密度高、黏度高、含硫量低、胶质沥青质含量高、含蜡量低的特点。地层水密度约为 1.01g/cm3，与原油密度接近。

2　油藏模式

LD 油田已钻 7 口探井的资料基本揭示了其复杂的油藏模式：从上至下分为明下段、馆陶组两套含油层系，均为边底水块状油藏。与常规边底水块状油藏，LD 油田两套含油层系油水界面均呈现波状起伏特征，从经过新近系油层的 5 口探井资料来看，明下段油水界面依次为 922.8m、925.2m、933.2m、945.4m、926.7m，垂向高程差为 22.6m，馆陶组油水界面依次为 1058.8m、

基金项目："十三五"国家科技重大专项"海上稠油油田热采实施优化及应用研究"（编号：2016ZX05058-001-008）。

作者简介：高振南（1985-），男，工程师，现从事油藏工程方面研究工作。E-mail：gaozhn@cnooc.com.cn。

1037m、1054.2m、1038.1m、1060.5m，垂向高程差为23.5m，油水界面均呈现出波状起伏的现象；按照常规认识，油藏中的纯油区底界面最高与最低水平面相交段为油水同层，而在含油范围内，LD-F井测试资料无任何油气显示，油层外边界呈现不规则弧状，并与波状油水界面相连（图2）。如果油水界面认识不清，将无法开展后续的储量评价、开发方案设计等工作，因此急需开展LD油田波状油水界面主控因素研究。

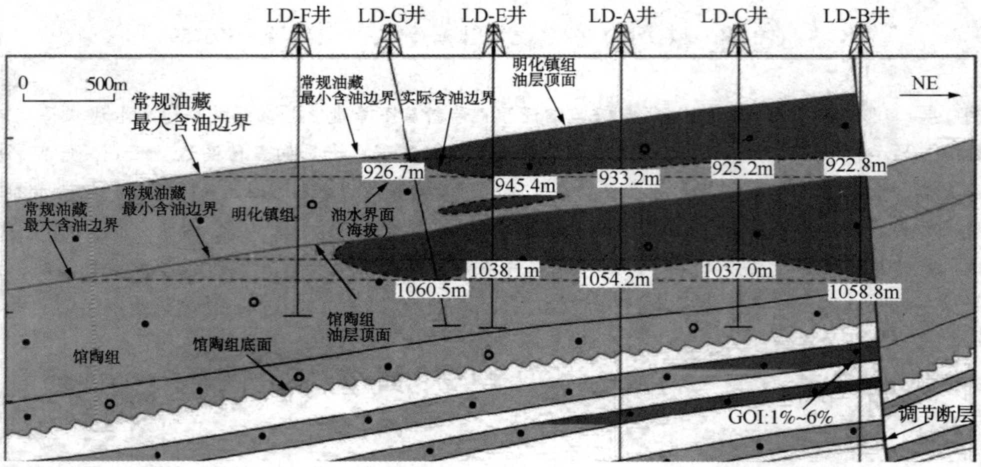

图2 LD油田油藏剖面示意图

3 波状油水界面主控因素分析

针对倾斜的油水界面，业界主要有3种成因解释：(1)水动力成因，供水方向由于水源充足造成油水界面较高[1]；(2)新构造运动，油水界面稳定后再次发生构造运动，使得油水界面随构造运动发生变化[2]；(3)储层物性影响，由于储层非均质性导致毛管压力不同，从而造成油水界面差异[3-4]。资料显示，LD油田不存在水动力系统的影响，且受水源影响形成的油水界面整体呈单向倾斜趋势，无解释波状起伏现象；区域受后期构造运动影响较小，且油水界面高低分布趋势与构造高低关系不匹配，因此储层物性差异引起毛管力变化可能是造成油水界面波状起伏现象的关键因素。

3.1 油水界面差异理论分析

油藏是油气在圈闭中的聚集，具有统一的压力系统和油水界面。根据浮力与毛管力平衡原理，进行油水界面差异理论分析，当油藏处于平衡状态时，油水分布受毛管力影响[5]：

$$P_c=(\rho_w-\rho_o)gh$$

将毛管压力工作 $P_c=2\sigma\cos\theta/r$ 代入上式可得：

$$h=\frac{2\sigma\cos\theta}{(\rho_w-\rho_o)gr}$$

同时储层岩石孔隙度和渗透率应满足Kozeny-Carman公式(1932年)：

$$k=\frac{\varphi r^2}{8\tau^2}$$

$$h=\frac{\sigma\cos\theta}{(\rho_w-\rho_o)g\tau}\sqrt{\frac{\varphi}{2k}}$$

假设油藏中A、B两口井所在位置 ρ_w、ρ_o、σ、θ、τ 相同，那么两口井油水界面高程差只与储层物性相关：

$$\Delta h=h_A-h_B=\frac{\sigma\cos\theta}{(\rho_w-\rho_o)g\tau}\left(\sqrt{\frac{\varphi_A}{2k_A}}-\sqrt{\frac{\varphi_B}{2k_B}}\right)$$

式中：P_c 为毛管压力，Pa；ρ_w 为地层水密度，g/cm^3；ρ_o 为地层原油密度，g/cm^3；g 为重力加速度，m/s^2；h 为油柱高度，m；σ 为油水界面张力，N/m；θ 为润湿接触角，(°)；r 为孔隙半径，m；k 为渗透率，10 ~ 3μm^2；φ 为孔隙度，%；τ 为孔喉迂曲度，无因次。

由于储层中孔隙度变化幅度绝对值远远小于渗透率变化值，因此做近似一致处理。从上式可以看出，由于两口井所在位置的物性不同，假设B井物性好于A井，即 $\varphi_A<\varphi_A$，$k_A<k_A$，由于储层中孔隙度变化幅度绝对值远远小于渗透率变化值，因此做近似一致处理，由此可以推出 $\Delta h>0$，即A井油水界面高于B井。

LD油田整体规律为：(1)油水密度差越小，毛管力越大，水柱高度越大；(2)储层岩石孔隙越大、渗透率越高，毛管压力越小，油水界面越低，孔隙越小、渗透率越低，毛管压力越大，油水界面越高。由于LD油田储层内部多期河道叠置，隔夹层较发育，造成储层内部非均指较强，在毛管压力作用影响下，物性较好区域油水界面较低，物性较差区域，油水界面较高，整体呈现出波状起伏现象。

3.2 LD 油田成藏过程分析

受晚期渤海海域新近系构造活动影响，辽西1号断层和调节断层产生活化作用，由烃源岩产生的原油经过断裂活动损失轻质组分，并顺着油源断层运移至 LD 油田新近系聚集成藏。

原油从顶部进入 LD 油田圈闭后，逐渐聚集并与地层水接触，发生水洗、氧化、生物降解作用，原油密度增大、黏度增高。随着原油在心滩顶部横向持续推进，早期油水界面处原油物性进一步降解变差，由于重力分异作用，原油向下运移，当遇到储层物性较差区域时，运移相对变缓甚至停滞形成稳定油水界面；持续充入的原油由于油品性质较早期充注已发生降解的原油更好，保持在心滩顶部横向推进，当遇到物性较差的储层，横向推进变慢，由于堆积作用同时发生纵向或斜向推进，向物性更好的心滩中部及河道运移，同时油水接触面持续发生水洗、氧化、生物降解作用，原油物性进一步变差，由于重力分异作用，原油向下运移，遇到物性较差储层，运移变缓甚至停滞形成油水界面。原油充注和生物降解持续进行，直到原油充满整个圈闭[6-7]。

该沉积过程造成含油饱和度在河道高于心滩的实际特征。从58块岩心样品的实测物性与含油饱和度数据来看，平均渗透率与平均含油饱和度具有明显正相关关系，如图3所示，在储层物性较好的河道，平均含油饱和度为50.2%；心滩顶部物性较差，含油饱和度仅为31.9%；当平均渗透率<1000mD 时，平均含油饱和度低于20%。因此，明下段及馆陶组储层物性分布对于原油的充注及成藏具有明显的控制作用。

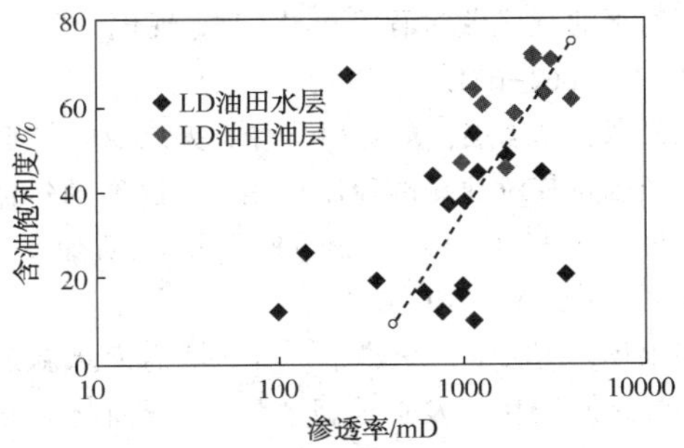

图3 储层渗透率与含油饱和度关系示意图

3.3 储层物性对油水界面影响

LD 油田为辫状河流相沉积，垂向上发育多期河道和心滩沉积并交互叠置，根据 LD-B 井257块样品物性统计分析，河道物性（平均渗透率2296.1mD）明显好于心滩（平均渗透率629.9mD），其中心滩顶部发育泥岩、泥质砂岩隔夹层，河道底部发育砂砾岩石隔夹层，占比依次为42%、10%、48%。从井上对比情况看，受河道侧向迁移、互相切割、多期叠置影响，储层内部夹层分布不稳定，直接影响油水分布规律。

借鉴储层反演思路，对 LD 油田隔夹层及储层进行岩性反演。样品岩石多弹性参数交汇分析结果显示，砂砾岩石具有高阻抗、高密度特征，砂岩储层的波阻抗及密度相对较低，分析确定 LD 油田砂砾岩石隔夹层与砂岩储层的分界线为：波阻抗 5600g/cm^3·m/s、密度 2.16g/cm^3，进而采用叠前直接反演技术，利用叠前时间偏移的 CRP 道集数据和速度数据，使用不同的 Zoeppritz 方程式近似，求取 LD 油田阻抗和密度值。应用前述叠前波阻抗反演结果、从已钻井出发、开展追踪解释，对明下段、馆陶组储层内部隔夹层发育情况进行识别预测（图4）。

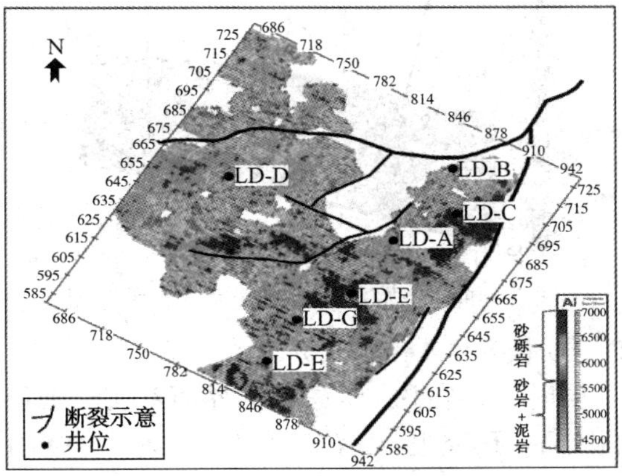

图4 馆陶组叠前波阻抗反演结果

根据叠前波阻抗反演结果进行分析，LD-A、LD-B、LD-G 井区附近波阻抗值相对较低，砂岩储层较发育，储层物性相对较好，毛管力较小，油水界面相应偏低；LD-C、LD-E 井区附近波阻抗值相对偏高，致密砂砾岩隔夹层较发育，储层孔隙度和渗透率较低，导致毛管压力偏大，造成该区域油水界面偏高，与实际测试资料完全吻合。进而通过确定性建模对砂砾岩石隔夹层进行刻画，结合趋势约束建模对泥质砂岩进行描述，最终得到符合地下实际情况的储层三维地质模型。

4 油水界面对开发的影响

4.1 枚举法平衡初始化

根据 LD 油田各岩样物性分析资料，拟合各类 *J* 函数与饱和度关系式，根据不同岩样物性对

J 函数曲线进行分类，进而联立$P_c=(\rho_w-\rho_o)gh$得到储层含水饱和度[8]关系式：

$$S_w=A_i\left(\frac{(\rho_w-\rho_o)gh}{\sigma\cos\theta}\sqrt{\frac{k}{\varphi}}\right)^{B_i}$$

式中：P_c为毛管压力，Pa；ρ_w为地层水密度，g/cm^3；ρ_o为地层原油密度，g/cm^3；g 为重力加速度，m/s^2；h 为油柱高度，m；σ 为油水界面张力，N/m；θ 为润湿接触角，(°)；k 为渗透率，$10^{-3}\mu m^2$；φ 为孔隙度，%；J 为 J 函数，无因次；S_w为含水饱和度，%；A、B 为拟合系数，无因次；i 为岩性分类编号，无因次。

基于 J 函数与储层物性特征建立含水饱和度场，为保证模型初始条件下垂向上的平衡，采用枚举平衡法进行初始化，需要对储层任意位置的毛管力进行标定，根据P_c与储层物性关系式$P_c=\sigma\cos\theta/\tau\sqrt{(\varphi/2k)}$计算得到储层任意一点毛管力，在油藏模型中直接启用，实现初始条件下流体在垂向上的平衡状态，完成油藏数值模拟过程初始化(图 5)。

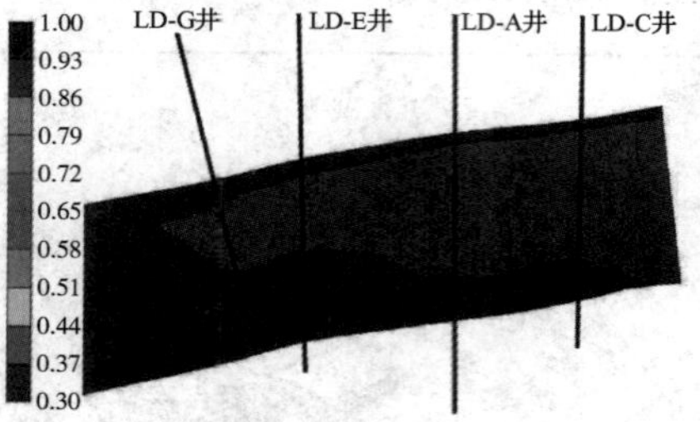

图 5　油藏初始化含水饱和度分布示意图

4.2　油水界面差异对于开发的影响

根据以上结果，考虑油水界面对实际油田影响(图 6)：研究表明，(1)低风险方案中(OWC1)，由于油水界面设置较保守，会损失大部分可动用储量，井网部署受到较大影响，开发指标会偏低；(2)高风险方案中(OWC2)，由于油水界面设置过于乐观，会增大动用储量，边部井网无实际意义，油区中部由于低估油水界面会导致油井含水上升迅速，大幅降低开发指标；(3)折中方案中(OWC3)，取纯油区底界面最高与最低平均值，储量更加接近真实值，但依然存在边部布井无效、油区位置部分井底水突进、无法合理动用储层现象；(4)最优方案中(OWC4)，通过波状油水界面的实际表征，实现储量的准确拟合，有效规避边部布井风险，最大程度动用厚油层。

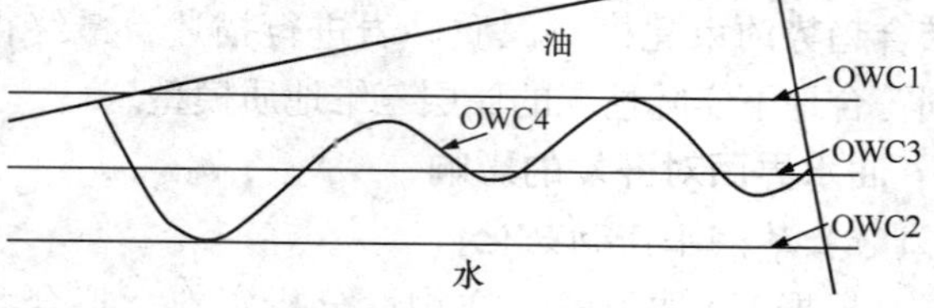

图 6　不同油水界面示意图

5　结论

(1) 渤海 LD 油田属于块状边底水特稠油油藏，储层内部存在油水界面波状起伏现象，严重影响开发方案精度，分析认为储层物性为 LD 油田波状油水界面主控因素。

(2) 根据原油充注、成藏过程、岩样资料分析储层物性对原油分布的控制作用，并根据油藏初始状态受力平衡法则进行油水界面差异理论分析，得出波状油水界面分布特征：储层物性越差，原油运移受阻，毛管压力越大，油水界面越高，反之则油水界面越低，并采用叠前反演技术进行储层非均质性预测，验证油水分布趋势。

(3) 结合储层隔夹层分布预测成果，基于 J 函数建立含水饱和度模型，应用枚举平衡法能够在油藏数值模拟中实现波状油水界面的准确刻画，有效规避布井风险，实现油田高效开发，为相似油田开发提供借鉴思路。

参 考 文 献

[1] 韩涛，彭仕宓，马鸿来．地下水侵入对三间房组油藏油水界面的影响[J]．西南石油大学学报，2007，29(4)：70-73.

[2] 江同文，徐汉林，练章贵，等．倾斜油水界面成因分析与非稳态成藏理论探索[J]．西南石油大学学报：自然科学版，2008，30(5)：1-5.

[3] 李传亮．油水界面倾斜原因分析[J]．新疆石油地质，2006，27(4)：498-499.

[4] 时佃海．油水界面倾角与储集层物性变化关系分析[J]．新疆石油地质，2006，27(3)：322-323.

[5] 王冰洁，徐长贵，吴奎，等．辽东湾坳陷 LX 油田浅层特稠油藏成藏过程及模式[J]．现代地质，2016，30(3)：663-671.

[6] 王延章，林承焰，董春梅，等．夹层及物性遮挡带的成因及其对油藏的控制作用——以准噶尔盆地莫西庄地区三工河组为例[J]．石油勘探与开发，2006，33(3)：319-325.

[7] 郭永华，周心怀，李建平，等．渤海海域新近系稠油油藏原油特征及形成机制[J]．石油与天然气地质，2010，31(3)：375-385.

[8] 胡勇，于兴河，陈恭洋，等．平均毛管压力函数分类及其在流体饱和度计算中的应用[J]．石油勘探与开发，2012，39(6)：733-738.

渤海稠油油田非酸解堵技术研究及应用

兰夕堂　刘长龙　符扬洋　张　璐　张丽平　高　尚

（中海石油(中国)有限公司天津分公司，天津塘沽　300459）

摘　要　海上稠油疏松砂岩储层进行常规酸化后返排液进入生产流程导致严重的乳化问题，使得生产流程紊乱，甚至引起生产流程掉电，严重影响油田正常生产，进而导致相当一大批油井无法及时进行酸化作业，产能不能得到有效释放，严重影响油田高效开采，同时常规油井酸化由于采用酸液体系，易导致储层岩石骨架破坏，给储层带来新的伤害，这些问题长期困扰并严重制约油田生产，迫在眉睫需要解决。为此，本文提出并研究了一种兼顾储层解堵和不影响生产流程的非酸解堵技术，此解堵体系主要含有复合多羧基螯合剂及含氟络合物，具有高效缓速性的同时有效保护岩石骨架，螯合金属离子达到阻垢抑垢，减少二次沉淀的效果，且具有较低的腐蚀性，返排液具备较低的离子浓度及电导率，可实现返排残酸直接进入平台流程而不影响流程正常生产。该技术目前已在渤海油田成功开展了4井次现场试验，累计增油3万余方，其中金县1-1油田B6长停油井解堵后重新焕发新生，且解堵后返排液实现直接进入流程，截至2019年7月，累计增油3000余方，效果显著，具有较强的应用及推广价值。

关键词　油井；非酸；解堵；低腐蚀；电导率

引言

渤海油田多数区块属于疏松砂岩油藏，储层具有高孔高渗且胶结疏松的典型特征，与低渗储层不同疏松砂岩储层岩石砂体胶结性差，容易被破坏存在微粒运移、出砂等潜在伤害因素[1-3]。尤其对疏松砂岩储层进行改造过程中，容易造成岩石骨架的破坏甚至造成储层坍塌，加速油井出砂的风险，疏松砂岩储层一般不采用大规模的水力压裂措施，往往采用酸化解堵措施解除近井地带的储层伤害。但常规酸化过程中对砂岩储层往往采用土酸、氟硼酸等含氟酸液体系，由于酸岩反应程度高溶蚀能力强，也容易造成砂体结构的严重破坏，常规酸化易导致储层骨架的破坏。

同时，砂岩储层常规酸化过程中，酸液与地层矿物反应，随着酸液浓度的降低，储层中的硅、铝及金属离子与酸液中的自由氟离子形成含氟化合物以沉淀形式析出，形成二、三次沉淀产生储层伤害影响酸化效果[1][4][5]。由于直接引入氟元素，容易导致含氟沉淀的产生，为此通常采用酸化后迅速排液、选用缓速酸液及使用低浓度HF酸化的办法来降低酸化过程造成的储层伤害。但由于海上施工作业的特殊性，可能导致酸化后残液无法及时返排或返排不彻底，极易造成二次伤害，因此也造成部分油井酸化初期增产幅度大，但有效期短的问题。再者，由于从酸化返出液中沉降分离出的含残酸原油携带大量高离解度酸性水，即H^+含量较高，致使油水乳化严重电脱处理电流大大增加，容易超出电脱水器最大设计电流发生跳闸现象，严重影响了含残酸原油的后期处理[6-8]，导致平台油水处理流程无法正常运转，因此一定程度上制约了油井酸化工艺的现场应用。

为此，本文针对渤海油田油井酸化工艺现状，为解决常规含氟酸液体系酸化的弊端，开展了非酸解堵体系及其工艺技术的探索与研究。该技术兼顾油层解堵和油层保护，具备基本不产生二次沉淀、缓速、缓蚀、残液电导率低、对残液返排要求较低等优点，措施后返排液可直接进入处理流程，现场单井试验效果良好，具有较好的应用及推广价值。

1　技术原理

非酸体系主要由A剂、C剂及其他辅剂组成，其中A剂主要成分为复合多羧基螯合剂，C剂主要成分为含氟络合物。该体系区别于常规强酸酸液体系一步电离即释放出H^+，而A剂经过多级电离逐渐形成H^+，C剂经过电离逐步释放出F^-，形成的AC剂体系pH为6~7(图1)。非

作者简介：兰夕堂，中海石油(中国)有限公司天津分公司，工程师。E-mail：lanxt@cnooc.com.cn。

酸解堵体系 A 剂中含有活化酸基团，其在地层水介质条件下，能缓慢释放 H^+，溶蚀无机垢，体系初期反应速度缓慢，但 90min 溶蚀能力与盐酸及其他常规酸液相当。由于 H^+ 释放速度缓慢，还能有效保持地层的酸性环境。

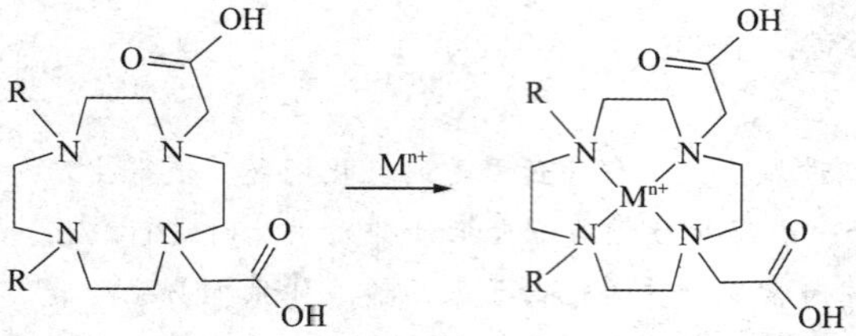

图 1　螯合剂反应原理

非酸解堵体系 A、C 剂逐渐释放出的 H^+、F^- 与储层物质反应，且具有缓速溶蚀、有限溶蚀和较低的自由氟离子浓度，对疏松砂岩储层具有一定的优势。非酸解堵体系对碳酸钙及岩粉相对常规盐酸、土酸体系溶蚀速率低、反应速度慢，不仅表现出良好的缓速性能，同时有利于降低由于过度溶蚀造成储层岩石骨架破坏的风险。

2　非酸体系性能评价

为研究非酸解堵体系的性能，开展了解堵液流动实验、阻垢抑垢性能、腐蚀实验、电导率测定等实验评价，进一步弄清非酸解堵体系性能指标。

2.1　流动实验

应用渤海疏松砂岩储层天然岩心，选用常规土酸体系及非酸体系分别开展岩心流动实验，流动实验结果如图 2、图 3 所示，不同体系酸岩反应后岩心微观形态如图 4、图 5 所示。

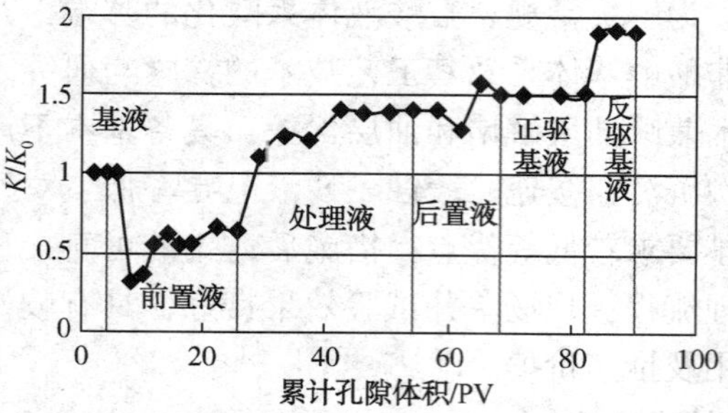

图 2　土酸酸化流动实验

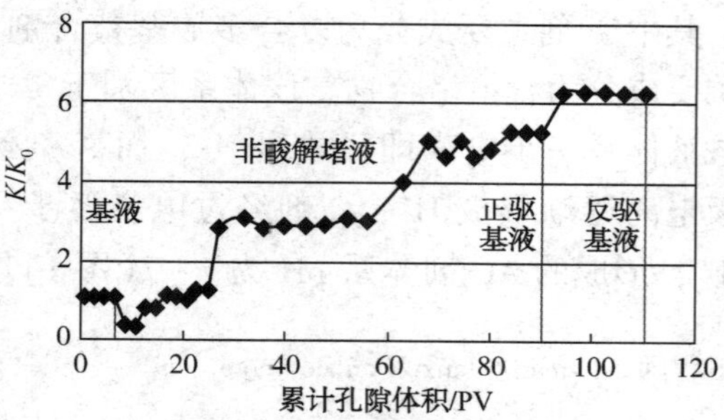

图 3　非酸体系岩芯驱替流动实验

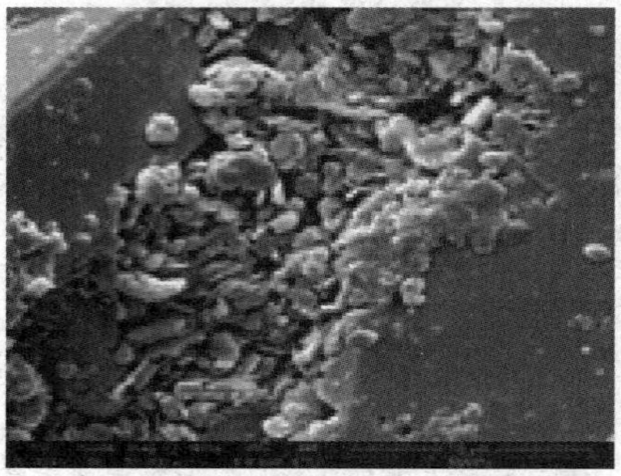

酸化反应前

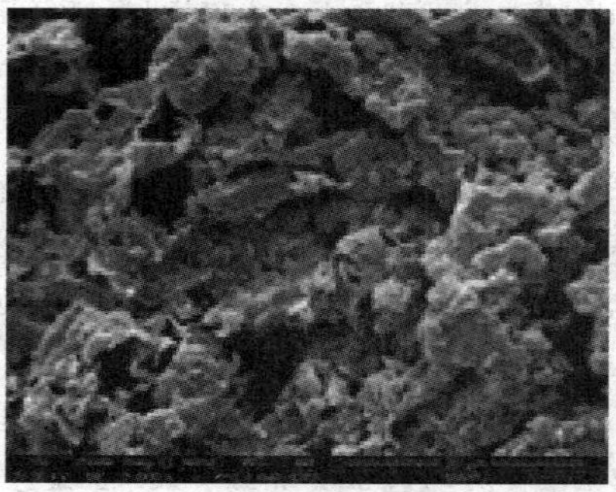

酸化反应后

图 4　土酸酸化前后(电镜扫描图，比例尺 20μm)

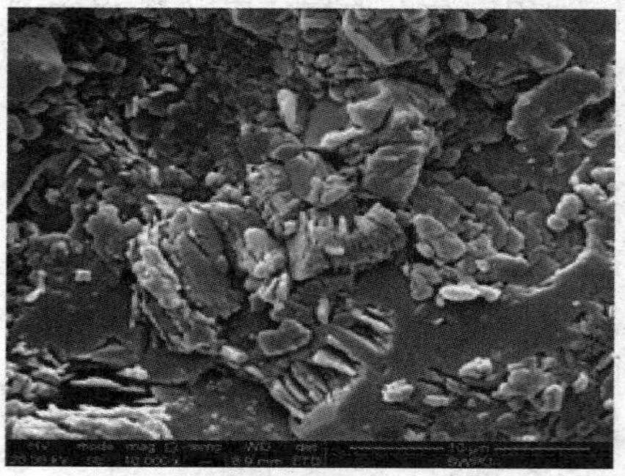

酸化反应前

酸化反应后

图 5　非酸体系酸化前后(电镜扫描图，比例尺 20μm)

岩心流动实验结果表明：土酸体系反应后渗透率增加倍比为 1.9，而非酸体系反应后渗透率增加倍比为 6。酸化前岩芯相对较为致密，表面覆盖着黏土矿物，岩石表面有蚀变现象；土酸酸化后的岩芯变得松散，颗粒脱落，岩芯骨架结构受到破坏，后期可能会导致严重的微粒运移伤害；非酸解堵体系反应后岩芯骨架较为完整，保持原有形态，没有明显的颗粒脱落，且基质岩芯形成多处类似蚓孔的构造，岩芯孔隙结构明显增大。土酸体系增加倍比低于非酸解堵体系，一方面由于土酸属于强酸单步电离，而非酸体系多步电离具有良好缓速性，加强对储层的改造，有利于扩大解堵半径；土酸体系溶蚀率较强，如图4所示产生了岩芯骨架的破坏，导致颗粒脱落，产生微粒运移伤害，非酸体系能够稳固黏土矿物，保证岩石骨架的完整性，降低储层伤害；同时，土酸体系酸化后产生部分沉淀堵塞储层喉道产生伤害。

2.2 阻垢抑垢性能

采用沉淀法和浓缩法分别对非酸体系与常用两种阻垢剂(PBTCA、HEDP)进行对比实验。沉淀法：配制浓度为500 mg/L SiO_2、300 mg/L $CaCl_2$、300 mg/L $FeCl_3$，按照等比例加入形成混合溶液并分成3等份，3份溶液中分别加入等量阻垢剂(100 mg/L A剂、100 mg/L PBTCA、75/25mg/L PBTCA/HEDP)，应用100 mg/L NaOH溶液调节pH值至8，在60℃条件下水浴2h，测定沉淀含量计算抑制率。浓缩法：配制100 mg/L SiO_2溶液，取等量溶液分别加入等量阻垢剂，分别蒸发浓缩10倍，测定无定形硅沉淀抑制能力。采用Ca^{2+}、Fe^{3+}离子螯合能力标准测定方法，测定不同阻垢剂的螯合能力。测试结果如表1所示。

表1 稳垢性能评价

阻垢剂/(mg/L)	稳定硅垢		稳定钙离子/(mg/g)	稳定铁离子/(mg/g)
	沉淀法阻垢率/%	浓缩法阻垢率/%		
PBTCA/HEDP 75/25	71	53	154	178
PBTCA 100	53	27	110	142
A剂 100	91	87	204	311

实验结果表面：A剂对硅沉淀、钙沉淀、铁沉淀的抑制能力均好于PBTCA及PBTCA/HEDP阻垢剂，A剂为复合多羧基螯合剂，A剂具有多对孤对电子，是典型多齿配位体，能够形成环状稳定结构，表现出更优的螯合性能。体系通过螯合作用与金属离子结合，导致其晶体结构出现严重的畸变现象，打乱沉淀物晶体正常的生长发育，抑制清除无机垢，并稳定多价金属离子，由于螯合键作用大于离子间作用力，因而体系同时具备除垢和阻垢的功效[9-10]，其原理如图6所示。对于硅沉淀物也会通过对硅聚体表面性质的作用及硅聚体的分散作用，从而抑制硅沉淀的产生。由于体系中的螯合剂及活化酸基团的多重作用，螯合剂螯合多价金属离子，活化酸基团在地层水介质条件下，将地层水中CO_3^{2-}转变为HCO_3^-，具备持续防垢性能，因此，体系对钙、铁及硅垢稳定性能均优于其他2种阻垢剂。

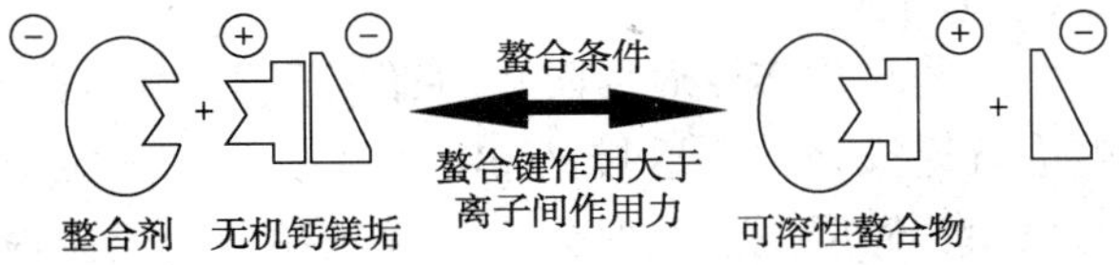

图6 螯合剂除垢阻垢机理

2.3 静态腐蚀

解堵体系的腐蚀性能直接影响解堵效果，解堵体系在储存、运移、注入过程中不可避免地要与含铁物质接触，解堵体系腐蚀性较强不仅会对设备、管柱产生不可逆的伤害减小使用寿命，也会将Fe^{3+}带入储层产生新的伤害，同时酸化解堵返排液中大量含有Fe^{3+}会加剧返排液的乳化作用导致油水分离困难，影响油水处理流程的正常运转。因此，解堵体系的腐蚀性能评价至关重要，研究过程中在不加缓蚀剂的情况下进行静态腐蚀实验，水浴恒温65℃，反应4h，结果见表2。

表2 钢片腐蚀评价实验

编号	处理液名称	钢片前重/g	钢片后重/g	失重/g	腐蚀速率/(g/m²·s)	平均腐蚀速率/(g/m²·s)	现象
1	A剂	8.138	8.137	0.001	0.196	0.131	无点蚀
1′		8.078	8.078	0.000	0		
1″		8.055	8.054	0.001	0.197		

续表

编号	处理液名称	钢片前重/g	钢片后重/g	失重/g	腐蚀速率/(g/m²·s)	平均腐蚀速率/(g/m²·s)	现象
2	C剂	8.270	8.270	0.000	0	0	无点蚀
2′		8.043	8.043	0.000	0		
2″		8.036	8.036	0.000	0		

实验结果表明，非酸体系腐蚀速率远低于行业标准，具备较强的缓蚀性能，尤其C剂基本对管柱不会产生腐蚀伤害。非酸解堵体系具有较强缓蚀能力：AC剂体系为非酸体系，逐步电离出H^+、F^-，体系pH较高腐蚀性较弱，尤其C剂络合物表现出中性的特点；A剂螯合剂及C剂含氟络合物具有羟基、羧基等结构，能够形成空轨道与铁金属表面的铁离子发生螯合作用，形成吸附层结构，阻碍溶解氧在金属表面的扩散作用，同时由于化学反应生成OH^-等离子而可有效抑制电化学腐蚀的阴极反应[11-12]。此外，螯合酸液中含有较多的极性基团，使得体系对Fe^{3+}的螯合能力进一步加强，形成对管柱及其他金属设备的有效保护作用。最终，非酸解堵体系表现出良好的低腐蚀特性。

2.4 电导率测定

油井酸化作业后为防止对储层产生的伤害必须进行返排处理，返排液pH较低并含有一定量的原油、储层泥沙及部分反应残渣颗粒，返排液成分复杂油水分离相对较为困难，由于油水乳化严重往往导致处理过程中电流过大导致电脱掉电设备无法正常运转，对于海上油田酸化返排液处理难的问题已经影响到油井酸化作业的有效实施。为此，采用电导率仪分别测定非酸体系A剂和C剂的反应残液、12% HCl反应残液及12% HCl+3%HF的土酸反应残液电导率，结果如表3所示。

表3 酸液反应残液电导率测定

样品体系	离子浓度/(mol/L)	电导率(25℃)/(ms/cm)
A剂反应残液	0.87	48.63
C剂反应残液	0.82	48.68
12%盐酸残液	6.58	193.2
12%盐酸+3%HF残液	9.58	226.5

实验结果表明，非酸解堵体系具备较低的离子浓度及电导率，其残液的离子浓度均远低于常规酸液残酸的离子浓度，约为酸液体系的25%左右。较低的电导率基本不会导致因短路造成的跳闸现象，可实现返排残酸打入平台流程就地、高效的处理。一方面非酸解堵体系，具有良好的螯合能力，导致残酸返排液中具有较低的离子浓度，尤其Fe^{3+}等离子对残酸中油水乳化及其稳定性影响很大，较低的离子浓度有利于残酸返排液的处理；另一方面非酸解堵体系返排残液pH值较低，返排残液中部分离子处于络合状态，其残液与强酸弱碱盐类似，同等离子浓度下电导率远低于常规酸液体系的残酸，进一步降低了电脱跳闸的风险。

3 现场应用

渤海金县1-1油田生产流程电脱曾因油井常规酸化后返排残液进入出现过掉电现象，导致油井酸化后返排时需要走平台旁通或在井口加碱中和后才能进行处理流程，处理流程复杂，一直制约着常规的油田酸化措施。该油田B6井长期处于关停状态，采用非酸解堵技术在该井作业后，产液产油均得到恢复，同时该井解堵后返排液能够直接进入生产流程，返排过程中一直都没有对生产流程造成影响。

金县油田B6井自2012年9月下旬以来表现出产液量不断下降且流压上升的趋势，原油分析含蜡量14.52%，2013年1月3日钢丝作业通井，通井规被油泥装堵塞物糊死，从2014年至今，一直处于关停状态，通过分析，该井定性为低渗、污染、蜡堵，2018年12月进行非酸解堵作业，累计注入解堵液45m^3。该井作业后日产液27m^3/d，日产油15m^3/d，含水45%，一直持续有效，截至2019年7月，已累计增油3000余方，且该井作业后返排液直接进生产流程，没有对生产流程造成影响，该井生产曲线如图7所示。

因此，本文研究的非酸解堵体系在渤海油田油井成功进行解堵作业，不仅大幅度提高了油井产量，同时对储层伤害小，返排液处理对处理流程影响小，可实现返排残酸直接注入平台流程就地、高效的处理。

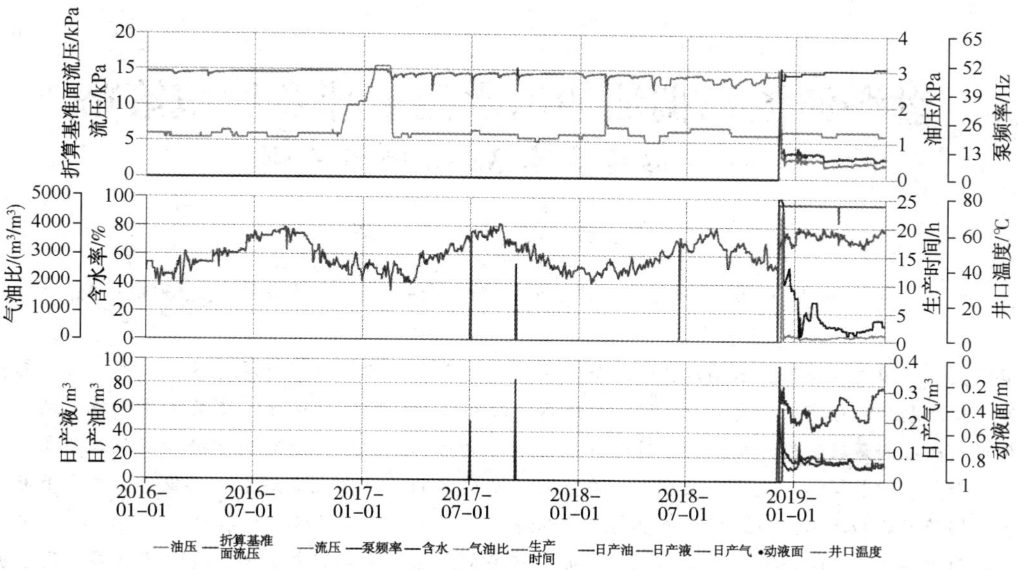

图 7　金县 1-1 油田 B6 井生产曲线

4　结论

（1）非酸解堵体系属于温和类的解堵体系，主要由 A 剂复合多羧基螯合剂及 C 剂含氟络合物组成，缓慢释放出 H^+、F^-，具有良好缓速性，具备适当的黏土溶蚀率和溶蚀速度，有效解堵，且避免解堵过程中对储层骨架的伤害。

（2）非酸解堵体系通过逐步电离出 H^+、F^-，能够有效保持地层的酸性环境，有效降低砂岩储层酸化过程中产生的二次沉淀伤害，同时体系中螯合剂及酸活化基团能有效地起到除垢阻垢稳垢的效果。

（3）非酸解堵体系能有效稳固 Fe^{3+}，对管柱具有较低的腐蚀性，具备较低的离子浓度及电导率，能进一步降低解堵后返排液对平台处理流程电脱处理的冲击，可实现返排残酸打入平台流程就地、高效的处理。

（4）非酸解堵体系兼具油层解堵和油层保护功能，具备较低的残液电导率，对渤海油田油井解堵表现出较好的适用性，现场试验取得了良好的效果，具有一定的应用及推广价值。

参　考　文　献

[1] 苏崇华．疏松砂岩储层伤害机理及应用——以 HND-1/2 为例[D]．成都：西南石油大学，2011.

[2] 徐加放，李小迪，孙泽宁，等．疏松砂岩储层敏感性评价方法[J]．中国石油大学学报自然科学版，2014，5(38)：130-134.

[3] 陈朝晖，谢一婷，邓勇．疏松砂岩油藏出砂应力敏感实验研究[J]．石油钻探技术，2013，1(41)：61-64.

[4] 田野．高升油田多氢酸酸化技术研究及应用[D]．大庆：东北石油大学，2016.

[5] 汪本武，刘平礼，张璐，等．一种单步法在线酸化酸液体系研究及应用[J]．石油与天然气化工，2015，3(44)：79-83.

[6] 胡文丽，汪伟英，于洋洋，等．残酸返排液对原油乳状液破乳效果的影响[J]．断块油气田，2007，4(14)：78-80.

[7] 阮少阳，于兵川．酸化返排液对原油破乳脱水的影响研究[J]．石油天然气学报，2014，12(36)：253-257.

[8] 郭海军，段明，张健，等．酸化返排液对原油乳化液稳定性的影响[J]．油田化学，2008，2(25)：130-133.

[9] 刘平礼，兰夕堂，王天慧，等．砂岩储层酸化的新型螯合酸液体系研制[J]．天然气工业，2014，4(34)：72-75.

[10] Cao Ying-xia，Yang Jian，Li Jie. Study of Inhibition HEDP and PBTOA[J]. Journal of TONGJI University，2004，32(4)：556-560.

[11] Alsabagh A M，Migahed M A，Awad H S. Reactivity of polyester aliphatic amine surfactants as corrosion inhibitors for carbon steel in formation water (deep well water)[J]. Corrosion Science，2006，48(4)：813-828.

[12] 许帅．咪唑啉型缓蚀剂的合成及性能评价[D]．成都：西南石油大学，2016.

渤海河流相稠油油田水淹规律及调整策略

——以秦皇岛 32-6 油田为例

金宝强　舒　晓　邓　猛

（中海石油（中国）有限公司天津分公司渤海石油研究院，天津塘沽　300450）

摘　要　油田进入特高含水期后，受到储层韵律性、平面非均质性、断层边界及纵向夹层等影响，油层水淹规律及剩余油分布十分复杂。为进一步提高油田采收率，结合新钻井水淹层测井解释成果、密闭取心、生产动态及油藏数值模拟等资料，对渤海 Q 油田水淹特征和剩余油分布规律进行了深入研究，并提出了相应的调整井挖潜策略。认为油层底部、井点附近及边水油藏注采主流线水淹严重，油层中上部、井间区域、遮挡带附近和底水油藏边部水淹较弱或未水淹，纵向上井间区域水淹层占比为 8%~65%，平面上生产井有效动用半径为 70~150m。提出利用水平井进行井间加密、边部完善井网、垂向穿夹层动用屋檐油及井网调整等挖潜策略，结果表明，利用水平井挖潜特高含水期剩余油，可有效改善开发效果，提高油田采收率，并为海上类似油田的调整挖潜提供借鉴。

关键词　特高含水期；渤海 Q 油田；水淹特征；剩余油分布规律；挖潜策略

引言

随着渤海油田开发的不断深入，多数老油田进入特高含水阶段，含水上升快，产量递减大，稳产难度越来越大。由于储层自身特点、开发方式及驱动能量等差异，使得剩余油的分布呈现出复杂化、差异化的特点。如何正确认识剩余油的分布并进行有针对性的挖潜，已经成为油田中高含水期提高采收率、改善油田开发效果的核心内容[1-4]。本文以渤海 Q 油田为研究对象，利用油田密闭取心井、新钻调整井及生产动态资料，在分析油田水淹规律基础上，结合油藏数值模拟研究，系统总结油田剩余油分布规律及影响因素，提出利用水平井进行针对性的剩余油挖潜思路，探索了适合海上泊田特高含水期油田的挖潜策略。

1　油田概况

Q 油田位于渤海中部海域石臼坨凸起的中西部，是在古近系古隆起背景上发育起来的大型低幅披覆构造，被南堡、秦南和渤中三大富烃凹陷环绕。油田主要含油层位为新近系明化镇组和馆陶组，储层为典型的曲流河和辫状河沉积，平均孔隙度为 31.2% 和 32.3%，平均渗透率为 2133mD 和 3701mD，属高孔高渗储层。地面原油密度为 0.930~0.967g/cm^3，地层原油黏度为 22~260mPa·s，明化镇组原油以稠油为主，馆陶组以常规油为主。Q 油田于 2001 年投产，经历 18 年的开发开采历史，明化镇组以边水油藏为主，需要注水开发，井距 400m 左右；馆陶组为刚性底水油藏，采用天然能量开发，井距 300m 左右。随着油田开发的不断深入，层内和平面矛盾日渐凸显，综合含水 90%，主力砂体采出程度超过 20%。经过多年开发调整，现有井网难以持续改善油田开发效果，需要厘清剩余油分布规律并进行深入挖潜，以进一步提高油田采收率。

2　剩余油分布规律

对于水驱开发油田来而言，水驱油的效果和水淹规律决定了剩余油的分布特征[5]。Q 油田储层为典型河流相沉积，纵向上主要发育正韵律和均质韵律，局部发育复合韵律。为了研究油田水淹规律和剩余油分布特征，笔者依据近几年密闭取芯、新钻井水淹解释及油藏数值模拟结果，分类统计了不同类型储层结构的水淹特征和剩余油分布规律。

基金项目："十三五"国家科技重大专项"渤海油田加密调整及提高采收率油藏工程技术示范"（2016ZX05058001）。

作者简介：金宝强（1979-），男，高级工程师，硕士，现从事油气田开发生产和科研工作。E-mail：jinbq@cnooc.com.cn。

2.1 油层水淹特征

2.1.1 纵向水淹规律

（1）正韵律储层水淹特征

油田明化镇组储层多数为典型曲流河沉积，测井曲线表现为钟形正韵律沉积为主，具有明显的“二元结构”。储层顶部渗透率在（100~1000）×$10^{-3}\mu m^2$，储层底部渗透率在（1000~7000）×$10^{-3}\mu m^2$，渗透率极差为1~70，平均值为20，层内纵向非均质性较强。根据油田水淹层解释标准，统计分了近30口井过路52个正韵律储层的水淹状况。统计结果表明，砂体底部水淹严重，上部油层均未水淹。受到储层纵向渗透率极差、重力作用、注采井距和油品较稠的影响，井间水淹特征也有所差异。当渗透率极差大于5时，纵向非均质性较强，储层底部物性明显好于顶部，注入水受高渗层及重力作用明显，井间过路水淹层表现为油层底部水淹，统计显示水淹层厚度占油层总厚度的8%~20%；当渗透率极差小于5时，纵向非均质性较弱，注入水受物性影响相对较小，纵向驱替范围更大，储层底部水淹层厚度有明显增加，统计显示水淹层厚度占油层总厚度的19%~32%。如图1所示，该砂层平均渗透率为3800×$10^{-3}\mu m^2$，纵向渗透率极差为11，油层厚度为15.3m，水淹层主要集中在砂体底部，底部物性最好处表现为强水淹，厚度为2.1m，紧邻强水淹层物性略差，表现为中水淹，厚度为1m，水淹层占油层总厚度20%。

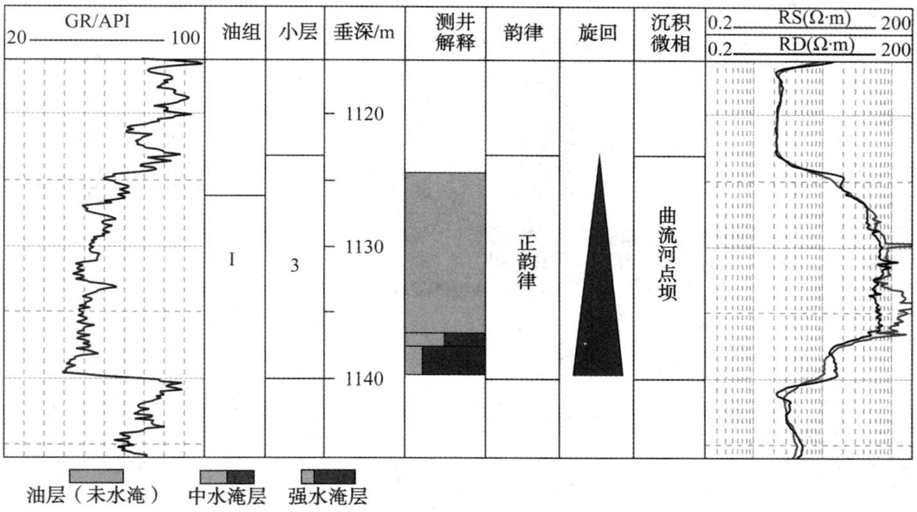

图1 E24H1井N_1m^LI3砂体正韵律储层纵向水淹特征

（2）均质韵律储层水淹特征

明化镇组多期叠置河道和馆陶组辫状河心滩储层以均质韵律为主，一般储层厚度大，测井曲线表现为箱型或指状箱型特征。储层顶部和底部渗透率相差不大，一般在（2000~7000）×$10^{-3}\mu m^2$，渗透率极差在3以内，层内纵向非均质性较弱。明化镇组油藏采用注水开发，注入水沿储层底部推进，主要受注入强度和重力作用影响，注水井点附近水淹厚度较大，而井间厚度较小且分布稳定，根据19口井21个水淹层统计显示，水淹层厚度占油层总厚度的23%~65%，如图2（a）所示，该砂层平均渗透率为3600×$10^{-3}\mu m^2$，纵向非均质性较弱，渗透率极差为1.8，J37井N_1m^LI3小层底部向上依次发育3.6m强水淹、1.3m中水淹和1.3m弱水淹，水淹层厚度占总厚度的43%。馆陶组油藏水体能量强，依靠天然能量开发，随着油井生产，底水沿油层底部向上锥进，形成一定范围水锥，造成油水界面之上水锥范围内油层底部水淹，水淹层厚度和强度与距离生产井距离有关。如图2（b）所示，I05井N_1gII1小层平均渗透率为3800×$10^{-3}\mu m^2$，纵向非均质性较弱，渗透率极差为1.3，I5井距离生产井130m，该井在N_1g^UII油组油水界面之上钻遇1.1m中水淹层，水淹层厚度占总厚度的9.6%。

（3）复合韵律储层水淹特征

复合韵律储层为砂体多期叠置所致，多为末期河道切割早期河道沉积类型，具有底部均质韵律、上部正韵律的特点。经过早期大段合注合采，表现出分段水淹的特征，且各段水淹程度有所差异。A31井为Q油田唯一密闭取心井，该井

N_1m^LI3 小层取心层段发育一套复合韵律储层，从测井曲线看，底部为均质韵律，上部为正韵律，受到韵律、重力作用和长期注水等多重影响，均质韵律储层表现为底部强水淹，水淹层厚度占总厚度 64.7%，上部正韵律储层水淹程度较弱，表现为弱水淹，水淹层厚度占总厚度 21.5%（图 3）。

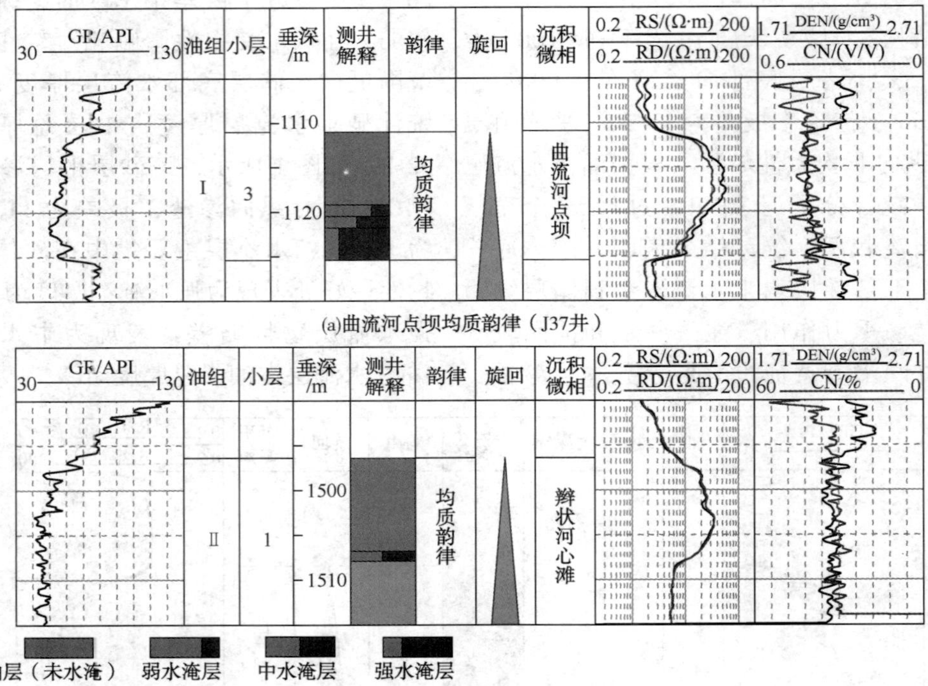

(a)曲流河点坝均质韵律（J37井）

(b)辫状河心滩均质韵律（I5井）

图 2　J37 井和 I5 井均质韵律储层纵向水淹特征

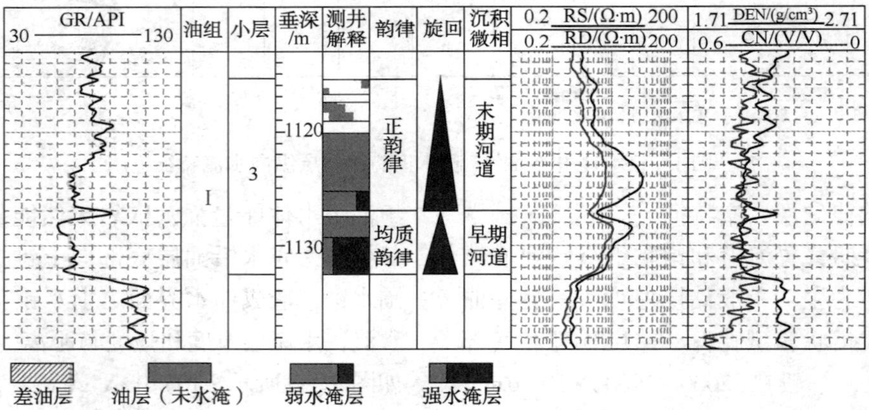

图 3　A31 井(密闭取心井) N_1m^LI3 砂体复合律储层纵向水淹特征

2.1.2　平面水淹规律

不同沉积相带中，由于水动力条件的差异，其颗粒大小、分选程度、渗透率和原始含油饱和度的变化都各不相同[6]。油田生产实践表明，井点附近及注水主流线(窜流通道)上水淹严重，而井间区域、遮挡带附近及底水油藏边部水淹较弱。

(1) 井间水淹特征

① 明化镇组边水油藏

边水油藏采用注水开发，随着油井采出量的不断增加，近井地带形成低压区，注入水沿主流线方向驱替原油并补充地层能量，受重力和韵律双重作用，井间区域主要底部水淹，注采井间形成“哑铃式”水淹特征，平面上表现为井点处水淹严重，井间水淹较弱，随着生产历史延长和注入体积不断增大，井间水淹厚度会有所增加。如表 1 所示，22 口过路井证实，井点平面水淹范围(非主流线方向)在 70~100m，井控范围之外水淹较弱。受到点坝内部侧积夹层方向的影响，水淹程度也呈现差异化特点，顺着侧积夹层方向注水阻力小，水淹程度较强，垂直侧积夹层方向，注水受到一定阻挡，水淹程度较弱。

表 1　Q 油田近几年调整井实钻水淹层统计表

生产井	累产油/10^4m^3	过路井	井距/m	油层厚度/m	水淹层 厚度/m	水淹层 占比/%	产井	累产油/10^4m^3	过路井	井距/m	油层厚度/m	水淹层 厚度/m	水淹层 占比/%
E31H	12.0	E24H1	70	12.2	3.1	20.2	J5H	5.2	F01H3	74	17.2	0	0
F19	15.1	J38	80	10.0	3.1	23.7	D11	0.7	I33H	145	7.9	0.7	20.2
C14	2.2	I35H	113	6.4	1.5	19.0	B11	4.3	G09H1	188	4.3	1.0	18.8
A04	5.1	A03H1	183	6.3	1.1	14.8	A05	5.8	A30	214	8.0	1.3	13.9
F12	14.1	J03H	259	14.1	4.7	25.0	F6H	3.2	J31H	180	6.7	2.7	29.4
D15	11.0	I07H1	310	7.9	0.7	8.1	D13	0.5	I28P1	7.2	1.0	12.2	

② 馆陶组底水油藏

底水油藏采用水平井天然能量开发，采油井井点水淹表现为“水脊”特点，水平段底部及附近水驱油效果明显，水淹程度高，远离水平段方向水淹程度逐渐减弱，根据 15 口馆陶组水平井实钻、生产情况及油藏数值模拟分析，水脊的动用半径在 100～150m，由于早期水平井井距为 300m 左右，平面上表现为井点附近水淹严重、井间未水淹的“孤立线状”水淹特点。

（2）遮挡带附近水淹特征

① 断层附近油层

断层决定了构造的基本格局，对储层发育、油气运移及成藏起到一定的控制作用，断层的遮挡作用会造成注采系统不完善[7-13]。断层附近生产井一般受效方向单一，一般为单向或双向受效，注水主流向方向水淹较严重，靠近断层一侧无注水井点，水驱效果差或基本无水淹，平面上形成以注采井点为连线的三角形或线形水淹区域。

② 废弃河道附近油层

废弃河道是在河道演化过程中，整条河道或者某一河道段丧失了作为地表水同行路径的功能时形成的细粒沉积物。废弃河道对注入水横向运动起遮挡作用，废弃河道对注入水横向运动起遮挡作用，当注水井与采油井之间发育废弃河道时，则会发生注水不受效的情况[14]。Q 油田早期采用反九点井网开采，井网看似完善，但生产证实部分井注水受效差或不受效，而局部方向见水较快，经过对储层精细描述分析认为，原井网在某些方向上是“假完善”，如图 4 所示，注采井距 400m，B10 井与 B09 井连通，注采受效明显，而与 B11 井不连通，受到废弃河道遮挡影响，在该方向上水驱油效果差，油井在该方向不受效（图 4）。

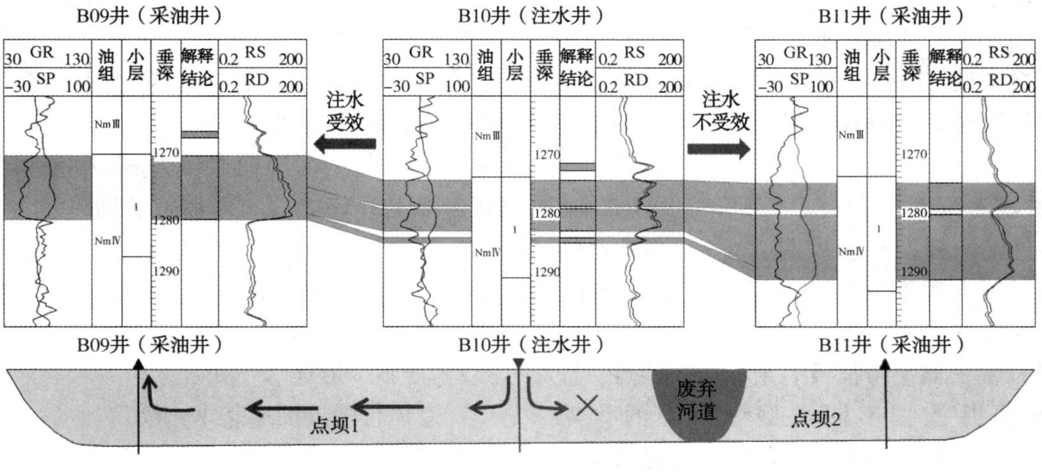

图 4　Q 油田 B10 井组注采连通及沉积模式分析

③ 夹层之下油层

夹层是指分布在砂体内的低渗透层或非渗透层，夹层的发育减少了油层有效厚度，但在纵向上能阻挡底水锥进，因此，夹层的存在对厚油层动用状况具有十分重要的影响[15-17]。夹层对地下油水运动影响比较复杂，这主要取决于夹层的延伸长度、产状和发育程度[18]。当采用水平井开发时，水平段一般处于油层顶部，若夹层延伸长度小于一个井距时，底水或注入水驱油面积会有所增加，能够抑制含水过快突进，提高水平井的动用程度；但若夹层范围大于一个井距时，水平段仅动用夹层之上的储量，纵向上会形成渗流屏障，驱油效果差，油层水淹较弱或基本未水淹，夹层之下富集大量剩余油，俗称“屋檐油”。

(3) 底水油藏边部水淹特征

馆陶组底水油藏早期通常以10m油柱高度作为下限部署水平采油井，以保证具有较高的产能和经济指标。由于水平井水脊的动用半径在100~150m左右，底水向上锥进明显，平面动用范围有限，对于油藏边部10m以下的油层而言，水驱作用较弱，基本未水淹。如图5所示，B27H为馆陶组开发井，该井于2006年投产，累产油$22\times10^4m^3$，2016年在南侧130m处实施一口过路评价井I05，实钻油层厚度10.4m，中水淹层1.1m，水淹层占比仅为9.6%，水淹程度较弱，该实钻结果与油藏数值模拟认识基本一致，B27H井生产形成水脊范围在150m以内，根据油藏数值模拟可知，B27H井北侧油柱高度较低区域基本未受到水脊影响，为储量未动用区域(图5)。

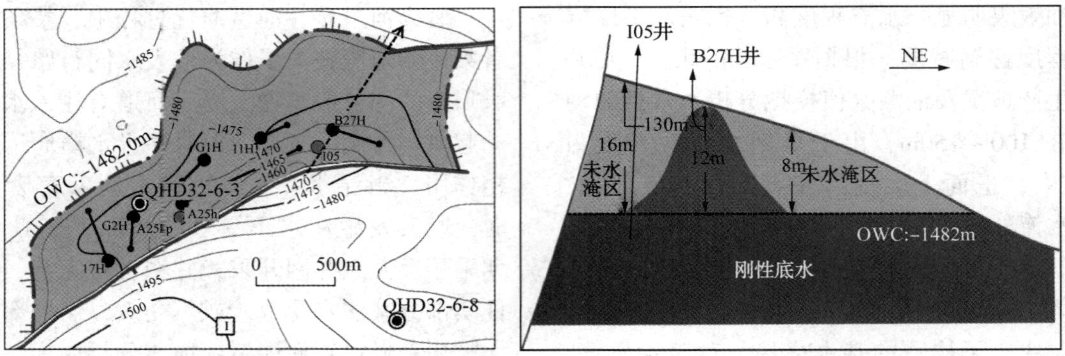

图5 Q油田B27H井区底水油藏井位及水淹模式图

2.2 剩余油分布特征

在纵向及平面水淹规律认识基础上，结合储层精细研究成果及油藏数值模拟手段，分析认为Q油田剩余油分布具有如下特点：大井距条件下井间剩余油富集，受到储层韵律和注入水重力作用，主要集中在储层顶部；断层附近和废弃河道附近剩余油富集，油层基本未动用；水平井动用稳定夹层之上油层时，夹层之下剩余油富集屋檐油；馆陶组刚性底水油藏边剩余油富集，油层基本未动用。

3 调整井挖潜策略

国内外油田开发经验表明，高-特高含水期的剩余油在很大程度上可以通过调整开发措施，部署加密井的方法改善开发效果，提高油田采收率。根据Q油田储层特征及剩余油分布特点，提出利用水平井挖掘不同类型剩余油的策略(图6)，近几年共实施61口调整井且均达到设计产量，预计可采储量增加$410\times10^4m^3$，采收率提高2%。

3.1 井间加密水平井

油田主力砂体综合含水已超过90%、采出程度超过20%，考虑老井井距及水淹规律，采取水平井加密方式挖潜剩余油，同时配合井网调整，通常是九点井网转为五点井网，井距150~250m，原定向采油井转为注水井，为新增水平调整井注水。近5年Q油田共实施井间加密调整井22口，其中明化镇组边水油藏31口，馆陶组底水油藏16口，单井平均初期产量为$48m^3/d$，该类水平井含水上升较快，低含水采油期一般为1~2个月，很快与周边井持平，后期主要利用提液稳油措施生产，油藏数值模拟预测该类水平井单井平均累增油$6.2\times10^4m^3$。

3.2 遮挡带附近水平井

遮挡带附近油层基本未动用，通过部署水平井动用储量，配合井网调整，完善注采井网，动用遮挡带附近的剩余油。从已经实施的11口调整井看，该类水平井含水上升速度较慢，低含水采油期一般为3~6个月，单井平均初期产量为55m³/d，后期生产特征与周边井一致，油藏数值模拟预测该类水平井单井平均累增油7.1×10⁴m³。

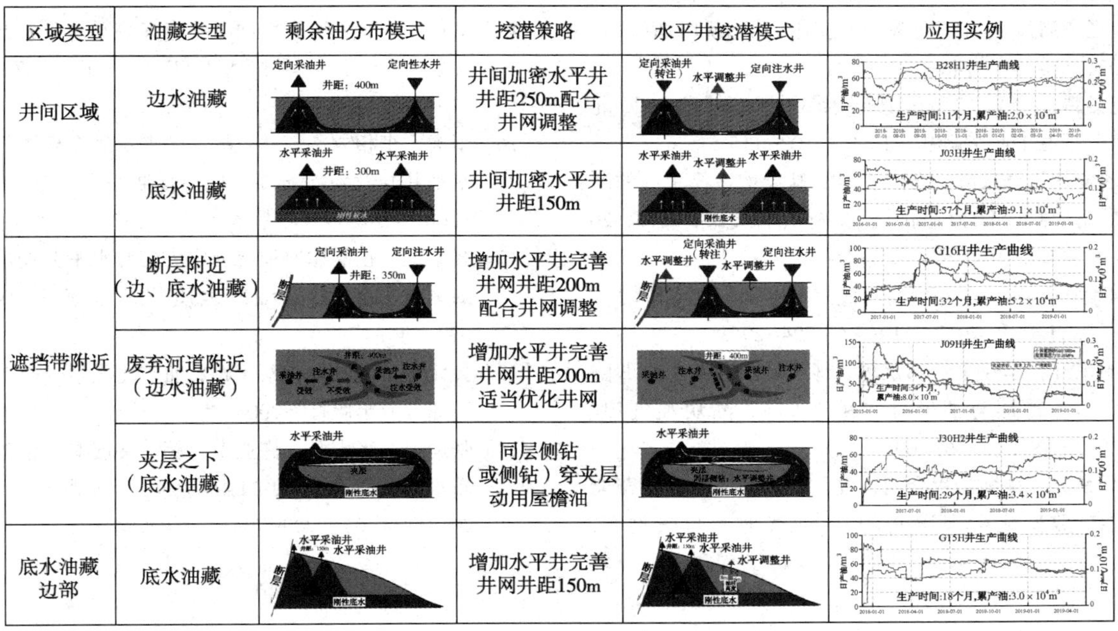

图6　Q油田不同油藏类型剩余油分布模式及挖潜策略

3.3　动用夹层之下剩余油水平井

早期水平井开采带有稳定夹层的厚油层时，若夹层范围大于一个井距，夹层之下的油层很难被动用。当水平井采油井含水超过97%，日产油水平低于10m³/d时，考虑利用原水平井进行同层侧钻，井轨迹加深穿过夹层动用夹层下部剩余油，或针对下部剩余油直接实施水平井。Q油田已实施该类水平井7口，单井平均初期产量为40m³/d，油藏数值模拟预测该类水平井单井平均累增油5.3×10⁴m³。

3.4　底水油藏边部水平井

经过近几年实践探索，以单井累增油5.0×10⁴m³为基础，Q油田底水油藏水平井布井下限为6~8m[19]，井距缩小至150m左右，针对底水油藏边部油柱高度在6~10m的区域部署水平采油井，动用边部剩余油。Q油田已实施该类水平井5口，投产后生产效果好，单井平均初期产量为70m³/d，油藏数值模拟预测该类水平井单井平均累增油7.9×10⁴m³。

4　结论

（1）根据过路井及密闭取心井分析，系统总结了不同区域、不同类型油层水淹规律，认为油层底部、井点附近及边水油藏注采主流线上水淹严重，油层中上部、井间区域（300~400m井距）、遮挡带附近和底水油藏边部水淹较弱或未水淹。

（2）综合过路井水淹测井解释结果和油藏数值模拟，纵向上井间区域水淹层占比为8%~65%，平面上生产井有效动用半径为70~150m。

（3）提出利用水平井进行井间加密、边部完善井网、垂向穿夹层动用屋檐油及井网调整等挖潜策略，成功实施61口调整井，为类似油田高-特高含水期调整挖潜提供借鉴。

参考文献

[1] 韩大匡．深度开发高含水油田提高采收率问题的探讨[J]．石油勘探与开发，1995，22(5)：47-55.

[2] 俞启泰．关于剩余油研究的探讨[J]．石油勘探与开发，1997，24(2)：46-50.

[3] 窦松江，周嘉玺．复杂断块油藏剩余油分布及配套挖潜对策[J]．石油勘探与开发，2003，30(5)：90-93.

[4] 刘宗宾，张汶，马奎前，等．海上稠油油田剩余油分布规律及水平井挖潜研究[J]．石油天然气学报，2013，35(5)：115-119.

[5] 胡治华，杨庆红，申春生，等．稠油油田高含水期剩余油分布规律及挖潜策略[J]．断块油气田，2013，20(6)：748-751.

[6] 夏位荣，张占峰，程时清．油气田开发地质学[M].

北京：石油工业出版社，1999.
[7] 宋刚练，刘燕，刘斐，等．断块剩余油分布规律及控制因素[J]．断块油气田，2009，16(2)：64-66.
[8] 黄晓波，徐长贵，周心怀，等．断层侧向封堵分析在辽东湾海域油气勘探中的应用[J]．断块油气田，2011，18(6)：740-742.
[9] 冈秦麟．高含水期油田改善水驱效果新技术[M]．北京：石油工业出版社，1999：103-115.
[10] 侯亚伟，杨庆红，黄凯，等．基于构造稳定性的断层垂向封闭能力评价[J]．断块油气田，2013，20(2)：166-169.
[11] 刘宇，李娜，王涛，等．断层的准确定位方法[J]．断块油气田，2012，19(3)：294-296.
[12] 周东红，李建平，郭永华．辽西低凸起及辽中凹陷压力场特征与油气分布关系[J]．断块油气田，2012，19(1)：65-69.
[13] 吴素英，孙国，程会明，等．长期水驱砂岩油藏储层参数变化机理研究[J]．油气地质与采收率，2004，11(2)：9-11.
[14] 邢晓霞，刘永河，姜玲玲，等．羊二庄油田河流相储集层构型与剩余油分布规律[J]．油气地质与采收率，2004，11(2)：9-11.
[15] 刘佳，程林松．底水油藏中隔夹层对水平井开发影响研究[J]．科学技术与工程，2013，32(13)：62-65.
[16] 李虎，李相方，赵林，等．隔夹层发育碎屑岩气藏水平井开发对策研究[J]．石油钻采工艺，2009，31(6)：96-99.
[17] 张宗檩．正韵律厚油层层内夹层对水平井挖潜效果的影响分析[J]．油气地质与采收率，2004，11(3)：46-47.
[18] 吴元燕，吴胜和，蔡正旗．油矿地质学[M]．北京：石油工业出版社，2005.
[19] 张运来，张吉磊，许亚南，等．夹层对稠油油藏可布水平井油层厚度的影响[J]．新疆石油地质，2017，38(6)：729-734.

海上普Ⅱ类稠油油藏复合降黏体系驱油技术研究与评价

宋　鑫　刘义刚　韩玉贵　黄　岩　苑玉静　张　伟

（中海石油（中国）有限公司天津分公司渤海石油研究院，天津塘沽　300450）

摘　要　渤海探明储量中稠油占据探明储量总数的55%，针对稠油油藏如何实现高效开发对整个油田的增储上产以及渤海油田稳产3000×10^4t宏伟目标的实现具有重要意义。伴随着渤海油田的注水开发的不断深入，油田平面、层内、层间开发矛盾逐渐凸显，多数油田因含水上升快而导致开发效果逐步变差，急需开展适合渤海稠油油田的高效开发技术。针对渤海高含水油田存在的诸多问题，设计了单管及三维驱替实验，研究了降黏剂复合体系驱替过程中原油流动性、微观降黏特征、驱油效率及分流率的变化规律。实验结果表明：降黏剂复合体系能够明显改善水油流度比，一方面有效分散降黏原油使其更易流动，另一方面能够有效地改善吸液剖面扩大波及体系，有效改善吸液剖面达到提升驱替效率的目的，相同驱替倍数下比聚合物驱油效率高19%以上。由此可见，化学复合降黏驱油技术可作为海上稠油油藏的一种有效开发手段，应用前景十分广阔。

关键词　渤海普Ⅱ类稠油；复合降黏体系；波及效率；流动能力

前言

渤海油田普遍具有层系多、储层非均质严重、原油黏度高等特点，注水开发过程中平面、层内、层间开发矛盾突出，储层动态非均质性加剧，波及不均、动用不够、水窜严重等问题凸显，导致油田含水上升快，多数主体油田已经进入“双高”开发阶段，稳油控水难度大。如何改善吸液剖面、提高注水波及效率、提高驱油效率是实现老油田稳油控水、高效开发和持续稳产的技术关键。针对这种情况，渤海油田开展了化学降黏复合驱油技术研究，提出在注入水中加入降黏剂与聚合物两种组分形成复合体系，在提高原油流动性的同时，提高体系波及能力来达到双重驱油效果，为老油田高效开发提供指导。

目前单纯化学降黏开发稠油的研究与矿场实践非常少。油藏工程人员主要通过测试降黏剂与地层流体的配伍性、降黏率、乳状液的稳定性等指标来确定化学降黏开采稠油的方法是否可以应用于油藏，矿场也根据这些测试结果进行了应用，暂未收集到驱替的方式在稠油油藏的应用情况。仅有少量关于岩心中降黏剂驱替实验研究发表出来，主要是针对单一降黏剂驱的驱油效率及注采参数等。例如，王剑峰、康万利等人通过岩心实验指出了，降黏剂驱能大幅度提高驱油效率，并优化了注入时机、注入浓度等参数。但对于降黏复合驱的研究基本没有。本文针对渤海普二类稠油油藏N区块的油样，通过岩心驱替实验及微观驱油实验，分析了降黏复合驱提高采收率机理、驱替特征、驱替效率，用其指导降黏复合驱方式在渤海稠油油藏的推广与应用。

1　实验部分

1.1　实验材料

HPAM（部分水解聚丙烯酰胺），北京恒聚化工集团有限公司生产，相对平均分子质量为2.1×10^7g/mol，水解度22.5%，固含量89.8%；水杨酸钠（AR级），氯化钠（AR级）、氯化钙（AR级）、氯化镁（AR级）。NCJ（水溶性高分子稠油降黏剂），实验室合成，固含量35%；PPG（黏弹性颗粒驱油剂），胜利油田，固含量89%。

1.2　实验设备

MCR301型流变仪、旋转混合器、恒温箱、ISCO高压高精度柱塞泵、微观可视化实验装置等。

1.3　溶液配制及测试方法

1.3.1　溶液配制

在烧杯中依次加入一定量的模拟地层盐水（TDS＝10000mg/L，[Ca^{2+}]＋[Mg^{2+}]＝300mg/L）

作者简介：宋鑫（1989-），男，工程师，现主要从事化学驱提高采收率技术及智能注水工艺技术研究工作。E-mail：songxin11@cnooc.com.cn。

一定量的 HPAM 聚合物，室温条件下搅拌 2h，得到黏稠澄清的 HPAM 溶液，复合体系溶液配制过程与此相同。

1.3.2　溶液表观黏度测试实验

MCR301 型流变仪(同心轴圆筒 CC27 转子)，测量前将样品置于 65℃水浴中静置 10min，然后继续在流变仪测量筒中恒温 5min，剪切速率 7.34s^{-1}条件下测试溶液表观黏度。

1.3.3　物理模拟驱油实验

实验温度为 65℃，利用并联岩心模型开展物理模拟实验(实验流程见图 1)。分别将高低渗透率岩心抽真空饱和模拟水，驱替饱和模拟油，在油藏温度下老化 12h。以 0.3mL/min 速度注入模拟水，模拟水驱；当含水率达到 98%后，注入 0.3PV 驱油剂，再进行后续水驱至含水率再次达到 98%，计算不同驱油剂体系的采收率。

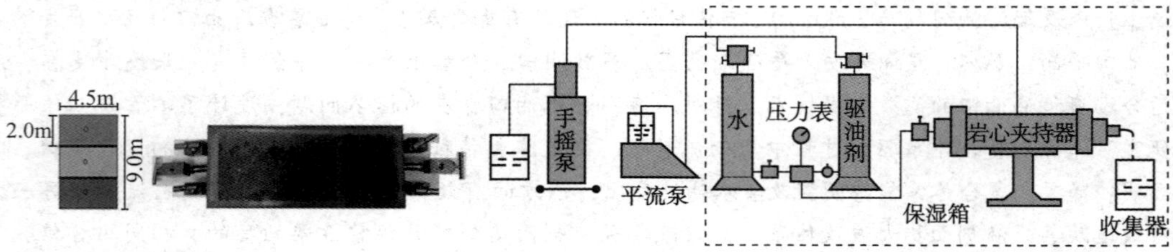

图 1　岩心驱油实验流程示意图

2　结果与分析

2.1　稠油降黏剂性能评价

稠油降黏剂降黏机理与表面活性剂有所不同，它主要通过拆散原油中沥青质和胶质分子平面重叠堆砌而形成的聚集体，从而使沥青质胶质所形成的空间网状结构被破坏，使包裹的石油轻质组分释放出来，有效降低了原油的黏度；相比之下，表面活性剂主要依靠改变润湿性、乳化作用达到降黏的目的。化学驱提高原油采收率的主要机理就是降低驱替液与地层原油的水油流度比，主要有增加驱替液黏度和降低地层原油黏度两种形式，对于常规聚合物驱是通过驱替液黏度实现扩大波及效率，一般仅使用与原油黏度低于 150mPa·s 储层油田，而针对渤海普二类稠油油藏原油黏度主要分布在 150~800mPa·s，采用稠油降黏剂注入能够控制水油流度比，达到提升驱油效果的目的。

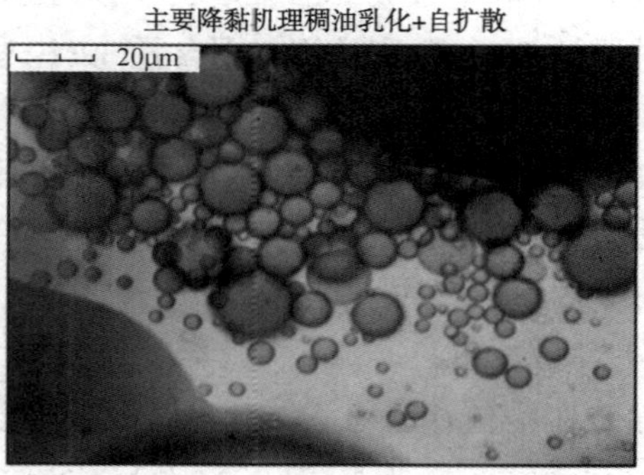

图 2　NCJ 降黏剂降黏机理示意图

本次实验主要评价了室内合成的一种水溶性高分子稠油降黏剂(代号为 NCJ)，利用渤海某 N 区块现场脱水原油(黏度为 780 mPa·s)，系统评价了不同降黏剂浓度对稠油的降黏效果，实验结果见图 2。随着 NCJ 浓度增加原油黏度大幅度降低，当溶液浓度达到 400mg/L 时，其原油降黏率达到 80%以上，降黏效果非常明显，此后随着降黏剂浓度进一步增加，降黏效果变化不明显。因此，在较低药剂浓度下就可达到较好的降黏效果，降黏剂降黏效率较高。通过显微镜观察发现(见图 3)，NCJ 能够使稠油快速地分散在水中，形成小的球形小油珠，静止后油水快速分层，不会增加产出液的难度(见图 4)。

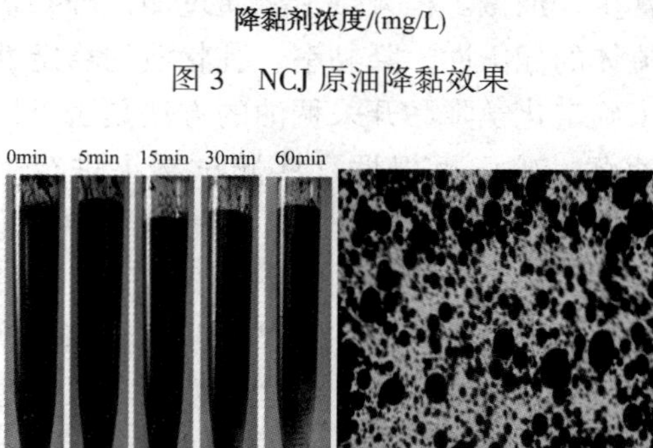

图 3　NCJ 原油降黏效果

图 4　NCJ 稠油降黏效果图

2.2 聚合物增黏效果评价

针对普二类稠油油藏黏度通常大于150mPa·s，而常规化学驱通过增加驱替液黏度的方式提高采收率的效果并不明显。因此本文提出复合降黏体系的治理思路，通过采用稠油降黏与驱替液增黏协调配合的方式控制水油流度比，调整吸水剖面，提高注入水波及效率，实现改善稠油油藏开发效果的目的。在确定了降黏剂的基础上，下面主要开展不同类型驱油剂增黏性评价实验。

实验室系统考察了包括HPAM、聚合物凝胶、AP-P4以及速溶聚合物等不同分子量聚合物的增黏能力及驱油特性，实验结果见图5。实验结果表明，对于常规线性聚合物而言，分量越高增黏效果越好；聚合物凝胶虽然具有更强的增黏性，但它适合作为经济高效堵调体系使用。从驱油效果看，高分子量聚合物在相同驱替条件下，能够在水驱基础上提高采收率17.2，驱油效果明显优于低分子量聚合物。在油藏地质条件允许的条件下，尽量筛选分子量较高的产品，应用效果更佳。本次实验主要利用分子量较高的HPAM聚合物与NCJ降黏剂进行复配。

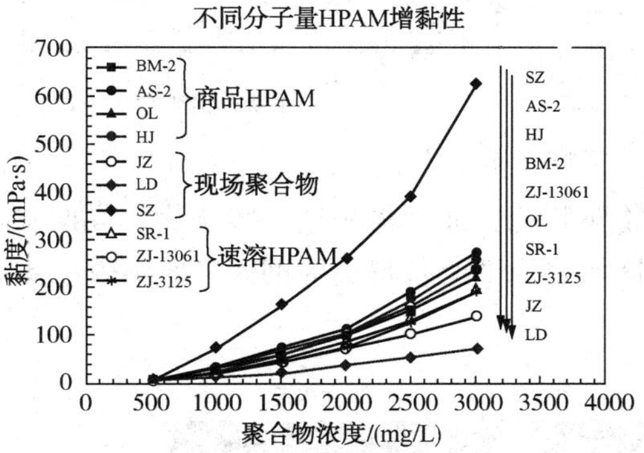

不同分子量HPAM驱油性

方案编号	聚合物类型	孔隙度/%	含油饱和度/%	水驱采出程度/%	注入体系结束时采出程度/%	提高采收率/%
1	普通分子量HPAM聚合物	25.12	73.02	29.9	43.7	13.8
2	超高分子量HPAM聚合物	25.15	73.04	30.1	47.3	17.2

图5　不同分子量HPAM聚合物的增黏性及驱油效果评价

2.3 复合体系注入方式评价

驱油体系和注入工艺是保证驱油效果的关键因素。在确定了复合降黏体系后，为了保证降黏体系能够最大程度改善驱油效果，在室内开展了注入方式优化实验。

室内以HPAM、NCJ复配的复合体系为基础，对比考察了不同注入方式对其驱油性能的影响。注入方式一：单段塞、定注入速度；注入方式二：多段塞交替注入(控压注聚、提压注水)，实验结果见图6和图7。实验结果表明，第二种注入方式明显好于第一种注入方式，对于第一种注入方式，在注入调驱体系过程中虽然也能部分改善吸液剖面，使中低渗层吸液，但转后续水驱后剖面很快反转，并且较注入前高低渗模型吸液差距加大，原因是体系的黏度较大，在固定注入速度的条件注入时，压力升高，部分启动低渗层，调驱体系进入低渗层后造成了低渗层的污染。为了防止调驱体系对中低渗层的污染，采用控制压力的条件下注入调驱体系，然后提高注入压力注水，多轮次交替注入，结果吸液剖面得到很高的改善，并且抑制了剖面反转。

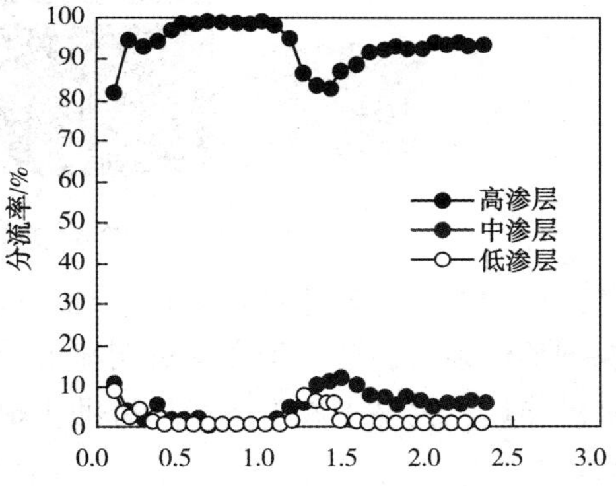

图6　定注入速度注入方式

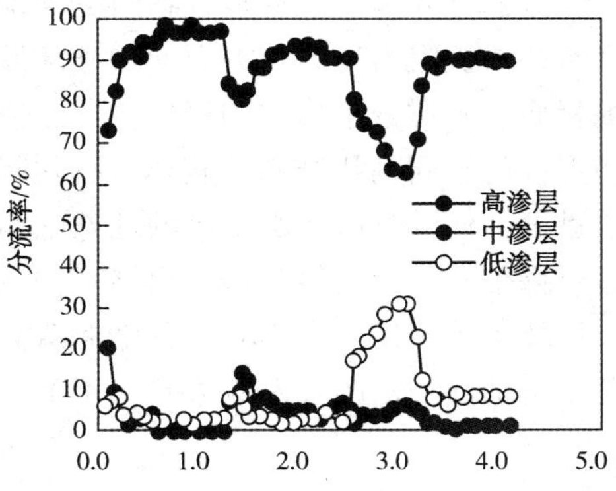

图7　交替注入方式(控压注聚、提压注水)

2.4 复合体系驱油效果评价

模拟渤海油田双高油田特点，利用双管非均质模型，渗透率分别为1000mD、3000mD，以复合降黏体系(HPAM+NCJ)为基础，采用交替注入方式开展驱油实验，分别进行了单一聚合物驱、高低浓度交替注入、复合降黏体系交替注入驱油实验，实验结果见图8。实验结果表明，采用聚合物与NCJ稠油降黏性能协调配复合，使含水将至30%左右，提高采收率18.7%，驱油效果明显好于单一段塞聚合物驱和高、低浓度交替注入等方式，降水增油效果明显。

驱油体系	注入工艺	水驱/%	最终采收率/%	提高采收率/%
单一聚合物体系	单一段塞连续注入	43.6	56.1	12.5
单一降黏剂体系		44.3	61.5	17.2
高浓+低浓	交替注入	42.9	58.7	15.8
复合降黏剂体系（HPAM+NCJ）		44.7	63.4	18.7

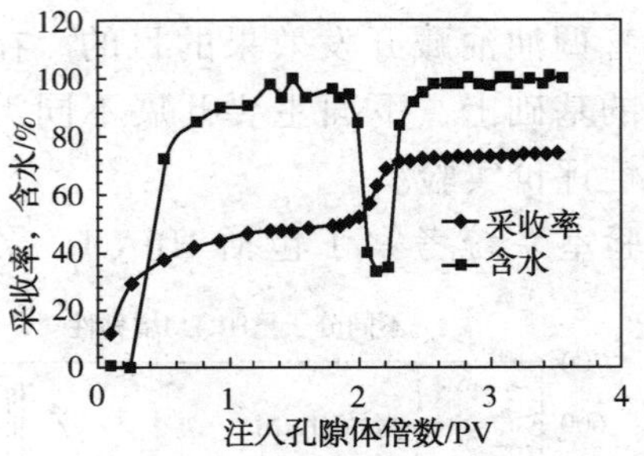

图8 物理模拟驱油实验结果

通过微观可视驱油实验对比了聚合物驱与复合降黏体系驱油特征，见图9。结果表明采用复合降黏体系其波及效率和洗油效率更高。与聚合物驱相比，波及体积进一步增大，同时在已波及区域将原油驱替得更为彻底，驱油效率更高。

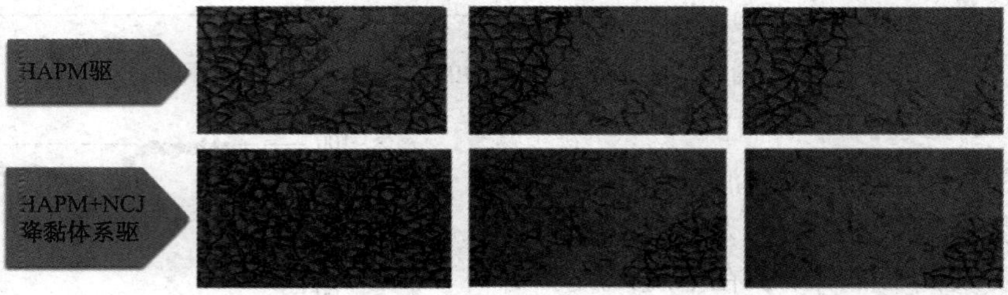

图9 不同驱油体系的微观驱油特征

通过岩心中原油富集状态对比发现，添加稠油降黏剂的体系在驱替过程中具有明显的分散降黏原油的作用，提高了原油流度，有助于提升驱替效率。

综上所述，降黏复合驱油体系能够提高波及效率。一方面降黏体系依靠聚合物组分增加体系黏度和水相渗流阻力；另一方面通过破坏原油组分中沥青质、胶质分子形成的聚集体，致使沥青质胶质形成的空间网状结构被破坏，有效降低了原油的黏度，使其分散成更细小的油珠从而更易被驱替、携带，因此能够大幅度提高稠油油藏采收率。该技术的研发与应用对改善渤海双高油田以及普二类稠油油田的开发效果具有重要的应用前景。

3 结论

（1）降黏复合体系中聚合物的加入能够增加体系黏度和水相渗流阻力，同时降黏剂的加入有效降低了原油的黏度，使其更容易被驱替、携带，既提高了驱替相的波及体积，又提高了洗油效率。

（2）系统考察了复合降黏体系注入工艺对稠油油藏驱油效果的影响，采用交替注入方式可以有效提高水驱波及效率和驱油效果，使含水将至30%左右，在水驱基础上提高采收率18.5%，降水增油效果明显。

（3）通过模拟普二类稠油油藏条件并开展复合降黏体系驱油效果研究，对改善海上普通稠油油田的开发效果、降水增油等方面具有一定的指导意义，可作为稠油油藏高效开发的技术探索方向。

参考文献

[1] 刘鹏，王业飞，张国萍，等．表面活性剂驱乳化作用对提高采收率的影响．油气地质与采收率：2014，

21(1)，99-102.
[2] 包木太，范晓宁，曹秋芳，等．稠油降黏开采技术研究进展．油田化学，2006，23(3)：284-292.
[3] 孙慧，张付生．稠油化学降黏技术研究进展．精细与专用化学品，2005，13(23)：16-20.
[4]．李佟茗，赵丽燕．界面流变性质对小液滴聚并过程的影响．物理化学学报，1996，12(8)：709-715.
[5] 何贤科，涂齐催，宋春华．海上特高含水油田剩余油分布规律研究[J]．石油天然气学报，2013. 35(10)：1-5.
[6] 郑春峰，赵忠义，郝晓军，等．高含水高采出成都阶段油田剩余油定量表征及综合评价[J]．石油天然气学报，2012. 34(2)：131-135.
[7] 刘文铁，魏俊，王晓超，等．海上油田非均相在线调驱先导试验[J]．科学技术与工程，2015，15(30)：110-114.
[8] 李薇，金学峰，王凤清，等．特稠油乳化降黏室内评价研究[J]．断块油气田，2012，19，89-92.
[9] 陈涛平，宋文玲，高明，等．超低界面张力体系驱油方式与微观驱油效果[J]．科学技术与工程，2010，10(17)：4259-4262.
[10] 刘晨，王业飞，于海洋，等．低渗透油藏表面活性剂驱油体系的室内研究[J]．石油与天然气化工，2011，40(5)：486-489.
[11] 赵庆辉，刘其成，刘志慧，等．超稠油耐高温乳化降黏剂优选实验研究[J]．特种油气藏，2001，8(3)，59-62.
[12] 雷洲，彭富更，周文建，等．河南油田稠化学降黏技术应用及分析[J]．石油天然气学报，2011，33(6)，330-332.
[13] 曹绪龙．非均相复合驱油体系设计与想能评价[J]．石油学报(石油加工)，2013；29(1)：115-121.
[14] 张宁，阚亮，张润芳，吴晓燕，田津杰，王成胜．海上稠油油田非均相在线调驱提高采收率技术—以渤海 B 油田 E 井组为例[J]．石油钻采工艺，2016，38(03)：387-391.

渤海油田普Ⅱ类稠油油藏弱凝胶与水交替联驱技术研究与应用

李彦阅　王　楠　代磊阳　夏　欢　黎　慧　薛宝庆　张云宝　吕　鹏

（中海石油（中国）有限公司天津分公司，天津塘沽　300459）

摘　要　渤海稠油油藏具有黏度高、油层渗透率高和非均质性严重等特点，随着开发的不断进行，在应用弱凝胶保压调驱技术时，多轮次调驱注入难度加大，储层深部剖面改善逐渐减弱，增油效果逐渐变差。针对稠油油藏多轮次调驱逐渐变差的问题，本文以物理模拟和数值模拟等为技术手段，开展了弱凝胶与水交替注入增油效果研究和机理分析。研究结果表明，在稠油油藏条件下，与连续注入弱凝胶调驱相比，采用多个弱凝胶与水交替注入方式，可以在高渗层建立封堵能力，改善油层渗流压力场和流体波及路径，增大局部驱替压力梯度，迫使交替注水转向，启动油层宏观与微观剩余油，液流转向能力更强，驱油效果更好，室内提高采收率可达3.2%；无论从室内物理模拟还是数值模拟，稠油油田弱凝胶与水交替注入存在一个最佳注入轮次。弱凝胶多段塞聚能注入方式现场应用结果表明，与连续注入调驱剂相比，交替注入工艺实现了聚合物用量降低与净增油效果提升双效益，井组含水率下降幅度10.09%，实现递减增油3.75 $\times 10^4 m^3$。

关键词　海上稠油；弱凝胶；多段塞交替；调驱；矿场效果

引言

注水井调剖调驱技术可以控制注水窜流，调整层间吸水状况，进而提高水驱波及效率，近些年在现场应用越来越广泛，处理井次增多，经济效果也明显提高[1-2]。但在单井多轮次调剖调驱应用过程中也存在一些问题，现场统计结果表明多轮次效果是依次递减的[3]，针对这种现象王业飞、赵福麟等人研究认为，多轮次调剖影响面部分重叠、封堵时机不适宜、注入工艺导致中低渗层污染以及堵剂运移深部部分失效等是导致多轮次调剖调驱效果变差的主要原因，提出从堵剂强度、堵剂用量、封堵时机及优化注入压力等方面改善多轮次效果逐渐变差，并且提出注入工艺中注入压力的优化是减少多轮次调剖效果逐次递减的一个重要措施[4-5]。本文基于海上普Ⅱ类稠油特点，以物理模拟与数值模拟为手段，研究了弱凝胶与水小段塞交替注入在改善多轮次调驱效果变差方面的原理，对交替注入的机理进行了分析，给出了海上稠油油田弱凝胶与水小段塞交替注入参数，并对矿场应用效果进行了分析，为同类油田治理多轮次调驱效果变差提供了研究与矿场应用借鉴。

1　实验研究

1.1　实验条件

1.1.1　实验材料

聚合物为中国石油大庆炼化公司生产“高分”聚合物，交联剂为有机铬。实验普Ⅱ类稠油（50℃时原油黏度300mPa·s）条件下进行。

1.1.2　方案设计及实验模型

（1）剖面反转实验方案设计及模型

实验方案如表1所示。实验过程中弱凝胶体系中聚合物浓度为3000mg/L，实验岩心为与渤海油田油藏某井组相似的石英砂环氧树脂胶结人造层内非均质岩心，非均质岩心包括高低两个渗透层，渗透率为 $K_g = 4000 \times 10^{-3} \mu m^2$ 和 $K_g = 1000 \times 10^{-3} \mu m^2$。

（2）稠油油藏驱油实验方案设计及模型

实验方案如表2所示。实验过程中弱凝胶体系中聚合物浓度为4000mg/L，聚：Cr^{3+} 比为180：1；以渤海稠油油藏某井组地质特征，设计室内层内非均质岩心，非均质岩心包括高中低三个渗透层，渗透率为 $K_g = 9000 \times 10^{-3} \mu m^2$、$K_g = 5000 \times 10^{-3} \mu m^2$ 和 $K_g = 1000 \times 10^{-3} \mu m^2$。

作者简介：李彦阅（1988-），男，工程师，主要从事海上调剖调驱堵水技术研究工作。E-mail：liyy64@cnooc.com.cn。

表 1　稀油油藏室内物理模拟实验方案

方案编号	交替轮次	实验方案		
1-1	1(整体)	水驱 0.3PV	0.8PV Cr^{3+} 弱凝胶	水驱
1-2	2		[(0.8/m)PV 弱凝胶+(0.8/m)PV 水]m，其中 m 为 0.8PV 弱凝胶段塞交替轮次数，取值为 2~5	
1-3	3			
1-4	4			
1-5	5			

表 2　普Ⅱ类稠油油藏室内物理模拟实验方案

方案编号	交替轮次		实验方案	
2-1	1(整体)	水驱 0.1PV+0.04PV Cr^{3+} 弱凝胶+0.1PV 水驱+0.035PV Cr^{3+} 弱凝胶+0.1PV 水驱	0.04PV Cr^{3+} 弱凝胶	后续水驱至含水 96%
2-2	2		[(0.04/m) PV 弱凝胶+(0.04/m)PV 水]m，其中 m 为 0.04PV 弱凝胶段塞交替轮次数，取值为 2~5	
2-3	3			
2-4	4			
2-5	5			

1.2　实验结果及分析

在海上普Ⅱ类稠油油藏条件下，对弱凝胶与水交替注入效果进行分析。

1.2.1　剖面反转室内实验结果与分析

在人造岩心上进行 C_r^{3+} 聚合物凝胶与水交替注入改善剖面反转实验，为了更好地分析改善剖面吸液能力，对各层吸液总量进行统计，并绘制低渗层吸液比例图，如图 1 所示。

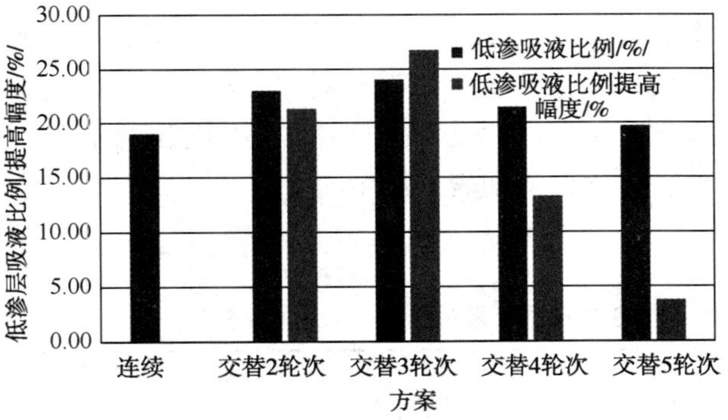

图 1　不同交替轮次下低渗层吸液比例

从图 1 中可以看出，随着交替注入轮次的增加，低渗层吸液比例比连续注入高 13%~27%，也就是说，在相同药剂用量、药剂浓度，相同岩心参数条件下，交替注入可以提高低渗层吸液能力。

1.2.2　普Ⅱ类稠油油藏驱油室内实验结果与分析

Cr^{3+} 聚合物凝胶与水交替注入次数对第三轮次调驱增油效果影响实验结果见表 3。

从表 3 可看出，对于稠油油藏，与整体凝胶段塞注入工艺相比，Cr^{3+} 弱凝胶与水交替注入工艺也可产生较好调驱效果，随交替注入次数增加，采收率增幅增加，交替 3 个轮次提高采收率增幅最大，达到 3.2%。考虑到现场设备搬迁和切换不同调驱剂注入工艺的可操作性，建议交替注入次数为 3~4 次。交替注入弱凝胶好于连续注入主要原因是弱凝胶体系在高渗层产生较好的封堵能力，促使交替注入的水进入中低渗层，启动剩余油。

表 3　采收率实验数据

参数 / 方案编号	交替注入轮次	凝胶初始黏度/(mPa·s)	含油饱和度/%	采收率/%			相对于整体段塞采收率增幅/%
				前期	最终	增幅	
2-1	整体	222.3	79.4	28	38.4	10.4	-
2-2	2		78.3	28.1	39.6	11.5	1.1
2-3	3		78.7	28.3	41.9	13.6	3.2
2-4	4		78.1	28.2	41.3	13.1	2.7
2-5	5		78.9	28.1	39.2	11.1	0.7

注：增幅是最终采收率与“水驱 0.1PV+0.04PV Cr^{3+} 弱凝胶+0.1PV 水驱+0.035PV Cr^{3+} 弱凝胶+0.1PV 水驱”的采收率之差。

2 数值模拟研究

2.1 模型建立

根据渤海N油田B06井平均物性参数，建立五点井网3层注采机理模型。模型分为三个层，网格数49×49×3，设置上、中、下三层厚度分别为3m、6m、6m，渗透率分别为$500\times10^{-3}\mu m^2$、$1500\times10^{-3}\mu m^2$、$2000\times10^{-3}\mu m^2$。

2.2 注采参数优化

利用建立的数值模型，对渤海N油田注采井组开展改善弱凝胶注入效果优化，优化现场弱凝胶浓度与注入方式。

2.2.1 提高弱凝胶注入浓度

保持水驱至含水40%后连续注入0.055PV弱凝胶体系同等条件下设计后续弱凝胶注入方案，研究不同浓度弱凝胶对开发效果的影响。在模型中分别选择2000、2500、3000、3500和4000mg/L，保证各个方案的药剂总用量和总液量一致，优化结果如表4所示。

表4 普Ⅱ类稠油油田注不同浓度弱凝胶开发效果对比

注入浓度/(mg/L)	累计增油量/m^3	注入速度/(m^3/d)	聚合物用量/t	吨聚增油/(m^3/t)
2000	4320	90	197.1	21.92
2500	7035	90	197.1	35.69
3000	9027	90	197.1	45.80
3500	9500	90	197.1	48.20
4000(不限压)	9873	90	197.1	50.09
4000	6504	64	140.16	46.40

注：累计增油量是与同等条件下注水进行对比得到，以下如无特别说明，增油量均与注水相比。

由表4可知，当弱凝胶段塞聚合物干粉用量一致的情况下，随着注入聚合物浓度的增加，累计增油与吨聚增油呈现递增趋势，但是当浓度达到3500 mg/L时吨聚增油逐渐变缓，而且浓度提高至4000mg/L时仍可取得较好增油，但是现场因受岩石破裂压力与设备耐压能力的限制，井口注入压力不能无限制高，当限定井底注入压力时，在同样注入时间下，注入4000mg/L弱凝胶速度大幅度下降，进而影响增油效果与经济效益，因此在现场注入时，依靠提高注入浓度提升增油效果可以考虑，但是存在较大的局限性。

2.2.2 弱凝胶与小段塞交替注入

根据室内实验结果及优选出的注入浓度，开展了弱凝胶与水小段塞交替注入轮次优化，保持水驱至含水40%后连续注入0.055PV弱凝胶体系同等条件下设计后续弱凝胶注入方案，考虑到现场可实施性，分别对交替2、4及8轮次进行优化，保证各个方案的药剂总用量和总液量一致，优化结果如表5所示。

表5 稠油油田弱凝胶与水交替不同轮次开发效果对比

注入轮次	累计增油量/m^3	注入速度/(m^3/d)	聚合物用量/t	吨聚增油/(m^3/t)
1(整体)	3150	90	65.7	47.95
2	4212	90	65.7	64.11
4	5020	90	65.7	76.41
8	2836	90	65.7	43.17

由表5可知，随着弱凝胶与水交替轮次的增加，累计增油与吨聚增油逐渐增大，当交替轮次达到4个轮次时，采出程度增幅达到最大，随后降低。综合考虑采出程度与经济效益，普Ⅱ类稠油油田弱凝胶与水交替注入存在一个最佳注入轮次，在当前情况下最优注入轮次为4次。

3 矿场应用效果

将研究结果应用于渤海N油田B6井组、B17井组和B20井组矿场试验，三个井组自2013年7月13日实施聚合物弱凝胶驱后，截止到2016年4月共完成两轮次注入，取得较好的增油效果，但是第二轮次效果弱于第一轮次。因此

2016年10月~2017年11月在三个井组分别进行了弱凝胶与水小段塞交替注入矿场试验。

由聚合物干粉用量及增油效果对比表6可以看出，弱凝胶与水交替注入取得较好增油见降水效果，实施弱凝胶与水小段塞交替后，含水率下降幅度达到10.09%。对比本轮次交替注入与上轮次同期三个井组连续注入弱凝胶可以明显看出，含水下降明显，见效时间提前，在干粉用量降低51%的情况下，递减增油量从20273m³提升到37515m³，井组净增油效果十分显著。

表6　三个油组上轮次与本轮次弱凝胶调驱干粉用量及增油效果对比

井组	上轮次使用干粉量/t	本轮次使用干粉量/t	上轮次井组递减增油/m³	实施前后井组含水率下降幅度/%	本轮次井组递减增油/m³
B06	104	46	4090	6531	104
B17	170	108	8643	23356	170
B20m	166	62	7540	7628	166
累计	440	216	20273	37515	440

注：增油量采用递减增油法进行统计。

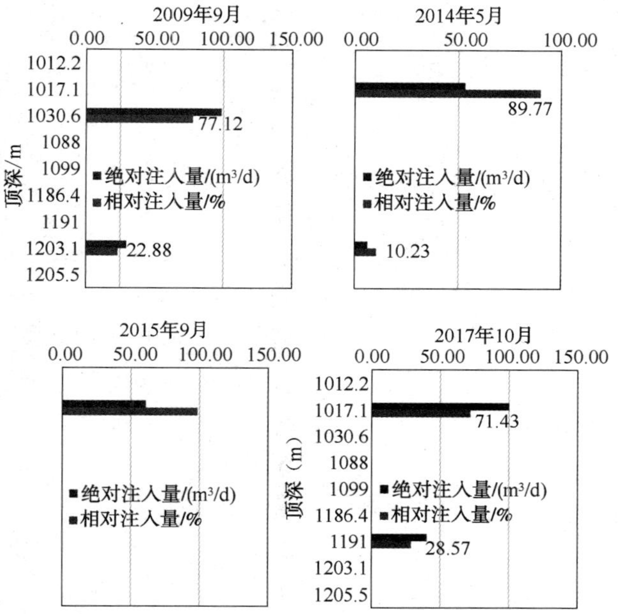

图2　B17井历次吸液剖面测试结果

现场测试结果(图2)表明，困扰B17井多年的剖面反转问题得到了明显解决，剖面改善效果显著，原来基本不吸液的层位吸水强度明显增强，说明实施弱凝胶与水小段塞交替工艺后，缓解了“剖面发转”现象。

截止到2018年5月，三个井组实现递减增油3.75×10^4m³，其中受效井B21M计量含水从作业前54%降至30%，说明实施弱凝胶与水小段塞交替工艺后，改善了注入井吸水剖面，缓解了弱凝胶大段塞连续注入“剖面发转”现象，增油降水效果十分显著(图3)。

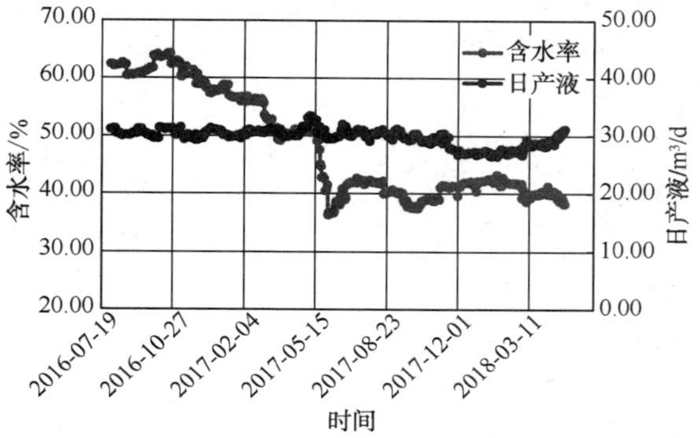

图3　渤海N油田B17井组受效井B21M井生产曲线

4　结论

基于渤海典型油藏条件，研究稠油油藏弱凝胶交替注入方式改善剖面反转变化规律及提高采收率结果，重点分析了普Ⅱ类稠油油田注入方式及参数，统计了渤海N油田弱凝胶多段塞注入方式现场应用效果。

(1) 在稠油油藏条件下，与连续注入弱凝胶调驱相比，采用多个弱凝胶与水交替注入方式，可以在高渗层建立封堵能力，迫使交替注水转向启动宏观与微观剩余油，交替注入改善油层渗流压力场和流体波及路径，液流转向能力更强，驱油效果更好，室内提高采收率可达3.2%。

(2) 无论从室内物理模拟还是数值模拟，综合考虑采出程度与经济效益，渤海N稠油油田弱凝胶与水交替注入存在一个最佳注入轮次。

(3) 弱凝胶与水小段塞交替注入工艺在渤海N油田实施后，含水率下降幅度达到10.09%，递减增油高达3.75×10^4m³，对比交替注入与连续注入，实现了聚合物用量降低与净增油效果提升双收益。

参　考　文　献

[1] 白宝君，李宇乡，刘翔鹗．国内外化学堵水调剖技

术综述[J]. 断块油气田，1999，5(1)：1-4.

[2] R. S. Seright, Guoyin Zhang, Olatokunbo O. Akanni, et al. A Comparison of Polymer Flooding With In-Depth Profile Modification[J]. SPE Journal of Canadian Petroleum Technology, 2012：393-402

[3] 李国勇，郑峰，贾贻勇. 高含水期油田多轮次调剖井效果分析与评价[J]. 海洋石油，2005，25(2)：32-35.

[4] 袁谋，王业飞，赵福麟. 多轮次调剖的室内实验研究与现场应用[J]. 油田化学，2005，22(2)：143-146.

[5] 尹文军，王青青，王业飞. 多轮次调剖效果逐次递减机理研究[J]. 油气地质与采收率，2004，11(2)：48-50.

草20特稠油沉积微相与水平井挖潜研究

赵　凯

（中国石化胜利油田分公司现河采油厂，山东 东营　257000）

摘　要　以草20馆陶组为代表的特稠油油藏进入高含水后期的储层描述为基础，建立了储层沉积微相、韵律层和储量动用程度的对应关系。研究表明，储量动用程度、储层水淹程度纵向上与储层非均质性、韵律层的孔喉特征有关；平面上与储层沉积微相的相变、隔夹层的分布范围密切相关。通过对储层沉积微相的精细刻画，对储层韵律层、隔夹层的精细描述，较准确的判定剩余油富集规律和控制因素，利用水平井技术，最大化的控制剩余油，改善纵向、平面储量动用，有效提高特稠油油藏的开发效果。

关键词　特稠油油藏；沉积微相；韵律层；水平井

引言

乐安油田草20馆陶组特稠油油藏为埋藏浅，储层岩性复杂的砂砾岩体特稠油油藏。自1988年投入开发以来，采出程度16.9%，综合含水已经达到95.2%，油藏已进入高含水、高轮次吞吐开发后期，纵向上、平面上动用不均衡，剩余油的控制因素不清，挖潜对策不明确。因此有必要通过精细地质研究，特别是储层沉积微相及非均质对剩余油分布控制进行研究，利用水平井技术，开展低动用微相带、低动用韵律层的可行性研究，进一步提高油藏采收率。

1　油藏地层特征

本区地层发育较齐全，目前揭示自下而上依次为下第三系沙四段、沙三段、沙二段、沙一段、上第三系馆陶组、明化镇组和第四系平原组地层。草20馆陶组底部砂砾岩体覆盖于不同时代地层之上，形成不整合接触，馆陶组砂砾岩厚度在20~40m，纵向上由若干个沉积单层构成，最大的单层厚度1.0m，最小的单层仅几厘米。依据馆陶组岩、电特征及隔夹层分布特征等，将馆陶组纵向上划分为三个砂体，分别为Ng1、Ng2、Ng3，其中Ng2砂体又细分为$Ng2^1$、$Ng2^2$、$Ng2^3$三个韵律段，每个韵律段均为一个正韵律，其间有泥质岩相隔。

2　沉积微相与储层展布研究

2.1　*岩石学特征*

草20馆陶组砂砾岩体岩性划分为砾岩、砂岩、含砾砂岩和泥岩四种类型。

砾岩是乐安地区馆陶组底部的主要岩性，占砂体厚度的30%~60%。砾石成分以灰岩为主，约占总砾石含量的80%，另外还有石英砂岩砾石和玄武岩砾石，各占10%左右。砾石的最大砾径为140×110mm，一般砾岩砾径为25~45mm，砾石的磨圆度高，多为浑圆-圆状，部分为偏圆片状。长短轴比例(4∶3)~(3∶2)左右。从岩心观察和最大砾径统计可以看出，随着砾岩离物源距离的增大，砾岩中最大砾径逐渐变小，而圆度逐渐增加。在纵向上表现为正粒序特征。

含砾砂岩主要特征以砂岩为主，砾石含量在5%~25%，一般在15%左右。砾石在砂岩中呈分散状，部分为顺层富集。砂岩的矿物成分以石英、长石、岩屑为主，其含量各占三分之一左右。泥质胶结、胶结物含量平均小于6%，颗粒的分选性较好，岩石结构疏松。粒度中值在0.25~0.5mm。

砂岩的主要矿物成分有石英、长石和岩屑，一般石英含量25%~55%，长石含量为25%~40%，岩屑为30%~60%。砂岩的筛析资料表明，粒度中值为0.1~0.25mm，分选系数为1.6~2.0。CM图(图1)上表现为点子落在PQ和QR段，也说明以跳跃和悬浮搬运为主，具备山间季节性河流在洪水过后快速堆积的特点。

2.2　*沉积结构及构造*

沉积物的层理是鉴定冲积扇沉积环境的最好的标志之一。块状层理主要见于砾岩层，表现为砾石层无明显层理，但厚度均匀，顶底界面清

作者简介：赵凯(1973-)，男，工程师，现从事油气田开发工作。E-mail：zhaokai.slyt@sinopec.com。

晰，一般单层厚度 0.4～1.0m。斜层理主要出现于砾岩和砂岩中，是河流作用的结果，往往出现于砾石质滩坝和砂质滩坝的中至底部，层系厚度 6～20cm。平行层理出现于砂岩中，层理平直，层面清晰，层系厚 10～15mm，是砂岩中的主要层理。小型交错层理多见于细砂岩和泥质砂岩中，往往出现于滩坝的表面，是砂坝在沉积过程中向上游生长而形成的，有时覆盖着作为砂坝前缘枯水期形成的粉砂质披盖。

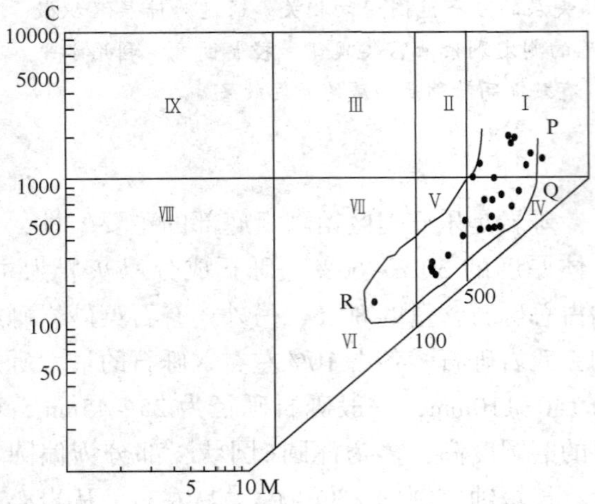

图 1　草 4-9-11 井馆陶组 CM 图

在砾岩层的顶底面，常常见到一些砾石扁平面呈良好的叠瓦状排列。其倾向垂直于砾石长轴的走向，砾石倾斜角度在 20°～35°。通过 CT 片所作的透视分析，多数砾石为顺层排列，明显区别于干旱扇中泥石流沉积的杂乱堆积。在网状水道沉积区，由于流速能量强，富含砂砾质的高能量水流冲蚀下伏还未成岩的泥岩或粉砂质岩，形成典型的冲刷构造，表现为粗粒级的砂砾岩与下伏细粒级的泥质，粉砂质岩呈槽状或突变接触。

2.3　沉积相带划分

草 20 馆陶组底部砂砾岩体物源来自鲁西隆起和广饶凸起，沉积相带可以划分为近端扇、中扇和远端扇三个亚相，细分为砾岩席、网状水道槽、滩坝、漫溢以及侧缘五个微相[1]。

近端扇亚相位于湿地扇的顶部，靠近物源。该亚相岩性最粗、以砾岩为主，颗粒分选较差。近端扇亚相又可细分微砾岩席、网状水道槽和侧缘三个微相。草 20 近端扇亚相分部范围较小，局限在南部，主要分布有网状水道微相和侧缘微相。网状水道微相的岩性以砂泥质充填砾岩为主，局部相变为泥质砾岩和泥质较重的砂岩。网状水道微相在平面扇呈“指”状或“枝”状，宽度在 200m 左右。侧缘微相沉积厚度较小，岩性以泥质岩和薄层砂岩夹层为主。

中扇亚相是湿地扇的主体相带，厚度稳定，岩性粗细中等，颗粒分选较好，是储油的良好地带。根据中扇亚相中沉积作用的不同，将中扇亚相划分为滩坝、网状水道槽、侧缘和漫溢四个微相。滩坝微相是中扇亚相沉积的主体。靠近物源为砾质坝，远离物源为砂质坝。滩坝宽度为 200～1200m，长度为 400～2000m。一般平行于水流方向延伸。网状水道槽微相在平面上呈“树枝”状，宽度一般小于 200m，并具分叉、汇合的披麻状。其形态与近端扇的网状水道相近，在底部具有明显的冲刷现象。漫溢微相为局部展布，主要是在 $Ng2^1$ 韵律段，是在洪水期洪水漫出水道而形成的薄层状砂岩沉积。一般砂层厚度为 2～4m，纵向上由多个小韵律构成、一般单韵律厚度为 0.2～0.5m。侧缘微相，粒度更细、泥质岩类更多，往往位于局部高点或水道波及不到的边缘地带。

远端亚相位于中扇亚相的外侧，是网状水道的末梢地带，无明显的水道沉积特征，以横向砂坝和砂泥薄互层为主，泥质岩类占了冲积扇地层厚度的 60%以上。该亚相的沉积作用以漫流作用为主，向远端相变为冲积平原或者泛滥平原相。

2.4　沉积微相与岩石相展布规律

在沉积相、岩性相判识的基础上，将储层细分为砾岩相、砂质充填砾岩相、砂泥质充填砾岩相、含砾砂岩相、砂岩相，刻画出不同沉积微相的砂体和韵律段。草 20 各砂体、韵律段岩石相在平面上的变化特点如下：

Ng1 砂体：基本以砾岩相为主，砂泥质充填砾岩亚相约占砾岩相的五分之二，其形态呈指状或枝状，分东西两支，向盆地内逐渐变窄直至消失。$Ng2^1$ 韵律段：以砂岩相为主，分布面积有限。其次为含砾砂岩相，其形态呈指状，分东、西两支。$Ng2^2$ 韵律段：以砾岩相为主，其中砂泥质充填砾岩亚相形态呈树枝状展布，约占砾岩相的五分之一左右。主要分布在东部和含砾砂岩相的外侧缘。$Ng2^3$ 韵律段：与 $Ng2^2$ 韵律段相近，以砾岩相为主，其中砂泥质充填砾岩亚形态呈树枝状展布，约占砾岩相的五分之一左右。主要分布在东部和含砾砂岩相的外侧缘。Ng3 砂体：砂体范围较小，分布在草东中部。含砾砂岩相形态呈树枝状展布。砂岩相分布范围较大，分布在东部和含砾砂岩外侧缘。

3 剩余油分布规律与水平井可行性分析

3.1 纵向上剩余油分布规律

依据开采状况分析，Ng1剩余油饱和度高于Ng2，Ng2油层上部驱油效率高，剩余油饱和度低。密闭取心井草20-检1井显示水淹程度呈现出见水~强水洗的特征，但由于储层内物性夹层的影响，表现为上部驱油效率高，驱油效率67.7%，含油饱和度25%，下部驱油效率37.9%，含油饱和度53%。如Ng1砂体间有1m的泥质岩相隔，致使Ng1砂体下部为强水洗，驱油效率67.6%，含油饱和度仅为24.9%，上部呈现水洗特征，含油饱和度43%。从而表明，储层内隔夹层控制储量动用程度，影响剩余油分布[2]。

3.2 平面上剩余油分布规律

蒸汽吞吐6个周期后，最大加热半径80m左右。目前草20 Ng1中部吞吐井距一般在200m，两井之间至少有40m的远井地带储量难以动用，是剩余油分布较为集中的区域，剩余油饱和度大于52%。从平面位置看，隔夹层的平面分布，对剩余油分布形成规模控制。边部储量动用程度明显比中部差，其中北部、东部和南部等隔夹层分布区域采剩余油饱和度大于55%，而中部剩余油饱和度低于52% 。在剩余油饱和度较高、有效厚度较大的东北部，剩余储量丰度超过200×10^4t/km^2，其次分布在西北部，以及中部原始地质储量的大部分井区，剩余储量丰度大于150×10^4t/km^2。

3.3 应用实例

水平井具有改善平面纵向动用矛盾，提高储量动用，提高单井产能等优势[3]。按照研究在草20部署了24口水平井，其中Ng1水平井15口，Ng2水平井9口，水平段长度200~300m，水平井初期产能高，第一周期平均单井日产油能力为27.1t/d，是同层系直井的2.2倍，平均单井累积产油1.19×10^4t，累产油是同期投产直井的1.4~2.1倍，累积油汽比0.42。验证了在特稠油油藏开展沉积微相研究，刻画储层韵律段，研究剩余油控制因素，利用水平井提高储量动用，取得良好效果。

4 结论

（1）特超稠油油藏进入热采高含水期后，剩余油认识难度加大，需要通过对储层的精细刻画，深化剩余油分布规律研究。

（2）沉积微相控制着储层的参数变化，是认识储层平面、纵向变化的主要因素，因此需要对储层开展沉积微相研究，特别是通过刻画沉积微相，能够精确认识储量动用程度，能够指导后期开发技术的调整。

（3）受特稠油油藏剩余油分布规律制约，剩余油分布于韵律层、隔夹层等非主力层中，水平井可以最大化的控制剩余储量，有效提高单井产能，可以作为开发的主导技术。

参考文献

[1] 朱筱敏主编．沉积岩石学[M]．北京：石油工业出版社，2010：248-251.
[2] 李阳，刘建民著．油藏开发地质学[M]．北京：石油工业出版社，2007：233-234.
[3] 胡文瑞编著．水平井油藏工程设计[M]．北京：石油工业出版社，2008：83-85.

超稠油注空气辅助地下加热裂解改质实验和数值模拟研究

裴树峰　王延永　黄丽娟　张　亮　任韶然

（中国石油大学（华东）石油工程学院，山东 青岛　266580）

摘　要　地下电加热原位裂解改质是一项具有潜力的超稠油开发新技术，其原理是通过井下电加热器加热地层，使稠油中的重质组分在地下裂解为可采出的轻质油和气体。单一的电加热原位裂解工艺的主要问题是地层加热速率较慢，单井控制范围小，井下驱油能量有限。本论文提出了一种注空气辅助电加热原位裂解的新工艺，利用注入空气的气体对流效应和氧化反应的热效应来提高传热速率和驱油效率。针对注空气辅助原位裂解工艺过程，进行了油藏注空气条件下超稠油热裂解实验，研究超稠油的热裂解反应机理，建立油藏模拟模型，研究注空气对原油高温下原位裂解过程的影响。实验结果表明，超稠油可在350 ℃以上的温度下有效地裂解成气体、轻质油和焦炭类物质，裂解反应的活化能为248 kJ/mol。数值模拟结果表明，由于气流的热对流效应和低温氧化反应的热效应，注空气可有效增加传热速率和驱油效率，提高原油采收率12%以上，能量利用效率可提高45%。

关键词　超稠油；原位改质；注空气；热裂解；油藏模拟

引言

地下原位裂解改质工艺是一项富有创造性的新技术，适用于超稠油、油页岩及低成熟度页岩油油藏[1-3]。该技术通过地下加热使超稠油发生热裂解，产生轻质油、焦炭、甲烷、二氧化碳等气体，实现其原位改质，大大提升原油品质，同时减少地面管道输送过程中的掺稀降粘工艺及后续炼化工艺，基本无需水资源消耗，可降低温室气体排放[4-5]。基于井筒电加热模式的原位裂解改质技术已在油页岩储层及超稠油油藏进行了矿场先导试验，并取得了一定效果[6-8]。

传统的单一电加热模式通过井筒内电加热棒加热储层，热量传递方式主要为热传导，加热速率较慢，加热时间较长；单个加热井的控温范围有限，需要采用相对较小的井距；开发过程属于衰竭式开采，后期出现地层能量不足，裂解的轻质油难以有效产出。此外，常规条件下超稠油的裂解温度一般在400 ℃以上，原位裂解过程电能消耗较大，成本较高，亟需有效技术提高其可行性与经济性[9]。

基于常规原位裂解改质技术的不足及注空气技术的优势，本论文提出了注空气辅助原位裂解改质工艺，具有提高储层加热速率（通过热传导和气体热对流实现热传递），补充和提高地层能量，提高加热井组的有效波及范围等优势，是一项极具潜力的新技术。本文通过进行在氮气和空气中的高温高压热裂解实验，研究超稠油热裂解的反应产物及反应动力学，建立油藏数值模拟模型，分析注空气对超稠油原位裂解反应过程的影响，及其对热传递速率、提高采收率效果和能量转化比等的影响，阐明超稠油注空气辅助原位裂解的改制增效机制及应用潜力。

1　超稠油热裂解实验

1.1　实验原料及设备

本实验应用了两种典型的超稠油，超稠油A和超稠油B，均来自辽河油田。其性质如表1所示。

本实验研究所采用的仪器设备主要由高温烘箱、高温高压反应釜、油砂、压力传感器、温度传感器、温度压力记录系统组成，装置示意图如图1所示。其中高温高压反应釜体积为417mL（高134 mm，直径63 mm）。温度传感器和压力传感器的精度分别为0.1℃和0.01MPa。

作者简介：裴树峰（1994-），男，中国石油大学（华东）石油工程学院油气田开发专业在读博士生，从事注气提高采收率方面的研究。E-mail：Shufengpei@163.com。

表 1　超稠油 A 和 B 的基本性质

油样	密度(20℃)/(g/cm³)	黏度(50℃)/(mPa·s)	四组分组成/(wt.%)			
			饱和分	芳香分	胶质	沥青质
超稠油 A	1.007	191600	26.2%	17.6%	23.6%	32.6%
超稠油 B	0.988	68198	12.1%	9.3%	39.9%	38.7%

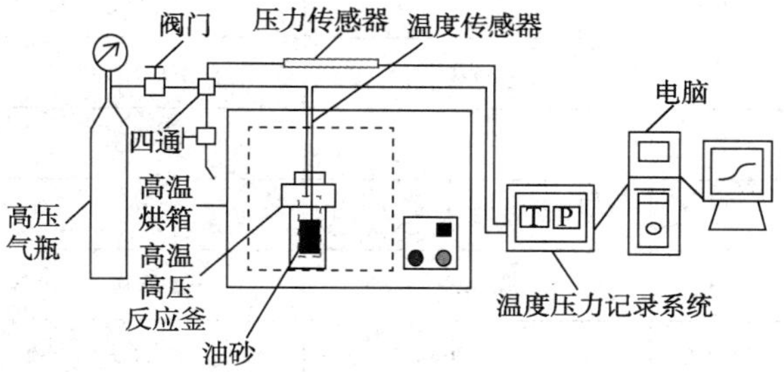

图 1　实验设备图

1.2　实验过程

超稠油热裂解实验需要在高于 300 ℃的条件下进行。首先，20g 超稠油油样放入反应釜中，然后通入高压氮气或空气至 3.2 MPa，接着反应釜放入烘箱中加热至预定的温度，在加热过程中，超稠油油样与氧气发生低温氧化反应，将消耗掉氧气。当预定的温度达到后，超稠油将会发生热裂解反应。当预定的反应时间到达后，停止反应并将反应釜冷却至室温。实验结束后需要测量产出气，轻质油。剩余的超稠油和焦炭的质量。产出气通过质量流量计测量质量并通过气体色谱测试组分，取出产出的轻质油并测量其质量。通过甲苯溶解剩余的残渣中的超稠油并过滤，将残余的焦炭烘干并测量质量。

2　超稠油热裂解反应动力学模拟

超稠油的热裂解的热裂解反应被认为是一级反应，反应速率与相对于每种油组分的浓度呈正相关，同时油组分之间没有化学相互作用[10]。在动力学模拟过程中，仅考虑主要的化学反应：超稠油的热裂解反应。

$$\text{Heavy Oil} \xrightarrow{K} a\times\text{Light Oil}+b\times\text{Hydricarbon Carbon Gas}+(1-a-b)\times\text{Coke} \qquad (1)$$

其中，K 表示热裂解反应的速率常数，1/d；a 和 b 表示单位质量的超稠油组分热裂解反应后生成轻质油和烃类气体的质量份数。

每种组分随时间的变化可用以下公式表示，通过 MATLAB 拟合每个组分在不同温度和时间条件下的质量分数，来求取相关的动力学参数，并使模拟误差最小。

$$\frac{\text{d Hydrocarbon Carbon Gas}}{\text{d}t}=K\times b\times w_{\text{Heavy Oil}}$$

$$\frac{\text{d Light Oil}}{\text{d}t}=K\times a\times w_{\text{Heavy Oil}}$$

$$\frac{\text{d Heavy Oil}}{\text{d}t}=-K\times w_{\text{Heavy Oil}}$$

$$\frac{\text{d Coke}}{\text{d}t}=K\times(1-a-b)\times w_{\text{Heavy Oil}} \qquad (2)$$

其中 $w_{\text{Heavy Oil}}$ 表示稠油组分的浓度，wt.%。

3　热裂解实验及动力学模拟结果

3.1　实验产物

在 350℃、3.2 MPa 空气的条件下，超稠油 B 经过 38.5d 的热裂解反应后产生的轻质油和焦炭如图 2 所示。由于混合物的重力作用，产生的轻质油可以很容易地分离出来。轻质油在室温条件下的密度和黏度分别为 0.8 g/cm³ 和 1.5 mPa·s。实验结果表明，在 350 ℃以上的温度下，超稠油能够在空气中有效地裂解成气体，轻质油和焦炭类物质，其中产生的轻质油组分占(40~60)wt.%。在空气气氛中，超稠油热裂解产生的轻质油的烃分布如图 3 所示。可以看出裂化轻质油主要由 C5~C20 组成。所产生的气体组成示于表 2 中，其中由 C1~C3 组成的烃类气体和 CO_2 是超稠油热裂解反应的主要气体产物。

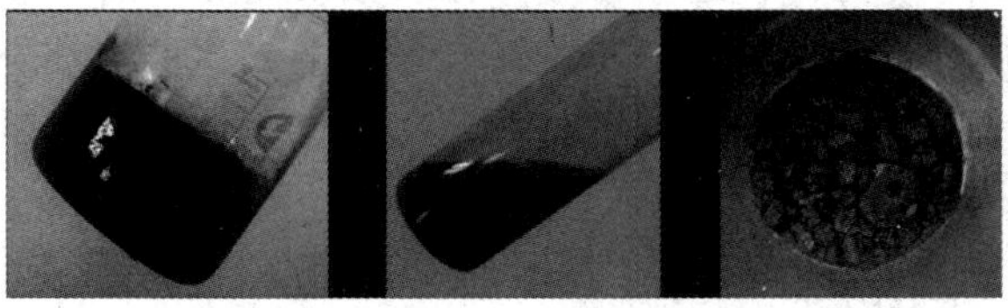

图 2　及其裂解反应生成轻质油和焦炭

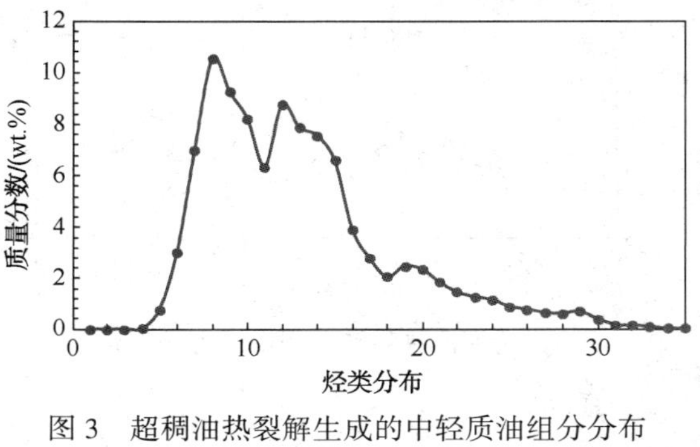

图 3　超稠油热裂解生成的中轻质油组分分布

表 2　超稠油热裂解反应气体组成（350 ℃，38.5 d）

气体	体积分数/%
H_2	0.503
N_2	59.660
CO_2	11.500
O_2	0.031
C1	14.811
C2	5.853
C3	4.602
C4	0.717
C5	0.373
C6	0.974

为了研究低温氧化反应对超稠油热裂解的影响，在 350 ℃的条件下，超稠油分别在在空气和氮气环境中进行了热裂解实验。两个实验的反应釜中压力的变化如图 4 所示。由于在加热过程中空气中的氧气被消耗，在加热结束的时候，空气环境中反应釜的压力低于氮气中的压力。在热裂解过程中压力对时间的斜率(几乎线性)可作为反应速率的指标，结果表明在空气存在下超稠油的热裂解速率略低于在氮气中的热解速率。

表 3 显示了在空气和氮气环境中热裂解实验产生的气体组成的差异。值得注意的是，在氮气环境中，热裂解实验中释放的 CO_2体积分数仅为 0.426%，而在空气介质中，热裂解实验中释放的 CO_2体积分数为 10%。因此认为在空气介质中产生的 CO_2均是由低温氧化反应生成。

在空气和氮气介质中，超稠油进行热裂解实验的产物(即烃类气体，轻质油和焦炭)的含量如图 5 所示，相比较在氮气介质中，超稠油在空气介质中产生更少的轻质油和烃类气体，产生的焦炭量更高。

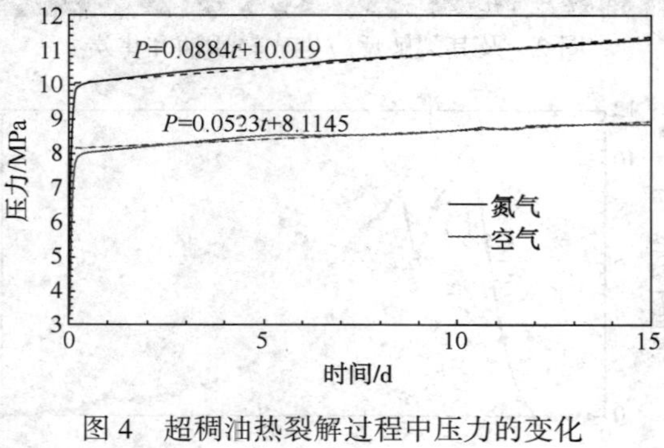

图 4　超稠油热裂解过程中压力的变化

表 3　超稠油热裂解实验后气体组成

气体	气体组成（氮气@350 ℃ 15d）	气体组成（空气@350 ℃ 15d）
H_2	0.499	1.503
N_2	86.802	73.125
O_2	–	1.031
CO_2	0.426	10.026
C1	8.541	9.453
C2	1.331	2.497
C3	0.923	1.601
C4-C6	0.476	0.763

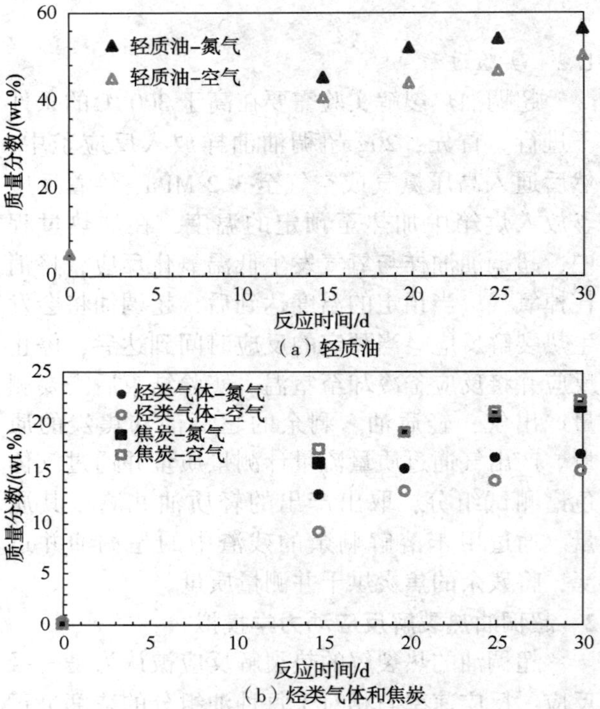

（a）轻质油

（b）烃类气体和焦炭

图 5　超稠油在氮气和空气介质中产生的烃类气体、轻质油和焦炭的质量分数

3.2　反应速率

在空气介质中，超稠油热裂解反应动力学模拟结果显示在图 6 中，其中实点表示组分的实验值，虚线表示拟合值，动力学模拟结果显示拟合程度良好。表 4 展示了超稠油热裂解反应的动力学参数，可以看出在空气中，超稠油热裂解速率比在氮气中降低了 20%～30%，超稠油在空气中的热裂解活化能为 248kJ/mol，大于惰性气体中的热裂解活化能。

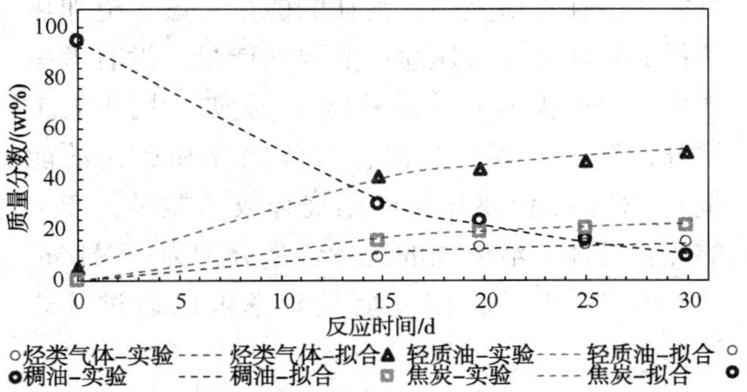

(a) 350℃

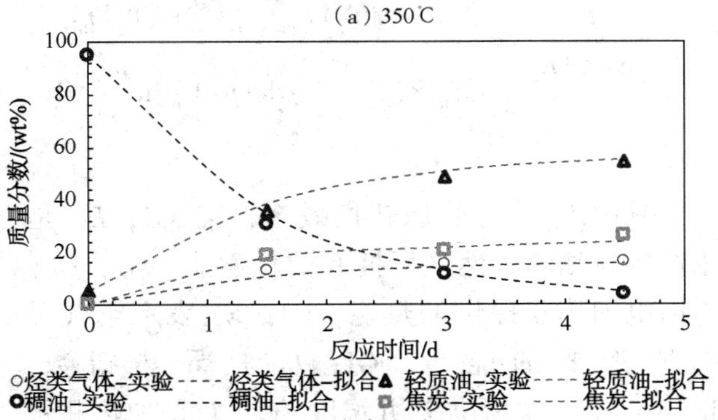

(b) 380℃

图6　不同组分的实验值和拟合值(空气介质中)

4　超稠油注空气辅助电加热原位裂解改质油藏数值模拟

4.1　数值模拟模型

采用油藏模拟软件 CMG STARS 模拟了超稠油电加热原位裂解改质过程。模型中的地质资料来自对中国辽河油田杜 80-20-60 井的生产历史进行拟合的结果[11-12]。目标稠油油藏的深度和厚度分别为 873m 和 15m，原始压力和温度分别为 8500 kPa 和 33℃。所用地质模型的大小为 15m×15m ×15m，同时将模型离散化为规则的笛卡尔网格，每个网格块大小在 x，y，z 方向上分别为 1m×1m×1.5m。该区块的平均孔隙率和水平渗透率分别为 0.3 和 2205md，标准偏差分别为 0.05 和 100md。储层流体包括水、烃类气体、氮气、二氧化碳、氧气、轻油、稠油和焦炭，通过 CMG Winprop 对超稠油和生成的轻质油的性质进行了回归得到各组分的 PVT 性质。

表4　超稠油热裂解反应的动力学参数

反应	化学反应途径	速率常数 K_1(1/d)		频率因子/(1/d)	活化能/(kJ/mol)
		350℃	380℃		
氮气中的热裂解反应	HO→0.1807 HC GAS + 0.5738 LO + 0.2455 Coke	0.1032	0.8153	3.6×10^{18}	233.132
空气中的热裂解反应	HO→0.1721 HC GAS + 0.5608 LO + 0.2671 Coke	0.073	0.663	4.8×10^{19}	248.447

模型采用典型的五点井网，由四个加热井和一个生产井组成。加热井加热所有油层，而注入的空气仅通过加热器的下部(8~10th油层)进入油藏，以降低气体超覆的影响，这通过仅在加热井底部的管柱进行射孔来实现。加热井采用恒温加热(350 ℃)和恒定气体注入速率模式(1000sm^3/d)，而生产井采用定压生产模式。

4.2　油藏数值模拟结果

4.2.1　注空气对热传递的影响

超稠油电加热原位裂解改质和注空气辅助过程的平均底层温度的变化如图7所示，注氮气辅助电加热原位裂解改质过程的温度曲线也包括在内，以作为对比。可以看出，注空气能够显著加快地层的加热速率。注空气辅助工艺需要 301d，地层平均温度能够达到 300 ℃(超稠油可以有效裂解的温度)，而单纯的电加热原位裂解改质过程则需要 3287d。这意味着与单纯的电加热过程相比，注空气辅助工艺仅需要其 1/10 加热时间，即可使油藏平均温度达到 300 ℃。

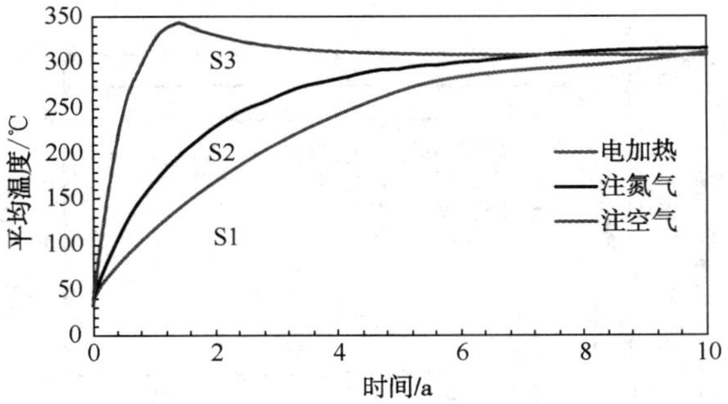

图7　超稠油电加热原位裂解改质和注氮气、空气辅助过程平均温度的变化

为了定量地研究注空气对热传递的影响，定义 S1/(S1+S2 +S3)、S2/(S1+S2+S3)、S3/(S1+S2+S3)分别为注空气辅助过程中热传导、热对流和低温氧化的热效应对热传递的贡献，其中

S1，S2，S3 分别是图 7 中两条曲线之间的面积。

注空气辅助过程总生产时间为 1.5a。结果如图 8 所示。热传导在前 3 个月占主导地位，其贡献率高于 50%。而低温氧化的热效应的影响迅速增加，直到半年后，其贡献超过热传导的贡献，热传导的贡献持续降低，之后二者基本保持恒定。热对流的影响基本在 15%左右。在生产结束时，热传导，热对流和低氧化热效应的影响分别为 38.2%，15.04%和 46.17%。空气注入对传热的影响包括热对流效应和低温氧化反应的热效应，总体上，注入空气的贡献超过 60%。

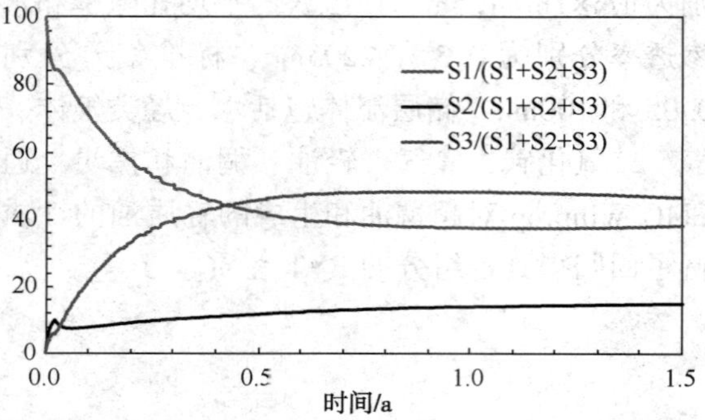

图 8　注空气辅助过程中热传导、热对流和低温氧化热效应对热传递的贡献

4.2.2　注空气对油气产量的影响

电加热过程和注空气辅助过程的轻质油累计产量和采收率的结果如图 9 所示。纯电加热过程和注空气辅助过程的采收率分别为 67.65% 和 79.61%。注空气可使原油采收率提高 12.21%。注空气辅助过程和电加热过程的轻质油累积产量分别为 360m^3 和 279m^3，可以看出，注空气提高采收率的主要原因是轻质油产量的增加。

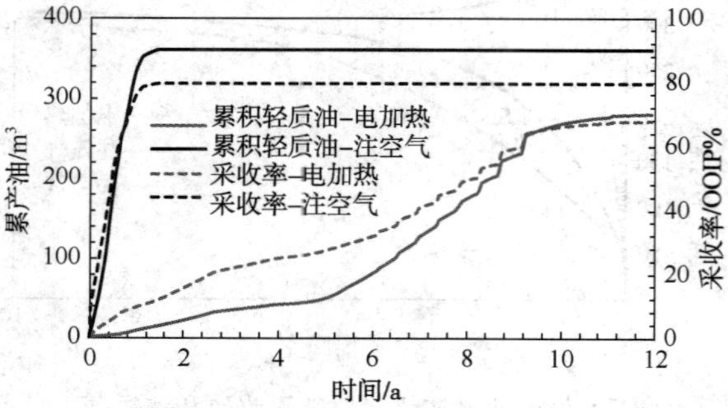

图 9　电加热和注空气辅助过程累积轻质油产量和采收率的对比

4.2.3　注空气对能量转换效率的影响

由于是一个高耗能的过程，因此能源效率对超稠油地下电加热原位裂解工艺及其重要。能量效率是指产出油气所具有的化学能与消耗的总能量之比。在本研究中，消耗的能量考虑了电加热消耗的热能和空气压缩所需要的能量，没有考虑现场操作所需的其他额外能量(例如，用于人工举升，气体处理和分离，流体储存和运输的能量)。根据单位体积原油燃烧释放的能量，产生的烃类气体，液体油的能量含量分别为 36MJ/m^3 和 40GJ/m^3[13-14]。因此能量效率可以通过等式计算：

$$R_{energy}=\frac{E_{out}}{E_{heat}+E_{air}}=\frac{0.036\times V_{hydrocarbon\ gas}+40\times V_{Oils}}{\int_0^t I_{hk}\times(T_w-T_k)\,dt+p_{sc}V_{air}\ln\frac{p_{inj}}{p_{sc}}\times 10^{-3}}\tag{3}$$

其中 R_{energy} 是能源转换效率，GJ/GJ；E_{out} 是生产的石油和天然气所拥有的化学能，GJ；E_{heat} 是由电加热器提供的热能，GJ；E_{air} 表示空气压缩所需要的能量，GJ；I_{hk} 是导热指数，J/(d·℃)；T_w 是加热井温度，℃；T_k 是加热井所在的网格温度，℃；P_{sc} 和 P_{inj} 分别是大气压力和空气的注入压力，MPa；V_{air} 是标准条件下(即 20℃，101.325kPa)的累积空气注入量，sm^3。

表 5 列出了两个过程的能量效率。由于注空气辅助过程的高采收率和低温氧化反应的热效应，注空气辅助工艺的能量效率为 11.46 GJ/GJ，能量效率提高了 45%。加热器加热和低温氧化反应提供的能量如图 10 所示，低温氧化反应提供的能量高于加热器提供的能量。能量效率的提高表明，注空气辅助过程的经济可行性远大于单纯的电加热原位裂解改质工艺。

表 5　电加热过程和注空气辅助过程的能量对比

工艺	能量转换效率（GJ/GJ）
单一电加热过程	7.93
注空气辅助电加热过程	11.46

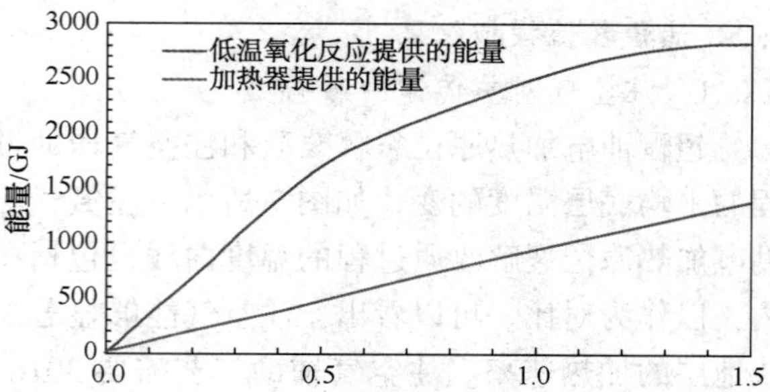

图 10　注空气辅助过程中低温氧化反应和加热器提供的能量对比

5 结论

（1）超稠油注空气辅助电加热原位裂解改质工艺能够显著改善传统的电加热改质工艺。高温高压热裂解实验表明，在高压空气介质中，超稠油能在 350 ℃条件下有效裂解为烃类气体、轻质油和焦炭。裂解产物中中轻质组分（C5～C30）的占比为（40～60）wt.%，其热裂解反应的活化能为 248kJ/mol。

（2）油藏数值模拟结果表明，由于注入气体的热对流效应和原油-空气的低温氧化反应热效应，注空气辅助工艺能显著提升井下电加热原位裂解工艺热传递速率，有效缩短油藏加热升温时间。在加热温度为 350 ℃，单井空气注入速率为 1000 sm^3/d 的方案下，低温氧化热效应对热传递的贡献可达到 46%以上，能原油的采收率提高 12%，能量转换效率由 7.93 GJ/GJ 上升到 11.46 GJ/GJ，提高 45%。

参 考 文 献

[1] Maes J, Muggeridge A H, Jackson M D, et al. Scaling analysis of the In-Situ Upgrading of heavy oil and oil shale[J]. Fuel, 2017, 195: 299-313.

[2] Pei S, Wang Y, Zhang L, et al. An innovative nitrogen injection assisted in-situ conversion process for oil shale recovery: Mechanism and reservoir simulation study[J]. Journal of Petroleum Science and Engineering, 2018, 171: 507-515.

[3] Kumar J, Fusetti L, Corre B. Modeling in-situ upgrading of extraheavy oils/tar sands by subsurface pyrolysis[C]. Canadian unconventional resources conference. Society of Petroleum Engineers, 2011.

[4] Snow R. In-situ upgrading of bitumen and shale oil by RF electrical heating. SPE heavy oil conference and exhibition, 2011.

[5] Alpak F O, Vink J C. Adaptive local-global multiscale simulation of the in-situ conversion process[J]. SPE Journal, 2016, 21(06): 2, 112-2, 127.

[6] 雷光伦，李姿，姚传进，等．油页岩注蒸汽原位开采数值模拟[J]．中国石油大学学报：自然科学版，2017，41(2)：100-107.

[7] Vinegar H. Shell's in-situ conversion process. 26th Oil Shale Symposium, Golden, Colorado, October 16. 2006, 18: 2006.

[8] Fowler TD, Vinegar HJ. Oil shale ICP-Colorado field pilots. SPE western regional meeting. 2009.

[9] Pan Y, Wang S, Zhang Y, et al. The Experimental Research of the Effect of Heating Temperature and Heating Time for Oil Shale Crack[J]. J. Chem. Soc. Pak, 2017, 39(02): 177.

[10] Freitag N P, Exelby D R. A SARA-based model for simulating the pyrolysis reactions that occur in high-temperature EOR processes[J]. Journal of Canadian Petroleum Technology, 2006, 45(03).

[11] Wang Y, Ren S, Zhang L, et al. Numerical study of air assisted cyclic steam stimulation process for heavy oil reservoirs: Recovery performance and energy efficiency analysis[J]. Fuel, 2018, 211: 471-483.

[12] Wang Y, Zhang L, Deng J, et al. An innovative air assisted cyclic steam stimulation technique for enhanced heavy oil recovery[J]. Journal of Petroleum Science and Engineering, 2017, 151: 254-263.

[13] McKinney, Michael L., Robert M. S. 2003. Environmental science: Systems and solutions. Jones & Bartlett Learning.

[14] Wilcock W. Energy in natural processes and human consumption-some numbers. Course material for ENVIR215: Earth, Air, Water: The Human Context, Spring, 2005.

超临界蒸汽开发海上稠油增产机理研究

王树涛[1]　张风义[1]　孙玉豹[2]　刘　东[1]　葛涛涛[1]

(1. 中海石油(中国)有限公司天津分公司，天津塘沽　300459；
2. 中海油田服务股份有限公司油田生产事业部，天津塘沽　300459)

摘　要　超临界蒸汽开发是满足海上特稠油油藏高效开发要求的新技术，但目前超临界蒸汽开发的增产机理有待进一步研究。首先，以海上特稠油油藏储层和流体特征为原型设计一维实验模型及超临界反应釜装置，开展了超临界蒸汽增产机理的室内实验研究，并得到了原油热裂解和储层岩石溶蚀等特性的量化参数；然后，建立与室内实验等比例的数值模拟模型，结合量化参数和化学反应方程等效模拟原油热裂解和岩石溶蚀过程；最后，通过不同状态蒸汽的驱油效率对数模模型进行拟合，模拟得到了一维模型不同驱替阶段的温度、渗透率和原油组分剖面变化。研究表明特稠油油藏超临界蒸汽开发较常规蒸汽开发驱油效率提高15.9%。

关键词　超临界蒸汽；海上稠油；增产机理；数模物模一体化；原油热裂解；岩石溶蚀

引言

海上特稠油油藏开发是目前亟待解决的难题，虽然陆地油田开展了大量的常规注蒸汽开发研究和矿场应用[1-3]，但常规注蒸汽开发效果不能满足海上高效开发的需要。超临界水大部分氢键断裂，体现出独特的物理、化学性质，具有高溶解性、高扩散性和高反应性[4]。目前，理论研究和陆地矿场实验都表明注超临界蒸汽开发特稠油效果显著，但超临界蒸汽开发的增产机理有待进一步研究，缺乏注超临界蒸汽开发相关的实验量化参数和增产机理数值模拟方法[5-7]。为降低海上特稠油油藏超临界蒸汽开发方案的实施风险，本文通过数模物模一体化方法开展了超临界蒸汽开发稠油的增产机理研究。

1　超临界蒸汽增产机理室内实验研究

选取渤海油田某典型特稠油油藏为原型，地层原油黏度29168mPa·s，地层渗透率2500mD，孔隙度32.6%，分别设计特稠油油藏超临界蒸汽驱一维物理模拟模型及超临界反应釜装置。超临界反应釜装置用于测定超临界蒸汽原油热裂解和储层岩石溶蚀特性，反应釜容积500mL，建立超临界蒸汽对储层岩石及原油物性的影响实验的研究方法，通过相应计算得到不同温压条件下流体用量，如表1所示。

表1　不同温压条件下一维模型流体用量表

序号	实验温度/℃	实验压力/MPa	蒸汽密度/(g/cm^3)	反应釜容积/mL	蒸馏水质量/g	水油比	对应水体积/mL	对应油质体积/mL
1	390	25	0.25	500	126.8	2.5	90.6	36.2
2	410	25	0.15	500	73.1	2.5	52.2	20.9
3	430	25	0.12	500	61.3	2.5	43.8	17.5

(1) 原油热裂解特性实验结果

采用上述超临界反应釜装置开展了3组超临界蒸汽作用后原油组分及黏度变化特征实验(实验温度分别为390℃、410℃、430℃)，并增加1组常规湿饱和蒸汽实验作为对照组。实验结果表明，常规湿饱和蒸汽作用后原油黏度由29168mPa·s增加到了35226mPa·s，主要原因是湿饱和蒸汽仅发生蒸馏作用，原油轻组分被蒸

基金项目：“十三五”国家重大专项“海上稠油油田高效开发示范工程”(编号：2016ZX05058)。

作者简介：王树涛(1986-)，男，油藏工程师，现从事稠油热采科研生产工作。E-mail：wangsht8@cnooc.com.cn。

馏后黏度呈小幅度增加；随着超临界蒸汽温度由390℃增加到430℃，原油黏度由29168mPa·s分别降到了8798 mPa·s、7605 mPa·s和7641mPa·s，原油黏度为原始值的30%左右，主要原因是超临界蒸汽作用后原油中的沥青质和胶质发生热裂解，沥青质含量为0、饱和烃含量超过70%导致原油黏度下降，但温度过高又会加剧焦炭的形成，使原油黏度再小幅度增加。对比超临界蒸汽作用前后的原油组分变化，400℃可满足特稠油的热裂解要求，且焦炭转换率较低，如表2所示。

表2　超临界蒸汽作用前后原油组分变化表

质量组分/%	原始油样	湿饱和蒸汽	超临界蒸汽(390℃)	超临界蒸汽(410℃)	超临界蒸汽(430℃)
原油	100	100	42	42	38
焦炭	0	0	26	24	25
气体	0	0	32	34	37

(2) 储层岩石溶蚀特性实验结果

采用上述超临界反应釜装置开展了7组不同状态蒸汽作用后储层岩石溶蚀特性实验，实验结果表明，溶蚀效应主要发生在亚临界区与超临界点范围内(350~375.15℃)，并且溶蚀效应具有不可逆性，超过临界点后腐蚀性降低；溶蚀后储层孔渗呈现明显增加趋势，渗透率的最大增幅达到21.74%，如表3所示。

表3　超临界蒸汽作用前后原油组分变化表

蒸汽温度/℃	实验压力/MPa	蒸汽状态	岩石矿物溶蚀程度/%	孔隙度/%	渗透率/mD
200	1.5	湿蒸汽	0.003	32.6	2500
250	3.9	湿蒸汽	0.015	32.6	2500
300	8.6	湿蒸汽	0.080	32.7	2510
350	16.6	亚临界	1.050	33.7	2880
375.15	22.12	临界点	1.100	34.0	3050
400	23	超临界	0.510	32.9	2610
430	23	超临界	0.340	32.8	2560

2　超临界蒸汽开发数模物模一体化模型建立

根据上述特稠油油藏超临界蒸汽驱一维物理模拟模型，建立等比例数值模拟模型，模型网格划分为30×1×1=30个，长为150cm，如图1所示。

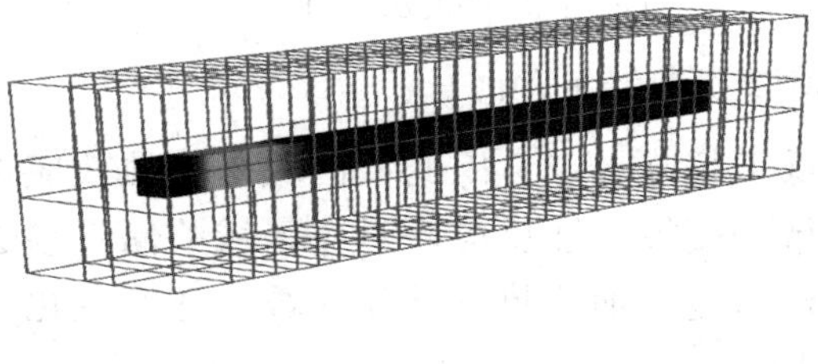

图1　室内实验级别油藏数值模拟模型图

考虑超临界蒸汽和原油及岩石反应，共设置10个组分：气体包括非凝析气和天然气，水相包括液态水和超临界蒸汽组分，油相包括重质原油及裂解后中质与轻质原油，固相包括焦炭、固结砂及转化的游离砂。

模拟的关键是通过量化参数建立等效的原油热裂解和游离砂形成的反应方程：

(1) 原油热裂解等效反应方程：1mol超临界蒸汽组分和0.0298mol重质原油反应生成0.065mol轻质原油、0.041mol中质原油、0.008mol天然气、0.03mol焦炭和1mol液态水，反应速率公式常数为0.85；

(2) 游离砂形成的等效反应方程：1mol超临界蒸汽组分和0.08mol固结砂反应生成1mol液态水和0.08mol游离砂，反应速率公式常数为1500。

根据超临界蒸汽驱一维物理模拟驱油效率结果，对建立的数值模拟模型进行拟合，拟合结果满足要求，如图2所示。

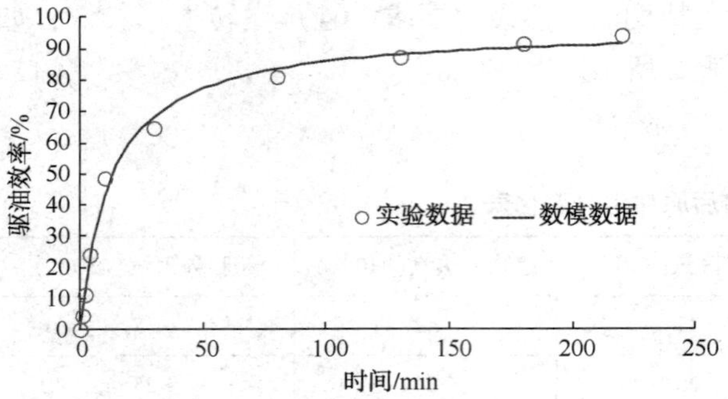

图2　400℃超临界蒸汽驱一维物理模拟驱油效率结果拟合图

3　超临界蒸汽增产机理数值模拟研究

室内实验级别的油藏数值模拟模型经过实际实验数据拟合后，基本能够反应超临界蒸汽驱的整个过程。在此油藏数值模拟模型基础上，分别模拟了350℃饱和蒸汽、350℃过热蒸汽和400℃超临界蒸汽驱油效率实验，最终的驱替效率分别为78.16%、84.13%和94.01%。同时，开展了原油热裂解作用引起的原油组分变化和储层岩石溶蚀作用引起的渗透率变化数值模拟研究。

（1）原油热裂解作用引起的原油组分变化模拟结果

数值模拟结果表明：反应初期重质原油组分大幅下降，30min后热裂解速度放缓，后期逐渐消耗为零，即全部发生热裂解，同时轻质和中质原油组分逐渐增大。在驱替作用下，热裂解反应剧烈区域逐渐后移，并且后期焦炭形成也加剧，并且主要影响后半段(图3)。

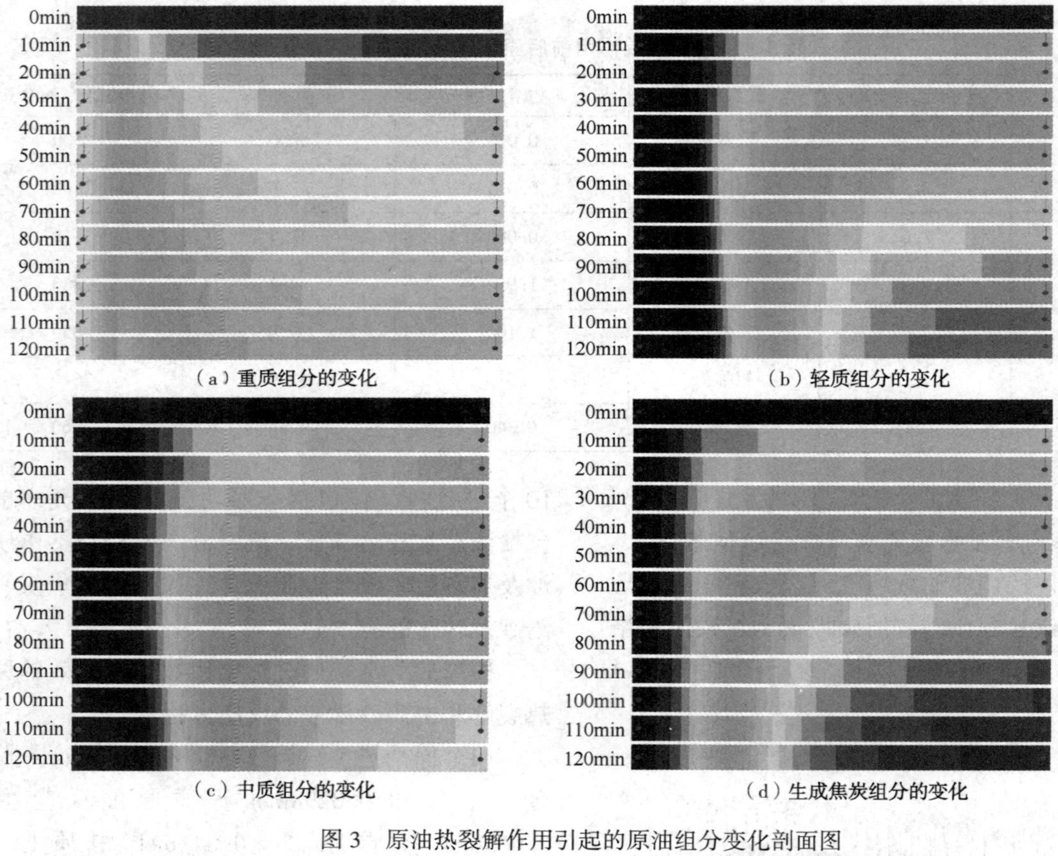

（a）重质组分的变化　（b）轻质组分的变化

（c）中质组分的变化　（d）生成焦炭组分的变化

图3　原油热裂解作用引起的原油组分变化剖面图

（2）储层岩石溶蚀作用引起的渗透率变化模拟结果

数值模拟结果表明：由于温度剖面只有在注入端附近大于350℃，并且该区域温度也基本低于超临界点，因此该区域是溶蚀效应主要区域；模拟溶蚀反应后对应区域的储层渗透率呈现明显增加趋势，其他区域渗透率变化不大(图4)。

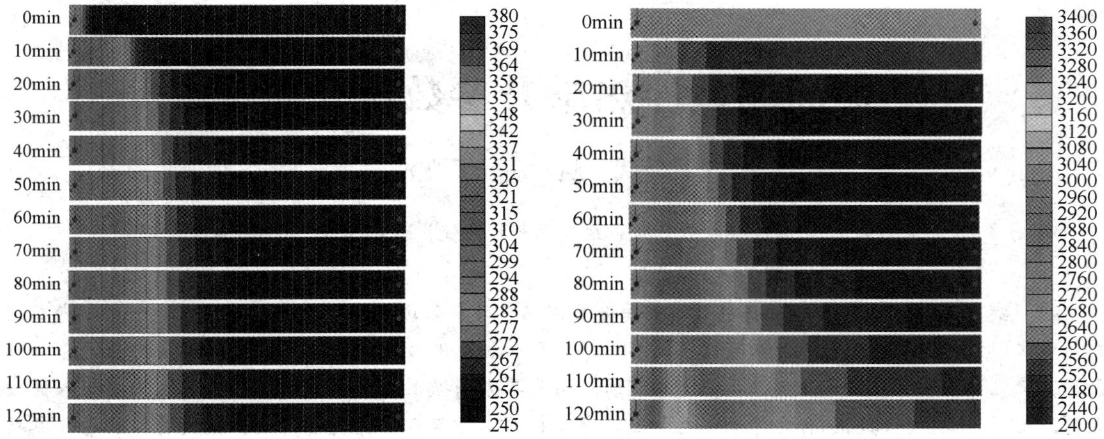

（a）温度剖面　　（b）渗透率剖面

图 4　温度及储层岩石溶蚀作用引起的渗透率变化剖面图

4　结论

（1）沥青质与胶质在超临界蒸汽作用下发生热裂解后，原油黏度降为原始值的 30%左右，同时优化得到 400℃可满足特稠油的热裂解要求，且焦炭转换率较低；

（2）溶蚀效应主要发生在亚临界区与超临界点范围内，并且溶蚀效应具有不可逆性，溶蚀后储层孔渗呈现明显增加趋势，渗透率的最大增幅达到 21. 74%；

（3）通过建立超临界蒸汽开发数模物模一体化模型，模拟得到了特稠油油藏超临界蒸汽开发较常规蒸汽开发驱油效率提高 15. 9%，同时模拟了原油热裂解作用引起的原油组分变化剖面和储层岩石溶蚀作用引起的渗透率变化剖面。

参　考　文　献

[1] 赵淑萍．陈家庄油田南区薄层特稠油油藏高效开发关键技术及其应用[J]．油气地质与采收率，2012，19(3)：98-100.

[2] 余洋，冯国庆，陈仁人等．春 10 井区特稠油水平井蒸汽吞吐注采参数优化研究[J]．石油地质与工程，2016，30(3)：105-107.

[3] 马鸿，李国庆，汪向东．浅层特稠油水平井注蒸汽开发数值模拟——以克拉玛依油田九 6 区为例[J]．新疆石油地质，2007，30(3)：59-60.

[4] 王瑞．鲁克沁东区超深超稠油超临界蒸汽吞吐技术研究[D]．青岛：中国石油大学(华东)，2015.

[5] 殷庆国，霍海波，黄鹏等．鲁克沁深层超稠油超临界蒸汽有效动用技术研究[J]．油田化学，2017，34(4)：635-640.

[6] 惠会娟，李大勇，张丽春．鲁克沁东区稠油超临界蒸汽吞吐评价[J]．辽宁化工，2013，42(9)：1112-1114.

[7] 杨玉忠．鲁克沁油田 35 兆帕超临界注汽的试验与应用[J]．中国石油和化工标准与质量，2012，1：148-149.

稠油油藏伴热举升参数优化研究

袁爱武　赵　萌　蔡龙浩

（中国石油辽河油田分公司钻采工艺研究院，辽宁 盘锦　124010）

摘　要　为满足低成本开发要求，对稠油井的伴热举升参数进行优化研究。首先设计一种室内凝固点测试方法，考虑产液量对含水原油凝固点的影响，将产液量转化为单位温降下的时间量度，通过原油黏温关系，确定在不同产液量及含水率下的原油凝固点值。其次根据宋时权[1]、向阳[2]、唐述凯[3]等人提出的井筒温场数学模型，编制包含无伴热、电加热、空心杆热水循环3种井筒温场模拟模块的伴热举升参数优化软件，结合在特定产液量及含水率下的原油凝固点值，确定伴热深度，优化伴热参数。经过验证，计算误差<10%，满足现场应用要求。最后应用软件对辽河油田两口井的伴热举升参数进行优化，共计节省电加热功率46.64kW，井口产液温度平均降低1.7℃。

关键词　稠油；伴热举升；凝固点；数学模型；优化软件

引言

稠油作为全球重要的油气资源，储量巨大。但由于稠油密度大，黏度高，胶质沥青质含量多，其开采难度甚大。尤其在举升工艺方面，为了增强原油的流动性，稠油一般采用伴热举升的方式，如电加热伴热举升，空心杆热水循环伴热举升等等。但现阶段由于缺乏对伴热井的伴热深度、伴热温度等伴热参数的优化设计手段，为了达到举升效果，往往造成耗电耗气量严重超标，这就极大地增加了运行成本。辽河油田2018年沈采、高采的伴热井年均运行成本高达20万元，仅沈采伴热井运行成本几乎占采油厂总成本的1/3。因此，为了满足低成本开发的要求，有必要对稠油井的伴热举升参数进行优化研究。

1　考虑产液量影响的原油凝固点测试研究

稠油井在伴热举升过程中，原油温度要控制在凝固点之上，使其能顺利举升到井口。但在不同产液量、不同含水率的情况下，原油凝固点不尽相同。以往测凝固点的方式只是测定原油在一定条件下缓慢冷却直至达到凝固状态时的温度，得到的是一种静态结果，与现场实际情况误差较大。故设计一种测试方法，考虑产量对含水原油凝固点的影响，测试结果能够反映油井正常生产时井筒内原油的流动性。

1.1　测试方法原理

根据油井产液量计算不同尺寸油管内的流速，结合地温梯度，由量纲分析，可以得到在该流速下，改变单位环境温度所需要的时间（表1），由此将油井产液量转化为单位温降下的时间间隔。由水浴锅模拟环境温度，通过旋转黏度计测试在所设定时间间隔下的含水原油黏温变化关系，即可确定油样在该产液量下的凝固点。其时间间隔的计算公式如下：

$$t=\frac{1}{\frac{q}{1440S}\cdot m} \tag{1}$$

式中：t 为单位温降的时间间隔，min/℃；q 为产液量，m^3/d；S 为油管流通面积，m^2；m 为地温梯度，℃/m。

表1　产液量-时间间隔对应表

产液量/(m^3/d)		5	10	15	20	25	30
单位温降下的时间间隔/min	88.9mm 油管	43.5	21.7	14.5	10.8	8.7	7.2
	73mm 油管	28.9	14.5	9.6	7.3	5.8	4.8

作者简介：袁爱武（1974-），教授级高级工程师，现在辽河油田钻采工艺研究院从事油田采油工艺技术研究与管理工作。E-mail：yuanaiwu@petrochina.com.cn。

1.2 测试操作流程

（1）启动水浴锅，设定温度；

（2）将待测油样倒入小烧杯中，置于水浴锅中加热至设定温度；

（3）启动旋转黏度计，将仪器调零归位，安装温度探头、转子并置于待测油样中，将转子转速调到6r/min；

（4）等待20～30min，待仪器显示待测油样黏度稳定不变后进行实验记录，每经过所设计的时间间隔，将水浴锅的温度降低1℃，并记录油样黏度，直至温度降至适宜温度或油样黏度超过测试范围；

（5）实验结束，关闭电源，清洗整理仪器。

1.3 测试结果分析

选取两种油样，测试其在不同产液量、不同含水率下的凝固点值，分析其变化规律。

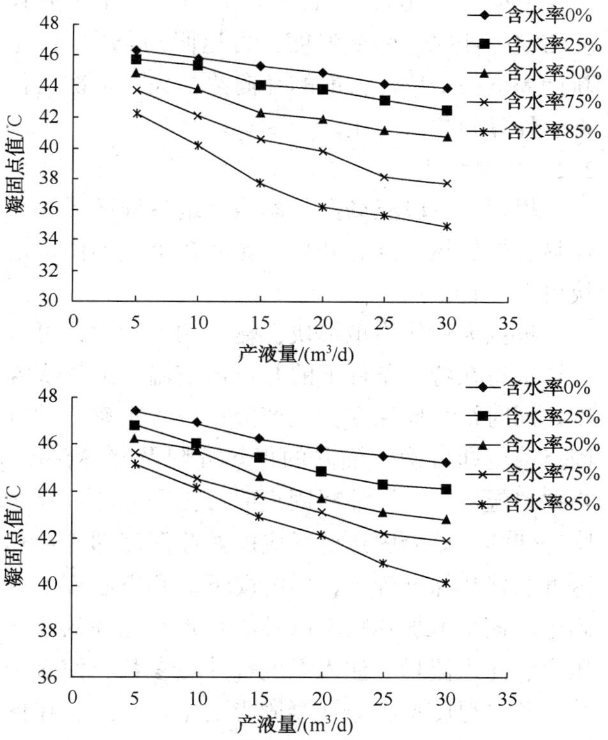

图1 两种油样凝固点随产液量与含水率的变化规律

由图1可知，两种油样的凝固点呈现相同的变化规律：(1)原油凝固点与产液量和含水率均成负相关关系；(2)产液量或含水率越高，原油凝固点随另一因素的变化幅度越大。

2 伴热举升参数优化软件研究

2.1 数学模型

（1）无伴热及电加热温场数学模型

无伴热和电加热的温场数学模型采用宋时权、张公社等人提出的分布模型。在此基础上，根据伴热深度构建电加热伴热的全井段温场数学模型(图2)。

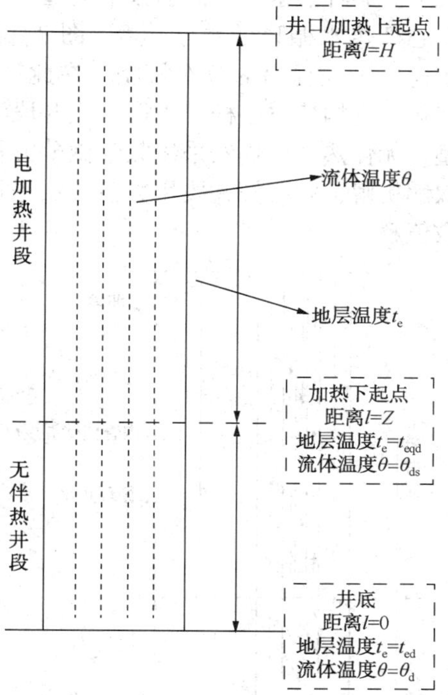

图2 电加热全井段温场示意图

$$
\begin{cases}
k_1 \mid \theta-(t_{eqd}-mx) \mid dx-q_1dx=-wd\theta \\
t_{eqd}=t_{ed}-mz \\
k_1(\theta-t_e)dl=-wd\theta \quad \text{无伴热井段} \\
t_e=t_{ed}-ml
\end{cases}
\tag{2}
$$

式中：k_1为产出液与井筒外地层之间的传热系数，w·(m·℃)$^{-1}$；θ为沿井深任一点处混合液体(原油)的温度(从井底向上算起)，℃；t_e为地层温度，℃；l为从井底向上算起的距离，m；w为产出液流量与比热容之积，W·℃$^{-1}$；t_{ed}为井底地层温度，℃；m为地温梯度，℃·m^{-1}；x为从加热起点向上算起的距离，m；q_1为通过油管的内热源强度，w·m^{-1}；Z为从井底到加热下起点的距离，m。

结合边界条件$l=0$，$\theta=\theta_d$；$l=Z$，$\theta=\theta_{ds}$，得到微分方程特解如下：

$$
\begin{cases}
\theta=[(\theta_{ds}-t_{eqd}-\dfrac{q_1}{k_1})-m\dfrac{w}{k_1}]e^{(-\frac{k_1}{w}x)}+(t_{eqd}+\dfrac{q_1}{k_1}-mx)+m\dfrac{w}{k_1} \\
\theta_{ds}=m\dfrac{w}{k_1}[1-e^{(-\frac{k_1}{w}z)}]+(\theta_d-mz) \quad \text{电加热井段} \\
\theta=m\dfrac{w}{k_1}[1-e^{(-\frac{k_1}{w}l)}]+(\theta_d-ml) \quad \text{无伴热井段}
\end{cases}
\tag{3}
$$

式中：θ_{ds}为电加热下起点处的流体温度，等于无伴热该位置处的流体温度,℃；θ_d为常规生产时井底温度，等于原始油层温度,℃。

(2) 空心杆热水循环温场数学模型

空心杆热水循环的数学模型(图3)采用向阳、唐述凯等人提出的分布模型。在此基础上，根据伴热深度构建空心杆热水循环全井段温场数学模型。无伴热井段仍然采用数学微分方程的形式求取解析解，空心杆井段用数值方法进行求解得到数值解。

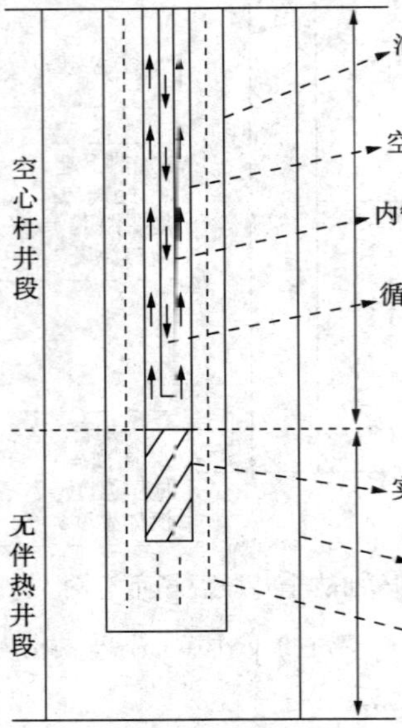

图3　空心杆热水循环全井段温场示意图

空心杆井段数学模型及求解过程如下所示。

$$\begin{cases} Q=\dfrac{t_s-t_e}{R}\mathrm{d}l \\ t_{ti}=t_s-\dfrac{QR_1}{\mathrm{d}l};\quad t_{to}=t_s-\dfrac{QR_2}{\mathrm{d}l} \\ \theta=\dfrac{t_i+t_{to}}{2} \end{cases} \tag{4}$$

式中：Q为井筒单元长度的径向热损失，W；t_s为空心杆内管内壁温度,℃；R为井筒单元长度的径向总热阻，m·k/W；t_{ti}为油管内壁温度,℃；R_1为油管内壁到空心杆内管热流体的总热阻，W；t_{to}为油管外壁温度,℃；R_2为油管外壁到空心杆内管热流体的总热阻，W。

$$\theta'=\frac{c_o m_o \theta - Q}{c_o m_o} \tag{5}$$

式中：θ'井筒下一个单元长度的原油温度,℃；c_o为原油的比热容，kJ/(kg·℃)；m_o为原油的质量流量，kg/s。

根据公式(5)即可计算求得井筒下一个单元长度的原油温度。

$$\begin{cases} c_w m_w t_s-\dfrac{Q+Q'}{1000}=c_w m_w t_s' \\ Q'=\dfrac{t_s-t_s'}{R_3}\mathrm{d}l \end{cases} \tag{6}$$

式中：t'_s为井筒下一个单元长度的空心杆内管内壁温度,℃；c_w为热水的比热容，kJ/(kg·℃)；m_w为热水的质量流量，kg/s。

根据公式(6)即可计算出井筒下一个单元长度的空心杆内管内壁温度，再返回到公式(4)重新计算下一个单元长度的径向热损失，逐次迭代直至计算到井口为止。

2.2　软件模块

根据全井段温场数学模型，编写程序形成无伴热、电加热、空心杆热水循环3个温场模拟模块(图4~图6)。

根据无伴热模拟模块，输入相关参数，可以计算求得在特定条件下的井口产液温度或井底温度。同时结合原油在特定产液量、含水率下的凝固点值，即可确定油井的伴热界限及伴热深度。当井口温度大于原油凝固点时，无需伴热；反之则需伴热，该凝固点所对应的井筒深度即为伴热深度。伴热深度确定，即电缆下深和空心杆下深确定。调整电加热功率以及心杆热水循环的注入压力、注入流量、注入温度等伴热参数，使得全井段井筒温度均在原油凝固点之上。以此，在保证原油顺利举升至井口的情况下，消耗最少的能源，得到最优的伴热参数。

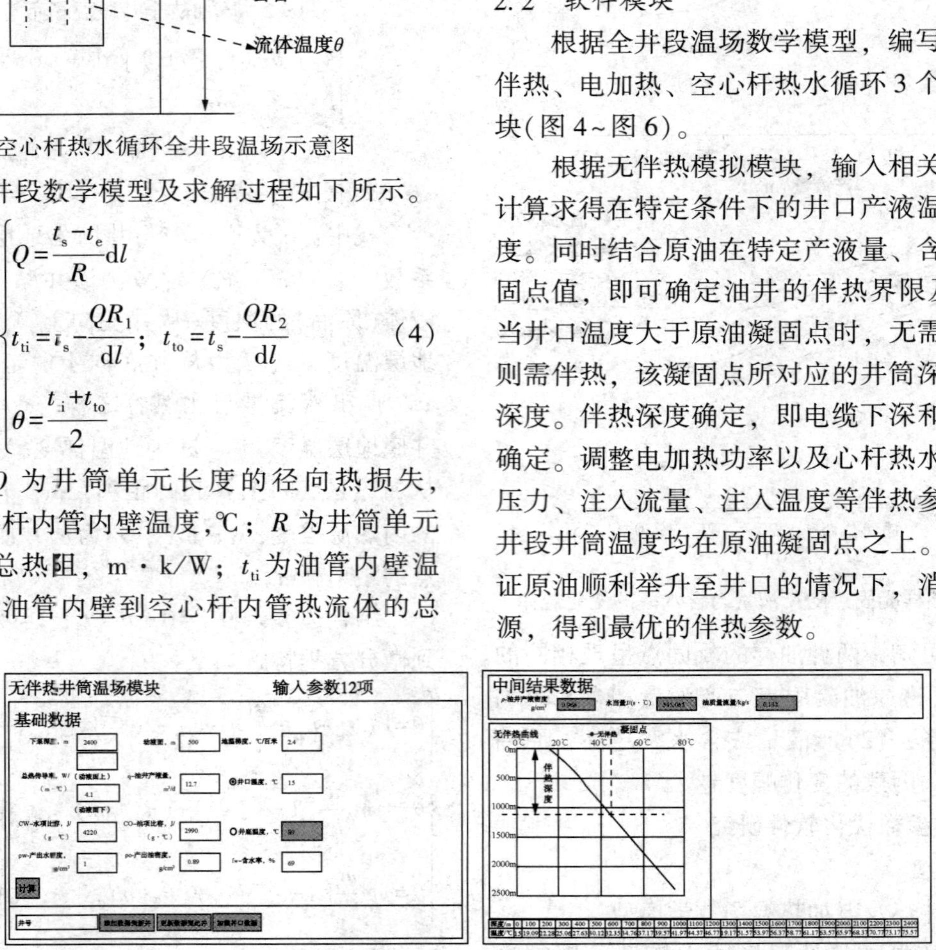

图4　无伴热温场模拟模块

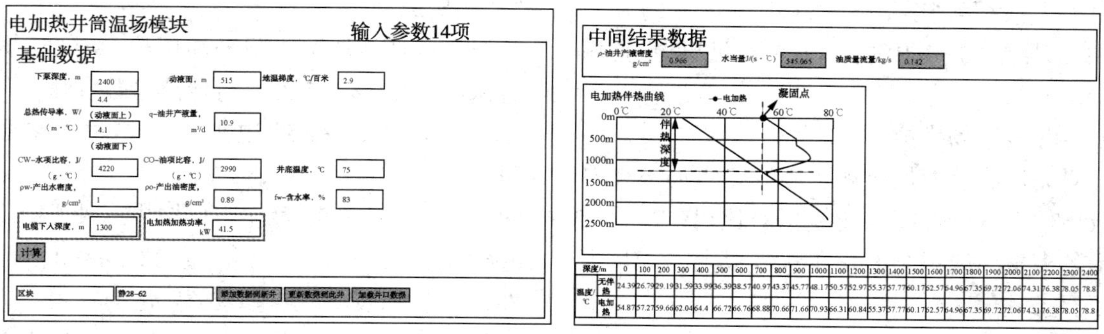

图5　电加热温场模拟模块

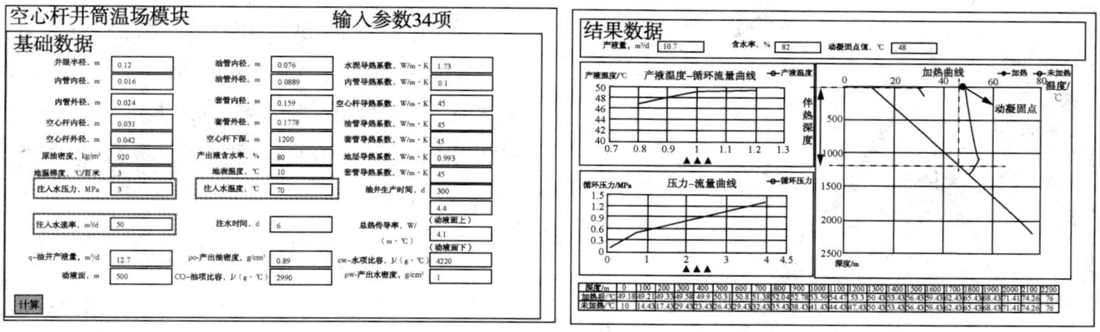

图6　空心杆热水循环温场模拟模块

2.3　软件验证

(1) 井口温度对比

选取辽河油田深采、高采电加热及空心杆热水循环伴热井共20口，计算井口产液温度并与实际温度进行对比(表2)。

表2　井口温度对比表

序号	井号	伴热方式	产液量/t	含水率/%	井口温度/℃		相对误差/%
					实际	计算	
1	坨26-40	电加热	4.3	84	36	35.25	2.08
2	坨27-31		4.4	43	40	41.95	4.88
3	坨29-31C		11.2	65	42	43.59	3,79
4	坨29-33		11.3	71.5	30	28.98	3.40
5	坨29-36		6.7	74.5	42	39.57	5.79
6	静67-A57		30.5	77	36	39.04	8.44
7	静68-A60		12.8	82	40	39.42	1.45
8	静66-A60		12.3	72	42	45.75	8.93
9	静68-A62		15.3	90	30	32.68	8.93
10	边台-H21		12.5	40	42	44.15	5.12
11	边30-024	空心杆热水循环	4.2	55	57	53.15	6.75
12	边31-025		4.7	46	58	53.76	7.31
13	边31-24		8.7	72	57	54.64	4.14
14	曹630		1.6	75	54	52.68	2.44
15	沈286		4.3	38	50	47.96	4.08
16	胜29-12		22.4	88	48	45.8	4.58
17	安93		11.6	50	47	45.53	3.13
18	安1-H5		3.8	52	45	43.27	3.84
19	静61-125		12.9	91	45	44.11	1.98
20	静64-014		30.4	96	43	45.61	6.07

由表中数据对比可知，20 口伴热井的井口温度相对误差均在 10%以下，满足现场应用要求。

(2) 井筒温场模拟

针对无伴热、电加热和空心杆热水循环伴热井，应用软件进行井筒温场模拟对比(图 7)，结果显示各模拟曲线拟合度均在 90%以上，满足现场应用要求。

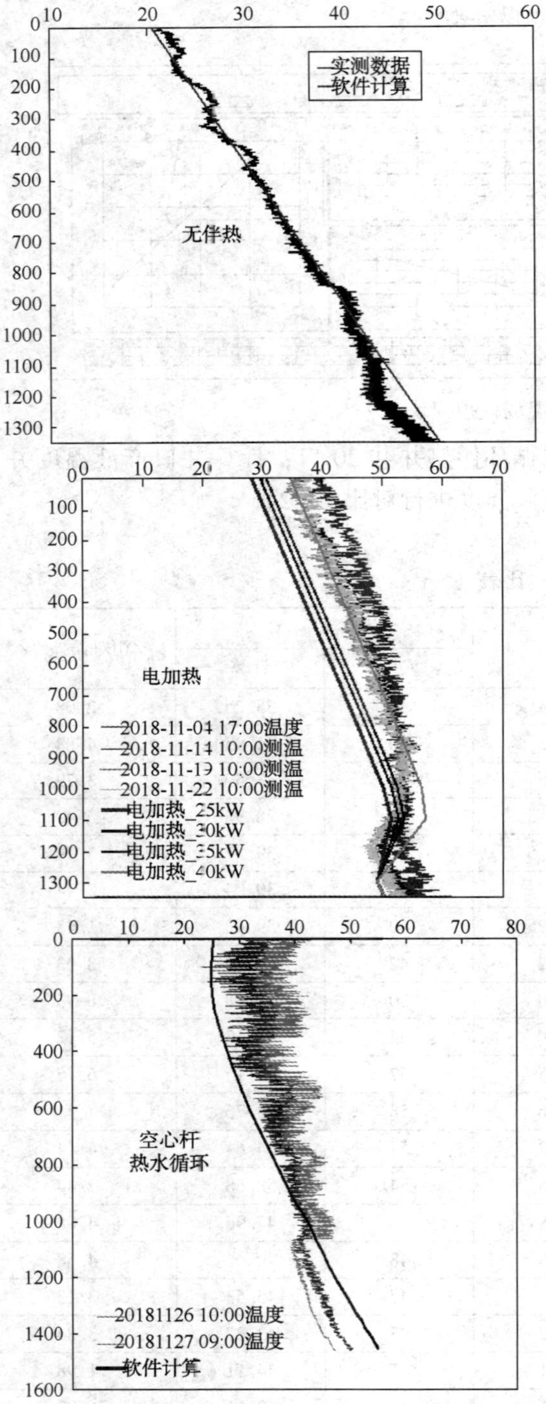

图 7　井筒温场模拟对比图

3　实例应用

选取辽河油田沈阳采油厂静 69-A53 井及高升采油厂坨 28-35 井进行伴热参数优化。

(1) 静 69-A53 电加热伴热举升参数优化设计

静 69-A53 为电加热井，油层深度在 2060.8～2096.9m，产液量 22.9m^3/d，含水率 78%。电加热伴热参数优化前，电缆下深 964.09m，电加热功率 30.64kW，井口产液温度 45.5℃。

经过室内测试，在产液量 22.9m^3/d，含水率 78%条件下，静 69-A53 井原油凝固点为 41.7℃。结合无伴热温场模拟，其伴热深度在 907.8m，保证 100m 以内的下深余量，确定电缆下深为 960m。

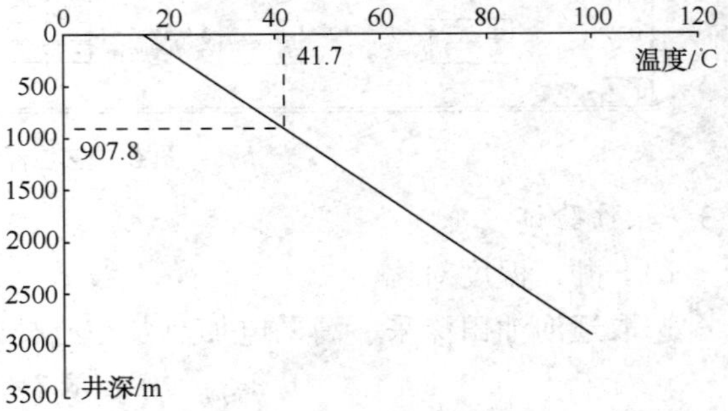

图 8　静 69-A53 地温梯度

根据电加热温场模拟(图 8)，在电缆下深 960m 的条件下，改变电加热功率，使得井口温度大于原油凝固点 41.7℃。

表 3　加热功率-产液温度计算对应表

产液量/(m^3/d)	含水率/%	加热功率/kW	井口产液温度/℃
22.9	78	22	38.4
		23	39.5
		24	41.2
		25	43

根据表 3 中数据可知，当加热功率为 25kW 时，井口产液温度为 43℃，大于原油凝固点。故静 69-A53 电加热伴热举升参数设计为电缆下深 960m，电加热功率 25kW。

(2)坨 28-35 空心杆热水循环伴热举升参数优化设计

坨 28-35 为电加热井，油层深度在 1960～2240.3m，产液量 13.2m^3/d，含水率 79%。转空心杆热水循环伴热前，电缆下深 1188m，电加热功率 41kW，井口产液温度 47℃。

通过计算并结合现场实际数据得到循环压差、流量及产液温度关系曲线（图 9），通过曲线可以看出随注入压力增大，循环流量快速升高。但当循环流量大于 1m^3/h 时产液温度上升不明显，因此，设计循环流速为 1m^3/h，注入压力为 2.5MPa。

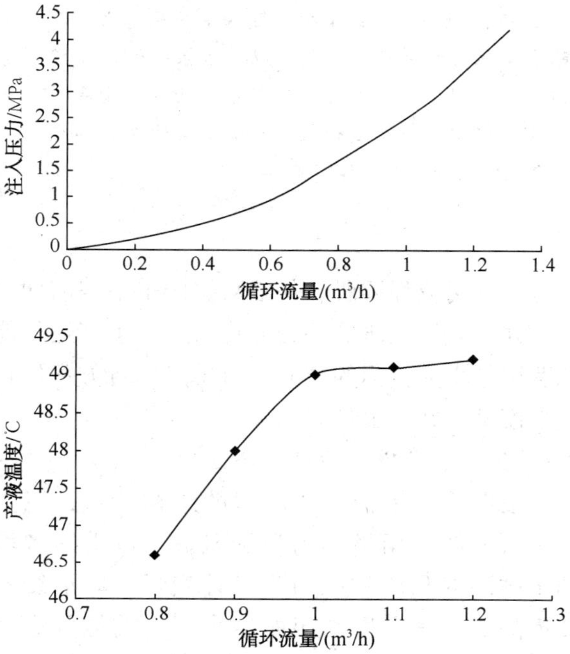

图 9　注入压力、流量、产液温度关系图

经过室内测试，在产液量 13.2m^3/d，含水率 79% 条件下，坨 28－35 井原油凝固点为 45.6℃。结合无伴热温场模拟，其伴热深度在 1048m，保证 100m 以内的下深余量，确定空心杆下深为 1100m。

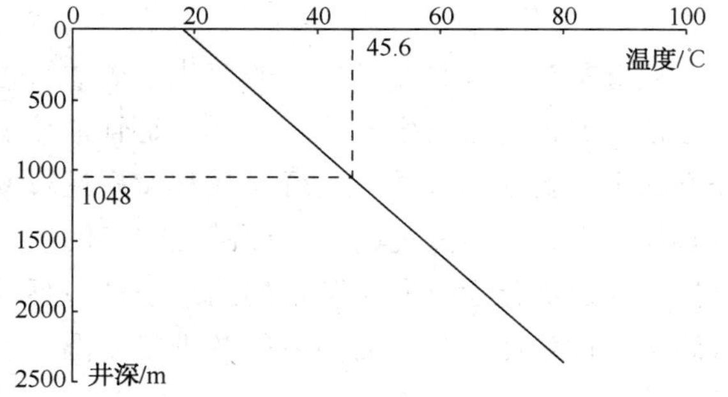

图 10　坨 28-35 地温梯度

根据空心杆热水循环温场模拟（图 10），在循环流速为 24m^3/d，注入压力为 2.5MPa，空心杆下深 1100m 的条件下，改变注入温度，使得井口温度大于原油凝固点 45.6℃。

表 4　注入温度-产液温度计算对应表

产液量/(m^3/d)	含水率/%	注入温度/℃	注入压力/MPa	循环流量/(m^3/d)	井口产液温度/℃
13.2	79	70	2.5	24	43.2
		80			46.1
		90			50.7
		100			56.9

根据表 4 中数据可知，当注入温度达到 80℃时，井口产液温度为 46.1℃，大于原油凝固点。故坨 28-35 空心杆热水循环伴热举升参数设计为注入压力 2.5MPa，循环流速 24m^3/d，空心杆下深 1100m，注入温度 80℃。

4　结论

（1）产液量对含水原油凝固点的影响可转化为单位温降下的时间量度，结合原油黏温关系进行分析，由室内测试可知：原油凝固点与产液量和含水率均成负相关关系；产液量或含水率越高，原油凝固点随另一因素的变化幅度越大。

（2）通过全井段温场数学模型编制的伴热举升参数优化软件能够模拟无伴热、电加热、空心杆热水循环 3 种井筒温场，井口计算温度误差<10%，井筒温场拟合度>90%，满足现场应用要求。

（3）通过软件对辽河油田两口井进行伴热举升参数优化设计：静 69-A53 井电加热功率降低 5.64kW，井口产液温度降低 2.5℃；坨 28-35 井节省电加热功率 41kW，井口产液温度降低 0.9℃。

参　考　文　献

［1］宋时权，张公社，李晶晶，等．电加热杆抽油井温度分布计算［J］．断块油气田，2008，15（3）：121-123.

［2］向刚．稠油井杆中管掺热流体闭式循环举升工艺设计［D］．山东：中国石油大学（华东），2011.

［3］唐述凯，李明忠，刘陈伟，等．闭式热流体循环井筒温度分布规律研究［J］．石油钻探技术，2014，42（5）：104-108.

［4］赵刚，马远乐，鲁港．井筒热流体循环的数学模型及其解析解［J］．西南石油学院学报，1996，18（4）：57-61.

［5］盖平原．空心杆中管掺热液体闭式循环井筒流体温度计算模型［J］．油气地质与采收率，2011，18（3）：90-93.

稠油管道输送优化运行研究与应用

李东骏

（科罗拉多矿业大学，美国 科罗拉多州哥登）

摘　要　针对稠油管道输量大，输送距离长等实际工况，在控制稠油外输中稀油掺入量的基础上，以优化稠油管道参数，减少管道安全运行费用为目标，以各站出站压力和温度为变量，以管道系统设计参数和设备工作负荷等为约束条件，在原油输送稳态条件下通过对原油黏温特性拟合以及对各输油站和输油管道系统的热力计算和水力计算，得出最优进站油温、加热温度和出站压力等运行数据，确定输油泵和加热炉运行的最佳匹配，在保证完成全线任务输量的同时，使得全线输油安全经济运行。

关键词　稠油；管道；输送；优化；运行

前言

某油田所属的输油管道输送距离127km，管道设计温度80℃，管道设计压力4.0MPa，设计输量为300～450×10^4 t/a，原油最低进站压力0.3MPa，最低进站温度40℃，原油40℃时黏度2180mm²/s，80℃时黏度153.6mm²/s，20℃时原油密度954.1kg/m³，管道采用环氧粉末防腐，跨越三个市。管道输送的油品为稠油，黏度较大，全年连续运行，耗电、耗燃料油量很大，根据全线的实际运行状况，原油运行温度较高、运行方案是否合理等因素对输油成本影响很大。因此研究内容主要包括如何选择最优的生产运行方案、如何分析在生产运行过程中主要设备的能耗分布、如何建立生产运行方案的优化数学模型及确定其高效的求解方法，使整个生产运行过程能耗费用降低。

1　稠油管道输送能耗关系

在稠油长距离输送过程中，热油管道的运行能耗主要是输油泵运转耗电和加热炉燃料油消耗，它们无法直接按各自的消耗量简单合并为总能耗量，这两部分费用是密切相关的，电能消耗增加，则相应的燃料油消耗减少；电能消耗减小，则相应的燃料油消耗增加。在稠油管道输送运行过程中，降低热能损失以降低总能耗对于降低输油成本非常重要。

2　优化运行研究内容

在查阅大量国内外管道优化的相关资料后，进行了现场流程调研、基础数据的采集等前期工作，并在现场调研的基础上建立了以生产运行能耗费用最小为目标的稠油管道生产运行方案优化数学模型，并得出计算结果。

2.1　优化数学模型的建立

根据管道运行工艺流程的结构特点，以生产运行能耗费用最小为目标函数，以沿线各站的出站温度和出站压力为设计变量，以沿线各站最高的出站温度和出站压力、各站最低进站温度和进站压力以及各站能耗设备的工作负荷为约束条件建立了稠油管道生产运行方案优化数学模型。

$$\min S=S_R(T_Z)+S_P(Q)$$

式中：S为输油总能耗费用，元/d；$S_R(T_Z)$为管道全线热力费用，元/d；$S_P(Q)$为全线总动力费用，元/d；T_Z为进站温度，℃。

2.2　约束条件建立

随着季节环境和输量任务的变化，输油管道的运行工况也随之发生变化，为了满足管道输送任务的生产要求，管道的运行参数和设备运行参数必须在允许的范围之内，也即满足一定的约束条件。管道优化运行所需满足的约束条件包括输量约束、设备运行能力的约束以及进出站温度和压力的约束等。

2.3　求解方法的确定

针对稠油管道生产运行方案优化数学模型的结构特点，采用两级递阶优化模型进行求解。该

作者简介：李东骏，男，科罗拉多矿业大学在读硕士研究生，主要研究方向非常规油气田、油气集输。E-mail：1769062172@qq.com。

模型的基本思想是将稳态运行方案的优化问题分解为两个相互耦合的层次，即输油温度(指各站的出站油温)优化和泵管匹配(指管道全线泵组合)优化。

3 应用情况

通过优化数学模型求解，得出管道沿线各站最优运行参数，可以对比优化前后的运行参数和输油单耗(表1~表3)。

表1 稠油管道沿线进出站参数优化前运行参数

站名	进站参数		出站参数	
	温度/℃	压力/MPa	温度/℃	压力/MPa
首站	—	—	68~74	1.2~2.5
中间站1	56~68	0.1~0.4	66~72	1.0~3.0
中间站2	56~67	0.1~0.4	66~72	1.0~3.0
末站	45~58	0.2~0.4	—	—

表2 稠油管道沿线进出站参数优化后运行参数

站名	进站参数		出站参数	
	温度/℃	压力/MPa	温度/℃	压力/MPa
首站	—	—	65~72	1.2~2.5
中间站1	53~65	0.1~0.4	63~68	1.0~3.0
中间站2	53~65	0.1~0.4	63~68	1.0~3.0
末站	42~55	0.2~0.4	—	—

表3 优化前后全线单耗对比

费用单耗	优化前			优化后		
	耗电	燃油	综合	耗电	燃油	综合
元/t	2.25	2.81	5.06	2.04	2.31	4.35

注：平均电费0.6812元/(kW·h)，燃料油费1085元/t。

(1)通过计算结果和实际运行结果对比，稠油管道各站间管道温降模拟的数据最大相对误差为0.64%；管道压降模拟的数据最大相对误差为3.18%，基本上和实际运行数据一致。

(2)结合优化模型中的特性约束条件，通过此优化程序可以计算出不同掺稀量下的运行参数，动态调节稀油掺输量，确保稠油管道安全经济运行。

(3)通过对稠油管道输送参数进行优化和调控，输油管线安全经济运行，降低输油费用。经过计算，某稠油管道2014年全年与2013年相比输送总能耗费用减少246.94万元。

4 结论

(1)分析了稠油管道输送工况，以系统能耗费用最小为目标，以各站的进站温度、压力、设备工作负荷等为约束条件建立了管道生产运行方案优化数学模型。

(2)通过参数优化，科学调控各站运行参数和能耗设备的合理匹配，稠油管道单耗降低，输油运行成本显著降低。

(3)此优化参数的方法可以计算出稠油不同输量、不同掺稀油量下的优化运行参数，可作为输油参数的控制依据。

参 考 文 献

[1] Yong TR, Jefeerson JT. Shell Pipeline Calls It Dynam Programming[J]. Oil& Gas Journal, 1961, 59(19): 8-12.

[2] 吴长春，严大凡．热油管道稳态运行的两级递阶优化模型．石油学报，1989，10(3).

[3] 王凯，吴明．热油管道输送含蜡原油的轴向温降计算．管道技术与设备，0 2005，2：8-9.

[4] 金岗，张心，任继善．热油管道优化运行技术的探讨．油气储运，1992，11(3)：49-51.

稠油火驱伴生气处理技术研究与探索

1 驱油机理

火驱，即注空气火烧驱油技术，是一种重要的稠油热采方法。通过注气井向油层连续注入空气并点燃油层，实现层内燃烧，从而将地层原油从注气井推向生产井。火驱过程伴随着复杂的传热、传质过程和物理化学变化，具有蒸汽驱、热水驱和烟道气驱等多种开采机理，有望成为注蒸汽开发后期稠油油藏最具潜力的接替开发方式。

火驱技术包括常规直井火驱技术（图 1）和尚处于研发阶段的水平井火驱（即 THAI）技术（图 2）。世界和我国的水平井火驱均处于研发阶段，目前火驱以直井火驱为主。

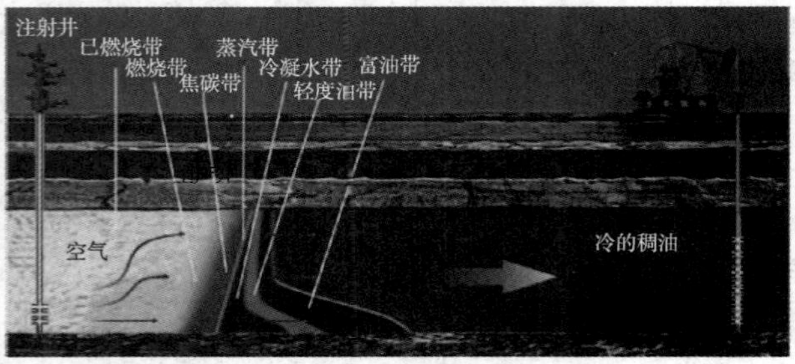

图 1　直井火驱原理示意图

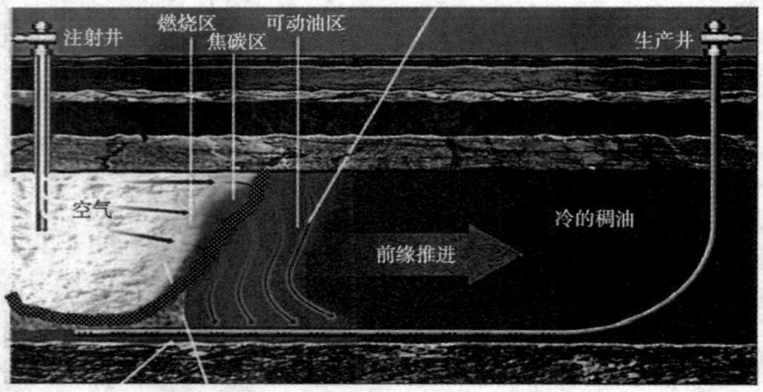

图 2　水平井火驱原理示意图

2 发展历程及驱油效果

火驱采油技术自 1947 年兴起，80 年代达到全盛，统计有 300 多区块实施火驱采油。经过多年研究和发展，已成为行之有效的强化采油方法，现场也形成一定规模，实现工业化应用。国内火驱开采自 1958 年起，目前仍处于起步阶段，新疆克拉玛依油田在红浅 1 井区八道湾组油藏开展火驱先导试验，胜利油田在郑 408 块开展火驱先导性试验。辽河油田在杜 66 块、高 3-6-18 块和高 3 块相继开展火驱先导性试验。火驱采收率可高达 70%。辽河油田目前主要的火驱区块有曙光油田杜 66 区块。

曙光油田杜 66 断块区油藏类型为层状边水油藏。20℃ 原油密度为 0.9001～0.9504g/cm^3，50℃时地面脱气原油黏度为 325～2846mPa·s，为普通稠油。油藏埋深 800～1320m，油层地温梯度 3.7℃/100m，目前区域平均温度 85℃。上报探明含油面积 9.1km^2，地质储量 5966×10^{4}t。

杜 66 断块区于 1986 年采用正方形井网、200m 井距投入开发，经过二次加密调整目前井距为 100m，主要开发方式为蒸汽吞吐。1986 年至 2005 年，经历了三个阶段。

第一阶段：1986～1989 年，上产阶段。年产油上升到 45×10^{4}t，采油速度上升到 1.0%以上，阶段采出程度 4.4%。

第二阶段：1989～1999 年，稳产阶段。年产油大于 45×10^{4}t，采油速度大于 1.0%，阶段采出程度 13.1%。为了实现稳产加密 2 次。

第三阶段：1999～2005 年，产量下降阶段。年产油迅速下降，从 45×10^{4}t 下降至 16×104t，采油速度下降到 0.5%以下。

2005 年，杜 66 火驱区块在股份公司政策支持下开展火驱先导试验。

2005 年 6 月开始，在杜 66 块先后开展了 2 井组、7 井组单层火驱采油现场试验；2008 年 9 月，在 7 井组单层注气基础上调整为上层系多层火驱采油现场试验；2012 年 06 月，再外扩 10 井组，进行 27 井组多层火驱采油现场试验；2014 年 10 月，扩大实施火驱，进行 141 井组火驱生产。

2014 年，杜 66 区块完成上层系全面转驱工作，控制储量为 2626.5×10^{4}t，预计上层系火驱开发 18 年，阶段累积产油 524.3×10^{4}t，考虑纵向动用程度，火驱阶段采出程度为 31.0%，油藏最终采收率可达 55.2%，累积注气 56.9×108m^3，空气油比 1101m^3/t。

截至 2015 年底，杜 66 火驱年产油 25.3×10^{4}t，年增油 16×10^{4}t，阶段增油 59.3×10^{4}t，增油效果显著。

3 伴生气处理

火驱开发方式，地下原油持续燃烧，造成生产井伴生气中含有大量硫化氢，硫化氢为剧毒物质，需合理设计伴生气处理流程进行处理，达标排放。同时伴生气中含非甲烷总烃，对大气环境造成污染，需要研究对应工艺处理。

3.1 排放指标要求

火驱采出气具有压力低，甲烷含量低，H_2S、CO_2等有害组分含量较高，产气量波动较大等特点，给地面集输处理带来挑战。

我国的气体排放相关环保要求如下：

（1）非甲烷总烃和 SO_2——《大气污染物综合排放标准》(GB 16297—1996）。

（2）H_2S——《恶臭污染物排放标准》(GB 14554—1993)。

（3）目前我国尚无关于 CO、CH_4和 CO_2的排放标准，其中 CH_4和 CO_2温室气体排放标准将由国家发改委和工信部制定。

（4）N_2、H_2、O_2的排放不受控制。

《大气污染物综合排放标准》(GB 16297—1996)与《恶臭污染物排放标准》GB 14554—1993 中二类地区的排放指标见下表。

表 1 排放指标表

排气筒高度/m	最高允许排放速率/(kg/h)	
	H_2S	非甲烷总烃
20	0.58	17
30	1.3	53
40	2.3	100
60	5.2	225
80	9.3	400
100	14	625
最高允许排放浓度/(mg/m^3)	—	120
周界无组织排放允许浓度/(mg/m^3)	0.06	4.0
执行标准	GB 14554—1993	GB 16297—1996

3.2 H_2S 处理

（1）H_2S 地层生成机理

杜 66 断块区硫化氢伴随着火驱过程而产生，属于次生的硫化氢，参照《辽河油田油井硫化氢产生机理及防治措施》《SAGD 开发中硫化氢成因及防治研究》，分析产生硫化氢的原因包括：地层中含硫矿物在高温下反应生成硫化氢；原油中硫醇、硫醚等有机硫化物在高温下反应生成硫化氢；地层水中硫酸盐还原菌在油层条件下将硫酸盐还原成硫化氢。

硫化氢产生的主要外在因素是温度，硫化氢的产出浓度随着温度的升高而逐渐增大，温度在150~250℃时硫化氢浓度增加明显，但在温度条件及反应物总量固定的前提下，硫化氢的产生量一定。

（2）H_2S 含量变化规律

杜 66 断块区已转火驱井组 H_2S 含量现场数据见表 2 和图 3。

表 2 杜 66 断块区不同转区时间尾气含量及 H_2S 含量变化表

转驱时间	检测井数	日产液量/(m^3/d)	日产油量/(m^3/d)	含水/%	尾气产量/Nm^3	H_2S 含量/(mg/m^3)
未转	58	9.6	1.9	80.3	2.9	50.2
2013 年 4 月	17	5.5	1.2	78.5	1768.7	54.4
2012 年 11 月	24	10.9	2.4	78.1	1609.0	63.5
2012 年 6 月	17	8.3	1.8	78.8	2243.1	164.0
2012 年 1 月	20	8.7	2.6	70.7	2067.8	136.1
2010 年 10 月	19	10.7	2.2	79.2	1937.9	97.4
2005 年 6 月	18	7.2	2.7	63.0	1816.2	114.3

注：已转火驱井组现场数据。

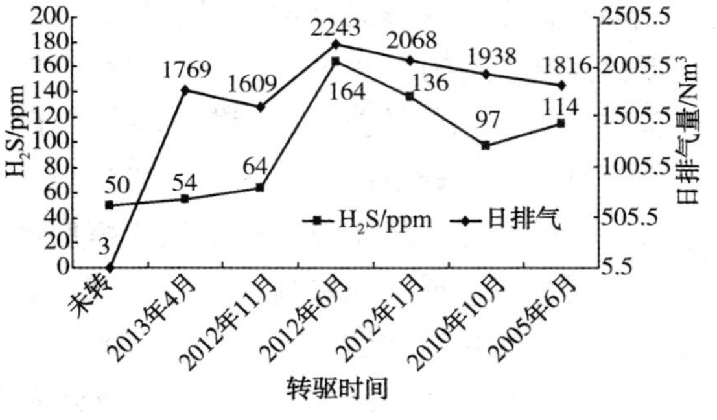

图 3 杜 66 断块区不同转区时间尾气含量及 H_2S 含量变化图

杜 66 火驱不同转驱时间生产井尾气 H_2S 含量统计结果表明：转驱后生产井 H_2S 含量明显上升，转驱第二年出现最高峰(平均单井 $164mg/m^3$)，此后始终维持在 100 ~$1000mg/m^3$，其整体变化情况与日尾气排量为正比关系。

（3）H_2S 处理工艺

国内外对于 H_2S 的脱除工艺主要分为：干法脱硫、湿法脱硫和生物脱硫三大类，并以干法和湿法为主。目前辽河油田主要采用干法脱硫(图4)，采用氧化铁固体吸附剂。用固体吸附剂中的碱性物质与硫化氢反应生成硫化铁和水而脱除了硫化氢。

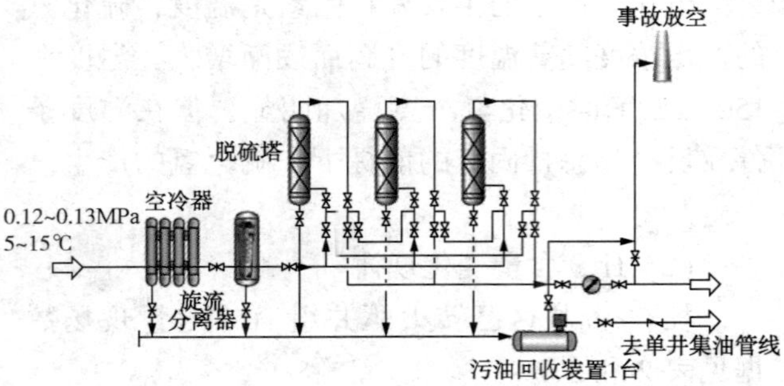

图4　辽河杜66区块工业化生产撬装式干法脱硫流程图

先导试验阶段火驱伴生气采取单井分散脱硫的处理方式，存在脱硫罐通用性差、除湿工艺不完善、监管难度大、脱硫效果差、存在安全风险、投资和运行成本较高等问题，不推荐采用。

规模实施阶段，改进火驱采出气体脱硫工艺，采用集分离-冷却-脱硫于一体的3塔集中脱硫工艺。脱硫剂由普通氧化铁改进为无定形羟基氧化铁，硫容由15%提高到40%；处理后H_2S含量≤10mg/m^3。

干法脱硫技术具有装置设备较少，投资省，能耗低，流程简单特点，适用于处理气量不大，含硫量较低区块，目前存在废脱硫剂处理难，运行费用高等问题，逐步研究推广湿法脱硫技术。

湿法脱硫主要有两种方式，一种以螯合铁离子作为脱硫剂。伴生气经吸收塔脱除气中硫化氢，合格外输。含硫黄脱硫剂经氧化塔还原，恢复活性，再输至吸收塔重复利用。氧化塔底部硫浆经熔硫釜熔硫生成工业级硫黄产品。该工艺适用于气量大，硫化氢浓度高，集中建站区块。

另外一种以三嗪类作为脱硫剂，该药剂与H_2S的反应后产物溶于水，反应后的溶液可回注地层。因无还原流程，需定期更换药剂。该工艺使用于气量少，硫化氢浓度低，分散单井、单站脱硫。

3.3　非甲烷总烃处理

(1) 伴生气组分分析

对火驱伴生气组分跟踪分析，转驱1年：CH_4占20%~70%、N_2占20%~30%、CO_2占10%~20%、O_2占1%~3%；转驱2年以上：CH_4占<10%、N_2占50%~80%、CO_2占20%~30%、O_2占1%~2%，并整体呈现逐年降低趋势。

火驱采出气体CH_4含量>40%时，直接供加热炉燃烧；CH_4含量为10%~40%时，掺入自产气供加热炉燃烧；CH_4含量<10%，无法燃烧，未经处理直接排放，超出《大气污染物综合排放标准》(GB 16297)中非甲烷总烃最高允许排放浓度120mg/m^{3}的规定。故对脱硫后的伴生气因非甲烷总烃需进一步处理，主要方法有变压吸附和热氧化。

(2) 变压吸附

伴生气分离提浓装置采用预处理+一段脱碳+二段脱氮变压吸附工艺。伴生气自预处理塔底部进入预处理塔，在吸附剂的选择吸附下，伴生气中的绝大部分H_2O和C_5^+被脱除，然后进入变压吸附脱碳吸附塔。在脱碳吸附塔伴生气中的CO_2被选择性吸附下来，脱碳气进入变压吸附脱氮吸附塔。在脱氮吸附塔中CH_4被吸附剂吸附，富氮气放空或作为预处理再生气，富甲烷产品气则通过抽真空解析出装置。

伴生气处理脱碳和脱氮吸附塔要经过吸附、均压降压、逆放、冲洗解析、抽真空解析、均压升压、产品气升压等过程，完成"吸附-再生"循环。多个吸附塔交替进行以上的吸附、再生操作(始终有1个吸附塔处于吸附状态)。

建成2.5×10^{4}m^3/d变压吸附分离中试试验装置，将火驱伴生气中的甲烷、氮气、二氧化碳分离，产品气甲烷浓度>50%，收率80%，甲烷进自产气管网，氮气、二氧化碳外排。根据火驱伴生气跟踪监测，火驱伴生气甲烷含量逐年降低，变压吸附分离工艺回收甲烷运行成本高，经济性较差。

(3) 热氧化

热氧化：将火驱伴生气加热到760℃以上，非甲烷总烃与O_2发生反应，生成CO_2+H_2O，脱除99%以上的非甲烷总烃，达标外排。目前，已完成100×10^{4}m^3/d热氧化处理总体方案(图5)，完成10×10^{4}m^3/d处理装置可行性研究。

(4) 工艺技术界限

对比各个火驱伴生气处理技术，确定如下工艺技术界限：

① 火驱采出气体甲烷含量>40%时，直接供加热炉燃烧；

② 甲烷含量在10%~40%时，掺入自产气供加热炉燃烧；若能实现CH_4、N_2、CO_2等多组分

综合利用，可建设火驱伴生气变压吸附分离装置。

③ 甲烷含量<10%，不分离，直接回注油藏或热氧化燃烧达标排放。

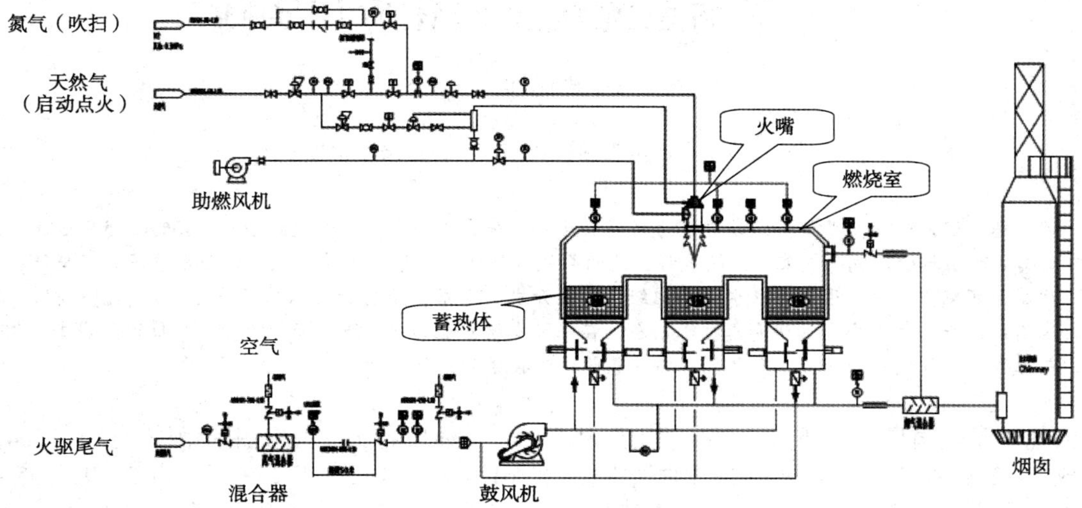

图5　辽河杜66区块热氧化流程图

火驱见效后采出气体中的 CH_4 含量在 1%~10%之间，处于可燃气体爆炸极限范围内，一旦火驱采出气体中的 O_2 气达到临界含氧量，将有发生火灾爆炸危险。

因此，必须分析确定氧气浓度的安全范围，并提出火驱采出气体含氧量监测技术手段。

① 火驱采出气体燃爆主要考虑可燃气体燃爆下限，含氧量要低于可燃气体燃爆下限所对应的下临界含氧量。

② 燃爆下限受温度的影响较大，受压力的影响很小。

③ 取温度范围 0~120℃，燃爆下限为 5.02%~4.74%，对应的下临界含氧量 10.18%~9.3%。

火驱生产过程中，考虑伴生气组分波动变化，降低含氧量安全限值。

① 单井

生产井化验含氧量达到或超过 3%，将生产井倒敞口罐生产，同时跟踪产出气组分变化。若含氧量持续上升，超过 5%，生产井实施关井。

② 计量接转站

伴生气组分含氧量大于 3%时，及时对进站单井进行倒查，并将站内自产气系统与加热系统分开，加热系统改用外来气。

③ 脱硫装置

脱硫装置进口汇管火驱伴生气组分含氧量达到或超 3%时，及时对单井进行倒查，明确含氧量超标生产井，并执行相应的监管措施。

稠油集输系统优化简化应用实践

周丽洋

（中国石油辽河工程有限公司，辽宁 盘锦 124010）

摘 要 辽河油田主要产能区块现已进入高含水期，采出液含水率普遍达到70%~90%，部分区块高达98%。稠油地面集输系统普遍采用热输流程，地面系统老化严重、系统负荷率低、地面系统高能耗与低投资的矛盾等问题突出，难以适应高含水期油田经济有效开发的需求，亟需开展以降低集输温度、减少掺液量、扩大冷输范围等为核心内容的研究与技术创新，在保障本质安全的前提下，降低投资、降低运行成本。

关键词 并转简化；集输工艺优化；稠油集输；串接集油；集中加热

辽河油田是全国最大的稠油、高凝油生产基地，建成了12个油气生产基地和1个油气集输基地，地面系统处理能力：原油处理能力1500×10^4t/a；天然气处理能力8.4×$10^8$$m^3$/a；污水处理能力28.2×$10^4$$m^3$/d；注水能力20.53×$10^4$$m^3$/d。

随着开发进入中后期，出现了如下两大矛盾：

（1）高含水期生产实际与高能耗矛盾突出

辽河油田主要产能区块采出液含水率普遍达到70%~90%，部分区块高达98%。出现吨油总能耗高、吨油操作成本高、站场负荷率低(30%~40%)、加热炉效率低(65%)、输油泵效率低(26%)、集输温度较高(10~30℃)，地面处理系统负荷率呈现不平衡发展趋势等问题。

（2）技术落后及系统老化与高能耗矛盾突出

辽河油田现有集输模式统计：三管循环水伴热工艺(10%)、双管掺水工艺(25%)、双管掺稀油工艺(17%)、单管加热工艺(17%)、单管冷输工艺(20%)。

油田各类站场使用年限：≥20年543座占61.1%；10~20年239座，占26.9%；5~10年77座占8.7%；≤5年29座，占3.3%。

油田各类管线使用年限：≥20年5986km，占33.8%；10~20年6443km，占36.4%；5~10年4597km，占26%；≤5年674km占3.8%。

出现集输流程不适用、流程复杂、布站级数多、井站集输工艺装置规格及安装方式复杂多样等问题，亟需进行技术创新。

本文以欢喜岭采油厂齐108块采油站并转简化为例介绍稠油集输系统优化简化。

1 集油流程优化

将集油系统工艺双管掺液集油工艺优化为串接集油工艺，将掺稀油工艺优化为环状掺稀油，在井场上设置计量分配阀组和自动掺油流量计对单井进行掺稀油的调配。

1.1 改造前流程

改造前井口掺水、集油工艺为双管掺水、集油工艺(图1)。

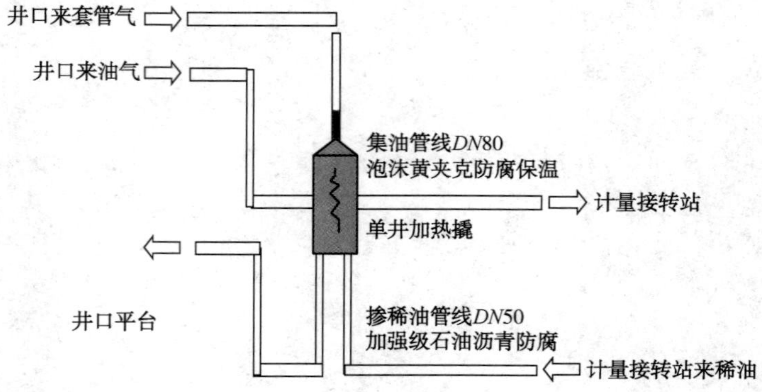

图1 井口工艺流程图

作者简介：周丽洋(1985-)，女，2008年7月毕业于辽宁石油化工大学油气储运专业，学士学位，现工作于中油辽河工程有限公司。

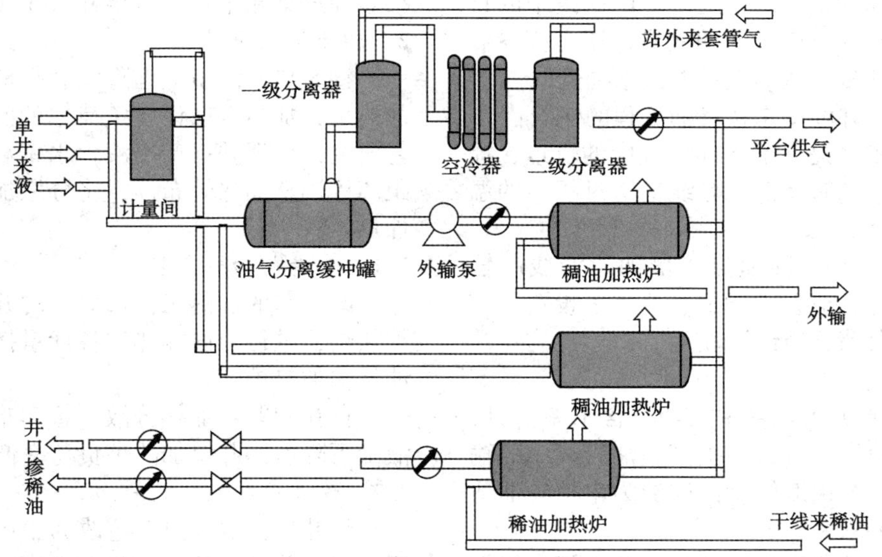

图 2　计量接转站流程图

双管流程在采油井口把稀油掺到井下进行井筒降黏，稀油由集中处理站供给，但该集输方式受油田稀油资源的影响。掺稀降黏就是将稠油稀释，降低稠油的黏度，以混合物的形式进行输送的一种方法。掺稀降黏一直是稠油降黏减阻输送方法中主要的，也是最简单且有效的方法。对于稀油来源有保障的稠油油田，该流程适应性强，可满足任何黏度的稠油降黏集输，尤其对具有低产、超稠油、井深等特点的油田非常适用。该流程同样存在如下问题：

（1）每口井均设有掺稀油、集油管线，单井管线的流速低、温降大，而且增加了钢材的消耗量。

（2）该流程需设置大量的加热炉(井口加热炉、各小站的稀油加热炉、外输加热炉等)，能耗高。

1.2　改造后流程

改造后原油生产流程(图 2)：

单井来液→多井式油井计量器（已建/新建）
单井来液→单井计量器
→计量接转站（增压升温）→欢一联

改造后掺稀油流程(图 3)：

欢四联来稀油→计量平台或接转站加热→井场掺油管线→井场计量阀组→井筒掺油。

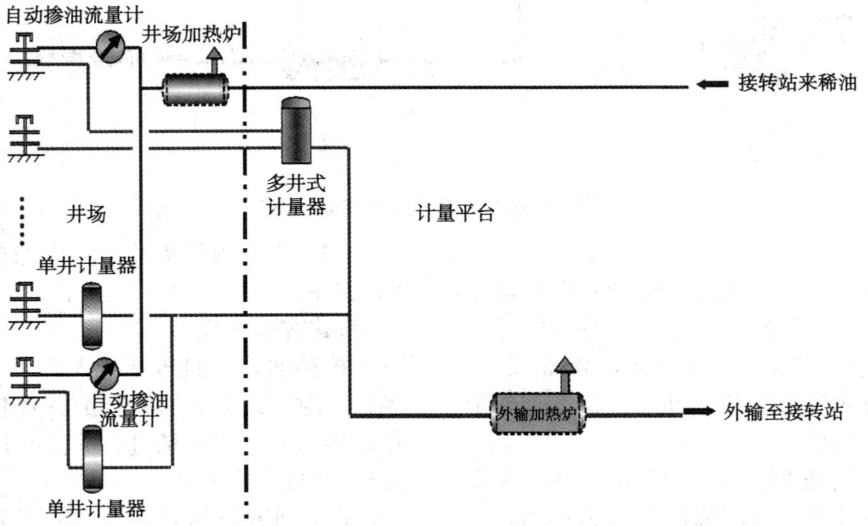

图 3　齐 108 块井站工艺流程图

（1）串接集油

将井口加热双管掺油流程优化为串接集油，即油井采出液与周边油井串联在一起进站，液量计量在井口计量。

（2）井场动态掺稀油

掺稀油流程由每口井均设一根从计量接转站/计量站来的掺油管线优化为从计量接转站/计量站输送一根掺稀油干线到每个井场平台，再平台上设置掺稀油计量阀组，通过分配阀组中的自动掺油流量计与井口产出液的液量、压力等参数连锁，调节掺油量，从而大量缩减掺油管线。

串接集油、井场动态掺稀油流程的优点：

(1) 串接集油提高了集油管线中的输量，提高管线利用率，同时降低了管线输送过程中的温降，节约了能耗。

(2) 井场动态掺稀油流程增加了管线的输量，减小了温降，节省了钢材、节省了投资，节省了加热炉的负荷，节约了能耗。

1.3 结论

(1) 稠油区块在开发中后期，含水率上升，产液量下降的阶段，有必要提高集油管线中的输量，地面集输系统由双管掺液改造为串接集油适应节能降耗的要求。

(2) 每个串接集油的串接的生产井数应根据生产井的部署情况，经过工艺计算确定，一般情况集油半径≤200m 的生产井停运井口加热炉单井冷输进集输平台；集油半径>200m 的生产井串接集油进集输平台，串接井数 3~6 口。

2 加热工艺研究

针对单井液量低温降大、每口井均设置井口加热炉，加热分散设备负荷率的问题，对加热工艺研究，根据井口产出液含水率和温度、井与站距离等调整加热炉布局，将分散加热优化为集中加热。

2.1 改造前加热工艺

改造前的加热工艺每口井的井口均设置井口加热炉，进行分散加热，各计量接转站内设置原油外输加热炉。

存在问题：加热分散、管理难度大；单井产液量下降后，井口加热炉负荷率低，造成浪费。

2.2 改造后加热工艺

将井口分散加热工艺改为集中加热，即除需要掺油的井场保留 1 台井口加热炉外(为稀油加热)，其余井口加热炉均停用。将原油集中在计量平台进行加热，提高加热炉效率(图 4)。

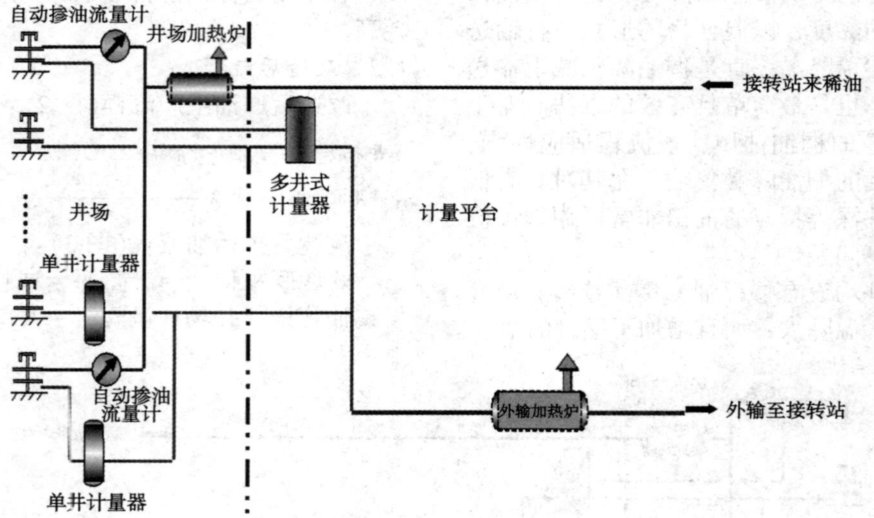

图 4 齐 108 块井站工艺流程图

2.3 结论

(1) 随着稠油区块在高含水期(综合含水 90%左右)和产能规模下降，每口井均设置井口加热炉的工艺造成加热炉负荷率低达 45%以下，地面集输系统有必要减少加热环节，扩大加热节点，集中布局加热炉。

(2) 分散加热是否能调整为集中加热，主要根据站场的相对位置、站间掺液管线和集油管线的走向，以及工艺模拟计算的结果来决定的。根据齐 108 块的理论计算可知，井场除考虑给需要掺油的井场保留 1 台井口加热炉外(为稀油加热)，其余井口加热炉均可停用。原油加热可取消井口加热，优化为在计量平台进行集中加热。

(3) 采用串接集油、集中加热改造后年节气率>20%。

3 布站方式研究

按稠油井口回压不得大于 1.0MPa 扩大集输半径，对布站方式进行研究，优化集输布站，简化站场布局，对站场进行关停并转。

3.1 改造前布站方式

改造前稠油区块的布站方式为二级布站：

井口 → 计量接转站 → 联合站。

3.2 改造后布站方式

改造后稠油区块的布站方式为大二级布站(图 5)：

井口 → 计量平台 → 接转站 → 联合站。

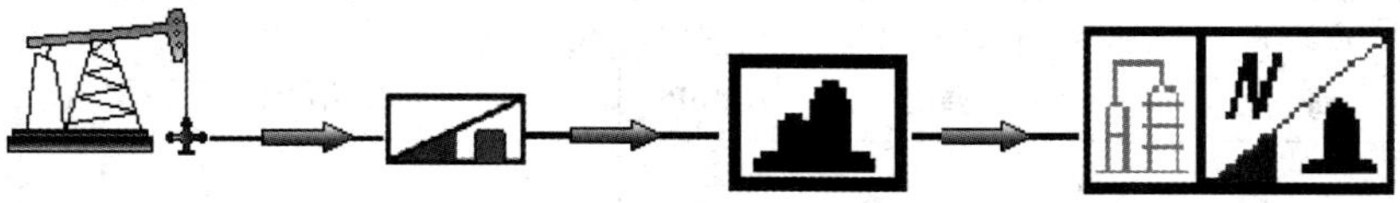

图5　大二级布站方案

3.3　工艺计算

当地面集输系统由双管掺液改造为串接集油后，单井计量由原有的计量接转站内计量间计量调整为井口计量。通过 Pipephase 计算软件进行模拟，优化站场布局，有条件的关停部分计量接转站，将其弱化为计量平台。

已知联合站的进站压力、温度，根据已建站间外输干线的管径、长度以及各接转站的外输液量，计算出各接转站的外输温度、压力。以各个接转站为中心建模，每个接转站共新建 3~6 个串接集油环，通过调整掺稀油井口的掺稀油量和温度，来满足各接转站的外输温度的要求。通过设定各计量接转站的外输压力来核算井口回压。当计算出各集油环的掺液量，就得出各小站的外输液量，校核之前设定的外输液量，调整之后按上面步骤循环计算，直至外输液量匹配计算结束。上面模型能计算出各接转站的掺稀油量、井口回压；各接转站的掺稀油压力，掺稀油到井口的温度、压力，以及和产出液掺混后的温度、压力等。

联合站来的掺稀油温度、压力均已知，根据各小站的位置，尽量充分利旧站间干线，找出负荷中心位置布置集中加热炉，设定加热炉接转站温度，根据站间掺稀油管线的管径、长度以及各接转站的掺稀油量，计算出掺稀油到各接转站的温度、压力。该压力要大于模型计算的各小站需要的掺稀油压力，才能保证掺稀油能掺至井口。

根据掺稀油、外输系统的走向，以齐 108 块齐 18#站为例进行模拟计算，集输系统工艺计算结果见表 1~表 3。

表1　齐 19#计量平台集输系统工艺计算结果

序号	井号	产液量/(m^3/d)	含水率/%	井口出液温度/℃	井口回压/MPa	集油半径/m	进平台压力/MPa	进平台温度/℃	出平台压力/MPa	出平台温度/℃
1	齐 108-02 更 04	21.1	92	19	0.35	300	0.26	31	0.21	41
2	齐 108-03-03	16	64	19	0.37	450	0.26	31	0.21	41
	齐 108-05-03	4.6	65.22	19	0.37	450	0.26	31	0.21	41
3	齐 108-1-05	8.5	96	20	0.33	300	0.26	31	0.21	41
	齐 108-2-03	23.3	98	20	0.33	300	0.26	31	0.21	41
4	齐 108-3-08	24.9	87.9	20	0.39	250	0.26	31	0.21	41
	齐 108-5-03	20.7	96	21	0.39	250	0.26	31	0.21	41
5	齐 108-10-04C	9	90	17	0.35	400	0.26	31	0.21	41
6	齐 108-2-02C	21.4	96	40	0.31	180	0.26	31	0.21	41
7	齐 108-2-04C	22	92.9	21	0.32	120	0.26	31	0.21	41
8	齐 108-2-06	12.1	80	21	0.33	120	0.26	31	0.21	41
9	齐 108-3-04	17.1	96	21	0.31	130	0.26	31	0.21	41
10	齐 108-4-02C2	17.9	96	24	0.31	130	0.26	31	0.21	41
11	齐 108-4-03	13.7	81.4	20	0.36	220	0.26	31	0.21	41
12	齐 108-4-04	14.3	96	25	0.31	50	0.26	31	0.21	41
13	齐 108-4-06C	13.7	79.4	21	0.34	150	0.26	31	0.21	41
14	齐 108-5-01	14.6	96	19	0.31	50	0.26	31	0.21	41
15	齐 108-5-02	23.4	92.9	30	0.31	80	0.26	31	0.21	41
16	齐 108-5-04C	10.1	49.69	19	0.36	120	0.26	31	0.21	41
17	齐 108-6-02C	14	98	35	0.31	60	0.26	31	0.21	41

续表

序号	井号	产液量/(m^3/d)	含水率/%	井口出液温度/℃	井口回压/MPa	集油半径/m	进平台压力/MPa	进平台温度/℃	出平台压力/MPa	出平台温度/℃
18	齐 108-6-04C	8.7	76.2	20	0.33	100	0.26	31	0.21	41
19	齐 108-7-01C	18.6	91.4	23	0.32	80	0.26	31	0.21	41
20	齐 108-7-02	9.7	78	26	0.32	80	0.26	31	0.21	41
21	齐 108-7-04C	12.8	90.9	19	0.32	160	0.26	31	0.21	41
22	齐 108-7-1	15.6	98	20	0.31	100	0.26	31	0.21	41
23	齐 108-9-01	21	83.8	20	0.35	150	0.26	31	0.21	41
24	齐 108-9-02	22	96	23	0.32	150	0.26	31	0.21	41
25	齐 108-9-03D	14.7	53.51	21	0.5	300	0.26	31	0.21	41
26	齐 108 观 11	9.2	87.7	20	0.31	50	0.26	31	0.21	41
27	齐 210	18.9	78.7	21	0.32	50	0.26	31	0.21	41

表 2　齐 20#计量平台集输系统工艺计算结果

序号	井号	产液量/(m^3/d)	含水率/%	井口出液温度/℃	井口回压/MPa	集油半径/m	进平台压力/MPa	进平台温度/℃	出平台压力/MPa	出平台温度/℃
1	010-010	19.5	96	28	0.27	200	0.3	21	0.25	41
2	010-03	23.8	96	47	0.39	700	0.3	21	0.25	41
	09-03	37.3	98	24	0.39	700	0.3	21	0.25	41
	09-05	11.8	98	54	0.39	700	0.3	21	0.25	41
3	010-06	28.2	98	32	0.27	150	0.3	21	0.25	41
4	011-06	19.5	96	40	0.27	150	0.3	21	0.25	41
5	02-06	15.1	98.2	10	0.3	500	0.3	21	0.25	41
	02-08	19.3	96	30	0.3	500	0.3	21	0.25	41
6	03-06	5.6	81.5	30	0.27	150	0.3	21	0.25	41
7	03-08	22.4	96	45	0.28	150	0.3	21	0.25	41
8	04-06	31.7	96	55	0.27	200	0.3	21	0.25	41
9	05-05	15.9	91.1	26	0.27	100	0.3	21	0.25	41
10	05-06	28.6	96	25	0.27	150	0.3	21	0.25	41
11	06-08	3.5	97.8	26	0.26	200	0.3	21	0.25	41
12	07-08	12	96	20	0.27	200	0.3	21	0.25	41
13	07-1	15.3	96	15	0.32	800	0.3	21	0.25	41
14	08-06	5.4	80.3	20	0.28	200	0.3	21	0.25	41
15	08-08	9	96	25	0.26	80	0.3	21	0.25	41
16	09-更 010	12	96	32	0.28	500	0.3	21	0.25	41
17	1-06	12.6	69	23	0.6	500	0.3	21	0.25	41
	1-08	22.5	74.5	52	0.6	500	0.3	21	0.25	41

表 3　齐 18#中心站集输系统工艺计算结果

序号	站号	处理液量/(m^3/d)	生产井数量/口	进站压力/MPa	进站温度/℃	出站压力/MPa	出站温度/℃	集输干线/mm	进联合站压力/MPa	进联合站温度/℃
1	齐 18#站	1125	115	0.15	40	0.8	50	*DN*150	0.3	45

齐 108 块集输系统工艺计算结果见表 4。

表 4　齐 108 块集输系统工艺计算结果

<table>
<tr><th>序号</th><th>站号</th><th>处理液量/(t/d)</th><th>生产井数量/口</th><th>井口回压/MPa</th><th>井口温度/℃</th><th>进站压力/MPa</th><th>进站温度/℃</th><th>出站压力/MPa</th><th>出站温度/℃</th><th>集输干线/mm</th><th>进联合站压力/MPa</th><th>进联合站温度/℃</th></tr>
<tr><td>1</td><td>齐 18#站</td><td>1125</td><td>115</td><td>≤0.5</td><td>20~50</td><td>0.15</td><td>40</td><td>0.8</td><td>50</td><td>DN150</td><td rowspan="8">0.3</td><td rowspan="8">45</td></tr>
<tr><td>2</td><td>齐 23#站</td><td>176</td><td>34</td><td>≤0.5</td><td>20~50</td><td>0.15</td><td>40</td><td>0.9</td><td>60</td><td>DN150</td></tr>
<tr><td>3</td><td>齐 14#站</td><td>290</td><td>63</td><td>≤0.5</td><td>20~50</td><td>0.15</td><td>40</td><td>1.0</td><td>50</td><td>DN150</td></tr>
<tr><td>4</td><td>齐 16#站</td><td>889</td><td>91</td><td>≤0.5</td><td>20~50</td><td>0.15</td><td>40</td><td>0.8</td><td>50</td><td>DN150</td></tr>
<tr><td>5</td><td>齐 13#站</td><td>95</td><td>34</td><td>≤0.5</td><td>20~50</td><td>0.15</td><td>40</td><td>0.8</td><td>50</td><td>DN150</td></tr>
<tr><td>6</td><td>齐 25#站</td><td>191</td><td>34</td><td>≤0.5</td><td>20~50</td><td>0.15</td><td>40</td><td>0.8</td><td>50</td><td>DN150</td></tr>
<tr><td>7</td><td>齐 27#站</td><td>76</td><td>30</td><td>≤0.5</td><td>20~50</td><td>0.15</td><td>40</td><td>0.8</td><td>50</td><td>DN150</td></tr>
<tr><td>8</td><td>齐 28#站</td><td>242</td><td>30</td><td>≤0.5</td><td>20~50</td><td>0.15</td><td>40</td><td>0.8</td><td>50</td><td>DN150</td></tr>
</table>

注：井口回压绝大多数在 0.5MPa 以下。

利用软件 PIPEPHASE 9.5 对井口工艺进行计算，得出如下结论：

（1）改造后布站方式由改造前的二级布站（井口→计量接转站→联合站）调整为大二级布站（井口→计量平台→ 接转站 → 联合站），关停部分计量接转站将其弱化为计量平台，节约了电能；

（2）计量接转站改为计量平台后，集输半径由 500m 扩大到 800m，井口回压升高 0.1～0.15MPa，井口回压在 0.27～0.4MPa，极个别井井口回压达到 0.6MPa；

（3）稠油区块进入到高含水和低产期，可优化集输布站，简化站场布局，对站场进行关停并转。

4　站场优化工艺应用

将井口加热双管掺油流程优化为串接集油，井口分散加热改为平台集中加热，井口活动掺稀油，即油井采出液与周边油井串联在一起进站，液量计量在井口计量，每个井场平台由每口井设一台加热炉改为一个井场设一台加热炉，减少集油管线，减少井口加热炉；掺稀油流程由每口井均设一根从计量接转站/计量站来的掺油管线优化为从计量接转站/计量站输送一根掺稀油干线到每个井场平台，再平台上设置掺稀油计量阀组，通过分配阀组中的自动掺油流量计与井口产出液的液量、压力等参数连锁，调节掺油量，大量缩减掺油管线。扩大集输半径，调整站场布局，对站场进行关停并简。关停部分计量接转站将从弱化为计量平台。

改造后原油生产流程：

单井来液→多井式油井计量器（已建/新建）→计量接转站（增压升温）→欢→联
单井来液→单井计量器→计量接转站（增压升温）→欢→联

改造后掺稀油流程：

欢四联来稀油→计量平台或接转站加热→井场掺油管线→井场计量阀组→井筒掺油。

齐 108 块共 459 口生产井，分布 13 座计量接转站，经过工艺优化后，可简化为 8 座计量接转站，5 座站场弱化为计量平台具体，站场优化改造情况见表 5 和图 6。

表 5　站场优化改造情况表

<table>
<tr><th>序号</th><th>站名</th><th>改造内容</th></tr>
<tr><td>1</td><td>齐 23#站</td><td>401 队，齐 23#站保留</td></tr>
<tr><td rowspan="3">2</td><td>齐 18#站</td><td rowspan="3">401 队，齐 18#站为中心站保留，齐 19#站、齐 20#站取消</td></tr>
<tr><td>齐 19#站</td></tr>
<tr><td>齐 20#站</td></tr>
<tr><td rowspan="2">3</td><td>齐 12#站</td><td rowspan="2">402 队，齐 14#站为中心站保留，齐 12#站取消</td></tr>
<tr><td>齐 14#站</td></tr>
<tr><td rowspan="2">4</td><td>齐 16#站</td><td rowspan="2">402 队，齐 16#站为中心站保留，齐 17#站取消</td></tr>
<tr><td>齐 17#站</td></tr>
<tr><td>5</td><td>齐 13#站</td><td>403 队，齐 13#站保留</td></tr>
<tr><td>6</td><td>齐 25#站</td><td>403 队，齐 25#站保留</td></tr>
<tr><td>7</td><td>齐 28#站</td><td>403 队，齐 28#站保留</td></tr>
<tr><td rowspan="2">8</td><td>齐 27#站</td><td rowspan="2">403 队，齐 27#站为中心站保留，齐 26#站取消</td></tr>
<tr><td>齐 26#站</td></tr>
</table>

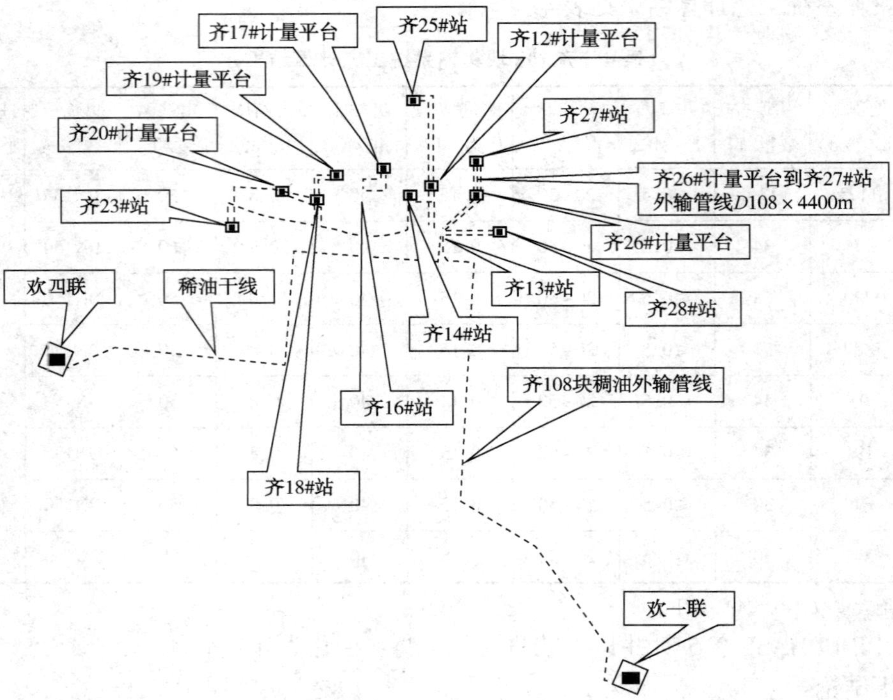

图 6　优化改造后齐 108 总体布局图

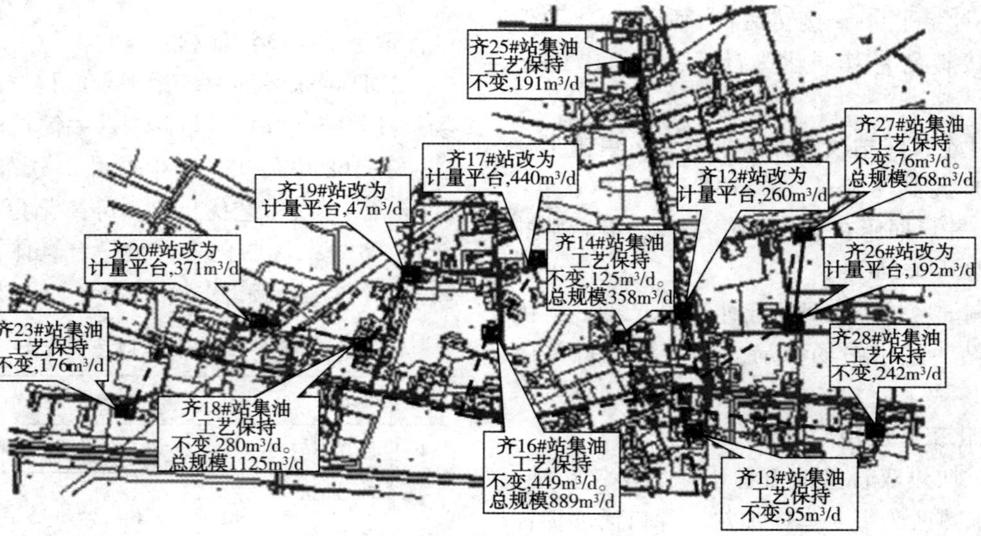

图 7　齐 108 计量接转站优化改造

齐 108 块共 13 个计量接转站，优化简化后为 8 个计量接转站，关停 5 座，将其弱化为计量平台(图 7)。减少井口加热炉 45 台，站场采暖加热炉 5 台，回收外输泵 14 台，回收分离缓冲罐和高架罐各 10 台，年节约天然气 $120\times10^4m^3$，每年可节约电能 $53.3\times10^4kW\cdot h$。稠油吨油输送成本下降 32%。

欢喜岭采油厂齐 108 块采油站并转简化成功实践的经验，可以为辽河油田产能新井建设及老区改造项目提供借鉴，目前已投产项目年运行成本降低 1370.7 万元，实现系统能耗降低 30%，同时将每年推广应用 600 余口井以上，每年可节省投资 3200 万元，节约成本约 1700 万元，取得了显著的经济社会效益。

稠油井防汽窜高温凝胶封窜体系试验研究

安志杰

（中国石油辽河油田分公司钻采工艺研究院，辽宁 盘锦 124010）

摘 要 针对辽河油田冷42块稠油蒸汽吞吐开发过程中出现的汽窜问题，为提高蒸汽吞吐效果，本文研究了高温凝胶封窜体系，该封窜体系由阳离子聚合物、交联剂、增强剂和除氧剂构成。通过室内性能评价，对各组分含量进行了优化。实验结果表明：随着阳离子聚合物、交联剂和增强剂质量分数的增加，凝胶体系成胶时间减小，成胶黏度增加，增大到一定值时，变化幅度减小；优选出配方组成为0.4%阳离子聚合物+0.2%酚类+0.6%多聚甲醛+0.15%~0.2%增强剂+0.04%除氧剂；随着温度升高，成胶时间明显缩短，增大到一定值时，变化幅度减小；凝胶体系在240℃的高温环境中热处理20d脱水率小于20%，具有良好的封堵性能和耐冲刷性能。高温凝胶封窜体系的室内研究，对稠油蒸汽吞吐井封窜具有一定的技术支撑作用。

关键词 稠油；汽窜；高温凝胶；增强剂；脱水率

近年来，蒸汽吞吐作为稠油井有效的开发方式，应用越来越广泛[1]。辽河油田冷42块稠油主要通过蒸汽吞吐开采，储层胶结疏松、渗透率高、孔隙度高、非均质性严重是该区块的主要地层特点，随着蒸汽吞吐轮次的增加，破坏了地层结构，导致注汽时汽窜井多且汽窜情况严重，储层的层间和平面矛盾日益突出，蒸汽利用效率降低，蒸汽吞吐效果变差[2]。如何消除井间汽窜，是该区块的主要开发难题。通常稠油井封窜技术[3~4]是通过注入颗粒、水泥和泡沫解决高渗层汽窜现象，由于颗粒对储层的伤害较大和泡沫不耐温的问题，因此，相关技术没有推广使用。本文研究的高温凝胶封窜技术在避免储层伤害的基础上，有效地调整了高低渗地层的吸汽差异，改变了蒸汽走向，扩大了蒸汽的波及体积，提高了注汽压力，有效地改善了蒸汽吞吐井的开采效果，对该区块的进一步开发提供了技术支撑。

1 实验仪器及材料

1.1 实验仪器

高温鼓风干燥箱，上海普渡生化科技有限公司；Brookfield DV-Ⅲ旋转黏度计，美国博力飞公司；HH-6数显恒温水浴锅，江苏金坛区康华电子仪器制造厂；ZDY50-180型岩心流动试验仪，南通仪创实验仪器有限公司；循环水真空泵，郑州英峪领科仪器设备有限公司。

1.2 实验材料

阳离子聚丙烯酰胺CPAM，分子量600~1000万，固含量90.24%，北京恒聚化工集团有限公司提供；多聚甲醛，盘锦市大洼光明化工厂提供；酚类、增强剂，上海一基实业有限公司提供；亚硫酸钠，氯化铵，分析纯；填砂管，直径2.5 cm、长度30 cm，液测渗透率(400~5000)×$10^{-3}\mu m^2$，模拟地层水(冷42块地层水水质见表1)。

表1 冷42块地层水水质分析

离子名称	K^+，Na^+	Ca^{2+}	Mg^{2+}	Cl^-	SO_4^{2-}	HCO_3^-	水型
矿化度/($mg \cdot L^{-1}$)	722.13	10.12	8.40	91.43	23.62	735.2	$NaHCO_3$

2 实验方法

2.1 成胶时间的测定

通过目测确定凝胶的成胶时间：盛有安焙瓶的高温罐在干燥箱中加热一段时间后，将其取出并迅速冷却；将安瓿瓶水平放置，观察胶面与壁面所成角度是否大于45°，若大于45°则认为其成胶；若已成胶，则需要缩短加热时间；若未成胶，则延长加热时间。如此反复测定，直至得到较准确的成胶时间。

2.2 凝胶强度的测定

高温堵剂溶液成胶后采用突破真空度法来测试凝胶强度：将安焙瓶的一端连接真空泵，另一端插入凝胶中部，启动真空泵抽吸，用凝胶突破进入抽滤瓶的过程中压力表上的最大读数来表征冻胶的强度(即突破真空度，简称 BV 值)。

2.3 凝胶热稳定性评价

将配好的堵剂溶液注入安瓿瓶中，用酒精喷灯将安瓿瓶封口，然后将安瓿瓶装入高温罐中，将高温罐至于烘箱中，烘箱温度保持 240℃恒定，每隔一段时间拿出高温罐，取出一支安瓿瓶，观察体系的脱水情况。

2.4 凝胶封堵性能评价

实验中采用单管物理模型来评价高温凝胶的封堵性能，以流量为 0.5mL/min 的流速测定水相渗透率 K_{W1}，后正向注入 0.3PV 的高温凝胶液，关闭填砂管两端阀门，放入干燥箱至成胶。然后用 240℃ 的水蒸气驱替，注入 12Vp，流量为 3mL/min，观测并记录进出口压力及突破压力，突破后继续注入蒸汽直至注入压力稳定后停止，记录稳定压力。自然降温后，测定突破后水相渗透率 K_{W2}。突破压力是指用蒸汽驱替至填砂管出口端流出第一滴液体后，且不断有液体流出，此时进口端压力传感器的读数。

3 结果与讨论

3.1 CPAM 质量分数对凝胶性能的影响

在温度为 90℃条件下，通过改变凝胶体系配方(x%CPAM+0.2%酚类+0.6%多聚甲醛+0.15%增强剂+0.04%亚硫酸钠+0.04%氯化铵)中 CPAM 的质量分数，研究其对凝胶性能的影响，实验结果见图 1。

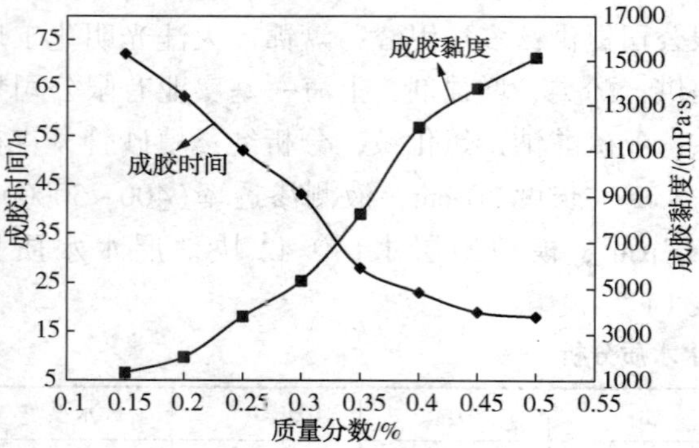

图 1 CPAM 质量分数对凝胶性能的影响

从图 1 可以看出：(1)CPAM 质量分数对成胶时间有较大的影响，其质量分数越高，成胶速度越快，成胶黏度越大。(2)CPAM 质量分数为 0.4%时，继续增加浓度，成胶时间和成胶黏度变化幅度减小。原因在于[5-6]，随着 CPAM 质量分数的增加，单位体积溶液中 CPAM 分子链与溶液中交联剂发生碰撞的概率随之增加，形成的分子链缠绕就越多，则成胶时间减小和成胶黏度增大。

3.2 交联剂质量分数对凝胶性能的影响

在温度为 90℃条件下，通过改变凝胶体系配方(0.4%CPAM+x%酚类+y%多聚甲醛+0.15%增强剂+0.04%亚硫酸钠+0.04%氯化铵)中酚类和多聚甲醛的质量分数，研究其对凝胶性能的影响，实验结果见表 2。

表 2 交联剂质量分数对成胶的影响

酚类质量分数/%	多聚甲醛质量分数/%	成胶时间/h	成胶黏度/(mPa·s)
0.20	0.2	45	2303
0.20	0.4	40	6792
0.20	0.6	23	11025
0.20	0.8	21	13401
0.20	1.0	18	13540
0.16	0.6	43	6923
0.18	0.6	36	8756
0.22	0.6	23	13307
0.25	0.6	15	14226

从表 2 可以看出，(1)随着酚类和多聚甲醛质量分数的增加，凝胶体系的成胶时间减少，成胶黏度增加。(2)当酚类和多聚甲醛质量分数分别为 0.2%和 0.6%时，继续增加浓度，成胶时间和成胶黏度变化幅度减小。原因在于[5-6]两种交联剂质量分数增加时，单位体积凝胶体系中与 CPAM 分子链连接的节点增多，使得 CPAM 分子链连接缠绕的机会增加，缠绕的更紧密，最终成胶时间减少，成胶黏度增加。

3.3 增强剂质量分数对凝胶性能的影响

在温度为 90℃条件下，通过改变凝胶体系配方(0.4%CPAM+0.2%酚类+0.6%多聚甲醛+x%增强剂+0.04%亚硫酸钠+0.04%氯化铵)中酚类和多聚甲醛的质量分数，研究其对凝胶性能的影响，实验结果见图 2。

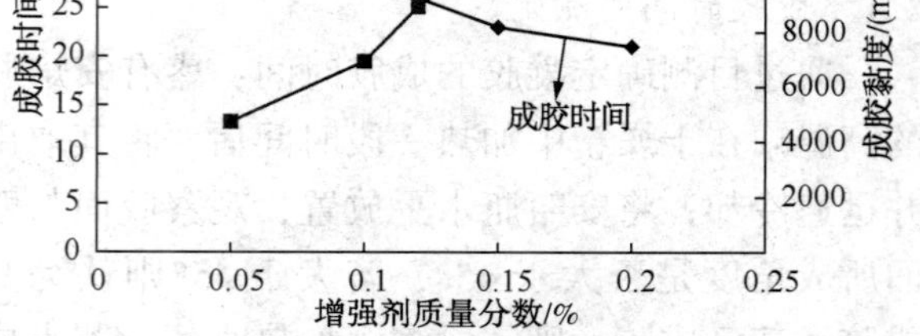

图 2 增强剂质量分数对凝胶性能的影响

从图 2 可以看出：增强剂质量分数对凝胶体系有影响，随着体系中增强剂质量分数的增大，凝胶体系的成胶时间随之减少，成胶黏度随之增大。原因在于，增强剂属于含苯环的有机胺类，与 CPAM 和交联剂都可以结合，增加了单位体积内 CPAM 和交联剂的交联结点，使得交联的机会变大，缠绕的分子链变长，形成的网状结构更加稳定。

3.4 温度对凝胶性能的影响

按照配方 0.4%CPAM+0.2%酚类+0.6%多聚甲醛+0.15%增强剂+0.04%亚硫酸钠+0.04%氯化铵配制凝胶体系，配完后装入安瓿瓶，放置在不同温度下测定体系的成胶时间及刚成胶强度，实验结果见图 3。

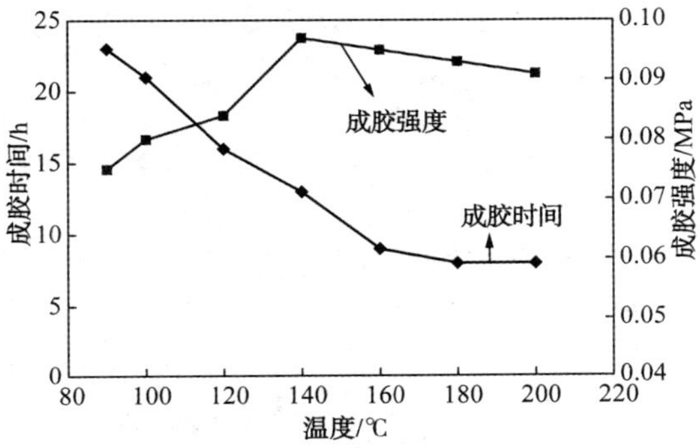

图 3 温度对凝胶性能的影响

从图 3 可以看出：(1) 随着温度升高，成胶时间明显缩短。当温度高于 160℃时，成胶时间随温度变化幅度趋于减小。(2) 随着温度升高，凝胶强度先增加后稍有下降。原因在于，随着温度的升高，交联剂和 CPAM 分子运动加快，碰撞和反应的机会增多，形成网状结构的机会变大，同时增强剂分子进入网状结构内部，加强网状结构的强度。当温度升高到一定时，网状结构部分被破坏，内部少量水脱出，导致强度稍有下降。

3.5 凝胶的热稳定性能

按照配方 0.4%CPAM+0.2%酚类+0.6%多聚甲醛+0.15%增强剂+0.04%亚硫酸钠+0.04%氯化铵配制凝胶体系，配制完成后按照实验方法 2.3 评价凝胶的热稳定性能，实验结果见表 3。

表 3 200℃下凝胶体系脱水率和强度随时间变化情况

时间/d	5	10	15	20
脱水率/%	2.78	7.5	9.2	12.3
强度/MPa	0.087	0.091	0.090	0.089

从表 3 可以看出，凝胶体系在 200℃的高温环境中热处理 20d 内脱水率小于 20%，而且强度随时间先增大后略有下降，说明在高温环境中，体系进一步交联，因此，该凝胶体系的热稳定性较好。

3.6 凝胶的封堵性能

按照配方 0.4%CPAM+0.2%酚类+0.6%多聚甲醛+0.15%增强剂+0.04%亚硫酸钠+0.04%氯化铵配制凝胶体系，配制完成后按照实验方法 2.4 评价凝胶的封堵性能，实验结果见表 5。

表 4 高温凝胶体系对不同渗透率岩心的封堵能力

序号	堵前渗透率/μm^2	孔隙度/%	突破压力/MPa	标准突破压力/($MPa \cdot cm^{-1}$)	稳定压力/MPa	堵后渗透率/μm^2	封堵率/%
1	4.23	39.42	3.48	0.116	1.43	0.0268	99.3
2	3.12	34.68	3.52	0.119	1.51	0.0465	98.5
3	2.78	33.78	3.68	0.122	1.62	0.0508	98.1
4	1.12	27.92	3.72	0.124	1.65	0.0410	96.3
5	0.68	28.67	3.83	0.126	1.69	0.0298	95.6
6	0.52	31.53	3.90	0.130	1.72	0.0251	95.1

从表 4 可以看出，随着填砂管堵前渗透率的减小，突破压力增大，封堵率减小，蒸汽突破压力最低为 3.48MPa，封堵率最小值为 95.1%。蒸汽注入 12PV 后蒸汽注入压力均达到稳定值，最小稳定压力为 1.43 MPa，具有良好的耐冲刷性能。所以高温凝胶的突破压力、封堵率和耐冲刷性能都能很好满足油田现场的要求，可适用于不同的渗透率地层。

4 结论

(1) 通过对高温凝胶各影响因素的研究，优选出其配方组成为 0.4%阳离子聚合物+0.2%酚类+0.6%多聚甲醛+0.15%~0.2%增强剂+0.04%除氧剂作为现场实施药剂。

(2) 在 240℃高温条件下，高温凝胶体系具有良好的热稳定性能、较强的蒸汽封堵和耐冲刷性能，封堵率达到95%以上。

(3)相比常规高温封窜剂，高温凝胶具有耐温性能好和对储层伤害程度小的特点，为辽河油田蒸汽吞吐井进一步提高采收率提供了新的技术支撑。

参考文献

[1] 刘清华，裴海华，王洋，等．高温调剖剂研究进展[J]．油田化学，2013，30(1)：145-146.

[2] 凌建军，黄鹂．国外水平井稠油热力开采技术[J]．石油钻探技术，1996，24(4)：44-47.

[3] 赵修太，高元，吴乐忠．耐高温高强度堵剂室内研究[J]．油气田地面工程，2010，29(3)：24-25.

[4]杨昌华，邓瑞健，牛宝伦，等．濮城油田沙一下油藏CO_2泡沫封窜体系研究与应用[J]．断块油气田，2014，21(1)：118-120.

[5]聂法健，李晓军，张琪．海上油田酚醛树脂冻胶调剖性能评价[J]．油气地质与采收率，2009，16(5)：100-102.

[6] 张波，戴彩丽，赵娟，等．海上油田酚醛树脂冻胶调剖性能评价[J]．油气地质与采收率，2010，17(5)：42-46.

稠油井解堵降压技术研究与应用

王 婷 张雪明

（中国石油辽河油田分公司欢喜岭采油厂，辽宁 盘锦 124014）

摘 要 针对欢喜岭采油厂齐××块稠油吞吐开发后期，部分扩边挖潜、新侧钻、大修的吞吐井出现注汽压力高注汽干度低的情况，开展了稠油低干度井解堵技术研究与应用。通过分析认为，造成注汽干度低的主要原因有渗透率低、黏土膨胀运移、钻井液污染以及大修污染。通过开展室内研究，优选主体酸，调整添加剂，合理制定配方浓度，制定出更具有针对性的稠油解堵配方。通过现场试验，注汽干度明显提升，增油显著，取得了显著措施效果。

关键词 稠油吞吐井；低干度；化学解堵

引言

欢喜岭采油厂齐××块自1991年投入开发，目前已进入吞吐开发后期，平均地层压力降至1.2MPa。近三年部分扩边挖潜、新侧钻、大修的吞吐井出现注汽压力高注汽干度低的情况，注气压力达到15MPa（注汽炉的安全值），其中有31口井注汽干度低于60%，干度最低的井仅为8%。

经过计算，若井口蒸汽干度低于60%，则井底蒸汽干度不足40%，此时采收率和油汽比都大幅降低。根据焓值计算公式，注汽压力在15MPa时，干度从60%降到40%，热焓值将降低16.5%。热焓值降低造成蒸汽对地层流体的加热效果变差，影响吞吐效果。

这些低干度井低效开发，严重制约了稠油区块整体生产水平。为此开展稠油解堵降压技术试验，以达到提高注汽干度，改善低干度井吞吐开发效果的目的。

1 低干度井原因分析

通过研究分析，主要原因有以下几点。

1.1 地层渗透率低影响注汽

室内实验模拟不同渗透率岩心和不同注汽温度下注入地层的蒸汽流量，结果表明，渗透率低，也会造成蒸汽注不进，导致注汽干度低。此外地层渗透率低，地层流体中的颗粒物等杂质也更易残留在孔隙喉道内，导致地层堵塞，造成注汽压力高，注汽干度低。

齐108块低干度井中渗透率低于0.5μm^2的生产层占83.2%，远低于区块平均渗透率1.636μm^2，分析地层渗透率低是造成齐108块低干度井注汽压力高、干度低的主要原因。

1.2 黏土膨胀运移堵塞地层影响注汽

齐108块低干度井平均黏土含量高达7.9%，最高含量达到31.1%，其中蒙脱石含量最高，其次是高岭石和伊利石（表1）。

表1 低干度井黏土矿物统计表

油层	样号	黏土总量	蒙脱石		高岭石		伊利石	
			绝对含量/%	相对含量/%	绝对含量/%	相对含量/%	绝对含量/%	相对含量/%
莲花	5-2	24.5	14.1	57.6	2.1	8.5	8.3	33.9
	5-3	11.1	3.6	32.9	4.1	36.7	3.4	30.4
	5-4	10.1	7.4	73.4	1.3	12.44	1.4	14.2
	5-5	8.2	3.1	37.9	4.3	53	0.8	9.1
	平均	13.5	7.05	50.45	2.95	27.65	3.48	21.9
大凌河	5-1	10.9	8.3	76.4	0.8	7.7	1.7	15.9

作者简介：王婷（1988-），女，2013年毕业于中国石油大学矿产普查与勘探专业，现任辽河油田分公司欢喜岭采油厂工艺研究所油化室技术员，工程师，主要从事油田化学技术研究与推广工作。E-mail：wt20060607@126.com。

蒙脱石易发生水化膨胀和分散运移。伊利石易发生分散运移，同时伊利石吸水膨胀会导致水敏、盐敏伤害。高岭石在高流速流体作用下易发生运移。黏土膨胀运移后，地层渗透率大幅降低，造成注汽压力升高，注汽干度降低。

1.3　钻井液污染造成地层堵塞影响注汽

经过统计齐108块有10口井自投产以来注汽干度就低于60%，且各井的钻井液相对密度均在1.17~1.25，大于区块平均钻井液密度1.08。为弄清钻井液对低干度井储层的伤害程度，选取了两口低干度井储层样品进行钻井液滤失评价实验，并用*Rd*评价滤失伤害程度。

实验结果表明，样品1的滤失伤害程度*Rd*为0.11，钻井液滤失伤害程度强，样品2的*Rd*为0.46，钻井液滤失伤害程度中等偏强。

分析认为，钻井滤失液侵入带来固相颗粒导致固相运移，同时钻井液进入地层造成水敏伤害，使得地层孔喉发生堵塞。此外滤失液与地层中原始矿物形成无机沉淀、有机沉淀，导致孔喉堵塞、孔隙度变小，最终影响地层渗透性，造成堵塞。

1.4　原油黏度高影响注汽

齐108块50℃时脱气原油黏度平均为1595.1mPa·s，平均胶质沥青质含量为31.9%，高含量的胶质沥青质、高黏度都会导致原油流动性变差，造成堵塞。为了弄清原油黏度对注汽的影响，绘制了齐108-16-40井一个吞吐周期内井底温度变化曲线，并选取齐××-16-40井样品测试了地层压力条件下原油的黏温曲线。

从曲线中看出注汽干度为75%时，该井周期末井底温度仅为50℃，此时原油黏度高达21106mPa·s。随着原油的采出，井底温度不断降低，到吞吐周期末地下原油在井底及近井地带附着黏结，造成堵塞，导致下一轮注汽压力高，注汽干度低。同时注汽干度低，井底加热半径变小，热效率降低，原油流动性变差，进一步影响注汽效果。

通过对齐108块低干度井的分析统计，导致注汽压力高干度低的主控因素为渗透率低和钻井液污染，即一类是以渗透率低为主要原因、原油黏度高和泥质含量高为次要原因的类型井，另一类是以钻井液污染为主要原因其余三个因素为次要原因。

2　配方研究

2.1　主体酸

针对渗透率低和黏土膨胀运移问题，开展室内实验研究，选取不同酸液进行石英和黏土溶蚀实验，结果见图1和图2。

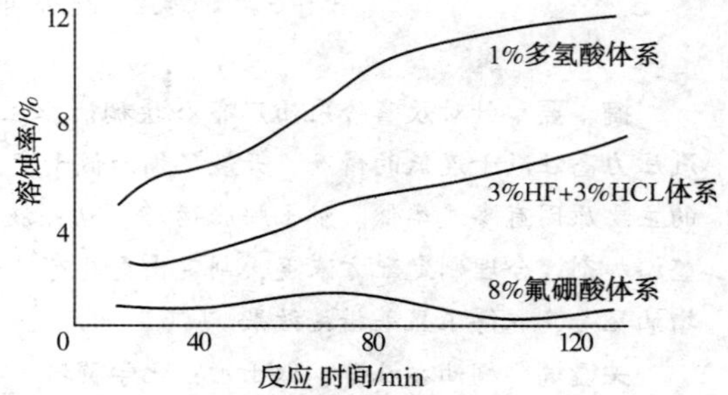

图1　几种酸液对石英的溶蚀率曲线

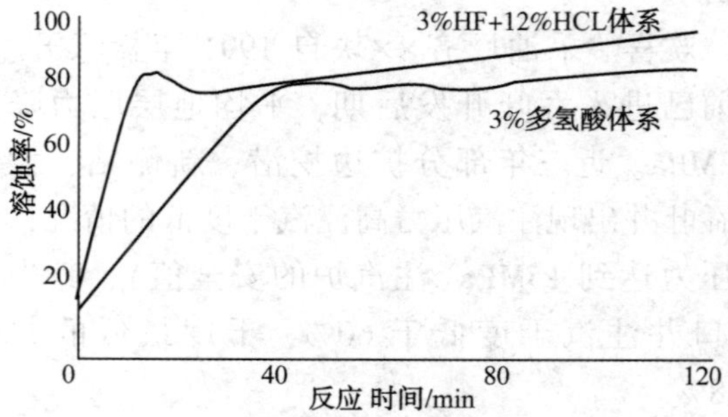

图2　几种酸液对黏土的溶蚀率曲线

实验结果表明多氢酸体系对石英溶蚀率最高，且对黏土的溶蚀速度较慢，溶蚀率较低，可延长酸液与地层岩石作用的时间，增大酸液穿透距离，同时解堵后注入的蒸汽可进一步将药剂推向地层深部，实现深部处理。此外多氢酸溶蚀速率低的这种特性对胶结疏松的地层破坏小，更适于稠油解堵。

2.2　渗透剂

针对钻井液及大修污染问题，选择穿透性强的渗透剂作为添加剂，以提高配方的溶解能力。从实验结果(表2)看，添加渗透剂的配方溶蚀率提高3.78%。

表2　渗透剂效果对比表

酸液	岩芯质量/g	溶蚀量/g	溶蚀率/%
多氢酸	4	0.82	20.47
多氢酸+渗透剂	4	0.97	24.25

2.3　离子稳定剂

由于酸液与地面施工设备、管柱及地层含铁矿物的化学反应均产生铁离子，为防止铁离子造成二次沉淀，采用HTBP络合剂稳定高价金属离子，避免二次污染。

2.4　助排剂

对于受到钻井液或泥浆污染的地层，酸溶蚀后地层仍然存在颗粒物，此外解堵剂与原油中重质成分反应后会形成酸渣沉淀，这些物质不能若不能及时排出，会对地层造成二次污染。为此开展了助排剂优选实验，以提高油井返排能力，增强原油流动性。

2.5　二氧化碳辅助吞吐

部分低干度井原油黏度高，黏温曲线变化小，原油流动性差，针对上述问题采用二氧化碳辅助吞吐，以解决原油黏度高的问题，提高吞吐效果。

二氧化碳辅助蒸汽吞吐技术是通过二氧化碳和蒸汽的协同作用使原油黏度进一步降低。原油溶解CO_2后，体积膨胀，密度减小，黏度下降，为油在孔隙介质中流动提供了有利条件；CO_2在降压回采时能从原油中逸出，在液体内产生气体驱动，进一步提高驱油效果，从下图可以看出二氧化碳辅助吞吐能够有效扩大热波及范围，大大增加原油低黏度区域。

2.6　配方确定

根据欢采稠油区块低干度井的特点，设计解堵配方体系（表3），同时针对黏度大于5000mPa·s的稠油井，解堵后配合实施二氧化碳辅助吞吐，以解决原油黏度高对注汽的影响。

表3　解堵配方体系表

主控因素	其他因素	配方设计
钻井液污染	黏土膨胀运移，渗透率低	前置酸(10%有机溶剂+12%土酸)+主体酸(多氢酸)+顶替液(2%助排剂)
大修污染	黏土膨胀运移，原油黏度高	前置酸(10%有机溶剂+8%土酸)+主体酸(多氢酸)+顶替液(2%助排剂)
渗透率低	黏土膨胀运移，原油黏度高	前置酸(10%有机溶剂+12%土酸)+主体酸(多氢酸)+顶替液(2%表活剂)

3　现场应用情况

自2016年开展低干度井解堵技术试验以来，共实施低干度井解堵6井次，平均注汽干度从32.5%提升至69%，阶段增油1494t，平均周期生产天数从150d升至250d，取得显著效果。

3.1　注汽干度显著提升

实施解堵后平均注汽干度从32.5%提升至69%，有两口井解堵后注汽干度达到75%，齐××-5-04C井实施解堵后干度从30%提升至60%，齐××-7-03C2井注汽干度从8%提升至66%，解堵效果最为明显。

3.2　措施增油效果显著

实施解堵的6口井阶段增油1494t，齐××-8-1井周期产油从375t增至721t，增产幅度高达92.7%，齐××-5-04C井周期产油从486t增至592t，另外4口井周期尚未结束，同期对比增油936t，目前持续增油。

3.3　周期生产时间延长

通过实施解堵后，平均周期生产天数从150d升至250d，延长了100d。周期生产时间延长，说明注汽热能利用率高，能够有效提高采收率，增加原油产量。

3.4　经济效益显著

自2016年在齐××块实施稠油解堵技术以来取得显著增油效果，阶段增油1494t，创造经济效益127.9万元。同时大幅提高注汽干度，提高注汽质量，间接效益显著。经济效益计算如下：

$$E=(1-30\%)\times Q\times(P-T)-I$$
$$=(1-30\%)\times1494\times(2152-129)-837000$$
$$=127.9(万元)$$

式中　E——成果净现值，元；

Q——增加油产量，增产1494t；

P——原油价格；2152元/t；

T——税金，129元/t；

I——投资，837000元。

4　结论

稠油井解堵降压技术试验能够有效解除地层堵塞，降低原油黏度，增强助排效果，增产效果明显，同时降低注汽压力，提高注汽干度，是稠油油藏开发后期增产稳产的有效手段，具有广阔的推广应用空间。

参考文献

[1] 孙永涛．蒸汽驱全程热损及注汽参数优选研究［D］．大庆：大庆石油学院．2007.

[2] 于海涛．注汽干度对驱油效果的影响研究［J］．科学技术与工程，2012（12）：2981-2982.

[3] 郎兆新主编．油藏工程基础［M］．石油大学出版社，1991.

[4] 王鸿勋等编．采油工艺原理［M］．石油工业出版社，1989.

稠油井经济注汽量优化方法

——以坨××直井转周为例

徐海乐

（胜利油田分公司胜利采油厂，山东 东营 257000）

摘　要　面对低油价和热采稠油油藏高投入、高风险的现状，稠油工作应以效益为中心。如何优化注汽量，使稠油转周井周期效益最大化，是摆在我们面前的一个重要课题。本文在已有稠油转周注汽量优化的基础上，根据数模规律及矿场统计规律，引入效益约束条件，探讨一种注汽量优化方法，优化合理注汽量力求周期效益最大化。

关键词　稠油；吞吐注蒸汽；效益

1　稠油注汽量优化现状

1.1　稠油单元地质概况

胜利采油厂自2003年以来，陆续投入开发5个稠油单元，覆盖地质储量990×10⁴t，年产油13.5×10⁴t，占采油厂年产油的7%，开发方式为蒸汽吞吐，平均单井吞吐周期已达5.2次。主力单元王庄坨××单元平均吞吐周期已达5.9个周期，该单元开发层系为馆陶及沙一段，含油面积2.3km²，地质储量579×10⁴t，油藏埋深1235m，平均有效厚度8m，油藏渗透率1015mD，地层原油黏度1000－6900mPa·s，地面原油黏度10000~70000mPa·s，累计油汽比0.7，蒸汽吞吐标定采收率为23.4%，采出程度已达18.8%，目前单元日产能力180t，综合含水85%（表1），原始地层压力12.1MPa，目前平均地层压力6.5MPa，主体部位地层压力已经下降到5MPa以下，在低油价形势下该单元无法转蒸汽驱，合理吞吐注好每一方汽，是该单元降本增效的主要手段。

表1　稠油单元基本情况表

序号	单元	开发层系	动用时间	含油面积/km²	地质储量/(10^4t)	开发方式	油藏参数					开发指标				
							油藏埋深/m	平均有效厚度/m	渗透率/($10^{-3}\mu m^2$)	地层原油黏度/(mPa·s)	地面原油黏度/(mPa·s)	平均吞吐周期	累计油汽比/(t/t)	综合含水/%	采出程度/%	采收率/%
1	王庄坨××	馆陶+沙一	2004.07	2.3	579	吞吐	1235	8	1015	1000~6900	10000~70000	5.9	0.7	85.0	18.8	23.4
2	坨××南东二	东营组	2003.01	1.2	203	吞吐	1400	6.5	2877	240~900	3590~14000	4.6	1.5	94.9	16.9	31.9
3	二区东三××	东营组	2011.02	1.11	58	吞吐	1565	2.1	1890	65~108	2297~6230	2.1	2	83.8	9.2	33.2
4	坨21××	东营组	2013.04	1.83	124	吞吐	1380	4.9	1600	85	2000~5475	1.7	1.1	91.4	10.3	30.0
5	坨××南东一	东营组	2012.05	2.9	27	吞吐	1360	3.2	2556	68~97	1900~5022	1.9	1.2	90.4	4.5	29.8
合计					990							5.2	1.2	89.5	14.9	22.1

1.2　注汽量优化现状分析

1.2.1　注汽量优化企业标准

根据《蒸汽吞吐井推荐注汽参数》Q/SH 1020 2250—2014[1]（表2），以油藏条件相近的原油黏度小于50000mPa·s，油藏埋深小于2000m，平均砂厚大于6m的甲-3类乐安区块注汽推荐参数为依据。第一周期注汽强度在210-220t/m，以后逐轮次递增，其中第2~5周期注汽强度递增9%~10%，第6~10周期注汽强度递增4%~5%，10周期以上的注汽井，注汽强度递增2%~3%。根据该方法设计的注汽量为一个较大的范围值，需要技术人员根据经验进行判断最终注汽量。

表2　蒸汽吞吐井推荐注汽参数表

类别		甲类				乙类				丙类
亚类		甲-1	甲-2	甲-3	甲-4	乙-1	乙-2	乙-3	乙-4	丙
油藏特点		普通稠油	中低渗普通稠油	高渗特稠油	Ⅰ类超稠油	特低渗普通稠油	中低渗特通稠油	高渗特、超稠油	Ⅱ类超稠油	Ⅲ类超稠油
油藏参数	黏度/(mPa·s)	<3000	<10000	<50000	50000~80000	<10000	50000	10000~80000	80000~300000	>30000
	深度/m	<2000	<2000	<2000	<1800	<1600	<1800	<1800	<1800	<1600
	厚度/m	>5	>5	>6	>8	>10	>8	>5	>10	>10
	净总比/(m/m)	>0.4	>0.4	>0.5	>0.5	>0.5	>0.4	0.3	>0.5	>0.5
	渗透率/($10^{-3}\mu m^3$)	>1000	300~1000	>1000	>1000	<300	>300~1000	>1000	>1000	>1000
	孔隙度/%	>32	>26	>30	>30	>25	>26	>28	>30	>30
	含泪饱和度/%	>50	>50	>55	>55	>55	>55	>55	>55	>55
	φ×so	>0.160	>0.120	>0.150	>0.150	>0.125	>0.130	>0.140	>0.150	>0.150
参考油田		孤岛勃21	孤岛南区	乐安	单六东	草13孔店	王140	垦西1	郑411	单113
注汽参数	第一周期注汽强度/(t/m)	205~215	200~210	210~220	215~225	160~170	185~195	230~240	215~225	190~200
	注汽速度/(t/h)	9~11	7.5~9.5	8.5~10.5	8~10	6~8	7~9	8.5~10.5	8~10	7.5~9.5
	烔井时间/d	4~6	3~6	1~4	2~5	3~6	3~6	1~4	2~5	2~5
	周期蒸汽增加量(2-5周期)/%	8~9	7~8	9~10	9~10	7~8	8~9	9~10	9~10	7~8
	周期蒸汽增加量(6-10周期)/%	4~5	3~4	4~5	4~5	2~3	4~5	4~5	4~5	2~3
	周期蒸汽增加量(10周期以上)/%	2~3	1~2	2~3	2~3	1~2	1~2	2~3	1~2	1~2

注①本标准给出注汽参数的范围是以井口注汽干度为65%为基础。

②伴注气体或伴注化学剂井的注汽参数范围根据模拟计算和现场统计结果进行适当调整。

③乙-4和丙类油藏目前还没有采取直井开发。

1.2.2　地质院注汽量优化模板

为了适应多轮次吞吐井注汽量优化的需要，地科院应用数模规律及实际矿场统计规律设计了一套注汽量优化模板。该模版主要考虑油层物性、原油黏度、井距、边底水强度、油层厚度等因素，建立不同井距、不同效厚与注汽强度关系图版(图1)。第一周期考虑油藏条件及井区，以后周期注汽量逐渐递增，即第1~3周期注汽强度比上一轮增加5%，第4~7周期注汽强度比上一轮增加3%，高轮次以后配套N_2、CO_2等辅助工艺措施改善开发效果。

该模板虽然根据《蒸汽吞吐井推荐注汽参数》中推荐的参数针对不同油层物性、井距、边底水强度、油层厚度等因素进行了改良和细化，对投产初期的稠油井有较好的指导意义。但随着注汽轮次的增加，该模板指导下的注汽量也随之增加，导致设计注汽量偏高，从实际生产情况来看，增加了注汽成本，但注汽效果没有得到相应程度的提高，最重要的是低油价下许多转周井经济效益评价无法通过，给注汽生产经营人员造成了困扰。

1.2.3　胜采注汽量优化模板

随着胜利采油厂投入开发稠油井的增多，采油厂稠油主力区块的开发规律逐渐显现，为了更加符合采油厂稠油本身的开发规律，提高开发效果，采油厂结合油层厚度、原油黏度、井型及转周轮次，对新投井、老井吞吐的注汽量实施动态调整优化(图2)，进一步提高热采经济效益。该方法是将胜利采油厂稠油油井分为坨XX单元和胜坨稠油区别对待，另外将井型分为定向井和水平井。以直斜井为例，油井第一周期注汽时，砂厚大于5m的定向井，坨××单元注汽强度为180~200t/m，胜坨稠油为120~140t/m，砂厚小于5m的定向井，坨××单元注汽强度为200~220t/m，胜坨稠油为140~160t/m。第二周期以后，根据转周井的累计注采比来确定注汽强度的增减(图2)，即累计注采比小于0.8，周期注汽强度比上轮增加30t/m；累计注采比0.8~1.0，周期注汽强度与上轮持平；累计注采比1.0~1.2，周期注汽强度比上轮减少15t/m；累计注采比大于1.2，周期注汽强度比上轮减少30t/m。虽然此方法是根据胜采稠油物性和转周生产情况得出的规律，但根据此方法得到的注汽量是一个范围值，较多的应用了技术人员的经验判断，不符合低油价下更加精细的经济效益评价要求。

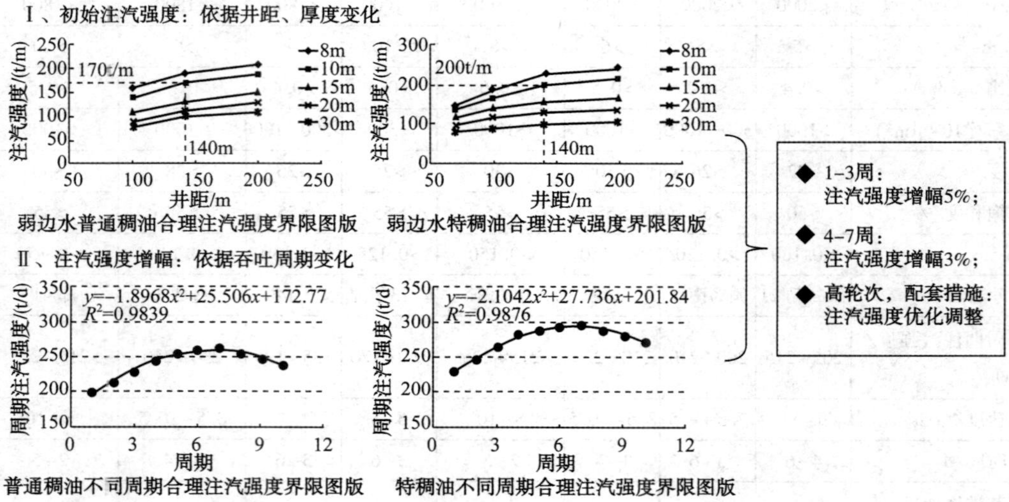

图1　稠油吞吐井注汽量优化图版(地科院)

注汽量优化原则

新投井注汽强度：

- 定向井油层>5m，水平井水平段>200m：T82井：定向井为180~200t/m、水平井为10~12t/m；二三区井：定向井为120~140t/m、水平井为6~8t/m
- 定向井油层<5m，水平井水平段<200m：T82井：定向井为200~220t/m、水平井为12~15t/m；二三区井：定向井为140~160t/m、水平井为8~10t/m

转周井注汽强度：

- 累计注采比小于0.8，后续周期注汽强度递增30t/m；
- 累计注采比0.8~1.0，后续周期注汽强度持平；
- 累计注采比1.0~1.2，后续周期注汽强度递减15t/m；
- 累计注采比大于1.2，后续周期注汽强度递减30t/m。

图2　稠油吞吐井注汽量优化图版(胜采)

以上三种注汽量优化方法是一个递进提高的过程。利用标准设计注汽量，主要考虑开发指标，周期油汽比较高，但同时注汽量也偏高，以对坨××单元中部区域坨××-3斜9井进行第八周期注汽量设计为例，该井砂厚11.9m，根据企业标准该井第八周期注汽量范围3968~4156t，注汽量偏高；按照地科院模板计算注汽量，第一轮转周注汽强度为202t/m，注汽量逐轮递增，第八周期注汽量2585t；按照胜利采油厂采注比优化法，第八周期注汽量2654t。通过例子可以看出，后两种优化结果比较接近，也相对优化。

2　效益优化注汽量方法探讨

2.1　转周井周期效益理论评价

原有的蒸汽吞吐井注汽量优化方法是以开发指标为优化标准，但在目前低油价形势下效益是否为最优，需要进一步论证。

为了确定随着注汽量变化，油井转周后周期开发状况是否存在拐点，我们首先从理论上找依据，仿照坨××单元井网及油藏条件，建立了九点法的概念模型。模拟的井距为141×200m，砂厚 8m，渗透率 1500mD，原油黏度 20000mPa·s。概念模型研究吞吐第四周期中心井的开发规律变化，中心井注汽强度 75～475t/m（注汽量 600～3800t，共 17 个对比模型），经济极限产油设定为 0.5t/d。

通过模型运行结果发现，注汽强度增加，周期生产天数、累产液、累产油均增加（图 3），但增幅逐渐变小，而周期油汽比呈指数下降趋势（图 4）。那么计算周期效益，是否存在效益拐点呢？

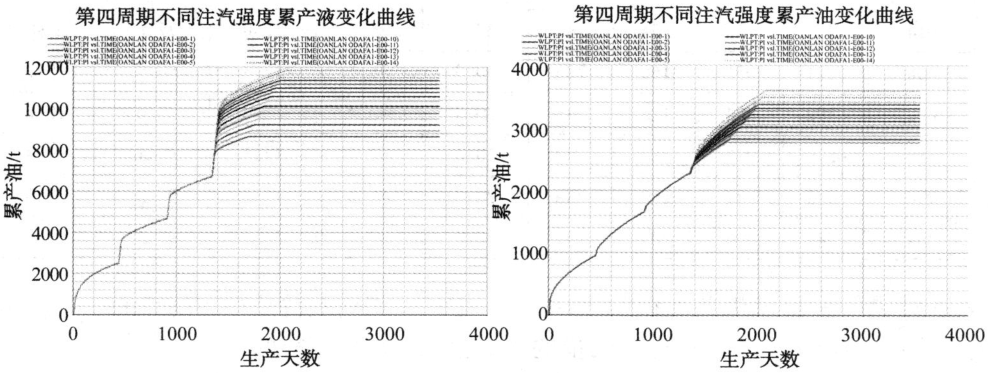

图 3　概念模型不同注汽强度累产液及累产油曲线

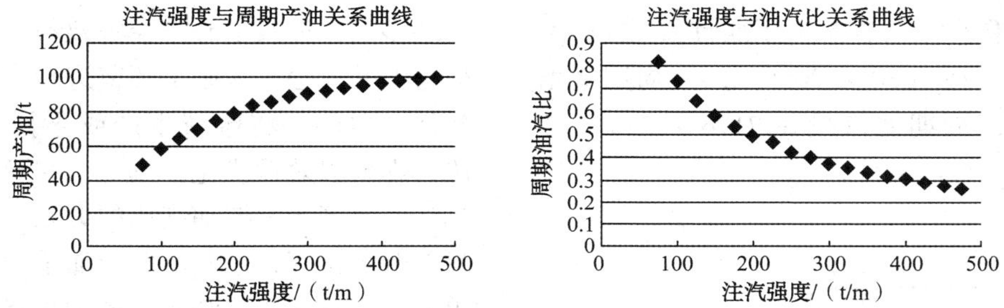

图 4　概念模型开发指标曲线

在稠油井一个单周期生产过程中，作业成本是不变的，注汽量不同，注汽费用、周期运行费用、注汽劳务、燃料成本等是相应变化的，根据以下几个公式，计算不同注汽量情况下，吞吐满周期的边际利润。

周期增油＝周期产油－自用油

周期运行成本＝累产液×吨液运行成本（借鉴坨 82 单元）

周期操作成本＝周期运行成本＋作业劳务＋注汽劳务

周期边际利润＝（油价－吨油操作成本）×周期增油

通过对模拟井不同注汽量情况下周期边际利润进行计算（表 3）。

表 3　模拟井边际利润——注汽量关系统计表（油价 40 $/bbl）

序号	注汽量/t	周期生产天数/d	周期产液/t	周期产油/t	自用油/t	周期增油/t	作业费用/万元	注汽劳务/万元	运行成本/万元	操作成本/万元	吨油操作成本/元	边际利润/万元
1	600	350	1915	490	33	457	30.0	10.3	4.2	44.5	974	35.90
2	800	374	2202	583	44	539	30.0	12.6	4.8	47.5	881	47.38
3	1000	398	2496	644	55	589	30.0	14.9	5.5	50.4	856	53.23
4	1200	422	2797	695	66	629	30.0	17.3	6.2	53.4	849	57.29
5	1400	446	3105	746	77	669	30.0	19.6	6.8	56.4	843	61.34
6	1600	470	3420	791	88	703	30.0	21.9	7.5	59.4	845	64.32
7	1800	494	3742	833	99	734	30.0	24.2	8.2	62.4	850	66.76

续表

序号	注汽量/t	周期生产天数/d	周期产液/t	周期产油/t	自用油/t	周期增油/t	作业费用/万元	注汽劳务/万元	运行成本/万元	操作成本/万元	吨油操作成本/元	边际利润/万元
8	2000	518	4071	864	110	754	30.0	26.5	9.0	65.5	868	67.24
9	2200	542	4407	884	121	763	30.0	28.8	9.7	68.5	898	65.77
10	2400	566	4750	903	132	771	30.0	31.1	10.5	71.6	928	64.06
11	2600	590	5100	920	143	777	30.0	33.4	11.2	74.7	961	62.09
12	2800	614	5457	936	154	782	30.0	35.8	12.0	77.8	994	59.87
13	3000	638	5821	951	165	786	30.0	38.1	12.8	80.9	1029	57.40
14	3200	662	6192	964	176	788	30.0	40.4	13.6	84.0	1066	54.69
15	3400	686	6570	976	187	789	30.0	42.7	14.5	87.1	1104	51.72
16	3600	710	6955	987	198	789	30.0	45.0	15.3	90.3	1145	48.50
17	3800	734	7347	996	209	787	30.0	47.3	16.2	93.5	1188	45.03

通过上表的结果，做出模拟井“注汽量——边际利润”关系模板(图5)发现，随着注汽量的增加，边际利润先逐渐升高后逐渐降低，存在明显拐点，注汽量在2000t时，效益最好。而按照《蒸汽吞吐井推荐注汽参数》标准计算注汽量，第一周期注汽量在1680～1760t，2～5周期递增9%～10%，第四周期注汽量在2176～2343t，效益不是最优。

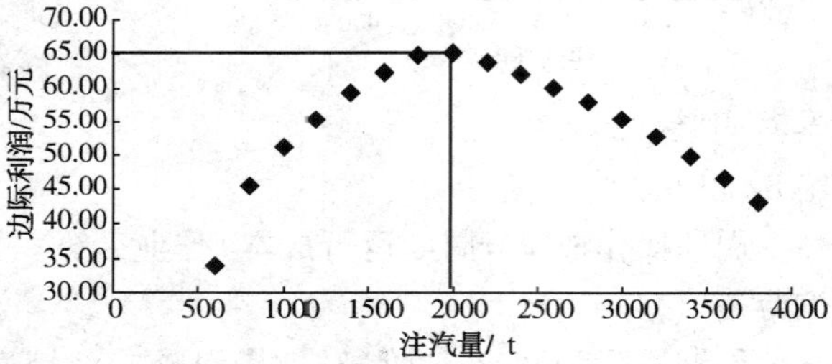

图5　模拟井第四周期注汽量-边际利润关系模板

以上概念模型研究结果表明，随着注汽量的增加，周期效益是存在拐点的。这说明以效益优化注汽量是可行的。

2.2　经济注汽量矿场研究

矿场上注汽生产环节较多，涉及的成本要素复杂多变，但其核心是经济效益，经测算有经济效益的井才会进入施工环节进行注汽生产，没有经济效益的井将维持生产或寻找其他低成本措施。即要以效益优化注汽量，在具体实践中要找到注汽强度与周期油汽比的关系，单井周期产液量的合理预测，单井周期产油量的合理预测以及单井注汽量与边际利润关系的拐点。下面就以坨××单元直斜井第六周期实际生产情况为例，探索转周井第六周期效益注汽量优化方法。

2.2.1　数据统计

对坨XX单元44口结束生产六周期的直斜井基本油藏参数和开发参数进行统计，统计内容包括砂厚，注汽量、周期产油、注汽强度、油汽比等相关参数(表4)。

表4　坨82单元直斜井第六周期生产数据

序号	井号	砂厚度/m	注汽量/t	周期产油/t	周期生产/d	注汽强度/t/m	油汽比
1	NHTXX-1X10	10.7	2711	912	270	253	0.34
2	NHTXX-1X11	8.7	1700	646	227	195	0.38
3	NHTXX-1X8	9.8	2000	869	221	204	0.43
4	NHTXX-1X9	3.9	2002	316	433	513	0.16
5	NHTXX-2	10.9	3236	383	163	297	0.12
6	NHTXX-2X10	9.9	2203	582	213	223	0.26
7	NHTXX-2X11	14	1994	1984	243	142	0.99
8	NHTXX-2X13	4.6	1504	1722	571	327	1.14
9	NHTXX-2X4	12.4	2509	1651	343	202	0.66

续表

序号	井号	砂厚度/m	注汽量/t	周期产油/t	周期生产/d	注汽强度/t/m	油汽比
10	NHTXX-2X5	8.9	2047	2285	428	230	1.12
11	NHTXX-2X6	7	2045	993	459	292	0.49
12	NHTXX3	20.3	2101	742	238	103	0.35
13	NHTXX-3X15	10.2	1990	1637	465	195	0.82
14	NHTXX-3X16	16.8	2048	1638	418	122	0.80
……………………							
43	NHTXX-6X11	6	1302	289	263	217	0.22
44	NHTXX-6X7	6	1500	863	392	250	0.58

2.2.2 数据相关性分析

根据统计结果建立注汽强度与油汽比关系曲线(图 6)，根据趋势建立相关公式：

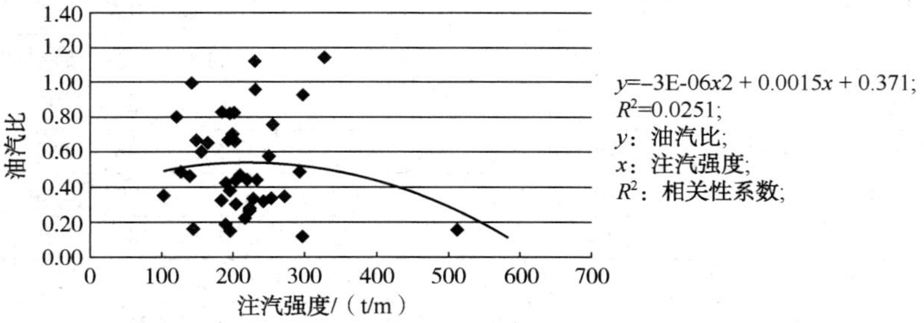

图 6 坨 82 单元直斜井实际注汽强度与油汽比关系(未修正)

通过以上关系公式发现，应用统计规律得到的注汽强度和油汽比之间相关性比较差。重新分析单井的实际生产情况发现，相关性差的可能原因一方面为转周井周期生产不完整，主要表现在 2015 年以前转周井主要以上产为目的，大部分油井没有达到经济极限日产油就已经作业转周，例如 NHT××-1×10 井，第六周期末转周注蒸汽时日产油仍有 1.5t，未达到经济极限日产油就上作业转周了；另外，部分油井出砂或其他因素停产，导致生产不满周期，例如 NHT××-3×8 井，产量仍有 6.7t/d 时出砂停产，被迫上作业转周，导致未满周期生产；另一方面，对油井单井的油藏条件划分不够细，导致数据相关性差。

2.3 数据修正

为了消除以上因素影响，对表 4 统计数据进行进一步处理，首先是替除无规律的异常点，二是对生产不满周期的油井按经济极限条件预测修正周期生产情况，三是按砂厚进一步细分。

重点是对不满周期的油井按经济极限条件预测修正周期生产情况，重新统计满周期的注汽强度与油汽比的关系。为了能够确定稠油井满周期油汽比，首先要建立吞吐井转周时机评价图版，确定经济极限日产油界限(图 7)，然后在按照稠油井末期递减规律，利用递减法预测满周期产量。

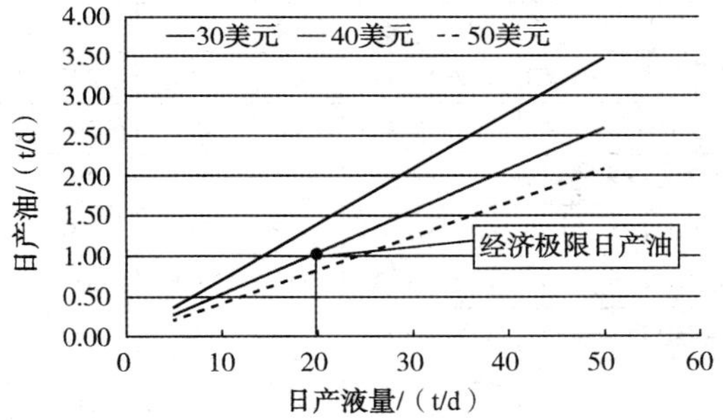

图 7 坨××单元吞吐井转周时机评价图版

例如：按油价 40 $/bbl 作为经济条件，对 NHT××-1×10 井进行第六周期满周期产量进行测算，根据吞吐井转周时机评价图版确定该井经济极限日产油为 0.5t，然后按照该井周期末递减规律回归递减率公式(图 8)，并求取该井达到经济极限日产油前每天的产油量，从而求取满周期的周期油汽比，通过修正后发现，满周期生产天数从 271d 增加到 361d，周期产油从 971t 增加到 1056t，周期产油量增加 85t，周期油汽比由 0.36 提高到 0.39，周期油汽比提高 0.03。

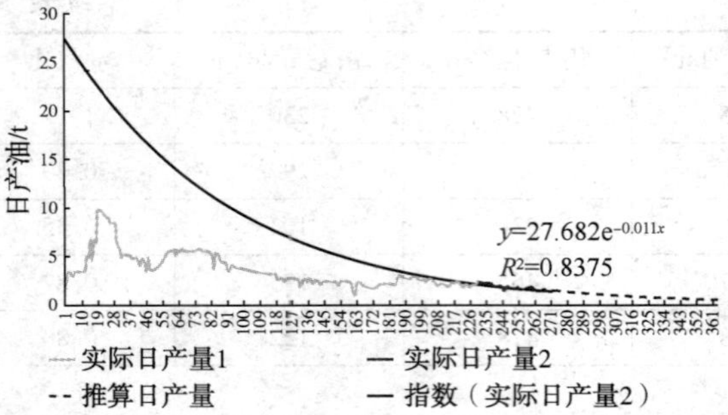

图 8　NHT××-1×10 井第六周期满周期产量测算

利用以上方法，对坨××单元直斜井第六周期生产数据逐口井进行满周期数据回归，并根据砂厚进行细分，将原有 44 口井剔除异常井后，得到两个数据表，砂厚 10m 以下的有 17 口井，砂厚 10m 以上的有 21 口井(表 5)。

2.4　公式回归

根据表 5 的两组修正后的统计结果，分别建立注汽强度与油汽比关系曲线(图 9)，并根据多项式趋势得到两组相关公式，通过这两组公式，发现修正后注汽强度与周期油汽比之间相关性明显提高。由此可以得到坨××单元第六周期注汽强度与油汽比关系曲线模板。

表 5　坨 82 单元直斜井第六周期生产数据(修正)

砂厚 10m 以下直斜井第六周期生产数据								砂厚 10m 以上直斜井第六周期生产数据							
序号	井号	砂厚度/m	注汽量/t	周期产油/t	周期生产天数/d	注汽强度(t/m)	油汽比	序号	井号	砂厚度/m	注汽量/t	周期产油/t	周期生产天数/d	注汽强度(t/m)	油汽比
1	NHT××-1×11	8.7	1700	646	227	195	0.38	1	NHT××-4×5	10.4	1467	580	144	141	0.40
2	NHT××-3×7	9	1815	853	231	202	0.47	2	NHT××-2×11	14	1994	984	243	142	0.49
3	NHT××-1×8	9.8	2000	869	221	204	0.43	3	NHT××-5×5	13.1	1900	705	63	145	0.37
4	NHT××-6×11	6	1302	289	263	217	0.22	4	NHT××-5×7	11.9	1967	1278	267	165	0.65
5	NHT××-2×10	9.9	2203	582	213	223	0.26	5	NHT××-3×4	13.7	2522	1533	274	184	0.61
6	NHT××-6-12	10	2283	760	309	228	0.33	6	NHT××-4×9	12.5	2305	1732	450	184	0.75
7	NHT××-2×5	8.9	2047	1325	428	230	0.65	7	NHT××-5×4	10.6	2002	1642	383	189	0.82
8	NHT×××1	9.6	2295	1063	1649	239	0.46	8	NHT××-3×18	13.2	2504	1618	196	190	0.65
9	NHT××-4×17	9.9	2408	767	121	243	0.32	9	NHT××-3×8	12.9	2499	1661	190	194	0.66
10	NHT××-6×7	6	1500	863	392	250	0.58	10	NHT××-3×15	10.2	1990	1586	465	195	0.80
11	NHT××-5×6	9	2299	1735	290	255	0.75	11	NHT××-5×3	10.6	2088	1733	133	197	0.83
12	NHT××-4×21	9.2	2503	1033	395	272	0.41	12	NHT××-4×7	11.9	2376	1710	239	200	0.72
13	NHT××-2×6	7	2045	1238	459	292	0.61	13	NHT××-2×4	12.4	2509	1651	343	202	0.66
14	NHT××-5×11	7.4	2205	2041	310	298	0.93	14	NHT××-4×3	12.7	2595	1536	193	204	0.59
15	NHT××-2×13	4.6	1504	1722	571	327	1.14	15	NHT××-4×6	11.9	2497	1572	385	210	0.63
16	NHT××-5×12	4.2	1502	1712	860	358	1.14	16	NHT××-5×10	12.3	2704	1488	364	220	0.55
17	NHT××-3-19	3.5	2042	1233	888	583	0.60	17	NHT××-4×4	11.2	2500	1436	242	223	0.57
								18	NHT××-3×9	11.9	2759	1241	289	232	0.45
								19	NHT××-3×6	10.7	2500	1103	377	234	0.44
								20	NHT××-1×10	10.7	2711	1102	346	253	0.41
								21	NHT××-2	10.9	3236	936	163	297	0.29

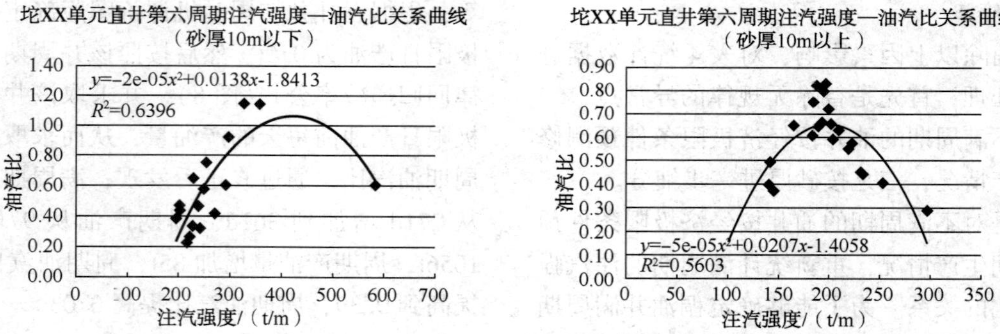

图 9　坨××单元直斜井实际注汽强度与油汽比关系(修正)

2.5 效益优化注汽量计算

结合作业投入、注汽投入、周期运行成本等，建立单井特定油价下分周期注汽量与边际利润关系模板，以效益最大，优化注汽量(表6)。

表6 模拟井边际利润——注汽量关系计算表

下周期注汽指标预测		下周期产量指标预测		成本指标预测				效益指标		
注汽强度/(t/m)	有效厚度/m	注汽量/t	周期产液/t	周期产油/t	自用油/t	作业费用/万元	注汽劳务/万元	运行成本/万元	操作成本/万元	边际利润/万元
……										
200	13.2	2640	4578	1938	145	30.0	40.9	5.0	76.0	250
210	13.2	2772	4813	2041	152	30.0	43.0	5.3	78.3	265
220	13.2	2904	5019	2115	160	30.0	45.0	5.5	80.5	275
……										

注汽量=注汽强度×有效厚度

周期增油=周期产油-自用油

周期运行成本=累产液×吨液运行成本(坨82单元)

周期操作成本=周期运行成本+作业劳务+注汽劳务

周期边际利润=(油价-吨油操作成本)×周期增油

通过以上计算，可以得到坨××单元周期注汽量与边际利润单井关系图版，从而根据效益最大化对注汽量进行优化，例如NHT××-5×11井，砂厚为7.4m，根据该方法按照小于10m砂厚的统计回归公式进行不同注汽强度下油汽比测算，对周期生产指标及效益指标进行测算后，得到该井第六周期预测注汽量与边际利润关系模板，优化注汽量在1890t，与按企业标准设计的注汽量对比节约周期注汽量390t。又例如NHT××-3×18井，砂厚为13.2m，根据该方法按照大于10m砂厚的统计回归公式进行不同注汽强度下油汽比测算，对周期生产指标及效益指标进行测算后，得到该井第六周期预测注汽量与边际利润关系模板，优化注汽量在2500t，与按企业标准设计的注汽量对比节约周期注汽量1569t(图10)。

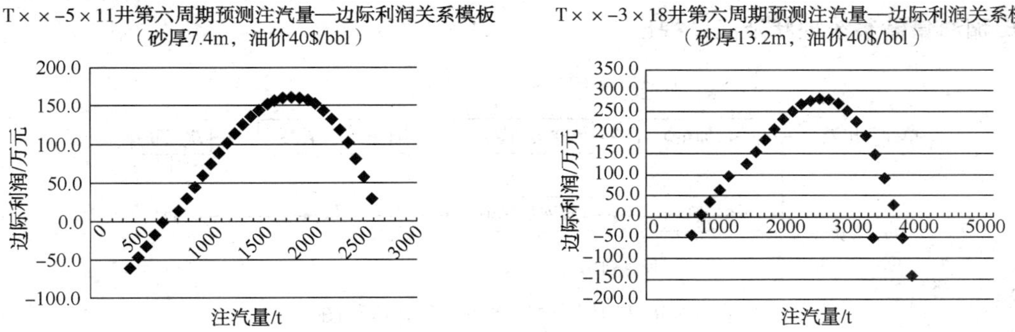

图10 坨××单元直斜井第六周期注汽量优化单井模板

利用以上方法，实现对坨××单元直斜井每个周期的合理注汽量进行效益优化。在建立吞吐井转周时机评价图版和经济极限油汽比界限图版的基础上，对低于经济极限日产油、高于经济极限油汽比的井实施转周，停止实施无效益井。同时利用单井注汽量优化图版，以效益最大，优化单井注汽量。2016年以来，共优化注汽井55口，优化注汽量0.7×10^4t，平均油汽比提高0.06。

3 认识及下步方向

在目前低油价形势下，稠油转周要充分论证，以效益为先，认真花好每一分钱才是应对低油价的根本举措。下步将进一步细化研究不同油藏条件以及水平井注汽量优化图版。

参考文献

[1] 张仲平，等. Q/SH 1020 2250—2014 蒸汽吞吐井推荐注汽参数.

稠油冷输技术研究与应用

马　钧

（中国石油辽河工程有限公司，辽宁盘锦　124010）

摘　要　高含水期稠油产液性质发生改变，为稠油冷输提供了必要条件。以辽河油田新井产能建设和老区改造项目为依托，通过高含水稠油流变性机理研究、含水原油运行参数界限分析、典型集输计算模型梳理、集油工艺适应性分析，开展高含水稠油冷输技术研究，简化了流程和生产管理，起到了节能降耗的作用，经济效益显著。

关键词　稠油冷输；流变性；运行参数；界限

引言

辽河油田开发初期，为适应低含水期集油的需要，稠油集输多采用多采用热输流程（三管伴热工艺约占 7%、双管掺水工艺约占 27%、双管掺稀油工艺约占 20%，单管热输约占 16%）。进入开发后期，油田综合含水率已达 80% 以上，“水高油低”的现状造成吨油输送能耗和成本逐年增加，原有的高能耗流程有悖于目前油田降本增效的新形势。如何充分利用高含水期水力和热力发生变化的有利条件，扩大常温集输范围、简化集输流程，降低地面投资和生产运行成本是设计中面临的挑战。

1　辽河油田稠油集输系统现状及问题提出

1.1　集输系统现状

辽河油田稠油常用集输模式多采用加热输送的集输方式，一般是将加热后的油井产出物以放射状管网收集到计量站，计量出气、液量后，再混输到集中处理站进行处理。如果油井产出物所具有的能量不能直接进入集中处理站，则需要在计量站和集中处理站之间增设接转站。根据各区块的具体情况，井口到采油站所采用的流程各不相同，常用的集油流程有：单管加热集油流程、掺热水（稀油）双管集油流程、三管伴热集油流程。

以锦 45 块为例，其原油集输系统工艺流程如图 1 所示。

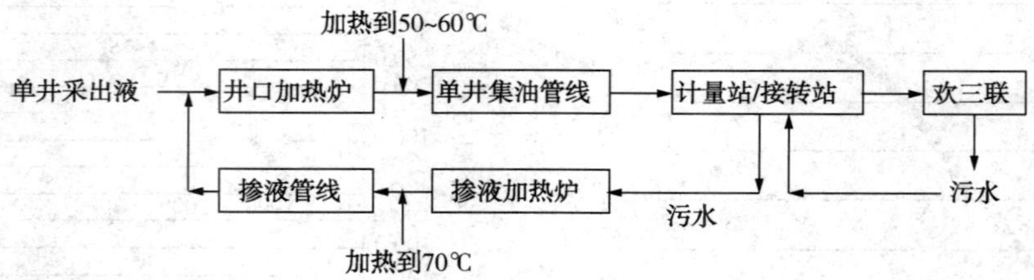

图 1　锦 45 块原油集输系统工艺流程图

锦 45 块原油生产采用井口加热、双管掺液的生产方式。各井口采出液经井口加热炉升温至 50~60℃，经单井集油管线输送至计量站或接转站进行油气计量，再由各站汇入输油干线去往欢三联进行原油脱水。由欢三联提供污水或稀油，通过管线输送至各计量站或接转站后，经掺液加热炉升温至 70℃，再由各站通过单井掺液管线输至各井口回掺。

1.2　存在问题分析

（1）建设投资高

采用热输流程，稠油井口基本都配备井口加热炉，造成井口平台加热炉数量多，增加占地面积，同时增加了安全隐患。从每口采油井口到采油站均有两条管道，一条是集油管道，另一条是掺液管道，管线工程量大，且站内工艺设施除原油系统的加热炉和泵外，需给井口掺稀油/掺水配置加热炉和泵，造成投资居高不下。

（2）生产运行成本高

为了保证单井管线最小输量，满足单井进站需要，一般多采用井口加热、掺液或伴热流程。井口加热及伴热工艺虽然保证了原油输送过程中因温降带来的凝管风险，但增加了加热所需的能耗消耗。采用掺液流程将污水(油)从采油井井口掺入到集油管道内，通过增加管线输量来降低温降，但同时也增加集油管输量，掺入的污水(油)一直在系统中循环，增加系统动力消耗。油田综合含水率已达80%以上，以上流程是造成吨油输送能耗和成本高的主要原因。

(3)生产管理难度大

由于每口油井均设置单井集油管道、掺液管道或伴热管道、井口加热炉，不仅增加了一次投资，同时造成工艺设施种类多，流程复杂，增加了生产运行管理难度及维护工作量。

2 稠油冷输基础理论研究

通过理论分析与实验研究相结合的方法，全面准确的阐述稠油乳状液的形成机理及在不同含水率和不同温度下的流变特性。通过多相流PIPEPHASE软件模拟集输管段运行工况，分析高含水期低温集输的临界条件，探究最优集输参数，为实现稠油冷输，降低集输能耗，简化集输流程提供基础资料和理论支持。

2.1 含水原油流变特性机理研究

分别取不同区块、不同含水率(0~90%)、不同开发方式(蒸汽吞吐、蒸汽驱、SAGD、火驱)的油样，分析研究含水率对原油黏度的影响、含水原油表观黏度与温度的关系、含水率转相点与原油黏度的关系等特性。

(1)油品物性基本分析

由油样测定结果表1可知，整体基础物性相差较大。高含量的沥青质和胶质是黏度高、密度大的主要原因之一。胶质对于沥青质在石油中的分散必不可少，起着稳定沥青质，防止其聚集分相的作用。沥青质、胶质等重组分含量的增加导致原油黏度的增大。

表1 不同油样基本物性汇总表

所测项目	火驱汇管油	蒸汽吞吐26-035号井	蒸汽吞吐21-022号井	SAGD馆平11原油
沥青质/%	0.4	3.03	2.79	51.11
胶质/%	21.16	23.99	21.69	
蜡/%	10.88	2.1	2.43	1.74
20℃密度/kg/m^3	936	993	990	987
脱水原油凝点/℃	8	18	15	33
50℃黏度/(mPa·s)	310.08	10927.33	4201.7	10940(70℃)

由表2和图2可知，碳数小于C16的液态烃组分促使油样黏度减小，较高含量的高碳数组分促使油样黏度增大。

表2 不同油样碳数分布表

碳数范围	所占总量的百分比,%		
	火驱汇管油	蒸汽吞吐21-022号井	蒸汽吞吐26-035号井
小于C16	12.70	5.13	5.47
C17-C35	26.90	33.27	33.73
C36-C64	23.60	28.60	33.80
其他	36.80	33.00	27.00

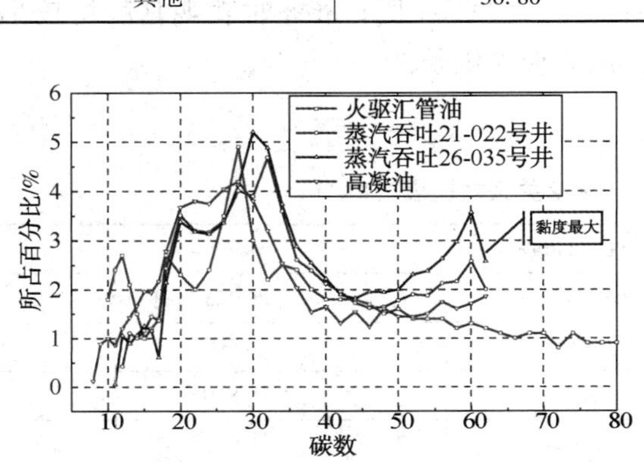

图2 不同油样碳数分布对比图

(2)原油黏温关系分析

从黏温数据分析(表3、表4、图3、图4)可得，脱水稠油黏度随着温度的升高大幅度下降，黏温敏感性强，当到一定温度后，黏度随着温度的升高下降不明显，敏感性降低，黏温敏感性拐点温度大致为50~60℃；温度高于60℃时，各油样黏度对温度敏感性减弱。

(3)稠油油水两相转向点测定

表 3　锦 45 区块(蒸汽吞吐)原油黏度对比表

温度/℃	不同油样测得黏度/(mPa·s)			
	26-035 号井	22-023 号井	26-032 号井	21-022 号井
40	37675.3	21258.0	32516.9	12144.0
50	10927.3	6919.3	9051.7	4201.7
60	3864.1	2599.9	3254.6	1611.2
70	1541.5	1124.8	1296.4	706.4
80	717.3	522.1	594.0	335.0

表 4　杜 66 区块(火驱)原油黏度对比表

温度/℃	不同原油黏度/(mPa·s)		
	汇管油	46-036 号井	1-39-47 号井
30	1357.2	12870.0	4129.7
40	602.7	5035.0	1730.9
50	310.1	1796.3	533.3
60	192.1	831.5	254.5
70	120.1	395.8	150.4
80	78.4	226.2	131.1
85	—	212.0	72.6

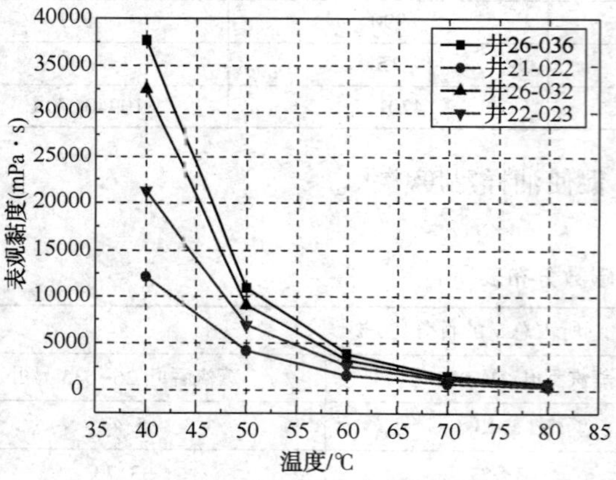

图 3　锦 45 块原油黏温关系图

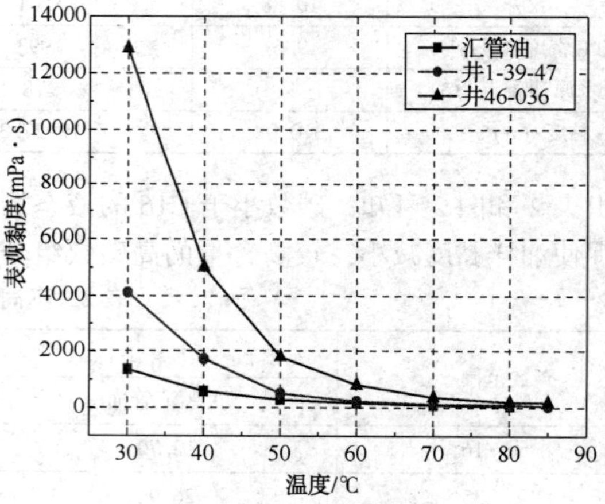

图 4　杜 66 块原油黏温关系图

由表 5、表 6 和图 5、图 6 数据分析得出：蒸汽吞吐稠油转相点分布范围约为含水率 20%~45%，转相点处表观黏度约为脱水原油黏度的 1.8~3 倍，含水率大于 80%时表观黏度均较小，为低温集输提供条件。

表 5　锦 45 区块(蒸汽吞吐)原油黏度与含水率关系对比表(50℃)

含水率/%	表观黏度/(mPa·s)			
	26-035 号井	21-022 号井	26-032 号井	22-023 号井
0	10589	4232	9046	6903
10	13266	5960	11368	8106
13	14243	7672	12641	9338

续表

含水率/%	表观黏度/(mPa·s)			
	26-035号井	21-022号井	26-032号井	22-023号井
15	15220	6709	13913	10570
20	16938	2101	17126	12273
25	18074	1117	20339	14363
30	24366	543	15571	4694
40	36155	318	8778	1061
45	39311	318	7264	741
50	35876	319	5749	421
55	32441	223	4225	320
60	25997	123	2701	201
70	4541	112	28	105
80	252	51	6	52

表6 杜66区块(火驱)原油黏度与含水率关系对比表(50℃)

含水率/%	表观黏度/(mPa·s)		
	汇管	1-39-47号井	46-036号井
0	310.1	532.5	1553.7
10	459.9	672.6	2897.9
20	626.2	948.5	3680.0
30	1016.5	1588.6	5330.5
40	2106.4	2556.7	7423.9
50	2618.8	3843.9	4295.2
60	1418.2	6278.2	3418.2
70	353.4	2689.6	1862.2
80	223.5	552.4	886.4
90	90.83	63.813	22.1

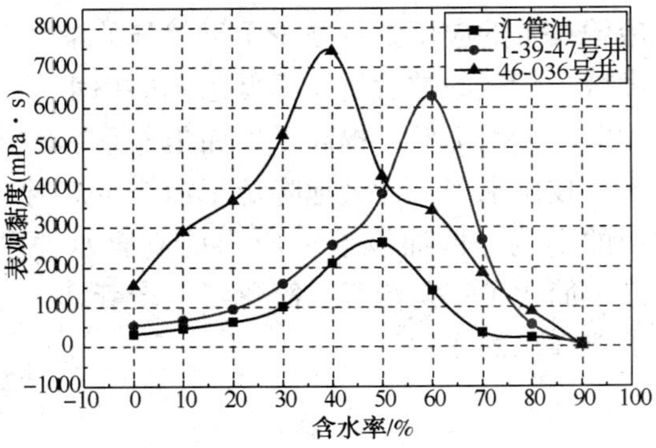

图5 50℃锦45块稠油转相曲线

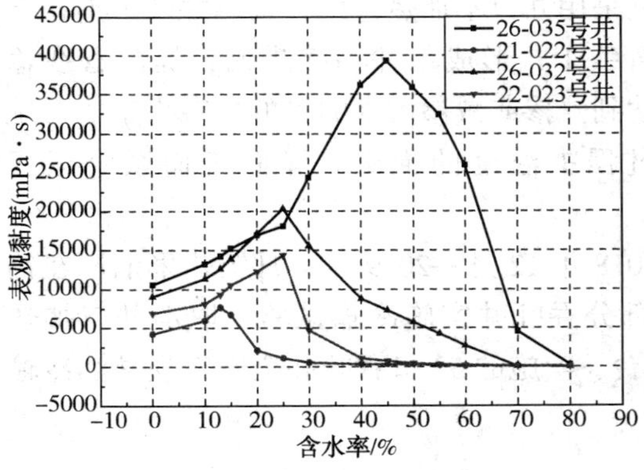

图6 50℃杜66块稠油转相曲线

火驱稠油转相点分布范围约为含水率40%~60%；含水率高于70%，表观黏度随含水率的增大变化幅度较小。油样在50℃、含水率大于80%时，黏度均在1000mPa·s以下，黏度降低，有利于油田进入高含水期的地面工程常温、降温输送较为有利，同时也为稠油扩大集输半径提供了条件。

2.2 集输工艺技术界限研究

通过多相流软件模拟集输管段运行工况，建立计算模型分析研究高含水期采出液在不同集输条件下的最大集输半径，确立集输技术临界条件。以锦 45 块稠油为例，区块综合含水 90%，根据流变特性可知，表观黏度处于低值，该种工况下有利于集输。对不同单井液量(5/d~100m³/d)输送距离与温降的关系进行分析。

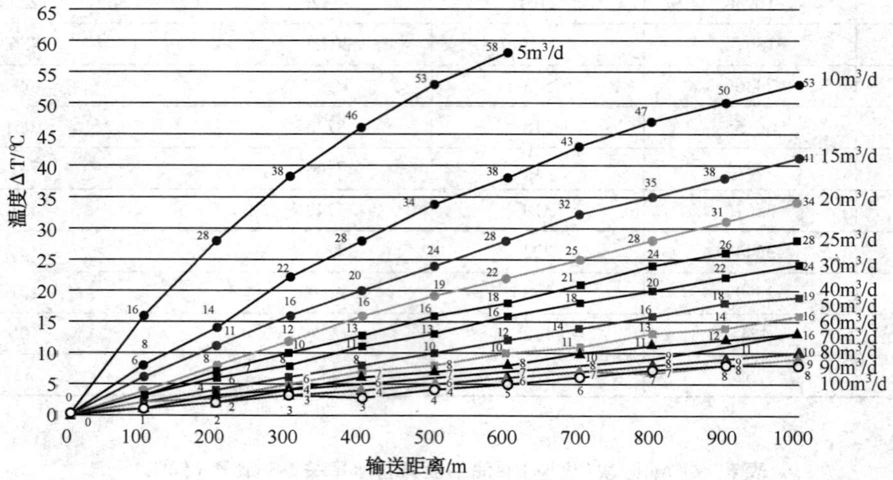

图 7　锦 45 块不同液量输送距离与温降图

由图 7 可知，管线输量低于 10m³/d 时，温度下降快，输送距离在 200m 时温度降低 14℃以上；管线输量高于 50m³/d 时，温度下降较慢，输送距离在 1000m 时温度降低不超过 16℃。锦 45 块井口出油平均温度 35℃，凝点为 15~18℃，若采用冷输管线温降不宜大于 20℃；锦 45 块井站之间集输半径基本在 400m 之内，因此单井管线输量以不小于 15m³/d 较为合适。

3　稠油冷输技术研究与现场应用

对于高含水的稠油区块，考虑以串接集油流程为依托。油井在井场计量，老井利用现有的集输管网采用井口不加热进站，调整井就近连接至老井管线上，形成单井串接进站，提高管线输量，达到停掺或减掺污水的目的，减少集输系统运行过程中温度的损失，降低集输系统运行能耗。

2018 年 12 月—2019 年 2 月锦州采油厂在锦 45 块部分吞吐井实施冷输试验，取消井口加热炉 37 台，实施的 53 口吞吐井全部实现稠油冷输进站，提高集输系统热效率 20%；同时停运掺水系统，降低地面集输系统运行成本。下一步锦 45 块集输系统冷输试验成果将在《锦采锦 45 块集输系统工艺优化》项目中全面推广，实施后集输半径由 100~500m 增至 1200m，可关停 21 座计量站、5 座接转站，分流员工 60 人，停运 338 台井场加热炉、11 台掺水泵、17 台掺水炉，预计节气 221.8×104m³/a，节电 334×104kW·h/a，节省能耗费用 646.5 万元/a。

4　结论

稠油冷输技术的研究与应用是辽河油田开发中后期油气集输系统降本增效的有力保障。稠油冷输技术的应用大量减少了天然气的消耗、大幅度减少管线的敷设量、降低系统的掺水量，使集输能耗大大降低，提高了地面集输系统的建设水平和技术水平，极大地降低了油气生产对自然环境的影响。稠油冷输适应当前高含水原油的输送，简化了工艺流程，简化了生产管理，起到了节能降耗的作用。

稠油密闭脱水工艺技术研究

张　旭

（中国石油辽河工程有限公司，辽宁盘锦　124010）

摘　要　辽河油田稠油联合站负荷率低、脱水效率低、吨油成本高三大主要问题，为实现降本增效目的，辽河油田开展稠油密闭电脱水工艺的探索。分析现有稠油脱水工艺主要能耗点及存在的主要问题，在传统电脱的基础上改造创新，通过现场试验验证稠油密闭脱水工艺的适应性，并能满足现场生产需要。

关键词　稠油密闭脱水；高频高压电脱水

序言

稠油脱水是原油初加工过程中的一个非常重要的工艺流程。目前，辽河、胜利、克拉玛依、塔河等油田稠油脱水处理普遍采用传统的大罐两段热化学沉降脱水工艺，部分联合站辅以大罐低温预脱水工艺。近年，各油田也对稠油脱水新工艺、新技术进行探索，辽河油田针对稠油两段热化学沉降脱水处理成本高的问题，开展稠油密闭脱水工艺技术试验研究，为稠油脱水工艺研究奠定坚实的理论基础，为下一步工业化实施提供技术支持。

1　生产现状及急需解决的问题

1.1　稠油联合站设计规模与实际处理量规模不匹配问题

辽河油田稠油联合站共 13 座，其中负荷率低于 40%共 8 座，负荷率为 41%～50%之间共 2 座，负荷率为 80%～90%共 2 座，负荷率高于 100%共 1 座。依据近 3 年的生产情况分析，联合站平均负荷率维持在 40%左右，仅有 2 座联合站负荷率在适宜范围内。

1.2　稠油脱水工艺效率较低

由于稠油脱水主要采用大罐热化学沉降脱水工艺，脱水机理依托的是化学药剂破乳+重力沉降脱水原理。这种脱水技术主要的特点是需要大罐作为稠油脱水的载体，其稳定性好，适宜油田生产不稳定的生产条件，因此，目前稠油脱水普遍采用该种工艺方式。随着生产工况的不断变化，该种脱水工艺存在脱水时间长，效率低、占地广等问题。

2.3　稠油热化学沉降脱水工艺高能耗

联合站一段脱水温度达到 60～80℃，二段脱水温度达到 80～90℃，脱水时间 32～84h，大罐温降 5～10℃，加药量 80～180ppm，造成运行成本虚高。经统计，各联合站平均吨油处理成本为 30.98 元，曙五联、曙四联吨油处理成本高达 63.83 元。

分析联合站运行参数总结出联合站主要能耗环节共有 5 处，具体见图 1。

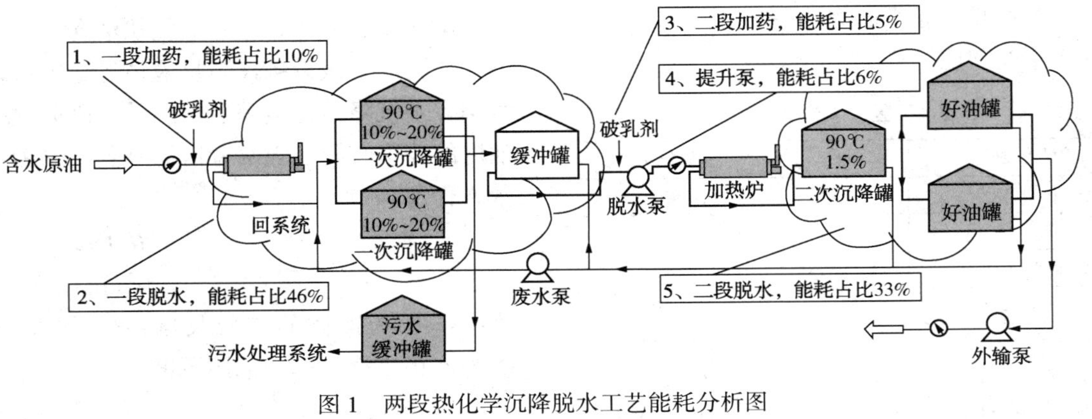

图 1　两段热化学沉降脱水工艺能耗分析图

作者简介：张旭，女，中级。2004 年毕业于辽宁石油化工大学储运专业，获学士学位。现在中油辽河工程有限公司油气储运所，从事油气田地面工程设计工作。E-mail：lh_ zhang_ xu@ petorchina. com. cn。

2 高压高频电脱水工艺技术研究

2.1 高压高频电脱水理论研究

高压高频电脱水工艺的破乳机理是在与传统电脱水工艺破乳机理的基础上加以改进。电破乳机理为，第一偶极聚结，在高压交流电场中，原油乳状液中的水滴受电场力的极化和静电感应，使水滴两带上不同极性的电荷，水滴两端受正负极的吸引，水滴产生拉长变形，削弱了界面膜的机械强度，使水滴从原油乳状液中分离出来，进而形成水链最后完成水滴聚结聚并的过程；第二振荡聚结，通过改变场强的方向，水滴中的正负离子不断的周期性的往复运动，使水滴两端的电荷极性发生响应的变化，并使其机械强度降低甚至破裂，水滴相撞而聚结成大水滴，在电场中完成聚结，从而使水滴从原油中得以分离。而影响电场的主要参数为电压、频率、占空比，电压与电极板之间的间距的比值确定了场强大小，场强是影响水滴变形的主要因素，水滴变形进而发展为水滴界面膜破裂，而影响破裂的两个应力为麦克斯韦切向应力和麦克斯韦法向应力，因此，电场对以上两个应力影响程度是原油破乳的关键。频率是单位时间内改变场强方向的次数，频率越高水滴在场强中的运动越剧烈，当电场频率与水滴频率相同时，就会产生共振进而实现水滴与油滴快速分离。占空比是确定场强作用在原油乳状液上的时间，占空比越短，则场强作用的时间越短，反之，占空比越长则场强作用时间越长。

2.2 高压高频电脱水试验装置设计

针对该项脱水技术开展试验装置设计，在辽河油田选定高一联合站三区原油介质作为试验装置的设计模型。

2.2.1 高压高频电脱水试验装置设计基本参数

（1）高一联三区原油物性

三区原油物性见表1。

表1 三区原油物性表

检测参数		单位	检测结果
密度(20℃)		g/cm^3	0.932
凝点		℃	5
蜡含量		%	3.46
胶质+沥青质含量		%	29.12
原油黏度	40℃	mPa·s	348~651
	50℃	mPa·s	194~342
	60℃	mPa·s	119~194
	70℃	mPa·s	72~117
	80℃	mPa·s	47~74

（2）试验装置基本参数

设计规模：10m^3/h，含水率，85%~95%；一段运行脱水温度，40~60℃；一段脱水指标，≤30%；二段脱水温度，70~80℃；二段脱水指标，≤1.5%。

2.2.2 高压高频电脱水试验装置设计

（1）原油电脱水基本原理

本实验装置研制的分离器包含沉降分离和电脱分离。

（2）沉降分离

水珠在油层中沉降时所受的黏滞阻力为：

$$f=6\pi\gamma\mu\nu$$

式中：f为黏滞阻力；γ为水珠粒径；μ为原油黏度；ν为水珠的沉降速度。

水珠在油层中的沉降速度不断增加，所受阻力不断增加，当水珠所周的重力、浮力和黏滞力的合力为0时，水珠的沉降速率达到最大值。当流体处于层流状态时，水珠的沉降速度满足斯托克斯公式：

$$\nu=\frac{2\gamma^2(\rho_1-\rho_2)g}{9\mu}$$

式中：γ为水珠粒径，cm；μ为原油黏度，10^2 mPa·s；ν为水珠的沉降速度，cm/s；g为重力加速度，980cm/s^2；ρ_1为水相密度 kg/L；ρ_2为油相密度 kg/L。

其中雷诺数 $Re=\frac{\rho_2 D_m \nu}{\mu}$，带入上式得：

$$\nu=\frac{D_m\gamma^2 g(\rho_1-\rho_2)}{18\mu}$$

式中：D_m为水珠粒径，取100μm。

（3）罐体尺寸的设计

本实验装置所处理原油乳状液含有少量的溶解气，因此，该设备仅满足液体容量方程。要使水滴完全沉降，必须满足水滴的沉降时间不大于油层的停留时间，当两者恰为临界值。液体的容量方程为：

$$\frac{\pi D^2 L_{效}}{4}=2(Q_2+Q_1)\frac{H_2 18\mu_2}{g D_m^2(\rho_1-\rho_2)}$$

式中：$L_{效}$为罐体的有效长度；Q_2为油相流量；Q_1为水相流量；H_2为油层厚度。

（4）罐体尺寸的确定

依据装置设计基本参数要求，计算得出该装置$L_{效}$=6m，容积V=10m^3，罐体直径D=2m。

（5）电场参数的设计

对于水滴极化变形的研究，是电聚结过程液滴聚并及破乳机理研究的基础。通过总结电场参数与液滴聚并、破乳的效果确定电压、频率、占空比的参数范围。通过对试验数据，总结电压幅值、电场频率、占空比三个基本参数与液滴变形的曲线关联关系，并对主要参数的设置进行设定。电压幅值、电场频率、占空比三个基本参数与液滴破乳、聚并关联关系见图2。

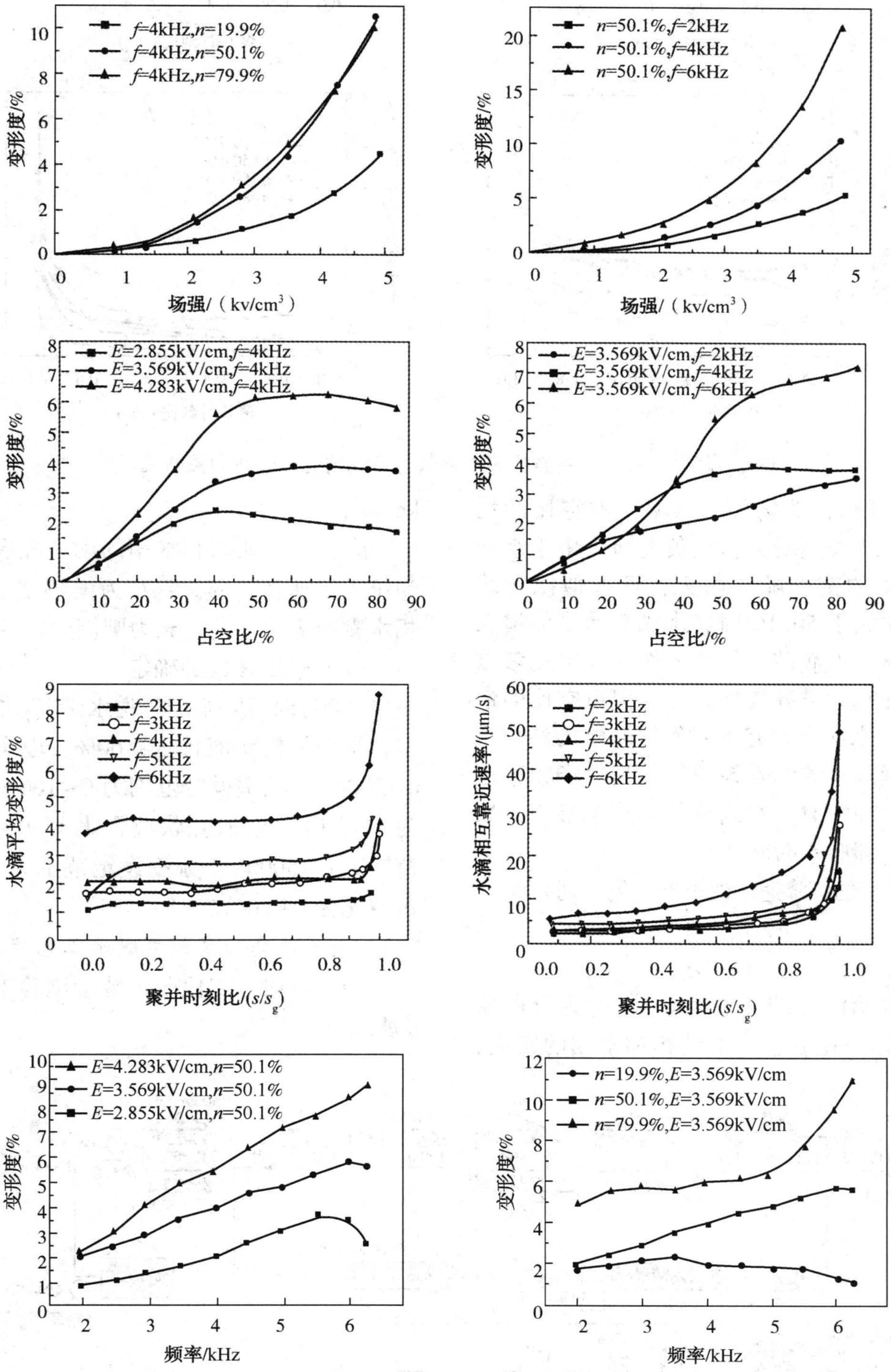

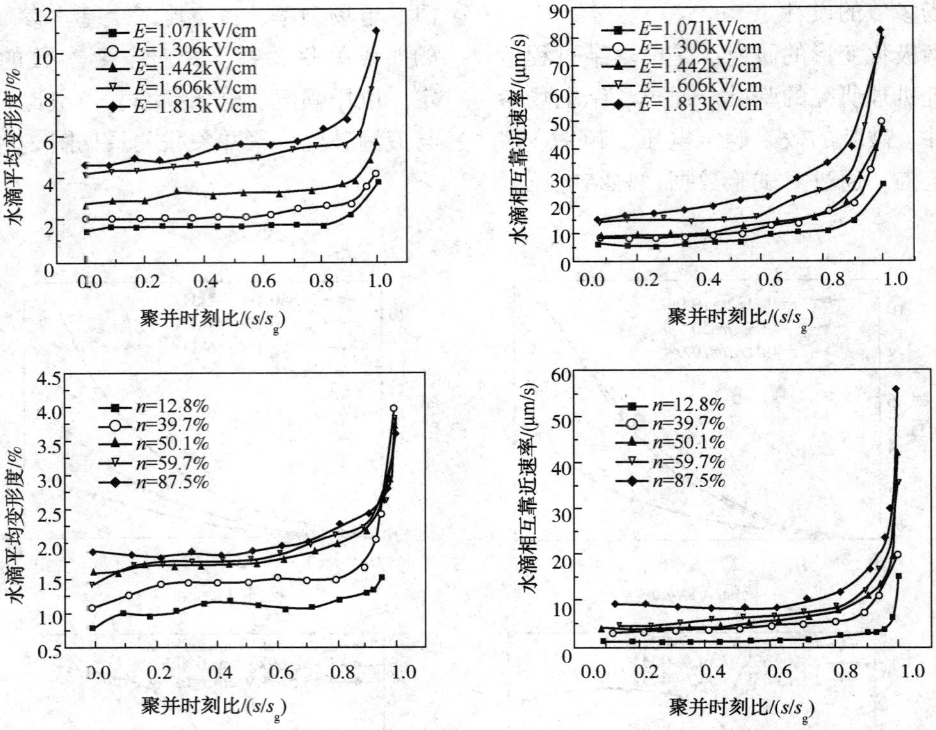

图2　场强、频率、占空比等电参数与液滴破乳、聚并的关联关系

由图2可知，随场强、频率、占空比的增加，水滴的极化作月增强，正负电荷集中于水滴的两极，水滴的变形随之增大，且近似抛物线型，当占空比大于50.1%时，水滴变形度的增大趋势较不明显。液滴破乳起主要作用的电场参数为场强，场强越大破乳效果越好，但占空比的最高值为50%。水滴聚并起主要作用的电场参数为频率，频率越高聚并的效果越好，当电场频率达到乳状液水滴频率时，水滴聚并的速率最快，聚并时间越短，即脱水时间越短。

电场对油滴的沉降速率的影响，见下列方程：

$$V_m = \frac{12QE}{\pi d_w} \cdot \frac{1}{\rho_w}$$

式中，V_w为水滴沉降的速度，m/s；d_w为分散相水颗粒的粒径，m；ρ_o、ρ_w为油相和水相的密度，kg/m^3；

μ_o、μ_w为油相和水相的动力黏度，Pa·s；g为重力加速度，m/s^2；E为电场强度；q为分散相水颗粒表面电荷；π为圆周率。

（6）电场参数的确定

本实验高压高频电脱水装置共分为两种类型，即原油乳状液含水≥60%，电压设定范围为0~2000V，频率设定范围为0~10000Hz，占空比为0~20%；原油乳状液含水≤30%，电压设定范围为0~5000V，频率设定范围为0~15000Hz，占空比为0~50%。

2.3　高一联高压高频电脱水工艺试验研究

（1）一段、二段脱水装置试验工艺流程如图3所示。

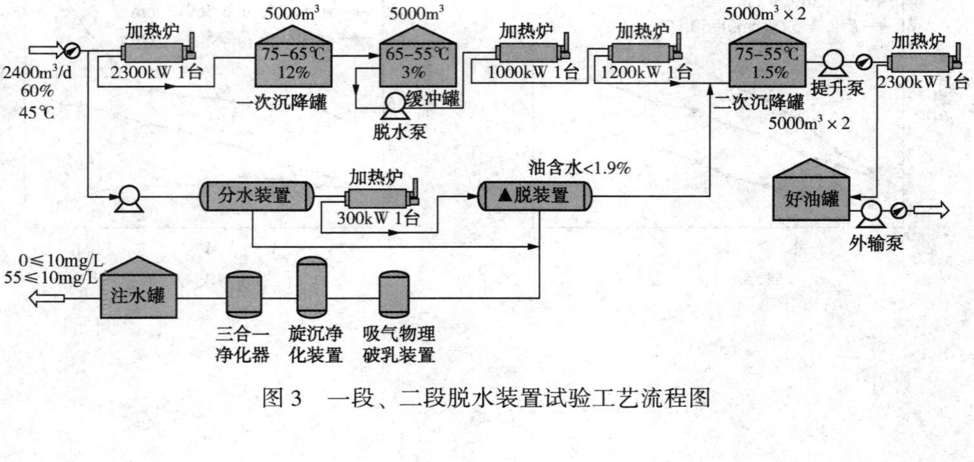

图3　一段、二段脱水装置试验工艺流程图

（2）脱水试验数据

一段分水装置进出口指标试验数据见图 4。

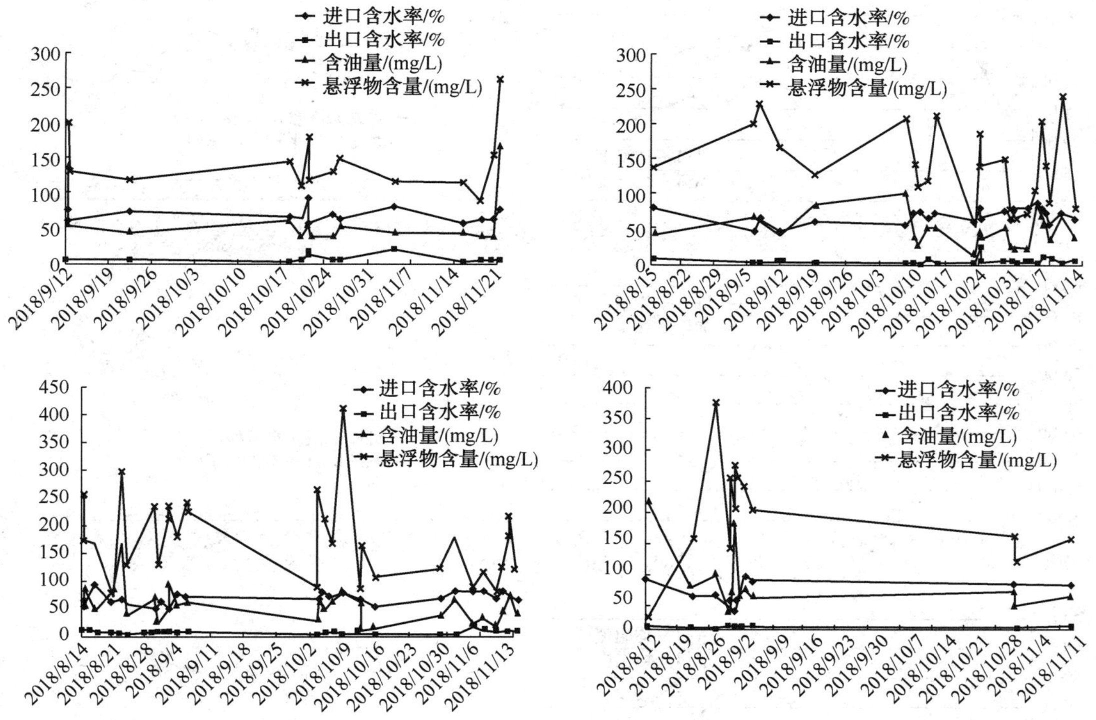

图 4　一段脱水温度与原油出口指标参数关联关系

二段精脱装置脱水温度与出口含水指标关系见图 5。

（3）脱水试验结论

① 原油进口含水率在 50%～90%，一段原油出口含水率为 6%～12%，水中含油量≤100mg/L，水中悬浮物≤500mg/L（图 4）；二段原油含水率在 4%～11%，原油出口含水率≤1.5（图 5）。

② 高压高频电脱水装置：

一段装置电场参数：电压≤1000V，频率 6000Hz，占空比为 10%。

二段装置电场参数：电压≤2000V，频率 8000Hz，占空比为 30%。

新型高压高频电脱水工艺技术创新点

以电场破乳聚结基本原理为依托，通过调整电场主要参数改进原有电脱水技术，形成新型高压高频电脱水处理工艺技术。新型电脱水技术创新点共分为以下六点。

第一、打破原油电脱水工艺应用的技术界限，原有电脱水方法只适用于处理油包水型乳状液，其含水率小于 30%，新型高压高频电脱水工艺原理可处理水包油型乳状液，处理原油含水率可达 95%。

第二、突破处理介质的应用范围，原油电脱水器仅在低含水稀油中得以应用，为了克服高压电极板击穿现象，采用电压控制系统，即监测电极板间的电流，当电流超过设定值时，PLC 控制系统对电压值调整直至满足电极板不击穿条件，从而保护电极板。

第三、在原油电脱水内部结构的基础上，依据新型高压高频电脱水的技术原理在原有电破乳功能的基础上，增加电聚结技术，通过两种技术的集合，可使水滴聚并时间缩短从而达到高效脱水的目的。因此在装置内部结构设计中进行改进，并将电极板聚结功能增加至装置底部。

第四、整合电脱水器内部结构采用分区设置，装置共分为三个区域即低压高频区、高压低频区、电聚结区域。低压高频区主要处理水包油型乳状液，高压低频区主要处理油包水型乳状液，电聚结区域主要作用为将低压高频区、高压低频区破乳后的小水滴水链产生聚结形成大水滴，从而达到油水分离的目的。

第五、电极板的控制保护。对于含水较高的油包水型乳状液，所需电场环境与低含水油包水型乳状液是不同的，因此电场由传统的交流+直流调整为交流。

第六、依据原油乳状液含水率的不同，新型高压高频电脱水装置设计分为两种装置，即一段分水装置、二段精脱装置。

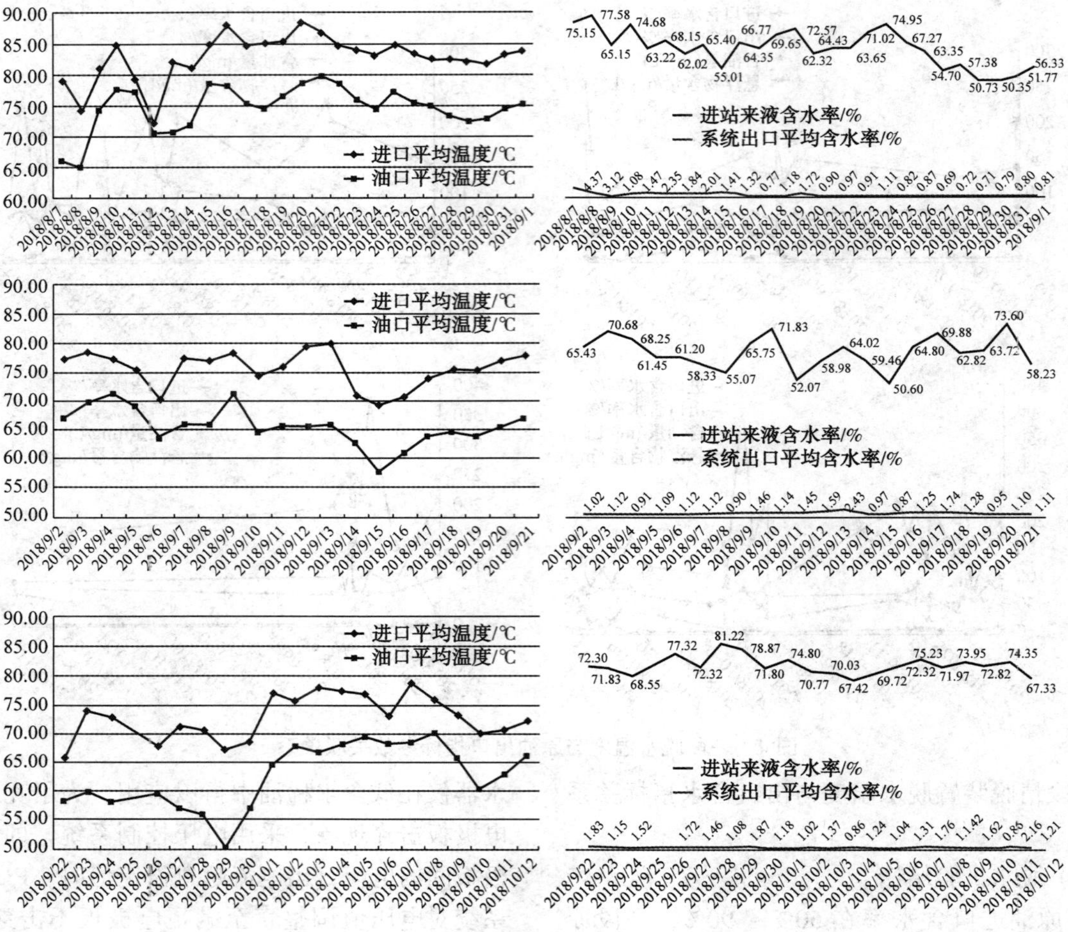

图 5　二段脱水温度与原油出口含水率关联关系

分水装置主要处理含水较高的油包水型乳状液，即含水率≥30%，精脱装置主要处理低含水油包水型乳状液，即含水率≤30%。分水装置内部结构主要采用低压高频区域，通过低压产生低能电场，使水滴携带电荷开始与油滴分离，并通过高频震荡将分离的水滴形成水链，通过电聚结区域，将水链进一步聚结成大液滴进而将大量的游离水与油滴分离。为防止击穿电极板设定恰当的占空比，有效控制电场的作用时间，达到乳状液分离出大量游离水的效果。精脱装置内部主要结构采用高压低频区及电聚结区域，与分水装置不同的是，作用在油包水型乳状液的场强要高于分水装置，油品密度越高，黏度越大，作用在游离水所需的场强、频率、占空比越大。

第七、优化原油脱水工艺参数。联合站稠油一段脱水温度平均降低 25℃，脱水时间由原有 30h，降低至 2～2.5h，二段脱水时间由 48h，降低至 4h，该套工艺流程无需加药。

4　结束语

稠油密闭脱水技术在高一联中试取得较好的效果，该项技术初步表明适用于高含水稠油脱水，两段热化学沉降脱水工艺吨液运行成本为 4.36 元/t，两段稠油密闭电脱水工艺吨液运行成本为 1.63 元/t。稠油密闭预脱水技术在曙五联五区已成功应用，该项目的实施降低稠油一段处理吨液成本 50%，节约成本 349.8 万元/a。该项技术可在节能降耗的同时，提高脱水效率、密闭率，降低油品呼吸损耗，减少大罐更新改造等投资，对辽河油田降本增效具有重要意义。

稠油密闭预脱水技术在国内稠油脱水技术领域尚属首创，该项技术是将稠油脱水工艺由传统二段大罐热化学沉降技术向密闭电脱水技术发展的重大转型，是稠油脱水工艺技术的一次革命，该项技术的工业化实施标志稠油开发技术领域进入新的里程碑。

参 考 文 献

[1] 孙治谦．电聚结过程液滴聚并及破乳机理研究[D]．青岛：中国石油大学(华东)，2011.

[2] 陈世伟．高频电聚结式油气水三相流分离器的仿真研究[D]．青岛：中国石油大学(华东)，2015.

[3] 孙治谦，金友海，王振波．高压脉冲静电破乳过程水滴破碎临界电场参数[J]．中国石油大学学报：自然科学版，2013，37(1)：134-138.

[4] 金友海，胡佳宁，孙治谦．高压高频脉冲电脱水性能影响因素实验的研究[J]．高校化学工程学报，2010，24(6)：917-922.

[5] 孙志英，高频聚结装置[J]．油气田地面工程．2014，33(5)：104.

[6] 熊豪，张宝生，陈家庆．三相分离器内置静电聚结原油脱水技术研究[J]．石油机械．2016. 44(8)：108-112.

[7] 卢洪源．高频电聚结原油脱水工艺研究[J]．石油工程建设．2018，44(3)：41-46.

[8] 朱宝森，王新宇，陈庆国．高频脉冲原油电脱水供电控制技术与装置研制[J]．哈尔滨理工大学学报，2012，17(4)：8-12.

[9] 陈健，梁志珊．原油电脱水高频高压脉冲电源研究[J]．电源技术，2009，25(3-1)：141-143.

[10] 樊春燕，陈美然．原油电脱水高频高压脉冲电源控制器设计[J]．石油化工自动化，2011，47(2)：48-50.

稠油区块选择性堵水技术的改进与应用

吴松毓　刘长环　张淑颖

（中国石油辽河油田分公司锦州采油厂，辽宁　盘锦　124010）

摘　要　该成果针对锦州油区稠油区块选择性堵水技术因开采条件发生变化导致堵剂适应性变差的问题，通过改进堵剂配方，形成复合选择性堵水技术，实现油井的正常生产。形成以下自主技术创新：(1)向原配方中添加增强剂，提高堵剂适应性；(2)改进了段塞式施工工艺，在保证措施效果的同时节约成本；(3)研制复合堵水技术，封堵稠油区块大孔道，提高堵剂封堵率。

关键词　稠油区块；选择性；堵水；复合

引言

锦州油区稠油区块共有油井2219口，开井1149口，平均单井日产液17.9m^3，日产油1.4t。从2011年至2016年，锦州油区稠油区块综合含水已由90.31%上升至95.13%，部分油井甚至已经超过98%。以上数据表明，油井高含水是锦州油田开发的一个主要矛盾，而以稠化油堵水为代表的选择性堵水，作为一项无需配合注汽的堵水措施，由于其堵水而不堵油的特性，近些年在我厂广泛实施，并在锦16(于)和欢17(兴)区块并取得了较好的效果。但在其他稠油区块效果不明显，且自2016年以来，堵剂在稠油区块的适应性逐年变差。因此，提高选择性堵水技术的适应性对于在稠油区块的应用具有重要意义。

1　选择性堵水在稠油区块适应性变差的原因

(1) 油井含水不断上升，原有堵剂不能适应现有高含水开发条件

锦州油田稠油区块由于地层受水长期冲刷，形成了次生大孔道，波及系数降低，油井含水迅速上升，目前已经超过95%，堵剂强度不足以适应现有高含水开发条件，导致原有堵剂堵水效果变差。

(2) 原有堵剂受区块地层物性影响，堵水效果较差

地层的水矿化度、地层温度、原油黏度均能影响堵剂与原油形成乳状液的黏度与稳定性，稠油区块地层原油黏度过高，某些地层水矿化度、地层温度不利于形成高黏度的乳状液，导致乳状液黏度不足以封堵高含水层，堵水效果不理想。

(3) 原有施工工艺不能使药剂与稀原油充分混合

原有的“药剂+稀原油”2段段塞式施工工艺，药剂未能与稀原油充分混合，影响乳状液的黏度，导致堵剂封堵率不能达到目标要求。同时易导致注入的稀原油不能完全发挥作用，浪费成本。

(4) 油层孔隙度较大，原有堵剂不能有效形成堵水屏障

锦州油田属于低渗透非均质砂岩油藏，在开发过程中，由于次生大孔道的形成，加剧了注采矛盾，导致注入水、注入蒸汽沿大孔道、裂缝向油井突进，波及系数降低，原选择性堵水体系不能有效形成堵水屏障，导致堵水效果较差。

2　主要研究内容

2.1　新型选择性堵水技术

2.1.1　配方改进

针对原选择性堵水不能适应现有高含水开发条件的问题，向原配方中添加增强剂，形成新型选择性堵水技术，提高堵剂在现有开发条件下的堵水强度。

对八种不同的增强剂的乳化性进行分析，发现聚氨酯树脂、糠醇树脂和聚丙烯酸钠树脂可以与乳化稠油均匀混合。再分析添加这三种增强剂后堵水体系的吸水性(表1)，发现添加聚丙烯酸钠树脂后，体系的吸水性最好。

作者简介：吴松毓(1991-)，男，中级工程师，现从事油田化学专业工作。E-mail：806926072@qq.com。

表1　添加三种增强剂后堵水体系在不同介质中的吸水率　%

不同介质	聚氨酯树脂	聚丙烯酸钠树脂	糠醇树脂
自来水	140	180	110
蒸馏水	650	680	600
4%KCl	60	71	50
8%KCl	30	32	20

分析聚丙烯酸钠树脂的黏温性和溶液黏度随时间变化关系(图1)，最终确定聚丙烯酸钠树脂的浓度为0.8%。

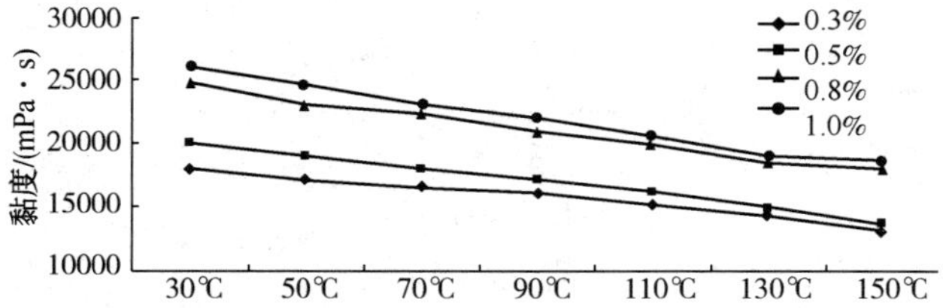

图1　堵剂黏温性曲线

2.1.2　施工工艺改进

将原有的“药剂+原油”塞式施工工艺改进成“药剂+原油+药剂+原油”段塞式施工工艺，其目的是使药剂与原油充分混合。施工工艺改进后，措施效果明显提高。并且每井次稀原油使用量有所减少，在保证效果的同时节约成本。

2.2　复合堵水技术

针对油井油层孔隙度较大，原选择性堵水体系不能有效形成堵水屏障的问题，在改进后选择性堵水配方的基础上先进行暂堵预处理，形成复合堵水技术，封堵稠油区块大孔道，提高堵剂封堵率。

2.2.1　暂堵剂的筛选

根据欢西油田储层物性及其暂堵剂的自身特性筛选暂堵剂，分别对四种暂堵剂的水溶性(与地层水)、油溶性(模拟油)、表面活性及黏度进行室内实验。

暂堵剂BS100和暂堵剂BK、暂堵剂WF都与地层水、油都有良好的配伍性，相对暂堵剂WF而言，暂堵剂BS100和暂堵剂BK具有较低的界面张力，这样有利于返排。因此初步选择暂堵剂BS100和暂堵剂BK作为本次实验所用暂堵剂进行下一阶段的性能评价。

2.2.2　暂堵剂的耐酸性实验

常温下，取50mL的蒸馏水与200mL的浓度约为35%浓盐酸，配制成浓度约为10%的稀盐酸；再取油溶性暂堵剂BK(浓度5%)和油溶性暂堵剂BS100(浓度5%)分别置于稀盐酸溶液中浸泡24h，测定堵剂与酸液的溶解率，测定耐酸性；再浸泡48h，测定堵剂与酸液的溶解率，测定耐酸性。经过48h浸泡以后发现暂堵剂BK具有沉淀生成而暂堵剂BS100具有良好的可溶性，说明暂堵剂BS100具有良好耐酸性。

2.2.3　暂堵剂抗高温降解能力实验

取两种型号油溶性堵剂20g放于不同温度的干燥箱中，实验温度分别为50℃、80℃、100℃，放置24h后，观察两种油溶性暂堵剂的状态。暂堵剂BS100下形态没有变化，暂堵剂BK表面无变化，而暂堵剂BK在80℃开始表面出现软化现象。说明BS100暂堵剂具有良好的抗高温降解能力。

综上，选择BS100作为该技术的暂堵剂配方。

2.2.4　暂堵剂的排量控制

随着暂堵剂注入量的增大，暂堵剂侵入深度越深，暂堵效果就越好。综合考虑，建议现场选用注入量0.5PV为佳。

2.2.5　暂堵剂的浓度

堵剂的注入浓度不同，作用于同一岩芯产生的作用效果是不一样的；同时暂堵剂的注入浓度越大就会增加现场施工成本。在实验中选取渗透率相近的人造岩芯在相同的实验条件下，测定不同浓度暂堵剂对人造岩芯暂堵率影响。随着暂堵剂浓度增大封率也随之增大，暂堵剂浓度从2%到4%，封堵率从69.00%增加到78.98%提高了8.98%，而浓度4%~5%封堵率达到了91.41%，封堵率提高了12.43%，因此综合考虑，建议现场使用浓度5%的暂堵剂BS100。

2.2.6　焖井时间

从暂堵剂在6h左右黏度上升至最大值，在12h后黏度开始逐渐下降，16h后迅速下降。因此现场在使用暂堵剂8~16h之内进行选择性堵水。

复合堵水技术的施工方法为：先将5%的BS100暂堵剂以0.5PV的排量注入油井，焖井8-16h，再实施改进后的选择性堵水技术。

3　现场应用情况及效果评价

2017—2018年在锦州油区稠油区块共实施改进后选择性堵水技术28井次，措施投入118.99万元，增油5538t，累降水13015.7m^3。新增产值609.18万元，节支总额15.62万元，创经济效益505.81万元。取得较大的经济和社会效益，具有良好的应用前景。

4 结论

（1）该项目形成三方面技术创新，授权发明专利2件，整体达到国内领先水平。

（2）通过改进选择性堵水，增油5538t，累降水13015.7m^3，经济效益显著，具有较高的技术经济先进程度。

（3）所有研究已在现场进行了推广应用，通过验证，转化推广应用程度较高。

（4）该技术在高黏度稠油区块的成功应用，为提高稠油开发水平提供了工艺技术保障。

参 考 文 献

[1] 赵福麟. 采油用剂[M]. 北京：石油大学出版社，1997：27-43，57-76.

[2] 白宝君，高玉军，等. 调剖剂对非目的层伤害的防治方法[J]. 石油学报，1998，19(3)：61-67.

[3] 高玉军，马春宝，等. 高选择性乳化稠油堵水技术[J]. 油田化学，1997，14(3)：224-229.

稠油热采井高温固砂技术研究及实践

刘　恒　殷　伟　刘　伟　刘启林　徐振宇

（中国石油辽河分公司油田曙光采油厂工艺研究所，辽宁 盘锦　124109）

摘　要　油井出砂是稠油开发的主要矛盾之一，根据2019年5月最新数据，曙光稠油热采井总数3175口，有出砂记录的油井总数1746口，占比55%。出砂导致油井产量下滑，频繁冲检，生产时率降低，作业费用增加。大量出砂导致套管损坏，截至目前，曙光稠油套坏油井总数1028口，套坏率为32%。本文针对曙光稠油热采井普遍出砂、套损率高的开发矛盾，根据不同区块储层特征、出砂类型、出砂程度和生产状况等方面进行全面分析，研究实施高温固砂技术。通过一系列组合实验，研制出酚醛树脂+有机硅+碳酸钙的固砂体系，同时优化施工工艺，个性化设计单井注入参数。现场实施后，显著降低了出砂井砂卡频次，提高了出砂井周期生产天数和周期产量，解决了曙光稠油热采井的出砂问题。

关键词　稠油热采出砂井；高温固砂；固砂剂用量和浓度；防砂有效期

前言

曙光稠油累计探明含油面积55km^2，地质储量2.6×10^{8}t，是一个多套含油层系、多种油品共存、多样开发方式的复杂断块油田，年产油184×10^{4}t，是曙光油田完成200×10^{4}t产量规模的主导力量。截至2019年5月，曙光稠油共有油井3175口，出砂井总数1746口，占比55%。出砂井中严重出砂井611口，占比35%；轻微出砂井1135口，占比65%。单井最大冲砂量4m^3，地层砂粒径0.1～0.4mm。出砂导致油井产量下滑，频繁冲检，生产时率降低，作业费用增加。大量出砂、高强度注汽、早期N80套管完井强度偏低，导致油井套坏严重，曙光稠油套坏油井总数1028口，套坏率为32%。为满足稠油热采出砂井，尤其是套变井的防砂需求，多年来，我们开展了稠油热采井高温固砂技术研究与实践。

1　新型稠油固砂剂的研制

通过查阅文献以及多年研究成果，赴胜利、青海、克拉玛依等油田调研，调研结果表明，大部分耐高温树脂及相关的添加剂，都可用于制造耐高温固砂剂。通过室内试验，筛选出以下几种材料，作为研究的重点。树脂材料（酚醛树脂、糠醛树脂）、充填剂（二氧化硅、碳酸钙）、耦合剂（三氨基丙氧基三乙氧基硅）、助剂（酒精，用于助溶、稀释）。在固化温度150℃、固化时间8h、地层砂粒度中值为0.23mm（杜813-44-74井地层砂样）的实验条件下，通过一系列组合试验，筛选出酚醛树脂+有机硅+碳酸钙的固砂体系。该稠油固砂剂外观为乳白色粉末，主要成分为碳酸钙、有机硅和酚醛树脂。采用碳酸钙粉末作为支撑剂，先涂抹酚醛树脂，挥发干燥后再涂抹有机硅，形成新型稠油固砂剂。实验数据表明（表1），该固砂剂体系抗压强度5.9MPa、渗透率612mD，综合性能优于其他三个样本。

表1　不同固砂剂体系实验数据表

固砂剂体系	抗压强度/MPa	渗透率/mD	耐温/℃
酚醛树脂+二氧化硅	6.1	599	350
酚醛树脂+碳酸钙	5.9	612	350
糠醛树脂+二氧化硅	4.3	556	350
糠醛树脂+碳酸钙	4.1	530	350

2　固砂机理及主要技术指标

2.1　固砂机理

机理一：地层砂表面的有机化处理。有机硅在进行反应时，烷氧基（-X）与水形成硅醇，硅醇与砂子表面的羟基作用形成氢键并继续反应形成共价键，使砂子表面有机化，大大地增加了砂子与有机树脂的亲和力。

机理二：酚醛树脂固化胶结地层砂。经反应的地层砂表面带有三氨基丙基基团（-R），它与

第一作者简介：刘恒（1969-），男，高级工程师，从事油气田开发工艺技术科研及推广工作。E-mail：liuheng@petrochina.com.cn。

酚醛树脂有强烈的亲和性，在加热条件下，酚醛树脂的羟甲基活性基团(—CH_2OH)可继续反应，固化为不溶的三维体型结构，将原来松散的地层砂彼此胶结在一起，形成具有一定强度和渗透率的人工井壁(图1)，从而达到防砂的目的。

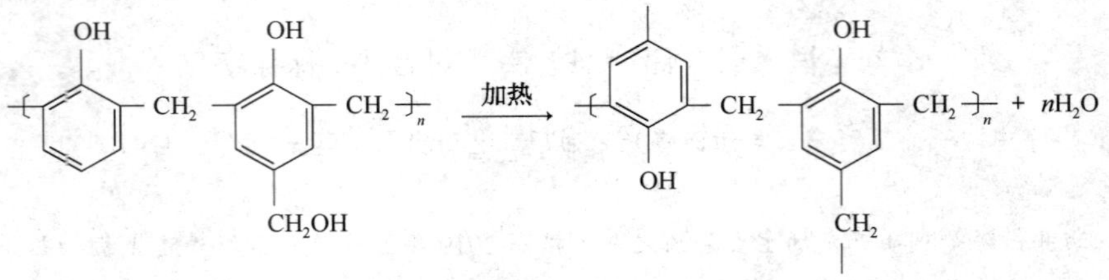

图1　酚醛树脂胶结固化反应方程式

2.2　主要技术指标

外观为乳白色固体粉末。280目过筛率大于95%（粒径小于0.05mm）；pH值：13~14；强碱性苯抽提物≥8%；固体含量≥82%；固化温度150℃(8h)；耐温350℃。配液浓度10%条件下，抗压强度：5.8MPa；渗透率：612mD，渗透率损失13.9%。

3　室内评价实验

3.1　配液浓度对固结体抗压强度和渗透率的影响实验

按不同溶度的固砂剂与地层砂制成岩芯，测定其抗压强度和渗透率，为使用溶度提供参考依据。实验结果表明(表2)，抗压强度随配液浓度增加而增大，渗透率随配液浓度增加而减小，综合考虑抗压强度和渗透率损失，使用溶度控制在6%左右。如果使用浓度6%，抗压强度3.5MPa，大于一般油井的生产压差，基本满足现场需求，关键在于渗透率损失仅为5%。

表2　不同配液浓度实验数据表

使用浓度		3%	4%	5%	6%	7%	8%	9%	10%
固结前渗透率 $K1$(mD)		711	711	711	711	711	711	711	711
固结后	渗透率 $K2$/mD	704	697	688	675	667	643	620	612
	抗压强度/MPa	2.3	2.8	3.2	3.5	4.2	4.9	5.5	5.9
渗透率损失($K1$-$K2$)/$K1$		1.0%	2.0%	3.2%	5.1%	6.2%	9.6%	12.8%	13.9%

3.2　固结强度与温度的关系实验

用固砂剂与地层砂制成岩心，放到高温高压水热合成反应釜中，考察不同温度下岩心的固结强度，分析固砂剂固化与温度的关系。实验结果表明，固砂剂80℃开始固化，固结强度迅速增加，150℃时，强度达到5.7MPa，当温度继续升高至320℃，强度缓慢增加至5.9MPa。

3.3　固砂剂耐温性能评价

将岩心恒温350℃，每隔一天取出，测定抗压强度，评价其高温稳定性。实验结果表明，岩心抗压强度6d内稳定在5.6~5.9MPa，耐温性能可靠。

4　现场实施效果分析

4.1　现场施工工艺

由于稠油固砂剂固化需要150℃温度条件，稠油井固砂工艺在注汽即将结束时施工，预留50~60m^3顶替量，停炉施工，施工结束后继续注汽至设计注汽量。施工过程中，按照设计浓度，现场配液。

4.2　现场实施效果分析

针对稠油区块油井普遍出砂的开发矛盾，曙光油田近5年年平均实施高温固砂技术40井次，措施有效率93%。周期生产效果分析：平均单井周期生产天数延长17.7d，冲检周期延长41.3d，周期对比单井增油28.5t。防砂有效期内效果分析：防砂有效期平均1.5个吞吐周期，有效期内单井产油930.7t，措施增油331.7t。

4.3　典型井例分析

杜80-22-64井是杜80兴隆台的一口严重出砂井，2016年4月高含水关井。2017年6月大修扩孔开井，进行第18周期吞吐，2017年10月17因砂卡关井。2017年11月26日作业热采进行第 19 周期吞吐，冲砂井段：916.42 ~ 1017.54m，冲砂厚度：101.12m，出口返出 1.5m^3 地层砂，砂埋全部油层。第 19 周期生产过程中，分别于 2018 年 2 月 3 日和 2018 年 5 月 9 日再次砂卡，两次检泵累计冲砂 107.62m，冲砂量 0.7 m^3。

2018 年 9 月 14 日实施稠油井固砂技术并进行第 20 周期吞吐，固砂剂用量 1.5t，配液浓度 6%，现场配液 25m^3，采用降低配液浓度、扩大处理半径的施工模式。

措施后已正常生产 81.2d，累产液 1322.2t，累产油 355.8t，同期对比增油 95.1t，截至目前，未出现砂卡检泵、因出砂导致吞吐周期提前结束的情况，生产效果和防砂效果较均达到预期目的。

5 认识及结论

（1）通过一系列组合实验，研制出酚醛树脂+有机硅+碳酸钙的固砂剂体系，具有耐高温、抗压强度大、渗透率损失小，防砂有效期长的特点。

（2）根据各区块的油藏发育和出砂程度，结合单井出砂历史和冲砂情况，综合考虑抗压强度和渗透率损失，合理确定固砂剂用量和浓度，确保既不影响油井产量，又能最大限度延长防砂有效期。

（3）现场实践表明，高温固砂技术可延缓出砂井砂埋油层速度，降低油井砂卡风险，提高油井生产时率，延长油井周期生产天数，间接提高出砂井周期产量。

参 考 文 献

[1] 贾选红，刘玉．辽河油田稠油井套管损坏原因分析与治理措施[J]．特种油气藏，2003，10(2)：69-71.

[2] 罗跃，杨欢，苏高申．低渗透油田采油化学新技术及其应用[M]．北京：石油工业出版社，2016：25-27.

[3] 张春光，任延鹏，李芳，等．胜坨油田二区油井出砂规律及治理措施[J]．油气地质与采收率，2009，12(3)：64-66.

[4] 延玉臻，段有智，高斌，等．糠醇低聚物复合固砂剂的研究与应用[J]．油田化学，2004，21(1)：8-13.

[5] 吴建平，杨天海．临盘油田曲堤地区防砂工艺及配套技术[J]．油气采收率技术，1997，4(3)：51-56.

热泵技术在稠油热采油田联合站中的应用

张 馨

（中国石油辽河工程有限公司热力工程所，辽宁 盘锦 124010）

摘 要 本工程利用热泵技术可将污水中的低品位热能，转化为高品位热能，为生产及建筑采暖提供加热热源。通过对热泵及换热器的比选，制定了一套适合利用稠油热采技术的油田联合站的技术方案。经过与燃气加热炉对比分析，该技术的实施能减少天然气消耗70.1×10^{4}m^3/a，节省比例为33.01%；NO_X排放降低9.1t/a，CO_2排放降低4507t/a，实现低碳经济，其经济和社会效益显著。

关键词 稠油热采；热泵技术；高温污水；换热器；燃气加热炉；对比分析

引言

目前，热泵技术作为一种新型的供热技术，因具有节能、环保、高效、适用范围广等特点，在国内供热领域得到了广泛的应用[1,2]。油田生产中存在着大

量的低温余热，用热泵回收油田低温余热，既节能又符合环保要求，值得推广[2]。胜利油田在国内率先开展了采用污水余热给民用建筑采暖的试验，并取得了成功[3]，但尚未有油田利用污水源热泵同时实现建筑采暖和生产加热要求。

辽河油田原油采出液中含有大量的水，其中一部分来自油层中原生及次生地层水，但大部分来自油田开采过程中人工注入地下的注入水。这些水在地下伴随着原油在地层中长期运移中，吸收了地下大量的热能，再和原油一起被采出地面，蕴含着丰富的热能。沈一联合站现有各站来的采出液量为5426m^3/d，经过脱水、三相分离后，再经过污水处理后污水约4080m^3/d。该部分污水温度较高约为60℃；水质较好，含油量、机杂量都小于10mg/L，且流量稳定。目前该部分高温污水只用于冬季采暖后回注，污水的余热没有被充分利用。

由于辽河油田沈一联合站内原油采出液中含有大量的低品位的高温污水，且目前尚未被有效地利用；同时，联合站在日常生产中需要使用燃气加热炉为原油的外输、掺水、进罐前加热和建筑采暖。为了充分利用联合站内低品位的高温污水，节省联合站日常生产中使用燃气加热炉造成的能源消耗，通过热泵技术可将污水中的低品位热能，转化为高品位热能，为生产提供加热热源。

1 热泵的节能原理及类型比选

1.1 热泵的节能原理

对于理想的热泵制热循环，如果忽略其他热损失，则由热力学第一定律可得如下热平衡关系式：

$$Q_1 = Q_0 + W \tag{1}$$

式中 Q_1——为冷凝器的热负荷、制热量，即被加热介质吸热量；

Q_0——为蒸发器的热负荷，即提取低温热源的热量；

W——为外界有效输入的功；

W_1——消耗外界的功。

一般消耗电能或者燃气的热泵 W_1 略高于 W，可以近似 $W_1 \approx W$。热泵制热性能系数 COP 为：

$$COP = \frac{Q_1}{W_1} \approx \frac{Q_0 + W}{W} = 1 + \frac{Q_0}{W} \tag{2}$$

由式(1)、式(2)可以看出，热泵的供热量等于从低温热源中吸收的冷凝热量和外界输入的功补偿热量之和，即对于第一类吸收式热泵和压缩式热泵制热性能系数 COP 永远大于1，供热量始终大于消耗的高品位驱动能量的热量。

1.2 热泵的类型对比

根据驱动方式的不同，常用的热泵主要分为吸收式和压缩式两种，目前出水温度90℃及以下

作者简介：张馨（1989－），男，中油辽河工程有限公司热力工程所，热力工程专业中级工程师。E－mail：838995028@qq.com。

的吸收式热泵和出水温度60℃以下的压缩式热泵技术已经较为成熟，且经济性较好。其中天然气驱动的吸收式热泵机组能够提升温度30~50℃，制出热水温度可达到90℃，能效比一般为1.5左右；电驱动的压缩式热泵机组能效比一般为4左右，能够提升温度30℃左右，制出热水温度一般不高于60℃。本工程对热泵的比选见表1。

表1 吸收式热泵与压缩式热泵的对比表

热泵类型	驱动方式	能效比	提升温度/℃	制出热水的最高温度/℃
吸收式热泵	天然气燃烧热	1.5	30~50	90
压缩式热泵	电能	4.0	30	60

1.3 工程比选结果

本工程因生产用热需要的热水温度为90℃，因此采用的直燃型溴化锂吸收式热泵代替燃气加热炉作为沈一联生产加热热源，加热系统采用换热器换热升温方式，替代原有燃气加热炉加热升温方式。60℃的污水首先通过换热器与软化水换热，软化水温度加热到50℃进入到热泵机组中，为热泵提供低温热源。经过提温后的软化水温度降至40℃。污水经过换热器换热后的温度为43℃，总共需要的污水量是170m³/h。热泵的冷凝器侧高温软化水出水温度是90℃，通过换热器为各个生产用热提供加热热源，工艺流程见图1。

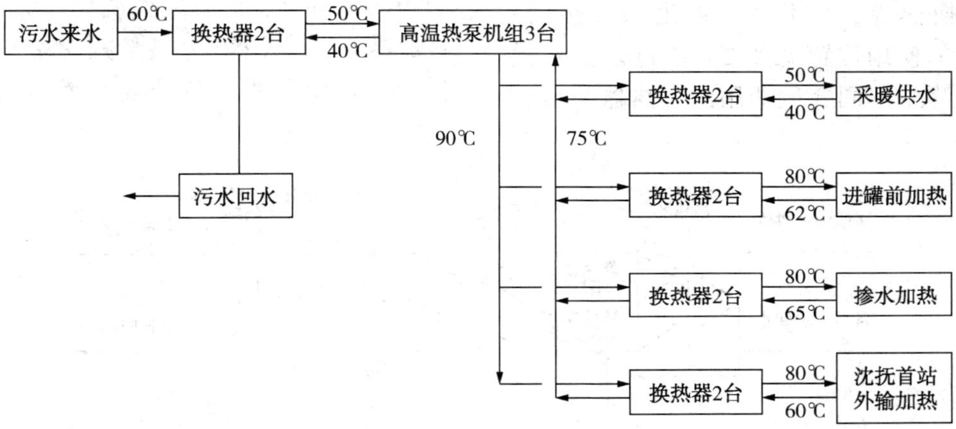

图1 利用吸收式热泵生产工艺加热流程图

2 换热器的分类及选择

2.1 换热器的分类

目前，换热器可以按不同的方式分类，根据传热原理和实现热交换的方法分为间壁式、混合式、蓄热式，在这三类换热器中以间壁式换热器应用最广。间壁式换热器的主要形式有套管式换热器、管壳式换热器、交叉流换热器、板式换热器、螺旋板式换热器。目前以板式换热器、管壳式换热器、螺旋板式换热器三种应用最为广泛，其中板式换热器具有传热系数高、占地面积小、价格低、热损失小等优点，适用于采暖用的软化水换热。但是本工程的加热介质为污水、油水等，板式换热器易堵塞，不适用这些介质。螺旋板式换热器能适用于污水的换热，但是不适用于油水换热。对于污水-软化水换热，本工程对管壳式换热器和螺旋板式换热器进行比选，详见表2。

表2 污水-软化水换热器的对比表

项目	管壳式换热器	螺旋板式换热器
设计规模	新建6台污水-软化水管壳式换热器，换热面积总计1500m²	新建6台污水-软化水螺旋板式换热器，换热面积总计1051m²
优点	（1）管壳式换热器操作可靠，能在高温高压下使用，是目前用于最广的类型； （2）方便清洗、检修、适用于易结垢流体	（1）换热效果较好，水-水换热能达到1.8~3.5kW/(m²·℃)； （2）相邻通道内流体能形成纯逆流方式流动，有利于小温差传热； （3）有自清洗功能
缺点	（1）管壳式换热器传热系数较小，要求对数温差大，末端温差至少5℃。	（1）尽管有自清洗功能，若果操作不当也会发生堵塞，即使采用可拆式结构，也难以用机械方法清洗。 （2）检修困难，如果内圈螺旋板破裂，整台设备报废
单价	1000元/m²	900元/m²
投资	150万元	94.6万元

从投资上管壳式要多55.4万元，约占整个工程总投资的1.75%。考虑到本工程的掺水、污水水质，管壳式换热器是以封闭在壳体中管束的壁面作为传热面的间壁式换热器。这种换热器结构较简单，操作可靠，可用各种结构材料(主要是金属材料)制造，是目前应用最广的类型。考虑到本工程的掺水、污水等水质，采用方便清洗、检修、适用于易结垢流体的管壳式换热器效果较好. 因此本工程推荐选用管壳式换热器。

2.2 工程比选结果

根据本工程介质的不同，本工程需要的换热器类型分为三种：污水-软化水换热器；软化水-污油换热器；软化水-软化水换热器。各种换热器的使用位置见图2。通过以上对比分析，本工程中不同介质选用的换热器类型见表3。

表3 不同介质换热器类型选用表

换热介质	选用换热器类型	换热器用途
污水-软化水	管壳式换热器	高温污水与热泵蒸发器侧的软化水换热
软化水-污油	管壳式换热器	热泵冷凝器侧的软化水与油水换热
软化水-软化水	板式换热器	热泵冷凝器侧的软化水与建筑采暖回水换热

3 本工程实例中综合能耗分析

3.1 能源供应状况

目前沈一联合站为生产提供热源的燃气加热炉共有7台，其燃料为燃天然气。目前，燃气加热炉平均每年燃烧天然气282.2×10^{4}Nm^3/a($Q_{低}$=34997kJ/Nm^3)。采用燃气溴化锂吸收式热泵代替加热炉后，天然气消耗量减少。沈一联冬季热负荷要高于夏季，冬季耗天然气量也要高于夏季。

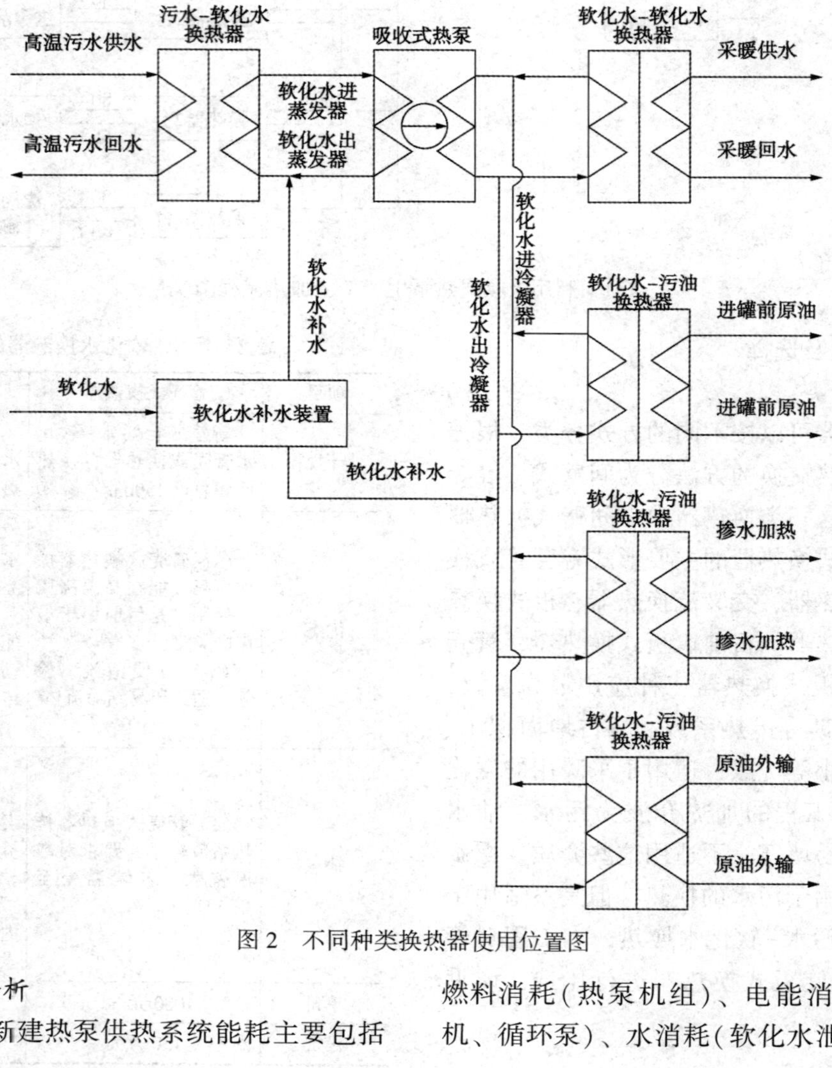

图2 不同种类换热器使用位置图

3.2 综合能耗分析

沈一联合站新建热泵供热系统能耗主要包括燃料消耗(热泵机组)、电能消耗(电控柜、风机、循环泵)、水消耗(软化水泄漏)。工程实施前，站内主要供热系统是通过消耗天然气化学能实现能量转移，年耗气量为 282.2×10^4Nm^3($Q_{低}$=34997kJ/Nm^3)，年耗电量为 20.8×10^4kW·h/a。工程实施前主要消耗指标见表 4。

表 4　工程实施前主要消耗指标表

序号	项目	年消耗量		能耗换算指标		能耗 (10^4MJ/a)	备注
		单位	数量	单位	换算值		
1	天然气	10^4Nm^3/a	282.2	MJ/ Nm^3	35.00	9877	
2	电	10^4kWh/a	20.8	MJ/(kW·h)	3.60	74.88	
3	综合能耗	10^4MJ/a	9951.88				
4	加热液量	10^4m^3	207				
5	单位综合能耗	MJ/m^3	48				

工程实施后，本工程新建热泵系统是通过消耗天然气化学能作为驱动能源，实现能量转移，本工程推荐方案年耗气量为 212.1×10^4Nm^3($Q_{低}$=34997kJ/Nm^3)，年耗电量为 106.5×10^4kW·h/a，年耗水量为 500t。工程实施后主要消耗指标见表 5。

表 5　工程实施后主要消耗指标

序号	项目	年消耗量		能耗换算指标		能耗 (10^4MJ/a)	备注
		单位	数量	单位	换算值		
1	天然气	10^4Nm^3/a	212.1	MJ/ Nm^3	35.00	7423.5	
2	电	10^4kW·h/a	106.5	MJ/(kW·h)	3.60	383.4	
3	水	t/a	500	MJ/t	14.23	0.71	
4	综合能耗	10^4MJ/a	7807.61				
5	加热液量	10^4m^3	207				
6	单位综合能耗	MJ/m^3	37.7				

现场加热炉最长的使用 14 年，平均使用 11 年，热效率降低，从上表对比可以看出，该工程实施后，热泵机组替代原加热炉系统，天然气消耗量每年减少 33.01%；每年综合能耗降低 2144.27×10^4MJ，相当于节标煤 732t/a。

4　环境影响评价

本工程以燃气溴化锂吸收式热泵代替燃气加热炉作为生产加热热源，工程实施后实现节约天然气总量为 70.1×10^4m^3/a($Q_{低}$=34997kJ/Nm^3)。每年可减少 NOx 排放 9.1t/a，减少二氧化碳排放 4507t/a。项目实施后，在保护生态环境的同时，又符合国家宏观经济政策。

5　结论

(1) 污水源吸收式热泵技术应用于油田联合站生产及建筑采暖加热，可实现节约天然气总量为 70.1×10^4m^3/a，节能 33.01%。本工程在满足生产及采暖用热的同时可实现节能目标。

(2) 燃气吸收式热泵代替燃气加热炉作为生产加热热源，每年可减少 NOx 排放 9.1t/a，减少二氧化碳排放 4507t/a。本工程降低了环境污染。

(3) 利用热泵技术可提升低品位高温污水的温度，建筑采暖供水温度提高，采暖更舒适。

参 考 文 献

[1] 李维仲，权生林，等．溴化锂吸收式制冷机优化设计[J]．大连理工大学学报，2010，50(1)：42-45.
[2] 刘玉华．浅谈水源热泵技术的发展与应用[J]．企业技术开发，2012，31(2)：157-159.
[3] 陈军．用热泵系统回收油田低温余热[J]．能源与环境，2005 (2)：27-29.
[4] 路昌海，丁玮，等．利用吸收式热泵回收含油污水余热[J]．机电设备，2003(3)：18-20.

稠油水平井出水治理对策研究

黄　腾　刘江玲　门琦　　徐　嘉

（中国石油辽河油田分公司，辽宁 盘锦　124010）

摘　要　曙光油田稠油水平井产量规模大，随着开发时间的延长，出水矛盾逐渐凸显，严重制约了产能的发挥。在筛管完井方式下，稠油水平井出水治理难度教增大，一是受井身结构与稠油油品性质影响，测试找水无法顺利实施；二是对堵剂性能提出更高要求，既具有较好的流动性，能够通过 0.2~0.4mm 的割缝筛管，又具有较高的封堵强度及耐温性；三是筛管外油层连通，如何精确控制堵剂进入目标层段，实现高强度和长效封堵有待攻关。为此，围绕找水方法、化学堵剂及堵水工艺三方面进行研究，形成了管内管外复合堵水、化学分段堵水、多段塞选择性堵水三项堵水技术。现场试验 28 井次，累计增油 3.2×10^4t，降水 2.9×10^4t，取得了较好的稳油控水效果，为稠油水平井出水治理提供了技术支撑。

关键词　稠油；水平井；出水治理

前言

水平井理论在 20 世纪 20 年代就被提出，40 年代开始进行工业实验。目前，水平井成为油气田开发中一项重要技术，具有生产井段长、泄油面积大、单井控制储量高等特点，能实现井间剩余油挖潜，达到提高区块动用储量的目的。曙光油田共有稠油水平井 299 口，占总井数的 8%，日产油 648t，占总产量的 12%，是油田稳产的重要支撑。随着开发时间的延长，出水矛盾逐渐凸显，严重影响了其开发效果。分析出水原因，主要包括顶水下窜、邻井影响及边底水侵，其中因边底水侵能量充足、出水量大、区域性影响大，成为治理重点。前期现场主要采取选注选采措施，避开出水层段吞吐，短期内效果明显，但随着水侵程度的加剧，措施效果逐轮下滑，甚至无效。为此，急需系统研究稠油水平井出水治理对策。

1　出水现状及原因分析

1.1　出水现状

截至 2018 年底，曙光油田现有高含水水平井 66 口，占稠油水平井总数的 22.1%，平均日产液 25.9t，日产油 3.1t，含水高达 88%。主要特点是初期产量较高，但目前含水较高，治理成功后潜力大。水平井出水有以下几个特点：

（1）水平井含水上升较快，容易造成油层过早“水淹”，由于水平井井身与油层保持水平，因此，水平井很容易大量产水，且出水上升较快，甚至导致整个油井过早“水淹”；

（2）水平井容易底水脊进，诱发水锥出现，稠油水平井，水油流度比较高，某些泄油通道的水饱和度略有上升即会诱发含水大幅度升高，一旦水突破，原油产出率便急剧降低。

1.2　出水原因分析

稠油水平井出水主要原因包括两方面：

一是受邻井出水影响，直井套管存在漏点或管外窜槽引发顶水下窜侵入水平井开采层位，导致水平井生产过程中高含水；

二是受边底水侵入影响，边底水油藏在水平井开采过程中，由于生产压差和采出程度不均等原因，井筒周围产生的压降使油水界面变形呈锥形上升，导致边底水水窜，使油井水淹。

2　出水治理对策研究

2.1　管内管外复合堵水工艺

对于出水程度较低，周期内平均含水在 80% 以上，但不超过 90%的，且能够准确判断出水位置的水平井，研究管内管外复合堵水工艺。应用化学堵水技术，封堵管外油层水窜通道；采用机械堵水技术，实现管内封隔。进行两者的组合应用，有效阻断出水通道，恢复水平井产能[1]。

2.1.1　管外封堵部分

为保证堵剂封堵强度，在凝胶堵剂中添加树脂颗粒，提高堵剂的耐温性及封堵强度。所用凝

作者简介：黄腾（1989-），男，工程师，从事油田化学研究。E-mail：huangteng0515@163.com。

胶堵剂主要由聚丙烯酰胺(相对分子量1800万),乌洛托品(工业品),间苯二酚(工业品)及油溶性树脂等组成。在药剂的配制过程中,采用先加入稳定剂,然后加入交联剂,在搅拌条件下加入HPAM的方法,最后加入油溶性树脂[2]。

堵剂主要性能指标:树脂颗粒最大粒径≤0.15mm,悬浮时间≥6h;岩芯封堵率≥95.4%,突破压力22MPa。

2.1.2 管内封堵部分

管内采用选注选采管柱进行机械封隔,以冷热双作用封隔器和爆破阀为核心,对出水层段避注避采。双作用封隔器外径为145mm,配用了两套不同材质的密封胶筒,分别可以实现低温、高温两种状态下的封隔器的密封要求。爆破阀在双作用封隔器通过打压坐封时,起到憋压作用,使封隔器坐封。当油管压力达到开启压力时,限压片开启,管柱形成进液通道。

2.2 化学分段堵水工艺

对于出水程度较高,周期内平均含水在90%以上。且结合前期测试资料,能准确判断出水位置的水平井,可实现水平井脚尖部位或脚跟部位堵水。对于脚尖部位出水的,注入泡沫凝胶堵剂作为主封堵段塞,再注入双激发无机堵剂+树脂粉煤灰封口,侯凝后钻磨过程中对脚尖段留塞;对于脚跟部位出水的,利用液体桥塞的暂堵性能将脚尖保护起来,然后向脚跟段注入段塞堵剂,最后用化学或物理方法将液体桥塞解除,实现水平井化学分段堵水。在稠油水平井堵水领域,达到国内领先水平[4]。

(1)液体桥塞

在水平井堵水过程中,为了实现有针对性地堵水,可以先注入液体桥塞即可降解屏蔽暂堵剂封堵住产油层,然后注入高强度堵剂,这时产油层被封堵,高强度堵剂不能进入,只能沿出水层位进入,高强度堵剂注入封堵完毕后,液体桥塞在注汽温度下缓慢破胶降解水化,对油层无任何污染堵塞。

主要性能指标:在50℃条件下,液体桥塞成胶时间4~12h可调;突破压力都达到7MPa以上;在150℃,24h条件下可以完全破胶。

(2)泡沫凝胶堵剂

泡沫凝胶体系由凝胶体系、发泡剂、驱油助排剂、氮气几部分组成,施工时同时注入,在井筒和地层中混合并形成泡沫凝胶,添加的柔性颗粒粒径在0.15mm以下,使用浓度介于3%~6%之间,在泡沫凝胶的悬浮作用下不堆积,且能顺利通过2~4mm的割缝筛管。通过封堵率及耐温性实验测试,该堵剂具有较好的封堵性能,并能满足稠油水平井蒸汽吞吐300℃高温需求。

主要性能指标:发泡体积大于400ml;堵剂耐温在300℃以上;堵剂封堵率≥90%。

(3)双激发无机堵剂

双激发无机非金属高温调堵剂由主剂、分散剂、激活剂组成。主剂具有较高的潜在活性,分散剂具有悬浮性、膨润性、黏结性等,主要由蒙脱石为主的含水黏土矿物和高分子聚合物复合而成,激活剂的存在使主剂发生水化硬化反应。

主要性能指标:初始黏度应小于37mPa·s;初凝时间1~136h;突破压力≥16MPa;封堵率大≥97.1%。

2.3 多段塞复合堵水工艺

对于出水程度较高,周期内平均含水在90%以上,但无法准确判断出水位置的水平井,研究了多段塞选择性堵水工艺。该技术采用氮气、凝胶堵剂、耐高温堵剂及二氧化碳多段塞封堵,其中氮气起到压脊置换作用,将地层出水推至远井端,紧接着注入凝胶堵剂,形成预封堵带,再注入耐高温堵剂,具有良好的选择性,以液态形式进入出水位置,在地层条件下反应固化,固结体具有较好的耐温性和较高的封堵强度,阻断出水通道,最后注入大量二氧化碳,降低原油黏度,增加回采能量,利于后续原油采出[5]。

其中耐高温堵剂主要以铝盐等无机材料作为主剂,有机材料作为诱发剂,外加促进剂反应而成。主要性能指标为:80~290℃范围内固化时间为1~4h;凝固后初始强度1~3MPa,最高抗压强度可达15MPa;耐温能力达300℃。

3 水平井出水治理效果

2015—2018年,针对不同出水位置及出水程度的水平井,现场累计实施稠油水平井堵水技术28井次,累计增油3.2×10^4t,平均单井增油1142.8t,取得了较好的增油效果。

4 应用实例

杜32-兴H451井是2010年7月28日投产,井段1290~1480.7m,厚度159.20m,生产兴IV1组,共生产7周期,第2周期出现高含水,水性在1539mg/L,对1415~1493.7m实施选注选采措施效果明显,第7周期效果变差,水性在

1672mg/L，分析底水。结合选注选采结果及测试资料，认为该井出水位置位于脚跟部位。第8周期对该井实施化学分段堵水工艺，先后注入氮气泡沫凝胶堵剂1420m^3，液体桥塞10m^3双激发无机凝胶堵剂270m^3，树脂粉煤灰堵剂120m^3，施工压力达到18MPa。措施后生产240.7d，产液3711t，产油1519t，平均含水59.1%，较措施前含水下降31%。

5 结论

（1）稠油水平井堵水关键技术所采用堵剂材料能够满足筛管完井水平井需求，填补了国内稠油水平井堵水技术空白。

（2）该技术可针对不同出水位置及不同出水程度采取相应的治理对策，满足了现场需求，为实现水平井高效开发提供了技术支撑。

（3）这一技术的成功应用，有效解决了曙光油田堵水问题，也对辽河油田广大吞吐稠油水平井解决类似问题提供了借鉴。

参 考 文 献

[1] 朱学东，唐培忠，田云霞．河口薄层稠油水平井堵调技术研究与应用[A]，胜利油田北区堵水调剖技术研讨会论文汇编[C]，2012.

[2] 姚凯，朱明，毕志峰，迟丽薇，吕明智．堵水调剖技术在哥伦比亚安坝口油田的应用[J] 特种油气藏，2015，6(3)：136-137.

[3] 张晓东，张丽，王波．多级可调控机械找堵水技术在兴隆台采油厂的应用[J]．科技传播，2011(12).

[4] 肖立新．低渗裂缝性高凝稠油油藏油井选择性堵水技术[J] 特种油气藏，2012，4(2)：126-127.

[5] 白宝君，周佳，印鸣飞．聚丙烯酰胺类聚合物凝胶改善水驱波及技术现状及展望[J]．石油勘探与开发，2015，42(4)：481-487.

稠油水平井分段注汽技术研究与应用

王 岩 郭洪军 田玉秋 向 峥 王 磊

（中国石油辽河油田分公司曙光采油厂，辽宁 盘锦 124010）

摘 要 辽河油田筛管完井稠油水平井主要采用蒸汽吞吐开采方式。由于油藏非均质性、水平井段长等因素影响，水平井段动用不均矛盾突出，易造成汽窜，甚至引发边底水侵，严重制约了水平井的正常开发。针对上诉问题，开展了筛管完井水平井分段注汽技术研究，该技术利用水平井分段注汽管柱，将水平段油藏分成两个或多个相对独立的注汽腔，实现不同井段按需定量注汽，有效调整了水平段油藏的吸汽剖面，改善了油藏动用不均的状况。

关键词 筛管完井；水平井；动用不均；蒸汽窜流；分段注汽

前言

辽河油田水平井大多采用筛管完井方式。筛管完井稠油水平井主要采用蒸汽吞吐开采方式，受油藏发育、油品性质、完井方式以及开发方式等多方面因素等影响，水平井开发过程中主要存在动用不均、低产低能、高含水、油井出砂及套坏等问题，其中动用不均已成为制约水平井高效开发的主要矛盾。因此，有待于研究一套水平井分段注汽管柱，有针对性地对各层段进行按需定量注汽，来解决水平井动用不均的矛盾，提高产能。

1 水平井分段注汽技术研究

由于油藏非均质性和水平井段长度的影响，水平井笼统注汽时普遍存在水平段油藏动用不均的矛盾。室内模拟和现场测试资料表明，动用较好井段长度仅占总井段的1/3~1/2，且随着吞吐轮次增加，水平段油藏动用不均的矛盾将不断加剧，严重制约了水平井产能的发挥。调整吸气剖面，提高水平段油藏动用程度，改善注汽开采效果的潜力非常大。因此，针对稠油水平井段动用不均的问题，开展了水平井分段注汽技术研究，实现了水平段均匀动用，改善水平井吞吐效果。

1.1 分段注汽可行性分析

水平井是在同一油层内采用筛管完井，因此在水平井应用分段注汽技术需要开展筛管外蒸汽窜流的研究，即管内均匀封堵后，筛管外会存在蒸汽窜流，窜流后管内分段注汽是否具有实际意义。

1.1.1 蒸汽窜流

物理模拟和数值模拟结果表明，封隔器附近存在蒸汽往复窜流（实质是蒸汽在地层中的渗流），选段注汽时蒸汽窜流量为注汽量的10%~30%，两段分注和多段同注时净窜流量<10%，封隔器的封隔效果明显。总体上，封隔器附近的蒸汽往复窜流会造成封隔器所在位置油藏温度升高，动用程度也相应提高。

1.1.2 叠加效应

阻隔器是水平井分段注汽的重要井下工具，能够有效封隔筛管与注汽管之间的蒸汽流动。两段分注时阻隔器附近由于蒸汽的往复窜流而产生明显的叠加效应，实现阻隔器所在地层吸汽量增加。馆平59井两段分注的物理模拟和数值模拟结果表明阻隔器附近地层温度高，其原因就在于蒸汽窜流的叠加作用。

采用馆平59井均质模型模拟计算了两段分注时阻隔器附近的蒸汽窜流，水平段长度为340m，阻隔器距跟部距离为140m，端部与跟部井段长度比为200：140，采用先注端再注跟部的两段分注方式，注汽速度为500m^3/d，端部注汽量为4000m^3，跟部注汽量为3000m^3。结果表明，先注端部时的蒸汽窜流量为注汽量的25.16%，跟部注汽时的蒸汽窜流量为25.53%，净窜流量仅为3.4%，从蒸汽量角度基本达到了均匀注汽的效果。但是，从油藏温度分布来看，由于阻隔器附近的蒸汽往复窜流，阻隔器所在位置油藏温

作者简介：王岩（1985-），男，技术员，工程师，现从事采油工艺技术研究与推广工作。E-mail：452218436@qq.com。

度高，加热效果好。

1.2 配套工具的设计

分段注汽技术主要由隔热管、分配器、小直径软密封阻隔器、扶正器和注汽阀组成。

(1) 小直径软密封阻隔器

小直径软密封阻隔器采用了高分子纳米复合密封材料，该材料具有耐高温、高弹性、超耐磨的特性，受热膨胀后可达到162mm，对井筒实现管内软密封封堵，注汽结束后上提管柱解封。

技术参数：

最大外径 Φ130 mm，最小通径 Φ40mm，耐压13MPa，耐温350℃，解封力40kN。

(2) 水平井专用扶正器

为了保证小直径软密封阻隔器在水平井段的密封效果，配套设计了高强度径向可伸缩专用扶正器。

技术参数：

最大外径 Φ152mm，最小外径 Φ130mm，最小通径 Φ40mm

(3) 配注阀和注汽阀

为了实现多种注汽方式，设计了导入式可限位分配器(330mm×106mm)及配套使用的高强度轻质钛合金配注球和注汽阀(330mm×106mm)。

1.3 分段汽管柱的设计

水平井分段注汽管柱是根据井段的动用情况，将水平井段分隔成相对独立的几个注汽腔。目前形成选段注汽、两段分注和多段同注三种基本注汽方式。

(1) 选段注汽：利用阻隔器封堵高动用井段、出水井段等，有目的地只选择一段井段注汽，该方法适用于水平井段中有明显局部突进或有出水井段或有低效舍弃井段的热采水平井。

(2) 多段同注：利用阻隔器将水平井段分成2个或多个注汽腔，按照设计汽量，利用注汽阀调配各注汽腔的注汽量，对各注汽腔同时注汽，该方法适用于井段差异较小的热采水平井。

(3) 两段分注：利用阻隔器将水平井段分成2个注汽腔，通过分配器先后对两个注汽腔按照设计汽量进行注汽。水平井两段分注有两种方式，一种是先注“脚跟”，达到注设计汽量后投球，再注“脚尖”；另一种是先注“脚尖”，达到设计注汽量后投球，再注“脚跟”。适用于井段差异较大的热采水平井。

2 现场应用情况

截至2018年12月，水平井分段注汽技术共实施1256井次，增油55.3×10^{4}t，措施成功率为100%，投入产出比大于1∶15。有效缓解了水平段动用不均的状况，增产效果和经济效益明显。

(1) 井温测试曲线对比分析

对比分析测试的365口井的井温曲线，注汽水平井的动用好井段长度由原来的35.4%提高到63.27%，温度提高了12℃，动用差井段长度减小70%左右，温度提高11℃，分段注汽提高水平段油藏动用程度作用明显。

(2) 两段分注投球前后注汽压力分析

通过两段分注措施井投球前后井口注汽压力跟踪，投球前后注汽压差最大为4.1MPa，平均注汽压差为1.1MPa，说明分段注汽管柱可将水平井段分隔成几个相对独立的注汽腔进行注汽，实现了水平井有针对性地注汽。

(3) 吞吐效果明显改善

统计周期结束的可对比油井，措施前吞吐周期平均产油1218t，措施后周期平均产油达到1423t，周期对比增油205t。油汽比由措施前的0.23上升到0.31，吞吐效果得到改善。

杜84-兴H607井是杜84兴隆台的一口挖潜水平井，水平段长度为240m。通过第2周期末井温测试曲线显示，该井水平段井温差异大，井段脚尖动用较好，脚跟动用差，水平段动用不均的问题突出。针对动用不均的矛盾，第3周期、第4周期实施水平井分段注汽措施。第3周期与上周期对比净增油500t，增油效果呈递增趋势。

3 结论

(1) 水平井分段注汽技术可以形成相对独立的注汽腔，实现分段定量注汽。根据水平段油藏地质特征和动用状况，可优选水平井选段注汽、两段分注和两段同注等注汽方式。

(2) 水平井分段注汽技术可有效提高水平段油藏动用程度，改善稠油水平井注汽和开采效果明显。

参 考 文 献

[1] 冯玉．辽河油田水平井产量影响因素分析[J]．油气田地面工程，2009，28(7)：14-15.

[2] 刘明禄，刘洪波，程林松，等．稠油油藏水平井热采非等温流入动态模型[J]，石油学报，2004，25(4)：62-66.

[3] 冯玉，辽河油田水平井产量影响因素分析[J]，油气田地面工程，2009，28(7)：14-15.

[4] 张守军，水平井分段优化注气技术及其应用[J]，大庆石油学院学报，2010.8(4)：62-66

稠油污水旋流预处理工艺研究与实验

高 鹏

（中国石油辽河工程有限公司，辽宁 盘锦 124010）

摘 要 我国大部分油田随着原油含水量的逐年上升、各种增产措施的实施，联合站来液存在液量波动大，水质复杂等特点日益突出，污水处理面临的形势越来越严峻。水力旋流器是一种具有体积小、分离效率高以及结构紧凑等优点的离心分离设备，在油水分离领域应用前景广阔。本文基于两级旋流工艺开展污水旋流预处理工艺研究与实验，探究处理量和加药浓度对实验效果的影响。结果表明，含油污水经旋流器处理后，水中含油量可降低到 50 mg/L 以下。通过各个阶段的实验，分析存在问题并提出相应建议，为后期大型水力旋流器的设计研发奠定了坚实基础。

关键词 水力旋流器；污水处理；油水分离；分离效率；现场实验

1 研究背景及现状

随着油田开发逐步进入中后期，采出液物性日趋复杂，原油脱出水普遍存在含油量波动剧烈等特点[1]。传统的大罐沉降工艺存在药剂用量大、老化油量大、产生污泥量大等突出问题[2,3]。为适应地面节能降耗、清洁生产的迫切需要，开展了污水旋流预处理工艺技术研究。本次污水旋流预处理工艺现场实验，是对辽河油田污水处理运行高效、工艺简捷、流程密闭的新工艺的探索。

Martin Thew[4] 提出“液-液旋流可以实现分离”的观点，并于 1980 年首先发表了水力旋流器用于液-液分离的研究成果，后由 CONOCO 公司迅速将此成果转化为污水除油设备。在国内很早就有研究单位开始液-液旋流分离技术[5,6]的尝试，在流场模拟、旋流管结构的室内实验筛选以及现场工业性生产实验都取得了较好的成绩[7,8]。近年来，支撑旋流器发展的物理和数学模型得到了发展，旋流分离模型、溢流理论及分离过程随机性公式[9,10]已经被推导出来。

2 工作原理及功能

旋流除油装置(图 1)利用油水密度差，在液流进行旋转时受到不等离心力的作用而实现油水分离[11-13]。该装置没有运动部件，可以避免阻塞和磨损的影响。

每一台旋流除油装置实际上由多根单管水力旋流除油器组装而成。水力旋流除油器能从连续液相中分离出其中的离散液相，其分离原理是利用导流叶片产生旋流，使离散于水中的油滴在离心力作用下做径向移动，移向分离器的轴心[14-16]。

图 1 旋流除油装置结构简图

其工作过程如图 2 所示：含油污水切向或螺旋向进入圆筒涡旋段，沿旋流管轴向螺旋态流动，在同心缩径段，由于圆锥截面的收缩，使流体增速，并促使已形成的螺旋流态向前流动，由于油水的密度差，水沿着管壁旋流，油珠移向中心，流体进入细锥段，截面不断收缩，流速继续增大，小油珠继续移到中心汇成油芯。流体进入平行尾段，由于流体恒速流动，对上段产生一定的回压，使低压油芯向溢流口排出[17-19]。

3 旋流除油装置污水处理工艺流程

随着油田开发进入中后期，各种增产措施不断实施，措施井和新开井产液波动，且性质复杂，生产运行难以保持稳定。同时来液量增加，污水处理难度增加，污水系统将面临超负荷运转的情况，急需进行改扩建，探索新工艺。

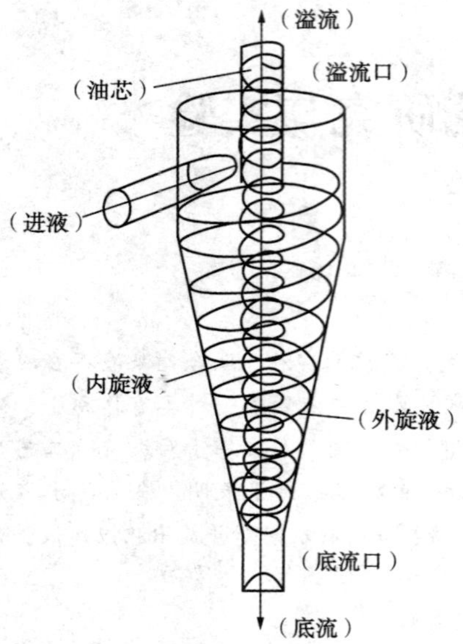

图 2　水力旋流除油器工作原理示意图

针对来液处理量和辽河稠油污水的特点，设计出一套两级旋流预处理工艺，工艺流程如图 3 所示。

4　现场实验及效果评价

4.1　小试实验及结果分析

为证明旋流工艺针对辽河稠油污水处理的可行性，确认旋流工艺与现有流程的适应性和运行数据的可靠性，以及为以后工业化实施提供基础参数及技术支持，分别安排进行两阶段的小试实验(图 4)。

4.1.1　不加药除油结果分析

由于旋流器的尺寸问题会限制设备的除油效果，因此采用了两级旋流设备串联的方式对来液进行处理，取样后使用分光光度计法对进出口含油进行检测，检验设备除油效果，并根据下列公式计算除油效率。

$$E = \frac{C_i - C_u}{C_i} = 1 - \frac{C_u}{C_i}$$

式中，C_i、C_u 分别为入口、底流的样品中含油浓度，mg/L。

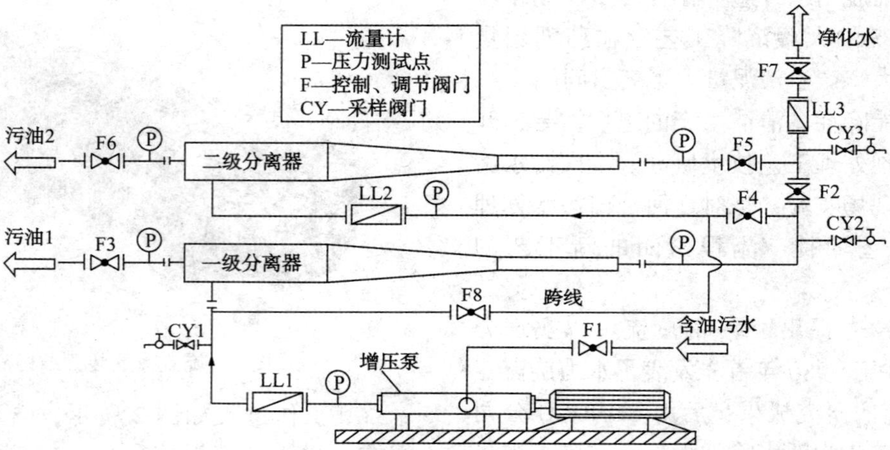

图 3　两级旋流污水除油装置工艺流程图

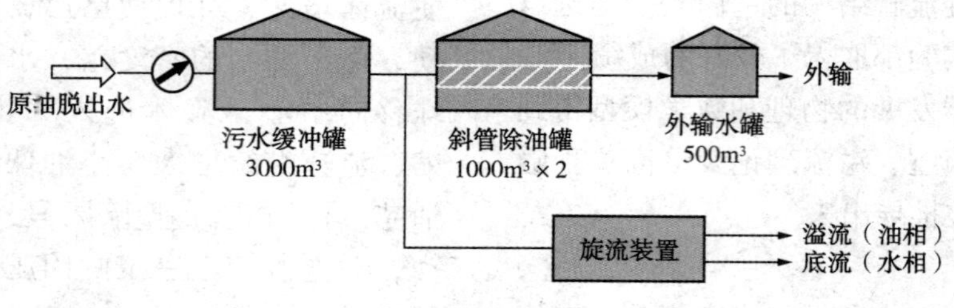

图 4　污水旋流预处理实验流程图

联合站使用分光光度计法来测量样品中的含油浓度。使用分光光度计测定样品中含油浓度的原理是：样品在一定波长下光的吸收值(即吸光度)的大小与样品中所含物质的浓度是成正比的，通过吸光度与样品的含油浓度之间的线性关系即可以将分光光度计所测得的吸光度的数值转化为样品中的含油质量浓度。

小试旋流设备进出口含油及除油效率与斜板除油罐数据对比如图 5、图 6 所示。

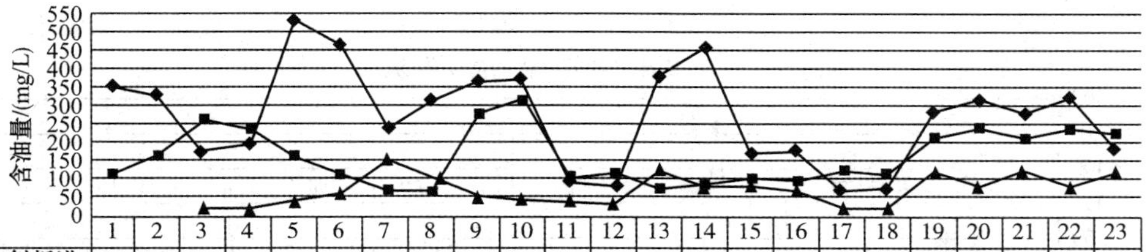

	1	2	3	4	5	6	7	8	9	10	11	12	13	14	15	16	17	18	19	20	21	22	23
斜板进	358	320	174	196	532	456	243	307	361	370	94	87	385	456	175	180	70	78	286	318	286	318	189
斜板出	113	165	262	237	162	117	67	70	275	319	104	115	78	82	101	96	122	109	216	239	216	230	228
旋流出			23	20	43	60	157	112	52	41	39	31	118	80	81	75	20	26	122	83	122	83	118

图 5　未加药进出口含油量对比

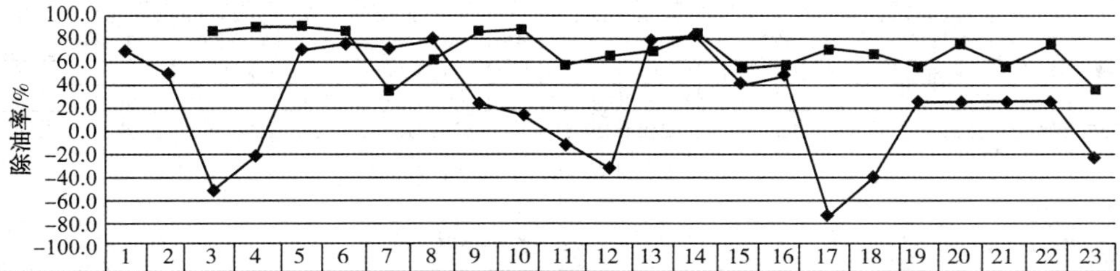

	1	2	3	4	5	6	7	8	9	10	11	12	13	14	15	16	17	18	19	20	21	22	23
斜板除油率	68.4	49.8	−50.6	−20.9	69.5	74.8	77.4	77.2	23.8	13.8	−10.6	−32.2	79.8	82.0	42.3	46.7	−74.3	−39.7	24.5	24.8	24.5	24.8	−20.6
旋流除油率			86.8	89.8	91.9	87.1	35.4	63.5	85.6	88.9	58.5	64.4	69.4	82.5	53.7	58.3	71.4	66.7	57.5	73.5	57.3	73.9	37.6

图 6　未加药除油效率对比

根据图 5、图 6 的数据对比我们可以看出，相比于斜板除油罐，二级旋流设备除油具有更加明显的效果，即使是在未加药剂的工况下，在来液较稳定且含油浓度不高时，虽然除油效果有一定程度的波动，但也可以保证平均除油效率在 80%左右，而除油罐有时甚至会出现负效率的情况。

因为斜板除油罐仅依靠重力来进行油水的沉降分离，重力分离法的主要工作原理是依靠重力作用、油水两相的密度差和不相溶性，使含油污水中的油滴上浮，从而实现净化含油污水的效果，虽然结构简单、处理量大，但是需要很长的沉降时间，而且在清理罐体时不能保证来液的稳定，很容易就将上层的油和水一起排出。而旋流装置分离油水主要是利用油水的密度差和高速旋转使油水两相所受到的离心力不同来迅速分离油与水，从而达到污水除油的目的，和斜板除油罐相比，旋流分离速度更快、效率更高、占地面积也更小。因此在现场使用两级串联旋流装置对来液进行高速的处理是很有必要的，既能保证处理的速度，也能使处理后的液体达到后段处理的要求。

因此在不加药的情况下，我们可以根据实验数据看出，旋流设备除油效果十分明显，且运行稳定性也要好于斜板除油罐。

4.1.2　加药除油结果分析

在进行旋流设备的小试实验时，我们选择了 3 种较为合适的不同种类的药剂进行筛选，根据实验结果选用效果最好的一种用于后面的中试实验，分别加入了 PAM（聚丙烯酰胺，属于有机絮凝剂）、PAC（聚合氧化铝，属于无机混凝剂）和反相破乳剂，分别检测了使用这三种药剂后的设备进出口含油量并计算除油效率。同时为了保证破乳的效果，在实验中使用计量泵控制药剂连续注入设备，并将加药位置设置在入口的上游。

加药剂后的设备进出口含油量如图 7、图 8 所示。

根据图 7、图 8 不同药剂的含油数据及除油效率对比，可以明显看出加入 PAM 聚丙烯酰胺的除油效果要优于不加药以及其他两种药剂，PAC 以及反相破乳剂的效果波动较大，不稳定，除油效率最高均能达到 90%以上，效率最低时反相破乳剂仅有 32.1%，而加入 PAM 后的除油效率最低也在 60%以上，因此我们认为 PAM 药剂最适合作为日后中试设备实验的药剂。

综合以上小试设备实验数据，我们认为旋流设备对于去除稠油污水中的油具有十分显著的效果。

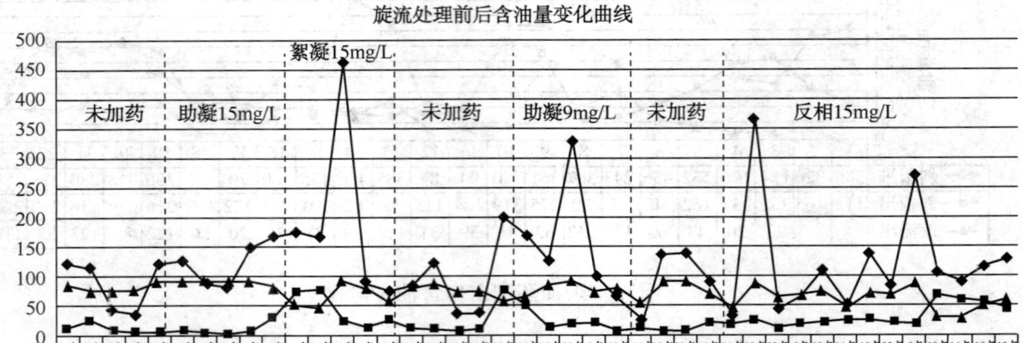

	14点	18点	22点	6点	10点	14点	18点	22点	6点	10点	14点	18点	22点	6点	10点	14点	18点	22点	6点	10点	14点
	4月4日			4月5日		4月5日			4月6日		4月7日			4月8日		4月8日			4月9日		4月9日
斜板进	127	117	44.4	41.3	121	129	92.8	81.4	153	168	179	168	458	87.6	75.4	82	125	37.8	41.4	104	168
斜板出	14.4	27.9	14.9	7.4	7.3	9.4	5.5	5.4	7.1	28.6	74.1	80.6	23.8	15	27	13	11	9.2	9.6	79.8	52.6
除油率	88.6	76.1	76.0	82.1	93.9	92.7	94.1	93.4	95.4	83.0	57.4	52.1	94.8	82.9	64.2	84.1	91.2	75.7	76.8	61.0	66.8

	18点	22点	2点	10点	14点	18点	22点	6点	14点	18点	22点	6点	10点	14点	18点	22点	6点	10点	14点	16点	18点
			4月10日		4月10日			4月11日	4月11日			4月12日		4月12日			4月13日		4月13日		
斜板进	130	327	101	67	28	141	141	91	38.1	369	48.4	66.6	110	53.2	138	85.5	117	110	94.8	121	131
斜板出	15.8	21.6	21.4	11.8	12.2	9	9.8	23.6	20	24	15.8	19.4	25.8	25.5	30	22.4	27.9	72	64.4	56.6	49.2
除油率	87.9	93.4	78.8	82.4	56.4	93.6	93.1	74.1	47.5	93.5	67.4	70.9	76.6	51.5	78.3	73.8	91.5	74.5	32.1	53.1	62.4

图7　不同药剂进出口含油对比

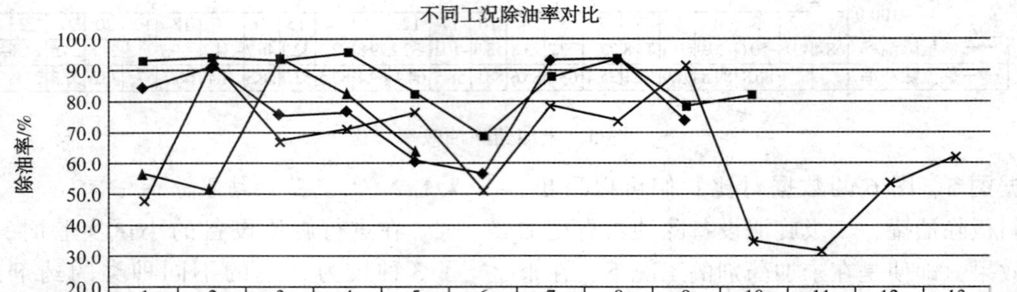

	1	2	3	4	5	6	7	8	9	10	11	12	13
不加药	84.1	91.2	75.7	76.8	61.0	56.4	93.6	93.1	74.1				
加PAM	92.7	94.1	93.4	95.4	83.0	68.8	87.9	93.4	78.8	82.4			
加PAC	57.4	52.1	94.8	82.9	64.2								
加反相	47.5	93.5	67.4	70.9	76.6	51.5	78.3	73.8	91.5	34.5	32.1	53.1	62.4

图8　不同药剂除油效率对比

4.2　中试实验及结果分析

中试装置为小试装置的扩大实验，目的为验证小试装置结论，同时考察实验装置对各种工况的适应性，为工业化应用提供技术支持。

中试装置进行实验的进出口含油及除油效率如图9、图10所示。

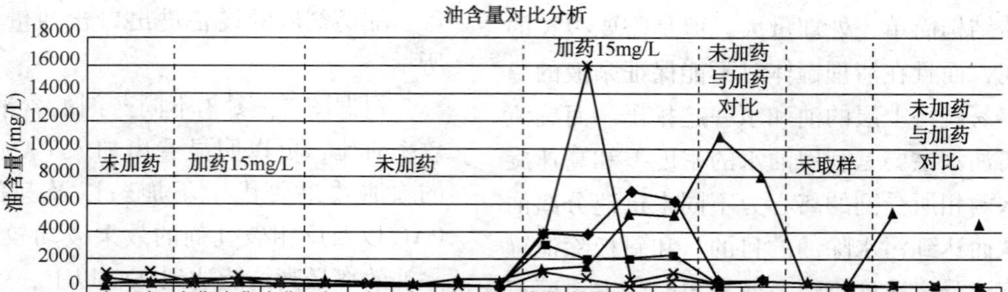

	未加药 10:00	未加药 14:00	加药 15ppm 10:00	加药 15ppm 14:00	加药 15ppm 10:00	未加药 14:00	未加药 10:00	未加药 14:00	未加药 10:00	未加药 14:00	加药 15ppm 10:00	加药 15ppm 14:00	加药 15ppm 10:00	加药 15ppm 14:00	未加药 10:00	加药 15ppm 14:00	未加药 10:00	未加药 14:00	未加药 10:00	加药 15ppm 12:00	未加药 14:00
	8月26日		8月27日		8月28日		8月29日		8月30日		8月31日		9月1日		9月2日		9月3日		9月4日		
进口(洼)	678	339	417	386	337	365	79	102	154	135	3860	3637	6875	6352	434	469	357	298	138		107
出口(洼)		115	162	113	156	173	40	46	45	37	3017	1943	2125	2286	118	88		78	52	73	73
斜板出(洼)	234	96	536	493	368	372	275	339	478	369	1369	1512	5513	5237	10896	8123	464	379	5630		4723
进口(设)	999.6	931.2	242	793.4	60	48.8	63.2	101.8	114.8	73.2	3715.4	16129	342.1	916	173.6	146.8			64.2	108.2	59.4
进口(设)	266	247.7	84.8	42.2	24.5	21	12.4	26	26.8	23	1062.8	680.6	154.3	421.1	97	47.9			24.2	36	15.9

图9　中试装置与除油罐进出口含油对比

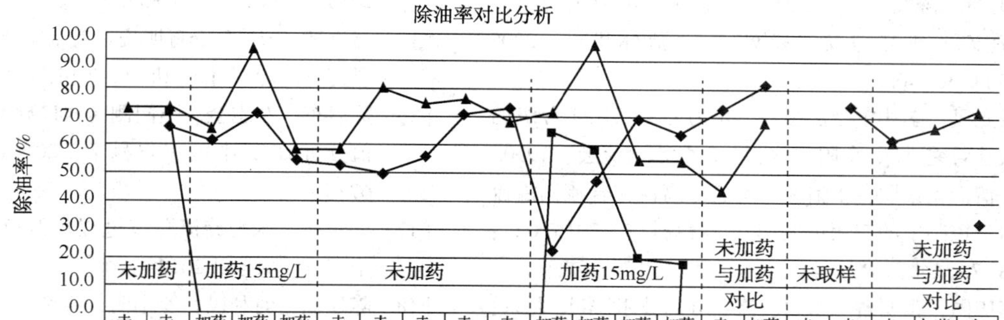

	8月26日 未加药 10:00	8月26日 未加药 14:00	8月27日 加药15ppm 10:00	8月27日 加药15ppm 14:00	8月28日 加药15ppm 10:00	8月28日 未加药 14:00	8月29日 未加药 10:00	8月29日 未加药 14:00	8月30日 未加药 10:00	8月30日 未加药 14:00	8月31日 加药15ppm 10:00	8月31日 加药15ppm 14:00	9月1日 加药15ppm 10:00	9月1日 加药15ppm 14:00	9月2日 未加药 10:00	9月2日 加药15ppm 14:00	9月3日 未加药 10:00	9月3日 未加药 14:00	9月4日 未加药 10:00	9月4日 加药15ppm 12:00	9月4日 未加药 14:00
—◆—设备除油率(注)		66.1	61.2	70.7	53.7	52.6	49.4	54.9	70.8	72.6	21.8	46.6	69.1	64.0	72.8	81.2		73.8	62.3		31.8
—▲—设备除油率(设)	73.4	73.4	65.0	94.7	59.2	57.0	80.4	74.5	76.7	68.6	71.4	95.8	54.9	54.0	44.1	67.4			62.3	66.7	73.2
—■—斜板除油率(注)		71.7	−28.5	−27.7	−9.2	−1.9	−248.1	−232.4	−210.4	−173.3	64.5	58.4	19.8	17.6	−2410.6	−1632.0		−27.2	−3979.7		−4314.0

图 10　中试装置与除油罐除油效率对比

通过观察图 9、图 10 的数据分析，我们可以看出在来液稳定时即便是在不加药的情况下，旋流设备也能保证较为稳定的除油率而且除油率基本都在 50 %以上，而斜板除油罐的除油率波动很大，在来液不稳定的工况下甚至出现负效率，这会严重影响联合站的生产运行。在加药之后，可以看出即便在来液不稳定时，旋流设备仍能保证稳定的除油效果，但是斜板除油罐在此时的工况下极易发生除油负效率的情况，可以说已经失去了处理能力。相比之下处理速度更快、除油效果更好的旋流设备对于联合站生产稳定运行具有重要意义。

综上我们可以得出结论，在含油污水除油方面旋流装置具有十分优越的表现，处理量大、处理速度快且除油效率高。

5　结论

本文分析了稠油污水旋流预处理实验情况，系统的研究了旋流器针对辽河稠油污水处理后出口污水含油量及旋流预处理设备的除油效率。通过对实验数据的整理和分析，得出以下主要结论及建议：

（1）目前随着各种增产措施的实施，各措施井及新开井产液复杂，联合站普遍存在来液量波动大，来液水质复杂的双重影响，污水处理难度增大，目前大罐沉降工艺不能满足污水处理任务，存在反应滞后、系统抗冲击能力差等突出问题，建议增加旋流设备进行预处理，对污水中含油进行初分离，提高系统效率，减轻污水系统运行压力。

（2）旋流工艺可显著降低加药量（现场加药量为 20～45 mg/L，实验加药量为 10～15mg/L，节省药剂约 60 %），同时具有回收原油质量高，减少污泥产量等优点，可从根本上解决了老化油和含油污泥处理等难题。

（3）本次中试实验得到一个新的理念：稠油污水中含油可以优先去除，以降低后段常规污水处理系统的运行压力，利用旋流预处理装置优先除油，配合斜板罐使用，斜板罐为旋流装置起到缓冲作用，两者结合大大提高了系统的抗冲击能力，同时减轻了斜板罐负荷，提高处理效率，延长清罐周期，减少油泥产量等优点。

参　考　文　献

[1] 马尧，刘双龙，杨媛，李晓艳．高效一体化集成含油污水处理装置研究[J]．油气田地面工程，2018，37(12)：37-41.

[2] 张千东．关于改善海上油田斜板除油器除油效果的探讨[J]．化工管理，2019(03)：213-214.

[3] 陈磊，刁杰．渤海某油田斜板除油器处理效果影响因素分析[J]．石化技术，2018，25(03)：113-114.

[4] Thew M. T. Hydrocyclone redesign for liquid－liquid separation using hydrocyclone：an experimental research for optimum dimensions [J]. Journal of Petroleum Science and Engineering, 1994, 111：37-50.

[5] 倪玲英，李涛江．炼油厂污水旋流除油实验研究[J]．石油大学学报：自然科学版，2002(03)：62-64+5.

[6] 张为人，赵宗昌．含油污水旋流分离器性能研究[J]．辽宁化工，2004(11)：669-671.

[7] 胡纪军．旋流分离技术处理稠油污水[J]．油气田地面工程，2007(06)：9.

[8] 樊玉新，魏新春，胡新玉，欧阳建利，刘东明．风城油田超稠油污水旋流分离技术[J]．新疆石油地质，2014，35(06)：713-717.

[9] 王升贵，陈文梅，褚良银，王志斌．水力旋流器分离理论的研究与发展趋势[J]．流体机械，2005(07)：36-40.

[10] 王光风，李峻宇，邵国兴．水力旋流器用于分级的试验研究[C]．全国非均相分离学术交流会．1990.

[11] 马倩倩，蔡欣，丁怡斐．旋流分离器在合流制溢流污染控制中的应月进展[J]．绿色科技，2016(02)：68-70.

[12] 赵庆国，张明贤．水力旋流器分离技术[M]．北京：化学工业出版社，2003：1-2，18-20.

[13] 袁惠新，冯骉，三跃进．分离工程[M]．北京：中国石化出版社，2002：143-148.

[14] 王振波，陈志军，金有海，孙治谦．结构参数对旋流沉降组合油水分离器性能的影响[J]．化工机械，2010，37(01)：1-4+35.

[15] 赵立新，宋民航，蒋明虎，等．轴流式旋流分离器研究进展[J]．化工机械，2014，41(1)：20-25.

[16] 陈启东，左志全．不同侧向入口旋风分离器流场数值分析[J]．中国工程科学，2014，16(02)：58-67+78.

[17] 许妍霞．水力旋流分离过程数值模拟与分析[D]．华东理工大学，2012.

[18] 陈建磊，何利民，罗小明，魏彦海．旋流分离器流场模拟研究方法优化选择[J]．过程工程学报，2013，13(05)：721-727.

[19] 王尊策，郜治，吕凤霞，刘晓敏，李枫．液-液水力旋流器入口结构参数对压力特性的影响[J]．流体机械，2003(02)：16-19+26.

稠油油藏吞吐后期二氧化碳精细注入研究

杨　昕

（中国石油辽河油田分公司钻采工艺研究院，辽宁 盘锦　124010）

摘　要　CO_2辅助蒸汽吞吐采油技术目前已在辽河油田广泛应用，年实施330井次，年增油$10.4\times^4$t。然而，目前其注入介质尚不统一、注入量各有不同，各井应用效果差别较大、措施有效率有待提升。研究通过采集辽河油区三百余口CO_2辅助蒸汽吞吐井的地质及注采数据，精细分析、宏观对比，找出了储层封闭性、原油黏度等措施最关键影响因素，建立了CO_2辅助蒸汽吞吐采油技术选井体系，并以数值模拟研究及理论计算为基础，结合以往措施效果，开展了注入参数优化设计与实施界限研究，形成了一整套二氧化碳精细吞吐技术体系，有助于提高CO_2利用率、实现技术的系统化发展。

关键词　CO_2辅助蒸汽吞吐；选井体系；分层注入

引言

二氧化碳（CO_2）是空气中常见的惰性气体，来源广泛，在油和水中溶解度都很高，同时其临界温度、压力都较低，相对于其他非烃类气体更容易达到超临界状态，这些物理化学性质决定了CO_2在石油工业中重要的增产作用。目前辽河油田主要利用CO_2溶解降黏、体积膨胀、萃取轻质组分等机理特性，以吞吐的形式在注蒸汽前注入地层，解决吞吐开发中原油黏度高、地层亏空大、压力低及动用不均问题，补充地层能量，提高动用程度(图1)。但各采油单位注入介质尚不统一、注入量各有不同，各井应用效果差别较大、措施有效率有待提升，需要建立一套有效的二氧化碳精细吞吐技术体系，规范技术设计标准，提高开发效果。

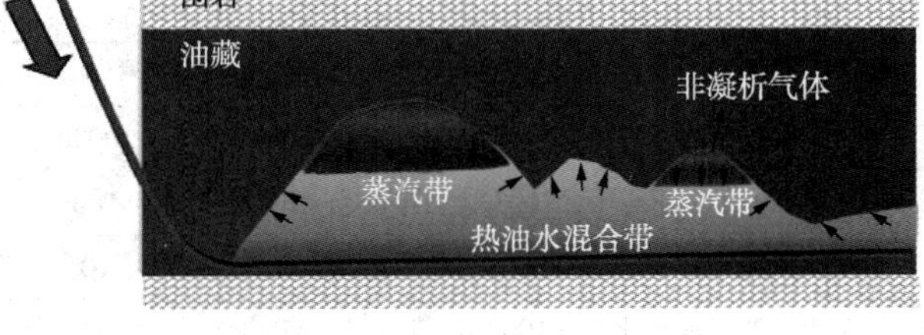

图1　二氧化碳辅助吞吐技术原理

1　CO_2采油机理

CO_2溶于原油后，一方面可改变原油密度，另一方面可大幅度降低原油黏度而大大改善其流动性。当CO_2溶解于原油时，原油黏度显著下降，下降幅度取决于压力、温度、和非碳酸原油的黏度大小。一般说来，原油黏度越高，在碳酸作用下黏度降低的百分数也越高，其效果并不比热力法差，而其经济效果则要比热力法好得多。一定体积的CO_2溶于原油，根据压力、温度和原油组分的不同，可使原油体积增加10%~100%，原油体积膨胀的大小，取决于溶解的CO_2摩尔组分和原油的相对分子质量，当原油体积增大膨胀以后，原油之间的孔隙的体积也就随着增大了，这就十分有利于油在介质孔隙里面流动，而且在注水驱动之后一些不可动的油会随着CO_2的溶解膨胀而挤出了介质孔隙，这样使得油的饱和度相比于以前变小了，并且随着油的膨胀，之后水被挤出了孔隙，这样就会发生渗透率的转换从而形成了有利于油流动的环境。大量的CO_2溶于原油中，具有溶解气驱作用。降压采油机理与溶解气驱相似，随着压力下降，溶解在原油中的CO_2逐渐分离出来并不断膨胀，液体内产生气体驱动力，提高了驱油效果。另外，一些CO_2驱替原油后，占据了一定的孔隙空间，成为束缚气，也可使原油增产。注入地层中的CO_2部分溶于原油，同时抽提或汽化原油中的烃类组分，使气驱替前缘不断富化，而与之接触的原油组分也不断变化，前缘处界面张力不断降低，在一定的压力条件下，便可以达到混相。在细管实验中，CO_2在

基金项目：中国石油集团公司重大科技专项“钻采工程配套关键技术研究与应用”（2017E-1605）。

作者简介：杨昕（1988-），男，工程师，现从事采油工艺技术研究。E-mail：375725323@qq.com。

混相条件下可达到完全驱替，采收率在90%以上。在大部分油藏中，比较容易满足达到混相的压力条件，这也是CO_2采油的一个主要优点。即使是CO_2非混相驱，也可大大降低界面张力，减小驱替阻力。对原油中的轻质组分气化萃取，使原油中的轻质成分增加，地下原油黏度进一步降低。

二氧化碳吞吐增油技术的优点包括：①通过使用二氧化碳吞吐增油技术可以使得产油量极大地得到了增加，通过二氧化碳的注入，使得油中的含水率相比其他的方法而言有了极大的降低，这就增加了原油产量，降低了生产成本，提高了企业的经济效益。②使用二氧化碳吞吐技术十分有效地缩短了生产周期，二氧化碳吞吐技术使得产油的效率极大地增加，降低了各种问题的出现，在缩短了生产周期的同时，也就是延长了企业有效的生产周期，这也就间接地提高了企业的经济效益。③二氧亿碳吞吐技术对油层几乎没有伤害，这样在使用二氧化碳注入的时候就不用担心生产出的油的质量问题。同时相比与用水来讲，二氧化碳吞吐技术提高了将近百分之十五的原有采收率，而且该技术使用与储油物性比较差的油层，并且操作施工等都比较的方便。④二氧化碳吞吐增油技术对于特稠的类型的油藏有着很好的效果，因为，二氧化碳注入油井以后，以液态的形式与原油层结合，随着二氧化碳的汽化，混合物之间的孔隙就会增大，这样就会提高油的流动性，同时也就提高了油的产量的，这是注水方法所不能够相媲美的地方，有研究表明在特稠油的开采时，使用二氧化碳吞吐增油技术后，每个单井的增油量平均达到了近400t，这是一个非常好的效果表现。

2　二氧化碳精细注入研究

辽河油田年实施CO_2辅助蒸汽吞吐采油330井次，年增油$10.4×10^4$t。然而，目前其注入介质尚不统一、注入量各有不同，各井应用效果差别较大、措施有效率有待提升。通过建立选井体系、优化参数设计、实现分层注入、确定实施界限形成了一整套二氧化碳精细吞吐技术体系，提高了CO_2利用率、实现了技术的系统化发展。

2.1　建立CO_2辅助蒸汽吞吐采油技术选井体系

通过收集辽河近三年实施CO_2辅助吞吐的315井次的单井地质资料及注采数据，分析措施效果(图2、图3)，确定了储层封闭性、原油黏度、渗透率、孔隙度、吞吐周期、累计产油量、油藏压力、油井井况等8大措施敏感参数。并采用灰色关联分析(层次分析法)确定敏感参数权重，建立措施选井量化标准(表1)。利用该选井标准及评价体系，对进行过CO_2辅助蒸汽吞吐且动静资料较齐全的32口井进行选井评价，评价得分与油井措施增油呈正相关性，表明该选井体系可靠性较高。

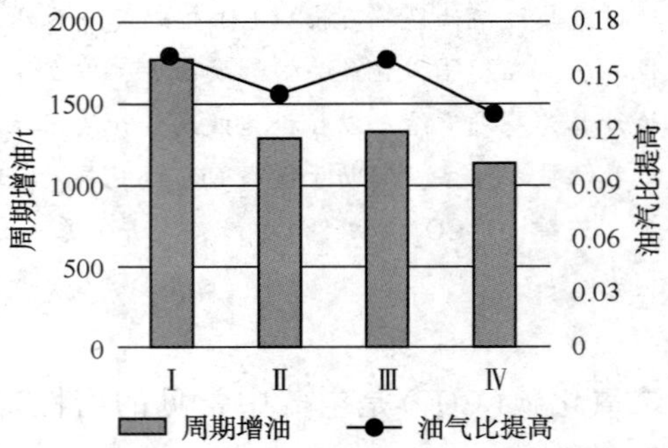

图2　储层封闭性与措施效果关系

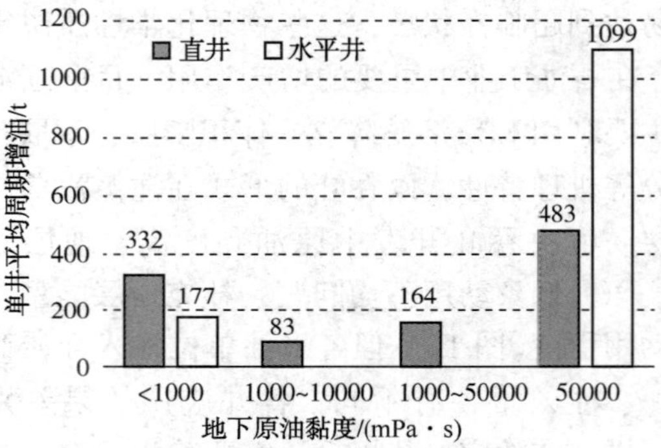

图3　黏度与增油量关系

表1　CO_2辅助蒸汽吞吐采油技术选井量化标准

影响因素	好	较好	中等
原油黏度/(mPa·s)	>50000	10000~50000	<10000
渗透率/$×10^{-3}μm^2$	>1000	100~1000	<100
吞吐周期/次	<5	5~10	>10
累计产油量/t	<10000	10000~20000	>20000
油藏压力/MPa	>4	2~4	<2
孔隙度/%	>30	20~30	<20

2.2　形成CO_2辅助蒸汽吞吐采油技术注入参数优化设计方法

数值模拟研究(图4)认为，注入CO_2后，地层温度变化不大、地层压力将增加。

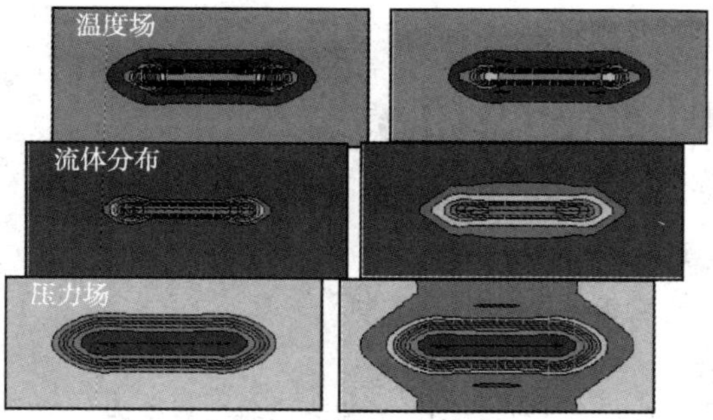

图 4　CO_2辅助蒸汽吞吐采油技术数值模拟示意图

CO_2注入量过少，增压作用弱，CO_2注入量过大，容易引发汽窜，以杜 84 兴隆台油藏为例，当注入的CO_2能提高地层压力 2.5~3MPa 时，措施增油效果最佳(图 5)。

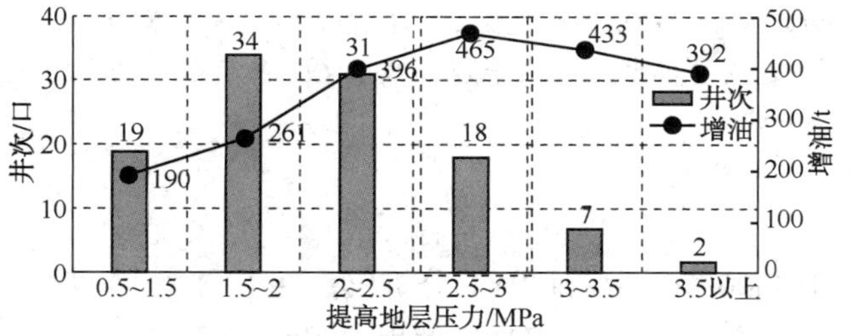

图 5　杜 84 兴隆台油藏二氧化碳辅助蒸汽吞吐生产效果统计

以最佳压力增加值为依据，将地层温度、亏空等参数带入理想气体状态方程式(1)，即可设计二氧化碳最佳注入量。

$$M = \frac{5.3 \times \Delta P \times V}{T} \quad (1)$$

2.3　形成CO_2辅助蒸汽吞吐分层注入工艺

分析氛围，有效油层厚度 10~15m 时，措施增油效果最佳；当有效油层有毒>25m 时，措施增油效果变差，应采用分层开采(图 6)；而传统分层配汽管柱的蒸汽注入孔径不适用于CO_2配注；需下管柱调节注入阀孔径，作业繁琐。

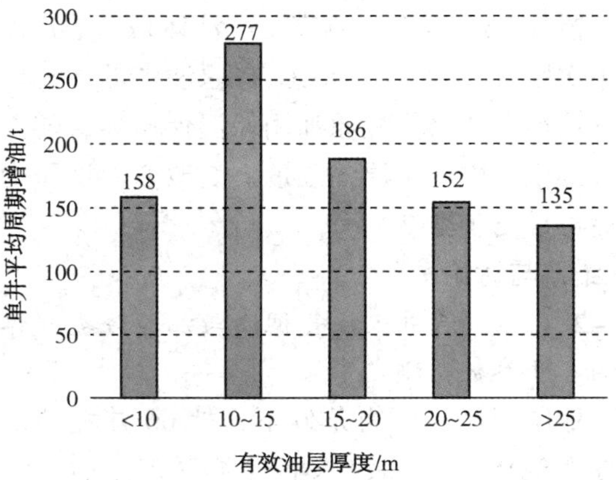

图 6　油层厚度与措施增油量关系

研究通过投球转换流通通道，实现精准控制各层配注量，并简化了地面注入流程。

2.4　确定CO_2辅助蒸汽吞吐采油技术实施界限

CO_2溶解、降黏、膨胀作用强于N_2；N_2增能作用强于CO_2；复合气溶解、降黏、膨胀作用弱于CO_2，但增压作用强于CO_2；表活剂具有发泡封堵高渗层与改变岩石润湿性等提高驱油效率等。因此，应根据二氧化碳、氮气、表活剂的各自作用，结合油藏特征，优选注入介质。

3　结论

(1) 本次研究建立了CO_2辅助蒸汽吞吐采油技术量化选井标准，经验证，该标准可靠性高、操作性强，为后续潜力筛选提供了重要依据；

(2) 本次研究以单井地层亏空体积、油藏温度为基础，以提高油藏压力为核心指标，创新注入量优化设计方法，增强技术实施的质量和效益；

(3) 研发出CO_2与蒸汽复合吞吐分层定量注入工艺，保证了在CO_2与蒸汽低温、高温交替情况下的有效分层，实现了在不下管柱的情况下的双重介质各层精准配注，有助于提高储层纵向均匀动用。

参　考　文　献

[1] 董福国．二氧化碳单井吞吐增油技术的应用研究[J]．中国石油和化工标准与质量．

[2] 姚智博．二氧化碳吞吐技术在海 26 块可行性研究[J]．化学工程与装备．2013(3)：124-126.

稠油注非烃类气体相态试验研究

刘　航

（中国石油辽河油田分公司，辽宁 盘锦　124010）

摘　要　利用高温高压PVT装置开展了不同温度、不同压力下辽河油田杜66井原油注非烃类气体室内试验，研究了非烃类气体在杜66井稠油中的溶解能力，对稠油的溶胀和降黏作用，以及稠油注非烃类气体后相态特征变化规津。结果表明，稠油中注非烃类可以使原油体积增大，密度减小、黏度降低。稠油注非烃类气体的气油比越大，上述参数的变化越大。注入CO_2，N_2，烟道气等非烃类气体时，原油没有发生化学反应，相包线变化很小。当注入空气时，原油发生氧化反应，相包线变化较大。以杜66井稠油注入CO_2后为例，地层条件下，原油黏度从1064 mPa·s下降到586 mPa·s，降幅达45%，原油密度从0.9016g/cm^{3}下降到0.8215 g/cm^3，降幅为9%，原油体积系数从1.08增加至1.28，增幅为18.5%。改变该井原油温度、压力，注入CO_2的溶解体积也随之改变。温度升高，压力不变时，CO_2溶解度变小；温度不变，压力增加时，CO_2溶解度缓慢增加，原油各项参数的变化幅度也随之改变；当压力高于原油溶解CO_2的饱和压力16MPa时，CO_2不再溶解于原油。

关键词　地面油复配；原油PVT试验；稠油注非烃类气体试验

引言

我国稠油产量占全国原油总产量的百分之十，稠油资源将成为中国重要的战略接替能源之一。稠油相对于一般原油而言，其原油含气量少，饱和压力低；稠油的黏度对温度极为敏感，随温度的升高而大幅度降低，黏度越高，下降的幅度越大。且随着温度的升高，原油体积发生膨胀，因此产生不可忽视的驱油作用。这是稠油热采的主要机理。稠油注非烃类气体可以起到降低原油黏度，增加原油膨胀能力，改善原油品质的效果，同时也是目前处理温室气体在大气中的排放最有前景的方法之一。目前注非烃类气体辅助蒸汽驱降黏开采技术越来越受到国内外学者的重视，即将非烃类气体注入稠油油层，再辅以蒸汽注入加热油层。该工艺集气驱油、热采及改质降黏等多种稠油开采方法于一体，可有效提高稠油采收率。因此，研究稠油注非烃类气体效果的室内试验有极其重要的意义。通过开展不同温度、不同压力下杜66井稠油注非烃类气体室内试验，研究非烃类气体在杜65井稠油中的溶解能力，对稠油的溶胀和降黏作用。为建立起相应的室内试验分析评价技术提供依据。

1　实验部分

1.1　实验仪器及样品

自主设计完成适用于稠油油藏特点的HB300/70型稠油PVT分析仪。在PVT容器两侧开设视窗，一边用光源照射，另一侧用摄影仪接受，在控制软件上呈像，即可用肉眼观测到稠油与非烃类气体的复配情况，实现可视化。

气液分离装置、气量计。油样：辽河油田杜66井地层条件为温度89℃、压力8MPa的含气原油。CO_2，N_2，空气，烟道气。

1.2　实验条件及主要步骤

以CO_2为例压力从地层压力8MPa逐渐升至20MPa，温度从地层温度逐渐升到120℃。

试验主要步骤：①将CO_2与现场取得的杜66井含气原油按不同温度、压力条件下进行复配，获得不同CO_2溶解度的原油样品；②将油样转入PVT试验容器。温度压力恒定在实验设定温度压力，搅拌24H以上后测定复配油体积系数；③进行单次脱气实验，测定CO_2在原油中的溶解体积及气油比。④将复配原油用保温保压导管转至落球式黏度仪中测量原油黏度。⑤改变温度压力条件后再重复步骤②~④。

2　结果与讨论

2.1　杜66井未注气稠油与注非烃类气体复配油各项参数的测定

地层温度、压力条件下，杜66井稠油注入非烃类气体之前和注入非烃类气体之后，气油比、体积系数、黏度、密度等数值发生变化。通过室内 PVT 试验获得各项参数，如表 1 所示。

表 1　杜 66 井稠油注入非烃类气体前后 PVT 参数

	体积系数	黏度(mPa·s)	密度/(g/cm^3)
注入前	1.08	1064	0.9016
注入后(CO_2)	1.28	586	0.8215
注入后(N_2)	1.12	890	0.8742
注入后(空气)	1.14	850	0.7984
注入后(烟道气)	1.21	712	0.8451

从表 1 中可以看出，稠油注 CO_2 具有显著的降黏效果，该井原油黏度从注入前的 1064 mPa·s 降至 586 mPa·s，黏度降幅达 45%。CO_2 还具有使超油膨胀的能力，该井原油的体积系数从注入前的 1.08 升至 1.28，增幅为 18.5%。因为 CO_2 气体溶入了该井原油，稠油的密度从 0.9016 g/cm^3 下降至 0.8215 g/cm^3。烟道气因含有 CO_2 气体，也表现出上述特征。其变化量取决于 CO_2 含量的多少。氮气及空气的注入量较小，变化不是很明显。其中空气注入稠油后，其原油密度发生较大变化。

2.2　不同温度、压力条件下杜 66 井稠油注非烃类气体的溶解体积

以杜 66 井稠油注 CO_2 为例，随着 CO_2 的注入，CO_2 的溶解体积不断增加，引起 CO_2 与该井原油的气油比不断变化，通过对复配原油进行单次脱气实验，获得不同条件下该井原油溶解 CO_2 的溶解体积，如图 1 所示。

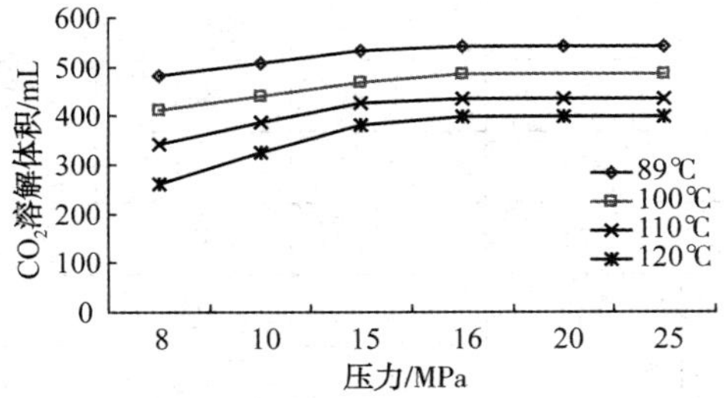

图 1　CO_2 溶解体积与温度压力关系图

从图 1 中可以看出，在初始压力 8MPa 下，不同温度下，CO_2 溶解体积分别为 483ml，412ml，342ml，260ml。随着压力的升高，CO_2 溶解体积增加，15MPa 下对应的数值 533ml，469ml，426ml，380ml，CO_2 溶解体积分别增加的幅度为 10.3%，13.8%，24.5%，46.1%。分析原因为：①相同压力下，CO_2 在超稠油中的溶解体积随着温度的升高而逐渐减小；②对比不同温度下 CO_2 的溶解体积变化，温度越高，溶解度随压力的升高增加得越快；③CO_2 溶解体积随着压力的升高而升高，低压的状态下升高的幅度明显，趋于饱和压力点时，升高趋势变缓，超过饱和压力点时，将不再溶解。这是由 CO_2 分子的运动能力和原油的分子间距离共同作用的结果。其他非烃类气体溶解过程类似，根据相似相容的理论，其溶解气量小于 CO_2。

2.3　非烃类气体对杜 66 井稠油体积系数的影响规律

以杜 66 井稠油注 CO_2 为例，随着 CO_2 不断注入，杜 66 井稠油的体积系数不断变大，该稠油的膨胀能力增加。通过 PVT 试验获得该稠油注 CO_2 体积系数变化规律，如图 2 所示。

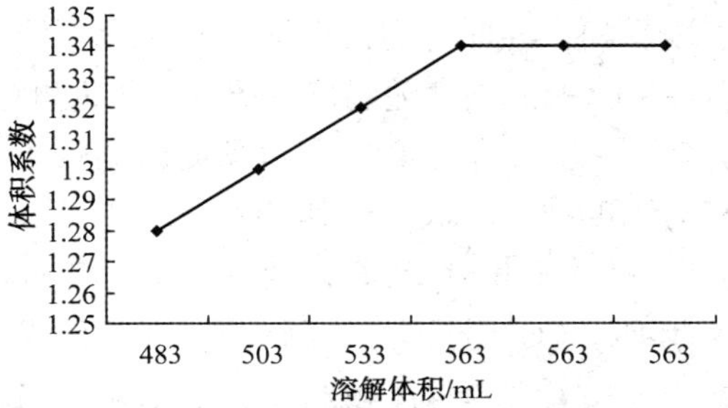

图 2　CO_2 对杜 66 井稠油体积系数的影响规律

从图 2 中可以看到，该稠油溶解 CO_2 的体积从 483ml 升至 503ml 时，体积系数从 1.28 升至 1.3。由此可知该稠油的体积系数随着 CO_2 溶解体积的增加而增加，溶解体积每增加 5%，该稠油的体积系数增加 1.7%。稠油注 CO_2 后的体积系数取决于 CO_2 的溶解体积。其他非烃类气体溶解规律类似，氮气溶解体积每增加 5%，该稠油的体积系数增加 0.8%。

2.4　非烃类气体对杜 66 井稠油黏度的影响规律

稠油注 CO_2 具有显著的降黏效果，同时黏度还受到温度、压力的影响。通过对不同条件下该稠油注 CO_2 黏度的测定，得到黏度变化曲线，如图 3 所示。

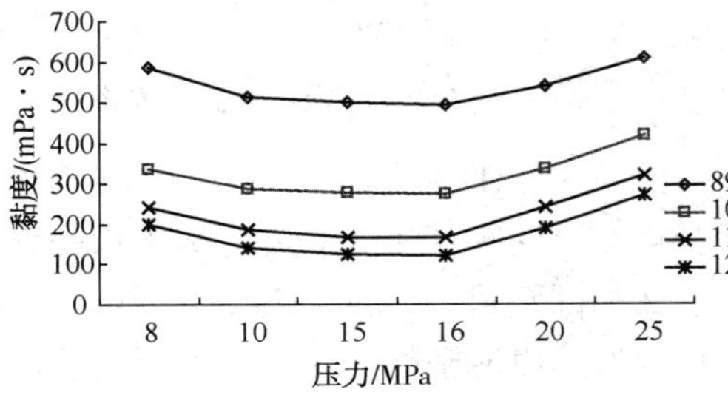

图 3　注 CO_2 稠油黏度与温度压力关系图

从图3中可以看到，实验温度为89℃，压力从8MPa升至25MPa过程中，该稠油黏度从586mPa·s降至489mPa·s，又升至525mPa·s。15Mpa下，温度不同的4条黏度曲线中，89℃到100℃，黏度从502mPa·s下降到278mPa·s，降幅达44·6%，100℃到110℃，黏度从278 mPa·s下降到173mPa·s，降幅为37.8%，110℃到120℃，黏度从173mPa·s下降到123mPa·s，降幅为28.9%。分析原因为：①相同温度下，压力增加，CO_2溶解体积增加，黏度下降明显，当压力逐渐趋于饱和压力时，CO_2溶解缓慢，黏度变化缓慢，当压力高于饱和压力时，CO_2不再溶解，原油受压力作用，体积压缩，黏度急剧增加；②相同压力下，温度增加，CO_2溶解体积下降，黏度应呈增加趋势，但因为稠油受温度影响，温度升高，稠油本身黏度下降。所以，注CO_2稠油黏度随温度的升高，黏度的下降趋势变缓。其他非烃类气体对黏度影响较小，烟道气对黏度的影响取决于其CO_2的含量。

2.5 非烃类气体对杜66井稠油密度的影响规律

稠油注CO_2还具有降低原油密度的效果，原油密度受到CO_2溶解体积和压力的影响。通过对不同条件下杜66井稠油注CO_2密度的测定，得到密度变化曲线，如图4所示。

从图4中可以看到，15MPa、温度不同条件下杜66井稠油注CO_2的4条密度曲线对应的密度分别为0.798 g/cm³，0.8285 g/cm³，0.856 g/cm³，0.869 g/cm³。相同温度下，饱和压力16MPa前，密度曲线随压力的变化无规律性，饱和压力点后，密度曲线呈直线增加。

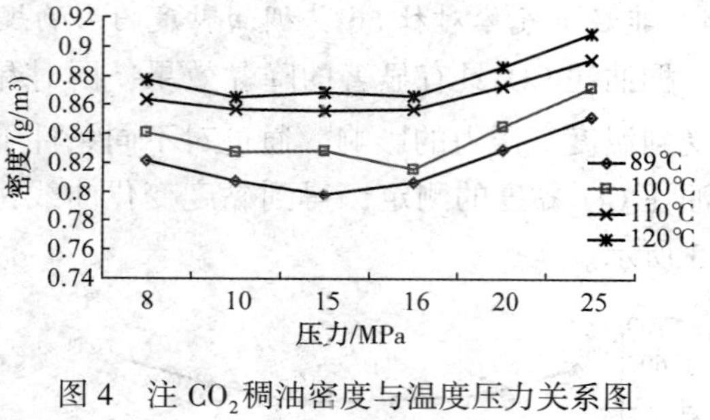

图4 注CO_2稠油密度与温度压力关系图

分析原因为：①相同压力下，CO_2溶解体积随温度变化，原油密度随着CO_2溶解体积的降低而增加；②相同温度下，随着压力的升高，CO_2溶解体积增加，原油密度下降，同时原油受压力的影响，体积收缩，密度增加，两种趋势共同作用，原油密度呈不规则曲线；③相同温度下，当压力超过饱和压力时，CO_2不再溶解，原油受压力影响，体积收缩，密度显著增加。除空气外，其他非烃类气体对密度的影响较小。稠油注入空气后，空气中的氧发生氧化反应。原油品质发生变化，密度有明显改变。

2.6 非烃类气体对杜66井稠油相包线的影响规律

稠油注空气会发生氧化反应，相包线会发生变化，对反应剩余原油进行色谱组分分析，会发现原油重组分含量减少，轻组分含量增加。详见表2。

表2 杜66井稠油注入空气前后各组分质量分数

对应的碳数	杜66块注空气		杜66块原始油藏	
	TEM(C)	质量分数/%	TEM(C)	质量分数/%
0	168		208	
1	189		228	
2	214		254	
3	230		271	
4	239	1	286	
5	252	1	298	
6	263	5	305	3
7	269	4	318	2
8	280	3	331	1
9	285	8	344	4
10	296	11	356	5
11	300	5	367	
12	308	1	372	3
13	314	18	381	22
14	322	3	391	7
15	328	2	401	6
16	336	2	406	4
17	342	6	413	8
18	348	6	421	7
19	354	5	428	5
20	358	2	433	3
20+		15		17

结合PVT参数以及组分分析结果进行相态特征模拟，获得其相态图。得到原始条件下地层原油与注入空气后地层原油相态特征的变化。其相包线变化规律如图5所示。

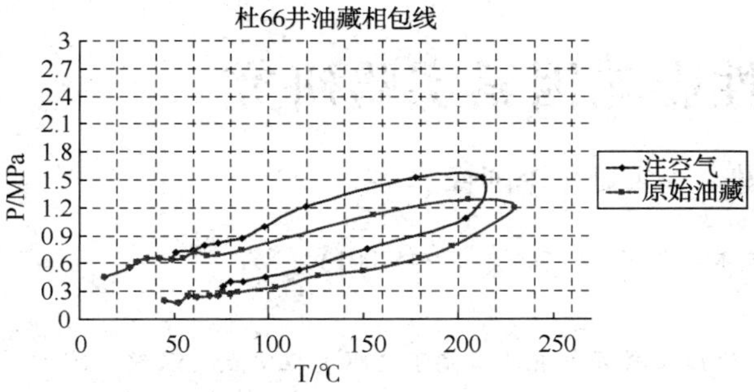

图 5　杜 66 井注空气稠油相包线变化规律

注空气后表现出的特征：其临界点向左移，当原油中组分比较接近时，两相区面积较大，某一组分的浓度很高时，两相区的区域狭长。原油注空气前后在地层条件下呈单一液相。当原油组分进一步变化，轻组分继续增加，重组分持续减少，当地层条件点落入两相区时，则地层原油处于两相状态。由于气、液两相的重力分离作用，原始状态下油藏内部会有气体产生。

3　结论

（1）相同条件下，注入非烃类气体的稠油与原始油藏相比，体积系数变大，黏度下降，密度降低。

（2）非烃类气体对稠油的溶解体积受温度压力的影响，随着温度的升高，非烃类气体的溶解体积降低，随着压力的升高，非烃类气体的溶解体积增加，超过杜 66 井原油溶解非烃类气体的饱和压力时，非烃类气体不再溶解。

（3）注非烃类气体稠油的膨胀能力受到气体溶解体积的影响，溶解的气体越多，体积系数越大。稠油注 CO_2后黏度大幅降低，同时受到温度压力的影响，温度增加，CO_2溶解体积减小，黏度下降趋势变缓；压力增加，CO_2溶解体积增加，黏度下降。当压力超过该稠油溶解 CO_2的饱和压力时，黏度增加。其他非烃类气体对黏度影响较小。注非烃类气体稠油密度变化受压力与气体溶解体积双重影响，其变化规律呈不规则曲线。注空气因为发生氧化反应，密度变化较大。

（4）注空气会对原油相态产生影响，因为空气与原油发生了氧化反应，改变了原油组分，原油轻组分增加，重组分裂解，最终导致了原油相态特征的变化。

参　考　文　献

[1] 葛家理．现代油藏渗流力学原理[M]．石油工业出版社，2000.

[2] 何更生．油层物理 石油工业出版社[M]. 1994.

[3] 杨胜来等．油层物理学[M]．石油工业出版社，2004.

[4] 高振环等．油田注气开发技术[M]．石油工业出版社，1994.

[5] 王大均．氮气和空气在油田开发中的应用[M]．石油工业出版社，1991.

[6] 郭天民．液平衡与精馏[M]．化学工业出版社，1983.

[7] 孙良田等．多孔介质毛细管压力对凝析油气相态影响研究[J]．石油勘探与开发，1994.

达 14 块稠油火驱稳定性影响因素实验研究

姚建兵　李晓东　李　健　李雪峰　李国锋

（中国石化中原油田分公司石油工程技术研究院，河南 濮阳　457001）

摘　要　针对达 14 块稠油，利用燃烧管实验装置，模拟油藏倾角条件研究了火驱过程中点火温度、通风强度等因素对燃烧稳定性的影响。结果表明，随着点火温度的逐步增加，火线在燃烧管前端的推进速度明显加快；增加通风强度，火线推进速度明显加快，有利于火线的稳定推进。

关键词　普通稠油；火驱；点火温度；通风强度

引言

火烧油层是通过不断向油层中(通过 1 口或几口井)注入氧化剂(空气或富氧)点燃油层后，形成径向移动的燃烧前缘。到目前为止，国内辽河油田、克拉玛依油田已经开展了现场规模化的火驱项目。国内外一些学者通过燃烧管实验，研究了火驱过程中空气需要量、燃料含量、高温燃烧前缘推进速度等对火驱效果的影响。本文主要针对中原油田达 14 块稠油油藏进行了火驱燃烧管室内实验研究，通过对燃烧管中油层温度场的变化及其驱替过程中的产出气体变化监测分析，明确了不同点火温度、通风强度等因素对燃烧稳定性的影响，为火驱开发进入现场实施提供技术支撑。

1　实验设备、材料及方法

1.1　实验设备

实验所用燃烧管为 Φ38mm×60mm 的哈氏合金填砂管(内壁处理成粗糙的表面)。燃烧管沿程均匀分布 6 个测温热电偶 T1～T6，实时监测燃烧前缘的温度，空气注入压力、产出气体组分通过自动监测系统实时记录。图 1 为燃烧管实验装置流程示意图。

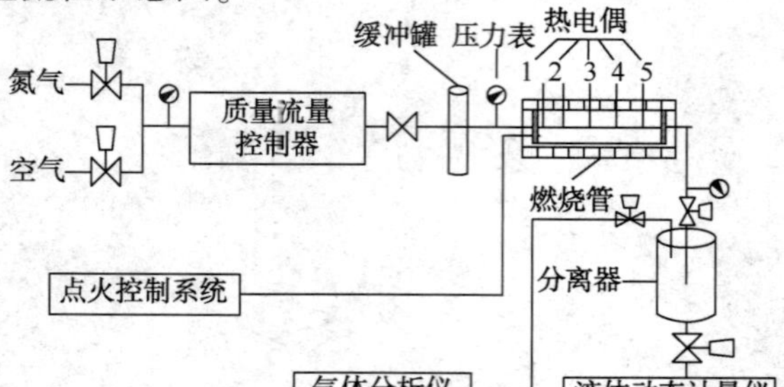

图 1　燃烧管火驱流程示意图

1.2　实验材料

实验原油为达 14 块达 16－1 井脱水原油，50℃时动力黏度 7 为 21mPa·s，密度为 0.89g·cm^{-3}；砂子取自河北的水洗河砂，高岭土，油层产出水。

1.3　实验方法

（1）按一定比例将石英砂、原油、高岭土充分混拌均匀，使含油饱和度约 60%，填制燃烧管，依次装好带点火器的法兰及热电偶，在燃烧管外包裹保温层；

（2）填砂完成后，测定填砂管的氮气渗透率和孔隙度；

（3）向燃烧管中注入氮气，进行燃烧管密闭性检测；

（4）检查点火控制系统、气体分析系统、温度及压力监测系统，确保各系统正常运转；

（5）启动气体分析仪及燃烧管实验控制系统，设定预热的升温程序，调节注入压力及背压，按设定的注入速度通氮气，当流量稳定后启动升温程序进行预热；

（6）当预热到需要的温度时，关闭氮气通道，按设定的速率通入空气进行点火，实时观察并监测气体组分、温度、压力的变化，根据数据变化进行参数调节。

2　实验结果

2.1　点火温度对燃烧稳定性的影响

在不同点火温度下，保持恒定注气速度，通过检测 6 个热电偶探测的温度场变化，火驱过程中末端产出气体的氧气、二氧化碳、一氧

作者简介：姚建兵(1983－)，男，工程师，现从事采油工艺术研究，E－mail：yaojian0204@163.com。

化碳等气体的浓度变化，判断火驱燃烧稳定性及效果。

燃烧管渗透率为 1000mD 左右，恒定注入空气强度 2L/min，点火温度分别为 400℃、500℃、600℃、700℃条件下燃烧结果见表 1 和图 2。

表 1 不同点火温度实验的平均速度

点火温度/℃	$CO+CO_2$ 总量/mol	生成焦炭量/g	火线推进平均速度/(min/cm)
400	0. 4362	6. 1069	12. 6
500	0. 9983	13. 9764	9. 6
600	0. 7171	10. 0393	6. 3
700	1. 0392	14. 5488	5. 9

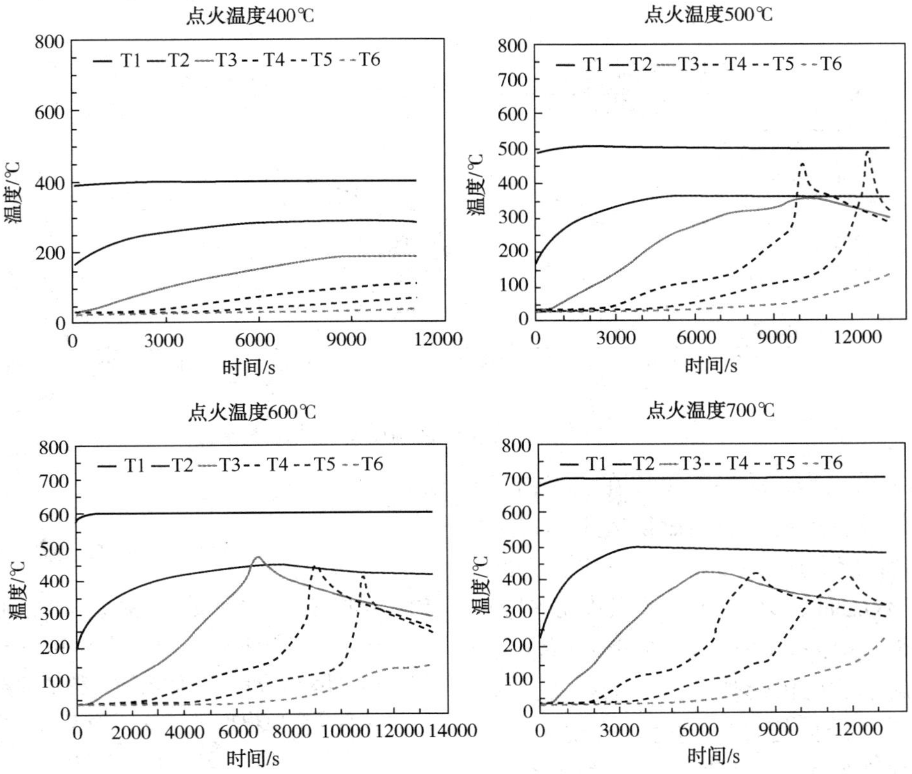

图 2 不同点火温度燃烧温度变化曲线图

点火温度为 600℃时燃烧稳定性好，生产焦炭少，T3、T4、T5 热电偶中都有监测到高温区，形成升降温及峰值形态基本一致，说明可以形成稳定的燃烧前缘和均匀推进速度，点火温度最佳。点火温度为 400℃时，燃烧管中有 5 个热电偶都没有监测到高温区，表明点火失败。对比点火温度 500℃、600℃，有 5 个热电偶都监测到高温区，且温度超过 480℃，表明点火成功。而当点火温度升高到 700℃，空气加热温度过高，火烧推进燃烧速度过快，没有形成明显的高温驼峰，燃烧管内高温产生的焦炭为 14. 5488g，残留量过大，原油与空气未形成充分燃烧状态。产出气体实验数据表明，达 14 块稠油在点火温度 600℃时最有利于稳定火驱燃烧。

2. 2 通风强度对燃烧稳定性的影响

受限于燃烧管火线燃烧推进的单向性，恒定通风强度有利于火线形成并稳定燃烧。实验操作过程中，为了保证点火成功并火线平稳推进，采取变速注气方式，即开始时以低的通风强度注气，随着火线的推进，通风强度也进行相应的调整。

燃烧管渗透率 1000mD 左右，点火温度恒定为 600℃条件下，分别采取 1L/min、2L/min、3L/min、4L/min 的通风强度，结果见表 2 和图 3。

表 2 不同通风强度实验的平均速度

通风强度/(L/min)	T1 到 T2/(min/cm)	T2 到 T3/(min/cm)	T3 到 T4/(min/cm)	T4 到 T5/(min/cm)	T5 到 T6/(min/cm)
1	8. 81	8. 81	5. 90		
2	6. 28	6. 28	3. 16	2. 37	
3	4. 18	4. 38	2. 16	0. 71	
4	3. 68	3. 45	2. 46	0. 35	

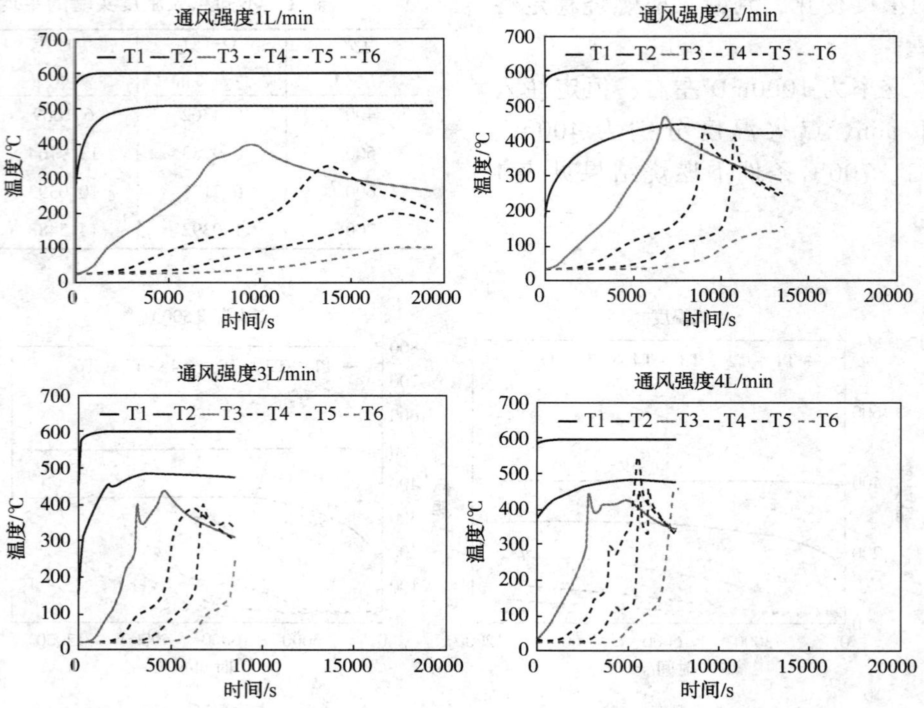

图 3　不同通风强度燃烧温度变化曲线图

温度监测结果显示，原油都可以在点火初期稳定的燃烧，但随着火线不断向燃烧管末端推进过程中，通风强度低于 1L/min，燃烧前缘火线会随着供氧量不足而熄灭。当通风强度分别为 2L/min、3L/min、4L/min 时，燃烧管中原油分发生蒸馏和裂解形成可供燃烧的富含碳残渣，进而可以形成稳定火线向管体末端稳定燃烧推进。四组不同通风强度条件下，只要满足富氧燃烧条件，均可形成从 T1～T4 稳定燃烧，特别是当通风强度维持 2L/min 时，火线前缘可有效推进到 T4～T5，燃烧推进速度相对均匀，相对燃烧驱替范围最大。

3　结论与认识

（1）对于达 14 块稠油，点火温度介于 600℃～700℃时，火驱可以形成稳定的燃烧推进前缘，火线在燃烧管前端的推进速度稳定，当在点火温度为 600℃时更为经济合理。

（2）点火成功后形成的燃烧前缘温度稳定在 450～500℃，随通风强度的增加，火线推进速度加快，通风强度可有效控制火线前缘推进速度，要形成燃烧火线稳定的推进，必须控制好通风强度。

参　考　文　献

[1] 刘其成，火烧油层室内实验及驱油机理研究[D]. 大庆：东北石油大学，2011：1-10.

[2] 赵仁保，严伟，孔垂显等 . 稠油油藏注空气燃烧管实验及数值模拟研究[J]. 西安石油大学学报：自然科学版，2016，31(3)：69-70.

[3] 关文龙，马德胜，梁金中等 . 火驱储层区带特征实验研究[J]. 石油学报，2010，31(1)：100-104.

[4] 杨钊 . 稠油油藏火烧油层技术原理与应用[M]. 北京：中国石化出版社，2015：17-19.

[5] 郭平，汪艳，杜建芬等 . 轻质油藏注空气燃烧管试验[J]. 中国石油大学学报：自然科学版，2008，32(1)：60-63，71.

[6] 关文龙，蔡文斌，王世虎等 . 郑 408 块火烧油层物理模拟研究[J]. 石油大学学报：自然科学版，2005，29(5)：58-61.

[7] 杨洋，韩晓强，安斌 . 新疆油田风城油砂一维火驱物理模拟实验研究[J]. 新疆石油天然气，2015，11(1)：55-60.

大尺寸井眼 SAGD 成对水平井关键技术研究与应用

杜新军

（中国石油辽河油田分公司，辽宁 盘锦 124010）

摘　要　对采用 Φ244.5mm 筛管完井的 SAGD 水平井钻井施工难点进行了分析，并提出了相应的技术措施。研究表明，采用精密测量设备、磁测距技术提前介入、提前调整井斜和方位等措施有利于双水平井的轨迹精确控制；“先钻再扩”的工艺技术，可有效解决大井眼松软地层直接钻进的井眼清洁差、轨迹控制难等难题；性能优越的聚磺钻井液体系可以应对井底高温蒸汽腔，实现安全钻进；合理布放扶正器、采用旋转引鞋等技术措施可为大尺寸套管的安全下入提供技术保障。

关键词　大尺寸；SAGD；水平井；钻井

引　言

相对于常规的 Φ177.8mm 筛管完井方式，GH7 井组采用 Φ244.5mm 筛管完井方式的成对水平井存在成对井井眼轨道综合优化设计、成对水平井安全钻井、注汽井井眼轨迹精确控制、大井眼携砂、大尺寸套管下入等技术难题。针对以上技术难题，为了保证成对水平井钻完井工作的顺利实施，以实现 Φ244.5mm 筛管完井的目的，需要开展一系列技术研究。

1　井身结构的确定

井身结构是整个钻完井工程的“骨架”，井身结构的科学合理性直接关系到钻完井工程的成败[1]。采用逆向思维的方式，以确保井控和注采安全为前提，统计分析同区块邻井资料，结合地质条件，用 Φ244.5mm 筛管反推出井身结构。设计采用三开井身结构：Φ762mm 导管，作为一开钻进时钻井液循环的通道；Φ508mm 表层套管封上部松散地层，避免钻下部井段时使用高密度钻井液压漏该地层；二开前安装防喷器；Φ339.7mm 技术套管封水平段入口点，实现三开的储层专打，有利于保护油气层；Φ244.5mm（光管+筛管）完井管柱满足后期采油工艺需求。以 GH7-1 井为例，井身结构设计如图 1 和表 1 所示。

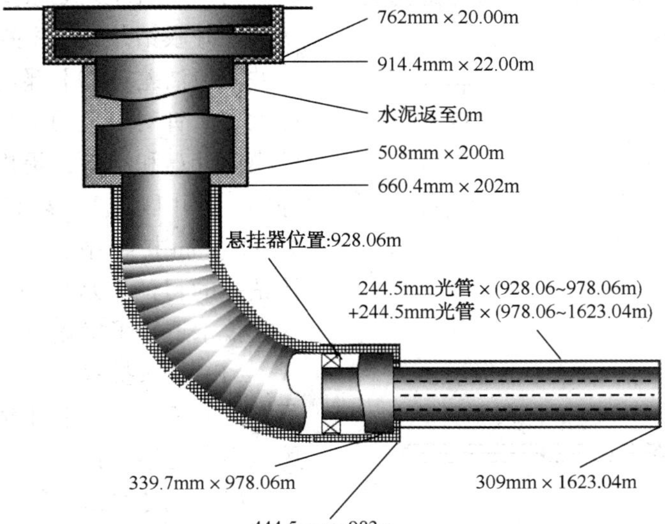

图 1　GH7-1 井井身结构示意图

作者简介：杜新军（1983-），男，高级工程师，现从事钻井工程设计和钻完井科研工作。E-mail：duxinuun2004@163.com。

表 1　GH7-1 井井身结构设计数据表

钻序	井段名称	钻头尺寸/mm	钻井深度/m		套管尺寸/mm	套管下深/m		水泥封固段/m	
			自	至		自	至	自	至
1	导管	914.4	0	22	762	0	20	20	0
2	表层套管	660.4	0	202	508	0	200	200	0
3	技术套管	444.5	202	983	339.7	0	978.06	978.06	0
4	油层光管和筛管	309	983	1623.04	244.5	928.06	978.06	光管	
						978.06	1623.04	筛管	

2　大井眼 SAGD 成对水平井井眼轨道设计模版

GH7 井组油藏埋深浅，井眼尺寸大，套管刚性强，套管下入摩阻大[2]，另外注采工艺对井眼轨道也有一定要求，因此有必要对井眼轨道进行优化设计。该模板(图 2)主要作用是：①减小套管下入时的摩阻；②满足注采工艺的需求；③为今后该类型的 SAGD 井井眼轨道设计提供参考。该模版要点如下：

(1) 生产井和注汽井均采用"直-增-稳-增-水平"的井眼轨道设计模型；

(2) 生产井和注汽井除稳斜段的其他井段设计全角变化率在 4.5°~6°/30m 以内；

(3) 生产井和注汽井在靶前距允许的条件下，设计提前 20~30m 进入目的层，确保中完时准确入靶，满足双管柱完井的要求；

(4) 生产井在下泵井段设计 30~50m 稳斜段，井斜角控制在 60°~70°；

(5) 生产井和注汽井轨道设计综合考虑防碰扫描，确保同时满足防碰要求。

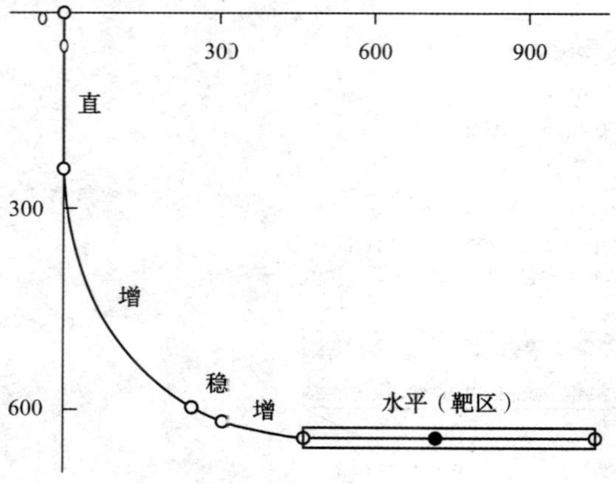

图 2　轨道设计模板示意图

3　大井眼 SAGD 成对水平井井眼轨迹精确控制技术

对于 SAGD 成对水平井，两口井的水平段既要获得固定的空间距离，又要整体控制在储层砂体内延伸[3]。对轨迹控制提出了很高的要求，必须同时保证注汽井和生产井的成功率。轨迹精确控制技术要点如下：

(1) 注汽井和生产井从造斜点开始均采用精密 MWD 随钻导向(仪器精度：井斜：±0.1°；方位：±0.25°；工具面：±0.5°)，确保两个单井数据的可靠性和准确性；

(2) 生产井下泵的稳斜井段，施工过程中，全角变化率控制在 1°/30m 以内；

(3) 注汽井钻进时，当与生产井的法向距离接近 10m 时，磁测距技术提前介入，精确控制其与生产井的相对距离；

(4) 注汽井钻进时，提前 100~200m 开始调整井斜与方位，确保矢量入靶及"生产井在下注汽井在上"的入靶原则；

(5) 注汽井钻进时，为了避免高温蒸汽腔对磁导向工具的影响，必要时对生产井进行循环降温，确保数据准确性。

4　大井眼 SAGD 成对水平井优快钻井技术

大井眼钻井施工主要存在以下难题：①大尺寸井眼清洁差；②上部松软地层井眼轨迹控制难度大[4]。针对以上两个难点，通过理论研究、软件模拟计算和实验，提出"先钻再扩"工艺技术，即"二开井段先用 Φ311.1mm 钻头钻进，再用 Φ444.5mm 扩眼钻头进行扩眼"。为了达到优、快钻井的目的，从以下两个方面对"先钻再扩"工艺技术进行了优化。

(1) 优选扩眼工具。对于上部松软地层，选用铣齿牙轮钻头，下部含有大量砾石的地层，选用镶齿牙轮钻头；

(2) 优选水力参数。对扩眼施工水力参数进行了优化。上部地层钻压控制在 20~40kN，泵压 13MPa 左右，排量 50~55L/s，下部地层钻压控制在 40~80kN，泵压 15MPa 左右，排量 60~65 L/s。

5 大井眼 SAGD 成对水平井安全钻井技术支持

对于 SAGD 成对水平井来说，必须保证两口井都要取得成功，若采油井和注汽井其中一口井失败，整个井组也会失败，因此安全钻井尤为关键。主要考虑以下两个方面促进安全钻井。

(1) 钻井液体系优选及参数优化

对于 GH7 井组来说，钻井液面临的主要问题是井底高温蒸汽腔和地层中存在的大块鹅卵石(图 3)。聚磺钻井液具有良好的抗温性能[5]，因此选用聚磺钻井液体系，同时进行了性能优化，提高了携岩性能。

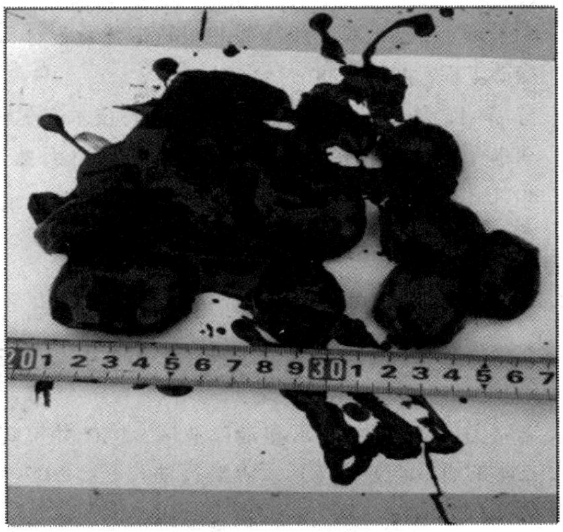

图 3 振动筛返出大尺寸鹅卵石

(2) 优化注汽井中完深度

根据地质设计要求，注汽井入靶点处距离采油井空间距离为约 5.5m，距离较近，注汽井大井眼固井，固井水泥极有可能渗漏至已经完井的采油井筛管内。为了预防采油井水平段筛管不渗漏进注汽井的固井水泥，保证采油井的安全施工，设计注汽井在距离采油井水平段入口点约 15~20m 处中完。

6 大尺寸管柱安全下入技术优

SAGD 大尺寸井眼水平井具有垂深浅、水平段长的特点，再加上管柱尺寸大，刚性大，因此管柱下入困难。在现场施工前，必须通过理论分析，提出相应的技术措施支持现场施工的顺利进行[6]。若无理论支持，盲目施工，可能会造成巨大的经济损失。

通过套管安全下入的理论研究、固井软件和套管下入分析软件的模拟计算，针对现场施工，提出了以下技术措施：

(1) 合理布放扶正器，通过固井软件计算，优化扶正器的下入深度、下入数量和间距。可以提高套管居中度，确保固井质量合格；

(2) 采用旋转引鞋，避免管柱下入过程中出现新眼，确保管柱下入过程畅通无阻；

(3) 采用模拟悬挂器座封，为后期实际悬挂座封提供保障。

7 应用实例

该项技术已经在 GH7 井组得以应用。该井组的水平段入靶偏差仅为设计允许最大偏差的 40%~60%(表 2)；成对井方位基本一致，垂直距离控制在 5.19~6.65m(设计值为 5m)，完全在 4~10m 的最优距离，且相对于设计值，误差较小(图 4、表 3)。

表 2 入靶偏差统计表

GH7-1	设计	水平段纵向偏差±0.5m	水平段横向偏差±2m
	实际	A 点纵向偏差+0.24 m	A 点横向偏差-1.32m
		B 点纵向偏差+0.45 m	B 点横向偏差+0.94m
GH7-2	设计	水平段纵向偏差±0.5m	水平段横向偏差±2m
	实际	A 点纵向偏差+0.2m	A 点横向偏差+0.93m

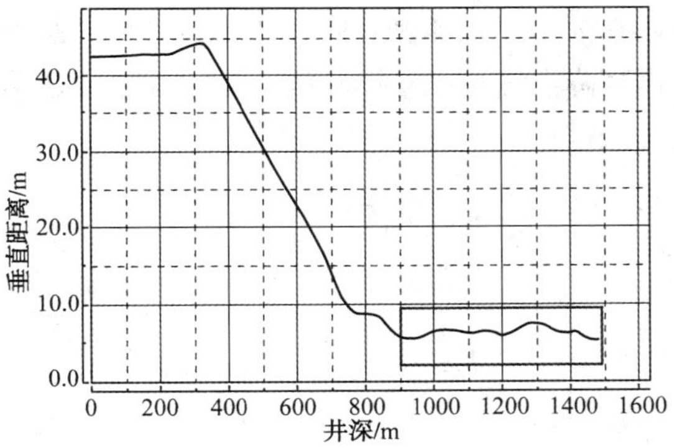

图 4 成对井垂直距离示意图

表 3 水平段垂直距离统计表

GH7-1 测深/m	中心距/m	GH7-2 测深/m
900.00	5.52	861.02
930.00	5.50	890.52
960.00	5.71	920.10
990.00	6.50	950.05
1020.00	6.70	980.12
1050.00	6.41	1010.17
1080.00	6.38	1040.14
1110.00	6.15	1070.12
1140.00	6.55	1100.01
1170.00	6.50	1130.10
1200.00	5.81	1160.03

续表

GH7-1 测深/m	中心距/m	GH7-2 测深/m
1230.00	6.40	1190.23
1260.00	6.06	1220.55
1290.00	6.65	1250.78
1320.00	6.37	1280.90
1350.00	6.46	1310.84
1380.00	6.08	1340.74
1410.00	6.45	1370.80
1440.00	5.61	1400.89
1470.00	5.20	1430.84
1473.86	5.19	1434.69
1500.00	5.50	1460.76
1530.00	6.65	1485.00

8 结论

(1) 针对 SAGD 成对水平井，采用较小曲率、注汽井和生产井提前入靶、生产井下泵井段段长及其井斜角控制、防碰扫描等是轨道设计的关键；

(2) 采用精密的随钻导向工具、磁测距技术提前介入、注汽井提前调整井斜与方位、对生产井循环降温等技术等技术措施是实现轨迹精确控制的关键；

(3) “先钻后扩”的工艺技术是实现大尺寸井眼安全钻进的重要技术措施，同时要对扩眼钻头进行优选、对水力参数进行优化；

(4) 性能优越的聚磺钻井液体系具有良好的抗高温性能和携岩能力，是实现大尺寸井眼 SAGD 水平井安全顺利钻进的有效技术措施之一。

参考文献

[1] 步宏光，唐世忠，饶富培，等. 大港油田井身结构优化研究与应用[J]. 石油钻采工艺，2011，33(4)：105-108.

[2] 窦玉玲. 长水平段大位移井井眼轨道优化设计[J]. 探矿工程，2011，38(7)：50-52.

[3] 陈若铭，陈勇，罗维，等. MGT 导向技术在 SAGD 双水平中的应用及研制[J]. 新疆石油天然气，2011，7(3)：25-28.

[4] 盖大众. 浅析垣平 1 井大井眼段钻井液技术[J]. 钻井液与完井液，2013，30(2)：86-88.

[5] 袁波，汪绪刚，汪世国，等. 聚磺钻井液在伊拉克艾哈代布油田水平井中的应用[J]. 钻井液与完井液，2013，30(2)：82-84.

[6] 李绪民，张智君. 风城重油作业区 SAGD 井下套管技术的研究与应用[J]. 新疆石油科技，2011，28(3)：6-11.

氮气助排技术的优化研究与应用

赵长亮

（中国石油辽河油田分公司曙光采油厂，辽宁 盘锦 124010）

摘 要 稠油在开采过程中，随着吞吐轮次的增加，套管损坏、地层及地面污染，地层油水界面上移，地层压力下降，以致使曙光油田稠油油藏不能正常吞吐开采。为此，我们提出 N_2 隔热、助排辅助吞吐增效工艺技术，它不但能够保护套管，减少热损失及地层污染，节约作业费，提高油井时率而且还能保持地层能量，相对减少蒸汽注入量，达到油井增产的目的。

关键词 氮气助排；稠油油藏；采收率；工艺技术；吞吐

前言

曙光稠油已进入开发中后期，高周期、低压力、低油汽比等矛盾日益突出。目前稠油、超稠油开发采用的降压开采使地层压力不断下降，能量严重不足，常规注汽降压开采增产效果日益下降，措施单位增产成本越来越高，低效、无效益措施呈快速上升趋势。分析常规吞吐效益变差主要原因在于热采稠油老区地层能量的下降及超稠油难采储量区块原油黏度过高，地层原油难以流动。针对此问题研发了氮气助排辅助吞吐技术。曙光油田在大量理论研究、物模试验及历年措施效果分析的基础上，在稠油区块规模实施氮气助排，达到补充地层能量[1]。地层能量得到有效的补充，区块综合递减幅度明显降低，油井周期产油提高，区块开发效果得到有效改善。

1 技术原理

1.1 选择氮气介质的原因

（1）在常用的注入天然气和非烃类气体的采油方法中，氮气的压缩系数较大，它的压缩系数(0.291)是二氧化碳的3倍，也比天然气和烟道气的压缩系数大，所以，其较大的膨胀性有利于驱油。它受温度的影响较小，其原因是氮气的临界温度较低。

（2）氮气在淡水和盐水中的溶解性都很微弱。二氧化碳和天然气比氮气易溶于水，该特性对于注氮气保持油藏压力开采来说十分重要。

（3）在相同的油层压力和温度条件下，氮气的黏度比 CO_2 和天然气都低。

（4）在相同的温度压力条件下，氮气的密度要比 CO_2、烟道气的密度小，比甲烷的密度高，但比其他烃类气体的密度低得多。一般情况下，氮气的密度要低于气顶气的密度。

（5）氮气不同于理想气体。氮气的地层体积系数随着压力的增加而均匀地下降。在相同的温度条件下，氮气的体积系数要比 CO_2 和烟道气的体积系数大；注入相同体积的气体，氮气可驱替更多的油气。

（6）氮气是惰性气体，不易燃、干燥、无爆炸性、无毒和无腐蚀性。

1.2 技术原理

氮气助排工艺根据其作用类型主要分为笼统氮气助排、选层氮气助排、复合氮气助排；但其作用机理相似，就是利用氮气具有很好的隔热性、膨胀性和压缩性。氮气导热系数小，环空充满氮气，可降低井筒热损失，隔热效果好；氮气为非凝结气体，与原油间的界面张力低，可以扩散至微孔隙中，把注入的热流体推向油层深部，大大提高蒸汽在地层中的波及体积；氮气压缩系数较大，也就是在注入地层压力加大时，氮气易压缩。当注汽结束转抽时，随着地层压力降低，经过压缩储存在地层中的氮气的体积迅速膨胀，产生较大的附加力，加速驱动地层中的原油及冷凝水迅速返排(图1)。即当氮气进入井底后，它夹杂油井“口袋”处蒸汽进入油层深部，对油井远处油层加热处理，调整油井吸汽剖面，从而增加蒸汽的波及面积，提高蒸汽的有效利用率；当

作者简介：赵长亮(1983-)，男，工程师，现从事采油技术研究与推广工作。E-mail：zhaochangliang@petrochina.com.cn。

油井转采时，氮气夹杂原油，形成“气举”作用，降低油流阻力，从而提高油井的生产效果，达到提高采收率[2]，保持油井稳产的目的。

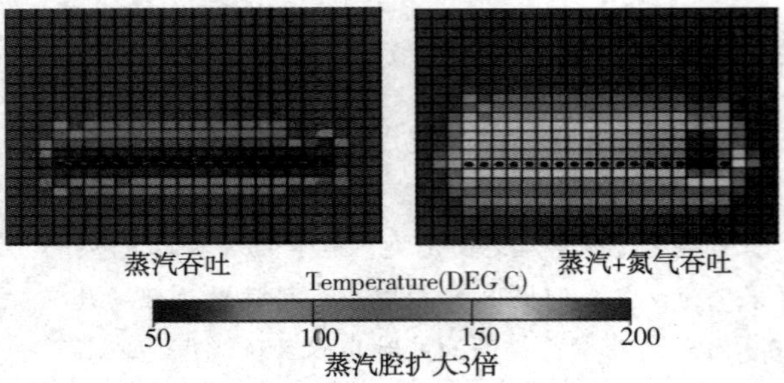

图 1　氮气助排与蒸气吞吐的气体体积对比

1.3　施工工艺

氮气助排工艺设备主要由车载制氮气设备和注氮气设备组成。制氮气设备主要包括分子膜，低压螺杆机，除尘除杂除水设备和卡车；注氮气设备主要包括增压机，氮气储备罐，油罐，车载仪表。首先制氮气设备提取大量的空气中氮气，然后由注氮气设备在蒸汽注入同时，向井中同时注入一定比例的氮气。氮气和蒸汽在混合后，进入地层，其工艺过程如图 2 所示。

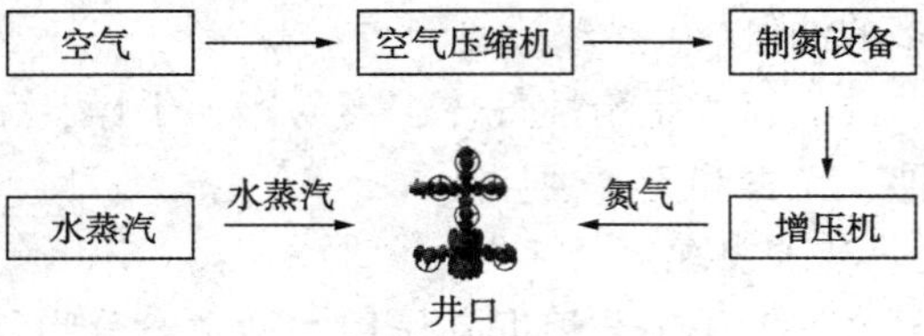

图 2　氮气助排工艺过程简图

1.4　方案优化设计

根据油藏动态和勘探开发研究院的数模分析[3]分析，考虑了如下几种混注比例：1∶10、1∶20、1∶30、1∶50、1∶100。考虑该区块单井平均蒸汽注入量为 2000t，则上述比例需要的氮气量分别为 20000m^3、40000m^3、60000m^3、100000m^3、200000m^3，相当于 600m^3/h 氮气车连续注 1.39d、2.78d、4.17d、6.95d 和 13.9d。经计算经济分析，要想将采收率提到最高，应将最佳混注比例确定为 1∶40，即 1t 蒸汽混注标准条件下的氮气 40m^3。

注入比例和注入量确定后，参照热采优选参数进行设计，设计基本注入参数为：

注入压力：10MPa；

注入温度：蒸汽 300℃以上，

氮气 30℃；

注入速率：蒸汽 18m^3/h(432m^3/d)；

氮气 600m^3/h(14400m^3/d)。

即按上述参数由环空注氮气，油管同时注蒸汽，直至蒸汽注完。

2　氮气驱替原油的试验及理论研究

2.1　注 N_2 常规驱替试验

目前国内外用来测定驱替相与被驱替相多次接触混相条件的常规方法是细管驱替试验，一般用的细管长 12～24m，直径 0.6cm，用干净的砂或细玻璃珠充填，使其渗透率达到 3～5μm^2，用准备试验的原油饱和该人造岩心，把各项条件调节到油藏条件，注入给定的流体组分，压力、温度等对混相驱条件的影响以及与原油采收率的直接关系。

2.2　注 N_2 混相驱试验

注氮气混相驱是在高压下从原油中通过蒸发作用提取轻烃和中间烃。氮气与原油中的轻烃和中间烃达到混相，气-油系统的界面张力降低，原油采收率可以达到 90%。可见氮气混相高压驱替效率远远高于注水混相驱替，也比天然气混相驱油更有效益。通过试验我们得到以下两方面认识：注氮气的采收率随着注入压力的提高而提高；混相驱替可以达到很高的采收率。

采用细管模型，驱替原油，主要分如下三组试验(试验参数见表 1)进行

表 1　注 N_2 混相驱试验参数表

试验序号	所用液体	注入压力/MPa	注入 1.2 倍空隙体积采收率/%
1	凝析油、N_2	25	99
2	原油、N_2	25	91
3	原油、CO_2	25	99

通过试验可知，N_2、CO_2 驱的采收率均很高，氮气来源广泛，且价钱便宜，故对凝析气藏更适用氮气驱。

3　结论

3.1　氮气有较好的隔热性能

N_2 的汽化热为 1.99×10^5 J/kg，其比热为 0.2488(温度为 250℃)，导热系数为 0.0228W/m·K(压力在 0.1MPa，温度为 0℃)。具有很强的绝热性，因而在稠油热采中，油管注蒸汽，套管注 N_2，使注入蒸汽热量损失很小；另外，该工艺还会大大改善套管的力学性能，保护套管，

用热电偶测温仪、红外线测温仪分别对氮气隔热助排井及常规封隔器隔热井进行蒸汽温度监测、表层裸露套管测温，环空温度监测，监测结果表明氮气具有很好的隔热作用[4]。

3.2 氮气有很好的助排作用，达到增油效果

氮气有很好的助排作用。注蒸汽的同时，注入非凝结性氮气，在油层扩大加热带，增加了蒸汽的波及体积，使油层间的剩余区得到动用从而增加原油产量，注入的氮气越多，效果越好。N_2与原油间的界面张力为8.9dyn/cm，而水与原油的界面张力为30.5dyn/cm，界面张力低，将会大大提高蒸汽在地层中的波及面积，改善蒸汽吞吐和蒸汽驱的开发效果，使得驱油效率提高，有利于提高原油采收率。

3.3 节省工具费

措施工艺实现井筒隔热，节省工具费用，节省作业费用。

氮气隔热助排工艺能充分利用稠油井蒸汽吞吐后，地层处于高温状态的有利条件，与一次泵或杆式泵配套，不动管柱直接转抽，并且可以实现反复多次的注汽-转抽。这样不仅提高了油井时率，而且节省作业费，一口井可以节省作业费2.6万元(实施氮气隔热助排工艺措施井，节省拉运隔热管、清洗隔热管、起下隔热管等工序)，每口井节省封隔器及伸缩管0.6万元，一口措施井则节省费用3.2万元。

3.4 其他意义

(1) 氮气膨胀作用，驱油弹性能量大，提高地层压力，提高流动性，达到补充地层能量的目的，有利于稠油的保压开采。同时可以相对减少蒸汽注入量，节省能源。

(2) 氮气与蒸汽同注，缩短停井时间，提高油井时率。

参考文献

[1] 张喜瑞．氮气隔热助排工艺技术[J]．石油知识，2000，2(81)，25-27.

[2] 张继芬．提高石油采收率基础[J]．石油工业出版社，1991，57-68.

[3] 马春红．氮气隔热井筒传热技术模拟研究．辽河油田研究院，2001，12：30-40。

[4] 宋广杰．超稠油氮气隔热一次管柱[J]．特种油气藏，2006，(13)：150-152.

杜66火驱过程中采用均匀调控技术来提高采收率

龙 华 孟 菊 李学良 刘佩衡 袁爱武

（中国石油辽河油田分公司，辽宁 盘锦 124010）

摘 要 杜66块为薄互层稠油油藏，经蒸汽吞吐开发后，目前转入多层火驱开发，注气采用反九点发方式，由于受储层非均质性和吞吐阶段油层动用不均的影响，在正式转入火驱开采后，平面和纵向上火线推进速度差异较大，火线沿高渗透带或大孔道发生严重的窜进现象，导致整个油层火驱受效不均，开采效果变差，为此开展了直读式注气剖面测试、分层注气井口及管柱、分层电点火、注气井化学调剖、生产井化学封窜、生产井吞吐引效等技术的研究与应用，形成了一套有效的火驱调控手段，基本实现了火驱前缘在油层中的均匀燃烧和均匀推进，经现场20余井次的应用，尾气由$1.3\times10^4m^3$降至$0.9\times10^4m^3$，平均单井含氧量由1.16%降至0.95%，火驱效果得到明显改善和提高，为火驱开发提供了坚实的技术保障和宝贵的经验。

关键词 火驱调控；稠油；注气剖面测试；分层注气；分层点火；气窜调剖封堵

前言

杜66块位于曙光油田西南部，构造上位于辽河断陷西部凹陷西斜坡中段，开发目的层系为下第三系沙四段上部杜家台油层，为薄互层稠油油藏。1986年开始蒸汽吞吐开发，1998年开始进入吞吐中后期，油藏压力水平低，供液能力差，周期油汽比低，周期产油量低，周期生产时间延长，操作成本难以承受。为改善开发效果，先后在杜A-1井组开展了蒸汽驱试验，在杜A2、曙B1和杜A3等三个井组先后开展了热水驱、蒸汽-热水驱、汽-气段塞驱等试验，见到一定的效果，但不明显。

火驱开发潜力较大，具有适应 性较广、驱油效率高等优势，该区块自2005年先后经历了单井单层、多井单层、多井多层历程，火驱试验区规模不断扩大，目前已转火驱井组112个，开井104口，日注气$114\times10^4Nm^3$，油井522口，开井373口，日产液4181t，日产油925t，瞬时空气油比$1226Nm^3/t$（折算空气油比$16264m^3/t$），累注气$18.45\times10^8Nm^3$，累产油170×10^4t，累积空气油比$1088Nm^3/t$。

1 火驱调控原因

由于杜66块为薄互层状非均质油藏，且为吞吐开发中后期转入火驱，动用状况不均，注入空气沿高渗透层和大孔道突进，导致生产井产出的尾气量差异性较大，目前统计点火井组尾气量在1000~10000 Nm^3油井占总井数的71%。同时，纵向上渗透率级差较大，使得各层吸气量大小不一，层间的燃烧状况异性也较大，油层受效不均，总之，在由于平面和纵向上的差异，使得整个火驱过程中，气窜严重，火驱前缘突进、指进矛盾突出，严重影响了区块的整体开发效果。为此，开展了相关的整体调控技术研究，通过注气剖面的测试，针对性地采用分层注气、分层点火、注气井调剖、生产井封堵以及相应的吞吐引效等手段，来提高注入空气的有效利用率，实现油层内和有层间火线的均匀推进，改善火驱开发效果。

2 火驱调控技术主要研究内容

2.1 直读式注气剖面测试技术

杜66块为薄互层状非均质油藏，纵向上层间渗透率级差较大，在注入空气时，高渗透层为强吸气层，中低渗透层为弱吸气层，导致纵向剖面吸气不均，导致各层火烧受效不均，滞留在中低渗透的原油无法有效开采出来，为了掌握各层的吸气量情况，合理调配注气参数，为分层注气、分层点火、注气井调剖提供依据，就必须采取有效的手段，进行吸气剖面的测试，为此，研

作者简介：龙华（1970-），教授级高级工程师，1994年西南石油学院油藏工程专业毕业，现在辽河油田钻采工艺研究院从事油田采油工艺技术研究与管理工作，邮箱：Longh@ petrochina. com. cn。

制出了直读式注气剖面测试技术，其原理是采用电缆直读测试方式，通过电缆给测试仪器提供电源加热，仪器上有两个探头，分别用于探测仪器加热温度和井内环境温度的测试，两个探头间的温度差保持恒定。当井筒内有空气流过仪器时，仪器发热探头的热量就会被带走。在保持原有固定温度差值的条件下，空气流速较大，则消耗电能较大，空气流速较小，则消耗电能较小，消耗电能与空气流速之间存在一定的比例换算，通过测定消耗的电能来得出空气流速，再通过流速换算成流量，该技术测量范围为 0~20000m^3/d，测量误差控制在 5%以内，这样就可以测得各层的吸汽量。

以杜 66-C 井为例，该井为新井，处于火驱区域，共射开 4 层，目前注空气方式为笼统注气，注气速度为 7000Nm^3/d 左右，吸气剖面测试结果显示 14 号层吸气 21%，17 号层吸气 12.5%，18 号层吸气 66.5%。该测试结果(图 1)有效掌握各层的吸气量情况，可为后续合理调配注气参数，分层注气、分层点火、注气井调剖提供依据。

2.2 分层注气技术

针对多层火驱过程中注气井层数多、井段长以及空气超覆而引发的纵向吸气不均、单层突进的问题，开展了火驱分层注气研究与现场试验，实现套管完好注气井的均匀注气，改善火驱开发效果，为下步调控工作提供依据。

分层注气管柱(图 2)有内外管 2 个注气系统，外管带有两个封隔器，将油层分隔成两个独立注气腔[5]，两个封隔器之间连接有配气装置，可实现两个封隔器之间油层的注气需求。内管采用滑动密封办法与外管隔离，实现下部油层的单独注气。同时在地面，研制出了同心式分层注气井口装置，采用四通分流道设计，地面调控更方便准确。

9 口井实施分层注气，内、外管注气压力有一定的区别，说明分层注气达到一定的效果(表 1)。

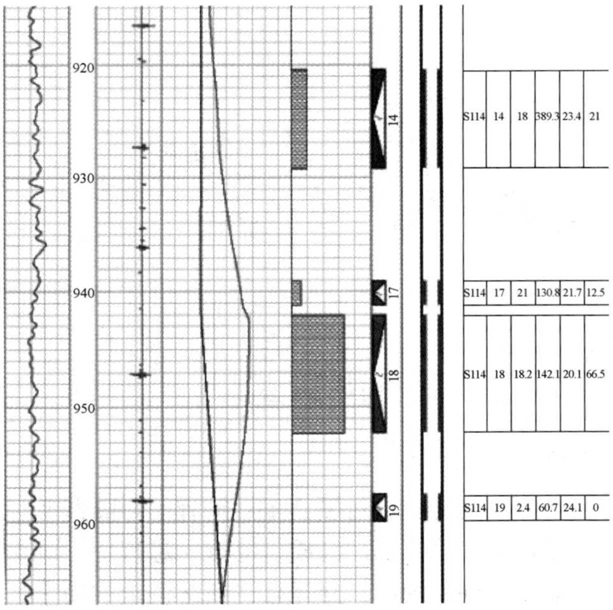

图 1 杜 66-C 井吸气剖面测试结果图

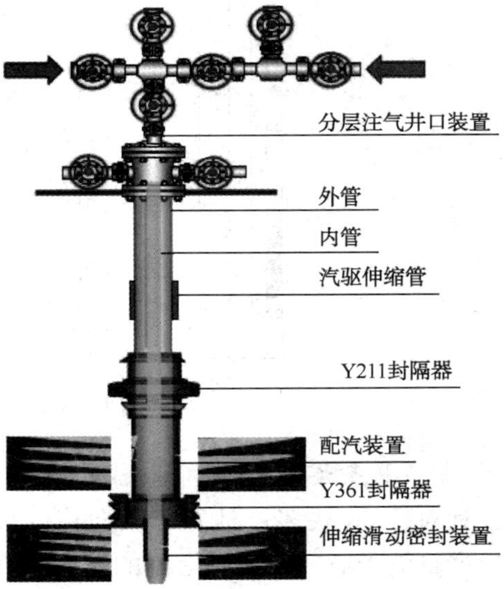

图 2 分层注气管柱示意图

表 1 杜 66 块火驱注气井分层注气效果表

井号	注蒸汽参数		注空气参数						
			内管			外管			套管
	油管压力/MPa	套管压力/MPa	压力/MPa	实际流量/(Nm^3/d)	配置流量/(Nm^3/d)	压力/MPa	实际流量/(Nm^3/d)	配置流量/(Nm^3/d)	压力/MPa
杜 66-D 井	7.5	7	3.2	4604	5000	3.1	4754	5000	2.8
杜 66-E 井	7.7	4.9	3	5767	5500	3	4951	3500	3.2

续表

井号	注蒸汽参数		注空气参数						
			内管			外管			套管
	油管压力/MPa	套管压力/MPa	压力/MPa	实际流量/(Nm^3/d)	配置流量/(Nm^3/d)	压力/MPa	实际流量/(Nm^3/d)	配置流量/(Nm^3/d)	压力/MPa
杜66-F井	7	4.9	4.3	3647	5500	4.7	831	3000	4.8
杜66-G井	8.2	6.7	2.5	3328	2500	2.7	5984	4000	2.6
杜66-H井	8.5/10	9	5.2	5360	4000	4.4	5207	4000	4.2
杜66-I井	7.5/7.1	9.7	1.9	7787	8000	1.8	4118	4000	1.8
杜66-J井	11.6		3.1	5241	5000	2.9	4168	4000	2.8
杜66-K井	9.5/8	6.5	4.2	5200	5000	4	5691	5000	3
杜66-L井	4/2.3	3.6	1.8	3658	5200	1.9	5026	4200	1.9

以杜66-G井为典型井例进行说明：该井1991年5月射孔热注投产，目前射开866.7~937.7m，32.5m/10层，净总比0.46，转驱前吞吐12轮，其主力层为位于油层上部的13、14#层以及油层下部的27#层。为保证下部油层吸气，实施分层注空气。曲线(图3)上可看出，杜66-G井内外管压力有一定的区别，达到了一定的效果。

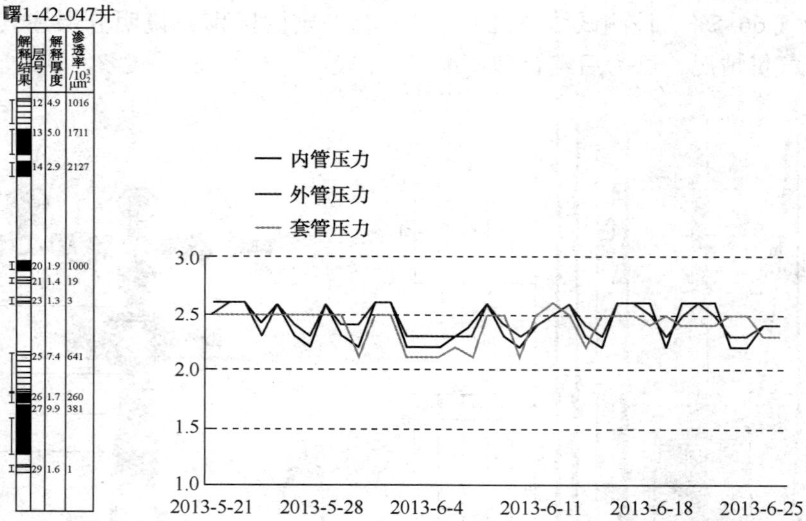

图3　杜66-G井油层纵向发育及措施后内外管压力曲线

2.3　分层电点火技术

针对杜66块多层油藏，纵向跨度大、非均值性严重的矛盾，在采用常规的笼统注气点火工艺时，其能动用程度仅有30%左右，如果采用而分层化学点火，又容易发生易返吐情况，而且高温点火成功率不高、点火过程不可控，为此，采用分层电点火的方式(图4)，提高点火效率，实现多层火驱开发。该方式主要由移动式电点火装置和分层点火管柱组成。移动式电点火装置主要由连续管式电点火器、井下温度监控系统及配套的起下装置等组成；分层点火管柱主要由喇叭口、毛细管保护器、伸缩式滑动密封装置、火驱高温注气滑套、封隔器Ⅰ、筛管、封隔器Ⅱ、大通径伸缩管等部件组成。电点火过程中，电点火器下入到目的层，并开启，到达设定的功率，受热的空气通过注气孔进入内外管环空，再经过外管的筛管进入上部油层，对上段油层点火注气，待上部油层点着后，下移电点火器，使其尾部的撞击器碰撞滑套配气装置，剪断控制销钉，滑套下移，撞破并开启底部的控制底阀，此时再次启动电加热器，开始对下部油层实施注气电点火，达到注气井分段电点火分段注气的目的。目前正在准备进入现场实施。

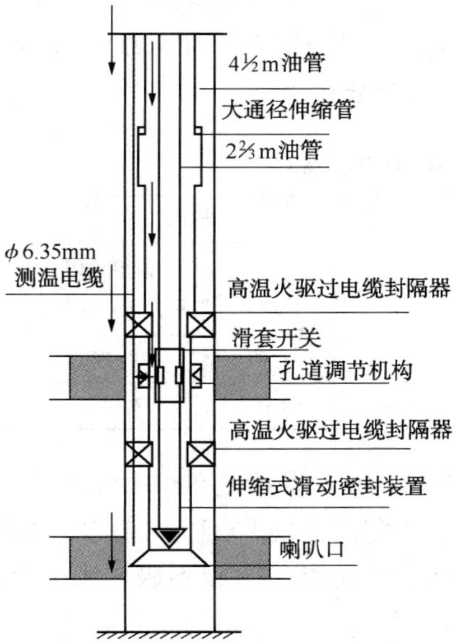

图 4　分层电点火管柱示意图

该井油层跨度 67.6m，油层厚度 25.8m，有 16 个小层，层间矛盾较为突出，适于实施分层点火注气。结合油层小层动静态数据，确定分层位置，实施分段电点火注气作业。分段点火过程中上下层监测温度分别达到 913、428℃（图 5），结合该井组两口生产井尾气组分均符合高温氧化反应要求，判定分层点火成功。措施后，内管平均日注气量 4368Nm³，外管平均日注气量 3888Nm³（表 2）。从注气压力曲线（图 6）上可看出，内外管压力有一定的区别，达到了分段注气效果。

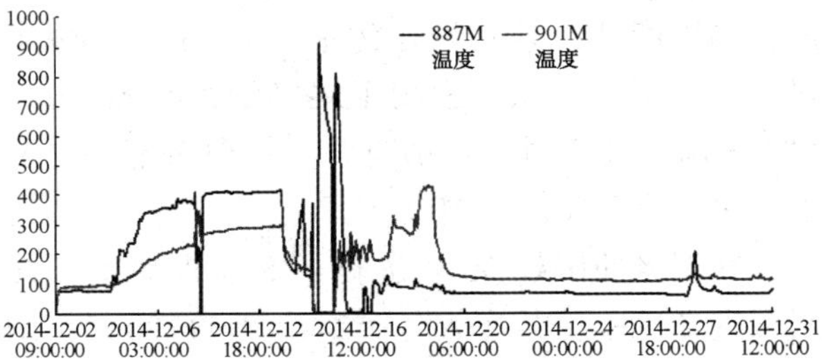

图 5　杜 66-G 井分层电点火温度变化曲线

表 2　杜 66 块火驱注气井分层电点火效果表

井号	注空气参数						
	内管			外管			套管
	压力	实际流量	配置流量	压力	实际流量	配置流量	压力
杜 66-M 井	3.8	4368	4300	3.5	3888	3800	3.4

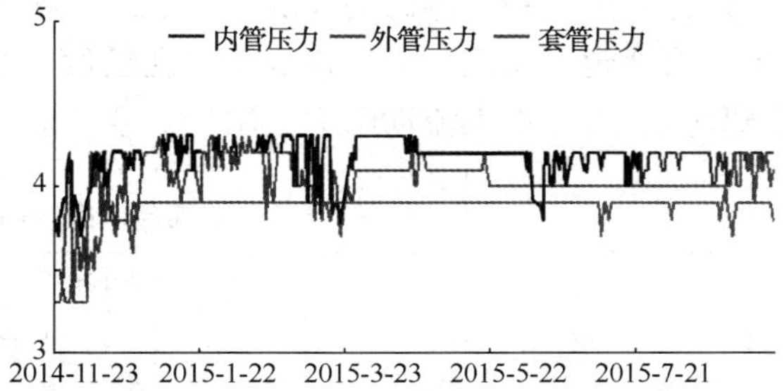

图 6　杜 66-G 井分层注气压力变化曲线

2.4　火驱化学调堵技术

根据注气井、采油井的具体情况，现场采用不同调堵方式。

2.4.1　注气井火驱前调剖技术

杜 66 块火驱初期采用单层火驱，2010 年后直接转为多层火驱，对于纵向剖面存在严重吸气不均的注气井、在转火驱前吞吐阶段有着蒸汽汽窜史的注气井以及预计转驱后容易发生单向气窜的注气井，需要提前做好调剖措施。

调剖剂由无机材料及有机硅、表面活性剂等组成，油层温度条件下固化，固化后耐温大于 350℃，固化后抗压强度大于 10MPa，渗透率 500～3000μm²可调，可满足长期注气要求。该调剖剂在固化成胶前黏度较低（室温下 50～100mPa·s），具有良好的流动性能，可自由选择地层亏空大、流动阻力小的的原蒸汽汽窜通道，进入地层深部，成胶固化后，封堵高渗层和原汽窜大孔道，从而改善平面、纵向及层内渗透率差异，达到提高注入空气的波及体积、改善火驱开发效果的目的。

现场调剖施工压力控制在 15MPa 以内，处理半径达 5m 以上，2015 年 6 月在杜 66-H 井注气井进行了调剖试验，实施后的测试资料显示，同未实施调剖措施井相比（表 3），措施井的原井段、后补井段间吸气差异有了明显的减小，起到了剖面调整的作用。

2.4.2　注气井火驱后调剖技术

火驱开发经过一段时间后，有的注气井由于层间、层内的渗透率差异，导致注入空气或火线单向突进，整个油层动用不均，为此，开展火驱过程中的注气井调剖试验。在施工过程中还要防止火线因外界流体的注入而导致燃烧的油层部分甚至全部灭火情况的发生，因此优选含水量低、耐高温、具有较强稳定性的发泡剂作为调剖剂，施工时采取点滴或极小排量的方式，不断地随空气一起注入地层中，调剖剂伴随空气进入高渗透层或气窜通道，调剖剂逐渐占据了大孔道后，利用气体贾敏效应增大流动阻力，阻挡了空气原有通道中的流动，迫使转向其他中低渗透层，改变火烧前缘的方向和形态，使火线更加合理推进，从而扩大火线波体积。

表 3　实施与未实施高温调剖措施注气井后测试资料

类别	井号	原井段				补孔井段			
		厚度	吸汽百分数/%	单位厚度吸汽百分数/(%/m)	吸气强度	厚度	吸汽百分数/%	单位厚度吸汽百分数/(%/m)	吸气强度
措施井	杜 66-N 井	3	35.11	11.70	1.08	6	64.89	10.47	0.96
未实施井	杜 66-O 井	3	46.93	15.64	2.57	13	53.07	3.96	0.65

在杜 66 块进行了 3 口火驱注气井调剖现场试验，共注入调剖剂 2540m³，试验数据见表 4。调剖试验后，在注空气量基本保持不变的情况下，注气压力平均上升了 0.7MPa，主力层吸气量平均下降 18.8%，3 口试验井对应油井 27 口，见效油井 24 口，累计增油 1050t。表明，措施后，平均注气压力明显上升，纵向吸气矛盾得到有效改善，吸汽较差层和不吸汽层动用程度提高，增油效果显著。

表 4　调剖前后措施井注气和吸气情况

井号	调剖前			调剖后		
	日注空气量/(Nm^3/d)	油压/MPa	主力层吸气量/%	日注空气量/(Nm^3/d)	油压/MPa	主力层吸气量/%
杜 66-P 井	11650	3.5	66.8	11500	4.2	47.5
杜 66-Q 井	12150	2.9	67.5	12190	3.7	49.2
杜 66-R 井	12100	3.3	70.2	12080	3.9	51.3

2.4.3　生产井见气后封堵技术

注气点火后，经过一段时间的生产，火驱井组内注气井与部分生产井间形成了连通，导致大部分注入空气向连通性好的生产井窜进，使得这部分生产井尾气含量急剧增加，而其他方向生产井不见效，从而降低了火驱效率，针对这种情况，最初采取关井方式，迫使空气转向，但这又降低了开井时率。为此，在生产井开展化学方式的封堵工艺，封堵剂以聚合物凝胶堵剂、无机凝胶堵剂等为基础，采用段塞组合，针对不同尾气含量形成三种封窜体系工艺。第一种是有机凝胶+柔性颗粒配方体系，适用于尾气量≤4000 Nm³，套变比较严重，后续作业比较困难的生产井；第二种是有机凝胶+柔性颗粒+无机封口剂配方体系，适用于尾气量≥4000 Nm³，气窜现象严重的生产井；第三种是污油泥+有机凝胶+无机封口剂配方体系，适用于尾气量≥4000 Nm³，含氧>3%的生产井；能够有针对性地对不同井况的气窜生产井实施封窜。

在曙光油田杜 66 块进行了 8 口火驱生产井封窜现场试验，共注入各类封窜剂 11190m³，试验数据见表 5。

表 5　封窜前后措施井生产情况

井号	封窜前			封窜后		
	日产尾气量/(Nm^3/d)	日产油量/t	含氧量/%	日产尾气量/(Nm^3/d)	日产油量/t	含氧量/%
杜 66-S 井	3895	1.2	1.3	2678	2.6	1.4
杜 66-T 井	3956	1.3	1.5	2883	2.8	1.6
杜 66-U 井	6897	1.5	1.8	2535	3.6	1.7
杜 66-V 井	8188	1.1	1.9	3675	3.8	2

续表

井号	封窜前			封窜后		
	日产尾气量/(Nm^3/d)	日产油量/t	含氧量/%	日产尾气量/(Nm^3/d)	日产油量/t	含氧量/%
杜 66-W 井	10542	1.2	2.3	4537	4.2	2.2
杜 66-X 井	6123	1.5	12	3085	2.8	2.2
杜 66-Y 井	6733	1.2	8	3206	2.6	1.1
杜 66-Z 井	8126	1.3	6.9	3545	3.2	1.3

由表可知，封窜试验后，平均单井日尾气排量减少 3540Nm^3，3 口高含氧井杜 66-X 井、杜 66-Y 井和杜 66-Z 井尾气组分中含氧量下降明显，达到高温氧化标准，平均单井日增油 1.9t，累计增油 1896t。表明，措施后，气窜通道得到有效封堵，尾气分布差异减小，见效程度更加均匀，同时尾气量、尾气含氧量降低明显，增油效果显著。

2.5 吞吐引效技术

杜家台块属于稠油，油层温度下原油流动性差，目前火驱井网为以 100m×141m 反九点正方形完钻井网为基础，考虑到气液密度、构造位置、生产历史等因素影响，同一井组内构造位置低、地层亏空小或连通性差的生产井不易见效，针对这一问题，采取吞吐引效的方式，对生产井注汽吞吐，来加快火驱见效速度。

表 6　杜 66-Z2 井吞吐引效前后周期效果对比表

周期	平均注汽参数				注汽量/t	周期生产						备注
	温度/℃	排量/(t/h)	压力/MPa	干度/%		生产天数	产油量/t	产水量/t	含水/%	日产/(t/d)	油气比	
13	343	18.0	15.1	73	2500	342	345	1781	84	1.0	0.14	结束
14	326	16.8	12.7	75.5	2300	236	737	2581	78	3.1	0.32	生产
对比	-17.3	-1.2	-2.48	2.5	-200	-107	392	800	-6	2.1	0.18	

对杜 66-Z2 井实施吞吐引效，与转驱前一周期对比生产效果明显改善(表 6)，截至目前该井周期生产 236d，周期产油达到 737t，阶段周期油汽比 0.32，对比上周期产量增加 392t，油汽比提高 0.18。目前生产井尾气氮气含量大于 70%，二氧化碳含量在 15%以上，说明井组点火成功且处于高温燃烧状态，生产井已受效。

3　结论

在杜 66 块形成了以直读式注气剖面测试、分层注气、分层电点火、注气井化学调剖、生产井化学封窜、生产井吞吐引效等技术为一体的火驱调控手段，通过现场实施，有效提高了注入空气利用效率，有效地减少了火驱过程中层间干扰、气窜、火线指进等现象的发生，提高了火驱波及效率。目前该区块已累注气 18.45×$10^8$$Nm^3$，累产油 170×$10^4$t，累积空气油比 1088$Nm^3$/t，见到了明显的火驱效果。

杜84块超稠油隔夹层及储层评价研究

王海云　邓林峰　康　林

（中国石油测井有限公司辽河分公司，辽宁 盘锦　124011）

摘　要　随着杜84块超稠油开发进入中后期，开发矛盾日益突显，主要表现为不同层位动用程度的差异，严重影响着超稠油的开采效率和剩余油的开发。而造成这一矛盾的主要原因是储层间的非均质性和储层内的隔夹层的存在。针对这种状况，本文综合岩心实验、现场监测、生产动态、测井资料等数据，建立了精细的储层模型，确定了油层物性下限，并制定了隔夹层识别标准，分析了各类隔夹层对蒸汽腔扩展速度的影响。

关键词　解释模型；储层评价；隔夹层；物性下限；毛管压力曲线；井温监测

引言

世界范围内的超稠油资源非常丰富，约占总储量的近1/3，辽河油田是以稠油、超稠油开发为主的全国最大的稠油生产基地。杜84块含油面积6.2km^2，地质储量8273×10^{4}t，50℃原油黏度(7.2~16.8)×10^{4}mPa·s，20℃地面脱气原油密度大于1.0g/cm^3，属于超稠油油藏，采用蒸汽吞吐、SAGD等热采技术进行开采。随着杜84块超稠油开发进入中后期，开发矛盾日益突显，主要表现为不同层位动用程度的差异。据现场监测、岩心资料等资料分析，发现储层内非均质性和隔夹层的存在直接影响注入蒸汽的开采效果，严重制约着超稠油油藏的采油效率和剩余油开发。因此，准确地评价储层参数、识别隔夹层及分析隔夹层影响效果是稠油油藏精细评价、合理高效开发及油田稳产增效的重要保障[1]。

1　储层参数建模

储层测井评价参数的准确与否取决于原始测井曲线质量的标准化和一致性，本次评价区域开发时间较长，测井仪器多样，刻度方式也不尽相同，因此需要对测井资料进行标准化处理。由于评价区域面积大，沉积条件有所变化，故本文采用了趋势面法对测井资料进行标准化处理，以提高资料反映地层的一致性。并在储层参数建模前，根据岩心压力试验数据得出了孔隙度和渗透率的覆压校正公式(图1)，对所有岩心分析数据进行了覆压校正[2](原始地层压力7.4MPa)，同时也对岩心分析数据进行了深度归位、筛选、层内平均等处理，处理后的岩心分析数据与测井数据具有更好的相关度。

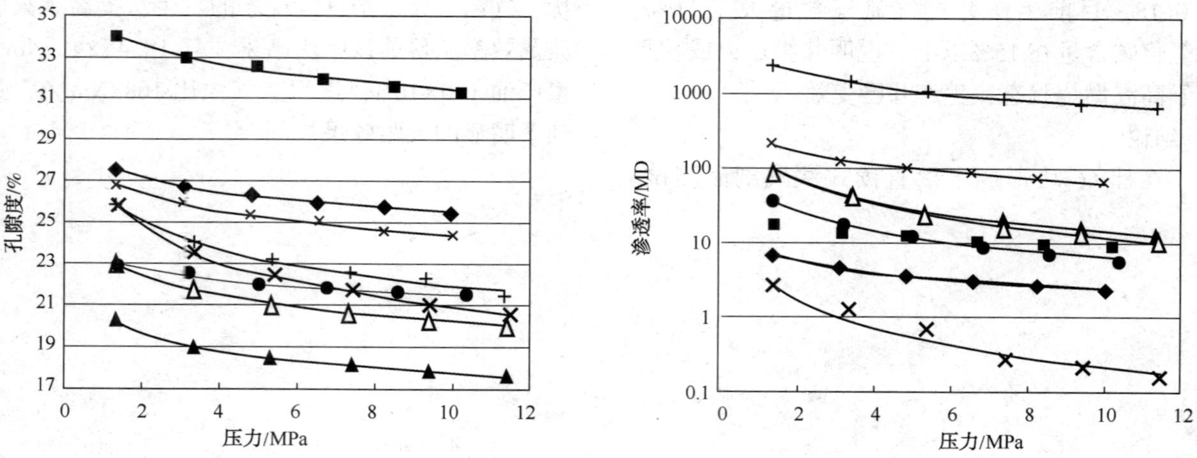

图1　孔隙度、渗透率与压力关系图

作者简介：王海云(1981-)，男，高级工程师，本科，从事测井资料解释评价与研究工作。E-mail：wangyun240@126.com。

1.1　泥质含量模型

砂泥岩地层中，储层中的泥质是影响油气层产量的重要因素，也是测井储层评价的关键参数之一，因此定量测井解释中首先要进行泥质含量的评价。

泥质是由各种黏土矿物、粉砂岩及其他非黏土矿物细颗粒（直径一般小于 0.05mm）组成，泥质含量高低与储层物性密切相关。受测井系列及研究区地质特征的局限，岩心分析泥质含量与测井泥质指数曲线的相关性较差，与测井深侧向电阻率的相关性较好。虽然二者相关性较好，但深侧向电阻率不仅与泥质密切相关，同时也受稠油的影响。因此简单地使用深侧向电阻率进行泥质含量的计算会造成很大的误差。本文采用了先对 RT 进行含油气校正[3]，产生 R0 曲线，然后计算泥质含量（图 2）。从泥质含量与深侧向及校正后 R0 关系图可以看出（图 3），校正后 R0 与泥质含量的相关性非常好。

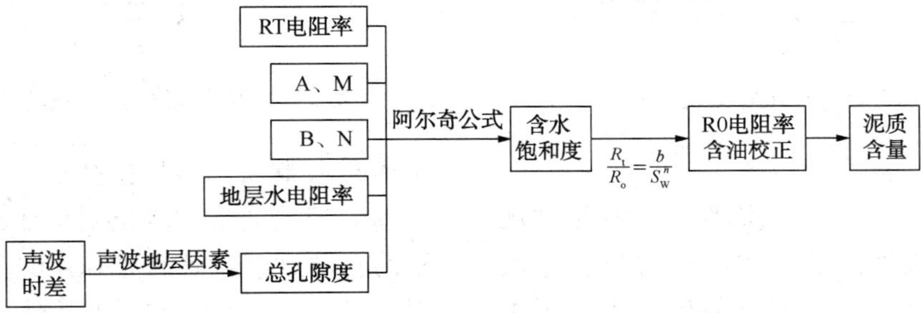

图 2　油气校正 R0 计算泥质含量示意图

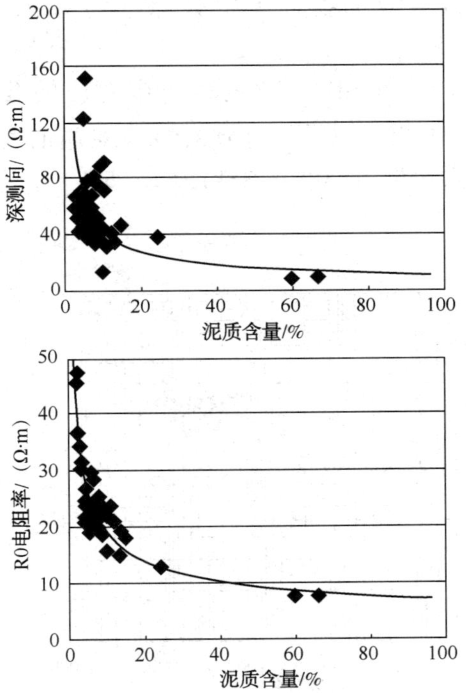

图 3　泥质含量与深侧向及校正后 R0 关系图

1.2　孔隙度模型

孔隙度是描述储层物性的一个重要参数，也是油田开发方案制定、石油地质储量精细计算不可缺少的指标之一。由于受测井系列影响，孔隙度模型只能用声波时差曲线来建立。

从声波时差与岩心分析孔隙度交会图上可以看出（图 4），按线性回归关系建立孔隙度模型时，当相关系数较高时（蓝虚线），仅适合现有的数据，外推到骨架点时却不合理[4]；当采用强制骨架点的方法建立线性回归关系，虽然满足骨架的合理性，但其相关系数却较低。为此我们采用非线性回归关系（绿长虚线）时，不仅相关性好，而且同时兼顾分析数据和骨架点，保证储层与非储层参数精度。

总孔隙度 ϕ 非线性回归采用声波地层因素法：

$$\phi = 1 - \left(\frac{\Delta t_{ma}}{\Delta t}\right)^{\frac{1}{x}} \tag{1}$$

利用式（1）去除泥质的影响后即可得到有效孔隙度 ϕ：

$$\phi = 1 - \left(\frac{\Delta t_{ma}}{\Delta t - V_{sh} \times (\Delta t_{sh} - \Delta t_{ma})}\right)^{\frac{1}{x}} \tag{2}$$

上式中只有 X 参数可变，X 与地层特性（岩性、压实）相关。当使用岩心分析数据对地层因素公式进行反向拟合，可得到 X 约为 2.1。

1.3　渗透率模型

渗透率是评价储层性质和影响产能的重要参数，受岩石颗粒粗细、孔隙弯曲度、孔喉半径、流体性质、黏土分布形式等多种因素的影响。通过对区域岩心孔隙度、泥质含量、粒度中值与岩心渗透率相关性研究，发现渗透率受孔隙度和泥质含量的影响相对较大，并发现随着泥质含量的增加，总孔隙度和渗透率的关系相关性逐渐变差，因此本文采用去掉泥质含量后的有效孔隙度与渗透率进行相关分析，从图 5 中不难发现，有效孔隙度与岩心渗透率具有很好的相关性。

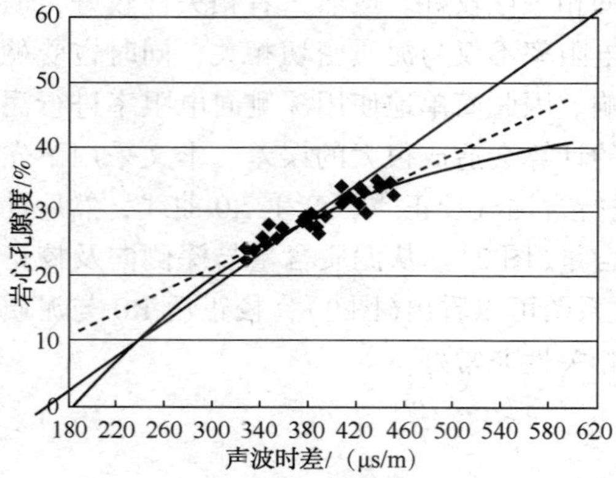

图 4　声波时差与岩心孔隙度关系图

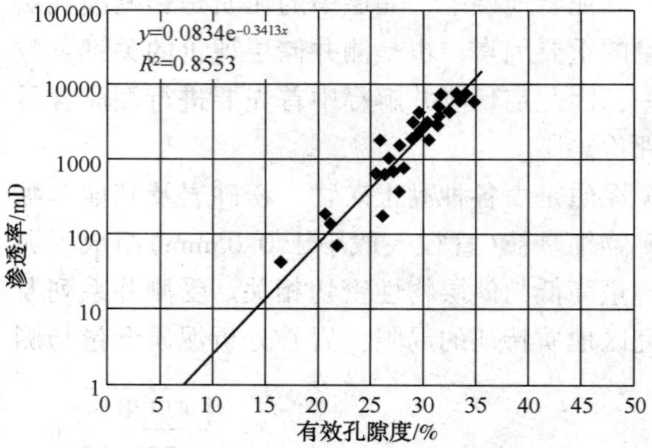

图 5　有效孔隙度与岩心渗透率关系图

1.4　饱和度模型

考虑到该区的测井资料多为单孔隙度常规测井系列，以及该地区储层内泥质含量普遍较低的地质特征，因此饱和度模型仍采用适用于简单砂泥岩的阿尔奇公式。A、M、N、B 由阿尔奇公式反演得到，R_W 由水分析资料矿化度计算。

2　储层划分及隔夹层评价

2.1　由岩心实验确定物性下限

利用 J 函数法可出平均毛管压力曲线，求取各单元渗透率分布及贡献积累，确定出最小流动孔喉半径，再根据孔喉半径与孔隙度、渗透率的相关关系，求出对应于最小流动孔喉半径的孔隙度、渗透率值(图 6)。此次选取渗透率累积大于 99.9% 时，对应孔喉半径为 8.5μm。利用孔隙度、渗透率与孔喉半径关系图可得对应的物性下限孔隙度约为 22.0%，渗透率为 240mD（覆压校正后分别约为 20.0%、120mD）。该物性下限对应的孔隙结构综合指数($\sqrt{k/\phi}$)约为 3.38，对应的岩心分析泥质含量为 10%，平均为 12.5%。

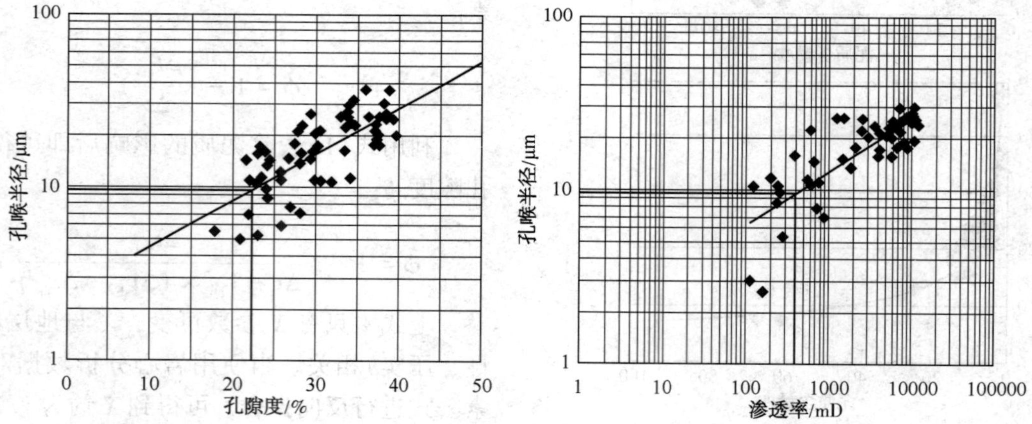

图 6　孔隙度、渗透率与孔喉半径关系图

2.2　由生产资料统计确定油层下限

结合该区的试油试采、生产等情况，制作了研究区的储层分类解释评价标准，并对油层物性数据进行了统计分析，可以得出油层物性及电性下限。油层物性下限，时差>300μs/m，孔隙度>23.0%（有效孔隙度约为 21.0%），渗透率>130mD，含油饱和度大于 50%，泥质含量<10%。这与岩心试验确定的油层物性下限相吻合。油层电性下限，馆陶组、沙一二段和沙三段分别为：100Ω · m、30Ω · m、47Ω · m。

2.3　隔夹层识别

对于陆相沉积体系而言，隔夹层的交织以及由它引起砂体的不连续性是形成储层流体流动非均质性的重要原因。尤其对于稠油注蒸汽开发，隔夹层的类型及分布情况严重影响蒸汽的波及范围和效率。

王振彪[5]认为夹层指在主要储集层内部存在的相对较薄、延伸较短且岩性或物性与上下岩层有较大差异的层段；而隔层则指垂向基本不具备渗透性的岩层，它能将上下储集层分隔开来，横向连续性好。因此夹层一般不能阻止流体的运动，但其对流体的渗流速度和渗流效率却有着较大的影响。

本文充分利用岩心资料，采用岩性与测井曲线特征相结合方式，将隔夹层划分为泥岩、物性、砾岩隔夹层三类，总结了不同隔夹层的测井响应特征，绘制了定性识别蜘蛛图(图 7)，建立了研究区隔夹层的测井识别标准(表 1)，并刻画了不同类型隔夹层的横向分布情况(图 8)，研究区隔夹层类型主要为泥岩隔夹层和物性隔夹层。

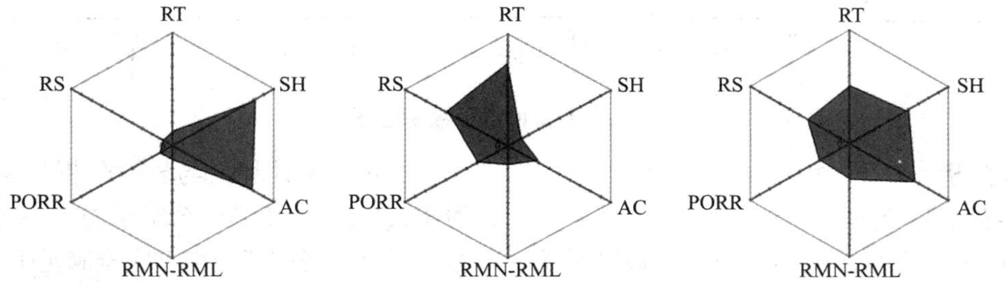

图 7　泥岩隔夹层、砾岩隔夹层及物性隔夹层蜘蛛图

表 1　隔夹层测井识别标准

测井曲线 / 隔夹层类型	深侧向/(Ω·m)	声波时差/(μs/m)	微电极幅度差/(Ω·m)	孔隙度/%	泥质含量/%
泥岩隔夹层	低值，<10	高值，>415	<3	低值，PORR 接近 0POR 明显大于 PORR	高值，>35
砾岩隔夹层	高值，20~70	低值，<285	高值，尖峰幅度差小	较低值，<20.0PORR 与 POR 接近	较高值，12.5~35
物性隔夹层	较低值，8~50	较高值具有增大趋势	<3	低值，<20.0POR 明显大于 PORR	较高值，12.5~35

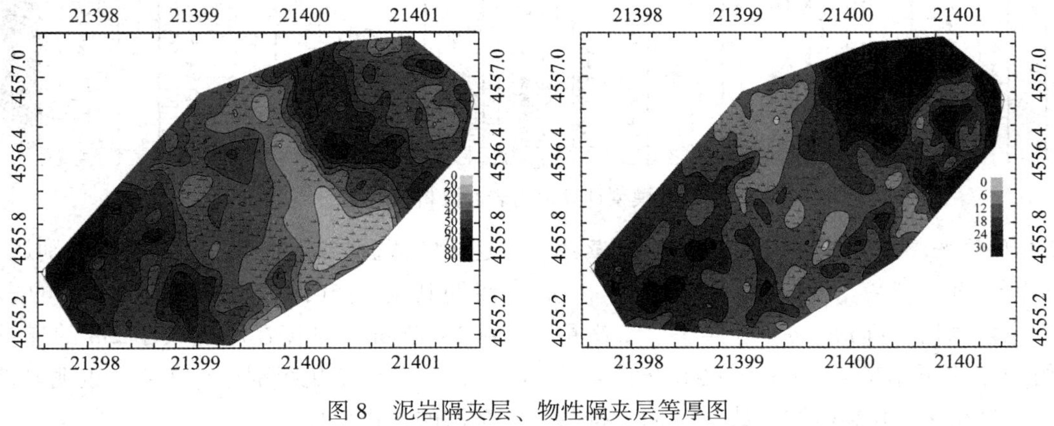

图 8　泥岩隔夹层、物性隔夹层等厚图

2.4　实时井温监测资料评价蒸汽推进的效果

井温变化程度直接反映蒸汽腔的推进效果，其间接反映储层的物性变化或隔夹层的存在，因此可以利用井温场的变化程度来判断蒸汽推进效果和评价储层物性及隔夹层情况。为了定量评价井温场的变化程度，特制定了井温变化级别。具体含义为：0 级表示无变化或变化很小，1 级表示有较小变化，2 级表示有较明显的变化，3 级表示有明显的变化，4 级表示回归基线(图 9)。通过井温资料及储层参数及隔夹层统计分析发现，井温变化级别在 1 级以下时，蒸汽的推进效果基本不受影响，此时储层孔隙度一般都大于 20%，泥质含量小于 10%，储层物性好；井温变化级别达到 1 级时及以上时，蒸汽的推进效果受到有一定的影

响，井温变化级别越大说明影响程度越大，此时孔隙度一般小于20%。泥岩隔夹层井温变化级别一般都在3级以上(含3级)，隔夹层严重影响蒸汽的推进效果，其厚度一般都在2m以上。

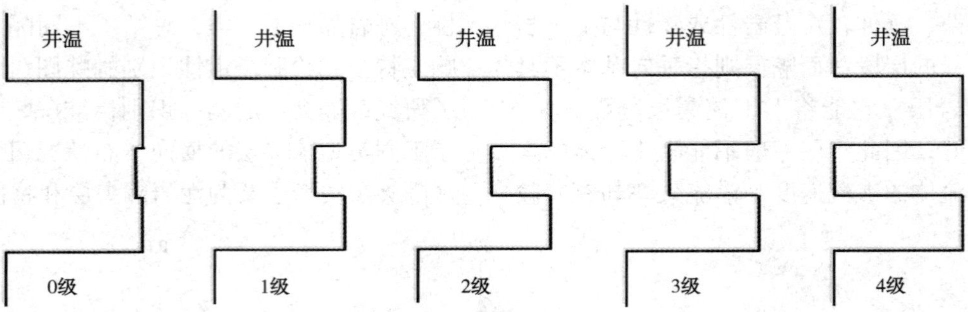

图9　井温曲线分级示意图

3　应用效果分析

3.1　储层模型效果验证

为了检验所建立的模型实际效果，以某井为例，通过模型计算值与岩性分析数据对比图可以看出(图10)，模型计算结果与岩心分析数据一致性非常好，说明所建模型完全满足生产的需要。

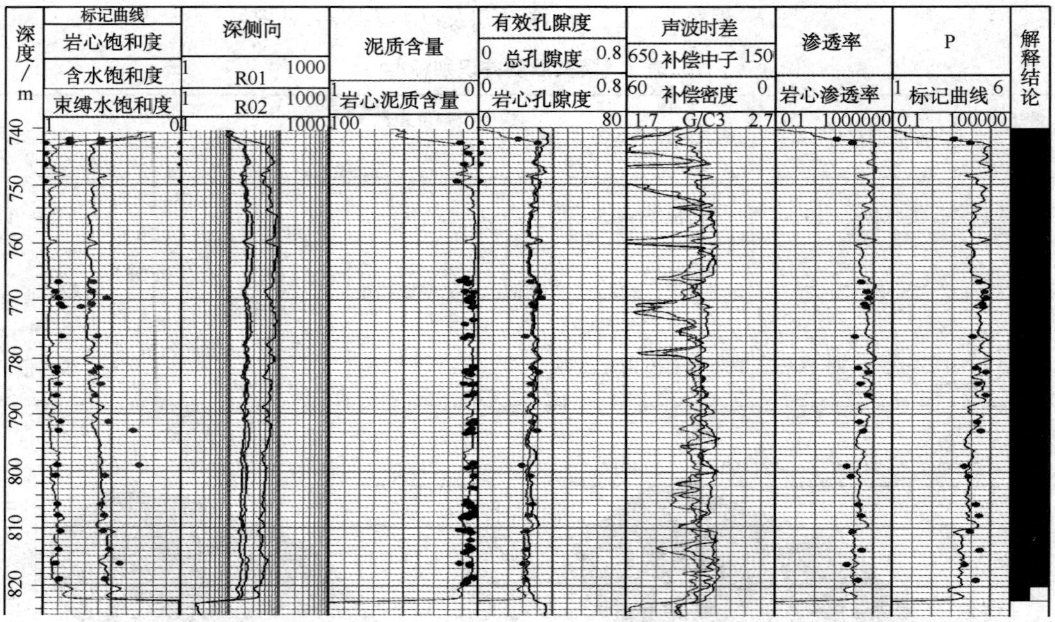

图10　模型计算值与岩心分析值对比图

3.2　利用井温监测资料评价隔夹层对蒸汽推进效果的影响

以某井为例(图11)，其邻井第一、二次射孔井段相当于本井630~652m和604~626m井段，随着时间推移，井温监测曲线异常向上推移至井深590m，向下推移至660m，向上推进速度明显大于向下推进速度。图12左是根据有效孔隙度属性建立的三维地质模型切面，在井深624~630m井段存在非连续的物性隔夹层，井温变化级别属于1级，说明其基本不影响蒸汽的推进效果。图12右是根据泥质含量属性建立的三维地质模型切面，在井深654~656m井段存在非连续的薄泥岩隔夹层，井温变化级别属于2级，说明其对蒸汽的推进效果有一定的影响；在660~670m井段存在厚度大于2m的连续泥岩隔夹层，井温变化级别达到3级，说明其严重影响蒸汽的推进效果。

根据上述实例可知，隔夹层对蒸汽推进速度可以由蒸汽温场的变化直接体现，而温场的变化与储层的物性变化和隔夹层类型及连续性密切相关，但隔夹层的空间连续性是决定阻隔蒸汽推进的关键所在。物性隔夹层和薄泥岩隔夹层，往往并不具有稳定的空间连续性，因此其对蒸汽推进速度并不具有完全的阻隔作用，其只能降低和延缓蒸汽的推进速度。然而对于稳定的、空间连续的泥岩隔夹层来说，其对蒸汽推进速度的影响是显著的，可以完全阻隔蒸汽的推进。

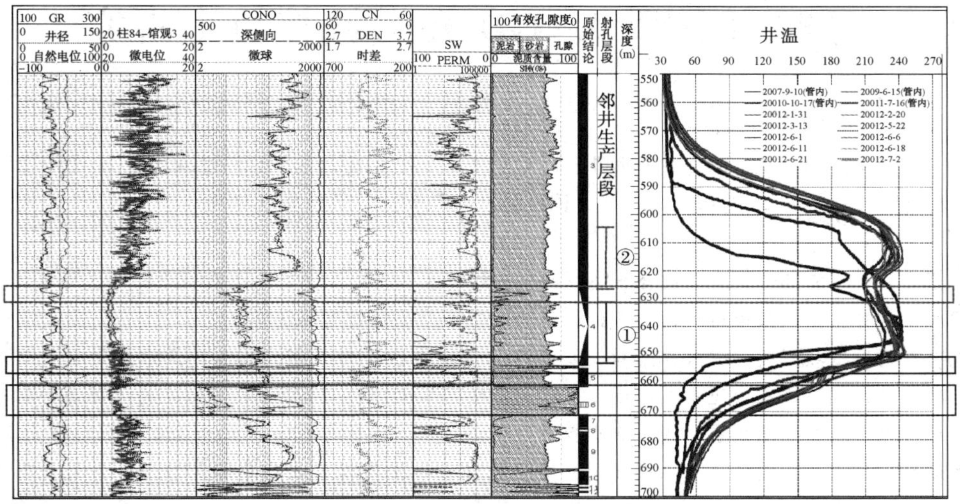

图 11 泥岩隔层、物性隔夹层对井温的影响

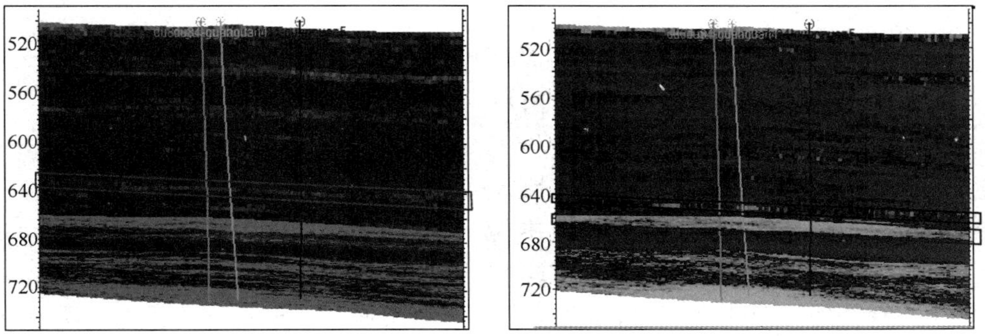

图 12 隔夹层对蒸汽温场的影响

4 结论

（1）对电阻率曲线进行含油气校正后用于计算泥质含量，有效克服了含油气尤其稠油对电阻率的影响，使得计算结果更加准确。

（2）采用声波地层因素法建立孔隙度模型，既保障了分析数据点的适应性，又保障了骨架点的合理性，同时采用最优化反演技术拟合，确定了声波地层因素指数，克服了拟合公式外延存在不确定性问题，解决了超稠油储层孔隙度计算精度低的问题。

（3）综合岩心试验、生产资料，有效地确定了油层的物性下限，二者确定的物性下限具有很好的一致性。

（4）利用岩心资料，采用岩性与测井曲线特征相结合方式，总结了隔夹层测井响应特征，建立了隔夹层测井识别标准，并刻画了隔夹层的横向分布情况。

（5）通过井温监测资料总结了不同类型隔夹层对蒸汽推进效果的影响，同时根据孔隙度和泥质含量属性建立的三维地质模型发现，隔夹层的空间连续性是决定阻隔蒸汽推进的关键所在。物性隔夹层和薄泥岩隔夹层，一般不具有稳定的空间连续性，其只能降低和延缓蒸汽的推进速度。而对于稳定的、空间连续的泥岩隔夹层来说，其对蒸汽推进速度的影响是显著的，可以完全阻隔蒸汽的推进。

参 考 文 献

[1] 侯俊胜．辽河油田锦 99 块稠油储层参数计算方法及应用效果[J]．物探化探计算技术，2000，22(1)：34.

[2] 郝建中，粱波，等．川中八角场气田香四气藏储层孔隙度地层覆压校正模型[J]．天然气勘探与开发，2004，27(2)：48-49.

[3] 侯连华，信荃麟，刘泽容．浊积岩储层泥质含量计算方法及其应用[J]．石油大学学报：自然科学版，1996，20(4)：16-18.

[4] 余光华，耿斌．声波地层因素方程在砂岩孔隙度建模中的应用[J]．油气地质与采收率，2003，10(5)：6-7.

[5] 王振彪．块状气顶底水油气藏低渗透夹层研究[J]．石油勘探与开发，1996，23(6)：23-26

杜 84 块馆陶 SAGD 井组调控技术研究

沈　群[1]　董　婉[2]　王彦卫[1]　刘　勇[1]　尹志成[1]

(1. 中国石油辽河油田分公司特种油开发公司，辽宁 盘锦 124010；
2. 中国石油辽河油田分公司钻采院，辽宁 盘锦 124010)

摘　要　杜 84-馆 H62 是直平组合 SAGD 井，井组转入 SAGD 开发后由于汽腔平面上发育不均及纵向扩展慢等问题，导致生产效果未达到预期目标。因此，对其开展调控对策研究。

首先，在脚尖区域新增加注汽井 5 口，使注汽井沿水平段均匀分布，快速建立注采连通。然后，纵向上优化射孔井段，促进汽腔快速扩展。最后，控制合理 Subcool 值，保持注采平衡。通过上述调控手段的实施，汽腔正逐渐形成并开始扩展。油藏泄油能力的增强，日产油量由 100t 提升至 180t，阶段增油 2.5×10^4t。本研究形成的调控手段主要解决了注采连通，蒸汽腔发育和扩展以及注采平衡等难题。并且在现场应用取得了成功，成为提高超稠油 SAGD 井开发效果的重要手段。

关键词　馆 H62，SAGD；超稠油；调控；蒸汽腔

前言

辽河油田曙一区杜 84 块位于辽河盆地西部凹陷西部斜坡中段，油藏类型属于巨厚块状边、顶、底水超稠油油藏。由于特殊的油品性质造成蒸汽吞吐开发产量递减快，年递减率在 10%左右，难以维持超稠油产量的稳定，因此转换开发方式，采用 SAGD 开发方式进行开发[1]。SAGD 开发虽取得了较好效果，但为进一步提高馆陶组油藏开发效果及经济效益，展开高产井技术攻关，总结出 SAGD 高产井培育关键技术。

1　研究背景

1.1　油藏概况

曙一区杜 84 块馆陶组油层为巨厚块状边、顶、底水的超稠油油藏，油藏埋深 530～640m，平均油层厚度 106m，平均有效孔隙度 36.3%，渗透率 5.54μm^2，储层属于特高孔、特高渗储层。

1.2　研究背景

杜 84-馆 H62 井组位于馆陶油藏北部，井区平均油层厚度 109.5m，控制地质储量 116×10^4t。该井采用直平组合 SAGD 井网开发，水平段长度 700m，根据巴特勒公式进行计算，高峰期日产油应达到 200t 以上。该井转入 SAGD 开发后生产效果未达预期。

2　原因分析及技术对策

2.1　影响 SAGD 产量因素

直平组合 SAGD 产量公式[2]：

$$q = N\pi\left(Li\sqrt{\frac{1.3kg\alpha\phi\Delta Soh}{mv_s}} + \frac{1.61kg\alpha}{mv_s}\right)t$$

根据产量预测公式，在油藏物性参数一定时，SAGD 的产量主要由泄油井点数和蒸汽腔高度决定。

2.2　制约杜 84-馆 H62 高产因素分析

从两口观察井井温曲线(图 1)来看，杜 84-55-65 由于距脚跟注汽井较近，温度有一定升高，而杜 84-46-69 则因脚尖处无注汽井，井温曲线基本是一条直线。综合分析，认为只有个别注汽井上方形成了小汽腔，连片蒸汽腔尚未形成。

2.3　技术对策研究

2.3.1　完善注汽井网

在脚尖区域新增加注汽井 5 口，使注汽井沿水平段均匀分布。对脚跟区域距水平段较远的 1 口注汽井调整井距(图 2)，并在水平段正上方增加 2 口注汽井，减小注汽井与水平段距离，以便快速建立注采连通。

作者简介：沈群(1989-)，男，工程师，2013 年毕业于西南石油大学石油与天然气工程专业，现从事超稠油开发工作。E-mail：shenqun0713@163.com。

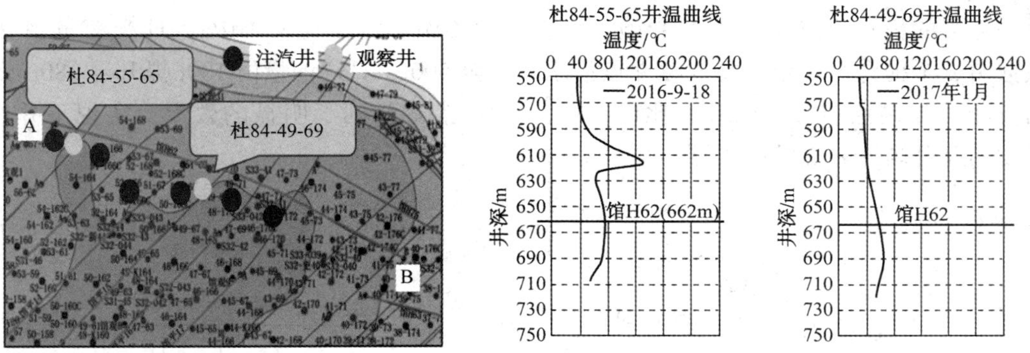

图 1　杜 84-55-65、49-69 井温监测曲线

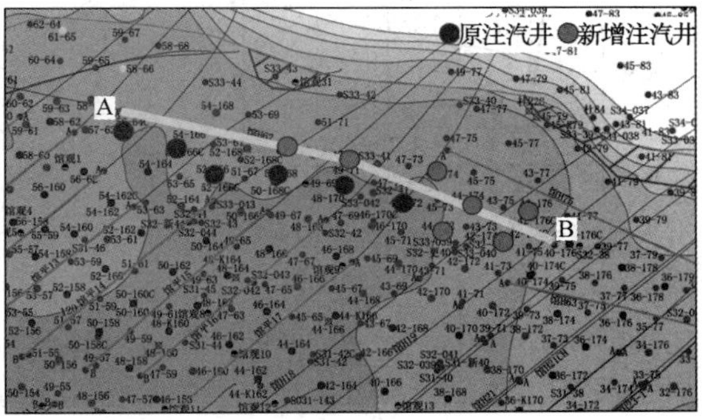

图 2　杜 84-馆 H62 井组注汽井位调整图

2.3.2　优化射孔井段

针对馆陶低物性段抑制蒸汽腔上升的问题，新增加的注汽井全部在低物性段上下方同时射孔（图 3），并且将射孔厚度从 10～20m 增加到 15～30m，促进汽腔快速扩展。

2.3.3　加强动态调控

（1）优化注汽参数

原有注汽井稳定注汽，脚尖区域侧上方注汽井点加大注汽量以便尽快建立注采连通，水平段正上方控制注汽量防止汽窜（表 1）。

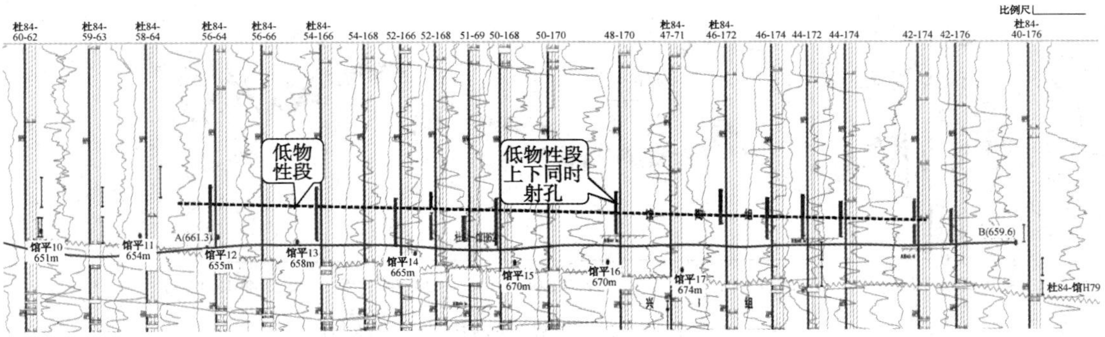

图 3　杜 84-馆 H62 油藏剖面图

表 1　杜 84-馆 H62 井组注汽参数优化表

注汽井位置	注汽量/(t/d)	主要目的
脚跟	120	稳定注汽，持续泄油
水平段侧上方	140～160	促进注采连通，培育汽腔
水平段正上方	80～100	防止汽窜

（2）间歇注汽培育汽腔

水平段正上方注汽井未经吞吐降压直接转为注汽井，连续注汽造成多次汽窜，对其减小注汽量，并实施间歇注汽，逐渐培育汽腔。

（3）控制合理 Subcool 值，保持注采平衡

根据油藏泄油能力调整生产井参数[3]。SAGD 初期，油藏泄油能力较弱，控液生产将温差控制在 30℃以上防止局部汽窜；后期泄油能力增强，将温差控制在 20℃左右，确保生产平稳（图 4）。

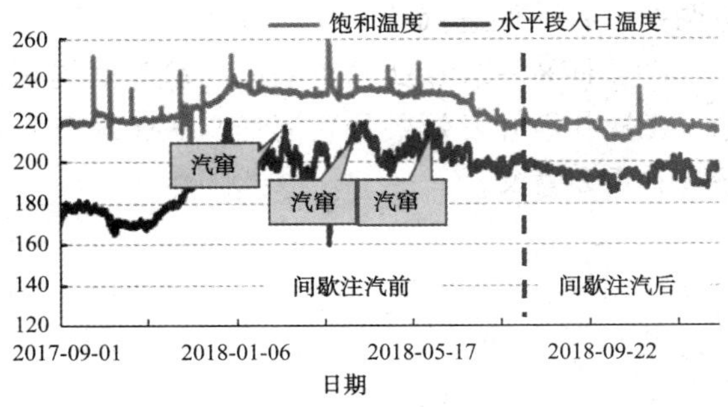

图 4　杜 84-馆 H62 泵下温度曲线

3 现场实施及效果评价

经过一年多的精心调控，馆 H62 井组的稳定泄油井点数由 3 个提升至 7 个，且泄油井点沿水平段均匀分布。与调控前井温曲线相比(图 5)，观察井温度明显升高，表明汽腔正逐渐形成并开始扩展。

随着油藏泄油能力的增强，井底流压由 2.2MPa 提升至 3.0MPa。日产液量由 200t 提升至 500t，日产油量由 100t 提升至 180t(图 6)。调控措施见到了明显的效果，实现了井组的重新上产。

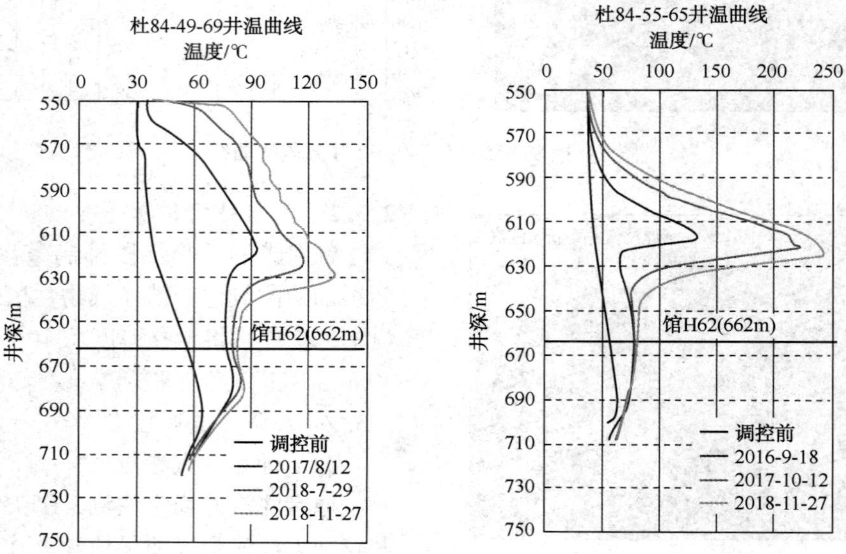

图 5 杜 84-馆 62 井组调控前后井温对比曲线

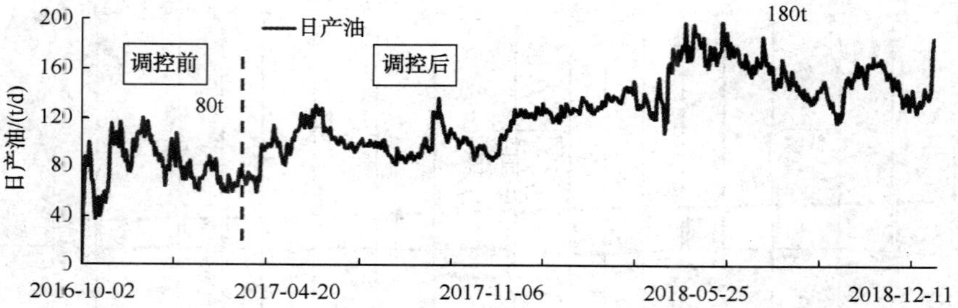

图 6 杜 84-馆 62 井组调控前后生产曲线对比

4 结论及认识

(1) 在 SAGD 初期，直平组合 SAGD 产量主要由泄油井点数和蒸汽腔高度决定。

(2) 完善注汽井网、优化注汽井段、强化动态调控可有效促进汽腔发育、改善生产效果。

(3) 杜 84-馆 H62 井组的成功培育对提高其他 SAGD 井组开发效果及辽河油田 SAGD 开发水平具有重要意义。

参 考 文 献

[1] 任芳祥，孙洪军，户昶昊．辽河油田稠油开发技术与实践［J］．特种油气藏，2012，19（01）：1-8.

[2] 杨立强，陈月明，王宏远，田利．超稠油直井-水平井组合蒸汽辅助重力泄油物理和数值模拟［J］．中国石油大学学报：自然科学版，2007（04）：64-69.

[3] 武毅，张丽萍，李晓漫，等．超稠油 SAGD 开发蒸汽腔形成及扩展规律[J]．特种油气藏，2007，14(6)：40-43.

多介质热载辅助超稠油水平井蒸汽吞吐提高采收率技术

卢迎波　马　鹏　赵慧龙　张宝真　宋　涛

（中国石油新疆油田分公司风城油田作业区，新疆 克拉玛依　834000）

摘　要　针对风城浅层超稠油水平井蒸汽吞吐开发中出现的井间窜扰严重、水平段动用不均、油井排液困难等问题，通过在单一介质辅助热采室内实验的基础上，添加起泡剂，建立多介质热载驱油体系。利用实验及数值模拟，设计各种介质注入参数，为现场应用提供依据。目前该技术已在风城油田 i 区块现场实施22口水平井，试验井增油效果显著，为改善超稠油水平井蒸汽吞吐后期开发效果和提高采收率提供了新技术。

关键词　浅层超稠油；蒸汽吞吐；多介质热载；采收率

前言

风城油田齐古组油藏构造上是受断裂控制的南倾单斜，辫状河流相沉积，平均埋深390m，属构造-岩性浅层超稠油油藏，自2008年开发至今，投产水平井635口，均采用蒸汽吞吐方式开发。受储层非均质性、注汽工艺等影响，水平井高轮次吞吐后面临井间汽窜严重、水平段动用不均、油井排液困难等多重开发矛盾。单一辅助介质适用条件、增油效果有限，油藏开发效益低，稳产难度大，亟待探索新的开发技术，提高油藏采收率。

经调研，在注蒸汽时加入氮气或二氧化碳可以起到提高地层压力、降低原油黏度，加起泡剂能够封堵起窜通道，改善剖面动用。本文基于室内实验，在单一介质辅助热采实验的基础上，匹配多相介质，剖析多介质热载增压、调剖、降黏等多效合一驱油机理，为提高超稠油水平井蒸汽吞吐采收率提供新的稳产技术。基于数值模拟技术优化注采参数并应用于现场，取得较好生产效果。

1　多介质热载技术提高采收率机理

1.1　多介质热载体系驱油表征

尿素（150℃温度条件下迅速反应生成 CO_2 和 NH_3）、氮气或二氧化碳与蒸汽混合注入地层后，可以增加地层压力，提高油层剖面动用程度，气体溶于原油后可有效降低原油黏度，提高原油流动性。

（1）增压：设置反应釜温度150℃，分别注入的尿素、CO_2、N_2，反应釜注入介质后压力提升2~3MPa，可见多介质能有效补充地层能量，且非凝析气体具有较好的可压缩性，释能时能提高油井排液能力。

（2）调剖：开展吞吐三维物理模拟实验11轮，其中7轮蒸汽吞吐，后转多介质热载辅助吞吐4轮，随蒸汽吞吐周期增加，注入的蒸汽大部分进入高渗层，低渗层较难动用；后转多介质热载辅助吞吐，利用气体泡沫贾敏效应[4-9]，暂堵高渗透率地层，蒸汽转向中低渗透层，达到各层吸汽改善，油层均衡动用的效果（图1）。实验中充填3250g的原油蒸汽吞吐采出507g，转多介质热载辅助吞吐后采出243g，周期产油量、油汽比明显提升，采收率由15.6%提升至23.1%，提高7.5%（图2）。

（3）降黏：以齐古组油样（50℃黏度为12400mPa·s，密度0.974g/m^3）开展降黏实验，结果表明：非凝析气体溶于原油黏度降黏率为20%~40%，降压以拟混相状态的泡沫油析出，原油黏度由12400mPa·s可降至1300mPa·s，降黏率最高达89%。

基金项目：国家油气重大专项课题“稠油多介质蒸汽驱技术研究与应用”（2016ZX05012-001）。

作者简介：卢迎波（1988-），男，工程师，硕士，2014年毕业于长江大学矿产普查与勘探专业，现从事油气田开发方面的研究。E-mail：fcluyb@petrochina.com.cn。

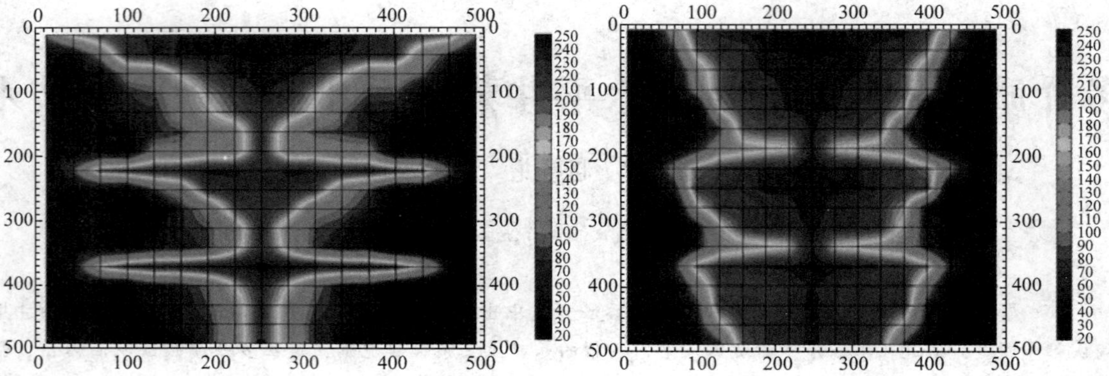

图1 温场剖面对比图(左：第7轮，右：转多介质)

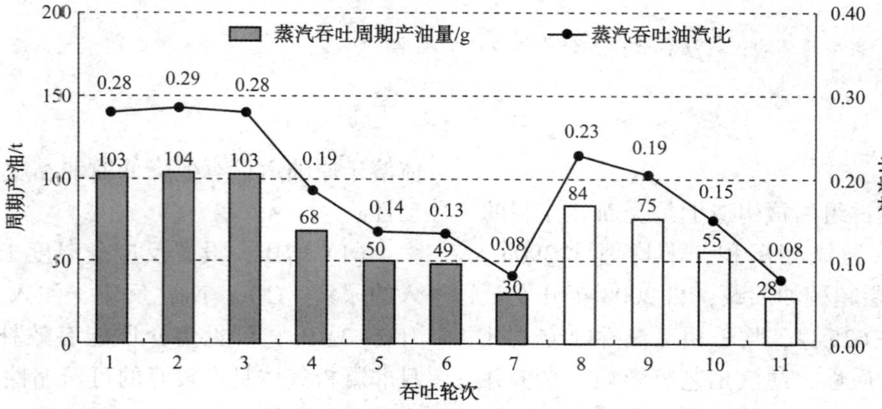

图2 三维物模实验周期生产指标图

1.2 多介质热载体系筛选

多介质热载技术其核心是在于多种介质协同，伴高干度蒸汽入井，实现调剖、降黏、增能等作用[1-3]。以齐古组油藏条件为参考，按照行业标准制作物性相近岩心8个。实验设置：在注蒸汽的基础上，分别注入N_2、CO_2、尿素、起泡剂，段塞尺寸0.3PV，设置回压8~10MPa，驱替速度0.5mL/min。实验结果表明：单一介质能提高采收率约2%~5%(图3)，多种介质组合后可提高采收率约5%~7%(图4)。基于多种介质提高采收率效果，最终确定尿素/CO_2/N_2+起泡剂复合多介质热载体系。

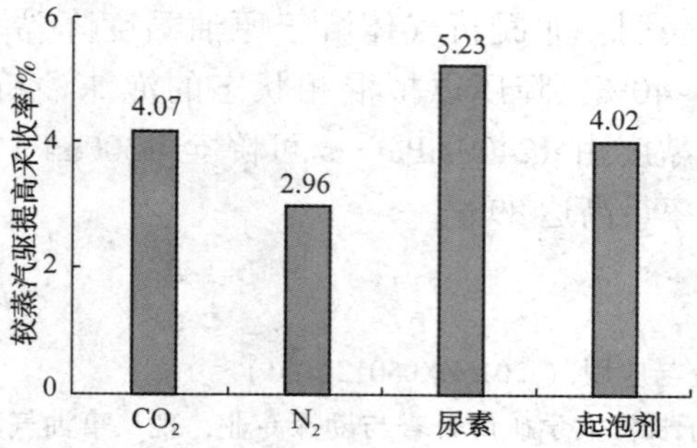

图3 不同介质蒸汽驱提高采收率实验结果

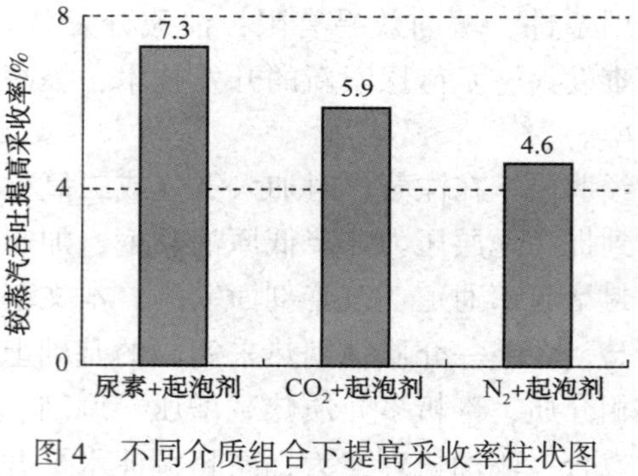

图4 不同介质组合下提高采收率柱状图

2 水平井多介质热载关键参数设计

采用室内物理模拟试验和数值模拟相结合的方法，对介质注浓度、注入强度、蒸汽注入速度和注入强度等参数进行优化设计，为多介质热载提高采收率技术现场应用提供依据。

2.1 介质浓度设计

介质浓度决定其阻力因子的大小，同时决定了介质的调剖能力。通过物理模拟实验，采用一维单管模型，模型水平放置于200℃恒温烘箱内，岩心长50cm，直径3.0cm，渗透率1060mD。设置操作压力3.0MPa，模拟不同采出程度下不同起泡剂浓度的阻力因子。实验结果显示：阻力因子随起泡剂浓度的增大而增大，当起泡剂浓度大于3.0%时，阻力因子上升幅度降低，最优浓度随采出程度的增大而升高(图5)。

设置操作压力3.0MPa，起泡剂浓度2.5%，模拟尿素浓度在10%、20%、30%、40%时的阻力因子，阻力因子随尿素浓度的增大而增大，当尿素浓度大于30%时，阻力因子上升幅度降低(图6)。

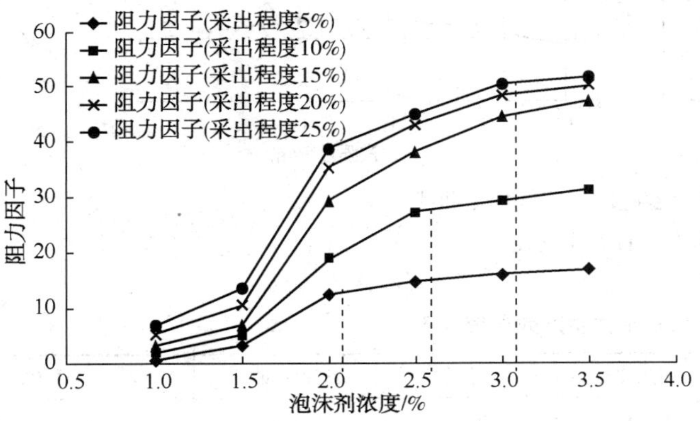

图5 起泡剂浓度与阻力因子变化曲线

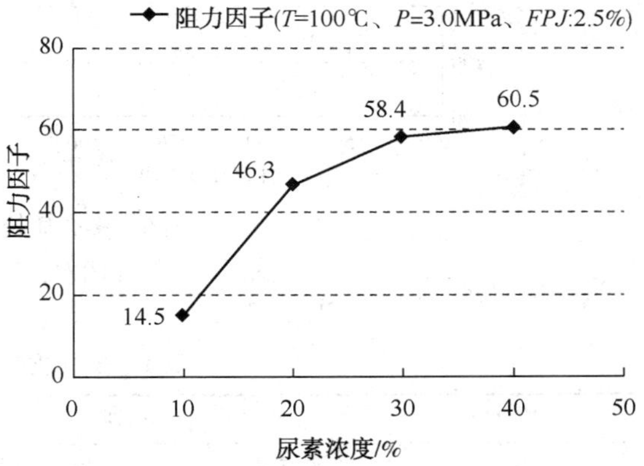

图6 不同尿素浓度条件下阻力因子变化曲线

2.2 介质注入强度设计

介质注入强度决定了多介质热载辅助增油量及经济效益。通过采用均质模型进行油藏数值模拟，对比水平井注入尿素强度0.1t/m、0.2t/m、0.3t/m、0.4t/m、0.5t/m、0.6t/m六种情况的增油和效益，结果显示注入强度为0.3t/m时，增油量最高，开发效益最好(图7)，对比水平井注入氮气强度1000m^3/m、2000m^3/m、3000m^3/m、4000m^3/m，5000m^3/m五种情况的增油，结果显示注入强度为4000m^3/m时，增油量幅度降低(图8)。

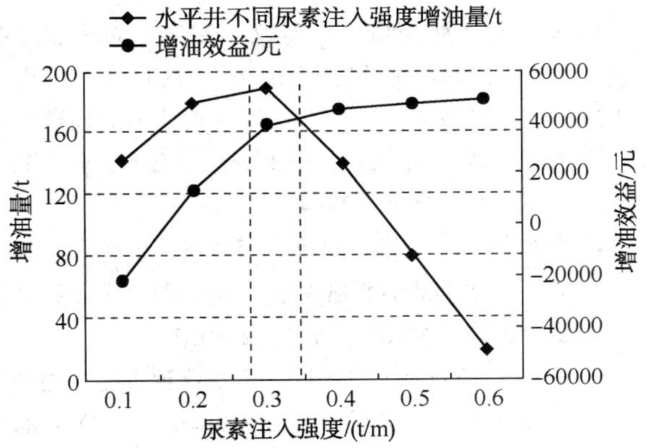

图7 尿素辅助蒸汽吞吐尿素注入量设计图

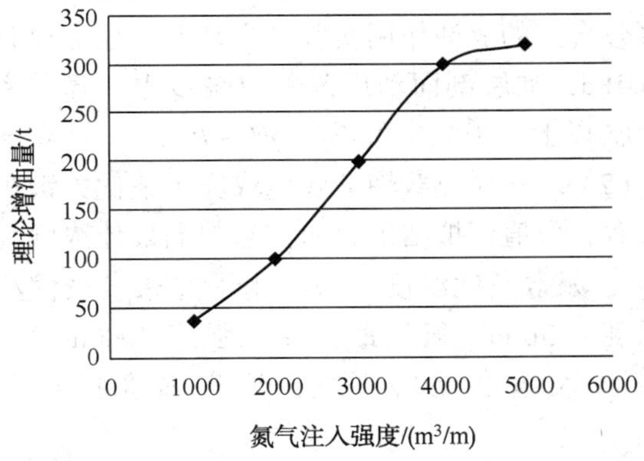

图8 氮气强度设计(压力5MPa)

2.3 注汽参数优化

多介质注入油层后，多介质分解、非凝析气体的扩散和溶解等作用需要吸收较多的汽化潜热，需对注汽参数进行数值模拟优化研究，模型油层厚度10m，渗透率1000mD，含油饱和度75%，50℃脱气原油10000mPa·s，地层压力4.5MPa，数值模拟结果(图9)显示，多介质复合吞吐后，最优注汽速度为250t/d，与纯注蒸汽速度相同，最优注汽强度为13t/m时，较纯注蒸汽强度提高1t/m。

3 现场应用

利用多介质热载辅助吞吐技术，在风城i井区现场实施尿素泡沫辅助试验16口井，采注比提高0.57，油汽比提高0.19，单井增油540t，水平段动用提高40%。同时实施氮气泡沫辅助试验6口井，采注比提高0.79，油汽比提高0.13，单井增油334t，取得较好的现场应用(表1)。

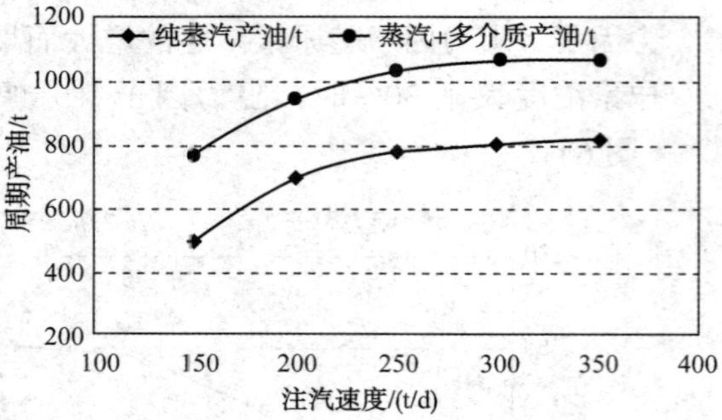

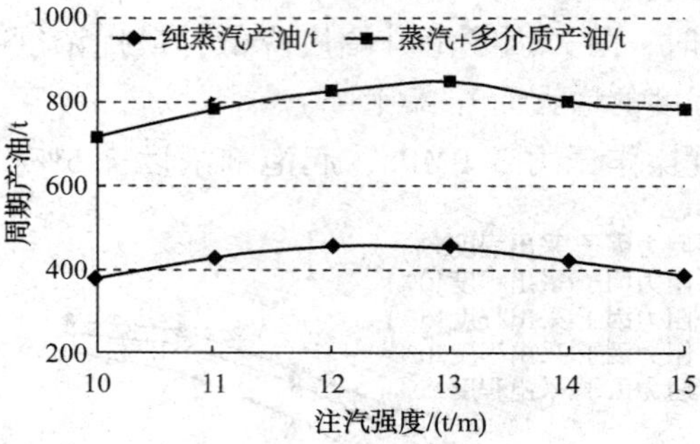

图9 多介质辅助蒸汽吞吐注汽强度优化曲线
(图左为注汽速度，右为注汽强度)

表1 多介质热载辅助水平井生产效果统计表

介质分类	分类	周期产油/t	油汽比	采注比	采油速度/%	剖面动用程度/%
尿素+起泡剂辅助	实施前	740	0.31	0.98	1.4	35
	实施后	1280	0.49	1.55	2.6	75
	对比	540	0.19	0.57	1.2	40
氮气+起泡剂辅助	实施前	128	0.05	0.67	0.8	35
	实施后	462	0.18	1.46	1.6	60
	对比	334	0.13	0.79	0.8	25

4 结论

(1) 多介质热载技术可以协调各介质驱油优势，针对性解决油藏生产矛盾。多介质注入后实现多效合一的驱油作用实验结果表明：压力提升2~3MPa，油层剖面动用改善40%以上，降黏率达80%以上，采收率可提高5%~7%。

(2) 多介质热载辅助效果取决于最优关键操作参数，数值模拟结果表明：起泡剂最佳浓度为2.5%，尿素最优浓度30%，水平井尿素最优注入强度0.3t/m，氮气最优注入强度4000m^3/m，蒸汽注入速度保持不变，注汽强度提升至13t/m。

(3) 该技术已实施22口井，取得较好效果，实践证明超稠油油藏多介质热载辅助吞吐可改善开发效果，为吞吐中后期油井提高油层动用程度，扩大蒸汽波及体积，减缓井间窜扰，降低地层存水提供了有效新手段思路，为减缓递减，提高采收率提供了新技术。

参 考 文 献

[1] 刘帆．超稠油油藏注蒸汽和气体复合开采技术研究[J]．化工管理，2017(16)：184.

[2] 王福顺，牟珍宝，刘鹏程，张胜飞，王超，李秀峦．超稠油油藏CO_2辅助开采作用机理实验与数值模拟研究[J]．油气地质与采收率，2017，24(06)：86-91.

[3] 李士伦，张正卿，冉新权．注气提高采收率技术[M]．成都：科学技术出版社，2001：1-12.

[3] 王泊，李胜彪，蒲春生，等．稠油增效注蒸汽开采技术在河南油田的应用[J]．西安石油大学学报：自然科学版，2008，23(4)：35-39.

[4] 李兆敏，孙晓娜，鹿腾，李宾飞，王鹏．二氧化碳在毛8块稠油油藏热采中的作用机理[J]．特种油气藏，2013，20(05)：122-124+157.

[5] 蒲春生，石道涵，秦国伟，等．高温自生气泡沫室内实验研究[J]．特种油气藏，2010，17 (3) ：84-86.

[6] 沈德煌，谢建军，王晓春．尿素在稠油油藏注蒸汽开发中的实验研究及应用[J]．特种油气藏，2005，12(2)：85-87.

[7] 张守军，等．超稠油自生二氧化碳泡沫吞吐技术的研究与应用[J]．石油钻探技术，2009，37(5)：101-104.

[8] 吕洪坤，杨卫娟，周俊虎，等．尿素溶液高温热分解特性的实验研究[J]．中国电机工程学报，2010，30(17) ：35-40.

[9] 姚凯，等．井下自生气复合泡沫技术在稠油热采中的研究与应用[J]．特种油气藏，2002，9(1)：61-63.

多元化热采开发实验技术与应用

刘其成[1,2,3]　赵庆辉[1,2,3]　程海清[1,2,3]

（1. 中国石油辽河油田分公司，辽宁 盘锦 124010；
2. 国家能源稠(重)油开采研发中心，辽宁　盘锦 124010；
3. 中国石油天然气股份有限公司稠油开采先导试验基地，辽宁 盘锦　124010）

摘　要　辽河油田稠油油藏具有地质条件复杂、油藏类型多样、原油埋藏深且黏度跨度大、油品性质多样等特点，这些复杂的油藏地质条件决定了开发技术需要的多元化，这也必然对热采实验技术提出了更多更高的要求。按照"理论、装置、方法、实验研究到成果应用"思路，经过多年的探索与实践，创新提出了蒸汽吞吐--蒸汽驱--SAGD联动和火烧油层相似理论，自主研制了多方式、多井型、多介质、多方法复合的多元化大型比例物理模拟系统，形成了独具特色的多元化热采比例物理模拟技术。通过实验研究，认识了不同热采方式的驱油机理及生产特征，优化了注采参数，预测了开发效果，为开发方案设计、现场实施提供了重要依据，为辽河油田持续效益发展奠定了基础。

关键词　稠油油藏；多元化热采开发实验技术；相似理论；物理模拟；现场应用

引言

辽河油田自20世纪80年代初投入开发以来，已累积开采稠油 2.14×10^8t，占中国稠油总产量的73%，是中国最大的稠油生产基地[1]。

与国内外其他稠油油田对比，辽河油田稠油油藏具有以下几个基本特点：

（1）油藏埋藏较深。既有中深层(600～900m)和深层(900～1300m)稠油，又有特深层(1300~1700m)稠油和超深层(大于1700m)稠油。

（2）油品性质多样。原油黏度(50℃)从50~10000mPa·s的普通稠油储量占70.4%；原油黏度(50℃)从10000～50000mPa·s的特稠油储量占12.1%；原油黏度(50℃)大于50000mPa·s的超稠油储量占17.5%。

（3）构造复杂，断块多。辽河盆地陆上发育三级断层100多条，四级断层300余条，四级断块450多个。纵向上发育12套含油层系。

（4）油藏类型多，油水关系复杂。按储层特征划分，有块状、中厚互层状、薄-中厚互层状油藏3种类型；按油气水组合关系划分，主要有纯油藏、块状底水油藏、块状气顶油气藏、层状边水油藏、油水互层状油藏、块状边、底、顶水油藏等6种主要类型。

辽河油田稠油油藏复杂的地质特征决定了开发技术需求上的多元化，亟需针对蒸汽吞吐、蒸汽驱、火驱等多种开发方式，直井-直井、直井-水平井、水平井-水平井组合等多种井型，以及多种井网组合等技术开展研究，这些需求必然对热采开发实验技术提出了更多的要求。本文在建立多元化热采相似准则、自主研制注蒸汽热采多元化物理模拟系统等标志性装置基础上，针对辽河油田稠油油藏特点和开发过程中存在的问题，开展了系列实验研究，在不同热采方式驱油机理、生产特征、开发效果影响因素等方面取得了诸多认识，这些成果有效地支撑了重大开发实验方案设计和现场实施。

1　实验装置及方法

1.1　多元化热采相似准则

相似准则是在实验室中比例模拟实际油藏开采过程、科学认识机理的先决条件。合理的热采相似准则不仅要满足几何条件(井网、井距、油层厚度、地层倾角等)相似、定解条件(初始地层压力、温度、饱和度分布等)相似。更要突显力学(驱动力、黏滞力、重力、毛管力)相似、

基金项目：国家科技重大专项"辽河、新疆稠油/超稠油开发技术示范工程"(2016ZX05055)。

作者简介：刘其成(1965-)，男，高级工程师，1989年毕业于中国石油大学采油工程专业，2011年毕业于东北石油大学石油与天然气工程专业，获博士学位，现从事油气田开发实验研究工作。

运动学(达西渗流、动力弥散与扩散、组分变化、质量平衡)相似、热力学(相变潜热、反应吸放热、热量传递方式与运移方向)相似。

1.1.1 蒸汽吞吐、蒸汽驱、SAGD联动相似理论

稠油油藏一般都是先经历蒸汽吞吐开发，之后根据需要转换开发方式，如蒸汽驱、SAGD等，这种全过程多方式的开发历程决定了驱油机理更趋于复杂。目前已有的蒸汽吞吐[2-3]、蒸汽驱[4-7]、SAGD[8]相似理论体系普遍是针对单一开发方式提出的，因此各物理参量的比例模化数学表达式相差较大，不能实现全过程多方式的比例物理模拟。

在解决弹性能模化等关键技术基础上，从蒸汽驱替基本原理出发，依据相似理论用数学方程描述整个驱油的过程，推导出了蒸汽吞吐、蒸汽驱、SAGD等方式适用条件统一的模化参量，实现了全过程多热采方式联动模拟，如表1所示。

表1 蒸汽吞吐、蒸汽驱、SAGD联动相似准则数表

模化参量	相似准则数	模化参量	相似准则数
几何相似比	$\frac{L_m}{L_f}=R$	注入率	$\frac{q_m}{q_f}=R\frac{\alpha_{om}}{\alpha_{of}}\frac{\varphi_m}{\varphi_f}$
生产压差	$\frac{\Delta P_m}{\Delta P_f}=R\frac{\Delta\rho_m}{\Delta\rho_f}$	流度	$\frac{\left(\frac{K}{\mu_o}\right)_m}{\left(\frac{K}{\mu_o}\right)_f}=\frac{1}{R}\frac{\alpha_{om}}{\alpha_{of}}\frac{\Delta\rho_f}{\Delta\rho_m}$
时间	$\frac{t_m}{t_f}=R^2\frac{\alpha_{of}}{\alpha_{om}}$	SAGD准数	$\left(\frac{Kgh}{\alpha_o\varphi\Delta S_o\nu_o}\right)_m=\left(\frac{Kgh}{\alpha_o\varphi\Delta S_o\nu_o}\right)_f$

1.1.2 火烧油层相似准则

目前已有的Binder[9]、Garon[10]等人提出的火烧油层相似准则主要是针对一维模型、在简化火烧条件的基础上提出的，没有考虑燃烧反应动力学等参数[11]。针对稠油油藏火烧油层特点，利用Arrhenius公式，采用燃料转化率方法，建立了火烧油层四相七组分燃烧动力学模型，推导出多孔介质条件下原油各组分反应速率表达式。通过双膜理论解决了各组分在相间的质量传递及相平衡关系，根据各组分在多孔介质中分子扩散与对流弥散关系，建立了火烧油层燃烧过程中各组分的质量、能量守恒方程。采用无因次处理及量纲分析方法，推导了较为完整的火烧油层相似准则数群及不同条件下的相似准则，如表2所示。

表2 火烧油层比例物理模拟主要相似准则数

相似准数(例)	物理意义	对应参数
$\frac{L}{x_{1R}}$	几何相似	井网、井距、油层厚度、射孔井段
$\frac{k\Delta\rho gt}{\varphi\Delta\bar{S}S\mu L}$ $\frac{k\Delta\rho gt}{\varphi\Delta S\mu L}$	物性参数相似	饱和度、渗透率、孔隙度
$\frac{\Delta\rho gL}{\Delta p}$	力学相似	重力、驱动力、黏滞力、毛细管力、弥散传质
$\frac{\lambda_r t}{(1-\varphi)\rho_r C_{vr}L^2}$	燃烧动力学参数相似	地层温度、热物性参数、反应动力学参数、燃料转化率、热晗值、气体质量分数、反应速率、火线推进速率
$\frac{W_g t}{\varphi\Delta\bar{S}S\rho L^3}$	注采参数相似	注入速率、反应时间、渗流速率、产出量与速度

1.2 实验装置

1.2.1 注蒸汽热采多元化物理模拟装置

根据辽河油田稠油油藏自身特点和开发方式多元化的需求，自主研制了多功能注蒸汽热采二维、三维比例物理模拟装置[12]，最高工作温度350℃、最高工作压力15MPa。通过在模型中布置多口直井和水平井，可满足多种井网组合、多口直井和多口水平井井型组合、多井组组合的注蒸汽热采物理模拟需要，图1为各种组合模式示意图。在常规的蒸汽吞吐、蒸汽驱、SAGD物理模拟研究的基础上，可以开展水平井蒸汽驱、驱泄复合开采、多介质组合SAGD等多元化模拟实验。还可以开展储层非均质性、地层倾角等油藏地质参数对稠油热采开发效果影响的研究，以及

注汽温度、注汽速度等注采工艺参数对稠油热采效果影响的实验。

1.2.2 火烧油层物理模拟装置

自主研制了稠油高温高压原油氧化反应装置、火烧油层一维、大型二维、三维比例物理模拟装置，系统最高工作温度1000℃、最高工作压力15MPa。引进了燃烧反应动力学分析设备，配套了系列流体分析装置。在燃烧基础参数实验的基础上，还可以开展面积井网、行列井网等不同井网方式、直井－水平井组合火驱（图2）、COSH、火驱+蒸汽复合驱等不同井型、不同开发方式的物理模拟研究。

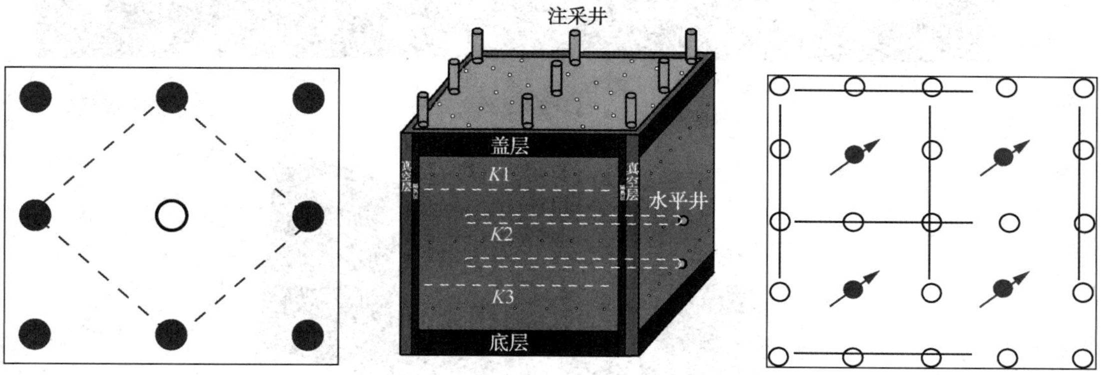

(a) 多井网组合　(b) 多口直井、水平井组合　(c) 多井组注采组合

图1　注蒸汽热采物理模型井网、井型示意图

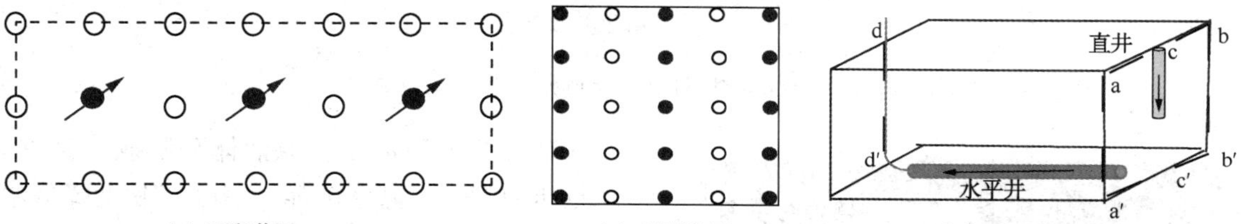

(a) 面积井网　(b) 行列井网　(c) 直井-水平井组合

图2　火烧油层物理模型井网、井型示意图

2 实验结果与分析

2.1 注蒸汽热采物理模拟研究

2.1.1 蒸汽驱

蒸汽驱开采技术是普通稠油油藏吞吐后有效的接替技术之一[13]。辽河油田实施蒸汽驱的油藏，具有埋藏深、油层压力高、原油黏度高等难点，特别是在蒸汽驱实施之前，油藏经历了蒸汽吞吐降压开采，由此造成油藏非均质性加剧，蒸汽驱机理更加复杂，操控难度更大。针对上述开发难点，开展了系列实验研究。分析了蒸汽驱主要作用机理，定量化评价了原油降黏、蒸汽蒸馏、热膨胀、蒸汽驱动和水驱等作用对提高采收率的贡献率；研究了油藏纵向非均质性和地层倾角等对蒸汽驱效果的影响，图3是实验监测温场图。纵向非均质条件下，吞吐阶段动用较好的层在蒸汽驱时依然优先动用。处于油藏底部的较低渗透层很难得到动用，采用分层注汽是提高较低渗透层动用程度的有效方法，可以改善蒸汽驱的开采效果。地层倾角为0°时，蒸汽驱阶段采出程度30.07%，地层倾角为18°时，蒸汽驱阶段采出程度36.1%。一定的地层倾角对蒸汽驱的开发效果有利。

2.1.2 蒸汽辅助重力泄油(SAGD)

SAGD技术是开发厚层状超稠油油藏的一项有效技术，可以大幅度提高该类油藏的采收率。国外SAGD技术一般采用双水平井组合方式，而辽河油田超稠油油藏SAGD采用了双水平井组合SAGD和直井-水平井组合SAGD两种方式。针对这两种SAGD组合方式在开采机理及开发效果上是否存在差别的问题，利用三维比例物理模型开展了实验研究。研究结果表明，双水平井组合SAGD方式主要以重力泄油为主，直井-水平井组合SAGD方式以蒸汽驱替与重力泄油复合开采为主，图4是不同井型组合SAGD蒸汽腔发育形态。两种SAGD方式最终采收率相关不大，双水平井组合SAGD方式为60.1%，直井-水平井组合SAGD方式为58.5%。

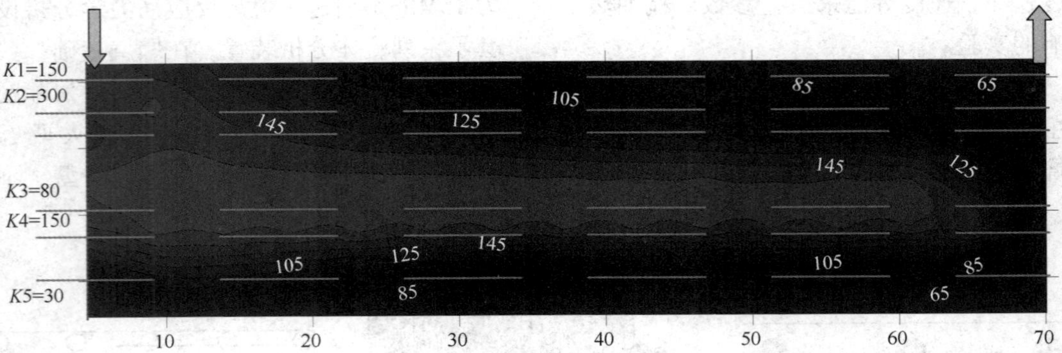

(a) 纵向非均质

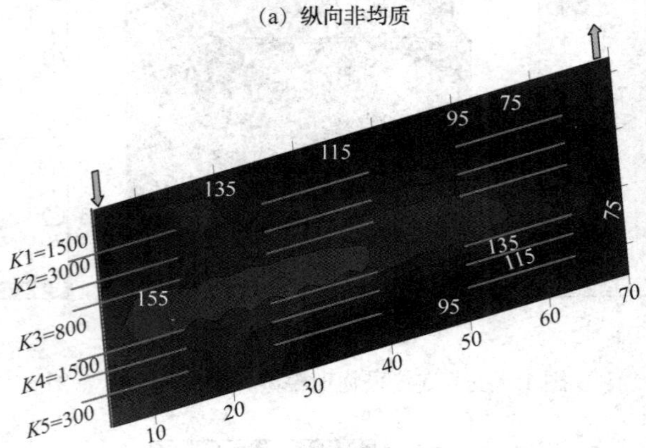

(b) 地层倾角

图 3　储层非均质性和地层倾角对蒸汽驱的影响

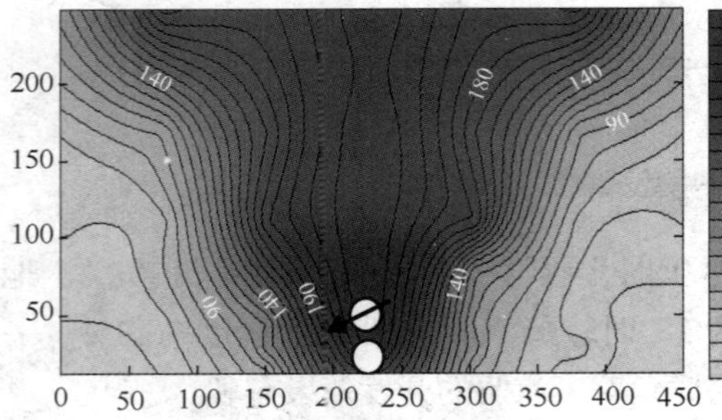

(a) 双水平井组合SAGD

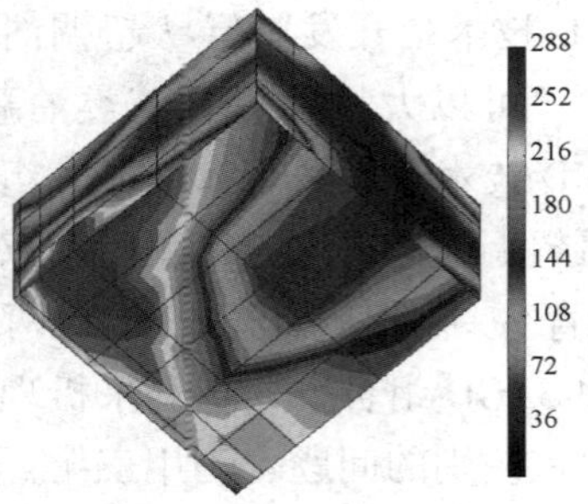

(b) 直井-水平井组合SAGD

图 4　不同井型组合 SAGD 蒸汽腔发育形态

2.2　注气辅助热采物理模拟研究

2.2.1　注热空气辅助蒸汽驱

围绕着提高蒸汽利用率和有效驱替作用，开展了热空气辅助汽驱实验研究。结果表明注入气体部分溶入原油中，原油体积膨胀、黏度降低，且压力越高，其溶解能力越强，黏度降低幅度越大；由于空气中存在一定浓度的氧气，与蒸汽同注条件下可发生低温氧化反应。图 5 给出了不同温度、压力条件下低温氧化放热特性曲线，在200~300℃范围内低温氧化可释放一定的热量，压力越高，低温氧化越剧烈，放热量越大；注热空气辅助蒸汽驱较纯蒸汽驱可提高驱油效率7.47%，节省蒸汽注入量可达28%。

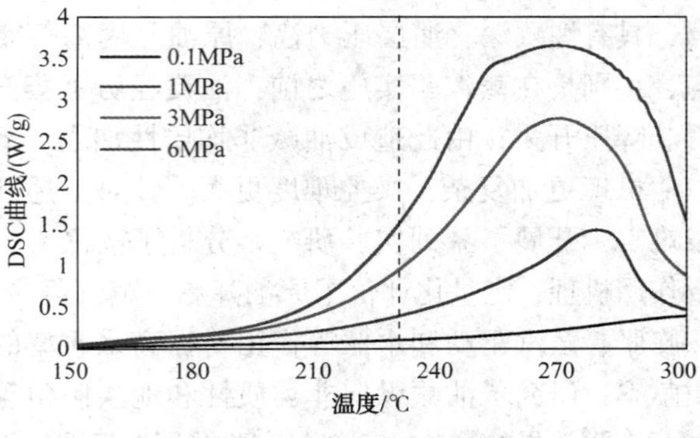

图 5　不同压力条件下原油放热特性曲线

2.2.2　烟道气辅助 SAGD

围绕着改善 SAGD 开发效果，针对延长 SAGD 阶段生产时间和改善蒸汽腔扩展范围，开展了烟道气溶解特性、提高蒸汽热利用率和驱油效果预测等实验研究。结果(图6)表明，烟道气的拌入能够有效减少蒸汽向非油层的热量损失，与常规SAGD相比，烟道气辅助方式可有效提高阶段油汽比和采出程度，总采出程度可达70%，图7是不同SAGD方式采出程度曲线。

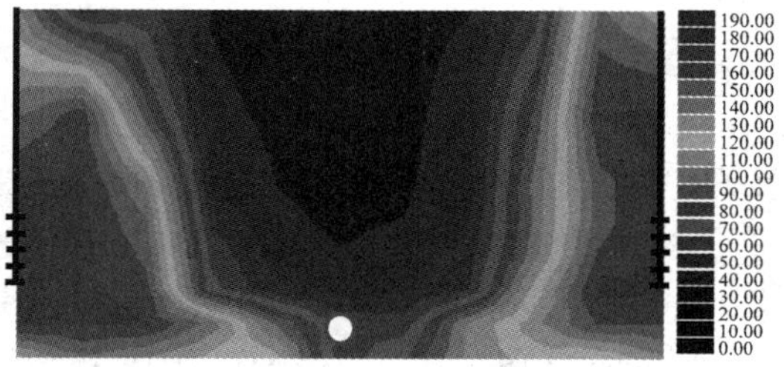

图6 烟道气辅助SAGD温场图

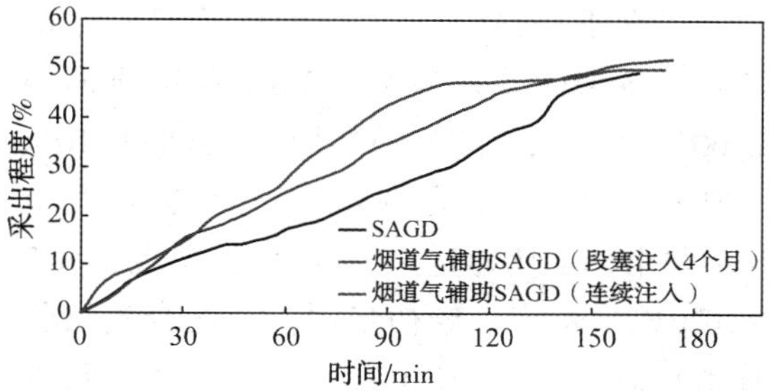

图7 不同SAGD方式采出程度曲线

2.3 火烧油层物理模拟研究

火烧油层技术具有油藏适用范围广、成本低、采收率高等技术优势[14]。辽河油田火驱试验开始于1997年，经历了探索、先导试验阶段，目前处于火驱扩大试验阶段。针对火驱油藏存在油层厚度大、纵向层数多、非均质性强、地下燃烧状态不明确等技术难题，开展了相关研究。

通过开展面积井网、行列井网、重力火驱、火驱+蒸汽复合驱以及直井-直井组合、直井-水平井组合火烧油层实验，认识了火线在三维空间、不同剖面的火线波及特征，真实地展示了千米地下火线推进全过程，火线三维空间拓展温场如图8所示。根据火驱过程中温度、压力和含油饱和度变化将火驱区带划分为已燃区、燃烧前缘、结焦带、凝结区、油墙及原始油区，分析了不同区带温度、压力、含油饱和度的变化特征，结果如图9所示。同时，还认识了油层厚度、储层非均质性等因素对火驱开发效果的影响，单层厚度大于15m易出现火线窜流。储层非均质对火驱效果影响较大，在条件允许情况下，分层火驱方式有利于改善火驱开发效果。

图8 火线三维空间拓展温场图

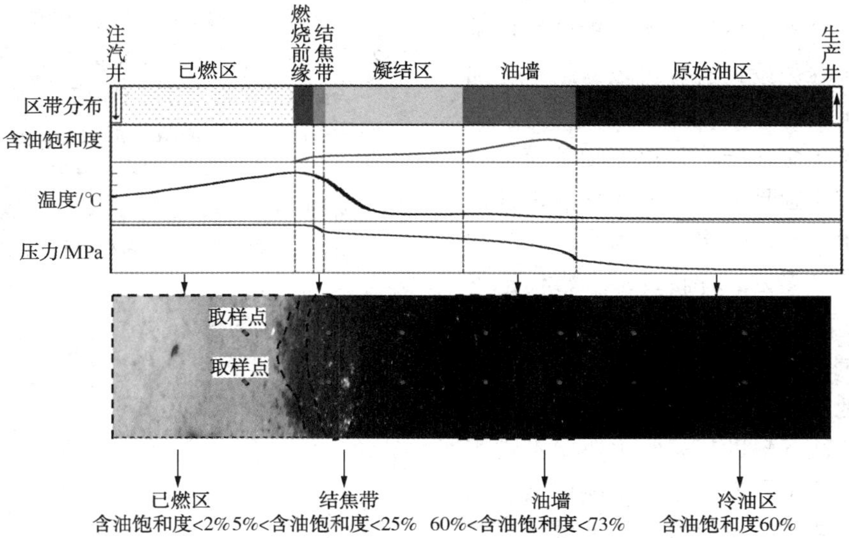

图9 火烧油层区带分布特征

3 现场应用效果

多元化热采开发实验研究成果作为技术支撑条件之一，助力辽河油田稠油热采开发形成了蒸汽吞吐、蒸汽驱、SAGD、火烧油层等多元化格局，取得了显著的开发效果。2018 年辽河稠油年产油 602×10^4t，其中热采稠油年产油 542×10^4。

目前蒸汽驱技术已在齐 40 等 7 个区块实施了 218 个井组，动用储量 5351×10^4t，实现连续 7 年 80×10^4t 以上稳产。经初步评价，适合蒸汽驱的石油地质储量 1.6×10^4t，预计新增可采储量 3800×10^4t，提高采收率 23.7%。

SAGD 已转 57 井组，动用储量 2498×10^4t，日产油达到 2939t，油汽比保持 0.22 以上，实现连续 5 年上产，年产规模达到百万，提高采收率 31.4%，操作成本较蒸汽吞吐下降 1213 元/t，整体经济效益显著。

杜 66 等 3 个稠油区块转火驱 134 个井组，日产油 868.4t，瞬时空气油比 $1205Nm^3/t$，阶段累产油 177.8×10^4t，累积空气油比 $969Nm^3/t$。火驱日产油曲线如图 10 所示。

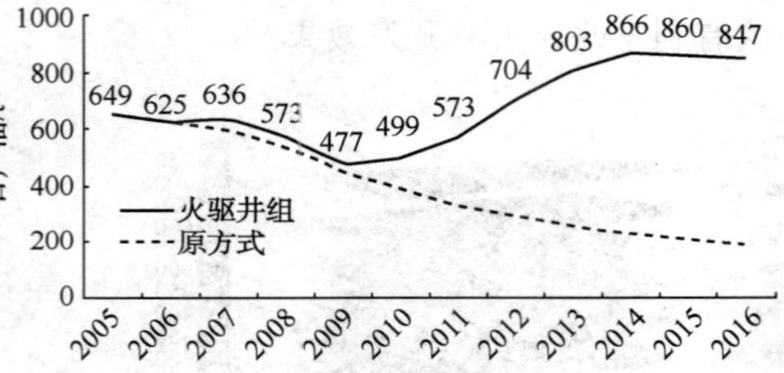

图 10 辽河油田火驱日产油变化曲线

4 结论

（1）创建了注蒸汽热采多方式联动和火烧油层 2 套相似准则，打破了热采比例物理模拟技术壁垒，使物模试验参数设计有据可依，结果更加符合现场实际情况。

（2）自主研制了多功能热采比例物理模拟大型实验系统，形成了独具特色的多元化热采开发比例物理模拟技术。具备了多井型组合、多井网组合、多井组组合、多方式评价、多参数优选等实验研究能力。

（3）开展了稠油油藏多元化热采开发实验研究，再现了千米地下经历热采开发的全过程，认识了注蒸汽热采、注气辅助热采和火驱等不同方式的作用机理、研究了开发效果的影响因素、优化了注采参数、预测了开发效果，为油藏工程设计和重大开发方案编制奠定了重要基础。

（4）助力形成了适合中深层稠油油藏特点的蒸汽驱、SAGD、火烧油层等热采开发核心技术，稠油油藏多元化热采开发技术现场实施效果显著。

参 考 文 献

[1] 任芳祥，孙洪军，户昶昊．辽河油田稠油开发技术与实践[J]．特种油气藏，2012，19(1)：1-8.

[2] H. Niko，P. J. P. M. Troost，Experimental Investigation of Steam Soaking In a Depletion－Type Reservoir. J. Pet. Tech.，1006-1014，1971.

[3] Ron Sawatzky. 周期性蒸汽激产重油和沥青的部分标配的物理模型. SPE/DOE 27836.

[4] L. Pujol，T. C. Boberg. Scaling Accuracy of Laboratory Steam Flooding Models. paper SPE 4191，1972.

[5] G. L. stegemeir，D. D. Laumbach. Representing Steam Processes with Vacuum Models. SPE paper 6787，1977.

[6] Kimber. New Scaling Criteria and Their Relative Merits for Steam Recovery Experiments，presented at the 37th ATM of the PS of CIM. Calgary，1986.

[7] Kimber. Verification of Scaling Approaches for Steam Injection Experiments，paper CIM88-39-17，1988.

[8] Butler R. M.. Thermal Recovery of Oil and Bitumen. Prentice Hall. 1991

[9] Binder，G. G.，et al. Scaled－Model Test of In－Situ Combustion in Mossive Unconsolidated Sands [C]. Proc.. Seventh World Pet，Cong. Maxico City，1967，3：477-485.

[10] Garon，A. M.，et al. A Laboratory Investigation of Sweep During Oxygen and Air Fireflooding[C]. SPE 12676(1986).

[11] 李少池，沈德煌，王艳辉．火烧油层物理模拟的研究[J]．石油勘探与开发，1997，24(2)：73-79.

[12] 张方礼，刘其成，刘宝良，等．稠油开发实验技术与应用[M]．北京：石油工业出版社，2007：1-6.

[13] 岳清山．稠油油藏注蒸汽开发技术[M]．北京：石油工业出版社，1998：14-35.

[14] 张敬华，杨双虎，王庆林．火烧油层[M]．北京：石油工业出版社，2000：152-169.

分频 RGB 融合技术在稠油油田开发中后期的综合应用

侯东梅　马佳国　郭敬民　张小龙　孟　鹏

（中海石油(中国)有限公司天津分公司渤海石油研究院，天津塘沽　300459）

摘　要　渤海C油田明化镇组M砂体为稠油油藏，多口钻遇该砂体的过路井显示砂体存在多个油水界面，且界面高差达20m。早期认为该砂体是高弯度曲流河叠切形成的片状砂体，砂体点坝间的侧积泥限制稠油流动性，致使砂体存在多套油水系统。随着开发的深入，生产特征呈现出的许多矛盾难以合理解释。本次研究采用分频RGB融合技术开展储层精细研究，结合岩心照片、地震剖面及融合属性，得出该砂体为正常三角洲沉积，从沉积成因角度合理解释了砂体多套油水系统问题。在研究中，发现该属性与储层含油气性有较好响应关系，笔者从理论上论证利用分频融合属性预测含油气性的可行性，从实例中也得到证实，从而指导预测油田周边的潜力区。

关键词　稠油开发；分频RGB融合；储层精细研究；沉积微相；油气检测

引言

渤海海域近十来年的油气勘探发现中，新近系明化镇组油气储量巨大，因此需要对明化镇储层深入研究以支持勘探开发[1-2]。前人研究表明渤海海域明化镇组沉积分为较明显的两极。即低弯度单曲流河沉积特点，表现为“泥包砂”特点，砂岩百分含量在10%~20%，砂岩厚度在3~10m左右，地震剖面特征清晰，属性容易刻画储层展布。高弯度多曲流河叠切片状砂沉积特点，表现为“砂包泥”特点，砂岩百分含量在35%~60%，砂岩厚度在15~60m左右。这种“富砂型”地层地震反射弱，常用的90度相移技术、储层反演技术较难刻画储层内部结构。本次研究区位于渤海西部海域沙垒田凸起东段，相继发现大中型油气田5个，储量集中在明化镇组，主要油藏类型为构造-岩性油气藏。钻井证实明上段主要发育高弯度复合曲流河切叠沉积，浅水三角洲沉积，明下段主要发育低弯度单曲流河沉积。前人的研究对“泥包砂”储层总结了成熟的研究方法，但对“富砂型”储层的砂体精细刻画尚欠缺成熟的方法[3]。本文针对该难题，以渤海地区C油田明上段M砂体为研究区进行深入研究。该砂体埋深900~1000m，共有1口探井，10口过路评价井，钻井揭示砂体构造幅度较低，在25~60m，储层厚度在10~40m，属于“富砂型”储层，油层厚度在10~20m之间，多套油水界面高差近20m，地下原油黏度为142.0mPa·s，属于稠油。由于该砂体油稠，大底水，多套油水系统认识不清，因此，一直难以开发动用。本次研究采用分频RGB融合技术将砂体精细解剖，使砂体的沉积微相得到重新认识，油水界面得到合理解释，有力的支持井位部署。

1　分频及RGB融合过程及效果

1.1　分频融合原理

1.1.1　分频技术

频谱分解技术是利用数学变换将地震信号从时间域转换到频率域，在频率域内对储层进行刻画避免了时间域内不同频率的相互干扰，对大套厚层砂岩及薄储层都有很好的识别能力。频谱分解方法经历短时傅里叶变换(STFT)、连续小波变换(CWT)和广义S变换(ST)三个阶段。短时傅里叶变换公式中的时窗函数是固定的，不会因信号频率的变化而改变，因此其只适合分析分段平稳信号或者近似平稳信号，转换得到的单频体往往不能反映真实的信号。连续小波变换在STFT的基础上引进了小波基函数，利用时窗的伸缩和平移对信号的频率进行分析，因此连续小波变化具有多分辨率的特点。广义S变换以时间和频率为变量，建立一个联合函数来描述信号，更好地实现时频局部化分析，能同时提高时间分辨率和频率分辨率，表达式为：

$$S(\tau, f)=\int_{-\infty}^{\infty} h(t)\left\{\frac{|f|}{\sqrt{2\pi}}\times\exp\left[\frac{-f^2(\tau-f)^2}{2}\right]\exp(-2\pi ift)\right\}dt$$

式中　$h(t)$——地震信号；

f——频率；

τ——时窗函数的中心点。

分频解释技术主要利用谱分解得到的两种类型的数据体：调谐体和离散频率能量体。离散频率体与常规数据体在垂向上均为时间，但离散频率体只包含单一的频率成分，可以通过不同频率能量的变化来研究储层的垂向分布。调谐数据体是沿层或对两层之间进行短时窗离散傅氏变换，生成在垂向上频率连续变化的振幅数据体。平面上研究储层在调谐体上不同频率上的响应，可以发现很多常规数据体下地震属性无法获得的信息。

1.1.2　RGB融合技术

RGB分频混色技术是指首先对地震数据提取不同频率的属性体，然后将其中3个属性体生成切片进行RGB混色显示。三维地震数据体通过分频变成四维数据体，又通过融合显示重新变回三维数据体，但却突出显示了不同岩性之间的边界，并由颜色区分出了各个岩性组合地质体的形态，这是目前时频分析的最佳成像方式。其具体实现过程是以三基色(红、绿、蓝)原理为基础，每种基色对应0~255个等级，任何一种颜色都可以通过基色调融合生成，融合算法的数学模型为$\{(R,\ G,\ B)\mid 0\leqslant R\leqslant 255,\ 0\leqslant G\leqslant 255,\ 0\leqslant B\leqslant 255\}$共能定义出$256\times256\times256=16777216$种颜色。通过融合切片上色标亮度反映岩性变化，色度反映厚度及期次变化。因此，RGB融合技术非常有利于研究储层边界及河道交切关系。

1.2　分频融合效果

从融合切片上，根据颜色的不同，及颜色饱和度的不同，能直接识别出不同沉积期次朵叶体的边界。图中南部g、f朵叶体为最晚期沉积体，其垂向上厚度最大，单频体上以低频能量为主，融合切片上以红色基调为主；中间蓝色、梅红色为主的朵叶体为中期沉积体，砂体厚度适中，各频段能量比较均衡；西北角砂体为早期朵叶体沉积，砂体厚度偏薄，融合切片上以黄白色为主。从砂体的融合切片上的形态，符合三角洲沉积砂体发育的平面形态，三角洲根部的曲流河形态清楚，三角洲朵叶体发育范围、边界及朵叶体期次易于判别(图1)。

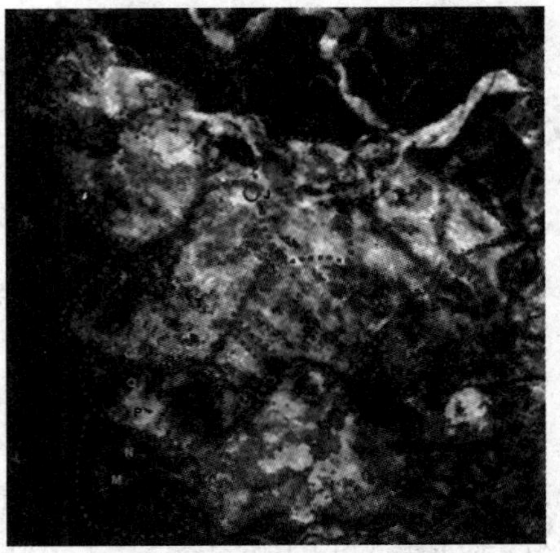

图1　RGB融合属性效果

2　沉积微相认识过程

2.1　早期沉积微相结论

渤海西部海域明化镇组砂岩沉积厚度从10m到60m不等，前人研究认为主要沉积类型有曲流河沉积，顺直河沉积和浅水三角洲沉积。从垂向上看，明下段主要发育单一曲流河，少量发育顺直河沉积。明上段主要发育复合曲流河沉积。研究区目标砂体位于明下段晚期，处于沉积水动力由弱到强的过渡时期。早期钻遇该砂体的评价井少，但油水界面均不统一，且常规地震属性图无明显形态指示，因此早期认为该砂体是高弯度曲流河点坝砂体连片叠切沉积，以孤立点坝砂体模式指导连井对比，油水矛盾问题得到解释。随着评价井的增多，及生产矛盾，暴露出这种沉积模式的许多不足。在本次研究中，通过高精度河砂融合属性，对沉积微相提出新的认识。

2.2　沉积微相及沉积模式再认识

砂体精细描述应该认清砂体边界，重建砂体的沉积过程，剖析片状砂背景下的河道发育过程，及砂体连通性。显然常规的地震属性已经无法满足如此精细刻画的要求。通过多属性融合，以地层切片的方式动态研究砂体发育全过程，才能真正解剖砂体，有利于滚动勘探评价。

连井剖面显示，顺物源方向(自北向南)，砂体油水界面依次增高，钻井揭示相邻百米的两口井油水界面竟相差10m。结合曲流河沉积特征，如此厚储层油水界面差异巨大，难以从沉积角度及模式解释。探井J井在该层段有取芯，岩芯揭示其以灰绿色粉砂质泥，棕褐色层状粉砂岩、细砂岩沉积为主，斜交纹理发育(图2)，显示水动力交替的沉积环境[10]。

多属性融合切片，能够较直观地识别出砂体

的边界，沿层切片显示，该砂体存在多个相互叠加的朵叶体，具有明显的三角洲扇体形态特征。逆物源方向追溯，多属性切片显示出多条相互叠加、河道弯曲特征明显的曲流河道，90 度相移剖面也存在多期砂体叠置的证据(图 3)。综上所述，该砂体为典型的正常三角洲沉积(图 4)。

依据高精度层序地层学理论，结合现今河流相–三角洲沉积模式，我们可以判定，该砂体沉积主要分为三个时期。沉积早期，沉积区地势较为平缓，湖岸线近物源方向，分布较广，在物源较为充足条件下，三角洲平原及前缘开始接受沉积，前者呈现出曲流河沉积特征，后者主要以分流河道沉积为主，呈现典型的朵叶体，分布较广；沉积中期，发生水退，湖平面开始下降，沉积物范围也相应减小；沉积末期，湖平面继续萎缩，沉积物范围进一步缩小，纵向上，沉积物呈现出典型的进积特征(图 5)。从层序地层学角度分析，结合沉积模式来看，沉积时期，水退较为迅速，沉积末期，早期广泛沉积的朵叶体已接受泛滥平原泥沉积，从等时层序界面及依次增高的油水界面来看，这三个期次间的泥岩沉积是砂体多油水系统的主要原因。

图 2　岩芯照片

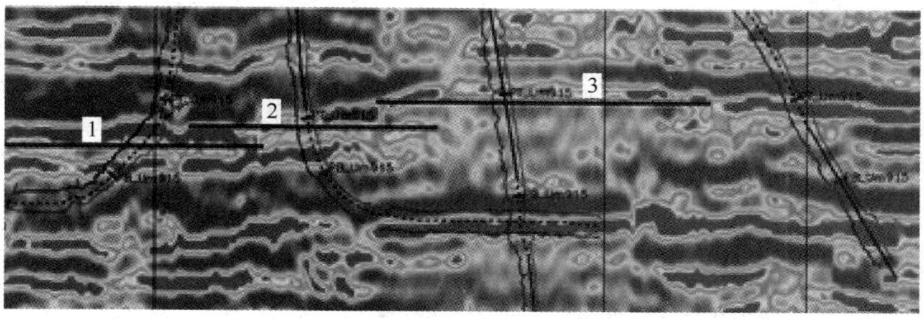

图 3　90 度相移剖面

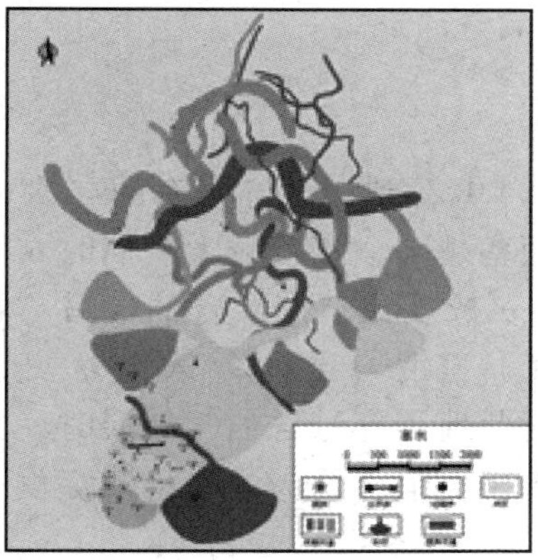

图 4　M 砂体沉积微相图

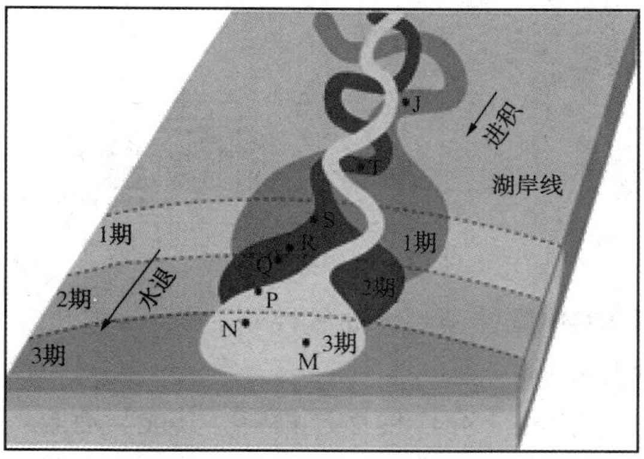

图 5　M 砂体沉积模式图

3　砂体精细刻画

3.1　连井对比

确定砂体为正常浅水三角洲沉积，砂体的精细小层对比不再以等时沉积原理为标准。早期认为该砂体是高弯度曲流河点坝叠置沉积，砂体小层对比时，将油水界面不统一的井划分为不同的孤立点坝砂体[图 6(a)]。本次研究后，将砂体小层对比方法以三角洲进积叠置原理对比[图 6(b)]。依据井上显示砂体顶面高度，及在平面切片的位置关系，将整个砂体分成三期朵叶体沉积砂，理清砂体的叠置关系，统一了砂体油水界面，为多期朵叶体砂体的精细拆分提供依据。

3.2　砂体期次认识

砂体早期过路井不多，认为砂体沉积微相是高弯度曲流河点坝砂体连片叠切沉积，砂体追踪过程中，以砂体顶底包络面方式追踪，这种方式以计算线的方式掩盖油水界面不统一的问题，在计算储量过程中产生较大误差，同时给井位部署带来困难。通过本次研究后，用新的沉积模式有效指导砂体精细刻画，将砂体拆分成早、中、晚三期朵叶体沉积，每期朵叶体内油水界面统一，为储量复算及后期调整井部署提供可靠依据(图 7)。

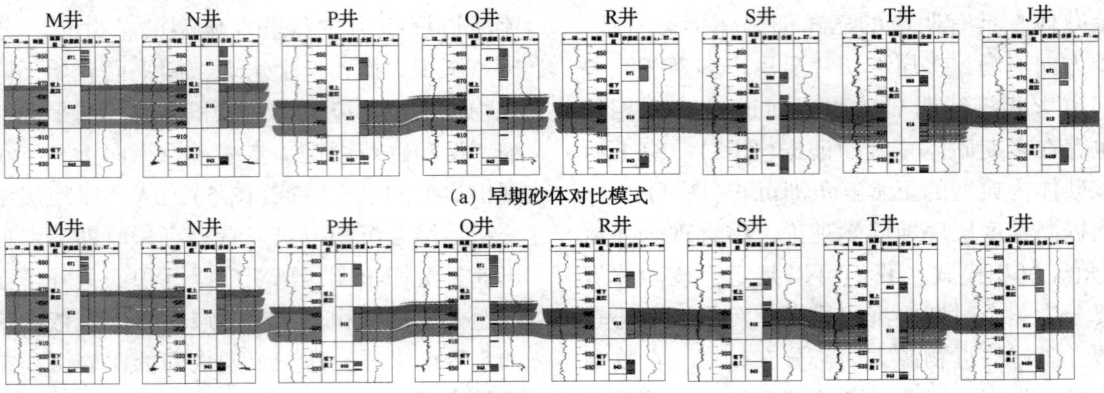

(a) 早期砂体对比模式

(b) 研究后砂体对比模式

图 6 砂体对比模式变化

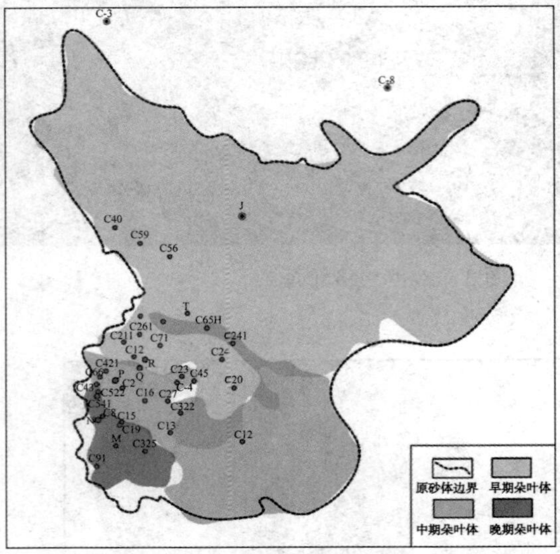

图 7 砂体精细刻画前后对比

4 分频 RGB 属性预测含油气性

4.1 理论基础

地震波在地下介质传播过程中，其能量有显著衰减。这种能量衰减的机理用介质热效应来解释，即地震波穿过弹性介质时，需要克服摩擦力做功，从而使能量发生衰减。由于介质本身密度、速度、含流体性质不同，因此地震波衰减的强弱也有所差异，就同一套地层而言，其沉积环境和后期所受接受的压实改造基本一致，因此介质本身的密度、速度基本相似，流体性质的不同是导致地震波衰减程度不同的主要原因。因此可以从地层黏弹性质出发，研究振幅强度与流体性质的关系。在黏弹性介质中，地震波场 P 满足波动方程：

$$\left[1+\frac{4\eta}{3\rho v^2}\frac{\partial^2 P}{\partial z^2}\right]\frac{\partial^2 P}{\partial z^2}=\frac{1}{v^2}\frac{\partial^2 P}{\partial t^2} \tag{1}$$

式中 η——黏滞系数；

ρ、v——分别为介质密度和速度，该方程的解为：

$$P = P_0\, e^{-\alpha x}\, e^{iw\left(\frac{x}{v}-t\right)-\alpha x} \tag{2}$$

式中 P_0——初始振幅；

a——吸收系数。地震波场的振幅随传播距离的增大呈指数衰减，这与实际观测结果一致。

当地震波频率较低时，吸收系数 a 有如下关系：

$$\alpha \approx \frac{2\eta}{3\rho v^2}\omega^2 \tag{3}$$

从式(3)中看到，α 与频率的二次方 ω^2 成正比，即频率越高，衰减越大。同时 α 与 η 成正比，与 ρv^2 成反比。储层含油气后与含水相比，其速度、密度均会下降(表 1)，其黏弹系数增加，因此地震穿过含油气储层时，其振幅能量衰减作用更强，这为油气检测提供了理论依据。

4.2 正演论证过程

为验证理论的正确性，设计 0~60m 的楔形模型(图 8)，分别填充油、气、水三种流体，用来论证储层含不同流体后其总振幅强度变化规律和在不同频率下的变化规律。

表 1 不同岩性物理参数

	速度/(m/s)	密度/(g/cm^3)
泥岩	2500	2.488
含水砂岩	2200	2.246
含油砂岩	2100	2.236
含气砂岩	2000	2.225

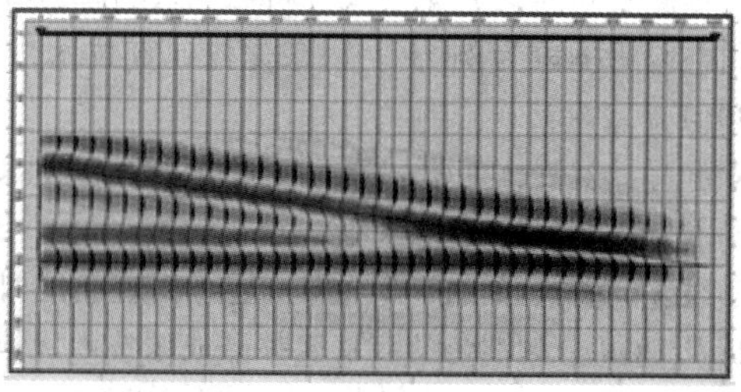

图 8　正演模型图

在正演模型上改变流体参数、频率参数，并统计振幅最大值，得到系列图表。图 9 是储层含油、气、水后，储层反射值与厚度变化的关系图。储层含气后的振幅值大于含油储层的振幅值，含水储层振幅值最小。且储层含油气后，主频向低频端移动。在 0～λ/4 波长区间，振幅值随储层厚度增加而增大，而在 λ/4～λ/2 波长区间，振幅能量随储层厚度增加而减弱，在 λ/2 之后，振幅能量不随储层的厚度增加而变化，这个规律也是“亮点”检测的基础。图 10 是模型在 20Hz、35Hz、60Hz 单一频率下的反射值随厚度的变化规律，可以看出振幅强度值在 35Hz 下强度最大，在 60Hz 下强度最小。在 60Hz 下，含气储层值小于含油储层值，小于含水储层值，证明含流体储层在高频下对地震波能量的吸收作用从大到小顺序为含气储层大于含油储层大于含水储层。在 35Hz 下，含气储层振幅值大于含油储层振幅值，含水储层振幅值最小。在 20Hz 下，油、气、水层振幅能量关系与 35Hz 下的相对关系一致，但总体能量均比 35Hz 的能量低。

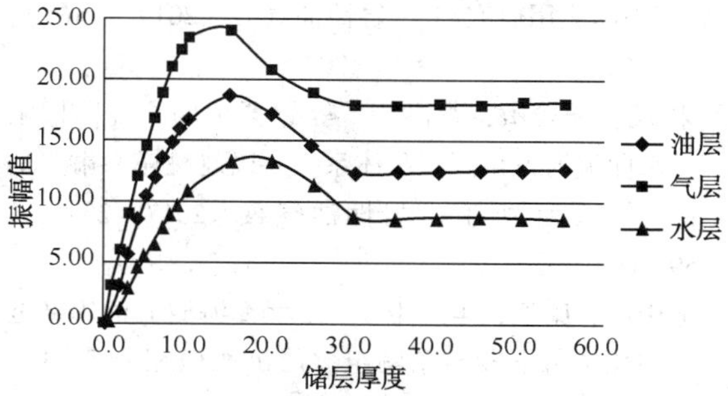

图 9　油、气、水储层振幅-厚度关系图

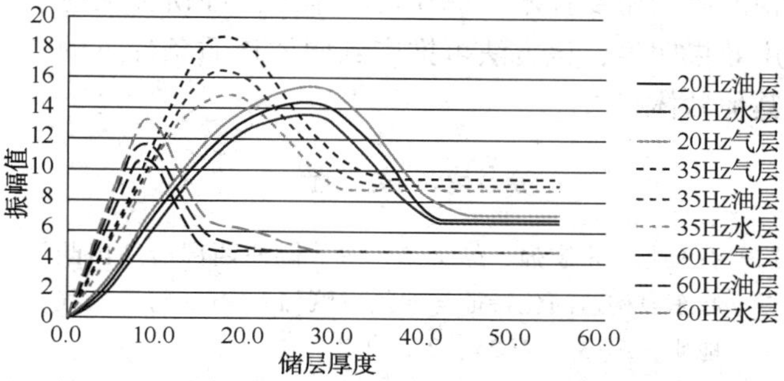

图 10　含油储层与含水储层振幅能量图

该正演模型证明储层含油气后存在高频端强吸收衰减作用，而低频端存在能量增强作用，因此可以利用该原理进行含油气性预测。

4.3　应用效果

研究区 M 砂体厚度主要集中在 5～20m，在 λ/4 地震波长区间，其振幅能量强度与砂体厚度呈正相关性，因此可以采用分频 RGB 的方法进行含油气性预测。从融合属性上看到(图 11)，J、T、S、R 井位于砂体中部的中、早期朵叶体沉积上，油层厚度均大于 10m 左右，切片上井点处颜色为梅红色。P、Q 井位于中期朵叶体沉积，油层厚度在 5～7m 左右，切片上井点处颜色为蓝色。M、N 井位于晚期朵叶体沉积上，油柱高度仅 3～4m，切片上基本为黑色调。同一套沉积砂体具有大致相同的物性、孔隙度参数，在厚度相当的前提下，含油气性是影响其振幅强度的主要因素，反映在融合切片上即具有相近的油层厚度或含油饱和度应该具有相近的颜色。在砂体北部有一大片沉积砂体，从形态上分析，与评价砂体具有相同的沉积环境，均发育湖泊相极浅水三角洲，构造高度相当，其平面颜色主要以梅红、蓝色为主，与评价砂体的含油储层具有一致性，因此大胆推测该砂体含油性极高，具有很高的评价潜力。

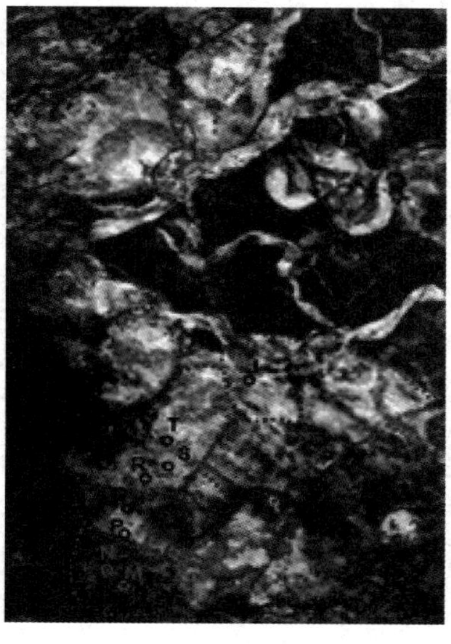

图 11　融合属性图

5 结论

(1) 分频 RGB 融合切片将砂体内部岩性变化带刻画清楚，有利于直观研究砂体沉积过程和沉积微相，对精细研究砂体有着非常重要的作用。结合取芯资料及油藏资料，重新认识砂体的沉积微相，认为该砂体属于水退进积型湖泊相极浅水三角洲沉积微相。

(2) 新的沉积微相成功解释多套油水界面问题，依据油水界面，将该复合砂体精细拆分成早、中、晚三期朵叶体沉积砂体，为合理解释稠油油藏油水界面矛盾提供可靠方案，为后期部署评价井提供有力依据。

(3) 分频 RGB 融合属性将振幅差异放大并且显示效果明显，利于直观预测含油气潜力区，为油田开发中后期寻找潜力砂体，保证油田持续稳产起到得要技术支撑作用。本方法在研究区应用效果明显，该方法可推广到同样地质条件下的其他砂体。

参 考 文 献

[1] 石文龙，张志强，彭文绪，等．渤海西部沙垒田凸起东段构造演化特征与油气成藏[J]．石油与天然气地质，2013，34(2)：242-247.

[2] 彭文绪，张如才，樊建华，等．渤海海域西部凸起区大型雁列断层特征[J]．石油地球物理，2011，46(5)：795-801.

[3] 高磊，江涛，王明春，等．“富砂型”浅水三角洲储层预测及其油气成藏模式分析——以渤海西部沙垒田凸起明下段为例[J]．物探化探计算技术，2018，40(1)：27-35.

[4] 刘静静，刘震，刘宇，等．地震分频处理技术预测深水储集体[J]．石油学报，2016，37(1)：80-87.

[5] 丁继才，姜秀娣，翁斌，等．基于物理小波时频分析及 RGB 分频混色的高精度频谱成像技术优势分析及应用[J]．中国海上油气，2015，27(5)：27-30.

[6] 马佳国，侯东梅，王建立，等．高精度河砂同期展示的关键技术与应用效果[J]．断块油气田，2017，24(5)：623-627.

[7] 徐德奎，王玉英．基于倾角导向的中值滤波技术在随机噪音衰减中的应用[C]．2015 年物探技术研讨会．

[8] 何瑶瑶，韩兵，张磊．复杂构造带断层精细描述技术[C]．2015 年物探技术研讨会．

[9] 陈可洋，吴沛熹，杨 微．扩散滤波方法在地震资料处理中的应用研究[J]．岩性油气藏，2014，26(1)：117-122.

[10] 朱 茂，朱筱敏，曾洪流，等．冀中坳陷饶阳凹陷浅水曲流河三角洲沉积体系——以赵皇庄—肃宁地区沙一段为例[J]．岩性油气藏，2017，29(2)：59-67.

[11] 徐中波，康凯，申春生，等．渤海海域 L 油田新近系明化镇组下段与馆陶组储层沉积微相研究[J]．岩性油气藏，2015，27(5)：161-166.

[12] 王波，夏同星，明君等．油气敏感频率段极值能量和因子及在渤海油田油气检测中的应用，物探与化探．2008，42(5)：1026-1032.

风城超稠油氮气辅助SAGD开发技术研究与应用

于 兵 杨浩哲 王 丽 姜 丹 王立龙

（中国石油新疆油田分公司风城油田作业区，新疆 克拉玛依 834000）

摘 要 SAGD蒸汽腔发育到顶至开发末期占SAGD生命周期的2/3，该阶段蒸汽与盖层直接接触产生热交换，蒸汽热损失增大，产油量逐渐下降。风城油田SAGD蒸汽腔发育到顶井组已占85.2%，严重影响了SAGD开发效益。研究发现，通过注入非凝析气体，可有效降低热损失。以风城油田SAGD开发特征为依据，优选氮气作为辅助气体，通过室内研究及数值模拟，研究了氮气辅助机理，优化了注入时机、注入方式等关键技术参数。自2013年起累计实施氮气辅助45井次，措施后井组平均日注汽减少18t/d，油汽比提高0.05，为双水平井SAGD开发提供了增效手段。

关键词 SAGD；氮气；隔热；油汽比；开发效益

前言

风城油田SAGD井组目前已生产3年以上，有144井组蒸汽腔局部到顶并开始横向扩展，受蒸汽与顶部盖层接触后热损失增大影响，井组生产呈现出含水率上升、油汽比下降的特征，严重制约了SAGD的开发效益，亟需开展有效增产增效技术研究，维持和提高SAGD的生产效果。依据国内外研究成果，针对风城SAGD开发区开展非凝析气体辅助研究及应用，为高效开发提供手段。

1 氮气辅助机理研究

根据调研，常用的辅助气体主要是CH_4、N_2及CO_2。对辅助效果对比发现，三种气体作用效果差异性较小。考虑到CO_2对管线及设备存在腐蚀问题，甲烷可燃且存在爆炸风险，而氮气操作安全、气源广泛，因此选择氮气作为辅助气体，其作用机理主要有以下两方面。

1.1 隔热作用

氮气是一种惰性气体，它的密度、黏度、导热系数都较低，属于隔热材料的范畴。注氮后，因氮气密度轻及蒸汽遇冷凝析，导致氮气分布在蒸汽腔上部，形成隔热层，阻止下部蒸汽腔与冷盖层的直接接触，降低了蒸汽的热损失，从而提高热利用率。

1.2 泄油作用

氮气压缩系数大，膨胀能力强，弹性能量大，注入地层后具有一定的弹性势能，其能量释放可起到维持汽腔压力的作用，有利于保持地层压力。注入油藏的氮气会优先占据多孔介质中的油孔道，将原来呈束缚状态的原油驱出孔道成为可流动的原油，另外氮气、油、水三相形成乳状液，降低了原油的黏度，从而提高了泄油效率[1-6]。

2 措施参数优化

2.1 注入时机

氮气注入蒸汽腔后，受重力分异作用聚集在汽腔顶部，在整个汽腔向上运动的过程中，氮气始终在上部占有优势，汽腔上升阶段注入氮气，汽腔纵向发育会受到明显的抑制，在蒸汽腔充满整个油层顶部时，热损失加大，因此蒸汽腔到顶再注氮气效果更好。

2.2 注入方式

氮气注入方式主要有两种，一种是氮气随着高温蒸汽连续注入油藏；另一种方式为氮气采用周期注入方式，一次性注入一段时间后再补充。为研究不同注入方式的影响，利用数模分别模拟了连续式注氮和周期式注氮的效果，两者在提高日产油量、提高油汽比方面效果相差较小，受注氮设备等工艺限制，试验阶段采用周期式注氮。

周期式注氮方式主要考虑氮气在蒸汽腔的存量，数模模拟了氮气在蒸汽腔中的存量比与盖层吸热情况发现，当氮气的存量比小于85%时，蒸

作者简介：于兵(1991-)，男，助理工程师，2014年毕业于中国石油大学(华东)地质学专业，现从事油气田开发工作。E-mail：1572710668@qq.com。

汽突破氮气隔热层与盖层接触，盖层吸热呈现大斜率拐点，吸热量急剧上升，因此确定补氮周期为1年(图1)。

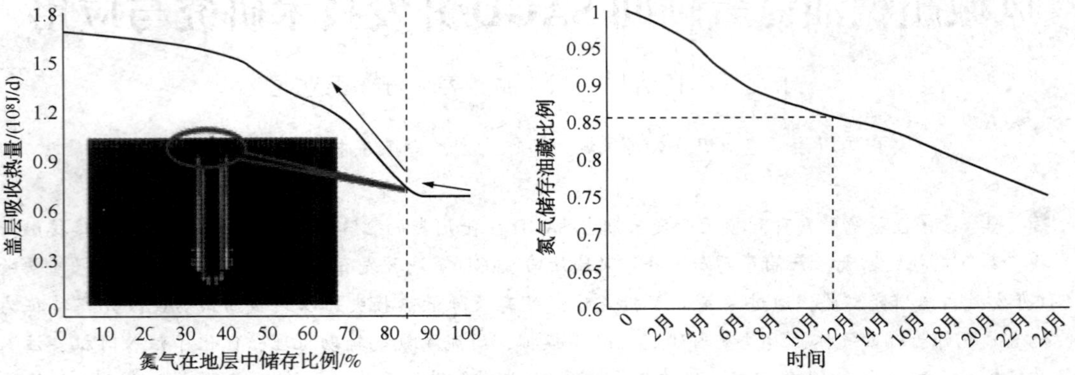

图1　氮气储存比与盖层吸热情况模拟对比

2.3　注入压力

数模研究显示，氮气注入压力越高，油汽比增量越明显，当压力大于操作压力1.0MPa时，增幅降低，过高的注氮压力也会影响井间压力的均匀性，因此确定氮气的注入压力为高于操作压力0.5~1.0MPa，同时为避免压破盖层，注氮压力应小于地层破裂压力。

2.4　氮气注入量

注氮量的设计包括首轮氮气注入和后期氮气补充。首轮氮气注入需考虑现有蒸汽腔的规模；后期的氮气补充需要同时考虑生产过程中的采出和消耗以及蒸汽腔规模扩大空间的需要。

数模模拟了蒸汽腔体积与累产油量的关系发现，蒸汽腔体积越大，累产油量越大，当汽腔内氮气与蒸汽腔内蒸汽的比值达到0.014时，油汽比最高，因此，首轮注入氮气量为蒸汽腔体积的0.014倍(图2)。

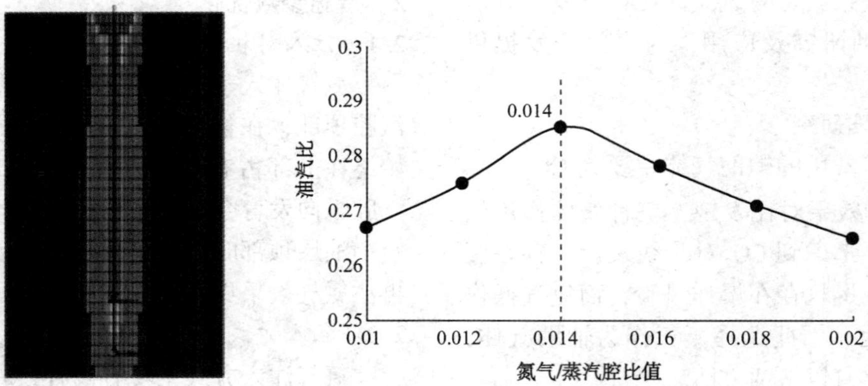

图2　氮气/蒸汽腔比值优选

根据容积法，得到氮气量计算公式如下：

$$V_1 = \frac{M_1}{\Phi \times (S_0 - S_1) \times B \times p} \quad (1)$$

$$V_2 = V_1 \times 0.014 \quad (2)$$

式中　V_1——蒸汽腔体积，m^3；

V_2——油藏条件下所需氮气量，m^3；

M_1——产油量，10^4t；

Φ——孔隙度，%；

S_0——原始含油饱和度，%；

S_1——剩余含油饱和度，%；

B——地层原油体积系数；

ρ——密度，t/m^3。

氮气的补充周期为1年，所需补充量为周期内汽腔扩展所需氮气量与15%氮气损失量之和：

$$V_3 = V_4 + V_2 \times 0.15 \quad (3)$$

式中　V_3——补氮量，m^3；

V_4——蒸汽腔扩展部分所需氮气量，m^3。

2.5　生产参数优化

为提高氮气利用率，注氮措施前1~3d应将采液速度降低为正常产液水平的50%~70%，提高井下动液面，防止氮气被采出。数模研究显示氮气注入后，注汽速度应降低 20%，有利于保证隔热效果，为保证井组稳定生产，采注比应维持在 1.1~1.2，即措施后应进行降汽控液生产，后逐步恢复到正常生产水平(图 3)。

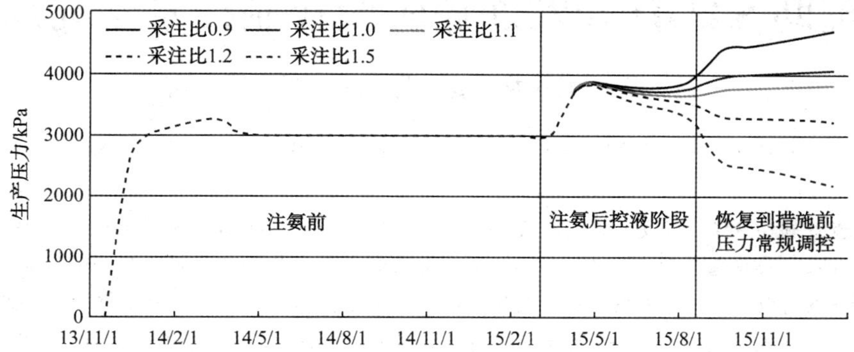

图 3　不同采注比恢复生产后生产压力对比曲线

3　应用效果

依据油藏筛选标准，自 2013 年开始，先后在风城油田重 32、重 37、重 1 井区 SAGD 开发区优选符合条件的 45 井组进行氮气辅助，其中首次注氮 28 井组，补氮 17 井组，累积注氮气 $136.1\times10^4Nm^3$，措施后平均单井组日注汽量减少 19t/d，油汽比增加 0.05，措施效果显著。

4　结论

(1) 油藏工程研究及现场生产实践表明，氮气分布在蒸汽腔上部，形成隔热层，减少蒸汽向上覆岩层的传热速度，可以有效降低热损失，提高热效率。

(2) 在周期式的注氮方式下，通过优化注汽间隔时间、注入压力、氮气与蒸汽比、氮气总注入量等参数条件下，能有效提高油汽比。

(3) 数值模拟研究及现场实践表明，氮气辅助 SAGD 开采技术在风城双水平井 SAGD 开发方式中是可行的，具有广阔应用前景。

参　考　文　献

[1] 何万军，木合塔尔，董宏，孟祥兵，朱云飞，其那尔·胡山．风城油田重 37 井区 SAGD 开发提高采收率技术［J］．新疆石油地质，2015，36（4）：483-486.

[2] 高永荣，刘尚奇，沈德煌，等．氮气辅助 SAGD 开采技术优化研究［J］．石油学报，2009，30（5）：717-721.

[3] 吕广忠，刘显太，尤启东，等．氮气泡沫热水驱油室内实验研究［J］．石油大学学报：自然科学版，2003，27（5）：51 - 54.

[4] 刘仁静，刘慧卿，李秀生．胜利油田稠油油藏氮气泡沫驱适应性研究［J］．应用基础与工程科学学报，2009，17（1）：105-111.

[5] 李士伦，张正卿，冉新权，等．注气提高石油采收率技术［M］．成都：四川科学技术出版社，2001：180 -185.

[6] 高永荣，刘尚奇，沈德煌，等．超稠油氮气、溶剂辅助蒸汽吞吐开采技术研究［J］．石油勘探与开发，2003，30（2）：73 -75 .

直井辅助 SAGD 开发连通阶段控制技术研究及应用

孙　滕　王立龙　姜　丹　于　兵　王　丽

（中国石油新疆油田分公司风城油田作业区，新疆 克拉玛依　834000）

摘　要　直井辅助 SAGD 开发的连通阶段，SAGD 井组与直井已形成统一压力系统，两井间的注采平衡直接影响开发效果。应当充分考虑注采点、操作参数及注采参数对开发效果产生的影响，寻找充分发挥油井潜力的平衡点及有效对策，从而改善开发效果。以国内某超稠油油藏地质特征为基础，利用值模拟技术确定了平衡两井干衡点。进一步结合实际操作可行性，提出了直井辅助 SAGD 连通阶段控制技术，并给出了相应的技术界限及改善效果。

关键词　注采平衡；驱替泄油阶段；稳定泄油阶段；油井潜力

引言

直井辅助 SAGD 技术在 F 油田已广泛应用，当直井与 SAGD 井形成联通后，操作参数及注采参数的变化，会对开发效果产生影响。研究结果表明，直井辅助 SAGD 开发连通阶段，可进一步细分为两个阶段：驱替泄油阶段和稳定泄油阶段。驱替泄油阶段在两井间施加合理压差可加速井间剩余油的采出，同时井间连通程度更高。稳定泄油阶段通过对注采点、操作参数、注采参数的研究优化，确定了注采平衡点，充分发挥油井潜力。

1　直井辅助 SAGD 连通阶段主控因素

随着吞吐预热阶段结束，两井进入连通阶段井间原油已初步具备流动性，连通模式正由热连通向水力连通转换。也是两井间能否建立均匀、有效连通通道的关键阶段。此时井间压差控制就尤为重要，压差过大井间易形成优势通道影响后续阶段开发效果；玉差过小，井间形成有效连通时间较长，不利于开发的时间价值。同时由于井间未形成有效连通通道，两井仍处于独立压力系统，直井需以驱替结合的生产方式，控制自身压力，确保压差稳定可控。

在井间形成均匀、有效连通后，两井压力系统已趋于一致、联动性强，因此需将两井当作一个整体进行考虑。所以我们在分析井组生产动态的同时，结合 SAGD 井组水平段动用情况，确立了该阶段应以稳定泄油为主要生产方式。在此基础上确定了影响稳定泄油的三大主要因素：注采点、操作参数、注采参数。

2　连通阶段控制技术

2.1　驱替泄油阶段优化控制技术

随着井间热连通向水力连通的转换，为了防止井间形成优势通道，发生汽窜干扰，需控制直井与 SAGD 井压差不大于 0.5MPa（图 1）；采油阶段以相态控制为核心，控制井口压力、温度，保证井口产出物为液相。

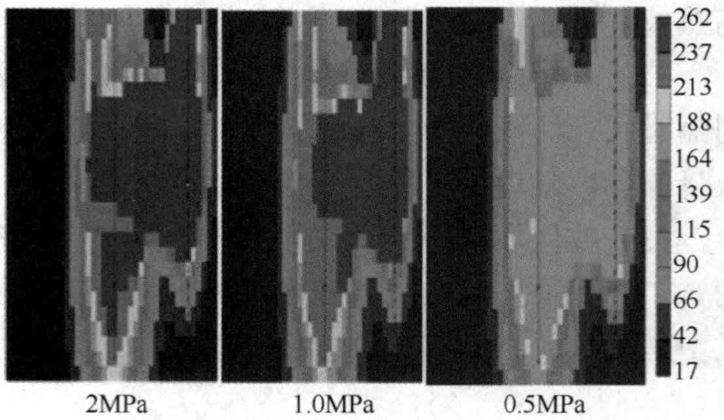

图 1　压差与连通程度关系图

此时直井生产方式以驱替作用为主，井间剩余油随着汽腔前缘的不断推移，逐渐被采出。通过轮换注汽、采油生产，加快井间剩余油采出。当蒸汽腔完全“淹没”直井后，直井生产效果急剧变差，井口产状由液相变为气相，井口温度、压力、含水率均大幅升高，经济效益降低，因此蒸汽腔完全“淹没”直井为直井转注汽的最佳时机。

作者简介：孙滕（1987-），男，工程师，2012 年毕业于长江大学石油工程专业，现从事油气田开发和科研工作。E-mail：393805253@qq.com。

通过数值模拟研究，对比了直井持续注汽、持续采油、轮换注采三种驱替生产方式，发现直井以轮换注汽、采油的驱替方式生产，一方面可加速井间剩余油的采出，另一方面井间连通程度更高。

2.2 稳定泄油阶段优化控制技术

2.2.1 注采点优化技术

（1）SAGD 井

综合考虑油藏隔夹层发育状况、水平段连通情况及井下管柱结构等因素确定合理注采点，通过注采点优化调整，各井组连通 段均有所增加，以 F 井组为例，直井转注汽后，汽腔供液能力增强，但由于 SAGD 机抽系统的局限性，纯靠单点机抽生产，不能全部发挥油井全部潜力，因此优化为两点采液，一方面充分发挥了油井潜力，另一方面由于井下液体的绕流作用，可加热水平段未动用段温度，有助于提高水平段动用程度。

（2）直井

根据 SAGD 井水平段动用情况以及直井生产指标调整直井注采点，形成了三项标准：SAGD 井水平段动用较好、易发生汽窜处，对应位置直井转为采油井；SAGD 井水平段动用较好、温度稳定处，对应直井转为注汽井；SAGD 井水平段动用较差或不动用处，直井转为注汽井。现场实施时，可进一步根据直井生产指标进行优化调整。

2.2.2 操作参数优化技术

（1）Sub-cool

在生产过程中须保证液面高度大于汽槽深度以避免汽窜发生。日产液量越高，需控制的液面高度越大，当日产液量为 100t/d 时，需控制液面高度大于 1m（图 2）。随液面高度的增加，Sub-cool 不断提高，在保证液面高度大于 1m 条件下，Sub-cool 应大于 20℃（图 3）。

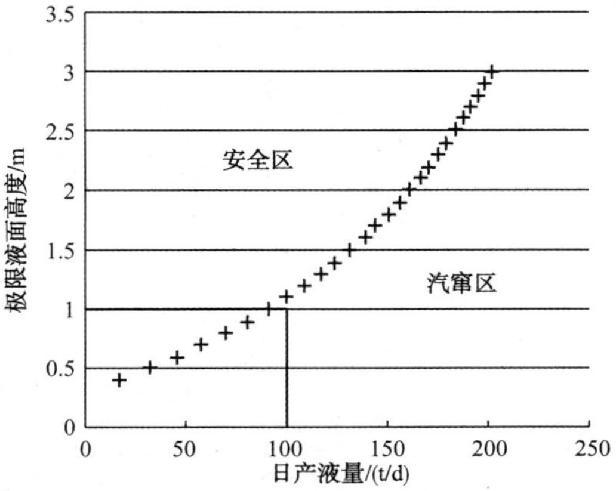

图 2 极限液面高度随日产液量变化曲线

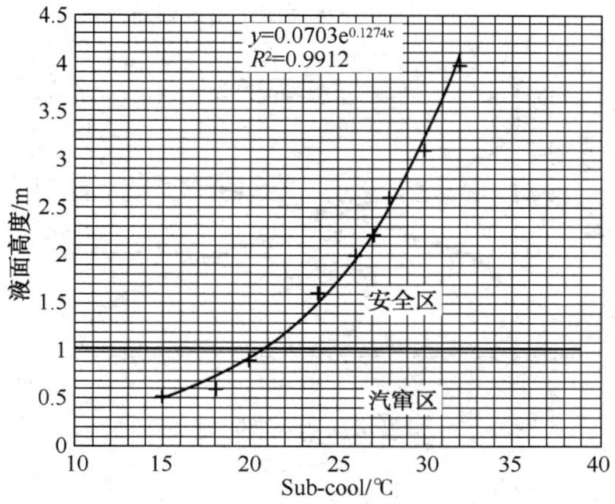

图 3 Sub-cool 与液面高度关系曲线

对纯重力泄油情况，液面高度随着 Sub-cool 增加而增加，为了防止注汽直井对 SAGD 蒸汽腔的冲击造成汽窜，在原 SAGD 生产基础上进一步提高液面高度至 1～2m，Sub-cool 控制在25～35℃。

（2）操作压力

进入稳定泄油阶段后，直井与 SAGD 注汽井同时注汽，形成统一压力系统，需控制与被辅助井压力一致。在 SAGD 生产过程中，操作压力越高，蒸汽热利用率越低，油汽比越低，利用不同原油黏度具备流动条件的临界温度为参考值，结合井下 Sub-cool 值计算 I 井操作压力，因此该参数取值为一动态区间，需结合实际被辅助井组进行优化。

2.2.3 转驱后直井注汽速度优化

直井转驱注汽后，若注汽速度过大将导致 SAGD 井组汽液界面不稳定而导致汽窜，油汽比降低；注汽速度过小时，驱油能力弱，增油效果差，因此优化直井注汽速度 30～40t/d。同时 SAGD 生产过程中注汽井注入的蒸汽一部分释放汽化潜热地层和原油，另一部分占据蒸汽体积并维持蒸汽腔蒸汽腔压力，采注比越高，蒸汽腔内存留蒸汽越低，蒸汽腔压力下降；采注比越低，蒸汽腔内存留蒸汽越高，蒸汽腔压力上升。蒸汽腔压力上升或下降均不利于稳定泄油效果，必须优化合理采注比稳定蒸汽腔压力。

由于 SAGD 开发利用蒸汽的汽化潜热，随操作压力上升，注入相同质量蒸汽的热焓值越低，被采出的原油也越少，油汽比和采注比也越低。计算结果表明，采注比也随操作压力上升而下降（图 4）。

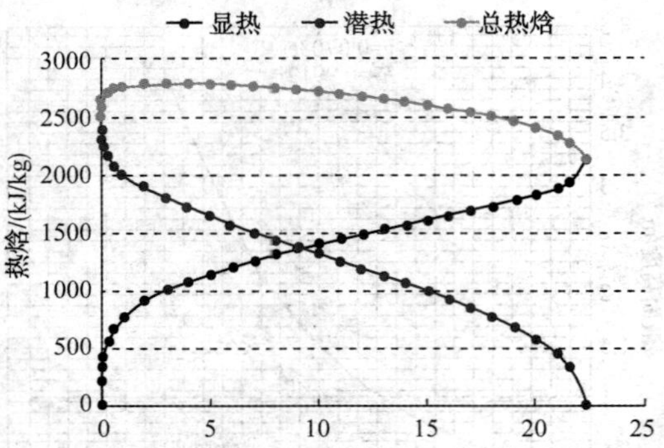

图4　饱和蒸汽压力-热焓值关系曲线

3　应用效果

该项控制技术在 F 油田应用后，直井辅助 SAGD 井组其连通阶段热连通向水力连通转换更加温和，连通程度明显提高。同时压差的合理控制，使得汽窜生产基本消除。在此基础上，井组预测参数进一步向好，采油速度提高 1.7%，油汽比提高 0.08，含水率下降 0.5%。

4　结论

（1）将直井辅助 SAGD 预热环节细分为两个阶段，热联通阶段和水利联通阶段。

（2）热联通阶段为避免优势通道的形成，对井间压差进行优化，使井组在热联通阶段的预热更加均匀。

（3）水利联通阶段对辅助直井的注采量进行优化，稳定井组 Sub-cool，使井组达到连续稳定的生产模式。

参　考　文　献

[1] 陈建平，王绪龙，邓春萍，等．准噶尔盆地油气源、油气分布与油气系统[J]．地质学报，2016，90（3）：421-450.

[2] 范志国，彭万勇，杨红艳，等．克拉玛依油田 SAGD 直井-水平井组钻井技术[J]．新疆石油科技，2012，22（3）：1-12.

[3] 李巍，刘永建．提高直井与水平井组合 SAGD 泄油速率技术研究[J]．石油钻探技术，2016，44（2）：87-92.

[4] 李巍．隔夹层对直井水平井蒸汽辅助重力泄油开发效果的影响[J]．科学技术与工程，2016，16（4）：28-32.

[5] 刘尚奇，王晓春，高永荣，等．超稠油油藏直井与水平井组合 SAGD 技术研究[J]．石油勘探与开发，2007，34（2）：234-238.

[6] 霍进，桑林翔，樊玉新，魏新春，邱敏，王景，风城超稠油双水平井蒸汽辅助重力泄油开发试验[J]．新疆石油地质．2012(05)：570-573.

高分子活性降黏冷采技术在草13孔店区块的研究与应用

孙　超　张丁涌　张　江　万惠平　石明明

（中国石化胜利油田分公司，山东 东营　257000）

摘　要　草13孔店区块受油藏埋藏深、储层泥质含量高、渗透率低、原油黏度高影响，热采开发产能低，开发效益差。针对该问题，推广应用了高分子活性降黏冷采技术，同时通过室内物模实验结合数值模拟优化施工参数，现场应用取得了显著的效果。

关键词　高分子活性降黏；物模实验；数值模拟

引言

乐安油田草13块孔店组油藏埋深1500m左右，平均渗透$112\times10^{-3}\mu m^2$，泥质含量24.7%，原油黏度9322~93061mPa·s，属于深层、低渗、特超稠油油藏。2017年以来草13孔店区块直斜井通过实施高分子活性降黏冷采，有效地改善了开发现状，提高了开发效益。

1　开发中存在的问题

针对区块地质及开发特征，以及开发初期暴露出的常规冷采效果差的问题，草13孔店区块直斜井前期立足于热采，开展全过程油层保护+高压高干注汽，最大限度提高注汽质量。从注汽及生产情况看，主要存在以下几方面问题：

（1）注汽压力高，注汽干度低：区块平均周期注汽压力为21.4MPa左右，平均注汽干度60%左右，注汽效果较差；

（2）周期生产液量低：草13孔店区块直斜井周期平均日产液4~6t，周期平均日产油1.5t左右，只能维持低参数、低含水生产；

（3）油藏天然能量弱，无边底水：草13孔店区块直斜井平均泵深1378m，沉没度不足100m。

2　高分子活性降黏冷采技术

针对草13孔店区块直斜井热采开发中存在的问题，推广应用了高分子活性降黏冷采技术，同时优化施工参数，取得了较好的效果。

2.1　技术原理

以降低界面张力为目的的常规降黏剂无法由外向内渗入稠油内部分散油相，导致降黏低效，降黏效果较差，高分子活性降黏剂利用相似相溶的原理，削弱重质组分相互作用，引起稠油内部各向异性，降低原油黏度，增加流动性，由内向外降黏，降黏效果显著。

（1）高分子活性降黏剂结构设计

高分子活性降黏剂以丙烯酰胺为骨架，通过氧化还原体系引发的自由基反应将丁烯苯（PB）、强极性的丙烯酸（AA）和2-丙烯酰胺-2-甲基丙磺酸（AMPS）功能性单体结合生成了直链状功能高分子（图1）。

（2）高分子活性降黏剂作用机理

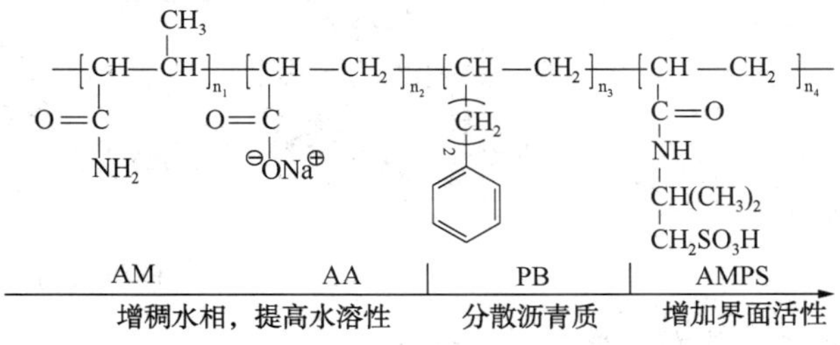

图1　高分子活性降黏剂结构

FMP降黏剂中PB单体的苯环通过相似相容原理可以嵌入沥青质的层间结构，引起稠油内部的各向异性，使水分子进入稠油内部（图2）。由于FMP降黏剂中AMPS单体的磺酸根基团具有极强的亲水性，保持水包油状态，保证稠油的流动性。

从表观上看，油/水界面的混相过程（图3）中FMP降黏冷采技术通过渗透+分散、剥离界面的两个过程，降低原油黏度。

作者简介：孙超（1982-），男，2009年7月毕业于中国石油大学（华东），油气田开发工程专业，获得硕士学位，目前在中国石油化工股份有限公司胜利油田分公司现河采油厂工艺研究所工作，工程师，稠油工艺室主任。E-mail：sunchao825.slyt@sinopec.com。

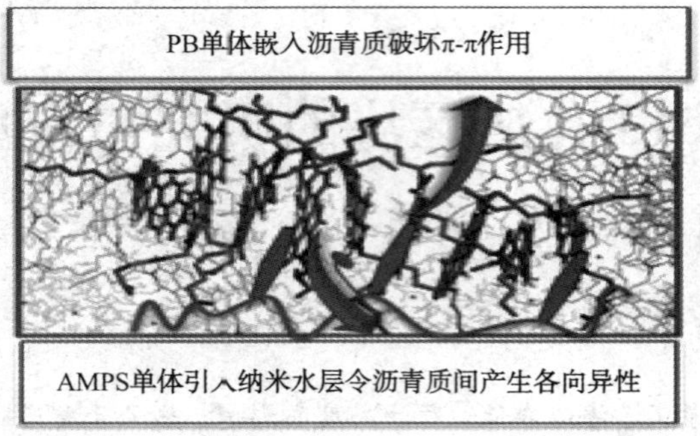

图 2 FMP 高分子活性降黏剂作用原理

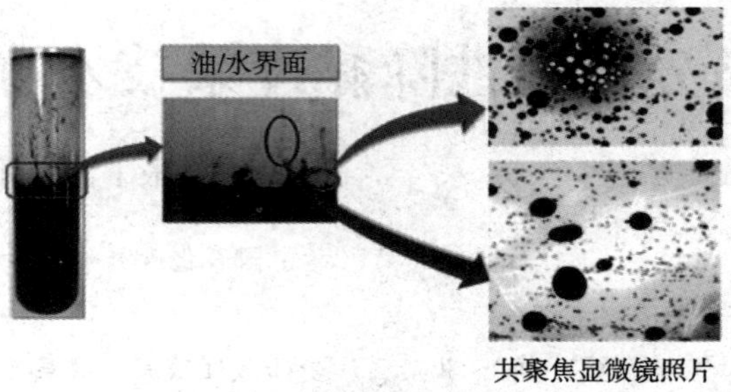

图 3 油水界面混相过程示意图

从微观上看(图 4)，表面吸附沥青质的云母片表面上出现诸多"holes"，为高分子破坏沥青质之间强 π-π 相互作用，并将其剥离→携带→运移后产生的形貌。

(3) FMP 高分子活性降黏剂作用结果分析

从室内实验结果上看，加入 FMP 高分子活性降黏剂后，0.5nmπ-π 堆积减少 93%，0.8nmT 型作用全部消失，效果显著(图 5)。

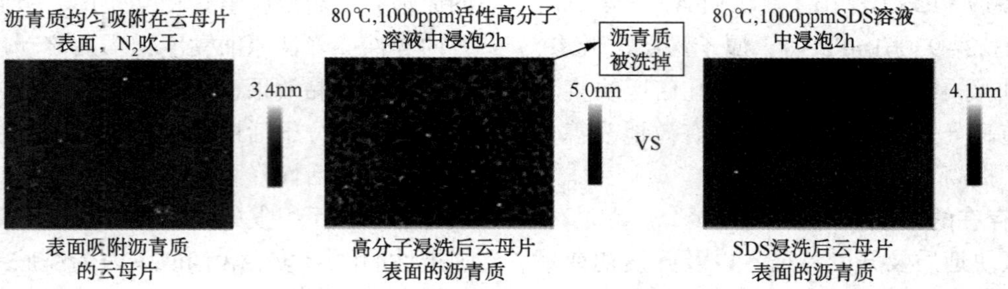

图 4 活性高分子对沥青质的分散作用研究

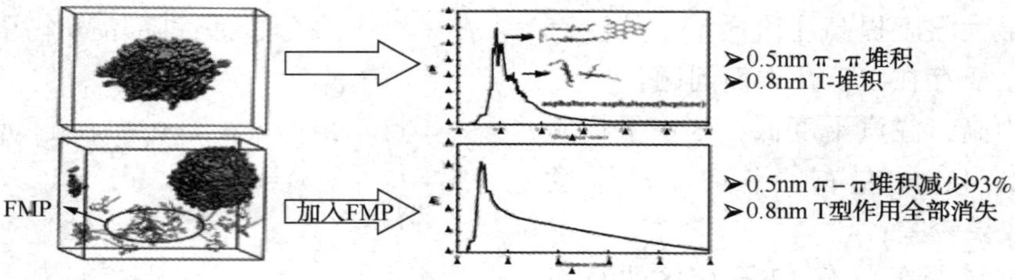

图 5 FMP 高分子活性降黏剂作用效果

2.2 静态分散率室内评价

表 1 草 13 孔店直斜井稠油静态分散率评价结果

序号	井号	区块	油藏类型	原油黏度/(mPa·s)	前期室内评价		
					温度/℃	药剂浓度/%	静态分散率/%
1	草 13-斜 908	草 13 孔店	深层低渗稠油	27206	60	2.6	84.3
2	草 13-906	草 13 孔店	深层低渗稠油	10047	60	2.0	80.5
3	草 13-902	草 13 孔店	深层低渗稠油	10378	50	2.0	82.6

从静态分散率评价结果(表 1)上看，FMP 高分子降黏剂对草 13 孔店区块稠油的降黏效果较好，具备实施降黏冷采的可行性；同时根据静态分散率评价结果，优化施工浓度以及施工温度。

2.3 施工参数优化技术

为了保障降黏效果，遵循"一块一法，一井一策"的原则，按照配方优化、施工浓度优化、施工用量优化的思路优化施工参数。

(1) 药剂配方优化技术

选定区块典型油井，取样开展原油四组分分析，优化降黏剂配方，提高降黏剂的针对性，最大限度地提高降黏效果。

表2 四组分分析结果

井号	饱和分/%	芳香分/%	胶质/%	沥青质/%
CQC13-X908	31.56	31.07	32.98	4.39

从分析结果(表2)看，草13孔店区块胶质含量较高，沥青质含量相对较低，储层泥质含量高，因此最终优化配方为：活性分子M100+分散剂ZDOA123+助溶剂APG(溶解黏土)。

(2) 施工浓度优化技术

在不同温度条件下，评价不同浓度条件下，原油静态分散率，根据评价结果优化降黏剂施工浓度以及施工配液温度。草13孔店区块浓度为1000ppm时降黏效果最好；最低有效浓度为500ppm，可有效减小地层水对注剂带来的稀释影响。

(3) 注入量优化技术

通过数值模拟草13孔店区块斜井施工参数优化结果为：

处理半径：8~10m；注入量：500~600m^3；注入速度：初期提高排量(>30t/h)，形成油墙，封堵高渗层；后期降低排量(20t/h)，作用低渗层。

3 现场应用

在以上研究分析的基础上，草13孔店区块累计实施高分子活性降黏冷采6井次，平均单井较热采减少投入24.5万元，截至目前，平均单井生产134d，产液1037t，产油238t，同比热采周期累液增加98t，累油增加43t。

4 结论及认识

(1) 高分子活性降黏剂利用相似相溶的原理，削弱重质组分相互作用，引起稠油内部各向异性，降低黏度，增加流动性，由内向外降黏，降黏效果显著。

(2) 对于深层低渗稠油区块油井，高分子活性降黏冷采技术相对于热采，可以有效波及低渗层，提高储层均衡动用程度，改善开发效果。

参 考 文 献

[1] 张琪．采油工程原理与设计．东营：石油大学出版社，2002：294-296.

[2] 耿宏章，秦积舜，周开学，张星．含水率对原油黏度影响的实验研究[J]．油气田地面工程，2003，02：68-69.

[3] 魏小林，陈钥利，张燕，蒲前梅．油水界面张力与稠油乳化的关系[J]．油气田地面工程，2011，07：3-5.

海上超导热洗技术研究与应用

吴春洲[1]　孙玉豹[1]　张凤义[2]　林　涛[1]　王树涛[2]

（1. 中海油田服务股份有限公司油田生产事业部，天津塘沽 300459；
2. 中海石油(中国)有限公司天津分公司，天津塘沽　300459）

摘　要　海上油井生产过程中，极易发生有机物(胶质、沥青质、蜡质等)沉积等问题，造成了油井近井地带及井筒堵塞，油井低产低效的现象。针对以上问题，试制了一种新型热洗装置—超导热洗装置，该装置以航空超导液作为加热介质，传热效率达95%，可直接加热油井产出液，对地层无污染，环保、节能，可有效解决油井近井地带、井筒堵塞问题。为提高超导热洗效果，室内研制了热洗配套用解堵清洗体系，该体系溶沥青质速率3.1(mg/mL/min)，溶蜡率4.9(mg/mL/min)，防蜡率32%，性能优良，可进一步提高热洗效果。室内利用wellflo软件对热洗参数(热洗温度、热洗排量、热洗方式)进行优化设计，可实现数字化智能洗井，提高热洗效率，达到降本增效的目的。通过以上研究，认为超导热洗技术能够有效解决海上油井的堵塞问题，具有广阔的现场应用前景。

关键词　有机堵塞；超导热洗技术；解堵清洗体系；热洗参数优化

前言

海上油田在生产过程中，由于原油含胶质、沥青质高、含蜡量高等原因，原油流动性差，近井地带容易发生絮凝沉积形成有机垢，并且随着井筒温度的降低，有机垢在油管内壁及泵吸入口堆积，造成油管缩径及泵堵塞，使油井低产低效[1-3]。

油井热洗是解决油井有机堵塞的保障性措施，然而常规盘管式加热设备，仅能以水为介质，由于地层黏土的水化分散及水锁效应，洗井液污染油层，造成油井产量下降甚至不出液的现象经常发生[6-8]。为此，试制了一种新型热洗装置——超导热洗装置，该装置以新型超导液作为加热介质，可以对油相或产出液进行直接加热，传热效率高，对地层无污染，环保、节能，可有效解决油井近井地带、井筒堵塞问题。为进一步提高超导热洗效果，增加热洗效率，室内研发了热洗配套用解堵清洗体系，并利用wellflo软件对热洗参数进行了优化设计，为超导热洗技术的海上应用提供了可靠保障。

1　超导热洗装置

1.1　技术原理

常规热洗装置采用燃烧器直接加热盘管相比，超导热洗装置采用超导液二次传热，避免了火焰与盘管的直接接触，以及局部过热会导致盘管内结焦、鼓包变形等安全隐患，能加热油、水、油井产出液等多种介质[9-10]。该超导液为航空产品，传热效率大于95%，导热系数大(为水的1.5倍)，同时装置具有特殊的聚能装置——聚能器，可有效利用热量，相较于常规热洗装置节能30%~50%。

1.2　结构组成

超导加热装置主要由超导加热撬、动力撬和柴油撬三部分组成，单撬占地面积7~10m²，加热撬核心部件及组成如图1所示。

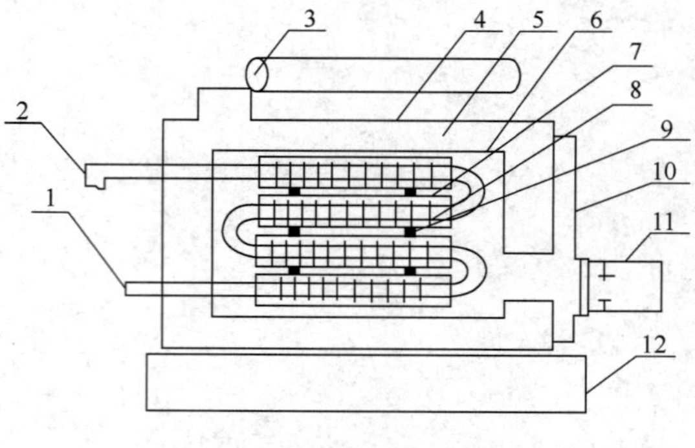

图1　超导加热撬组成

1—进油口；2—出油口；3—烟囱；4—外壳；5—保温层；6—内壳；7—超导管；8—超片管；9—连接管；10—后封头；11—燃烧器；12—水箱

作者简介：吴春洲，中海油田服务股份有限公司，E-mail：wuchzh2@cosl.com.cn。

超导加热撬包括由外壳、内壳和保温层组成的加热器壳体、由多根翅片管组成的输油管簇和套装于翅片管上的超导管簇等，输油管簇两端分别设有进油口和出油口，可通过最大流量为 20 m^3/h 的液体；主体管材为钢管，可承受最大工作压力为 20MPa。每根超导管和翅片之间留有间隙，形成加热通道，加热通道内部抽成真空并加入超导介质，其真空度抽至-0. 09 MPa。

1.3 加热能力

超导加热器的加热能力强，10 m^3/h 排量下，温升最高可达 89℃，具体不同排量下的最大加热能力如图 2 所示，可满足海上不同排量热洗的需求。

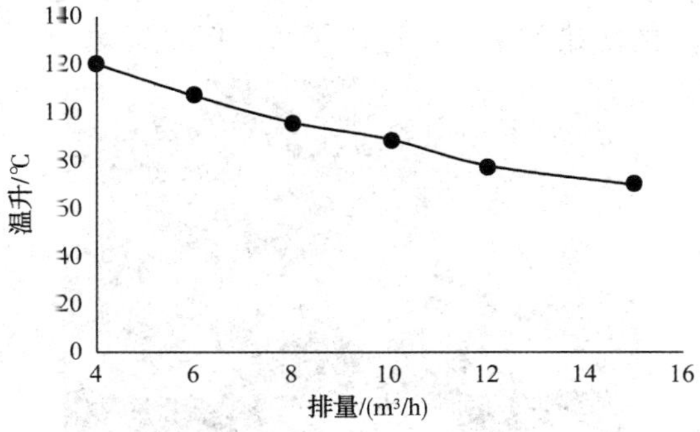

图 2 装置不同排量下的最大加热能力

2 超导热洗技术应用方向

由于超导装置加热流体的多元性(油、水或产出混合液)，可根据平台便利性、单井地层状况，灵活选择地热水/生产污水、油井产出液、邻井产出液等作为加热介质来实现井筒堵塞清洗和近井解堵增效等目的。

2.1 井筒热洗

井筒热洗技术是指将不同的被加热介质经过超导加热装置进行加热，然后将已加热的流体注入油套环形空间。井内的液体经油管采出后，再进入超导加热装置进一步升温，形成自循环，使油管为自产液温度不断升高，高温介质将油管内的有机堵塞物逐渐溶化，然后定时排放洗井液，达到热洗解堵和消除其他杂质的目的，确保油井正常生产。具体流程如图 3 所示。

井筒热洗基本步骤如下：

(1)进出口连接；(2)导流程；(3)启动加热装置，分阶段控温。逐步升温、使井筒温度逐渐升高，使油管堵塞物充分融化。

根据不同热洗介质，井筒热洗可分为油井产出液循环洗井和地热水/生产污水洗井和邻井产出液洗井等方式，各方式选井原则和技术优缺点如表 1 所示。

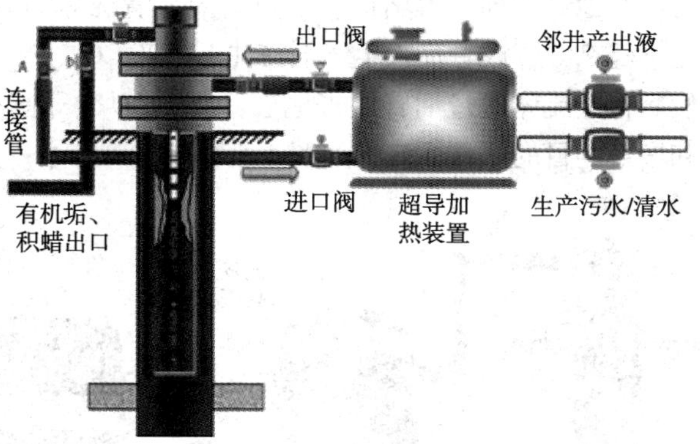

图 3 井筒热洗流程

表 1 不同井筒热洗方式适应性分析及优缺点

	技术指标	自循环热洗	生产污水、清水洗井	邻井产出液洗井
选井适用性	日产液	单井 ≥ 10m^3/d 可实现自循环热洗	无特殊要求	< 10m^3/d 需要邻井输送产液
	气油比	建议≤100	无特殊要求	建议邻井产出液≤100
	含水	0~98%	0~98%	0~98%
	管柱	环空有通道	环空有通道	环空有通道
	机采方式	不限	不限	不限
	其他	油井出砂、结盐不严重，油井泵况正常	油井水敏不严重、可建立洗井循环	油井出砂、结盐不严重
技术优缺点		优点：可利用自身产出液进行井筒清洗，配伍性好，相似相容，洗井效果好，不污染地层。缺点：对单井产液量有一定要求	优点：适用性广，无产液等要求。缺点：水敏油井不宜使用	优点：配伍性良好，洗井效果好。缺点：要求邻井产出液液量充足，且含气量较少

现场井筒洗井可根据油井不同情况选择合适的洗井方式，达到高效洗井的目的。

2.2 近井解堵增效

利用高压泵将生产污水/清水、油井产液等流体打入超导加热装置后，形成高温热水/热油，同时可在池罐中加入解堵剂、清防蜡剂和清洗降黏类化学药剂等，或者加入生气剂在井下生产 CO_2、N_2，然后将热流体通过油管注入地层，实现解堵、降黏和增效的目的。具体流程如图 4 所示。

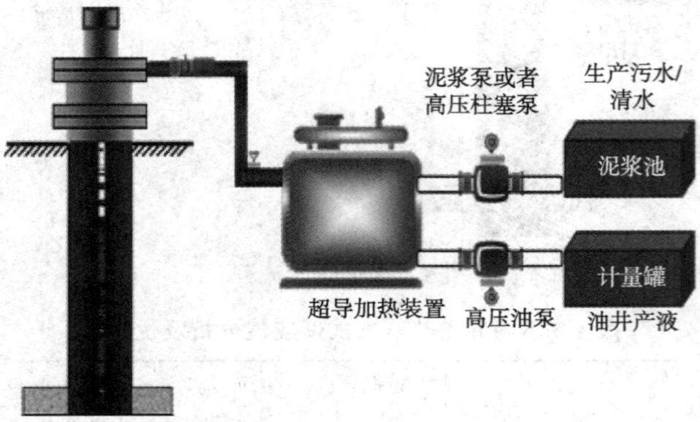

图 4　近井解堵流程

近井解堵基本步骤如下：

(1) 水或油等介质经超导加热装置加热后，利用高压泵通过油管注入地层；

(2) 焖井，使热流体与地层堵塞物、流体充分接触；

(3) 开井生产。

3　热洗配套化学产品研制

为提高超导热洗效果，在井筒中加入解堵清洗体系辅助热洗可起到良好的效果。海上有机堵塞严重，单纯热洗不能建立有效循环，热洗效果不佳，热洗前加入解堵清洗体系可一定程度解除堵塞情况，便于后续热洗建立循环，将沉积物比较彻底的带出井筒。

目前研制和开发的解堵产品不同程度上存在性能单一、效率较低、选择性强等不足。因此，研发和制备低成本、高效、安全环保的解堵清洗体系是主要发展方向。本文通过室内筛选和复配，研发了解堵清洗体系 PRS-01。

3.1　解堵清洗体系研发

溶剂类解堵剂对井筒沥青垢、结蜡有良好的效果，不同溶剂的解堵性能不同，同时海上平台使用要求药剂安全环保，闪点尽可能较高，通过测定不同溶剂的溶沥青质和溶蜡性能、闪点等指标，筛选出适合海上使用的解堵主剂重芳烃溶剂 1#，该溶剂闪点 68℃，溶沥青速率 2.9(mg/mL/min)，溶蜡率 4.1(mg/mL/min)，性能优良。为提高药剂的互溶性和渗透分散性，通过正交实验调整溶剂和其他药剂的配比，最终确定了清蜡体系 PRS-01 的基本配方为：溶剂体系+4%分散剂+2%互溶剂+6%渗透剂。测定其体系指标如表 2 所示。

表 2　解堵清洗体系性能指标对比

药剂性能指标	解堵清洗体系	柴油
闪点/℃	69	40~60
溶沥青率/(mg/mL/min)(50℃)	3.1	0.95
溶蜡率/(mg/mL/min)(50℃)	4.9	2.4
防蜡率/%(50℃)	32%	—

体系(图 5)的闪点 69℃，安全性高，相较于柴油洗井，其溶蜡和溶沥青效果更明显，还具有一定的防蜡效果，可适用于海上解堵增效。

图 5　解堵清洗体系

3.2　热洗对药剂溶蜡、溶沥青效果影响

为探究药剂与热洗作业是否具有协同作用，是否能够有效提高热洗解堵效果，实验室内评价了不同热洗温度对药剂溶蜡、溶沥青效果的影响。实验以水作为空白样，考察 PRS-01、水在不同温度下(50℃、60℃、70℃和 80℃)对 58#石蜡、10#沥青的溶解效果，实验结果见图 6。

由图可知，当温度小于 60℃时，蜡球在水中几乎不溶解，这是由于该石蜡为 58#石蜡，其溶点在 58~60℃；当温度超过 60℃后，随着温度的增加，蜡球的溶解速率显著上升，说明升高温度是解决蜡堵的有效措施。将石蜡放入不同温度(50℃、60℃、70℃和 80℃)的 PRS-01 中，实验表明，50℃下 PRS-01 对石蜡有良好的溶解效果，溶解速率约为清蜡标准要求的 2 倍，随着温度的升高，溶蜡效果显著增加；相同温度下，

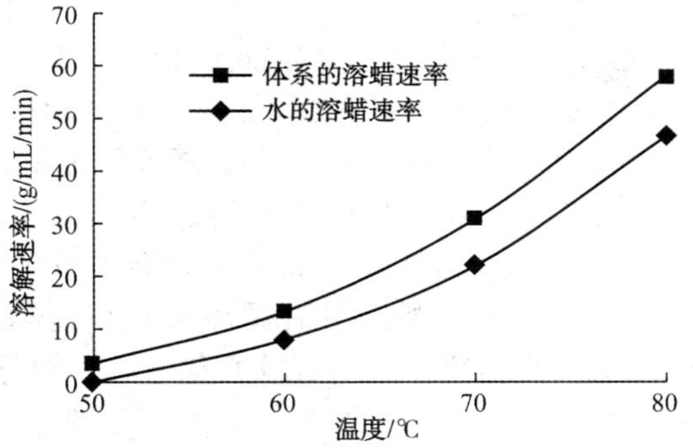

图 6　不同温度体系溶蜡效果对比

PRS-01 的溶蜡速率明显高于水的溶蜡速率，说明温度和 PRS-01 具有明显的协同清蜡效果。

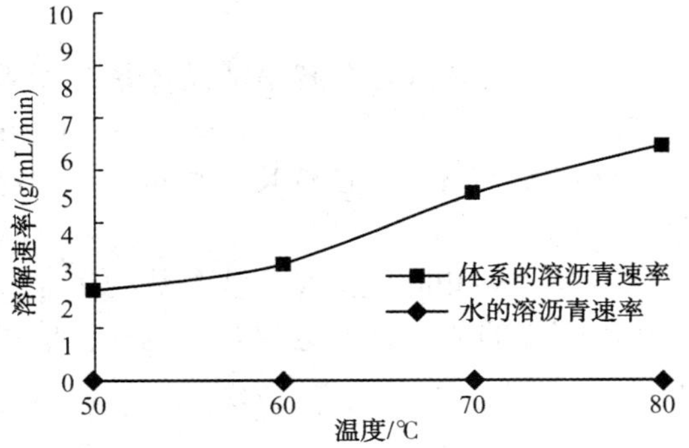

图 7　不同温度下体系溶沥青效果对比

由图 7 可知，不同温度的水对 10#沥青几乎无溶解效果；将沥青放入不同温度（50℃、60℃、70℃和 80℃）的解堵体系中，实验表明，50℃下解堵剂对沥青有良好的溶解效果，随着温度的升高，溶沥青效果明显增加，这是因为温度的升高促进了药剂与沥青球之间的接触和分散，加快了 PRS-01 的溶沥青速率。

以上实验表明，该药剂可有效配合热洗，提高解堵清洗效果，特别是对有机堵塞较严重，热洗温度场无法建立的油井，或者是析蜡点温度较高，热洗温度不足的油井具有良好的应用前景。

4　热洗工艺参数的优化

影响热洗质量的参数主要有热洗时间、来水温度、热洗压力和排量。如何确定合理的热洗排量及热洗方法，对保证热洗质量、热洗效果及节能降耗具有十分重要的意义。

WELLFLO 软件是一款成熟的商用井筒计算软件，可模拟生产、注入、循环、热流体循环过程中，其模拟温度场的理论基础即为傅里叶定律，该软件把地层温度与循环流体的流动传热结合起来，可进行更为精确的传热和温度计算。

室内利用 wellflo 软件对海上某油田一口结蜡油井的热洗参数进行优化分析。该油井产出液含蜡 5.88%，含沥青质 5.2%、含胶质 18.39%，析蜡点 38℃，室内测定其脱水后的黏温曲线如图 8 所示。

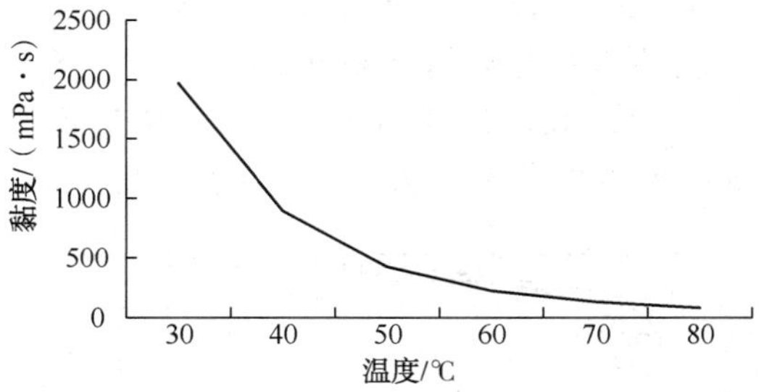

图 8　原油黏温曲线

根据油井情况，利用软件模拟计算了产出液产出过程中井筒温度场如图 9 所示。

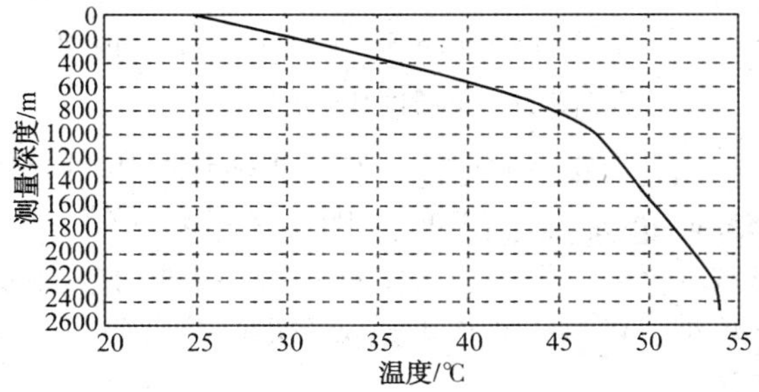

图 9　井筒生产温度场

由模拟温度场可知，随着在产出液井筒流动过程中，井筒温度场不断降低，当温度降低至 38℃，流体蜡析出，对应井筒深度为 550m，所以其析蜡堵塞段约为井深 0~550m。

利用软件对热洗工艺参数进行了优化分析，包括热洗温度、热洗排量和热洗方式对热洗效果的影响研究。

4.1　洗井温度对热洗效果的影响

热洗排量为 240m^3/d，模拟分析了不同热洗温度（60℃、80℃ 、100℃ 、120℃ ）对热洗效果的影响。

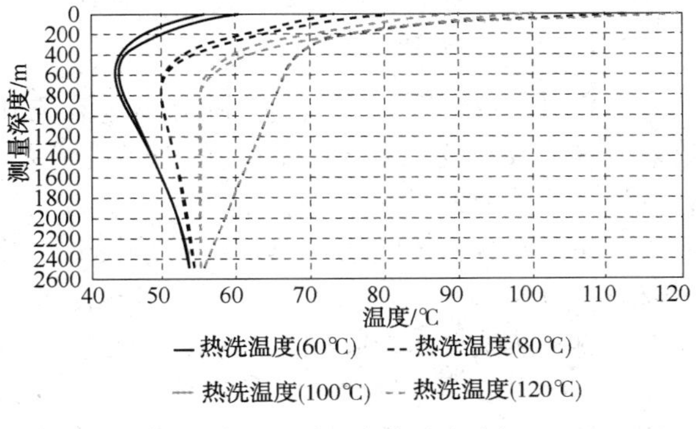

图 10　不同温度热洗温度场

结果（图 10）表明，不同热洗温度下析蜡点（550m 井深处）温度可分别达到（43℃、49 ℃ 、

55 ℃和66 ℃),可以得出热水温度对热洗效果影响比较明显。因此,建议适当提高热水温度可以进一步减少消耗量及对地层的影响。

4.2 洗井排量对热洗效果的影响

模拟分析了温度 100℃下,不同热洗排量($120m^3/d$、$180m^3/d$ 、$240m^3/d$)对热洗效果的影响。

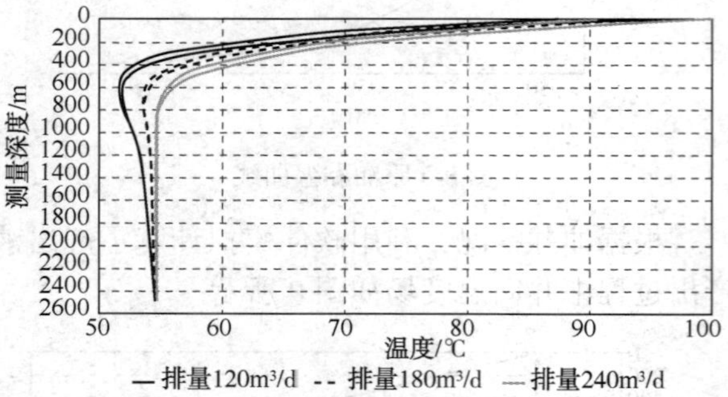

图 11 不同排量热洗温度场

结果(图 11)表明,不同热洗排量下析蜡点(550m 井深处)温度分别为(52℃、54 ℃ 、55 ℃),可以得出热水排量的增加对热洗效果影响较小,仅靠提高热水流量来提高热洗效果是很难奏效。

4.3 洗井方式对热洗效果的影响

模拟分析了相同流量($240m^3/d$)、相同温度(100℃)下热水热洗、流体自循环热洗、邻井液热洗三种洗井方式的热洗效果。

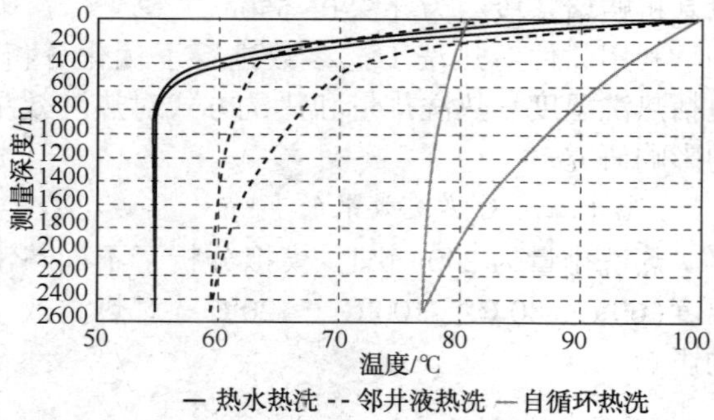

图 12 不同热洗方式热洗温度场

结果(图 12)表明,该油井利用邻井液洗井效果最好,其次为自循环热洗,热水热洗最差。分析认为邻井液经过脱水脱气处理,主要为烃类原油,几乎不含水,油较水热传导系数较低,散热较小;自循环热洗含水约 50%,所以热洗效果较差;热水热洗含水 100%,热洗效果最差。

以上研究表明,针对该井的最佳洗井温度为120℃,最佳洗井排量为 $180m^3/d$,最佳洗井方式为邻井热油洗井。通过软件优化,可根据单井实际情况,得出最优热洗参数,实现热洗流程的数字化,达到高效洗井,节能降耗的目的。

5 结论与认识

(1)试制的超导热洗装置能加热油、水、油井产出液等多种介质,传热效率大于 95%,导热系数大(为水的 1.5 倍),加热能力强,相较于常规热洗装置节能 30%~50%,具有明显的技术优势。

(2)超导热洗装置可应用于井筒热洗解堵,井筒热洗可分为油井产出液循环洗井和地热水/生产污水洗井和邻井产出液洗井等方式,根据油井实际情况和不同洗井方式优缺点,合理选择洗井方式,可实现油井高效洗井。

(3)超导热洗装置可应用于近井地层解堵增效,通过向近井地带打入高温热流体,解除有机堵塞,提高流体流动性,实现油井增产引效的目的。

(4)研制的热洗配套解堵清洗体系溶沥青质速率 3.1(mg/mL/min),溶蜡率 4.9(mg/mL/min),防蜡率 32%,性能优良,可进一步提高热洗效果。

(5)利用 wellflo 软件对热洗参数的优化,可实现热洗流程的数字化,达到高效洗井,节能降耗的目的。

参 考 文 献

[1] 冯雷雷,张金秋,马天态,等. 海上油井乳化堵塞解除技术及其应用[J]. 钻采工艺,2014.07:91-95

[2] 楚子星. 化学与物理复合降黏及解堵机理研究[D]. 中国石油大学(华东),2007.

[3] 梁丹,冯国智,曾祥林,等. 微乳热化学复合解堵剂的研制及应用[J]. 特种油气藏,2003,10(5):67-70.

[4] 冯雷雷. 海上油井乳化堵塞解除技术研究与应用[J]. 钻采工艺,2014,37(4):91-93.

[5] Djuve J, Yang X, FIiillanger I. Chemical destabilization of crude oil based emulsions and asphaltene stabilized emulsions[J]. Colloid&Polym Science, 2001, 279(3): 232-239.

[6] 许立红. 大排量热洗技术在油田中的应用[J]. 中外能源,2011,7(11):57-60.

[7] 杨桁. 基于光纤传感技术的油井热洗过程温度监测系统研制[D]. 哈尔滨工业大学,2010.

[8] 孙正贵. GKA 超导热洗清蜡技术研究_ 范家伟[D]. 内蒙古石油化工,2009,16(1):97-98.

[9] 胡雄翼,曹 瑾,刘柯娣,等. 真空超导加热器在油井热洗中的应用[J]. 科 学 技 术 与 工 程,2012,53:1671-1815.

[10] 马强. 黄沙坨油田超导自循环热洗技术[J]. 油气田地面工程,2010,3(29).

海上稠油热采长效注汽管柱工艺及试验

张　华　刘义刚　邹　剑　韩晓冬　韩玉贵

（中海石油（中国）有限公司天津分公司，天津塘沽　300459）

摘　要　为进一步提高海上稠油大井距水平井蒸汽吞吐井底蒸汽质量，利用井筒热力计算软件，分析隔热油管不同隔热等级及尺寸、接箍是否隔热等因素对井底干度的影响，并开展新一代气凝胶隔热技术的研究分析。结果表明：注汽管柱配套隔热接箍，井底蒸汽干度值提高17%~28%，提高3.4倍，井底热焓值提高12.5%~19.2%，且气凝胶隔热油管隔热寿命可提高1倍。该研究成果在海上蒸汽吞吐先导试验区首次进行了现场试验，通过高温监测数据进行拟合计算，发现该井井底干度为50%以上，比前一轮次提高32%，热利用率提高明显，配套形成的“蒸汽吞吐无热点长效注汽管柱配套技术”将进一步提高海上稠油油田规模化热采开发的效果。

关键词　海上稠油；井底干度；热利用率；长效；注汽管柱；现场试验

引言

渤海油田目前发现了二十多个稠油油田，稠油储量占已发现总储量的62%以上，稠油在渤海海域的储量发现及产能建设占据着极为重要的地位[1-2]。2008年开始，海上稠油油田在南堡35-2、旅大27-2油田建立了多元热流体和蒸汽吞吐先导试验区，截止到2019年6月热采井累计实施33井次，累产油$70\times10^4m^3$，取得了较好的开发效果。海上油田埋藏深、热量损失大，注蒸汽后井底干度低，根据现场测试结果表明，在井深1000m处干度为0.41，经计算得出注汽管柱出口处(2102m)干度降为0.05。因此，通过井筒传热数学计算模型，模拟不同注汽参数、隔热等级、接箍处理情况和隔热管尺寸等对井底蒸汽质量的影响，来找出影响注汽效果的关键因素，为海上稠油规模化经济有效开发提供技术指导[3-5]。

1　计算模型建立

1.1　计算原理

在两相流理论、能量守恒和动量守恒的基础上，建立注汽井汽液两相流动的数学模型，利用数值解方法编制成计算模型，利用该模型计算不同注汽参数、不同隔热油管条件下的注汽井筒的热力参数的变化。

1.2　模型建立

依据目标井第二轮注汽过程中的注汽管柱结构和注入参数来建立典型井筒热力参数计算模型。目标井垂深1270m，完井井深2430m，水深24m，其中技术套管尺寸材质为TP110H的$9^5/_8$套管，下深2123m，水泥环厚度为66.65mm。

2　注汽管柱对井底蒸汽干度的影响

高真空隔热油管的隔热等级按其内管为350℃时的视导热系数分为A、B、C、D、E五个等级。目前海上应用的隔热油管属于内连接直连型隔热油管，在接箍处无法实现隔热。

2.1　隔热油管等级的影响

应用注汽井筒热力参数计算模型进行数值模拟。计算条件：井口蒸汽干度0.82，注汽压力15MPa，注汽速度9t/h。注汽管柱尺寸为4½″×3″½隔热油管。导热系数在数值上等于单位导热面积、单位温度梯度，在单位时间内传导的热量，是表征物质导热能力的一个参数。

$$Q=\frac{\Delta t}{R}\cdot F$$

注汽井筒的散热损失可简单地表示为：

式中　F——散热面积，m^2；

Δt——蒸汽温度与地层温度之差，℃；

R——井筒传热热阻，$m^2\cdot ℃/W$；$R=R_1+\cdots\cdots R_n+R_{ins}$。

因此，降低隔热油管的视导热系数可提高井筒传热热阻、减少井筒热损失。表1给出了

作者简介：张华，男，高级工程师，现在中海石油（中国）有限公司天津分公司从事海上稠油热采工艺技术研究工作。E-mail：zhanghua24@cnooc.com.cn。

2013—2017 年渤海油田热采应用高真空隔热油管使用情况，发现高等级的隔热油管导热系数下降明显，隔热性能明显下降，造成井筒热损失增大。

表 1　渤海油田高真空隔热油管检测情况统计

级别	2013 年	2014 年	2015 年	2016 年	2017 年
A 级	4	31	128	30	32
B 级	278	120	8	209	233
C 级	29	105	27	33	50
D 级	9	124	27	0	0
E 级	117	297	62	0	10
高质量 D+E 级占比	0.52	0.62	0.35	0	0.03
合计	437	677	252	272	325

2.2　管柱接箍的影响

接箍是连接相邻两根隔热油管的工具，LD27 块所应用的隔热油管属于直连型隔热油管的一种，它通过接箍内螺纹和两根隔热油管接头的外螺纹连接在一起，如图 1 所示，接箍无隔热层，该处局部高温散热点的壁温基本接近于隔热油管内热蒸汽的温度。

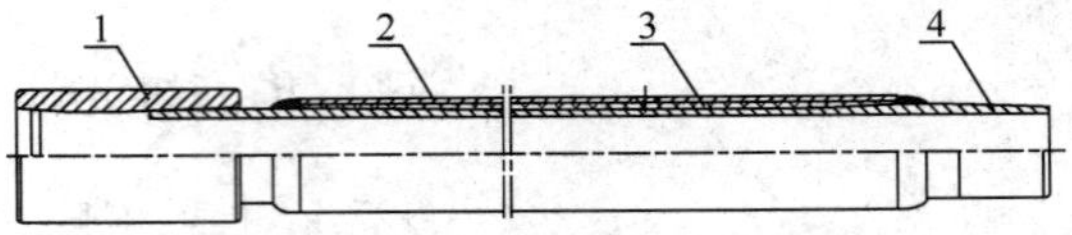

图 1　LD27-2 热采井隔热油管结构图

1—接箍；2—外管；3—隔热材料；4—内管

以 2016 年 A22H 井进行高温五参数测试时井口注汽参数为基础进行计算：井口干度 0.82，注汽压力 15MPa，注汽速度 9t/h。注汽管柱尺寸为 4½″×3½″隔热油管，隔热等级分为五个：A 级取 0.07W/(m·℃)，B 级取 0.05 W/(m·℃)，C 级取 0.03 W/(m·℃)，D 级取 0.01 W/(m·℃)，E 级取 0.01 W/(m·℃)，接箍处理情况按不带隔热衬套和带隔热衬套两种，结果见表 2。

表 2　A22H 井管柱接箍情况对井底热力参数影响(2102m 处)

参数	内连接无隔热衬套					外连接无隔热衬套					外连接加隔热衬套				
	A 级	B 级	C 级	D 级	E 级	A 级	B 级	C 级	D 级	E 级	A 级	B 级	C 级	D 级	E 级
压力/MPa	13.5	13.5	13.6	13.6	13.6	13.7	13.8	13.8	13.9	13.9	14	14	14.1	14.1	14.1
温度/℃	333.8	334	334.3	334.5	334.6	335	334	335.3	335.9	336	336.6	336.9	337.1	337.4	337.4
干度	0.05	0.06	0.07	0.08	0.084	0.103	0.12	0.14	0.16	0.17	0.22	0.26	0.3	0.35	0.37
热损失/%	33.9	33.6	33	32.4	32.2	31.3	30.5	29.6	28.6	28.2	25.6	24	22.1	19.9	19.2
热焓值/(kJ/kg)	1609	1616	1630	1645	1650	1673	1692	1714	1739	1747	1811	1850	1895	1949	1968

采用内连接无隔热衬套油管井底蒸汽干度在 0.05~0.084，采用带隔热效果的隔热油管井底蒸汽干度可以达到 0.22~0.37，提高 3.4 倍，井底热焓值提高 12.5%~19.2%。因此注汽管柱接箍要进行隔热处理，以提高井筒保温效果。

3　高真空隔热接箍

陆地稠油热采应用的外连接隔热油管为了保证油管连接时的强度及修扣的加工余量，通常油管端部不采取隔热措施，海上常用的内连接直连型隔热油管，连接后内通径保持一致，可以保证热采测试及作业工具、生产杆柱的顺畅起下，由于连接处没有隔热接箍和衬套的密封，该点热损失增大，由光纤测试显示，接箍处温度比隔热油管外壁温度高 100℃左右，见图 2。

一种高真空隔热接箍可以有效降低隔热油管接箍的热损失，包括外管、内管，外管套在内管下半段的外壁，内管外壁中段套有隔热层，其隔热原理与高真空隔热油管相似，由于高真空隔热接箍尺寸较短，最高隔热等级可以实现 C 级。

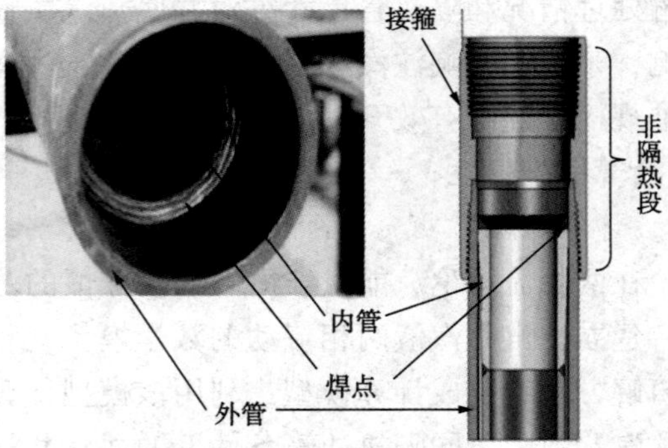

图 2　非隔热直连型接箍

4　气凝胶隔热油管

高真空隔热油管的隔热性能主要依赖于隔热夹层内的高真空度，因注汽工况复杂、疲劳起下、药剂注入等综合作用真空状态易受"污染"，造成隔热性能下降。气凝胶隔热材料是一种新型隔热材料，主要是将内外管之间的隔热材料换成采用高温疏水甲基改性 SiO_2 气凝胶材料，加入吸氢剂和吸气剂并将隔热环空腔进行真空处理或回充惰性气体处理，见图 3、图 4。

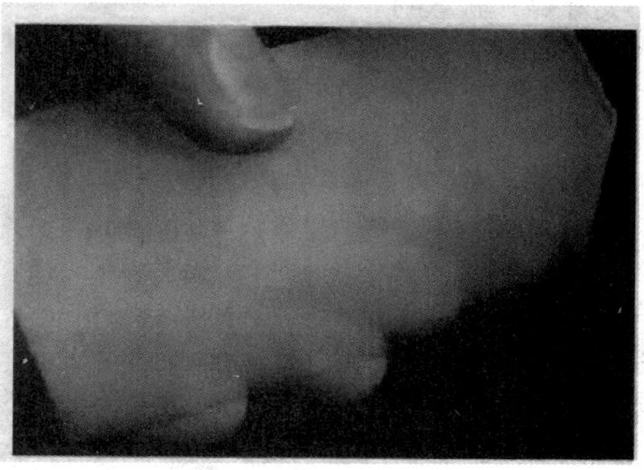

图 3　气凝胶块体图

图 4　气凝胶隔热油管

研制的气凝胶隔热管视导热系数≤0.01W/(m·℃)，耐温 400℃，与高真空隔热管相比，使用寿命延长 50% 以上，可以增加 10 个周期，降低了热采成本，提高了稠油的经济开发效益。

5　现场应用

为确保进一步提升井底注汽质量，在旅大 27-2-A23H 井第三轮次蒸汽吞吐管柱设计中创新应用“气凝胶隔热油管+高真空隔热接箍”全密闭无热注汽管柱，测试(表 3)显示：采用高干注汽管柱，隔热油管外壁平均温度下降超过 100℃，降低沿程热损失 8.26%，纯提高井底干度 38.2%，A23H 井井底干度达 50%。

表 3　A22H/A23H 井光纤测试数据对比

井号	A22H(2018.1.20)	A23H (2018.11.19)
井斜深/m	2430	2163
蒸汽注入速度/(m^3/h)	10.4	11.9
蒸汽注入干度/%	82	84
累计蒸汽注入量/m^3	1550.8	1849.6
注入压力/MPa	12.5	12.5
顶封处温度/℃	346.3	324
拟合顶封处蒸汽干度/%	12.98	51.2
沿程热损失/%	26.01	17.75
千米热损失/%	13.68	9.2

6　结论与认识

(1) 热采井底获得的总热焓与注汽量和注汽质量正相关，井底蒸汽干度越大，注汽质量越高，在注汽工艺允许的条件下应尽量提高井底蒸汽干度。

(2) 研究应用“外连接气凝胶隔热技术+高真空隔热接箍技术”，形成全密封无热点井筒配套工艺，能有效降低井筒热损失，井底干度首次达到 50%。

(3) 应用高温光纤在线测试技术，获得了全井筒全时域关键数据，对比验证了不同注汽管柱模式下的注汽质量，为效果分析提供数据支撑。

参　考　文　献

[1] 周守为．海上油田高效开发技术探索与实践[J]．中国工程科学，2009，11(10)：55-60.

[2] 李敬松，杨兵，张贤松，等．稠油油藏水平井复合吞吐开采技术研究[J]．油气藏评价与开发，2014，4(4)：42-46.

[3] 刘同敬，雷占祥．稠油油藏注蒸汽井筒配汽数学模型研究[J]．西南石油学报，2007，29(5)：60-61.

[4] 王弥康．隔热油管的隔热性能．石油机械，1992，20(2)：38-40.

[5] 周赵川，王辉，戴向辉，等．海上采油井筒温度计算及隔热管柱优化设计．石油机械．2014，42(4)：43-48.

海上稠油油田分类技术界限及开发方式研究

杜春晓　张　汶　杨东东　吴婷婷　耿志刚

（中海石油(中国)有限公司天津分公司渤海石油研究院，天津　300459）

摘　要　以地质油藏主控因素和开发方式选择为依据的油藏分类，对于科学合理开发油气田至关重要。目前国内外对于稠油的分类标准多基于流体性质，分类指标单一。然而渤海稠油油田储层性质差异大，单一的油藏分类标准无法直接指导油田合理开发方式的选择。本研究以开发模式选择为导向，对影响稠油开发效果的关键因素进行分析筛选，将理论分析、数值模拟和油田开发实践研究相结合，确定了关键因素的技术界限，提出海上稠油油田多因素分类标准，并对不同类型油藏制订针对性开发策略，有效指导海上稠油油田的开发和规划。

关键词　稠油；油田分类；技术界限；开发方式；开发策略

引言

海上稠油资源丰富，渤海油田稠油储量占总地质储量的一半以上。近年来，随着渤海油区品质较差的稠油资源陆续发现和探明，经济有效动用这类资源对于海上油田实现产量目标和持续稳产具有重要意义。针对部分稠油冷采产能低、无经济效益的问题，渤海油田近年来逐步探索海上稠油热采技术和应用[1-2]。由于海上油田开发的特殊性，不能照搬陆地油田已有的技术和经验。渤海稠油油田储层及流体性质差异大，有必要以开发效果为导向开展油藏分类研究，并制定针对性开发策略，实现海上稠油油田高速高效开发目标。

1　海上稠油油藏分类技术界限研究

目前国内外对于稠油的分类标准多基于流体性质[3]，单一的指标无法直接指导油田合理开发方式的选择。因此在现有分类原则基础上，对影响稠油开发效果的因素进行分析，筛选出影响开发方式选择的3个关键因素，分别为原油黏度(或流度)、油层厚度、水体能量。将理论研究[4-8]、油藏数值模拟和油田开发实践相结合，研究得到了各因素的技术界限。

1.1　海上稠油油藏的黏度界限

1.1.1　渤海稠油油田开发实践认识

由渗流力学理论可知，降低驱替流度比可提高油田开发效果。对于原油黏度较低油藏可增大驱替流体的黏度，采用聚合物驱等开采方式；对于高原油黏度油藏则需要降低原油黏度，可采用热力采油方式。目前国内稠油一般以150mPa·s作为冷采和热采开发的界限。

由渤海油田通过理论研究和开发实践，针对地下原油黏度为150~350mPa·s的稠油形成了具有海上特色的有效开发模式，采用水平井+弱凝胶改善水驱技术使单井产能由20~30t/d提高至50~100t/d，采收率由5%~15%提高至20%~30%。实践表明，渤海油田地下原油黏度低于350mPa·s的稠油冷采能够取得较好的开发效果，满足海上油田经济开发需求。

1.1.2　渤海稠油油田流度统计规律认识

由渤海油田多个稠油油田的流度和冷采产能回归关系(图1)可知，当流度小于5时，水平井初期产能低于40t/d(海上油田经济开发界限)，需要热力提高产能。因此，以流度5作为是否热采的界限。在图2中，斜线阴影区域流度比大于5，渤海稠油油藏渗透率平均值为1500~2000mD，对应的地下原油黏度应小于300~400mPa·s才能满足冷采产能要求。

综合以上研究，选取流度5或原油黏度350mPa·s作为稠油是否需要热采的黏度界限。

1.2　海上稠油油藏储层厚度界限

1.2.1　蒸汽吞吐油层厚度界限

根据注蒸汽热力采油理论，基于渤海稠油油

作者简介：杜春晓(1986-)，女，工程师，2012年毕业于中国石油大学(北京)油气田开发工程专业，现从事油藏工程研究工作。E-mail：duchx2@cnooc.com.cn。

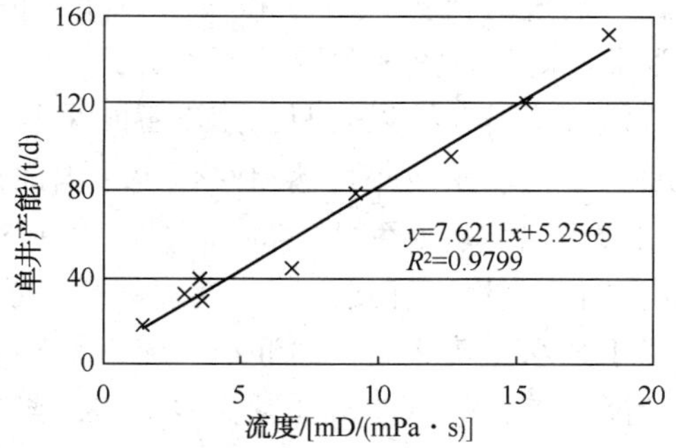

图 1　渤海油田稠油储层流度与冷采产能关系

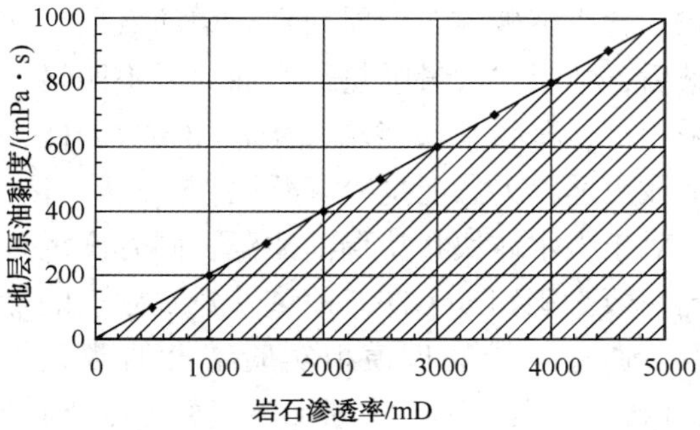

图 2　储层原油黏度与渗透率关系

藏储层热物性条件，计算得到了不同油层厚度下直井和水平井的油层加热效率随注汽时间的变化关系(图 3)。可以看出，若直井注蒸汽 15d 结束，油层厚度 10m 左右满足 85%热效率条件；若水平井注蒸汽 30d 结束，油层厚度为 5m 左右即可满足 85%热效率条件。

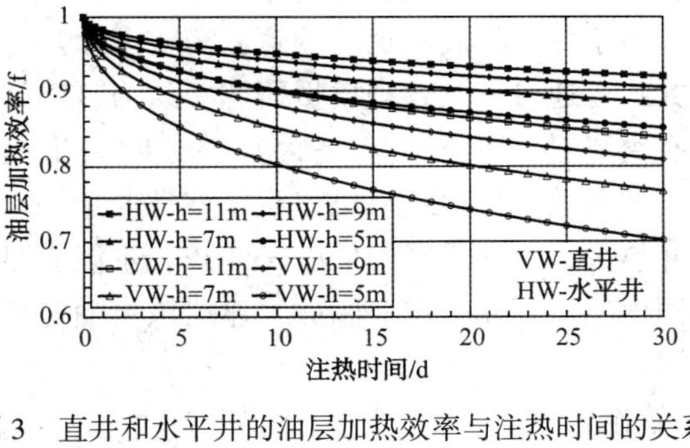

图 3　直井和水平井的油层加热效率与注热时间的关系

1.2.2　蒸汽驱油层厚度界限

根据蒸汽驱瞬时油汽比计算公式，基于渤海稠油油藏储层物性资料，计算得到了不同油层厚度下直井和水平井瞬时油汽比随时间的变化关系(图4)。根据国内稠油油田热采经验，以蒸汽驱时间为 15a、极限油汽比 0.15 作为评价标准，可以看出，直井蒸汽驱油层厚度大于 15m、水平井蒸汽驱油层厚度大于 5m 时，能够满足油汽比的界限要求。

根据以上分析，确定渤海稠油以直井注蒸汽

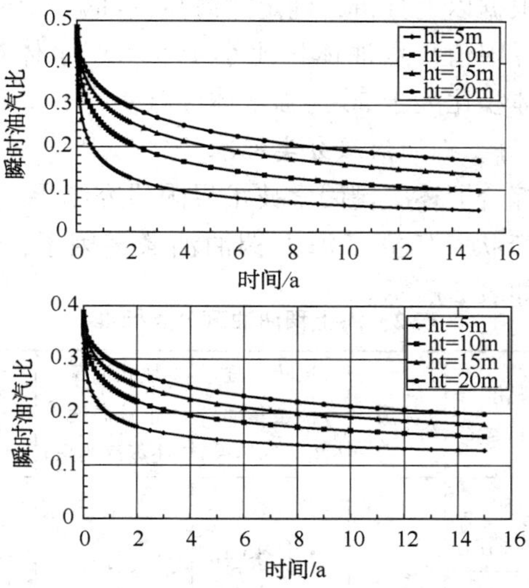

图 4　蒸汽驱瞬时油汽比随时间变化关系

(上图直井，下图水平井)

热采的厚度界限为 15m、水平井注蒸汽热采的厚度界限为 5m 作为油藏的厚度界限。

1.3　海上稠油油藏水体能量界限

活跃边底水的存在容易导致水体侵入，产生水锥进和指进现象，蒸汽热损失大；若水体很大，油藏压力无法有效下降，不能实现蒸汽驱开发，影响油田最终采收率。

评价天然能量的强弱，可采用每采出 1%地质储量的压降值作为评价指标。对于稠油油藏，利用物质守恒法：

$$\frac{\Delta p}{R}=\frac{1}{\dfrac{\Omega+1}{\varphi}c_{\mathrm{f}}+c_{\mathrm{o}}+\Omega c_{\mathrm{w}}}$$

其中：φ——油层孔隙度，小数；

c_{f}——岩石压缩系数，1/MPa；

c_{o}——原油压缩系数，1/MPa；

c_{w}——地层水压缩系数，1/MPa；Ω 为水油体积倍数。

基于渤海稠油的储层物性和压缩系数，并根据国内外边底水油藏不同级别水体能量评价指标对应的压力下降的取值范围，获取渤海稠油油田相应的水油体积倍数标准，如表 1 所示。

表 1　天然能量评价指标

分级	程度	$\Delta p/\Delta R$/(MPa/%)	水油体积倍数 Ω
Ⅰ	天然能量充足	<0.2	>50
Ⅱ	天然能量较充足	0.2~0.5	40~20
Ⅲ	具有一定天然能量	0.5~2.5	20~5
Ⅳ	天然能量不足	>2.5	<5

根据以上分析，确定渤海稠油油藏水体能量分类界限值，水油体积比小于5为弱水体油藏，水油体积比大于50为强水体油藏。

1.4 海上稠油油藏分类标准

综合上述关键因素技术界限研究结果，结合油藏产状，建立了海上稠油油藏多因素分类标准，如表2所示。

表2 海上稠油油藏分类标准

原油黏度/(mPa·s)	流度	层状油藏油层厚度(注蒸汽热采)	块状油藏油柱高度(注蒸汽热采)	水体类型
50*~150*,普1类稠油	>5	直井>15m,水平井>5m	>15m	<5倍弱水体
150*~10000,普2类稠油				
10000~50000,特稠油	<5	直井<15m,水平井<5m	<15m	>50倍强水体
>50000,超稠油				

注：*指油层条件下原油黏度；其他指油层温度下脱气原油黏度。

2 不同类型稠油油藏开发方式研究

根据提出的分类标准，结合渤海已发现稠油油田地质油藏特征，重点针对原油黏度大于350mPa·s的稠油油藏开展分类研究，结果如表3所示。

表3 渤海油田地层原油黏度大于350mPa·s稠油油藏分类结果

油藏类型	原油黏度/(mPa·s)	流度	水体倍数	油层厚度/m
弱水体普2类稠油油藏	350*~10000	<5	<5	直井>15,水平井>5
强水体普2类稠油油藏	350*~10000	>5	>50	—
强水体块状特稠油油藏	10000~50000	<5	>50	油柱高度>15
低油柱底水稠油油藏	>350*	<5	>5	油柱高度<15

注：*指油层条件下原油黏度；其他指油层温度下脱气原油黏度。

将物理模拟实验、油藏数值模拟及油田开发实践研究相结合，对四类稠油油藏的开发方式进行研究，取得以下认识。

对于弱水体普2类稠油油藏，冷采产能达不到海上油田经济有效开发需求，需要采用热力开发方式。通过对比蒸汽吞吐和蒸汽驱筛选标准，该类油藏同时适用这两种热采开发方式。室内实验和数值模拟研究结果表明，蒸汽吞吐采收率可达20%、蒸汽驱采收率可达30%以上。因此推荐该类油藏先期蒸汽吞吐，待油藏压力下降到4MPa左右转蒸汽驱开发，可达到较好开发效果。

对于强水体普2类稠油油藏，流度能够满足冷采产能需求，渤海油田开发实践证明，典型油田冷采产能能够达到70t/d，能够经济有效开发。油藏数值模拟研究结果表明，采用蒸汽吞吐开发方式，含水突破前3个周期具有增油效果，含水突破后，地层水大量吸热，增油效果不明显，与冷采相比，采收率仅能增加1%~3%。因此，该类油藏更适合天然能量冷采开发。

对于强水体块状特稠油油藏，同时满足蒸汽吞吐、蒸汽驱和SAGD三种热采开发方式的筛选标准。通过三维物理模拟实验结合油藏数值模拟，研究了蒸汽吞吐转SAGD、蒸汽吞吐转驱、直接SAGD三种开发方式的开发效果。研究结果表明，蒸汽吞吐转SAGD方式的采收率最高(54.7%)，其次是蒸汽吞吐转驱方式(49.5%)，直接SAGD开发方式采收率最低(34.9%)。这是由于油藏埋深大(800~1000m)，地层压力高，先期蒸汽吞吐降压再转为SAGD的热采方式可有效利用蒸汽在低压下体积大、热焓值高的物理特点，充分发挥SAGD热采优势。

对于低油柱底水稠油油藏，需要采用热力开发方式。通过三维物理模拟研究，认为该类油藏底水突破快，热损失大，含水突破时采出程度低；油藏数值模拟结果也表明，该类油藏采用水平井热采，单井累产油低于5×10^4t，不能满足海上油田经济开发需求。因此，建议该类油藏暂不动用。

3 结论

(1) 在现有标准基础上，通过分析影响稠油开发效果的关键因素，筛选了原油黏度(或流度)、油层厚度、水体能量作为海上稠油油田的分类标准评价指标。

(2) 研究确定原油黏度350mPa·s(或流度5)，直井油层厚度15m(注蒸汽热采)、水平井油层厚度5m(注蒸汽热采)，水油体积比5和50作为油藏分类技术界限，建立了海上稠油油藏多因素分类标准。基于此，结合渤海已发现稠油油田地质油藏特征，对渤海油田地层原油黏度大于

350mPa·s 的稠油油藏分为 4 类。

（3）对不同类型油藏制订了相应开发策略：弱水体普 2 类稠油油藏采取蒸汽吞吐转蒸汽驱开发，强水体普 2 类稠油油藏采取天然能量冷采开发，强水体块状特稠油油藏采取蒸汽吞吐转 SAGD 开发，低油柱底水稠油油藏建议暂不动用。

（4）以开发方式选择及开发效果为导向的稠油分类，是稠油油田合理高效开发的重要依据，研究成果对于海上稠油油田的开发和规划具有重要指导意义。

参 考 文 献

[1] 谭忠健，许兵，冯卫华，等. 海上探井特稠油热采测试技术研究及应用[J]. 中国海上油气，2012，24(5)：6-10.

[2] LIU YG，YANG HL，ZHAO LC，et al. Improve offshore heavy oil recovery by compound simulation technology involved thermal，gas and chemical methods[C]. OTC 20907，USA，2010.

[3] 刘慧卿，范玉平，等. 热力采油技术原理与方法[M]. 东营：石油大学出版社，2000：12.

[4] 倪学锋，程林松. 水平井蒸汽吞吐热采过程中水平段加热范围计算模型[J]. 石油勘探与开发，2005，32(5)：108-112.

[5] 刘慧卿，楚圣臣，许卫国，等. 蒸汽吞吐井合理焖井时间的理论依据[J]. 石油钻采工艺，2004，26(1)：6-10. 62-63.

[6] 陈月明. 注蒸汽热力采油[M]. 东营：石油工业出版社，1996：64-83.

[7] Poger M B. 重油和沥青的热力开采工艺[M]. 北京：石油工业出版社，1994：58-60.

[8] 黄炳光，刘蜀知. 实用油藏工程与动态分析方法[M]. 北京：石油工业出版社，1998：107-108.

海上稠油油田利用烟气余热辅助聚合物驱提高采收率研究

刘 斌 张 伟 李红英 刘喜林 陈善斌

(中海石油(中国)有限公司天津分公司渤海石油研究院，天津 300459)

摘 要 为进一步改善稠油油藏开发效果、实现废弃能源的有效利用，本文对海上稠油油田烟气余热辅助聚合物驱可行性进行评价。结果表明：不同的井口注入温度60℃、70℃和80℃，到油层后其温度分别为56℃、64℃、71℃，注入温度越高，到油层后温度损失越大；利用烟气余热加热后，注入温度达到80℃时，提高采收率最高，比未经加热正常注入，提高采收率8.8%，具有良好的效果，可在海上适度推广。

关键词 平台烟气余热；井底溶液温度；聚合物驱；采收率；物理模拟

引言

海上平台排放的烟气中残余热量占燃料发热总量的50%~60%，可见烟气余热潜力巨大，受海上平台设计及空间限制，安装烟气余热回收系统，能够有效回收热量，提高能源利用率[1-5]。其原理为通过换热介质，加热注入水、聚合物溶液等生产流程上的流体，改善注入流体性能；注入温度高于地层温度时，加热地层原油致使黏度降低，改善流度比[6-7]，但注入温度过高，也会使聚合物分子链断裂，聚合物溶液性能变差，开发效果变差。目前利用海上平台烟气余热实施聚合物驱的研究相对较少，无经验可循，是否能够改善聚合物驱开发效果需要通过室内实验进行评价，通过计算加热后流体从井口经井筒热损失，到井底的实际温度；研究不同井底温度对聚合物驱效果的影响。本文的研究对于海上油田提高废物循环利用、节能减排、提高油田开发效果具有重要意义。

1 海上X油田概况

海上X油田为整装层状油气藏，主力含油层系为古近系东营组二段下亚段，埋深1175.0~1939.0m，储层为湖相三角洲前缘沉积。油田储层发育，物性较好。孔隙度主要分布于27.0%~35.8%，平均32.0%；渗透率在100.0×10^{-3}~$12000.0\times10^{-3}\mu m^2$，平均$2815.0\times10^{-3}\mu m^2$，为特高孔、特高渗储层。地面原油密度介于0.909~0.997t/m³；地面原油黏度介于23.4~11355.0mPa·s，地下原油黏度(原始地层压力下)介于24.1~452.0mPa·s。

2 海上平台烟气余热损失研究

在注入加热流体的过程中，由于井筒内流体与地层存在温度差，会产生热量损失，并且热损失主要发生在井筒段，因此准确计算井底处流体温度对于聚合物驱效果影响具有重要意义[8-10]。渤海某油田X区注水井注水温度为60℃，余热回收系统最高可将注水温度提高20℃。因此，以井口注入温度80℃为温度最高值，地层温度按照测试温度64℃设置。

2.1 单井建模过程

根据渤海某油田X区注水井的基本信息，如注水量(水聚总量)、井口注入温度、井深MD、井深TVD、注入通道等(表1)，运用Wellflo软件中的Injection模块进行计算。

2.2 计算方法

基于Ramey's和Willhite's热损失计算模型，建立了井筒温度计算方法，具体的计算公式为：

$$T_f = T_{ei} + A[1 - e^{(z_{bh}-z)/A}]\left(-\frac{g\sin\theta}{g_c J C_{pm}} + \phi + g_T\sin\theta\right) + e^{(z_{bh}-z)/A}(T_{fbh} - T_{ebh}) \quad (1)$$

其中，

$$T_{ei} = T_{eibh} - g_T Z \quad (2)$$

$$A = \frac{C_{pm}W}{2\pi}\left(\frac{k_e + T_D r_{to} U_{to}}{r_{to} U_{to} k_e}\right) \quad (3)$$

基金项目："十三五"国家重大专项"海上稠油油田高效开发示范工程"(编号：2016ZX05058)。

作者简介：刘斌(1936—)，男，中级，2012年毕业于东北石油大学油气田开发工程专业(硕士研究生)，现从事油田开发，三次采油等相关工作。E-mail：liubin53@cnooc.com.cn。

式中，A 为松弛距离，m；C_{pm} 为井筒流体热容量，J/℃；g_c 为换算因子，32.2kg·m/(N·s²)；g_T 为地温梯度，℃/m；k_e 为地层传导率，W/(m·℃)；r_{to} 为油管外半径，m；T_{ei} 为任意深度原始地层温度，℃；T_{eibh} 为原始井底地层温度，℃；T_{eif} 为井筒温度，℃；U_{to} 为总传热系数，W/(m²·℃)；W 为总质量流量，kg/s；z_{bh} 为总井深，m；θ 为管斜度，度；ϕ 为结合焦耳-汤普森和动能效应的参数；Z 为从地表计算的井深，m；T_D 无因次温度；T_{ebh} 为井底地层温度，℃；T_{fbh} 为井底处井筒温度，℃。

基于以上公式，在已知注水井井筒结构参数（井斜深、垂深、井斜角）、地层参数（地层温度、地层压力）、注入参数（注入量、注入温度）、环境参数（水温、环境温度）的条件下，计算出注水井井底处注入流体的温度。

表 1　渤海某油田 X 区注水井状况统计

(井号)	注入量/(m³/d)	井口注入/温度℃	井深 MD/m	井深 TVD/m	注入通道
X1	963		2089.8	1418.4	3½″油管
X3	705		1874.1	1422.7	3½″油管
X5	405		2006.3	1418.0	3½″油管
X6	418		1925.8	1464.3	3½″油管
X8	523		1687.3	1430.3	3½″油管
X10	806		1859.9	1444.6	3½″油管
X11	250		1798.6	1465.9	3½″油管
X17	752	80.0	1430.0	1430.0	3½″油管 3½″油管与5½″套管环空
X19	505		1692.2	1442.5	3½″油管
X22	660		1492.7	1419.5	3½″油管
X24	460		1647.3	1408.9	3½″油管
X29	530		1792.4	1438.2	2⅞″油管 2⅞″油管与4½″油管环空

2.3　计算结果

利用 Wellflo 软件，取地层温度为 64℃、不同的井口注入温度（60℃、70℃、80℃）计算注水井井底处注入流体的温度，以 80℃为例，计算结果见表 2。

表 2　井口注入温度为 80℃时渤海某油田 X 区注水井井底流体温度计算结果

井号	注水量/(m³/d)	井口注入温度/℃	地层温度/℃	井底注入流体温度/℃
X1	963			72
X3	705			71
X5	405			71
X6	418			70
X8	523			70
X10	806			71
X11	250	80	64	70
X17	752			72
X19	505			70
X22	660			71
X24	460			70
X29	530			71
平均值	581			71

由表 3 可得出，当井口注入温度为 80℃时，渤海某油田 X 区注水井井底处注入流体的平均温度为 71℃。依据相同的方法计算不同井口温度（60℃、70℃、80℃）对应井底的温度，见表 3。

表 3　不同井口温度计算后对应的井底温度

井口温度/℃	60	70	80
井底温度/℃	56	64	71

由表 3 可看出，随着井口温度逐渐增大，井底温度逐渐增大，两者成正向变化；随着井口温度逐渐增大，井筒热损失逐渐增大，分别为 4℃、6℃、9℃。

3　烟气余热对聚驱提高采收率影响实验研究

聚合物溶液经加热后注入地层，会对近井范围内的地层产生热传导，致使岩石膨胀及原油降黏，可有效改善聚驱的驱油效果，但随着聚合物溶液体系温度的升高，自身特性会发生变化，如黏度降低等。因此，研究不同井底流体温度对聚驱效果影响是十分必要的。

3.1　实验模型

根据渤海某油田渗透率分布制作人造均质岩心，岩心规格：30.0cm×4.5cm×4.5cm，见图 1。

图 1　实验用模型设计示意图

3.2　实验用油、水及化学剂

(1) 实验用油：采用现场地面脱气脱水原油与航空煤油按一定比例调和而成的模拟油，65℃下黏度为 75.3mPa·s。

(2) 实验用水：根据现场注入水矿化度配制相近矿化度的模拟水，总矿化度为 9857.1mg/L，离子组成见表 4。

表 4　模拟水离子组成

离子组成	Ca^{2+}	Mg^{2+}	Na^{+}	HCO_3^-	Cl^-	SO_4^{2-}	总矿化度
浓度/(mg/L)	278.3	300.8	3100.4	320.7	5775.4	81.5	9857.1

(3) 实验化学剂：疏水缔合聚合物(简称 AP－P4)，固含量为 88%，相对分子质量为 1200 万。

配制聚合物溶液步骤：①配制浓度 5000mg/L 的母液，在油藏温度 65℃ 的恒温箱中老化 12h；②将老化好的母液，稀释至浓度为 1750mg/L 的目的液，再放置 65℃ 恒温箱中老化 3~4h。

3.3　实验装置

岩心驱替系统、真空泵、压力传感器、ISCO 泵(工作压力：0.0 ~ 68.0MPa，速度精度：0.001mL/min)、恒温箱(精度 0.1℃)、油水计量系统(精度 0.01mL)等实验设备。

3.4　实验方案

各方案均为：不同温度下(56℃、64℃、71℃)，水驱至含水 98%+注聚合物 0.3PV+一次后续水驱至含水 98%时结束。

3.5　实验步骤

(1) 岩心抽空、饱和水，测定孔隙体积，计算孔隙度；(2) 饱和油，建立原始状态，测定原始含油量，计算原始含油饱和度，束缚水饱和度；(3) 老化 24h 后，水驱至综合含水 98%；(4) 注聚合物 0.3PV，再后续水驱至综合含水 98%。

4　实验结果及分析

根据实验结果，各方案采收率对比参见表 5。

由表 5 可以看出，方案三采收率最高，为 60.5%，比其他两个方案分别高 8.2%和 8.8%；方案一的采收率最低仅为 52.3%；方案三的水驱采收率和聚驱提高采收率仍然较其他两个方案高，分别为 39.5%和 14.8%；方案二虽然实验温度比方案一提高 10℃，但聚驱提高采收率前者比后者低 1 个百分点。

表 5　各方案各阶段采收率总表

方案	温度/℃	含油饱和度/%	平均渗透率/($10^{-3}\mu m^2$)	水驱采收率%	聚驱提高采收率/%	总采收率/%
一	56	75.7	1500	32.4	12.7	52.3
二	64	76.1	1600	34.6	11.7	51.7
三	71	75.3	1450	39.5	14.8	60.5

如图 2 为各方案累积注入 PV 数与含水率及采出程度的对比曲线。

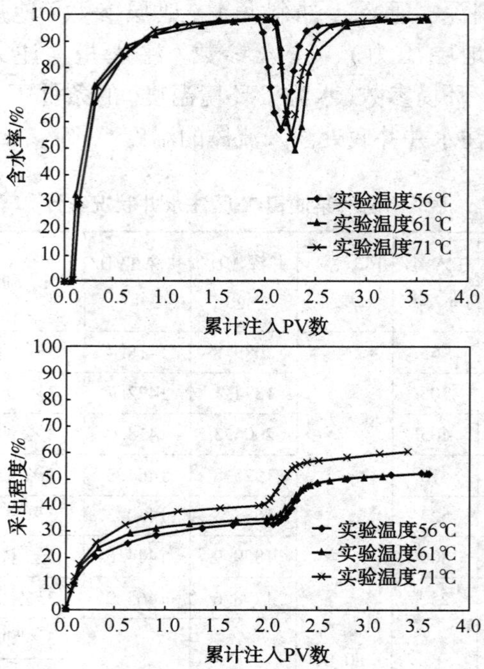

图 2　各方案累积注入 PV 数与含水率、采出程度关系图

(1) 水驱阶段

这一阶段，方案三采收率最高为 39.5%，方案一最低为 32.4%，相差 7.1 个百分点。如图 2 所示，随着注入体系温度的升高，无水采收期延长，含水上升幅度变缓。主要是因为储层中原油逐渐被加热，稠油的黏度对温度十分敏感，致使储层原油黏度不断降低，流动性变好，油水黏度比下降明显，注入水前缘推进速度变缓，改善水油流度比，驱替更均匀，黏性指进得到抑制，从而延长了无水采收期，放缓含水上升速度。

(2) 聚驱阶段

方案三聚驱提高幅度最高为 14.8%，方案二虽然实验温度比方案一提高 10℃，但聚驱提高采收率前者比后者低 1 个百分点。分析认为，方案二注入体系到井底的温度与储层温度一样，储层加热作用较弱，故储层未发生热膨胀作用，而随着温度的升高，聚合物受热降解，自身分子结构性被破坏，体系黏度有所下降，造成驱替相聚合物溶液体系与被驱替相储层原油流度比下降，导致采收率有所下降。

（3）后续水驱阶段

在后续水驱阶段，各方案含水率均有不同程度的下降，随着温度逐渐升高，含水率下降幅度不断减小，达到最低含水率值后，上升速度明显加快。方案一条件下，含水率最低下降至49.6%，经0.13PV后，含水上升至80%；方案三条件下，含水率最低下降至56.7%，经0.08PV后，含水上升至80%。分析认为，聚合物体系在高温条件下，自身分子结构受到一定程度的破坏，导致不能维持较高的体系黏度，难以对储层中大孔隙进行有效封堵，无法建立较高的残余阻力系数，注入水较易突破，含水上升快。

5 结论

（1）经烟气加热后，不同的井口注入温度（60℃、70℃、80℃）经井筒至地层后，温度分别为56℃、64℃、71℃，并且注入温度越高，温度损失越大。

（2）利用烟气余热加热后，注入温度达到80℃时，提高采收率最高，比未经加热正常注入，提高采收率8.8%。

（3）利用平台烟气余热对聚合物溶液体系进行加热，可以一定程度改善聚驱效果，同时能够提高资源利用率，该方法可在海上平台适度推广。

参考文献

[1] 杨树．海洋石油平台余热利用研究[J]．船舶工程，2005，37(5)：94-96.

[2] 欧光尧，陈炽彬，江陵．热油循环方法回收利用燃气透平机烟气余热——海上气田燃气透平机烟气余热的回收利用[J]．天然气工业，2011，31(9)：107-111.

[3] Campbell J M，Maddox R N. Gas conditioning and processing [M]. 6th edition Norman USA. Campbell petroleum series Inc，1984.

[4] 王德瑞．油田稠油热采注汽锅炉余热回收装置[J]．特种油气藏，2007(1)：54-54.

[5] 呼晓昌．海上油气田透平发电机余热回收技术应用[J]．石油石化节能，2014(11)：14-16.

[6] 陈涛平，刘继军．高凝油热水驱提高采收率实验[J]．大庆石油学院学报，2008，32(4)：45-48.

[7] 李菊花，凌建军．热水驱开采高凝油数模研究[J]．特种油气藏，2000，7(2)：25-27.

[8] 鲁港，李新强，杨兆臣，等．井筒热损失计算的改进算法[J]．特种油气藏，2006，13(3)：99-101.

[9] 曾玉强，李晓平，陈礼，等．注蒸汽开发稠油油藏中的井筒热损失分析[J]．钻采工艺，2006，29(4)：44-46.

[10] 王志国，马一太，李东明，等．注汽过程井筒传热及热损失计算方法研究[J]．特种油气藏，2003，10(5)：38-41.

海上稠油蒸汽吞吐井高温测试工艺研究与应用

张　伟　刘义刚　邹　剑　孟祥海　王秋霞　周法元　刘　昊　王弘宇

（中海石油（中国）有限公司天津分公司，天津塘沽　300459）

摘　要　本文针对海上热采工艺管柱特点，研发了一套高温井下长效测试系统，并配套研究光纤测试工艺管柱，实现耐温370℃、耐压21MPa的实时长效监测。在保障井筒注热安全基础上，实现了在注热、焖井及放喷阶段全过程、全井筒光纤监测，对工艺方案优化及水平的吸汽剖面研究具有重要指导作用。

关键词　稠油；蒸汽吞吐；光纤测试

前言

渤海油田稠油储量丰富，自2008年开始，渤海油田在南堡及旅大区块开展多元热流体及蒸汽吞吐试验，取得了较好开采效果。由于海上平台作业空间限制，热采井主要采用水平井开采，在油井进行稠油热采过程中，井下实时温度、压力数据是对油藏方案和工艺方案进行评价和优化的重要依据，井筒注热参数的获取对后期工艺方案优化和水平段吸汽剖面识别有重要指导作用。目前比较成熟的测试工艺主要有五参数测试和光纤监测，由于海上平台作业安全限制，热采井必须下入高温安全阀及热采封隔器，所以在注热管柱中下入连续油管等测试工艺不能满足现场需求，本文通过研发了一套高温井下长效测试系统，并配套研究光纤测试工艺管柱，实现井下温度370℃、压力21MPa的实时长效监测。在保障井筒注热安全基础上，实现了在注热、焖井及放喷阶段全过程、全井筒光纤监测，对工艺方案优化及水平的吸汽剖面研究具有重要指导作用。

1　光纤测试原理

光纤传感器用于分布式测量的研究主要可分为两个方向：一个是基于光纤后向散射的光时域及频域反射技术的分布式测量，可以实现温度测量；另一个是基于光复用技术的光纤光栅分布式测量，可以实现温度、压力和应变的多因素测量。DTS光纤测温利用光纤后向拉曼散射光谱的温度效应和光时域反射技术实现温度测量，向光纤中发射一束脉冲光，该脉冲光会以略低于真空中的速度向前传播，同时向四周发射散射光。光纤布拉格光栅（fiber Bragg grating，FBG）传感器主要是通过光复用技术来实现分布式传感定位。光纤光栅的传感机理是波长调制，所以光纤FBG传感器最直接就是采用WDM，通过波长寻址，实现分布式测量。

2　光纤测试系统组成

本系统包括终端显示器、数据解调仪、温度传感器、压力传感器等装置。

2.1　数据解调仪

多模光纤分布式温度测量解调仪采用高度集成激光源、高精度光学封装技术，确保核心器件最高的可靠性、重复性和稳定性，其具有宽量程、高精度、高分辨率等特点。可实现井下温度的分布式测量。技术指标如表1所示。

表1　多模光纤分布式温度测量解调仪技术指标

感温通道数	1	感温通道数	1
每通道测温距离	8km	单通道测温时间	60s
测温范围	0~400℃	采样间隔	±1m
温度分辨率	0.1℃	适用光纤类型	多模
测温精度	±1℃		

2.2　高温光纤长效测试温度传感器

高温光纤长效测试温度传感器可分为连续分布式光纤测温传感器、点式光纤光栅测温传感器（性能参数见表2）。连续分布式测温光纤是利用在光纤中传播的某种特定光受温度调制的特性，在光纤的一端将携温信号进行光解调，从而实现分布式测温。反射回入射端的反斯托克斯光，其

作者简介：张伟（1983-），男，2010年毕业于东北石油大学油气田开发工程专业，硕士学位，工作单位：中海石油（中国）有限公司天津分公司，高级工程师，从事稠油热采工艺技术研究工作。E-mail：zhangwei67@163.com。

强度随温度变化，将光纤分区域进行信号处理，则可实现整条光纤等间距的分布式温度测量。

表 2　光纤传感器技术参数

	分布式光纤测温	点式光纤光栅测温
工作温度	≤400℃	≤400℃
工作压力	≤40MPa	≤40MPa
管线直径	1/4″	1/4″
测温点数	全井筒	≤30 点
测温精度	存在温度漂移，需校正	±1℃（精度高、不漂移）

本高温光纤温度传感器外部涂有耐高温涂层，保证在测试过程中具有良好的机械性能和长期可靠性，可实现最高耐温达 400℃。同时，高温光纤光栅温度传感器上刻有 20 个布拉格光栅，可实时校准 DTS 高温光纤温度监测，从而确保高温光纤长效实时监测全井筒温度，精度达到±0.5℃。高温光纤长效实时监测系统构成如图 1 所示。

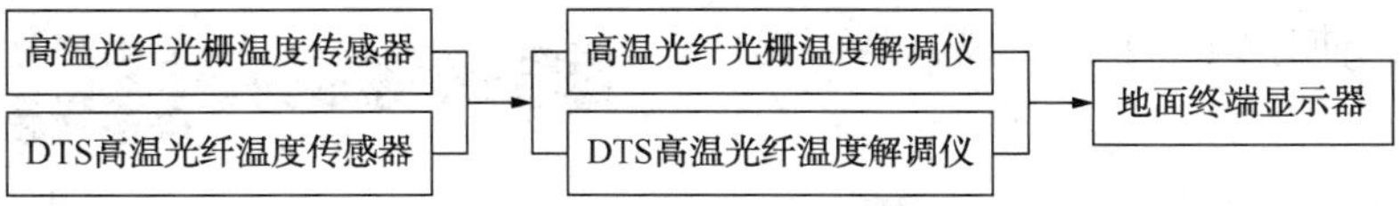

图 1　高温光纤长效实时监测系统构成

3　测试工艺管柱研究

高温井下长效测试系统工艺管柱结构包括油管挂、双公短节、隔热油管、(安全阀+排气阀+封隔器)、隔热油管、Y 型穿越装置、油管、带孔油管、光缆井底固定装置。海上热采井主要采用水平井，为使测试光缆顺利下入水平段端部位置，光缆下入工艺采用水平段光缆在油管内部下入，并利用底部固定装置实现光缆在水平段端部位置的固定。在水平段上部造斜点位置采用 Y 型穿越装置，使光缆从油管内部穿出至油管外部，Y 型穿越装置至井口部分管柱采用油管外部捆绑方式下入。管柱工艺特点：可实现在热采注汽作业前、注汽过程中、焖井期间，油套环空、水平段的温度、压力的实时监测；水平段分布 20 个光纤光栅测温点，在脚尖位置分布 2 组压力计，对水平段压力进行实时监测。高温井下长效测试工艺管柱如图 2 所示。

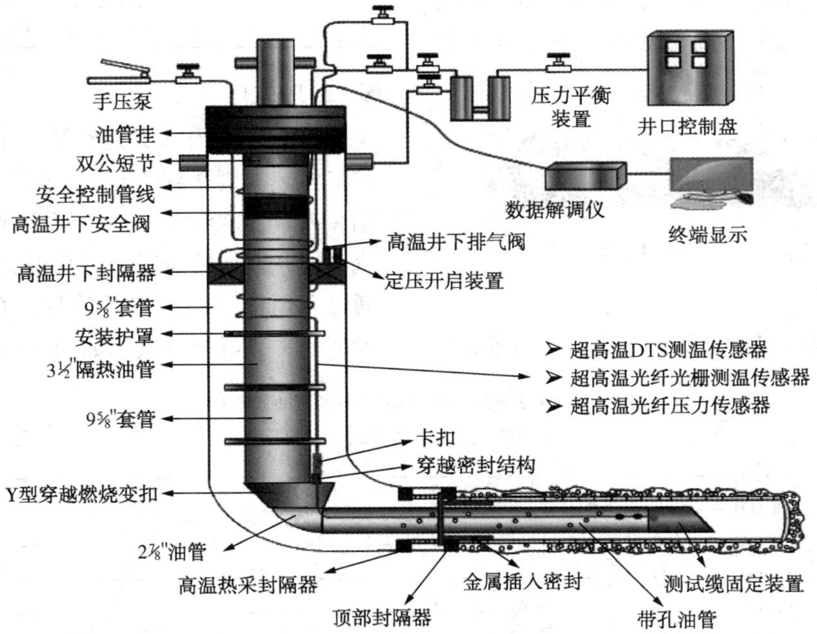

图 2　高温井下长效测试系统

3.1　Y 型穿越装置

Y 型穿越装置(实物见图 3)外径 144mm，防止光缆因管柱下入过程中受到挤压而损坏；工具内径设置为 62mm，与结构管柱通径相同，耐温达到 370℃，耐压达到 21MPa。

图 3　Y 型穿越装置实物图

3.2　光缆井底固定装置

在井身结构为垂直段时，测试缆固定工具(实物见图 4)靠自身重力滑入井底，通过挂钩结构实现固定；作业完成后，通过从井口下入重锤，依靠重力下压，使挂钩与主体脱离，从而提出测试缆。

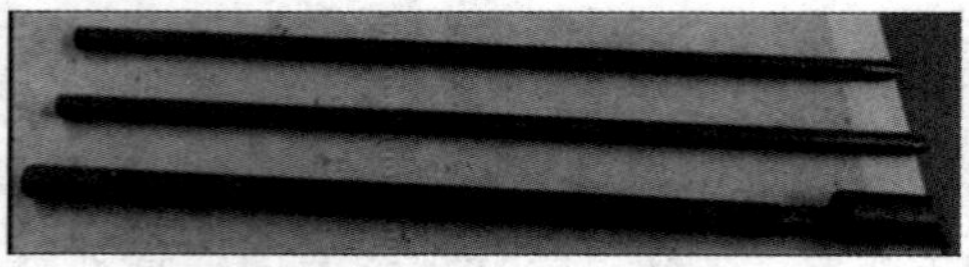

图 4　光缆井底固定装置实物图

3.3　高温井下安全阀

工作原理：高温流体井下注入控制阀上下螺纹连接油管并安装一根连续的控制管线下入井中，控制管线加压推动液控组件动作，经过液控组件中传递组件推动中心管下移，压缩弹簧并打开阀板，油管上下连通。当需要关闭时，控制管线卸压，弹簧推动中心管和液控组件后移，关闭阀板，油管上下被截断。高温流体井下注入控制阀主要结构如图 5 所示。

图 5　高温安全阀结构图

3.4　热采封隔器

根据前期高温密封材料的多次试验，目前密封材料最高耐温 300℃、耐压 21MPa，然后远远不能满足目前耐高温封隔器的使用要求，因此需要从耐高温封隔器结构上进行设计，使高温密封材料的工作环境温度在 300℃之内。耐高温封隔器中心管可以采用隔热材料，这样在中心管内部为 350℃条件下，中心管外部温度不会超过 300℃。然后在实际状态下，隔热中心管受热后会变长，因此隔热中心管与耐高温封隔器在设计上需要分为两体，这样在高温状态下隔热中心管变形不影响耐高温封隔器的使用。其结构如图 6 所示。

图 6　高温井下封隔器结构图

3.5　工具参数表

根据设计结果，系统各个工具关键参数如表 3 所示。

表 3　高温井下安全控制工具系统参数表

工具类型	尺寸参数			
	最大外径/mm	内通经/mm	长度/mm	扣型
安全阀	171.4	71.5	1598	3-½″ EU
封隔器	216	76	4400	3-½″ EU
Y 型穿越装置	144	62	932.5	3-½″ EU
光纤固定装置	88.9	-	1700	2-⅞″ EU
满足耐温 370℃，耐压 21MPa 工况要求。				

4　现场应用

旅大某油田 A 井进行第三轮次蒸汽吞吐作业，井口注热温度达到 355℃，井口注热干度达到，周期注入量 5000m^3，下入高温测试工艺管柱，在注汽、焖井及放喷阶段进行高温光纤长效实时监测，通过利用该套测试工艺管柱，在注热、焖井及放喷期间，光纤测试数据如图 7 所示。

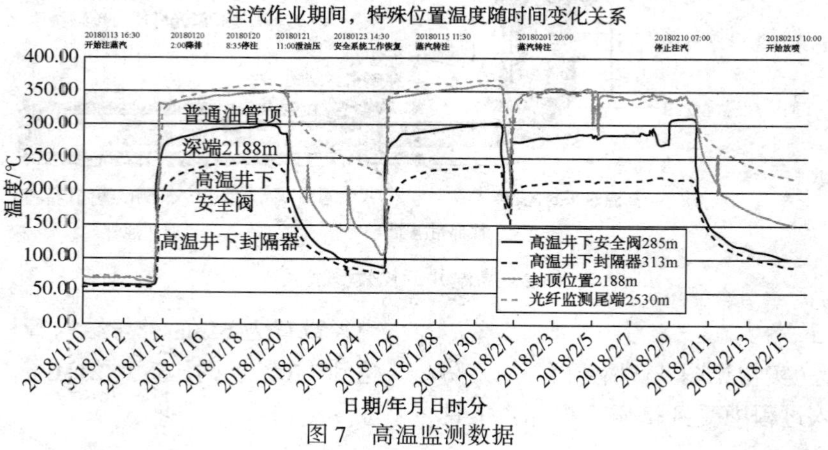

图 7　高温监测数据

5 结论

（1）通过研发光纤测试配套工具，首次实现了在海上油田蒸汽吞吐作业过程中全井筒温度实时监测，为后期工艺方案优化提供可靠数据支持。

（2）本套高温长效监测系统在渤海油田蒸汽吞吐作业过程中应用效果良好，满足耐温370℃，耐压21MPa设计要求。

参 考 文 献

[1] 韩吉声，袁新生，芦志伟，李士建，薛瑾．光纤测温技术在稠油热采中的应用及效果评价[J]．新疆石油天然气，2012. 8(3).

[2] Liu Min, Gao Xiaotian, Zou Jian, et al. SAGD technology conceptual design of thermal recovery explore for offshore extra-heavy oil[J]. Oil drilling & production technology, 2013, 35(4): 94-96.

[3] 赵业卫．稠油、超稠油高温长效监测技术[J]．石油钻采工艺，2002，24(4).

[4] 唐晓旭，马跃，孙永涛．海上稠油多元热流体吞吐工艺研究及现场试验[J]．中国海上油气，2011，23(3)：185-188.

[5] Tang Xiaoxu, Ma yue, Sun Yongtao. Research and field test of complex thermal fluid huff and puff technology for offshore viscous oil recovery[J]. China Offshore Oil and Gas, 2013, 35(4): 94-96.

[6] 薛婷，檀朝东，孙永涛，等．多元热流体注入井筒的热力计算[J]．石油钻采工艺，2012，34(5)：61-64.

[7] Xue Ting, Tan Chaodong, Sun Yongtao, et al. Thermodynamic calculation on multiple fluid in thermal recovery wellbore[J]. China Offshore Oil & Gas, 2012, 34(5): 61-64.

海上多元热流体吞吐的增产机理研究及应用

张启龙　陈　彬　李　进　贾立新　张羽臣

（中海石油（中国）有限公司天津分公司渤海石油研究院，天津塘沽　300459）

摘　要　渤海油田的稠油资源具有储量多、黏度中等、开采难度大等特点，考虑到常规冷采方式难以取得经济效益，考虑采用多元热流体吞吐进行开采，但目前缺少注采参数优化和调整的相关内容研究。针对渤海A油田，采用数值模拟的方法，比较了各种开采方式的效果；利用灰色关联度的方法研究了各个注采参数的敏感性，提出了优化建议；利用单因素变量法和数值模拟的方法，研究了地层选井的基本原则，并在A油田进行了7口井的先导实验。各个开采方式的开采效果为：多元热流体复合吞吐>蒸汽+ CO_2 吞吐>蒸汽+ N_2 吞吐>蒸汽吞吐；注采参数的敏感性排序为：注入温度>蒸汽注入强度>闷井时间>复合气体注入强度>地层压力>注汽速度；渤海A油田的7口先导实验井，热采高峰日产油相当于冷采的2~3倍，平均产量为冷采的1.5~2.2倍。多元热流体开采技术很适合在渤海稠油油田的开开发，其有望成为高效开发渤海稠油油田的重要技术手段。

关键词　多元热流体；稠油热采；数值模拟；灰色关联度；渤海油田

渤海油田稠油储量丰富，渤海共发现三级稠油储量为 25×10^8t 左右，探明 18×10^8t 左右，稠油油田20余个。根据稠油的黏度分为三大类50~150、150~350、350~10000，而渤海油田的在生产稠油集中在50~150和150~350两个区间。目前常用的稠油开采方式有化学法采油、热力采油、气驱采油和微生物采油四种。渤海油田最常用的方法还是热力采油中的吞吐开采，除了常规的蒸汽吞吐外，多元热流体吞吐也被广泛使用，其具有波及范围广和采油速度高等特点，增加了稠油的采油率，有望成为渤海大规模开采稠油资源的重要技术储备[1-2]。但研究海上多元热流体吞吐具有以下三个问题：（1）现场实验难度和花费巨大，室内实验局限性较大；（2）缺少注入参数对吞吐效果敏感性研究，未考虑各因素的相互影响；（3）缺少前期注采参数优化和调整的相关内容研究。

本文通过建立油藏模型的方法对多元热流体吞吐的开采机理和注采参数进行研究，采用多元热流体的方法对各个注入参数的敏感性进行分析。为渤海油田优化多元热流体吞吐作业提供技术指导

1　多元热流体吞吐

多元热流体开采技术是采用模块化蒸汽发生装置，并将产生的蒸汽和烟气同时注入井下，如图1所示。其工艺流程与注蒸汽吞吐热采工艺类似，井口及井下设施相同，地面注热装备不同（更小型轻便的火箭动力热力发生器装备），主要分为注气—汽阶段、焖井阶段和开井回采阶段。利用蒸汽和气体（CO_2 和 N_2）的协同作用采油，其中 N_2 可防止蒸汽热量散失，增大热波及体积；CO_2 溶于原油后，可进一步降低原油的黏度并增加原油的流动性，同时也能起到溶解气驱油的作用，提高原油的膨胀能，向地层补充能量；泡沫能够帮助封堵及调整吸气剖面。因此多元热流体吞吐能够提高蒸汽的波及范围和井下温度，从而提高稠油的采油速度的采油速度[3-6]。

目前，渤海A稠油油田已经开展20余井次的多元热流体吞吐开采现场试验，增产效果明显。周期增油5000~20000m^3，油汽比1~5，回采气率30%~60%，周期平均产油速度是冷采的1.4~1.8倍。通过海上的作业实践，不断完善热采配套装备，形成具有海上特色的5大热采配套系统：热力发生器系统、氮气隔热系统、水处理系统、药剂注入系统、废液回收系统等。

作者简介：张启龙（1988-），男，2015年毕业于中国石油大学（北京）油气井工程水射流力学专业，获硕士学位，现为中海石油（中国）有限公司天津分公司渤海石油研究所完井工程师，主要从事石油完井工程领域的研究工作。E-mail：zhangql40@cnooc.com.cn。

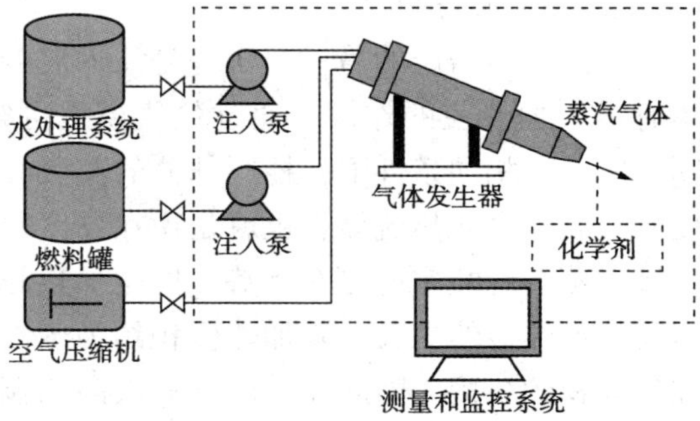

图 1　多元热流体吞吐发生过程

2　多元热流体与常规吞吐方式对比

以渤海 A 稠油油田某区块为例，利用 Eclipse 建立了复合实际油藏的地质模型，其网络参数为 50×40×10，建立了 7 组分（N_2、CO_2、CH_4、C_2-C_5、C_6-C_{12}、C_{13}-C_{29}和 C_{30+}）模型，其油藏模型和具体的参数设置如图 2 和表 1 所示。

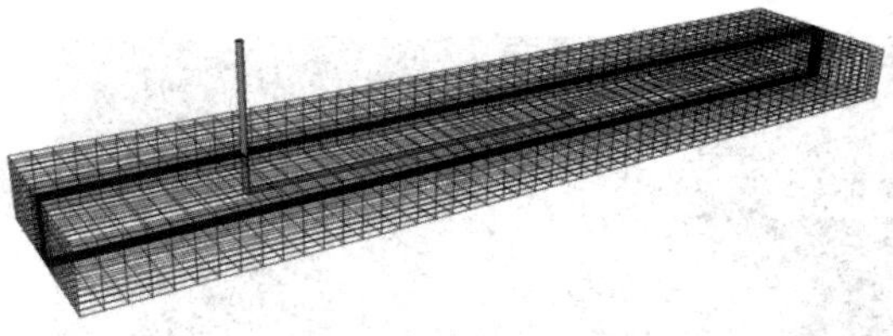

图 2　渤海 A 油田某区块油藏的地质模型

表 1　渤海 A 油田某区块模型参数

因素	参数	因素	参数
顶深/m	1100	油藏温度/℃	51
渗透率/mD	3000	原油黏度/(mPa·s)	1300
厚度 m	10	原油密度/(g/cm³)	0.9464
孔隙度	0.3	地层压力	9.7MPa
总网格数	20000	井段长度/m	300

利用建立的模型模拟单独蒸汽吞吐、蒸汽与氮气、二氧化碳以及多元流体复合吞吐这四种开采方案，观察并比较四种吞吐开发方式的开采效果，四种方案的注入参数设计如表 2 所示。

表 2　四种方案的参数设置

方案	注入速度/(m³/d)	注入量/m³	注入流体性质
方案一	蒸汽：200	蒸汽：2000	蒸汽：300℃，干度：0.4
方案二	蒸汽：1860；CO_2：5.4×10⁴	蒸汽：1860；CO_2：2.7×10⁵	蒸汽：300℃，干度：0.4；CO_2：15MPa

续表

方案	注入速度/(m³/d)	注入量/m³	注入流体性质
方案三	蒸汽：1860；N_2：5.4×10⁴	蒸汽：1860；N_2：2.7×10⁵	蒸汽：300℃，干度：0.4 N2：15MPa
方案四	蒸汽：1860；复合气体：5.4×10⁴	蒸汽：1860；复合气体：2.7×10⁵	蒸汽：300℃，干度：0.4 复合气体：15MPa

通过计算，得到了四种方案的累计产油量和第一年累计产油量，如图 3 所示，通过数值模拟的计算结果可知，各种开采方式开采效果的排序为：多元热流体复合吞吐>蒸汽+ CO_2吞吐>蒸汽+ N_2吞吐>蒸汽吞吐。由此可见，多元热流体吞吐方式的开采效果比其他的开采方式更好，这主要与其开采机理有关。

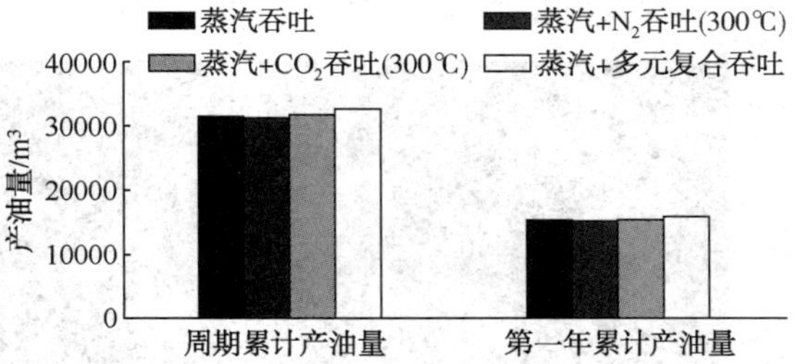

图 3　四种方案的计算结果对比

3　多元热流体开采技术的增产机理

根据数值模拟的结果，在井内注入多元热流体后会明显增加稠油的产量，其增产机理可以分为三类：加热降黏作用、溶解降黏作用、扩大加热腔作用[7-9]。

3.1　加热降黏作用

首先多元热流体吞吐作业也是属于热力开采的手段之一，因此其最主要的作用还是通过温度的增加而降低稠油黏度，随着高温流体的注入，其会造成井下温度的大幅度升高，而温度的升高造成原油黏度大幅度降低，从而增大了稠油的流动性，从而提高了稠油的产量。

3.2　溶解降黏作用

除了加热降黏作用外，多元热流体的另一个增产关键作用是混合气体的溶解降黏作用。通过室内实验可知，如图 4 所示，在低于 100℃ 的温度下，N_2溶解可使稠油黏度降低 10%～15%，CO_2溶解可使稠油黏度降低 71%～86%，CO_2+N_2（1∶2）溶解可使稠油黏度降低 11%～30%。在高于 100℃温度下，N_2、CO_2和 CO_2+N_2（1∶2）虽然都能使原油黏度下降，但是，与低温相比，降黏率均有较大幅度的下降。这是因为在高温条件下，一方面，N_2、CO_2和CO_2+N_2溶解在稠油中的能力降低；另一方面，N_2、CO_2和CO_2+N_2抽提稠油中轻组分能力增大，温度越高，抽提作用越明显，两者作用的最终结果是降黏率下降[10-12]。

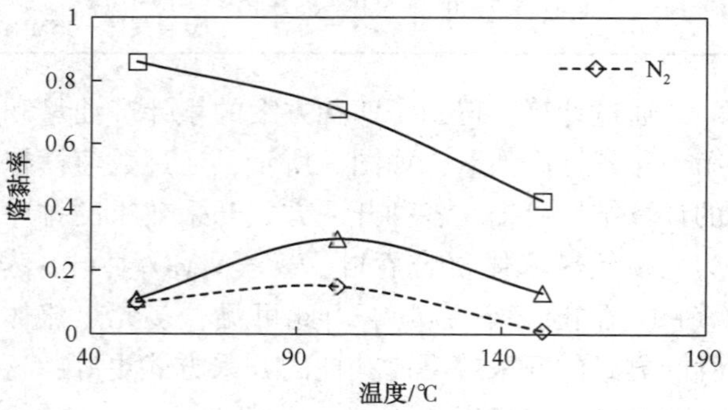

图4　多元热流体的溶解降黏作用

3.3　扩大加热腔作用

多元热流体增产的另一个机理是注入混合腔气体有增大加热腔的作用。通过数值模拟可知，如图5所示，相同条件下，核心部分的蒸汽吞吐温度明显高于多元热流体，也就是说在黏度很高的区域，蒸汽吞吐作业更有优势，但是加热腔体积多元热流体显然更大，其加热体积约为蒸汽吞吐加热体积的3倍，因此在黏度不算太高的稠油区域，采用多元热流体吞吐更有优势。而渤海的稠油相对来说不算高，因此多元热流体在渤海更有优势。发生这种现象的原因是单纯注入蒸汽时，由于井下压力条件下易变成水，因此降低了蒸汽的波及范围，但是其变成水后核心部分的温度明显升高，而多元复合气体由于其黏度和密度小的特点，其流动性更大，因此波及的体积更大，从而加大了多元热流体的加热腔体积。

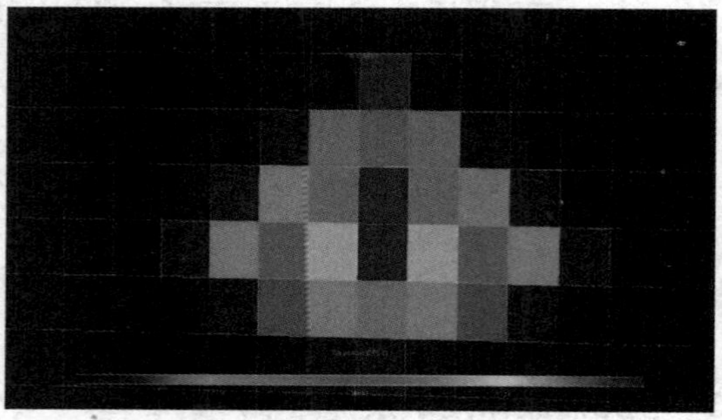

(a) 蒸汽吞吐

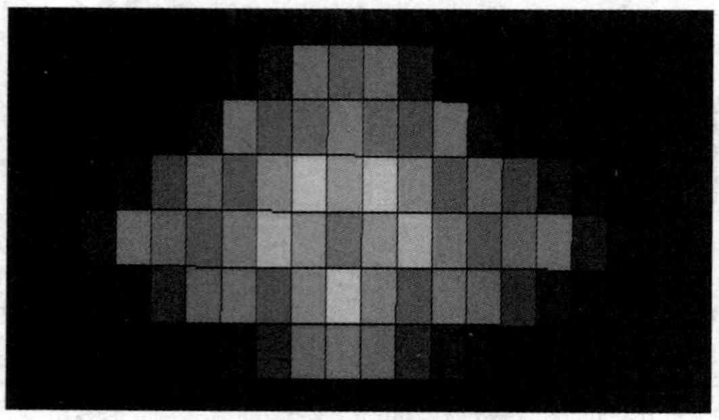

(b) 多元热流体

图5　多元热流体的增大加热腔作用

4　多元热流体注入参数优化建议

由于多元热流体是在多因素共同作用下进行开采的，而各个因素对开采效果的影响时相互影响的，因此有必要进行注入参数的敏感性研究，探究各个因素对开采效果的程度，采用灰色关联度的数学方法对其进行研究。

4.1　灰色关联度数学方法

灰色关联度分析法是基于灰色关联度的概念，采用符合系统行为特征的方法，寻求系统中各子系统(因素)间的数值关系，对于系统发展态势提供了量化的度量。该方法已在数学、水文、经济、环境、农业、能源等多领域广泛应用，具体分析步骤如下[13-16]。

(1) 确定分析序列。确定反映系统行为特征的参考序列Y和影响系统行为的比较序列X_i。参考序列是反映系统行为特征的数据序列，又称母序列，比较序列为影响系统行为的因素组成的数据序列，又称子序列。

$$Y=\{Y(k)\mid k=1,2,\Lambda,n\} \tag{1}$$

$$X_i=\{X_i(k)\mid k=1,2,\Lambda,n\},\quad i=1,2,\Lambda,m \tag{2}$$

(2) 数据无量纲化处理。由于系统中各因素量纲不同，因此在比较时，首先对数据进行无量纲化处理。

(3) 计算灰色关联度系数。首先分别求出差序列Δ_i、两级最小差和最大差；然后求关联度系数$\xi_i(k)$。

$$\Delta_i=\mid y(k)-x_i(k)\mid \tag{4}$$

两级最小差：

$$\min_i\min_k\left|y(k)-x_i(k)\right| \tag{5}$$

两级最大差：

$$\max_i\max_k\left|y(k)-x_i(k)\right| \tag{6}$$

$$\xi_i(k) = \frac{\min_i \min_k |y(k) - x_i(k)| + 0.5 \max_i \max_k |y(k) - x_i(k)|}{|y(k) - x_i(k)| + 0.5 \max_i \max_k |y(k) - x_i(k)|} \tag{7}$$

(4) 灰色关联度计算。在关联度系数计算基础上，对 n 个关联度系数求算术平均值，即得灰色关联度 r_i 。

$$r_i = \frac{1}{n}\sum_{k=1}^{n}\xi_i(k) \tag{8}$$

(5) 关联度排序。计算得到不同系统因素对应的关联度后，按照关联度大小进行排序，并称 r_i 为参考序列 $Y(k)$ 与比较序列 $X_i(k)$ 的关联度。

4.2 注入参数敏感性

按照以上方法流程，选出参考序列(周期采油量)和比较序列(地层压力、注入温度、蒸汽注入强度、复合气体注入强度、注汽速度、焖井时间)，利用数值模拟的方法对各个方案进行计算，各个序列的取值范围如表 3 所示。注意各个序列单位不同，因此需要进行无量纲处理以消除单位对各个数值的影响，本文采用的是平均值的方法进行数据无量纲化处理。

表 3 注入参数影响因素指标分析序列

参考序列	比较序列					
周期采油量/m^3	地层压力/MPa	注汽温度/℃	蒸汽注入强度/(m^3/m)	复合气体注入强度/(m^3/m)	注汽速度/(m^3/d)	焖井时间/d
	3、5、10	180、240、300	10、20、30	0、1000、2000	100、200、300	3、5、7

对各个方案进行计算后，按照 4.1 节的步骤进行计算，计算各个因素的关联度和密切关联度系数，最终的计算结果如表 4 所示。根据计算结果，注入参数各个因素的敏感性排序为：注入温度>蒸汽注入强度>焖井时间>复合气体注入强度>地层压力>注汽速度。注入温度和蒸汽注入量是影响多元热流体开采效果的最主要因素，这与多元热流体的开采机理直接相关，随着温度的增加和注入强度的增加，多元热流体的加热强度、加热区扩大范围以及溶解降黏作用都随之增强，因此较高的温度和注入量有利于增强多元热流体开采的效果，但是各个因素如何程度的影响，还有待进行相关内容研究。而地层压力和注汽速度对开采效果的影响相对较小，进行注入参数设计时，按照各个因素的影响程度依次进行设计。优先考虑注入温度和注汽强度来增加多元热流体的开采效果。

表 4 注入参数影响因素相关度计算结果

成因	相关度	密切相关度	相关度排序
地层压力	0.580	0.163	5
注入温度	0.645	0.181	1
蒸汽注入强度	0.603	0.170	2
复合气体注入强度	0.584	0.164	4
注汽速度	0.560	0.157	6
闷井时间	0.585	0.164	3

4.3 主要注采因素优化研究

通过敏感性的研究，注入温度和注入量强度是影响最终产油量的最关键因素，利用单因素变量控制法和数值模拟的方法，研究了各个因素对开采效果的影响程度。如图 6(a)所示，随着温度的增加，采油量有增加趋势，但是温度过高易造成筛管和套管的变形，影响单井的寿命，因此在井下管柱允许的条件下尽可能增大注入温度以增加单井的开采效果。如图 6(b)所示，随着注入量的增加，周期采油量先增大后趋于稳定，这是因为随着注汽量的增加，多元热流体的加热作用和溶解降黏作用都随着增加，因此其开采效果也随之增加，但是增大到一定程度后，产油量不再增加，这是因为地层的吸汽能力有限，无法进一步增加地层温度和加热腔的体积，从而导致采油量不再增加。本文条件下，最优的注入温度和注入量分别为 300℃ 和 2000m^3 。

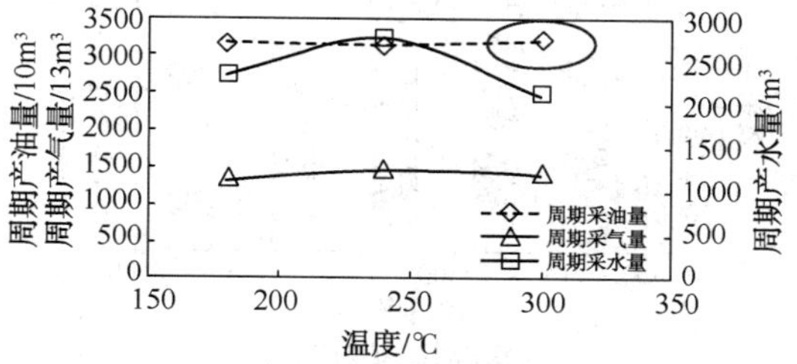

(a) 注入温度对结果的影响

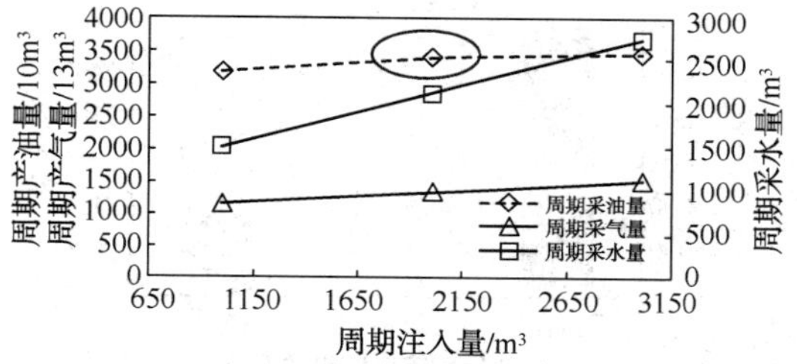

(b) 注入量对结果的影响

图 6 各个因素对开采效果的影响程度

5 多元热流体的实例应用

通过数值模拟和室内实验的方法，验证了多元热流体对稠油的开采效果。但最终的开采效果，还是取决于现场的实际应用。首先利用数值模拟的方法研究各个地层参数对开采效果的影响，形成选井的基本准则，再利用该准则在渤海A油田选了7口井进行了先导实验，并取得了较好的应用效果。

5.1 选井原则研究

在进行多元热流体作业的选井时，要考虑地层对开采效果的影响。而地层因素对生产效果的影响因素较多，其中油藏厚度、渗透率、地层韵律为主要因素。采用数值模拟的方法研究了这三个参数对开采效果的影响程度，计算结果如图7所示。油藏厚度和渗透率都与累计产油量呈正相关，但到达一定值后影响程度有所降低，而正韵律地层的开采效果优于反韵律由于均值地层，因此多元热流体的开采技术适用于较大油藏厚度、较高渗透率、反韵律地层的井进行作业，本算例中的参数选择范围为：油藏厚度≥10m，渗透率≥3000mD，正韵律地层。

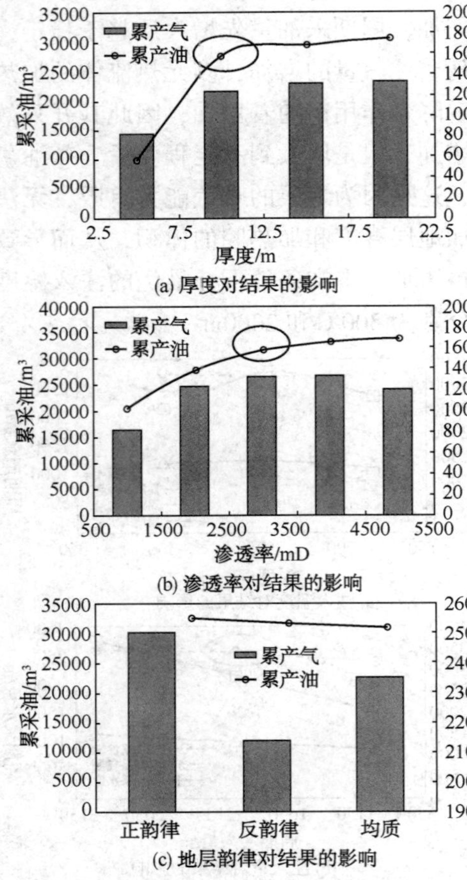

图7 地层和单井对开采效果的影响程度

5.2 实例应用

利用以上选井原则并结合渤海稠油油田A的实际作业情况，选取了7口井进行了多元热流体的先导实验，注入温度选为240℃，作业后和常规冷采的产能对比如图8所示。从结果可知，热采高峰日产油达80~120t，相当于冷采生产时2~3倍，平均产量为冷采的1.5~2.2倍。因此多元热流体吞吐热采大幅提高油井产能，增油效果明显，有望成为开采渤海稠油油田的重要技术手段。

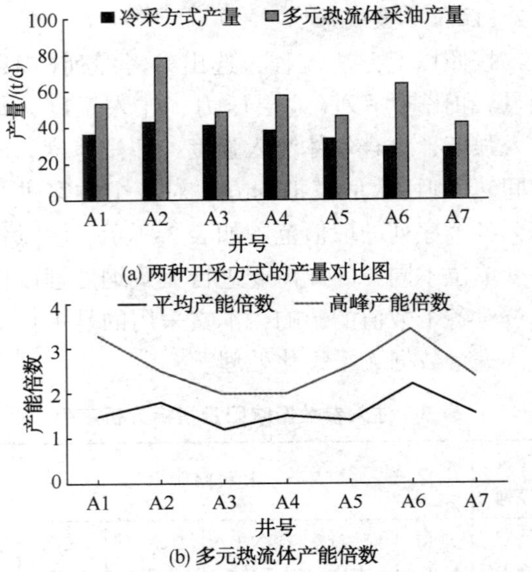

图8 渤海A油田7口井的先导实验情况

6 结论

（1）针对A油田的地层特点，通过数值模拟的方法研究了各个开采方式的开采效果，其排序为：多元热流体复合吞吐>蒸汽+ CO_2吞吐>蒸汽+ N_2吞吐>蒸汽吞吐。

（2）根据数值模拟的结果，在井内注入多元热流体后会明显增加稠油的产量，其增产机理可以分为三类：加热降黏作用、溶解降黏作用、扩大加热腔作用。

（3）通过灰色关联度的方法研究了各个注采参数对多元热流体开采效果的影响规律，其敏感性排序为：注入温度>蒸汽注入强度>闷井时间>复合气体注入强度>地层压力>注汽速度。随着温度的增加，采油量有增加趋势，而随着注入量的增加，周期采油量先增大后趋于稳定。

（4）形成了多元热流体作业的选井原则：优先考虑较大油藏厚度、较高渗透率、反韵律地层。并在渤海A油田进行了7口井的先导实验，热采高峰日产油相当于冷采的 2～3 倍，平均产量为冷采的 1.5～2.2 倍。

参 考 文 献

[1] 郭太现，苏彦春．渤海油田稠油油藏开发现状和技术发展方向[J]．中国海上油气，2013，25(04)：26-30+35.

[2] 吴婷婷，耿志刚，杜春晓，李博，高振南．渤海油田稠油热采注入介质优选研究[J]．石油化工应用，2019，38(06)：25-30.

[3] 王洋，蒋平，张建强，等．气体辅助蒸汽吞吐研究进展[J]．精细石油化工进展，2012，13(6)：6.

[4] Hammershaimb E C，Kuuskraa V A. Recovery efficiency of enhanced oil recovery methods：A review of significant field tests [C]. SPE 12114，1983.

[5] Leung L C. Numerical evaluation of the effect of simultaneous steam and CO_2 injection on the recovery of heavy oil [J]. Journal of Petroleum Technology，1983，35(9)：1591-1599.

[6] 马帅．蒸汽与气体复合吞吐实验与数值模拟研究[D]．北京：中国石油大学(北京)，2015.

[7] 张兴鲁．稠油油藏多元热流体开采机理及适应性研究[D]．中国石油大学(华东)，2017.

[8] 刘东，胡廷惠，潘广明，吴金涛，张俊廷．海上多元热流体吞吐与蒸汽吞吐开采效果对比[J]．特种油气藏，2015，22(04)：118-120+157.

[9] 杨兵，李敬松，张贤松，姜杰，宫汝祥．稠油油藏水平井多元热流体吞吐高效开采技术[J]．油气地质与采收率，2014，21(02)：41-44+114.

[10] 王桂华，王宝霞，刘先勇，等．注 CO_2 改善超稠油开采效果研究[J]．承德石油高等专科学校学报，2009，11(2)：5-8.

[11] 刘欣，陶良军，林景禹等．河南油田 N_2 辅助蒸汽吞吐技术[J]．石油地质与工程，2008，22(6)：84-88.

[12] 陈荣灿，霍进，郭新和．稠油注蒸汽加 N_2 吞吐试验研究[J]．特种油气藏，1999，6(3)：59-64.

[13] 邓聚龙．灰色系统理论教程[M]．武汉：华中理工大学出版社，1990.

[14] 张希，唐红涛，李瑞莎，等．基于灰色关联度的鲜水河断裂活动特征与大震关系研究[J]．地震研究，2012，35(4)：500-505.

[15] 徐晋盛武，吴鹏，金菊良．安徽典型城市环境 K 线形态及灰色关联度分析[J]．环境科学学报，2013，33(7)：2068-2077.

[16] 韩中合，祁超．基于灰色关联度的能耗强度影响因素分析[J]．工业技术经济，2016，35(10)：155-160.

海上热采锅炉出口至井口关键热力参数数学模型建立及应用

王弘宇　刘　昊　韩晓冬　王秋霞　张　华　张　伟　周法元

（中海石油（中国）有限公司天津分公司，天津塘沽　300459）

摘　要　针对渤海稠油油田注蒸汽热采井，为了获得地面注汽管线上任意位置蒸汽的热力参数，同时得到井口注入干度、压力等参数从而提升后续井筒优化设计的准确率，本文开展了锅炉出口至井口热力参数数学模型的建立及应用研究。以传热学、流体力学多相管流为基础，计算地面注汽管线上任意位置蒸汽热力参数，针对不同水平管、垂直管建立了地面注汽管线综合传热流动数学模型，并采用节点分析法对模型中耦合的参数进行求解计算。结果表明，随着锅炉注入干度的升高，地面管线热损失逐渐降低，随着注入压力的升高，地面管线热损失逐渐升高，随注入速度的升高，地面管线热损失逐渐降低，同事热损失的降低幅度逐步减缓。将建立的综合模型应用于LD油田A23井，通过计算求解可得井口压降，通过与实测数据对比，准确率均在85%以上。

关键词　蒸汽吞吐；传热；稠油油藏；干度；压降

引言

渤海油田稠油储量巨大，渤海油田稠油储量占总储量的62%。其中地下原油黏度大于350mPa·s的非常规稠油三级地质储量7.2×10^8t，探明储量达4.6×10^8t，目前仅动用储量0.9×10^8t，稠油动用程度低。自2013年，LD油田进行了蒸汽吞吐热采先导性试验，单井热采产能较冷采时提高了2~3倍，增产效果显著。目前该区块采用锅炉产生高压高温饱和湿蒸汽，由地面管线运输至井口，再由井口输送至油层。蒸汽的温度、压力、干度等热力参数随地面管线运输过程中产生的热损失而发生变化，这直接决定注蒸汽采油效果的好坏，同时在方案设计产量预测中，提供更加准确的井口注入数据对后续结果的准确率也至关重要。因此本文建立了地面管线综合传热流动数学模型。

1　地面管线传热计算模型建立

1.1　热损失计算

根据传热学理论，对地面管线做如下假设：

（1）蒸汽的温度T_s和大气的温度T_a是固定不变的

（2）管线的横截面积A不变。

根据热损失基本计算公式[1-2]：

$$q_L = \frac{T_S - T_a}{R}$$

式中：q为单位时间内、单位长度地面管线内蒸汽的热损失，W/m；R为单位长度地面管线上的热阻，（m·℃）/W。地面管线内热阻由管壁上的液体膜层对流换热、污垢层对流换热、管壁导热、绝热层导热和气膜层强迫对流换热几部分组成，即：

$$R = \sum_{i=1}^{5} R_i = \frac{1}{2\pi}\left(\frac{1}{h_f r_i} + \frac{1}{h_p r_i} + \frac{1}{\lambda}\ln\frac{r_o}{ri} + \frac{1}{\lambda_{ins}}\ln\frac{\lambda_{ins}}{r_o} + \frac{1}{h_{fc} r_{ins}}\right)$$

式中：h_f为液膜层对流换热系数，W/(m^2·℃)；r_i为管线内半径，m；h_p为污垢层对流换热系数，W/(m^2·℃)；λ_p为管线的导热系数，W/(m·℃)；r_o为管线外半径，m；λ_{ins}为保温层的导热系数，W/(m·℃)；r_{ins}为保温层外半径，m；h_{fc}为保温层外表面上强迫对流热系数，W/(m^2·℃)

1.2　蒸汽流动模型建立

在蒸汽沿地面管线流动过程中，由于蒸汽和外界空气有温差，湿蒸汽向外界空间传递热量，蒸汽的干度降低。在蒸汽沿地面管线流动过程中，根据海上实际情况不仅需要考虑水平流动，同时需要考虑垂直流动，因此能量方程需考虑蒸汽重力势能的变化。根据能量平衡方程，单位时

作者简介：王弘宇（1990-），女，工程师，2015年毕业于中国石油大学（华东）油气田开发工程专业，目前主要从事海上稠油热采工艺技术研究工作。E-mail：wanghy92@ cnooc. com. cn。

间内单位长度上的热损失，等于单位时间内单位长度上饱和蒸汽能量的减少[3-4]，即：

$$\frac{dQ}{dz}=-i_g\frac{dh_m}{dz}-i_g\frac{d}{dz}\left(\frac{v^2}{2}\right)+i_g g$$

式中 $h_m=(1-x)h_w+xh_g$。i_g为饱和蒸汽质量流量，kg/h；v 为流速 m/s；g 为重力加速度，m/s^2；h_m为饱和湿蒸汽的焓，kcal/kg；h_w为饱和水的焓，kcal/kg；h_g为饱和蒸汽的焓(kcal/kg)；x 为饱和蒸汽干度。由于：

$$\frac{dh_m}{dz}=(1-x)\frac{dh_m}{dz}+\frac{dh_g}{dz}+h_w\frac{d(1-x)}{dz}+h_g\frac{dx}{dz}$$

又因焓是压力的函数，即 $h_w=f(p)$，$h_g=\psi(p)$。整理可得：

$$\frac{dh_w}{dz}=(h_g-h_w)\frac{dx}{dz}+\frac{dh_w dp}{dpdz}+\left(\frac{dh_g}{dp}-\frac{dh_w}{dp}\right)\frac{dp}{dz}x\ \frac{dQ}{dz}+i_g\left[(h_g-h_w)\frac{dx}{dz}+\frac{dh_w}{dp}+\left(\frac{dh_g}{dp}-\frac{dh_w}{dp}\right)\frac{dp}{dz}x+\frac{i_g^2 1d}{A^2\rho dz}\left(\frac{1}{\rho}\right)-g\right]=0$$

令：

$$C_1=i_g(h_g-h_w)$$

$$C_2=i_g\left[\left(\frac{dh_g}{dp}-\frac{dh_w}{dp}\right)\frac{dp}{dz}\right]$$

$$C_3=\frac{dQ}{dz}+i_g\frac{dh_w dp}{dpdz}+\frac{i_g^2 1d}{A^2\rho dz}\left(\frac{1}{\rho}\right)-i_g g$$

则：

$$C_1\frac{dx}{dz}+C_2x+C_3=0$$

由于 C_1、C_2、C_3在某一管线长度时是常数，故上式为一阶常微分线性方程。

由于原方程特解为：

$$x=e^{-\frac{C_2}{C_1}Z}\left[-\frac{C_3}{C_2}e^{\frac{C_2}{C_1}Z}+x_0+\frac{C_3}{C_2}z\right]$$

因此可求得任意时刻 t，管线长度为 z 处的蒸汽干度值 x。

2 求解方法

为了计算出地面管线内蒸汽的热损失，必须先计算管线内沿程的压力降和蒸汽的干度，但是计算蒸汽的干度又需要先计算单位地面管线长度内蒸汽的热损失和压力降，各个热力参数相互耦合，需要通过节点分析方法进行求解[5-6]，主要步骤如下：

(1) 以锅炉出口的蒸汽参数(p_0、T_0、x_0)作为计算的起始点。

(2) 取地面管线一段长度 Δz，假设在 Δz 长度内蒸汽的干度降 Δx_i和压力降 Δp_i，可参考锅炉出口和井口的压力平均值给出 Δz 管线长度的压力降，则该段的平均干度 $x_{avi}=x_{i-1}-\Delta x_{i/2}$和平均压力 $p_{avi}=p_{i-1}-\Delta p_{i/2}$。根据 p_{avi}查出相应的平均饱和温度 T_{avi}和其他物性参数 ρ_l、ρ_g、μ_l、μ_g、Z_g、H_g，为后面计算饱和湿蒸汽的平均密度 ρ_m和摩擦阻力系数 f_m的计算做准备[7]，根据理想气体定律和动量守恒定律计算出 Δz 长度上的压力降 $\Delta p_i'$。将计算值 $\Delta p_i'$与假定值 Δp_i比较，反复迭代，直到 $|\Delta p_i-\Delta p_i'|/\Delta p_i<\varepsilon$ 为止，得到该段的出口压力 p_i和对应的饱和温度 T_i，作为下一 Δz 的初值。同时计算饱和温度 T_i、饱和压力 p_i下的焓值 h_{li}、h_{gi}，为计算该段的蒸汽干度做准备。

(3) 假定地面管线外表面温度 T_{wi}，利用公式计算 h_{rc}，从而计算出总热阻 R 和热损失 q_i，再将热损失 q_i代入地面管线管内到保温层外壁传热计算公式，得到管线外表面温度 T_{wi}'，反复迭代，直到 $|T_{wi}-T_{wi}'|/T_{wi}<\varepsilon$ 为止，最后求出热损失 q_i。

(4) 由能量平衡方程计算蒸汽的干度 x_i，反复迭代，直到 $|x_i-(x_{i-1}-\Delta x_i)|/(x_{i-1}-\Delta x_i)<\varepsilon$，否则重复上述2)~4)计算步骤，并将计算得到的干度 x_i作为下一 Δz 的初始干度值。

(5) 取下一微元段 Δz，重复上述(2)~(4)计算步骤，直到整个地面管线计算完毕。

3 结果分析及数据后处理

3.1 敏感性分析

针对建立的地面管线综合传热流动模型，以地面管线热损失为目标参数开展敏感性分析，各参数如表 1 所示。

表 1 敏感性参数

出口压力/MPa	出口干度		出口速度/(t/h)	管线长度/m
8	0.1	0.7	4	50
10	0.2	0.8	6	250
12	0.3	0.9	8	450
14	0.4	—	10	650
16	0.5	—	12	850
18	0.6	—	14	1050

计算可得管线热损失随入口干度、压力、速度及管线长度变化规律如图 1~图 4 所示。

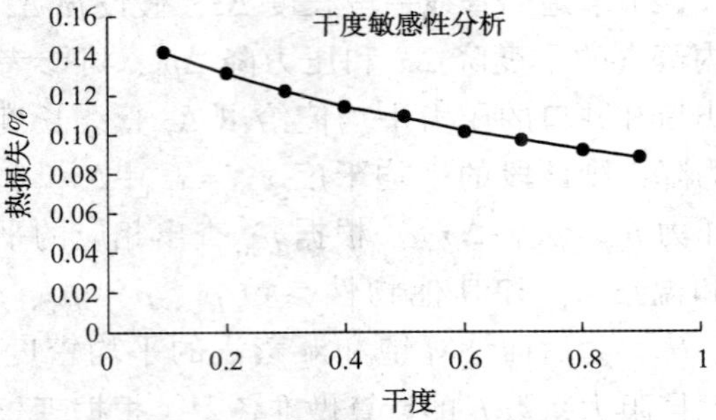

图 1　热损失随注入干度变化

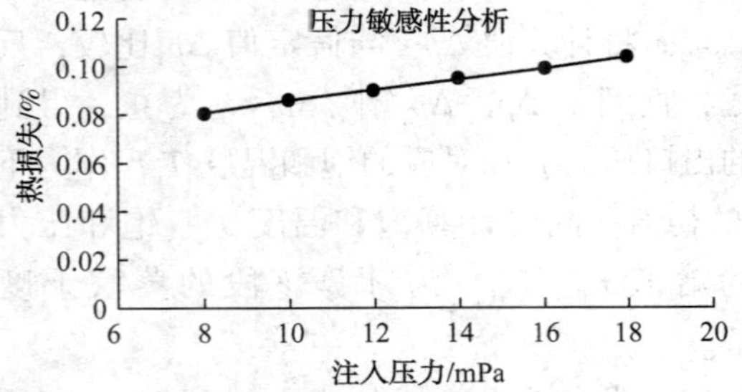

图 2　热损失随注入压力变化

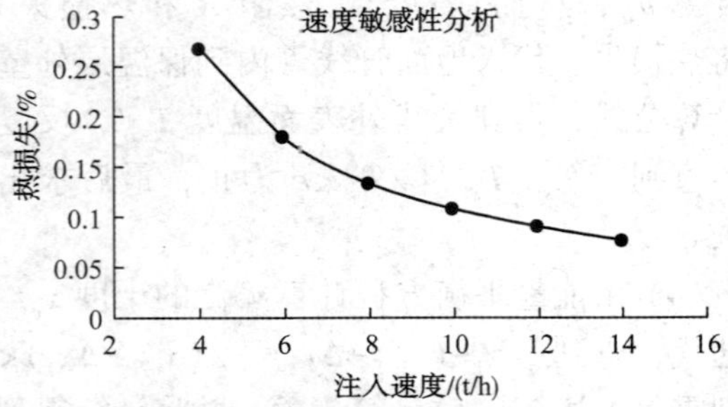

图 3　热损失随注入速度变化

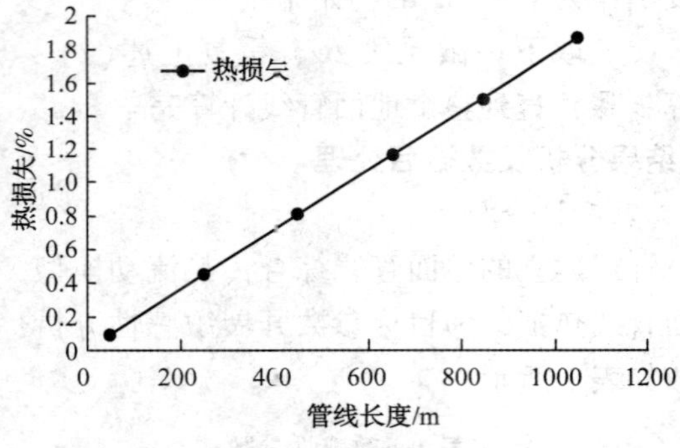

图 4　热损失随管线长度变化

由计算结果可知：随注入干度的升高，地面管线热损失逐渐降低；随注入压力的升高，地面管线热损失逐渐升高；随着注入速度的升高，地面管线热损失逐渐降低，同时热损失的降低幅度逐步减缓。

3.2　正交分析

采用正交试验设计的方法选取锅炉出口参数，以管线热损失为目标函数，通过计算极差 R 判定各影响因素对管线热损失的影响大小。正交设计参数如表 2 所示。

表 2　正交试验设计参数表

正交设计	A：注入压力/MPa	B：注入干度	C：注入速度/(t/h)
1	10	0.45	8
2	10	0.65	10
3	10	0.85	12
4	12	0.65	12
5	12	0.85	8
6	12	0.45	10
7	14	0.85	10
8	14	0.45	12
9	14	0.65	8
K1	—	—	—
K2	—	—	—
K3	—	—	—
k1	—	—	—
k2	—	—	—
k3	—	—	—
R	—	—	—

计算结果如表 3 所示，由计算结果可知，以管线热损失为目标函数，各因素影响由大至小分别为注入速度>注入干度>注入压力。

表 3　正交试验结果表

正交设计	A 注入压力	B 注入干度	C 出入速度	热损失/%
1	10	0.45	8	0.161508
2	10	0.65	10	0.113995
3	10	0.85	12	0.084982
4	12	0.65	12	0.099164
5	12	0.85	8	0.134445
6	12	0.45	10	0.133235
7	14	0.85	10	0.112855
8	14	0.45	12	0.113964
9	14	0.65	8	0.154591
K1	0.360484	0.408707	0.45054461	—
K2	0.366845	0.36775	0.36008416	—
K3	0.381411	0.332282	0.2981109	—
k1	0.120161	0.136236	0.15018154	—
k2	0.122282	0.122583	0.12002805	—
k3	0.127137	0.110761	0.0993703	—
R	0.020926	0.076425	0.15243371	—
因素主→次	注入速度>注入干度>注入压力			
最差方案	8t/h 0.45 干度 14MPa			

3.3　实际应用

针对 LD 油田 A23 井进行计算应用，A23 井基础参数如表 4 所示。

表 4 计算基础参数表

基础参数	水平段长度	垂直段长度	管径	大气温度	绝热层导热系数	绝热层外半径	管线外半径	绝热层外表面上强迫对流热系数
	m	m	m	℃	kcal/(h·m·℃)	m	m	kcal/(h·m²·℃)
	$L1$	$L2$	D	T_a	λ_{ins}	r_{ins}	r_n	h_{fc}
数值	30	20	0.076	10	0.0344	0.139	0.089	21

计算结果如表 5 所示，可知：将建立的综合模型应用于 LD 油田 A23 井，通过计算求解可得井口压降，通过与实测数据对比，准确率均在 85%以上。

表 5 模型计算结果与实测结果对比

锅炉出口压力/MPa	出口干度/%	蒸汽流量/t/h	井口压力/MPa	实际压损/MPa	计算压损/MPa	正确率/%
12.43	84	12	12.4	0.03	0.026	86.67
13.12	80	12.2	13	0.12	0.103	85.83
13.63	81	12	13.5	0.13	0.116	89.23
14.05	80	12	14	0.0	0.043	86.00
15.56	88	12.2	15.5	0.06	0.051	85.00
16.04	85	12.2	16	0.04	0.035	87.50

4 结论

（1）以传热学、流体力学多相管流为基础，计算地面注汽管线上任意位置的蒸汽热力参数，建立了地面注汽管线综合传热流动数学模型。

（2）随注入干度的升高，地面管线热损失逐渐降低；随注入压力的升高，地面管线热损失逐渐升高；随着注入速度的升高，地面管线热损失逐渐降低，同时热损失的降低幅度逐步减缓。

（3）由正交试验设计方法可知，以管线热损失为目标函数，各因素影响由大至小分别为：注入速度、注入干度、注入压力。

（4）现场应用结果表明，锅炉出口至井口综合传热流动数学模型准确率在 85%以上。

参 考 文 献

[1] 陈月明. 注蒸汽热力采油[M]. 东营：石油大学出版社，1995：6-8.

[2] 万仁溥. 采油工程手册[M]. 北京：石油工业出版社，2003.

[3] 孙永涛. 蒸汽驱全程热损及注汽参数优选研究[D]. 大庆：大庆石油学院，2007：16-17.

[4] JeffJnoes. Cyclic Steam Reservoir Model for Viscous Oil, Pressure Depleted, Gravity Drainage Reservoirs [J]. SPE6544, 1977.

[5] 刘阳，陈保东，李雪. 油田地下蒸汽管道系统蒸汽干度计算方法[J]. 2008, 26(4)：382-385.

[6] 冯青，李世武，张丽. 工程热力学[M]. 西安：西北工业大学出版社，2006.

[7] 瓦格纳，克鲁泽. 水和蒸汽的性质[M]. 北京：科学出版社，1997.

海上热采水平井均匀注汽优化研究与应用

刘 昊 王弘宇 韩晓冬 王秋霞 张 华

（中海石油（中国）有限公司天津分公司，天津塘沽 300459）

摘 要 针对渤海稠油油田注蒸汽热采井笼统注汽存在的水平段动用不均、热采开发效率低等问题，根据油藏储层物性以及实际生产数据等基础参数，运用油藏数值模拟软件建立单井数值计算模型，通过历史拟合，对模型进行优化完善；在此基础上，开展了热采水平井不同注汽方式、均匀注汽时机的优化。优化结果表明，均匀注汽生产效果明显优于笼统注汽的生产效果，水平井段最优配汽阀个数为4~5个，在笼统注汽1~4周内转为均匀注汽，增产效果明显。现场应用结果表明，采用均匀注汽优化后，水平段动用较为均匀。该优化结果为后续海上热采水平井注汽工艺设计提供了技术支持。

关键词 蒸汽吞吐；热采水平井；稠油油藏；均匀注汽；优化

渤海油田稠油储量巨大，渤海油田稠油储量占总储量的62%。其中地下原油黏度大于350mPa·s的非常规稠油三级地质储量7.2×10^8t，探明储量达4.6×10^8t，目前仅动用储量0.9×10^8t，稠油动用程度低。自2013年，LD-2油田进行了蒸汽吞吐热采先导性试验，单井热采产能较冷采时提高了2~3倍，增产效果显著。目前该区块采用笼统注汽，经过多轮次吞吐后，水平段动用不均的程度加剧，蒸汽的热利用率越来越低，周期产油量及油汽比递减越来越大。为了提高热采水平井的动用程度，最大程度地提高采油效率和稠油油藏经济效益，以LD-2油田为研究对象，开展了海上油田稠油均匀注汽技术优化研究[1]-[3]。

1 储层特征及基本参数

LD-2油田油层埋深1022.1~1436.5m，其中NmⅢ为主要油层组，油组地层厚度在60.0m左右。孔隙度为24.8%~38.8%，平均34.4%；渗透率330.0~11116.9mD，平均3786.5mD，属于高孔高渗型储层。地面原油黏度2678 mPa·s（50℃），地面原油密度0.9735g/cm³，地下原油黏度2336mPa·s（PVT配样）。地层静压12.5977MPa，油藏压力梯度为1.000MPa/100m，压力系数为1.0，地层温度52℃，地温梯度为2.70℃/100m。模型的网格采用角点网格，在平面上，X方向布36个网格，Y方向布33个网格。在纵向上划分为10个小层，模型网格节点数合计11880个，如图1所示。单井基本参数见表1。

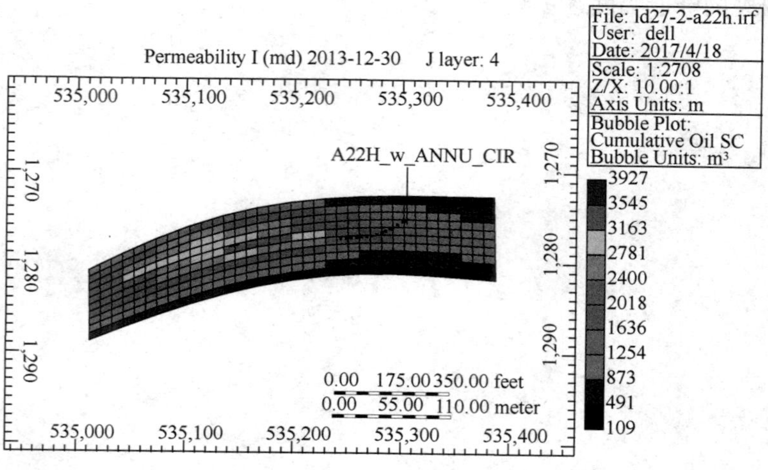

图1 C1H井地质模型

作者简介：刘昊（1988-），男，工程师，2011年毕业于东北石油大学油气田开发工程专业，目前主要从事海上稠油热采工艺技术研究工作。E-mail：gxmlxj@163.com。

表 1 C1H 井基本数据表

名称	C1H 井	名称	C1H 井
沉积类型	典型河道型浅水三角洲	地面原油黏度(℃)	2678mPa·s
砂体厚度	10.1	地下原油黏度	2336mPa·s
孔隙度	34.4%	砂体热采比采油指数	1.62m³/(MPa·d·m)
渗透率	3786.5mD	优化水平段长度	300m
油水界面	-1316m	有效厚度	8m
地面原油密度	0.983g/cm³		

2 历史拟合

为了确保历史拟合能真实的反映地下流体分布状况及渗流特征，对 LD-2 油田 C1H 井开发历史进行拟合的时间段为 2013 年至 2017 年，拟合时间为 4 年。根据油田各种措施的稀疏程度及生产平稳程度，将油田的生产历史划分为每一天一个时间，并按时间统计生产数据，将单井日产液、日注水按不同时间输入到模型中，建立动态模型。拟合指标范围包括单井含水率、单井累计产油量，单井拟合合格率达 90%以上，拟合曲线如图 2 所示[4-9]。

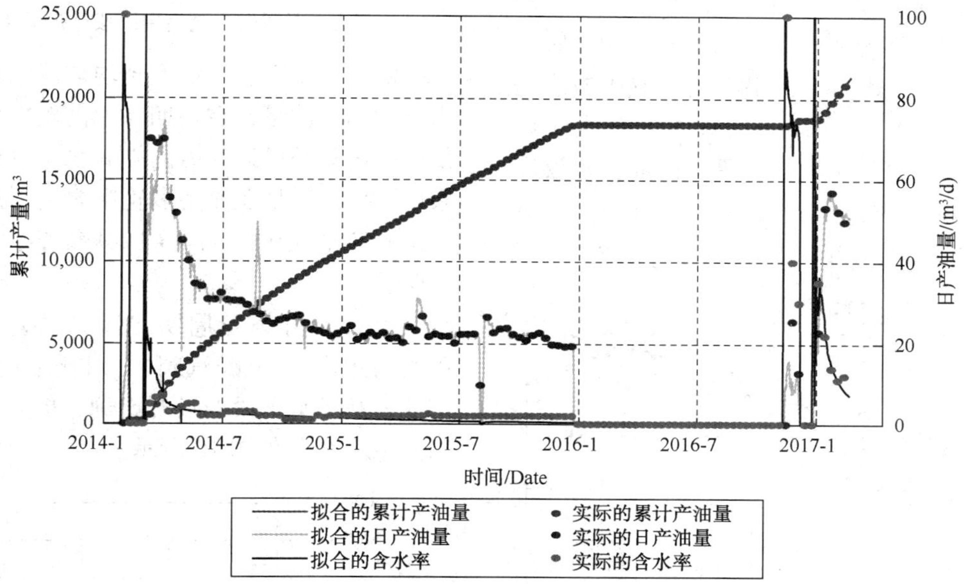

图 2 C1H 的拟合曲线

3 水平井均匀注汽优化研究

3.1 注汽方式优化

本次研究主要包括笼统注汽和不同配汽阀个数的均匀注汽，由于海上稠油油藏非均质性相对来说比较弱，所以本次着重考虑以下的注汽方式：

① 笼统注汽：A 点、B 点和 C 点出汽，见图 3；

② 均匀注汽：2 个、3 个、4 个、5 个、6 个以及 7 个配汽阀；

图 3 不同出汽位置(笼统注汽)示意图

对比了 9 种不同注汽方式的效果，从温度场来看，尽管 C1H 井非均质性不强，但是笼统注汽(图 4)在注汽过程中依然在出汽点附近形成局部高温区，并且在多轮次后出汽点附近蒸汽波及的范围远远大于其余地方；而 7 个注汽点均匀注汽形成的温度场(图 5)相对均匀。

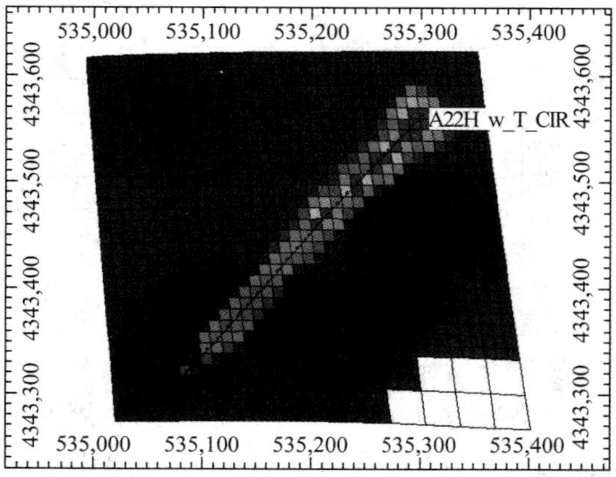

图 4 单点注汽的温度场(A 点注汽)

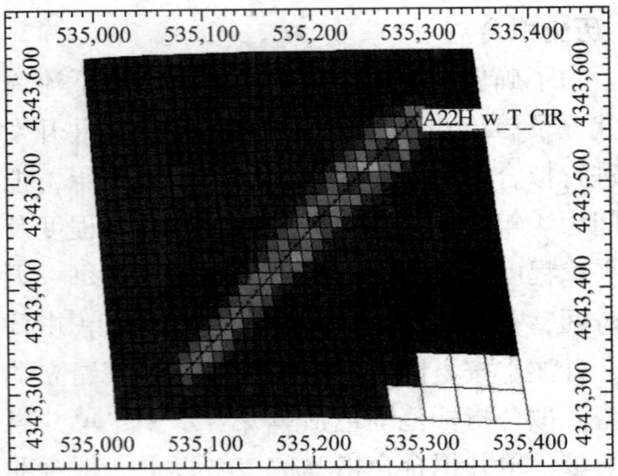

图 5　多点注汽的温度场(7 个点配汽阀)

对比不同注汽方式下的生产效果(图 6)，均匀注汽明显优于笼统注汽。对比了不同配注阀条件下的增油效果(图 7)，结果表明注汽阀越多增油效果越明显，但是在均匀布置 5 个配汽阀以后，增油幅度一直处于较低水平。因此，建议海上稠油水平井适宜的注汽方式是均匀注汽，配汽阀个数建议使用 4~5 个。

图 6　不同注汽方式生产效果

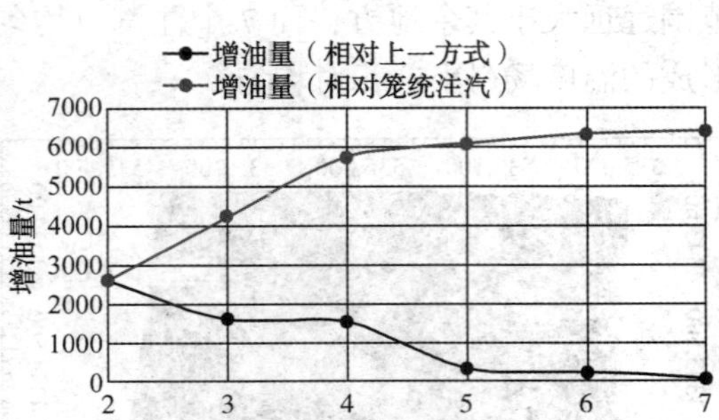

图 7　增油效果图

3.2　使用阶段优选

本次研究对比了从第 1 周期、第 4 周期、第 7 周期以及第 10 周期开始使用配汽阀均匀注汽(以 5 个配汽阀为例)，从生产效果看(图 8)，不同阶段使用配汽阀均匀注汽都能改善水平井的热采开发效果。

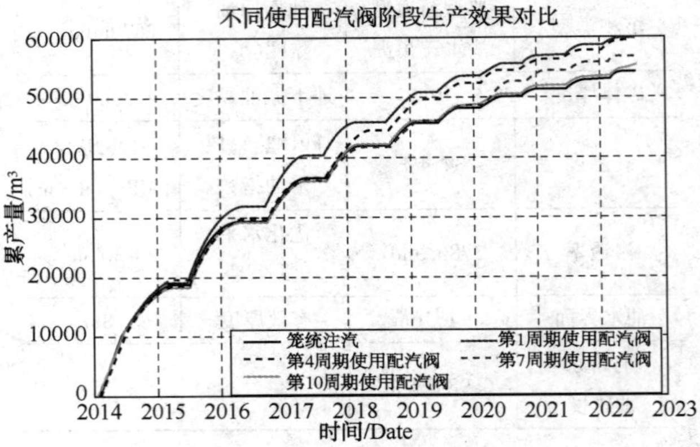

图 8　不同配汽阀使用阶段生产效果对比

对比第 1 次使用配汽阀均匀注汽和笼统注汽当周期的增油量，在初期和中高轮次以及高轮次使用配汽阀都可以显著的提高水平井热采生产效果(图 9)，但是在使用多轮次之后，从累计增油量来看还是在生产初期(1~4 周期)使用的效果更明显。

对 C1H 井第三周期注汽方式进行优化，采用均匀注汽(5 个配汽阀)，对比之前笼统注汽，有效提高了水平段的吸汽比例，提升水平段吸汽剖面 16.7%，如图 10 所示。

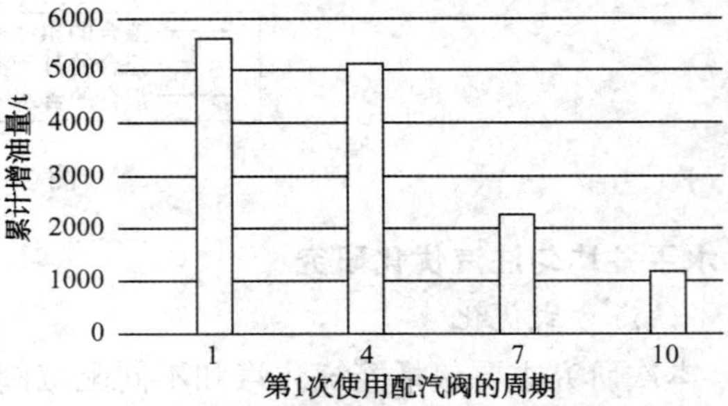

图 9　第 1 次使用配汽阀周期增油量

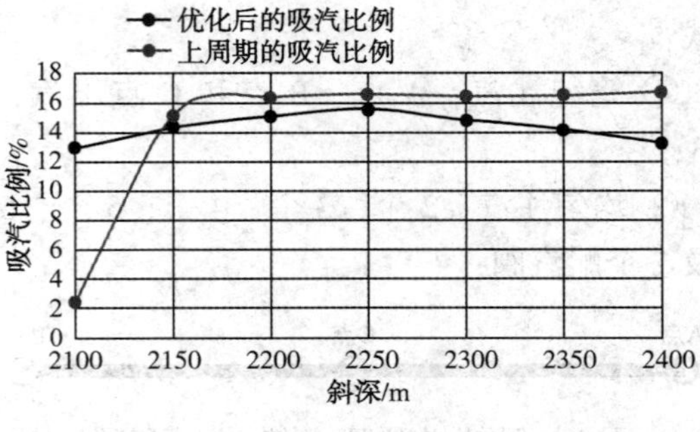

图 10　C1H 井注汽方式优化前后吸汽剖面对比

4　现场应用

C1H 井即将进入第三周期吞吐，针对该井水平段注汽优化后，分别在注蒸汽前及焖井阶段开展水平段微温差测试工艺。该井在斜深2100m附近进入水平段本次测量截取数据区间为2000~2400m。从监测数据(图11)可以看出，温度是在2000~2400m井段内整体是上升趋势，突变点2200m对应温度235.6℃，在2000m时温度处于最低值126.1℃，在2400m时温度处于最高值238.6℃；压力，保持整体上升趋势，压力值范围：17.23~17.37MPa。水平段整体动用情况相对比较均匀。

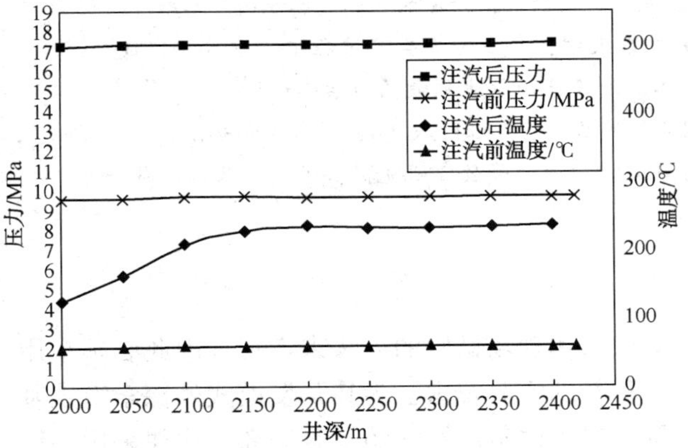

图11　C1H井水平段温度压力测试曲线

5　结论

(1) 数值模拟表明，多个注汽阀相对笼统注汽生产效果都要显著，注汽阀越多增油效果越明显，在均匀布置4~5个配汽阀以后，增油幅度一直处于较低水平。

(2) 数值模拟对比不同周期由笼统注汽转均匀注汽生产效果，从累计增油量来看，生产初期(1~4周期)转均匀注汽的生产效果最为明显。

(3) 现场应用结果表明，该蒸汽吞吐井采用均匀注汽后，水平段整体动用情况较为均匀，取得了良好的效果。

参　考　文　献

[1] 刘文章. 稠油注蒸汽热采工程[M]. 北京：石油工业出版社，1997：36-42.

[2] 刘辉，等. 稠油热采水平井多点吞吐最优注汽点个数研究[J]. 科学技术与工程，2012，12(16)：3978-3980.

[3] 刘同敬，雷占祥. 稠油油藏注蒸汽井筒配汽数学模型研究[J]. 西南石油学报，2007，29(5)：60-61.

[4] 陈忠，殷宜平，陈浩. 非稳态法测定稠油油藏相对渗透率实验研究[J]. 断块油气田，2005，12(1)：41-43.

[5] 吕成远. 油藏条件下油水相对渗透率实验研究[J]. 石油勘探与开发，2003，30(4)：102-105.

[6] 姜维东，任艳滨，张运来，等. 稠油油田油水相对渗透率和水驱油效率研究[J]. 大庆石油地质与开发，2008，25(3)：90-91.

[7] 郑惠光. 非牛顿原油渗流流变特性及其在油田开发中的应用[J]. 石油天然气学报，2003，25(3)：90-91.

[8] 孙建芳. 胜利郑411区块超稠油单相渗流特征试验研究[J]. 石油钻探技术，2011，39(6)：86-90.

[9] 陈明，等. 海上稠油热采技术探索与实践[M]. 北京：石油工业出版社，2012.

海上特稠油厚油藏注蒸汽吞吐二维可视化研究

林 涛[1] 孙玉豹[1] 刘 东[2] 宋宏志[1] 朱 琴[2]

(1. 中海油田服务股份有限公司油田生产事业部，天津塘沽 300459；
2. 中海石油(中国)有限公司天津分公司，天津塘沽 300459)

摘 要 渤海油田的热采技术示范取得了较好的开采效果，但主要集中在薄互层油藏上，而海上特稠油厚油藏还未开发，厚油藏开发面临哪些问题及攻关的方向是研究的重点。通过大型二维可视化物理模拟实验装置(耐温300℃、耐压20MPa)，结合吞吐模拟实验装置，对特稠油油藏的注蒸汽吞吐进行二维可视化模拟研究。设计研究了八个轮次的蒸汽吞吐情况，研究结果表明，每个轮次生产过程中，排水期完成后，瞬时产油量达到最大值，而后迅速递减，随着轮次的增加，阶段产油量达到最高值后迅速递减，整个吞吐阶段最终采出程度为20.7%。研究结果表明对海上特稠油厚油藏，其吞吐阶段1~3周期为预热阶段，4~6为主要产能贡献阶段，7~8为产能下降阶段，一方面为海上特稠油油藏数模研究提供了实验基础，另一方面为开发方式优化奠定了技术基础。

关键词 特稠油；厚油藏；蒸汽吞吐；二维可视化

引言

中国海洋油田稠油占64%，其中93%的稠油分布在渤海，根据陆地油田稠油分类标准结合海上生产实际，将海上稠油分为两类，地下原油黏度在350~10000mPa·s之间的为Ⅰ类非常规稠油，代表油田有南堡油田等；地下原油黏度大于10000mPa·s的为Ⅱ类非常规稠油即特稠油[1]。截止到2011年底共发现了三级稠油储量21.2×10^8t，其中原油黏度>10000mPa·s的稠油地质储量2.32×10^8t，目前还未动用[2-3]。目前已发现48个不同品位的稠油油田或含油气构造，渤海稠油按单层厚度分主要以薄层和厚层为主，超过20m的厚油藏储量占到20%。

前者经过多年的热采试验，取得了良好的效果，并摸索出了一套热采吞吐开发的经验和方法[4-9]。但厚层块状特稠油油藏还处于摸索阶段，渤海某油田为例，其具有埋藏深、原油黏度大、油层厚度大等特点，并且受到海上油田开发成本高、空间有限等的限制，需要对中深层厚层特稠油油藏的蒸汽吞吐机理做深入研究，由于海上油田由于目前的试验油田少，试验井少，没有办法采用现场试验的方法来实现，因此必须采用一种新的实验技术，为其开发模式的探索奠定基础。对于注蒸汽吞吐的实验研究，往往采用一维驱替实验进行模拟，一方面无法真正意义实现蒸汽吞吐的实验模拟，另一方面，实验无法实现可视化，无法从微观驱油机理上进行深入研究。同时前人的二维实验模型尺寸一般较小，而且无法实现较高压力下的实验模拟。针对以上问题，采用自主研发的大型二维物理模拟实验装置和吞吐模拟实验装置，既实现了真正意义上的蒸汽吞吐模拟，同时从宏观波及和微观驱油两方面，直观再现蒸汽吞吐过程，分析了厚油藏注蒸汽吞吐的驱油机理及不同轮次蒸汽吞吐的产液规律。

1 蒸汽吞吐二维可视化实验方案设计

1.1 实验设备

整个实验装置系统主要由大型二维物理模拟实验装置和吞吐储能装置两部分构成。大型二维模拟实验装置由模型系统、高压舱系统、数据采集处理系统、自动控制系统、采出计量系统及辅助系统等组成。为了实现高温高压可视化物理模拟，采用了两层设计：内层采用耐高温玻璃板作

基金项目： 中国海洋石油集团有限公司科技攻关项目“海上多元热流体稠油热采研发条件平台建设(一期)(CNOOC-KJ PT YF 2015)”。

作者简介： 林涛(1983-)，男，高级工程师，2008年毕业于大庆石油学院石油工程油气田开发工程专业，现从事海上油田稠油热采工艺技术方面的研究。E-mail：lintao5@cosl.com.cn。

为模型盖板，外层用压力舱进行围压控制，保持玻璃板内外压力平衡。内层的玻璃板耐温不耐压，外层的压力舱耐压不耐温，两层结合实现高温高压模拟。在玻璃板上部设置CCD数字摄像系统，实现实验过程的数字化摄像采集。整个系统的最高实验温度：300 ℃，最高实验压力：20MPa，模型尺寸：500mm×500mm×40mm。

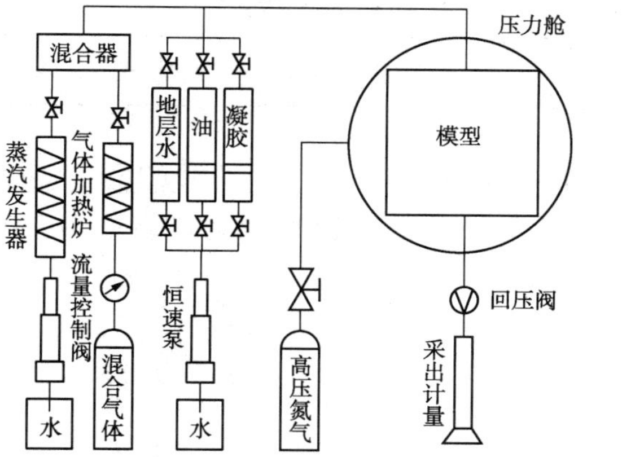

图1　大型二维模拟实验装置流程图

吞吐模拟装置主要由回收模型、储能容器、恒温箱、注入泵、回收泵、加热控温系统、压力温度测量系统、数值模拟分析系统和软件系统等组成，额定实验压力：32MPa；额定试验温度：-150℃。

在模拟“吐”的过程中储存从模型中驱替出来的油水介质，并记录压力变化的过程，在模拟“吐”的过程中将油水介质回注到模型中，回注过程应保证油水比例与“吞”的过程相同，且压力变化应符合特定(“吞”的过程或其他人为设定)的压力曲线，从而较为逼真的模拟蒸汽吞吐过程(图1)。

大型二维物理模拟实验装置和吞吐储能装置结合，可以实现注蒸汽吞吐的二维可视化实验研究。

1.2　实验步骤

(1) 模型装填砂：准备好实验所需的石英砂、油样等，确保温度和压差传感器状态良好。准备不同砂比实验用砂、已沉降脱水原油、蒸馏水。按照模型设计孔隙度计算油、水用量。

(2) 连接实验线路(图2)，采取事先按比例混合油砂再装填的方式饱和油。

(3) 按照实验设计要求，将压力舱温度调至油藏温度，模型内部各点温度相差不超过0.5℃。

(4) 模型试压，30min内模型高压舱的压力下降不超过0.1MPa，模型内外压差不超过0.01MPa，试压合格。

(5) 按实验方案设定注入参数和采出参数。

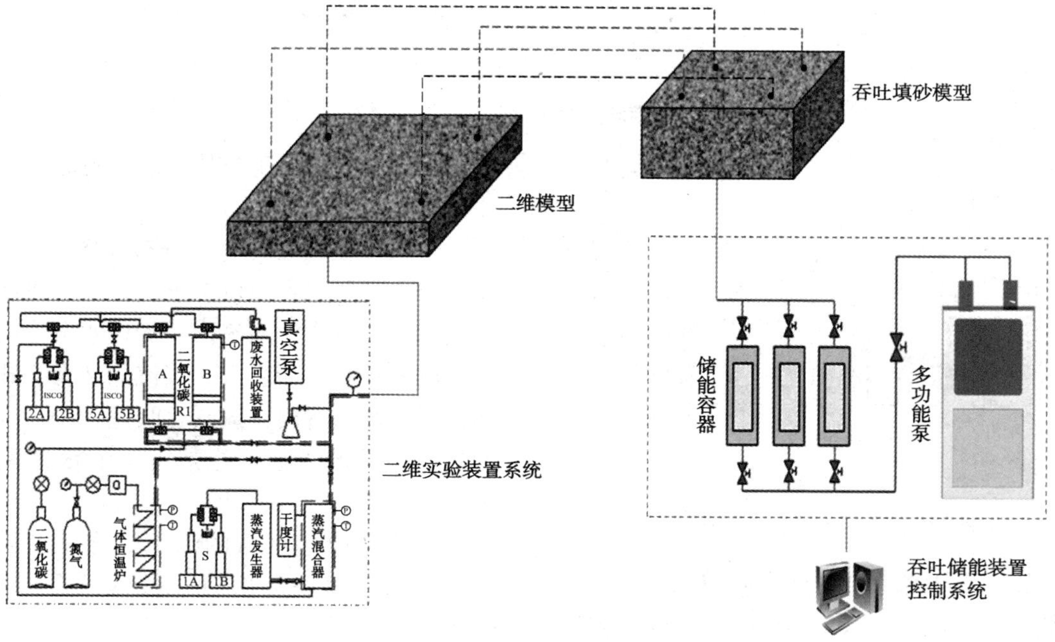

图2　实验装置连接示意图

1.3　实验材料及方案

实验用水：按地层离子组成配制，总矿化度为10249mg/L，如表1所示。

实验用油为油田原油，50℃下地下原油黏度在33085mPa·s，实验温度47℃。

表 1　实验用模拟盐水离子组成

矿化度/(mg/L)	离子组成/(mg/L)					
	$Na^{+}+K^{+}$	Ca^{2+}	Mg^{2+}	Cl^{-}	SO_4^{2-}	HCO^{3-}
10249	2952.2	903.8	115.0	5752.2	91.3	434.7

根据相似比例设计建立模型，布置一口水平吞吐井、压力场测点、温度场传感器，可测定不同部位驱油效果。实验过程为吞吐井吞吐八个轮次，油藏压力达 9.5MPa，注入温度 300～350℃，实验方案如表 2 所示。

表 2　实验方案设计表

类别	吞吐井水平段长度	井距	渗透率	孔隙度
原型	500m	75m	$3728\times10^{-3}\mu m^2$	32.6%
模型	400mm	60mm	$4000\times10^{-}\mu m^2$	35%

类别	油藏温度	油藏压力	油层厚度	原油黏度	蒸汽注入速度
原型	47℃	9.5MPa	25～60m	33982 mPa・s	$300m^3/d$
模型	47℃	9.5MPa	40mm	33085mPa・s	24mL/min

2　实验结果分析

2.1　动态特征分析

实验过程中的产出动态特征如图 3 所示，由图可知，每个轮次生产过程中，排水期完成后，瞬时产油量达到最大值，而后迅速递减，随着轮次的增加，阶段产油量达到最高值后，迅速递减。

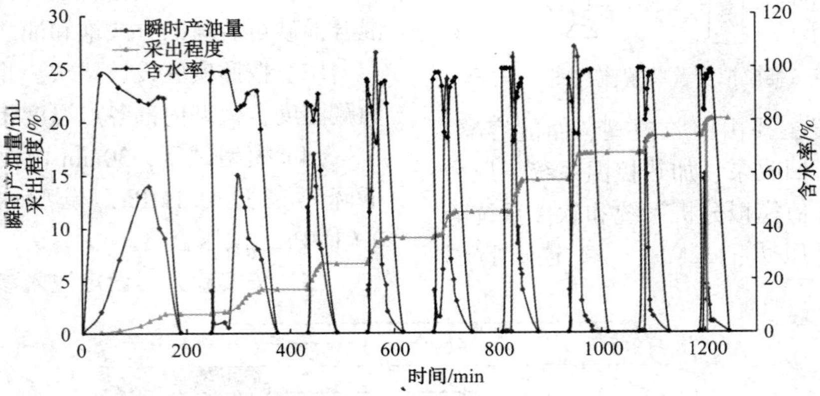

图 3　吞吐瞬时产油量和含水率变化

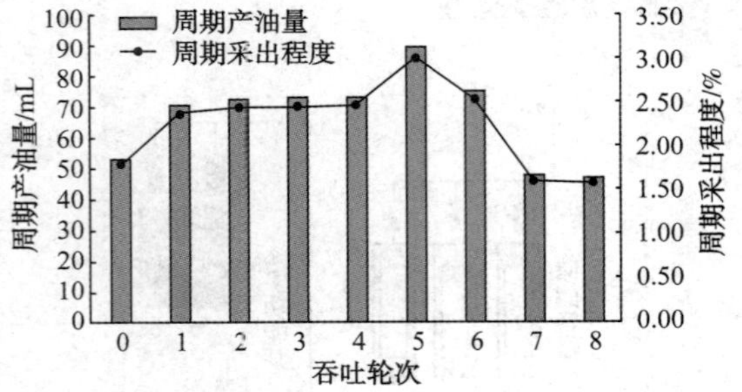

图 4　吞吐不同轮次的
周期产油量与周期采收率对比

由图 4 可知，对于整个八轮的吞吐情况，在 1～3 轮阶段属于预热生产阶段；高产油阶段主要在 4～6 轮次，每轮次平均采油率为 2.76%，相较于 1～3 轮次提升 0.34%；7～8 轮次每轮次平均采油率为 1.8%，相较于 4～6 轮次降低较为明显，整个吞吐阶段最终采出程度为 20.7%。随着蒸汽吞吐轮次的增加，热采效果逐渐变差，因此应考虑蒸汽吞吐后的接替工艺技术的实施。

2.2　驱油机理分析

蒸汽吞吐过程剩余油分布如图 5 所示，图 5(a)、图 5(b)、图 5(c)分别为第一轮次、第三轮次和第八轮次注入蒸汽后的油水分布情况。随着蒸汽的不断不断注入，蒸汽的波及面积不断增加，同时可以看出，蒸汽吞吐过程中出现了典型的黏性指进的现象，这是由于油水的黏度差导致的。

在图 5 的 A 区域的油水变化可以看出，蒸汽在注入的第一轮次时，虽然已有蒸汽波及，但仍存在大量剩余油，在第三轮次时，此区域开始形成流动通道，而在第八轮次时，此区域已构成了流动通道。说明随着蒸汽的注入，其作为良好的驱替流体，具有很好的增加波及面积的作用。

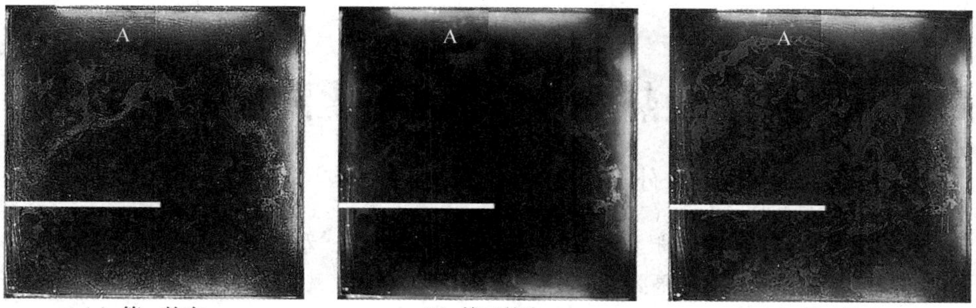

(a) 第一轮次　(b) 第三轮次　(c) 第八轮次

图 5　不同轮次剩余油分布情况

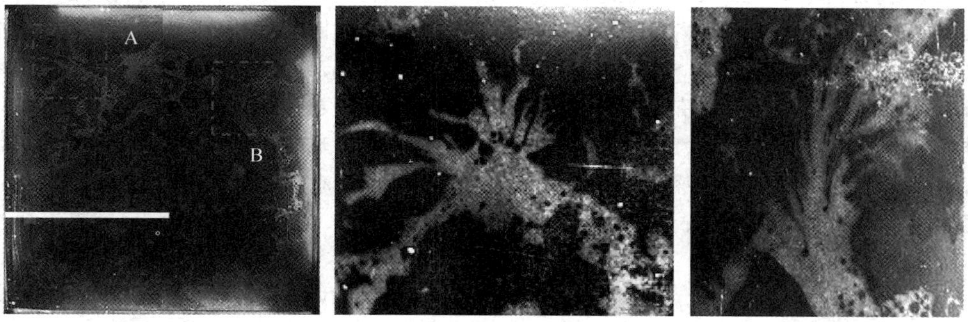

(a) 第三轮次　(b) A区域微观拍摄图　(c) B区域微观拍摄图

图 6　第三轮次剩余油分布及微观拍摄图

图 6(b)和图 6(c)反映的是 A 区域和 B 区域蒸汽吞吐过程中油水微观流动情况，可以看出，在蒸汽吞吐过程中，在蒸汽的驱替力的扰动下，原油逐渐被剥离，并且可以明显观察到油的微观流动状态。同时，被剥离的原油会形成乳状液滴，其具有较强的流动性，乳状液滴被带入流动通道后采出，说明注入的蒸汽可以明显提高地层的洗油效率。

3　结论

(1) 采用自主研发的大型二维可视化物理模拟实验装置和吞吐模拟实验装置，实现了海上特稠油厚油藏的注蒸汽吞吐模拟，研究结果表明，吞吐阶段 1~3 周期为预热阶段，4~6 为主要产能贡献阶段，7~8 为产能下降阶段，整个吞吐阶段最终采出程度为 20.7%。随着吞吐轮次的增加，热采效果逐渐变差，因此应考虑注蒸汽吞吐后的接替工艺技术的实施。

(2) 注蒸汽吞吐过程出现了明显的黏性指进的现象，注入地层中的蒸汽具有较好的增加波及面积的作用，同时蒸汽具有较好的原油剥离能力，与地层原油可以形成乳状液滴，从而明显提高地层的洗油效率。

参　考　文　献

[1] 于连东．世界稠油资源的分布及其开采技术的现状与展望[J]．特种油气藏．2001，8(2)：98-103.

[2] 喻贵民．多元热流体热采技术与实践[M]．北京：中国石化出版社，2015.

[3] 唐晓旭，马跃，孙永涛．海上稠油多元热流体吞吐工艺研究及现场试验[J]．中国海上油气，2011，23(3)：185-188.

[4] 孙玉豹，孙永涛，林涛．渤海油田多元热流体吞吐自喷期生产控制[J]．石油化工应用，2012，31(5)：10-12.

[5] 林涛，孙永涛，马增华，等．多元热流体热-气降黏作用初步探讨[J]．海洋石油，2012，32(3)：74-76.

[6] 林涛，孙永涛，刘海涛，等．CO_2、N_2 与蒸汽混合增效作用研究[J]．断块油气田，2013，20(2)：246-247，267.

[7] 林涛，孙永涛，马增华，等．多元热流体热采技术在海上探井测试中适应性研究[J]．海洋石油，2012，32(2)：51-53.

[8] 林涛，孙永涛，孙玉豹，等．热采井注入压力影响因素灰色关联分析[J]．石油工程建设，2015，40(6)：58-60.

[9] 陈明．海上稠油热采技术探索与实践[M]．北京：石油工业出版社，2012.

海上油田稠油热采产出液乳化防治技术研究

王少华[1]　孙玉豹[1]　张俊廷[2]　汪　成[1]　朱　琴[2]

（1. 中海油田服务股份有限公司油田生产事业部，天津塘沽　300459；
2. 中海石油(中国)有限公司天津分公司渤海石油研究院，天津塘沽　300459）

摘　要　渤海某稠油油田在实施高温热流体吞吐过程中，稠油容易在高温作用下与水形成稳定的油包水乳状液，不易破乳脱水，给产出液处理造成了一定的负担。室内高温特性实验结果表明，随着温度和含水的升高，乳状液的黏度急剧升高，最高可达乳化前的8倍；通过开展不同温度乳化实验，测得乳化严重区间为90～150℃。针对上述问题，提出热采井乳化防治思路并研制一种耐高温的防乳增效剂。该类处理剂由于具有嵌段聚醚和耐高温分子结构，能够有效地防止高温下稠油与水形成油包水乳状液，并且对已经形成的乳状液有破坏作用，达到乳化防治的目的，现场应用效果良好，有效减轻了现场产出液处理负担。同时，该类处理剂还具有增效驱油的作用。同时，项目的研究也为渤海后续多个稠油油田的规模化热采开发提供思路和借鉴。

关键词　稠油；高温乳化防治；乳状液；耐高温防乳增效剂

引言

渤海某稠油油田某井组采用注入高温流体吞吐方式进行热采开发，地面注入温度达250～280℃[1]。由于注入的流体具有降黏、增能等多重提高采收率机理[2]，注入热流体后的油井产能是措施前的1～2倍，高峰产能是措施前的2～3倍，部分油井在注热后具有较长的自喷期[1]，自喷产能达到500～1000m^3。

然而，热采井在产量提高的同时，热采产出液经海管抵达中心处理平台后出现了乳化层加剧的现象，处理难度大幅度增加，包括破乳剂用量升高、污水水质变差等现象。针对该现象，研究了稠油热采高温乳化特性。分析认为，稠油在热采高温作用下，形成了难处理的油包水乳状液，稠油中的胶质沥青质作为一种天然的乳化剂，吸附在油水界面，增厚了界面膜，使乳状液极其稳定为了解决该问题，提出了高温热采乳化防治的思路并研制了防乳增效剂，有效地防止油与水在高温下形成油包水乳状液，并能对已经形成的油包水乳状液起到破乳作用。将上述处理剂成功应用于现场，取得了较好效果。

1　背景

当热采井投产后，中心处理平台一级分离器显示乳化层的体积明显增加，显然大量的乳状液进入分离器，后经现场取样，类型为油包水乳状液，且稳定性较强。由于无法在设定的时间内处理，较高含水的一级处理液会进入后续二级和电脱处理流程，会造成电脱电流不稳和外输含水升高。同时乳状液从一级分离器进入污水处理系统，造成污水水质变差。为了稳定流程，采取了加大破乳剂用量、双电脱同时运行等措施，一定程度缓解了热采产出液对流程的影响和冲击。

2　稠油热采高温乳化特性室内实验

2.1　实验部分

为了研究稠油热采乳状液的特性，采用油水搅拌混合均匀并置入高温滚子炉的方式模拟热采高温乳状液，由于稠油中已经有较高含量的胶质沥青质，在高温以及搅拌、滚动作用下，水滴将逐步乳化至油相内，形成相对稳定的油包水乳状液，并通过析水量、黏度值等指标判断乳状液的乳化严重程度。

（1）实验材料

脱气脱水原油(表1)、实验室配制模拟地层水(表2)等。

基金项目：国家科技重大专项"规模化多元热流体热采工程技术示范"(2016ZX05058-003-009)。

作者简介：王少华(1987-)，男，工程师，2009年毕业于长江大学应用化学专业，现从事海上油田提高稠油采收率工作。E-mail：wangshh16@cosl.com.cn。

表 1　原油黏度数据

温度/℃	50	60	70	80	90	100	110	120	130	140	150
黏度/(mPa·s)	1821	1029	560	313	185	117	75	54	35	28	20

表 2　模拟地层水矿化度离子组成

项　　目		结果
阳离子	$K^{+}+Na^{+}$/(mg/L)	721.28
	Ca^{2+}/(mg/L)	15.92
	Mg^{2+}/(mg/L)	19.32
	总值/(mg/L)	756.52
阴离子	OH^{-}/(mg/L)	0.00
	CO_3^{2-}/(mg/L)	78.06
	HCO_3^{-}/(mg/L)	899.58
	SO_4^{2-}/(mg/L)	0.00
	Cl^{-}/(mg/L)	581.22
	总值/(mg/L)	1558.86
其他	总矿化度/(mg/L)	2315.38
	总碱度/(mmol/L)	17.34
	总硬度/(mmol/L)	1.19
	pH 值(15.9℃)	8.93

（2）实验仪器

恒温水浴锅、XGRL-3 型数显式滚子加热炉、脱水脱气恒温箱、SN-B-2 型数字式黏度计等。

（3）实验步骤

a. 将油水比为 1∶1、2∶1、7∶3 的溶液搅拌均匀后，得到含水为 30%、50%、60% 的初混液，分别倒入不同的加热罐；

b. 将加热罐校紧、封好，罐中液体不可流出，加热罐装入高温滚子炉中；

c. 将高温滚子炉温度分别设置为 55℃、60℃、70℃、80℃、90℃、100℃、120℃、150℃、170℃、180℃、200℃；

d. 乳化时间为 5h；

e. 用 SN-B-2 型数字式黏度计分别测量以上各温度下所制备的乳状液在 50℃时的黏度。

2.2　实验结果及分析

将不同含水率的乳状液在不同的温度乳化后，测定 50℃下黏度，并绘制黏度—温度曲线，如图 1 所示。并将得到的模拟乳状液进行静置 7d，观察析出水情况判断乳状液的稳定性。

从上述结果可知：

（1）相比脱水原油黏度 1821mPa·s，稠油在高温乳化后黏度均实现了不同程度的增长，当

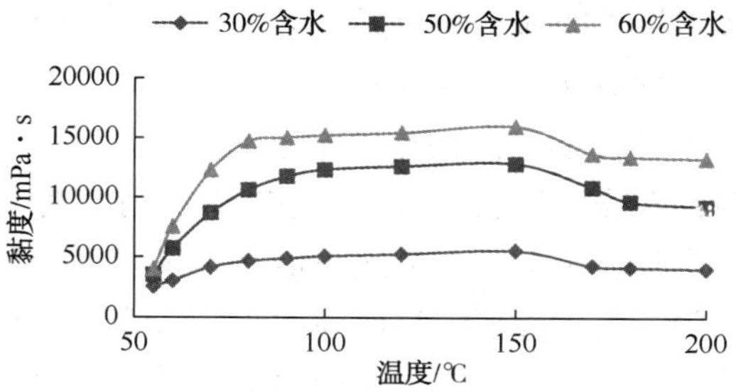

图 1　不同乳化温度及含水率对稠油乳化特性的影响

乳化温度为 100℃、含水 60% 时，乳化后的黏度达到了乳化前的 8 倍。在一定区间内，随着乳化温度和含水升高，乳化后的黏度急剧攀升。这主要是因为稠油乳化温度越高，乳化的越好，水滴分散度越大，与原油结合越紧密，两相间的作用力越大，黏度也就越高。

（2）该黏度的稠油在乳化严重区间为 90～150℃。当温度低于 90℃时，稠油黏度还较高，水滴乳化在油相中的难度较大，不易乳化或者不能乳化。当温度高于 150℃时，稠油黏度已经非常低，水滴在分散至油相中后，又因为高温的破坏作用以及稠油黏度降低导致的黏滞力降低，进行一定程度的破乳脱水动作，降低了乳化程度。

（3）模拟得到的稠油高温乳状液在静置 7d 后无析水，表明在高温作用下形成的乳状液具有极强的稳定性，这主要是因为稠油经历了一个“升温降黏乳化、降温稳定包裹”的作用过程。稠油温度升高，黏度降低，在外力综合作用下，水滴极易乳化至油相内，稠油中的胶质沥青质被加热活化后吸附在油水界面上，起到乳化剂的作用[3]，稳定整个乳状液，并且随着温度升高，乳化更加均匀。当温度降低后，稠油黏度恢复，产生了较强的黏滞阻力，被包裹的水滴不易发生聚并作用[4]，反而形成了稳定的油包水乳状液。

3　耐高温防乳增效剂的研制与应用

3.1　研制

研制的耐高温防乳增效剂是一种高分子型的非离子表面活性剂，通过特殊分子结构的设计，使其既具有与常规破乳剂类似的二嵌段或者三嵌

段聚醚结构[6]，又具有常规破乳剂无法具备的耐高温能力。合成路线如下所示：

$$RC_6H_3CH_2OH+nEO \longrightarrow RC_6H_3CH_2O(EO)_nH$$

耐高温防乳增效剂的作用机制是，由于自身的界面活性明显大于胶质、沥青质，其水溶液在加入乳化原油中经过混合会快速顶替原本吸附在油水界面上胶质、沥青质等活性分子；而且防乳增效剂分子中亲水亲油基团交替排列并含有支链，在界面膜上不会形成类似小分子紧密排列的凝聚膜，大大降低了界面膜的强度，形成不稳定的油包水乳状液，使稠油中水滴易聚集，从而达到防乳降黏的目的。

3.2　性能评价

（1）实验步骤：

a. 称取一定量的研制的耐高温防乳增效剂，配制成质量分数为0.5%的溶液。

b. 将配制好的防乳增效剂溶液在250℃下老化处理4h后取出。

d. 将60mL模拟地层水+140mL稠油加入加热罐①中；将60mL老化后防乳增效剂溶液+140mL稠油加入加热罐②中，将加热罐密封好，放入滚子加热炉中，150℃乳化5h。

e. 取出老化罐倒出乳化后的原油，分别测量50℃时的上层原油黏度，并测定其在50℃条件下的脱水量。

（2）实验结果：

表3　耐高温防乳增效剂的性能评价

编号	①	②
50℃黏度/(mPa·s)	5108	2063
降黏率	—	59.6%
脱水量/mL	0	52
原油乳化含水	30%	5.4%
降低乳化含水	—	24.6%
脱水率	0%	86.7%
防乳率/%	—	86.7%

备注：防乳率=(加入处理剂后的乳状液脱水量-未加处理剂后的乳状液脱水量)/混合液总水量

通过以上实验(表3)可以看出，在空白实验①中，脱水原油黏度1821mPa·s，当升温后，稠油发生乳化，使体系的黏度升高到5108mPa·s，体系脱水量为0ml，则意味着30%的含水全部发生了乳化，并且稳定性较强。当加入0.5%的防乳增效剂后，乳化后的体系黏度为2063mPa·s，相比脱水原油黏度只轻微升高，同时析出水量为52mL，脱水率达到86.7%，说明在防乳增效剂加入后，稠油乳化得到较大幅度抑制，达到了预期的研究目的。

3.3　现场应用

2016—2017年，在渤海某稠油油田热采井组的高温热流体吞吐试验中，与热流体一同注入耐高温防乳增效剂，先后应用6井次。在加入该处理剂后的热采井投产时，处理流程运行平稳，水质并未发生明显变化，破乳剂加量也并未增加，分析认为添加高温防乳增效剂明显减轻了热采产出液对地面处理流程的影响，达到了稠油高温乳化防治的目的。同时措施井产量将相比措施前增加30%~40%。

4　结论

（1）室内实验结果表明，稠油与水在高温作用下容易形成稳定的油包水乳状液，随着温度和含水的升高，乳状液的黏度急剧升高，最高可达乳化前的8倍；通过开展不同温度乳化实验，测得了乳化严重区间为90~150℃；稠油在高温下形成的乳状液极其稳定，不易破乳脱水，这给产出液的处理造成了一定程度的负担。

（2）针对渤海油田稠油开发高温、高黏和油包水的特点，提出了新的稠油热采乳化防治思路，并通过设计嵌段聚醚和耐高温分子结构，研制开发了高温防乳增效剂，该类处理剂具有两亲结构，能替代天然乳化剂吸附在油水界面降低乳状液稳定性。

（3）室内实与现场试验结果表明，该类处理剂能够有效地防止高温下稠油与水形成油包水乳状液，并且对已经形成的乳状液有破坏作用，达到乳化防治的目的，减轻了现场产出液处理负担。同时，该类处理剂还具有增强岩石表面的亲水性、改善流动性等作用，起到增效驱油的作用。

参考文献

[1] 李亮．渤海稠油多元热流体吞吐技术研究[J]．长江大学学报：自科版，2014，11(10)：99-103.

[2] 林涛，孙永涛，马增华等．多元热流体中热-气降黏作用初步探讨[J]．海洋石油，2012，32(3)：74-76.

[3] 李明远，吴肇亮．石油乳状液[M]．科学出版社，

2009. 166-174.

[4] 孙春柳，康万利，刘卫东等．影响原油乳状液稳定性的因素研究[J]．石油天然气学报，2010，32(2)：134-137.

[5] Li M Y，Xu M J，Ma Y，et al. Interfacial film properties of asphaltenes and resins[J]. Fuel. 2002，81：1847-1853.

[6] Mingyuan Li，JixiangGuo，Meiqin Lin. Studies on properties of interfacial active fractions from crude and their effect on stability of crude emulsions[J]. Journal of Dispersion Science and Technology，2006，27：677-687.

海上油田稠油热采井注采一体化工艺技术研究

陈华兴　刘义刚　白健华　蒋召平　庞　铭

（中海石油（中国）有限公司天津分公司，天津塘沽　300459）

摘　要　渤海油田稠油资源丰富，多元热流体吞吐与蒸汽吞吐等热采技术试验效果较好，但需采用注采两趟管柱予以实现，导致热采开发成本较高，稠油油田规模化开发受限。通过举升工艺优选、管柱设计、井下关键工具设计、井口专用装置设计及地面配套工艺优选等研究，形成了海上射流泵注采一体化技术及配套设备，实现了海上油田稠油热采注采一体化领域从 0 到 1 的突破，总费用相比目前工艺降低幅度达 60%，有助于实现海上稠油油田的规模化热采开发，经济与社会效益显著，建议加快现场试验及推广力度。

关键词　海上油田；稠油油藏；热采开发；注采一体化；同心管射流泵

引言

渤海油田稠油资源丰富，先后开展了多元热流体吞吐与蒸汽吞吐等热采试验技术的多轮次应用，取得了较好效果[1-12]。然而海上稠油热采试验井的举升工艺通常采用电潜离心泵举升方式[13-14]，不能适应黏度大于 8000mPa·s 的稠油开采以及不能适应地层出砂，更主要的是常规电潜泵耐温不超过 200℃，导致热采井必须采用注采两趟管柱作业才能实现热采开发。注热期间下入注热管柱，注热、焖井、放喷结束后需动管柱作业，更换为电泵举升管柱。导致现行海上热采井管柱作业及维护成本较高、注热与生产转换效率低，反复更换管柱还会增加作业风险、出砂风险及其他井下潜在风险，成为制约海上稠油热采技术规模化应用的瓶颈问题之一。因此，开展海上稠油油田热采井注采一体化工艺技术研究不仅可以大幅降低热采井操作成本，提升稠油热采油田开发效益，还有助于海上稠油油田规模化热采开发的实施应用，意义重大[15-17]。通过优选同心管射流泵、设计射流泵举升管柱，研制配套的热采井注采一体化井下工具、专用井口装置以及配套地面设备，形成完整的海上油田热采井注采一体化工艺技术。

1　海上油田热采井注采一体化举升工艺优选

根据海上油田稠油热采实际特点，从工艺复杂程度、投资、泵排量、泵深、海上平台适应性、操作及维修管理等方面系统对比了电潜泵[18-19]、液压抽油机[20-23]、杆驱螺杆泵[24-28]、水力射流泵[29-32]等举升工艺的适应性（表 1）。

表 1　海上油田热采井注采一体化举升工艺对比

对比项目	适应条件	电潜泵	液压抽油机	杆驱螺杆泵	水力射流泵
系统基本情况	复杂程度	井下复杂	简单	简单	地面复杂
	一次投资/万	90~120	30~40	30~40	75~90
	操作费/万	60~80	5~10	40~60	1~2
排量/(m^3/d)	正常范围	80~700	1~100	10~200	10~500
泵深/m	正常范围	<2000	<2000	<1500	<2000
	最大值	3084	4420	1800	2500

作者简介：陈华兴（1984–），男，湖北通山人，高级工程师，2010 年毕业于西南石油大学，博士研究生学历（工学博士），现就职于中海石油（中国）有限公司天津分公司，从事储层地质与保护、采油工程方案设计、采油工艺技术研究工作。E-mail：chenhx6@cnooc.com.cn。

续表

对比项目	适应条件	电潜泵	液压抽油机	杆驱螺杆泵	水力射流泵
操作问题	高油气比	不适应	适应	一般	适应
	适应黏度/(mPa·s)	<2000	<8000	<8000	不限制
	出砂	不适应	一般	少量砂	适应
	调整工作制度	缺乏灵活性	方便	方便	方便
	动力源	电	电、油	电、油	油、水
	耐温/℃	180	400	400	400
	动力介质要求	无	无	无	低
地面环境	海上	适宜	不适应	适宜	适宜
维修管理	检泵	动管柱，钢丝	动管柱	动管柱	不动管柱
	平均免检周期/a	1.5	2	1	2.5
	自动控制	适宜	适宜	一般	适宜

杆驱金属螺杆泵主要由地面驱动装置和井下金属螺杆泵两部分组成。地面驱动装置将井口动力通过抽油杆的旋转运动传递到井下，驱动井下螺杆泵进行工作。井下螺杆泵由金属转子和定子两部分组成。该举升工艺的定转子均为金属，如若遇到出砂较严重的井，有潜在故障风险；由于定转子为间隙配合，如若热采时原油黏度很低，泵的漏失会比较严重。液压抽油机主要由地面驱动设备和井下有杆泵两部分组成。地面液压站提供液压，液压驱动光杆及抽油杆进行往复运动，实现抽油泵的进液与排液。井下有杆泵由泵筒和柱塞组成。但由于海上生产井以水平井或大斜度井为主，抽油杆与油管间不可避免存在偏磨；相比于电潜泵、螺杆泵等举升方式，液压抽油机受井口空间及甲板层高的限制较多。射流泵是利用射流原理将注入井内的高温高压动力液的能量传递给井下油层产出液的无杆采油设备，由于依靠动力液传递能量，较易发挥动力液的载体潜能，对特殊油藏的开发具有较强的适应能力，可作为海上油田稠油热采井注采一体化举升工艺的首先。

2 注采一体化管柱设计

根据管柱结构不同，射流泵有普通管式射流泵和同心管式射流泵两种(表2)，其中普通管式射流泵适应井斜为<70°，耐温为<180℃，无套管保护，采用钢丝作业投捞方式，且投捞效率低。同心管式射流泵适应井斜大，耐温高，有套管保护且投捞简单，符合热采井注采一体化的要求。

表2 不同类型水力射流泵参数对比

序号	对比项目	普通管射流泵	同心管射流泵
1	泵悬挂方式	滑套	工作筒
2	动力液循环	反循环	同心管
3	采油树	普通	特殊
4	投捞方式	钢丝	液力
5	投捞效率	需锁芯配合及2~3趟钢丝作业，作业周期约24h	液体反循环投捞，作业简单，周期≤5h
6	动力液速度/(m/s)	0.38	1.25
7	混合液速度/(m/s)	0.09	1.12
8	井斜/(°)	<70	<90
9	狗腿度	<10	<19.1
10	耐温/℃	<180	<400
11	套管保护	无(套管带压)	有(套管不带压)

针对同心管射流泵配套设计了射流泵同心管柱，包含外管管柱和内管管柱，先下入外管管柱再下入内管管柱。同心管注采一体化管柱下入之后，先起出一根内管(动力液小油管)，将内管管柱悬挂在井口采油树上，然后注蒸汽；外管和内管受热后会伸长，其不同的伸长量由外管和内管的长度差(起出的一根小油管长度)补偿。投产前，首先连接注热时起出的一根内管，并向井下投入泵芯。采油时，高压动力液通过井口到达内管，沿内管到达射流泵泵芯并驱动井下同心管喷射泵工作，产出液和动力液形成的混合液通过外管(隔热油管)与内管间的环空中产出。

选择内管时，必须注意所选择油管的内径在40~42mm，内径在该范围内，则泵芯能顺利起出和下入。根据API Bul 5C2(或SY/T 6417—2009)标准的油管系列，1.9in(Φ48.26mm)的油管和2.063in(Φ52.4mm)的油管能满足要求，两者内径分别为40.89mm和42.4mm。根据陆地应用反馈，并考虑内管在高温下受热应力及冲蚀作用影响，推荐选用2.063in油管，该型号油管比1.9in油管的壁厚更厚，强度更高。

外管选用隔热油管，既能对注入的蒸汽进行保温，减少蒸汽热损失，又能对产出液进行保温，降低产出液流动阻力。参考海上热采井之前的注热管柱，选择114×76mm的隔热油管。隔热油管性能应满足行业标准SY/T《预应力隔热油管》及总公司企业标准《海上稠油热采井套管和油管设计要求》相关规定，重复使用的隔热油管视导热系数指标应满足 $\lambda < 0.06$W/(m·℃)要求。

根据海上油田热采井使用要求，注采一体化管柱的内管柱使用Φ52.4mm油管，流通面积为1256mm^2，内径40mm；外管柱使用Φ114.3mm×76mm的隔热油管，其环形空间的等效直径为58.68mm，流通面积为2703mm^2。管柱基本结构为：外管：Φ114.3mm×76mm的隔热油管×泵深；内管：Φ52.4mm平式N80油管×泵深；尾管：Φ73mm油管76m(图1)。

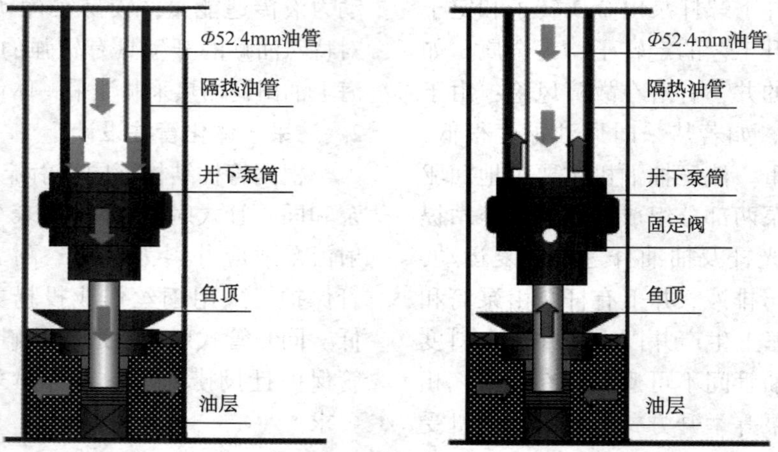

图1　同心双管射流泵注气、生产一体化管柱

3　井下关键工具设计

(1) 井下安全控制工具

海上油田应用同心管射流泵举升时面临的最重要的问题便是如何解决射流泵的井下安全控制，作者查找了国内外论文、专利等文献资料[33]，但均未有良好的对策，为此发明了机械式和液压式两种井下安全阀。

机械式井下安全阀由下接头、阀板、销轴(及扭簧)、阀板座、外罩、连接螺纹、泵工作筒等组成(图2)。注蒸汽时，上提一根小油管，机械式防喷工具在扭簧的作用下关闭。允许蒸汽单向通过阀注入地层；当遇到紧急情况时，停止注热，机械式安全控制工具随即关闭。生产时，由于重新插入泵筒，同时打开机械式安全控制工具。主要技术参数为：外径：120mm；内径：57mm；连接扣型：2⅞″EUP×TR100B；平衡式结构；工作管线接口：无；额定工作压力：35MPa；耐温：350℃；材料：N80-13Cr及同等级材料；抗拉强度：大于650kN。

液控井下安全阀主要由上接头、密封接头、柱塞、中间接头、压帽、推帽、弹簧套、弹簧、中心管、扶正环、固定座、销轴、扭簧、阀板和下接头组成(图3)。安全阀上接头设计有液压孔，从液压孔处打压，液压驱动柱塞向下移动，柱塞推动相连接的弹簧和中心管向下运动，当中心管接触到锥塞时，阀板上下液压连通建立压力平衡，继续打压，中心管向下顶开阀板，井下安全阀处于打开状态。当需要关闭安全阀时，泄掉上接头处液压孔的压力，弹簧回位，中心管和柱塞在弹簧力的作用下回到初始位置，阀板失去支撑，在扭簧回复扭矩的作用下，阀板与阀板座紧密贴合，井下安全阀关闭，达到隔离井下油气的目的。主要技术参数为：外径：160mm；通径：57mm；连接扣型：$2\frac{7}{8}$″EUE（B×P）；平衡式结构；工作管线接口：$\frac{1}{4}$″NPT；额定工作压力：21MPa；耐温：350℃；完全开启压力：23.5MPa；材料：1Cr13 及同等级材料；抗拉强度：大于 650kN。

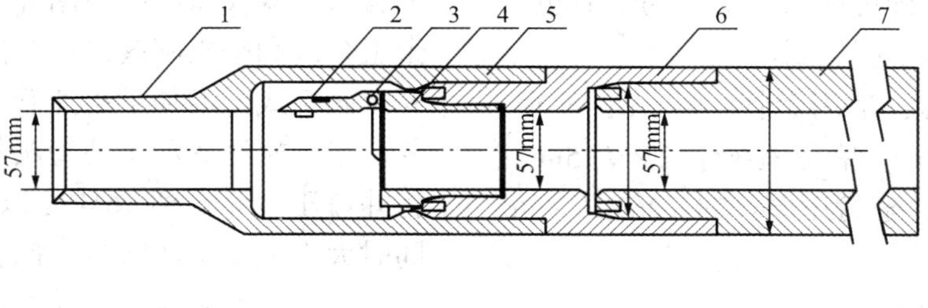

图 2　机械式井下安全阀结构示意图

1—下接头；2—阀板；3—销轴（及扭簧）；4—阀板座；5—外罩；6—连接螺纹；7—泵工作筒

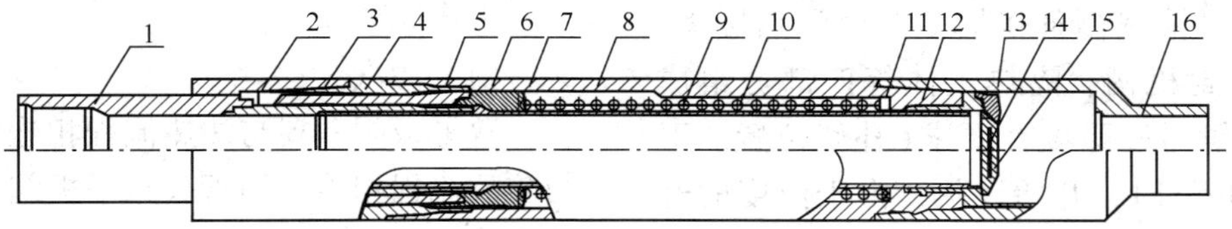

图 3　液控式井下安全阀结构示意图

1—上接头；2—密封接头；3—柱塞；4—中间接头；5—压帽；6—连接杆；7—推帽；8—弹簧套；9—弹簧；10—中心管；11—扶正环；12—固定座；13—销轴；14—扭簧；15—阀板；16—下接头

参照 ANSI/API Spec 14A《井下安全阀设备规范》标准开展实验，检验安全阀的整体耐压性能、阀板启闭灵活性、最大承压性能、额定工作压力下的阀门启闭灵活性以及承下压性能。

室内高温实验表明，机械式井下安全控制工具在 350℃承压 5200psi，无压降现象，试验经过 3 轮次高低温交变，安全阀依然耐压 5000psi，不渗不漏。液控式井下安全阀在 350℃的温度下测试下承压 5100psi，10min 内无压降。试验经过 3 轮次高低温交变，最后安全阀依然耐压 5000psi，不渗不漏，试验结果符合要求。

（2）热采封隔器

热采封隔器是热流体注入管柱的重要组成部分，其作用是封隔油层以上油套环空，防止高温热流体上窜到由套管和隔热管组成的环形空间，从而达到减少井筒热损失，保护套管和水泥环不因高温而被损害的目的。

注蒸汽时为了保证最大限度的利用热能，通常采用隔热油管，并从油套环空补充注入氮气，一方面起到隔热的作用，另一方面氮气混合起泡剂注入地层后起到调剖的作用。为此设计了双通道热采封隔器，主要由解封机构、锚定机构、密封组件、锁紧机构、坐封机构和注气单向阀等六部分组成（图 4）。不仅满足了注蒸汽需要的大通道，还具备注氮气的过流通道。当停注多元热流体时，热采封隔器能起到锚定管柱和密封油套环空的作用，并且解封可靠，保证管柱安全顺利起出。

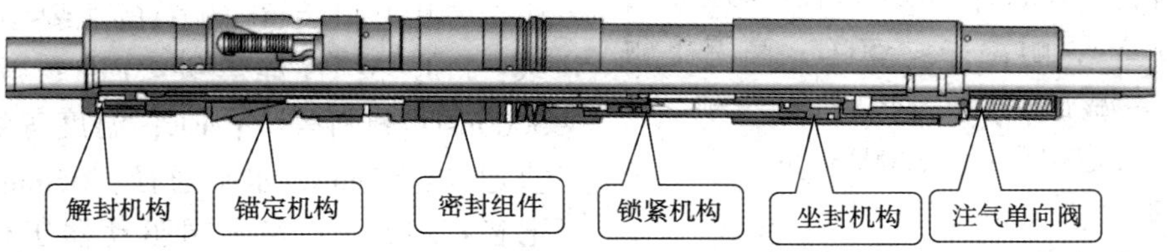

图 4　热采封隔器结构示意图

坐封：按管柱连接方式将双通道热采封隔器下入井内后，油管内打压，坐封机构依次推动锚定部件卡瓦撑开和密封组件坐封，锁紧机构到位防止密封件回弹，完成坐封。

注氮气：从油套环空注入氮气，当压力大于封隔器以下环空压力时，双通道热采封隔器的注气单向阀被打开，氮气即可注入地层。

解封：上提管柱即可解封。解封遇卡时也可以顺时针旋转管柱，上提解封。

主要技术参数为：适用套管：9⅝in；外径：210mm；内径：76mm；单流孔径：2×Φ15mm；工具总长：2105mm；坐封压差：24~26MPa；最高工作温度：350℃。

（3）隔热型补偿器

隔热型补偿器的作用是补偿注热流体时高温造成的井下管柱的伸长量，同时又具有隔热和传递扭矩的功能。隔热型补偿器主要由隔热接头、补偿内管、密封机构、隔热主体等四部分组成(图5)。当补偿器按照设计要求(补偿位置、下入位置)下到井下时，开始注热，由于温度的升高，井下管柱就会伸长，此时补偿器的内中心管就缩进隔热外管内，当注热结束或注热过程中由于其他原因停注，温度降下来时，内中心管就会伸出，补偿管柱的缩短。中心管上提时，补偿内管上的凹凸槽与密封机构上的凸凹槽啮合，此时内外管可同时旋转，实现力矩的传递，满足管柱传递力矩的要求。具有以下特点：①本体及接头均采用组合式隔热结构设计，确保隔热性能；②复合密封材料确保工具耐温耐压及伸缩灵活的密封性能；③特殊结构设计使补偿器可以传递力矩。

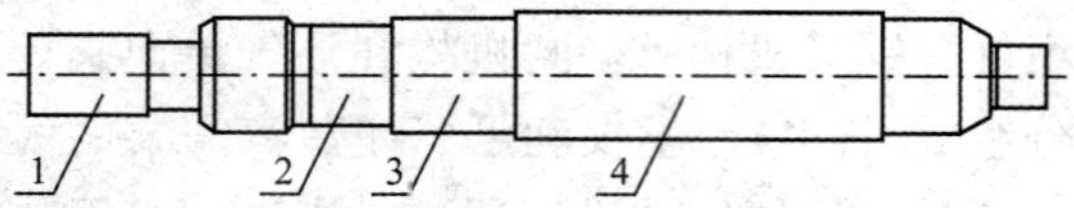

图5　隔热型补偿器结构示意图

1—隔热接头；2—密封机构；3—补偿内管；4—隔热主体

主要技术参数为：隔热等级：C~D级；外径：168mm；内径：76mm；工具总长：4919mm；伸缩距：≤2000mm；耐温：≤350℃；高温下耐压：≤21MPa；常温下耐压：≤40MPa；两端连接螺纹：3½″EU；传递扭矩：≤2300N·m。

（4）坐落接头

坐落接头主要用于配合热采封隔器的坐封。主要技术参数为：外径：141.22mm；内径：71.37mm；长度：419.1mm；型面类型：2.812″X型；最大工作压差：51.71MPa；两端连接螺纹：3½EU。

4　注采一体化井口专用装置设计

同心管射流泵注采一体化专用井口装置是海上稠油热采的主要设备之一，针对性设计了双级油管头，双翼双阀的专用井口装置，主通径有一个组合阀和平板闸阀，组合阀由一个平板闸阀和安全阀组成，增加了小油管头的井口，可用两台泵从采油树侧翼和小油管头侧翼同时注蒸汽，可将井口压力降低到16MPa以下，降低作业风险，同时大大减少了注蒸汽时间，提高作业效率。采油时可从采油树侧翼注入动力液，油管环空走产出液，产出液与动力液混合，实现动力液的循环使用和采油。

工作原理如下：

（1）注汽

双平板阀一翼与注热流程相连，节流阀一翼与防喷流程相连，油管头双平板阀一翼与注氮气流程连接。

在注热流体(汽)时，打开采油树注汽通道的阀门，关闭采油树其他手动阀门，进行注热作业，注热完毕后关闭注汽通道的阀门进行焖井，放喷时开启放喷通道阀门进行放喷。在注汽的过程中，打开大油管头双翼平板阀，用来向油套环空注氮气，提高注热效率和平衡地层压力。

注热和焖井过程中，油井套管在高温、高压的作用下膨胀升高，油管头内预留了套管的伸长空间进行升高补偿。

（2）生产

在完成放喷后，可以从采油树侧翼注入动力液，小油管头侧翼流出产出液达到冷采的目的，这样可以实现注采一体化。若在注热和采油过程中发生井喷时，气动安全阀自动关闭，提高了井口的安全性。

放喷时，则依靠地面管汇上的节流阀，调节井口出口端的压力和流量。

专用井口装置(图6)的主要参数为：规范等级：PSL-3；性能等级：PR1；额定工作压力：5000psi；材料等级：EE；温度等级：370℃；垂直通径：65mm；水平通径：65mm；大四通垂直通径：240mm；安全阀驱动器工作压力：0.8~1MPa；安全阀驱动器关闭时间：5s。

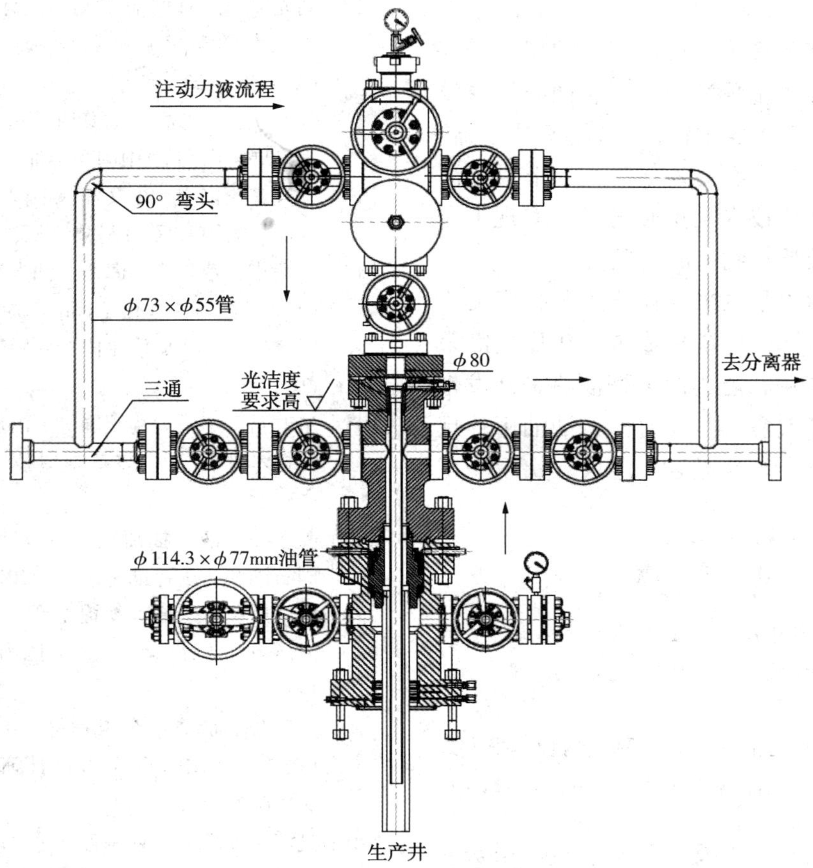

图 6 注采一体化井口装置示意图(生产流程)

5 地面配套设备

射流泵的地面流程(图 7)主要包括产出液初级处理和动力液供给两部分，产出液的初级处理主要由油气水沙分离器来实现，动力液的供给主要由地面动力液泵(即柱塞泵)来实现，此外还需要高低压过滤器、流量计、变频柜和地面管汇等辅助设备。

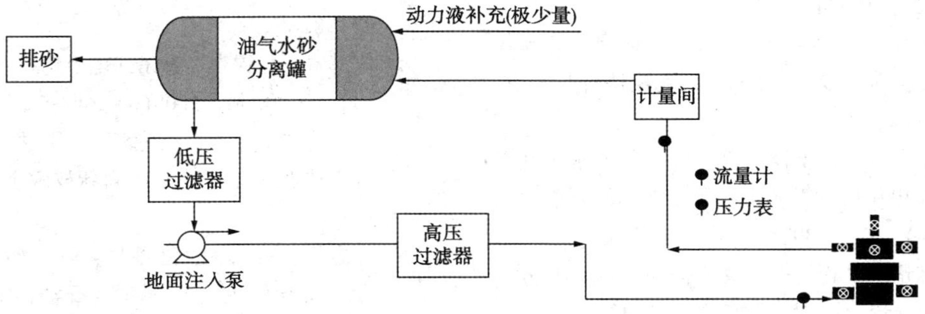

图 7 射流泵地面配套工艺流程简图

动力液采用自循环式，实现压力与流体闭路循环，使用生产污水作为动力液，减少其他水源用量，降低结垢腐蚀风险。大幅减轻污水处理负担，尤其生产后期，基本依靠地层产水就可以满足动力也需求，降低成本。

6 现场试验

2018 年 9~10 月，注采一体化工艺技术在胜利 WZ36-4X5 射流泵井开展陆地试验，验证研制的射流泵筒和井下工具在高温下的可靠性及作业程序。试验进行了 5 个月，整个试验期间，工具耐温性好，工作筒与机械式安全阀配合良好，打开灵活；工作筒下入性良好，内泵筒插入密封性耐压 20MPa，符合技术要求，具备在海上油田热采井进一步试验验证的基础。

7 结论

（1）对比研究并筛选出符合海上油田热采井注采一体化的同心射流泵举升工艺、同心管柱设计、井下安全阀、热采封隔器、隔热型补偿器、坐落接头，专用井口、配套地面工艺，形成了海上射流泵注采一体化技术及配套设备，实现了海上注采一体化领域从0到1的突破。

（2）同心管射流泵注采一体化工艺技术无论是在初期投资、后期操作维护成本上相比电潜泵可降低约60%的费用，能为海上稠油热采开发带来可观的直接经济效益，实现海上稠油油田的规模化热采开发，社会效益显著，建议加快现场试验及推广力度。

参考文献

[1] 唐晓旭，马跃，孙永涛．海上稠油多元热流体吞吐工艺研究及现场试验[J]．中国海上油气，2011，23(3)：185-188.

[2] 梁丹，冯国智，曾祥林等．海上稠油两种热采方式开发效果评价[J]．石油钻探技术，2014，42(1)：95-99.

[3] 刘东，胡廷惠，潘广明，等．海上多元热流体吞吐与蒸汽吞吐开采效果对比[J]．特种油气藏，2015，22(4)：118-120.

[4] 陈建波．海上深薄层稠油油田多元热流体吞吐研究[J]．特种油气藏，2016(2)：97-100.

[5] 杨兵，李敬松，张贤松等．稠油油藏水平井多元热流体吞吐高效开采技术[J]．油气地质与采收率，2014，21(2)：41-44.

[6] 张彩旗，刘东，潘广明，等．海上稠油多元热流体吞吐效果评价研究及应用[J]．油气藏评价与开发，2016，6(2).

[7] 李敬松，孙永涛，宫汝祥，等．海上稠油水平井多元热流体吞吐开采特征分析[J]．石油天然气学报，2014，36(4)：135-139.

[8] 郑伟，袁忠超，田冀，等．渤海稠油不同吞吐方式效果对比及优选[J]．特种油气藏，2014，21(3).

[9] 姜杰，李敬松，祁成祥，等．海上稠油多元热流体吞吐开采技术研究[J]．油气藏评价与开发，2012(4)：38-40.

[10] 林涛，孙永涛，孙玉豹，等．注热与电潜泵机采管柱在海上油田的应用[J]．石油化工应用，2012，31(8)：10-12.

[11] 李萍，刘志龙，邹剑，等．渤海旅大27-2油田蒸汽吞吐先导试验注采工程[J]．石油学报，2016，37(2).

[12] 刘光成．渤海稠油多元热流体吞吐技术研究[J]．长江大学学报自然科学版：理工(上旬)，2014(4)：99-103.

[13] 郭太现，苏彦春．渤海油田稠油油藏开发现状和技术发展方向[J]．中国海上油气，2013，25(4).

[14] 陈壁，丘宗杰，徐文江．中国近海采油工艺技术的发展战略[J]．石油科技论坛，2014，33(3)：1-4.

[15] 杨炳华，曾凡辉．海洋石油电潜泵应用技术及管理[J]．中国石油和化工标准与质量，2017(19).

[16] 罗鑫民．电潜泵采油技术分析[J]．石化技术，2017(9).

[17] 朱改新，李昕，葛于国等．液压抽油机的发展状况及技术分析[J]．装备制造技术，2018，284(08)：164-167.

[18] 姜东亮．液压抽油机的适应性分析及应用[J]．中国石油和化工标准与质量，2018(5)：134-135.

[19] 余焱群，常宗瑜，綦耀光等．海上平台有杆采油的液压抽油机设计[J]．中国海洋平台，2017(6)：14-19.

[20] 张芬娜，薛鑫，余焱群等．基于海上有杆采油的LD27-2 WHPB平台再设计研究[J]．中国造船，2017(03)：165-173.

[21] 吴江，周颉来，袁海青，等．渤海重质稠油油田浅层油井采油方式评价[J]．中国石油和化工，2013(5)：55-56.

[22] 周颉来(译)，史晶莹(审)．委内瑞拉Cerro Negro地区奥里诺科油带应用电潜螺杆泵技术举升超重原油[J]．国外油田工程，2008(7)：41-44.

[23] 石博士，何超，罗良冬．杆驱螺杆泵在渤海油田低产低效井中的应用研究[J]．天津科技，2011(5)：97-98.

[24] 宋海青，赵锡寰．悬吊式电潜螺杆泵的研制与应用[J]．石油机械，2008(3)：49-50.

[25] 崔澎涛，罗会刚，王俊姬．海上油田地面驱螺杆泵应用技术开发[J]．中国高新技术企业，2016(15)：145-147.

[26] 郭志辉，秦丙林，陆国琛，等．WZ油田人工举升方式优选研究[J]．海洋石油，2018，38(04)：49-55.

[27] 邵争艳．机械采油方式优选综合评价研究[D]．哈尔滨工程大学，2004.

[28] 朱新忠．水力射流泵系统设计及应用[J]．中国石油和化工标准与质量，2018(5).

[29] 李岩．水力射流泵的选型[J]．油气田地面工程，2011(6)：32-33.

[30] 张本芳，孙仲伟，刘向明．海上稠油开采安全控制技术研究[C]// 三省一市环渤海浅．2013.

海上底水稠油油藏大泵提液增产研究及矿场应用

，彭　琴　杨　威　孙恩慧　郭敬民　谭　捷

（中海石油（中国）有限公司天津分公司渤海石油研究院　天津塘沽　300459）

摘　要　渤海C油田是典型的底水稠油油藏，油井投产后初期产能高，含水上升快，产能递减迅速，后期稳产难度大。针对该问题，本文开展了底水稠油油藏高含水期大泵提液增产研究，其中油井最大生产压差的确定主要取决于储层出砂和脱气对产能的影响。储层临界出砂压差根据M-L准则确定，已取得了良好的应用效果，而脱气对产能影响的研究前人均基于油气两相渗流，未考虑含水的影响，不符合本油田生产实际，针对该问题，本文在油、气、水三相渗流基础上，建立了底水油藏产能分析计算模型，得到了不同含水阶段脱气对产能影响的理论图版，确定不同含水阶段油井最大脱气生产压差。在此基础上，结合油田比采液指数计算油井最大产液量，确定油井换泵排量大小。基于该方法，在本油田选择了一口高含水井进行换3000m^{3}大泵提液的矿场试验，日增油翻倍的良好效果。该试验的成功，为海上相似油田的高效开发提供了理论依据和生产实践经验。

关键词　底水稠油油藏；高含水期；产液能力；大泵提液；矿场试验

引言

渤海C油田是典型的底水稠油油藏，基于海上油田开发投资大、平台寿命有限的特点，海上该类油藏主要通过高含水井大幅提液挖潜剩余油。本文开展了底水稠油油藏高含水期最大产液能力的分析，其中最大合理生产压差的确定，主要考虑出砂和脱气对产能的影响，脱气对产能的影响，李春兰等[1-3]人都是在油气两相渗流的基础上分析，忽视了含水的影响，针对该问题，本文建立了底水油藏三相渗流产能分析计算模型，考虑油藏高含水期脱气对产能的影响，同时结合储层临界出砂压差确定油井最大提液幅度。该方法在渤海C油田进行了矿场应用，取得了很好的增油效果，为底水稠油油藏高含水期高效开发提供了理论依据和生产经验。

1　油田概况

渤海C油田位于渤海湾盆地埕宁隆起沙垒田凸起东块中部，主要目的层为明化镇组和馆陶组，为河流相沉积，其中明化镇组以底水稠油油藏为主，地层原油黏度为350mPa·s，储层物性好，具有高孔高渗的特征，储层平均孔隙度32.7%，平均渗透率6000mD。油藏以刚性底水为主，天然能量充足，为大液量生产提供了良好的地质油藏条件。该油田2004年7月投产，经过十几年开采，油田进入特高含水阶段，综合含水率达95.3%。该阶段油田主要通过老井调整挖潜和措施增油实现稳产，其中换大泵提液是最经济有效的增产措施。

2　底水稠油油藏高含水期最大提液幅度分析

单井提液后的最大产液能力通过最大生产压差和采液指数确定。油井提液主要通过放大生产压差实现，而最大生产压差的确定主要考虑储层出砂和原油脱气等因素的影响[1-5]，下面将分别对两种因素进行分析。

（1）临界出砂生产压差

Mohr-Coulomb准则认为：当岩石破裂面上的剪切应力τ等于岩石材料本身的抗剪强度与作用于该破裂面上的正应力σ引起的内摩擦阻力$\sigma \mathrm{tg}\theta$之和时，发生剪切破坏，造成岩石骨架出砂，该准则关系式：

$$\tau = c + \sigma \mathrm{tg}\theta \qquad (1)$$

式中：c为地层内聚力，MPa；σ为正应力，

基金项目："十三五"国家重大专项"渤海油田加密调整及提高采收率油藏工程技术示范"（编号：2016ZX05058001）。

作者简介：彭琴（1986-），女，油藏工程师，2014年毕业于中国石油大学（北京）油气田开发专业，获硕士学位，现主要从事油气田开发工作。E-mail：pengqin@cnooc.com.cn。

MPa；θ 为地层内摩擦角，(°)。

砂泥岩内聚力 C 与纵波传播速度 V_p 的关系：

$$C=5.44\times10^{-15}\rho_b^2(1-2u_d)\left[\frac{1+u_d}{1-u_d}\right]^2 v_p^4(1+0.78\,v_e) \tag{2}$$

式中：ρ_b 为砂岩密度，g/cm³；v_p 为纵波速度，m/s；u_d 为动态泊松比；v_e为泥质含量,%；

根据 Mohr-Coulomb 准则，得到油井出砂临界井底流压计算模型：

$$P_{wcr}=\frac{\frac{2\sigma_{so}u_d+(1-2u_d)\beta p_e}{1-u_d}\sin\theta+2C\cos\theta-\frac{2\sigma_{so}u_d}{1-u_d}-\frac{1-2u_d}{1-u_d}\beta p_e}{\frac{1-2u_d}{1-u_d}\beta-2+\frac{\sin\theta}{1-u_d}\beta} \tag{3}$$

式中：p_{wcr} 为临界井底流压，MPa；p_e 为油藏压力，MPa；β 为孔隙弹性介质常数。

油井开始出砂时的临界生产压差为：

$$\Delta P_{cr}=P_e-P_{wcr} \tag{4}$$

式中：p_{cr}为临界生产压差，MPa。

根据公式(2)～(4)计算油井临界生产压差，渤海 C 油田 ρ_b 取 2.3g/cm³，u_d 取 0.13，θ 取 25.22°，β 取 0.95，v_p 为 2100m/s，计算结果见表 1。

从表 1 可知，明化镇砂体出砂临界生产压差在 3.4～5.1MPa，其中明上段为 3.4～4.7MPa，明下段为 4.0～5.0MPa，统计油田实际生产数据，明上段和明下段最小出砂生产压差分别为 3.5MPa 和 4.5MPa，与各层位临界生产压差计算结果基本一致，说明岩石力学方法计算结果准确性较高。明上段砂体临界生产压差相对小，这与其油藏埋深浅、岩石胶结程度低、岩石较为疏松有关。

表 1　渤海 C 油田部分油井临界生产压差

层位 / 井名	明上段				明下段		
	A33H	A49H3	A55H1	A35H	A13H	A27H	A28H
深度/m	784	775	779.5	774	922	928	930
泊松比	0.13	0.13	0.13	0.13	0.13	0.13	0.13
上覆岩层压力/MPa	18.44	18.23	18.33	18.20	21.69	21.83	21.87
内聚力/MPa	2.11	1.97	2.51	2.20	2.71	2.38	2.80
内摩擦角	22.25	25.24	25.22	25.23	25.21	25.22	25.21
弹性截止 BIOT 常数	0.95	0.95	0.95	0.95	0.95	0.95	0.95
纵波速度/(m/s)	2100	2100	2100	2100	2200	2200	2200
岩石密度/(g/cm³)	2.1	2.1	2.1	2.1	2.1	2.1	2.1
泥质含量/%	19.2	17.8	23.1	20.1	22.7	19.8	23.5
油藏压力/MPa	7.78	7.78	7.78	7.6	9.1	9.1	9
临界压力/MPa	4.40	4.37	3.04	3.66	4.18	5.03	3.93
临界生产压差/MPa	3.38	3.41	4.74	3.94	4.92	4.07	5.07

(2) 脱气对产能的影响[6-9]

对于以水平井开发的底水油藏，高含水期原油脱气时，一般储层中渗流可以分成两个区域，地层压力 P_r高于饱和压力 P_b的油、水二相渗流区，地层压力低于饱和压力的油、气、水三相渗流区，其渗流模型可以表示为：

当 $P_r>P_b$时，根据 Joshi 水平井产能公式，可以写出油、水两相区中油相产能公式：

$$q_{o1}=\frac{0.543\,K_hK_{row}h(P_e-P_b)}{\mu_oB_o\left(\ln\left(\frac{a+\sqrt{a^2-(\frac{L}{2})^2}}{\frac{L}{2}}\right)+\frac{\beta h}{L}\ln\frac{\beta h}{2r_w}\right)} \tag{5}$$

式中：q_{o1}为两相渗流区水平井日产油，m³/d；K_h为水平方向的渗透率，$10^{-3}\mu m^2$；K_{row}为油、水两相流中，油相的相对渗透率；h 为油层有效厚度，m；P_e、P_b分别为油藏供给边界的压力和地层油饱和压力，MPa；μ_o为地层原油黏度，mPa·s；B_o为地层油体积系数；a 为水平井椭圆供液主轴半径，m；L 为水平井有效长度，m；r_w为水平井半径，m。

当 $P_r<P_b$时，油、气、水三相流区水平井产能计算

同一含水阶段，油、气、水三相渗流区中原油黏度 μ_o、原油体积系数 B_o、油相相对渗透率 K_{ro}均是压力的函数，因此，三相渗流水平井产能公式为：

$$q_{o2}=\frac{0.543K_h h}{\ln\left(\frac{a+\sqrt{a^2-\left(\frac{L}{2}\right)^2}}{\frac{L}{2}}\right)+\frac{\beta h}{L}\ln\frac{\beta h}{2r_w}}\int_{P_{wf}}^{P_b}\frac{K_{ro}}{\mu_o B_o}dp \tag{6}$$

式中：q_{o2}为三相渗流区水平井日产油，m^3/d；P_{wf}为井底流压，MPa；K_{ro}为三相渗流油相相对渗透率。

针对油气水三相渗流，本文采用微元法[10-12]，将三相区分成若干个微小区域，在微小区域内原油物性可近似为常数，计算每个微小区域的渗流阻力，然后进行累加，计算出整个三相区内的渗流阻力，再计算原油产能，式(6)变为：

$$q_{o2}=\frac{0.543K_h h}{\ln\left(\frac{a+\sqrt{a^2-\left(\frac{L}{2}\right)^2}}{\frac{L}{2}}\right)+\left(\frac{\beta h}{L}\right)\ln\left(\frac{\beta h}{2r_w}\right)}\sum_{i=1}^{n}\frac{K_{ro}[S_g(P_i),S_w]}{\mu_o(P_i)B_o(P_i)}(P_i-P_{i-1}) \tag{7}$$

式中：P_i为第i个微元上的地层压力，MPa；

原油黏度$\mu_o(P_i)$、体积系数$B_o(P_i)$可根据高压物性资料回归计算得到(如图1所示)；三相流条件下的油相相对渗透率$K_{ro}[S_g(P_i),S_w]$可根据油、气和油、水两相流中油相相对渗渗透率按照饱和度加权插值法计算得到[13]，计算方法为：

$$K_{ro}[S_g(P_i),S_w]=\frac{(S_g-S_{gr})K_{rog}[S_g(P_i)]+(S_w-S_{wco})K_{row}(S_w)}{(S_g-S_{gr})+(S_w-S_{wco})} \tag{8}$$

式中：S_{gr}、S_{wco}分别为油、气两相流束缚气饱和度，油、水两相流束缚油饱和度；$K_{rog}[S_g(P_i)]$为油气两相条件下的油相相对渗透率；$K_{row}(S_w)$为油水两相条件下的油相相对渗透率。

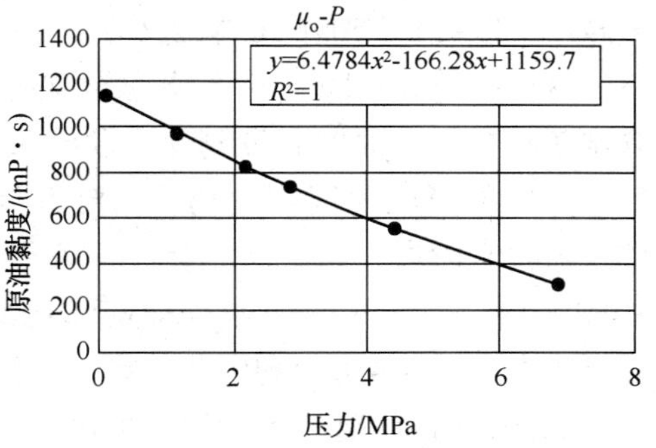

(a) 原油黏度与压力关系曲线

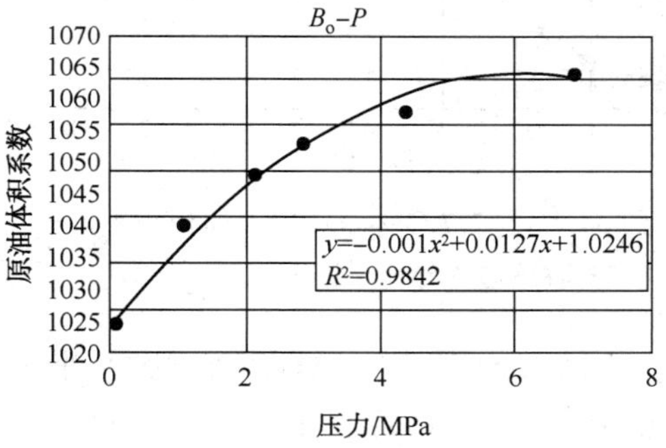

(b) 原油体积系数与压力关系曲线

图1　明上797砂体原油参数与压力关系曲线

公式(8)中，油、气两相流中油相相对渗透率渗$K_{rog}[S_g(P_i)]$是含气饱和度的含数，而含气饱和度$S_g(P_i)$又是压力的含数，含气饱和度与压力关系计算如下：

根据气体状态方程计算$V\sim P$关系：

$$V_g(P)=\frac{Z(P)(R_{si}-R_s(P))(T+273)}{2730P} \tag{9}$$

式中：$V_g(P)$为$1m^3$地面脱气原油在地层压力为P时溶解的气体体积，m^3；$Z(P)$为压力P时天然气压缩因子；R_{si}、R_s分别为原始溶解汽油比和溶解汽油比，m^3/m^3；T为油藏温度，℃。

根据含油、气饱和度比值关系可得：

$$\frac{S_o}{S_g}=\frac{B_o(p)}{V_g(P)} \tag{10}$$

式中：S_g、S_w分别为含气饱和度、含水饱和度。

结合式(9)和式(10)可得$S_g\sim P$关系：

$$S_g=\frac{1-S_w}{1+\frac{2730B_o(P)P}{Z(P)[R_{si}-R_s(P)](T+273)}} \tag{11}$$

根据公式(11)计算压力为 P_i 时的含气饱和度 $S_g(P_i)$，然后再根据油气两相相对渗透率曲线(如图 2 所示)回归计算相应的油相相对渗透率 $K_{rog}[S_g(P_i)]$。

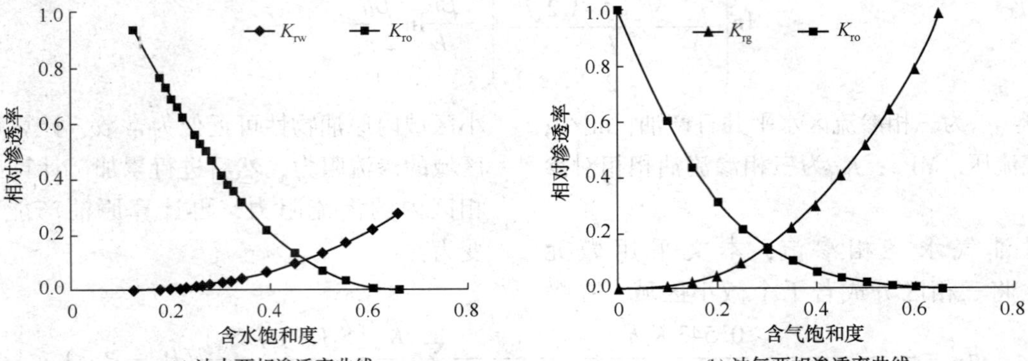

(a) 油水两相渗透率曲线

(b) 油气两相渗透率曲线

图 2　明上 797 砂体相对渗透率曲线

根据不同含水阶段对应的含水饱和度和油、水两相相渗曲线回归计算得到油相相对渗透率 $K_{row}(S_w)$，再将 $K_{rog}[S_g(P_i)]$ 和 $K_{row}(S_w)$ 代入公式(8)，计算得到特定含水阶段压力 P_i 与三相流中油相相对渗透率 $K_{ro}[S_g(P_i), S_w]$ 的关系曲线(如图 3 所示)。

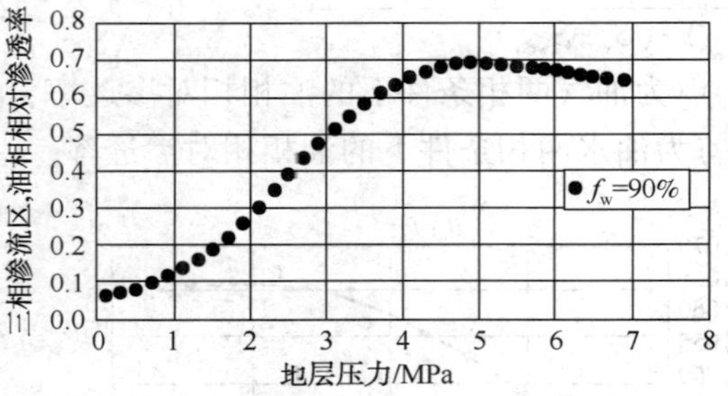

图 3　明上 797 砂体三相渗流油相相对渗透率与地层压力关系

将式(8)代入公式(7)计算三相流区水平井的产能，再结合式(6)计算整个地下渗流过程水平井不同含水阶段不同生产压差下的日产油量。

以渤海 C 油田明上 797 砂体为例，该砂体地层压力 7.8MPa，饱和压力 6.9MPa，储层平均渗透率 $6000\times10^{-3}\mu m^2$，相渗曲线如图 2 所示，地层温度 44℃，地层原油黏度 350mPa·s，水平段平均有效长度 300m，油层平均有效厚度 15m。根据式(6)~(11)，可计算出水平井不同含水率条件下，日产油与生产压差理论关系曲线，如图 4 所示，结合实际生产井历史数据，可以看出实际生产数据与理论计算结果基本吻合。

从图 4 中可以看出，相同含水阶段，生产压差越小，脱气对产能的影响越小；相同生产压差下，含水率越高，脱气对产能的影响越小，因为含水率越高，含油饱和度越小，脱气量越小，脱气对产能的影响程度相对越小。对于明上 797 砂体，高含水阶段，当生产压差小于临界出砂压差 3.4MPa 时，脱气对产能的影响小于 8%，该生产压差可作为该砂体最大合理生产压差。从后期大泵提液井 A33H 可以看出，特高含水期放大压差提液后，脱气对产能的影响很小，与理论图版基本吻合。

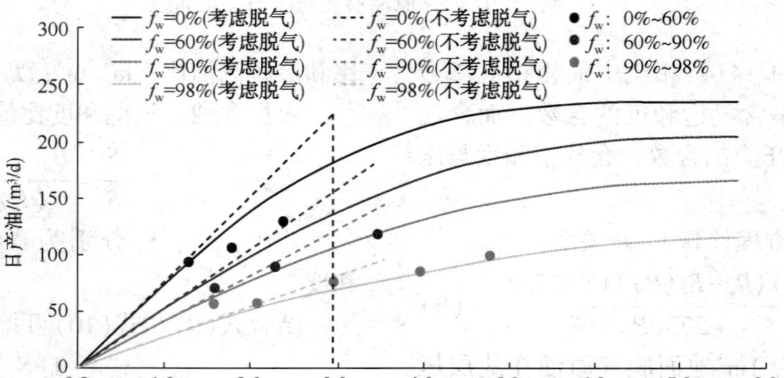

图 4　水平井不同含水阶段不同生产压差下日产油曲线

3 渤海C油田大泵提液矿场试验及效果分析

根据油井含水率上升规律和现有井况，对渤海C油田可实施换泵的高含水井进行了筛选，选择位于um797砂体上的A33H井进行换大泵提液矿场试验，A33H井水平段长度356m，储层物性好，渗透率为7587mD，有效油层厚度12.6m，底水能量充足。该井2004年9月投产，投产含水率达70%，提液前含水率为96.9%，日产液1700m^3/d，日产油48m^3/d。

分析该井最大提液能力：由表1可知，该井临界出砂压差为3.4MPa，综合脱气对产能的影响(见图5)，确定该井最大提液幅度为3MPa，在此基础上，结合比采液指数和油层厚度，确定其最大产液能力为3402m^3/d(表2)。

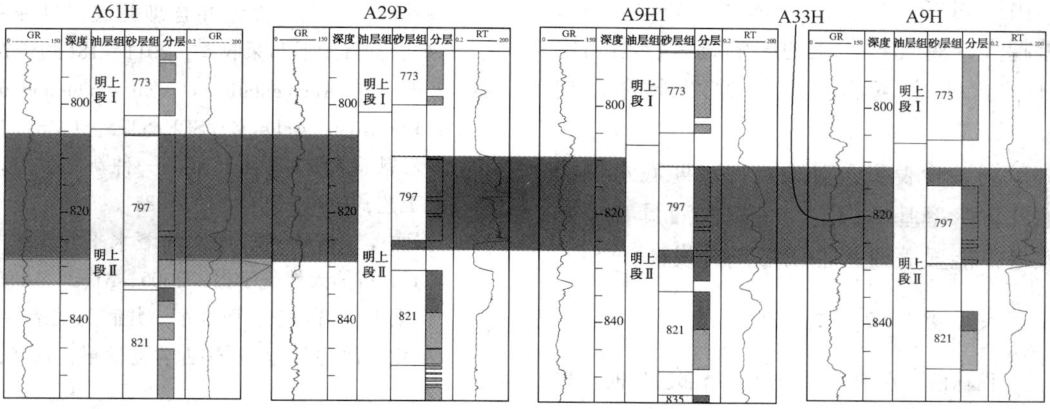

图5 um797砂体A33H井剖面图

表2 A33H井最大产液能力分析

井名	提液前生产状况					最大产液能力	
	油层厚度/m	日产液量/(m^3/d)	生产压差/MPa	含水率/%	比采液指数 m^3/(d×MPa×m)	最大提液生产压差/MPa	最大日产液量/(m^3/d)
A33H	12.6	1700	1.5	96.9	90	3	3402

2019年1月对A33H井实施换大泵作业，根据上叙计算的该井最大产液量，确定换泵排量为3000m^3/d，该井大幅提液到2800m^3/d后，生产压差增大到2.5MPa，同时扩大水平井波及体积，导致含水率下降1%，日增油64m^3/d，预计累增油2.78×10^4m^3，取得了很好的增油效果(图6)。该井成为渤海C油田目前最大日产液量生产井，突破已有生产井产液能力上限认识，为底水稠油油藏高含水期高效开发提供实践依据。

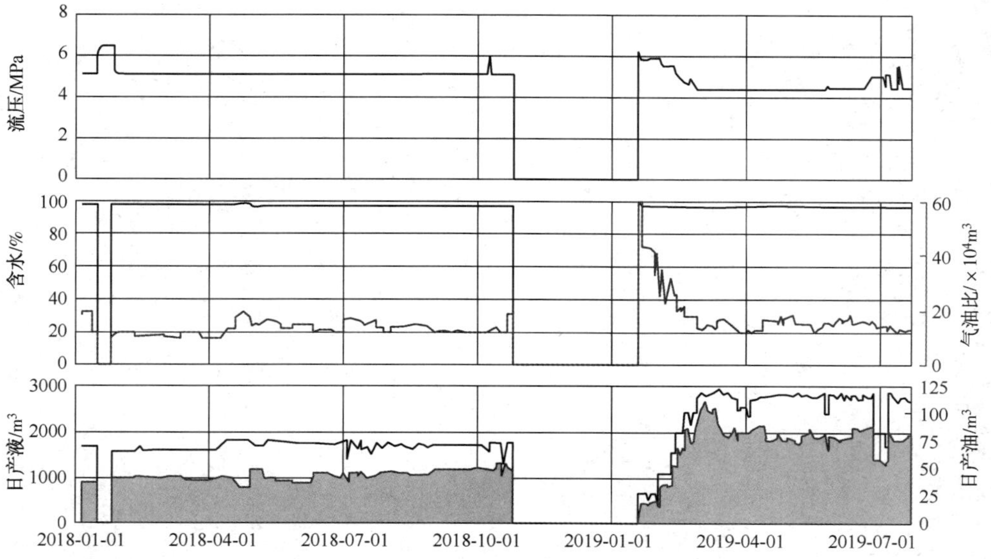

图6 A33H井生产曲线

4 结论与认识

(1) 本文根据 Mohr-Coulomb 准则建立了储层临界出砂计算模型，同时结合 Joshi 水平井产能公式，建立了三相渗流分析理论模型，实现了三相渗流条件下水平井产能计算。

(2) 根据三相渗流条件下的水平井产能计算公式，得到了不同含水阶段脱气对产能影响的理论图版。由图可知，生产压差大于地饱压差时，生产压差越大，脱气对产能的影响越大；相同生产压差下，含水率越高，脱气对产能的影响越小。

(3) 矿场试验表明，对于高含水期底水稠油油藏，油井含水率基本稳定，大幅提液具有较好的增油效果，能显著改善油田后期开发。

参 考 文 献

[1] 李春兰，程林松．水平井井筒周围局部脱气时产能计算方法[J]．新疆石油地质，2006，27(1)：107-111.

[2] 康凯，冯敏，李彦来．旅大 5-2 油田合理生产压差确定[J]．新疆石油地质，2011，32(2)：170-172.

[3] 程林松，郎兆新，张丽华．底水驱油藏水平井锥进的油藏工程研究[J]．石油大学学报：自然科学版，1994，18(4)：43-47.

[4] 葛丽珍，李廷礼．海上边底水稠油油藏大泵提液增产挖潜矿场试验研究[J]．中国海上油气，2008，20(3)：173-177.

[5] 陈民锋，姜汉桥．渤中 25-1 南油田不同井型油田合理生产压差研究[J]．中国海上油气，2006，18(6)：399-402.

[6] 刘鑫，李文红．海上砂岩油藏提液可行性分析[J]．中国海上油气，2015，20(1)：29-30.

[7] 冯其红，石飞．提液井合理井底流动压力的确定[J]，油气地质与采收率，2011，18(3)：74-79.

[8] Joshi S D. Augmentation of well production using slant and horizontal wells[C]. SPE15375，1986.

[9] 窦宏恩．预测水平井产能的一种新方法[J]．石油钻采工艺，1996，18(1)：76-81.

[10] 崔丽萍，何顺利．底水油藏水平井产量公式研究[J]．石油天然气学报，2009，31(3)：110-114.

[11] 计秉玉，田晓东，敬爱军．井底脱气条件下产量的变化规律[J]．大庆石油学院学报，1998，22(2)：24-26.

[12] 唐资昌，程林松，李春兰．井底脱气条件下的产能计算方法[J]．油气田地面工程，2011，30(2)：36-37.

[13] Baker，L. E.，1988. Three-Phase relative permeability correlations. SPE/DOE Enhanced Oil Recovery Symposium，Tulsa，Apr. 17-20.

核磁测井在稠油层评价中的研究与应用

邓林峰

（中国石油测井有限公司辽河分公司，辽宁 盘锦 124011）

摘 要 稠油由于其重组分含量，使得其T2弛豫时间很快，且与束缚水信号重叠；同时，核磁在探测稠油层时，面临“丢失孔隙度”问题，这些使得在稠油地层，核磁计算地层物性参数存在很大误差。通过将常规测井与核磁共振测井相结合，利用增强扩散分析法（EDM）确定可动水体积，通过常规测井确定总孔隙度和束缚水含量，能有效克服孔隙度等物性参数问题。通过在实际井应用，有良好的应用效果。

关键词 稠油；核磁测井；物性参数

引言

稠油通常指API低于20°或是地层温度下黏度高于100cp。稠油的重组分含量使得稠油在开采和生产过程面临巨大的挑战。核磁共振测井是目前唯一能够评价原油物理性质的测井方法。但是，由于稠油生产和开发中面临的问题，使得核磁测井在稠油中也面临一系列问题。比如，稠油的核磁共振测井响应信号往往与束缚流体信号重叠在一起；另外，稠油的化学成分能改变润湿性，使得常规测井和核磁测井将油水层误解。同时，由于稠油中重组分的增加，视含氢指数降低，造成由核磁共振测井计算的总孔隙度偏低。另外，当原油黏度超过100cp时，现在的核磁共振仪器并不能完全捕捉到稠油的信号[1-2]。这些因素使得我们需要寻求一种别的方法来有效的评价地层信息，包括流体的体积，渗透率，孔隙流体的黏度。

1 稠油的核磁共振特性

目前，国内外很多学者研究了各种黏度原油的核磁共振特性。Morris[3]等人测量了很多不同原油的样本，并且指出当黏度高于1000cp时，油的黏度与T2呈反比关系。他们通过不同黏度原油样品在均匀磁场中的T2分布发现，与黏度低的轻质油相比，稠油的T2弛豫时间横跨几个数量级，且随着黏度的增高，稠油具有更窄的T2分布，且只保留短弛豫组分。后来，Kleinberg和vinegar[4]等人描述了随着原油黏度的增加，HIa逐渐递减。对于低密度油，HI大概为1，当API小于17°时HI随API的减小而减小，这是由于稠油重组分快速衰减所导致的。

通过图1，我们发现，当黏度比较低时，是轻质油时，实际测量的数据与真实体积和黏度信息基本接近，而且，随着回波间隔的增大，所测的HI和体积误差增大，但是仍在误差范围，且轻质油T2谱呈单峰显示，随着回波间隔的增大，T2谱变化不明显；而当饱和到孔隙中的原油黏度增高时，同样回波间隔所得的视含氢指数与体积明显与实际数据差别比较大，且随着回波间隔的增大，数据丢失的越明显，而且随着原油黏度的增加，T2谱逐渐呈多峰显示，且回波间隔增大，T2有一定程度的右移。通过图1(d)图我们也发现，随着回波间隔的增大，原油T2谱位于束缚流体部分，且随着回波间隔的增大，峰值逐渐向右移，丢失的信号越明显。

通过稠油的核磁共振特性，我们发现，核磁共振测井在探测稠油地层时，由于稠油本身的重组分以及回波间隔的影响，面临“丢失孔隙度”和“束缚水含量增加”两个问题，因此稠油层时必须解决三个方面的问题：(1)有效地将稠油信号与束缚水信号分离；(2)由于快速弛豫以及黏度的影响，必须对核磁孔隙度进行含氢校正；(3)稠油的黏度是重要参数，需有效计算。

作者简介：邓林峰(1982-)，工程师，本科，从事测井资料采集解释研究工作。

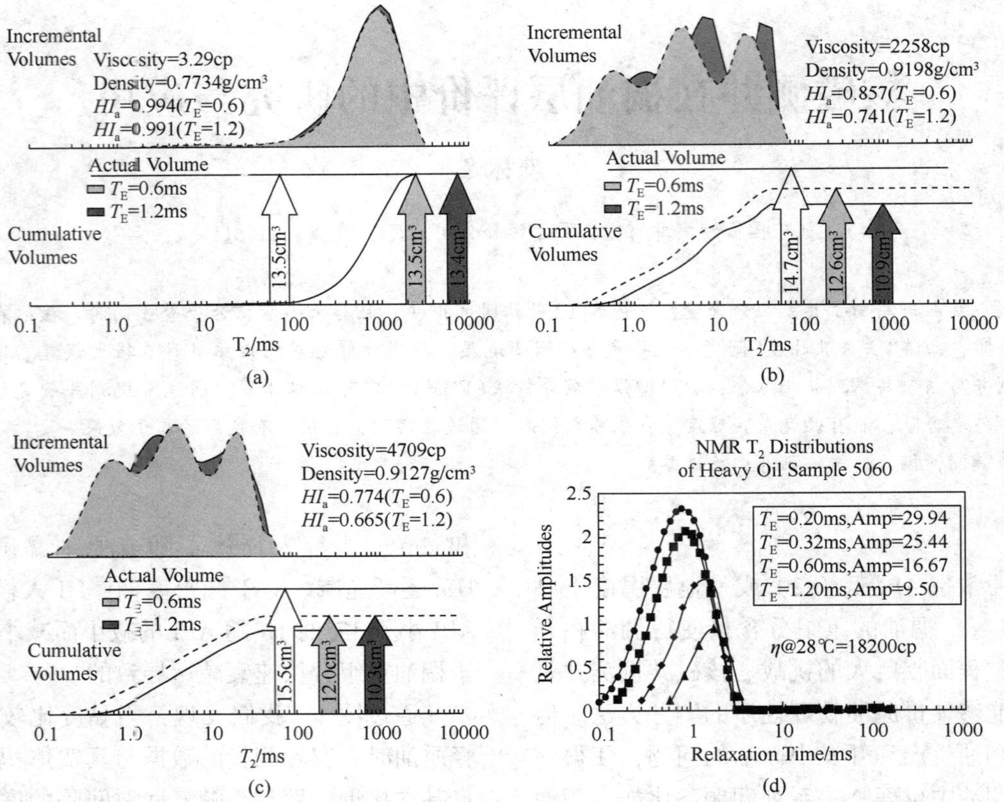

图 1(a)实验室用两个回波间隔测量轻质油的体积与视含氢指数，灰色为 TE = 0.6ms 测量的 T2 谱和体积，深灰色是 TE1.2ms 测量的 T2 谱和体积；(b)同样方法测量的黏度为 2258cp 的数据；(c)同样方法测量的黏度为 4709cp 数据；(d)黏度为 18200cp 的原油随着 TE 变化的 T2 谱[图 2(a)~(c)引自 GalFord 和 Marchall 2000；图 2(d)引自 LaTorraca 等 1999[2]]

图 1　T2 谱和体积

2　核磁测井与常规测井相结合评价稠油层

在稠油地层中，MRIL 视总孔隙度包括黏土水、毛管水、可动水和稠油的贡献。由于稠油视含氢指数(与黏度有关)的影响，MRIL 视总孔隙度没有包括稠油占据的所有孔隙空间。在稠油存在的情况下，当原油黏度在储层条件下达到某一临界点时，由于稠油的快速弛豫，可能使稠油的核磁共振测井响应信号占据了毛管束缚水的空间，使毛管束缚水信号与稠油信号很难区分开来；应用一般意义下的 T2 截至值法或薄片模型来计算束缚水饱和度可能导致束缚水计算值偏高，此时常规的 NMR 解释方法已不适用于稠油储层的评价。而通过将 NMR 测井资料与常规测井资料相结合即可以克服以上问题。

图 2 为稠油储层体积解释模型示意图；假设储层由岩石骨架、黏土矿物和岩石内孔隙体积共同构成；而总孔隙体积包括以下几部分：黏土束缚水体积、毛管束缚水体积、可动水体积和稠油充填孔隙体积。由于核磁共振测井只能探测到流体中的氢核信息，故在稠油储层中，核磁共振测井探测到的信息包括黏土束缚水、毛管束缚水、可动水和稠油。但由于原油黏度的影响，NMR 测井可能检测不到完整的稠油充填孔隙度。此时必须借助其他测井资料才能够获得准确的流体体积信息。

在稠油储层，仅仅利用核磁共振测井资料较难准确计算储层参数；最佳的解决方法是利用核磁共振测井资料结合常规的电阻率、三孔隙度测井资料进行综合评价。评价方法为：利用核磁的增强扩散差分谱法确定可动流体体积(BVWM)；利用核磁测井资料获得黏土束缚流体体积(CBVI)；应用常规测井资料得到总孔隙度(ϕT)和总含水体积(BVW)；应用总孔隙度、黏土束缚流体体积、毛管束缚流体体积(BVI)、可动水体积、稠油体积之间的相互关系得到含油体积、毛管束缚流体体积；最后选用合适的公式计算渗透率等参数。

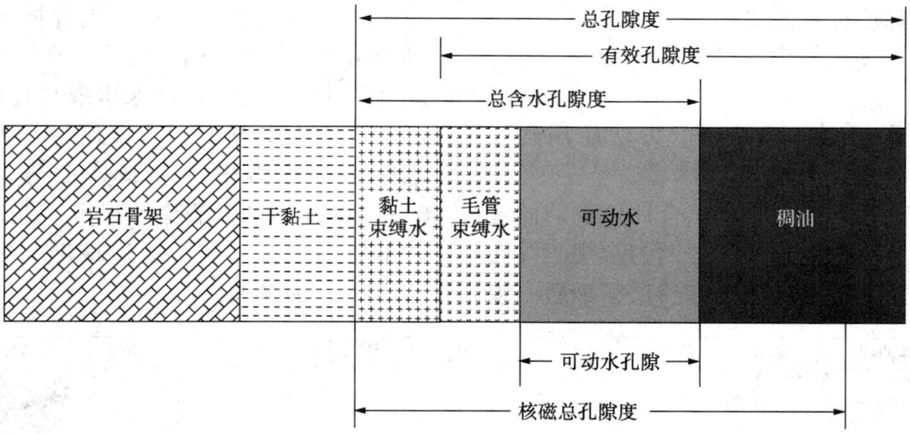

图 2　核磁与常规测井相结合评价稠油储层体积解释模型

（1）确定可动水方法

在实际应用中，我们通常用 DIFAN、EDM 模块来检测轻烃，均利用长 T_E 的 T_2 铺来计算轻烃含量。核磁共振的衰减通常遵循这样的规律

其计算公式为：$$\frac{1}{T_{2A}}=\frac{1}{T_{2B}}+\frac{1}{T_{2S}}+\frac{1}{T_{2D}} \tag{1}$$

$$\frac{1}{T_{2S}}=\frac{\rho_2 S}{V} \tag{2}$$

$$\frac{1}{T_{2D}}=\frac{(rGT_E)^2}{12} \tag{3}$$

在水润湿性的地层中，稠油的信号是由体弛豫和扩散弛豫所控制。由于稠油的碳氢分子链组成，使得稠油拥有快弛豫特性，即时岩石的润湿性改变，仍然使得稠油的信号向短 T_2 组分移动。而在中等孔隙中，表面弛豫率控制着水的核磁信号。在梯度磁场中，随着回波间隔的增加，等式(1)中扩散项的影响会使得弛豫时间向短 T_2 时间移动，甚至将水的信号移动到 100ms 以内。在这种情况下，残余油和中等黏度原油的信号仍在 100ms 以上，超过 100ms 的信号被认为是油的信号，这种方法就是我们所用的 EDM（扩散分析法）[9-10]。这种方法通常被用于 1～50cp 的原油地层。那么，通过式(3)，就可以计算出 T_{2DW}。

T_{2DW} 参数在计算束缚水体积时是非常重要的。将短 TET2 谱减去长 TET2 谱，利用二者的差谱就是我们通常用的 EDD（增强扩散分析法）。如图 3 所示，由于稠油和束缚水弛豫时间都比较短，因此认为 T_{2DW} 后面信号均为可动水信息。

$$BVWM=\int_{T_{2DW}}^{T_{MAX}} S(T_2)\,\mathrm{d}T_2 \tag{4}$$

（2）毛管束缚水、可动油体积及含油饱和度检测

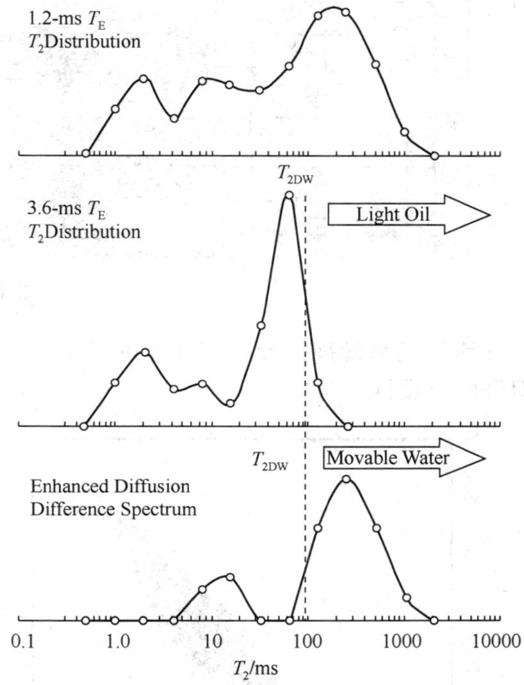

图 3　FDM 法识别可动水示意图

毛管束缚水、可动油体积及含油饱和度的计算方法与是否检测到轻烃有关，如果没有轻烃，计算公式为：

$$BVI=BVW-\varphi_T S_{wb}-BVWM \tag{5}$$

其中，BVI 为毛管束缚水体积；BVW 为地层总的含水体积（常规方法求得）；φ_T 为常规测井确定孔隙度（可以为密度孔隙度或者是中子密度交会图孔隙度等）。

S_{wb} 常规方法确定束缚水饱和度：

$$BVMO=\varphi_T S_{wb}+BVWM-BVW \tag{6}$$

（3）视含氢指数计算公式：

$$HI_a=\frac{\varphi_{T\_MRI}}{\varphi_T} \tag{7}$$

(4) 稠油黏度计算公式:

$$\eta = e^{(11.55-5.75HI_a)} \quad (8)$$

3 应用实例

将核磁与常规测井相结合的方法应用到实例, 取得了很好的应用效果。

图4为核磁和常规测井相结合评价稠油储层的实例。第一道为岩性到, 第二道为常规测井曲线, 第三到八道为核磁的差谱和移谱, 最后一道为该方法得到的孔隙度。该井原油黏度大概为2100cp/50°, 由于稠油对中子和声波的影响, 常规测井使用了密度曲线来求取总孔隙度。原油黏度 η > 500CP/50℃, 差谱信号是大孔径中地层水所致, 移谱中, 这部分信号移动速度快, 0.3~100ms 的 T2 谱移动很慢。差谱、移谱此时并不能判断抽油层。通过核磁与常规测井相结合, 46层为稠油层。

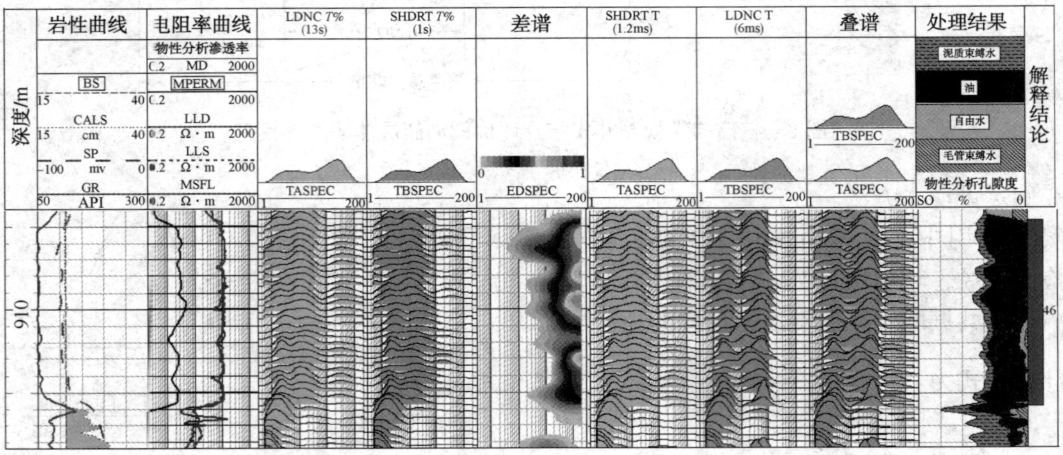

图4 ××井稠油层

计算结果与常规物性分析孔隙度对比, 发现有很好的一致性。(图5)

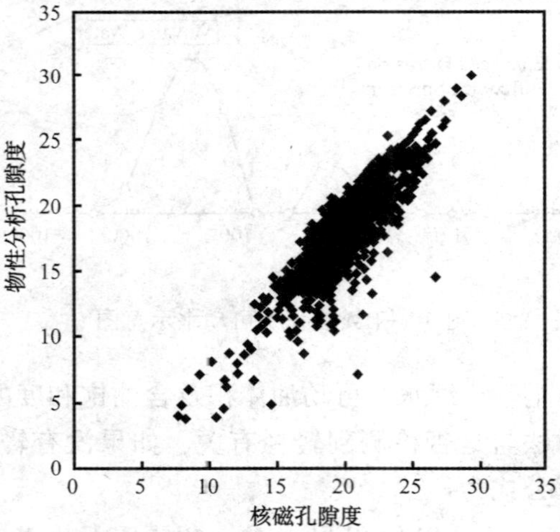

图5 ××井稠油层核磁孔隙度与常规物性孔隙度图

4 结论

(1) 稠油的重组分使得稠油的核磁信号与束缚水信号重叠, 同时由于回波间隔的影响使得稠油在实际核磁测量中丢失信号, 因此稠油评价时, 必须进行含氢指数校正。

(2) 本文中采用的计算黏度的公式, 是参考 Kernel River 数据, 在以后的应用中, 需进行多次实验, 加以修正以适应目的区。

参 考 文 献

[1] "HeavyweightHydrocarbons: How To Knock Out Your Components,"Hart's Petroleum International Supplement, (1998)14-17.

[2] LaTorraca, G. T. et al. Heavy Ol Vicscosity Determinantion Using NMR Logs. paper PPP, presented at the 40th Annusl Logging Symposium, SPWLA, Oslo, Norway, May30-June 3.

[3] Brown, R. J. S. Proton Relaxation InCrude Oils. Nature, (1961)189, No. 4762, 387-388.

[4] Kleinberg, R. L. and Vinegar, H. J. NMR Properties of Reservoir Fluids. The Log Analyst, (1996), 37, No. 6, 20-32.

[5] Akkurt, R. L. et al. Enhanced Diffusion: Expanding The Range Of NMR Direat Hydrocarbon - Typing Applications. paper GG presented at the 39th Annual Logging Symposium, SPWLA, Keysone, CO, May 26-29.

[6] Akkurt, R. L. et al. Determination fo Residual Oil Saturation by Use of Enhanced Diffusion. SPEREE (June1999), 303-09.

[7] Galford, J. E. et al. Combining NMR and Conventional Logs to Determine Fluid Volumes and Oil Viscosity in Heavy0Oil Reservoirs. SPE63257(Octorber 2000).

化学调控技术在稠油巨厚油藏中的应用

孙倩茹

（中国石油辽河油田分公司钻采工艺研究院，辽宁 盘锦 124010）

摘　要　针对稠油油藏进入蒸汽吞吐末期，采出程度高、油层压力低，油藏出现大面积亏空，蒸汽窜流，造成蒸汽的热损失的问题，研究化学调控技术。该技术使用耐高温调剖剂具有耐高温、黏度大、封堵率强的特点，在180~240℃的条件下放置72h，仍能保持稳定。通过模拟油层大孔道，测定岩心封堵率为97.1%。480h后渗透率恢复为64.4%，不会污染油层。现场试验两井次，最高提高注汽压力4.3MPa，有效封堵汽窜通道，平均单井增油833t。

关键词　稠油；深层；巨厚；高温调剖

引言

高升油田是深层巨厚块状稠油油田，于1982年开始进行稠油热采。目前主力区块已进入蒸汽吞吐末期，采出吞吐阶段可采储量的80%以上，油层压力由初期的16.1MPa降为目前的0.9MPa。由于油层压力降低，油藏大面积出现亏空，加剧了蒸汽吞吐过程中的窜流。在平面上，蒸汽汽窜越来越严重；在纵向上，低渗油层不能有效动用，已严重制约吞吐末期的开发效果。而且这一矛盾还呈现出影响范围扩大、影响程度提高的趋势，不利于稠油油藏原油生产的稳定，同时常规的化学调控技术存在药剂耐温性能差、封堵半径小、容易污染低渗油层等诸多弊端，无法有效解决多轮吞吐区块日益严重、复杂的蒸汽窜流问题[1]。因此，需要使用耐高温调剖剂进行化学调控来解决稠油巨厚油层吸汽剖面不均及窜流问题。

1　室内实验

1.1　高温调剖剂配方体系

以耐高温聚合物为基础，利用部分水解聚丙烯酰胺和羟丙基瓜胶形成的复合物来提高调剖剂的耐高温稳定性[2]。通过加入少量具有延缓交联性能的有机锆交联剂，使调剖剂在高温剪切时产生二次交联，有针对性地对汽窜井实施封堵[3,4]。通过大量实验确定高温调剖剂配方为：耐温聚合物(2500万相对分子量)浓度2500mg/L、羟丙基瓜胶200mg/L、酚醛树脂交联剂0.3%、有机锆交联剂0.05%、稳定剂0.1%。

高温调剖剂进入地层后对高渗透层及汽窜通道形成物理堵塞，注汽时能更有效地提高蒸汽波及体积。微观上，聚合物链上的反应基团与交联剂、稳定剂等作用形成网状结构，同时分子链上的极性基团与岩石表面相吸附，提高了凝胶封堵强度；宏观上，高温调剖剂在泵压作用下，进入汽窜通道或高渗层，在地层条件下形成黏弹性凝胶体，形成堵塞，迫使注入蒸汽发生转向，改善高、低渗透层吸汽状况，改善油井吞吐效果[5]。

1.2　高温调剖剂成胶时间、黏度试验

将配制好的调剖剂等量分为六份，密封后放入烘箱内，烘箱温度设定为90℃。24h后，每隔4h取出样品做黏度测量，得到调剖剂成胶时间(黏度≥10×10^4mPa·s)。实验结果见表1。

表1　调剖剂成胶时间、黏度实验结果

编号	1#	2#	3#	4#	5#	6#
时间/h	24	28	32	36	40	44
黏度/(10^4mPa·s)	1.8	3.1	5.2	8.1	9.4	>10

从表1可以看出，调剖剂的成胶时间及黏度可以满足现场施工及封堵汽窜层的要求。

2　高温调剖剂性能测试

2.1　耐温性能试验

将配制好的调剖剂样品密封，在90℃条件下充分成胶，再分别在180~240℃的环境下放置

作者简介：孙倩茹(1985-)，女，工程师，2008年毕业于辽宁大学应用化学专业，现从事油田化学技术研究、采油工艺技术研究工作。E-mail：liurongwei007@163.com。

72h，然后观察样品脱水情况，同时测定其黏度变化。

表 2 耐温性能试验结果

温度/℃	180	190	200	210	220	230	240
黏度/(10^4MPa·s)	>10	>10	>10	>10	>10	9.5	5
脱水情况	未脱水	未脱水	未脱水	未脱水	未脱水	微脱水	少量脱水

从表 2 可以看出，高温调剖剂耐温性能可达 240℃，能够满足现场施工要求。

2.2 封堵试验

通过模拟调剖剂封堵油层大孔道(图 1)，测定岩心封堵率，评价调剖剂的封堵性能[7]。实验采用人造岩芯，用内径为 2.5cm，长 50cm 的厚壁高压不锈钢圆管，充填一定粒径的人造石英砂制成人造岩芯，将人造岩芯放在装置上，并测其孔隙度和渗透率[8]。

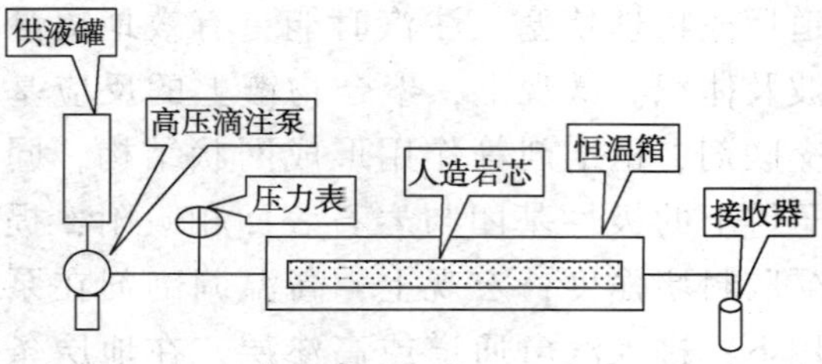

图 1 试验装置

采用地层水注入，末端见水后停止注入，然后向岩芯中注入调剖剂，恒温 90℃，48h 后测岩芯渗透率，并计算封堵率为 97.1%，能够满足现场施工要求。

2.3 恒温时间与封堵率关系试验

将封堵后的岩芯置于 230℃的恒温烘箱内，测得不同恒温时间下的封堵率，实验结果见图 2。

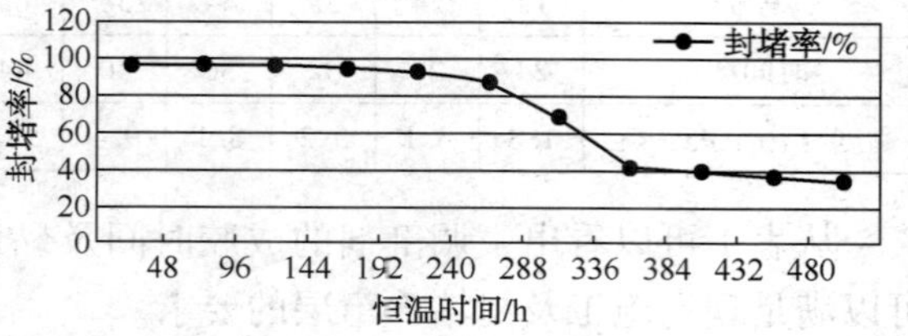

图 2 调剖剂恒温时间与封堵率关系

从图中可以看出，由于调剖剂配方中使用了复合交联剂，可以进行二次交联[9,10]，封堵率下降平稳，480h 后渗透率恢复值达到了 64.4%，不会对油层造成污染。

3 现场应用及效果分析

3.1 现场应用

2017 年，在高升油田蒸汽吞吐区块高 3791、高 3786 井实施化学调控技术。截止到 2018 年底，高 3791 仍处于吞吐有效期，两口井累计增油 1766t，平均单井生产天数 267d，平均单井累增油 833t，增油效果较好。

3.2 效果分析

3.2.1 注汽情况

高 3791、高 37853 井实施化学调控措施后，进行注汽，注汽压力见图 3。

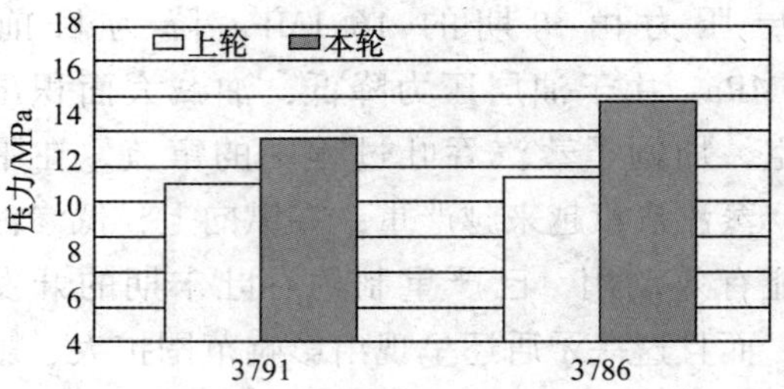

图 3 措施井上下轮注汽压力对比图

从图中可以看出，高 3791、高 3786 井本轮注汽压力均高于上轮。其中，高 3786 提高幅度较大，达到 4.3MPa，说明实施化学调控技术可以有效地解决油井汽窜问题。高 3791 井原有两口汽窜井，分别是高 3786、高 21LH501 井。但在本轮注汽过程中无汽窜现象，降低了由汽窜造成的注入蒸汽的热损失。

3.2.2 典型井效果分析

高 3791 井 1986 年 9 月投产，油层厚度较大，达到了 118.3m。截至本轮，已累积注汽 15 轮，属高轮次吞吐井。上轮为 23t 锅炉注汽，本轮由 11.2t 锅炉实施注汽，本轮注汽排量比上轮低了 6.7t/h，注汽速度差异较大，但该井本轮注汽压力却比上轮高 2.5MPa，提高的幅度较大。高 3791 井措施实施后于 2017 年 8 月 21 日转抽，截至 2018 年底，该井累增油 1276.8t，有效生产时间为 304d，平均日增油 4.2t，日增液 9.8t，增油效果很好。措施前后的生产曲线上见图 4。

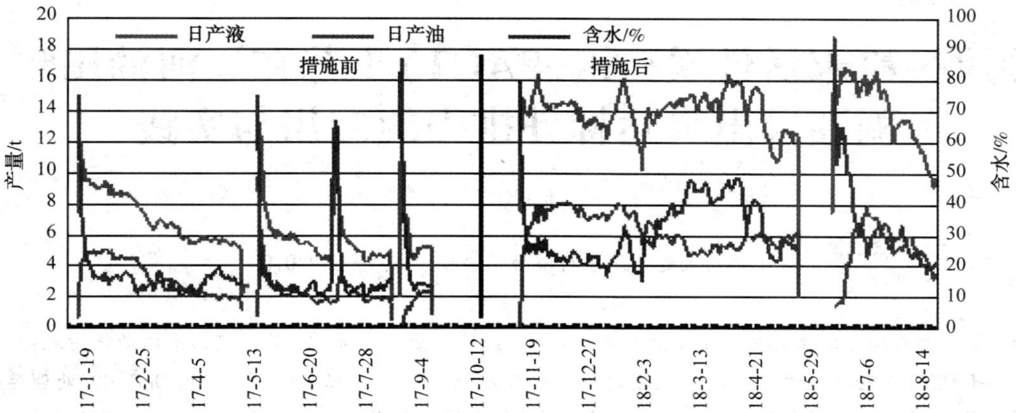

图 4　高 3791 措施前后生产曲线

从图 4 可以看出，在转抽初期，高 3791 井产量增长幅度很大，很快进入措施高产期，日产油量在 6t 以上稳产五十多天，日产油、日产液量远高于措施前，说明高 3791 井实施化学调控措施后，高渗层得到了有效封堵，迫使注入蒸汽转向进入低渗油层，提高了注汽压力，扩大了注入蒸汽的波及体积，提高了蒸汽吞吐的效果。与上轮吞吐周期相比，生产时间、平均日产液量、日产油量均高于上轮的生产指标，实施化学调控技术延缓了油井的产量递减，增产效果比较显著。

4　结论

（1）研制的高温调剖剂具有耐高温、黏度大、封堵率强的特点，能够满足稠油巨厚油藏封堵汽窜的需要。

（2）通过现场试验，化学调控技术提高了注汽压力，有效解决了蒸汽吞吐井的汽窜问题，降低了注入蒸汽的热损失。

（3）化学调控技术封窜效果较好，作为蒸汽吞吐辅助技术，能够提高油井的采收率，为稠油区块巨厚油藏改善开发效果提供新的技术途径。

参　考　文　献

[1] 吴诗勇，等．储集层大孔道的识别及调剖技术研究[J]．东华理工学院学报，2006，29(3)：245-247.

[2] Larry Eoff. High-density monomer system for formation consolidation/water-shutoff applications[C]. SPE72996. 2001.

[3] 张高群，王琴，孙良田，等．压裂液用高温延缓交联剂 CL-9 的研制[J]．油田化学，2008，25(4)：325-327，351.

[4] 庄照峰，张士诚，张劲，等．中高温低浓度压裂液研究与应用[J]．油田化学，2007，24(2)：120-123，166.

[5] K. Spildo，A. Skauge，M. G. Aarra，M. T. Tweheyo. A New Polymer Application forNorth Sea Reservoirs. SPE 113460- PA，2009.

[6] Romero C. Non-selective placement of a polymer gel treatment to improve water injection profile and sweep efficiency in the Lagomar Field，Venezuela[C]. SPE80201，2003.

[7] 吴楠，姜玉芝，姜维东，等．调剖参数优化设计理论研究[J]．特种油气藏，2007，14(3)：91-94.

[8] 郭斌建．超稠油热采井整体调剖封窜技术的研究与应用[J]．精细石油化工进展，2004，5(4)：55-57.

[9] 杨中建，王建，何冯清，等．复合交联聚合物调堵剂的研制[J]．精细石油化工进展，2008，9(7)：11-13.

[10] 王家禄，沈平平，李振泉，等．交联聚合物封堵平面非均质油藏物理模拟[J]．石油学报，2002，23(5)：60-64.

活性污泥-粉末活性炭(AS-PACT)工艺在辽河油田曙光超稠油采出水达标外排中的应用与实践

孙晓明

(中国石油辽河工程有限公司, 辽宁 盘锦 124010)

摘 要 为解决辽河油田超稠油采出水外排问题,经过大量试验研究,最终确认采取活性污泥-粉末活性炭(AS-PACT)工艺应用于曙光污水处理达标外排改扩建工程,工程设计规模 $10000m^3/d$,处理后污水 COD 值小于 50mg/L,各项指标满足辽宁省地方标准《污水综合排放标准》(DB 21/1627—2008)要求,2017 年 9 月 9 日污水实现达标外排,工程成功投产,目前已平稳运行近 2 年。

关键词 活性污泥-粉末活性炭(AS-PACT);超稠油污水;污水外排;COD

概述

我国东部油田普遍到开发后期,综合含水率达 80%以上,注采不平衡,采出水量逐渐等于甚至于大于回注水量,而油田污水处理循环利用已经达到极致,基本全部取代对清水的使用,这种情况下依然有剩余污水产生。随着“水十条”“新环保法”等的颁布实施,国家和地方的环保法律、法规越来越严厉,同时响应习总书记满足“人民日益增长的美好生活需要”的号召,对油田剩余污水处理达标外排,创造优美和谐的生态环境势在必行。

辽河油田稠油于发存在注采不平衡,稠油污水除深度处理回用热采注汽锅炉外,还有约 30000t/d 没有出路,需达标排放。曙一区超稠油目前年产量约 260×10^4t,主力开采方式为 SAGD,其次是蒸汽吞吐和火驱,大量剩余污水处置难题成为多年制约曙采和特油超稠油生产的环保瓶颈问题。

曙光污水处理运标外排改扩建工程建设地点位于辽宁省盘锦市双台子区境内,饶阳河河套外东侧,位于曙光污水处理厂院内,隶属于辽河油田曙光采油厂。建设规模为日处理污水 $10000m^3$,处理达标后污水外排至饶阳河。该工程 2017 年 2 月 28 日完成全部设计,于 2017 年 7 月 30 日建成,并一次试运成功,2017 年 9 月 9 日污水达标外排,目前已平稳运行 2a。

1 工程概述

1.1 水质、用水指标及分析方法

1.1.1 来水水质

曙光污水厂水源主要为超稠油采出水,水质主要受油品性质、开采方式、集输方式、脱水方式等因素影响,因此水质具有如下特点。

(1) 油水密度差小

原油密度大,相对密度在 982.6~995.4g/cm^3,油水密度差小。

(2) 黏滞性大

采出水具有较大的黏滞性,沥青和胶质含量高(42%~48%),流动性差,污染程度高,特别在水温低时更显著。

(3) 较高温度

稠油在开发过程、集输和脱水过程中,为降低原油黏度,往往将温度提高到 70~80℃,这样稠油采出水的温度也较高。

(4) 乳化较严重

稠油采出水易形成水包油型乳状液。由于稠油所含大量胶质和沥青质是很好的天然乳化剂,并且在原油生产过程中经过多次泵离心剪切作用等,所以稠油采出水乳化较严重。

(5) 成分复杂和多变

稠油采出水水质较复杂,水质不仅被原油所污染,含有大量有机物,而且在高温、高压的油藏中携带许多悬浮固体,溶解了各种盐类和气体;在采油和油气集输过程中加入各种化学药

作者简介:孙晓明(1986-),男,2009 年 6 月毕业于上海同济大学,本科学士学位,现就职于中油辽河工程有限公司,工程师,主要从事污水处理等给排水设计、研究工作,E-mail:sunxiaoming@petrochina.com.cn。

剂，使稠油采出水含有多种杂质成分及水质波动较大。原油脱水中投加了大量化学药剂，水质成分复杂，通过化验分析，污水中除烷烃类、醇类、酮类物质外，大部分为化学药剂，多达44种。

(6) 来水波动性较大。

污水中含有压滤水、酸碱废水、洗井废水、油井作业废水等，且这些废水均间断排放，大大增加了来水波动性。

(7) 可生化性差

通过对来水BOD值和COD值的跟踪分析化验，污水厂来水B/C值长期保持在0.2左右，可生化性差，给污水微生物处理带来极大的考验。

曙光污水厂设计进水水质主要指标见表1。

表1　设计进水水质表

分析项目	单位	含量	分析方法
油	mg/L	≤2000	HJ 637—2012(红外分光光度法)
悬浮物	mg/L	≤8000	GB 11901—1989(重量法)
COD	mg/L	≤20000	GB 11914—1989(重铬酸钾法)
氨氮	mg/L	≤20	HJ 537—2009(蒸馏-中和滴定法)
磷	mg/L	≤2	HJ 670—2013(钼酸铵分光光度法)
氯离子	mg/L	≤400	GB 11896—1989(硝酸银滴定法)
水温	℃	≤80	

1.1.2　污水外排指标

本次工程设计出水指标主要执行辽宁省地方标准《污水综合排放标准》(DB 21/1627—2008)中直接排入允许排放区受纳水体的污水最高允许排放浓度。污水外排指标见表2。

表2　曙光污水厂外排水指标

分析项目	单位	含量	分析方法
石油类	mg/L	3.0	HJ 637—2012(红外分光光度法)
悬浮物	mg/L	20	GB 11901—1989(重量法)
COD	mg/L	50	GB 11914—1989(重铬酸钾法)
BOD_5	mg/L	10	HJ 505—2009(稀释与接种法)
氨氮	mg/L	8	HJ 537—2009(蒸馏-中和滴定法)
总氮	℃	15	HJ 636—2012(碱性过硫酸钾消解紫外分光光度法)
磷酸盐	mg/L	0.5	HJ 670—2013(钼酸铵分光光度法)

1.2　工艺流程

油田采出水外排工程实例较少，稠油污水外排基本没有，没有相对成熟的处理技术，因此先期开展了大量试验研究，技术路线的确定与试验研究同步进行，为设计提供技术支持，不断试验研究、不断总结认识，逐步完善技术路线。最后结合稠油污水水质特点，根据改造工程的现场实际情况，经多次国内外专家全方位技术经济论证，历经数年的现场试验，通过优化各种方案，最终确定“除油+两级浮选+悬浮污泥+两级活性污泥-粉末活性炭(AS-PACT)+砂滤”的工艺路线。

1.2.1　主工艺流程

污水进入调节水罐进行水量、水质调节，出水经除油罐除油、除悬浮物后重力流至一级气浮，一浮出水经悬浮污泥过滤装置过滤后重力流至二级浮选除COD。

二级气浮出水加压提升至核桃壳过滤器进一步除油，保证进生化油不超标，核桃壳过滤器出水依次经过空冷器和冷却塔降温至35℃以下，保证进生化系统水温。

降温后污水提升进入一级分配混合池，污水、一级回流污泥、二级剩余污泥、反洗回收水、N、P、碱在一级分配混合池内均匀搅拌、充分混合，混合后污水利用出水堰平均分配至3组一级生化反应池中，在一级生化反应池内微生物不断降解有机物、去除COD，出水经脱气搅拌后重力流至一级聚合物搅拌池，加PAM絮凝后重力流至一级沉淀池，在一级沉淀池内泥水分离，污泥由一级回流污泥泵提升至一级分配混合池，上清液溢流至一级提升池，经一级提升泵提升至二级混合池，污水与投加的粉末活性炭、二级回流污泥搅拌混合后进入二级生化反应池，进行活性炭吸附与微生物处理，出水溢流至二级聚合物搅拌池，加PAM絮凝后重力流至二级沉淀池进行泥水分离，污泥由二级回流污泥泵提升至二级混合池，上清液溢流至过滤吸水池，过滤吸水池的水进过滤泵提升至石英砂过滤器过滤，出水达到辽宁省外排标准后外排至站外排水渠。

在除油罐前投加反相破乳剂，主要除油；在一级浮选前加铝盐和助凝剂，进一步除油和悬浮物；在二级浮选前加铁盐和助凝剂，初步去除COD；核桃壳过滤器起保障作用，保证进生化污水含油不超标；一级生化前加N、P、NaOH，保证一级生化池内细菌生长，主要去除COD；一级聚合物搅拌池加助凝剂，保证一级沉淀池内泥水分离效果，减少漂炭；二级生化池内加活性炭，主要去除难降解 COD；二级聚合物搅拌池加助凝剂，保证二级沉淀池内泥水分离效果，减少飘炭；石英砂过滤器主要拦截少量炭粒及悬浮物，保证出水达标。流程示意图如图 1 所示：

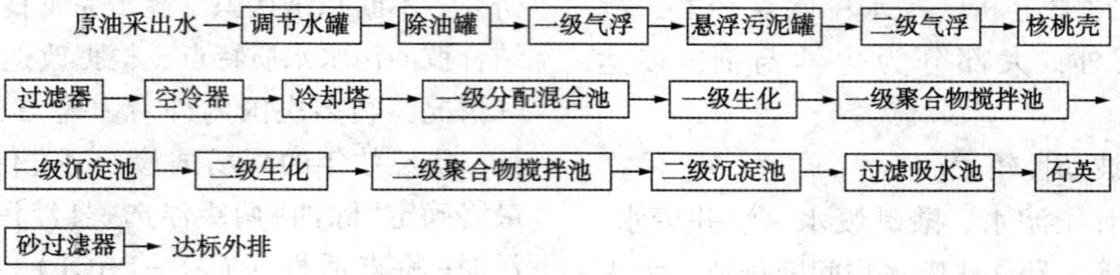

图 1　工艺流程示意图

1.2.2　污水回收流程

系统产生的各种污水，分类回收，含油污水(调节水罐和除油罐溢流放空水、含油污泥压渣水、核桃壳过滤器反洗水)进入含油污水池进行回收，回收污水均匀提升至调节水罐；不含油污水(砂滤器反洗水、生化污泥压渣水)均匀回收提升至一级生化池。

1.2.3　污泥脱水工艺流程

污泥脱水系统分为含油污泥脱水系统和炭泥脱水系统。含油污泥产生的单元主要有调节水罐、除油罐、浮选机及悬浮污泥罐，产生污泥利用污泥池收集后，加药提升至螺旋污泥脱水机进行脱水，脱水后污泥装车外运进行无害化处理。炭泥主要为一级沉淀池排出的吸附饱和活性炭及老化活性污泥，系统利用活性炭良好的沉降及脱水性能，把炭泥收集至污泥浓缩池重力浓缩，浓缩后提升至全自动厢式隔膜压滤机进行污泥脱水，脱水后污泥拉运回收再利用。

1.2.4　活性炭投加流程

粉末活性炭由活性炭运输车拉至活性炭投加间附近回车场，通过车载风送系统把粉末活性炭输送至活性炭料仓进行储存，利用活性炭投加装置(文丘里原理)把粉末活性炭以及二级沉淀池出水配成悬浊液并投加至生化池。

1.3　主要处理单元及设备

表 3　主要处理单元及设备

序号	项目	规格及参数	单位	数量
1	调节水罐	5000m^3	座	1
2	除油罐	5000m^3	座	2
3	DAF 溶气浮选机(2 级)	400m^3/h	台	4
4	悬浮污泥罐	1500m^3	座	1
5	核桃壳过滤器	Φ3.4m	台	4
6	空冷器	480m^3/h	台	1

续表

序号	项目	规格及参数	单位	数量
7	冷却塔	240m^3/h	座	3
8	一级生化池	2700m^3	座	3
9	二级生化池	2700m^3	座	1
10	一级沉淀池	Φ18m×3.5m	座	2
11	二级沉淀池	Φ18m×3.5m	座	1
12	石英砂过滤器	Φ3.4m	台	8
13	自动厢式隔膜压滤机	3.25t/d(绝干泥量)	套	2
14	活性炭投加装置	420kg/h	套	1

2　投运及效果分析

曙光污水厂一次性投产成功，污水顺利达标外排，系统稳定运行近 2 年，污水厂出水 COD 值全部在 50mg/L(在线监测)以下，投运效果分析如下：

2.1　稠油污水处理首次应用“活性污泥-粉末活性炭(AS-PACT)”工艺

首次在稠油污水处理上采用“活性污泥-粉末活性炭(AS-PACT)”工艺，把“PACT”工艺和稠油污水处理工艺相结合，有效降低水质冲击(针对油田污水的波动性)，利用活性炭与微生物协同作用，提高 COD 去除率。

(1) 卓越的稳定性

PACT 粉末活性炭系统与传统的生物工艺相比，系统异常的可能要小得多。

(2) 去除难降解 COD

那些没有被细菌立即分解的 COD 被活性炭吸附，并且回流至曝气池，使得细菌能有更长时间进行降解(SRT>>HDT)。

(3) 改善硝化作用

在单级处理系统中即可实现污水中高浓度氨氮的硝化，而传统的处理工艺很难达到。

(4) 减少挥发性有机物的逸散

在粉末活性炭处理系统中，挥发性有机物不

会在曝气过程中逸散出来。由于粉末活性炭的吸附特征，高度挥发性的混合物被留在系统里，并最后被生物处理。其他来源的挥发性有机物也能用管道送至粉末活性炭系统来处理。

(5) 臭味和颜色的去除

活性炭是卓越的颜色和臭味的吸收器。而常规生物系统(特别是生物污泥)易于产生臭气并将挥发性有机物从污水中逸散出来。

(6) 促进有机物的去除

系统能够高度去除 BOD、COD、苯酚等难降解的有机物。

(7) 生物毒性试验

系统出水通过生物毒性试验要求，100%地通过 LC50、96h 虹鳟鱼和水蚤的生物毒性试验。

(8) 操作的灵活性

粉末活性炭处理系统可提供最大的操作灵活性，只要随污水水质的变化和排放水的要求来调整活性炭的使用量即可。

2.2 采用“两级 PACT”工艺

针对稠油污水 COD 负荷高，创新采用“两级 PACT”，充分地发挥了一级 PACT 池中生物对 COD 的去除作用，利用二级 PACT 池吸附剩余难降解有机物，从而大大减少活性炭的使用量。

2.3 物化结合生化去除 COD

物化、生化去除 COD 技术相结合，先物化再生化，物化为辅，生化为主，物化为生化创造条件，核心采用生化技术去除 COD，极大地增加技术的可靠性，大大降低运行成本。

2.4 粗孔曝气技术首次应用于稠油污水处理

针对辽河稠油污水特点和活性炭工艺，生化处理系统采用粗孔曝气，取代已建污水厂的微孔和中孔曝气，既保证搅拌强度，避免溶解氧含量较高，又有效地解决曝气头结垢问题，取得了最佳的曝气效果。

2.5 新型除油罐首次应用

除油罐出水管线创新性的采用“U”形结构，完全解决了除油罐出水携带空气这个困扰多年的问题，消除大气泡对气浮处理的不利影响，极大地提高了溶气气浮的处理效果。

2.6 活性炭投加采用水射器密闭投加技术

活性炭投加至生化池采用活性炭投加装置，利用文丘里原理，活性炭投加全程密闭，采用车载空压机快速风送粉末活性炭干粉至活性炭料仓，干式存储，湿式投加，时间控制，实时计量，全自动运行，安全卫生。

2.7 二沉池泥水分离采用单管吸泥技术

二沉池泥水分离采用不锈钢单管吸泥机，吸泥效果好，能耗低，有效地应对了“PACT”系统高污泥浓度的工况。

2.8 污泥分质处理

含油污泥和炭泥分开处置，含油污泥采用“叠螺”进行污泥脱水，脱水后污泥进行无害化处理，炭泥采用全自动厢式隔膜压滤机进行污泥脱水，进料、压渣、卸板等全自动运行，滤布自动清洗，脱水后污泥再回收利用，分类处理，最大程度实现资源再回收利用。

2.9 悬浮污泥过滤技术在稠油污水处理上首次应用

稠油采出水处理首次采用悬浮污泥过滤装置，该装置使污水中部分溶解状态的污染物和胶体颗粒吸附出来，形成微小悬浮颗粒；然后采用絮凝剂和助凝剂将污水中各种胶粒和悬浮颗粒凝聚成大块密实的絮体；再依靠同向凝聚和过滤水力学等流体力学原理，形成悬浮泥层，污水经过悬浮泥层净化之后达标。当悬浮泥层达到一定量后，依靠点涡流动形成的向心力、过滤水力学形成的牵引力和自身的重量，被快速引入污泥浓缩室沉降分离。

3 总结和展望

(1) 辽河油田曙光污水处理厂采用“PACT”工艺，和稠油污水处理技术相结合，该技术在稠油污水处理领域属首次应用。污水处理规模为 $10000m^3/d$，国内工业污水处理中属于中型污水厂，污水处理效果极佳，满足辽宁省《污水排放综合标准》和国家《污水综合排放标准》的要求，其中出水 COD 值 15~40mg/L，氨氮值低于 1mg/L，处理效果处于国内先进水平。

(2) 本次工程采用“PACT”工艺，活性炭吸附饱和后进行脱水处理，脱水后炭泥作为锅炉燃料及其他用途，活性炭没有进行再生，使用量较大(500mg/L 左右)。下一步工作将着重放在研究粉末活性炭湿式氧化再生方向上，实现活性炭再生回用，大幅度降低工程运行成本。

参考文献

[1] 张自杰，林荣枕，金儒霖．排水工程(第四版)．中国建筑工业出版社，1999.

[2] 冯永训，彭忠勋，等．油田采出水设计手册．中国石化出版社，2005.

火驱分注技术研究与完善

谢嘉溪

（中国石油辽河油田分公司，辽宁 盘锦 124010）

摘　要　以辽河油田稠油可采储量采出程度已达到84%，急需替代技术提高采收率，而火烧油层技术正是可选技术之一。随着火烧油层开发方式的深入，不同类型的油藏（薄互层、巨厚层、水淹层）面临的纵向上动用程度差异较大，平面上受效不均衡的问题越来越突出，已经严重制约火烧油层技术的推广应用以及最终采收率的提高，所以亟待开展火烧油层分层注入工艺技术的研究。针对以上问题，开展技术攻关，改善火驱油层纵向动用状况，解决注气不均的矛盾，有必要开展火驱分层注气技术的研究与现场试验，以实现注气井的相对均匀注气，改善火驱开发效果，并为下步注气井的调控提供更好的基础条件。

关键词　火驱；薄互层；动用程度；分层注入；研究

引言

火驱是在一定的井网条件下，通过转驱井点火并注入空气使地下原油加热，并驱到周围生产井后产出，火驱开采常用基础井网形式多为面积井网。火驱井的点火和注气是确保转驱后增产效果的两个关键因素，点火效果的好坏直接影响到后期驱替作用程度和火线推进的速度，注入管柱的稳定性影响到注入井组的开采寿命。辽河油田火驱实验区块多为薄互层，层间差异大、渗透率极差大，为保证层间动用程度必须开发多层火驱点火分注技术。

1　研究内容

1.1　火驱分层注入管柱研究

针对目前笼统火驱注入管柱纵向吸气不均的问题，项目组进行了专项技术攻关，研发了插入式同心双管火驱分层注入管柱如图1所示。

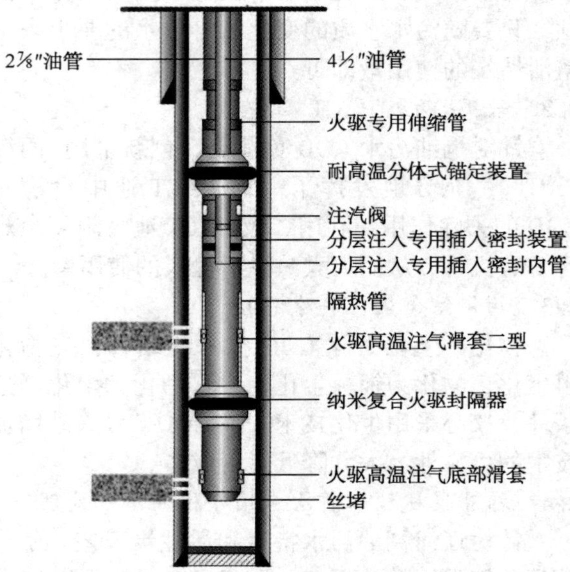

图1　插入式同心双管火驱分层注入管柱

插入式同心双管火驱分层注入管柱结构及原理：

（1）外层管柱及配套工具包括：4½″油管、火驱专用伸缩管、耐高温分体式锚定装置、注气阀、分层注入专用插入密封装置、火驱高温注气滑套二型、纳米复合火驱封隔器、火驱高温注气底部滑套和丝堵。

（2）内层管柱及配套工具包括：2⅞″油管、分层注入专用插入密封内管。

（3）下入电点火器，内管开始注入热空气。完成点火后下放电点火器，关闭火驱高温注气滑套二型，开启火驱高温注气底部滑套，内外管环空注上层空气，内管注下层空气，完成分层点火。

1.2　火驱分层注入管柱研究配套工具研发

（1）层间封隔器的研制

① 高常温密封胶筒研究

火驱电点火过程中，要求热空气出口温度高达450℃，点火时间长达10d，点火结束后温度又恢复到常温状态，这样大幅度的温度变化对火

作者简介：谢嘉溪（1989-），男，初级工程师，2013年毕业于东北石油大学资源勘查专业，现从事曙光采油厂火驱项目工作。E-mail：564909819@qq.com。

驱封隔器密封件的要求相当高，首先需要满足点火时高温的密封状态，同时还需满足高温降到常温后的密封状态。针对该技术难题，进行了密封材料的优选及密封胶筒的研究，最终研发成功高常温密封胶筒，确保密封件满足火驱电点火的使用工况。

耐高温密封材料筛选：

考虑到点火时封隔器胶筒需要承受高温的状态，对目前比较常用的密封材料进行了技术调研，主要针对密封材料的耐温性能进行研究，其技术参数如表1所示。

表1　常用密封材料技术参数

密封材料	特点	耐温/℃	特性
氟橡胶	常温密封效果好	200	常规结构
聚四氟	具有自润滑性	250	常规结构
改性聚四氟	用于高温、绝缘等密封	300	常规结构
金属(铜)	膨胀系数大、交替密封性差	600	全铜皮
石墨	膨胀系数小、抗蠕动性差	500	铜皮+石墨

从表1中可以看出，一方面是氟橡胶、聚四氟和改性聚四氟都不能够满足点火时耐温450℃的性能需求。因此只能将密封材料锁定在金属(铜)和石墨。另一方面，考虑到点火后封隔器的使用环境变成了常温状态，这就需要考虑到材料的热胀冷缩的现象，如果材料的热膨胀系数较大，那么温度降低后将对密封性能影响很大。

耐高温密封胶筒室内试验：

针对前面的分析对金属(铜)和石墨进行了室内试验研究(图2)。使用铜作为密封材料，坐封后放进调质炉里加热到500℃，取出后冷却到室温进行打压，发现2MPa左右就出现泄露，分析其原因主要是因为铜的热膨胀系数较大，冷却到室温后出现了“冷缩”现象。石墨的抗蠕动性较差，作为密封胶筒使用时需要使用交联剂进行黏合，常用的汽驱石墨胶筒耐温350℃主要是因为石墨交联剂耐温较低，而石墨本体耐温可以达到1200℃，通过优选找到了耐500℃交联剂。胶筒坐封后放进调质炉加热到500℃，取出后冷却到室温打压10MPa，无泄漏。通过多次室内试验得到坐封吨位为16~18t时，可以密封10MPa以上。

图2　金属(铜)和石墨密封性能试验

② 膨胀压力计算

火驱耐高温封隔器采用热力坐封，上提解封的方式。根据前边的试验得出结论，胶筒要密封10MPa以上至少需要16~18t的坐封力，因此需要对火驱耐高温封隔器的膨胀压力进行计算，确保液缸可以提供足够的坐封力压实胶筒。

饱和蒸汽压计算：

在密闭条件中，在一定温度下，与液体或固体处于相平衡的蒸气所具有的压力称为饱和蒸气压。计算饱和蒸汽压方程为：

Clausius－Clapeℸon（克劳修斯—卡拉贝隆）方程：

$$\ln P=-\frac{\Delta_{vap}H}{R}\left(\frac{1}{T}\right)+C$$

$$\ln\frac{P_1}{P_2}=\frac{\Delta_{vap}H}{R}\left(\frac{1}{T_2}-\frac{1}{T_1}\right)$$

式中，R 为摩尔气体常数；T 为热力学温度，K；$\Delta_{vap}H_m$ 为在温度 T 时纯液体的摩尔蒸发焓；R 为 8.314。

Antoine 方程：

$$\ln P=A-\frac{B}{T+C}$$

式中，P 为饱和蒸汽压，mmHg；T 为温度，℃；A、B、C 为 Antoine 常数。

正辛烷的 Antoine 常数在－20～+40℃范围内为：$A=7.37200$，$B=1587.81$，$C=230.07$；在 20～200℃范围内为：$A=6.92374$，$B=1355.126$，$C=209.517$。

液体的沸点是指液体的饱和蒸汽压和外界大气压相等时的温度。正辛烷沸点在 1 个标准大气压下为 125.8℃（图 3）。

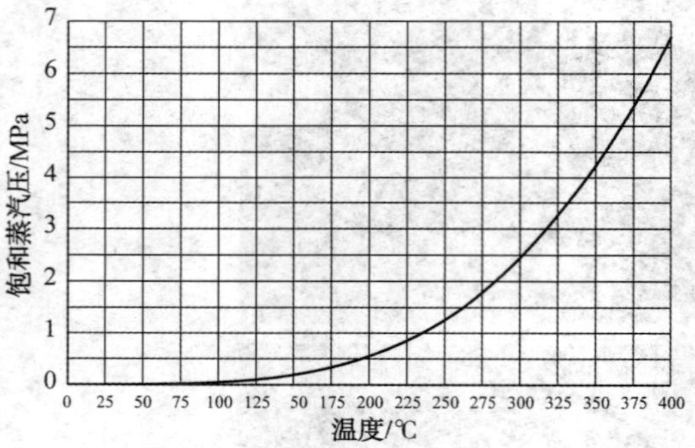

图 3　正辛烷饱和蒸汽压

体膨胀系数：

体膨胀系数 γ 为液体在温度每升高 1K 时长度或体积发生的相对变化量，正辛烷体膨胀系数如图 4 所示。

$$\gamma=\frac{\Delta V}{V_0\Delta T}$$

体膨胀模量：

物体在 P_0 的压力下体积为 V_0。若压力增加（$P_0\rightarrow P_0+\Delta P$），则体积减小 ΔV。则有 $\kappa=\Delta P/(-\Delta V/V_0)$，$\kappa$ 被称为该物体的体积模量（modulus of volume elasticity）。如在弹性范围内，则专称为体积弹性模量。体积模量是一个比较稳定的材料常数。（水体积弹性模量 κ 为 2.4×103MPa）

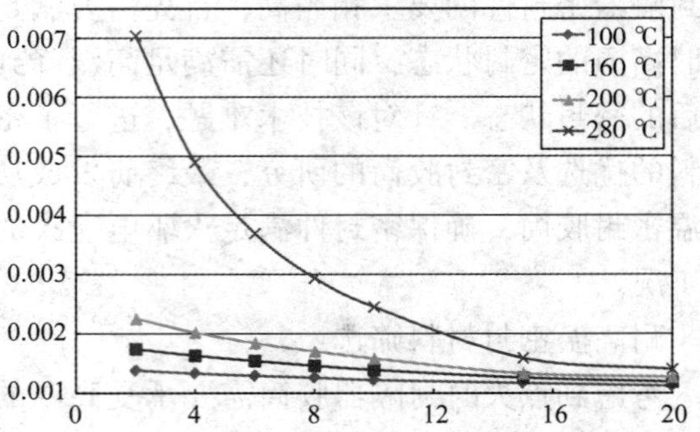

图 4　正辛烷体膨胀系数

$$\kappa=-\frac{\Delta PV_0}{\Delta V}$$

体膨胀压力计算：

体积不变时，膨胀压力计算（即温度引起的体积增量通过增加压力消除）：

$$\Delta P=\kappa\frac{\Delta V}{V_0}$$

$$\Delta V=\gamma V_0\Delta T$$

$$\Delta P=\kappa\frac{\Delta V}{V_0}=\kappa\gamma\Delta T$$

体积变化时，膨胀压力计算：

$$\Delta P=\kappa\frac{\Delta V-\Delta V'}{V_0}$$

$$\Delta V=\gamma V_0\Delta T$$

$$\Delta P=\kappa\frac{\Delta V-\Delta V'}{V_0}=\kappa\frac{\gamma V_0\Delta T-\Delta V'}{V_0}$$

液缸药剂膨胀压力计算理论：

因体膨胀系数为压力函数，所以需要迭代进行求解。通过计算得出加药量需要 1.8L 正辛烷在 200℃能够提供 18～20t 坐封力。

液缸膨胀压力计算流程见图 5。

③ 高温试验平台搭建

完成了理论设计和样机加工后，需要对封隔器进行室内试验。目前为止国内外还没有在高温 550℃时可以打压的试验平台。因此项目组进行和技术攻关，研发了耐温 550℃火驱试验平台，属于国内首创，使用该平台对层间封隔器进行室内试验。

设计了高温试验平台，该平台可以调整外径尺寸，可以对不同尺寸的工具进行高温试验，高温试验平台原理如图 6 所示。下面将试验平台中原件的作用作简单的介绍。

加热器的主要作用是将封隔器加热到预定的温度 550℃，温度传感器可以测得封隔器的时时

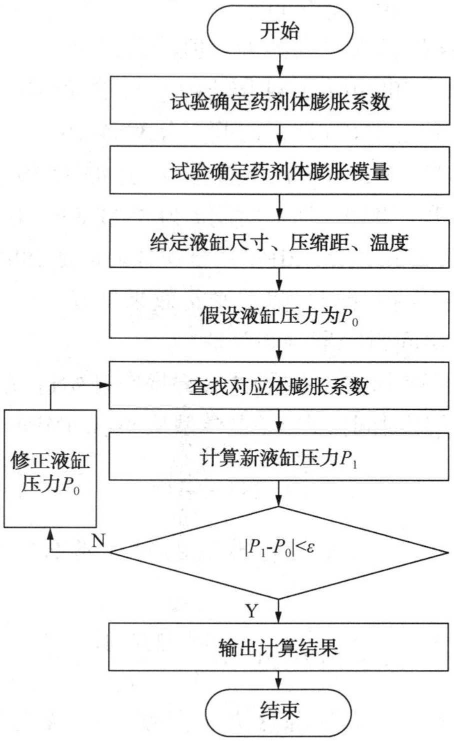

图 5　液缸膨胀压力计算流程图

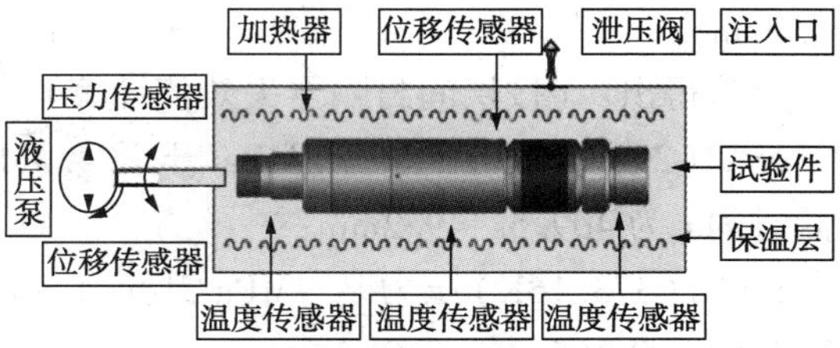

图 6　高温测试平台原理图

温度，位移传感器可以测得胶筒的坐封情况，液压泵的作用主要是通过打压保证封隔器在试验过程中不被解封，起到固定封隔器的作用。泄压阀的作用是当压力达到 10MPa 时起到泄压的作用，保证整个试验装置的安全。

a. 通过温度传感器控制装置的温度变化，经位移传感器实时测量不同温度下胶筒的膨胀情况。

b. 位移传感器 1 ~ 3 为轴向上 3 个传感器，其中每个传感器夹角为 180°可以用来测量不同角度下，不同受力环境下胶筒的膨胀精确变化；位移传感器 4 为径向上距离位移传感器 1 ~ 3 约 7cm 的传感器，作用是用来测量胶筒在一端受力时，不同位置胶筒的膨胀精确变化。

c. 表 2 为实验数据，通过数据可以分析出，该胶筒的初封温度为 172℃。

表 2　封隔器的实验数据表

温度/℃	位移传感器 1	位移传感器 2	位移传感器 3	位移传感器 4
50	15. 6	17. 8	19. 7	15. 0
100	16. 0	17. 8	19. 6	15. 3
118	15. 8	17. 5	19. 6	14. 5
132	15. 6	17. 1	19. 6	14. 3
172	13. 5	16. 3	17. 9	10. 2
185	13. 4	16. 2	17. 8	10. 1
197	13. 4	16. 2	17. 8	10. 1
214	12. 7	16. 0	17. 6	10. 1
251	12. 4	15. 8	17. 5	9. 9
292	12. 1	15. 6	17. 3	9. 9
315	11. 3	15. 1	17. 2	9. 8

d. 使用以上装置测试火驱耐高温封隔器在高温(550℃)下密封情况。将试验装置冷却到室温，进行常温打压 10MPa，未发现胶筒出现泄露，证明高温降到常温后胶筒扔可以密封 10MPa，满足设计要求。

(2) 开关滑套的研制

① 耐高温材料研究

开关滑套作为点火时热空气的出口，主要面临高温、氧气腐蚀等问题，最终选定 310S 做为基体材料(表 3)。该材料具有如下优点：热稳定性好；具有抗氧化性；具有耐腐蚀性；热变形量小。

表 3　310S 的力学性能参数

硬度/HB	≤187
抗拉强度/MPa	≥515
屈服强度/MPa	≥205
伸长率/%	≥35
面积缩减/%	≥50

② 开关滑套冲击功的计算

冲击功计算公式为：$W=\delta_k\times A$

有效动能计算公式为：$G=mgh\times k$

当有效动能大于冲击功时，换向装置启动，

$$W=\delta_k\times A=G=mgh\times k$$

得出：

$$A=\frac{mgh\times k}{\delta_k}=2\times\pi r^2$$

建立了开关滑套冲击剪切计算模型，得到了不同温度下两个出口距离和剪断直径的对应曲线(图 7)，确定了最佳剪断直径。

$$r=\sqrt{\frac{2\times mgh\times k}{\delta_k\times\pi}}$$

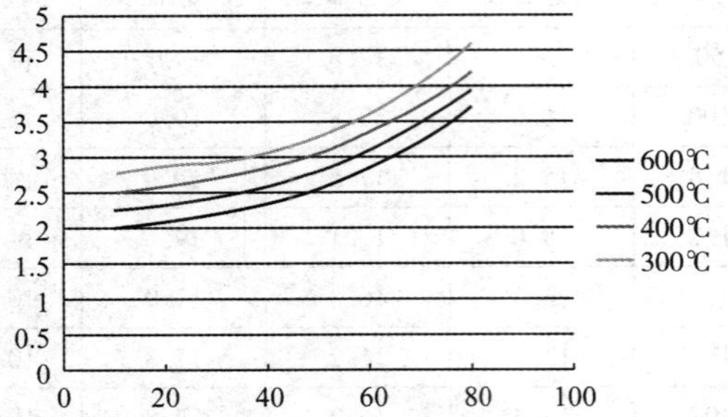

图7 不同温度下两滑套距离和剪切直径对应图

(3) 分层火驱注入管柱验封

① 现场实施情况

9.19进行了增注内管，停注外管操作，主要目的是为了验证层间封隔器，结果发现内管压力升高，外管压力略微上升0.01MPa。9.20进行放套压验证顶部封隔器，30min左右套压由3.8变成0，关闭套管阀58h后回复到4.0MPa(表4)。

表4 增注压力情况表

时间	内管流量/(Nm^3/h)	内管压力/kPa	外管流量/(Nm^3/h)	外管压力/kPa
10：10	449	4229	0	4026
10：13	471.6	4250	0	4026
10：16	468	4267	0	4027.7
10：19	472	4280	0	4028
10：28	555	4328	0	4029.8
10：33	528	4333	0	4030
10：38	536	4339	0	4029.4
11：18	542	4400	0	4037

② 顶部封隔器验封计算

由容器的充气排气计算模型得出，封隔器以上油套环空开始进气到气源压力所用时间公式为(本模型从0.1~4MPa)

$$t=\left(1.285-\frac{p_1}{p_s}\right)\tau$$

式中，τ为充气与放气的时间常数，单位为s：

$$\tau=5.217\times10^{-3}\times\frac{V}{kA}\sqrt{\frac{273.16}{T_s}}$$

式中，T_s为气源热力学温度，K；k为气体绝热指数；p_s为气源压力，MPa；V为封隔器以上油套环空容积8.5×10^9，mm^3；A为进气有效通流面积$2.4\times10m^3mm^2$。

按保护套管封隔器失效值计算得出：

25℃(298.16K)封隔器以上油套环空从0.1MPa升至4MPa所需时间t为3964.56s≈1.09h

100℃(373.16K)封隔器以上油套环空从0.1MPa升至4MPa所需时间t为3543.83s≈0.97h

实际套压从0.1MPa升至4MPa需要48h，因此可证明保护套管封隔器密封效果良好。

③ 层间封隔器验封计算

内管管小环空+封隔器底部环空开始进气到气源压力所用时间公式为(本模型从4~4.4MPa)：

$$t=\left(1.285-\frac{p_1}{p_s}\right)\tau$$

式中，τ为充气与放气的时间常数，单位为s：

$$\tau=5.217\times10^{-3}\times\frac{V}{kA}\sqrt{\frac{273.16}{T_s}}$$

式中，T_s为气源热力学温度，K；k为气体绝热指数；p_s为气源压力，MPa；V为环空容积4.4×10^9，mm^3；A为进气有效通流面积2.4×10^3，mm^2。

计算得出：(按层间封隔器失效值计算)

25℃(298.16K)压力从4MPa升至4.4MPa所需时间t为409.5s≈9.2min；

100℃(373.16K)压力从4MPa升至4.4MPa所需时间t为365.4s≈7.9min。

实际情况外管(内管管小环空+封隔器底部环空)压力在70min内从4.026MPa升至4.037MPa，因此可证明层间封隔器密封效果良好。

2 现场实验效果分析

2.1 总体实施情况

该技术2018年在现场实施2口井(曙1-41-41井和曙1-49-K030)，通过现场试验表明，火驱分层注入技术能够有效解决纵向吸气不均的问题，改善火烧前缘剖面，提高火烧波及体积，提高火驱开发效果。

2.2 典型井例分析

曙1-41-041井为分层电点火井，注气初期存在套压，执行套管防压后，压力变为0MPa；进行增注内管，停注外管(图8)，外管压力无增加，说明顶部封隔器和层间封隔器密封效果较好，两个层段起到了分层注入的效果。

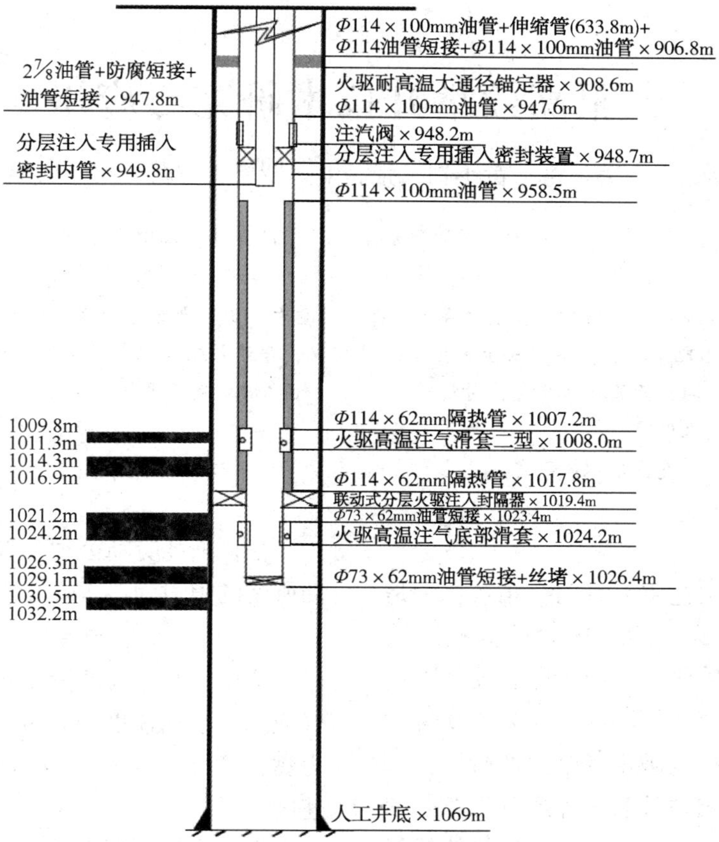

图 8　曙 1-41-041 井施工管柱图

3　结论

3.1　技术成果与创新点

（1）通过分层火驱封隔器、耐高温滑套、小直径隔热管等关键工具的结构优化设计，研制了同心双管分层火驱工艺管柱。该管柱采用同心双管的结构，可以实现两层分注，从而解决纵向上动用程度差异较大的问题，其技术指标如下：①封隔器耐温≥450℃；②封隔器耐压≥10MPa。

（2）通过封隔器及调控阀的结构优化设计，研制了火驱多层注气管柱。封隔器和调控阀耐温500℃，耐压 10MPa。

（3）搭建了耐温 550℃高温中间试验装置，属于国内首创，并使用该装置对研发的工具进行了室内试验。

（4）建立一套火驱注气管柱验封模型，并使用该方法结合现场放压和增注等操作对管柱进行了验封。

3.2　取得认识

（1）火驱开发井纵向吸气不均的现象对火驱开发效果具有不利的影响，通过分层火驱注入技术的应用对火驱注入气量进行调控，可以提高采收率。

（2）室内实验和现场应用表明，研制的火驱分层注入管柱能够满足目前工艺技术的要求，应用效果良好。

参　考　文　献

[1] 张锐. 稠油热采技术[M]. 北京：石油工业出版社，1999.

[2] 刘其成，张勇，张鹰. 多功能高温高压三维比例物理模拟试验装置[J]. 石油仪器，2006，20(1)：17-20.

[3] 袁士宝，孙希勇，蒋海岩，等．火烧油层点火室内实验分析及现场应用[J]. 油气田地质与采收率，2012，19(4)：53-56

[4] 王弥康，张毅，黄善波，曹钧合，等. 火烧油层热力采油[M]. 东营：石油大学出版社，1998.

[5] 张红玲，等. 非等温溶解气驱流入动态研究[J]. 石油钻采工艺，2001，23(4)：46-49.

[6] 关文龙，王世虎，蔡文斌等. 新型火烧油层物理模型的研制与应用[J]. 石油仪器，2005，19(4)：5-7.

火驱高效举升技术研究与应用

姜　雷　黄小钊　张涵淇　罗恩勇　蒋　川

（中国石油辽河油田分公司，辽宁 盘锦　124010）

摘　要　在火驱举升[1]过程中，普遍存在生产井产气量大、出砂严重等现象。杜 66 块生产井产气量在 4000m^3/d 以上油井占比 18%，部分井甚至产生“气锁”现象，导致泵效降低或不出油，严重影响举升系统正常工作。针对以上问题，开展技术攻关，对举升工具进行优化设计完善并进行实验模拟，为火驱开发提高举升系统效率提供技术保障。

关键词　火驱；防气；模拟；研究

引言

火驱生产井举升工艺主要有两个难点：一是井筒流动特性复杂，火驱生产阶段分为排水阶段、见效和产量上升阶段、稳产阶段和控氧限产阶段，每个阶段的生产特征不同，井筒流动特性不同，生产方式的选择应满足各个生产阶段；二是生产井高产气量影响举升效率，随着生产井的产量上升，产出气量也逐渐上升，大量气体的产生影响举升效果，严重时会造成抽油泵气锁，导致生产井无法正常生产。

1　油气分离效率计算模型的建立

根据螺旋式井下油气分离器的分离原理[2]，利用油气的较高速旋转产生的紊流及离心作用将油气分开。为了建立油气分离效率计算模型[3]，简化计算假设：

（1）气泡在液体内均匀分布；

（2）气泡在螺旋槽内移动时只考虑离心力的作用，而忽略重力的作用；

（3）液体密度是一致的；气液混合物以同一速度在螺旋槽内做旋转运动。

欲了解螺旋分离原理，首先应分析单个气泡在螺旋流道内的运动规律。在分析过程中，将小气泡视为刚性小球体。现以螺旋旋转中心为原点，以极径建立极坐标。气泡与液体的离心力差值为：$F_1=\frac{\pi}{6}(\rho_g-\rho_1)ad_0^3$

根据斯托克斯公司，气泡向螺旋流道内侧移动所受的阻力为：

$$F_2=3\pi\mu_1 Vd_0$$

式中：ρ_g 为气泡密度；ρ_1 为液体密度；a 为气泡的向心加速度；d_0 为气泡直径；μ_1 为液体动力黏滞系数；V 为气泡向螺旋道内侧移动的速度。

根据平衡原理：

$$3\pi\mu_1 Vd_0=\frac{\pi}{6}(\rho_g-\rho_1)ad_0^3 \tag{1}$$

$$V=\frac{dr}{dt},\ a=\omega^2 r=\omega r\frac{d\phi}{dt}$$

将 ρ_g、V、a 代入式(1)并简化得：

$$d\phi=-\frac{18\gamma}{\omega d_0^2}\frac{dr}{r} \tag{2}$$

式(2) 为气泡在螺旋道中的运动微分方程。

式中：$d\phi$ 为气泡在螺旋道中的角位移增量；γ 为液体的运动黏度；r 为气泡到螺旋旋转中心的距离（也即气泡的旋转半径）；dr 为气泡向螺旋道内侧移动的微小增量；ω 为气液混合物的平均角速度。

将(2)式进行不定积分并代入初始条件化简得：

$$\phi=\frac{18\gamma}{\omega {d_0}^2}\ln\frac{r_0}{r} \tag{3}$$

式中：ϕ 为气泡从螺旋道入口到出口时，所

基金项目：中国石油天然气股份有限公司辽河油田分公司项目“渤海湾盆地辽河坳陷中深层稠油开发技术示范工程-火烧油层配套举升技术示范”（2011ZX05053）。

作者简介：姜雷（1986-），男，工程师，2012 年毕业于长江大学油气田开发系专业，现从事油气田开发研究工作。E-mail：coventer0284@ 163. com。

走的角位移；r_0为气泡刚进入到螺旋流道时到螺旋旋转中心的距离。

$$\phi=\frac{2\pi l}{b},\ \omega=\frac{q_m}{b(r_2+r_1)(r_2-r_1)/2}=\frac{2q_m}{b(r_2{}^2-r_1^2)}$$

式中：l 为螺旋道有效工作长度；b 为螺旋流道螺距；r_2为螺旋道外半径；r_1为螺旋道内半径(吸入管外半径)；q_m为气液混合物在螺旋道中的流量。

将 ϕ、ω 代入式(3)得：

$$\ln\frac{r_0}{r}=\frac{0.7ld_0^2q_m}{\gamma b^2(r_2^2-r_1^2)}$$

则 $$r=r_0e^{-\beta} \tag{4}$$

$$\beta=\frac{0.7ld_0^2q_m}{\gamma b^2(r_2^2-r_1^2)} \tag{5}$$

式(4)、式(5)即单个气泡在螺旋道中的运动规律。

而气液混合物在螺旋道中的流量为：

$$q_m=\frac{1}{43200}\left(Q+\frac{Q(R-S)P_0}{P_a}\right) \tag{6}$$

式(6)为假设日产水为0，若考虑到日产水量，则：

$$q_m=\frac{1}{43200}\left(Q+Q_w+\frac{Q(R-S)P_0}{P_a}\right)$$

式中：Q 为日产油量；Q_w 为日产水量；R 为气油比；S 为溶解气油比；P_0 为标准大气压(取0.1MPa)；P_a 为抽油泵吸入口压力(绝对压力)。

2 油气分离效率室内模拟分析

针对火驱溶解气、伴生气在不同油气比状态下，对举升效率产生一定的影响。开展前期模拟室内建模，对实际生产时井下气锚[4]的作用进行预测，对计算气锚分离效率进行理论支撑。抽油泵的效率是分析抽油机井工作状况的重要参数，根据气液混合物流过抽油泵的能量方程式和机械能守恒原理可以分析泵效。泵的实际排量要小于理论排量，两者的比值称作容积泵效率，油田称泵效，也称泵的排量系数，即：

$$\eta_V=\frac{Q}{Q_T}$$

式中：Q 为泵的实际排液量；Q_T 为泵的理论排液量；η_V 为泵效。

$$Q_T=\frac{\pi D^2}{4}Sn$$

式中：D 为泵径；S 为冲程；n 为冲次。

要注意的是，在实际井中，由于排量系数只表示抽油机井的实际产液量占抽油泵理论排量的份额，它并不能从能量角度准确的表示抽油泵的效率。本次评价模型以固定排量式手摇泵计算实际排液量，可模拟特种泵举升中排液过程。当有气体进入泵中时，泵效由于气体的影响而降低，增加气锚模拟装置可将部分气体分离到环空，使泵效提高，通过测定有气锚和无气锚时的排量就可计算出气锚的分气效果(泵效的相对减少量)：

$$泵效的相对减少量=\frac{未通气时泵效-通气后泵效}{未通气时泵效}$$

以空气、水为评价介质，由空压机供气模拟小气油比：10：1，中气油比25：1，大气油比50：1模型，计量液流产出实际排量(表1)。

表1 不同气量流量数据表

液流最大理论排量/(mL/min)					1400
无气锚分离/(mL/min)	序号	1	2	3	平均
	未通气	569	587.10	538.38	564.83
	小气油比	498.67	456.45	629.01	528.04
	中气油比	462.97	566.67	447.88	482.51
	大气油比	380.24	360.84	427.81	396.30
有气锚分离/(mL/min)	序号	1	2	3	平均
	未气油比	569	587.10	538.38	564.83
	小气油比	840	780.25	835.04	705.37
	中气油比	838.98	829.17	1030.04	729.07
	大气油比	902.03	942.28	953.39	740.68

表2 平均泵效 η 记录表

	无气锚分离泵效	离心气锚分离后泵效
小气量	37.58	50.20
中气量	34.34	51.88
大气量	28.20	52.71

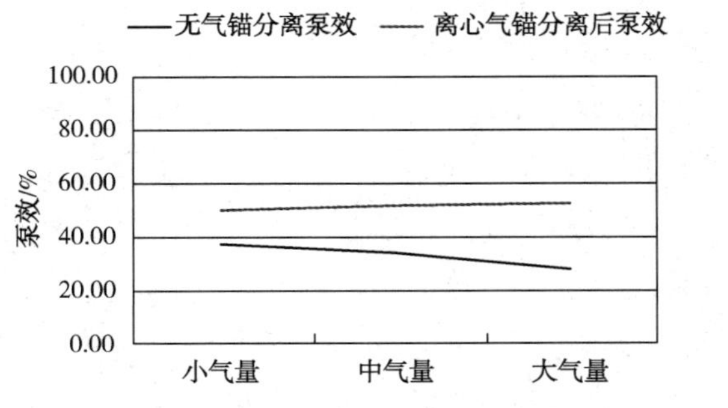

图1 气量-泵效关联示意图

结果分析：根据模拟实验结果分析(表 2、图 1)，气量对于泵效的影响很大，从第一组数据来看，大气量时的泵效不是很理想，从未通气的 40.19%下降到 28.20%；同时也说明气锚的安装对提高含气井的泵效很有作用，通气量从小到大变化时，泵效却几乎没有影响。目前油田现场安装气锚的不是很多，一般都装有油气分离器。泵效的相对降低量=(无气锚泵效-有气锚泵效)/无气锚泵效 = (37.58% - 50.20%)/37.58% = -33.58%

3 应用实例

高 3-5-172C 井，上轮生产周期平均泵效 21.8%，平均生产气液比 2546，套压 0.34MPa，因砂导致泵漏、气体影响原因进行检泵作业。由于该井套管尺寸限制，采取防砂火驱气锚进行现场试验，生产周期内平均泵效 42.7%，平均生产气液比 637，套压 0.62MPa，生产效果显著。

表 3 高 3-5-172C 生产数据表

井号	日期	日产液/(t/d)	泵效/%
高 3-5-172C	8.21	5.7	21.8%
		日产液/(t/d)	泵效/%
		8.78	42.7%

通过该井试验后生产数据表 3 来看，该井生产气液比降低了 1909，套压增加了 0.28MPa，说明其降低了气体影响，并未发生泵漏、气体影响等现象，说明该项技术能够起到很好的防砂防气效果。

4 结论

(1) 气量对于泵效的影响较大，无气锚时气液比 50：1 状态下泵效 40.19%下降至 28.20%；

(2) 油井供液能力较好时，有气锚时气量对泵效影响较低，气液比 10：1 与 50：1 状态下，平均泵效由 50.2%升至 52.71%。

(3) 气锚分离腔间隙越小，分离能力越强。

(4) 评价模型当气油比达 100：1 时，实测气体分离效率为 83%，因此理论分离效率计算值较高，具有一定的指导意义，但与实际效果有较大差异。

参 考 文 献

[1] 柴利文，周运恒. 火烧油层举升工艺技术研究与应用[J]. 钻采工艺，2010，33(4)：41-45.

[2] 岳清山，赵洪岩，马德胜. 蒸汽驱最优设计方案新方法[J]. 特种油气藏，1987，15(8)：24-29.

[3] 苗志国. 深井泵气锚分气效率计算方法研究[D]. 硕士毕业论文，北京：北京石油大学，2008.

[4] 王云. 气井合理油管直径选择[J]. 特种油气藏，2010，17(1)：108-111.

火驱注采井化学调剖技术研究与应用

张浩潇

（中国石油辽河油田分公司曙光采油厂，辽宁 盘锦 124010）

摘 要 随着开发进程的不断加快，火驱开发过程中各种矛盾日益凸显，纵向上注气井吸气不均，动用程度差异大，平面上火线推进速度不一致，部分火驱井组间形成气窜通道，从而使大部分油井将无法受效，影响火驱整体开发效果。针对上述问题，开展了火驱注采井化学调控技术的研究，利用高温调剖、高温封窜工艺并采用调与堵相结合的思路，改善火烧前缘剖面，提高火烧波及体积，封堵气窜通道和高渗透层，降低火驱生产井产气量，最终提高火驱整体开发效果，并为火驱开发的顺利实施及油田持续稳产提供可靠的技术支持。

关键词 火驱；注采井；气窜；配方体系；现场试验

引言

火烧油层技术是一种具有明显技术优势和潜力的热力采油方法，是稠油开采的第二大技术。目前，辽河油田开展火烧技术的主要有杜66、曙13832块、高3618块等区块。随着开发进程的不断加快，火驱开发过程中各种矛盾日益凸显，主要存在火驱注气井吸气不均、火线推进速度不一致、生产井气窜等问题，严重降低了火驱开采效率，影响采收率的提高。

针对上述开发问题，研制了系列化的火驱注采井配方体系，形成了火驱注采井调控配套工艺技术。利用化学调控技术可以有效改善储层非均质性，封堵气窜通道，扩大波及体积，提高油层动用程度，实现火烧前缘在纵向上、平面上均匀推进，从而提高火驱整体开发效果。

1 蒸汽驱启动阶段油井流入动态

1.1 火驱注气井调控技术

薄互层稠油油藏转入火驱开发后，因储层非均质、吞吐动用不均等原因，导致注入空气推进速度不一致，平面和纵向上波及范围差异较大，部分井很快发生气窜，造成火驱波及体积减小、燃烧不充分、生产井泵效降低等不利后果。针对此问题，研发了增强泡沫调剖技术，并在火驱注气井上开展现场试验，有效缓解了气窜现象。

1.1.1 技术原理

针对火驱注气井，采用增强泡沫调剖技术能够有效缓解气窜现象。即在注入空气中，加入凝胶增强发泡剂，通过管道和地层中的混合，形成大量稳定持久的泡沫，从而封堵气窜通道，改变注入空气流向，实现火线均匀推进。泡沫在流动状态下，由于黏滞力的作用，气泡会被拉伸变形，再加上孔隙的不规则性，造成气泡两端曲率存在差异，产生叠加的贾敏效应，造成大气泡变形大，流动阻力也大，而小气泡因变形小，流动阻力也相对较小，所以气泡在多孔介质中运移时，大泡运移速度要比小泡运移速度慢，进而大气泡堵塞大孔道，同时，小泡沫、水相、油相和因活性剂存在而生成的乳状液则从中小孔隙向前渗流，改变了微观波及面积，最大限度地提高了波及体积，有利于更多地驱赶、剥落小孔隙内及残余在孔隙岩壁的原油，有利于提高采收率。

1.1.2 增强泡沫调剖剂技术参数

增强泡沫调剖（图1）由热稳定性好、发泡效率高的阴离子与非离子混配表面活性剂、聚合物增稠剂和稳泡剂组成，形成了稳定、高效的发泡剂体系。将发泡剂溶液与空气同时注入井筒，在地层中形成连续、持久的泡沫，通过泡沫的贾敏效应，实现吸气剖面调整和地层中气流转向，减少气窜现象，扩大火驱波及体积。

技术指标：

① 发泡剂使用浓度1%；

作者简介：张浩潇（1989-），男，工程师，2012年毕业于中国石油大学数学与应用数学专业，现从事辽河油田曙光采油厂火驱技术的研究与应用。E-mail：907242287@ qq. com。

② 60℃ 发泡体积 > 900mL，泡沫半析水期为>1200s；

③ 气液比 1∶1，阻力因子>4。

图 1 增强泡沫调剖剂

1.2 火驱生产井调控技术

针对火驱井组中，火线推进速度不一致、生产井尾气分布不均的问题，研发了火驱生产井防窜堵窜技术，利用复合段塞封堵体系，对火驱生产井的气窜通道进行封堵，改变气体流向，实现了火驱井组的尾气均匀分布。

1.2.1 技术原理

采用复合段塞封堵体系，即强凝胶调剖剂+耐高温无机凝胶调剖剂的组合，对火驱生产井的气窜通道进行封堵。其中，凝胶颗粒堵剂能够进入地层深部起到封堵气窜作用；耐高温无机凝胶调剖剂能够耐高温(350℃)、封堵强度高，主要起到封口作用和保护前置段塞的作用。注入过程采用智能泵注系统，通过小排量注入实现堵剂的选择性封堵，降低气窜通道的导流能力，将尾气量控制在合理范围内。

1.2.2 技术产品及技术参数

(1) 强凝胶调剖剂

强凝胶调剖剂(图 2)主要由聚丙烯酰胺、有机交联剂、耐高温油溶性树脂、橡胶粉、无机增强剂及热稳定剂组成，聚丙烯酰胺和有机交联剂在一定的时间内可形成黏度大于 1.5×10^5mPa·s 的凝胶，该凝胶耐温可达 200℃ 以上，在凝胶调剖剂中加入耐高温油溶性树脂、橡胶粉及无机增强剂，对大孔道和高渗透层起到填充、压实作用，填充的橡胶粉是一种柔性颗粒，具有高压变形作用，能够进入微小通道形成封堵作用，刚柔相结合的填充颗粒能有效增加耐高温堵剂的封堵强度，该堵剂具有封堵强度高、耐高温等特点。

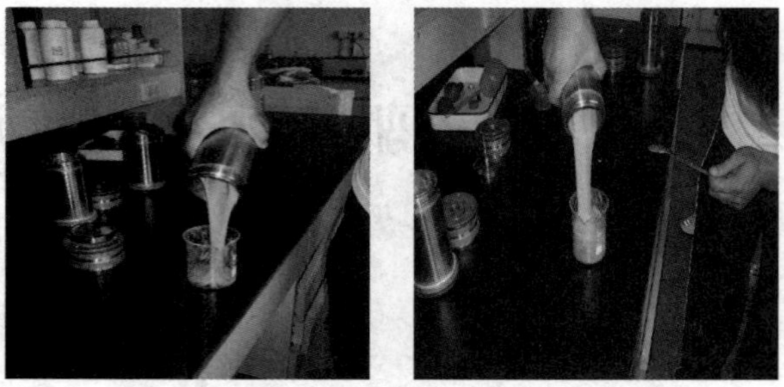

图 2 强凝胶调剖剂

技术指标：

① 成胶温度 40～110℃，成胶时间在 8～72h 可调；

② 使用温度为 40～220℃；

③ 胶体黏度≥1.5×104mPa·s；

④ 封堵率≥95%。

(2) 耐高温无机凝胶调剖剂

耐高温无机凝胶调剖剂(图 3)由无机胶凝剂、激活剂、缓凝剂、分散剂等，按适当比例复配而成。耐高温无机凝胶调剖剂中的主要成分具有潜在的硬化性能，常温常压下呈化学惰性，通过控制温度和无机/有机复合活化剂的用量，来调节成胶速度和成胶后的强度。该耐高温无机凝胶调剖剂在成胶前黏度低，利于泵注；在地层中成胶后，强度高，耐温性好，能够满足蒸汽驱条件下的耐热、耐蒸汽冲刷的要求，并长期有效。并且该调剖剂不耐盐酸，在强酸性条件下迅速发生崩解。因此，酸化可作为解堵措施。

图 3 耐高温无机凝胶调剖剂

技术指标：

① 成胶时间：8～240h 可调；

② 成胶温度范围：40～80℃；

③ 突破压力梯度：>10MPa/m；

④ 耐温：350℃。

2 调剖剂性能评价

2.1 增强泡沫调剖剂性能评价

(1) 泡沫剂的优选及静态性能评价试验

泡沫剂作为增强泡沫调剖剂的主要组分，其性能的好坏对施工效果起到至关重要的作用，发泡性能是泡沫剂重要的静态评价指标。因此，我们对不同的泡沫剂在常温下和耐温后的发泡性能进行测试，优选表面活性剂种类。

用蒸馏水配制不同浓度的泡沫剂溶液各200ml，装入高温高压釜内，在350℃条件下恒温老化48h后，测试表面张力和发泡能力，试验结果见表1。

表1　泡沫剂静态性能评价结果

泡沫剂	浓度/%	室温下			350℃老化后		
		发泡体积/mL	泡沫半析水期/min	表面张力/(mN/m)	发泡体积/mL	泡沫半析水期/min	表面张力/(mN/m)
LY-Ⅰ	0.3	910	25	23.5	750	19	26.4
	0.5	1035	48	21.6	885	41	25.5
	0.8	1080	50	21.2	910	42	25.2
LY-Ⅱ	0.3	960	35	22.8	785	28	25.8
	0.5	1185	55	20.5	960	47	24.6
	0.8	1260	56	20.3	975	50	24.5
HP-Ⅰ	0.3	915	28	23.2	765	20	26.1
	0.5	1020	52	21.2	895	42	25.2
	0.8	1055	54	20.9	905	44	25.1
HP-Ⅱ	0.3	940	32	23.1	780	25	25.9
	0.5	1175	53	20.9	945	45	24.4
	0.8	1250	55	20.8	960	48	24.2

由泡沫剂静态性能评价试验可知，经350℃高温老化后，泡沫剂的发泡性能和表面活性略有下降，满足火驱条件下发泡的要求，并且LY-Ⅱ、HP-Ⅱ的性能优于LY-Ⅰ、HP-Ⅰ，同时LY-Ⅱ和HP-Ⅱ具有来源广、价格低、配制简单等优点，因此，该增强泡沫调剖剂由阴离子表面活性剂LY-Ⅱ与非离子混配表面活性剂HP-Ⅱ组成。同时随着泡沫剂浓度的增加，泡沫剂的发泡性能和表面活性逐渐提高，综合考虑泡沫剂的发泡能力和施工成本，泡沫剂的浓度优选为0.5%。

(2) 增强泡沫调剖剂动态性能评价试验

阻力因子是评价泡沫液性能重要的动态指标，它反映了泡沫液在多孔介质中渗流时增加阻力的能力，阻力因子越大，泡沫封堵能力越好，驱油效果越好。

采用长度为80cm，直径为5.0cm的单管模型，模拟曙光油田地层条件，试验温度为95℃，测试增强泡沫调剖剂的阻力因子，试验结果见图4。

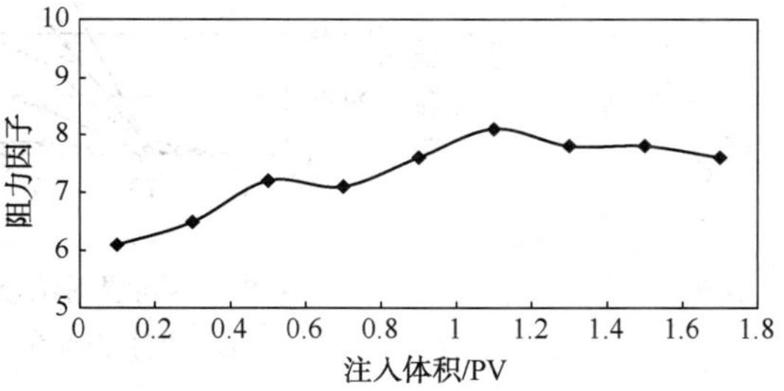

图4　增强泡沫调剖剂动态性能评价结果

从增强泡沫调剖剂动态性能评价试验可知，当注入体积接近1PV时，增强泡沫调剖剂体系的阻力因子达到最大值8.1，并保持稳定。

运用增强泡沫调剖剂体系可以实现火驱注气井动态调剖，在不停气的条件下可以调整吸气剖面和注气压力。

2.2　强凝胶调剖剂性能评价

(1) 强凝胶胶体中各成分对胶体的影响

在其他条件固定的前提下，分别改变部分水解聚丙烯酰胺、甲醛和酚的浓度，观察堵剂的成胶时间，并对胶体强度做了对比测试，结果见图5~图7。

分析实验结果得知，随着部分水解聚丙烯酰胺、甲醛和混酚浓度的增加，堵剂的成胶时间缩短、强度增大，但混酚浓度的增加比部分水解聚丙烯酰胺和甲醛的浓度增加对凝胶强度、成胶时间的影响要小一些。同时，在满足强度要求的前提下，改变部分水解聚丙烯酰胺、甲醛和混酚的浓度，都可以对堵剂的成胶时间进行有效的调节。

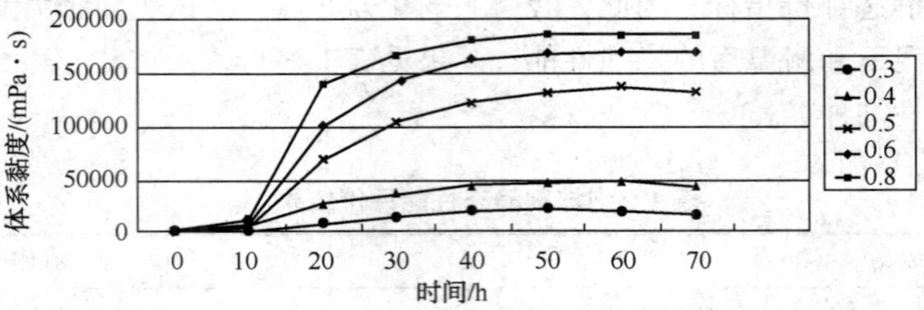

图 5 不同 HPAM 浓度下成胶时间对体系黏度的影响

注：实验温度为 75℃，甲醛 2%，混酚 0.5%。

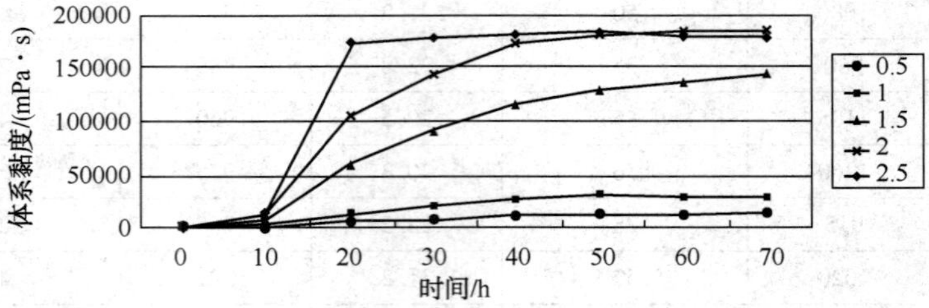

图 6 不同甲醛浓度下成胶时间对体系黏度的影响

注：实验温度为 75℃，HPAM 0.6%，混酚 0.5%。

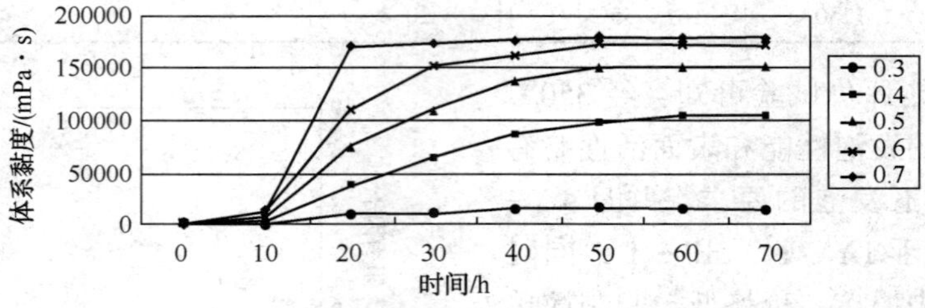

图 7 不同混酚浓度下成胶时间对体系黏度的影响

注：实验温度为 75℃，HPAM 0.6%，甲醛 2%。

（2）pH 值对堵剂成胶时间的影响

在其他条件不变的情况下，改变堵剂的 pH 值，则成胶时间发生变化，随着 pH 值的升高，成胶时间延长，当 pH 值达到 10 以上时，堵剂很难成胶(表 2)。在现场施工可根据具体需要，可以利用调节 pH 值的方法来调节堵剂的成胶时间。

表 2 pH 值对堵剂成胶时间的影响

pH 值	10	9	8	7	6	5
成胶时间/h	不成胶	60	48	35	22	21

2.3 高温无机凝胶调剖剂性能评价实验

（1）常温条件下无机非金属胶凝材料浆液流动性试验

固定 1#复合添加剂 1.3%，2#复合添加剂 4.5%，改变过 270 目标准筛的无机非金属胶凝材料的比例，用旋转黏度计测定不同时间的黏度，连续测 6d，测定结果见图 8。

从图 8 的试验结果可以看出：①随着无机非金属胶凝材料用量的增加，泥浆液的黏度略有增大；②在无机非金属胶凝材料用量达到 15.8% 时，其初始黏度仅 320mPa·s，而实际调剖时无机非金属胶凝材料用量应该在 12.3%左右。说明双激发无机非金属胶凝材料浆液的注入性能良好，可以使用调剖泵、水泥车等常规注入设备进行施工；③常温常压条件下，无机非金属胶凝材料浆液黏度可以长期保持不变。说明无机非金属胶凝材料浆液在常温常压下不会自行充分发生水化反应而稠化和凝胶固化。

在同样条件下，对过 325 和 400 目标准筛的无机非金属胶凝材料进行常温常压下泥浆液流动性试验。试验结果基本与过 270 目标准筛的无机非金属胶凝材料相同。说明常温下粒度对黏度的影响不明显。

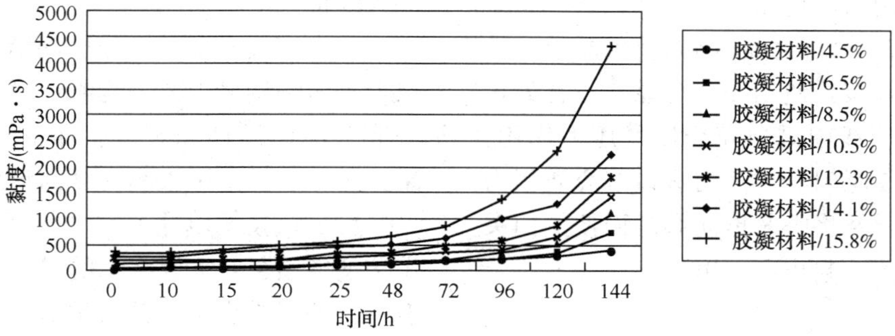

图 8　常温下胶凝材料流动性试验

（2）加温条件下无机非金属胶凝材料浆液流动性试验

固定 1#复合添加剂 1.3%，2#复合添加剂 4.5%，改变过 325 目标准筛的无机非金属胶凝材料的比例配制两个泥浆样系列，50℃条件下恒温加热，在用旋转黏度计连续测 144h 测定不同时间的黏度，测定结果见表 3。

表 3　加温条件下无机非金属胶凝材料流动性试验结果（过 325 目筛）

时间/h		5	10	15	20	48	72	96	120	144
黏度/（mPa·s）	胶凝材料/10.4%	150	150	220	450	720	20000	71000	无塑性	无塑性
	胶凝材料/14.0%	240	240	350	480	1020	33020	94500	无塑性	无塑性

从表 3 可得出以下结论：

① 在泥浆液失去流动性之前黏度基本没有变化，说明此时添加剂的缓凝功能在起作用，水化作用被有效抑制；

② 目视观察，样品明显失去流动性出现在 72h 附近，此时黏度已有明显增大，泥浆液已经有较弱的无机凝胶结构形成。说明此时添加剂的缓凝作用在逐渐消失，无机非金属胶凝材料的水化反应已经发生；

③ 与室温试验结果比较可知，泥浆液的水化反应在较高的温度条件下得到启动，而水化产物导致泥浆液稠度增大。因此，适当的温度是无机非金属胶凝材料潜在水硬性得到激发的必要条件之一。

3　火驱注采井化学调控技术配套工艺优化

针对火驱注采井现场实施过程中，遇到的系列问题，针对性地提出了解决方案，形成了一系列的火驱注采井化学调控技术配套工艺。

3.1　地面智能液压控制注入系统

对目前现有注入设备水泥车、柱塞泵存在的许多缺陷和不完善，不能满足大剂量连续施工注入的状况，研制开发出新的智能控制注入系统，可以实现连锁自动控制及手动控制，液位、流量、压力均用无线传输模块远传至中控室，使设备操作人员能够随时了解施工进展情况。计算机控制自动密闭上料，配液方便、快捷，不仅准确、环保，而且节省人力、物力，设备阀门均采用电磁阀，可以在智能控制系统中进行开关，实现了操作的自动化，提高施工质量和效率。

3.2　泵后两注系统

泵后两注系统可以实现在同一井场使用一泵进行两井组同时调剖调驱的施工，充分利用了现有的泵注能力，提高了施工效率。泵后两注系统的组成和特点如下。

（1）智能电磁流量计

智能电磁流量计计算速度非常快，精度高，测量性能可靠。其传感器采用非均匀磁场的新技术及特殊的磁路结构，磁场稳定可靠，而且大大地缩小了体积，减轻了重量，使流量计具有小型轻量化的特点。

（2）低剪切流量分配器

这款具有环锥通道的流量分配器采用内部压力平衡式结构及防震装置使分配器流量调节连续稳定，开关阻力很小，可实现注入溶液黏度平稳运行。通过低剪切流量分配器调节，可以实现两管线不同流量的精确任意分配与计量。

（3）油田专用高压止回阀

这是一种新型高压阀门，阀体及主要承压件均经详细的强度校核，使用安全可靠。正常处于关闭状态，由于管线中进口端介质的压力作用，而克服弹簧阻力使阀门开启。当进口端介质压力低于出口端时，弹簧将阀芯推向阀芯而使阀门关闭，阻止介质逆流，起止回作用。

4 效果评价

该技术在辽河油田杜 66 区块开展 45 口井的现场应用，措施注气井平均注气压力增加 0.6MPa，纵向吸气情况和平面见效程度发生明显改变，吸气较好层吸气量为 62.3%，降低 13.5%；措施井平均单井日尾气量减少 2327Nm^3，累计增油 1.1575×10^{4}t，含氧量亦明显降低；此外，措施区域的气窜问题得到有效改善，增油、降水效果显著。现场应用表明，火驱注采井化学调控技术可以改善储层非均质性，封堵气窜通道，扩大火线波及体积，提高油层动用程度，是提高火驱开发效果的有效方法。

5 结论

（1）火驱注气井调剖、火驱生产井封窜配方体系为核心的火驱注采井化学调堵技术，不仅能够有针对性地对不同井况的气窜井实施调剖封窜，还能够有效降低气窜的危害，有效缓解了火驱火线推进不均的问题。

（2）该技术实现了分层调堵、复合段塞堵剂组合等多种调堵工艺，能够针对不同的井况条件采取个性化设计和施工，保证了调剖封窜的效果，进一步提高了火驱油藏的动用程度。

（3）该技术填补了国内火驱开发中化学调控工艺的空白，对火驱技术的进一步完善和推广具有一定的指导意义，并为类似火驱油藏的有效开发提供了借鉴。

参 考 文 献

[1] 张方礼，刘其成，刘宝良等. 稠油开发实验技术与应用[M]. 北京：石油工业出版社，2007，5(3)：29-34.

[2] Barkman J H，Davidson DH. A new method of in-depth profile modification for high-tem-perature and high-salinity[Z]. SPE 88468，2004：155-156.

[3] 关文龙，马德胜，梁金中等. 火驱储层区带特征实验研究[J]. 石油学报，2010，31(1)：100-104.

[4] 刘其成. 火烧油层室内实验及驱油机理研究[D]. 大庆. 东北石油大学，2011：43-52.

[5] 门福信. 薄互层稠油油藏火驱开发动态调控技术研究[M]. 化工管理，2014.07：118-119.

基于三维物模的厚层稠油油藏烟道气辅助蒸汽驱规律研究与应用

刘 东[1] 张风义[1] 葛丽珍[1] 朱 琴[1] 宫汝祥[2]

(1. 中海石油(中国)有限公司天津分公司，天津塘沽 300459；
2. 中海油田服务股份有限公司油田生产事业部，天津塘沽 300459)

摘 要 由于蒸汽超覆的影响，厚层稠油油藏水平井注蒸汽吞吐、蒸汽驱等热采过程有别于薄层，针对目前厚层缺乏将注采参数、渗流场、生产动态三者变化规律结合研究，导致厚层热采井位设计和生产制度优化缺乏指导的问题，以渤海L特稠油油藏(油层厚度50m，地层原油黏度为50000mPa·s)地质油藏参数为基础，利用三维比例物理模型，研究了厚层稠油油藏水平井热采烟道气辅助蒸汽驱过程中蒸汽腔的发育规律与生产特征。三维实验研究表明，厚层稠油油藏蒸汽吞吐后转驱可分为瞬时产油量增加阶段、稳定阶段、递减阶段，分别对应热连通、稳定驱替、窜通阶段。蒸汽吞吐阶段采出程度为5.0%，热连通阶段为6.9%，稳定蒸汽驱替阶段为23.1%，稳定烟道气辅助蒸汽驱替阶段为7.9%，窜通阶段为2.4%，整个阶段瞬时油汽比为0.1时采出程度达到45.3%。利用数值模拟软件，根据M稠油油藏实际地质油藏参数建立数值化模型，分析了42m油层和22m油层水平井热采吞吐、吞吐后转驱的蒸汽腔发育规律、生产动态特征，对比了水平井部署在纵向不同位置的生产特点，研究结果在M稠油油藏(地层原油黏度3000mPa·s)ODP方案的钻前优化研究中得到了应用。

关键词 海上油田；稠油热采；物理模拟；数值模拟；参数优化

引言

国内外多年稠油开发实践表明，蒸汽吞吐、蒸汽驱、蒸汽辅助重力泄油等是开采稠油的有效技术，其中蒸汽吞吐采收率一般为20%左右，蒸汽驱和蒸汽辅助重力泄油是蒸汽吞吐后进一步提高采收率的重要手段[1-5]。为改善稠油开发效果，渤海油田自2009年也开始建立热采先导试验区进行海上稠油热采探索[6-7]。由于海上稠油开发的特殊性，海上稠油热采采用了水平井、大井距(200~300m)的热采模式，其渗流规律有别于陆地油田定向井、小井距(70~100m)的模式。且随着海上热采的持续深入，即将投产的L和M稠油油藏的厚度已经从6m扩展到60m，地层原油黏度从450mPa·s扩展到50000mPa·s，原有的薄互层热采吞吐规律难以指导后续新油田的热采，亟需开展相应的机理研究。目前厚层稠油水平井热采，主要集中于一些一维驱油机理实验研究、吞吐阶段的数值模拟以及油田应用[8-10]，缺乏将注采参数、渗流场、生产动态三者变化规律结合研究和应用的报告，导致热采过程中生产制度调整和优化缺乏针对性。为此，笔者以渤海L稠油油田地质油藏参数为基础，在相似准则研究的基础上，利用三维比例物理模型和对应的数值实验模型，研究了L厚层稠油油藏水平井热采的蒸汽腔发育规律与生产特征，并将研究成果应用于同样是厚层的M稠油油藏水平井热采吞吐方案优化中。

1 物理模拟研究

1.1 实验装置

图1为高温高压三维热采物理模拟系统示意图。实验装置主要由注入系统、模型主体、产出系统、采集系统、辅助部分等5部分组成。其中注入系统包括平流泵、蒸汽发生器、氮气瓶及气体质量流量控制仪、加热带、中间容器等装置；模型主体包括高温高压三维热采模型和恒温箱；

基金项目："十三五"国家科技重大专项"渤海油田高效开发示范工程"(2016ZX05058)。

作者简介：刘东(1986-)，男，高级工程师，2010年毕业于中国石油大学(北京)油气田开发工程专业，获硕士学位，现主要从事在生产油田管理、开发方案设计、稠油油田热采及化学驱提高采收率研究工作。E-mail：liudong@cnooc.com.cn。

产出系统主要是由量筒和控制阀门组成；采集系统主要包括压力传感器、温度传感器、数据采集箱和计算机；辅助部分主要包括干燥箱、黏度计、天车及天平等。

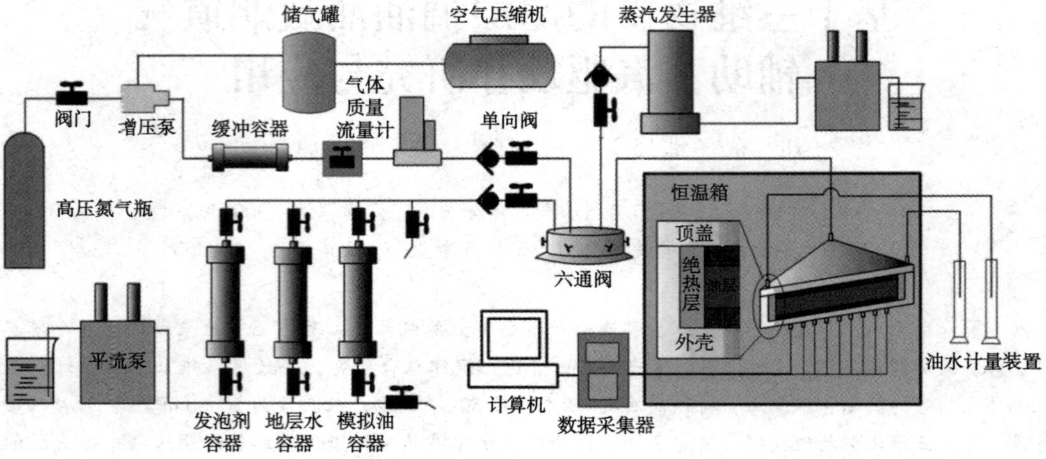

图 1　高温高压三维热采物理模拟系统

图 2 为高温高压三维热采模型示意图。模型内腔宽度为 40cm，深度为 40cm；耐压达到 20MPa，耐温达到 350℃；为模拟顶底层可封填不渗透的陶泥。蒸汽注入井与沿程管线安装了电加热装置，实验过程中该装置的加热温度与蒸汽发生器的温度保持一致，使蒸汽进入到油藏中仍保持蒸汽状态。

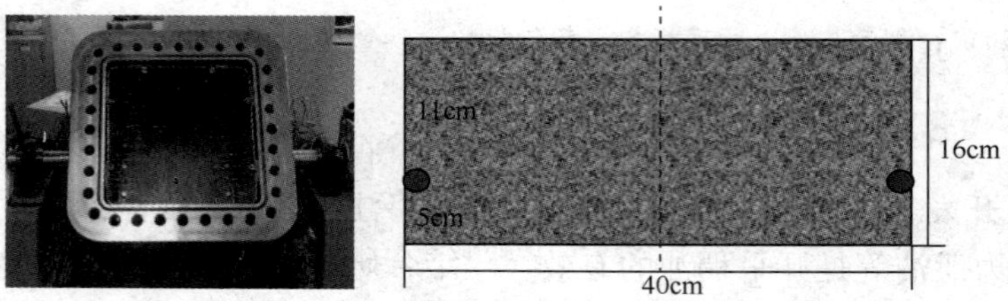

方形釜内腔实物照片　　块状纯油藏蒸汽吞吐转汽驱注采井示意图

图 2　三维试验方形釜内腔及三维实验注采井示意图

1.2　实验设计

渤海 L 超稠油油田油层为明化镇组和馆陶组，油藏埋深 845～1060m，储层厚度达到 40～50m，储层平均渗透率为 $3000\times10^{-3}\mu m^2$，原始油藏温度为 47℃，原始油藏压力 10.4MPa，地层条件下原油黏度为 30000～50000mPa·s，属特稠油。根据矿场实际要求，以 L 油藏岩石和流体条件为基础，进行三维比例物理模型的设计，相似准则对油藏和井筒按比例模化，主要参数见表 1。

表 1　油藏原型与比例模型参数转换表

阶段	参数名称	原型	模型	相似度	相似比
基本参数	井网井型	水平井	水平井	相同	1
	井筒半径/(m, cm)	0.1	0.3	放松	1/67
	生产井至底部距离/(m, cm)	3	1	相似	1/250
	水平井长/(m, cm)	500/5	40	相似	1/250
	注采井对距/(m, cm)	200	40	放松	1/500
	油层厚度/(m, cm)	40	16	相似	1/250
	孔隙度/%	32.6	32.6	相同	1
	绝对渗透率/($10^{-3}\mu m^2$)	3000	60000	相同	20
	油藏原油黏度/(mPa·s)	28469.6	28469.6	相同	1
	油藏温度/℃	47	47	相同	1
	原始地层压力/MPa	10.4	10.4	相同	1

续表

阶段	参数名称	原型	模型	相似度	相似比
蒸汽吞吐预热	注采压差/(MPa，kPa)	2	26	相似	
	注汽速度/(t/d，mL/min)	300	5.5	放松	
	周期注汽量/(t，mL)	3000/5/2	192/5/2	相似	$1/250^3$
	焖井时间/(d，min)	7	2	放松	
	周期注汽量递增/%	15	15	相同	1
蒸汽驱	注汽速度/(t/d，mL/min)	300	30	放松	
	汽腔操作压力/MPa	3	3	相同	1

1.3 实验步骤

实验步骤主要包括实验准备、模型装填、封装模型、建立初始温度场、注入流体调试、采出系统维持压力设置、实验运行等。整个实验过程至瞬时油汽比低于0.1结束。

2 实验结果与分析

2.1 多轮吞吐降压阶段

对于初始压力较高的油藏，转驱前通常通过多轮吞吐降压。实验设计三个轮次吞吐，两口水平生产井分别依次吞吐，每个吞吐周期焖井2min，每周期生产至不出液为止。每吞吐轮次生产过程中，排水期快速完成后，瞬时产油量达到最大值，而后迅速递减；三个轮次对应的采出程度分别为1.55%，2.88%，4.97%。三个吞吐轮次对应的压力降分别为：第1轮次10MPa降至8MPa；第2轮次8MPa降至6MPa；第3轮次6MPa降至3MPa，吞吐结束时油藏平均压力3MPa，达到转蒸汽驱的有利时机。由于随着油藏平均压力的下降，蒸汽吞吐效果变差，需要转吞吐为驱替，进一步提高采收率。

2.2 吞吐后转驱替阶段

块状纯油藏蒸汽吞吐降压后转蒸汽驱，驱至瞬时油汽比低于0.1时为止，整个驱替阶段采出程度达到30.02%；此后转蒸汽驱为烟道气辅助蒸汽驱(气汽体积比为1∶1)，该阶段的驱替采出程度为17.22%。图3表示了整个驱替阶段瞬时产油量随注入蒸汽PV数变化的关系。从图中可以看出，根据瞬时产油量的变化，可将整个驱替过程划分为三个阶段，分别为：瞬时产油量逐渐增加阶段、瞬时产油量稳定阶段、瞬时产油量递减阶段，分别对应蒸汽驱汽腔剖面的三个扩展阶段，即：热连通、稳定驱替、窜通阶段。

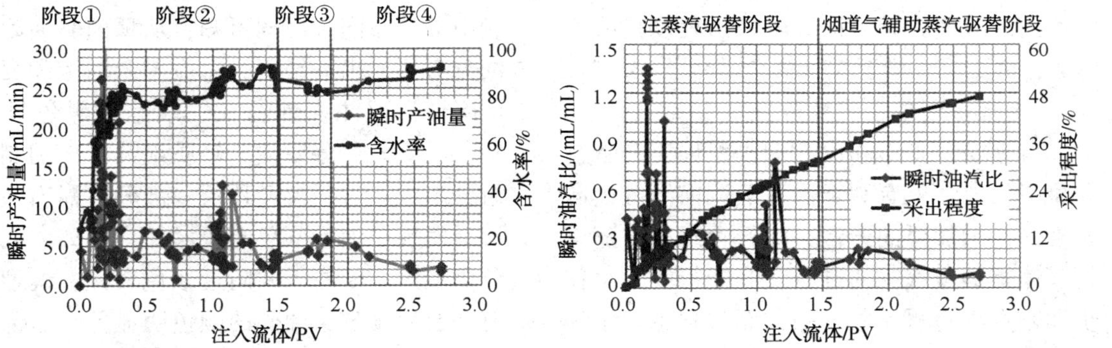

(a) 瞬时产油量随注入蒸汽PV数的变化曲线　　(b) 采出程度随注入蒸汽PV数的变化曲线

图3　蒸汽驱三维物模实验驱替动态曲线

驱替阶段的生产规律与加热腔的扩展有密切的相关性。图4表示了实验中整个蒸汽驱和烟道气辅助蒸汽驱阶段的加热腔变化规律。根据加热腔的变化情况，可划分为热连通、稳定驱替、窜通驱替三个阶段，并分别与图3(a)中的阶段①、阶段②、阶段③④等三个阶段相对应。分析图4可知，蒸汽自注入井向生产井扩展到油层中部时对应注入孔隙体积倍数为0.22PV，高温前缘扩展到达生产井时对应注入孔隙体积倍数为1.88PV，自窜流开始至瞬时油汽比低于0.1时对应的注入孔隙体积倍数为2.38PV。

2.2.1 热连通阶段

如图4所示，蒸汽吞吐转蒸汽驱生产后，蒸汽腔自注入井逐渐向生产井推进，同时在重力分异作用下蒸汽逐渐向油藏顶部运移；至174min时高温前缘超过油藏中部。结合图3和图4可知，热连通阶段过程中(阶段①)，瞬时产油量逐渐增加，含水率大幅增加；至蒸汽驱生产174min时，瞬时产油量和油汽比达到最大值，此时对应高温前缘超过油藏中部，蒸汽超覆明显。该过程中采出程度由吞吐时的4.97%增加至11.90%，提高了6.93%。

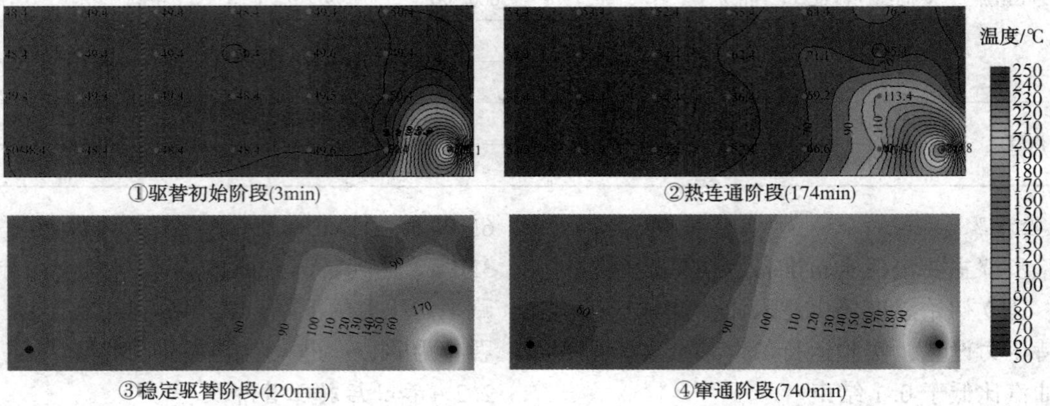

图4　厚层稠油油藏水平井蒸汽驱加热腔阶段划分对应图

2.2.2　稳定蒸汽驱替阶段

如图4所示，蒸汽驱生产174min时进入稳定驱替阶段，而后汽腔沿横向逐渐扩展，该阶段瞬时产油量和油汽比基本稳定，呈略有降低趋势，波及范围大幅增加，前缘以热水形式在底部运移。如图3所示，该阶段(阶段②)瞬时产油量、含水率及油汽北基本稳定，瞬时产油量和油汽比略有降低；含水率略有增加，从71.9%增至最高的78.7%，而后瞬时产油量出现较大波动，增至9.3mL/min，出现大幅度降低，此时对应的蒸汽腔达到油藏边界处。该阶段采出程度呈线性增加趋势，由11.9%增至35.0%，提高了23.1%。

2.2.3　稳定烟道气辅助驱替阶段

如图4所示，转非凝析气体辅助蒸汽驱初期，非凝析气的注入有利于促进蒸汽前缘继续向生产井推进，增加原油产量，降低含水率；随着非凝析气体辅助蒸汽驱的进行，非凝析气的存在进一步加剧蒸汽超覆现象，一方面有利于动用顶部的剩余油，另一方面也容易使气体在生产井产生突破。如图3所示(阶段③)，蒸汽驱转非凝析气体辅助蒸汽驱后，瞬时产油量大幅增加，从2.3mL/min增加至5.9mL/min；含水率明显降低，自91.87%降至81.44%；而后产油量逐渐降低，含水率增加升高；该阶段采出程度由35.0%增至42.9%，提高了7.9%。

2.2.4　窜通阶段

如图4所示，蒸汽驱生产680min时进入窜通阶段，而后高温前缘突破到生产井，该阶段瞬时产油量和油汽比大幅降低，含水率明显增加；蒸汽腔基本稳定，注汽井上方蒸汽超覆现象明显。如图3所示(阶段④)瞬时产油量、油汽比大幅度降低，从最高的12.6mL/min降至瞬时2.4mL/min；含水率大幅度增加，从83.2%增至92.3%，对应油汽比仅0.09(825min)。该阶段采出程度由42.9%增至最终的45.3%(油汽比0.1)，提高了2.4%。

2.3.5　剩余油分析

图5为块状纯油藏特稠油蒸汽驱后模型内的剩余油分布图。由图可知，从顶面驱油后的剩余油分布可看出，经蒸汽驱后剩余油饱和度已大幅度降低；但注入井所在一端呈现黑色且油砂变硬，说明该部分原油为轻质组分析出的剩余重质组分组成；打开模型顶层一部分并漏出注入井指端后发现，油砂颜色有所增加，远离注入井端颜色仍较浅，仅注入井附近颜色较深；模型中心剥离一层后发现，油砂的颜色明显低于边部，说明模型中部驱油效率高。

通过统计不同层位采样点的含油饱和度数据发现，蒸汽驱过程中注汽井上方存在明显的超覆现象，注汽井所在层位及注汽井上一层位的剩余油饱和度明显低于顶层与底层；顶层与底层相比，底层动用程度最低，尤其是生产井井底附近，含油饱和度仍保持与原始含油饱和度状态。因此，厚层稠油油藏实施蒸汽驱过程中，蒸汽超覆现象有利于动用油藏顶部原油，而底部由于主要为热水流动，驱油效率较低。

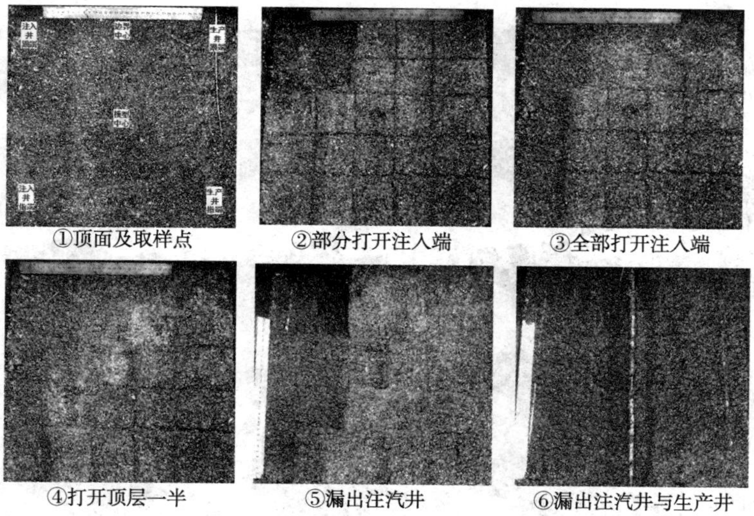

图 5　块状纯油藏蒸汽吞吐转蒸汽驱后剩余油分布照片

3　数值模拟研究

3.1　M 稠油油藏特征

M 稠油油藏西块馆陶组地层原油黏度 2908.8mPa·s，西块馆陶组地面原油为重质原油，具有黏度高、胶质沥青质含量高、含蜡量低、含硫量低、油田凝固点中等特点。热采区域有效油层厚度为 42m、22m、16m。在物模研究的基础上，研究两种厚度下水平井在垂向上的不同位置。

3.2　数值模型的建立

根据 M 区块的地质油藏参数，建立 61×101×21 的三维网格井组模型，其中 *I*、*J*、*K* 方向的网格步长均为 2m。

3.3　数模研究结果

3.3.1　油层厚度敏感性

表 2 为不同方案的采出程度指标。分析可知：相对于蒸汽吞吐阶段来说，蒸汽驱阶段的原油采出程度对油层厚度更为敏感，42m 油层和 22m 油层蒸汽吞吐阶段的采出程度分别为 35.0%~36.0%和 37.1%~38.8%，而在蒸汽驱阶段（瞬时油汽比小于 0.1）的采出程度分别为 36.8%~52.7%和 44.4%~53.3%，差异相对较大。主要原因在于蒸汽吞吐阶段注入蒸汽相对较小，水平井纵向位置上的差异较小，而在蒸汽驱阶段，纵向位置的不同，导致蒸汽腔的扩展规律不同，从而影响最终的开发效果。

表 2　不同厚度下蒸汽吞吐和蒸汽驱的采出程度

油层厚度/m	水平井纵向位置	蒸汽吞吐阶段			蒸汽驱阶段			
		吞吐 1 轮采出程度/%	吞吐 3 轮采出程度/%	吞吐 8 轮采出程度/%	日产油小于 $5m^3$ 采出程度/%	瞬时 OSR 小于 0.3 采出程度/%	瞬时 OSR 小于 0.2 采出程度/%	瞬时 OSR 小于 0.1 采出程度/%
42	上部	13.3	29.3	35.0	39.9	35.0	26.6	36.8
	中部	13.9	30.3	36.0	48.9	36.0	42.7	47.2
	下部	13.0	29.7	35.1	54.8	\ \	48.6	52.7
22	上部	22.2	32.8	37.9	44.9	38.3	42.1	44.4
	中部	23.6	33.7	38.8	51.8	\ \	44.7	47.1
	下部	22.8	33.4	37.1	55.3	\ \	38.3	53.3

3.3.2　水平井纵向位置敏感性

图 6 为油层厚度 42m 条件下，不同阶段的温度场对比图。分析可知：蒸汽吞吐加热半径较小，蒸汽驱可以获得较大的加热范围。不同水平井位置进行注汽，蒸汽腔扩展规律不同。当水平井位于油层上部时，蒸汽由于超覆，首先向顶部扩散，然后再向下扩散，蒸汽波及的体积相对较小；而水平井位于油层底部时，相同时刻蒸汽波及的体积更大。

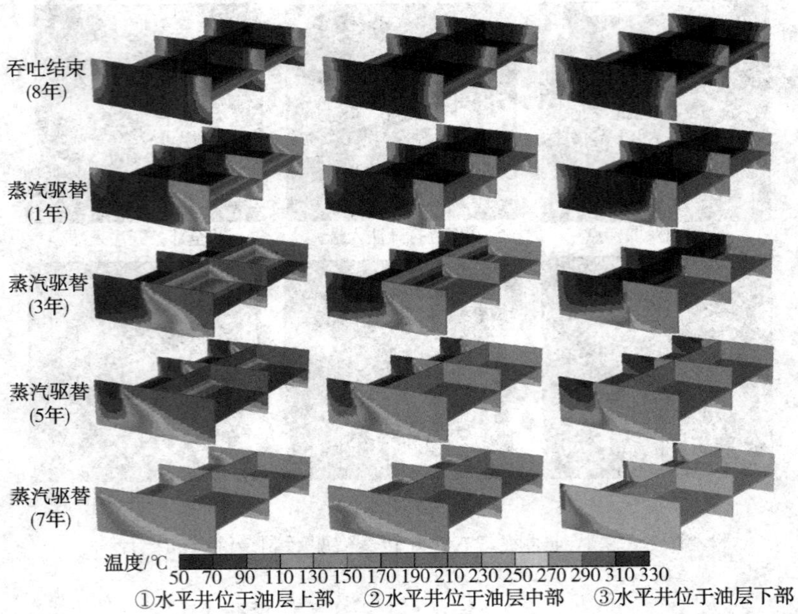

图 6　不同阶段温度场分布图(油层厚度 42m)

图 7 为油层厚度 42m 条件下，不同阶段的含油饱和度场对比图。分析可知：蒸汽驱生产过程中，不同的水平井位置，动用的储层不同。至蒸汽驱后期，既存在油层顶部的超覆运移，也存在油层底部的热水突进。蒸汽波及区的驱油效率较高，含油饱和度较低，而热水波及区的驱油效率相对较低，含油饱和度相对较高。

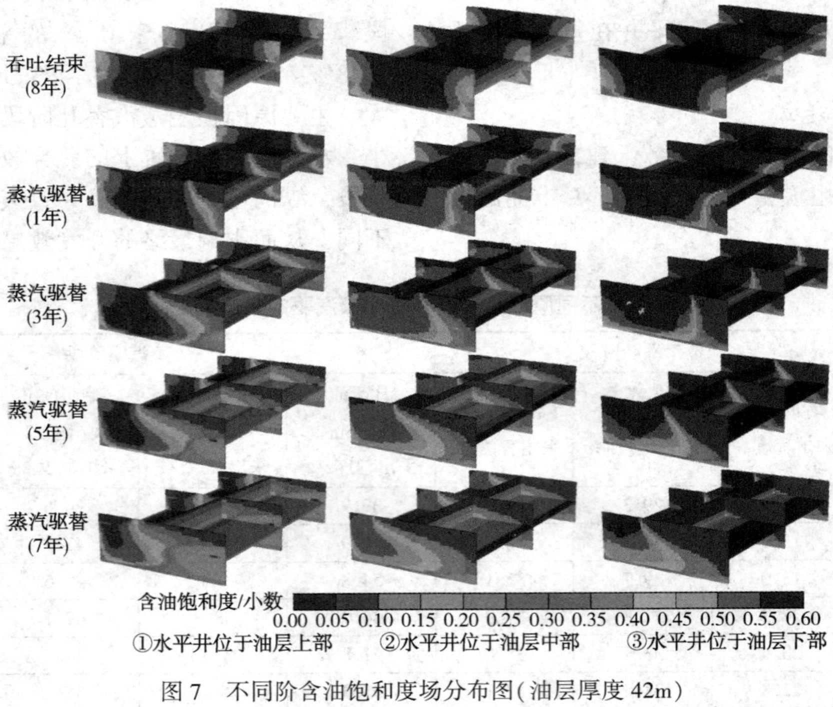

图 7　不同阶含油饱和度场分布图(油层厚度 42m)

图 8 为不同油层厚度的指标对比曲线。由图 8(a)可知，对于蒸汽吞吐阶段，原油采出程度的水平井部署在油层中部效果最好，吞吐阶段采出程度可高出 0.84%~1.05%。对于吞吐后转驱阶段，原油采出程度的水平井部署位置排序为：油层下部>油层中部>油层上部，驱替阶段部署在下部，采出程度可高出 8.9%~15.9%。因此，对于后期满足蒸汽驱条件的油藏，建议将水平井部署在油藏底部。由图 8(b)可知，水平井位于油层上部初期油汽比较低但后期高，呈现凸型；

位于中部，油汽比呈现先凸型然后三角形的形状；位于底部，呈现上升-稳定-下降的三阶段特征，与SAGD开发的生产特征相似。同时还表明，油层越厚，蒸汽驱瞬时油汽比越高。

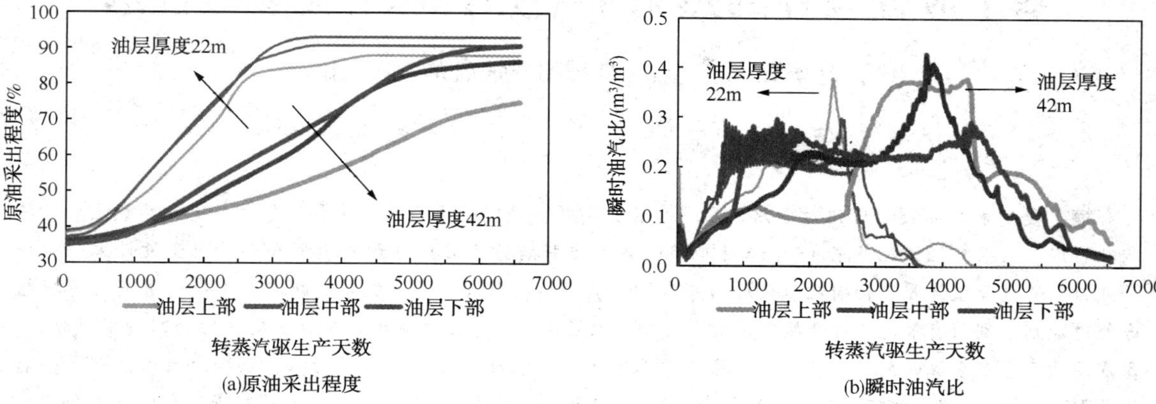

图8　不同油层厚度的指标曲线

4　结论与认识

（1）三维物模实验表明，块状纯油藏蒸汽吞吐转蒸汽驱划分为三个阶段：瞬时产油量逐渐增加阶段、瞬时产油量稳定阶段、瞬时产油量递减阶段，对应汽腔剖面的三个扩展阶段，即：热连通、稳定驱替、窜流阶段，蒸汽突破后的窜流阶段，瞬时油汽比低，采出程度低。

（2）三维物模研究实验表明，蒸汽驱后期通过混注烟道气，可以显著改善蒸汽驱效果。通过观察蒸汽腔形状可知，转非凝析气体辅助蒸汽驱初期，非凝析气的注入有利于促进蒸汽前缘继续向生产井推进，增加原油产量，降低含水率；但随着非凝析气体辅助蒸汽驱的进行，非凝析气的存在进一步加剧蒸汽超覆现象，也容易使气体在生产井产生突破。

（3）厚层稠油油藏实施蒸汽驱过程中，蒸汽超覆现象有利于动用油藏顶部原油，而底部由于主要为热水流动，驱油效率较低。数值模拟研究表明，蒸汽吞吐过程中水平井部署在油层中部效果较好，蒸汽驱过程中，热采水平井部署在油层下部效果较好。因此，对于新油田，要提前预判油藏后期是否可以满足转驱条件，从而选择水平井最优垂向位置。

（4）数值模拟研究表明，水平井位于油层上部初期油汽比较低但后期高，呈现凸型；位于中部，油汽比呈现先凸型然后三角形的形状；位于底部，呈现上升-稳定-下降的三阶段特征，与SAGD开发的生产特征相似。油层越厚，蒸汽驱的瞬时油汽比越高。

参　考　文　献

［1］张雷，陈建波，李金蔓，等．边底水稠油油藏热采吞吐后转弱凝胶驱开发方式［J］．油气地质与采收率，2016，23(1)：124-127.

［2］马奎前，刘东．稠油油藏水平井热采吞吐产能预测新模型［J］．西南石油大学学报：自然科学版，2018，40(1)：114-121.

［3］刘东，李云鹏，张风义等．烟道气辅助蒸汽吞吐油藏适应性研究［J］．中国海上油气，2012，24(增刊1)：62-66.

［4］刘东，胡廷惠，潘广明等．海上稠油多元热流体与蒸汽吞吐开采效果对比［J］．特种油气藏，2015，22(4)：118-120.

［5］刘东．热采水平井加热半径计算新模型［J］．中国海上油气，2015，27(3)：84-90.

［6］黄颖辉，刘东，罗义科．海上多元热流体吞吐先导试验井生产规律研究［J］．特种油气藏，2013，20(2)：164-165.

［7］郭太现，苏彦春．渤海油田稠油油藏开发现状和技术发展方向［J］．中国海上油气，2013，25(4)：26-30.

［8］顾启林，孙永涛，郭娟丽等．多元热流体吞吐技术在海上稠油油藏开发中的应用［J］．石油化工应用，2012，31(9)：8-10.

［9］付美龙，熊帆，张凤山等．杜84块CO_2、N_2和烟道气吞吐采油数模研究［J］，石油天然气学报，2008，30(5)：328~337.

［10］林涛，孙永涛，马增华等．多元热流体中热-气降黏作用初步探讨［J］．海洋石油，2012，32(3)：74~76.

基于应变设计的热采水平井套管射孔参数优选

贾立新　陈　毅　韩耀图　张启龙　陈　彬

(中海石油(中国)有限公司天津分公司，天津塘沽　300459)

摘　要　射孔参数的优化对于热采水平套管井高效、稳定的生产有着重要的作用，射孔参数主要包括射孔密度、孔眼直径、孔眼深度和射孔相位角。以水平井射孔完井产能预测模型和套管应变设计方法为理论基础，通过数值计算分析射孔参数对油井产能的敏感性，形成基于产能比的热采水平套管井射孔参数组合优选原则；利用有限元软件开展单轮次及多轮次注采条件下射孔参数组合对套管安全性的影响规律分析，形成基于套管安全性的射孔参数组合；综合考虑射孔对产能及套管安全性的影响，以渤海油田热采水平套管井B1井为例，优选适宜的射孔参数组合：孔密40孔/m，相位角90°，孔径20mm，穿深600mm。合理的射孔参数可以确保热采井生命周期内套管完整，并获得较高的油井产能，研究结果对热采水平套管井射孔参数的选择具有重大指导意义。

关键词　热采井；水平套管井；射孔参数；套管应变；产能；敏感性分析

前言

目前，水平套管完井方式逐步进入到渤海油田稠油热采井的开发实践当中，水平套管完井较裸眼井可一定程度上提高防砂有效期，延长油井寿命，有利于稠油油藏的高效动用。但是海上油田对于水平套管井的研究较少，本文综合考虑套管井产能已经多轮次蒸汽吞吐后套管安全性，优选适用于稠油热采水平井的射孔参数组合。以渤海某热采水平套管井B1井为例，B1井采用水平套管射孔完井方式，井深2500m，油井泄油半径75m，井眼半径0.155575m，地层非均质性0.3，地层渗透率3000μm²。根据《海上油气田完井手册》推荐，渤海油田射孔井通常采用孔径0.01~0.04m、孔密10~40孔/m、穿深0.4~1.2m、相位角45°/60°/90°/120°/180°等参数组合。

1　射孔参数对水平井产能的影响研究

目前通用的完善水平井产能预测模型为Joshi模型[1-4]：

$$J_o=\frac{542.8K_h h/B_o\mu_o}{\ln\left[\dfrac{a+\sqrt{a^2-\left(\dfrac{L}{2}\right)^2}}{\dfrac{L}{2}}\right]+\left(\dfrac{\beta h}{L}\right)\ln\left[\dfrac{\left(\dfrac{\beta h}{2}\right)^2}{Uhr_{we}/2}\right]} \tag{1}$$

水平井射孔完井时，储层不仅受钻井和固井的损害，而且受射孔本身的损害，致使油井产能低于自然产能。射孔损害包括储层射开程度不完善，流线在井眼附近发生弯曲、汇集所引起的井底附加压降，以及在成孔过程中，孔眼周围的岩石被压实，致使渗透率大大降低所引起的井底附加压降。一般用表皮系数来表达附加压降，则射孔井产能预测模型可表示为[1-4]：

$$J_h=\frac{542.8K_h h/B_o\mu_o}{\ln\left[\dfrac{a+\sqrt{a^2-\left(\dfrac{L}{2}\right)^2}}{\dfrac{L}{2}}\right]+\left(\dfrac{\beta h}{L}\right)\ln\left[\dfrac{\left(\dfrac{\beta h}{2}\right)^2}{\beta hr_{we}/2}\right]+S_{hd}+S_{hp}} \tag{2}$$

射孔井产能比：

$$PRJ=\frac{J_h}{J_0}=\frac{\ln\left[\dfrac{a+\sqrt{a^2-\left(\dfrac{L}{2}\right)^2}}{\dfrac{L}{2}}\right]+\left(\dfrac{\beta h}{L}\right)\ln\left[\dfrac{\left(\dfrac{\beta h}{2}\right)^2}{\beta hr_{we}/2}\right]}{\ln\left[\dfrac{a+\sqrt{a^2-\left(\dfrac{L}{2}\right)^2}}{\dfrac{L}{2}}\right]+\left(\dfrac{\beta h}{L}\right)ln\left[\dfrac{\left(\dfrac{\beta h}{2}\right)^2}{\beta hr_{we}/2}\right]+S_{hd}+S_{hp}} \tag{3}$$

式中：J_0为水平裸眼完井油井产能，m³/d；J_h为套管射孔完井油井产能，m³/d；β为储层各向异性系数，$\beta=\sqrt{\dfrac{k_h}{k_v}}$；$k_h$、$k_v$为水平渗透率、垂

作者简介：贾立新(1989-)，女，工程师，2015年毕业于中国石油大学(北京)，石油与天然气工程专业硕士研究生，现从事完井及稠油热采相关技术研究，E-mail：jialx@cnoooc.com.cn。

直渗透率，μm^2；S_{hp}、S_{hd}为射孔完井的表皮系数和钻井污染表皮系数，小数；r_{we}为有效井半径，m；h 为储层厚度，m；L 为水平段长度，m；a 为常数；PRJ 为水平井产能比。

射孔优化设计的主要目标是使射孔井的产能比尽可能得高，使油井的产能达到预期的目的。由上式可以看出，产能比的计算就归结为计算总的防砂射孔完井的表皮系数，而表皮系数的函数表达式中基本上包括了所有的地层参数和射孔参数的影响[5-7]，因此在计算表皮系数并得到最大的产能比的过程就是对射孔参数的优化组合的过程。

结合 B1 井的实际油藏数据，计算射孔参数对产能的影响规律，结果见图 1～图 3。产能比随着穿深和孔密的增加而增加，孔深为 0.6m～0.8m、孔密大于 20 孔/m 的条件下，近井地带储层污染能够得到较好解除；孔径为 10mm 产能较其他孔径下的产能有一定差距，孔径大于 20mm 时继续增大孔径相应的产能比的增加幅度降低；射孔相位为 0°和 180°条件相比其他射孔相位条件的产能比较低；其中，射孔相位为 90°的产能比最高。

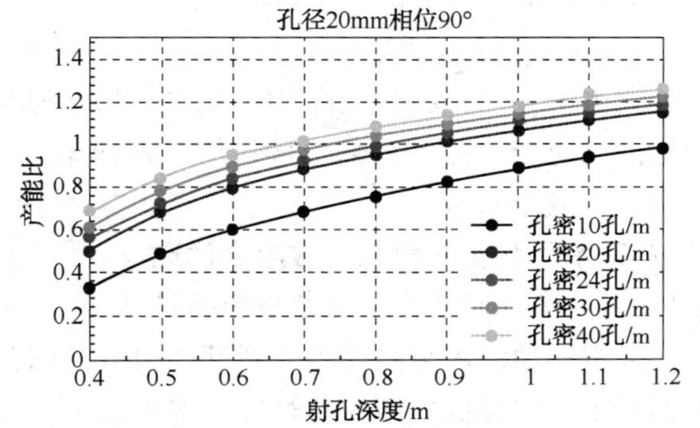

图 1　孔密对产能比的影响

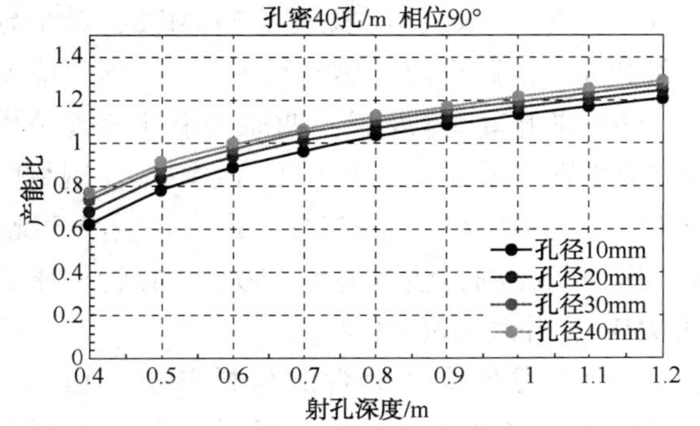

图 2　孔眼半径对产能比的影响

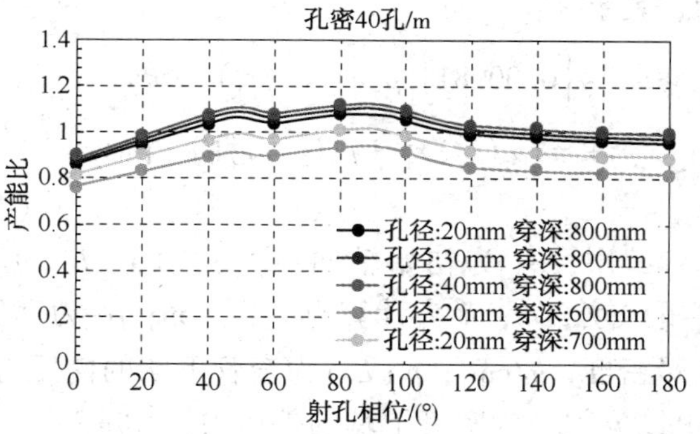

图 3　相位角对产能比的影响

综合以上分析，从射孔参数对产能影响角度出发，射孔参数组合应遵循以下原则：

（1）射孔密度的选取应≥20 孔/m，保证套管安全前提下选择 40 孔/m；

（2）射孔直径的选取应≥20mm 较为合适；

（3）射孔相位的选取为 90°；

（4）射孔深度取 0.6～0.8m 较为合适。

2　稠油热采井套管柱应变设计

稠油热采井的套管柱设计方法包括套管柱强度设计和应变设计[8]，其基本原理示意图如图 4 所示。在进行热采井套管柱应变设计时，首先进行套管柱强度设计，使套管应变控制在弹性变形范围内（应变值在 OA 段内）；然后再进行套管柱应变设计，允许套管发生塑性变形，即应变超出 OA 段，但应变控制在均匀变形范围内（AB 段）。图 1 中 B 点应变值实际对应套管材料均匀延伸率 δ。强度设计是为了使套管柱满足稠油热采井钻完井过程要求，应变设计是为了使套管柱满足稠油热采生产过程要求。

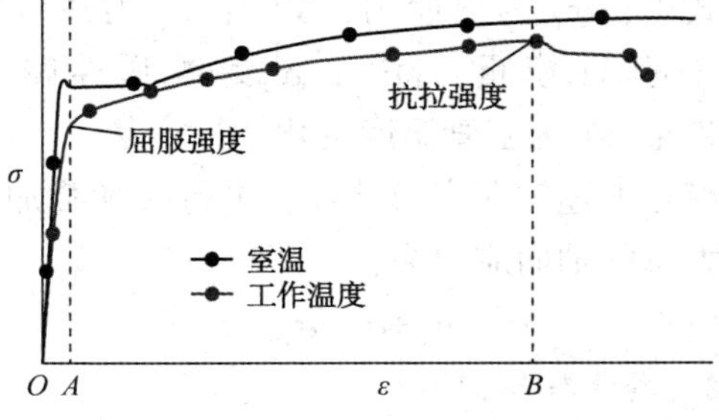

图 4　热采井套管柱应变设计原理示意图

2.1　热采井套管柱应变计算模型

2.1.1　套管轴向应力

对于稠油热采井套管柱轴向应力来源主要有 4 个方面。

（1）由井内套管柱自重而产生的初始轴向应

力，表示为：

$$\sigma_a=\left\{0.00981\int_h^{L_c}\rho_s\pi(r_2^2-r_1^2)\cos\theta dz+\pi[p_i(L_c)r_1^2-p_o(L_c)r_2^2]\right\}/[\pi(r_2^2-r_1^2)] \quad (4)$$

式中，σ_a 为初始轴向应力，MPa；L_c 为套管下深度，m；h 为计算点井深，m；ρ_s 为套管质量密度，g/cm^3；$p_i(L_c)$ 为套管下端的内压力，MPa；$p_o(L_c)$ 为套管下端的外压力，MPa；r_1、r_2 分别为套管内、外半径，mm；θ 为井斜角，(°)。

(2) 由管柱内外压力泊松效应而产生附加轴向应力。对于平面应变问题，由广义胡克定律[9]可推导为：

$$\sigma_{zp}=2\mu\frac{p_{pi}r_1^2-p_{po}r_2^2}{r_2^2-r_1^2} \quad (5)$$

式中，σ_{zp} 为内外压力产生的附加轴向应力，MPa；μ 为套管泊松比；p_{pi} 为套管内压力，MPa；p_{po} 为套管外压力，MPa；r 为套管任一点半径，mm。

(3) 由弯曲井段带来的弯曲应力[10]，表示为：

$$\sigma_b=0.060156D_{leg}(D-2t) \quad (6)$$

式中，σ_b 为弯曲载荷产生的轴向应力，MPa；D_{leg} 为弯曲度或狗腿度，(°)/30m；D 为套管管体名义外径，mm；t 为套管管体名义壁厚，mm。

(4) 因温度变化而产生的热应力[11]，表示为：

$$\sigma_T=E_t\alpha\Delta T \quad (7)$$

式中，σ_T 为热应力，MPa；E_t 为注汽温度下套管弹性模量，MPa；α 为线弹性膨胀系数，℃$^{-1}$；ΔT 为套管温度变化，℃。

综合上述轴向应力计算，进行线性叠加，获取最大总的轴向应力为：

$$\sigma_z=\sigma_a+\sigma_b+\sigma_{zp}+\sigma_T \quad (8)$$

2.1.2　套管柱轴向应变

轴向应变主要是指式(8)轴向应力产生的应变。由图4可知，应变设计中允许轴向应力超出弹性阶段，在塑性阶段内变化。而在稠油热采井中后期作用中总轴向应力也往往大于套管屈服强度，套管进入塑性变形阶段。对于轴向应变的计算要综合考虑弹性应变和塑性应变，依据线性强化弹塑性力学模型[12]，则有：

当 $\sigma_z\leqslant f_{ymnt}$ 时，套管柱变形在弹性范围内，其轴向应变计算式为：$\varepsilon_z=\sigma_z/E_t$

当 $\sigma_z>f_{ymnt}$ 时，套管柱变形在塑性范围内，其轴向应变计算式为：$\varepsilon_z=\dfrac{f_{ymnt}}{E_t}+\dfrac{\sigma_z-f_{ymnt}}{E_{pt}}$

式中，ε_z 为套管柱轴向应变,%；f_{ymnt} 为注汽温度下套管最小屈服强度，MPa；E_{pt} 为注汽温度下套管塑性模量或切线模量，MPa。

2.1.3　套管柱蠕变应变

蠕变应变与时间密切相关，套管柱的蠕变应变计算式为：

$$\varepsilon_c=\sum_{n=1}^{n}\varepsilon'_c t_h \quad (9)$$

式中，ε_c 为蠕变应变量,%；ε'_c 为套管蠕变速率,%/s；t_h 为每轮次注汽时间，s；n 为注汽轮次。

2.1.4　套管柱累计应变

依据稠油热采井地质环境和作业工况，计算服役周期内的套管柱累计应变，即套管柱工作应变，表示为：

$$\varepsilon_{\sum}=\varepsilon_z+\varepsilon_c \quad (10)$$

2.2　热采井套管柱应变设计准则

套管柱应变设计准则，表示为

$$\varepsilon_{\sum}\leqslant[\varepsilon]=\delta/S_s \quad (11)$$

式中，$\varepsilon_{\sum}$ 为套管柱工作应变,%；$[\varepsilon]$ 为套管柱许用应变,%；δ 为套管材料均匀延伸率,%；S_s 为应变安全系数。

3　热采水平套管井射孔参数组合优选

3.1　射孔参数对套管安全性的影响规律

渤海稠油油田热采井普遍采用P110H套管，根据厂家提供参数可知：套管外径177.8mm，内径161.7mm，壁厚8.05mm，弹性模量200GPa，泊松比0.3，膨胀系数1.2×10^{-5}/℃，热传导系数36.0W/(m·K)，屈服强度784MPa，最小延伸率13%。根据石油天然气行业标准《基于应变设计的热采井套管》要求，稠油热采井套管柱设计的最小安全系数取值为1.8，故P110H钢材的安全应变范围应小于7.222%。热采井生产工况：注汽压力15MPa，注汽温度350℃，套管外压力19.9MPa，井底温度44.8℃。

综合考虑热采井套管的材料参数、几何参数、射孔参数以及实际生产条件，利用有限元ABAQUS软件建立了考虑热应力的射孔套管三维弹塑性应力分析有限元模型，分析单轮次蒸汽吞吐套管变形随射孔参数的变化规律。

模拟分析结果见图5~图7，可知，保持孔密和相位角一定时，随着孔径的增大，射孔孔眼处塑性变形越大；孔密一定时，随着射孔相位增加，射孔孔眼处塑性应变先增加后减小，在60°时达到最大值，其原因是在相位接近的方位上射孔越多，能够在一定程度上缓解受约束的热膨胀，降低热应力；射孔孔径、相位一定时，射孔孔眼处塑性变形随射孔密度增大而减小。

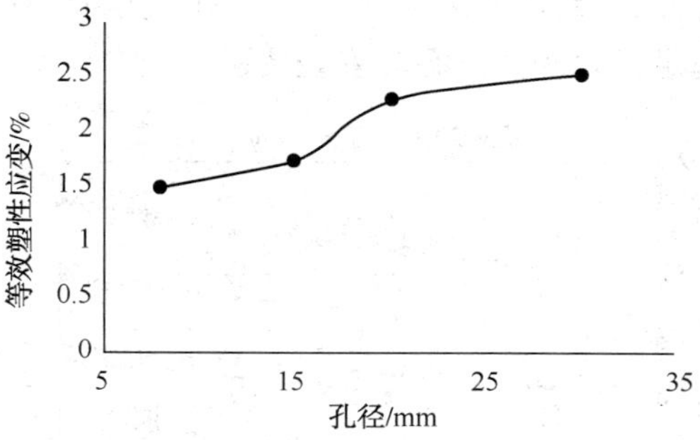

图5　孔径对塑性应变的影响图

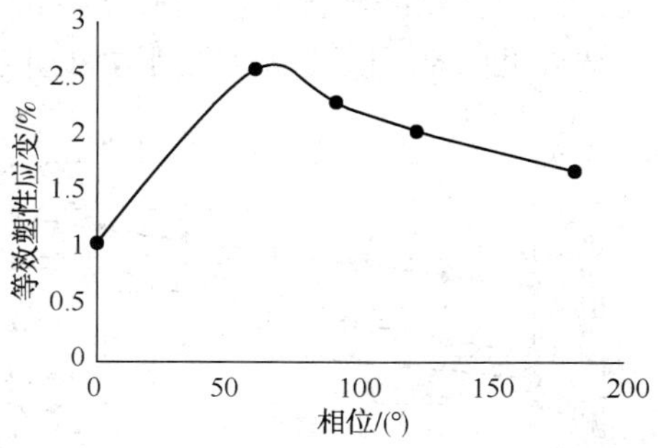

图6　相位角对塑性应变的影响

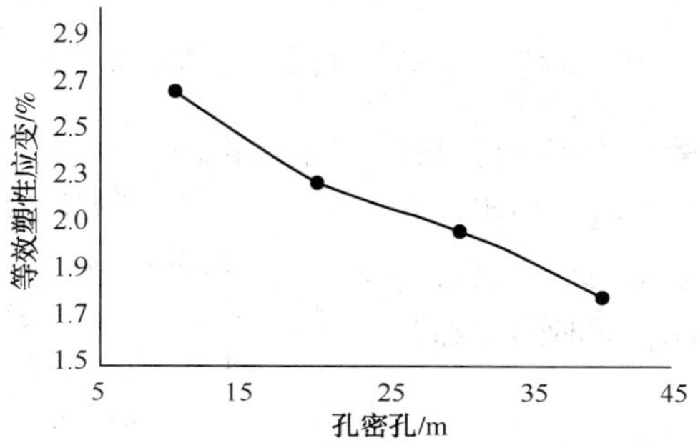

图7　孔密对塑性应变的影响

3.2　射孔参数优选研究

综合模拟孔、孔密、相位角，形成单轮次蒸汽吞吐射孔参数组合安全性对比，结果见图8。射孔相位和射孔密度一定时，射孔孔眼处塑性变形随射孔孔径的增大而增大；射孔密度在一定范围内时，射孔相位和射孔密度使得射孔套管单列孔眼数目越多，射孔孔眼处塑性变形越小，射孔套管相对越安全。

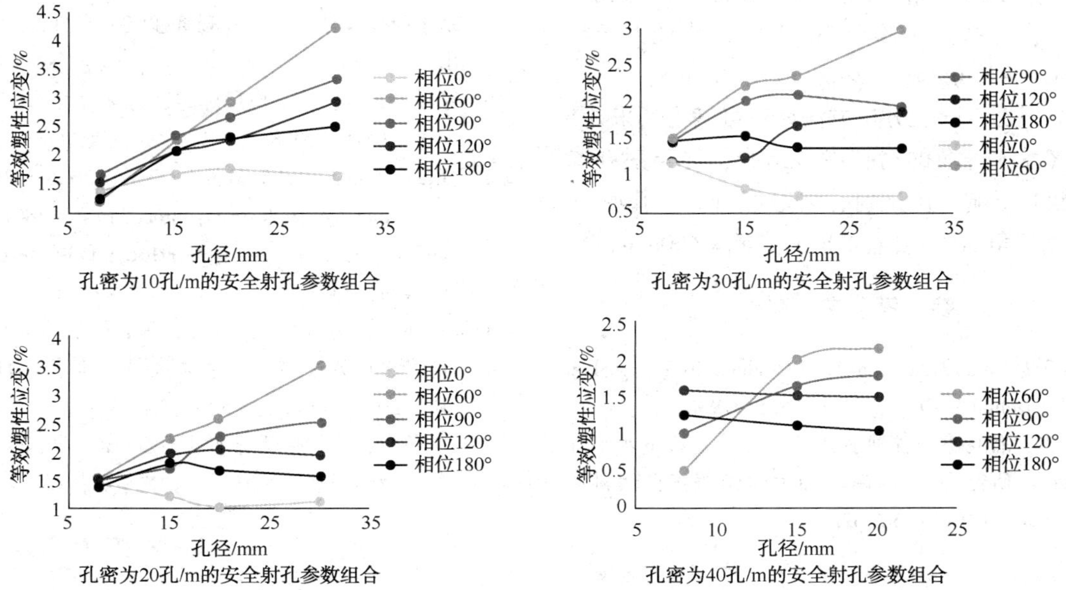

图8　单轮次蒸汽吞吐射孔参数组合安全性对比

综合考虑射孔参数对热采水平套管井产能和套管安全性的影响规律，优选热采井射孔参数组合。以热采水平井 B1 为例，B1 井设计生产寿命 8 轮次，故本文在单轮次研究的基础上，结合基于产能比的射孔参数优选原则，考虑多轮次蒸汽吞吐情况，得到多轮次蒸汽吞吐射孔套管的安全性分析，结果见图 9。射孔套管孔眼处变形量随着蒸汽吞吐轮次的增长具有累加效应；射孔参数为孔径 20mm，孔密 40 孔/m 时，射孔相位为 45°、60°、90°和 120°条件下的射孔套管经过 8 轮次蒸汽吞吐后射孔孔眼处变形量均小于 7.222%，满足射孔套管安全性要求；孔径 20mm，孔密为 20 孔/m 时，相位为 45°和 60°不满足 8 轮次蒸汽吞吐安全要求。

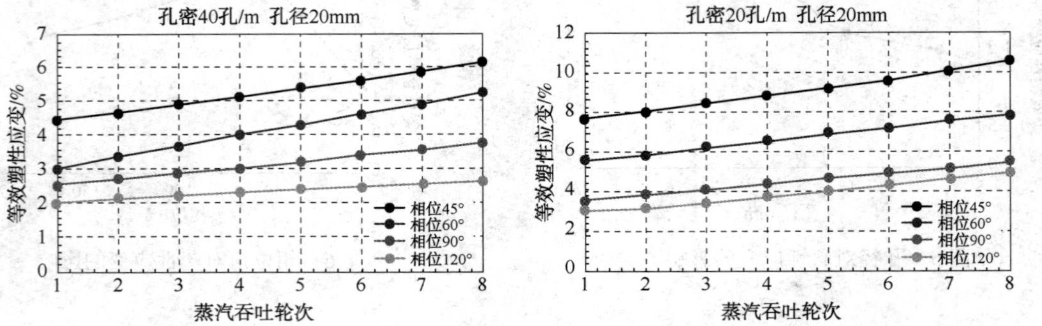

图 9　多轮次蒸汽吞吐射孔套管安全性分析

综合射孔参数对产能及套管安全性的分析，推荐热采水平套管井 B1 井射孔参数组合采用：孔密 40 孔/m，相位角 90°，孔径 20mm，穿深 600mm，则可同时满足获得较优的油井产能，同时满足油井生命周期内套管安全性要求。

4　结论

（1）热采水平井采用套管射孔方式完井时不能仅以产能为衡量标准，必须保证套管应变量在安全生产允许范围以内，因此，在满足油井长期安全生产的前提下，获得最大产能是最为理想的选择。

（2）基于产能角度，热采水平套管井射孔参数组合为：孔密大于等于 20 孔/m，孔径大于等于 20mm，相位角 90°，穿深 600~800mm；

（3）根据有限元分析方法获得可满足热采井 8 轮次蒸汽吞吐寿命的射孔参数组合，结合射孔参数对产能的影响，优选射孔参数组合为：孔密 40 孔/m，相位角 90°，孔径 20mm，穿深 600mm。

参　考　文　献

[1] Joshi S. D. Augmentatior of Well Productivity Using Slant and Horizontal Wells[Z]. SPE15375，1986.

[2] 熊友明，潘迎德．各种射孔系列完井方式下水平井产能预测研究[J]．西南石油大学学报：自然科学版，1996，18(2)：58-62.

[3] 伍强，李海涛，张国辉，等．裸井完井与套管射孔完井水平井产能预测研究[J]．重庆科技学院学报：自然科学版，2008(5)：8-9.

[4] 冯建设，郭煜锴，张海洋，等．不同完井方式下水平井产能预测[J]．内蒙古石油化工，2008，34(10)：48-49.

[5] 熊佩，胡艾国．射孔关键参数对水平井产能的影响[J]．石油化工应用，2013，32(4)：78-81.

[6] 陈元千．表皮系数的分解方法[J]．石油钻采工艺，1988，10(4)：85-90.

[7] 曾文广，米强波．水平井射孔完井表皮系数分解计算方法[J]．钻井液与完井液，2005，22(z1).

[8] 石油管材专业标准化委员会．SY/T 6952.1—2014，基于应变设计的热采井套管柱[S]．北京：石油工业出版社，2014.

[9] 徐秉业，刘信声．应用弹塑性力学[M]．北京：清华大学出版社，2008.

[10] International Organization for Standardization. Petroleum and natural gas industries：procedures for testing casing and tubing connections：ISO13679[S]. Switzerland：Geneva，2002.

[11] 王建军，杨尚谕，薛承文，等．稠油热采井套管柱应变设计方法[J]．中国石油大学学报：自然科学版，2017，41(1)：150-155.

[12] 陈慧发，等．弹性与塑性力学[M]．北京：中国建筑工业出版社，2003.

锦州油区作业技术现状及展望

庞全书

（中国石油辽河油田分公司锦州采油厂，辽宁 盘锦 124010）

摘 要 在油田开发与采油的过程中，有一个至关重要的工艺环节就是井下作业。井下作业是以提高采油速度和最终采收率为目的，根据油田调整、改造、挖潜的需要，按照工艺设计要求，利用一套地面及井下设备、工具对油水井采取的各种井下技术措施的工艺技术。锦州油区处于环境保护区内，油井周边环境保护形势严峻；油区内稀油井、稠油井并存，开发形式多样；油区内直井、侧钻井、水平井、多底分支井等油水井种类多样。由于以上地域特点，锦州油区形成了自己的特色井下作业技术。

关键词 井下作业；小修；大修；水平井

前言

在油田开发与采油的过程中，有一个至关重要的工艺环节就是井下作业。井下作业是以提高采油速度和最终采收率为目的，根据油田调整、改造、挖潜的需要，按照工艺设计要求，利用一套地面及井下设备、工具对油水井采取的各种井下技术措施的工艺技术。

锦州油区处于环境保护区内，油井周边环境保护形势严峻；油区内稀油井、稠油井并存，开发形式多样；油区内直井、侧钻井、水平井、多底分支井等油、水井种类多样。由于地域特点，锦州油区形成了具有自己特色的井下作业技术。

1 井下作业技术现状

1.1 小修绿色作业技术

小修常规作业主要包括：油气井下泵、检泵、注汽、常规测试，水井调整等。这些工作虽然复杂，却是油区作业的基本工作，关系到油区的正常运转。

作业时由于不完善的技术以及管理失控等原因，在修井作业过程中经常会产生大量的废弃物，例如洗井液、油水混合液、油砂和落地油等，这些废弃物都会造成严重的环境污染。因此，为了改善这样的状况，发展了绿色的修井技术。

1.1.1 井下泄油技术

（1）对于常规抽油泵井，如果油层出砂不严重的话，就可以采用撞击式的油管泄油器在下井之前，在管式泵的泵筒与固定凡尔之间接上泄油器，作业的时候将活塞与抽油杆提出，投入撞击杆，把泄油芯子砸断，就能泄油了。

（2）近几年，由于某些油田开发方式的改变，使得油井汽油比增大，地层的压力增高以及注汽的串层，新井投入作业就很容易发生井喷，针对这种状况开发出了井下防喷泄油装置。这种装置是由密封体接箍、泄压阀、泄油器、连接套体、压帽等零件组成的。该装置接在管式泵的固定凡尔与泵筒之间，入井的时候装置下方关闭，井中的液体就不会进入泵筒的油管再喷出。

（3）针对一些特殊泵，如金属弹性泵等，在泵上方加装提拉式泄油器以实现井下泄油；针对一些井不能采用撞击式、提拉式泄油器或效果不理想的问题，我们研究开发了双作用油管锚，该油管锚一是起到锚定油管辅助采油作用，二是可以实现旋转泄油，可以解决砂卡、井斜过大、油稠等原因无法实现井下泄油的问题。

1.1.2 地面防污染技术

（1）针对井下油管、杆起出时携带原油出井筒产生油泥的问题，我们研制了管杆清洁作业技术。通过配套的井口装置及井下装置，在高温蒸汽的配合下对抽油杆、油管进行清洁作业，把残余油控制在井筒内，防止原油带出井筒产生油泥。

（2）针对顶喷起管井口污染控制难度大的问题，研制抱臂式泄油装置。采用与井口法兰相匹

作者简介：庞全书，男，工程师，2008 年毕业于西南石油大学石油工程专业，现从事井下作业工艺技术研究工作。

配的回流装置，在油管扣卸松后将此装置抱住油管接箍处，使接箍和扣处于装置包围范围内，然后小距离(约10cm)上提油管，此时油管内的残液泄出被密封装置围在装置与油管形成的环空内，进而回收至油套环空。

(3) 针对地面控制原油落地装置欠缺的问题，研制地面油泥回收装置。主要由收油盒和操作台组成，安装在井口及油管桥下。井口回收装置与管桥回收装置通过管线连通，防止井口油水外溢，大大降低了原油污染扩散。

(4) 但是由于井场限制等原因，地面油泥回收装置无法在所有井场铺设，另外由于限制使用塑料布，因此无有效措施对抽油井驴头和现场管线流程进行保护，造成了设备污染。

为此，我们研制了一种环保聚氨酯涂层新型软体防渗布，该防渗布强度高、可多次使用，折叠圈闭成凹陷后，铺设于管桥下可以收集作业油污，在作业时罩在抽油机驴头和管线流程上可防止设备污染。

1.2 大修配套作业技术

1.2.1 复合修井技术

在进行修井作业时，由于原有打捞工具的单一，为了达到打捞的结果，我们研究设计了一些工具来帮助作业。比如，在小井眼井作业时，工具都是自研的，在对工具进行设计时，遵循简单实用原则，同时依据不同的实际情况加以改善，从而达到尽善尽美的效果。

1.2.2 套管补贴工艺配套技术

针对小套管(127mm及以下)内套管补贴工艺缺失，作业后套管内径小的问题，我们和钻采院合作，研制了小套管补贴技术。为了辅助该项技术的实施，还研究了小套管修复配套工具。

1.2.3 取换套技术

通过近几年的摸索，目前可以完成500m以内的取换套作业，同时研究配套了新型公锥，高强度可示踪捞矛等，大大提高了取换套的成功率和作业效率。

1.2.4 套管内侧钻技术

我油区大修队2009年赴中原油田施工，通过完善小井眼侧钻技术，在中原油田完成5口井侧钻井，中把成功率达到了100%；2011年我油区又研发了聚合物泥浆体系，提升了我油区大修队在辽河油田的竞争力。

1.3 水平井作业技术

锦州油区现有水平井69口，由于套管问题、井内落物、水淹等关井停产17口。由于水平井井身结构的特殊性，再加上技术措施不完善，造成目前很多水平井待大修复产或带病生产，影响油田产量。最近十年，随着有针对性地开展研究、探索和实践，再经过工程技术人员多年的努力与攻关，形成了一系列水平井大修特色技术。

1.3.1 水平井修套技术

针对常规管柱在水平段加力困难的问题，我们研制了水平井套管液压整形装置，通过地面泵车打压使锚定卡瓦固定在套管壁上，液缸推动整形器轴向前行，径向挤压套管变形部位，使变形部位恢复。

近年来研究配套了水平井大修系列工具，其中包括：水平井液压解卡装置、液压倒扣装置、液压震击解卡装置、多头螺杆钻具、扩径钻铣刀、引导扶正保径铣锥等。

1.3.2 水平井密闭循环连续冲砂技术

密闭连续冲砂技术从2008年推广以来，在我厂并没有广泛运用起来，其中2个主要原因是：①冲砂衬管连接难度大；②换向阀密封圈易失效，无法实现换向密封。2011年工艺研究所针对上述缺点做出了四点改进：①改变冲砂衬管的连接方式；②选用专用的无接箍冲砂管；③改变现换向阀的整体结构，使它只承担换向，不承担密封；④改变下密封方式。改进后的连续冲砂更易操作，2012年推广后，现场使用效果较好。

2 存在问题

(1) 随着地层开采的程度日益增大，地层能量得不到有效补充，地层漏失的油井日益增多，影响作业措施的实施，如磨铣，冲砂，验漏，注灰，挤灰等。

(2) 锦州油区地处环境保护区内，油井周边存在大量的虾池、苇田等，制约着修井工艺的实施。

(3) 锦州油区内侧钻井、水平井、衬管悬挂加固井、多分支井等油、水井形式多样，修井状况复杂，技术难点较多。

(4) 开发形式多样，化学驱、蒸汽驱、火驱共存，造成作业难题多样化。

3 结论及下步研究方向

3.1 结论

（1）受地域特点的影响，锦州油区在绿色修井技术、水平井方面形成了自己的特色技术。

（2）绿色修井技术还有待完善，目前在滩海、虾池聚集地区作业仍然受限。

（3）在油层保护和硫化氢作业方面技术措施欠缺。

3.2 下步研究方向

（1）完善绿色修井配套工艺技术，通过完善井下泄油器，推广油管、杆清洁技术，合理使用油泥回收装置和防渗布等控制油泥污染的产生。

（2）推广油层保护技术，开发屏蔽暂堵技术、低密度泡沫负压排液技术、防污染采油管柱等技术保护油气层，提高作业井产液恢复率。

（3）重点开展针对侧钻井、小井眼井和多底分支井等特殊工艺井作业井下工具的研制和配套工艺技术研究，形成特殊工艺井作业技术系列，满足生产需要。

（4）研究蒸汽驱、火驱配套作业技术，解决作业难题。

（5）攻关自动化修井作业技术，提高作业效率和安全系数，降低工人劳动强度、解决工人缺失问题。

参 考 文 献

[1] 聂海光，王新河．油气田井下作业修井工程[M]．北京：石油工业出版社，2002，2-3.

[2] 蔡长宇．辽河油区稠油井下作业技术现状及发展方向[J]．特种油气藏，2005(4)．

[3] 陈惟国，王和琴，赵炜．国外井下打捞工具的现状及发展趋势[J]．石油机械，28(7)．

[4] 常玉连，肖易萍，高胜，聂文平．国外井下打捞工具的现状及发展趋势[J]．石油矿场机械，37(5)．

精确找漏技术研究与应用

曾立桂　向　峥　赵日升　余　红　杜延涛

（中国石油辽河油田分公司曙光采油厂工艺研究所，辽宁 盘锦　124010）

摘　要　针对常规单封机械找漏漏点个数及长度不明确，致使封堵措施盲目，影响后续封堵措施效果，常规双封下入趟数过多施工周期过长等，研究并应用了精确找漏技术。该技术通过研制专用找漏封隔器，提高工具可靠性；设计系列找漏工艺，提高找漏效率，确保了找漏施工的高效、安全及找漏数据的准确。现场应用表明：该技术不仅能清晰明确套管漏失情况，为后期措施的选择提供有效依据，避免漏点误判误诊导致的后续措施浪费；还能提高一次找漏成功率，实现节省封隔器，减少找漏管柱次数，降低作业成本，缩短作业周期等目的。

关键词　精确找漏；漏点个数；高含水；曙光油田；研究

引言

曙光油田高含水油井占很大比例，其中套管漏失出水是导致油井高含水的重要因素之一，漏失井一旦出水，含水就会迅速升高，导致油井产量下降、油藏储量损失、设备损耗加大、使得采油成本增加。对于高含水漏失井，首先必须明确油井套管是否漏失，以及漏点的个数及漏点长度，为下一步封堵治理措施提供可靠依据。随着油井井况的日益复杂，机械找漏难度越来越大，针对常规找漏技术存在工艺及配套工具不完善等局限性，经过自主研发和持续改进，成功研究系列高效找漏工具，设计了系列找漏工具，提高了找漏精度、效率及堵水成功率，形成较为完善的油井找漏配套技术，为后续堵水等措施提供了可靠的数据。

1　存在问题分析

机械找漏技术通过双封或单封隔器将套管卡住，从油管或套管内打压，通过压力变化来确定漏失情况的施工工艺，常规机械找漏仍存在以下问题。

1.1　单封隔器找漏漏点个数不明确

目前现场基本采用单封找漏方式，但存在无法确定漏点底界、不能明确漏点个数、只能找油层上界，极易将封隔器密封不严漏失情况误判为套管漏失，致使封堵措施方向性选择错误，影响后续封堵措施效果。并且当封隔器故障时只能重复下入找漏管柱，造成一定人力、物力、财力损失。

1.2　双封隔器找漏效率较低

部分井采用常规双封找漏，但存在胶筒密封次数有限，最多使用2次胶筒就会出现损坏的现象；找漏施工周期过长，一般需要2~3d才能完成此次找漏任务；下入管柱趟数过多。

1.3　套变井等复杂井

随着油田不断开发，套变井、小井眼井等复杂井逐年增加，尤其是复杂井出水的问题比较突出，明确出复杂井漏点个数及具体给位置后才能进行有效进行封堵。但由于受常规找漏工具及找漏工艺的制约，致使复杂井采用常规机械找漏漏点个数及位置不明确。

2　系列高效机械找漏技术

对于高含水复杂油井，为恢复生产，首先必须明确井段上下套管有无漏点、漏点个数及具体位置，以及悬挂器是否漏失，才能确定后续堵水方案。

2.1　系列高效专用找漏封隔器的配套

找漏施工中工具是关键，可靠的找漏工具是保障。几年来，研制改进的系列专用找漏封隔器，可实现多次坐封后的有效密封，可靠性好。

2.1.1　系列专用机械找漏工具的研制

（1）自主研制小直径K344封隔器

作者简介：曾立桂（1983-），男，高级工程师，2006年毕业于长江大学石油工程专业，2019年毕业于东北石油大学石油与天然气工程专业，工程硕士学位，现在辽河油田分公司曙光采油厂工艺研究所从事修井工艺研究及推广工作。

设计研制小直径 K344 找漏封隔器，封隔器与套管最大内径差达 28.7mm，可顺利通过套变段实施封堵找漏。为保证封隔器具有良好的性能，满足轻微套变井找漏要求，对封隔器进行多处独特设计。

① 技术参数

最大外径：Φ133mm；最小内通径：Φ60mm；封隔器坐封压力：1MPa；工作压差：20MPa；工作温度：120°。

② 室内试验

采用 Φ177.8mm 标准套管，套管内径 161.7mm 试验装置，将 K344 封隔器和节流阀连接后放入装置内，打压验证封隔器性能。第一次打压 10MPa，稳压 10min，无渗漏，再次加压至 21MPa，稳压 10min，无渗漏。第二次继续打压 10MPa，稳压 10min，无渗漏，再次加压至 22MPa，稳压 10min，无渗漏。泄压后，取出 K344 封隔器，测量封隔器胶筒外径尺寸为 135.1mm。同样又连续打压 3 次，均无渗漏。测量封隔器胶筒外径尺寸分别为 135.5mm、135.8mm、137.1mm。

通过室内试验验证发现：小直径 K344 封隔器坐封、密封可靠，封隔器胶筒回收良好，可满足套变井找漏技术要求。

（2）研制了小井眼井系列找漏工具

（3）研制了偏心节流阀

K344 封隔器必须配套节流阀进行找漏，但传统节流阀采用外部弹簧设计，通过打压压缩弹簧打开水眼实现节流。但在现场施工时，易造成弹簧不能压缩，节流阀时效，导致找漏作业失败。为此，研制了偏心节流阀，采用内弹簧设计，避免因井内杂物干扰，提高找漏成功率，并且增加了定压开关弹簧的硬度，将定压开关的开启压力由 2.5MPa 提高到 3.5MPa，确保了液压式封隔器的有效坐封。

① 结构组成：主要由上接头、外罩、密封圈、球座、凡尔球、偏心通道、进出液孔、弹簧及下接箍组成(图 1)。

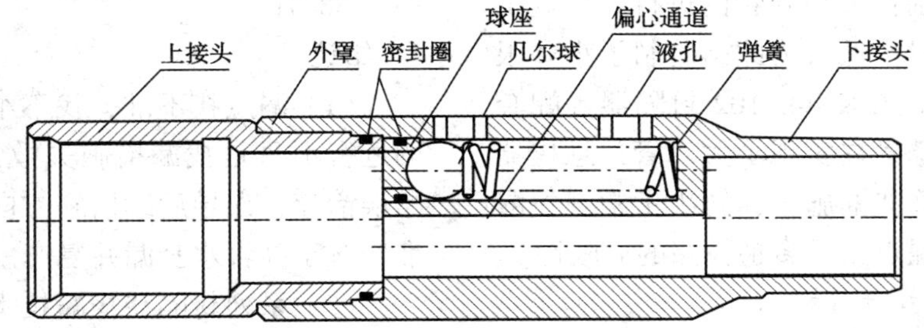

图 1　偏心节流阀结构示意图

② 工作原理

配合 K344 封隔器使用，通过油管连接下入井内设计位置，向油管内注水打压，偏心节流器的凡尔球在液压作用下压缩的弹簧，侧向进出液孔露出起到节流作用，此时油管内的压力高于油套环空的压力，K344 封隔器完成坐封。继续打压，油管内液体经偏心节流器侧向液孔进入的油套环空，套管进行找漏验窜。油管内压力卸掉后，凡尔球在弹簧的作用下顶在球座上防止油套环空液体倒灌，此时油套压力平衡封隔器解封。

（5）改进封隔器质量

① 改进了 Y521 封隔器质量

与普通 Y521 封隔器相比，新型封隔器能够承受更大的下压差，更多次有效密封。

② 改进了 K344 封隔器质量

通过对 K344 封隔器研究发现其结构设计存在薄弱点，有时会出现稳不住压的现象。针对其薄弱点做了三处改进，提高封隔器座封后密封性能。解决起压稳不住压现象的发生。

2.2　研制系列机械找漏管柱

2.2.1　研制了多点多段找漏管柱

随着开发的不断深入，特别是热采稠油井，油井频繁注汽，多轮吞吐后，在热应力、地应力等多重因素影响下，套管多点、多段腐蚀穿孔井逐年增多。常规单封找漏时存在只能确定漏点上界，无法确定漏点底界，且对于多点、多段漏失的油井不能明确漏点个数，导致漏点不清楚，后续堵水无效。

施工时将管柱下至设计位置，上封隔器坐封，先反打压，笼统对套管进行找漏，确定上封隔器以上有无漏点；再正打压，精确找漏，确定漏点下界，以及漏点至油层上界是否另有漏点。

通过两个封隔器优化组合一趟管柱就能顺利完成多点、多段漏失的井找漏，明确出漏点的具体个数、长度及位置。

2.2.2　自主研制了套变井找漏管柱

由于Φ177.8mm 套管使用的常规封隔器最小外径Φ148mm，只适用于套管完好的油井，对于套管轻微变形、缩径的油井，因封隔器外径大无法通过套变段，导致套变位置以下套管无法进行找漏，漏点位置不明确，直接影响套变井机械堵水的有效率。针对以上问题，开展技术攻关，自主研制了以小直径 K344 封隔器为核心的套变井找漏管柱，实现了Φ177.8mm 套管变形通径≥Φ138mm 的条件下找漏要求，填补了套变井找漏技术空白。同时，还适用于套管补贴井补贴段(最小内径≥Φ140mm)以下的找漏验窜。

2.2.3　研制了小井眼井套管找漏管柱

随着油田开发深入，套坏井增多，大修、侧钻井也相应增加，因该类油井多采用Φ177.8mm 套管悬挂Φ127mm 套管的方式，因套管内径不一样，常规找漏需分别在大小套管内进行，作业工序复杂、成本高，时率低。为此，研制了小井眼井套管找漏管柱，采用 K344-102 封隔器等配套工具组合使用，一趟管柱实现了大套管，悬挂器及悬挂器以下小套管找漏施工，解决了常规找漏管柱只能明确一处漏点，需多趟找漏的局限性。

2.2.4　研制水平井找漏管柱

曙光油田水平井主要以筛管完井方式为主，大多采用Φ244.5mm 套管悬挂Φ177.8mm 套管的管柱结构。因水平井特殊井深结构，对找漏工具密封、解封及安全性能要求更高。为解决水平井找漏棘手问题，明确大套管、悬挂器、小套管漏失情况，确保后续封堵措施效果，在工具、工艺方面进行相应创新，设计研制了水平井精确找漏管柱，形成了水平井大套管精确找漏技术，该技术打破了常规找漏局限性，实现了 9⅝″大套管、悬挂器、小套管的安全高效找漏，填补了水平井精确找漏技术空白，避免了以往该类井套管漏点个数、悬挂器是否漏失无法明确，漏点易误判，后续封堵较盲目为后续封堵措施提供了有力保障。

2.3　多套找漏管柱组合设计

设计多套找漏管柱组合，力争一趟找漏管柱完成不同类型井整个井的精确找漏任务，减少找漏管柱趟数，节省找漏施工占井时间，节约作业成本。

3　现场应用情况

精确找漏技术已阶段实施 99 井次，均成功明确出漏点个数及具体位置，节约成本创效 400 余万元，间接贡献增油 2 万余吨，经济效益显著。

典型井例：杜 80-35-63 井找漏前一直高含水，日产液 31.1m^3，日产油 0.3t，含水率 99%，找漏明确漏点后作业区采取针对性措施，平均日产油 4.5t，含水率降至 69.9%，生产 88d，阶段增油 362.5t。杜 813-41-68 井措施前日产液 27.9，日产油 1.4，含水率 95%，明确出漏点 761.35~764.68m，764.68m 至井段上界无漏点后采取机械封堵措施后，最高日产油 12.1t，含水率降至 60.5%，已连续生产 177d，阶段增油 1388.7t。

4　结论

(1) 漏点找不准，找不细，甚至误判，带来的危害不只是找漏措施失败，而是误诊、漏诊，贻误治疗，误导后续措施方向，漏点个数及位置准确对于高含水套漏井复产意义重大。

(2) 系列封隔器找漏技术研究与应用，有效解决了套变井、多点多段漏失及组合套管等复杂井找漏难题，清晰明确出套管漏点个数及具体位置，为后续封堵措施指明了方向。

(3) 可靠的找漏工具，高效的找漏方法，还能实现降低作业成本等目的。

参 考 文 献

[1] 何定海．浅析封隔器找漏技术的研究与应用[J]．化工管理，2016，(35)：207-207.
[2] 寇微．细化封隔器找漏施工工序及要求[J]．中国石油和化工标准与质量，2013，(2)：242-242.
[3] 尹风杰．封隔器找漏的现场应用[J]．内江科技，2011，(11)：97-97.

块状稠油油藏隔夹层识别方法研究

龚春辉　荐　鹏　林中阔　王熙琼

（中国石油辽河油田分公司勘探开发研究院，辽宁 盘锦　124010）

摘　要　隔夹层作为储层渗流屏障是精细油藏描述的重要内容，也是稠油开发方式转换阶段影响油藏连通性及开发效果的重要地质因素，研究主要难点包括两个方面：一是隔夹层不同岩性分类及识别标准建立；二是不同类型隔夹层空间展布规律描述。通常层状油藏隔夹层岩性单一，在分层界限控制下的分布规律研究较易实现，但受近岸水下扇沉积控制的厚层块状油藏，不同期次沉积砂体内部影响油藏连通性的隔夹层岩性多样，在电测解释单层厚度内低物性夹层识别方法与平面分布规律研究相对困难。为有效指导厚层块状油藏稠油开发方式转换层系井网设计与有效注采连通关系建立，本次研究以辽河油田 G3 块为例，针对重力流沉积特征，综合利用取心井岩石薄片、全岩黏土定量分析等测试资料确定隔夹层岩性及其组合，在

此基础上通过岩心刻度测井建立岩性剖面非渗透段与低渗透段岩性、电性、物性间关系图版，同时结合动态监测资料建立隔夹层“岩性、电性、物性、含油性”的“四性”划分识别标准，并结合储层参数三维地质模型建立，在隔夹层划分标准及完井资料约束下，实现不同类型隔夹层有效识别与各沉积单元间分布规律描述。研究结果表明，隔夹层岩石类型可划分为三类：泥岩类、低物性泥质砂岩类和钙质砂岩类，砂岩组间隔层及小层间隔层发育状况受沉积控制明显，隔层厚度大的区域主要分布在中扇前缘边部和南、北两扇体的交汇处，小层内夹层发育较差、厚度薄、延伸距离短，呈不连续的土豆状分布。

关键词　厚层块状油藏；隔夹层；四性关系；划分标准；三维地质模型

引言

在油田开发过程中，随着 SAGD、火驱等稠油开发方式转换的不断工业化应用，隔夹层逐步成为稠油开发中后期转换开发方式优化油藏工程设计的重要地质研究内容。长期以来，对隔夹层识别标准的研究多集中在岩石类型划分及其对应的电性特征上，对单井和局部二维地质剖面的隔夹层研究比较有效，但对于隔夹层的定量识别标准建立与不同级次隔夹层的差异描述研究相对较少，同时伴随三维地质建模技术的发展，也已成为隔夹层研究的重要技术手段，可进行多方法、多维度隔夹层有效识别及油藏整体三维隔夹层分布特征展示。

1　区块沉积特征及隔夹层成因

G3 块位于 GS 油田鼻状构造主体部位，为一由四条断层遮挡、呈北东向展布、南宽北窄的狭长断块，内部构造完整，地层总体由西向东倾没。该块含油层系为 S_{33}L 油层，根据沉积旋回性，进一步细分为 8 个砂岩组，岩性组合为砾岩、砾状砂岩、含砾不等粒砂岩、不等粒砂岩、细砂岩和泥岩，以不等粒砂岩和砂砾岩为主，分选差，储层由多期次双物源，强度大小不一的重力流形成的复合浊积砂体构成，孔隙度平均 24.2%，渗透率平均 2073mD，属中~高孔、高渗储层。油藏埋深 1510~1690m，油层平均有效厚度 68.6m，纵向集中发育，为厚层块状边底水油藏。20℃时原油密度 0.955g/cm^3，50℃地面脱气原油黏度 2800~3500mPa·s，为普通稠油。

本区 L 油层是沙三早期受台安断裂发育影响，西部凹陷东侧强烈下陷，水域快速扩大，在台安断裂一侧沉积的以近岸水下扇为主的深水沉积物，为一套陆源多期阵发性重力流沉积岩体。据岩心分析结果，岩石成分成熟度低，主要为长石砂岩、岩屑长石砂岩，表明为近物源快速堆积产物；岩石结构特点主要表现为颗粒较粗，大小混杂，颗粒磨圆度中等，为次棱角~次圆状，岩石结构成熟度低，说明沉积物进入洼陷时未经湖水改造，表现为重力流沉积特征；岩心观察可见

作者简介：龚春辉(1966-)，女，1989 年毕业于江汉石油学院矿场地球物理专业，学士学位，高级工程师，主要从事开发地质工作。E-mail：gongchh@ petrochina. com. cn。

反映重力流成因的粒序递变层理、冲刷构造、滑塌构造、同生角砾构造等沉积构造特征。C－M图主要为平行于C＝M线的QR段和少数包含垂直的PQ段，概率曲线表现为一段式、斜率差别不大的三段和多段式或上凸弧形，均反映出典型近岸水下扇沉积特点。本区物源来自中央凸起，发育南、北两个扇体，由东向西呈扇状展开，根据相标志可进一步划分为内扇、中扇和外扇三个亚相，其中中扇亚相为最发育沉积相带，由分流水道、分流水道间和中扇前缘三个微相构成，分流水道微相具有物性好、储层发育的特点，是油气成藏的有利沉积相带，水道间微相、中扇前缘微相物性、砂体发育依次变差。在不同沉积时期，分流水道微相均为沉积主体，但由于物源供给能量的差异和古地形变化，不仅导致分流水道在东西向迁移，而且南、北两扇体也在断块南北不同位置交汇。

在这种变化背景下，本区深水湖盆环境多期次、强度大小不一的重力流复合浊积砂体沉积[1]，导致了隔夹层发育的复杂性，体现在：一是类型多样，各期次间歇沉积了深水湖相的泥质粉细砂岩和泥岩，形成原生隔夹层；沉积物在成岩或成岩后受后期冲刷充填作用，导致物性变差，形成次生隔夹层。二是这些隔夹层在纵向上分布于不同层级的沉积界面上[2]，形成不同级次的隔夹层，分布规律差异较大，多期重力流叠置界面上形成砂岩组间隔层，厚度较大且分布广而稳定；相邻两个单期重力流界面上形成小层间隔层，厚度较小且分布稳定性较差；相邻两个单次重力流界面上形成小层内夹层，仅零星分布呈透镜状。

2　隔夹层四性关系及划分标准建立

2.1　隔夹层岩性组合与微观孔隙结构特征

为确立G3块隔夹层划分标准，首先从岩心资料入手。通过对取心井岩性剖面非渗透段和低渗透段的划分，发现组成G3块隔夹层的岩性[3]主要有以下四种：泥岩、砂质泥岩、泥质砂岩和钙质砂岩。砂岩组间隔层和小层间隔层以前三种岩性组合居多，如泥岩夹薄层砂质泥岩、泥岩夹薄层泥质粉(细)砂岩；小层内夹层主要是砂质泥岩、泥质砂岩或二者组合，部分夹层见钙质砂岩。

岩心实验分析数据表明，各类岩性的隔夹层富含黏土矿物，最高含量55.7%，平均33.6%。黏土矿物成分主要为蒙脱石，含量最高达82.1%，平均76.5%，伊利石一般与蒙脱石伴生，呈伊/蒙混层状分布，高岭石以星散状和蠕虫状分布。

压汞实验结果表明，不同岩石类型隔夹层微观孔隙结构差异较大，泥岩排替压力大于8MPa，中值压力大于20MPa，最大连通孔喉半径小于1μm，具有微细喉道特征，封隔能力较强；钙质砂岩虽然渗透率、排替压力较低，但中值压力高，封隔能力次于泥岩；泥质砂岩类排替压力小、中值压力均不超过5MPa，最大连通孔喉半径大于1μm，具有特细喉道特征，封隔能力较差。

2.2　隔夹层四性关系研究

根据本区3口取心井岩性、电性、物性及含油性资料，将取心井划分出非渗透和低渗透岩性段，研究非渗透段和低渗透段四性关系，进而确定不同类型隔夹层的电性和物性标准[4]。

由于取心井泥岩段、砂质泥岩段、泥质砂岩段和含钙砂砾岩段取样较少，代表性较差，在隔夹层四性关系研究中，需引入测井二次解释的物性数据参与隔夹层四性关系研究。通过对上述取心井岩心物性与测井二次解释物性散点图(图1)分析，得到测井二次解释孔隙度、渗透率校正公式，分别为：$\Phi_{校正}=1.25\times\Phi_{测井二次解释}$，$K_{校正}=0.85\times K_{测井二次解释}-120$。

通过岩心刻度测井，选取3口取心井开展隔夹层岩性与电性关系分析(图2)，研究表明泥岩和砂质泥岩主要分布在深侧向电阻率$RT\leqslant4.5\Omega\cdot m$、声波时差$AC\geqslant325\mu s/m$的范围内，曲线形态呈现“U”形；泥质砂岩主要分布在深侧向电阻率$RT<8\Omega\cdot m$，声波时差$AC>300\mu s/m$的范围内，曲线形态呈现“V”形；钙质砂岩主要分布在深侧向电阻率$RT\geqslant10\Omega\cdot m$，声波时差$AC<290\mu s/m$的范围内，曲线形态呈现“尖刺”状。

依据岩心化验分析资料，开展隔夹层岩性与物性关系研究，表明泥岩和砂质泥岩主要分布在孔隙度($PORR$)≤10%、渗透率($PERM$)≤50mD的范围内。泥质砂岩和钙质砂岩孔隙度主要分布在10%～17%的范围内，渗透率主要分布在50～370mD范围内(图3)。

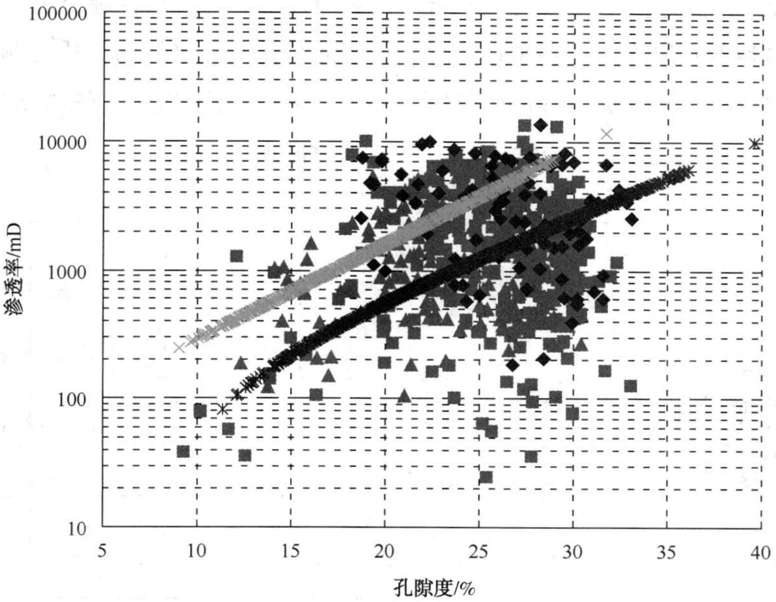

图 1　G3 块取心井物性与测井二次解释物性散点图

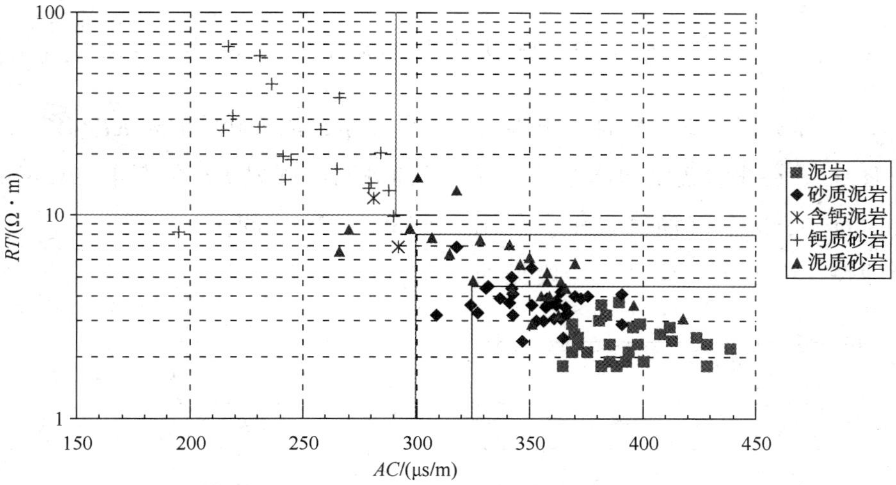

图 2　G3 块隔夹层岩性与电性关系图

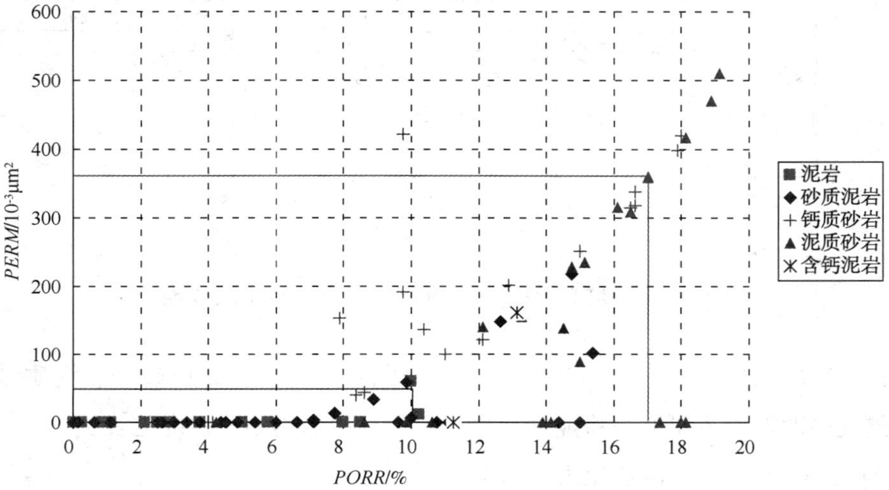

图 3　G3 块隔夹层岩性与物性关系图

通过测井解释资料建立隔夹层岩性与泥质含量关系图，表明泥岩和砂质泥岩主要分布在泥质含量(SH)≥50%、渗透率($PERM$)≤50mD 范围内；泥质砂岩的泥质含量主要介于 32%～50%；钙质砂岩泥质含量普遍小于 32%(图 4)。需要说明的是，测井解释的泥质含量严格上是泥+粉砂的含量，对比岩心分析资料结果，可形成连续分析数据点。

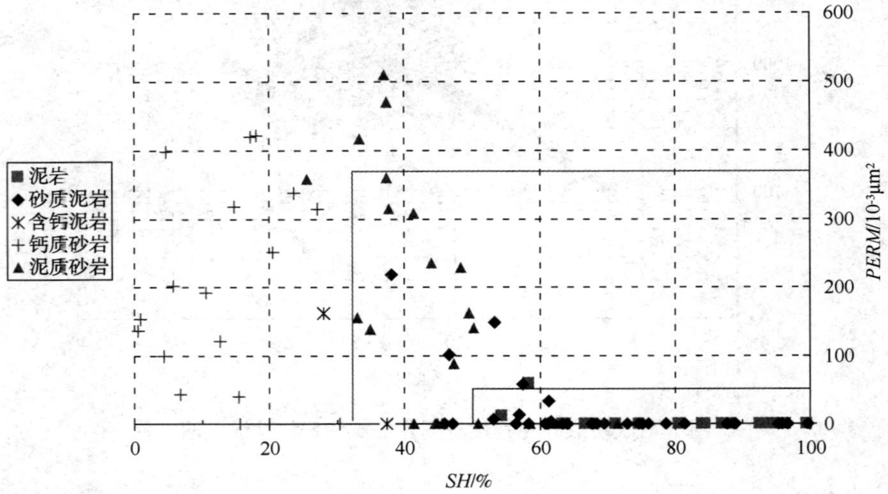

图 4　G3 块隔夹层岩性与泥质含量关系图

最终建立 G3 块隔夹层岩性、物性、电性与含油性关系图(图 5)。在非渗透段和低渗透段所取的 105 个数据点中，9 个有油气显示，占比 8.6%，主要为油斑，少数为油浸。泥岩段无油气显示，油斑砂质泥岩 $RT<4\Omega\cdot m$、$PORR<5\%$，油斑泥质砂岩 RT 介于 4～9Ω·m，$PORR$ 介于 13%～17%之间。

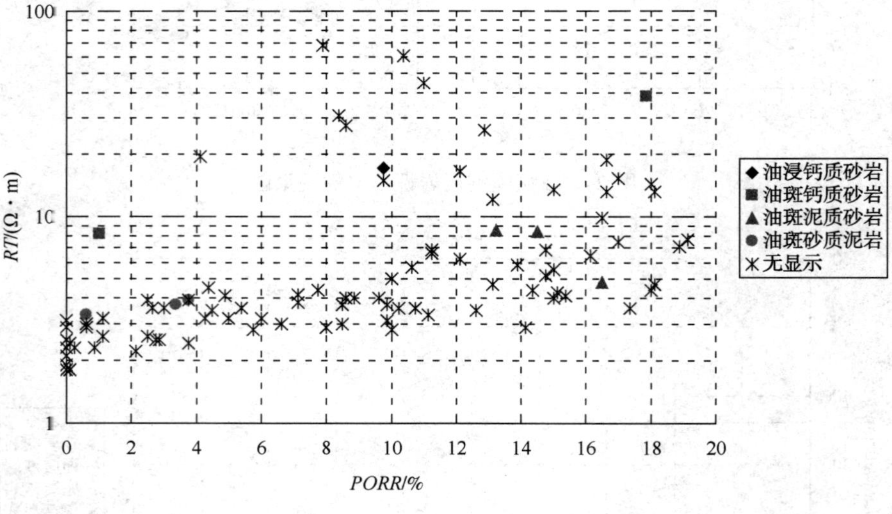

图 5　G3 块隔夹层岩性、物性、电性与含油性关系图

2.3　隔夹层划分标准

依据上述隔夹层四性关系研究，将隔夹层岩石类型[5]归结为三类：泥岩类(包括泥岩和砂质泥岩)、低物性泥质砂岩、钙质砂岩，不同类型隔夹层识别划分标准见表 1。

表 1 G3 块不同类型隔夹层划分标准参数表

岩石类型	电性			物性		泥质含量/%	含油性	封隔性
	RT/(Ω·m)	AC/(μs/m)	曲线形态	孔隙度/%	渗透率/mD			
泥岩类	≤4.5	≥325	“U”形	≤10	≤50	≥50	无	好
低物性泥质砂岩	4.5~8	300~325	“V”形	10~17	50~370	32~50	油斑	较差
钙质砂岩	≥10	≤290	“尖刺”状	< 17	< 370	< 32	油斑个别油浸	中等

3 隔夹层分布特征描述与三维地质模型展示

3.1 储层参数模型建立与隔夹层识别

根据 G3 块水下扇沉积和厚层块状储层发育特点，地质模型平面网格大小设为 20m×20m，为了更细致刻画小层内部夹层，纵向网格精细为 0.1m。储层参数模型[6][7]分别建立孔隙度模型、渗透率模型和泥质含量模型。按照隔夹层划分标准，孔隙度模型孔隙度下限设为 17%，大于下限的网格作截断处理；渗透率模型渗透率下限设为 370mD，大于下限的网格作截断处理。通过完井资料约束，将孔、渗都符合隔夹层划分标准的网格预测为隔夹层，即对孔、渗两个地质模型进行交集处理。隔夹层岩石类型的判别借助泥质含量模型，泥质含量≥50%的隔夹层为泥岩类隔夹层，泥质含量在 32%~50%之间的为低物性泥质砂岩隔夹层，泥质含量 < 32%的为钙质砂岩隔夹层。

通过精细储层参数模型可以从三维不同角度、平面、剖面上分别展示隔夹层分布特征，也可以利用建模软件内置公式[8]通过设定物性下限来生成不同隔夹层等值线图。无论是砂岩组间隔层分布，还是小层间隔层分布以及小层内夹层分布，都与传统方法绘制的隔夹层分布图基本一致，其优势更体现在小层内夹层的有效识别、定位与三维立体展示上。

3.2 隔夹层分布特征

通过测井、岩心、化验分析等资料综合判别不同类型隔夹层，建立定量识别标准，以沉积微相研究为基础，利用高密度井网资料和三维地质模型，分析不同层次重力流隔夹层成因，分级开展不同沉积单元砂岩组间、小层间、小层内隔夹层分布特征描述。

（1）砂岩组间隔层分布特征：为各阵发间隙期沉积的湖相深水沉积物，岩性以深水湖相泥岩和泥质粉砂岩为主，主要分布在中扇前缘微相，即两个扇体交汇处。分布面积大、范围广，厚度一般 1~10m，平均 6.5m，面积占比可达 30%~40%，厚度大的区域主要发育泥岩，厚度小的区域主要发育砂质泥岩、低物性泥质砂岩或其组合。

（2）小层间隔层分布特征：为两个相邻单期重力流间隙期沉积形成，受沉积控制，主要分布在中扇前缘微相，在区块东、西边部及扇体交会处发育，沉积时间相对较短，所形成的隔层分布稳定性较差，延伸范围小，厚度一般 0.2~2.2m，平均 1.3m，厚度>0.5m 的面积占比 40%~60%，随着隔层厚度变薄，岩性由泥岩为主逐渐向泥质砂岩为主过渡。

（3）小层内夹层分布特征：为两个相邻单次重力流间隙期沉积形成，平面上主要位于分流水道间微相，在重力流的冲刷下很难保存下来，呈不规则片状或零星土豆状，厚度一般 0.2~1.5m，延伸从 2 个井距到 5 个井距不等，岩性主要为钙质砂岩和低物性泥质砂岩。

层内不稳定泥质夹层分布对储层垂向渗透率和层内非均质性影响较大，通过砂岩组内相邻三个合并小层的夹层频率分布图和夹层密度分布图分析表明，在区块东、西边部及南、北扇体交汇处夹层频率高、夹层密度大，层内夹层发育。当夹层频率与夹层密度均大于 10 时，连续厚度大于 10m 的油层不发育。通过精细储层参数模型可有效识别、定位和三维立体展示层内夹层分布特征，图 6 为区块中部隔夹层较发育井区的渗透率剖面图，图中蓝色和绿色代表隔夹层，其分布特征与同一隔夹层地质剖面图(图 7)对应良好。

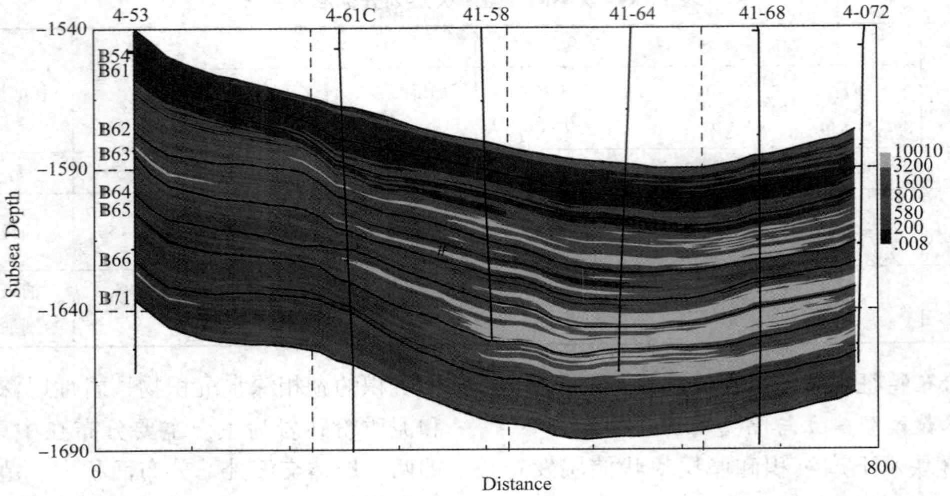

图 6　G3 块 4-53~41-68 渗透率剖面图

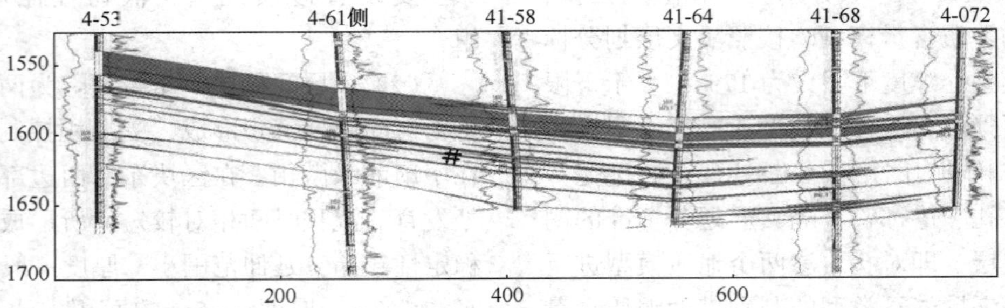

图 7　G3 块 4-53~41-68 隔夹层剖面图

4　认识

（1）通过隔夹层的四性关系研究，并结合储层地质模型，借助孔隙度、渗透率、泥质含量等相关储层参数，可建立定量判识标准，有效识别隔夹层。

（2）研究表明区块东、西边部及南、北扇体交汇处隔夹层发育，其中厚度大、平面分布稳定，多呈层状连续分布的隔层发育于砂岩组和小层间；厚度小、平面分布不稳定，多呈透镜状或条带状分布的夹层发育于小层内。

（3）隔夹层的研究成果为区块火驱开发油藏工程设计与调整提供重要地质依据，对稠油热采开发层系井网设计、调控措施制定、有效注采对应关系建立意义重大。

（4）随着研究的不断深入，隔夹层的研究重点主要为成因分析、热物性特征、物模与数模结合封隔能力评价、井震结合分布特征研究等方面。

参 考 文 献

[1] 陈海洲，李瑞军．深水浊积砂体的成因机理及特征[J]．上海地质，2007，103(3)：10-13.

[2] 王改云等．辫状河储层中隔夹层的层次结构分析[J]．天然气地球科学，2009，20(3)：378-383.

[3] 宋璠，苏妮娜．辽河油田锦 99 块扇三角洲前缘储层隔夹层成因与分布[J]．沉积与特提斯地质，2014，34(2)：65-71.

[4] 郭睿．储集层物性下限值确定方法及其补充[J]．石油勘探与开发，2004，31(5)：140-144.

[5] 朱东亚，胡文．临南油田隔层类型划分及其分布规律研究[J]．地球科学：中国地质大学学报，2004，29(2)：211-223.

[6] 汤子余，李群，朱锐．华池油田 H152 区开发中后期储层地质建模[J]．沉积与特提斯地质，2009，29(4)：52-56.

[7] 周游，程时清，张敏．储层建模中变差函数参数的设置[J]．西安石油大学学报：自然科学版，2010，25(5)：25-27，32.

[8] 孙小芳，金振奎，王兆峰，等．台 13 井区八道湾组辫状河储集层三维地质建模[J]．科技导报，2009，27(11)：75-78.

雷 61 储气库模块化设计技术研究

王　文

（中国石油辽河工程有限公司，辽宁 盘锦　124010）

摘　要　辽河储气库工程建设项目工期要求紧，按照传统的建设方式无法满足要求，故提出如何采用模块化设计、规模化采购、工厂化预制来解决各项难题，从而保证项目高质高效的运行，也为其他国内外工程建设项目提供有益参考和借鉴。

关键词　模块化设计；模块拆分；模块整合；模块组装

前言

随着中国经济快速发展及安全环保需求，天然气需求量逐渐上升，近年全国较大范围出现了天然气供应紧张的局面，暴露出现有天然气系统储气能力的不足，为缓解“气慌”问题，国家大力推进天然气储存设施建设，地下储气库建设已纳入国家能源战略，储气库建设步入快车道。为加快工程建设，雷 61 储气库实施“五化”建设，突出三维模块化设计引领，规模化采购、模块预制及定价、模块组装、试运投产、竣工结算、工程移交等多环节并行联动。

1　实施过程

模块化建设模式，是根据工程的工艺特点和功能要求，将整个工程分割成若干个模块进行设计、制造，并将模块进行预组装及初步调试，再通过海运或陆路运输将模块运送到项目现场进行安装、调试并投产运行。

工作流程见图 1：

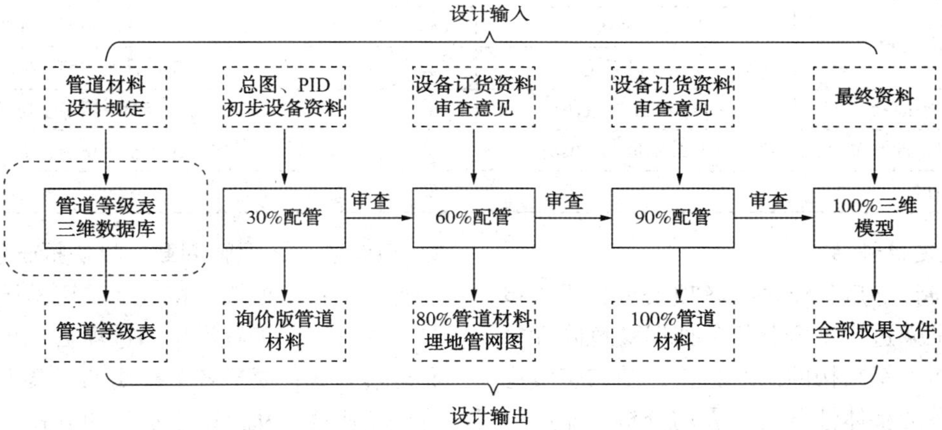

图 1　模块化建设工作流程图

1.1　统一设计技术要求

（1）统一材料编码规则

确定区域编号、区域编号、系统编号、设备编号、阀门编号、介质编号、管线编号、压力等级编号、管道材质编号、保温形式及厚度编号和伴热形式编号，确保设备管线具有唯一性。

（2）统一设计技术要求

在开展设计之前，要提前规定好同压力等级条件下管线材质、尺寸系列、规格型号；统一管材、管件、接口法兰、阀门执行标准，防止出现不匹配性；统一阀门结构形式及材质选择；明确设计材料富余量标准；建立明确的管道等级表。

1.2　形成标准化工艺流程

施工图三维建模开始前确定工艺 PID 流程图并不再修改，避免由于 PID 流程图改动造成的较大三维模型变动。

1.3　分阶段设计成果审查

分 30%、60%、90% 的阶段性设计成果审查，强化设计进度控制同时多次模型审查，增强了业主及操作方的沟通，减少设计变更。

1.4　开展三维设计

为减少人为错误，提高图纸质量，项目采用电脑自动出图和抽料。

充分利用软件的碰撞检测和各项设计检查，将错误消灭在设计和审查阶段，自动避免设计中的各类问题，杜绝不必要的返工浪费。

对三维模型机型实体渲染，形象模拟项目实际现场。

1.5　提前策划模块化单元

依据总平面布置确定工艺模块及数量；结合工艺流程顺序做好模块划分的原则，各单元模块要基本能保证功能完整；根据操作特性相近和方便性综合考虑设备布置；根据运输尺寸限制要求，确定各模块外形尺寸及最大重量，雷61储气库的尺寸限制为：重量限制55t，长度限制11.5m，高度限制3.5m，宽度限制3.5m。

结合雷61储气库工艺流程和总平面布置，模块划分情况见表1。

表1　雷61储气库模块划分表

序号	工艺单元	工艺模块	单位	数量	预制要求
1	分离单元	过滤分离工艺模块	套	2	工厂模块预制、现场组装
		旋流分离工艺模块	套	2	工厂模块预制、现场组装
2	进出站单元	注气发球筒工艺模块	套	1	工厂模块预制、现场组装
		采气发球筒工艺模块	套	1	工厂模块预制、现场组装
		计量调压模块	套	6	工厂模块预制、现场组装
		进出站ESD模块	套	1	工厂模块预制、现场组装
3	辅助单元	注甲醇系统模块	套	1	工厂模块预制、现场组装
		注缓蚀剂系统模块	套	1	工厂模块预制、现场组装
		燃料气系统模块	套	1	工厂模块预制、现场组装
		排污系统	套	1	工厂模块预制、现场组装
		仪表风系统	套	1	工厂模块预制、现场组装
5	增压单元	压缩机工艺模块	套	2	工厂模块预制、现场组装
6	三甘醇脱水单元	三甘醇脱水工艺模块	套	1	工厂模块预制、现场组装
合计			套	21	

1.6　安全稳定性评估

在模块设计好后，要进行各项安全分析，包括对装置和框架进行安全分析，如爆炸危险性分析、应力分析、钢结构的吊装分析；结构整体稳性分析；管系的整体性分析、震动分析、噪声分析；模块运输安全稳定性分析等，确保模块的安全稳定性。

1.7　模块化整体布局

在模块化的布局中，充分考虑工艺流程顺序，安全与防火间距，预留大型设备以及工艺模块撬吊装、设备检修区域以及日常生产操作与安全巡检通道。

1.8　钢结构及基础优化

根据钢结构模块重量分布特点、钢结构撬块与基础连接位置布置独立基础；基础布置在撬座吊点及锚栓处；基础采用工厂预制、现场安装的施工方式。

2　包装防护、运输卸载、模块拆分包装

根据各个模块的特点，采用不同的包装方式和方法；充分了解模块到达项目现场的运输路径和运输方式；要对各个模块的吊装方式和方法进行分析比选，从而确定最佳的方式。

3　结语

雷61储气库在设计过程中采用先进三维设计手段，执行标准化设计、工厂化预制和模块化施工的理念，打破传统意义的建厂模式，形成以标准化设计为龙头，模块化施工为核心的储气库工程建设模式，确保工程质量、满足工期要求。

参　考　文　献

[1] 韩建成，杨拥军，张青士，杨永霞．长庆油田标准化设计、模块化建设技术综述．石油工程建设，2010，(02)。

辽河三角洲苇塘地区稠油集输管道敷设技术

胡 静

（中国石油辽河工程有限公司，辽宁 盘锦 124010）

摘 要 辽河三角洲湿地腐蚀等级高，土壤束缚能力差，泡沼地带较多，埋地管道易腐蚀、漂浮、变形、断裂，从而对湿地造成污染，一旦发生火灾或爆炸会造成人员伤亡和经济损失。因此针对辽河湿地特点，对埋地集输管道的防腐蚀、防漂浮、防断裂等一系列问题进行论述，避免事故的发生，从根本上解决管道的安全问题。

关键词 湿地；集输管道；埋地敷设；防腐蚀；防漂浮；防断裂

引言

湿地地区管道施工技术研究很多，相关的设计技术和理论研究较少，本文从设计角度出发，研究了在当今安全环保严管态势下，湿地地区集输管道工程特点和难点，总结了相关设计技术和施工要求。期望给在类似地区管道工程建设提出借鉴和参考。

1 辽河三角洲苇塘湿地的特点

1.1 地质和土壤特征

辽河三角洲湿地是我国七大江河三角洲湿地之一，由辽河、大辽河、大凌河等冲积成，辽河油田的主体油藏就位于辽河三角洲之上。辽河三角洲地形平坦开阔，地表主要为苇塘、水田等，海拔介于1.02～5.00m，属于半咸水区域。此区域的土壤中，地下水层经常可达到或接近地表，并且土壤中的水分处于饱和或经常饱和[1]。

地表岩性为第四系沉积物，自上而下的第1层为粉质黏土，灰褐-深灰色，软塑-可塑，摇振无反应，韧性、干强度中等，稍有光泽，局部揭露为黏土，厚度为1.50m；第2层为粉砂，深灰-灰色，呈松散-稍密状态，很湿～饱和，成分为石英、长石为主，含少量暗色矿物，局部揭露为粉土，厚度为1.50m。对湿地进行视电阻率测试，土壤视电阻率值在4.71～30.14Ω·m，腐蚀等级属于中等腐蚀和强腐蚀。

1.2 气候特点

辽河三角洲湿地为辽西走廊温带季风气候区，兼有大陆性和海洋性特点，四季分明，冬冷夏热，雨热同季，降雨主要集中在7、8、9三个月，降雨量大，辽河流域沟壑纵横极易形成大洪水，加之湿地土壤降水入渗率很高，部分洪水会在地下形成暗流[2]。雨水集中的低洼低中形成泡沼。冬季11月份开始结冰，来年3月份化通，冻土深度1.17m。

2 管道敷设需要注意的特殊要求

2.1 油气管道安全环保危害因素

集输管道中输送的介质为原油、天然气，易燃易爆是管道输送介质共有的特性之一。一旦管道发生腐蚀泄露或管道断裂，造成原油、天然气的泄漏，失控的油品则四处流动扩散，既造成浪费、污染环境，也大大增加了火灾爆炸的危险容易发生火灾或爆炸，造成导致人员伤亡；另外油品蒸汽浓度过高，亦可导致人员窒息死亡。

2.2 苇塘管理要求

苇塘地区属于环境敏感地区，对于外部施工干扰极其敏感，需要通过苛刻的环评和安评才能实施管道施工。

苇塘属于高附加值产业区，除了生产芦苇外，还可以养鱼、虾、蟹等水产品，每年春季开始蓄水、培植，秋季收鱼蟹，冬季收割芦苇，在夏、秋两季，苇塘水深保持在1m左右，管道极难施工，除应急或抢险救灾外，大规模施工几乎停顿。

苇塘的黄金施工期是每年的11月到来年的3月份，这个时段苇塘水位最低，并且结冰，施工车辆可以进入。但这几个月属于苇塘的高火灾危险期，防火管理极其严格。

作者简介：胡静，女，工程师，现在中油辽河工程有限公司工作。

3 集输管道概况及敷设难点

3.1 集输管道概况

辽河油田自1970年开始大规模勘探开发建设，目前在运行油气集输管道超过一万km。大多数管道管径在DN50～DN300mm，单根长度不超过5km，不采取阴极保护措施。其中原油集输管道设计输送温度80℃以上。

3.2 敷设难点

(1) 湿地地区土壤电阻率低，加强防腐要求，管道的腐蚀穿孔情况的严重。

(2) 湿地地下的暗流冲刷管沟底部所引起的管线上浮或压重块过重导致管线下沉，从而导致管道断裂；

(3) 在沼泽等淤泥质软土地段，土壤摩擦力小，热油管道的轴向应力使管道发生位移，管道拱出地面，严重的甚至造成管道断裂。

4 技术要点

(1) 防腐技术

在泡沼段，由于钢管常年浸泡在水体中，水中的酸或碱等矿物质容易腐蚀防腐层，特别是一些对水敏感的防腐材料，如环氧粉末、煤焦油磁漆等。钢管外防腐层出现漏点或破损后，加快了水中钢管的腐蚀速度。针对这种情况，对管线的防腐应采取全面的外防腐措施。

① 埋地的天然气管线宜采用三层PE防腐结构，采用静电喷涂方式将环氧粉末均匀地喷涂在管道表面，厚度在120～250μm，在喷涂的粉末变化到胶化前将胶黏剂涂在粉末上，胶黏剂厚度≥170μm，并将聚乙烯缠绕于黏胶剂之上，使之与胶层牢固结合，根据管径的不同，防腐层的最小总厚度大于2.0mm。

对不适合在工厂作业线上预制的埋地管线(累计长度较短、管径较小)、弯头及其他管件，防腐层采用无溶剂液体环氧涂料，干膜厚度≥600μm，涂刷道数6道，外缠聚丙烯冷缠带，聚丙烯冷缠带厚度≥1.1mm。

② 埋地油管线的防腐保温结构为：防腐层+保温层+保护层。防腐层采用环氧粉末防腐。管道的保温层采用硬质聚氨酯泡沫塑料保温，防护层采用聚乙烯黄夹克，厚度根据管径确定。防腐保温层端面采用防水帽做密封防水处理。

对不适合在工厂作业线上预制的埋地保温设备、管线(累计长度较短、管径较小)、弯头及其他管件，防腐层采用无溶剂液体环氧涂料。保温层采用聚氨酯现场发泡(厚度与管线保温层相同)，外缠聚丙烯冷缠带，聚丙烯冷缠带厚度≥1.1mm。

(2) 防漂管、沉管技术

管道既承受土壤、水压作用，又承受内压、输送介质的重量等作用。为了防止在泡沼地区的管道漂浮或沉管，需要对管道的抗漂浮进行计算，计算公式如下：

$$F_{浮}=G_{水}-W_{土}-W_{管}$$

$$G_{水}=\frac{\pi D^2}{4}\times\rho_{水}$$

$$W_{土}=\frac{C}{1000}\times\frac{D}{1000}\times(\rho_{土}-\rho_{水})$$

$F_{浮}$为单位长度管道所受到的浮力，kg/m；$G_{水}$为单位长度管道排开水的重量，kg/m；$W_{土}$为单位长度管道上土壤的有效重量，kg/m；$W_{管}$为单位长度管道的重量，kg/m；D为管道外径，m；$\rho_{水}$为水的密度，kg/m^3；$\rho_{土}$为回填土壤的密度，kg/m^3；C为管道覆土深度，m。

当浮力为正值时，管道将会发生漂浮。在管道可能发生漂浮时，也常采取混凝土覆盖、土工袋和锚固墩等的稳管措施。其中所需要的混凝土重量由下式确定：

$$W_{混凝土}=\frac{F_{浮}}{\rho_{混凝土}-\rho_{水}}\times\rho_{混凝土}$$

式中：$W_{混凝土}$为混凝土的重量，kg/m；$\rho_{混凝土}$为混凝土的密度，kg/m^3。

龙一联-王坨子输气管道工程中，管道穿越泡沼段时采用埋地敷设，使用复壁管措施进行抗漂浮，经计算所需的复壁管重量为110kg/m复壁管结构如图1所示。

套管试压及复壁管注水泥浆时，工作管必须事先打压至水泥浆灌注固化时套管最大压力，以保证工作管在受压情况下不被破坏。套管及工作管端部的阀门用于套管、工作管试压及复壁管灌注水泥浆，用完后将阀门和短管切除，用与原管线同厚、同材质钢板补焊，并用与主管相同的防腐绝缘材料做防腐绝缘处理。复壁管与河流两侧管线连接时，切除两端的椭圆封头。注入水泥密度要求不小于2370kg/m^3。

(3) 防管道断裂技术

辽河油田作为稠油生产基地，很多埋地的原油输送管道温度高达80℃以上，很容易发生轴向拉伸，导致管道拱出地面，甚至断裂。

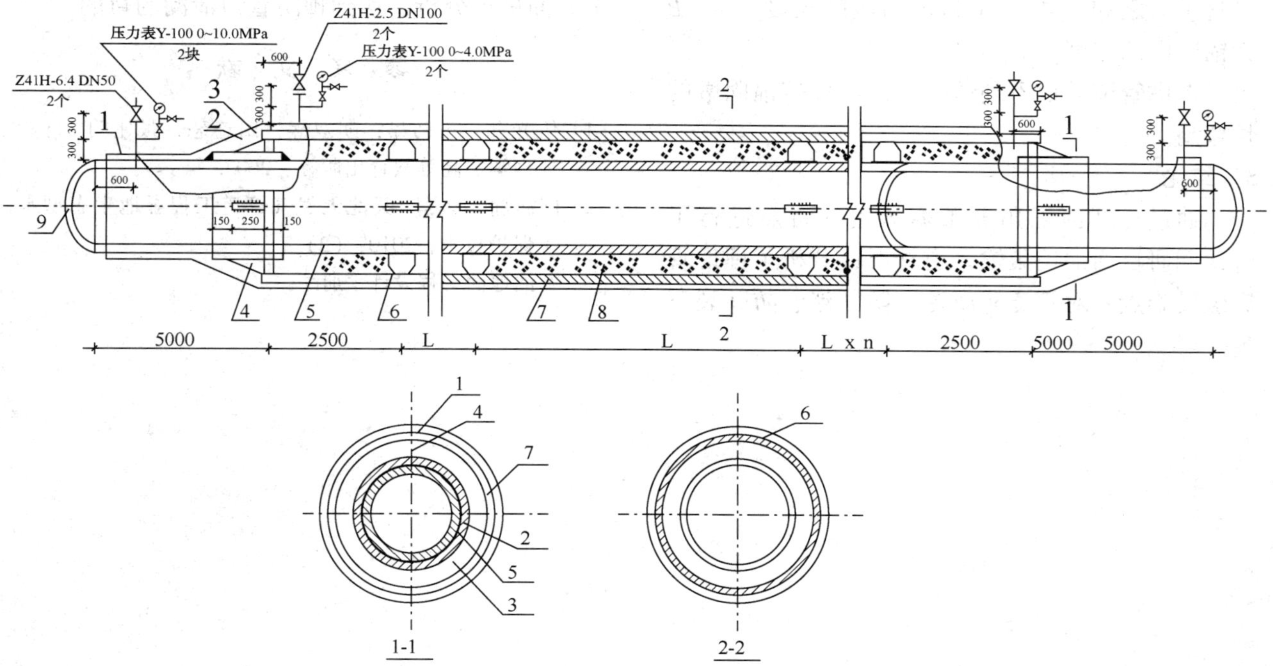

图 1　复壁管结构

1—防腐绝缘层；2—加强圈；3—环形盲板；4—加强筋板；5—工作管；6—同心扶正块；7—套管；8—水泥浆；9—椭圆形封头

盘-锦输油管道是辽河油田唯一一条向西部炼厂输油的原油外输管道，它承担着辽河油田向锦州石化公司和锦西石化公司输送原油的任务，担负这辽河油田超过 35%产量的外输任务。曙光首站-东郭阀室段管线管径为 DN508×7.1，材质为 L360，设计温度为 80℃，设计压力为 4MPa。设计过程中经过计算，需要在长的直管段中间、弯管两端、出入土端、穿跨越两端加锚固墩，防止管线断裂。运行过程中，在出曙光首站的一处苇塘中，管线发生断裂，原油大量泄漏，造成大面积的污染，事故经调查，原因为施工单位未按设计图纸施工，在事故发生处增加一弯管，但没增加锚固墩，导致弯管断裂的事故发生。

为保护管件及管道的轴向稳定，对锚固墩进行计算。锚固墩的计算主要决定它的长、宽、高尺寸，验算墩体的稳定和固定墩下面土壤的地耐力。一般先假设一个尺寸，然后复核，如原定尺寸不合适，再改变尺寸重新计算。

① 锚固墩承受的管道推力计算：

$$N=[\alpha E(t_2-t_1)+0.2\sigma]F=\left[\alpha E(t_2-t_1)+0.2\frac{Pd}{2\delta}\right]F$$

式中：N 为锚固墩所承受的管道推力，MN；F 为管子的横截面积，m^2。

② 作用在锚固墩上的推力计算：

$$N_A=\left(\frac{m}{1+m}\right)N-\left[\frac{EFS_a}{(1+m)l_e}+\sqrt{2EFfS_a}\right]-\left(\frac{0.5+m}{1+m}\right)fl_e$$

$$m=\frac{F\mathrm{tg}^2\left(\frac{\theta}{2}\right)}{2K^3l_eI_a}\left[\frac{1}{1-2+KL_PR\theta(\delta/\delta_b)}\right]$$

$$K=\sqrt[4]{\frac{Cr}{2EI_a}}$$

式中：N_A 为作用在锚固墩上的总推力，MN；S_a 为锚固墩的位移量，m；l_e 为弯头到锚固墩的距离，m；f 为直管段单位长所受的摩擦力，MN；θ 为弯头的夹角，rad；R 弯头的曲率半径，m；δ 为直管壁厚，m；δ_b 为弯管壁厚，m；r 为管道平均半径，m；P 为管道的设计内压，MPa；Ia 为管道的横截面惯性矩，m^4；E 为刚才弹性模量，MPa；C 为土壤的侧向压缩反力系数，MN/m^3。

③ 锚固墩的地基压力校核：

锚固墩的基地压力应满足 $\sigma_{max}\leqslant[\sigma_0]$，$\sigma_{min}\geqslant 0$。

$$\sigma_{max}=\frac{G_B}{A\cdot B}\left(1+\frac{6e}{A}\right)\qquad \sigma_{min}=\frac{G_B}{A\cdot B}\left(1-\frac{6e}{A}\right)$$

σ_{max} 为锚固墩给地基的最大压力，MPa；σ_{min} 为锚固墩给地基的最小压力，MPa；σ_0 为地基的允许承载力，MPa；G_B 为锚固墩上的土重力和墩自身重力之和，MN；A 为锚固墩的长度，m；B 为锚固墩的宽度，m；e 为偏心矩。

考虑管道敷设不利情况，经过校核锚固墩的长宽高。

5 结论

通过对辽河三角洲苇塘湿地的特点进行了解，调研辽河油田集输管道概况，分析了埋地管道敷设难点。对管道防腐蚀、防漂浮、防断裂三个方面进行分析，达到预防管道泄漏的目的。

参 考 文 献

[1] 伍光和，王乃昂，胡双熙，田连恕，张建明. 自然地理学. 高等教育出版社，2007.

[2] 闫潇瀚，徐鹏. 秦沈天然气管道工程湿地生态型水工保护技术，2010，(2).

[3] 石油地面工程设计手册.

辽河油田含油污泥环保循环利用技术研究与试验

曾双红

（中国石油辽河油田分公司钻采工艺研究院，辽宁 盘锦 124010）

摘　要　针对辽河油田不同类型油藏条件和稠油热采井不同的生产矛盾，开展了含油污泥调堵技术研究与试验，形成了以含油污泥为基本原料，辅以不同粒径、不同浓度的固相颗粒，调配成具有一定悬浮性和稳定性的颗粒型调剖剂，并形成了含油污泥多段塞组合注入工艺，有效解决了含油污泥处理难题，实现了循环利用，同时为稠油油田含油污泥的利用提供了新的技术途径，为稠油油田绿色环保开发提供了强有力的技术支撑，同时降低了生产成本，具有巨大的社会和经济效益。

关键词　含油污泥；循环利用；环保；调剖；辽河油田

引言

含油污泥是油田开发过程中产生的主要污染物之一。近年来，由于我国环保法规的逐步完善和绿色环保发展的要求，含油污泥治理问题日益引起人们的关注。辽河油田每年产生含油污泥 18.8×10^4t，历史囤积 5×10^4t，由于含油污泥没有科学有效的处理途径，污水厂和联合站存储能力已达极限，严重威胁到原油生产的正常运行，由于含油污泥数量大、成分复杂，造成含油污泥分离困难、处理成本高，现有的填埋、微生物降解、热处理、溶剂萃取等技术很难满足含油污泥处理的需求，因此，迫切需要开发一种高效廉价的含油污泥处理技术。

近几年，针对不同类型油藏条件和稠油热采井不同的生产矛盾，开展了含油污泥调堵技术研究与试验，形成了含油污泥多段塞组合注入工艺，规范了调堵用含油污泥性能参数，为含油污泥调堵现场施工提供了科学指导，不仅有效解决了含油污泥处理难题，实现了循环利用，同时为稠油油田含油污泥的利用提供了新的技术途径，为稠油油田绿色环保开发提供了强有力的技术支撑，同时降低了生产成本，具有巨大的社会和经济效益。

1　材料及方法

1.1　试验材料

二甲苯；蒸馏装置；酒精灯；石棉网；旋转黏度计。

1.2　油田污泥含油、含水及杂质测定方法

将油泥和二甲苯混合加热，油泥中的水被同时蒸馏。冷凝后的二甲苯和水在接收器中连续分离。水沉降在接收器的刻度管中，二甲苯则返回蒸馏烧瓶。同时在二甲苯反复循环蒸馏的过程中油泥中的油被二甲苯抽提带出，杂质留在抽提试管底部(图 1)。将二甲苯蒸发后将抽提试管内杂质烘干至恒重，可以称出杂质质量。油泥总质量减去杂质质量和水的质量，剩余为油泥中油的质量。

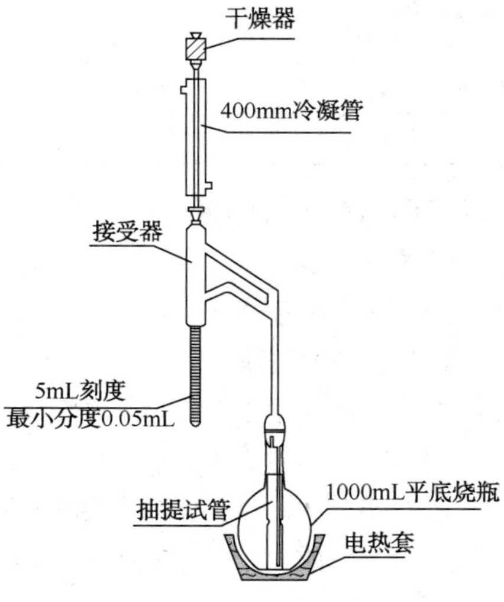

图 1　油泥含油、含水及杂质蒸馏-抽提法测定装置

2　含油污泥分析结果

2.1　含油污泥基本组分含量分析

取一定量的污水厂和联合站含油污泥样品，

作者简介：曾双红(1983-)，女，湖南娄底人，工程师，2008 年毕业于西南石油大学应用化学专业，从事油田应用化学科研与应用工作。E-mail：303749322@ qq. com。

采用油田污泥含油、含水及杂质测定方法，测定样品各组分基本含量，见表1。

表1 含油污泥组成分析结果表

样品	含水/%	含泥/%	含油/%	样品外观
曙采污水厂含油污泥池	67.3	6.9	25.8	黑色黏稠状
欢采欢一联	53.7	10	36.3	黑色黏稠状
锦采欢三联污水池	76.92	1.98	21.1	黑色黏稠状
兴采兴二联	34	6	60	黑色黏稠状
金海海一联	73.66	3.99	22.35	黑色黏稠状
沈采沈一联	35.29	3.89	60.82	黑色黏稠状
冷家冷一联油泥	49.18	7.54	43.28	黑色黏稠状
特油特一联罐底泥	78.56	3.61	17.83	黑色黏稠状
高采高一联罐底泥	66.48	6.26	27.26	黑色黏稠状

由表1可知，辽河油田各采油厂的含油污泥基本组分含量差异较大，因此，应根据各采油厂不同油藏物性条件，配制相应的含油污泥调剖配方体系，使其达到不同油藏类型对含油污泥调剖剂的调堵性能要求。

2.2 含油污泥组分粒径分析

将含油污泥样品经脱油、脱水后分离出来的泥质组分，采用COULTER激光粒度分析仪测其粒度分布，见表2。

由表2可知，各采油厂的含油污泥粒径分布差异较大，因此，应根据各采油厂不同油藏物性条件，选取粒径相匹配的含油污泥配制调剖配方体系。

表2 含油污泥组分粒径分布

样品	不同粒径含泥量分布/%					
	<5μm	5~10μm	10~50μm	50~100μm	100~300μm	>300μm
曙采污水厂含油污泥池	2.33	2.9	48.98	28.17	16.99	0.63
欢采欢一联	5.26	12.3	43.11	18.62	13.76	6.95
锦采欢三联污水池	10.25	9.34	36.26	22.37	14.56	7.22
兴采兴二联	5.65	23.64	32.15	26.12	11.42	1.02
金海海一联	1.06	1.68	19.7	17.57	38.67	21.32
沈采沈一联	58.24	6.27	35.49	0	0	0
冷家冷一联油泥	99.95	0.05	0	0	0	0
特油特一联罐底泥	6.85	10.23	39.84	23.25	17.95	1.88
高采高一联罐底泥	1.95	3.28	22.22	18.16	27.87	26.52

3 含油污泥调剖剂配方体系研制

3.1 含油污泥颗粒调剖剂

含油污泥颗粒调剖剂组成及技术指标：该体系是以含油污泥为基本原料，加入不同粒径、不同浓度的固相颗粒后，将含油污泥调配成具有一定悬浮性和稳定性的颗粒型调剖剂，注入地层后产生桥架作用，对地层孔道进行封堵，从而改善地层非均质性，提高稠油热采吞吐效果。该体系悬浮性>6.5h，封堵率：45%~84%可调。该体系适用于封堵高渗透储层和大孔道、汽窜通道等。

3.2 含油污泥颗粒调剖剂性能评价

3.2.1 悬浮性实验

筛选了目前现场常用的三种固相颗粒，目数为5~200目。考察固相颗粒对悬浮性能的想象，见表3。

表3 固相颗粒对悬浮性能的影响

颗粒种类	用量/%	分层情况(6.5h)
颗粒A	8	未分层
颗粒B	8	未分层
颗粒C	8	析水量3%

从上述实验(图2)可以看出，三种固相颗粒在含油污泥调剖剂中具有较好的分散悬浮性，静置6.5h基本未分层，满足现场施工要求。现场施工时，固相颗粒的加量因根据施工压力情况来确定。

3.2.2 封堵率实验

实验采用单管填砂管模型，在含油污泥的基础上，加入不同粒径、不同浓度的固体颗粒，然后进行封堵实验，测其封堵率，考察含油污泥颗粒调剖剂的封堵能力。

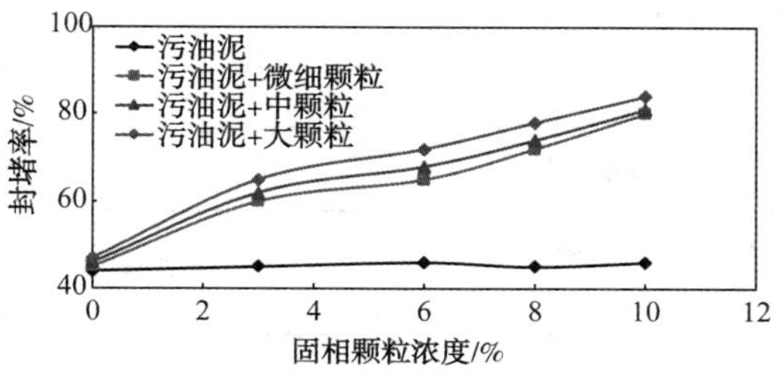

图 2 含油污泥颗粒调剖剂封堵性能情况

从上述实验(图 2)可以看出，含油污泥具有一定的封堵能力，加入不同粒径、不同浓度的固相颗粒后，岩心封堵率提高明显，因此，通过优选固相颗粒种类和浓度，可以满足不同生产井的封堵要求。

3.3 含油污泥高分子聚合物调剖剂

3.3.1 含油污泥高分子聚合物调剖剂组成及技术指标

该调剖剂由含油污泥、聚丙烯酰胺、絮凝剂等组成。将含油污泥与聚丙烯酰胺溶液分段塞注入地层，利用含油污泥微粒表面的 $-OH$ 基团与聚丙烯酰胺分子中的 $-NH_2$ 基团结合形成氢键，大量的氢键作用使得聚合物可以比较稳定地吸附在含油污泥微粒表面，使含油污泥絮凝成为更大的颗粒，从而在地层中产生封堵作用。该体系配制黏度 74~550mPa·s，成胶时间 10~28h 可调。该体系适用于中、低渗透储层，满足地层深部调堵的需求。

3.3.2 含油污泥高分子聚合物调剖剂性能评价

(1) 配制黏度和成胶时间实验

用布氏黏度计或流变仪在实验温度下，测定不同浓度的含油污泥高分子聚合物调剖剂溶液初始表观黏度。同时，将配制成的不同浓度的含油污泥高分子聚合物调剖剂溶液放置于广口瓶中，密封后放入设置为实验温度的恒温电热干燥箱中，成胶后测其成胶时间。

表 4 实验结果

调剖剂	样品 1#	样品 2#	样品 3#	样品 4#	样品 5#	样品 6#
表观黏度/(mPa·s)	74	126	205	328	415	550
成胶时间/h	28	25	23	21	15	10

从上述实验(表 4)可以看出，配制成的含油污泥高分子聚合物调剖剂溶液性能指标满足现场设备的注入要求，可以保证现场施工的安全顺利完成。

3.4 含油污泥改性高温封口剂

3.4.1 含油污泥改性高温封口剂组成及技术指标

该体系由含油污泥、固化剂、增强剂、活化剂、悬浮剂等按适当比例复配而成。含油污泥改性高温封口剂通过控制温度和活化剂的用量，来调节成胶速度和成胶后的强度。该体系在成胶前黏度低，利于泵注；在地层中成胶后，强度高，耐温性好，能够满足蒸汽条件下的耐蒸汽高温冲刷的要求，并长期有效。该体系耐温 350℃，突破压力>10.5MPa，封堵率≥92%。该体系对稠油井的近井地带进行高强度封堵，有利于提高含油污泥调剖的有效期，最终提高调剖施工效果。

3.4.2 含油污泥改性高温封口剂性能评价

(1) 固化封堵强度和热稳定性实验

将通入含油污泥改性高温封口剂溶液的岩芯，放入马弗炉中加热至不同高温条件下，并恒温 24h，取出后测其固化后的封堵强度。

通过改变封口剂主剂浓度、调整固化剂用量的方法，使无机封口剂的固化时间延长至 30h，其性能仍可满足封堵要求(表 5)。同时该无机封口剂热稳定性能好，封堵强度大，在 380℃ 高温条件下，突破压力梯度达到 10.5MPa/m(表 6)。

表 5 不同浓度含油污泥改性高温封口剂的固化时间与固化强度实验(65℃)

主剂浓度/%	固化时间/h	突破压力梯度/(MPa/m)
16	30	6
18	27	8
20	24	10
22	16	11
24	8	12

表 6 含油污泥改性高温封口剂热稳定性实验(20%浓度)

温度/℃	65	150	260	380
突破压力梯度/(MPa/m)	9	9.5	10	10.5

(2) 高温封堵性能评价实验

将通入含油污泥改性高温封口剂的岩芯，放

入马弗炉中分别加热至不同高温条件下，并恒温48h，取出后测量岩芯的渗透率并计算封堵率，考察其高温封堵能力。

表7 含油污泥改性高温封口剂高温封堵实验

岩芯编号	封口剂	环境温度/℃	渗透率×$10^{-3}\mu m^2$		封堵率/%
			堵前	堵后	
1	FKJ-Ⅰ	300	3125	125	96
2	FKJ-Ⅱ	350	2675	147	94.5
3	FKJ-Ⅲ	380	2055	164	92

从上述实验(表7)可以看出，该体系在高温条件下，封堵率≥92%，具有良好高温封堵性能。

(3) 耐蒸汽冲刷性能

在现场实施过程中，对稠油注采井的近井地带采用强度较高的含油污泥改性高温封口剂进行封口，该封口剂具有在耐蒸汽长时间高温冲刷后，仍然能够保持较高封堵率的性能，有利于提高提高含油污泥调剖在稠油油藏措施应用的有效期。实验采用单管填砂管模型，模型长度为38cm，模型直径为3.5cm，岩芯渗透率1658×$10^{-3}\mu m^2$，孔隙度23.5%，向模型中注入含油污泥改性高温封口剂，候凝24h，向模型注入350℃高温蒸汽，注入蒸汽20d，测其岩心渗透率和封堵率变化，考察其耐蒸汽冲刷性能，实验结果见图3。

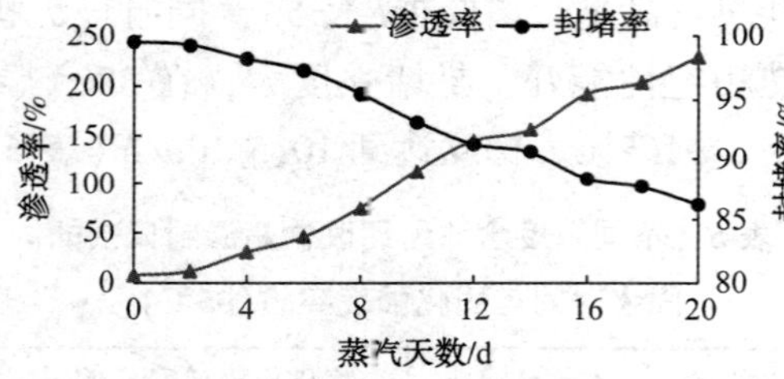

图3 含油污泥改性高温封口剂耐蒸汽冲刷性能实验

由图3可知，该封口剂在350℃高温条件下，注入蒸汽8d后，封堵率保持在95%以上，而目前稠油井注汽时间一般在3~8d，说明该岩芯在稠油井注高温蒸汽阶段具有非常强的耐热水冲刷能力，同时该封口剂在经过20d的高温蒸汽冲刷后，地层渗透率得到一定程度的恢复，其值在228×$10^{-3}\mu m^2$，但封堵率仍保持在85%以上，表明该封口剂具有较好的耐蒸汽高温冲刷性能。

4 不同油藏类型含油污泥调剖段塞组合注入工艺

针对不同类型油藏生产矛盾和现场实际情况，设计含油污泥调剖不同段塞组合注入工艺和注入参数，使其满足含油污泥调剖现场施工的需求。

4.1 超稠油油藏注入工艺和技术指标

对于地层亏空大的超稠油油藏，段塞配方为含油污泥+含油污泥颗粒调剖剂+含油污泥改性高温封口剂，其中，第一段塞采用流动性较好的含油污泥段塞对油层进行预处理，填充亏空地层，建立起封堵强度；第二段塞采用含油污泥颗粒调剖剂对油层进行“填缝”处理，填充高渗透层中远端细小的地层孔喉；第三段塞使用含油污泥改性高温封口剂进行封口，在调剖剂体系固化后形成耐高温蒸汽冲刷的保护段塞。该段塞配方体系耐温380℃；封堵率>93%。同时，现场注入排量控制在6~15m^3/h，施工压力控制在15MPa以下。

4.2 稠油油藏注入工艺和技术指标

对于高渗透储层和大孔道、汽窜通道的稠油油藏，段塞配方为含油污泥+含油污泥改性高温封口剂，其中，第一段塞采用流动性较好的含油污泥段塞对油层进行预处理，填充高渗透储层和大孔道、汽窜通道，建立起封堵强度，最后使用含油污泥改性高温封口剂进行封口，形成耐高温蒸汽冲刷的保护段塞。该段塞配方体系耐温380℃；封堵率>82%。同时，现场注入排量控制在6~15m^3/h，施工压力控制在12MPa以下。

4.3 稀油油藏注入工艺和技术指标

对于中、低渗透储层的稀油油藏，段塞配方为含油污泥+含油污泥高分子聚合物调剖剂，第一段塞采用流动性较好的含油污泥段塞对油层进行预处理，填充亏空地层；第二段塞采用强度较大的含油污泥高分子聚合物调剖剂对油层进行“建墙”处理，建立起封堵强度。该段塞配方体系封堵率26%~85%可调。同时，现场注入排量控制在 6～10m³/h，施工压力控制在 10MPa 以下。

5 现场应用

5.1 选井原则

5.1.1 稀油井选井原则

（1）日注水量大，注水压力低，有高渗透层的注水井；

（2）层间或层内吸水差异大，非均质性严重；

（3）未分注的井；

（4）油水井连通性好，油井受注水井影响明显的井。

5.1.2 稠油井选井原则

1）注汽压力较低(小于 13MPa)、地下亏空大的稠油热采井；

（2）生产历史有汽窜史的稠油热采油井；

（3）纵向动用不均，需改善动用程度的稠油热采井；

（4）井筒无套管变形，或有轻微套管变形但不影响冲砂作业的油井。

5.2 现场应用效果分析

2016 年含油污泥调剖技术在辽河油田稠油、稀油油藏现场应用 20 井次，累计注入含油污泥 8.4×10^4t，累计增油 0.28×10^4t，节约含油污泥处理费用 4368×10^4元，同时，措施井的注汽压力、纵向吸汽情况和平面见效程度发生明显改变，汽窜问题得到有效改善，增油效果显著。现场应用表明，该技术可以有效改善稠油油藏吸汽不均、动用不均、汽窜、高含水等生产矛盾，提高了稠油油藏的开发效果，同时解决了含油污泥处理难题，实现了资源的循环利用，具有巨大的社会和经济效益，应用前景广阔。

5.3 典型井例效果分析

杜 80-26-68 井 2004 年 3 月投产，生产井段 794.2～840.7m，油层厚度 26m，该井已生产 26 周期，周期注汽效果差。

为提高该井动用程度，封堵高渗透油层，配方段塞组合为含油污泥+含油污泥颗粒调剖剂+含油污泥改性高温封口剂。该堵剂中含油污泥作为前置段塞，对油层进行预封堵，含油污泥颗粒调剖剂作为中间主段塞，起到填充、压实作用，提高堵剂的封堵强度，最后用含油污泥改性高温封口剂封口，起到保护作用(表 8)。

表 8 段塞配方设计用量组成

段塞名称	段塞组成	处理范围	设计注入压力
污油泥	含水率 78%～80%，黏度 200～500mPa·s	10～12	4～8
污油泥颗粒调堵剂	污油泥含水率 78%～80%，黏度 200～500mPa·s，颗粒粒径组合使用，颗粒浓度 2.5%	3～10	8～12
高温封口剂	双激发无机凝胶配制浓度：25%～30%	0～3	≥6

该井于 2016 年 5 月 16 日～6 月 8 日实施含油污泥调剖技术，6 月 12 日封口。累注含油污泥 4000t，累计加入植物纤维颗粒 25t，施工压力 4～11MPa。从施工曲线上看，加入固相颗粒后，施工注入压力提高明显，之后压力稳定增长，措施后，注汽压力提高 2.2MPa，日产油提高 2.6t，周期阶段生产 146d，累计增油 379.6t，措施效果较好。

6 结论及建议

（1）研制了系列化的含油污泥调剖配方体系，制定了含油污泥调剖不同段塞组合注入工艺，为含油污泥调剖现场施工提供科学指导。

（2）含油污泥调剖技术具有配伍性能好、成本低、耐温性好、封堵率高等优点，适合大剂量、高温调堵的需求，可以有效缓解稠/稀油油藏中后期开发出现的吸汽/水不均、动用不均、汽/水窜、高含水等生产矛盾。

（3）含油污泥调剖技术在稠/稀油油藏的成功应用，解决了含油污泥处理难题，实现了循环利用，为油田含油污泥的利用提供了新的技术途径，为油田绿色环保开发提供了强有力的支撑，具有巨大的社会和经济效益，具有广阔的应用前景。

蒸汽驱注汽井高温调剖技术研究与应用

安　峰

（中国石油辽河油田分公司，辽宁 盘锦　124114）

摘　要　齐40块已处于剥蚀调整阶段，油藏层间和平面矛盾日益凸显，区块产量逐步下滑。受储层非均质性、蒸汽超覆、地层倾角等诸多不利因素影响，油藏层间和平面矛盾突出，动用不均严重，区块产量逐步下滑，为此开展蒸汽驱高温调剖技术研究与应用。通过新型耐高温调剖体系封堵汽窜通道，改善纵向吸汽剖面，扩大平面上波及范围，提高油层动用程度，改善汽驱开发效果。

关键词　蒸汽驱开发；动用不均；高温调剖

1　实施背景

齐40块构造上位于辽河断陷西部凹陷西斜坡南段，欢曙上台阶上倾部位，开发目的层为莲花油层，油藏埋深-625～-1050m，原始地层温度36.8℃，压力8.5MPa，原油密度0.9686g/cm^3，50℃地面脱气原油黏度2639mPa·s，含油面积7.9km^2，地质储量3774×10^4t。随着蒸汽驱开发的不断深入，区块产量逐步下滑，目前已经处于剥蚀调整阶段。受储层非均质性、蒸汽超覆、地层倾角等诸多不利因素影响，油藏层间和平面矛盾突出，动用不均严重。

2　蒸汽驱注汽井高温调剖技术研究

通过常规调剖剂优缺点研究分析，确定了以固相颗粒型调剖剂为研究方向，来实现注汽井耐高温、深目前高温调剖技术在辅助蒸汽驱开采方面应用较多，国内外主要包括聚合物冻胶类、泡沫调剖、固相颗粒型调剖剂三类。

（1）聚合物冻胶调剖剂

作用机理：注入地层后，聚合物线性大分子链上的极性基团与有机基团（酚醛等）或多价金属离子（Cr_{3+}、Zr_{4+}和Al_{3+}等）反应生成空间网络结构而丧失流动性。高强度冻胶在地层孔隙和喉道处依靠堵塞、捕集和吸附等作用机理，阻止蒸汽沿高渗透层的窜流，改善波及效果。

体系优点：应用广泛，具有较好选择性，成胶性能好。

体系缺点：普通高分子聚合物在温度高于90℃后降解严重，限制了其在高温环境中的应用，成本高。

（2）泡沫调剖剂

作用机理：在调堵过程中，水外相的泡沫流动阻力较小，优先进入高渗透孔道，并在岩石孔隙表面附着，对后续注入流体产生附加的阻力系数；当泡沫运移到孔隙喉道处时，变形产生叠加的贾敏效应，以此调整吸汽剖面。泡沫体系中的表面活性剂还能有效降低油水界面张力，对原油形成乳化，提高了洗油效率。

体系优点：泡沫具有遇水起泡，遇油消泡的特点，具有很好的选择性。高温泡沫剂的注入工艺也比较简单，不存在施工风险性。泡沫体系再生能力强，可以在油层深部再生，能起到深部调剖的作用。

体系缺点：高温泡沫剂成本高，封堵强度低、耐温性差，高温稳泡技术欠缺。前期实施，对汽驱改善作用不大。

（3）固相颗粒型调剖剂

作用机理：在调剖剂注入过程中，颗粒依据阻力最低原理，选择性优先进入优势通道，在大孔道中沉积，并在孔喉处架桥形成堵塞。

特点：固相颗粒型调剖剂价格低廉、封堵强度高、耐温性好且作用有效期长。

体系缺点：受颗粒调剖剂性能及粒径局限性，处理半径小，多于近井地带封堵，难以实现深部处理，作业风险高。

针对以上问题，结合齐40块蒸汽驱油藏特点，开展以固相颗粒堵剂为研究方向，并能够满

作者简介：安峰（1984.7-），男，2009年7月毕业于长江大学地球化学专业，理学学士，工程师，辽河油田欢喜岭采油厂工艺研究所，E-mail：huazhelei726@163.com。

足耐高温要求，实现深部处理的高温调剖体系。通过封堵汽窜通道，改善纵向吸汽剖面，扩大平面上波及范围，提高油层动用程度，改善汽驱开发效果的目的。部处理的要求。同时要求药剂具有成本低、地面黏度小、可聚性好等特点。

2.1 体系配方优化

（1）凝胶配方

凝胶体系基本组成为聚合物 HPAM，交联剂，热稳定剂等。交联聚合物为部分水解低分子聚丙烯酰胺，要求分子量为1800×10^4以上，水解度为15%~30%。交联剂与聚丙烯酰胺发生缩聚反应形成凝胶。由于反应需要在一定的条件下进行，所以配制好的调剖剂在地面条件下不发生交联，地面黏度只有30~100mPa·s，具有较好的泵送性，当将调剖剂注入温油藏后，在温度等条件的作用下调剖剂开始交联，并形成强度较大的弹性凝胶体，在辅剂的配合作用下，使凝胶体具有较强的热稳定性，具备的较长的作用时间。

（2）组分浓度确定

HPAM含量对成胶时间、成胶强度的影响：

固定主剂交联剂含量为1%，分别考察HPAM质量分数为0.2%、0.3%、0.4%、0.5%、0.6%、0.7%时对凝胶体系成胶时间、成胶黏度的影响(表1)。

表1 HPAM含量对成胶时间和强度的影响

时间/h \ HPAM含量/%	0.3	0.4	0.5	0.6	0.7
	mPa·s				
0	39	43	52	60	73
12	1540	1670	1740	1790	1800
24	3380	5050	6907	8050	10400
36	9812	8762	9110	15540	26210
48	46300	49700	59201	60120	71300
72	51503	57509	65140	76810	86800
84	51850	58870	65763	77480	87060

其他组分浓度一定的条件下，在配制后72~84h达到最大黏度，此后直到实验时间结束，仍保持最大黏度，随HPAM的浓度增大，黏度增大，而交联延续时间有减少趋势(图1)。

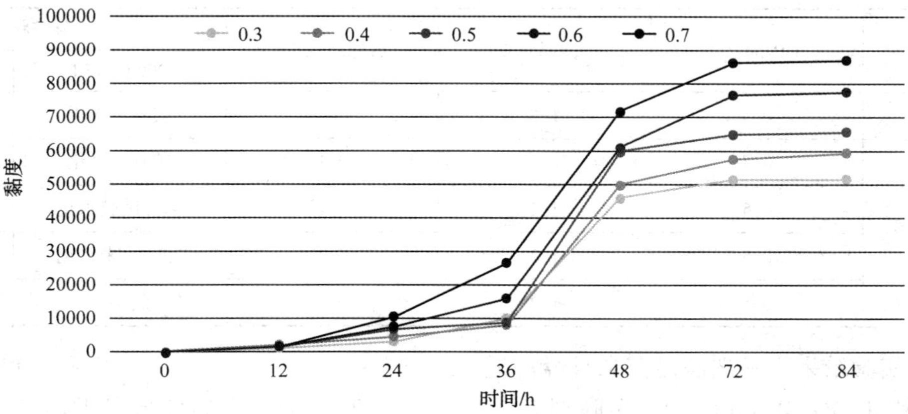

图1 HPAM含量优选实验图

交联剂含量对成胶时间、成胶强度的影响：

实验选取HPAM含量为0.5%，分别考察交联剂质量分数为0.8%、1.0%、1.2%、1.4%、1.6%时，对凝胶体系成胶时间、成胶黏度的影响(表2)。

表 2　交联剂含量对成胶时间和强度的影响

时间/h \ 甲醛含量/%	0.8	1.0	1.2	1.4	1.6
	mPa·s				
0	37	52	60	75	81
12	1527	2640	3114	4570	5624
24	2576	6907	7247	8851	9015
36	16217	21107	18973	19047	20180
48	50183	61201	75259	84705	92324
72	51843	62140	78984	87710	96421
84	52419	65763	80147	91876	98727

交联剂含量对成胶时间、成胶黏度影响较大，由表中可以看出，交联剂含量增加，使反应速率加快，生成凝胶成胶黏度变大，起到促进交联反应进行，提高凝胶强度的作用(图 2)。

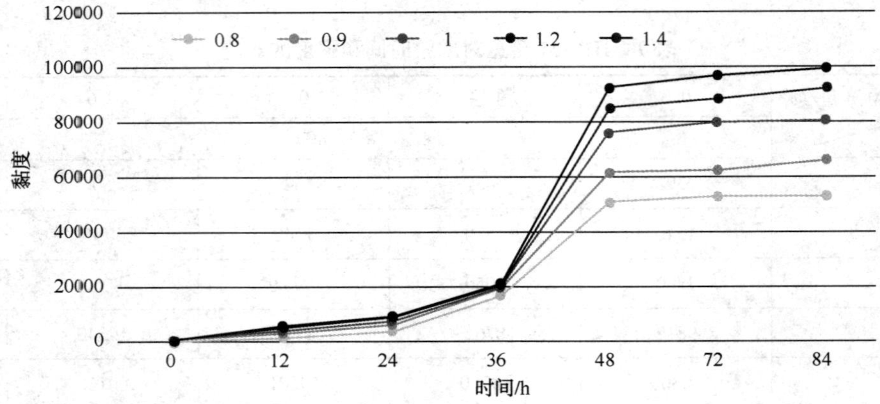

图 2　交联剂含量优选实验图

热稳定剂对凝胶的影响：

在其他条件固定的前提下，改变热稳定剂的浓度，对胶体强度做对比测试，同时观察调剖剂的热稳定性能表(表 3)。

表 3　热稳定剂的加入对凝胶耐温性能的影响

编号	HPAM/%	交联剂/%	热稳定剂/%	凝胶状态	
				200℃，7d	240℃，7d
1	0.5	1.2	0	破胶、水化	破胶、水化
2	0.5	1.2	0.1	破胶、水化	破胶、水化
3	0.5	1.2	0.2	部分破胶水化	破胶、水化
4	0.5	1.2	0.3	完好、未水化	完好、未水化
5	0.5	1.2	0.4	完好、未水化	完好、未水化

根据上述实验结果，筛选满足需求且经济适用的调剖体系：0.5%HPAM+1.2%交联剂+0.3热稳定剂。

(3) 固相颗粒的筛选优化

针对齐 40 块汽驱井地层孔隙度、渗透率情况，优选择了三种固相颗粒：

① 粉煤灰：外形是粒状，耐温达到 300℃以上；

② 胶粉：它的外形是颗粒状，耐温能达到 260℃以上；

③ 树皮粉：外形是不规则的纤维状，耐温达到 300℃以上。

在凝胶配方不变的情况下，加入不同浓度的三种固相颗粒，从实验(表 4)中可以看出，粉煤灰随着浓度增加，成胶强度也逐渐增大，成胶时间随之缩短，但复合胶粉和树皮粉浓度 6%~9%时，对成胶强度影响不大。

表 4　固相不同加量对凝胶体系的影响

固相	粉煤灰(F)				胶粉(J)				树皮粉(S)			
浓度/%	6	7	8	9	6	7	8	9	6	7	8	9
成胶强度/(10^4mPa·s)	13.0	15.2	18.4	19.8	12.3	13.0	14.4	14.7	13.0	13.2	14.4	14.5

在凝胶配方不变的情况下，固相颗粒复配后对凝胶体系的影响实验(表 5)。从实验中得出，F：J：S 按 2：1：1 的比例复配，按浓度 6%~10%加入，可显著提升凝胶成胶强度，36h 成胶后黏度达(15~20)×10^4mPa·s。

表 5　固相颗粒复配对凝胶体系影响

固相	F：J：S=1：1：1				F：J：S=2：1：1				F：J：S=2：1：2				F：J：S=2：2：2			
浓度/%	6	7	8	9	6	7	8	9	6	7	8	9	6	7	8	9
成胶强度/10^4(mPa·s)	12.0	12.8	13.2	14.0	12.4	13.1	13.7	15.2	12.5	13.4	14.8	15.4	12.7	14.3	16.4	18.8

(4) 调剖剂性能评价

耐温性考察：

将成胶后的颗粒凝胶调剖剂至于 300℃ 高温条件下，开展高温老化实验。

表 6　成胶体 300℃高温老化能力试验

老化时间/d	1	3	5	10	15	20	30
形态	完整	完整	完整	完整	完整	完整	完整
失重率/%	7.5	8.2	8.5	8.8	8.9	8.9	9.5
收缩率/%	3.1	3.8	4.0	4.1	4.2	4.2	4.4

从表 6 可以看出，成胶体耐温性好，损失量低，30 天内失重率小于 10%，收缩率小于 5%。

耐蒸汽冲刷性能：

试验岩心为长 70cm、直径 325.4cm 的填砂岩心。试验过程：向岩心模型中通入高温(300℃)蒸汽，测定封堵前后的渗透率，计算封堵率。经测定(表 7)，封堵前岩心封堵率为 98.5%，封堵后的岩心经 30d 的蒸汽冲刷后，封堵率仍为 90%以上，因此说该配方体系调剖剂的耐冲刷能力比较强。

表 7　岩芯耐冲刷性试验结果

项目	岩芯尺寸 $L\times\Phi$	岩芯面积 A/cm^2	流速/(mL/min)	压差 ΔP/MPa	渗透率/μm^2	封堵率/%
1#空白岩芯	70×25.4	5.06	10	0.025	0.9220	98.5
2#空白岩芯	70×25.4	5.06	10	0.023	0.9160	
1#封堵岩芯	70×25.4	5.06	10	0.350	0.0658	92.9
2#封堵岩芯	70×25.4	5.06	10	0.340	0.0619	93.8
1#连续冲刷后的封堵岩芯	70×25.4	5.06	10	0.330	0.0698	92.3
2#连续冲刷后的封堵岩芯	70×25.4	5.06	10	0.340	0.0619	93.2

性能指标：

① 工作液黏度低(≤100mPa·s)，易泵送；

② 调剖剂成胶时间在 24~72h 可控；

③ 耐温达到 300℃以上；

④ 成胶强度 15×10^4mPa·s 以上；

⑤ 初始封堵率达到 98%，耐高温、高压蒸汽冲刷达到 30d 后封堵率 90%以上。

2.2　调堵参数设计

(1) 处理半径优化

根据注汽井转注时间的早晚、注汽压力、汽

窜情况、渗透率、孔隙度和油层厚度对调剖剂的用量进行设计。

调剖剂在油水层中的分布为近似球体，设计处理半径7~10m，应用 $Q=\pi R^2 \Phi h$ 计算用量。

(2) 调剖剂中固相颗粒浓度及粒径

根据室内实验和现场注入压力情况，固相颗粒浓度由低到高原则注入，使用浓度为6%~10%。

措施井为笼统注汽筛管井，筛管为2m注汽筛管，筛眼直径1cm，为确保施工安全性，粒径选择为标准目数14~30目(1.4~0.85mm)的固相颗粒，使用过程中先细后粗，能后进一步起到远调近堵的作用。

考虑颗粒进入深度和堵塞作用，实现“远调近堵”深部调剖的目的，确定远细近粗原则：远井地带粒径优选50~100目(0.15~0.30mm)，起到深部调剖作用；近井地带优选使用粒径35~40目(0.5~2mm)，提高近井地带封堵强度。

2.3 施工工艺技术及注入参数的优化设计：

(1) 注入工艺设计

根据齐40块注汽井注汽方式和管住实际情况，选择的措施井均为笼统注汽筛管井，采取正注的方式调剖。

(2) 施工排量及压力控制优化

根据前些年现场施工经验和效果分析，排量及压力控制如下：低压、低排量注入：压力≤10MPa，排量≤20m³/h。

3 现场应用情况

2015年以来，齐40蒸汽驱注汽井累计实施高温调剖14井次，实现增油13278.3t。措施后平均单井组阶段增油达到948.5t，注汽压力平均提高2.4MPa，油井汽窜层段得到有效封堵，改善了吸汽剖面，提高了蒸汽驱油层动用程度。

典型井：齐40-17-028井组

齐40-17-028注汽井位于齐40块西北部，是65个井组内的一口莲2笼统注汽井。于2007年1月转驱，对应油井9口。注汽井段：781.0~834.6m，L2/24.6m/12层(实际厚度34.1m)，对应油井井9口，其中有6口产量下降，产油量由最高77.1t，降至39.9t，2015年12月调剖后，最高日产油82t，最高日增46.4t，阶段增油2958t(图3)。

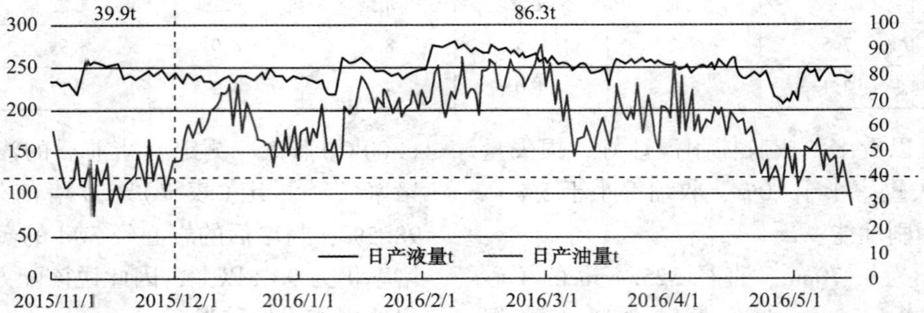

图3 齐40-17-028井组生产曲线

4 结论

齐40块蒸汽驱进入开发中后期，平面及纵向动用不均以及分注工艺无法有效调配是导致蒸汽驱中后期驱替效率大幅下降的主要问题。通过对耐高温调剖剂配方体系研究、调堵参数、注入参数优化满足了汽驱注汽井调剖需求。现场应用表明，深部调剖技术能有效地改善注汽井的吸汽剖面，提高蒸汽驱替效果，提高油层动用程度，在蒸汽驱开发配套上具有广阔推广应用价值。

参考文献

[1] 岳清山，沈德煌．有关稠油油藏驱油效率的讨论[J]．特种油气藏．2002，(1)．

[2] 张勇．调剖优化决策与效果预测技术研究[D]．西南石油学院．2005.

浅层双水平 SAGD 井带压检泵修井技术研究

周晓义　禄红新　万宏宾　王美成　肖　益　佟　娟

（中国石油新疆油田分公司风城油田作业区，新疆 克拉玛依　834000）

摘　要　随着风城 SAGD 生产规模的逐步扩大，泵卡、杆卡等待检泵问题井逐年增加，非机抽生产状态时出液温度、压力、液量波动大，油汽比低。而现场缺乏针对油藏埋深浅的双水平井 SAGD 带压检泵修井配套技术，待检泵井仅能采用“排液降压”的方式处理，因蒸汽腔逐步扩展，排液降压天数由 2012 年 28d 增加至 2017 年 40d，最长达 185d。针对这一问题，通过分析风城 SAGD 井检泵作业难点，开展带压检泵技术攻关，利用机械工具封堵井下压力，研发系列抽油泵及堵塞工具、优化施工工艺，形成 SAGD 井带压检泵配套技术，解决排液降压周期长、检泵作业难度大的问题，为风城油田及新疆油田 SAGD 规模应用提供强有力技术保障，并为国内油田同类问题的处理提供了借鉴经验。

关键词　SAGD；带压检泵；堵塞器；脱接器

前言

风城超稠油适合 SAGD 开发储量 1.44×10^8t，现场规模化应用 193 井组，建成百万吨产能规模，随着机抽生产井数的增加、连续生产时间的延长，泵卡、杆卡等问题凸显，由 2012 年 1 井次增加至 2017 年 25 井次，累计检泵作业发生 71 井次，非机抽生产状态时出液温度、压力、液量波动大，井下温度不易控制，油汽比低。而国内缺乏针对油藏埋深浅的双水平井 SAGD 带压检泵配套技术，现场仅能依靠“排液降压－压井－修井”的方式处理，即待修井通过密闭系统排液降压至一定温度、压力后，采用合适密度压井液平衡压井作业后开展提下管柱检泵作业，随着蒸汽腔体积的逐步发育，排液降压修井法也暴露出很多问题。

（1）修井作业排液降压困难，排液降压天数由 2012 年 28d 增加至 2017 年 40d，最长可达 185d，严重制约躺井扶正进度，见图 1。

（2）排液降压降低油井生产时率，油量损失大；排液降压影响 SAGD 单井日平均液量 51.9t/d，影响日平均油量 10.8t/d。

（3）压井作业对储层污染大，降低了油井生产效果。采用高密度压井液实施压井后，储层受到一定伤害，平均影响单井液量 15.7t/d。

通过分析风城 SAGD 井检泵作业难点，开展

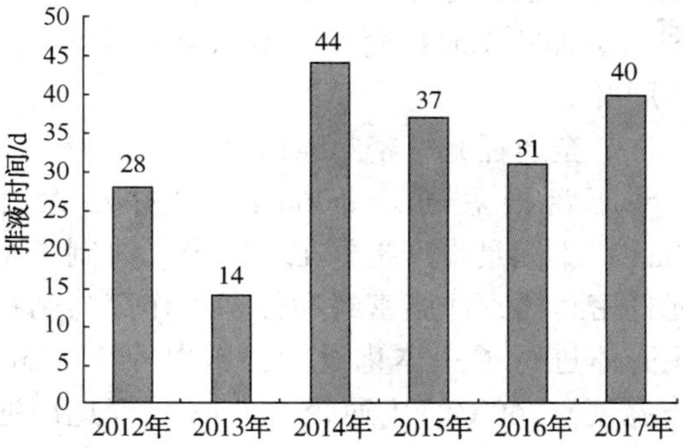

图 1　SAGD 检泵井排液降压天数分年统计

带压检泵技术攻关，利用机械工具封堵井下压力，研发系列堵塞工具及抽油泵、优化施工工艺，形成 SAGD 井带压检泵配套技术，解决排液降压周期长、检泵作业难度大的问题。有效解决降本增效、安全生产矛盾突出的问题，实现 SAGD 高效开发，为风城油田及新疆油田 SAGD 规模应用提供技术保障。

1　耐高温封堵工具研制技术

针对 SAGD 井产出液温度高、压力大等特点，需研究耐高温封堵器、脱接器、全通径带压提杆装置及大井眼曲率配套投堵密封工具。

（1）封堵器研究

研究内容包括：结构设计、材料优选，工具特点：

① 两组密封皮碗反向排列，密封压力 10MPa；

作者简介：周晓义（1985－），男，工程师，2010 年毕业于长江大学石油工程专业，现从事油气田开发工作。E-mail：fczhxy@ petrochina. com。

② 密封芯轴侧面封堵进油通道，中孔沉砂；

③ 密封件采用非金属高分子聚苯，耐温370℃，5年；

④ 芯轴通过轴向机械运动实现油流通道开启、关闭。

(2) 脱接器优化设计

脱接器依靠自身结构，连接堵塞器和抽油泵，通过杆柱机械运动实现密封芯轴的轴向运行，完成堵塞器开启、关闭动作。

① 柱塞和固定阀之间采用轨道式脱接器，与固定阀一体化设计，通过轴向运动可实现单次对接、双次脱开。室内试验显示轴向操作力5kg、行程距离20cm可实现顺利脱开。

② 固定阀和堵塞器之间采用护套卡爪式脱接器，球笼式对接脱开工艺，通过轴向运动实现下放对接、上提到位脱开。室内试验显示脱接位置处上提脱接力小于100kg，轴向操作距离50cm，进油状态时护套保护卡爪可承受50t拉压力不脱开。

(3) 全通径光杆密封器研制

注脂盘根盒通径 ϕ26mm，杆柱最大直径 ϕ70mm，不满足带压提杆工艺需求。研制了全通径光杆密封器，注脂密封和柱塞工作筒与闸板密封主壳体进行了一体化设计，压力等级14MPa、工作温度≤260℃、主通径 ϕ80mm，筛选出适合高温条件下密封胶芯，满足现场作业要求。

(4) 大井眼曲率井投堵、密封工艺

针对风城SAGD水平井井眼曲率大、轨迹不平滑特点(图2)，进行带压投堵及密封解封工艺研究，包括：油管桥塞、定压滑套、管柱设计3个方面；油管桥塞配合扶正装置、合理的桥塞尺寸和预投堵段设计可有效提高水平井投堵成功率。

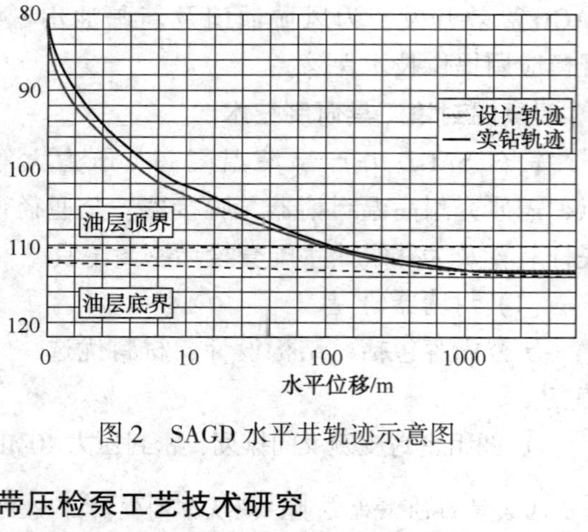

图2 SAGD水平井轨迹示意图

2 带压检泵工艺技术研究

为攻克常规方法检泵作业所带来的一系列难题，开展了SAGD带压检泵技术攻关，核心问题是突破泵下或泵上压力封堵技术瓶颈，并保障封堵工具在长期高温条件下的工作可靠性。以此为出发点，分别开展了以泵下压力封堵为目标的不压井采油工具带压检泵试验，以及以泵上压力封堵为目标的管内投堵带压检泵试验。

(1) 泵下脱接堵塞器带压检泵工艺

基于举升泵、脱接器、堵塞器不同组合方式，结合风城SAGD举升工艺现状，形成四针对不同排量杆式泵、管式泵的泵下脱接堵塞器带压检泵工艺技术。

① Φ70mm、Φ44mm杆式泵不压采油工具带压检泵技术

由杆式泵(或管式泵)、脱接器、封堵总成三部分组成。该工艺利用杆式泵与封堵器相结合，以脱接器为连接纽带，通过上提杆式泵关闭封堵器封隔井下压力，下泵时通过脱接器对接，推动封堵器下移实现解封，打开油流通道再次生产，最终实现SAGD带压检泵。

② Φ95mm、Φ120mm管式泵不压采油工具带压检泵技术

管式采用 Φ95mm、Φ120mm两种规格，Ⅳ级、Ⅴ级配合间隙，内置柱塞总成及固定阀总。其下部设计有用于坐封固定阀总成的密封锁套。柱塞总成由柱塞和轨道式脱接器两部分组成。轨道式脱接器脱接方式为旋转对接式，通过不同次数的结合实现柱塞总成与固定阀总成的解脱与对接。

(2) 泵上投堵带压检泵技术研究

针对泵下堵塞失效情况下带压投堵提泵、带压下泵的工艺要求，通过备脱接功能的抽油泵、全通径光杆密封装置、油管桥塞及定压滑套，利用连续油管投堵桥塞实施管内压力封堵，配合设备完成带压检泵(图3)。

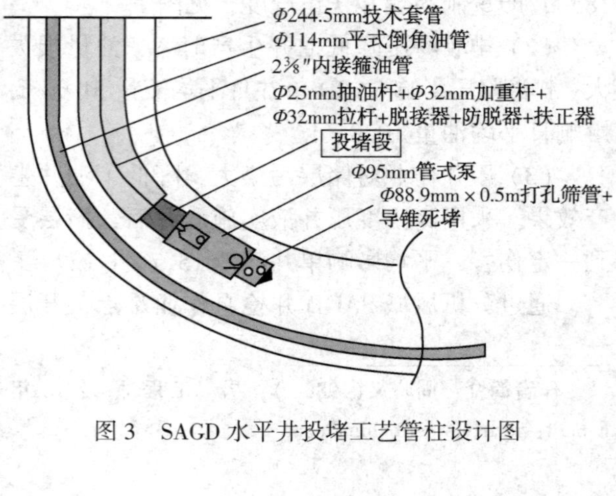

图3 SAGD水平井投堵工艺管柱设计图

3 带压检泵施工工艺设计

3.1 设计原则

采用抽油泵脱接堵塞器技术，依托上提下放抽油杆实现泵下封堵油流通道，进行带压提下管杆作业；当堵塞器密封失效时，利用泵上投堵桥塞工艺，带压提杆和投堵油管，实现带压检泵作业。可进行后续检泵作业的标志是出口无外溢、试压时泵压稳定。

3.2 杆式泵带压检泵施工工艺

（1）针对低产量水平井，ϕ70mm 杆式泵可满足生产需要。

带压作业阶段：上提光杆通过杆式泵连动脱接器至限定位置后，油流通道封堵，继续上提至设计位置脱接器解脱丢手，起出杆式泵。下泵时将脱接器、杆式泵与抽杆连接，下放抽杆脱接器对接，封堵实现杆式泵坐封，同时杆式泵推动封堵器下移，油流通道打开。

（2）针对 SAGD 辅助直井，Φ44mm 杆式泵可注汽、生产两种方式需要。

下泵阶段：下入不压井工具、油管，杆式泵及两种脱接器对接密封芯轴。继续下行，打开油流通道，开始抽油。注汽操作过程：上提抽杆，轨道脱接器分开，开始注汽。带压修井阶段：下放抽杆，轨道脱接器对接，上提抽油杆上提芯轴至关闭状态，继续上提抽杆，将限位脱接器分开，抽油泵提出，油管下端保持关闭状态，可以进行抽油杆或油管检修作业。

3.3 管式泵带压检泵施工工艺

针对较高产量油井，通过压井下入 Φ95mm、Φ120mm 管式泵及配套带压工具，可实现后期带压检泵作业。带压作业阶段：下放抽杆，柱塞和固定阀对接，再上提抽杆，固定阀下部卡爪上提封堵芯轴，至限定位置后（光杆上提距离 0.4m），实现油流通道封堵，油管下部压力封隔，验证封堵效果，起出管内抽油杆柱。

3.4 泵上投堵带压检泵施工工艺

泵上投堵带压检泵施工工艺泵作为一种补充方案。设计带压提杆、投堵、带压提泵、带压下泵杆及打滑套恢复生产等工序，工艺流程见图 4。

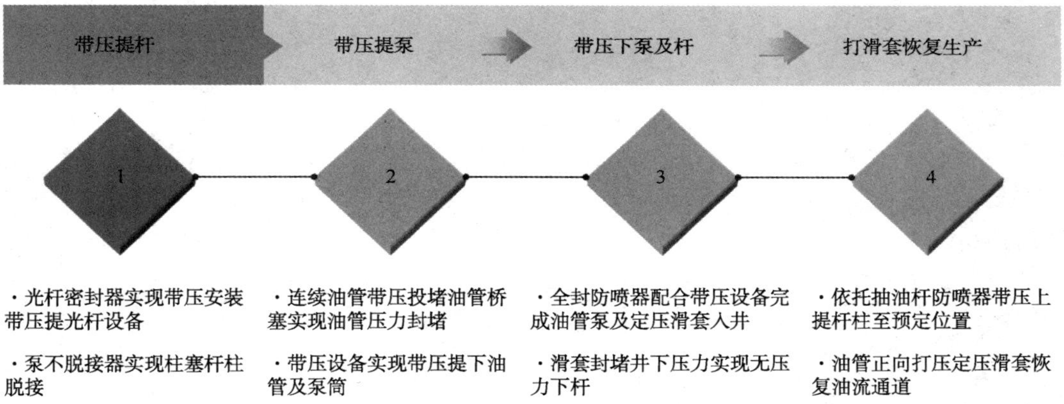

图 4 泵上投堵带压检泵施工工艺流程图

4 应用效果

（1）采用“泵下脱接堵塞器、泵上投堵桥塞”的机械封堵方法，成功解决了风城超稠油 SAGD 高温、带压检泵作业难题，形成了技术专利 7 项。本项目针对油藏埋深浅、物性差、汽腔压力高的风城超稠油 SAGD，采用常规排液降压修井周期长、效率低的问题，采用机械封堵的方法封堵井下压力，完成带压检泵作业 6 井次，最高作业压力 3.5MPa、温度 260℃。

（2）形成了 SAGD 带压检泵配套技术，工艺可靠率 100%。针对不同区块、不同产量的油井，研制了 4 种抽油泵及配套堵塞工艺，现场实施 48 井次，油流通道开启、关闭成功率 100%；带压检泵作业实施 15 井次，成功率 100%。

（3）避免油井排液泄压，提高了油井生产时率。

带压检泵工艺实施后，平均单井复产时间由前期的 40.3d（排液泄压+作业时间）降低至 7.3d（作业时间），问题井生产时间平均提高 33d，单井组减少排液降压期间油量损失 715.2t（图 5）。

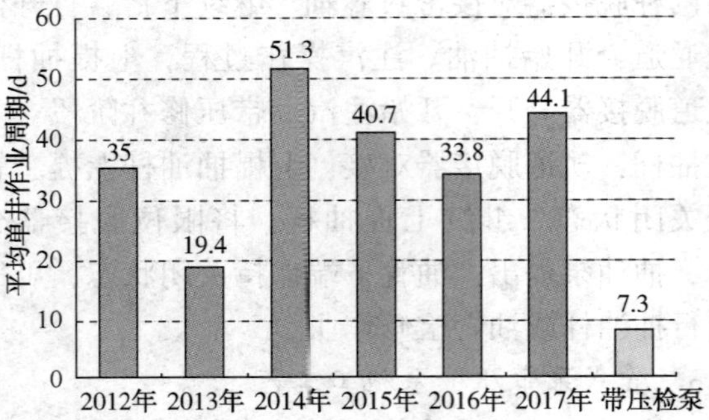

图5 SAGD 排液降压检泵-带压检泵作业周期对比

6 结论及认识

(1) 针对不同井型、产量油井，研发了系列抽油泵及配套机械堵塞工具，耐温达370℃以上，成功完成了高温带压条件下的检泵作业。

(2) “泵下脱接堵塞器、泵上投堵桥塞”的方法，将抽油泵作为工作主体，利用柱塞、脱接器、封堵装置组合作用，实现进液通道的开启关闭，可以避免排液降压对产量造成的影响，成功率100%。

(3) 形成了带压检泵配套施工工艺技术。直井采用小直径注采两用杆式泵封堵工艺；低产水平井采取杆式泵脱接堵塞器封堵工艺；高产水平井采取管式泵脱接封堵器封堵工艺；水平井配套泵上投堵桥塞封堵工艺。

参 考 文 献

[1] 邱福寿，等. SAGD 测试连续油管带压提下工艺的研究. 新疆石油科技，2015，(2).

[2] 万仁溥. 采油技术手册[M]. 北京：石油工业出版社，1998.

[3] 霍进、桑林翔，等. 风城超稠油双水平井蒸汽辅助重力泄油开发试验[J]. 新疆石油地质，2012，33(5)：570-573.

[4] 李呈祥等. 带压起下抽油杆作业装置的研制与应用. 机械工程与自动化，2016，12(6).

强底水稠油油藏液量限制条件下的单井产液量合理分配

谭 捷 杨东东 杨 威 汪 巍 孙恩慧

（中海石油(中国)有限公司天津分公司，天津塘沽 300450）

摘 要 ×油田为海上强底水稠油油藏，黏度达到300mPa·s，生产上表现出含水上升特别快，含水率平均3个月达到90%，增产的有效途径为提液增油，但海上油田液处理能力受到条件限制。本文利用数值模拟，结合油藏工程和渗流力学方法，分析了底水稠油油藏大幅提液扩大覆盖范围和关井锥进的效果，制定了底水稠油油田单井产液结构调整策略。实践证明，单井大幅提液可以扩大波及范围，关井压锥可以降低含水率。为强底水稠油油田，遇到液处理能力瓶颈时，提供参考和指导。

关键词 强底水油藏；稠油；液量限制；最大合理压差；关井压锥；产液量分配

引言

通常情况下，油井在高含水情况下会被废弃。同时，现有的研究表明，大幅提液会导致单井的含水率上升。梁丹等分析了关井压锥产油量的增长小于油井一直生产的产油量，即关井压锥没有增油效果[1-4]。×油田为海上强底水稠油油藏，含水上升速度特别快，仅3个月含水率就达到90%，采出程度不到1%，目前并没有有效地阻止含水上升的方法，只能通过提液来增油，但海上油田液处理能力受限，必须合理分配单井的产液量。

本文通过数值模拟分析，通过油藏工程和渗流力学研究，结合现场技术和合理的生产系统研究，得出了海上强底水稠油油藏单井产液量的合理配置策略。同时，通过现场试验，证实存在增油效果。

1 最大产液能力分析

单井的最大产液能力主要受地下能力和现场设备的限制。

1.1 最大合理压差分析

出砂会造成油井的堵塞，严重影响油井的正常生产，所以油井的压差不应超过临界出砂压力。Mohr-Coulomb准则[5-7]：

$$\tau = C+\sigma t\theta \tag{1}$$

油井出砂最小井底压力，出砂临界井底流压P_{wcr}为：

$$P_{wcr}=\frac{\dfrac{2\sigma_{ZO}\mu_d+(1-2\mu_d)\beta P_e\sin\theta}{1-\mu_d}+2C\cos\theta}{\dfrac{1-2\mu_d}{1-\mu_d}\beta-2+\dfrac{\sin\theta}{1-\mu_d}\beta}-\frac{\dfrac{2\sigma_{ZO}\mu_d}{1-\mu_d}+\dfrac{1-2\mu_d}{1-\mu_d}\beta P_e}{\dfrac{1-2\mu_d}{1-\mu_d}\beta-2+\dfrac{\sin\theta}{1-\mu_d}\beta} \tag{2}$$

式中：C为地层内聚力，MPa；σ_{ZO}为上覆岩层压力，MPa；μ_d为动态泊松比，取值一般小于0.25；β为孔隙弹性介质Biot常数，小数；P_e为油藏外边界处压力，MPa；θ为地层内摩擦角。

油藏的出砂临界生产压差ΔP_{cr1}为：

$$\Delta P_{cr1}=P_e-P_{wcr} \tag{3}$$

另外，李春兰[8]等人根据试验研究得到：油井生产时，井底流压常常低于饱和压力，井筒周围出现局部脱气，随着溶解的气释放出来，原油体积压缩，原油饱和度幅度下降。原油黏度增大，油水黏度比增大，会出现水窜，随着脱气幅度的增加，产量与压差不成正比，随着压差的增加幅度会降低，脱气量达到一定幅度，随着压差的增加，产量的增加幅度逐渐趋于零，所以油井的压差也不应该超过临界产量压差。沿径向将两相区划分成n个环形的微小单元(图1)，使单元内压力变化足够小，认为在一个微小单元内地层油物性参数(地层油黏度、体积系数等)为常数，即得到水平井生产原油脱气后的产量公式如下：

基金项目："十三五"国家科技重大专项"渤海油田高效开发示范工程"(2016ZX05058)。

作者简介：谭捷，中海石油(中国)有限公司天津分公司。E-mail：4687610@qq.com。

$$Q_O = \frac{2\pi L}{\ln\left(\frac{r_b}{r_{wh}}\right)} \sum_{i=1}^{n} \frac{K_o[S_g(P_i)]}{\mu_o(P_i) B_o(P_i)} \delta_P \tag{4}$$

式中：Q_O为油井产量，m^3/d；K_o为油的有效渗透率，mD；$S_g(P_i)$为第i个环形单元上的含气饱和度，f；$B_o(P_i)$为第i个环形单元上的体积系数，f；$\mu_o(P_i)$为第i个环形单元上的原油黏度；L为水平段长度，m；n为环形微小单元的个数；K_{ro}为井筒附近渗透率，mD；r_b为虚拟水平井半径，m;；r_{wh}为水平井钻井半径，m；δ_P两相邻形单元上的压差，MPa。

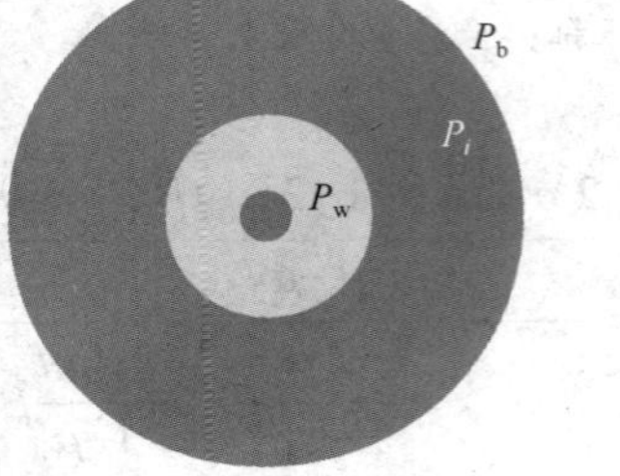

图1　两相区环形单元示意图

通过求解上式(公式4)，当产量的增加幅度逐渐趋于零时，得出临界产量压差ΔP_{cr2}。

生产压差必须满足不出砂和小于临界产量压差，选择ΔP_{cr1}和ΔP_{cr2}的低值作为最大合理压差ΔP_{cr}。

求解出单井最大合理压差ΔP_{cr}，即可以求出单井的最大产液量Q_{max1}。

1.2　单井合理配产研究

单井的产液量受到泵和地面设备的影响，单井的产液量与转速和频率成正比[9]。

频率与转速的关系：$n=60f/p$　(5)

实际排量与转速的关系：$\frac{q_2}{q_1}=\frac{n_2}{n_1}$　(6)

式中：f为频率，Hz；q为实际产量，m^3/d；n为转速，r/min。

已知目前的产液量和频率，在已知泵的额定最大频率的情况下，就可以求出单井的最大产液量Q_{max2}。

单井的最大产液量不能超过临界压差下的Q_{max1}和泵最大频率下的Q_{max2}，取低值作为单井的最大产液量Q_{max}。

2　关井压锥

整个油田的液量受限的时候，在部分井提液的情况下，就必须关掉部分井。为了油田能够高速开发，选择高含水的油井，进行关井压锥。

底水锥进的原因是油井生产时井筒周围产生压力降，即开采过程中，油层下部形成方向接近垂直的压力梯度，由于水的密度比油大，使油水界面呈锥形上升，静水压力增加，但当油井产量超过临界产量时，油水界面将随着油井的生产不断上升，水锥变得不稳定，并一直上升直至窜入井底[10-12]。图2为底水锥进的示意图。

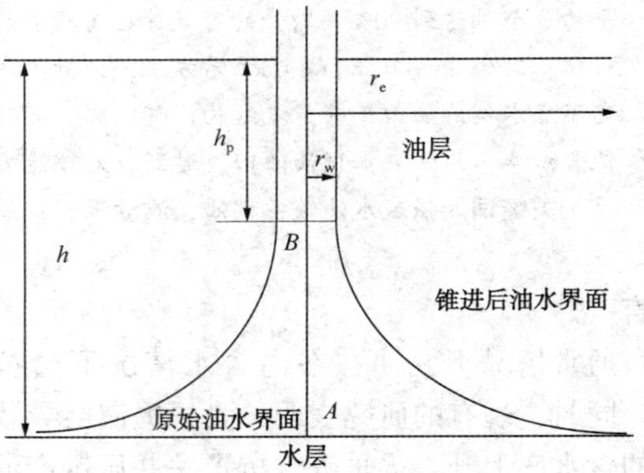

图2　底水油藏底水锥进提示图

在生产过程中，关井有助于压锥，油井压锥动力为地层水油重力差，底水从井底回落到油水界面所需要的时间：

$$t_{BA}=\frac{\mu_W \phi(h-h_P)}{K\Delta \rho_{wo} g} \tag{7}$$

式中，t_{BA}为底水从井底回落到原油水界面的时间，d；$\Delta\rho_{wo}$为地层水油密度差，kg/m^3；g为重力加速度，m/s^2；μ_W为水的黏度，mPa·s；ϕ为地层岩石孔隙度，%；K为储层渗透率，mD；h为油层厚度，m；h_P为射孔厚度，m。

用数值模拟分析，稠油底水油藏关井压锥也存在降水的效果(图3)。

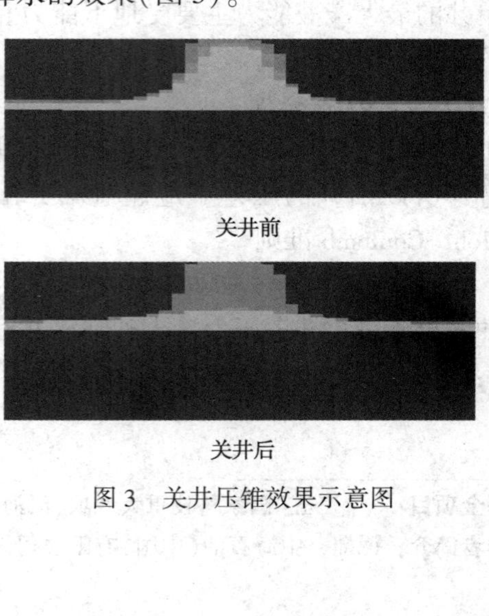

图3　关井压锥效果示意图

3 合理配产综合分析研究

为了高速开发油田，油田的产油量是最重要的指标，根据油田的具体情况，液量受到限制，只能通过单井产液量合理分配来高速开发，具体的策略为：

（1）提高低含水井的产液量。主要考虑出砂和脱气对产量的影响，同时结合泵和现场设备的限制，给出最大的产液量。

（2）高含水井进行关井让液，压锥。通过计算底水从井底回落到油水界面所需要的时间，来确定开井时间。开井后，重新开井参与新一轮的单井产液量分配。

（3）通过计算每口井的最大液量，尽量选择含水较低的油井进行提液，同时高含水关井让液压锥，需要计算每口井底水从井底回落到油水界面所需要的时间，从而确定每口关停井的开井时间。二者结合形成海上强底水油藏受液量限制的单井产液量分配策略。

4 实例分析

×油田为海上强底水稠油油藏，构造幅度仅为35m，黏度达到300mPa·s，有效厚度也仅为20m，渗透率3000mD，孔隙度30%，油田2004年投产，目前含水高达96%，日产液量高达$4\times10^4m^3/d$，由于海上设施有限，油田的液处理已经达到饱和，无法通过提液增油。

4.1 提液井选取

根据前面最大产液能力分析，计算×油田当前状态下所有单井的出砂临界压力和脱气临界压力，选择低值为单井最大井底流压，计算出最大井底流压下的最大产液量，结合单井泵和地面设备的限制的最大产液量，选取低值作为单井的最大产液量，最终选取还有提液空间且含水率相对较低（含水率低于96%）的井进行提液（表1）。

表1 ×油田单井最大产液量表

序号	井号	目前压差/MPa	出砂临界压力/MPa	脱气临界压力/MPa	最大井底流压/MPa	最大井底流压下产液量/(m^3/d)	最大频率下最大产液量/(m^3/d)	目前日产液/(m^3/d)	最大产液量/(m^3/d)
1	A07	2.2	3.2	6.3	3.2	850	1230	519.5	850
2	A27	0.8	4.9	5.8	4.9	5000	1900	853.7	1900
3	A29	0.6	4.5	6.8	4.5	4800	1800	666.7	1800
4	A68	3.5	4.3	5.2	4.3	650	860	530.6	650
5	A59	3.5	4.2	5.5	4.2	1300	1832	1100.8	1300
6	A40	2	3.9	5.4	3.9	850	1423	428.6	850
合计								4099.9	7350

4.2 单井产液量合理分配效果分析

×油田A33井进行了大泵提液取得了较好的效果，将A33井进行大幅提液，该井产液量由$1700m^3/d$增加到$2761m^3/d$，日产油增加$73m^3$，日产液增加$1061m^3$，含水率下降1.4%。同时通过数值模拟得出，提液能够扩大波及（图4）。

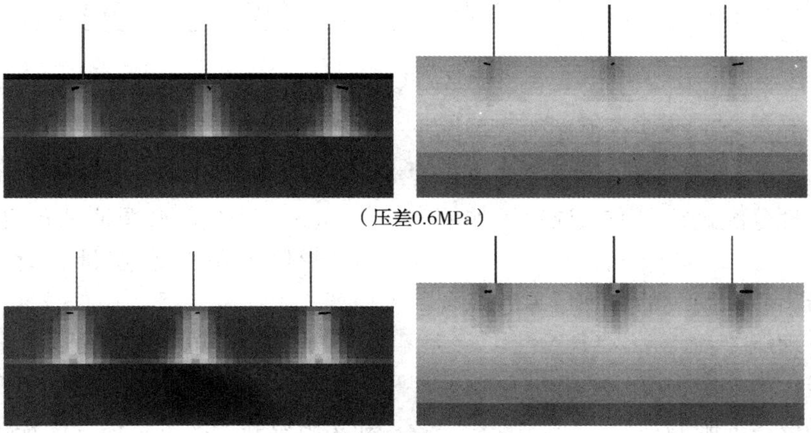

图4 提液扩大波及模型结果

通过实际统计油田的提液和限液引起的含水变化，历史上单井提频/降频对含水率的变化率平均为0.08%(图5)。

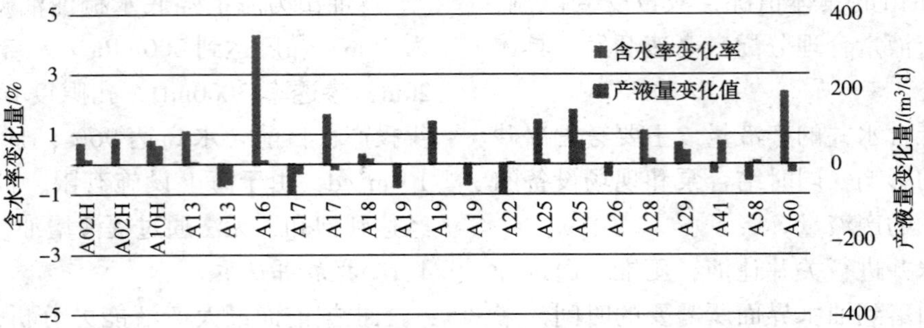

图5　提频/降频引起产液量变化对含水率变化的影响图

计算单井提液后的增液量，假设含水率不变，单井的增油量与增液量成正比。从而计算单井提液后的增油量(表2)。

表2　×油田单井提液后增油量表

序号	井号	含水/%	日产油/(m^3/d)	日产液/(m^3/d)	频率/Hz	基于目前泵最大产液量/(m^3/d)	基于目前泵能力增液量/(m^3/d)	基于目前泵日增油量/(m^3/d)
1	A07	95.9	21.3	519.5	54.9	850	330.5	13.6
2	A27	95.9	35	853.7	45	1900	1046.3	42.9
3	A29	95.8	28	666.7	52	1800	1133.3	47.6
4	A68	96	21.4	530.6	51.9	650	119.4	4.8
5	A59	95.2	53.3	1100.8	55	1300	199.2	9.6
6	A40	95.1	21	428.6	55.1	850	421.4	20.6
合计				4099.9		7350	3250.1	139.0

×油田目前已经处于液处理能力饱和的状态，表2中6口井提液，需要部分井让液，对×油田所有井按含水率排序，选择含水率最高的井(表3)进行关停让液。6口井提液增油量为139m^3/d，关停3口井，将损失38.3m^3/d，最终通过单井产液量合理分配提液增油。高水井关停后，在经过一定时间的压锥后，重新开井参与新一轮的单井产液量分配。

表3　×油田关井让液压锥表

序号	井号	产油量/(m^3/d)	产液量/(m^3/d)	含水率/%
1	A73	12.4	1000.0	98.8
2	A76	13.6	1134.0	98.8
3	A1	12.3	1150.0	98.9
合计		38.3	3284.0	

5　结论与认识

综合油藏工程和渗流力学结合现场工艺等多个方面，对×油田(强底水稠油油田)在限液条件下的单井产液量合理分配进行研究，取得了如下结论与认识：

(1) 通过分析出砂和脱气的合理压差，综合得到单井的最大合理压差；

(2) 单井的最大产液能力受流体和储层物性影响外，还受现场设备的限制；

(3) 高含水油田单井提频/降频，产液量会相应的按比例增加和减少，对含水率基本没有影响；

(4) 高含水井通过关井有压锥效果；

(5) 为强底水稠油油田受液量限制的情况下，提供了单井产液量合理分配策略来增油稳产。

本文通过单井产液量合理分配研究，在强底水稠油油田液量处理受限的情况下，为油田制定和实施单井产液量合理分配提供方案，在产液量不变的情况下增油稳产。为油田生产遇到液量受限时，提供借鉴和指导。

参 考 文 献

[1] 梁丹，曾祥林，房茂军．关井压锥控制底水锥进效果分析[J]．石油钻探技术，2012.40(6)：82-85.

[2] 李传亮．带隔板底水油藏油井见水时间预报公式[J]．大庆石油地质与开发，1997.16(4)：49~50.

[3] 邓玄，曾鹏，陈辉．薄层底水油藏水平井采水抑锥方法研究[J]．复杂油气藏，2009.2(2)：44-49.

[4] 程林松，郎兆新，张丽华．底水驱油藏水平井锥进的油藏工程研究[J]．石油大学学报：自然科学版，1994.18(4)：43-47.

[5] 于登飞，许亚南，龙明．强底水油藏水平井见水时间及水锥动态研究[J]．科学技术与工程，2017.17(28)：191-193.

[6] 袁清芸．底水油藏油井见水时间预测[J]．石油地质与工程，2018.32(5)：73-75.

[7] 赵燕，陈向军．底水油藏水锥回落高度预测模型[J]．断块油气田，2018.25(3)：367-370.

[8] 康凯，冯敏，李彦来．临界生产压差参数求解方法研究[J]．内蒙古石油化工，2011.05：121-123.

[9] 王飞琼，程明佳，程自力．渤海海上油田开发调整策略及效果[J]．石油天然气学报，2011.33(12)：148-151.

[10] 李颖川．采油工程[M]．北京：石油工业出版社，2002.

[11] 李传亮．油藏工程原理[M]．北京：石油工业出版社，2005.

[12] CLARK P E，PILEHVARI A. Characterization of crude oil - in - water emulsions [J]. Journal of Petroleum Science & Engineering，1993.9(3)：165-181.

深层巨厚油藏酸化解堵技术研究与应用

孙铭泽

（中国石油辽河油田分公司高升采油厂，辽宁 盘锦 124125）

摘 要 高升稠油开采区块储层岩性以厚层块状砂砾岩为主，油藏埋藏深，为深层巨厚块状稠油油藏。在区块边部油井注汽困难，转抽后返排能力差，回采能力弱，区块注汽压力高的油井达到35口，占总井数的42%，从而迫使部分低产井关井或改为捞油生产；在区块主体部位，由于油层厚度大、非均值性强，随着近几年吞吐轮次的增加，暴露出来的油层纵向动用不均、蒸汽汽窜等问题也越来越多，致使储量动用程度低，区块始终处于低速开发状态，因此，针对稠油热采区块存在的问题开展伤害机理研究，结合现场实际研究应用酸化降压技术，提高蒸汽吞吐效果。

关键词 深层；稠油；注汽；酸化；黏土

引言

热采区块开发过程中暴露出的主要难点是：区块边部油井注汽困难，蒸汽吞吐效果差。部分井低产关井或改为捞油生产，致使区块低速开发。通过对稠油热采区块储层敏感性实验等进行综合分析，弄清了区块蒸汽吞吐井污染的类型，明确储层伤害的主要原因：(1)该区块储层黏土含量较高，最高接近30%，由于蒸汽的高温、高pH值等特性，不仅会引起储层黏土矿物的转化，同时在蒸汽的作用下发生膨胀、运移，进一步对地层形成堵塞。(2)随着蒸汽吞吐的进行，原油中的轻质组分不断被采出，同时储层中胶质和沥青质含量较高，达到43.74%～46.09%，原油黏度增大；蒸汽吞吐后大量胶质沥青质在近井油层沉积堵塞，或者油水反向乳化，进一步降低了油层渗流能力，影响吞吐效果。

1 油藏特征研究

1.1 储层岩性分析

为了研究区块储层污染机理，首先要明确储层自身的条件，评价储层污染的潜在可能性。通过扫描电镜、岩石薄片、X-射线衍射分析等必要技术手段，对岩石的储渗空间和敏感性矿物进行分析，揭示影响诸层孔隙度和渗透率的内在因素，为下一步研究提供可靠的依据。

由扫描电镜和岩石薄片(图1)观察到，在孔隙颗粒表面蜂窝状蒙脱石类黏土矿物比较发育，孔隙内以充填高岭石为主，高岭石形状呈单晶片状或集合体蠕虫状，这些粒间填隙物在砂粒表面附着不紧，在外来流体的作用下极易发生运移，堵塞油气流通道而造成储层损害。并且由于填隙物的影响，粒间孔隙相对缩小，储集空间多为残余粒间孔。

1.2 储层敏感性分析

储层敏感性评价实验就是利用岩芯渗流模拟实验，评价油田开发过程中可能出现的注采速度变化、入井流体性质等因素对储层渗透率的影响程度的方法。热采区块储层岩石中黏土含量较高，导致该区块储层敏感性强。敏感性分析主要是对储层进行了速敏、水敏、酸敏性评价实验，通过敏感性评价实验可以研究地层损害机理，对储层敏感性进行系统评价，为保护油气储层、提高储层开发能力提供依据。(1)从岩芯的速敏评价实验得出，流量超过临界流量时，渗透率有明显的降低，但幅度不大，储层岩石表现为中等偏弱速敏性。该地区的临界流速介于1.5～3mL/min之间。(2)通过岩芯流动实验，测定不同矿化度的流体流过岩芯后，所引起黏土膨胀、分散、运移的过程及最终损害地层的程度。从实验发现该储层存在极强水敏。(3)经过试验得出该储层岩石的酸敏性为中等偏弱。但在酸化过程中也必须做好防酸敏措施，否则将会造成酸敏矿物反应，致使胶结物脱落。

作者简介：孙铭泽(1983.2-)，女，工程师，2006年毕业于鞍山师范学院国际贸易专业，现从事油田开发工作。E-mail：sunmingze@petrochina.com.cn。

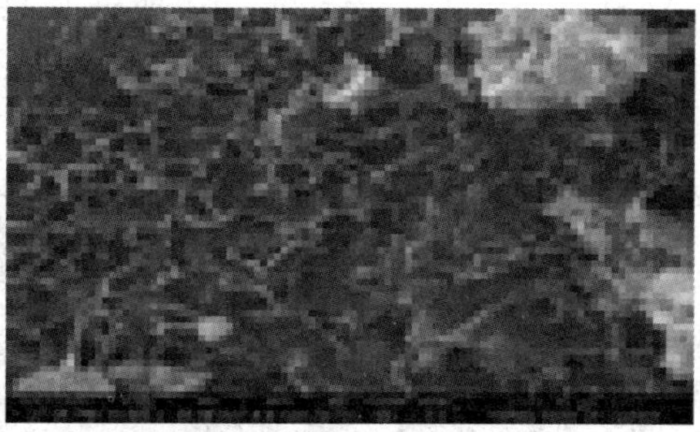

G3624井粒表蒙脱石黏土，蜂窝状6000×

G375井粒间溶蚀及粒表蒙脱石黏土3775×

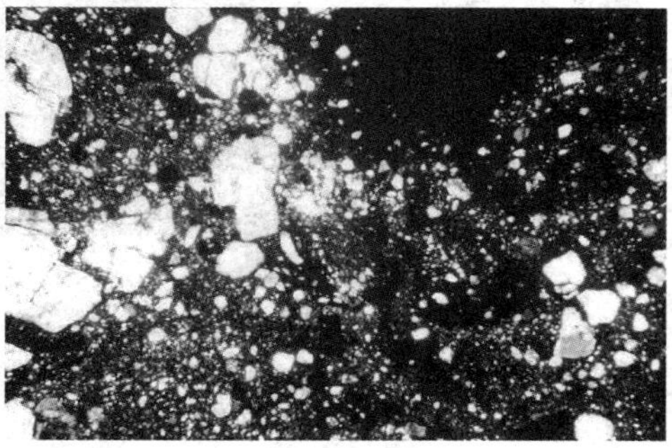

G3624井泥质胶结，2.5×10(+)

G375井石英、长石及岩屑，2.5×10(+)

图1　岩芯扫描电镜和岩石薄片照片

2　蒸汽吞吐对储层伤害机理研究

蒸汽吞吐开采过程中引起储层内部水、油、岩之间强烈的复杂的物理、化学等敏感性反应，需要分析研究高温蒸汽吞吐后储层矿物溶解与转变、沥青质沉积、原油组分改变及渗透率的变化趋势及其对蒸汽吞吐效果的影响。

2.1　黏土矿物变化

稠油油藏储层注蒸汽过程中，黏土矿物发生两方面的变化，即黏土矿物的溶解和转变。

(1) 黏土矿物的溶解

黏土矿物的溶解量随温度的增高而逐渐增大。溶质分析表明，黏土矿物溶除的主要成分为 SiO_2，占76.1%，其次是 CaO、K_2O、Al_2O_3 FeO MgO 等，所占比例均在10%以下；黏土矿物的溶解趋势表现为溶解量随温度及pH值的增加而增加。

(2) 黏土矿物转变

选用天然岩芯散砂样，充分洗油分离后进行模拟实验。通过模拟实验前、后样品进行各项分析，得到黏土矿物的转变规律：伊利石在高温(250℃以上)、强碱(pH≥11)，富 Na^+ 或 K^+ 的溶液中易于发生转变。矿物主要转化为蒙脱石，而蒙脱石遇水会大幅度的膨胀，在水动力作用下分散运移，堵塞孔喉，降低中低渗透层的渗透率，使得储层的非均质性进一步加强。

2.2　原油组分改变的影响

热采过程中原油组分变化主要表现为轻烃减少、重烃增加，石蜡和沥青质沉积的大量出现，造成储层严重堵塞。波及层与未波及层相比，轻烃明显减少，重烃类沥青质含量大量增加。其结果为地层内原油流动能力降低，易于发生孔喉堵塞。

2.3　沥青沉积的影响

不溶于苯的沥青质在孔隙中沉积现象十分明显，沥青沉积对孔隙度和渗透率的伤害均随温度的增加而增大。

3　深层巨厚油藏酸化解堵技术研究

常规氢氟酸或土酸酸化，存在酸岩反应速度快，处理半径小，容易产生二次沉淀伤害及不能清除有机堵塞等诸多缺点，对此研究出新型的酸化降压技术。该技术是利用耐高温黏土防膨剂和孔道保护剂相结合，抑制黏土膨胀，降低外来流体对储层造成的损害；通过有机堵塞清除剂、解堵主剂解除储层不同类型的污染堵塞；并针对储层低渗特点，研制出新型强穿透剂，螯合剂等辅助添加剂，形成一套具有油层清洗、深部穿透、储层保护等优点的多功能解堵技术。

3.1　有机堵塞清除剂研制

有机堵塞清除剂的研制，主要针对稠油热采过程中产生的分散沥青沉积堵塞储层孔道所对储层造成的严重伤害。

研制出水溶性有机质堵塞清除剂对洗油前后岩芯粉末的质量损失可以计算出岩芯的洗油量。以石油醚和二甲苯混合所洗出的油量作为洗油标准，再在相同条件下分别测定石油醚、水溶性有机质堵塞清除剂单独洗油时的洗油量，并计算他们的洗油率。

洗油率的计算公式：

$$\eta=\frac{m_1}{m_2}\times100\%$$

式中，η 为洗汩率；m_1为水溶性有机质堵塞清除剂或石油醚洗油质量，g；m_2为石油醚和二甲苯洗油质量，g。

实验表明：水溶性有机质堵塞清除剂、石油醚和二甲苯都是很好的溶剂，能够溶解岩芯中存留的原油等有机物。实验表明(图 2)所用水溶性有机质堵塞清除剂和石油醚的洗油效果都较好，相应层位石油醚的洗油效率比水溶性有机质堵塞清除剂高，但水溶性有机质堵塞清除剂的价格相对较低，而如果现场使用石油醚，作业成本过高，考虑经济因素，选用水溶性有机质堵塞清除剂。

3.2　解堵主剂的研制

稠油油藏在经过蒸汽吞吐一定时间以后，由于注入蒸汽的矿化度较低，会造成黏土转化、黏土膨胀、与储层矿物形成无机沉淀、固体颗粒的运移等一系列储层伤害，造成近井地带的堵塞。解堵剂主剂的作用就是解除这些物质的堵塞，并对孔道有效的溶蚀。

注：从左至右使用的洗油剂依次是石油醚、石油醚和二甲苯、1%水溶性有机清除剂。

图 2　洗油剂的筛选效果图

试验主要对比 10% HCl + 6% HF、10% HCl + 6% HBF_4 两种体系对黏土的溶蚀情况。这两种酸液体系对黏土的溶蚀率曲线(图 3)可以看出，在相同的酸液浓度下，氟硼酸与盐酸复配溶液对黏土的溶蚀速度较慢，其溶蚀率低于土酸体系 14%，延长了酸液与储层岩石作用的时间，增大了酸化处理半径。从溶蚀的效果和作业的成本的角度综合考虑，优选出的酸液的配比为：2%HF+10%HCl+4%HBF_4。

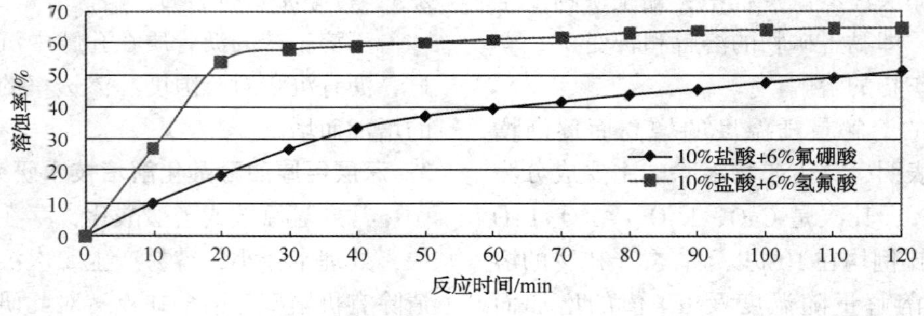

图 3　两种酸液对黏土溶蚀率曲线

3.3　辅助添加剂的筛选

(1) 强穿透剂的筛选

G3624 块为中低渗透储层，储层岩石孔道细小，渗透率低，储层污染后则渗透率更低，堵塞物致密，注汽十分困难。若采用普通酸化解堵，则药剂注入困难．解堵半径小，无法穿透污染带，解堵效果差。为提高药剂的注入能力，解决普通药剂处理半径小的问题，需要大幅度降低解堵药剂的黏度和界面张力，形成新型的强穿透技术，强力穿透堵塞物，进入堵塞物核心，为后续溶蚀剂的进入打开通道；同时增加注入距离。

利用实际岩芯样品，通过岩芯片滴渗法试验，复配筛选出性能优越强穿透的渗透剂。渗透剂按照不同的离子属性来进行组合复配，两两组合，每种渗透剂的浓度都为 0. 25%，它们的比例为 1∶1，综合实验结果，选择“C+B”作为强穿透剂的最终配方试验结果见表1。

表1　渗透入岩芯的时间测定

序号	渗透剂名称	渗透时间/s							平均值/s
1	A：B	93.9	89.8	95.7	95.8	90.7	89.5	90.2	92.2
2	C：B	2.5	2.2	2.4	2.4	2.3	2.4	2.3	2.4
3	D：C	159.0	196.7	207.9	85.1	145.6	158.4	164.3	159.2
4	E：B	526.8	415.7	457.7	538.4	212.9	435.2	427.2	430.9
5	F：D	60.6	57.1	66.0	62.1	58.0	59.4	58.9	60.3
6	G：B	3.6	3.7	4.1	3.92	3.8	3.5	3.7	3.8
7	H：B	5.1	4.9	5.1	5.3	5.0	4.9	4.9	5.8

（2）岩石孔道保护剂的研制

由于储层岩石孔道半径细小，极易被堵塞，采用常规酸液处理后，储层岩石孔道极易再次发生堵塞，解堵有效期短，因此，利用岩石孔道保护剂的单层优先吸附作用在处理过的孔道壁面形成保护膜，防止后续污染物在孔道壁面沉积，增加措施有效期。

试验测定了三种合成的岩石孔道保护剂A、保护剂B、保护剂C静态吸附规律，试验结果见图4。

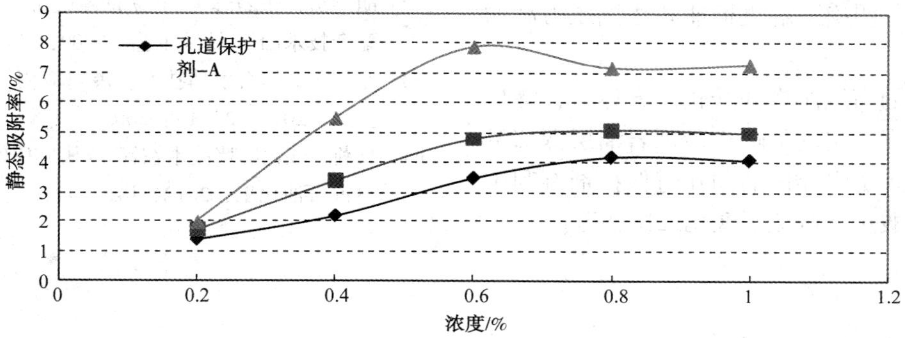

图4　三种岩石孔道保护剂的静态吸附规律曲线

由图4可以看出，随着岩石孔道保护剂溶液浓度的增加，保护剂在岩样表面上的吸附率增加。对比三种不同孔道保护剂的吸附等温曲线发现，岩石孔道保护剂C在岩样表面的静态吸附效果最好，在浓度为0.6%时，吸附率可达到7.97%。

综合上述试验得到的解堵配方，利用天然岩芯，在模拟地层条件下，开展注蒸汽冷凝水微观驱油模拟堵塞和模拟解堵实验。评价了加入强穿透剂、孔道保护剂的作用效果(表2)。解堵药剂主体配方解堵率达70%以上，岩芯渗透率恢复率在80%以上，能够满足现场应用要求。注入强穿透剂可以大大提高解堵效果，可以提高解堵率30%以上。注入油层孔道保护剂，可以充分发挥对孔道的保护作用，减轻减缓后续污染物质对孔道的堵塞，可以降低堵塞率达25%左右，有效地保护了储层孔道。

表2　岩芯模拟堵塞解堵实验

岩芯编号	原始渗透率/($10^{-3}\mu m^2$)	堵塞后渗透率/($10^{-3}\mu m^2$)	堵塞率/%	强穿透剂	解堵后渗透率/($10^{-3}\mu m^2$)	解堵率/%	恢复率/%	孔道保护剂	注蒸汽水后渗透率/($10^{-3}\mu m^2$)	堵塞率/%
G3-1	136.7	64.4	52.89	加	129.5	90.04	94.73	—	56.2	56.58
G3-2	144.9	60.2	58.45	—	127.6	79.66	88.06	加	81.9	35.77
G3-3	138.6	63.7	54.04	加	135.4	95.73	97.69	加	93.9	30.62

续表

岩芯编号	原始渗透率/($10^{-3}\mu m^2$)	堵塞后渗透率/($10^{-3}\mu m^2$)	堵塞率/%	强穿透剂	解堵后渗透率/($10^{-3}\mu m^2$)	解堵率/%	恢复率/%	孔道保护剂	注蒸汽水后渗透率/($10^{-3}\mu m^2$)	堵塞率/%
G3-4	14.7	1.9	86.56	加	14.3	96.78	97.28	—	4.5	68.74
G3-5	16.2	2.7	83.43	—	12.7	74.5	78.64	加	6.2	51.32
G3-6	13.8	3.6	73.91	加	12.5	87.25	90.58	加	7.9	36.80

4 现场应用情况

2018 年，在深层巨厚油藏实施酸化解堵技术 25 井次，平均单井压降 1.59MPa，注汽排量提高 6.05m^3/h，提高干度 48%，阶段增油 9860.9t，平均单井增油 428t，创经济效益 973 万元，投入产出比 1：6.8，取得较好的经济效益。

5 结论

(1) 在对热采区块储层物性和原油性质分析的基础上，找到了稠油区块蒸汽吞吐井注汽压力高的主要因素，明确了解决稠油井注汽压力高的解决方向。

(2) 研制的高压注汽井酸化配方体系，降低了酸岩反应速度，实现了疏松砂砾岩油层深部解堵处理，且加入了强穿透剂和孔道保护剂有利于对低渗储层的酸化，避免了酸化二次伤害。

(3) 深层巨厚油藏实施酸化解堵技术的研究与应用，解决了蒸汽吞吐在开发过程中注汽压力高的问题，提高了区块的动用程度，开发效果得到明显改善，为同类油藏的开发提供了借鉴意义。

参 考 文 献

[1] 潘建华．高升油田难采储量多元缓速酸酸化技术[J]．钻采工艺，2009，32(5)：37-39.

[2] 胡书勇，张烈辉等．BZ7 油藏改善蒸汽吞吐开发效果配套技术[J]．钻采工艺，2009，32(3)：47-49.

[3] 张淑颖．综合解堵技术发展与应用[J]．科技创新与应用，2013，28(1)：300.

[4] 黎莉．酸化解堵技术在锦 64 块应用效果评价[J]．内蒙古石油化工，2012，14(1)：1.

曙光油田杜 85 块新井压防改造技术

吴　非　刘启林　刘　伟　殷　伟　徐振宇

（中国石油辽河油田分公司曙光采油厂工艺研究所，辽宁 盘锦　124109）

摘　要　本文针对曙光油田杜 85 块新井严重出砂、低孔低渗、注汽质量较差的开发矛盾，研究实施压裂增产深部防砂复合技术，通过耐高温高压树脂砂的研制；防砂专用携砂液的制备；研究实施分级充填防砂技术；优化现场压裂充填工艺，实现远端压裂改造、近端造壁防砂。经过现场实施，一是有效抑制新井出砂，延长了油井冲检周期，保护了油井套管；二是提高了油层渗透率，改善了油井注汽质量，提高了油井蒸汽吞吐开发效果。通过实施新井压防改造技术，严重出砂区域新井实现了高效投产。

关键词　杜 85 块；压裂增产；深部防砂；树脂砂分级充填；远端压裂近端防砂

前言

曙光油田杜 85 块于 1983 年投入注水开发，2000 年开始蒸汽吞吐。2007 年以来，受油藏特征及原油物性影响，出砂导致油井大面积套坏关井，区块油井平均开井 4 口，年产油 0.3 万吨，采出程度仅为 13%，长期处于低产低速开发状态，油藏濒临废弃。2017 年进行二次开发，先期投产新井 23 口。然而投产的新井存在注汽压力较高，实际注汽量远远达不到配注量的问题。同时新井投产初期频繁砂卡，区块二次开发受阻。通过实施压裂增产深部防砂复合技术，有效抑制新井出砂，延长新井冲检周期，同时提高油层渗透率，改善新井注汽质量，从而实现杜 85 块新井高效投产。

1　油藏地质特征及开发矛盾

1.1　油藏地质特征

杜 85 块位于辽河盆地西部凹陷西斜坡中段，曙一区东南部，开发目的层为沙四段杜家台油层，1979 年上报含油面积 1.49km^2，地质储量 382×10^{4}t。构造形态整体为北西向南东倾斜的单斜，地层倾角 13°~15°，油藏埋深 1300~1550m。储层岩性以不等粒砂岩、含砾砂岩为主，孔隙度为 23.7%，渗透率为 424mD，泥质含量为 9.8%。原始地层温度为 57℃，原始地层压力为 14.02MPa，压力系数为 1.0。

杜 85 块杜家台油层纵向上划分为杜Ⅰ、杜Ⅱ、杜Ⅲ等 3 个油层组。杜Ⅱ油层组砂体全区发育，是杜家台油层的主要含油层段，杜Ⅰ、杜Ⅲ油层组局部发育。杜Ⅰ砂体分布范围较小，厚度 0.7~25.0m，平均 7.1m；杜Ⅱ砂体全区分布，厚度较大，厚度 11.6~52.0m，平均 33.4m。杜家台油层平均厚度 25.0m，最小 3.7m，最大 61.4m。其中杜Ⅱ全区分布，平面发育稳定，连通系数在 0.85 左右，杜Ⅰ、杜Ⅲ仅零星发育。杜Ⅰ组油层厚度最小 0.8m，最大 14.3m，平均 4.4m。杜Ⅱ组油层厚度最小 3.7m，最大 52.1m，平均 27.0m。杜Ⅲ组油层分布受构造和岩性影响，分布零散，油层厚度最小 2.2m，最大 14.2m，平均 6.3m。杜Ⅰ、杜Ⅲ油藏类型为构造岩性油藏，没有统一的油水界面；杜Ⅱ为边水油藏，油水界面为-1550m。

1.2　主要开发矛盾

1.2.1　新井注汽压力较高，实际注汽量远远达不到配注量

储层黏土矿物以蒙脱石为主，易水化膨胀，分散、运移，引起孔喉堵塞、造成注汽压力高。杜 85 块 11 口新井注汽过程中存在注汽压力高，注汽干度低，注不动现象，平均单井注汽压力 18.2MPa，注汽干度 33%，11 口井平均单井配注量 1581t，实际注汽量仅为 283t。较低的注汽质量，严重影响区块新井蒸汽吞吐开发效果。

1.2.2　新井投产初期频繁砂卡，区块二次开发受阻

受油藏特征与原油物性影响[1]，杜 85 块新

作者简介：吴非（1971-），男，高级工程师，1990 年毕业于大庆石油学院机械工程专业，硕士学位，现任辽河油田曙光采油厂工艺研究所所长，从事油气田开发各类工艺技术科研及推广工作。E-mail：wfei@ petrochina. com. cn。

井自投产后，油井按采液强度 0. 8～1. 0m^{3}控液生产，仍有 9 口新井出砂，主要表现为投产不久即硬卡，检泵过程中冲出泥浆及细粉砂，平均单井冲砂厚度 89m，地层砂粒径 0. 18mm，油井出砂制约了区块的二次开发[2]。

2 压裂增产深部防砂复合技术

2.1 技术原理

现场施工中，第一步：通过 3 台 2500 型压裂车组向地层注入大排量压裂液，将地层压开微裂缝[3]；第二步：在裂缝中充填石英砂作为支撑剂形成高渗通道，实现油层远端压裂改造，达到增产的目的[4]；第三步：在油层亏空处及近井地带充填树脂砂形成挡砂屏障，实现油层近端造壁防砂，达到防砂的目的。树脂砂固化后，导流层独自成为一体，通过调节树脂砂粒度匹配关系，调整导流层的渗透率，避免细粉砂进入导流层孔隙中，堵塞导流层，通过实现油层远端压裂改造、近端造壁防砂，使得该技术起到既增产又防砂的目的。

2.2 耐高温高压树脂砂的研制

针对杜 85 块出砂特征与原油物性，研制出一种专用的高温树脂覆膜砂防砂剂配方体系，该防砂剂是一种支撑剂及支撑剂外包裹的两层树脂，支撑剂粒度为 0. 45～0. 8mm 或 0. 8～1. 2mm，内层热塑性酚醛树脂、外层热固性酚醛树脂厚度为 4～10μm。树脂砂固化后，耐温大于 350℃，抗压强度大于 10MPa，渗透率大于 10D，挡砂粒径 0. 07mm。

高温树脂砂可承受 350℃注汽温度，但由于表面树脂涂层较厚，用于压裂防砂时，在上覆岩层的作用下，树脂砂颗粒容易变形，挤占颗粒之间的孔隙，导致导流层渗透率降低，影响压裂防砂效果。经过室内实验，通过添加树脂添加剂、采取加热的方式，提高膜的强度，从而增加树脂砂单体颗粒抗压强度，解决了这一难题，使该技术在杜 85 块得以实施。

2.3 研究实施分级充填防砂技术

压裂防砂措施井中，人工井壁是挡砂的主要屏障。由于地层砂较细，一般随着生产的继续，地层砂会随液流不同程度地侵入人工井壁，形成互混带，严重降低人工井壁渗透率甚至直接穿透人工井壁导致防砂失效。

相关研究人员对地层砂侵入人工井壁进行了大量的试验研究，结果表明，地层砂侵入人工井壁的程度与砾砂比(砾石与地层砂的中值之比－GSR)有关。GSR<5，无地层砂侵入；5<GSR<6，基本无地层砂侵入；6<GSR<8，地层砂轻微侵入人工井壁，侵入厚度较小；10<GSR<15，地层砂随油井生产的进行逐渐侵入砾石孔隙，并在其中运移；15<GSR，地层砂可以自由侵入并通过人工井壁，不起挡砂作用。仅从挡砂效果的角度考虑，GSR 越小，挡砂效果越好。要使人工井壁起到挡砂效果，GSR 至少要小于 8[5]。

Saucier 方法是目前油田普遍使用的充填砂尺寸选择方法。利用 Saucier 筛选方法对分级防砂中防砂剂的粒径配比进行了优化，达到既可挡砂又可最大限度地保持高渗透率的目的。通过文献调研[6]，对防砂剂的粒径和充填级序进行了优化设计，采用三级充填防砂方式，防砂剂粒径从地层向井筒方向由细到粗的顺序挡砂效果比逆序的好。在三级顺序挡砂方式中，当一级防砂段、二级防砂段和三级防砂段树脂砂粒径与地层砂粒径比分别为 6、8、10 时(图 1)，各防砂段渗透率变化均较小，防砂段堵塞小，渗透性稳定。

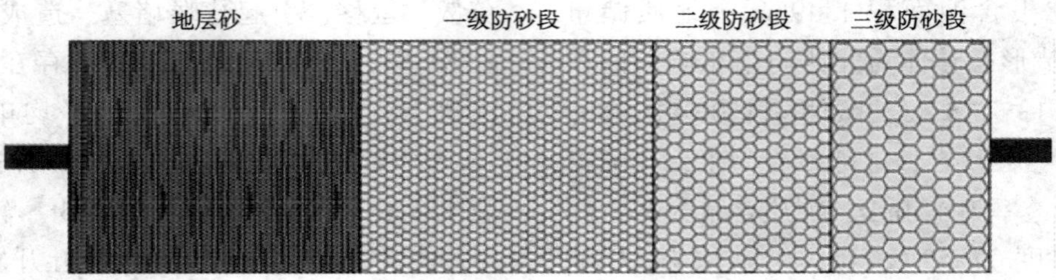

图 1　柱形三级地层深部防砂模型示意图

3 现场试验及效果

截至 2019 年 5 月，杜 85 块新井压裂增产深部防砂复合技术现场实施 23 井次。措施后对比上轮，注汽压力降低 1. 2MPa，注汽量增加 836m^3。平均单井正常生产 336d，冲检周期阶段延长 260d，措施后油井均未出现套管损坏。阶段增油 1. 42×10^{4}t，阶段创效 1201 万元；按照防砂有效期平均 500d 计算，预计有效期内增油

4.35×10^4t，有效期内创效 3105 万元。

4 认识及结论

（1）通过耐高温高压树脂砂的研制，防砂专用携砂液的制备，压裂充填工艺优化，使得压裂增产深部防砂复合技术得以在曙光油田杜 85 块推广实施。

（2）该技术通过远端压裂改造，提高了油层渗透率，增产的同时，降低了注汽压力，增加了注汽量，提高了油井蒸汽吞吐开发效果。

（3）该技术通过近端造壁防砂，在近井地带建立起高强度的挡砂屏障，有效解决了油井的出砂问题，油井冲检周期延长，生产时率提高，套管得到有效保护，同时大大节约了作业检泵费用。

（4）得益于该技术的成功应用，杜 85 块出砂新井得到有效治理，油藏储量得到有效动用。该技术为区块新井的高效投产提供了技术支撑，对同类出砂油藏的二次开发具有借鉴意义，应用前景广阔。

参 考 文 献

[1] 罗英俊，万仁溥. 采油技术手册(第三版)下册[M]. 北京：石油工业出版社，2005：1174.

[2] 李岩翔. 油井出砂成因分析及防砂技术研究[J]. 化工管理，2016(9)：207.

[3]罗跃，杨欢，苏高申. 低渗透油田采油化学新技术及其应用[M]. 北京：石油工业出版社，2016：25-27.

[4] 于新宝，陈刚. 油田开发实用技术[M]. 北京：石油工业出版社，2010：92.

[5] 赵霞. 油水井出砂后期分级防砂技术研究[D]. 青岛：中国石油大学(华东)，2011：42-44.

[6] 赵修太，陈东明. 油井出砂后期多级防砂技术级数研究[J]. 石油钻探技术，2011，39(1)：95-100.

水平井钻塞技术研究与应用

李作齐

（中国石油辽河油田分公司曙光采油厂，辽宁 盘锦 124109）

摘 要 水平井具有生产井段长、泄油面积大、控制储量高等特点，可实现井间剩余油挖潜，提高区块动用储量，是油气田开发中的一项重要技术。其独特的工艺特点，在油气田开发过程中突出的优越性，得到了广泛的推广应用。但是随着水平井开发年限的增加，为油田带来巨大经济效益的同时，水平井修井工艺的技术难点以及迫切性也日益显现出来。该文从水平井钻塞工艺技术的特点入手，分别对水平井在修井作业中比较常见钻塞工艺技术进行了研究并附有实例说明，对于提高水平井修井工艺技术水平具有重要的指导意义。

关键词 水平井修井工艺；水平井钻塞；技术研究；实例说明

引言

曙光油田目前共有吞吐稠油水平井 273 口，在高含水状态下生产的水平井共有 62 口，占稠油水平井总数的 26.1%，平均单井日产液 24.1t，日产油 3.2t，含水高达 86.7%。针对水平井出水问题，科研人员研发了化学分段堵水技术，能够有效解决水平井开发后期堵水难题，但是封堵后堵剂会在水平段形成 200～400m 长度不等的堵塞段。堵塞段主要成分是新型氮气泡沫凝胶堵剂+双激发无机堵剂+树脂粉煤灰堵剂。该堵剂成分复杂，软硬分布不均，黏稠易堵塞钻磨工具，返排困难，硬度高类似于水泥塞，常规冲砂冲不动无法有效实施，需要实施水平井钻磨打开通道才能进行注采工艺措施。

水平井开采技术有一定的优越性，而后续开采上也暴露出一些问题，现有的修井作业配套技术跟不上，制约一些工艺措施的顺利完成，水平井其独有的特点，利用常规修井的技术很难实现，为打开井筒通道，我们研究水平井钻塞技术来解决工艺措施上的难题。该技术利用小修设备，利用专用配套工具，即可实现水平井钻塞作业，实现一次管柱完成，长距离钻进，采用液力控制钻压，作业时间短、不损伤套管，上返速度快，防卡钻等缩短施工周期节约作业成本，且施工安全，具有很大的推广价值。

1 修井作业的难点：

水平井因为井身结构的特殊性，与直井相比，水平井修井难度大，工程风险大。

主要体现为：

（1）受井眼轨迹限制，直井常规井下工具、管柱难以满足水平井修井要求。

（2）水平段管柱贴近井壁低边，井内赃物如砂粒等容易形成砂床，大直径套管，流体上返速度慢，作业管柱容易被卡。

（3）水平井摩阻大，扭矩、拉力和钻压传递损失大，钻压控制困难。

（4）套、磨、钻工艺难度大，套管磨损问题突出，套管保护难度大。

水平井钻塞的措施：

（1）钻屑的上返。措施：利用连续冲砂装置不停泵；现在配备 2 台泵车，增大循环排量，排量要求每分钟 600L/min 以上。

（2）扭矩的传递。措施：钻具增加螺旋扶正器，减少钻具磨阻。

（3）防止磨损套管。钻塞管柱组合：钻头+螺杆钻（自带刚性扶正器）+液力推进器+2 根倒角油管+带螺旋扶正器+倒角油管；合理的组配能够调整钻头偏心距，防止磨损套管及工具部件，有利于钻屑的上返。

（4）钻压的控制。合理控制钻压操作不当，钻压过高会造成管柱反转。钻压控制在 2～3t；

作者简介：李作齐（1970-），男，工程师，1993.7 月毕业于辽河石油学校井下作业专业，现从事修井工艺技术工作。

每根钻完划眼两次。

2　主要配套钻具

2.1　水平井钻头

六棱钻头特点：钻头侧面是圆柱体六棱、钻头底面半球形、钻头底面铺焊碳化钨可带有相应利刃，中间三个 ϕ15mm 水眼，缸体最大外径 ϕ150mm。

作用：

（1）减少对套管磨损及钻具扭矩损耗；

（2）防止钻头底面抵住套管连接处及工具台阶而损伤套管及工具，有利于施加钻压；

（3）钻头底面铺焊碳化钨可带有相应利刃，对水泥、橡胶及铝铸件切割力强。

2.2　研制大扭矩螺杆钻具

螺杆钻具主要由旁通阀总成、马达总成、万向轴总成和传动轴总成四部分组成。是一种以修井液为动力，把液体压力能转为机械能的井下动力钻具(表1)。当液体流经旁通阀进入马达，在马达口形成一定的压力差，推动转子绕定子轴线旋转并将转速和扭矩通过万向轴和传动轴传递给钻头，实现钻塞作业。

表1　螺杆钻具技术参数

外径/mm	井眼尺寸/mm	扭矩/(N·m)	推荐钻压/kN	最大钻压/kN	输出转速/(r/min)	长度/m	重量/kg
120	177.8	3~4.7	55	100	60~180	7.21	560

2.3　液力推进器

液力推进器是一种能将螺杆钻具中的马达压降转化为钻压的新型井下工具(表2)，液力推力器一般由上接头、活塞、缸体和心轴组成。该工具类似于一个液体弹簧，随着磨铣进程，始终给磨铣工具施加恒定的钻压，提高磨铣作业效率。它有利于克服摩阻，可以施加恒定钻压，起到减震的作用，从而提高钻具的使用寿命。液力推力器是利用修井液流过钻具马达的压降作用在其活塞上而产生钻压。当钻压不足时液力推力器开始工作，给予补偿钻压2t。

表2　液力推进器参数

型号	外径/mm	水眼直径/mm	行程/mm	许用拉力/kN	许用扭矩/(kN·m)	活塞面积/cm^2	活塞级数 level	连接螺纹 Thread	长度/m	重量/kg
YTJ121	121	45	600	1000	12	50	1	NC38	3	210

2.4　水平井专用扶正器

选用螺旋形 ϕ146㎜扶正器，保证能够通过大井斜段及水平段；有利于钻压的施加，控制钻头居中。它有沟槽，便于排砂；螺旋设计，减少摩阻，不改变液流方向。

3　其他地面配套工具

3.1　配套连续冲砂装置

该装置利用连续冲砂换向阀、特制自封井口装置及地面三通阀相互协作，实现接单根冲砂管柱时，不停泵连续作业。施工作业每接一根油管，需连接一根连续冲砂换向阀，可实现油管内外液流方向转换；特制自封井口可实现油管与套管的密封，与冲砂换向阀配合，实现油套管与地面之间液流换向；地面三通阀可控制地面液流方向的转换可实现接单根不停泵。

3.2　配套了大排量车组

针对大套管上返慢、排量不足的问题，我们采用了一台700型或两台500型水泥车并联循环，排量大，循环彻底干净，一次钻磨到底。

3.3　配套了电磁压力表、电磁流量计

配套了电磁压力表、电磁流量计，可将入井流体泵压、排量直接显示在远程控制器上，可及时判断井下钻磨工具工作状态。

3.4　配套了过滤器

配套了过滤器，可将入井流体杂质、脏物清除，降低转子和定子的磨损，保证钻具正常运转，防堵塞。

4　现场应用情况

水平钻塞技术研究与应用，确保了油水井正常生产及后续增产措施的顺利实施，为稳产提供了有力保障和技术支撑。2019年4月截至目前，共成功实施13井次，成功率100%，平均钻塞时间由常规小修作业七天减少到三天，实际平均钻塞只用20余h。最快进尺速度达到5m/h，效率

挺高20%，单井作业费节省35万元。该技术的成功为水平井钻塞积累宝贵经验，该工艺比以往的钻塞时间大大缩短工期，功效高、安全可靠，节约作业成本，获得良好的经济效益。

典型井例1：杜813兴H2107井

该井是2019年曙采六区实施稳油控水化堵措施的第1口水平井，井深1437m，最大井斜96.5°，水平段434m，堵水工艺后在井筒形成段塞416m，常规冲砂冲不动，需要钻塞完成打开通道。制定出钻磨钻具组合：Φ150mm三棱钻头+120螺杆钻具(带Φ146mm扶正器)+Φ121mm液力推进器mm+Φ89mm倒角油管倒角×2根+Φ146mm扶正器+Φ89mm倒角油管若根。用时三天只用一次管柱完成钻塞任务，实际钻塞只用26h，进尺190m，剩余段塞暂时不钻观察周边井生产情况再定，目前该井封堵后邻井增油明显产量大幅度提高效果明显。

5 结论及认识

(1) 水平井钻磨技术通过对钻磨管柱优化、地面配套设施完善，施工参数优选，使钻磨效率提升显著，实现了整体工艺创新。

(2) 钻头底面尽可能是锥形或半球形，防止钻头底面抵住套管连接处及工具台阶而损伤套管及工具，有利于施加钻压。合理控制钻压，操作不当钻压过高会造成管柱反转。钻压控制在2~3t较好，每根钻完划眼两次，便于沉积物上返。

(3) 现场应用表明，该技术可一趟钻磨管柱完成长距离堵塞段钻磨作业，具有缩短施工周期、节约作业成本、降低劳动强度等技术优势。

(4) 油田水平井小修专用工具还比较缺乏，技术水平还有待于进一步提高。在今后类似的工作中还需要多总结、多积累经验，为今后施工打下基础。

参 考 文 献

[1] 李俊杰．水平井修井工艺技术的探讨与应用研究，环球信息导报，2012，33(2)：73-73.

[2] 刘永鹏，陈银．段宏刚水平井钻塞周期延长的因素及对策．油气油田工程，2013(10)：17-18.

稠油污水回用技术的应用

佟俊萍　毛翠玲

（中国石油辽河工程有限公司，辽宁 盘锦　124109）

摘　要　本文介绍了稠油污水处理回用热采锅炉给水技术的意义、特点、要求、处理工艺及其在含油污水处理中的应用，着重介绍了稠油污水处理回用热采锅炉给水技术的工艺流程及实际应用情况。

关键词　热采锅炉；稠油污水；浮选机；除硅沉淀池；粗精过滤器；弱酸树脂软化器

1　技术简述及应用意义

国内将重质沥青质原油称为稠油。热力开采为稠油开采的主要方式，一般采用蒸汽吞吐或蒸汽驱，即热采锅炉将水加热成温度315℃、压力17MPa、干度80%左右的饱和蒸汽，注入油层提高油层温度，降低稠油黏度，通过采油设备把稠油提升到地面。从采油井口采出的油和水混合物我们称之为原油采出液。采出液进行油水分离后的水称之为稠油污水。

稠油污水回用技术就是把稠油污水进行深度处理达到热采锅炉用水水质指标，作为供给注汽锅炉用水的工艺技术。稠油污水处理回用热采锅炉的给水工艺主要包括去除水中油、悬浮物、总铁、溶解氧等的常规处理工艺，以及在常规处理工艺基础上，进一步去除水中硬度和二氧化硅等的深度处理工艺，使水得到进一步净化，满足热采锅炉的给水标准。

该技术在辽河油田已进行了二十余年的研究试验和工程实践，填补了国内稠油污水回用技术空白，解决了长期困扰辽河油田的稠油污水出路问题，除油、除悬浮物、除硬度、除硅等技术已较成熟，处于国内领先水平。

该技术可充分利用稠油污水水源和水温，节省燃料和节约清水，实现稠油污水的资源化，达到可持续利用的目的；防止对水体和地层的污染，保护环境。辽河油田已建成并正常运行欢三联等四座稠油污水深度处理站，根据运行结果，单位水量净效益平均为3.5元/m^3；辽河油田现有60000m^3/d稠油污水，全部回用，每年可节约成本7665万元，经济效益可观，环境效益、社会效益显著。

2　稠油污水特点及回用要求

2.1　稠油污水特点

黏度大、油水密度差小、乳化严重、水温较高、水质水量变化大、生物可降解性差、成分复杂和多变、处理难度大。

2.2　回用要求

根据稠油污水的水质，其回用处理工艺应满足以下要求：

（1）具备有效的破乳措施，为达到油、水和泥的分离，破乳是先决条件，需选择合适的破乳剂、创造良好的混合反应条件，处理工艺应有高效化学药剂的配合使；

（2）保证足够的油、水和泥的分离时间；

（3）保证水量和水质的调节；

（4）强化除油，逐步处理，分段达标。

（5）溶气浮选是稠油污水处理中承前启后的关键核心环节；

（6）大孔弱酸树脂交换容量大、抗污染能力强，适合稠油污水中硬度的去除；

（7）定期收油、定期排泥、按时反洗和及时再生是稠油污水处理成功的保证；

（8）稠油污水处理工艺与脱水工艺的加药。应统筹考虑。

3　处理工艺

3.1　稠油污水进热采锅炉主要处理指标

根据稠油污水原水水质、热采锅炉用水水质指标，稠油污水处理回用热采锅炉供水，主要去除油、悬浮物、硬度、二氧化硅等四项指标。

3.2　工程概况

辽河油田三个新建稠油污水处理站的设计规模、设计水量等工程概况，见表1。

作者简介：佟俊萍，中油辽河工程有限公司环境工程所。E-mail：tongjuping@petrochina.com.cn。

表 1　工程概况表

工程概况	欢三联污水站	欢四联污水站	冷家污水站
建设单位	锦州采油厂	欢喜岭采油厂	冷家采油公司
建设地点	凌海市西八千乡	盘山县欢喜岭乡	盘山县冷家乡
工程投资	12500 万元	10000 万元	7660 万元
设计时间	2001. 11～2002. 2	2002. 11～2003. 2	2005. 5～6
投运时间	2002. 10	2003. 9	正在施工
设计规模/(m^3/d)	20000	12000	15000(其中注水 7000、注汽回用 8000)
设计水量/(m^3/h)	900	600	750(其中注水 350、注汽回用 400)

3.3　稠油污水设计水质

以辽河油田欢三联污水站为例，稠油污水原水、处理后设计出水主要水质见表 2。

表 2　稠油污水原水、设计出水主要水质

mg/L

分析项目	原水指标	出水指标(SY/T 0027)	分析化验方法
油和脂(建议不计溶解油)	1000～5000	≤2	SY/T 5329
悬浮固体(SS)	500～9000	≤2	SY/T 5523(重量法)
硬度(以 $CaCO_3$ 计)	80～200	≤0. 1	SY 5523—2000(络合滴定法)
碱度(以 $CaCO_3$ 计)	500～2500	≤2000	SY/T 5529
SiO_2	100～300	≤50	GB 8538(钼黄法)
总溶解固体(TDS)	1500～4000	≤7000	SY 5523
pH 值	7. 5～8	7. 5～11	SY 5523(pH 计法)
进水温度/℃	50～80		温度计

3. 4　处理流程

工艺流程见图 1。

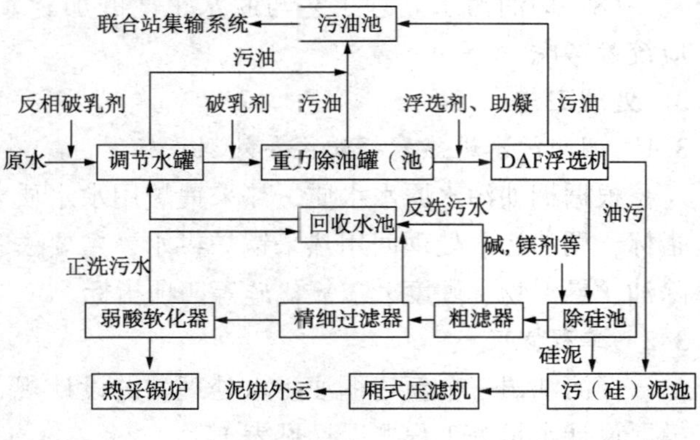

图 1　工艺流程

4　主要处理单元设计

4. 1　调节水罐

由于稠油污水原水存在水质、水量波动，系统内回收污水也对处理流程造成冲击，应采取适当的调节容积，均质均量。欢三联、欢四联污水站均采用 2 座 $5000m^3$ 调节水罐，并联运行；冷家污水站采用 1 座 $3000m^3$ 调节水罐。停留时间：4～8h。

4. 2　重力除油罐

重力除油罐效率高，运行稳定，可去除剩余的浮油和分散油；加入适当的破乳剂，可去除大部分乳化油。欢三联污水站采用 2 座 $2000m^3$ 斜管除油罐，欢四联污水站采用 2 座 $300m^3/h$ 钢制斜板除油池，冷家污水站采用 2 座 $3000m^3$ 沉降罐。

设计参数：停留时间 3～5h，进水设计水质：含油 200～500mg/L、悬浮物 500～1000mg/L，出水设计水质：含油 30～100mg/L、悬浮物 50～200mg/L。

4. 3　浮选机

溶气气浮具有结构简单、操作方便、形成的气泡直径小、除油效率高、浮渣和污泥的含水率较低、出水水质好等优点；欢三联、欢四联污水站采用部分回流加压溶气气浮工艺，均引进荷兰产 DAF 浮选机。处理后污水经上部可调堰汇至出水槽，重力流入除硅池。进浮选前设管道混合反应器，为提高油、水、泥分离效果，浮选机内设有斜板；冷家污水站则采用国内引进吸收后自制的 DAF 浮选机。

设计参数：循环比 20%～30%，表面负荷 $2～3m^3/(m^2·h)$，停留时间 10～15min，出水设计水质：含油 5～10mg/L、悬浮物 15～20mg/L。

4. 4　除硅沉淀池

现行石油行业热采锅炉用水水质指标规定≤

50mg/L，稠油污水中 SiO_2 为 100～300mg/L，现采用化学沉降、吸附澄清法处理，在除硅池前投加 NaOH(400～500mg/L，配药浓度 30%)，调高 pH 值后，投加镁剂(MgO、$MgCl_2$ 300～400mg/L)，聚合氯化铝 250～350mg/L、PAM50～150mg/L，配药浓度 10%，在水中形成 $Mg(OH)_2$，含有硅酸镁的粒子表面吸附硅酸化合物，形成硅酸镁沉淀。

欢三联污水站采用 2 座机械加速澄清池，单台设计水量 $600m^3/h$，单池直径 16.9m，上升流速<1mm/s，停留时间 2h；欢四联、冷家污水站采用 2 座平流式除硅沉淀池，并联运行，水平流速<3.4mm/s，停留时间 3～4h。

除硅池出水设计水质：含油<2mg/L，悬浮物在 7～1mg/L。

4.5 粗精过滤器

欢三联污水站采用 6 套 3m 核桃壳过滤器并联运行，因其有较好的除油和截污特性；考虑原水含二氧化硅较高，为防止除硅增加悬浮物而堵塞核桃壳滤料，欢四联污水站采用 5 套 ϕ3.4m 双滤料过滤器，冷家污水站采用 5 套 ϕ3.0m 双滤料过滤器。粗滤出水悬浮物 5～10mg/L。

粗滤器设计参数：

工作滤速：欢三联污水站为 22m/h；欢四联、冷家污水站为 10～14m/h。校核滤速：欢三联污水站为 26m/h；欢四联、冷家污水站为 14～16m/h。工作周期：24h 或进出口压差大于 0.1MPa；水反洗强度：欢三联污水站为 6.5～7.5L/s·m^2；气洗强度：15～$20m^3/m^2\cdot h$；气、水反洗总历时：15～20min。

污水经粗滤后，投加助滤剂进入多介质过滤器进行微絮凝精细过滤，最终使悬浮物和油达标。多介质过滤器出水含油、悬浮物均小于 2mg/L，合格水进行软化处理。

多介质过滤器并联运行情况：欢三联污水站采用 8 套 ϕ2.74m，欢四联污水站采用 5 套 ϕ3.0m，冷家污水站采用 5 套 ϕ3.0m。设计参数：工作滤速 17～19m/h，校核滤速 21～22m/h，反洗强度：气为 540～$600m^3/h$、水为 110～$170m^3/h$，反洗历时：20～30min。

4.6 弱酸树脂软化器

大孔弱酸树脂对溶解油等抗污染能力强，交换容量较大、工艺成熟可靠；根据美国两家设计公司选择软化的经验：对于总矿化度<7000mg/L，硬度<500mg/L 的含油污水，采用一级大孔弱酸树脂软化，可达到进热采锅炉水质指标；并根据辽河油田曙四联稠油污水离子交换软化的工业试验和工程实践，推荐采用二级大孔弱酸树脂固定床软化工艺。欢三联污水站采用二级 ϕ3.2m 全自动弱酸树脂软化器各 5 套，树脂再生罐 ϕ3.2m1 套；欢四联污水站采用 ϕ3.2m 全自动弱酸树脂软化器 1 级 5 套，2 级 4 套，冷家污水站采用二级 ϕ3.0m 全自动弱酸树脂软化器各 3 套。

设计参数：工作滤速 18～22m/h，强制滤速 24～28m/h，软化周期 4～5d。

4.7 加药系统

采用分段处理有针对性加药，强化各段功能、提高药效，为污泥脱水创造了条件。

为更好地适应稠油污水性质，在冷家稠油污水站一级沉降罐内投加反相破乳剂 200～300mg/L，使 80%的浮油得到去除，并将 90%的悬浮物上浮与油一同被去除；调节水罐、二级沉降罐内投加破乳剂 100～200mg/L，二级沉降罐设有自动排泥设施，使 80%悬浮物得到去除，降低浮选机的运行负荷，为过滤创造了条件。浮选机间楼下设置浮选剂 100～200mg/L、助凝剂 PAM50～100mg/L 加药设施，方便及时调整药量。

为防止欢三联、欢四联污水站回流泵、过滤泵结垢现象再次发生，在冷家污水站浮选机进水和过滤吸水池中投加阻垢剂 40～80mg/L，配药浓度 10%。

根据欢四联污水站运行经验，除硅后污水中残余一定量的絮凝剂，可满足微絮凝过滤的要求，冷家污水站设计取消助滤剂、清洗剂、污泥加药等投加设施。

4.8 管材选择

污水站内软化后污水选用钢管，内壁采用挤压法喷涂环氧涂料。站外输水管线主要选用玻璃钢管，宜埋地铺设。

为避免铝盐、镁盐等无机药剂(含有 Cl^-)腐蚀加药管线，加药管采用 PPR、AL-PPR 等非金属管材。浓、稀酸管线采用 PPR、玻璃钢/塑料复合管等非金属管材。

5 结语

采用稠油污水处理回用热采锅炉给水技术，辽河油田已建成欢三联 $20000m^3/d$ 稠油污水站、欢四联 $12000m^3/d$ 稠油污水站、冷家油田 $15000m^3/d$ 稠油污水站等，并改造完成曙四联、洼一联等稠油污水站等，处理后水质均满足热采锅炉用水标准。

存在问题：从辽河油田目前污水处理成本来分析，污水处理药剂费约占整个操作成本(电费、药剂费、人工费)的75%~85%，而除硅药剂费约占总药剂费的50%。另一方面，除硅工艺复杂、处理单元占地庞大，运行管理水平要求高，除硅后水质对后续过滤产生不利影响，产生大量硅泥，带来脱水及处置等环保问题。

为了解决以上问题，环境工程所所长、教授级高级工程师孙绳昆通过多次室内模拟原水蒸发实验及大量数据分析，浓缩水中硅的溶解度受水中碱度或pH值、温度、阳离子浓度以及钙、镁、铁等结垢阳离子浓度的影响。二氧化硅的溶解度与碱度正相关。当热采锅炉给水的碱度是二氧化硅3倍含量以上，且水中不存在其他结垢离子，热采锅炉二氧化硅给水指标可由50mg/L放宽到150mg/L。热采锅炉二氧化硅给水指标一旦放宽，将给辽河油田带来可观的经济效益，环境效益和社会效益。

温敏凝胶数学模型及在海上稠油热采中的应用

吴金涛　张　雷　程大勇　潘广明　李　浩

（中海石油（中国）有限公司天津分公司，天津塘沽　300452）

摘　要　本文通过室内实验确定凝胶临界温度与聚合物浓度函数表征，并考虑温度对溶液体系黏度及化学动力反应、岩石表面化学吸附、渗透率降低等因素的影响，建立了相应数学模型。以渤海 N 油田为例，开展了温敏凝胶辅助多元热流体吞吐方案研究，通过敏感性分析确定了主要参数：转驱压力大于 8MPa，凝胶注采比 1.0，油井周期吞吐轮次大于 3 轮。先导试验实施后，油井第一吞吐周期内日产量 60～90m^3/d，稳定生产超过 1000d。与常规吞吐油井相比，周期产油量增加 3.4×10^4m^3，生产天数增加 511d，预测阶段累积增油量为 5.3×10^4m^3，阶段增加采出程度为 4.2%。

关键词　温敏凝胶；数学模型；数值模拟；稠油；热采；海上

引言

目前海上稠油热采开发面临两个挑战：①油藏埋藏深（-900～1400m）、边底水发育（纯油区储量比例小于 40%），常规吞吐开发采收率较低；②经济门槛高、平台空间小，吞吐后转驱开发模式受到经济性制约。针对以上问题，渤海油田在先期多元热流体吞吐[1-3]、弱凝胶调驱[4]基础上，结合稠油热化学提高采收率研究[5-10]，提出了温敏凝胶辅助多元热流体吞吐热采开发。该方法利用温敏凝胶“低温易流，高温成胶”的特性，通过部署温敏凝胶注入井提高井间动用程度，其具有两个明显优势：一面利用温度智能调控地下凝胶黏度、扩大凝胶波及系数，另一方面加热地层改善原油地下流动性。在室内试验测定凝胶临界温度基础上，通过建立温敏凝胶数学模型，开展了温敏凝胶辅助多元热流体吞吐开发研究。在对主要转驱参数数值敏感性分析基础上，实施了渤海 N 油田 B34H 井组温敏凝胶辅助多元热流体吞吐先导试验。实施效果表明，温敏凝胶辅助多元热流体吞吐开发效果明显优于常规热采吞吐井组。

1　温敏凝胶临界温度测定

温敏凝胶是一类在一定温度下成胶的凝胶体系，主要有聚合物和交联剂组成。在低于一定温度条件下，体系以溶胶形式存在，表征体系黏性-弹性的剪切模量 G'和损耗模量 G''随温度升高而下降；当温度升高到一定值时，体系开始凝胶化（$G'>G''$），并随温度升高凝胶黏性和弹性逐渐增加[11]。温敏凝胶从溶胶转化为凝胶所需的最低温度称为凝胶临界温度（T_c）。

温敏凝胶体系体系中的聚合物为改性聚丙烯酰胺，室内实验分别测定聚合物浓度为 800mg/L、1600mg/L、2400mg/L 和 3200mg/L 情况下的凝胶黏度。不同聚合物浓度下凝胶体系黏度随温度变化的实验数据，如表 1、图 1 所示。例如：聚合物浓度 800mg/L 条件下，实验温度 70℃时体系黏度最低 16.3mPa·s，该温度即凝胶临界温度。图 1 表明，温敏凝胶的凝胶临界温度随着聚合物浓度的增加而降低，聚合物浓度从 800mg/L 增加到 3200mg/L，凝胶临界温度从 70℃降低到 40℃。

表 1　不同聚合物浓度下凝胶体系黏度随温度变化实验结果

浓度/(mg/L)	黏度/(mPa·s)					
	40℃	50℃	60℃	70℃	80℃	90℃
800	19.2	17.3	16.6	16.3	21.3	23.4
1600	62.6	56.7	52.7	85.2	177.8	255.9

基金项目：国家科技重大专项“海上油田化学驱合理井网井距及剩余油定量描述技术研究”（2016ZX05058001-007）。

作者简介：吴金涛（1988.12-），男，油藏工程师，硕士学位，2014 年毕业于中国石油大学（华东）油气田开发工程专业，现主要从事在生产油田管理、开发方案设计、稠油油田开发方面研究。E-mail：wujt2@cnooc.com.cn。

续表

浓度/(mg/L)	黏度/(mPa·s)					
	40℃	50℃	60℃	70℃	80℃	90℃
2400	160.8	144.8	174.4	270.6	514.8	774.8
3200	734.8	748.8	817.8	956.8	1558	3652

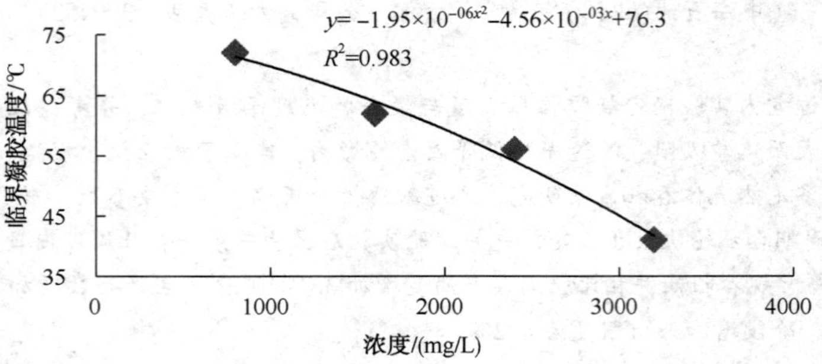

图 1　凝胶临界温度与聚合物浓度关系

凝胶临界温度与聚合物浓度函数关系式为

$$T_c = -3.91\times10^{-6}C_p^2 - 6.25\times10^{-4}C_p + 82.5 \quad (1)$$

式中：T_c 为凝胶临界温度，℃；C_p 为聚合物浓度，mg/L。

2　温敏凝胶渗流数学模型

在常规油藏渗流数学模型的油、气、水质量守恒方程和能量守恒方程的基础上增加辅助方程，从而建立温敏凝技渗流数学模型。辅助方程包括：

(1) 凝胶临界温度方程

在一定聚合物和交联剂浓度下，形成温敏凝胶的临界温度方程，可通过室内实验测定，见公式(1)。

(2) 水相组分对流扩散方程

温敏凝胶体系中所有化学物质仅在水相中传递，每种化学物质的守恒方程为：

$$\nabla\cdot(D_j\Phi S_w\nabla C_j) - \nabla\cdot(\nabla C_j u) + \Phi S_w R_j - q_j C_j V^{-1} = \frac{\partial(\Phi S_w C_i)}{\partial t} + \frac{\partial(f_j\rho_R(1-\Phi)C_{jr})}{\partial t} \quad (2)$$

$$D_j = D_0\exp\left(\frac{-E_D}{RT}\right) \quad (3)$$

式中，D_j 为扩散系数，m^2/s；C_j 为质量浓度，mg/L；u 为达西速度，cm/s；Φ 为可及孔隙体积系数；R_j 为单位孔隙介质中组分产率，%；V 为井所在网格块体积，cm^3；f_j 为组分可接触到的岩石比例；ρ_R 为岩石密度，g/cm^3；C_{jr} 为岩石表面吸附的组分浓度，mg/L；E_D 为扩散活化能，J/mol。

(3) 凝胶化学反应动力学方程

在一定聚合物和交联剂浓度下，当地层温度达到凝胶临界温度时，即发生交联反应生成凝胶，反应生成和消耗的组分产率表示为[3]：

$$R_p = -K\cdot(C_p)^{m+1}\cdot(C_c)^n[1+(m+n-1)\cdot K\cdot(C_p)^m\cdot(C_c)^n\cdot t]^{\frac{m+n}{m+n-1}} \quad (4)$$

$$R_c = -K\cdot(C_p)^m\cdot(C_c)^{n+1}[1+(m+n-1)\cdot K\cdot(C_p)^m\cdot(C_c)^n\cdot t]^{-\frac{m+n}{m+n-1}} \quad (5)$$

$$R_g = -K\cdot(C_p+C_c)\cdot(C_p)^m\cdot(C_c)^n[1+(m+n-1)\cdot K\cdot(C_p)^m\cdot(C_c)^n\cdot t]^{-\frac{m+n}{m+n-1}}$$

$$K = K_0\cdot\exp\left(\frac{-E_a}{RT}\right)$$

式中：C_p 为聚合物浓度，mol/L；C_c 为交联剂浓度，mol/L；K 为化学反应速率常数；E_a 为反应的表观活化能，J/mol；m 和 n 为反应级数，无因次；t 为交联反应时间，s。

(4) 黏度方程

水相黏度是聚合物和凝胶浓度以及温度的函数，其关系式表示[3]：

$$\mu_w = \begin{cases} \mu_{w0}[1+(A_{p1}\cdot C_p+A_{p2}\cdot C_p^2+A_{p3}\cdot C_p^3)\cdot C_{sep}^{sp}], \\ T<T_c \\ \mu_{w0}[1+(A_{p1}\cdot C_p+A_{p2}\cdot C_p^2+A_{p3}\cdot C_p^3)\cdot C_{sep}^{sp} \\ +A_{g1}\cdot C_g+A_{g2}\cdot C_g^2+A_{g3}\cdot C_g^3], \quad T>T_c \end{cases} \quad (6)$$

$$C_{sep} = C_{Na} + \beta\cdot C_{Ca} \quad (7)$$

式中：C_{sep} 为溶液电解质浓度，mg/L；μ_{w0} 为纯水黏度；A_{p1}、A_{p2}、A_{p3}、A_{g1}、A_{g2}、A_{g3}、A_{g4} 为

黏性参数；C_p 为聚合物浓度，mg/L；C_g 为孔隙介质中凝胶浓度，mg/L；sp 为聚合物溶液盐效应相关系数；β 为二价阳离子有效性系数；C_{Na} 和 C_{Ca} 分别为溶液中一价阳离子和二价阳离子的浓度，mg/L。

（5）吸附量方程

采用 Toth 吸附方程表征非等温条件下水相各组分在地层孔隙中的吸附量，方程为[4]：

$$C_j^* = C_{jmax}^* \frac{Kc_j}{(1+(Kc_j)^n)^{1/n}} \tag{8}$$

式中：C_j^* 为组分 j 的吸附量，mg/L；C_{jmax}^* 为组分 j 的最大吸附量，mg/L；c_j 为组分 j 在溶液中的质量浓度，mg/L；K 为与温度有关的参数。

K 采用 van' t Hoff 方程求取[5]：

$$K = K_0 \exp\left(\frac{-\Delta H}{RT}\right) \tag{9}$$

式中：K_0 为常数；H 为吸附热焓值，J/mol；R 为通用气体常数。

（6）渗透率下降系数：

$$R_k = 1+(RFT-1)\times\frac{AD}{AD_{MAX}} \tag{10}$$

式中：K 为岩石绝对渗透率，mD；RFT 为残余阻力系数；AD 为单位体积岩石中溶液体系的累计吸附量，mg/L；AD_{MAXT} 为单位体积岩石中溶液体系的最大吸附量，mg/L。

（7）顶底层热传导方程：

$$\nabla\cdot(\lambda\,\nabla T) = (\rho c)_L\frac{\partial T}{\partial t} \tag{11}$$

式中：γ 为顶底层导热系数，kJ/(h·m·℃)；$(\rho c)_L$ 为顶底层热容量，kJ/(m^3·℃)

对于由上述非线性偏微分方程和各种辅助方程组成的方程组，采用全隐式方法求解。初始条件为油藏压力及温度、相饱和度、组分浓度及温度等分布，外边界条件为封闭或定压，内边界条件为定压或定产。该模型考虑了温度对化学溶液扩散、吸附、化学反应速度、残余阻力系数等因素影响，具有模拟吞吐、水驱、聚合物驱以及温敏凝胶驱等功能。

3 模型应用

3.1 井组概况

渤海 N 油田位于渤海中部海域，含油层系为新近系明化镇组，纵向上划分为 5 个油组。针对多元热流体吞吐中暴露的问题，优选 B34H 井组作为先导试验井组。B34H 井组油藏埋深 1300m，油层有效厚度 8～12m，孔隙度 35.0%，平均渗透率 4124.0mD，地层原始压力 9.8MPa，原始温度 52℃。B34H 井组包括：生产井 1 口 B34H，注入井 1 口 B17，注采井距 360m。

3.2 方案主要参数敏感性分析

油藏转驱压力。与注水开发相似，地层压力保持水平对温敏凝胶辅助多元热流体吞吐效果具有重要的影响。由模拟结果（表 2）可见，随着转驱压力保持水平的降低，井组累积产油量先增大后减少。当转驱压力保持水平为 8MPa 时，累积产油量最高 $20.5\times10^4 m^3$，采收率最高 25.6%。主要原因为油藏转驱压力保持水平较高，注入压力高易导致聚窜，不利于温敏凝胶形成均匀驱替边缘；油藏转驱压力保持水平较低，油井动液面低难以保证足够生产压差。

表 2 不同油藏转驱压力下数值模拟结果对比

参数 / 方案	油藏转驱压力/MPa	注采比	油井吞吐轮次	累积产油量/($10^4 m^3$)	采收率/%
1	9.8 *	1	3	19.7	24.63
2	9.0	1	3	20.1	25.13
3	8.0	1	3	20.5	25.63
4	7.0	1	3	17.6	22.00
5	6.0	1	3	16.5	20.63

* 代表原始地层压力。

注采比。注采比设计对于温敏凝胶驱后地层压力变化具有重要影响。由模拟结果（表 3）可见，随着注采比的增加，累积产油量先增加后降低。当注采比 1.0 时，累积产油量最高，开发效果最优。建议井组注采比采用 1.0。

表 3　不同注采比下数值模拟结果对比

参数 方案	油藏转驱压力/MPa	注采比	油井吞吐轮次	累积产油量/(10^4m^3)	采收率/%
1	8	1.1	3	18.9	23.63
2	8	1.0	3	20.5	25.63
3	8	0.9	3	18.9	23.63
4	8	0.8	3	17.6	22.00

吞吐周期。油井周期吞吐轮次决定了油井加热范围内的驱油效率，同时也决定了黏度场分布特征。由模拟结果(表 4)可见，随着油井吞吐周期的增加油田累积产油量增加。当油井吞吐周期大于 3 轮次后采收率增幅趋缓，建议油井周期吞吐轮次为 3 轮。

表 4　不同吞吐周期数值模拟结果对比

参数 方案	油藏转驱压力/MPa	注采比	油井吞吐轮/次	累积产油量/(10^4m^3)	采收率/%
1	8	1.0	1	12.3	15.38
2	8	1.0	2	15.3	19.13
3	8	1.0	3	20.5	25.63
4	8	1.0	4	21.9	27.38
5	8	1.0	8	22.6	28.25

3.3　井组实施效果分析

在室内实验和数值模拟研究基础上，2013 年 B34H 井组实施温敏凝胶辅助多元热流体吞吐先导试验。油井多元热流体吞吐参数：周期注入量 3400m^3，注入温度 262℃，初期日产油量为 90m^3/d；水井注温敏凝胶参数：地层压力下降到 8MPa 时转注(油井吞吐 200d 后)，初期日注入量 80m^3/d，聚合物浓度 1200mg/L，注入压力 3.2MPa。B34H 井生产中主要表现为“压力先降后升、产量先降后升”的动态特征，与常规油藏油井“注水”受效特征类似，见图 2。截止到 2014 年底，井组累积生产天数 1011d，累积产油量 $6.4\times10^4m^3$，累积注入量 $6.7\times10^4m^3$；且 B34H 日产油保持 60m^3/d，高于 B33H 二轮吞吐 30m^3/d，仍处于受效阶段。与常规吞吐井组相比，温敏凝胶辅助多元热流体吞吐先导井组周期产油量增加 $3.4\times10^4m^3$，生产天数增加 511 天，预测阶段累积增油量为 $5.3\times10^4m^3$，阶段增加采出程度为 4.2%。

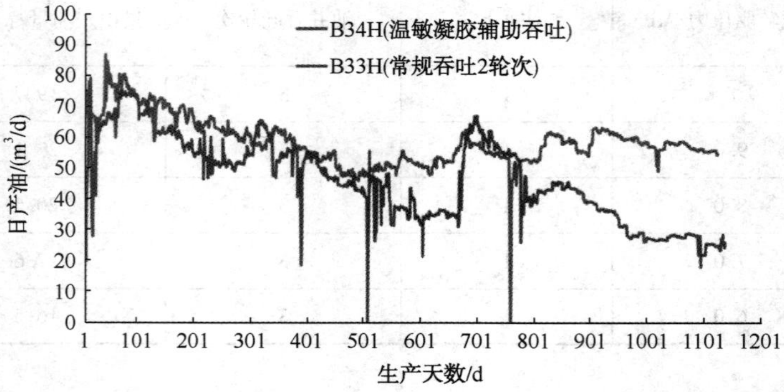

图 2　海上不同热采开发方式对比图

4 结论

（1）针对常规吞吐难以达到海上经济性开发的问题，提出了温敏凝胶辅助多元热流体吞吐开发新方式。该方式主要利用温度智能调控凝胶地下黏度，从而实现降低油水流度比，补充地层能量，提高井间储量动用程度的目的。

（2）开展了温敏凝胶室内实验研究，确定了凝胶临界温度与聚合物浓度函数关系。随着聚合物浓度的增加凝胶临界温度降低，二者符合二项式关系。

（3）考虑温度对溶液体系黏度及化学动力反应、岩石表面化学吸附、渗透率降低等因素的影响，建立了非等温化学驱数学模型，并以渤海 N 油田 B34H 井组为例，开展温敏凝胶辅助多元热流体吞吐方案研究，主要设计参数为：油藏转驱压力大于 8MPa，凝胶注采比 1.0，油井周期吞吐轮次大于 3 轮。

（4）温敏凝胶辅助多元热流体吞吐在渤海 N 油田取得良好先导试验，与常规吞吐油井相比，周期产油量增加 3.4×10^4 m^3，生产天数增加 511d，预测阶段累积增油量为 $5.3\times10^4m^3$，阶段增加采出程度为 4.2%。先导试验井历史拟合结合表明，本模型满足矿场需要。

参 考 文 献

[1] 唐晓旭，马跃，孙永涛. 海上稠油多元热流体吞吐工艺研究及现场试验[J]. 中国海上油气，2011，23(3)：185-188.

[2] 张风义，许万坤，吴婷婷，等. 海上多元热流体吞吐提高采收率机理及油藏适应性研究[J]. 油气地质与采收率，2014，21(4)：74-78.

[3] 刘东，李云鹏，张风义，等. 烟道气辅助蒸汽吞吐油藏适应性研究[J]. 中国海上油气，2012，24(增1)，62-66.

[4] 黄颖辉，刘东，张风义. 渤海 N 南区特稠油油田弱凝胶提高采收率探讨[J]，石油地质与工程，2012，26(2)，122-124.

[5] R. S. Al-Maamari，A. R. Al-Hashami，H. H. Al-Sharji，et al. Development of Thermo-Gels for in Depth Conformance Control [C]. SPE Enhanced Oil Recovery Conference，SPE 174640，Kuala Lumpur，Malaysia，11-13 August 2015.

[6] 魏新辉. 化学蒸汽驱提高驱油效率机理研究[J]. 油气地质与采收率，2012，19(3)：84-86.

[7] 鹿腾，侯健，孙建芳，等. 化学辅助蒸汽驱受效剩余油分布特征研究[J]. 断块油气田，2011，18(6)：754-757.

[8] 黄伟强，王利华，陈忠强，等. 复合蒸汽吞吐提高稠油采收率试验[J]，新疆石油地质，2010，31(1)：69-71.

[9] 马昌明，刘建山，郝英敏. 化学添加剂提高蒸汽吞吐效果室内研究[J]. 石油钻采工艺，2003，25(S)：14-16.

[10] 曹嫣镔，于田田，林吉生，等. 热复合化学方法改善极强敏感性稠油油藏开发效果机理. 石油学报，2013，31(1)：128-132.

[11] Victor M. Ziegler，Lyman L. Handy. Effect of Temperature on Surfactant Adsorption in Porous Media. SPE 54th Annual Technical Conference and Exhibition，SPE 8264，Las Vegas，Sept. 23-26，1979.

新疆油田重18井区稠油水平井火驱井网优化物理模拟实验研究与应用

彭小强　杨　洋　韩晓强　张继周　徐景润

（中国石油新疆油田分公司，新疆 克拉玛依　834000）

摘　要　水平井火驱技术作为超稠油以及常规稠油蒸汽驱开发后期的接替技术得到了国内外的广泛关注，但由于其燃烧机理不明确，现场易出现气窜、井底高温、氧气超标等问题，从而影响该项技术的推广应用。室内实验是揭示水平井火驱驱油机理，优化布井方式和调控参数的重要手段之一，本文针对新疆油田重18井区稠油油藏，利用三维水平井火驱模拟实验装置开展了"一注一采"和"一注两采"两种布井方式的水平井火驱实验，明确了注采压差等因素对火线稳定驱油的影响，得到了水平井火驱的火腔扩展规律，建立了预测水平井火驱的燃烧前缘方法。实验结果表明，"一注两采"双水平井火驱比"一注一采"单水平井火驱的燃烧前缘展布更加均匀、更容易调控，"一注两采"双水平井火驱采收率达到53%，比"一注一采"单井网模驱油效率高14%。实验结果应用至试验井组，保证了水平井火驱的空气油比1032m^3/m^3，水平井稳定生产3年，解决了稠油水平井火驱开发的难题，为新疆油田稠油开发提供新的开发技术。

关键词　水平井火驱；三维物理模拟实验；注采压差；气窜

前言

水平井火驱技术是一种利用水平井采油的火驱井网采油技术[1-4]，这种布井方式能很好地发挥重力泄油的作用以及短距离驱油的特点，有效地提高了原油的采收率。由于该项技术机理复杂，在矿场试验中面临了诸多油藏及工程上的问题。2006年，WHITESANDS公司[5]利用重力火驱实验技术在加拿大开展试验，取得了较好的试验效果，但一些水平井段出现高温，水平井的油管和井筒发生变形现象。在国内，辽河油田和新疆油田分别开展水平井火驱试验。在新疆油田风城重18井区火驱先导试验区，实施试验的井组转火驱生产后出现气窜、氧气超标等问题。

为了研究水平井火驱技术过程中驱油机理，解决现场遇到的问题，国内外专家、学者利用物理模拟实验装置做了为数不多的实验。1993年英国Bath大学的化学工程师Malcolm Greaves[7,8]首次提出了在火烧过程中利用水平井实现短距离驱油的火驱新技术。关文龙等人[9-14]利用三维火驱模型研究了火驱辅助重力泄油的燃烧区展布情况，并认为一旦注采参数控制失当，就可能发生燃烧前缘沿水平井突破的情况，矿场实践中应加强对水平生产井产液温度和产出流体组分的监测，最大限度降低其油藏和工程风险。近年来辽河油田在稠油重力火驱开展许多室内研究工作，2015年，刘其成[15]提出，注气井合理的射孔位置可以减少二次燃烧；排气井对火线有横向拽拉作用，排气井与水平生产井排气比例为7∶3，有利于火线稳定推进，发挥重力泄油作用。目前，针对新疆油田稠油区块开展相应的室内实验研究较少，如何优化井网和注采参数，还未有系统的解决方法。因此，本文以新疆油田风城重18井区超稠油油藏为研究对象，利用研发的耐温耐压的柱状三维物理模拟实验装置，开展重力火驱过程中燃烧区带展布情况以及稳定燃烧调控方法，为实现新疆油田稠油油藏火驱辅助重力泄油技术的稳定燃烧，优化布井方式，解决现场的风险提供理论基础和实施对策。

1　实验内容

1.1　实验装置

三维水平井火驱物理模拟实验装置由注入系

基金项目：国家油气重大专项（2016ZX05012-003）。

作者简介：彭小强（1987-），男，工程师，2012年毕业于中国石油大学（华东）油气井工程专业，现从事油气田稠油开发方面的实验研究工作。E-mail：pengxiaoqiang6666@126.com。

统、产出系统、燃烧腔、测控系统组成(图1)。它能够实时采集的数据有：点火器及模型内部温度、水平井及控制井压力、产出气组分、注入气流量。模型内分布有22个测温点及5个侧压点，能够对模型内的温度和模型各部分的压力及产出物进行实时检测。

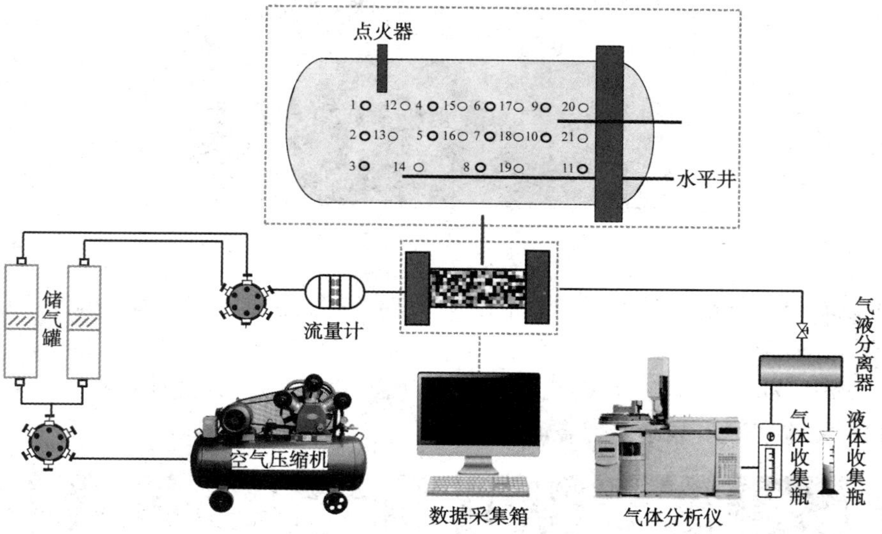

图1　三维水平井火驱物理模拟实验装置

1.2　实验条件及方法

实验采用稠油油藏蒸汽吞吐产出的原油，50℃时脱气原油黏度为12000mPa·s，装填后的模型为均质模型，孔隙度39%，含油饱和度65%，模拟油藏温度30℃。

实验装置的模型本体为直径为360mm，长度为800mm柱状本体。在模型本体上分布有两个注气口和三个水平井筛管接口，可开展多种布井方式的水平井火驱实验。本次实验开展了两种布井方式的水平井火驱实验，具体布井方式见图2。

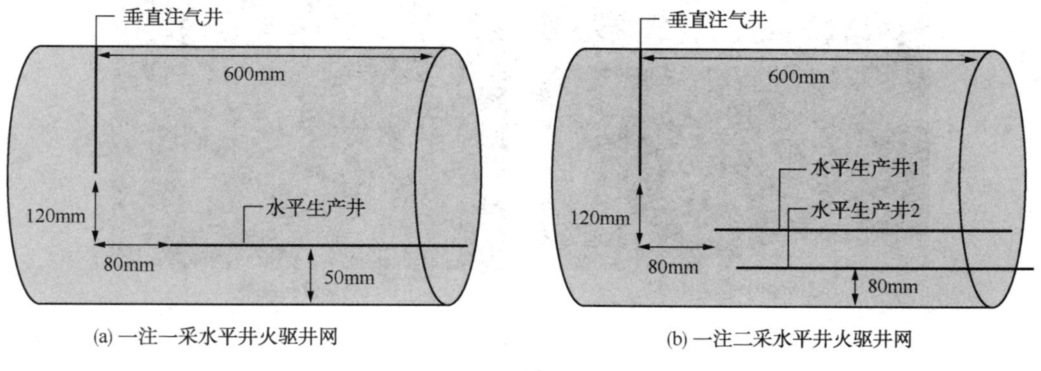

图2　水平井火驱实验井网

利用三维火驱物理模拟实验装置进行水平井火驱实验，主要是通过调节注空气流量以及控制模型注入及产出井的压力，实现火驱过程中的稳定燃烧，并通过对实验过程中的注气量、注气速度、产出气组分以及燃烧腔的展布情况进行分析，得到水平井火驱的燃烧状态，为优化注采参数、筛选油藏条件及井网布置提供实验数据基础。

2　实验结果分析

2.1　“一注一采”THAI火驱实验

一注一采单水平井火驱点火20h后的燃烧区展布情况(图3)，从实验结果看，油层分为未燃区、结焦带和已燃区。通过测量结焦带与水平井趾端的位置，可知已燃区的下端已经推进到水平井指端。在高温作用下，已燃区前缘未被驱动的稠油反应形成结焦带，由于结焦带包裹着已燃区，可通过分析结焦带的形态研究重力火驱燃烧特征。

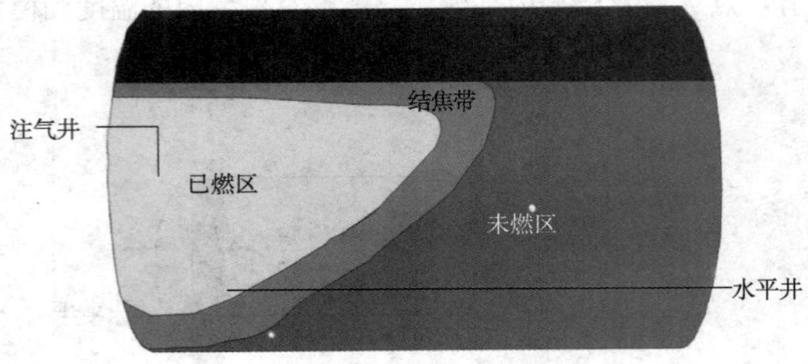

图 3　燃烧腔形态展布示意图

从图 4 中可以看出，单水平井火驱的整个已燃区为“船头”形且被结焦带包裹，注入端已燃区腔体高 17cm，宽 26cm，并且随着火线推进，燃烧腔的高度和两翼宽度逐步减小，燃烧腔的横向扩展能力变弱，不利于稠油油藏的动用。结焦带顶部厚度 3~5cm，结焦带下端有约 30°泄油斜面，表明火驱为超覆燃烧。

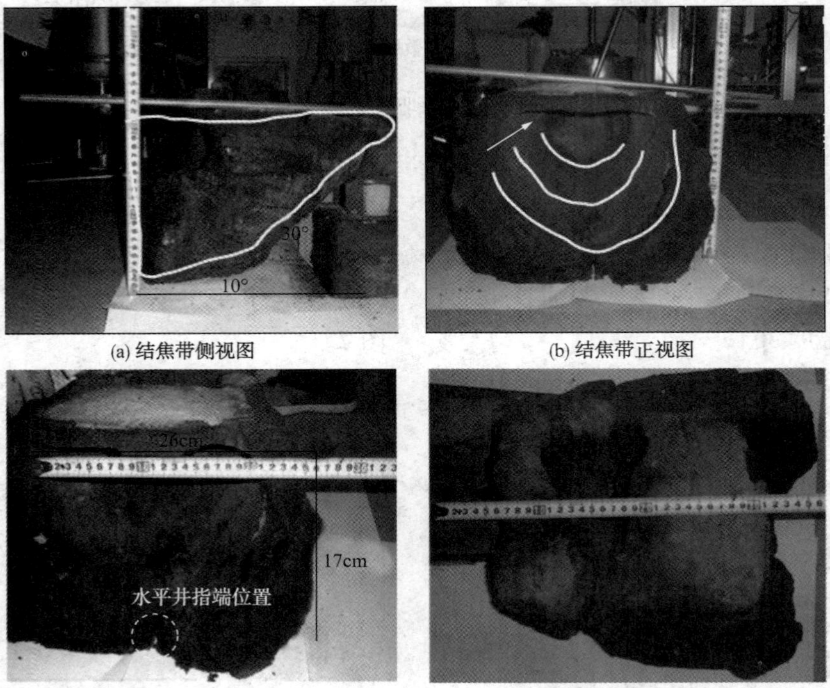

(a) 结焦带侧视图　(b) 结焦带正视图

(c) 结焦带正视图　(d) 结焦带俯视图

图 4　火驱实验结焦带形态

实验过程中，点火 17h 后，O_2 含量开始上升至 10%以上，CO_2 含量下降至 5%以下，表明气体已经从水平井指端窜出，影响火线稳定推进。从图 5 点火 17h 后的温度场图看出，水平井段温度已经接近 300℃高温，表明气体的窜进方向。单水平井重力火驱过程中，存在燃烧前缘向水平井段窜进的风险，当受到高渗通道的影响，在其他方向也能形成气窜通道。在重力火驱过程中，由连续封闭的结焦带包裹燃烧腔，能保持燃烧腔压力平衡，是火线稳定推进必要条件。当结焦带受到外界条件影响不能保持封闭连续，燃烧腔中的压力平衡被破坏，注入空气不能与原油充分燃烧，而直接从水平井排出，单水平井火驱的气体组分呈现单峰现象，出现气窜，仅仅通过调节注气量难以避免气窜。

2.2　“一注二采”双水平井火驱实验

图 6 给出了一注二采双水平井火驱点火 27h 后的燃烧区展布情况分析，从实验结果看，燃烧前缘距离点火井达到 40cm，结焦带前缘几乎与水平面垂直，呈现“帽”状，可以看出燃烧前缘

几乎没有超覆现象发生，燃烧腔展布更加均匀，燃烧腔的体积与单水平井相比更大。

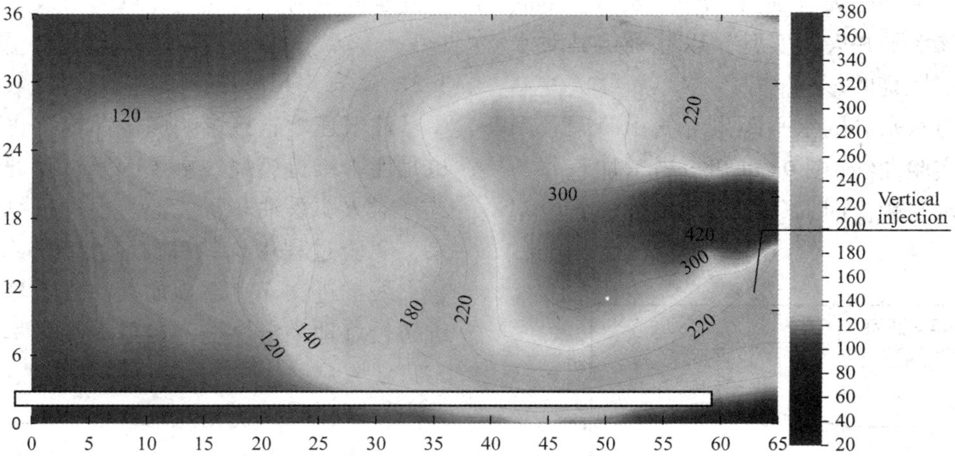

图 5　点火后 17 后模型内温度场图

图 6　双水平井结焦带

图 7 为双水平井火驱实验过程中的气体组分变化曲线，可以看出双水平井火驱实验过程中 O_2含量在稳定燃烧 1h 后下降至 8%左右，并呈现波浪式跃动，有多峰现象。双水平井火驱过程中，当出现 O_2上升，通过更换双水平井的开关，可以抑制水平井气窜，达到火线稳定推进效果。

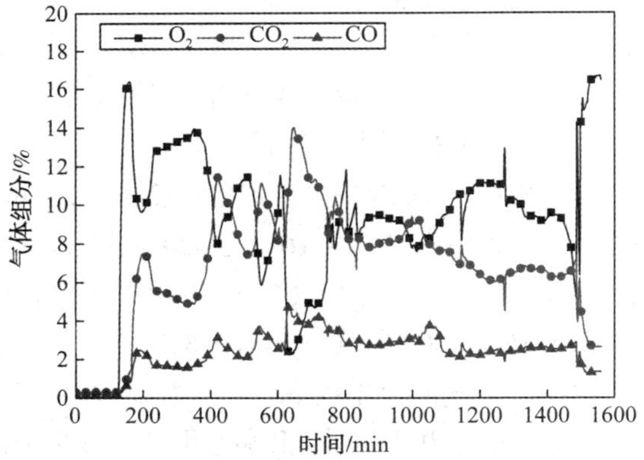

图 7　双水平井火驱的气体组分

实验结果可以看出，“一注两采”双水平井的稳定燃烧时间更长，温度展布更加均匀，火线推进距离更远。水平井火驱实验的产出液为明显的泡沫状，从图 8 看出，双水平火驱实验与单水平井火驱相比，产出液持续稳定，单水平井火驱实验的采收率为 38%，而双水平井井网模式的采收率高达到 53%。

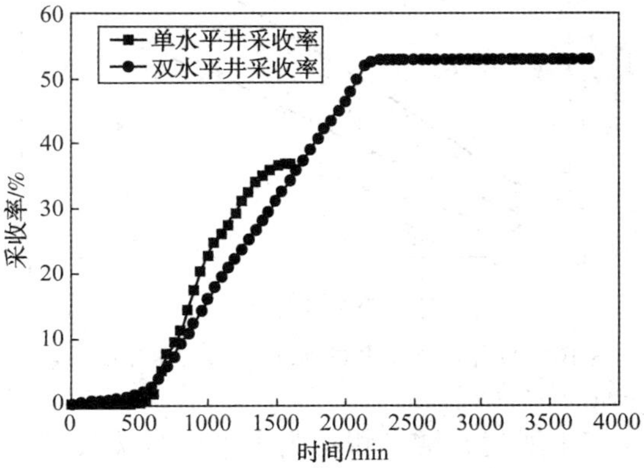

图 8　两种井网下的采收率图

3　水平井火驱风险调控方法

3.1　直井与水平井之间距离的优化

火驱过程中，水平井火驱的注气井与水平井间的水平距离通过改变水平井段的长度来决定，而垂直距离只能通过直井的射孔位置来改变。利用长度分别为40cm、42cm、45cm、48cm的水平井筛管，对应水平距离分别为10cm、8cm、5cm、2cm开展三维水平井火驱实验，以此确定其对水平井火线稳定燃烧的影响。

由直井与水平井的水平距离对气窜时间及采收率的影响实验曲线(图9)可知，当增加直井与水平井间的水平距离时，气窜时间增加，采收率无明显增加。

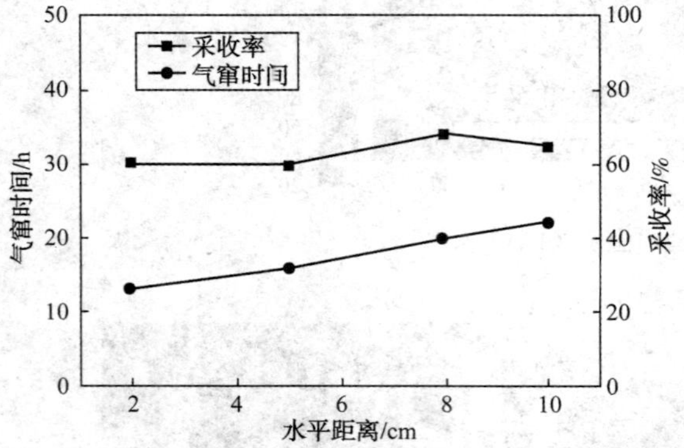

图9　直井与水平井的水平距离对气窜速度及采收率的影响

由直井与水平井的水平距离对压差的影响实验曲线(图10)可知，相同注气速度下，随着直井水平井间的水平距离增加，两井间的注气压差逐步增加。

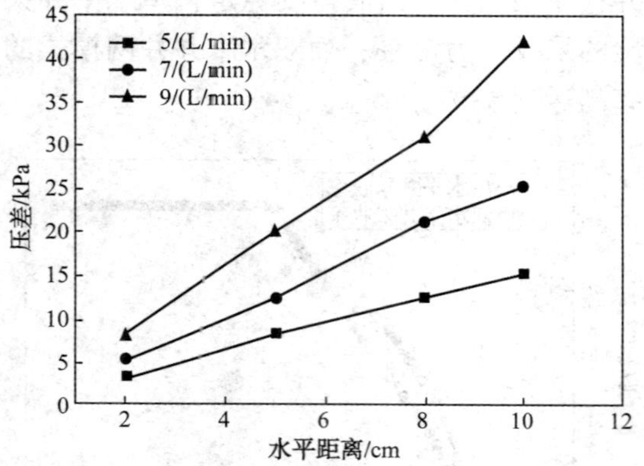

图10　直井与水平井的水平距离对压差的影响

综上所述，增加相对距离可以减缓气窜，但同时容易造成注气困难，采收率增加不明显，不利于水平井火驱的预热连通及稳定泄油；当直井与水平井间的垂直距离足够的情况下，应尽可能减少注气井与水平生产井间的水平距离。

注气井的射孔位置决定了直井与水平井间的垂直距离，由于注气直井全部射开，油层温度场发育好于射开上部油层，但全部射开油层存在火线向水平井窜进的风险。因此，预热阶段推荐注气井全井段射孔，注气井点火阶段射开油层上部1/3。

3.2　注采参数优化

注气速度直接影响燃烧前缘推进速度，同时也是能否维持燃烧的重要因素，因此注气速度的选择对火驱采油非常关键。根据三维火驱实验结果，实验过程中保持注气速度为5～7L/min，随着火线推进，不宜逐步加大注气速度，实验过程维持较好地稳定燃烧，避免火线过早沿着水平井窜进。

生产压差是优化注采参数的重要指标。当注入井与水平生产井压差为1000kPa左右时，随着火线的推进，CO_2含量降低，O_2含量上升，出现不稳定燃烧；当CO_2含量下降至5%，O_2含量上升至8%以上时，注入空气沿着水平井突进，发生气窜。当注入井与水平生产井压差控制为50～70kPa时，点火11h左右开始泄油，泄油量稳定，且燃烧期间CO_2含量均保持在10%以上，O_2含量为1%左右，燃烧稳定。通过实验表明，在火驱过程中降低生产压差，可以降低气窜风险。

水平井火驱过程中，当高温空气进入水平井管道时，水平井管柱的温度迅速升高，原油在管柱空间燃烧，造成水平井段燃烧变形。在水平生产井段注入蒸汽，使得水平井段温度下降，也封堵了空气窜入水平井的通道，保证了燃烧腔的封闭和完整性。

4　现场应用情况

新疆油田试验区原油密度0.956～0.963g/cm^3，50℃下原油黏度6368～15512mPa·s，油层平均厚度为12m，孔隙度30%，渗透率900×10^{-3}μm^2，含油饱和度65%，在试验井组水平井段分布有12个测温点，用来探测火线位置。

试验区井组采用了稳定压差1～2MPa之间的调控方法，2015年11月16日至2018年11月6日，FHHW005井组点火燃烧1056d，CO气体平均含量0.1%，CO_2平均含量10.8%，O_2平均含量0.13%，空气油比1032m^3/m^3，实现了井组的稳定燃烧。根据井下温度探测点可知，第9个测温点距离点火井为657m，在点火后30d温度上升到500℃以上。判断该井的燃烧前缘存在井底气窜和超覆现象，与实验过程的现象一致，实验结果为试验区方案编制的井网优化提供技术指导。

5 结论

(1) 一注一采的单水平火驱燃烧初期，已燃区(燃烧腔)向四周均匀扩展，燃烧腔呈球面体，当继续向前推进时，火线前缘呈超覆燃烧特征，沿着水平井方向的燃烧前缘存在一定的倾角。

(2) 水平井火驱过程中，燃烧腔压差占注采压差不到0.1%，证实水平井火驱是微压差作用下的驱油，在燃烧过程中应降低注采压差，减小气窜风险。

(3) 双水平井火驱比单水平井火驱的燃烧前缘展布更加均匀、更容易调控；实验发现双水平井火驱火驱的采收率为53%，比单水平井火驱的采收率高14%。

参 考 文 献

[1] Turta, A. T, Singhal. A. K. Overview of Short-Distance Oil Displacement Processes[J]. Journal of Canadian Petroleum Technology. 2004, 2(43): 29-36.

[2] Ma Chunhong, Wu xiaodong, Liu Qieheng, et al. An Experimental Research on the Flowage Characteristics of Super Heavy oil in the Pipeline Transportation. The Second International Symposium on Multiphase. Non-Newtonian and Reacting Flows'04, 2004: 473-477.

[3] Xia T X, Greaves. M Thai-A-'Short-Distance Displacement' In-Situ Combustion Process for The Recovery and Upgrading of Heavy Oil. Transactions of The Institution of Chemical Engineers, 2003, PartA, 81: 295-304.

[4] 李伟超，吴晓东，刘平．从端部到跟部注空气提高采收率的新方法．西南石油大学学报：自然科学版．2008，1(30)：78-80.

[5] Mc Daniel. Petrobank´s THAI Technology Expands Exploitable Bitumen in Place CALGARY, Alta. 2010, 3 (12).

[6] 薛宗占．深层块状稠油油藏转重力火驱研究[D]．中国地质大学(北京)，2013，11. 109-112.

[7] Greaves, M., El-Sakr, A., Xia, T. X., Ayasse, A. and Turta, A. T. Thai—new air injection technology for heavy oil recovery and in situ upgrading. Journal of Canadian Petroleum Technology, 2000, 40 (3): 1-10.

[8] Greaves. M. and Al-Honi. M.. Three dimensional studies of in-situ combustion-horozontal wells process with reservoir heteroneitirs. J Can Pet Technol, 2000, 39(10), 25-32.

[9] Liang Jinzhong, Guan Wenlong, Wu Yongbin, et al. Combustion Front Expanding Characteristic and Risk Analysis of THAI Process. IPTC 16426, 2013: 1-9.

[10] 关文龙，王世虎，蔡文斌，等．新型火烧油层物理模型的研制与应用[J]．石油仪器．2005，4(19)：4-7.

[11] 关文龙，蔡文斌，王世虎，等．郑408块火烧油层物理模拟研究[J]，石油大学学报：自然科学版．2005，5(29)：58-61.

[12] 关文龙，马德胜，梁金中，等．火驱储层区带特征实验研究[J]．石油学报．2010，1(31)：100-109.

[13] 关文龙，席长丰，陈亚平，等．稠油油藏注蒸汽开发后期转火驱技术[J]．石油勘探与开发，2011，38(4)：452-462.

[14] 关文龙，吴淑红，梁金中，等．从室内实验看火驱辅助重力泄油技术风险[J]．西南石油大学学报：自然科学版，2009，31(4)：67-72.

[15] 刘其成，刘宝良，程海清，超稠油油藏火驱辅助重力泄油技术实验研究[J]．特种油气藏，2015，01，018；1006-6535.

[16] 薛海涛，卢双舫，付晓泰．甲烷、二氧化碳和氮气在油相中溶解度的预测模型[J]．石油与天然气地质，2005.08，26-4.

新型致密油储层高温高压在线核磁共振测试系统研制

丁　耀[1]　王为民[1*]　朱涛涛[3]　刘乃贵[2]

（1. 北京大学电子学系，北京　100871；2. 中国科学院油气资源研究重点实验室；
中国科学院地质与地球物理研究所，北京　100029；3. 北京斯派克科技发展有限公司）

摘　要　致密油低渗致密、非均质强等特点，给致密油物性测试和渗流模拟实验带来了巨大的挑战。研制新型致密油储层高温高压在线核磁共振测试系统，来满足致密油储层分析需求。系统主要包括核磁共振测量模块、驱替模块、环压模块、核磁共振兼容的岩心夹持器、计算机控制和数据处理模块。根据致密油储层的特点，对系统进行了特定的设计和完善。实现了致密油岩石物性、饱和度等多种参数的动态、无损检测，能够开展高温高压下致密油储层样品的油气水多相流体流动和驱替的模拟实验。

关键词　致密油藏；高温高压；核磁共振；渗流实验；在线测试

引言

致密油一般未经过长距离大规模运移，储集层大面积展布，生储组合配置有效，具有优质的烃源岩[1]。作为重要的非常规油气资源，越来越受到各国的重视。2010 年美国在致密油勘探开发等领域取得了巨大进展，产量突破 2.5×10^7 t。我国致密油储层分布广泛、资源丰富，在准噶尔盆地卢沟草组、鄂尔多斯盆地延长组、松辽盆地青山口组等都有重要的发现，展示了致密油勘探的巨大潜力[2-4]。

致密油储层岩石组分复杂、结构多变，属于低渗透致密储层（平均孔隙度小于12%，平均渗透率小于 0.1mD），同时非均质强、孔径分布广泛、孔喉结构结构复杂，这给致密油物性测试和渗流模拟实验带来了巨大的挑战。

核磁共振（NMR）近年来被广泛应用到油气田储层录井和实验室岩石样品测试研究中，该技术根据岩石内流体自旋核磁矩的弛豫和扩散原理[5]，通过建立核磁变量与岩石-流体信息的标定关系，能够进行岩心内孔径和流体分布的定量检测，具有快速、可重复和精度高等优势。国内磁共振设备未针对致密储层专门研制，精度无法满足致密储层分析需求，现有磁共振设备缺乏高温高压流动状态的在线分析手段。本文研制了新型致密油储层高温高压在线核磁共振测试系统，适用于致密油低渗岩石结构和流体渗流机理研究，实现了致密油岩石物性、饱和度等多种参数的动态、无损检测，能够开展高温高压下致密油储层样品的油气水多相流体流动和驱替的模拟实验，为盆地致密油勘探开发提供强有力技术支撑。

1　新型致密油储层高温高压在线核磁共振测试系统研制

新型致密油储层高温高压在线核磁共振测试系统研制目的是提供一种高温高压岩石物性及渗流机理核磁共振在线测试装置。该装置可以在高温高压下，利用核磁共振技术在线分析油、水、气三者分布规律及多种因素对其的影响，从微观的角度剖析致密油低渗储层物性及渗流机理。该系统（图 1）主要包括核磁共振测量模块、驱替模块、环压模块、核磁共振兼容的岩心夹持器、计算机控制和数据处理模块。

核磁共振测量模块（图 2）：由计算机、核磁共振谱仪、射频放大器、梯度放大器、低噪声前置放大器、核磁共振磁体、梯度发射线圈、NMR 射频发射-信号接收线圈（简称探头）、电磁屏蔽间以及相关线缆组成。工作流程概括如下：计算机控制核磁共振谱仪发射两组信号：一组具有共振频率的射频脉冲信号经过射频放大器放大后施加到核磁共振磁体中的探头上；另一组

基金项目：国家重点基础研究发展计划（“973 计划”）资助项目（2015CB250902）；中国科学院战略性先导科技专项（A 类）（XDA14010202）；国家科技重大专项（2017ZX05008-004）。

作者简介：刘乃贵，男，硕士毕业于石油大学（北京），现在北京大学工作，主要从事核磁共振在油气勘探开发领域的应用工作。E-mail：dingyao_cup@163.com。

具有特定波形的梯度信号经过梯度放大器放大后施加到梯度发射线圈上，在主磁场上叠加梯度磁场。探头中样品在射频脉冲的激励下产生核磁共振现象，激励结束后接收线圈能够接收到衰减的信号，核磁共振信号经过低噪声前置放大器放大后送回核磁共振谱仪，最终到达计算机中，对接收到的 NMR 信号进行计算及反演等处理。

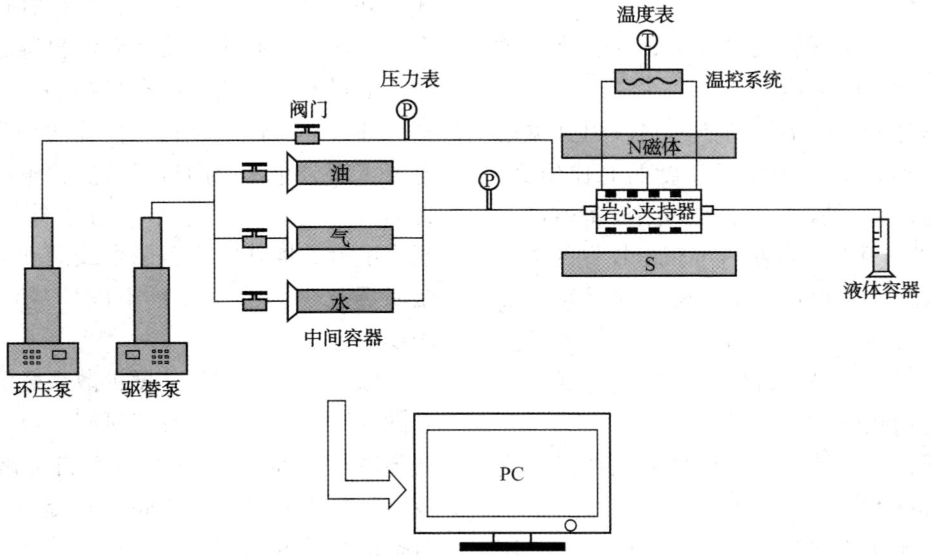

图 1　新型致密油储层高温高压在线核磁共振测试系统研制示意图

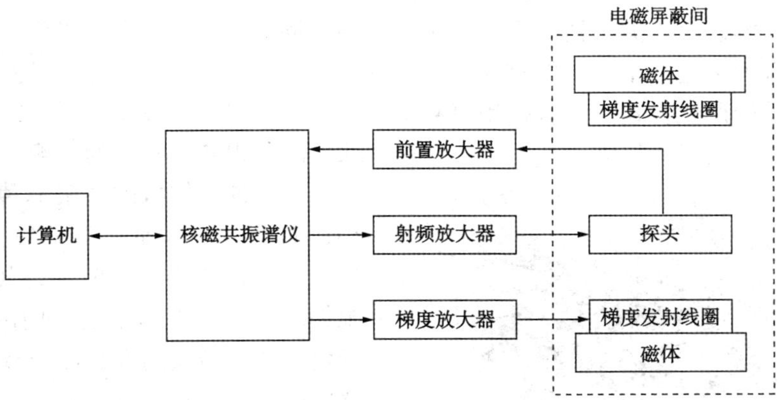

图 2　核磁共振测量模块示意图

驱替模块：主要由驱替泵、保温箱、驱替管道、无磁阀门和流体接收容器组成，形成了一套核磁共振兼容的驱替系统。其中驱替泵为 isco 泵，这种泵是驱替研究实验中较为先进的流体泵，可以工作在恒流量或者恒压等多种状态，同时驱替的流体可以是油、水、气，因此可以满足各种实验方案。保温箱的作用是将驱替流体进行预加热，保证流体进入岩心时达到设定温度。为满足驱替管道在高温高压下进行工作的需要，选用耐高温高压的不锈钢管。流体接收容器多为实验用量筒，用于计量接收从管道流出的流体。

环压模块：如果环压流体含氢，会影响核磁共振测量的准确性，因此采用不含氢的氟氯碳油作为环压流体。通过环压泵可以控制实验压力，进行压力反馈调节。

核磁共振兼容的岩心夹持器：用于夹持和密封岩心，在核磁共振测量模块、驱替模块和环压模块的配合下，模拟井下温度、压力和循环流体流动条件，完成高温高压在线核磁共振测试。

计算机控制和数据处理模块：主要包括压力、温度控制软件和核磁共振测量软件。其中压力、温度控制软件可以控制驱替泵、阀门、温度传感器和加热线圈，从而实现温度、压力在线控制与记录。核磁共振处理软件，可以处理接收的

NMR 信号。压力、温度控制软件能够和核磁共振测量软件进行良好的协同。

如上简述的测试系统，针对致密油储层的地质特点（高温高压、低渗致密等），对系统进行了如下特定的设计和完善。

（1）优化设计了开放式 C 形磁体，提高对致密油储层在线测试的适应性。

针对致密油储层的地质特点，对核磁共振磁体进行改进。通过对不同磁场强度的对比研究，确定针对致密油储层岩心，核磁共振设备磁场强度在 2300 高斯（0.23T）左右可获得较好的测量结果，为此我们专门设计了一个磁场强度为 2300 高斯的磁体，磁体单元磁性材料采用铷铁硼稀有金属，防涡流材料为进口硅钢片，匀场方式采用铁钉被动匀场加线圈数字匀场。

利用有限元分析计算方法对核磁共振磁体进行结构设计和优化[5-8]，磁体均匀度高，测量空间大，均匀区域扩大到直径 26cm 的球体。采用 C 形磁体能够更好兼容致密油核磁共振高温高压在线实验（图 3），与常规封闭磁体相比，具有更高的开放度，可以容许岩心夹持器等设备自由进出。在线核磁共振测试过程中，也能够快速方便地对岩心夹持器进行调试操作。并且使用可移动平台，有利于岩石样品平移扫描。

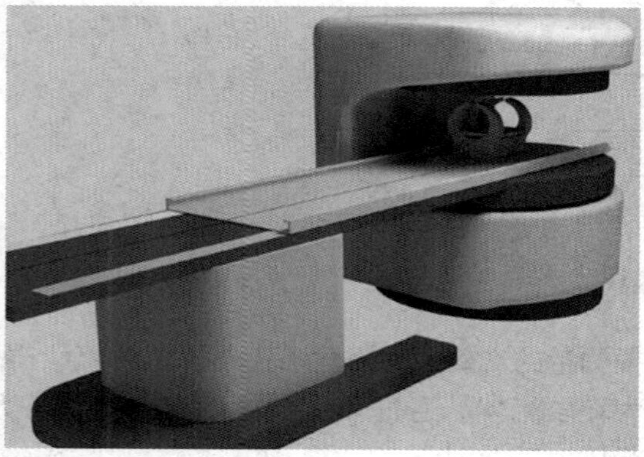

图 3　开放式 C 形磁体示意图

（2）设计自屏蔽梯度线圈，提高梯度磁场强度，减小涡流，提高油水分辨率。

梯度线圈在特定区域内产生一定大小和分布的梯度磁场，同时由于梯度线圈快速切换，在线圈外也会产生相应的剩余磁场，在周围的导体材料中引起涡流。周围导体中感应的涡流会反过来影响梯度场，结果造成梯度线性度被破坏，并且造成梯度的切换率减小，即上升和下降的时间增加[9-10]。涡流影响成像区域的磁场强度和均匀性，进而影响成像质量和核磁共振谱学分析（如核磁共振扩散-弛豫二维谱分析）。为了解决涡流一般采用外设装置进行涡流补偿，但由于梯度线圈外剩余磁场的多变性，这种补偿方式不能完全消除涡流的影响。设计涡流自屏蔽线圈是解决涡流的最根本办法，结合目标场方法进行反演计算，通过非线性最优化迭代算法得到线圈的连续电流密度分布，运用流函数法将电流密度分布转化为实际的导线分布[11]。在主线圈外搭配通有相反电流的屏蔽线圈，两个线圈在屏蔽区域内剩余磁场几乎为零，并且不破坏成像区域内目标磁场。

致密油岩心核磁共振扩散系数测量时需要很高的梯度线圈。为此我们研制了可以产生梯度磁场强度达到 500mT/m 并带有自屏蔽功能的梯度线圈。梯度磁场由 150mT/m 提升至 500mT/m。对扩散系数的识别由 $10^{-11}m^2/s$ 扩展至 $10^{-13}m^2/s$，满足致密油岩样的测量。同时为了实现不同的实验目的，本系统配备两种不同的磁场梯度线圈，固定磁场梯度（FFG）和脉冲磁场梯度（PFG）[12]。

（3）设计品质因子开关（Q-Switch），降低死时间，提高小孔隙的探测能力。

致密油岩样核磁共振 T_2 值远比常规储层样品小，如果想尽可能完整采集样品的核磁共振信号，需要将仪器的死时间缩短到 10μs 左右。当施加在线圈（探头）上的射频结束后，射频能量仍然会以谐振的方式保留在线圈上。需要等待这些残留的射频能量信号在谐振电路中慢慢消失后，线圈才能接收来自样品的核磁共振回波小信号。设计使用品质因子开关（Q-Switch）减小由线圈振荡消退（Ring down）引起的仪器死时间。

品质因子开关（Q-Switch）在射频发射结束后，降低线圈 Q 值，使谐振能量能够快速卸除。然后再断开 Q 开关，升高线圈 Q 值，进行射频接收[13-14]。有源主动场效应管型 Q 开关创新地只用一只耐高压场效应管和直流偏置电压实现。测试结果表明，源主动场效应管型 Q 开关具有开启和关闭迅速、开启阻抗极低、关闭阻抗极高，并且可以承受高达 500Vpp 的射频信号的优点。探头死时间由 60μs 缩短到 10μs，回波时间由 200μs 降低到 60μs，对小孔隙的探测能力由 0.1ms 提升至 0.01ms，满足致密油岩样核磁共振测量的要求。实现了核磁共振系统死时间足够短，回波速度足够快，以保证致密油储层样品的短弛豫信号能够无损保留和采集。

(4) 新型线圈内置式高温高压岩心夹持器研制。

为了满足致密油高温高压物理模拟的需要，岩心夹持器采用钛合金材料加工制造，可以在压力100MPa，温度150℃的条件下工作。同时为了保证岩心夹持器能够与核磁共振兼容，将线圈放置在环压腔中，线圈螺旋环绕着，环抱整个岩心室。常规岩心夹持器搭配使用外置式射频线圈（图4）进行核磁共振测量，核磁共振测量信号低，不利于致密油储层测试。将核磁共振线圈在夹持器环腔内安装（图5），可以增强核磁共振测量信号，提高信噪比，适用于致密油储层测试。线圈内置可以将射频线圈直径由12cm缩减为4cm，信噪比与填充因子成正比，填充因子近似的等于样品体积与线圈体积之比，信噪比大幅提高。一般的岩心夹持器装卸岩心不是很方便，本系统的岩心夹持器设计为左右可调式，这样能够快速方便地对岩心进行装卸。

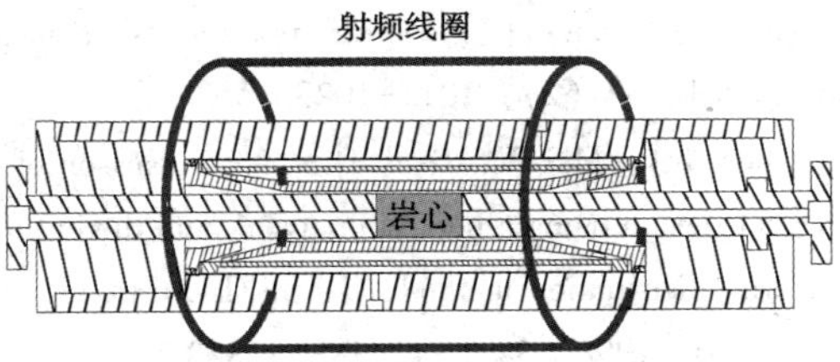

图4 线圈外置式岩心加持器示意图

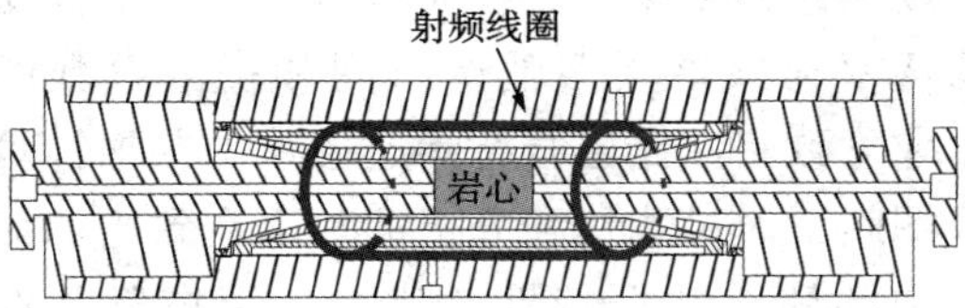

图5 线圈内置式高温高压岩心加持器示意图

(5) 进行电磁兼容研究，解决常规驱替设备对磁共振的干扰。

将磁共振设备与驱替系统放置在一起，造成噪声干扰大，不适合致密油岩心使用。设计专用电磁屏蔽间，四周都使用电磁屏蔽，以减少外界电磁辐射对磁共振实验的影响。流动系统管线经过波导板接入屏蔽间内，将磁共振设备与驱替系统分离。避免驱替设备对磁共振的干扰，提高信噪比，使致密油岩心的核磁共振分析成为可能。

(6) 设计光纤信号传输，提高信噪比，扩大测量精度。

传统同轴线传输方法：用同轴线将MRI信号以模拟信号的方式传出屏蔽间，再进行采样处理。同轴线抗干扰能力差、信噪比低、速度慢、容量小、传输距离近、接头复杂、不利于通道数扩展。改进型传输方法：在屏蔽间内将MRI信号先进行数字化转换使用光纤传输（图6），抗干扰能力强、提高信噪比和成像质量、速度快、容量大、传输距离远、损耗小、结构简单、通道拓展潜力大。最高速率可达3.125Gbps，提高信噪比30%以上，大幅度提高测量精度。

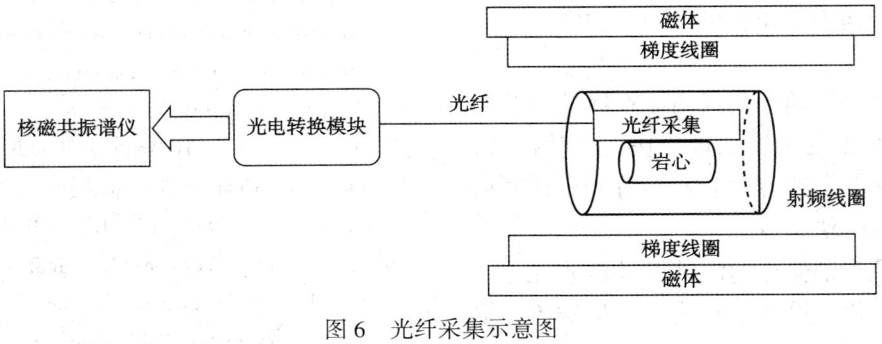

图6 光纤采集示意图

2 应用简介

在新型致密油储层高温高压在线核磁共振测试系统研制的基础上，可以采用核磁共振静态物性分析和核磁共振驱替在线测试分析结合的方式，进行致密油储层岩心核磁共振分析方法研究。

(1) 致密油储层岩心孔隙度、渗透率、含油饱和度、可动流体百分数、孔隙半径分布、润湿性的静态测试分析研究。

通过对比气测孔隙度和核磁共振测量孔隙度之间的差别，研究致密油储层岩石孔隙度与核磁共振测量参数之间的关系，建立致密油储层岩石孔隙度测量的刻度方法；通过测量和分析储层岩心渗透率与核磁共振弛豫时间和扩散系数的关系，建立致密油储层岩石渗透率核磁共振计算模型或图版；通过测量和分析油和水在致密油储层岩石中的核磁共振特性，建立利用核磁共振弛豫-扩散二维谱技术[15-16]分辨致密油储层岩石中油和水的方法，形成致密油储层岩石含油饱和度的快速、无损和在线检测分析方法。通过研究致密油储层岩心可动流体百分数与核磁共振 T_2 弛豫时间的关系，完善岩心可动流体百分数的检测方法；通过对比压汞曲线和核磁共振 T_2 弛豫谱之间的关系，得到特征转换系数，达到利用核磁共振直接测量孔隙半径分布的目标；研究致密油砂岩孔隙中流体自扩散系数[17]的核磁共振测量方法，研究基于流体自扩散系数的岩石孔径分布分析和计算的新方法；研究岩石颗粒表面润湿性对流体弛豫性质和自扩散运动的影响机理，研究岩石中流体自扩散系数分布的核磁共振测量方法，研究岩石中流体自扩散系数和弛豫时间二维谱的统计分析方法，寻求能够最有效地表征岩石颗粒表面润湿性的新方法和算法。

（2）开展致密油储层岩心流体驱替的核磁共振在线检测分析研究。

模拟致密油地层温度和压力，进行岩心流体驱替物理模拟实验，在线测量实时的核磁共振信号，获得丰富的参数。结合 T_2 谱分析、D-T_2 谱分析和核磁共振成象分析等技术手段，多角度地反映储层岩心的渗流特性。将核磁共振新技术和渗流物理进行交叉结合，为致密油储层渗流机理研究和数值模拟建模工作提供基础。

3 结论

（1）新型致密油储层高温高压在线核磁共振测试系统主要由核磁共振测量模块，驱替模块，环压模块，核磁共振兼容的岩心夹持器，计算机控制和数据处理模块组成。

（2）针对致密油储层的测试需求对系统进行了设计和完善：优化设计了开放式 C 型磁体，提高对致密油储层在线测试的适应性；设计自屏蔽梯度线圈，提高梯度磁场强度，减小涡流，提高油水分辨率；设计品质因子开关（Q-Switch），降低死时间，提高小孔隙的探测能力；研制了新型线圈内置式高温高压岩心夹持器；进行电磁兼容研究，解决常规驱替设备对磁共振的干扰；设计光纤信号传输，提高信噪比，扩大测量精度。

（3）新型致密油储层高温高压在线核磁共振测试系统可以进行致密油储层岩心孔隙度、渗透率、含油饱和度、可动流体百分数、孔隙半径分布、润湿性的静态测试分析研究，同时能够开展致密油储层岩心流体驱替的核磁共振在线检测分析研究。

参考文献

[1] 李倩，卢双舫，李文浩，等．威利斯顿盆地和西墨西哥湾盆地致密油成藏差异［J］．新疆石油地质，2016，37（6）：741-747.

[2] 陈祥，王敏，严永新，等．泌阳凹陷陆相页岩油气成藏条件［J］．石油与天然气地质，2011，32（4）：568-576.

[3] 孙焕泉．页岩油气勘探：胜利油田成功起步［J］．中国石化，2011（9）：4-7.

[4] 罗承先．页岩油开发可能改变世界石油形势［J］．中外能源，2011，16（12）：22-26.

[5] Dunn，K-J.，David J. Bergman，Gerald A. LaTorraca，eds. Nuclear magnetic resonance：Petrophysical and logging applications. Vol. 32. Elsevier，2002.

[6] Luong B，Goswami J C，Sezginer A，et al. Optimal control technique for magnet design in inside-out nuclear magnetic resonance［J］. IEEE transactions on magnetics，2001，37（2）：1015-1023.

[7] Lowther D A，Mai W，Dyck D N. A comparison of MRI magnet design using a hopfield network and the optimized material distribution method［J］. IEEE transactions on magnetics，1998，34（5）：2885-2888.

[8] Miyata K，Ohashi K，Takahashi N，et al. Analysis of magnetic characteristics of permanent magnet assembly for MRI devices taking account of hysteresis and eddy current［J］. IEEE transactions on magnetics，1998，34（5）：3556-3559.

[9] Ahn C B，Cho Z H. Analysis of eddy currents in nuclear magnetic resonance imaging［J］. Magnetic resonance in medicine，1991，17（1）：149-163.

[10] Jehenson P，Westphal M，Schuff N. Analytical method for the compensation of eddy-current effects induced by pulsed magnetic field gradients in NMR systems［J］. Journal of Magnetic Resonance（1969），1990，90（2）：264-278.

[11] Turner R. A target field approach to optimal coil design［J］. Journal of physics D：Applied physics，1986，19（8）：L147.

[12] Zhi-Min J，Wei-Min W. A Method of Choosing the Optimal Number of Singular Values in the Inverse La-

place Transform for the Two-Dimensional NMR Distribution Function [J]. Chinese Physics Letters, 2013, 30 (1): 010201.

[13] Anklin C, Rindlisbacher M, Otting G, et al. A probehead with switchable quality factor. Suppression of radiation damping [J]. Journal of Magnetic Resonance, 1995, 106: 199-201.

[14] Grannell P K, Orchard M J, Mansfield P, et al. A FET analogue switch for pulsed NMR receivers [J]. Journal of Physics E: Scientific Instruments, 1973, 6 (12): 1202.

[15] Hürlimann M D, Venkataramanan L. Quantitative measurement of two-dimensional distribution functions of diffusion and relaxation in grossly inhomogeneous fields [J]. Journal of Magnetic Resonance, 2002, 157 (1): 31-42.

[16] 孟小海，姜志敏，史京生，等. 二维核磁共振观测岩石润湿性 [J]. 波谱学杂志，2012，29 (2): 190-200.

[17] Song Y Q. Pore sizes and pore connectivity in rocks using the effect of internal field [J]. Magnetic Resonance Imaging, 2001, 19 (3): 417-421.

修井作业油泥产生原因分析及减控对策研究

孙立超

（中国石油辽河油田分公司锦州采油厂，辽宁 盘锦 124109）

摘　要　油田油泥是在原油开采、集输等过程中产生的含油废物。由于地域环境的特殊，辽河油田一直坚持发展绿色修井技术，该技术起源于锦州采油厂，后推广至全辽河油田，形成了辽河油田特色修井技术。绿色作业技术是指在修井作业过程中采取技术措施和控制手段，防止在修井作业时造成污染的作业技术，主要包括地面防污染技术、井口控油技术和井下泄油技术，现场应用效果显著。

关键词　油泥；绿色修井；泄油器；管中管；抱臂式泄油；地面回收

概述

油泥已被列入《国家危险废物名录》中的危险废物，其对环境危害的长期性和潜在性，正引起高度重视，油田油泥是在原油开采、集输等过程中产生的含油废物，主要有联合站日常生产运行产生的浮渣油泥、油田各类容器清淤产生的清罐底泥和油水井作业、生产（储运）设施泄漏清理等过程中产生的固态、半固态或液态的油、泥、水等落地油泥。本文所述油泥是指修井作业过程中产生的落地油泥，针对起下油管作业时产生的作业油泥，目前主要减控措施有：泵上泄油器，抽油杆刮油器、油管刮油器、循环洗井等。以上措施虽然取得了一定效果，但仍存在以下几个问题：

1　存在的问题

1.1　井下现有泄油器无法满足特殊井况泄油要求

（1）水平井、大斜度井由于井身斜度大，投杆时杆身和油管摩擦力大，减小杆体下撞的动能，使之无法撞断泄油器的销钉；另外生产时产生的金属碎屑经沉积和杂质集结，易形成硬块，造成卡杆影响投杆撞击销钉。

（2）出砂井砂埋泵杆、卡杆、杆断脱井时，抽油杆不能下投和上提，无法打开泄油器。

（3）稠油井采出液黏度高，影响投棒下行速度，加上胶质、沥青质容易形成块状物，撞击式泄油器的开启成功率普遍较低。

另外部分特种举升泵无有效泄油装置，撞击式、提拉式泄油器无法满足特种泵的使用要求，如柔性金属泵、金属弹性泵、长柱塞耐砂泵等，无有效泄油器。

1.2　井口顶喷起管污染控制难度大

当油井出现砂卡、蜡卡等情况时，泄油器无法打开，常规洗井无法正常循环，顶喷起管作业过程中，施工现场只有一种套管回油箱将一部分油水回收至套管内，仍会造成井口大量油水落地。

1.3　地面控制原油落地装置欠缺

目前井场防止油泥落地的设施只有在管桥下方铺设的防油垫布，井口无设施，而且防油垫布存储体积小，施工过程很容易造成损坏，原油仍会一部分流至地面，无论是井口的落地原油，还是防油垫布上原油，都会给施工带来极大不便，影响施工安全。

2　主要研究内容

2.1　研制井下双作用泄油器

针对特殊井况泄油器打开成功率低、部分特种举升泵无有效泄油装置，研究一种双作用泄油器。该泄油器由锚定和泄油两部分组成。泄油部分主要由泄油短节、上压帽和锥体组成，泄油短节与锥体之间采用左旋梯形螺纹连接；锚定部分主要由锚瓦、中心管和活塞组成。

（1）锚定部分的研制。

设计原则：不额外打压，靠油管内外压差锚定。

活塞、中心管和密封圈组成上腔室（液压缸），油管内的液体通过连通孔进入上腔室，当液体压力达到3MPa（油套液面差达到400m时）

作者简介：孙立超（1988-），男，吉林通化人，大学本科，工程师，研究方向为采油新技术研究推广。

时，活塞可启动上行，锚瓦沿锥体上的导向槽向外张开支撑在套管壁上，锚定。本设计没有采用剪切销钉，因此不需要额外打压。

防中途锚定、锚瓦下滑设计：下压帽和中心管之间有适当的间隙配合，为下腔室连接油套环空的唯一通道，对于液体进出会产生很大的液压阻尼作用。可吸收抽油泵运动换向及供液不足时产生的水击能量，防止锚定器瞬间下滑；还可阻止油管下井速度突然增快时锚瓦大距离上移，避免锚瓦中途锚定。使用后维护简单，只需要把上压帽与中心管恢复原位即可，不需更换任何部件，重复利用率高。

（2）泄油部分的研制

设计原则：操作简单、可靠，不受泵型、卡杆等情况限制。

泄油孔位于锥体上，未开启泄油状态时，被泄油短节堵塞。需要泄油时，正旋转油管，锥体不转动，泄油短节会沿着锥体上的左旋梯形螺纹退出，当油管旋转 10 圈时，泄油孔完全打开，油套压力平衡，活塞下移，卡瓦回收，解除锚定。下井时不要旋转泄油短节部位，防止泄油孔漏出。

2.2　研制抱臂式泄油装置

针对顶喷起管井口污染控制难度大的问题，研制抱臂式泄油装置。采用与井口法兰相匹配的回流装置，在油管扣卸松后将此装置抱住油管接箍处，使接箍和扣处于装置包围范围内，然后小距离（约 10cm）上提油管，此时油管内的残液泄出被密封装置围在装置与油管形成的环空内，进而回收至油套环空。

该装置主要有底座、引管、密封装置、锁紧装置组成。通过底座将装置固定在防喷器上，密封装置通过引管固定在底座上，可 360°旋转，不会增加作业工作量，泄油速度快，不影响施工进度（图 1），但是该装置在冬季以及油稠的井中使用受到限制，易堵塞。

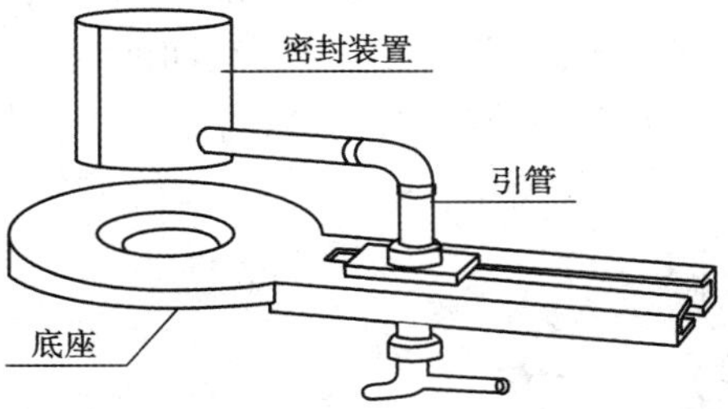

图 1　抱臂式泄油装置结构及施工图

2.3　研制管中管密闭替油技术

针对上述问题，有一种常规的小管替油，就是在油管内下入 ϕ48.26mm 小管或者 ϕ36mm 空心杆，将油管的原油替进站或回收池，管线连接复杂，冬天易造冻堵，操作不便，同时，在向油管中下入小管的过程中，油管内原油极易外溢，为此，研制了管中管密闭替油技术。

油套内循环变扣：该工具用于连接井内油管和油管挂。在替油过程中为井内流体提供循环通道，使油管内的流体循环进入套管。

内管一体接头：该工具上端连接旋塞（用于防喷及循环通道）、中端连接油管挂（用于密封小管与井内油管环形空间），下端悬挂替油小管。

冬季施工时，油管内的清水容易结冰，造成施工时的安全隐患，该技术还配套完善了管内气举工艺，在替出原油之后，继续使用该套工艺管柱进行氮气气举，排空油管内清水，避免清水落地结冰。该装置主要有底座、引管、密封装置、锁紧装置组成。通过底座将装置固定在防喷器上，密封装置通过引管固定在底座上，可 360°旋转，不会增加作业工作量，泄油速度快，不影响施工进度，但是该装置在冬季以及油稠的井中使用受到限制，易堵塞。

2.4　研制地面油泥回收装置

针对地面控制原油落地装置欠缺的问题，研制地面油泥回收装置（图 2）。主要由收油盒和操作台组成，安装在井口及油管桥下。井口回收装置与管桥回收装置通过管线连通，防止井口油水外溢。

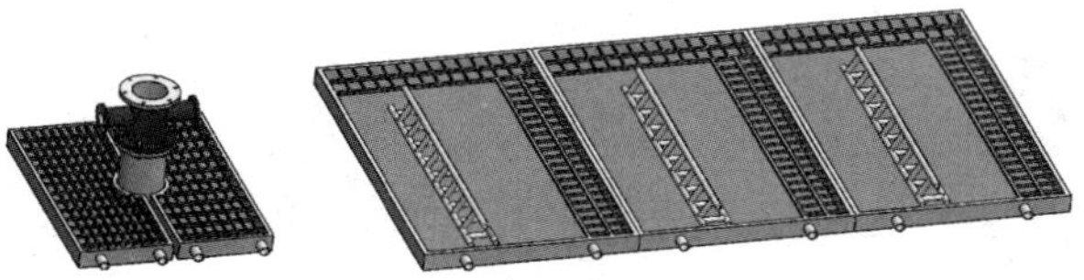

图 2　地面油泥回收装置结构图

管桥下地面回收装置是由三个同等大小的收油盒组成，每个收油盒直接通过管线连通，可以大量存储原油，大大降低了原油污染扩散，特别是雨季。

操作台固定在收油盒上，具有防滑作用，操作人员可以站在操作台上安全施工，保障施工安全，同时该装置安装、拆卸、搬迁方便，一货一吊即可完成搬迁。

3　应用效果及经济效益分析

3.1　现场应用效果

截止到 2017 年 9 月底，修井作业油泥减控技术现场共应用 1656 井次，其中双作用泄油器 487 井次，抱臂式泄油装置 79 井次，管中管密闭替油控制装置 109 井次，地面油泥回收装置 981 井次，均取得较好的控油效果。

据统计，应用修井作业油泥减控技术后，2015 年井下修井油泥产生 1065.59t，2016 年修井作业油泥产生 794.17t，2017 年修井作业油泥产生 461.21t，累计减少油泥 4033.12t（图 3），不仅节约作业清污费，而且大大降低后期油泥处理费用，具有较大经济效益和社会效益。

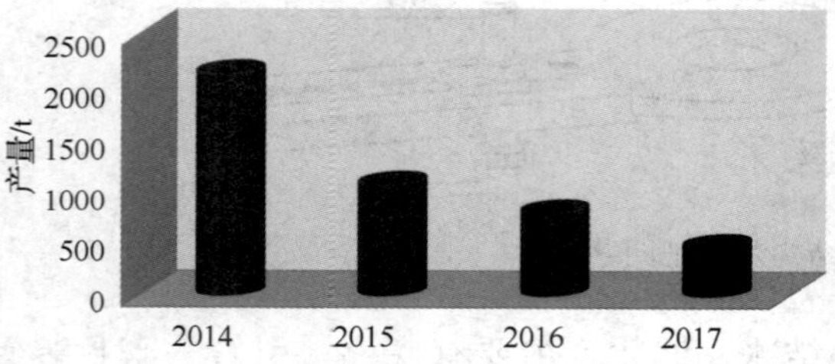

图 3　2015—2017 作业油泥产量图

3.2　经济效益分析

减少油井清污费用 = 1656 井次 × 560 元/井次 = 92.7（万元）

减少油泥处理费用 = 4033.12t × 1452 元/t = 585.6（万元）

减少作业成本 = 塑料布 + 防油垫布 = 650 × 32 + 180 × 981 = 19.8（万元）

经济效益 = 92.7 + 585.6 + 19.8 = 698.1（万元）

投入产出比 = 171/698.1 = 1 ∶ 4.1

2017 年地面油泥回收装置已在我厂全面推广应用，所有小修队伍取消“三铺一盖”，全部安装地面油泥回收装置，按照年平均 3000 井次的作业量统计，每年可节省防油垫布和塑料布费用 180 万元。目前辽河油田每年产生油泥 22×10^4t，其中落地原油年产生 4.1×10^4t，若作业油泥减控技术能在辽河油田展开推广应用，预计每年可减少落地油泥产生 2 万余吨，节省油泥处理费用 2904 万元，具有较好的推广意义。

4　结论

（1）双作用泄油器、抱臂式泄油、管中管密闭替油、地面油泥回收等装置的研制，有效解决井下油泥落地污染问题，现场应用效果显著。

（2）所有研究成果全部用于施工现场，授权专利 3 项，现场应用 1656 井次，创效 698.1 万元。

（3）修井作业油泥减控技术研究与应用，完善我厂绿色修井技术，具有较好的经济效益及社会效益，为其他油田绿色修井技术提供借鉴。

参 考 文 献

[1] 栾玉湖. 绿色修井技术的研究与应用. 油气田环境保护，2004，(4).

[2] 黎文晓，于启海. 研发“绿色修井技术”促进油田可持续发展. 石油知识，2003 (6).

选配注技术在稠油油藏的应用

王　磊　郭洪军　徐则双　王　岩　郭小天

（中国石油辽河油田分公司，辽宁 盘锦　124010）

摘　要　随着稠油油藏开发的不断深入，油井吞吐轮次增加，老区块采出程度高、地层压力低、油层纵向动用不均、套管损坏、汽窜、出砂等诸多开发矛盾日益突出，严重制约了稠油区块的整体开发水平。针对上述问题，开展稠油选配注配套管柱的研制与应用。根据油井存在的不同矛盾，细划注汽单元、优化设计配套管柱，有效提高了注入蒸汽的利用率和油层纵向动用程度，改善了油井吞吐效果。

关键词　优化注汽；配套管柱；动用程度；吞吐效果

引言

选配注技术是解决油层纵向动用不均、改善油田整体开发效果的有效手段之一。随着油田开发的不断深入，受油层发育非均质性的影响，多轮吞吐后，开发矛盾变得日益突出和多样化，稠油选配注配技术的研究势在必行。近年来，开展了多级配注、触手式堵球封堵选注和复合选配注技术研究，通过不断的改进和完善，满足了不同井况的需要，扩大了应用范围，有效改善油井吞吐效果，达到提高稠油井最终采收率和经济高效开发稠油的目的。

1　稠油油藏开发存在矛盾

1.1　采出程度高，地层压力低

以曙光油田为例，普通稠油已采出可采储量的 87.2%，21 个开发单元中可采储量采出程度在 80%以上的区块主要有 7 个，储量、产量分别占普通稠油的 90.1%、79%，这些区块可采储量采出程度已经高达 91.4%。

目前稠油普遍进入高吞吐阶段，油汽比低、地层压力低，挖潜难度大。稠油老区平均吞吐周期达到 11.6，压力系数仅为 0.11，其中稠油老区油汽比只有 0.17。

1.2　油层动用不均衡，纵向动用差异大

随着油田开发的不断深入，受油层发育不均质的制约，油层纵向动用不均的矛盾越来越突出[2]。以杜 66 块为例，上层系动用最好的砂岩组是杜Ⅰ1-2，动用程度为 82.2%，下层系中动用最好的砂岩组是杜Ⅲ7-8，动用程度为 67.7%，纵向动用程度差异制约区块的整体开发水平[3]。

1.3　汽窜井增多，汽窜影响产量逐年增加

由于油层层间非均质性差异较大，注入的蒸汽易沿高渗透带向前推进，油井地层压力差别较大，蒸汽由高压区向低压区推进，形成井间汽窜。随着油井吞吐周期的增加，出现较为频繁的汽窜现象，汽窜通道逐渐形成，高周期后汽窜问题将更加突出，汽窜干扰影响产量逐年增加，严重影响了稠油的整体开发效果。

1.4　套管损坏现象日趋严重

热采吞吐后期存在的主要问题之一是套管变形损坏现象日趋严重。据统计，目前曙光油田稠油套损井数已达 1190 口，套损井数占总井数的 35%，年套损率 4.7%。超稠油井年套损率高达 10.3%，因套管损坏带病生产 740 口井，停产 445 口井。

由于套管的损坏限制了分层注汽技术的应用，一般采用笼统注汽，在多轮次的蒸汽吞吐过程中，由于高渗透层吸汽量大，动用程度高，低渗透层吸汽量少或不吸汽，动用程度低，造成油层纵向上严重动用不均，使注入蒸汽的有效利用率大大降低。

2　主要研究内容

稠油选配注技术是稠油区块的主导性工艺措施，目前已形成了选注、配注、投球选注、侧钻井分注、选注选采一次管柱等技术系列。但随着油田开发的不断深入，动用不均、汽窜、套管变形等矛盾越来越突出。为此，在原有技术基础

作者简介：王磊（1990-），男，工程师，2012 年毕业于长江大学机械制造设计及其自动化专业，现从事采油技术的研究与推广应用工作。E-mail：56126985@ qq. com。

上，通过不断的改进和完善，研究了多级配注、触手式堵球封堵选注和复合选配注等技术，细划注汽单元，合理分配注汽量，实现了稠油精细层注汽。

2.1 多级配注技术

针对油藏发育复杂，小层层数多、纵向动用程度差异大的稠油井，研究多级配注技术，利用多级配汽阀与热采封隔器配合使用组成注汽管柱，注汽后，根据设计注汽量分多次投球，实现多级配汽，目前多为三级配注。

注汽时，可以先注油层下部，待注够设计汽量后，通过井口投球封堵下部，返层注油层中部，待注够设计汽量后，再通过投球封堵中部返层注油层上部，实现三级配注(图1)。

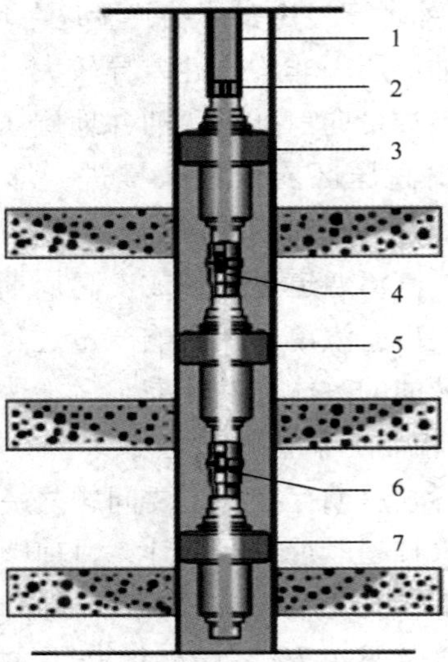

图1 三级配注管柱结构示意图
1—隔热管；2—伸缩管；
3、5、7—热采封隔器；4、6—配注阀

2.2 触手式堵球选注技术

触手式堵球选注技术借鉴了投球选注技术原理[5]，也是利用耐高温高压的堵球封堵高渗透层炮眼，从而改善套变井油层动用程度状况。但管柱工艺结构进行了重大的改进，将传统的堵球由分散堆积的方式转变为触手连接的方式，即堵球与橡胶触手加工成一体，镶嵌在中心管上，用水晶蜡包裹固定，形成选注基元管柱。注蒸汽过程中，基元管表面蜡层受热融化，带触手的堵球漂移在井筒内封堵高渗透层炮眼，高渗透层炮眼被封堵后，注汽压力升高，达到中低渗透油层的启动压力，使大部分蒸汽注入中低渗透油层，从而达到调整吸汽剖面和提高油层动用程度，特别是套变油井油层纵向动用程度的目的。

可根据油井的实际情况选用带有封隔器或不带封隔器两种管柱，当套管没有变形或有轻微变形时，采用带有封隔器密封的触手式堵球选注管柱(图2)。当套管变形较为严重时，取消封隔器密封，采用氮气隔热方式。

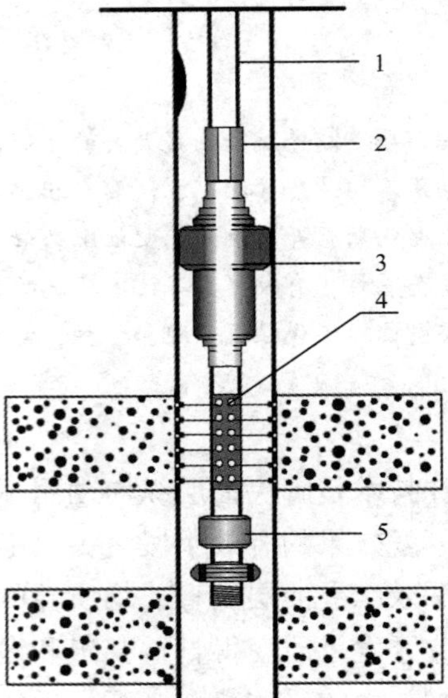

图2 Ⅰ型触手式堵球选注管柱结构示意图
1—隔热管；2—伸缩管；3—双级小直径封隔器；
4—触手式堵球封堵装置；5—分阻保护节

2.3 复合选配注技术

在稠油井热采到了中后期时，为了改善注汽效果，往往会配套实施解堵、助排、注二氧化碳等辅助注汽措施，目前这些工艺大多数采用的是笼统注入方式，针对性差。因此为了细化解堵、助排、注二氧化碳等辅助注汽措施和配套选注后进行选采，研发了稠油多功能热采管柱(图3)。

将多功能热采管柱下至设计位置后，通过地面打压使冷热双作用封隔器第一次坐封，继续打压，爆破阀爆破，此时根据需要对目的层实施相应的化学处理。注汽时，当温度达到200℃时封隔器第二次坐封，保证封隔器高温下密封，同时对目的层实施分层定量注汽。根据油井实际需要，通过优化管柱结构，可进行选配注与化学助排、解堵、暂堵技术、氮气助排等技术组合应用，有效地解决油井的实际问题，达到油井增产的目的。

3 现场应用及效果分析

2019年，在曙光油田已现场实施了146井次，累计增油15260t，平均单井增油105t，取得了显著效果。

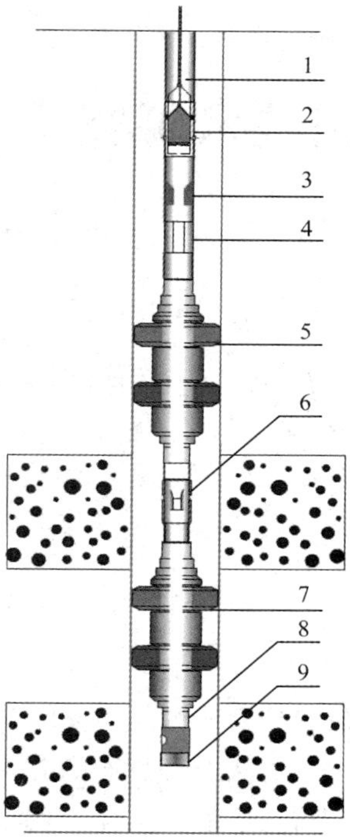

图 3　多功能热采管柱结构示意图

1—注采一体管；2—杆式泵；3—连通阀；4—伸缩管；5—封隔器；6—注汽阀；7—封隔器；8—爆破阀；9—丝堵

典型井例

曙 1-39-056 井，该井 2018 年 07 月进行第 17 周期注汽吞吐，注汽压力 10.95MPa，注汽干度 75%，注汽排量 15.0t/h，注汽量 2300t，累计生产 147.7d，周期产油 130t，产水 292t。生产效果较差。由于层间差异大，油层纵向动用不均衡，根据动、静态资料，决定实施配注措施。措施后，注汽压力 13.79MPa，注汽量 2500t。目前生产 107.6d，措施增油 356.2t 吞吐效果明显改善(表 1)。

曙 1-39-056 井措施前后周期生产情况对比表

井号	措施类型	措施前后注汽参数					对比增油
		周期	注汽量/t	压力/MPa	排量/(t/d)	干度/%	
曙 1-39-056	常规	17	2300	10.95	15	75	356.2
	配注	18	2500	13.79	16	75.2	
对比			200	2.84	3	0.2	

4　结论

稠油选配注技术有效提高了注入蒸汽的利用率和油层纵向动用程度，改善了油井吞吐效果，满足了油井的实际需要。

(1) 稠油选配注具有针对性强，适用范围广，施工简单，安全可靠等技术优点；

(2) 细化了油层矛盾，实现了“措施到层”，使措施更具有针对性、合理性、科学性；

(3) 该技术研究与应用为对稠油中后期的开发提供了有力的技术保证，具有良好的经济效益和广阔的应用前景。

参　考　文　献

[1] 王贤泸．曙光油田开发技术论文集[C]沈阳：东北大学出版社，2002：1-9.

[2] 宋向华，等．稠油/化学采油技术概述．特种油气藏，2004，11(1)：1-4.

[3] 凌建军，等．底水稠油油藏热力开采文献综述[J]．特种油气藏，1996，3(4)：55-58.

[4] 刘文章．热采稠油油藏开发模式[C]．北京：石油工业出版社，1998：97-99.

[5] 罗英俊，万仁溥．采油技术手册[M]．北京：石油工业出版社，2005.3：823-824.

薄层稠油藏边际储量有效动用技术研究

阳小英

（中国石油辽河油田分公司，辽宁 盘锦 124010）

摘 要 高10块为一储量规模较小的薄层稠油藏，因埋藏深、油层薄、物性差，采用直井开采产能低，开发效果差，油藏濒临废弃。为盘活边际低效储量，在精细油藏地质研究的基础上，深入开展水平井二次开发技术研究，通过目的层优选、井网设计、水平段参数和注汽参数优化，现场实施后取得较好效果，对类似油藏二次开发调整具有良好借鉴意义。

关键词 薄层稠油藏；二次开发；水平井；高10块

概况

高10块构造上位于辽河盆地西部凹陷西斜坡北端高二三区西北部，开发目的层为下第三系沙河街组三段莲花油层5、6砂岩组，为中-深薄层稠油油藏，油藏埋深 -1480~-1580m，油层平均有效厚度14.3m。上报含油面积0.41km^2，石油地质储量120.8×10^{4}t，标定采收率7.5%。平均孔隙度20.7%，平均渗透率1586×10^{-3}μm^2，50℃脱气原油黏度2883mPa·s。

区块于1979年投入开发，2001年后因直井吞吐效果差，并伴随井况差因素影响，基本处于未动用状态。共投产油井5口，常规生产阶段平均单井初期日产油3t，阶段累产油0.49×10^{4}t；油井平均吞吐2.5轮，首轮注汽后平均单井日产油9.2t，吞吐阶段累计产油0.66×10^{4}t，断块累计产油1.15×10^{4}t，采出程度仅0.95%，达不到标定采收率。

1 水平井二次开发研究

1.1 可行性研究

利用水平井开发薄层稠油边际储量[1]，其固有的技术优势可以解决利用直井开发的各种难题，能大幅度提高油井产能和储量动用程度。

（1）油藏适应性分析

高10块莲花油层各项参数与水平井热采筛选标准进行对比[2]，均在水平井热采筛选标准范围内，适宜水平井整体开发。另外，同类型油藏注60断块[3]在现场取得的优异效果，为高10块薄层稠油藏边际储量的有效盘活提供了很好的借鉴经验。

（2）剩余油分布研究

利用物质平衡法及动静态数据对部署目的层剩余油分布进行研究[4]，高10西块累计产油1.15×10^{4}t，剩余储量44.85×10^{4}t；高10东块共采出原油52t，相对于28×10^{4}t的石油地质储量，油层基本上处于原始状态。根据单井储层参数、累计产油情况分析高10块剩余油在相对高产井高3-4-16和高10井筒周围20~30m范围以外广泛分布；而且6砂岩组油层连片分布，油层内部夹层不发育，砂体垂向连通性好，适于钻水平井。

（3）开展水平井先导试验

首先在高10西块主力砂岩组6砂体利用原直井部署侧钻水平井1口，水平段基本沿构造方向，目的层油层厚度20m左右。该井常规投产，初期日产油最高达到23.8t，注汽前累计生产31个月，产油9200t，平均日产油9.8t，是侧钻前的30倍。先导性试验水平井的成功，为下步整体部署提供了有利依据。

1.2 精细油藏地质研究

水平井技术关键环节是提高油藏地质研究的力度和水平，准确描述油藏展布形态，建立吻合度较高的地质模型，为水平井设计提供可靠依据。

（1）构造特征

高10块东、南被断层遮挡，西为岩性尖灭。内部被高3-4-17断层切割为高10东块和高10

作者简介：阳小英（1983-），女，2006年毕业于西南石油大学，现工作于辽河油田公司高升采油厂，职称工程师，主要从事油藏开发管理工作。E-mail：oyangyu830629@163.com。

西块。高10东块构造形态为一北倾的单斜构造，地层倾角约4°，高10西块为一东倾的单斜构造，地层倾角约3°。

（2）沉积特征及砂体展布

莲花油层沉积模式为近岸水下扇。高10块仅发育5、6砂岩组，其中5砂岩组呈舌形沿北东向展布，处于中扇前缘微相，岩性以泥岩夹薄层细砂岩为主，平均厚度不足10m；6砂岩组呈东南厚、西北薄的扇形展开，处于分流水道前端，岩性以砾质中粗砂岩、细砂岩为主。

（3）储层物性

高10块5砂体平均孔隙度16.3%，渗透率$1317\times10^{-3}\mu m^2$，泥质含量37.3%；主力油层6砂体平均孔隙度19.0%，渗透率$1449\times10^{-3}\mu m^2$，泥质含量14.7%。利用测井二次解释结果分析高10东块的储层物性好于高10西块。

（4）隔夹层分布特征

高10块5、6砂岩组间的隔层虽不大，平均0.6m，分布比较稳定。5砂岩组内部夹层较多，夹层密度平均46%，夹层频率平均36%；6砂岩组内部夹层不发育，夹层密度平均5%，夹层频率平均为8%。

（5）油气水分布特征

高10西块5、6砂岩组为纯油藏，6砂岩组的油层分布明显受砂体分布的控制，厚度由西向东逐渐变厚，变化范围0~25m，平均15m；高10东块6砂岩组为底水油藏，油水界面为-1580m，变化趋势为由南向北变薄，平均厚度13.2m。

（6）流体性质及地层压力、温度

油品为重质稠油，地面原油密度(20℃)平均$0.9484g/cm^3$，50℃脱气原油黏度平均2883mPa·s。原始地层压力(1500m)16.3MPa，原始地层温度(1550m)52℃。

（7）储量复算

本次采用容积法对高10块目的层6砂岩组储量进行了计算。西块含油面积$0.265km^2$，石油地质储量46×10^4t；东块含油面积$0.183km^2$，石油地质储量28×10^4t。

1.3 水平井优化部署方案研究[5]

（1）目的层优选

通过储层分布研究，结合电性标准、物性标准，优选高10块油层集中、发育稳定、处于储层物性较好的分流水道前端并具有一定储量规模的6砂岩组作为水平井部署目的层。

（2）确定合理布井方式

水平井布井方式包括井网、行距和列距。根据高10块的构造特点、物源方向、储层展布特点，确定水平井井网平行排列，根据前人研究成果，高升老区直井泄油半径为45~55m，结合单井控制储量进行优选，最终确定高10块水平井行距为110m(表1)。

表1 高10块水平井单控储量计算结果

水平段长度/m	单层厚度/m	130m行距单控储量/10^4t	110m行距单控储量/10^4t	90m行距单控储量/10^4t	70m行距单控储量/10^4t
200	6	2.9519	2.3464	1.7959	1.3005
300	6	3.8464	3.1032	2.4152	1.7821
400	6	4.7409	3.8601	3.0344	2.2638
200	8	3.9358	3.1285	2.3945	1.7340
300	8	5.1285	4.1377	3.2202	2.3762
400	8	6.3212	5.1468	4.0459	3.0184
200	10	4.9198	3.9106	2.9931	2.1675
300	10	6.4106	5.1721	4.0253	2.9702
400	10	7.9015	6.4335	5.0574	3.7730

(3)水平段参数优化

① 水平井部署油层厚度优化设计

采用数值模拟方法分别对有效厚度为4m、6m、8m、10m、12m、和14m的油层吞吐效果进行了预测，结果见表2。在开发指标预测的基础上进行了经济效益概算。研究结果表明：在原油售价为1149元/t情况下，油层有效厚度大于6m时吞吐生产有效益，见表3。因此，水平井布井时应保证油层有效厚度大于6m，这样才能获得一定的经济效益。

其中：单井钻井投资：492万元；地面建设费143.4万元；采油操作成本350.6元/t。

表2 不同油层厚度开发效果对比表

油层厚度/m	注汽量/t	产油量/t	产水量/t	产液量/t	油汽比	净产油/t
4	16500	7500	13125	20625	0.45	6321
6	22000	11300	16200	27500	0.51	9729
8	27500	14700	19675	34375	0.53	12736
10	33000	17700	23550	41250	0.54	15343
12	33000	18774	22476	41250	0.57	16417
14	33000	19824	21426	41250	0.60	17467

表3 不同油层有效厚度下吞吐效益对比表

有效厚度/m	原油售价/(元/t)	注汽量/t	产油量/t	净产油/t	销售收入/万元	钻井投资/万元	操作成本/万元	地面建设/万元	纯收入/万元
4	1149	16500	7500	6321.4	726.3	492	221.6	143.4	-130.7
6	1149	22000	11300	9728.6	1117.8	492	341.1	143.4	141.3
8	1149	27500	14700	12735.7	1463.3	492	446.5	143.4	381.4
10	1149	33000	17700	15342.9	1762.9	492	537.9	143.4	589.6
12	1149	33000	18774	16416.9	1886.3	492	575.6	143.4	675.3
14	1149	33000	19824	17466.9	2006.9	492	612.4	143.4	759.2

② 水平段方向优化设计

从油藏地质因素的角度，水平段方向最好平行构造线方向和垂直最大渗透率方向，垂直裂缝延伸方向和边水侵入方向。高10块油层薄，储层地层较缓(倾角3°~4°)，依据油田开发经验和水平井部署实践，确定水平井方向与构造线平行，有利于保证油层钻遇率。

③ 水平段长度优选[6]

合理的水平段长度是取得良好的开采效果和经济效益的首要保证。根据数值模拟优选设计，模拟计算水平井水平段长度为150m、200m、250m、300m、350m、400m时的累积产油量，随着水平段长度的增加，累积产油量不断增加，但产油量增加的趋势越来越平缓。油汽比随着水平段长度的增加是先增加后减小，水平段长300m时油汽比最高达0.55(图1)。因此综合确定高10块水平段长度300m。

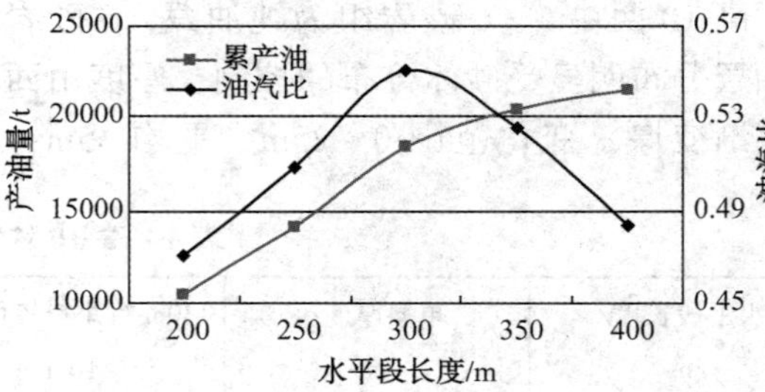

图1 不同水平段长度效果对比图

④ 水平段纵向位置优选

由于采用热采开发，在保证水平段处于有利储层的前提下，水平段应尽可能部署在靠近油层底部的位置以提高储量动用程度。

⑤ 水平段轨迹优化设计

水平井轨迹优化总体上遵循水平段远离水源的原则，另由于水平井A点附近生产压差比B点大，A点设计在地面条件允许的前提下，A点位置应尽可能低于B点，以满足油藏开发和采油工艺要求。

(4) 水平井注采参数优选

根据水平井部署规划，利用数值模拟确定的油藏数值模型，对水平井蒸汽吞吐注汽参数及相关设计参数进行优化，确定高10块水平井注汽强度24~25t/m，注汽速度大于200t/d，焖井时间为5~7d，井底蒸汽干度大于70%，单井最大排液量为30~50t/d。

1.4 水平井部署结果

在油藏含油饱和度有利区域整体部署水平井5口，依靠蒸汽吞吐开采。预计新建年产油能力1.12×10^4t，采油速度达到1.51%，提高最终采收率6.5%。

2 现场实施效果

截至目前，已部署的5口水平井全部投产，初期平均单井日产油16.5t，稳产能力较好，年建产能1.3×10^4t，吞吐注汽后平均单井周期油汽比0.89，是周围原直井效果的6.3倍。目前区块共有水平井5口(含原先导试验水平井1口)，年产油能力约0.8×10^4t，采油速度1.08%，预测最终采收率8.1%。

3 结论及建议

(1) 精细油藏地质综合研究，建立地质模型，摸清油藏内幕是水平井成功的前提；精心部署和优化设计是水平井成功的关键；

(2) 高10块水平井实施后，区块采油速度明显提高，有效盘活了薄层难动用边际储量，预计可以达到标定采收率；

(3) 高10块水平井二次开发的成功实施，为其他类似油藏边际储量的开发调整提供有力借鉴。

参 考 文 献

[1] 李爽．互层状超稠油油藏水平井优化设计[J]．断块油气田，2008，15(5)：79-81.

[2] 万仁溥．中国不同类型油藏水平井开采技术[M]．北京：石油工业出版社，1997：1-57.

[3] 龚姚进，李培武，等．洼60块稠油油藏吞吐后期二次开发研究与实践[J]．石油地质与工程，2008，22(6)；1-3.

[4] 陈元千，等．现代油藏工程[M]．北京：石油工业出版社，2004.

[5] 许国民．薄互层稠油油藏蒸汽吞吐后期二次开发方式研究[J]．特种油气藏，2009，16(6)：42-44.

[6] 范子菲，方宏长．水平井水平段最优长度设计方法研究[J]．石油学报，1997，18(1)；55-62.

一种防蜡降凝剂的研制与应用

梁凌熏

摘　要　以高碳醇、丙烯酸为原料，合成出丙烯酸高碳醇酯，然后将产物进行自聚反应，得到一种新型的防蜡降凝剂，室内实验表明，该防蜡降凝剂对塔里木油田哈拉哈塘区块原油降凝幅度达15℃，屈服值下降率达92.4%，防蜡率达96.93%。

关键词　高碳醇酯；聚合；防蜡降凝剂

引言

塔里木油田公司哈拉哈塘油井原油石蜡含量高、高温高盐超深等特点，原油开采过程中存在结蜡严重的情况，影响该区块的正常生产。在对原油组分，蜡组分分析的基础上，开发研制了一种新型防蜡降凝剂[1]，对防蜡降凝剂的机理进行了研究，提出通过套管地面连续加入防蜡降凝剂的方式，来解决哈拉哈塘区块结蜡问题。防蜡降凝剂利用高分子聚合物和蜡晶分散剂的共晶和吸附蜡晶的作用。在药剂加入井下时随着原油的抽出冷却，药剂与原油中的蜡共晶 或吸附蜡晶，使原油中的石蜡结晶形态改变，晶体变小，结构强度降低，彼此间不易形成网络结构，因而低温流动性也得到了改善，原油的屈服值降低，凝固点也大幅度地降低。而有效地阻止蜡晶在油管壁和抽油杆上聚集和长大。该防蜡降凝剂对塔里木油田哈拉哈塘区块原油降凝幅度达15℃，屈服值下降率达92.4%，防蜡率达96.93%，达到哈拉哈塘区块油井防蜡要求[2-3]。

1　实验

1.1　原料与仪器

高碳醇，进口，科隆精细化工有限公司；丙烯酸(AA)，工业级，辽河石化；引发剂，自制。

电热恒温水浴锅 HH·S11-2，北京长安科学仪器厂；CS12 电子恒速搅拌器，上海医械专机厂。真空泵；布式漏斗；抽滤瓶。

1.2　丙烯酸高碳醇酯的合成

在三口烧瓶中分别加入高碳醇(十二醇或十四醇、十六醇、十八醇)，加热使之完全融化，再加入1.2倍量的丙烯酸和质量分数为0.6%的阻聚剂和1%的催化剂，加热至110℃，反应6 h。反应结束之后，冷却，加入乙酸乙酯，用饱和碳酸钠溶液洗涤至弱碱性，再用饱和氯化钠溶液洗至中性，分出有机层，加入无水氯化钙干燥，过滤，蒸去溶剂，得到丙烯酸高碳醇酯。

1.3　聚丙烯酸高碳醇酯的合成

将丙烯酸高碳醇酯加入三口烧瓶中(另加或者不加一定量的交联剂 N，N′-二亚甲基丙烯酰胺)，加甲苯溶解，再加入0.1%引发剂，搅拌下回流反应，冷却至室温，蒸去溶剂，得到聚丙烯酸高碳醇酯。将提纯后的产物进行红外光谱分析，以证明聚合反应发生，并生成产物，红外谱图如图1所示。下一步将对合成的药剂进行进一步筛选。

2　红外光谱图

从谱图中可以看出 2927.93cm^{-1}为丙烯酸-CH_2的伸缩振动，波数为1603.20cm^{-1}出现的 C═O(酯)吸收峰归属于高碳醇酯的特征吸收峰，因此，产物的红外光谱中同时存在着高碳醇和丙烯酸的特征吸收峰。

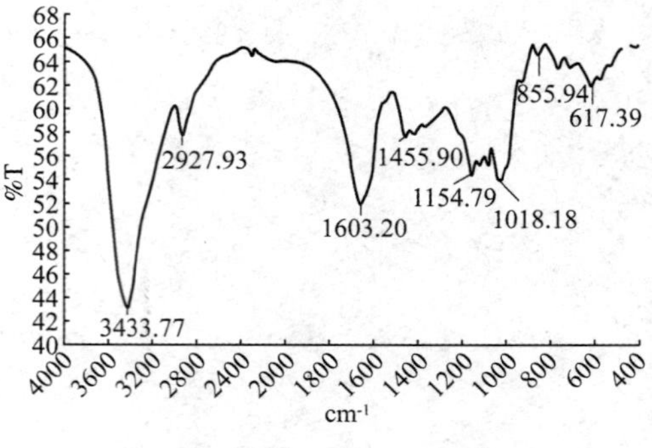

图1　红外谱图分析

3　防蜡降凝剂评价

3.1　降凝幅度评价

从降凝实验中(表1)可以看出，对于哈拉哈塘区块 Yuem - 701、RP7008、Yuem1 - 4、RP3001、JY4井原油防蜡降凝剂可以起到良好的效果。

表 1 降凝幅度实验表

井号	药剂编号	凝固点/℃	降凝幅度/℃
Yuem-701	空 白	0	
	防蜡降凝剂	-24.0	24.0
RP7008	空 白	-1.0	
	防蜡降凝剂	-18.0	18
Yuem1-4	空 白	0	
	B	-16.0	16.0
RP3001	空 白	-1.0	
	B	-24.0	24
JY4	空 白	0	
	10	-24.0	24.0

注：加药浓度 0.1%。

3.2 屈服值下降率评价

屈服值是测试原油开始产生流动所需达到与超过的临界应力值。是检测药剂加入前后的一项重要参数，依据标准 SY/T 7547—1996 原油屈服值测定旋转黏度计法，对加药前后原油的屈服值进行检测，检测结果见表 2。

表 2 屈服值数据分析表

被测样品		加药浓度/(kg/t)	屈服值/Pa	屈服值下降率/%
Yuem701	原始油样	0.0	22.8	/
	加药原油	1.0	1.8	93%
RP7008	原始油样	0.0	23.6	/
	加药原油	1.0	1.9	92%
Yuem1-4	原始油样	0.0	22.5	/
	加药原油	1.0	1.7	92.4%
RP3001	原始油样	0.0	21.9	/
	加药原油	1.0	1.8	91.7%
JY4	原始油样	0.0	23.1	/
	加药原油	1.0	1.9	91.7%

由此可知，当加入药剂后，原油屈服值下降均在 90% 以下，因此对于加入药剂后的原油来说，即使温度降低，原油流动也不是问题。

3.3 防蜡率评价

从测定的数据(表 3)中可以看出，防蜡降凝剂的防蜡率均大于 90%。

表 3 防蜡率数据分析表

被测样品		结蜡量/g	防蜡率/%
Yuem701	原始油样	14.33	/
	加药原油	0.44	96.93%
RP7008	原始油样	14.78	/
	加药原油	0.78	94.72%
Yuem1-4	原始油样	14.21	/
	加药原油	0.82	94.22%
RP3001	原始油样	15.62	/
	加药原油	0.51	96.73%
JY4	原始油样	14.56	/
	加药原油	0.46	96.84%

参 考 文 献

[1] 李士伦，孙良田，郭平，等．气田及凝析气田开发新理论、新技术[M]．北京：石油工业出版社，2005：27-60.

[2] 赵炜，王西平．凝析气藏中石蜡沉积造成的井筒伤害[J]．世界石油工业，2000，7(6)：47-50.

[3] Ungerer P, Faissat B, Leibovici C, et al. High pressure-high temperature reservoir fluids: investigation of syntheticcondensate gases containing a solid hydrocarbon [J]. FluidPhase Equilibria 111, 1995: 287-311.

一种快速预测海上稠油蒸汽吞吐效果的模型

朱　琴[1]　刘　东[1]　宋宏志[2]　冯海潮[1]　刘子威[1]

(1. 中海石油(中国)有限公司天津分公司，天津 塘沽　300459；
2. 中海油田服务股份有限公司油田生产事业部，天津唐沽，300459)

摘　要　采用蒸汽吞吐开发的海上稠油油田，通常利用数值模拟法预测采出程度。数值模拟需要测井、地质、油藏等众多数据，而在开发初期油田难以获取全套所需参数，在影响预测精度的同时也难以满足海上高效开发的需要。基于此，以渤海 LD27 稠油油藏典型地质油藏参数为原型，建立数模井组模型，运用正交试验对注采参数和地质油藏参数分别设计 25 组试验，进行多因素交互分析，得到了影响稠油蒸汽吞吐效果的主控因素及次序。最后，通过一元和多元非线性回归得到了海上稠油蒸汽吞吐采出程度多因素预测模型。该模型包含了影响吞吐效果的 6 个最关键参数，且初期容易获取，可快速预测蒸汽吞吐采出程度。应用该模型对 LD27 和 LD21 稠油油藏进行了实例计算，预测结果与油田目前标定的采出程度吻合度较高。该研究成果对即将投产的渤海稠油油田蒸汽吞吐方案设计和调整具有指导意义。

关键词　稠油；蒸汽吞吐；正交设计；多元非线性回归；预测模型

引言

渤海探明稠油储量大，稠油的高效开发对渤海持续稳产上产具有重要意义[1,2]。热采是开发稠油的主要方式之一[3,4]，也是改善海上稠油开发效果的重要开发方式[5,6]。蒸汽吞吐工艺相对简单，得到了大范围的推广与应用[7,8]。渤海自 2012 年开始探索蒸汽吞吐在海上实施的可行性和经济性，在 LD27 稠油油藏开辟了蒸汽吞吐先导试验区[9]。蒸汽吞吐过程复杂，涉及参数众多，且参数间存在交互作用[10]。目前，渤海在油田投产初期通常使用数值模拟法预测采出程度，但数模法耗时、费力，所需参数众多，且油田开发初期难以获取全套参数，影响预测精度的同时也难以满足海上高效开发的要求。基于此，首先利用正交设计对影响热采效果的关键注采参数和地质油藏参数进行了筛选，并对关键参数进行了一元和多元非线性回归，得到了可应用于海上稠油蒸汽吞吐效果的预测模型。应用该模型可以快速预测蒸汽吞吐效果，对渤海类似稠油油田的蒸汽吞吐方案设计和调整具有现实意义。

1　主要因素筛选

蒸汽吞吐过程复杂，影响热采效果的参数众多，如表 1 所示。结合国内外蒸汽吞吐研究现状、室内实验及矿场实践[11]，筛选出了影响蒸汽吞吐热采效果的关键参数用于正交试验设计，分为注采参数和地质油藏参数两组：关键注采参数包括注汽速度、注汽温度、注汽干度、注汽强度(注汽量/水平段长度)、最大产液量、最小井底流压；关键地质油藏参数包括渗透率、渗透率级差、岩石压缩系数、原油黏度、孔隙度、有效储层厚度。

表 1　蒸汽吞吐过程涉及主要参数

地质油藏参数	注汽参数	生产制度参数
①有效储层厚度；②孔隙度； ③渗透率；④储层非均质性； ⑤含油饱和度；⑥原油密度； ⑦原油黏度；⑧岩石压缩系数； ⑨油层深度；⑩储量系数	①注汽速度； ②注汽压力； ③注汽温度； ④注汽干度； ⑤注汽强度	①焖井时间； ②产液速度； ③井底流压 (生产压差)

2　正交试验研究

2.1　典型蒸汽吞吐井组数模机理模型的建立

以渤海 LD27 稠油油藏典型地质油藏参数为原型，基本参数为：油藏埋深 1300m，原始含油饱和度 0.717，地层原油黏度 2336.7mPa·s，平均有效油层厚度 10m，平均渗透率 3786mD，孔

基金项目：“十三五”国家科技重大专项“渤海油田高效开发示范工程”(2016ZX05058)。

作者简介：朱琴(1988-)，女，工程师，2014 年毕业于西南石油大学石油与天然气工程专业，现从事油气田生产管理工作。E-mail：362679846@qq.com。

隙度 0.344。利用 CMG 软件的 STARS 模拟器，建立蒸汽吞吐井组数模机理模型。数值模型中 I 方向和 J 方向的网格步长均为 5m，K 方向步长为 1m。I 方向划分网格数为 101，J 方向划分网格数为 81，纵向上划分网格数为 10，模拟网格共计 101×81×10 = 81810 个。1 口水平井位于模型中心处，水平段长度 200m(图 1)。

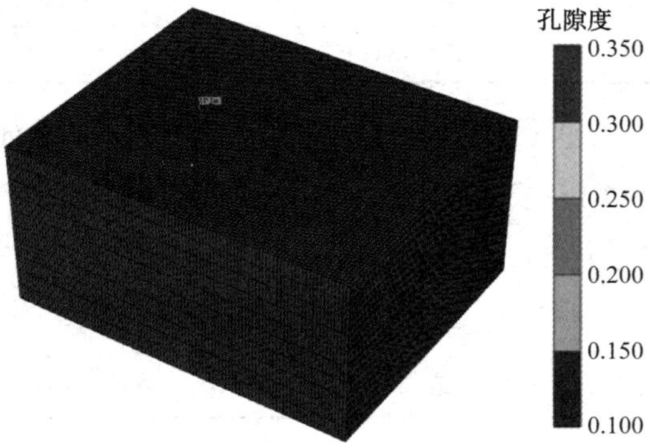

图 1　蒸汽吞吐井组数值模型示意图(孔隙度)

正交试验设计是研究多因素多水平的一种设计方法，是根据正交性从全面试验中挑选出部分有代表性的点进行试验，这些有代表性的点具备了"均匀分散，齐整可比"的特点[12,13]。在本次正交试验中，注入井采用二级控制条件进行模拟：第一控制条件为定注入速度，第二控制条件为定注入压力；采油井采用三级控制条件进行模拟：第一控制条件为定液生产，第二控制条件为定压差生产，第三控制条件为定井底流压生产；共吞吐 10 轮。试验分为注采参数和地质油藏参数两组，共 50 个方案。第一组 25 个方案为地质油藏参数一定，根据正交试验设计不同注采参数下的蒸汽吞吐开发；第二组 25 个方案为注采参数一定，根据正交试验设计不同地质油藏参数下的蒸汽吞吐开发。

2.2　注采参数正交试验

选择注汽速度、注汽温度、注汽干度、注汽强度、最大产液量、最小井底流压等 6 个注采参数的 5 个水平值进行研究(表 2)。

表 2　注采参数正交试验方案表及模拟计算结果

实验号	注汽强度/(m^3/m)	注汽速度/(m^3/d)	注汽温度/℃	注汽干度/f	最大产液量/(m^3/d)	最小井底流压/MPa	采出程度/%
1	10	150	180	0.0	50	2	15.41
2	10	200	220	0.2	100	3	17.16
3	10	250	260	0.4	150	4	16.38
4	10	300	300	0.6	200	5	15.03
5	10	350	340	0.8	250	6	13.27
6	15	150	220	0.4	200	6	13.10
7	15	200	260	0.6	250	2	20.85
8	15	250	300	0.8	50	3	18.62
9	15	300	340	0.0	100	4	16.62
10	15	350	180	0.2	150	5	14.19
11	20	150	260	0.8	100	5	15.73
12	20	200	300	0.0	150	6	13.00
13	20	250	340	0.2	200	2	20.88
14	20	300	180	0.4	250	3	18.92
15	20	350	220	0.6	50	4	17.07
16	25	150	300	0.2	250	4	17.39
17	25	200	340	0.4	50	5	15.23
18	25	250	180	0.6	100	6	13.76
19	25	300	220	0.8	150	2	21.55

续表

实验号	注汽强度/(m^3/m)	注汽速度/(m^3/d)	注汽温度/℃	注汽干度/f	最大产液量/(m^3/d)	最小井底流压/MPa	采出程度/%
20	25	350	260	0.0	200	4	16.66
21	30	150	340	0.6	150	3	19.81
22	30	200	180	0.8	200	4	18.30
23	30	250	220	0.0	250	5	14.55
24	30	300	260	0.2	50	6	12.92
25	30	350	300	0.4	100	2	21.18

2.3 地质油藏参数正交试验

选择渗透率、渗透率级差、地层原油黏度、孔隙度、有效储层厚度、岩石压缩系数等6个地质油藏参数的5个水平值进行研究(表3)。其中，方案渗透率级差大于1时，储层渗透率划分三级(第一级 $K=1:3$，第二级 $K=4:7$，第三级 $K=8:10$)。

表3 地质油藏参数正交试验方案表及模拟计算结果

实验号	渗透率/($10^{-3}\mu m^2$)	地层原油黏度/(mPa·s)	孔隙度	有效厚度/m	岩石压缩系数/($10^{-4}MPa^{-1}$)	渗透率级差	采出程度/%
1	1000	500	0.20	5	10	1	4.89
2	1000	1000	0.25	10	50	2	9.04
3	1000	2000	0.30	20	100	3	10.57
4	1000	5000	0.35	40	200	4	4.99
5	1000	10000	0.40	60	300	5	0.43
6	2000	500	0.25	20	200	5	27.14
7	2000	1000	0.30	40	300	1	17.56
8	2000	2000	0.35	60	10	2	2.04
9	2000	5000	0.40	5	50	3	7.23
10	2000	10000	0.20	10	100	4	9.37
11	3000	500	0.30	60	50	4	7.93
12	3000	1000	0.35	5	100	5	16.54
13	3000	2000	0.40	10	200	1	23.71
14	3000	5000	0.20	20	300	2	24.97
15	3000	10000	0.25	40	10	3	2.24
16	4000	500	0.35	10	300	3	38.33
17	4000	1000	0.40	20	10	4	3.43
18	4000	2000	0.20	40	50	5	8.42
19	4000	5000	0.25	60	100	1	11.66
20	4000	10000	0.30	5	200	3	19.84
21	5000	500	0.40	40	100	2	13.53
22	5000	1000	0.20	60	200	3	18.43
23	5000	2000	0.25	5	300	4	37.11
24	5000	5000	0.30	10	10	5	4.39
25	5000	10000	0.35	20	50	1	7.60

2.4 主控因素显著性分析

利用方差分析法对表2和表3中的正交试验结果进行分析。由表4可知，注采参数影响蒸汽吞吐开发效果的主次顺序为：最小井底流压>注汽干度>注汽强度>最大产液量>注汽温度>注汽速度。最小井底流压即最大稳定生产压差主要影响压降漏斗范围，对蒸汽吞吐开发效果影响最大；注汽强度和注汽干度主要影响蒸汽的加热范围，其影响程度比较接近，蒸汽干度影响程度略高于注汽强度；产液速度取决于蒸汽加热半径、压力波及半径，主要影响油井在地层热量散失前的采液量，其影响程度小于注汽强度；注汽温度影响蒸汽中携带的热量，进而影响蒸汽加热范围，其影响程度小于产液速度；注汽速度直接影响热量在井筒中的热损失，进而影响井底蒸汽的干度与温度，当注入量、蒸汽干度及温度确定时，其影响程度较小。

表4 正交试验方差分析

试验参数	方差来源	偏差平方和	自由度	F临界值	F值	显著性
注采参数	注汽强度	11.06	4	2.78	0.363	显著
	注汽速度	1.89	4	2.78	0.062	
	注汽温度	3.549	4	2.78	0.116	
	注汽干度	16.045	4	2.78	0.527	显著
	最大产液量	4.684	4	2.78	0.154	
	最小井底流压	145.561	4	2.78	4.778	特别显著
地质油藏参数	平均渗透率	373.797	4	2.78	0.846	显著
	地层原油黏度	356.932	4	2.78	0.807	显著
	孔隙度	161.216	4	2.78	0.365	
	有效厚度	364.023	4	2.78	0.824	显著
	岩石压缩系数	1324.374	4	2.78	2.996	特别显著
	渗透率级差	71.787	4	2.78	0.162	

地质油藏参数影响蒸汽吞吐开发效果的主次顺序为：岩石压缩系数>渗透率>有效储层厚度>地层原油黏度>孔隙度>渗透率级差。岩石压缩系数决定了地层能够释放的弹性能，其影响程度最大；渗透率直接影响稠油的渗流速度，其影响程度小于岩石压缩系数；有效储层厚度影响蒸汽的垂向波及体积，其影响程度小于渗透率；地层原油黏度与渗透率联合影响稠油的渗流速度，其影响程度略小于有效储层厚度；孔隙度主要影响储量的物质基础，其影响程度小于地层原油黏度；渗透率级差影响储层非均质性，进而影响蒸汽波及效率，其影响程度小于孔隙度。利用数模法研究蒸汽吞吐效果对流度的敏感性，结果表明，相同流度下，不同渗透率和地层原油黏度对采出程度影响不大，流度越小，采出程度差异越小；流度为$5\times10^{-3}\mu m^2/mPa\cdot s$时，最小地层原油黏度500mPa·s和最大地层原油黏度10000mPa·s下的吞吐采出程度差异在10%以内。因此，可将渗透率和地层原油黏度合并为流度进行影响规律研究。

3 蒸汽吞吐效果预测模型研究

为研究特定油藏在不同注采参数条件下的蒸汽吞吐效果和蒸汽吞吐开发方式在不同稠油油藏中的开发效果，分别开展相同稠油油藏条件下不同注采参数的影响规律研究和相同注采参数条件下不同地质油藏参数的影响规律研究。

（1）注采参数影响规律

注采参数基础方案为注汽速度$300m^3/d$、注汽温度340℃、最大产液量$150m^3/d$，研究注汽强度($5\sim30m^3/m$)、注汽干度($0\sim0.8$)、最小井底流压($2\sim6MPa$)等3个注采主控因素的影响规律。

（2）地质油藏参数影响规律

地质油藏参数基础方案为孔隙度0.35、原始含油饱和度0.7、渗透率级差1，研究流度[$0.1\times$

$10^{-3} \sim 5\times10^{-3}\ \mu m^2/(mPa\cdot s)$]、有效储层厚度(5~100m)、岩石压缩系数($10\times10^{-4} \sim 500\times10^{-4}\ MPa^{-1}$)等3个地质油藏主控因素的影响规律。

3.1 一元非线性拟合

为使建立的预测模型科学、准确，根据因素的影响显著性分析结果，选取影响程度较大的最小井底流压、注汽强度、注汽干度、岩石压缩系数、有效储层厚度、流度等6个参数作为预测模型考虑的表征参数，各影响因素与采出程度呈良好的数学关系，且相关性较高，为建立可靠的预测模型奠定了基础。

以蒸汽吞吐采出程度为目标函数，回归6个显著性参数对目标函数的关系式(表5)，绘制的拟合曲线如图2所示。

表5 一元非线性回归结果

主控因素	蒸汽吞吐采出程度/%
注汽强度 $I/(m^3/m)$	$-0.0054I^2+0.2829I+17.9803$ ($R^2=0.9679$)
注汽干度 D_f	$-6.0458D_f^2+8.3127D_f+19.0536$ ($R^2=0.9903$)
最小井底流压 P_{wf}/MPa	$-0.0579P_{wf}^2-1.389P_{wf}+24.627$ ($R^2=0.9998$)
流度 $M/[10^{-3}\mu m^2/(mPa\cdot s)]$	$4.3262\ln(M)+17.626$ ($R^2=0.9504$)
有效储层厚度 h/m	$25.4022e^{-0.014h}$ ($R^2=0.9912$)
岩石压缩系数 $C_t/(10^{-4}MPa-1)$	$-0.000123C_t^2+0.1391C_t+2.5607$ ($R^2=0.9999$)

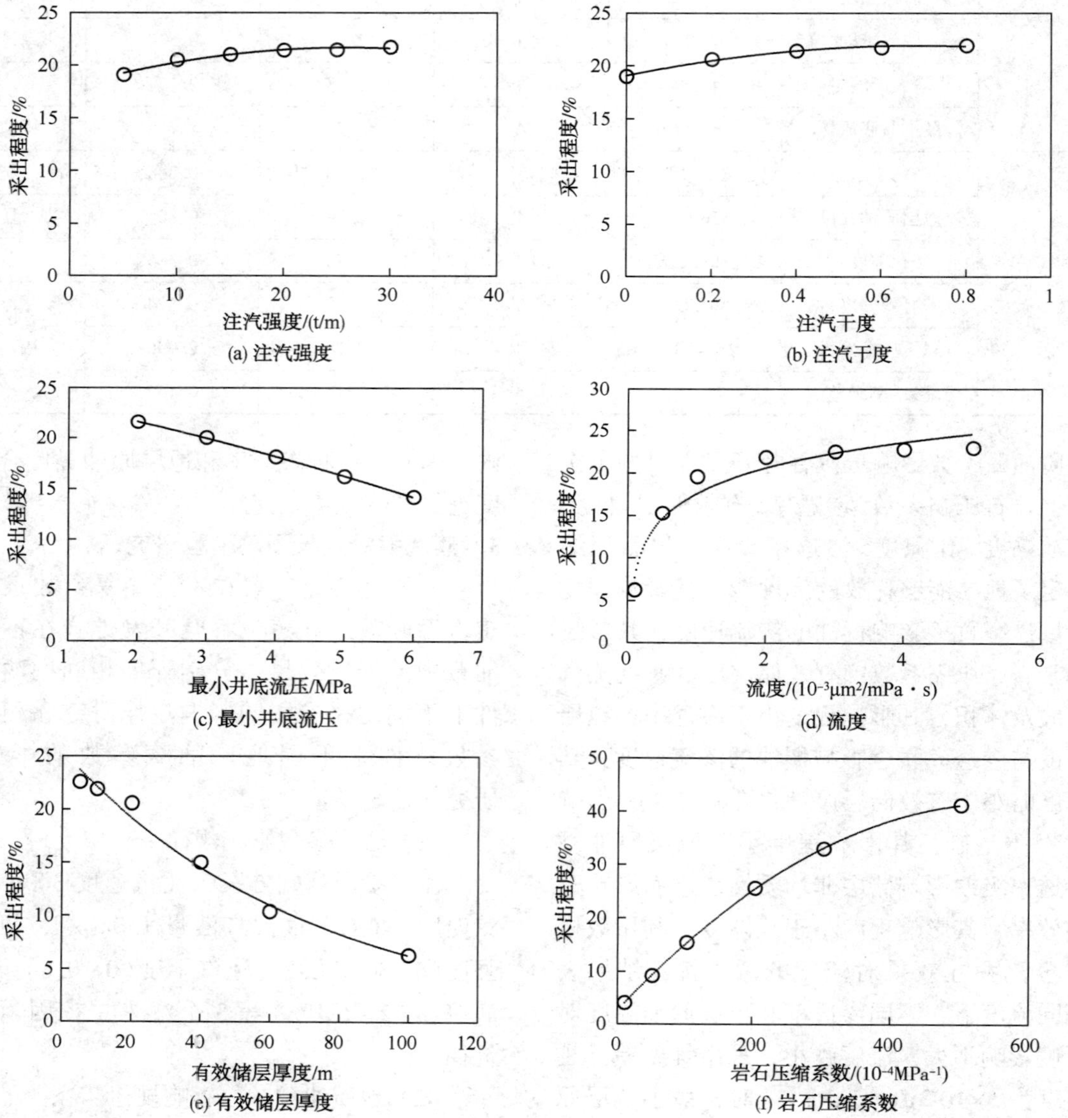

图2 6个显著因素对蒸汽吞吐采出程度的影响规律

(1)注汽强度：由表5和图2(a)可知，蒸汽吞吐采出程度与注汽强度呈二项式关系，注汽强度越大，采出程度越高，但随着注汽强度的增加，采出程度增加幅度逐渐减小。在矿场实践中，根据经济性要求确定具体注汽强度。同时，陆地调研资料表明，受钻完井污染及初期地层压力高等因素影响第一轮蒸汽吞吐吸汽困难，因此通常建议第一轮吞吐“少注”，后续轮次的注入量通常在上一轮吞吐的基础上增加10%~20%。

(2)注汽干度：由表5和图2(b)可知，蒸汽吞吐采出程度与注汽干度呈二项式关系，注汽干度越大，采出程度越高，但随着注汽干度的增加，采出程度增加幅度逐渐减小。在矿场实践中，注汽干度越高对设备的要求越高，应根据经济性要求确定具体注汽干度。

(3)最小井底流压：由表5和图2(c)可知，蒸汽吞吐采出程度与最小井底流压呈二项式近线性关系，最小井底流压越大，生产压差越小，采出程度越低。

(4)流度：由表5和图2(d)可知，在相同注汽参数条件下，蒸汽吞吐采出程度与流度呈对数递增关系，油藏流度越大，采出程度越高，但随着油藏流度的增大，采出程度增加幅度迅速减小，当流度大于$3\times10^{-3}\mu m^2/mPa\cdot s$以后，蒸汽吞吐采出程度提高幅度很小。分析其原因是当流度大于$3\times10^{-3}\mu m^2/mPa\cdot s$以后，地层原油本身已经具有较好流动性，蒸汽吞吐的改善效果变小。因此，在制定实际油藏方案时，应根据油藏实际条件和经济性要求筛选开发方式。

(5)有效储层厚度：由表5和图2(e)可知，蒸汽吞吐采出程度与有效储层厚度呈指数递减关系，有效储层厚度越大，采出程度越低。随着有效储层厚度的增大，蒸汽超覆越严重，蒸汽波及体积越小，采出程度越低。因此，对于厚层稠油油藏，可考虑分层系开发或其他热采开发方式。

(6)岩石压缩系数：由表5和图2(f)可知，蒸汽吞吐采出程度与岩石压缩系数呈二项式关系，岩石压缩系数越大，采出程度越高，但随着岩石压缩系数的增大，采出程度增加幅度减小。

3.2 多元非线性回归

根据单因素与采出程度的数学关系，采用SPSS软件进行多元非线性回归分析[14-16]，可以得到蒸汽吞吐采出程度关于显著性影响参数的多项式表达式，进而可以计算6个关键参数在任意值下的蒸汽吞吐采出程度。

以表5为基础，利用多元非线性回归思路，回归得到蒸汽吞吐采出程度预测模型：

$$\begin{aligned}EOR_{\mathrm{CSS}}=&0.006987I^2-0.365451I+7.273139D_f^2-\\&10.000131D_f-0.0368P_{wf}^2-0.883472P_{wf}+\\&4.252681ln(M)+22.353908e^{-0.012338h}-\\&0.000122C_t^2+0.137126C_t-10.521635\end{aligned}\tag{1}$$

式(1)是基于数值模型运算结果回归得到的，因此具有最佳适用范围：$0.1\times10^{-3}\leqslant M\leqslant5\times10^{-3}\ \mu m^2/mPa\cdot s$；$5\leqslant h\leqslant100m$；$10\times10^{-4}\leqslant C_t\leqslant500\times10^{-4}MPa^{-1}$；$5\leqslant I\leqslant30m^3/m$；$0\leqslant D_f\leqslant0.8$；$2\leqslant P_{wf}\leqslant6MPa$。

4 矿场应用

渤海稠油油藏众多，其中LD27油田于2013年开辟了蒸汽吞吐试验区，LD21油田将于2021年投产10口蒸汽吞吐井，建设海上稠油热采规模化示范区。两个油田蒸汽吞吐区块的基本参数及通过关系式(1)计算的结果见表6。由表6可知，2个蒸汽吞吐区块的采出程度预测值与目前油田标定的采出程度误差在10%以内，符合矿场实践要求。

表6 渤海采用蒸汽吞吐稠油油田的采出程度与预测值对比

油田	注汽强度/(m^3/m)	注汽干度	最小井底流压/MPa	流度/[$10^{-3}\mu m^2$/(mPa·s)]	有效厚度/m	岩石压缩系数/($10^{-4}MPa^{-1}$)	采出程度标定值/%	采出程度预测值/%	误差/%
LD27	20	0.4	2	1.63	10	160	20.11	20.84	3.65
LD21	20	0.4	2	0.75	40	250	19.20	19.29	0.45

5 结论与建议

(1)基于正交试验，分析了各因素间的交互作用及对蒸汽吞吐开发效果的影响程度。正交分析结果表明，对蒸汽吞吐采出程度有显著影响的

3个注采参数依次为最小井底流压、注汽强度、注汽干度，对蒸汽吞吐采出程度有显著影响的3地质油藏参数依次为岩石压缩系数、流度和有效储层厚度。

(2) 最小井底流压越小，生产压差越大，蒸汽吞吐效果越好；注汽强度越大、注汽干度越高，蒸汽吞吐效果越好，但在矿场实践中，要根据经济性要求确定具体注汽强度和注汽干度；岩石压缩系数越大，吞吐采出程度越高；当流度小于$3\times10^{-3}\mu m^2/(mPa\cdot s)$时，随着流度的增大，采出程度迅速提高，当流度大于$3\times10^{-3}\mu m^2/(mPa\cdot s)$时，随着流度的增大，采出程度提高幅度缓慢；有效储层厚度越大，蒸汽超覆越严重，吞吐采出程度越低。

(3) 应用科学统计软件，利用多元非线性回归得到了蒸汽吞吐采出程度的多因素预测模型，对采用蒸汽吞吐开发的渤海LD27和LD21稠油油藏进行了实例计算，采出程度预测值与目前标定的采出程度误差在10%以内，可用于指导即将投产的渤海LD21及类似稠油油藏蒸汽吞吐方案设计和调整。

(4) 本文的预测模型是基于本文建立的机理模型的地质油藏参数和布井参数，对井控储量$50\times10^4m^3$、水平段长度200m、注带干度蒸汽的生产情况对模型具有较强适应性，若目标油田与本文研究模型的参数差异较大，建议用上述方法和步骤重新拟合预测模型。

参 考 文 献

[1] 王蕊，董祥旻，何卫苹．一种多元非线性回归模型的建立方法及其应用[J]．中国考试，2010(11)：17-22.

[2] 郭太现，苏彦春．渤海油田稠油油藏开发现状和技术发展方向[J]．中国海上油气，2013，25(4)：26-30.

[3] 庞永鑫．浅析现行主要稠油热采技术及发展趋势[J]．中国石油和化工标准与质量，2013(7)：159-159.

[4] 杨森．稠油热采中原油蒸汽蒸馏作用的机理研究[D]．中国地质大学(北京)，2015.

[5] 张彩旗，刘东，潘广明，等．海上稠油多元热流体吞吐效果评价研究及应用[J]．油气藏评价与开发，2016，6(2)：33-50.

[6] 刘东．热采水平井加热半径计算新模型[J]．中国海上油气，2015，27(03)：84-90.

[7] 全登江．渤海油田稠油热采技术[J]．化工管理，2014(23)：141-141.

[8] 李净然．多油层稠油蒸汽吞吐适应性研究[D]．东北石油大学，2017.

[9] 朱琴，刘东，王树涛，等．海上稠油蒸汽吞吐开采技术实践及认识[J]．录井工程，2019，30(1)，21-26.

[10] 李迎环．正交试验法优化超稠油水平井界限参数[J]．断块油气田，2010(1)：76-78.

[11] 王庆，刘慧卿，佟琳，等．水平井蒸汽吞吐注采参数正交优化设计[J]．油气田地面工程，2010，29(5)：47-49.

[12] 郝拉娣，于化东．正交试验设计表的使用分析[J]．编辑学报，2005，17(5)：334-335.

[13] 赵朗明．运用数字仿真技术比较均匀和正交两大试验设计法[J]．科技展望，2017，27(24)：243.

[14] 刘东，胡廷惠，潘广明，等．稠油油藏弱凝胶调驱增油预测模型研究[J]．特种油气藏，2018(4)：103-108.

[15] 张风义，吴婷婷，侯亚伟，等．海上底水稠油油藏热采适应性预测新方法[J]．石油地质与工程，2014，28(5)：87-89.

[16] 王蕊，董祥旻，何卫苹．一种多元非线性回归模型的建立方法及其应用[J]．中国考试，2010(11)：17-22.

应用火驱尾气实现边底水特稠油油藏压锥可行性研究

张宝龙

（中国石油辽河油田分公司勘探开发研究院，辽宁 盘锦 124010）

摘 要 为实现濒临废弃特稠油油藏的有效再开发、减少火驱燃烧后气体的排放量，应用数值模拟技术开展了油藏开发后期复杂水(淹)侵入情况下的火驱尾气的压锥可行性进行研究。结果表明：气体压锥效果受地质因素、流体参数和开发因素共同影响，其中开发因素是受现场操作影响最大的，包括注气井数×单井日注气量、注气井构造位置选择、注气井射孔层段、油气水平衡时间等；对于原油黏度较高的油藏，单井注气速度不宜过高，较低的注气速度对原油富集条带区的形成有利些；注气井数越多，油藏覆盖程度越高，越有利于饱和度场的均衡分布，但对于原油富集条带的形成不利。在只注火驱尾气的情况下，基本不会形成类似稀油油藏油气、油水两界面，主要原因原油黏度高，油气水流度差异大。

关键词 特稠油油藏；火驱尾气；压锥；可行性；边底水

引 言

曙175块大凌河油层是辽河油田较早投入开发的边底水特稠油油藏，先后经历了蒸汽吞吐和蒸汽驱两个开发阶段，进入开发后期，由于边底水的侵入和热采阶段冷凝水的共同影响，于2013年底全块油井关井，区块濒临废弃。

平面上，杜66块与曙175块相邻，且已经形成目前全国最大的面积井网的火驱示范区，每天可以产生$30\times10^4m^3$的尾气，脱硫后尾气成分以氮气和二氧化碳为主，直接排放尾气不仅污染环境，又浪费能源。从机理上讲，火驱尾气回注可以应用在辅助蒸汽吞吐、SAGD、气体(泡沫)压水锥、稀油泡沫驱等方面[1-5]，借鉴其他底水油藏气体压锥的经验和效果，为使尾气成分与热量充分利用，提出将杜66块火驱尾气注入曙175块大凌河油层实施气体压水锥的设想。

1 曙175块主要地质特征

曙175块构造上位于辽河盆地西部凹陷西斜坡中段，开发目的层为沙三段大凌河油层，属湖底扇沉积，整体上为深灰色的泥岩中发育厚层状-块状砂岩、砂砾岩，平面上由东向西逐渐超覆，地层厚度东部厚西部薄。构造形态总体为断背斜构造，构造面积1.61 km^2，构造高点在曙1-7-5井附近，断块西侧为岩性尖灭，北面受断层切割，构造幅度150m左右，地层倾角6.3°-13°。大凌河油层为高孔、中高渗储层。岩心分析，孔隙度最大38.4%，最小20.3%，平均28.9%；水平渗透率最大5221mD，最小44mD，平均1178 mD。大凌河油层顶部隔层全区发育，岩性为灰绿色泥岩夹薄层浅灰色泥质粉细砂岩，最大厚度66.5m，最小厚度1.1m，平均19.5m。夹层不发育，厚度0.5～3m，岩性为灰绿色泥岩。曙1-7-5块大凌河油层为构造—岩性边底水油藏，油层平均厚度51m，油层在该块的中部最发育，厚度可达80m；西部受沉积影响，油层较薄；东部、南部由于构造倾没，油层逐渐过渡为水层，油水界面为-1080～-1090m(图1)，水油体积比8.5。大凌河油层20℃时原油密度0.9648 g/cm^3，50℃时原油黏度为14045mPa·s，凝固点21.8℃，平均含蜡量6.08%，沥青+胶质含量平均46.48%，属于特稠油。油层中深-1020m处原始地层温度为50℃。油藏压力系数为1.008，原始地层压力为10.4MPa。

2 水侵规律研究

2.1 区块模型的建立与拟合

为满足研究需要，应用petrel和CMG软件的STARS模块建立全区块的地质模型与数值模型(图2)。

作者简介：张宝龙(1973-)，男，高级工程师，1997年毕业于大庆石油学院油藏工程专业，现从事油田开发相关工作。E-mail：zhangbl6@petrochina.com.cn。

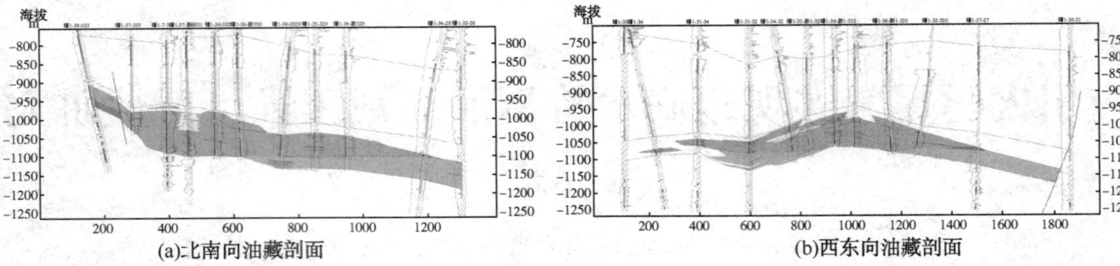

图 1　曙 175 块油藏剖面图

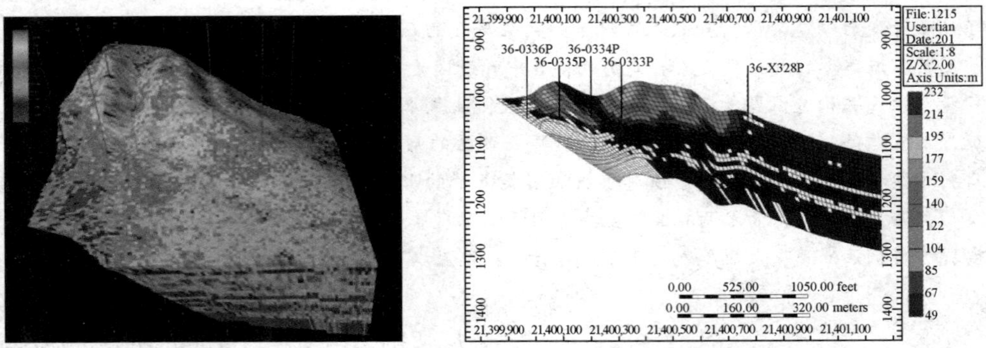

图 2　全区块的模型

2.2　历史拟合验证了地质研究成果和动态分析的认识

（1）在水体体积约为原油体积的 8.5 倍这个条件下，计算得到的油藏压力变化与现场监测资料一致。拟合结束时，油藏顶部压力已下降到 4.2MPa 左右，南面低部位 5MPa(图 3)。

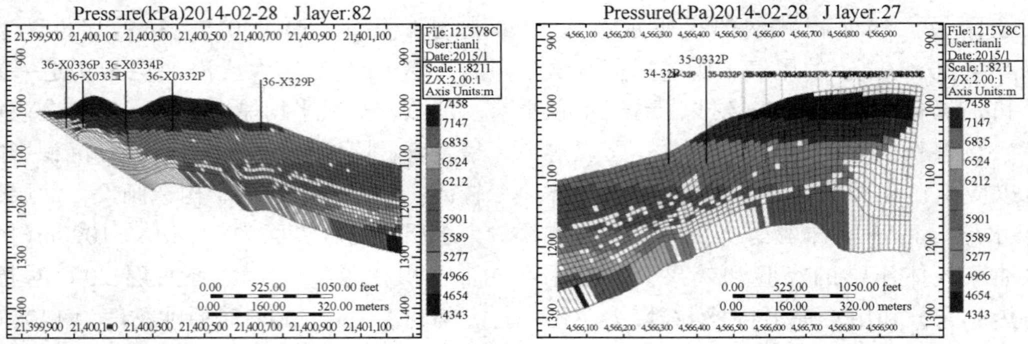

图 3　拟合结束时的压力场分布

（2）油藏水淹情况复杂，既有边底水侵入，又有汽驱冷凝水，也有二者同时起作用。

以不同时期不同含水饱和度分布等值面的分布特点认识水淹通道特征。拟合的过程就是不断寻找当初油藏开采过程中“水道”形成的过程。从不同开发阶段的场图可以看到，油藏物性较好的区域基本已高含水或水淹，并且从油水界面外边界到油藏内部呈现“平面基本连通、纵向上相互交错”的立体水淹格局(图 4)。水淹通道的形成不仅是取决于边底水入侵，也与蒸汽吞吐和蒸汽驱形成的冷凝水或存留水密切相关。图中浅色为含水饱和度为 50%等值面，深色为含水饱和度 60%等值面。

① 吞吐阶段水淹(侵)方式及原因

发生水侵的油井位于边底水发育的南部低构造区域，由于该部位的大凌河油层底部发育底水，并与边水相接，水体能量充足，因此该部位以边底水侵入为主。见水井主要是吞吐早期见水，主要以单井点为主要存在形式，总体上见水不明显，但局部井点水淹现象严重。

② 汽驱阶段水淹(侵)方式及原因

该阶段水淹主要表现为三种类型。第一类

是边底水水侵(主要分布于边底水发育的南部和东部);第二类是汽驱水淹(主要分布于中部汽驱试验区);第三类是补射高含水层造成水淹(主要分布于西侧油层发育相对较差区域内);另外在局部底水发育区域,部分井点为底水锥进。

(3) 平面水淹(侵)规律

从早期的含水等值图可以看到,吞吐阶段主要表现为边底水入侵,水侵主要以指形、线形优先侵入采出程度相对较高、压降梯度较大的高渗油层。蒸汽驱阶段油层发育较厚的主体区域内水淹速度快(图5)。

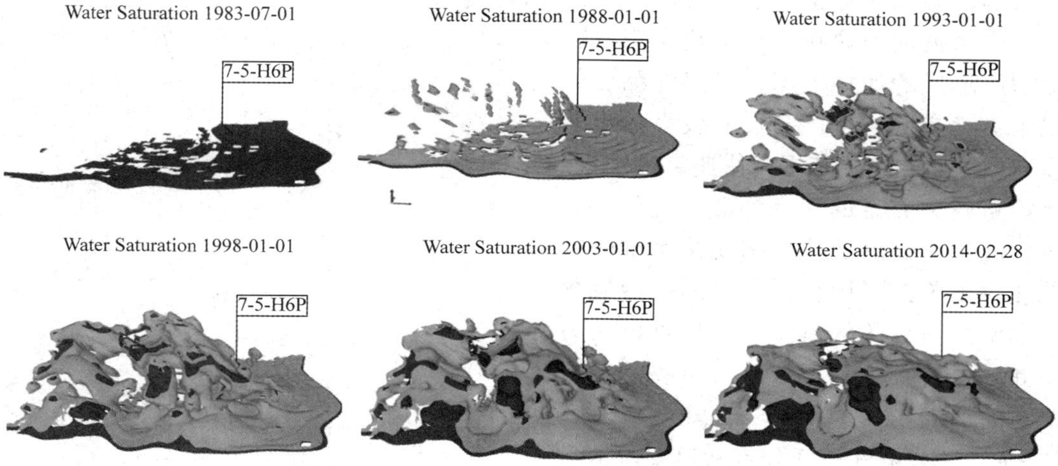

图4 不同时期的高含水饱和度等值面演变图

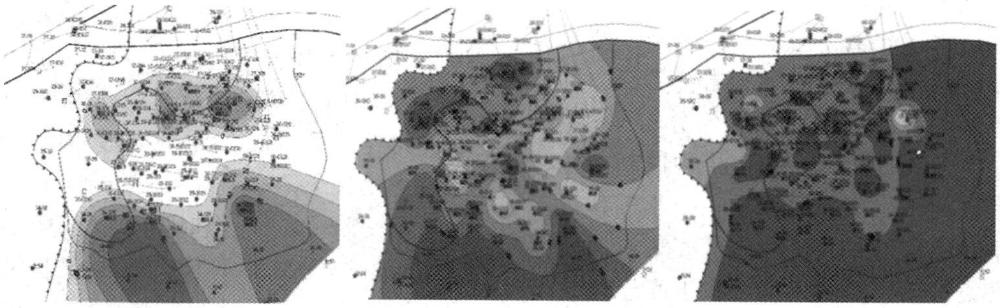

图5 曙175块含水变化(1986年、1989年、1999年)

(4) 纵向水淹(侵)规律

受非均质性影响,水侵优先于上部方向,主要是因为纵向上上部油层发育相对较好,渗透率较高。在蒸汽吞吐和蒸汽驱阶段更易吸汽,降压也是很明显的。

(5) 水侵速度

综合监测资料和数值模拟研究结果,计算得到南部出水井类别边底水推进速度2.32 ~ 8.32 m/mon,东部出水井边底水推进速度1.51 ~ 42.86 m/mon。

(6) 水锥(淹)高度

边部油井以底水锥进为主,由于距离边底水较近,水锥高度25~28m左右。中部油井自1989年至2000年采用蒸汽驱方式开发,受蒸汽驱水淹区域主要集中在油层中上部,下部油水界面有所提高,但距离边底水相对较远,水(淹)锥高度在10~21m。高部位大部分油井在未钻遇到水层或是受地层剥蚀影响没有水层,这部分油井见水主要受蒸汽驱和工程因素影响。

3 气体压锥可行性相关研究

3.1 气体压锥的机理

气体压锥常规过程一般选择在构造高部位或者水锥高度处,将优选的气体注入。注入的气体在高压作用下首先进入水锥体,使其被迫沿地层向构造或油层下部运移,使水锥消失,并且降低了油水界面。由于重力分异作用,注入气从油层底部向顶部运移,形成或大或小的气顶,维持在油藏顶部,增加了一个附加的弹性能量。随着注气量的增加，气顶逐渐向油藏下部扩展，形成类似气顶驱的效果。从理论上讲，随着压锥气体的注入，会出现气驱水、气驱油和油驱水三个驱替过程。理想状态下是可以形成气顶—原油富集带—水淹带3个区带和新形成的油气油水2个界面。

特稠油底水油藏注汽开发过程中，蒸汽携带的热量大幅度降低了原油黏度，提高了原油流动能力。底水稠油油藏在经过多轮次蒸汽吞吐或汽驱后所形成的加热范围为受热降黏后的原油提供了流动空间，生产阶段中较大的生产压差极易造成底水在加热范围内快速突破锥进。对于底水能量较为充足的底水油藏，就单井而言，蒸汽吞吐所形成的加热范围就是水锥的锥进范围。相对于单井可用相对简单的模型概念来解释，油藏规模下的气体压锥过程可以认为是多口单井的复合，这种复合既有单井的特点但不是简单的加减。

3.2 曙1-7-5块实施气体压锥有利因素与不利因素分析

(1) 有利因素分析

虽然油层水淹严重，但水淹原因及主要水淹通道认识相对清晰；构造西侧为岩性尖灭，其他三面受断层切割，油层的顶部均匀分布5m左右的隔夹层，整个油藏封闭，在区块构造高部位曙1-7-5井大凌河油层顶部原存在一个小气顶，顶部的封隔条件应该可以满足注气的要求；油层厚度大，为富集带形成提供条件。属于厚层块状油藏，全块平均厚度达51m，具有油层顶部形成小型气顶和富集油(气)带的能力；储层物性好，地层压力低，气体注入阻力小。属高孔高渗油藏，监测资料显示目前油藏内的压力较低，仅为2.1MPa；气源充足。杜66块火烧后产出的尾气可形成稳定气源。

(2) 不利因素分析

地下原油黏度偏大，平面分布不均。按照分类标准，曙1-7-5块原油属特稠油，依一般规律，在进入蒸汽吞吐或蒸汽驱开发末期，地层原油黏度有增加趋势；油层内温度平面分布不均衡的影响。从2007年实施的三口水平井原始测温资料可以看到，水平井段内油层温度差异很大，在50~110℃；多种原因造成水淹状况复杂，井况可能会对压锥过程产生影响。2000年停驱后开展的含油污泥调剖措施取得了一些效果，但也对储层造成了污染。

3.3 油藏内油气水三相的流动与聚集特征研究

数值模拟结果反映出压锥过程，油藏压力恢复曲线表现为2段式特点：快速上升和缓慢上升。快速上升阶段结束点的压力接近原始地层压力(图6)。

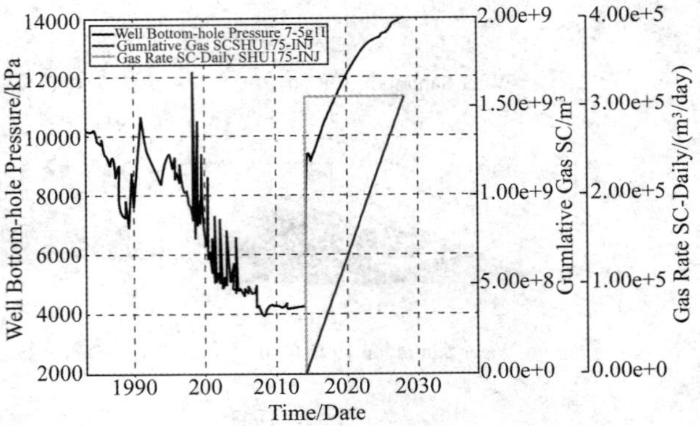

图6 压锥过程注气量与井底压力对应曲线

同样，采用油气水三相的饱和度等值图来说明压锥过程中的流动特征。从图7可以看到，压力恢复迅速上升(+平缓阶段)的主要就是主泄水通道(或排气通道)的形成过程(图7)。浅棕色表征含油饱和度≥0.6，红色表征含油饱和度≥0.5，蓝色表征含水饱和度≥0.5，绿色表征含水饱和度≥0.6，黄色表征含气饱和度≥0.2。注气压力迅速上升阶段(+平缓阶段)中气体通道的形成特点是气道即水道。

第一阶段：气道和排水通道的形成(图8)。

随着注气量的增加，气顶逐步从单井点发育，逐渐连片，同时形成类似漏斗型的气腔，气腔形成的途径与水淹形成的“水道”密切相关，一部分气体在驱逐出水道中水体时逐渐扩展到油水边界并向边部水体扩展，但范围有限；一部分气体则逐渐扩展气腔。伴随气腔的扩展，油水重新运移分布，起初较高含油饱和度的部分区域可能会减少，而分布较广的低含油饱和度区域则逐渐增加，油藏内的水体也逐渐流向边底水区域。

第二阶段：气腔稳定扩展、含水饱和度继续下降、原油聚集。

当注气量达到一定程度或气腔发育到一定规模时，或者含水饱和度下降到一定程度时，油藏内的原油逐渐开始聚集，主要在气腔周围形成相对富集的含油条带。从场图上看，当注入量为1PV时，油藏恢复到初始压力时(对应2016年)，压锥效果是非常明显的，含水饱和度大幅度下降；气腔也发育初步规模；虽然总体上含油富集形态已现雏形，但形成的富集带松散、含水饱和度分布也不均匀，多数区域甚至原油尚未明显聚集(图 9)。原油仍处于运移、再聚集阶段。

到注气量达到 3.1PV 时(对应 2020 年)，含水饱和度已大幅度下降且趋于均匀，底水界面明显下降；气腔也比较发育，总体上含油富集形态基本确定，所形成的富集带比较充实均匀，局部原油尚未彻底完成聚集或运移过程(图 10)。

当注气量达到 7 个注入倍数时，原油富集带比较稳固，宽度可达到几十到百米左右，含油饱和度一般在 0.5～0.6。含水饱和度场也比较稳定，在含油富集带含水饱和度在 0.4～0.45，在气腔内则主要集中在 0.2～0.4；气腔形态稳定，但气体主要输送到油水界面下方，特别是边部大量聚集。此时注气年限已达 13.7 年，油藏压力也已升至 14MPa 左右(图 11)。

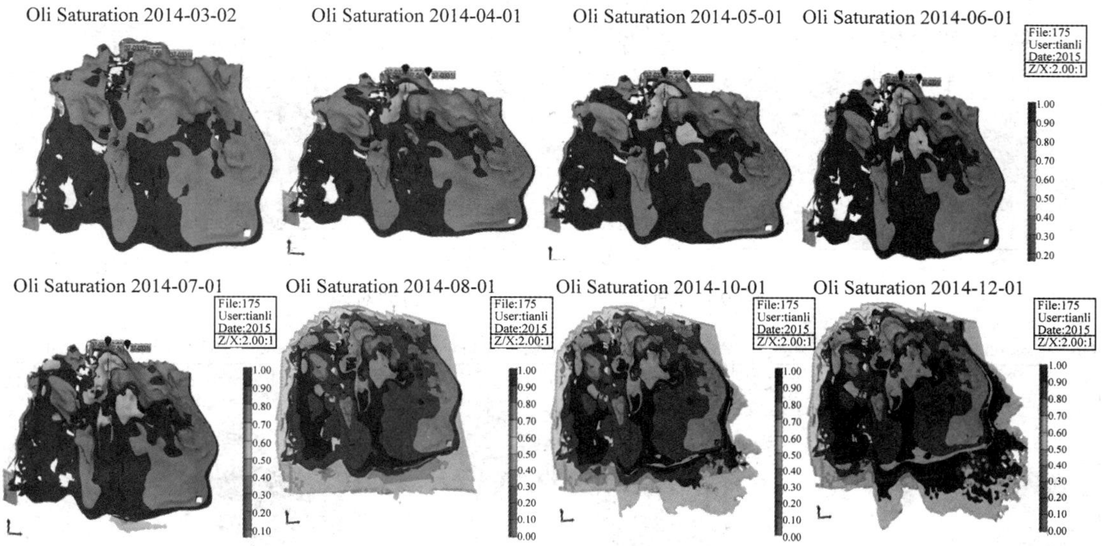

图 7　压锥过程中油藏内油气水运移基本规律

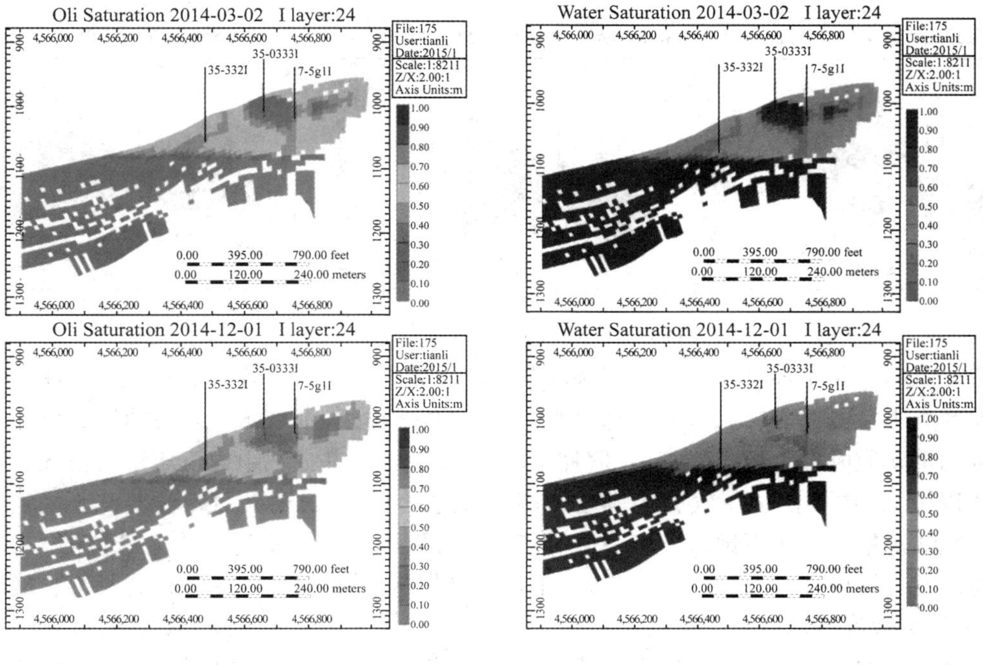

图 8　第一阶段油水运动变化

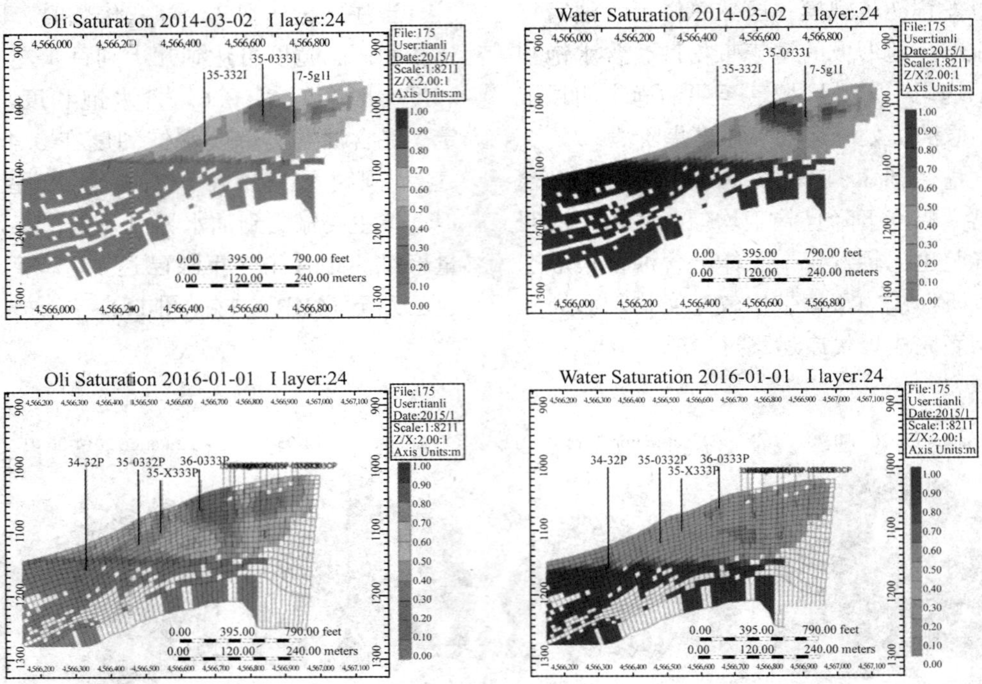

图 9 注气前与注入 1PV 时油水运动对比

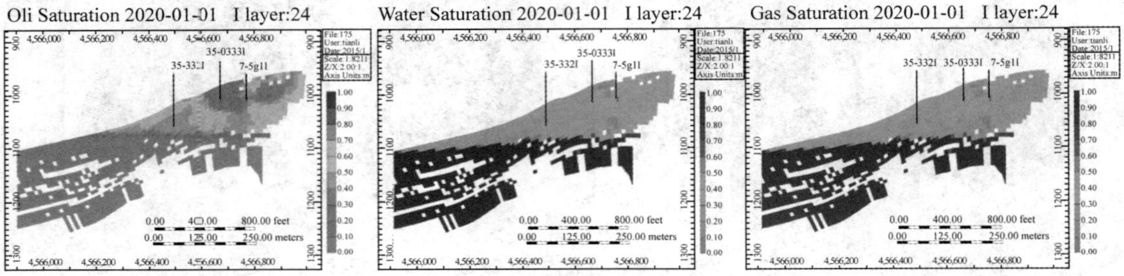

图 10 注气量达到 3.1PV 时油气水运动

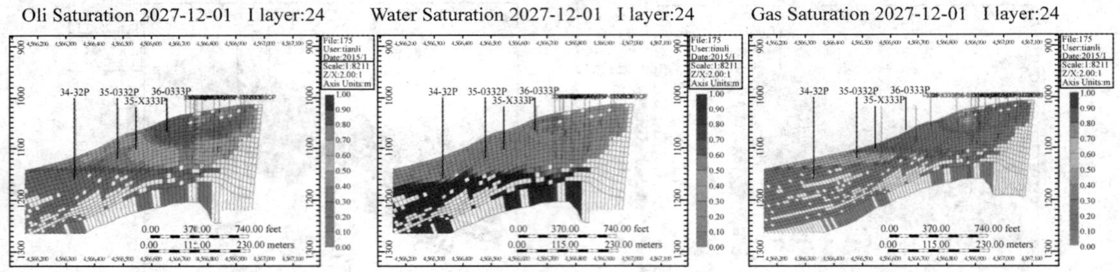

图 11 注气量达到 7PV 时油水运动

总体看，纵向上位于油藏最顶部以气顶和高含气饱和度区为主，上部油层几口原来部署水平井的区域可能重新形成相对的含油富集区(曙 1-7-5-H7CH 以上)，中下部油层气腔周围也可能形成环状的含油富集区，而下部由层以下，受气腔影响减弱，变化缓慢。

3.4 压锥关键参数敏感性研究

影响压锥效果的因素包括地质因素、流体参数和开发因素，而开发因素是影响最大的，包括注气井的构造位置、射孔程度、注气井数、单井日注气量、油气水平衡时间等。借鉴并区别于其他油藏单井或井组规模压锥的情况，在本次研究过程中只注火驱尾气不注蒸汽不采油。重点针对开发因素，主要利用数值模拟的方法进行研究，以拟合结束时的油藏条件为基准，确定三个评价指标；一是水锥(淹)体是否被注入气体压下；二是所谓的次生气顶是否可以形成并逐步向下(周边)扩展；三是原油富集带是否可以形成。

研究结果显示：

（1）射孔层段的敏感性：射孔位置选择油层上 1/3 以内是适用的，满足注气需求的同时也为原油富集带提供了足够的空间。

（2）注气井数×单井日注气量敏感性：是影响注气效果的重要因素。

重点考察注气井油藏覆盖程度及避免油藏非均质性的影响，分别设计了主体部位 3 口井、位于构造顶部的 9 口注气井方案和在这 9 口井基础上继续南扩一个井距的 20 口井方案。计算结果显示，这些方案在注气后基本不会形成类似稀油油藏所能形成的油气水界面，但注气过程中压水锥作用明显，若注气量足够大可在局部或气腔周围形成一定规模的含油富集带。

注气井数相同，单井注气速度较低时更有利于含油饱和度富集区的形成和稳定。当注气速度较低时，原油富集区的形成有影响，这是原油黏度较大的结果。对比 9 口井单井日注 30000m^3 和 20 口井单井日注 15000m^3 方案，注气量以 20 口井结束时注气量为准，结果是前者略好于后者。

（3）油气水平衡时间的敏感性

气体饱和度场仍会有改变，但含油饱和度场变化幅度不大。分析认为，在主要的气腔和气体通道形成后，特稠油黏度高，与气体的流度比差异巨大，停注后气体没有提供更高的驱动能量，这与稀油油藏明显不同。

4 结论

（1）曙 175 块实施气体压锥优势劣势共存，气体压锥效果受地质因素、流体参数和开发因素共同影响，其中开发因素是受现场操作影响最大的，包括注气井数×单井日注气量、注气井构造位置选择、注气井射孔层段、油气水平衡时间等；

（2）原油黏度偏大是影响压锥效果的主要因素。原油黏度高，油气水流度差异大是造成曙 175 块注气后基本不会形成类似稀油油藏油气、油水两界面的主要原因；

（3）注气过程中压水锥（淹）体作用明显，注气后，地层压力恢复较快，高压注入气体占据水侵（淹）体，有效补充地层能量。若注气量足够大可在局部或气腔周围形成一定规模的含油富集条带；

（4）对于原油黏度较高的油藏，单井注气速度不宜过高，较低的注气速度对原油富集条带区的形成有利些；注气井数越多，油藏覆盖程度越高，越有利于饱和度场的均衡分布，但对于原油富集条带的形成不利。总体上是注气井数×单井日注气量的综合影响结果；

（5）受现场情况限制，本次研究只涉及火驱尾气注入对压锥的影响和效果的认识，今后在其他条件满足时可考虑注入蒸汽与采油的配合。

参 考 文 献

［1］杨元亮，沈国华，宋文芳，等．注氮气控制稠油油藏底水水锥技术［J］．油气地质与采收率，2002，9（3）：83-88.

［2］吴忠维，崔传智，吴超，等．火驱生产井套管尾气回注油藏可行性室内评价［J］．科学技术与工程，2017，17（22）：204-207.

［3］马跃，唐晓旭，刘晖，等．海上底水稠油油藏氮气泡沫压锥技术研究与应用［J］．中国海上油气，2012，24（1）：45-50.

［4］张小波，郑学男，郃德军，等．SAGD 添加非凝析气技术研究［J］．西南石油大学学报：自然科学版，2010，32（2）：113-117.

［5］范耀，刘易非，茹婷，等．稠油高温气体辅助蒸汽驱的可行性研究［J］．新疆石油地质，2010，31（5）：530-532.

稠油热采井油泥调剖技术的研究和改进

赵永鸿　刘　恒　于福涛　常迎军　于学凯　张　晨

（中石油辽河油田分公司，辽宁 盘锦　124010）

摘　要　由于稠油油藏及蒸汽吞吐开采的特殊性，在稠油油藏的开发过程中，随着采出液会产出大量油泥。原有油泥处理方法环保不达标，技术不成熟，费用高。2015 年在室内实验研究的基础上，成功研究并应用了油泥调剖技术。该技术利用油泥为原材料，添加各种添加剂配制成油泥调剖剂，并形成油泥调剖系列调剖工艺。该技术解决了油泥处理难题，实现了油泥的循环利用，并取得良好措施效果。2015 年 6 月至 2019 年 6 月现场实施 102 井次，累注油泥 23.04×10^4t，累计措施增油 2.76×10^4t，创效 1.94 亿元，取得良好的措施效果，具有广阔的应用前景。

关键词　稠油；油泥调剖；循环利用

引言

油泥是油田开发过程中产生的主要污染物之一。近年来，由于我国环保法规的逐步完善和集团公司打造绿色发展的要求，油泥治理问题已日益引起人们的关注。辽河油田每年产生油泥 18.8×10^4t 以上，其中：浮渣约 7.5×10^4t，底泥约 4.8×10^4t。以辽河油田曙光采油厂集输污水系统为例，系统日产油泥约 350t，年产油泥约 12×10^4t，由于历史原因污水厂囤积油泥约 5×10^4t。由于油泥数量大、成分复杂，造成油泥分离困难、处理成本高，现有的填埋、微生物降解、热处理、溶剂萃取等技术很难满足油泥处理的需求，因此，迫切需要开发一种高效廉价的油泥处理技术。

1　技术背景

辽河油田是国内最大的稠油生产基地，自稠油油藏投入开发以来，油层动用不均的矛盾就成为制约其开发的主要矛盾之一。随着稠油油井吞吐轮次的增加，原有开发矛盾进一步加大，具体表现为：高渗透地层受到高温蒸汽的不断冲刷导致近井地带亏空严重，汽窜通道加大、层间吸汽差异扩大等一系列问题。正因为如此，稠油调剖工艺成为稠油油藏开发重要的配套工艺之一。稠油热采井油泥调剖技术是一项结合处理和利用并举的油泥科学处理方法。本着"源于油藏，用于油藏"的工作思路，将油泥作为调剖剂原材料，辅以改性添加剂配制成适用于稠油热采井的高温调剖剂。含油油泥来源于地层，与其他化学调剖剂相比，含油油泥调剖剂具有较好的热稳定性、抗盐性和耐剪切性，适合于大剂量注入。油泥调剖属颗粒堵塞物理调剖，机理是分流作用，以改善流度比及物理堵塞为主，兼有吸附和残余阻力的作用。乳状液到达一定地层深度后，受地层水冲释及地层岩石的吸附作用，乳化悬浮体系分解，其中的泥质吸附胶沥质和蜡质，并通过它们黏联聚集形成较大粒径的团粒结构，沉降在大孔道中，使大孔道空间变小，封堵高渗透带，迫使注入蒸汽改变渗流方向，提高蒸汽波及体积。改善稠油热采井的动用不均状况，抑制井间汽窜干扰。同时可以减少甚至杜绝含油油泥的排放及其对环境的污染，取得良好的增油效果和经济效益。

2　室内研究

油泥成分较为复杂，可以大致分为水，乳化油或吸附油，固体异物，无机盐等，性质各不相同，所以在室内需要进行油泥的特性研究。

2.1　油泥特性评价

2.1.1　油泥组分基本含量分析

测试方法：取一定量曙光采油厂污水处理系统中各类油泥，用蒸馏法测其含水量，然后将蒸馏残余物趁热用砂芯漏斗过滤，并用石油醚和丙酮的混合溶剂反复洗涤，直至残余物不含油为

作者简介：赵永鸿（1970-），男，高级工程师，1992 年毕业于西南石油学院油田应用化学专业，现从事油气田化学类措施及工艺技术的研究和推广。E-mail：zhao_ yh@ petrochina. com. cn。

止，最后将盛有残余物的砂芯漏斗在85℃烘箱内恒温12h后称重，测定固含量，考察其作为颗粒调剖的可行性，测试结果见表1。实验结果显示：含水55%～75%，含油10%左右，含砂10%～20%，具有颗粒调剖的可行性。

表1 油泥组成分析

样品名称	含水/%	含砂/%	含油/%	合计/%	样品外观
浮选机浮渣	56.36	25.08	18.56	100	黑色油砂粉末
沉降罐底泥	61.58	19.17	19.25	100	黑色黏稠液体
污水厂活性油泥	74.91	13.10	11.99	100	黑色黏稠液体

2.1.2 油泥粒径分析

颗粒堵剂的选择应该根据地层孔径的大小来确定，一般要求堵剂粒径为地层孔隙喉径的1/9～1/3为宜。因此采用激光粒度分析仪对表2中分离出的泥质组分的粒度分布进行测定。分析结果如下：通过泥质成分的粒径分析，考察粒径与油层孔喉的配伍性。稠油油藏高渗透层孔喉半径再经过多轮次蒸汽冲刷后，一般在200～500μm，实验结果显示各类油泥粒径最频值在5～100μm，占总体80%，满足孔隙喉径的要求。

表2 泥质组分粒径分布

样品	<5μm	(5～10)μm	(10～50)μm	(50～100)μm	>100μm
沉降罐底泥	11	19.78	42.23	18.12	8.87
浮选机浮渣	2.5	13.12	49.28	27.87	7.23
污水厂活性油泥	3.52	14.23	47.65	21.36	3.24

2.1.3 油泥分散悬浮性分析

采出的含油油泥粒径测试数据表明，油泥主要是由不同直径的黏土颗粒组成。为了将油泥输送到调剖目的层即高渗透层，必须要求油泥调剖剂有一定的悬浮性能。如果沉降速度过快，油泥会在井筒中堆积，影响后续注入过程的进行。所以，将样品按不同掺水比稀释后，观察其分散性、悬浮稳定性，结果见表3。实验表明，当适量掺水率条件下均具有良好的分散悬浮性。

2.1.4 油泥流动性分析

将样品按不同掺水比稀释后，测定混合液的黏度，考察其泵送能力(表4)。

表3 油泥分散悬浮状态

样品	掺水比例/%	120min脱水/ml	脱水率/%	悬浮状态
罐底泥	70	5	17.2	少量分层
	50	2	6.9	基本不分层
	30	0	0	不分层
浮渣	70	0	0	不分层
	50	0	0	不分层
	30	0	0	不分层

表4 油泥流动性

样品	不同掺水量下含油油泥黏度/(mPa·s)				
	0	15%	30%	50%	70%
罐底泥	21494	1165	219	89	68
浮渣	\	3312	323	128	86
污水厂活性油泥	13933	967	182	21	5.7

实验表明，当油泥掺水率达到15%以上，均具有较好的流动性，能够顺利泵入地层。

2.2 油泥调剖剂系列配方研制

2015年在室内实验的基础上研制出三种类型的油泥调剖剂，并在此基础上，针对不同稠油油藏特点，利用不同段塞组合方式，形成油泥调剖系列配套工艺。因注入时间长，封口剂可能在管柱内留塞，该工艺要求井内管柱满足冲砂作业。

2.2.1 油泥颗粒调剖剂

该体系是以油泥为基本原料，加入适量的悬浮剂、分散剂、植物纤维颗粒(粒径组合)等，调配成具有一定悬浮性和稳定性的均化体系，注入地层一定深度后产生"团粒结构"，对大孔道产生深部封堵，从而扩大蒸汽波及体积，提高采收率。该体系适用于高渗透储层，以及大孔道的封堵。

2.2.2 油泥聚合物复合调剖剂

体系由油泥、聚丙烯酰胺、絮凝剂等组成。将其分段注入地层，油泥微粒表面的-OH基和聚丙烯酰胺分子中的$-NH_2$基以氢键结合，使油泥微粒絮凝聚集，从而产生封堵作用。该体系适用于中、低渗透储层，满足地层深部调堵的需求。

2.2.3 油泥改性高温封口剂

该体系由油泥、固化剂、增强剂、活化剂、

悬浮剂等按适当比例复配而成。通过控制反应温度和活化剂的用量，调节成胶速度和成胶强度。体系在成胶前黏度低，利于泵注；在地层中成胶后，强度高，耐温性好，能够满足注蒸汽条件下的耐热、耐冲刷的要求，并长期有效。

2.3 油泥调剖剂配方的改进

近年来，随着超稠油油藏的不断开发，油层动用不均加剧，汽窜比率不断上升，已达70%以上；同时由于蒸汽吞吐和汽窜因素的影响油井套坏率较高，满足油泥调剖作业要求的油井越来越少，严重制约了油泥调剖技术的应用和推广。因此，在原有配方的基础上，对油泥调剖剂的配方进行改进，研制油泥复合颗粒调剖剂，结合常规暂堵调剖技术，形成油泥复合段塞调剖工艺技术。该技术对管柱状况没有特殊要求，可利用热采管柱进行施工。与原有油泥调剖工艺相比，具有工序简单、施工时间短、封堵强度高的优点。

油泥复合颗粒调剖剂以油泥为主要原料，添加体膨颗粒和植物纤维颗粒，并加入适量的悬浮剂、分散剂等配制而成(图1)。

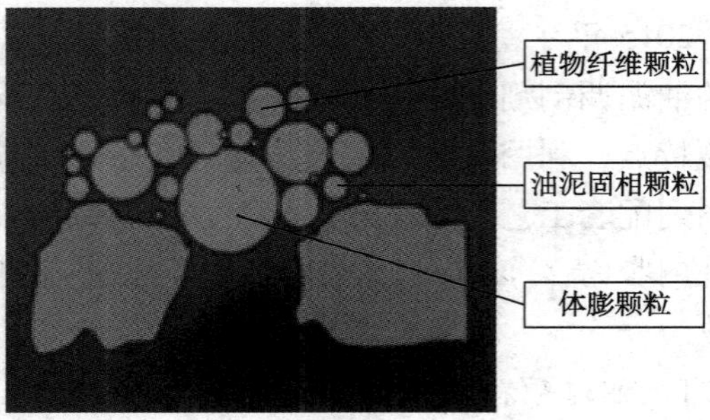

图1 油泥复合颗粒调剖剂

与油泥调剖技术原理不同，油泥复合颗粒调剖剂以体膨颗粒为地层喉道架桥颗粒。体膨颗粒进入高渗透层后膨胀，形成架桥效应。油泥中原有的固相颗粒和添加的植物纤维颗粒进入体膨颗粒和地层喉道之间的间隙进行填实，从而实现小剂量高强度封堵高渗透层。

油泥复合颗粒调剖剂与常规暂堵调剖剂结合，形成油泥复合段塞调剖工艺技术。现场工艺采用二段塞组合方式：第一段塞为油泥复合颗粒调剖剂，第二段塞为常规暂堵调剖剂。通过两段塞的协同作用，增大措施处理半径，提高封堵强度，增强措施效果。

2.4 油泥调剖剂性能评价

实验采用单填砂管模型，考察油泥调剖剂在高渗透层的封堵能力，实验装置如图2。分别注入不同类型的油泥调剖剂，然后进行封堵实验，测其封堵率。

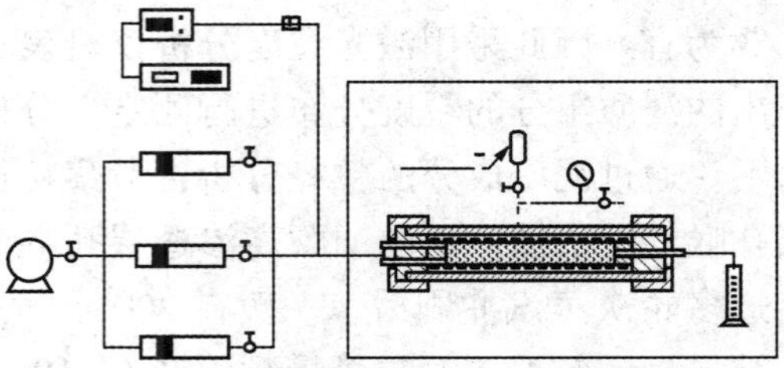

图2 单填砂管模型岩心实验装置

从上述实验(表5)可以看出，不同类型的油泥调剖剂都具有一定的封堵能力，一定程度满足地层封堵需要。其中油泥改性高温封口剂、油泥复合颗粒调剖剂、常规凝胶+颗粒调剖剂封堵效果、封堵强度较好，封堵率可达90%以上。现场应用时采用两段塞注入油泥复合颗粒调剖剂和常规凝胶颗粒调剖剂，可大幅提高封堵强度，且对管柱没有要求，和原有油泥调剖工艺相比，提高了工艺适应性，拓宽了应用范围。

表5 不同类型的油泥调剖剂对封堵率的影响

编号	调剖剂类型	堵前渗透率	堵后渗透率	封堵率	残余阻力
1	油泥颗粒调剖剂	2.047	0.246	88.0	8.3
2	油泥聚合物复合调剖剂	2.046	0.839	59.0	2.4
3	油泥改性高温封口剂	2.044	0.099	95.2	20.0
4	油泥复合颗粒调剖剂	2.038	0.126	93.8	16.2
5	常规调剖剂(凝胶+颗粒)	2.055	0.199	90.3	10.3

2.5 适用范围及施工工艺

2.5.1 适用范围

原工艺：

(1) 注汽压力较低(小于13MPa)地下亏空大的稠油热采井；

(2) 有汽窜史的稠油热采井；

(3) 油层动用不均，需改善动用程度的稠油热采井；

（4）井筒无套变，或有轻微套变不影响冲砂作业的油井。

改进后工艺：

（1）注汽压力较低（小于 13MPa）地下亏空大的稠油热采井；

（2）有汽窜史的稠油热采井；

（3）油层动用不均，需改善动用程度的稠油热采井。

2.5.2　实施工艺

采用二段塞组合方式：第一段塞为油泥复合颗粒调剖剂，第二段塞为常规暂堵调剖剂。通过两段塞的协同作用，增大措施处理半径，提高封堵强度，增强措施效果。

3　现场应用及效果分析

2015 年 6 月至 2019 年 6 月现场实施 102 井次，累注油泥 23.04×10^4t，累计措施增油 2.76×10^4t，创效 1.94 亿元，取得良好的措施效果，具有广阔的应用前景。

2018 年 12 月至 2019 年 6 月，应用油泥复合段塞调剖技术现场实施 26 井次，累计措施增友 5368t，效果明显。

3.1　典型井分析

杜 84-53-25 于 2005 年 3 月投产，井段井段 750.7~825.7m，厚度 22.5m，该井累计生产 26 周期，累产油 1.5×10^4t，累产水 6.1×10^4t。21 周期后周期产油呈下降趋势。26 周期受杜 84-53-27 汽窜影响。为抑制井间汽窜干扰、提高油井纵向及平面剩余油动用程度，决定实施于调剖措施。

该井于 2019 年 2 月 21 日实施油泥复合段塞调剖措施。注入油泥 150t，添加体膨颗粒 1t，植物纤维颗粒 2t，注入采油用调剖剂（植物纤维颗粒类）20t。施工压力 11MPa。

实施堵水措施后，措施后注汽压力提高 2.43MPa，邻井未见汽窜影响。截至目前，阶段生产 118.3d，措施增油 327t，同期对比增油 238t（图 3）。

图 3　杜 84-53-25 生产曲线

4　结束语

油泥作为调剖剂耐盐、耐温、耐冲刷性能优异，能够适应辽河油田稠油油藏调剖工作的需要。油泥调剖施工工艺简单、成本低、封堵效果好。可扩展到火驱、SAGD、蒸汽驱开发等领域。油泥调剖为油田油泥的处理提供了一项切实可行的新技术，同时解决了油泥外排所造成的环境污染问题，具有较好的推广应用前景。经改进后，油泥调剖技术降低了对油井井况的要求，扩大应用范围，是一种措施成本较低、处理半径较大、封堵强度高的调剖封窜技术。该技术的研究应用对超稠油油藏后期开发具有重要意义。

参　考　文　献

[1] 胡华龙，韩梅，黄秉禾，等．利用石化油泥生产新型除油吸附剂的实验研究[J]．交通环保，2001，22(4)：12.

[2] 黄玲，高荔，党博，等．油田含油油泥产生途径及处理方法[J]．油气田地面工程，2010，29(2)：75-76.

[3] 陈明燕，刘政，王晓东，等．含油油泥无害化及资源化处理新技术及发展方向[J]．石油与天然气化工，2011，40(3)：313-317.

[4] 岳明，欧天雄．含油油泥资源化处理技术研究[J]．石油与天然气化工，2008，37(3)：259-262.

[5] 万仁傅，采油工程手册（上册）．石油工业出版社，2000.

[6] 任皓，油井堵水技术进展[J]．钻井液与完井液，1993，10(6)：1-10.

[7] 赵福麟，黑液体系驱油研究[J]．石油学报，1995，16(1)：53-60.

[8] 王小泉，等．调整蒸汽注入剖面用的高温堵剂[J]．油田化学，1991，8(1)：74-78.

[9] 秦涛，李海营，等．油井高温抗盐化学堵剂的研究与应用[J]，钻采工艺，2003，26(2)：86-89.

[10] 李凡修．含油油泥无害化处理及综合利用的途径．油气田环境保护，1998，8(3)：42-44.

[11] Heuer，Steven，Ray. Process for the Recovery Oil From Waste Oil Sludge. WO92/04424. 1992，3(19).

[12] Krebs，George. Sludge Drying System with Recycling Exheat Air. WO 93/24800. 1993，12(9).

[13] 尤俊洪．一种处理油泥的方法．中国，CN 816001176. 1987-01-24.

[14] 张秀霞，耿春香，冯成武．溶剂萃取蒸气蒸馏法处理含油油泥．上海环境科学，2000，19(5)：228.

油田污水回用注汽锅炉用离子交换树脂性能及评价方法研究与应用

林　琳

（中国石油辽河工程有限公司，辽宁 盘锦　124010）

摘　要　“油田污水回用注汽锅炉用离子交换树脂技术性能指标及评价方法”研究，是通过确定辽河油田污水回用注汽锅炉用离子交换树脂技术性能参数和指标包括：体积交换容量、有效粒径、粒度、均一系数、湿视密度、湿真密度、渗磨圆球率、转型膨胀率等。制定油田污水回用注汽锅炉用离子交换树脂性能的评价方法。目的是规范辽河油田离子交换树脂采购技术要求与检测方法，保障进入辽河油田离子交换树脂质量、提高生产应用效果，推动辽河油田应用田离子交换树脂产品质量整体进步。

关键词　油田污水；注汽锅炉；离子交换树脂；体积交换容量；有效粒径；粒度；均一系数；湿视密度；湿真密度；渗磨圆球率；转型膨胀率

引言

离子交换树脂是一类带有活性基团的网状结构高分子化合物。在它的分子结构中，一部分为树脂的基体骨架，另一部分为由固定离子和可交换离子组成的活性基团。离子交换树脂具有交换、选择、吸附和催化等功能，在工业高纯水制备、医药卫生、冶金行业、生物工程等领域都得到了广泛的应用。近年来，离子交换树脂无论是从种类、结构还是性能上都出现了很大的变化，其生产和应用也都得到了很大的发展。

我国自 20 世纪 50 年代以来开始生产和应用离子交换树脂。经过半个多世纪的发展，国内常规离子交换树脂的制备和应用技术已经较为成熟，水平与国外相当。离子交换树脂主要应用于电力、食品、医药、电子和冶金等行业，随着锅炉给水、饮用水和电子用水等对离子交换出水的纯度要求日益提高，促使常规的离子交换树脂生产和应用技术不断完善，同时催生了许多新型的生产工艺不断涌现，使得离子交换树脂产品升级和技术进步的步伐也日益加快。

随着含油污水处理技术的进步，辽河油田公司在注汽锅炉给水领域，已规模化应用含油污水深度处理回用注汽锅炉给水技术，但适应油田污水软化处理用的离子交换树脂质量指标及评价方法尚未建立，给采购、到货质量评价、生产稳定、规范化管理等方面已造成严重影响，亟待研究解决。

1　离子交换树脂检测标准适应性现状调研

1.1　目前颁布的质量检测标准及指标

目前离子交换树脂检测标准包括中国石油化工总公司发布的 SH 2605.05—1997（表 1）和电力行业标准 DLT 519—2014（表 2）两个行业采购验收标准，均对如下参数进行了规定：氢型率、全树脂交换容量、含水量、湿视密度、湿真密度、粒度、渗磨圆球率、体积交换容量、有效粒径、均一系数、转型膨胀等 11 个。

表 1　中国石油化工总公司发布的 SH 2605.05—1997 D113 大孔弱酸性丙烯酸系阳离子交换树脂技术要求

指标名称	D113	D113FC
氢型率/%	≥98	
全树脂交换容量/(mmol/g)	≥10.80	
体积交换容量/(mmol/ml)	≥4.20	
含水量/%	≥45~52	
湿视密度/(g/mL)	0.72~0.80	
湿真密度/(g/mL)	1.14~1.20	
粒度/%	(0.315~1.25mm) ≥95.0	(0.45~1.25mm) ≥95.0
	(<0.315mm) ≤1	(<0.45mm) ≤1
有效粒径/mm	0.35~0.55	0.50~0.75
均一系数	≤1.6	
转型膨胀率(H→Na)/%	≤65	
渗磨圆球率/%	≥90	

表 2 电力行业标准 DLT 519—2014 水处理用 D113 大孔弱酸性丙烯酸系阳离子交换树脂技术要求

指标名称	D113	D113FC
氢型率/%	≥98	
全树脂交换容量/(mmol/g)	≥10.80	
体积交换容量/(mmol/mL)	≥4.40	
含水量/%	45~52	
湿视密度/(g/mL)	0.72~0.80	
湿真密度/(g/mL)	1.14~1.20	
粒度/%	(0.315~1.25mm) ≥95.0	(0.45~1.25mm) ≥95.0
	(<0.315mm) ≤1	(<0.45mm) ≤1
有效粒径	0.40~0.70	≥0.50
均一系数	≤1.6	
转型膨胀率(H→Na)/%	≤70	
渗磨圆球率/%	≥90	

1.2 辽河油田离子交换树脂检测参数确定

对辽河油田使用单位及到货验收及质量控制而言，全树脂交换容量与生产应用差异较大，无直接关系。部分参数指标与生产实际(设备结构)有差异，如：有效粒径。

上述问题已对生产稳定运行造成严重影响，亟需制定适合油田生产实际的性能指标和可操作的评价方法，并形成企业标准，以指导采购等管理环节。

全树脂交换容量是指树脂在干态情况下单位质量的树脂完全交换容量这与实际应用情况相差较大。

体积交换容量一般是对湿态离子交换树脂而言的，它表示单位体积离子交换树脂的交换容量，国家标准及行业标准中体积交换容量的常用单位是 mmol/mL、mmol/L、mmol/m^3等。体积交换容量的测定方法在国家标准中与全树脂交换容量的测定方法相同，与油田实际情况差异较大，不能与含油污水深度处理后回用工艺条件适应。

粒度、有效粒径、均一系数三项指标，是反映离子交换树脂粒径大小和均一性的指标。粒径太大树脂的比表面积变小使树脂与水的接触面变小影响交换效果，粒径太小会造成树脂渗漏。

渗磨圆球率是指树脂通过一定浓度的酸、碱处理对树脂施加渗透力，再通过瓷球的滚磨对树脂施加压力和摩擦力。将经受这三种力作用的树脂烘干至能自由滚动并经分离其中球状颗粒占试样的质量分数，它反映离子交换树脂机械强度。渗磨圆球率越高说明树脂机械强度高，不易破碎。

转型膨胀率是指已溶胀的湿树脂，从一种单一离子型转为另一种离子型时体积发生变化的百分率，影响树脂转型膨胀率大小的主要因素是交联度。树脂交联度越大，转型膨胀就越小。因此，转型膨胀率反映了树脂结构的紧密程度，树脂交换容量越高，转型膨胀率也越大。树脂在使用一段时间后，转型膨胀率的变化反映了其结构和交换容量的变化。对于阳树脂来说，转型膨胀率增加，可能是由于高分子链断裂而引起的。

粒度、有效粒径、均一系数、渗磨圆球率、转型膨胀率这些参数都间接影响离子交换树脂交换能力，也是反应离子交换树脂技术性能的重要指标。因此可以用体积交换容量、粒度、有效粒径、均一系数、渗磨圆球率、转型膨胀率作为评价离子交换树脂技术性能的指标。

由于离子交换树脂经过再生可不断重复使用，不同离子交换树脂经再生后体积交换容量变化相差非常大，因此再生体积交换容量、第二次再生体积交换容量也是评价离子交换树脂技术性能的指标。

为确定相关指标及参数，根据生产实际，对辽河油田各采油厂选送的典型树脂进行了性能评价，并对测定方法进行了系统分析与研究。典型结果见表 3。

表 3 油田各采油厂选送的 8 种离子交换树脂的 5 个性能参数测定结果

树脂编号	首次体积交换容量/(mmol/mL)	再生体积交换容量/(mmol/mL)	第二次再生体积交换容量/(mmol/mL)	有效粒径/mm	均一系数
JC-1	5.36	3.90	3.44	0.71	1.13
JC-2	4.84	3.30	3.12	0.50	1.80

续表

树脂编号	首次体积交换容量/(mmol/mL)	再生体积交换容量/(mmol/mL)	第二次再生体积交换容量/(mmol/mL)	有效粒径/mm	均一系数
SH001	5.20	4.12	3.86	0.64	1.42
JH-1	5.03	4.33	3.86	0.68	1.34
TY-1	4.60	3.84	3.42	0.68	1.22
TY-2	4.34	3.30	3.24	0.65	1.46
LH-1	4.69	3.15	2.88	0.52	1.31
JH-2	3.71	3.11	2.96	0.50	1.46

从检测结果来看：首次体积交换容量大部分均高于行标规定的体积交换容量指标(4.4mmol/mL)，根据企业标准要高于行标的原则，离子交换树脂首次体积交换容量为4.5mmol/mL是合理的。

再生体积交换容量和第二次再生体积交换容量是在行标中没有可参考的数据，根据历年生产中已验证质量可靠的树脂性能评价结果，取接近于中间数据3.6mmol/mL和3.33mmol/mL。

有效粒径相差不大，都满足行标要求，根据软化设备筛网的规格，规定有效粒径为0.50~0.70mm。

均一系数只有一个没有满足行标要求，在满足行标的树脂中均一系数最大为1.46，与其对应的检测参数至少有一个不合规定，经采油工艺处组织相关采油厂共同会议确定，将均一系数指标定为1.45，并将离子交换树脂技术性能及指标确定如表4所示。

表4 离子交换树脂技术性能及指标

项目		指标
体积交换容量/(mmol/mL)	首次体积交换容量/(mmol/mL)	≥4.50
	再生体积交换容量/(mmol/mL)	≥3.60
	第二次再生体积交换容量/(mmol/mL)	≥3.33
粒度/mm，(0.36~1.25mm)/%		≥95
有效粒径/mm		0.500~0.700
均一系数		≤1.45
湿视密度/(g/mL)		0.72~0.80
湿真密度/(g/mL)		1.14~1.20
转型膨胀率，($H^+ \rightarrow Na^+$)/%		≤65
渗磨圆球率/%		≥90

2 离子交换树脂性能评价方法的制定

对油田污水回用注汽锅炉用离子交换树脂性能研究，就是要确定适合油田污水处理实际的离子交换树脂技术性能指标的评价方法。体积交换容量是衡量离子交换树脂质量好坏的最重要指标，它表示单位体积的离子交换树脂可交换离子的多少，体积交换容量除了由离子交换树脂本身性质决定外还同处理的水质密切相关。

经过对油田污水处理工艺流程的研究，建立模拟污水软化过程，通过测定过水体积来测定树脂体体积交换容量为方法。采用该方法测定树脂体体积交换容量，既反映了树脂的性能也反应水质情况。其他性能参数采用相应的国家标准。

2.1 评定方法

《油田污水回用注汽锅炉用离子交换树脂技术性能指标及评价方法》(Q/SY LH 0563—2017)。

2.1.1 范围

本标准规定了油田污水回用注汽锅炉用离子交换树脂性能指标及评价方法。

本标准适合辽河油田污水回用注汽锅炉用离子交换树脂筛选和评价。

2.1.2 规范性引用文件

下列文件对于本文件的应用是必不可少的。凡是注日期的引用文件，仅注日期的版本适用于本文件。凡是不注日期的引用文件，其最新版本(包括所有的修改单)适用于本文件。

GB/T 5758 离子交换树脂粒度、有效粒径和均一系数的测定

GB/T 8330 离子交换树脂湿真密度测定方法

GB/T 8331 离子交换树脂湿视密度测定方法

GB/T 11991 离子交换树脂转型膨胀率测定

方法

GB/T 12598 离子交换树脂渗磨圆球率、磨后圆球率的测定

2.1.3 术语

2.1.3.1 体积交换容量

单位体积树脂可交换离子的量。

2.1.3.2 粒度

在规定的粒径范围内的树脂体积占样品体积的百分数。

2.1.3.3 有效粒径

设试样颗粒按直径由大至小排列至排完90%体积的颗粒，规定其中最小颗粒的直径为有效粒径，用符号d_{90}表示(单位：mm)。

2.1.3.4 均一系数

设试样颗粒按直径由大至小排列至排完40%体积的颗粒，规定其中最小颗粒的直径为d_{40}(单位：mm)。规定d_{40}与有效粒径d_{90}的比值，称为均一系数，用符号K表示。

2.1.3.5 湿视密度

单位视体积离子交换树脂的质量，即包括离子树脂间隙的质量。

2.1.3.6 湿真密度

单位真体积离子交换树脂的质量，即不包括间隙的质量。

2.1.3.7 转型膨胀率

已溶胀的树脂，从一种单一离子型转为另一种离子型时体积发生变化的百分率。

2.1.3.8 渗磨圆球率

通过一定浓度的酸、碱处理对树脂施加渗透力，再通过瓷球的滚磨对树脂施加压力和摩擦力。将经受这三种力作用的树脂烘干至能自由滚动并经分离，其中球状颗粒占试样的质量分数即为渗磨圆球率。

2.1.4 要求

技术性能指标见表5。

表5 技术性能指标

项 目		指 标
体积交换容量/(mmol/mL)	首次体积交换容量/(mmol/mL)	≥4.50
	再生体积交换容量/(mmol/mL)	≥3.60
	第二次再生体积交换容量/(mmol/mL)	≥3.33
粒度/mm，(0.36~1.25 mm)/%		≥95
有效粒径/mm		0.50~0.70
均一系数		≤1.45
湿视密度/(g/mL)		0.72~0.80
湿真密度/(g/mL)		1.14~1.20
转型膨胀率，($H^+ \to Na^+$)/%		≤65
渗磨圆球率/%		≥90

2.1.5 试验方法

2.1.5.1 体积交换容量

2.1.5.1.1 原理

将一定量经过再生处理后的树脂全部装入底部垫纱布的滴管中，控制流经树脂层的试验水样流速，定时检测滤出水的硬度，直到出水漏硬，计量出水漏硬时的过水总体积计算出树脂的体积交换容量。

2.1.5.1.2 仪器

a)比色管：100mL，精度1mL，1个。

b)输液器：0.6×25TWLB，精度20滴蒸馏水(1±0.1)mL。

c)量筒：100mL，1个。

d)滴定管：50mL，1只。

e)分液漏斗：50mL，1个。

f)胶塞：与滴定管配套，1个。

2.1.5.1.3 试验条件

按照现场条件，包括来水温度，来水流速，控制含油小于等于2mg/L，悬浮物含量小于等于5mg/L，进行模拟实验。

2.1.5.1.4 试验步骤

2.1.5.1.4.1 用100mL比色管准确量取20mL树脂装入在底部垫有纱布的50mL滴定管中敲实，消除气泡。用160mL的4%的HCl溶液淋洗30min，用蒸馏水以流速25~30mL/min淋洗树脂30min，后用160mL的4%的NaOH溶液淋洗30min，再用160mL蒸馏水淋洗20~30min。

2.1.5.1.4.2 在装有处理好的20mL树脂的滴管顶部垫有1cm厚脱脂棉以滤去水中的悬浮物，用已与输液器相连通的胶塞封好滴定管，输液器的另一端与装有试验用水容器相接。

2.1.5.1.4.3 控制试验水样流速为8mL/min，每隔2h检测滤出水的硬度，直到出水漏硬，计量流出总水量体积，计算首次体积交换容量。

2.1.5.1.4.4 重复5.1.4.1、5.1.4.2和

5.1.4.3 中的实验步骤，计算树脂再生交换容量与第二次再生交换容量。

2.1.5.1.5 试验结果表示和计算

树脂体积交换容量 ρ 按公式(1)计算：

$$\rho = \frac{\mu V}{1000} \quad (1)$$

式中：ρ——树脂体积交换容量，单位为毫摩尔每毫升(mmol/mL)。

V——漏硬时过水体积，单位为升(L)

μ——树脂处理水样的总硬度，单位为毫克每升(mg/L)。

2.1.5.2 粒度、有效粒径、均一系数的测定

按 GB/T 5758 的规定进行。

2.1.5.3 湿视密度的测定

按 GB/T 8331 的规定进行。

2.1.5.4 湿真密度的测定

按 GB/T 8330 的规定进行。

2.1.5.5 转型膨胀率的测定

按 GB/T 11991 的规定进行。

2.1.5.6 渗磨圆球率的测定

按 GB/T 12598 的规定进行。

2.2 技术创新点

一是首次结合油田生产与应用实际，对树脂体积交换的评价方法进行改进，首次提出了"首次体积交换容量、再生体积交换容量、第二次再生体积交换容量"等概念及具体指标。该方法以模拟现场工况为基础，可系统评价树脂对含油污水的耐受性，可有效避免树脂受污染、短期失效对生产的影响，提高了评价结果与现场实践应用的符合性，对现场生产具有直接指导作用。在中国化工集团的采购验收标准"体积交换容量≥4.50 mmol/mL"的基础上，通过生产实践数据(过水体积与水质总硬度关系统计)与典型供应商产品室内评价结果相结合，确定"再生体积交换容量≥3.60 mmol/mL""第二次再生体积交换容量≥3.33mmol/mL"等检测项及考核指标，提高了离子交换树脂在含油污水软化过程的适应性，规范了质量考核的指标及评价方法，有效化解了出厂检验合格、实践应用效果差的矛盾。

二是结合生产中软化设备的筛网尺寸，对有效粒径、均一系数等指标进行了进一步明确(0.36~1.25 mm 的树脂颗粒数应占总数的95%以上、树脂颗粒的有效粒径应在 0.500~0.700 mm、树脂颗粒的均一系数应≤1.45)，上述指标的确定即可有效避免树脂的漏失、又可降低树脂在再生过程中的破损率，为有效提高树脂补充更换周期提供了技术保障。

三是结合生产实际，采用该方法对树脂的耐温性进行了考察。根据部分污水深度处理站污水温度高的特点，明确提出了室内高温预处理程序(在80℃下对树脂进行浸泡预处理)，有效避免了部分树脂在高温使用环境交换容量快速下降、影响使用效果问题，有效化解了出厂检验合格、实践应用效果差的矛盾。

四是根据研究成果形成了适应油田生产需求的《油田污水回用注汽锅炉用离子交换树脂技术性能指标及评价方法》(Q/SY LH 0563—2017)，使物资招标、到货验收有据可依，现已成为物资采购招标的门槛性文件。

3 结论

该项目的主要研究成果 Q/SY LH 0563—2017 对规范辽河油田离子交换树脂采购技术要求与检测方法、推动针对油田公司的离子交换树脂生产和质量控制、保障进入油田离子交换树脂质量、加速性能指标好的离子交换树脂产品在辽河油田市场上的推广应用起到了关键作用，已成为物资采购招标的门槛性文件，现已在辽河油田公司全面推行，有力保障了油田生产的稳定运行，在辽河油田公司全面推行的同时，为国内其他油田也提供了可借鉴的经验。

目前该标准已应用辽河油田离子交换树脂评价中，2017 年以来油田离子交换树脂采购中全部采用该标准，油田公司招标中心已将满足该标准相关指标的评价的结果作为投标的资格要求，有效化解了供货与到货质量检验的差异引发的矛盾，在辽河油田公司全面推行的同时，为国内其他油田也提供了可借鉴的经验，社会效益显著。

参 考 文 献

[1] GB/T 5475，离子交换树脂取样方法.

[2] GB/T 5476，离子交换树脂预处理方法.

[3] GB/T 6003.1，试验筛技术要求和检验 第一部分：金属丝编织网试验筛.

[4] GB/T 6682，分析实验室用水规格和试验方法.

[5] HG/T 2164，D113 大孔弱酸性丙烯酸系阳离子交换树脂.

[6] SY/T 5523，油气田水分析方法.

蒸汽吞吐热采水平井堵水技术研究与应用

邓 博

（天时集团能源有限公司，辽宁 盘锦 124013）

摘 要 本文分析了月东油田水淹特征，注蒸汽温度场的分布特点，研究了“耐温冻胶+热固温控凝胶+氮气泡沫”组合堵水模式，高温冻胶封堵深部，温控凝胶封口，氮气泡沫调整吸汽剖面。优化了耐温冻胶配方和温控凝胶配方，进行了堵剂体系性能评价，耐温冻胶具有成胶效果好，成胶后强度大，动态封堵率大于98%，残余阻力系数高；在月东油田稠油热采水平井高含水油井上，进行了现场试验，取得显著效果，截至2019年6月底，已实施化学堵水73井次，有效率81%，累计增油11.5×10^4t，平均单井增油1575t，降含水20%，投入产出比1：9.0.

关键词 蒸汽吞吐；化学堵水；耐温冻胶；热固温控凝胶

月东油田[1-3] 2010年10月开始试生产，2013年正式投产，油田投产即含水，边底水油藏含水上升速度快，产能下降快，严重影响油田产量，分析认为，构造幅度低、油水流度比大等因素，导致边底水指进速度快。2015年5月开始进行高含水治理，在水平井化学堵水冷采试验成功的基础上，2016年水平井、定向井化学堵水热采试验成功，增产效果显著。最终确定以化学堵水热采方式进行高含水治理，通过化学堵水封堵水窜通道，蒸汽吞吐降低原油黏度，堵水、热采配合施工，提高堵水效果。

1 油藏特征

月东油田位于渤海湾盆地北部的辽河滩海地区，所处构造带为海南-月东披覆构造带的南端，海南断层的上升盘。纵向上，自下而上依次发育Ed2、Ed1Ⅲ、Ed1Ⅱ2、Ed1Ⅱ1、NgⅡ、NgⅠ，共6套主要含油目的层。其中，NgⅡ与Ed1Ⅱ1两套主力油层高含水问题突出，NgⅡ、Ed1Ⅱ1储层全区连片分布，NgⅡ油层平均厚度8.4m，孔隙度平均30.4%，渗透率平均3.1μm^2。Ed1Ⅱ1油层平均厚度9.1m，孔隙平均33.5%，渗透率平均3.8μm^2；NgⅡ与Ed1Ⅱ1油层的地层原油黏度分别为775 mPa·s、570mPa·s。

2 月东油田稠油热采井堵水剂选择及性能评价

为解决月东油田稠油热采井高含水问题，需选择耐温性好、封堵能力强的堵剂体系[4-5]。根据地层注汽温度场的分布特点，采用组合方式，远井地带选择了耐温冻胶体系、近井地带选择温控凝胶体系[6]，实现了高温冻胶封堵深部，温控凝胶进行封口，提高了封堵强度延长了堵水有效期。

2.1 耐温冻胶体系性能评价

（1）水样分析

2015.1.29取YD-Ag6h水样，进行水质分析（表1）。

表1 水样水质分析结果

阴离子	质量浓度/（mg·L^{-1}）	阳离子	质量浓度/（mg·L^{-1}）
HCO^{3-}	378.93	Mg^{2+}	26.24
Cl^-	859.31	Ca^{2+}	97.39
SO_4^{2-}	51.87	Na^++ K^+	563.78
总矿化度/（mg·L^{-1}）		1977.527	
pH值		6	

（2）静态成胶性能评价

实验温度60℃和110℃（60℃的样品用来测试黏度，110℃的样品用来观察高温下的稳定性），实验方案设计表2。

从以上实验结果可以看出（表3、图1～图3），以上配方均可交联，成胶效果较好。60℃稳定性好，30d内都未脱水；110℃条件下SD-107的加入量越低稳定性越好。最终选择3#配方为

作者简介：邓博（1983-），男，中国石油大学石油工程学院博士研究生，现单位天时集团能源有限公司，油藏工程师，主要从事油气田开发研究。E-mail：deng.bo@tincyenergy.com。

0.35% SD－201（Ⅰ）＋0.1% SD－107 ＋0.9% SD－103。

表 2 冻胶配方优化设计表

序号	配方
1#	0.35% SD-201(Ⅰ)+0.5% SD-107 +0.5%SD-103
2#	0.3% SD-201(Ⅰ)+0.5% SD-107 +0.5%SD-103
3#	0.35% SD-201(Ⅰ)+0.1% SD-107 +0.9%SD-103
4#	0.3% SD-201(Ⅰ)+0.1% SD-107 +0.9%SD-103
5#	0.35% SD-201(Ⅰ)+0.5% SD-107 +1.0%SD-103

表 3 60℃条件下黏度数据

序号	观察时间				
	黏度/(mPa·s)				
	起始黏度	3d	10d	20d	30d
1#	497.9	90281	80282	34793	33793
2#	300.9	49589	39589	29794	28794
3#	497.9	57873	56837	52089	51089
4#	300.9	44291	40219	35493	34493
5#	497.9	96784	86748	29357	19357

图 1 60℃实验成胶后图片

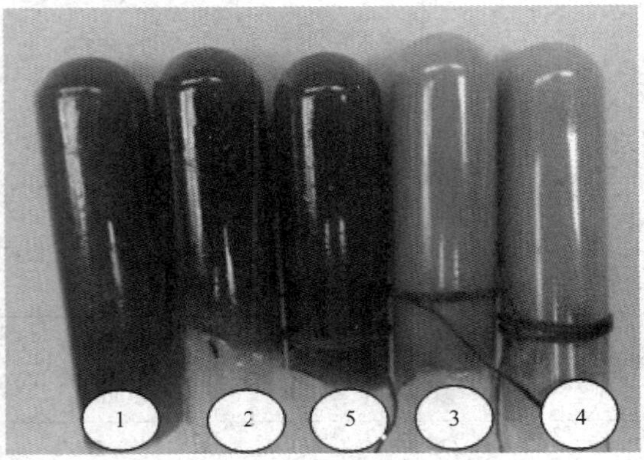

图 2 110℃成胶图片

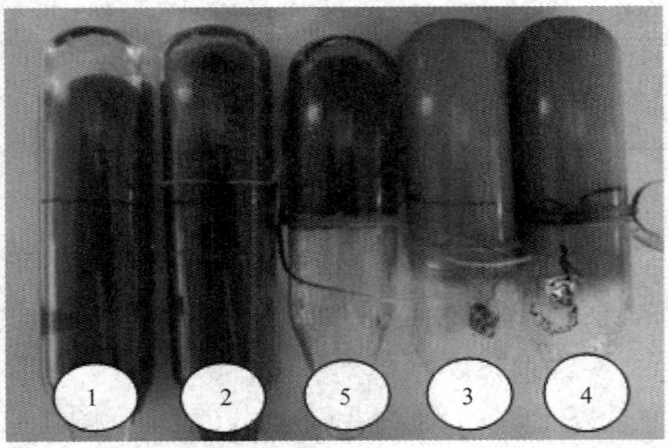

图 3 110℃放置 20d 后图片

（3）动态封堵性能评价

室内评价耐温冻胶体系在中高渗岩心（2000~2500mD）岩心中的封堵性能[7]。

制作填砂管岩心，抽真空，测孔隙体积；水驱，测岩心渗透率。注入 0.5Vp 耐温冻胶，放入 110℃恒温箱中进行成胶实验；恒温 24h 后，再次进行水驱，测试岩心封堵率。实验配制了上述 5 个耐温冻胶体系，在渗透率相近的 5 根岩心上进行封堵性评价实验。

从表 4 可知，5 个配方体系在岩心中的封堵率均大于 98%，其中配方 3#和 5#岩心封堵＞99%，封堵效果好，残余阻力系数高。考虑到配方的长期稳定性和强度，最终选择 5#配方 0.35% SD－201（Ⅰ）＋0.1% SD－107 ＋0.9% SD－103。

表 4 不同配方耐温冻胶在渗透率相近岩心上封堵效果数据

配方序号	岩心渗透率/μm^2	后续水驱 1Vp		
		渗透率/μm^2	封堵率/%	残余阻力
1	2.514	0.044	98.25	57.19
2	2.263	0.031	98.64	73.33
3	2.057	0.018	99.15	117.09
4	2.263	0.028	98.77	81.47
5	2.263	0.016	99.31	145.47

2.2 温控凝胶体系性能评价

温控凝胶由主剂、助剂、稳定剂组成。主剂是多核羟桥金属配合物，在一定的温度下，靠助剂生成凝胶，稳定剂可以控制电荷作用力，形成稳定的耐温体系。温控凝胶是指胶凝体系达到一定温度后发生胶凝，形成温度凝胶，形成的凝胶体系均具有良好的耐温性。本次实验所选择的凝胶体系温度>85℃后发生胶凝。

（1）温控凝胶体系配方优化方法

称取一定质量分数的主剂、助剂和稳定剂，其余为水。搅拌均匀后，装入安瓿瓶密封于高温罐，放入烘箱养护，观察温控凝胶的胶凝时间，评价胶凝强度[8]（液态-稠化-固化）。

采用三组分相图法（图 4），研究温控凝胶的胶凝规律及配方优化，三组分相图如下图 4 所示，其中 P：主剂浓度 0%～20%，Z：助剂浓度 0%～2%，W：稳定剂浓度 0%～1%。选取三相图五等分点和四等分点，配制温控凝胶体系，在 90℃养护，考察温控凝胶的胶凝规律。优化出了温控凝胶体系的最优配方，主剂 8%～10%+助剂 1.6%～2.0%+稳定剂 0.4%。

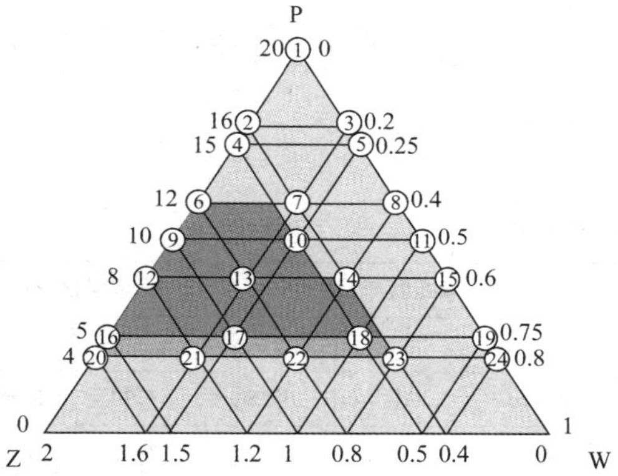

图 4　温控凝胶配方优化图

（2）温度的影响

月东地层水配制 100g 溶液，放置于不同温度条件下，考察温度对胶凝时间的影响。体系对温度变化较为敏感，温度 65℃，168h 不胶凝；当温度>85℃后，胶凝时间随温度升高大幅缩短，主要受助剂水解速度影响，胶凝后的强度变化较小。适用于温度≥85℃的高温油藏（图 5～图 7）。

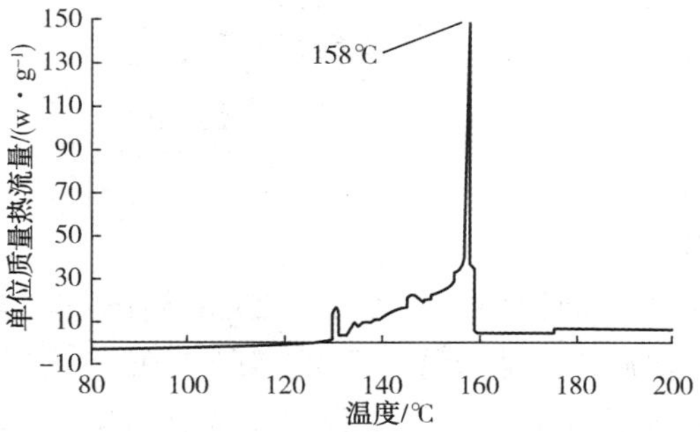

图 5　差示扫描量热分析图

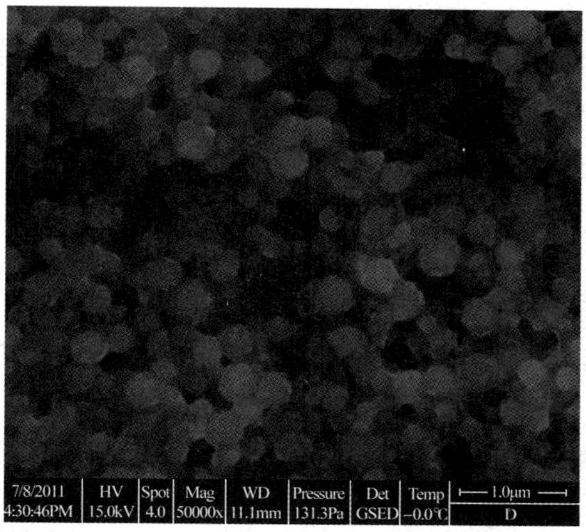

图 6　耐高温冻胶体系 50000 倍

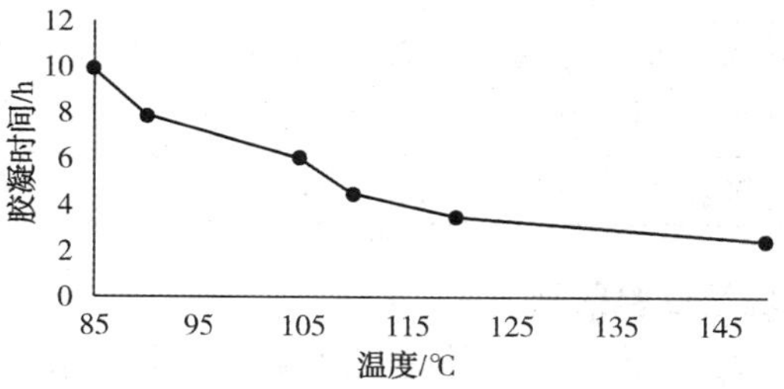

图 7　温度对凝胶体系的影响

差示扫描量热分析 158℃后堵剂内的化学键开始断裂，堵剂可耐温至 158℃高温。与常规冻胶相比，耐高温冻的连续性膜状结构消除了高温下分子链断裂对冻胶强度的影响，其次这种膜状结构更容易将水分束缚在体系内部而不易在高温下脱出。

（3）矿化度的影响

不同矿化度水配制 100g 溶液，在 120℃下，考察矿化度对胶凝时间的影响。随着矿化度的升高，体系的胶凝时间略有缩短，胶凝后的强度无明显变化。由于无机盐对体系有促凝作用，压缩胶体粒子的扩散双电层，使其聚沉。方便现场配制，胶凝强度不受影响。（图 8）

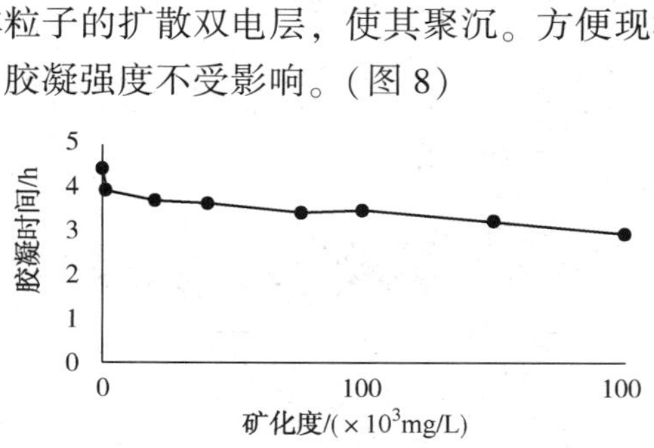

图 8　矿化度对凝胶体系的影响

（4）温控胶凝体系封堵性能评价

岩心实验装置中，用水驱替饱和，测水驱渗

透率，再注入凝胶体系 0.5Vp，放入 90℃恒温箱养护胶凝后，再测渗透率，计算封堵率、残余阻力等指标。

实验结果表明(表 5、表 6)，温控凝胶体系初始黏度低，注入压力低，泵入性好。该体系对高低渗岩心均具有良好的封堵效果，后续水驱 10Vp 后，封堵率>90%，残余阻力系数大于 15，具有很好的耐冲刷性能；高渗比低渗封堵率高，选择性封堵能力强。随着注入量增加，封堵率和残余阻力系数[9]均增大。

表 5　不相同渗透率条件下的封堵数据

注堵剂前			注堵剂(0.5Vp)后即后续水驱 10Vp			
水驱压力/MPa	渗透率/μm^2	突破压力/MPa	压力/MPa	渗透率/μm^2	封堵率/%	残余阻力系数
0.007	4.71	0.415	0.415	0.083	98.2	56.8
0.014	2.42	0.310	0.221	0.152	93.7	15.9

表 6　不同用量条件下的封堵数据

注堵剂前		注堵剂后即后续水驱 10Vp						
水驱压力/MPa	渗透率/μm^2	突破压力/MPa	压力/MPa	渗透率/μm^2	封堵率/%	残余阻力系数	注剂/mL	
0.026	1.311	2.291	1.817	0.019	98.5	69.9	37.0	0.5PV
0.028	1.212	3.304	3.217	0.011	99.1	114.9	47.0	0.65PV

3　现场试验效果

截至 2019 年 6 月底，已实施化学堵水 73 井次，有效率 81%，累计增油 11.5×10^4t，平均单井增油 1575t，降含水 20%，投入产出比 1∶9.0(表 7)。

表 7　化学堵水措施效果统计表

序号	措施类型	井次	有效率/%	措施前产量			措施后产量			周期产量	
				液/t	油/t	含水/%	液/t	油/t	含水/%	增油/t	产油/t
1	化学堵水热采	51	88	1364	252.9	81.5	1446.4	494.4	65.8	57324	125883
2	化学堵水冷采	22	75	660.9	106.1	83.9	427.6	230.0	46.2	57840	99074
合计		73	81	2024.9	359.0	82.3	1874.0	724.4	61.3	115164	224957

以 YD-Ag6h 井为例，采用“耐温冻胶+热固温控凝胶+氮气泡沫”组合堵水模式，高温冻胶封堵深部，温控凝胶封口，氮气泡沫调整吸汽剖面。Ag6h 井是位于月东油田馆陶组的一口水平井，油藏类型为底水高孔高渗油藏。2010.10.1 完井，水平段筛管长 516m。NgII 油水界面-1386m，Ag6h 构造在-1376.5m 左右，距油水界面大概 9.5m，分析底水脊进(图 9)。

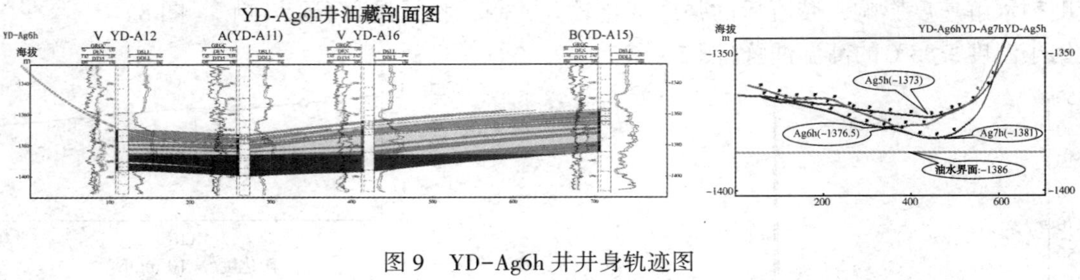

图 9　YD-Ag6h 井井身轨迹图

Ag6h 井 2010.10 投产，投产初期日产油可达 20.7t/d，含水 37.45%。目前日产液 32.4t/d，日产油 4t/d，含水 87.5%，累计产出液量 21169t，累计产油 9312.7t。2016.5.16~5.24 进行堵水施工，累计注入耐温冻胶 700m^3，温控凝胶封口剂 60m^3，施工过程中油压由 2MPa 上升到

5MPa左右；后续累计注入氮气量6600Nm^3，蒸汽660t，注蒸汽井口压力最高15.7MPa。实施堵水后，日产液26t/d，日产油15t/d，含水42.3%，累计增油2200余吨，见到了良好的增油降水效果(图10)。

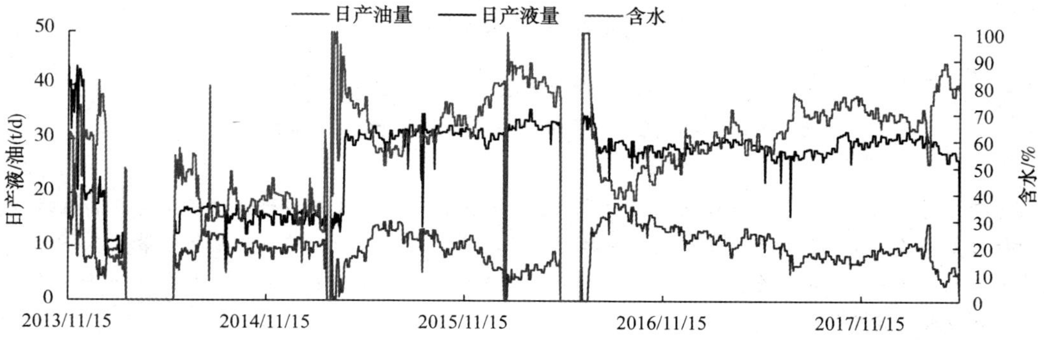

图10　堵水前后YD-Ag6h井生产曲线

4　结论

(1)分析了月东油田稠油油藏特点及水淹特征，采取了化学堵水方式治理高含水，为热采井堵水技术的实施提高了针对性和依据。

(2)优化了堵剂配方，体系初始黏度低，注入压力低，当温度>85℃后开始胶凝，对高中低渗岩心均具有良好的封堵效果，封堵率>85%，耐温高，满足蒸汽吞吐要求，具有成胶效果好、动态封堵率高、残余阻力系数高、耐冲刷的特点。

(3)在月东油田稠油热采井高含水油井上，采用“耐温冻胶+热固温控凝胶+氮气泡沫”堵水模式，高温冻胶封堵深部，温控凝胶封口，氮气泡沫调整吸汽剖面。实施堵水后含水大幅下降，增油效果显著，在月东油田成功推广，起到了稳油控水的作用，同时为普通稠油边底水油藏水淹治理，提高了宝贵经验。

参　考　文　献

[1] Bo Deng, Wei Liu. Water Control of Horizontal Wells Using Foam-Gel: Lessons Learnt in a Heavy Oil Reservoir with Strong Waterdrive, SPE/IATMI Asia Pacific Oil & Gas Conference and Exhibition, 2017, 10: 17-19.

[2] 王宝权，孙迎春，程强．月东稠油油藏钻采工程方案研究[J]．特种油气藏，2002，9(3)：45-47.

[3] 芮松霞．海上月东稠油开采技术试验研究[J]．石油钻采工艺，2004，26(s1)：20-22.

[4] 咎辉．稠油热采水平井堵水技术研究应用[J]．中国化工贸易，2012，4(9)：251-252.

[5] 王雷绪，余倩，周建华．稠油热采井封堵调技术研究[J]．石油钻采工艺，2001，23(6)：68-71.

[6] 张学斌．温控热可逆凝胶暂堵封窜技术在高升油田的应用[J]．特种油气藏，2013，19.

[7] 白宝君，顾树人．影响冻胶类堵剂封堵性能的因素分析[J]．油气地质与采收率，1997(2)：22-29.

[8] 张明霞，杨全安，王守虎．堵水调剖剂的凝胶性能评价方法综述[J]．钻采工艺，2007，30(4)：130-133.

[9] 程杰成，石梅．阻力系数RF和残余阻力系数RK的影响因素[J]．东北石油大学学报，1992(3)：31-36.

月东油田防砂管柱打捞工艺探索与实践

魏文科[1]　宋宏宇[2]

（1. 中信资源天时集团能源有限公司，辽宁 盘锦　124013；
2. 中海石油有限公司天津分公司，天津 塘沽　300547）

摘　要　对月东油田的筛管失效状况进行了统计分析，针对月东油田防砂管柱结构特点和打捞难点提出了打捞技术思路。研制了筛套冲砂工具、悬挂器专用打捞工具，改进了井下液压拔卡装置，探索出了适合月东油田的防砂管柱打捞组合工艺，成功完成了多口井的防砂管柱打捞，解决了月东油田作业设备受限条件下防砂管柱打捞难题。

关键词　防砂管柱打捞；筛套冲砂；专用工具；井下液压拔卡

月东油田区域上位于渤海湾盆地北部的辽河滩海地区，属辽河盆地现今海域的自然延伸部分，构造上位于海南--月东披覆构造带的南端，西侧以月东、海南断层为界，与月牙构造和海南洼陷相邻，北东与海南1、3油田、西南与锦州9-3油田相邻。月东油田油藏主体部位为普通稠油，采用蒸汽吞吐方式开发。2012年全面投产，目前有定向井91口、水平井37口。定向井采用套管内悬挂筛管防砂，水平井套管尾部悬挂筛管裸眼防砂。举升方式为塔式抽油机+管式泵+空心杆电加热生产。月东油田纵向上各套地层均为强出砂地层，随着热采开发时间的延长，出砂井逐年增多。目前严重出砂井达25口，占油田总井数19.5%，已影响油田正常生产。研究探索适合月东油田的打捞防砂筛管工艺，打捞防砂管柱，进行重新防砂，恢复油井正常生产是月东油田修井作业的重点和难点。

1　月东油田防砂管柱失效统计及状况分析

1.1　防砂管柱失效统计

目前月东油田已系统投产5.5年，规模热采开发已3.0年，防砂失效问题正逐步凸显。

月东油田热采井先期完井采用的筛管主要有金属网布筛管、绕丝筛管、割缝筛管及弹性筛管。

根据统计，绕丝筛管，金属网布筛管及割缝筛管的失效井比例为16.0%左右，生产时间40个月，效果较好。弹性筛管失效比例达75.0%，生产时间30个月，效果一般(表1)。

表1　防砂失效井筛管类型

类型	井数/口	出砂井数/口	比例/%	平均生产时间/月
绕丝筛管	66	15	22.7	41.8
金属网布筛管	39	3	7.7	44.3
割缝筛管	15	1	6.7	41
弹性筛管	8	6	75	30.4
合计	128	25	19.5	40.4

1.2　防砂失效状况分析

通过对打捞出的防砂管柱的检查分析，防砂管柱失效状况如下。

（1）筛管冲蚀穿孔

地层流向井筒的径向液流、砂粒能量高，对筛管及基管冲蚀严重，造成筛管冲蚀穿孔。这与注蒸汽强度、注汽速度、注汽时间长度、放喷天数、放喷强度、放喷压力、生产压差、产液强度密切相关。上述参数越大，对筛管的冲蚀越严重(图1)。

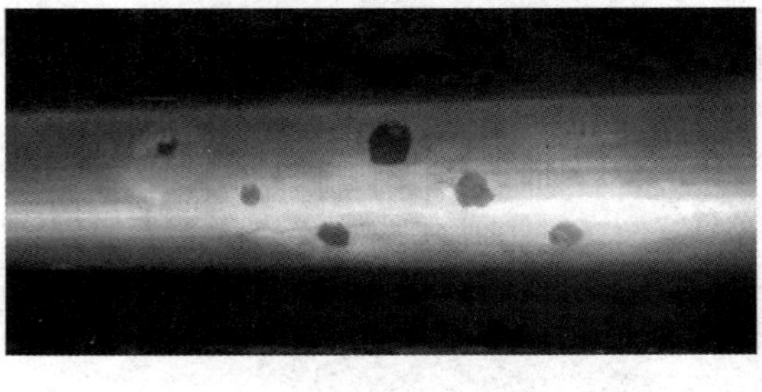

图1　筛管冲蚀穿孔实物图

作者简介：魏文科(1973-)，男，天津市人，高级工程师，1998年毕业于大庆石油学院石油工程专业，从事修完井作业技术与管理工作。工作单位：天时集团能源有限公司。E-mail：weiwenke1973@163.com。

(2) 筛管绕丝筛滤网断裂(图2)

主要原因是筛管绕丝滤网层抗高温性能、材料强度不适应高温蒸汽吞吐，以及基管膨胀系数和绕丝滤网层膨胀系数不匹配。

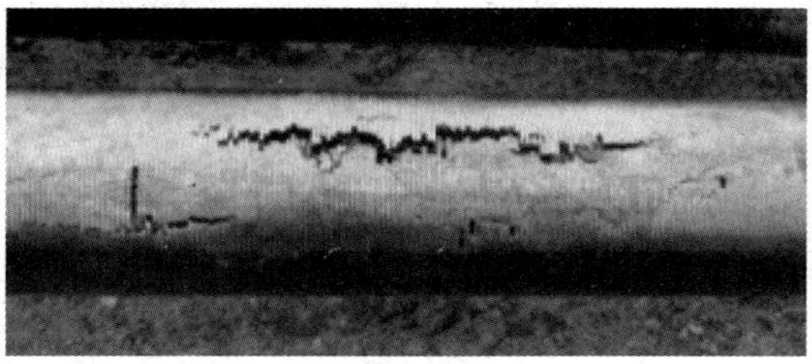

图2　筛管绕丝筛滤网断裂实物图

(3) 筛管悬挂封隔器密封失效

月东油田定向井采用的筛管悬挂封隔器密封胶筒耐温148.89℃，水平井采用的封隔器密封胶筒耐温290℃。现场实际注蒸汽温度达350℃，封隔器密封胶桶耐温不够，导致密封时效。

2　月东油田防砂管柱打捞难点分析

(1) 井深，井斜大，防砂管串长，小修作业机拔负荷能力不足。

月东油田斜井深度在1600~2700m，井斜角在35°~90°，定向井防砂管柱串长度范围为30~150m，水平井防砂管柱串长度范围为200~400m；现场修井机额定提拉负荷仅为为60t，提升能力不足。

(2) 大修配套设备、井下工具不完善。

(3) 威德福BlackCat筛管悬挂器结构复杂，解封难度大

月东油田先期防砂完井，采用的是威德福BlackCat筛管悬挂器。该悬挂器座封结构复杂，采用双向座封卡瓦，必须使用威德福专用工具打捞、解封，但威德福公司目前已退出中国市场，无法跟进服务。

3　月东油田防砂管柱打捞技术思路

通过对月东油田修井设备能力、筛管悬挂器解封方式、防砂管柱结构分析，除了完善配套大修附属设备、井下大修工具外，制定了打捞技术思路：

(1) 建立筛套环空循环通道，冲洗出筛套环空沉砂，解除筛套砂卡。

(2) 筛管悬挂器解封、筛管整体打捞。

方法1：采用专用打捞、解封工具+井下液压拔卡器，解封解卡筛管悬挂器，捞出防砂管柱串。

方法2：采用切割/套铣方式，解封、解卡筛管悬挂器，再下入可退式打捞工具+井下液压拔卡器进行整体打捞。

(3) 采用分段切割、分段打捞工艺捞出长度较大的防砂管柱串。

4　月东油田防砂管柱打捞工具、工艺探索研究

(1) 采用高效磨鞋，磨穿筛管尾堵，建立筛套环空循环通道。

月东油田防砂管柱串长，筛管底部均带有尾堵；井斜大，筛套环空积满沉砂，砂卡阻力大。用高效磨鞋磨穿筛管尾堵，建立筛套环空循环通道，冲洗出筛套环空沉砂，解除砂卡，便于打捞。

(2) 研制筛套环空冲砂专用工具(图3)，冲洗出筛套环空沉砂，解除筛套砂卡。

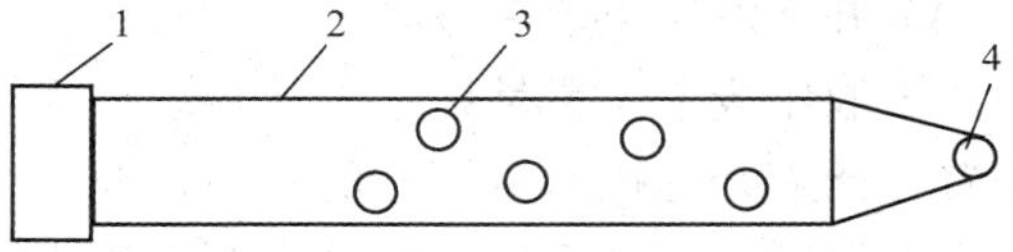

图3　筛套环空冲砂专用工具结构图

1—接箍；2—本体；3—侧向水眼；4—底部水眼

冲砂工具设置有侧向水眼和底部水眼。在筛管尾堵钻穿后，起出钻磨管柱，下入冲砂工具，接近井筒内砂面时，启动地面泵，从油管正打压正循环冲洗井筒内沉沙。冲砂工具通过筛管尾堵的钻孔，向下冲洗，掏空尾堵下部口袋内沉砂，形成沉砂腔。然后边缓慢上提边旋转管柱，水流从冲砂工具侧面水眼高压喷出，冲洗筛管侧壁，筛套环空的沉砂疏松下沉，进入筛管尾堵下部的沉砂腔，再下放管柱，使冲砂工具进入沉砂腔，这样反复冲洗筛管，反复冲洗掏空沉砂腔，最终冲出筛套环空沉砂，解除筛套砂卡。若地层漏失严重，采用氮气泡沫冲砂。

(3) 筛管悬挂器专用解封打捞工具研制

通过拆解威德福BlackCat筛管悬挂器，分析研究悬挂器的结构及座封、解封原理，研制出了威德福BlackCat筛管悬挂器专用打捞解封工具(图4)。

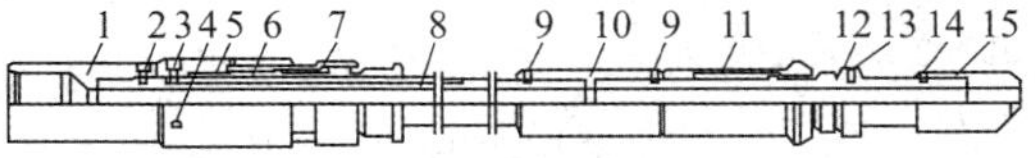

图4　悬挂器专用打捞解封工具结构图

1—接箍；2—紧固钉；3—滑钉；4—防滑剪钉；5—副整套；6—衬套；7—打捞抓簧；8—加长杆；9—固定；10—连接套；11—解封抓簧；12—释放环；13—释放剪钉；14—固定钉；15—导向套

打捞原理：下入悬挂器专用解封打捞工具，进入悬挂器，工具上部的打捞抓簧处于打捞状态；上提管柱过提负荷5t，上部的打捞抓簧销钉剪断，继续上提管柱，上部的打捞抓簧静止不动，轴随管柱上移，工具的下部解封抓簧随着上移，下部解封抓簧碰到悬挂器的变径处而进入打捞状态；过提负荷超过7t，悬挂器的解封销钉剪断；继续上提管柱，过提13t时打捞工具最下端释放环上的销钉剪断，下部卡瓦下移而脱开。继续上提管柱，上部卡瓦移至轨道末端，上提管柱负荷增加，继续上提管柱，捞出防砂管柱。如解卡无效，下放管柱使负荷至管柱悬重，正转10圈以上，上提管柱，脱手，退出打捞工具及管柱。

(4) 井下液压拔卡装置改进

井下液压拔卡装置是近年来开发新型井下举升装置，能避开上提力被管柱的弹性伸缩、摩阻和自重所消耗，有助于油、水井作业中用小修机实现井下大力解卡，原理如下。

井下液压拔卡装置下部连接的打捞工具与井内鱼顶对接后，上提管柱使负荷至管柱悬重，从油管正打压2~3MPa，液压拔卡装置的上液压锚定装置开始锚定，卡住套管；继续正打压至6~7MPa，限位销钉剪断，下液压锚定装置开始锚定，液缸开始工作，该力以锚瓦为支点，转移作用到套管上。随着压力升高，提升力逐渐加大，液压拔卡装置中的活塞与连接拉杆、倒扣接头与鱼顶一起上行，当液压拔卡装置内活塞上行500mm时泄压开关被打开，地面泵压恢复到循环压力，完成一个井内解卡动作，然后上提管柱，这时液压拔卡装置的下液压锚定装置仍然卡住套管，上液压锚定装置随管柱上行，管柱上提至一定吨位，继续打压重复上次动作，实现连续解卡，直至解卡成功。该装置结构图如图5所示。

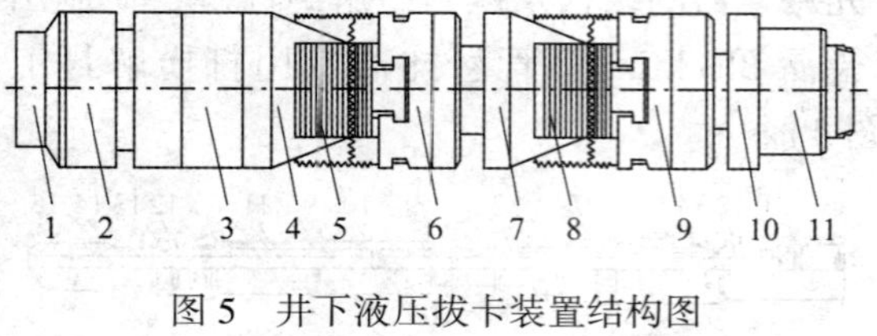

图5　井下液压拔卡装置结构图

1—上接头；2—泄压开关；3—多级液缸；4—锥体；5—上锚定器；6—卡瓦座；7—下锥体；8—下锚定器；9—下卡瓦座；10—倒扣接头；11—液压丢手

为增强拔卡拉力，适应月东油田9⅝"套管和7"套管内防砂管打捞，保护套管，对井下液压拔卡装置做了如下改进：

① 采用多级增力液缸

单级液缸推力有限，采用6级液缸串联连接，每级液缸在1MPa压力下产生1t的上提力，6级液压缸叠加为6t上提力，压力20MPa时可产生120t上提力。活塞上部配有行程泄压阀，根据地面压力可以掌握井内情况。

② 采用环形锚定器

环形锚定器与普通锚定器的主要区别在于：环形锚定器锚瓦材料选用40Cr表面氮化处理，洛氏硬度HRC=50°，锚瓦的外径与套管内径相同，与套管接触面积达3046.4mm^2，接触面积是普通锚定器接触面的3倍以上，防止因上提力过大而导致损坏套管。室内试验测试，在打压至折算拉力达到100t时环形锚定器锚瓦顶部镶入套管0.3mm，套管没有发生变形现象。另外锚瓦设计在工具下部，工具及工具以上管柱不承受解卡拉力。锚瓦采用液压控制，下锚瓦设置剪切销钉，可根据落鱼与卡点距离情况设计剪钉剪切力；下部有回收装置，保证在泄压后锚瓦能够可靠回收。双级锚瓦交替工作实现连续举升。

(5) 引进了井下水力切割装置

井下水力切割装置(图6)工作原理：将水力割刀下放至预定切割位置，低转速转动转盘后，缓慢开启泵压，液流通过上下节流阀时产生截流压力，推动节流阀向下运动压缩弹簧，同时推动刀片向外扩张，刀尖接触套管后不断划圆周线。经过不断调整切割参数后，当井口操作人员观察到：泵压表有明显回落时，预示套管已切割完成。这时先停泵，然后停止转盘转动，压缩弹簧恢复后拉动刀片回收，完成井下切割。

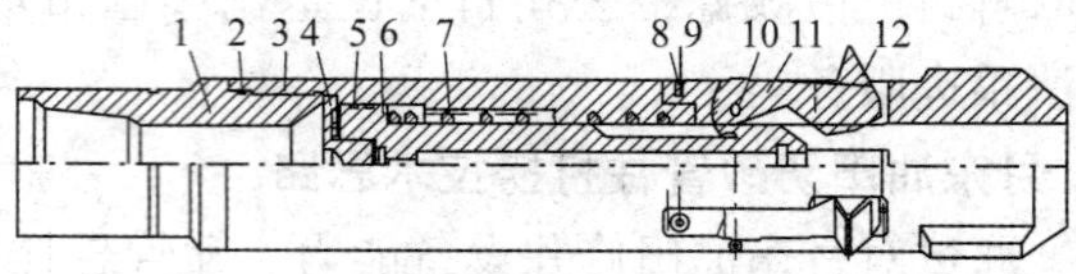

图6　井下液压拔卡装置结构

1—上接头；2—密封圈；3—本体；4—上节流阀；5—密封圈；6—下节流阀；7—压缩弹簧；8—割刀支架；9，11—螺钉；10—销轴；12—割刀

5　月东油田防砂管柱打捞现场实践

2017—2019年，根据不同井况，通过冲洗筛套环空沉砂、悬挂器专用工具解封、切割、套铣、液压拔卡等组合措施，月东油田共成功捞出了17口井的防砂筛管，典型实施例如下。

（1）YD-B16 井防砂管柱打捞

YD－B16 井最大井斜 54.51°，井深为 2095.51m，7"生产套管，井内防砂管柱结构为威德福 BlackCat 7"筛管悬挂器+5"盲管×1 根+5"筛管×1 根+5"盲管×2 根+5"筛管×2 根+5"尾堵，总长度 66.77m。2017 年 7 月该井因出砂严重而停井，判断防砂管柱失效。2018 年 8 月通过钻尾堵、筛套环空冲砂、液压拔卡组合工艺捞出了防砂管柱：

① 采用直径为 ϕ85mm 高效磨鞋钻穿了筛管尾堵。

② 下入 ϕ63mm 筛套环空冲砂专用工具成功冲出了大量筛套环空沉砂。

③ 下入威德福 BlackCat 7"筛管悬挂器专用打捞工具+7"液压拔卡器+3½"EUE 油管，捞获落鱼上提管柱，悬挂器顺利解封，油管正打压 15MPa 启动井下液压拔卡器（折算拉力 90t），成功解卡，整体捞出了防砂管柱。

（2）YD-A13 井防砂管柱打捞

YD－A13 井最大井斜 47.6°，井深为 1900.42m，9⅝"生产套管，井内防砂管柱结构为威德福 BlackCat 9⅝"筛管悬挂器+6⅝"盲管×1 根+6⅝"筛管×2 根+6⅝"盲管×5 根+6⅝"筛管×2 根+6⅝"尾堵，总长度 103.67m。2019 年 7 月该井因调层需求打捞筛管，通过切割、套铣、液压拔卡措施，成功捞出了井内防砂管柱：

① 下入 6⅝"割刀+6⅝"扶正器+2⅞"正扣钻杆，从防砂管柱的中间处盲管段切断了盲管。

② 下入 9⅝"筛管悬挂器专用打捞工具+9⅝"液压拔卡器+3½"EUE 油管，解封解卡未成功，退出了打捞工具。下入 6⅝"割刀从筛管悬挂器卡瓦上部 10cm 出切断了悬挂器上部接头，下入打捞工具捞出了上部接头。

③ 下入 ϕ215mm 高强度套铣筒，套铣掉悬挂器锚牙；

④ 下入 6⅝"可退式捞矛+7"液压拔卡器+3½"EUE 油管，打压 13MPa 启动井下液压拔卡器（折算拉力 78t），捞出了防砂管柱上半部分。再次下入可退捞矛、液压拔卡器，打压 16MPa（折算拉力 96t），成功捞出下半部分防砂管柱。

6 结论与建议

（1）钻穿筛管尾堵，建立筛套循环通道，配合筛套冲砂工艺，能够冲出筛套环空沉砂，有利于解卡。

（2）井下液压拔卡装置能够解决月东油田修井机载荷不足的问题，有效助力筛管打捞。

（3）井下切割、套铣工艺解决了月东油田悬挂器解封、解卡，长段防砂管柱打捞难题。

（4）为了方便后期打捞，建议优选便于解封打捞、密封可靠的筛管悬挂器，优选防砂管材质，优化防砂管柱结构和长度。考虑使用安全头和底部循环阀，以利后期打捞。

（5）选择强出砂井开展砾石充填防砂、化学方式等防砂试验，探索适合月东油田井况的更有效的防砂方式。

（6）需要进一步优化注汽、采油生产参数，减少液流对筛管的冲蚀破坏。

参 考 文 献

［1］吉庆义，陈玉生．油水井大修打捞概述［J］．化学工程与装备．2011，（03）．

［2］郭振山．水平井磨铣打捞技术研究与应用［J］．石油矿场机械．2009，38（11）：60-64．

［3］朱泽军．井下步进液压增力解卡装置的研制．石油矿场机械．2005，34（1）：103-104．

月东油田海上人工岛稠油热采开发配套技术及效果评价

宋雅楠　刘延伟

（天时集团能源有限公司，辽宁 盘锦　124013）

摘　要　月东油田位于辽宁省盘锦市西南40km的双台子河入海口的浅海地区，工区面积约25km^2，是世界上首个海上人工岛稠油热采油田。该区常规开采时，油井有一定产能，但是油井供液较差，油井产量低。从2014年开始进行现场试验获得成功，配套形成海上稠油蒸汽吞吐技术。截止到2019年8月，累计实施蒸汽吞吐措施324井次，累计周期产油114.5×10^4t，累计周期增油58.3×10^4t，阶段油汽比2.8，取得了很好的生产效果，实现了海上稠油油藏规模高效开发。

关键词　月东油田；海上人工岛；稠油热采；配套技术；高效开发

引言

月东油田区域上位于渤海湾盆地北部的辽河海地区，属于辽河盆地现今海域的自然延伸部分，是一个中、新生代陆相断陷盆地，构造上位于海南-月东披覆构造带的南端，月东、海南断层的上升盘。纵向上发育Ng组和Ed组两套含油层系，油藏埋深1200～1580m。平面上油层平面叠加连片，但厚度变化大，钻遇井最厚83.9m，最薄5.8m。地面原油密度0.9633～0.9960g/cm^3，地面50℃原油黏度554～6934mPa·s，胶质沥青质含量都在40%以上，总体上为普通稠油Ⅱ类，主力层边部为特稠油。

在常规开发阶段，虽然油井有一定产能，但稠油油藏由于地下流体黏度大，流动缓慢，油井产量低或供液不足，冷采效果差，而且由于油水黏度差异大，冷采加剧了边底水的脊进，产量递减快，影响油田的产量，导致经济效益低下。因此为提高月东油田的开发产能，亟需转蒸汽吞吐开发。

与陆上稠油油田相比，月东油田油藏埋深相对较深，深度已经达到稠油热采开发的下限，而且人工岛开发井斜大，井眼轨迹长，斜深可达1500～2300m，海上受平台空间限制，设备摆放难度大，受经济因素制约大[1]。

基于上述存在问题和开发难点，开展了热采完井工艺、注汽工艺的优化、生产井举升工艺、注汽方案的优化，并从2014年开始进行现场试验，并形成了月东油田海上稠油热采开发配套技术。

1　海上稠油热采开发配套工艺技术

1.1　热采完井工艺技术

目前月东油田开发主要采用定向井、水平井两种井身结构，定向井采用二开固井射孔完井，后期悬挂弹性筛管管内笼统防砂，水平井采用三开悬挂ϕ177.8mm或ϕ168.3mm弹性筛管悬挂防砂完井。固井采用威德福固井工作液体系和固井技术，选择采用CS-450高效隔离液，固井水泥采用G级水泥，加入石英粉作为热稳定剂。开发井在采用热采专用套管和加砂水泥浆体系的基础上，油层段采用TP/BG100H、TP/BG120TH、TP/BG125TT四种高钢级、加厚的热采专用套管。

从热采试验到全面实施蒸汽吞吐的5年来，未发生套损和套变，套损率为0。不仅满足了注蒸汽热采开发要求，还实现了蒸汽吞吐开发安全生产。

1.2　注汽工艺技术

月东油田在3个人工岛配备了5台23吨高压锅炉和地面等干度分配器、氮气发生器，另外A岛配备一台汽水分离器、C岛一台亚临界锅炉。高压锅炉注汽额定压力17.2MPa，最高注汽干度75%；亚临界锅炉注汽额定压力21.2 MPa，最高注汽干度90%。对于厚度较薄的定向井多采用分配器一炉双注，水平井采用多点注汽、选段注汽等工艺。

为提高隔热效果，月东油田全部采用最高等级的E级隔热油管配合热密封封隔器及氮气隔热等措施确保井筒的完整密封性，主要有三种隔热方式，隔热效果明显，不仅保护了套管，还减少了井筒热损失，提高井底干度，提高了蒸汽的热利用率。不同隔热方式的隔热效果有所差异，通过高温五参数测试，从热损失情况上看(图 1)：隔热管+热敏封隔器+环空注氮方式的隔热效果最好，隔热油管+环空注氮次之，热敏封隔器+隔热油管最差。虽然隔热管+热敏封隔器+油套环空氮气隔热是目前最有效的隔热方式，但是综合考虑大斜度井的井下作业安全问题，月东油田主要以真空隔热油管和连续注氮气的隔热方式为主。

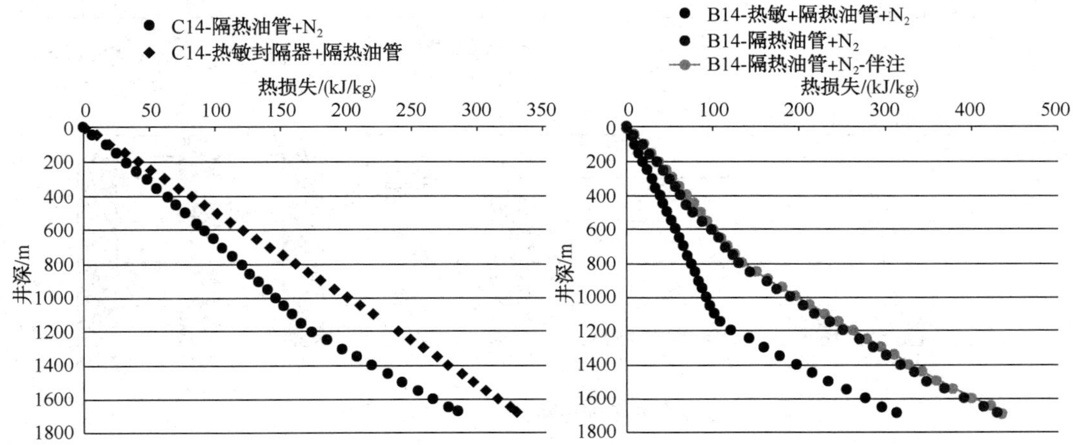

图 1　月东油田三种隔热方式的隔热效果对比

1.3　生产井举升工艺技术

月东油田采用杆式泵+泵上加热的举升工艺技术。管杆泵配套采用 ϕ57mm 和 ϕ70mm 强启闭抽油泵[3]，生产管柱采用 3½″平式油管，井筒内采用中频电加热和同轴式双空心杆循环加热等两种降粘技术。地面举升抽油机采用 700 型和 1000 型皮带抽油机[2]。

1.4　注采方案优化技术

针对不同井况、不同油藏的不同构造部位分别进行了方案优化(表 1)。对于边底水油藏纯油区和岩性油藏厚油层，注采方案采用高注汽强度，高干度，多焖慢采(利用蒸汽的热量)。对于水侵井和岩性油藏薄层油井，注采方案低注汽强度，注 N_2 助排，近井激励，少焖快采。

表 1　不同油藏油井蒸汽吞吐合理注采参数

油藏类型	边底水构造油藏			岩性构造油藏	
	一线井	二线井	纯油区	薄层	厚层
首轮注汽强度/(m^3/m)	50~100	100~150	100~150	50~100	100~150
周期注汽强度递增	0	10%	20%	10%~20%	20%
注汽速度/(m^3/m)	>300	>300	>300	>300	>300
注汽干度(井底)	>0.2	>0.2	>0.3	>0.2	>0.3
焖井时间/d	3	4	5	2~3	3~4
产液强度/[m^3/(d·m)]	7~10	6~8	5~7	6~8	5~7

2　开发效果评价

月东油田蒸汽吞吐开发历程主要经历了 5 个年头，2015 年实施 27 井次，主要集中在 A \ C 岛，2016 年在 B 岛推广实施，2017 年以后全面实施(图 2)。截至 2019 年 8 月，127 口油井中注汽井有 114 口，注汽井次 324 次，平均轮次 2.8 次，累积注汽量 41.42×$10^4$$m^3$。蒸汽吞吐整体增油效果明显，大幅改善单井生产效果，措施后产油量是措施前的 2.2 倍。蒸汽吞吐累计产油 115.36×10^4t，累增油 58.81×10^4t，累油汽比 2.8，取得了很好的蒸汽吞吐效果，实现了月东油田连续三年稳产 45×10^4t 的目标。

稠油油藏由于地下流体黏度大，流动缓慢常规开采时，油井有一定产能，油井产量低或供液不足，油井产量低。蒸汽吞吐后，油井的生产能力显著提高。日产液由吞吐前的 904.5t/d 增加

到热采后的 2063.7t/d，是吞吐前的 2.4 倍；日产油由吞吐前的 437.3t/d 增加到热采后的 1440.6t/d，是吞吐前的 3.4 倍，平均单井日增油 13.1t/d(图 3)。

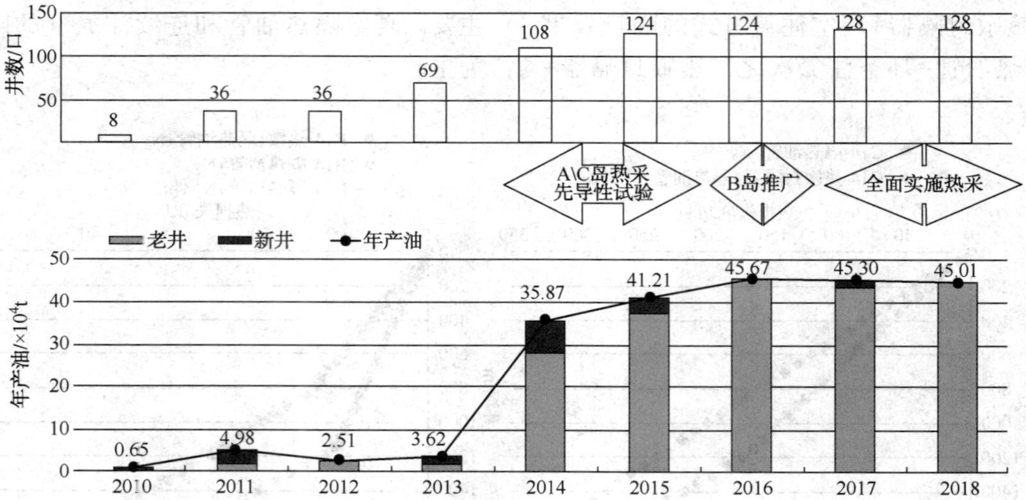

图 2　月东油田蒸汽吞吐开发历程

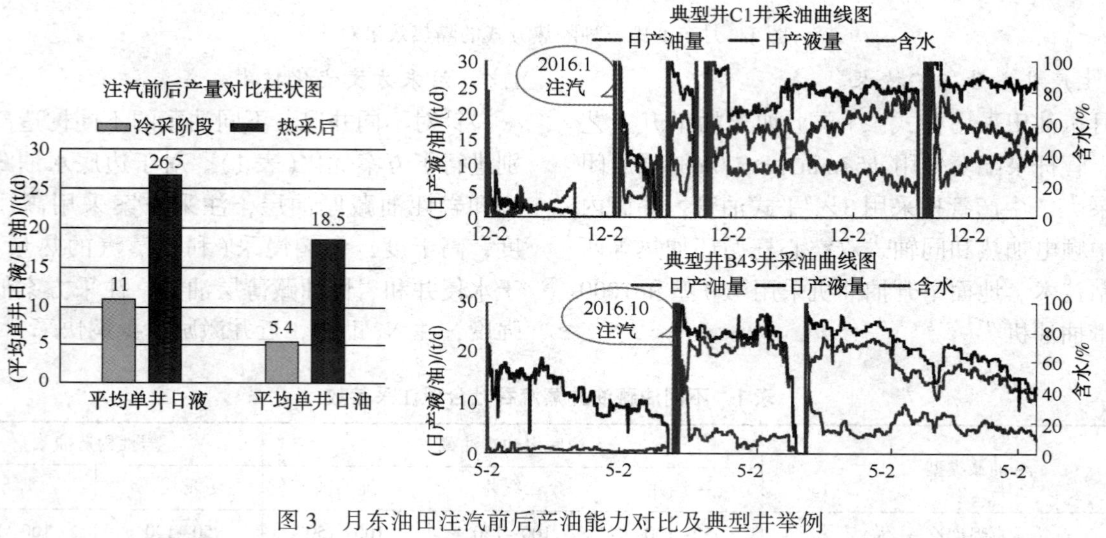

图 3　月东油田注汽前后产油能力对比及典型井举例

月东油田注汽速度平均 14.0t/h，井口蒸汽干度平均 61%左右。根据注汽井高温五参数测试结果可知，井筒千米蒸汽干度损失 17.1%，1600m 井深蒸汽干度损失 30.1%左右。根据实测井筒干度损失与注汽速度和井深的关系，测算月东油田注汽平均井底蒸汽干度 21%。

月东油田首先在 A\C 岛实施高干度注汽，利用汽水分离器和亚临界锅炉，井口蒸汽干度达到 90%。根据实测结果(以 A7 井为例，图 4)，射孔段蒸汽干度达到 50%，满足数模计算的井底干底参数 40%[2] 的要求。从 A7 井的生产情况上看，自喷期长达 133d，周期生产 309d，周期产油达到 5586t，周期增油 3016t，油汽比 3.0，热采效果显著(图 5)。

3　结论

(1) 月东油田开发井采用热采专用套管和加砂水泥浆体系，油层段采用高钢级、加厚的热采专用套管，并采用更高钢级热采套管、E 级隔热油管等热采配套技术来保护套管的方式，热采 5 年来，未发生层间窜槽，也未发生套损和套变。

(2) 隔热管+热敏封隔器+环空注氮方式的隔热效果最好，隔热油管+环空注氮次之，热敏封隔器+隔热油管最差。月东油田综合考虑大斜度井的井下作业安全、经济成本和隔热效果问题，以真空隔热油管和连续注氮气的隔热方式为主。

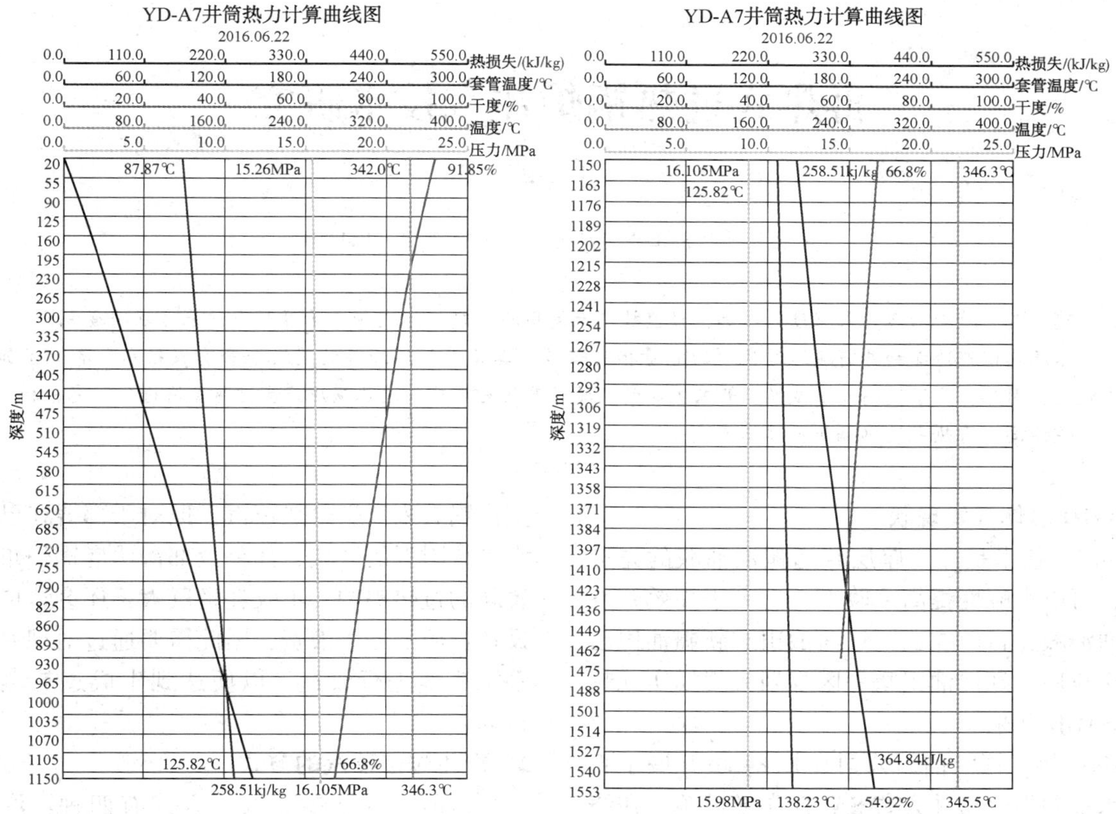

图 4　A7 井高温五参数测试结果

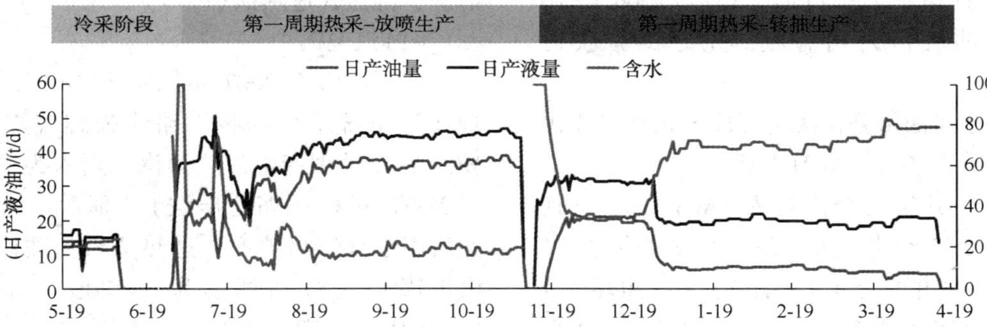

图 5　A7 井高干度注汽效果

（3）月东油田人工岛开发，井斜大，井眼轨迹长，井筒千米蒸汽干度损失 17.1%，测算月东油田注汽平均井底蒸汽干度 21%。实施高干度注汽后，井口蒸汽干度达到 90%。射孔段蒸汽干度达到 50%，满足设计要求，热采效果显著。

（4）月东油田热采后增油效果明显，大幅改善单井生产效果，措施后产油量是措施前的 2.2 倍，累油汽比达到 2.8，取得了很好的蒸汽吞吐效果。

（5）月东油田初步形成了海上稠油热采开发配套技术，成功实现了首个海上人工岛规模实施热采开发，为类似油田的高效开发提供了一定的借鉴意义。

参　考　文　献

[1] 李亮. 海上稠油常用开采方式综述[J]. 内蒙古石油化工，2012，(14).

[2] 赵树伟. 辽河月东油田稠油热采技术研究[A]. 第四届全国油气田开发技术大会[C]. 2011.

[3] 芮松霞. 海上月东稠油开采技术试验研究[J]. 石油钻采工艺，2004，(Z1).

再热式过热锅炉注汽技术研究

杜　丰

（中国石油辽河工程有限公司，辽宁 盘锦　124010）

摘　要　随着油田开采深度的增加，目前被广泛使用的湿饱和蒸汽和高干度蒸汽注采方法将受到限制，由于蒸汽热值在地面和井筒输送过程中的能量损失较多，真正进入到油层的蒸汽会含有凝结水，降低了加热效果，因此，为了提高开采效果、开采更深的油藏，开展对再热式过热锅炉产生过热蒸汽进行研究分析。

关键词　再热式过热锅炉；过热蒸汽

1　SAGD 总体开发现状

SAGD 技术是开采厚层状超稠油油藏的先进技术，可以大幅度提高采收率，有利于高效开发超稠油油藏，目前在我国辽河油田和新疆油田已工业化应用。辽河油田曙一区规划大规模实施超稠油 SAGD 开采。

2003 年，辽河油田公司在杜 84 块开展了直井与水平井组合布井方式 SAGD 先导试验，在绕阳河东部署了 8 个井组，全部隶属于辽河油田特种油开发公司(以下简称特油公司)，2006 年 10 月通过中石油股份公司验收，先导试验获得成功。

2007 年辽河油田公司决定开展 SAGD 工业化推广，又部署了 40 个 SAGD 井组。

上述 48 个井组已全部转入 SAGD 生产，其中馆陶组转入 25 个井组(直井与水平井组合 21 个井组，双水平井组合 4 个井组)，兴 I 组转入 4 个井组(均为双水平井组合)，兴 VI 组转入 19 个井组(均为直井与水平井组合)。SAGD 开发取得了良好经济效益。

2016 年，在已建 48 个井组的基础上，正在实施新增的 16 个井组转 SAGD 生产。

以上已部署的 64 个 SAGD 井组为杜 84 块超稠油稳产提供了重要保障。随着油田开采深度的增加，目前被广泛使用的湿饱和蒸汽和高干度蒸汽注采方法将受到限制，由于蒸汽热值在地面和井筒输送过程中的能量损失较多，真正进入到油层的蒸汽会含有凝结水，降低了加热效果，因此，为提高 SAGD 开采效果、开采更深的油藏，SAGD 开发项目管理部正在开展注过热蒸汽的实验。

对新区块，可通过新增汽包锅炉或直流过热蒸汽锅炉来产生过热蒸汽，但对于部署在已有注汽系统附近的区块，如果全部淘汰老锅炉重新购置新的过热锅炉，不仅耗资巨大，还会造成现有设备资源的巨大浪费，因此需要通过对现有注汽系统流程进行改造，以便达到生成过热蒸汽的目的。

2　产生过热蒸汽的方式

目前产生过热蒸汽的方式有四种：汽包锅炉、直流过热锅炉、湿蒸汽直流锅炉改造成过热锅炉、再热式过热锅炉。

(1)汽包锅炉

辽河油田于 2007 年拟定 SAGD 二期地面工程注汽系统采用的技术路线为燃气汽包锅炉+MVC 污水处理产生过热蒸汽，用水为稠油污水，经 MVC(机械压缩增压法)处理后产生蒸馏水，然后用于汽包锅炉产生过热蒸汽为注汽井注汽。汽包锅炉注汽站规模为 1×20t/h，设计压力 14.1MPa，温度 390℃。

适应条件：周围没有湿饱和蒸汽，新区块，新建站。

(2) 直流过热锅炉

“直流锅炉+汽水分离装置+过热器+MED”技术。

工作原理：锅炉加热给水产生 80%干度的湿蒸汽，湿蒸汽进入汽水分离装置将水分离，分离后的蒸汽再进入锅炉的过热段进一步加热形成过热蒸汽。分离水通过 MED 装置处理进行处理，处理后的蒸馏水回用注汽锅炉。

该技术已在杜 229 块过热蒸汽注汽站进行了应用，过热蒸汽注汽站于 2014 年 11 月 4 日开始调试运行，到 2014 年 11 月 15 日，锅炉出力达到 18t/h，注汽压力 10~14MPa，过热度 40~60℃。

适应条件：周围没有湿饱和蒸汽，新区块，新建站。

（3）将现有湿蒸汽直流锅炉改造成过热锅炉

在常规注汽锅炉基础上进行改造，对过渡段、对流段和水水换热器进行重新设计，同时增加过热段、汽水分离装置和喷水减温器等设备。该技术在辽河油田高升采油厂注汽四站吞吐井成功应用。主要技术指标如下：

现有注汽锅炉指标

①额定蒸发量：23t/h；

②额定工作压力：17.5MPa；

③额定蒸汽温度：354℃；

④热效率：≥85%；

⑤干度：80%；

⑥排烟温度：220℃。

改造过热锅炉后指标

①额定蒸发量：18 t/h(14)；

②额定工作压力：16MP(14.75)；

③额定蒸汽温度：352~357℃(344.1)；

④热效率：≥89%；

⑤过热度：5~10℃(3.4)；

⑥排烟温度：170℃。

()内数据为改造为过热锅炉后现场实际运行参数。

适用条件：周围有湿饱和蒸汽，老站。

（4）利用再热式锅炉将湿蒸汽再次加热成过热蒸汽

将现有“湿蒸汽锅炉+汽水分离装置”产生的高干度饱和蒸汽进入到再热式过锅炉再次加热为过热蒸汽。再热式过热锅炉为卧式直流结构，分为辐射段、高温对流段、低温对流段和给水预热段等组成部分。

拟在特油大十三注汽站新建再热式过热锅炉，开展再热式过热锅炉的实验工程。锅炉额定热功率为4.73MW，出口蒸汽设计温度390℃，出口设计压力14.1MPa。

适用条件：周围有湿饱和蒸汽，老站。

3 特油大十三注汽站工程现状

目前特油大十三注汽站现有湿蒸汽注汽锅炉3台，每台锅炉额定蒸发量均为23t/h，额定蒸汽压力为17.2MPa，额定蒸汽温度为354℃，额定蒸汽干度为80%。目前运行压力为8~14MPa，出口蒸汽温度为295~336.7℃，通过汽水分离装置分离后，蒸汽干度提高至95%以上，通过D159注汽管线输送至SAGD输汽干线。

拟在特油大十三站站内新建再热式过热锅炉，大十三注汽站产生的部分高干度蒸汽通过新建的注汽管线输送至再热式过热锅炉，经锅炉加热成压力14.1MPa，温度390℃的过热蒸汽，然后输送至河东SAGD-1#蒸汽计量点。

4 再热式过热锅炉的介绍

（1）设备选型

额定热功率：4.73MW；

蒸汽流量：33.75t/h；

出口蒸汽压力：14.1MPa；

出口蒸汽温度：390℃；

过热度：<100℃；

额定热效率：93.12%；

负荷调节：30%~100%；

排烟温度：<170 ℃；

燃料类型：天然气；

控制方式：PLC+触摸屏+工控机；

装载方式：撬座；

设备外观尺寸：24m×3.4m×8.4m；

设备重量：≈75t。

再热式过热锅炉采用卧式直流结构，单炉管水平往复布置，分为辐射段、高温对流段、低温对流段和给水预热段等组成部分。其附属配套设备有燃烧器、阀组管路系统及一套保证安全运行的自动控制和安全保护系统。

再热式过热锅炉结构如图1所示。

（2）再热式过热锅炉控制系统及安全保护功能

为了保证上游设备的波动不影响到过热度的稳定和系统的安全，再热式锅炉设计有可靠的过热度检测和自适应控制程序。锅炉采用全自动控制系统，具有程序启动、程序检漏、程序吹扫、程序点火、自动调节、熄火保护、超温报警、事故喷水装置等控制及安全保护功能。

锅炉控制系统主要由检测仪表、仪电控制盘及执行机构组成。

检测仪表：主要由压力变送器、热电阻、热电偶、喷嘴流量计、差压变送器及限制开关等组成；检测仪表将各种物理参数转换为PLC可识别的模拟或开关信号传输至中央控制系统。

仪电控制盘：主要分为动力系统及自控系统。动力系统由为整个系统运行提供并分配所需电力；自控系统作为中央控制系统是整个控制系统的中枢，实现数据处理、逻辑运算、报警保护、自动控制及人机交互等高级功能。

现场施工如图2所示。

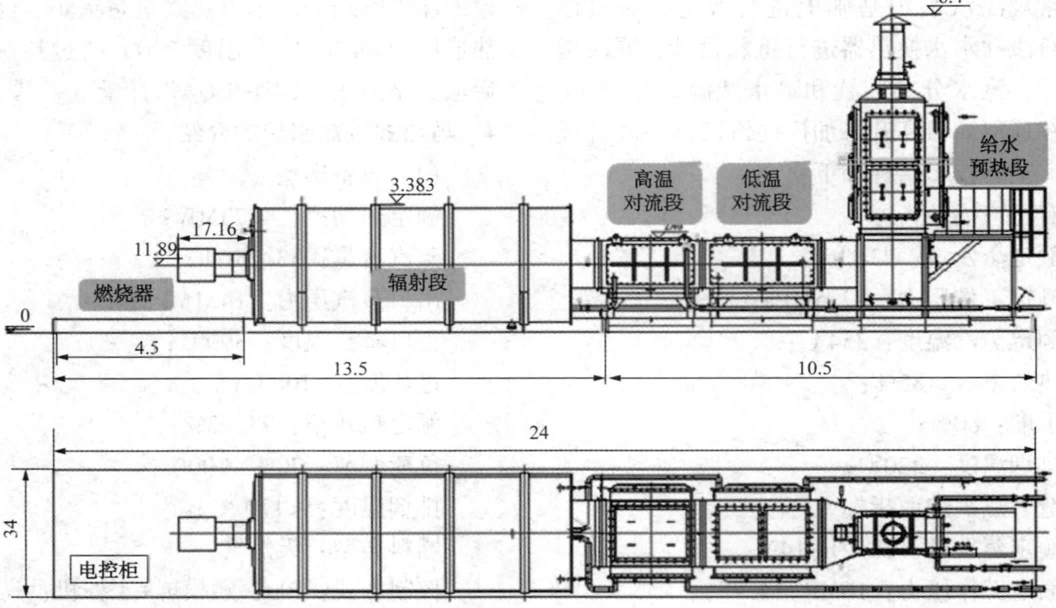

图1 再热式过热锅炉结构图

图2 再热式过热锅炉现场施工图

执行机构：主要由电动调节阀、电动阀和电磁阀、Johnson燃烧器配套伺服机构等组成，响应中央控制系统产生的控制信号，执行用户操作命令。

数据采集共采集温度、压力、流量及其他变量四类数据，具体包括：锅炉来料温度、压力检测；辐射段出入口温度、压力检测；锅炉出口温度、压力检测；

辐射段、过热段管温检测；辐射段烟温检测；低温、高温对流段出口烟温检测；

给水加热器来水、回水温度、压力检测；混合器、炉膛、燃气压力检测；高温对流段出口流量；给水加热器流量。

锅炉提供一级报警和二级报警两种类型，当一级报警产生时锅炉停止运行并报警，二级报警产生时锅炉只报警不停炉。

一级报警项包括：

低温对流段入口压力低；过热蒸汽流量低；

低温对流段入口压力高；燃气压力低；

低温对流段出口温度高；燃气压力高；

辐射段出口压力高；燃烧器温度高；

辐射段出口温度高；燃烧器故障；

辐射段管温高；炉膛压力高；

高温对流段出口压力高；供风压力低；

高温对流段出口温度高；烟温高；

高温对流段管温高。

二级报警项包括：

1#分离器液位高；低温对流段入口压力高；

1#分离器液位低；低温对流段入口压力低；

2#分离器液位高；低温对流段入口温度高；

2#分离器液位低；辐射段压阻高；

3#分离器液位高；高温对流段压阻高；

3#分离器液位低；高温对流段出口压力低；

低温对流段压阻高；给水预热段回水温度高。

炉管采用先进的内螺纹合金钢管技术，改善和提高了传热效率，有效保障锅炉设备的运行安全。再热式锅炉省煤器系统通过与上游锅炉的给水系统有机整合，使排烟温度达到 170℃ 以下，提高了锅炉热效率。蒸汽过热度与负荷量调节范围宽、适应性好，安装方便，施工周期短，过热蒸汽系统改造期间不影响在用锅炉的正常运行，有利于保证正常注汽生产，再热式锅炉自身具有完整可靠的智能控制系统和完善的安全报警系统，炉管采用内螺纹合金钢管，改善和提高传热效率，能有效保障锅炉运行安全。

5 热力系统流程

热力系统框架见图 3。

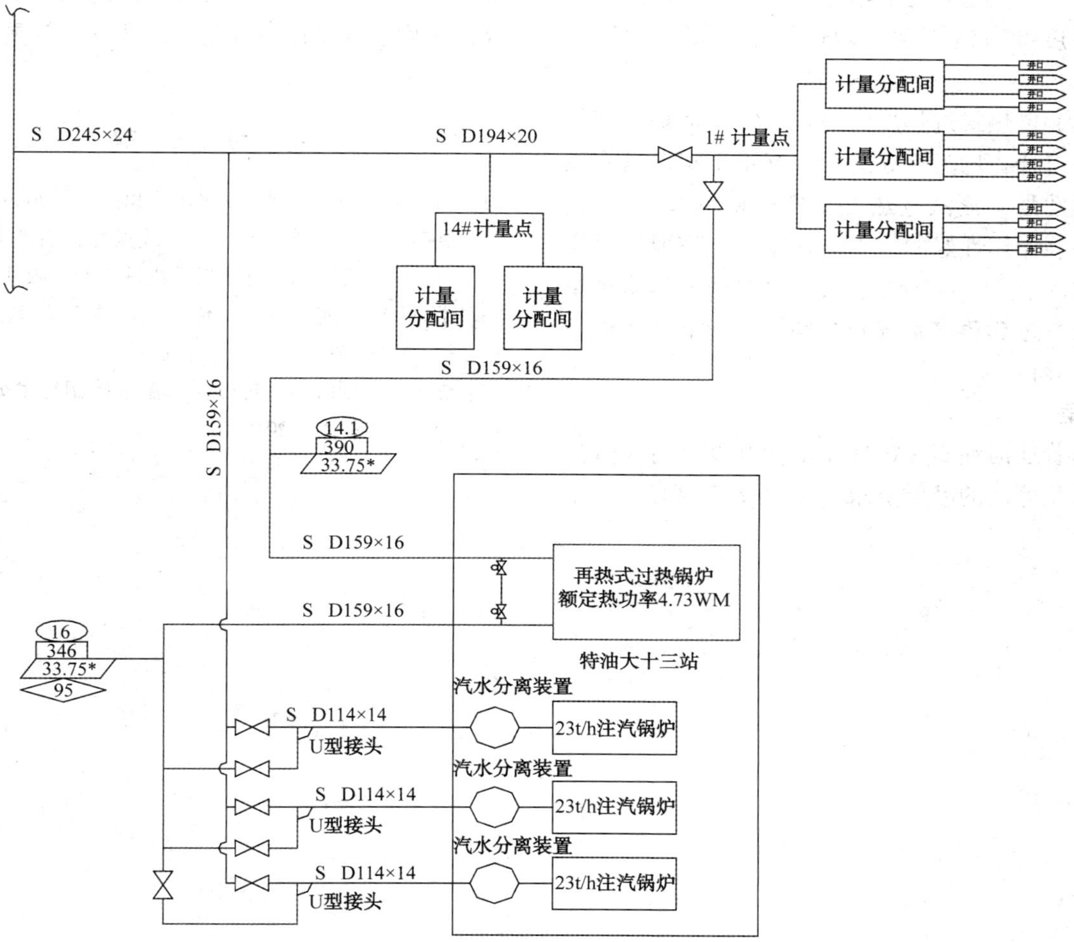

图 3 热力系统框架图

站外来软化水输送至注汽站内软化水罐，经供水加压泵加压后，进入再热式过热锅炉的给水预热段，换热升温后回至柱塞泵入口，通过柱塞泵加压后，再与汽水分离装置的高温分离水进行换热，升温后进入锅炉加热产生 16. 0MPa、温度 346℃、干度 75% 的湿饱和蒸汽，经汽水分离装置分离后，产生的干度≥95% 的高干度蒸汽，再进入再热式过热锅炉进行加热，最终产生的 14. 1MPa、温度 390℃ 的过热蒸汽输送至已建的河东 SAGD 注汽支干线，通过计量间为各注汽井供汽(图 4)。

6 再热式锅炉的技术优势

（1）再热式过热锅炉为撬装式结构，安装方便，施工周期短，可移动和实现快速搬迁。

（2）可对已有的大量直流锅炉进行技术组合，实现注过热蒸汽升级改造，合理利用旧设备降低投资。

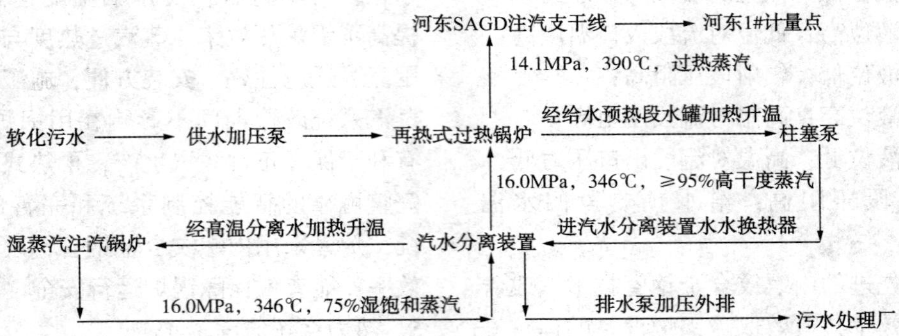

图4　热力系统流程图

(3) 可实现高过热蒸汽(最高可达450℃)，过热温度调节范围宽，操作简单，安全性稳定性好。

(4) 再热式过热注汽锅炉与常规锅炉系统实行串联组合，均为独立运行、互不干扰。具有供汽灵活性强，蒸汽过热度与负荷量调节范围宽、适应性、操作性好的特点。根据工况需要，可实现湿饱和蒸汽、高干度蒸汽和过热蒸汽等多种供汽形式。过热蒸汽系统升级期间不影响在用锅炉的正常运行。

7　结语

随着辽河油田SAGD技术的开发，对注蒸汽系统以及蒸汽的品质要求有了显著的提高，为了提高采油的效果，开展对再热式过热锅炉进行研究，为后续SAGD注过热蒸汽开发提供重要的技术支持和储备。

参考文献

[1] 周强泰．锅炉原理．中国电力出版社，2009. 9.
[2] 洪向道，舒世安，徐国振，施振球，胡尚文，唐家秀．锅炉房实用设计手册．机械工业出版社．
[3] 杨世铭，陶文铨．传热学．高等教育出版社，2006. 08.
[4] 曹定华，刘海洋．再热器减温水控制技术分析及应用．华电技术，2010. 08.

轻质原油注空气低温氧化实验研究

张　鸿

（中国石油辽河油田分公司勘探开发研究院，辽宁 盘锦　124010）

摘　要　轻质油藏注空气技术是一项有效提高采收率新技术，低温氧化后气体及原油组分变化规律的研究能够为现场注空气提供可靠的参考依据。本文通过室内静态低温氧化实验研究辽河油田轻质原油与空气低温氧化反应前后气组分、压力以及原油组分的变化。结果表明：轻质油藏注空气低温氧化过程，温度越高，氧气消耗越多、压力下降幅度越大，氧化程度越强。氧化反应后，饱和烃含量变化不大，胶质、沥青质相对含量增大，黏度增大，进一步分析出原油中各个组分均参与低温氧化反应且饱和烃组分的碳链越长，越容易与氧发生低温氧化反应。认为在150℃以下，低温氧化以加氧反应为主，原油与氧气反应生成复杂的有机化合物。

关键词　注空气；低温氧化；族组分；全烃气相色谱；黏度

引言

注空气开采轻质油藏是一项富有创造性的提高采收率新技术。空气来源广阔，不受地域限制、成本廉价[1-3]。空气注入轻质油藏后，氧气与原油发生反应，氧气被消耗，部分氧转化成碳的氧化物，且反应产生的热量使燃烧前缘的温度升高，促使部分轻质组分蒸发。因此轻质油藏注空气提高采收率主要是利用空气氧化后烟道气的驱油效果[4-6]。目前，注空气作为开发轻质油藏在国内处于起步和先导试验阶段，且室内实验研究也处于初级阶段，研究侧重点主要集中在机理、影响因素、安全控制、氧化动力学等方面。尚绪柱、路遥等人[7]论述了注空气低温氧化反应的基本机理。王杰祥、张琪等人[8]模拟了原油不同温度不同注入压差等条件下的低温氧化过程，分析采出气含氧量，研究空气驱低温氧化机理。于洪敏、任韶然等人[9]建立了注空气低温氧化模拟模型，评价了注空气效果影响因素的敏感性。李一波、蒲万芬等人[10]利用填砂管开展低温氧化实验，认为氧化反应能大幅度降低空气中氧气含量，使氧含量下降到安全范围内。侯胜明，刘印华等人[11]采用改进的低温氧化模型求取原油低温氧化动力学参数。

由于注空气低温氧化反后气体组成和原油组成都会发生一定变化，目前尚无系统分析。本文针对辽河油田低渗透轻质油藏开展低温氧化实验，分析氧化反应后气体组成和原油组成变化规律，为油田现场注空气技术提供参考依据，也为数值模拟提供参考。

1　实验部分

1.1　实验用油及实验装置

实验用油为辽河油田原油 Q1，凝固点 27℃，含硫量 0.1%，含蜡量 13.63%，胶质和沥青质含量 8.54%，50℃ 地层原油黏度 9.982 mPa·s，20℃条件下密度为 0.8793 kg/cm^3。属于典型的轻质油藏。

实验装置为静态低温氧化装置开展静态低温氧化实验；CP-3800 气相色谱仪测定原油低温氧化后气体组成组分；RV30 旋转黏度用于测定氧化前后黏度；MK-6S 棒薄层色谱仪用于开展反应前后原油族组分分析；7890B 气相色谱仪用于测定反应前后原油烷烃分布。

1.2　低温氧化实验及方法

实验条件见表 1，称取一定量的原油注入静态氧化罐中，室温条件下向氧化罐内注入一定压力空气；将反应容器放置 3~5h；启动恒温控制系统，升至实验温度，即根据油藏温度选定的 90℃和 150℃；观察记录反应容器压力变化，至压力恒定不变，实验结束。确定不同低温条件下压力及氧气消耗率变化特征，对实验后气体进行

基金项目：国家科技重大专项“辽河、新疆稠油（超稠油）开发技术示范工程”（2016ZX05055）。

作者简介：张鸿（1988-），女，工程师，2010 年毕业于辽宁工业大学化学工程与工艺专业，现从事稠油热采室内实验研究工作。E-mail：691542137@qq.com。

取样分析。同时对氧化后原油取样进行族组分、全烃色谱及黏度分析，并与氧化前原油进行对比，确定组分变化。

表 1　动态低温氧化实验条件

实验编号	压力/MPa	原油量/mL	实验温度/℃	注气速率/(L/min)	时间/h
A	7	250	90	5	120
B	7	250	150	5	120

2　实验结果讨论

2.1　低温氧化气体组分及压力变化

低温氧化实验后气体组分数据由表 2 看出，O_2 含量下降，耗氧评价指标中氧氮比降低，耗氧率增大。同压力条件下，90℃和 150℃温度条件下氧气最终体积分数分别为 8.829%和 1.572%，氧气消耗程度更为明显，体现了温度对氧化反应中氧气的消耗起重要作用。N_2 量并没有变化，其体积分数高于初始的 78%且随着温度增加而增加，是由于氧气减少使其所占百分比加大。CO 与 CO_2 含量增加，且增加的浓度远小于 O_2 减少的浓度。

综合分析认为：在低温氧化过程中消耗的大部分氧与原油发生了加氧反应，生成了醇、酮、醛等氧化物；另外，在尾气中还存在微量的 C_1 组分和 H_2，意味着在低温氧化反应过程中也伴随键断裂反应，分子键的断裂才能生成 C_1 和 H_2 等气体组分。

表 2　不同低温条件轻质原油低温氧化尾气组分分析

温度/℃	尾气组分/%						耗氧评价	
	O_2	N_2	CO	CO_2	C_1	H_2	氧氮比	耗氧率/%
90	8.829	87.531	0.348	1.384	/	0.017	0.1009	57.96
150	1.572	92.381	0.778	3.499	0.005	0.017	0.0170	92.51

实验过程中，由于氧气不断被消耗，压力也发生了变化，室温下注入空气至低温氧化罐压力为 7MPa，前期随着温度升高压力均上升，待温度稳定后，90℃条件下，最大压力为 8.85MPa，最终压力恒定为 6.15MPa，实验过程压力下降约为 2.7MPa。150℃条件下，最大压力达到 10.82MPa，最终压力恒定为 7.65 MPa，反应结束后压力下降约为 3.17MPa。温度越高，体系压力降低幅度相对增大。压力的变化也反映了密闭体系内气体总物质的量的变化，也就是说体系内氧气与原油发生加氧反应导致物质总量的减少使压力降低原因之一。

2.2　反应前后原油族组分变化

反应前后原油族组分变化情况如表 3 所示。可以看出，低温氧化后 Q1 原油中芳烃相对含量降低，胶质含量降低，沥青质含量增大。说明了原油低温氧化会使得原油物性变差，与前人研究[15-16]结果基本一致。

从族组分分析结果来看，虽然原油中饱和烃所占比例非常高，但氧化程度很低，经过低温氧化后，与实验前相比，原油中饱和烃含量变化不大，芳烃含量有所降低，沥青质含量有所升高。饱和烃、芳烃为无氧组分，而饱和烃在低温氧化中与氧气发生加氧反应，深入氧化后生成沥青质，但沥青质在氧化过程中以键断裂形式进一步生成 CO、CO_2 和 H_2O，而剩余部分的烃类结构由于氧原子的剥离又转化为饱和烃类的无氧组分，也就是在原油四组分中饱和烃含量变化无规律的原因所在。

表 3　实验前后原油族组分变化

实验编号	饱和烃/%	芳烃/%	胶质/%	沥青质/%
实验前	53.95	9.43	10.01	26.61
A	56.45	8.53	8.14	26.88
B	51.68	8.65	7.70	31.97

对于芳烃而言，低温氧化反应后降低，正是因为芳烃气苯环结构的特殊性，具有比饱和烃更高的反应活性，在低温氧化过程中易氧化消耗，使得总体含量减少。

胶质是含氧、氮、硫等杂原子类的大分子结

构，在低温氧化反应中它既是反应物也是中间产物，因此其含量受氧化程度影响变化也无规律性。沥青质是相对分子量最大的含氧组分，它也既是反应物也是产物，由于其反应活性较弱，相对产物，参与反应的量较小，因此其最终含量较反应前增加。

2.3　反应前后原油全烃气相色谱分析

全烃气相色谱分析技术可以对不同轻质原油样品烷烃分布特征进行定性描述，图 1 为轻质原油低温氧化前后全烃色谱组分含量变化趋势。由图可知，实验前后正构烷烃碳数有明显变化，低温氧化后，碳数范围变小(见表 4)，原油中 C_{21} 以前组分的含量明显多于原油油样，且 C_{21} 以后高碳数组分的含量低于原样，且随着温度升高，幅度增大。说明，原油低温氧化能够使重质组分裂解为轻质组分和部分重质组分[17]。

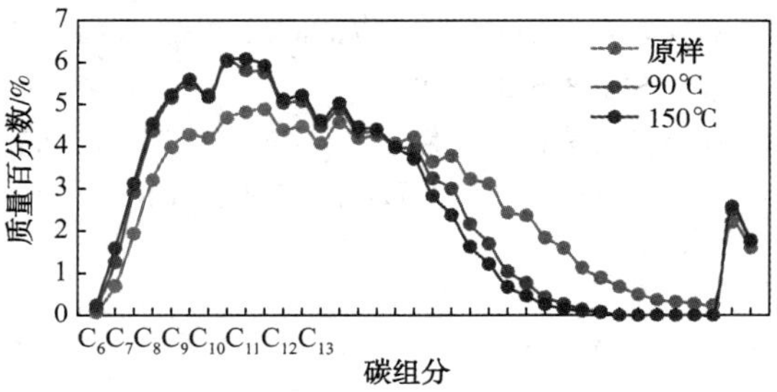

图 1　低温氧化反应前后原油全烃组分含量变化

此外，全烃气相色谱分析还可以对不同烷烃之间相对含量进行定量对比分析。表 4 为轻质原油低温氧化前后全烃色谱参数。可以看出主峰碳变化不大。

表 4　Q1 井轻质原油实验前后全烃色谱参数

实验编号	碳数范围	主峰碳	轻重比
实验前	C_6～C_{39}	C_{15}	1.68
A	C_6～C_{33}	C_{13}	3.37
B	C_9～C_{33}	C_{14}	4.13

原油轻重比表示的是所有碳原子数≤21 的正构烷烃的百分含量与所有碳原子数≥22 的正构烷烃的百分含量的比值，它反映热演化程度的高低[18]。低温氧化阶段，原油轻重比随着温度升高而明显的增大，说明低温氧化过程，首先从长链烷烃开始的，即碳链越长与氧反应的活性越低，越容易与氧发生氧化反应。长链烃断裂后生成一部分短链烃。因此，饱和烃总量虽然变化不大，但正构烷烃轻重组分发生了变化。

2.4　低温氧化物理性质变化分析

表 5 列出了不同低温条件下轻质原油密度和黏度的数据，由表中可以看出，实验中随着温度增加，密度、黏度变化明显。由于原油密度、黏度与化学组成密切相关，反映了原油组成特征，原油密度、黏度大小与其轻重组分比例多少相关，按照前文测定的，胶质、沥青质含量增加使得油样密度、黏度增加。而随着实验温度的升高，即低温氧化程度增大，原油密度、黏度升高幅度增大，这意味着温度对低温氧化有很大影响。

表 5　轻质原油低温氧化物性分析结果

实验编号	密度/(g/cm^3)	黏度/(mPa·s)
原样	0.8793	9.98
A	0.9136	41.07
B	0.9286	109.22

室内实验研究表明，在一定的油藏温度条件下，原油可以与空气中的氧气自发地产生低温氧化反应，并且以加氧反应为主，一般认为在 150℃以下，其加氧反应过程为 $C_xH_y+\frac{z}{2}O_2 \longrightarrow C_xH_yO_z$，该反应生成复杂的有机化合物(醛、酮、羧酸、醇等)，并放出一定的热量。

3　结论

(1) 由气体组分分析得出低温氧化消耗大部分氧气，在尾气中还存在微量的 C_1 组分和 H_2，即低温氧化反应过程中也伴随键断裂反应。且随着温度增加，压力下降幅度增大，耗氧量增大，氧化程度变大。

(2) 低温氧化后，芳烃相对含量降低，沥青质含量增大，组分的轻重比增大，即低温氧化首先从长链烷烃开始的，碳链越长，越容易发生低温氧化。

(3) 综合分析低温氧化前后气体和原油组成变化，认为在 150℃以下，低温氧化以加氧反应为主，原油与氧气反应生成复杂的有机化合物(醛、酮、羧酸、醇等)，并放出一定的热量。

参　考　文　献

[1] 李士伦，张正卿，冉新权，等．注气提高石油采收率技术[M]．成都：四川科学技术出版社，2001：28-29.

[2] 张旭，刘建仪，易洋，等．注气提高采收率技术的

挑战与发展——注空气低温氧化技术[J]. 特种油气藏，2006，13(1)：6-9.
[3] Clara C，Durandeau M，Quenault G，et al. Laboratory Studies for Light-Oil Air Injection Projects：Potential Application in Handil Field [J]. SPE Reservoir Evaluation & Engineering，2000，3(03)：239-248.
[4] 汪艳，郭平，Jian，等. 轻油注空气提高采收率技术[J]. 断块油气田，2008，15(2)：83-85.
[5] 罗懿，刘岳龙，等. 红河油田轻质原油低温氧化实验及动力学研究.[J]油气藏评价与开发.2013，3(6)：43-47.
[6] 蒋有伟，张义堂，刘尚奇，等. 低渗透油藏注空气开发驱油机理[J]. 石油勘探与开发，2010，37(4)：471-476.
[7] 尚绪柱，路遥，张海永，等. 低渗轻质油藏注空气低温氧化概述[J]. 低渗透油气田，2009(1)：113-117.
[8] 王杰祥，张琪，李爱山，等. 注空气驱油室内实验研究[J]. 石油大学学报：自然科学版，2003，4(27)：73-75.
[9] 于洪敏，任韶然，杨宝泉，等. 低渗油藏注空气低温氧化数值模拟研究[J]. 西南石油大学学报，2008(6)：117-120.
[10] 李一波，蒲万芬，王爱香，等. 轻质油藏注空气低温高压氧化实验研究[J]. 石油钻采工艺，2012，11(34)：90-92.
[11] 侯胜明，刘印华，于洪敏等. 注空气过程轻质原油低温氧化动力学[J]. 中国石油大学学报：自燃科学版，2011，35(1)：169-173.
[12] 程月，袁鉴等. 低温氧化对原油组成的影响[J]. 化学研究 2007，18(1)：67-69.
[13] 张涛，熊键. 低渗轻质油藏注空气原油低温氧化过程研究[J]. 吐哈油气 2012，17(4)：337-340.
[14] 陈艳茹，郭平，张建东，等. 低渗油藏注空气原油低温氧化机理[J]. 2013，15(1)：101-103.
[15] Mosehopedis S E，Speight J G. Oxidation of petroleum fractions[J]. Fuel，1973，52(1)：83.
[16] Babu D R，Comack D E. Effect of low temperature oxidation on the composition of Athabasca bitumen [J]. Fuel，1984，63(6)：858-861.
[17] Greaves M，Wilson A，Al-Honi M，et al. Improved recovery of light/medium heavy oils in heterogeneous reservoirs using air injection/insitu combustion (ISC) [R]. SPE 35693，1996.
[18] 刘遥，刘易非，陈艳，等. 轻油注空气静态低温氧化实验研究[J]. 特种油气藏，2010，17(3)：96-98.

蒸汽驱动用不均原因分析及技术对策实践

郑利民

（中国石油辽河油田分公司欢喜岭采油厂，辽宁 盘锦 124114）

摘 要 齐40块蒸汽驱属于股份公司重大试验项目之一，2008年建成了150个汽驱井组的中深层稠油蒸汽驱工业化基地。该块蒸汽驱开发十一年以来，取得了较好的开发效果：采油速度相对吞吐开发提高一倍，驱替阶段稳产期长达6年，预计最终采收率相比吞吐开发提高近一倍，预计延长区块开发年限近一倍。在区块蒸汽驱开发取得成功的基础上，也出现了蒸汽波及不均、蒸汽突破、热损失率逐渐升高等一系列影响开发效果的实践难题。

为提高区块总体蒸汽驱开发效果，围绕"提高储层汽驱动用"一个核心，结合现场大量实践数据，从"地质、开发、工程"三方面入手，总结出蒸汽波及不均七项影响因素，并进一步归纳出动用差区域六种典型模式。通过强化"储层描述、驱替规律分析、剩余油分布"三项研究，针对动用不均不同影响因素，形成了"多类型井网调整、多方式注汽调控、多种类纵向调剖、多介质辅助驱替"四个注采调配技术系列，其包含了近十六小项降本、提质、增效技术。通过近年来不断深化应用，取得了两项效果：区块递减得到有效减缓，年产油稳定在45×10^4t以上；油汽比大幅提高，由0.13提高至0.15。近两年来齐40块蒸汽驱共计节约注汽量55×10^4t，措施增油6.7×10^4t，创经济效益7863.1万元，取得了较好的社会效益及经济效益。

关键词 蒸汽驱；波及不均；注汽调配；纵向调剖；波及系数；采收率

1 区块概况

齐40块蒸汽驱开采层位莲花油层，油层埋深-625～-1050m，区域含油面积7.9km²，地质储量3774×10^4t，属于中深层、中-厚互层状、高孔高渗普通稠油油藏。该块于1987年蒸汽吞吐开发，1998年进行4个井组蒸汽驱先导试验，2003年进行7个井组蒸汽驱扩大试验，2006—2008年完成150个井组工业化转驱。

截至目前，区块平面波及系数86%，纵向波及系数71%，采油速度1.2%，采出程度48.1%，累计采注比0.9，累计油汽比0.13(图1)。

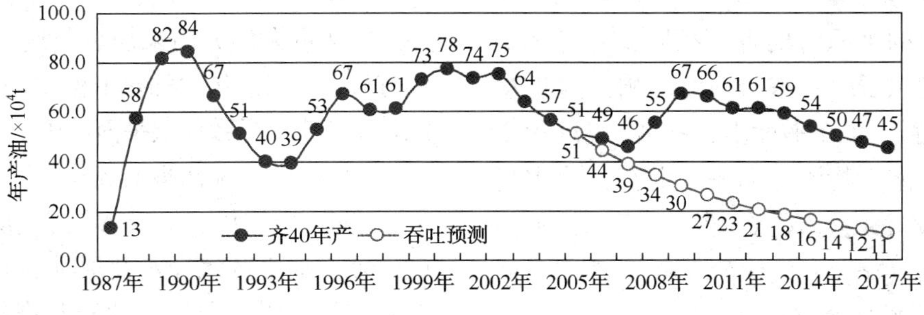

图1 齐40块年产曲线

目前区块存在问题主要集中在以下三个方面：

一是储层发育较好的主体部位，各项开发指标均高于其他区域，但是汽窜问题严重，平面单向或纵向单层突破泄压后导致储层难以有效动用；

二是位于沉积边缘的合注合采区，受油层厚度、注采连通、储层系数变差等影响，蒸汽平面指进或单层突进现象较为普遍，同时部分临近边底水区域压力较高，难以形成有效蒸汽循环；

作者简介：郑利民(1985-)，男，2008年毕业于中国石油大学(华东)地质学专业，学士学位，工程师，厂技术带头人，目前在辽河油公司欢喜岭采油厂地质研究所汽驱室担任主任，主攻蒸汽驱受效规律研究、汽驱开发后期接替技术研究。E-mail：294890246@qq.com。

三是注汽井井况问题导致的分注各层段吸汽不均甚至存在单段吸汽。

综上所述，无论是汽窜单方向、单层泄压，还是储层倾角、参数变化，甚或是工程因素影响注汽井单层段吸汽，虽然开发低效原因多种多样但是基本上都在平面、纵向上影响了储层均匀动用。或者说依据不同因素导致的平面、纵向动用不均情况，有针对性地进行各项措施能够更具目的性地加强注采调控效果，进而达到节约新井投资、措施成本、注汽费用，提高区块开发效果和波及效率，最终实现提高区块采收率的目标。

2 动用不均原因分析

2.1 研究思路

各项原因导致储层动用不均虽然种类繁多，且存在多种因素相互影响的情况。但是通过围绕“地质类原因、开发类原因以及工程类原因”三大方向，综合考虑全块主要影响因素体现在储层倾角、平面小层沉积微相变化、层间非均质性、井网控制程度不足、目前注采系统对应差、蒸汽超覆、分注工艺不合格等七项类别(图 2)，导致储层平面、纵向动用不均。在七项类别的基础上进一步总结出六种储层动用不均典型模式，进而为注采调配提供指导方向和措施依据。

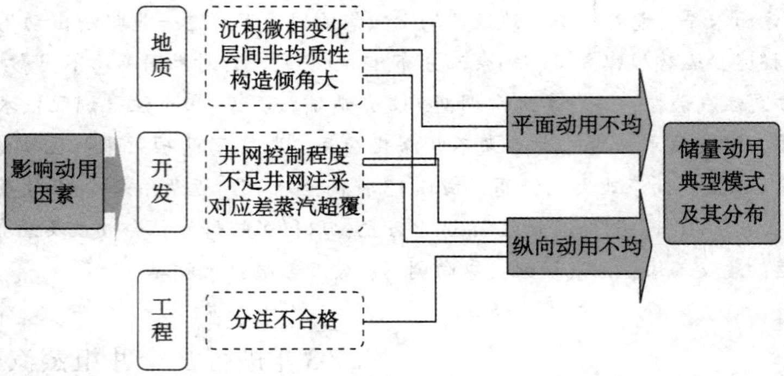

图 2 储层动用不均七项影响因素

2.2 沉积微相变化影响因素

该项因素影响平面动用不均主要分布在主体部位规则井网，单层平面沉积主河道效应导致蒸汽前缘单向突进。在三维空间中，我们分别用 K_x、K_y 表示水平渗透率，用 K_z 表示垂向渗透率，由于三个方向上的沉积时期各不相同，并考虑沉积韵律、夹层和微裂缝对渗透率的影响，因此 K_z 值小于 K_x、K_y 值。而在平面上，齐 40 块沉积主河道方向由北向南，物源方向来自北部，代表河流方向的水平渗透率 K_x 的值平均值为 2.805μm²，孔隙度在 30%左右，而代表垂直于河流方向的水平渗透率 K_y 的值仅为 1.713μm²，孔隙度仅为 22%，两者储层物性相差比较大。所以当注入蒸汽后，流体会在 x 方向快速推进，从而出现不规则的类似椭圆形的驱替前缘(图 3)。

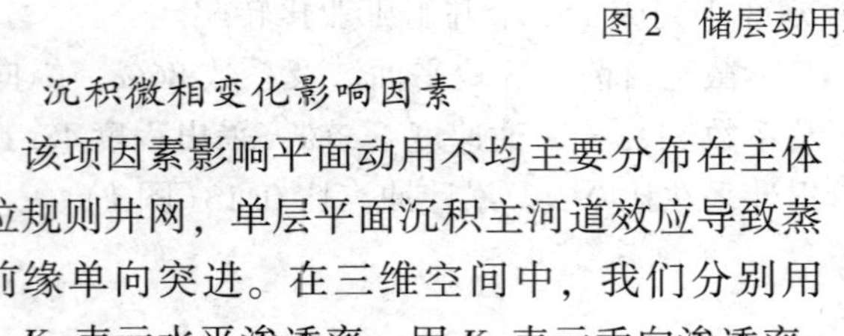

图 3 油层渗透率与蒸汽前缘发育关系图

当注入流体与被驱替流体的流度相同时，椭圆的长轴和短轴的比例保持不变。但是如果前者的流度大于后者的流度时，椭圆的长轴和短轴的比例将会不断加大，即椭圆会变得越来越扁[1]。这一现象发生在反九点井网中时，会出现方向性汽窜。不断注入的热量大部分用来加热蒸汽已经扫过的油藏，只有很少一点热量去加热低温未动用地带，这就是沉积微相变化导致储层平面动用不均的主要原因。

2.3 层间非均质性影响因素

部分井组由于储层多层间渗透率级差较大(图 4)，加之蒸汽和水及原油又存在很大的密度差，在储层纵向非均质性和蒸汽超覆作用的共同作用下导致注入的蒸汽在纵向上受效程度严重不均，通过数值模拟展示的吸汽状况可以看出随着渗透率级差的加大单层吸汽强度降低，当渗透率级差在 4.0 以上时基本不吸汽。

显然，渗透率越高注入流体越容易发生窜流[2]，造成油层在平面上和纵向上吸汽不均，从而导致油井汽窜发生。齐 40 块发生汽窜的部位均在渗透大于 2.0μm²，油层厚度大于 10m，有效厚度大于 5m，孔隙度大于 35%，连通系数大

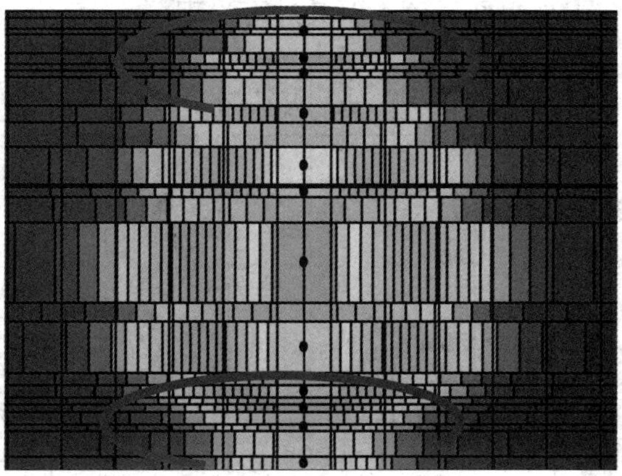

图 4　注汽井组各层不同渗透率吸汽差异

于 0.85 的层位。这些主力吸汽层在吞吐阶段就是主要的受效层位，吞吐结束后油层压力已经降低至 1~2MPa，且油层得到了较为充分的加热，主力受效层位平均地层温度达到 55℃以上，比平均地层温度高出 12℃，当蒸汽驱阶段提高注汽速度，加大注汽强度时，这些层位的驱替能力得到了充分发挥，成为蒸汽波及的主要区域。同时高渗透厚油层连通性很好，一旦地层出砂，在压降作用下，远井地带的小颗粒将会不断地向压力相对较低的油井井底运移，逐渐形成大孔道，进而形成单层汽窜，导致储层纵向动用不均。

2.4　蒸汽超覆以及构造倾角影响

由于注入的湿饱和蒸汽中蒸汽和水的密度存在很大差异，使其在单层中纵向上分布不均匀，油层厚度越大，蒸汽超覆越为明显。在蒸汽的作用下，上部油层吸收的热量大，而下部油层在热水的作用下，吸收的热量相对较低，因此注入的蒸汽沿着上部油层的推进速度大于下部，导致油层纵向上吸汽不均，从而发生层内汽窜。研究发现，当地层倾角大于 13°时，这种纵向上推进速度的差异表现得更为突出。因此高倾角区受蒸汽超覆影响导致储层动用不均更为典型和具有代表性。

根据蒸汽超覆程度评价方法根据研究得出，在地层倾角相同时，超覆呈现出以下特点：

(1) 超覆程度曲线逐渐变缓，表明超覆增长率随时间延长逐渐变小。同时也反映出离注汽井筒越远，蒸汽窜进的速率越小，另一方面也说明蒸汽的能量由于向盖、底层损失等原因而逐渐下降；

(2) 随着厚度的增大超覆程度越来越严重，最大达到了 0.95，这是由于地层厚度越大，蒸汽上浮的空间越大，相比于薄油层，其纵向动用程度就会变差；

(3) 随厚度的增大突破时间变得越来越短，以 15°倾角为例，油层厚度为 5m 时在 3650d 时突破；地层倾角为 10m 时在 2350d 时突破；油层厚度增加到 15m 时，当蒸汽驱进行到 1190d 时突破；而当层厚度增加到 20m 时，当蒸汽驱进行到 730d 时就突破了(图 5)。

(4) 随着生产时间的延长，不同油层厚度的蒸汽超覆程度相差越来越大，而且若油层倾角超过 15°，超覆的严重程度急剧增大。

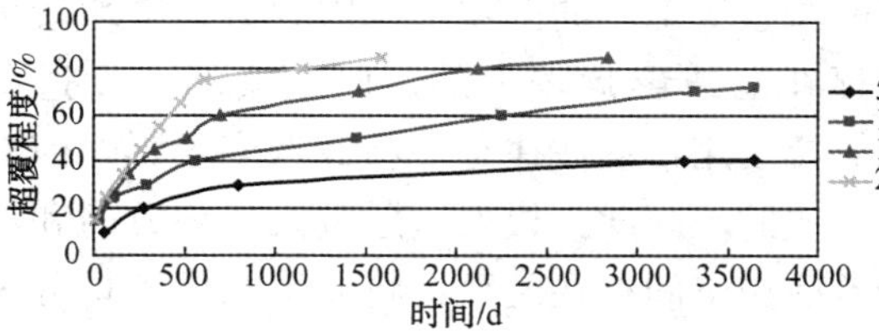

图 5　倾角为 15°，不同厚度油层超覆程度随时间变化曲线

2.5　井网注采对应或井网完善程度问题

该项因素主要是受井网规划、井距不一或采油井井况等等问题制约，导致储层动用不均。

由于汽驱井网位于沉积边缘，井组向物源方向储层发育较好，沉积前缘砂体较薄或物性变差，会使蒸汽优先延物源方向推进，进而造成波及不均。或者是在转驱初期地质体认识不清，注汽井部署在沉积河道间，同样也降低了蒸汽驱的开发效果。

此类因素区别于沉积微相因素在于，该类问题井组集中在沉积前缘，在开发初期井网规划部署过程中较少或没有考虑砂体变化，没有依据储层发育和物性去优化井网。该类问题井组往往能够通过注汽井延物源方向移动一个井距进行井网重组就能解决，而并非是主体部位规则井网下难以避免的平面非均质性，因此作为开发初期井网规划未考虑注采对应问题单独提出，相应注采调配手段也迥别于主体部位沉积微相影响因素的治理手段。

而井网控制程度不足则主要是因为非规则反九点井网单一方向井距过大，或者是规则反九点井网中部分采油井因井况问题、出砂问题导致动用不均。

2.6　注汽井分注不合格

注汽井分注不合格甚或是单层段吸汽(图 6)之所以列为其中一项影响因素，不仅是因为该类问题采取的单独调配措施，而且注汽井的分注不合格往往决定一个井组的主力吸汽层位。

该类问题主要是因为在注汽过程中，因脉冲注汽或者是配注量变化导致井筒内流体温压发生变化，当压力降低或温度降低时，井筒内流体中矿物离子平衡相态被打破[3]，在节箍、配汽阀等直径由粗变细的部位极易产生盐类结晶，进而阻塞某一层段蒸汽的注入。该项问题在间歇注汽井上反映尤为明显，多周期反复注、停后往往注汽井出现注不进情况，水车打压15MPa以上依旧难以疏通结晶阻塞。

2.7　动用不均六类典型模式

通过分析，造成蒸汽驱油藏平面、纵向动用不均的因素多种多样，并且各项因素相互间存在一定的联系，确定的七项影响因素只是区块较为普遍存在的或影响较大的。而在实际开发过程中，储层动用不均往往是一项或者多项影响因素多期造成的。因此，根据储层蒸汽优势方向和动用较差区域空间存在关系，将储层动用不均分为“单一方向型、不对称型、下倾部位型、薄互层型、注采不对应型、下部动用差型”六种典型模式（图7），便于分类对其进行治理。

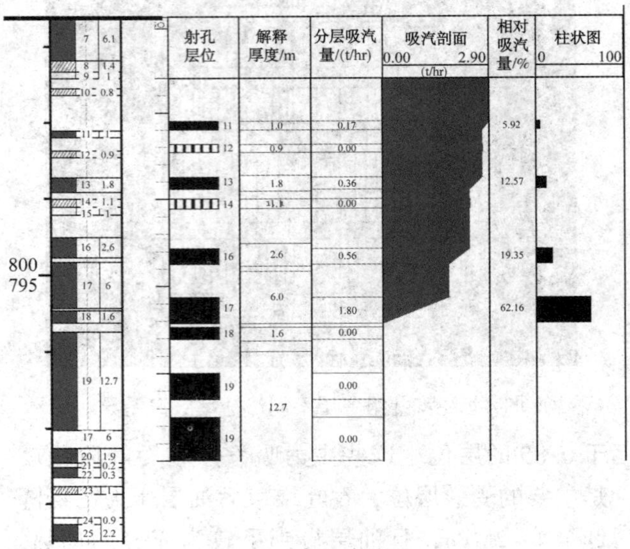

图6　典型注汽井吸汽不合格剖面

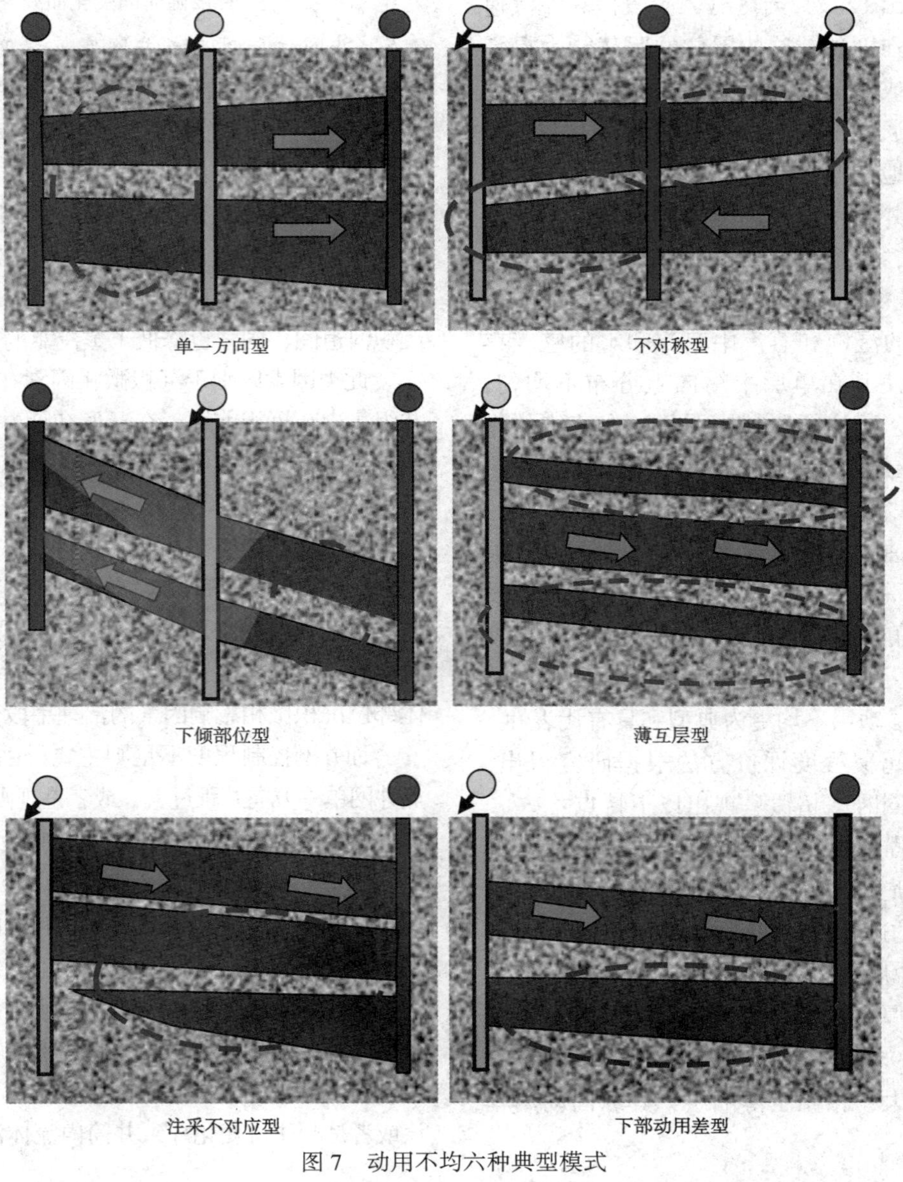

图7　动用不均六种典型模式

3 相应技术对策

3.1 注采调配技术系列

在上述研究的基础上，通过油藏精细描述、驱替规律分析、剩余油精细描述，针对六种典型动用不均分布模式，通过近年来不断摸索和完善，形成了多类型井网调整、多方式注汽调控、多种类纵向调剖、多介质辅助驱替四个技术系列（图 8），包括十六小项降本、提质、增效技术。受篇幅限制，本文重点讲述各项技术的适用范围和解决的问题。

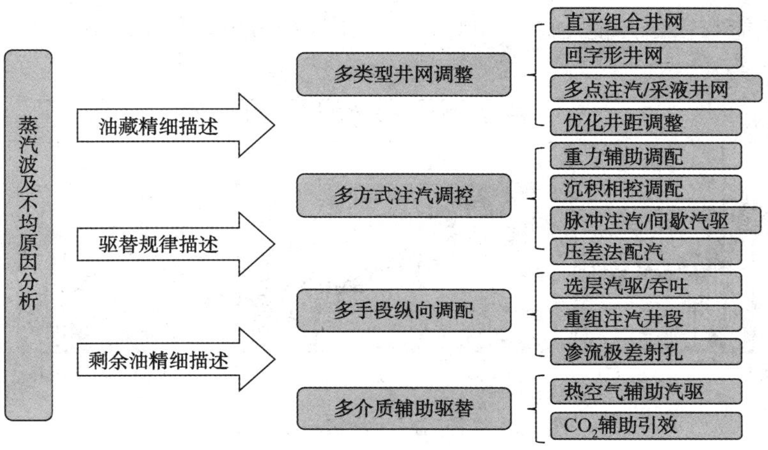

图 8　四种注采调配技术系列

3.2 多类型井网调整

在井网形式上，我们选择了多井点采液，转向注汽提高蒸汽平面波及，直平组合、大倾角注采井距优化来提高纵向动用（图 9）。

多井点采液是通过井组内部部署采油井，加强受效差方向排液量，进而提高平面波及的技术（图 10）。

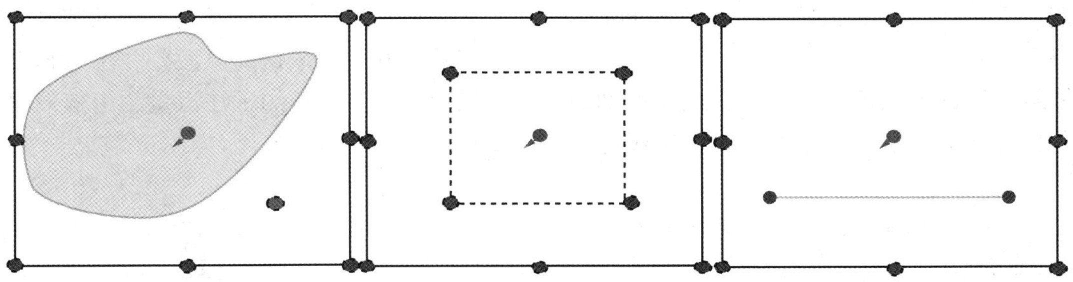

图 9　多点采液/注汽井网、回字井网、直平组合井网示意图

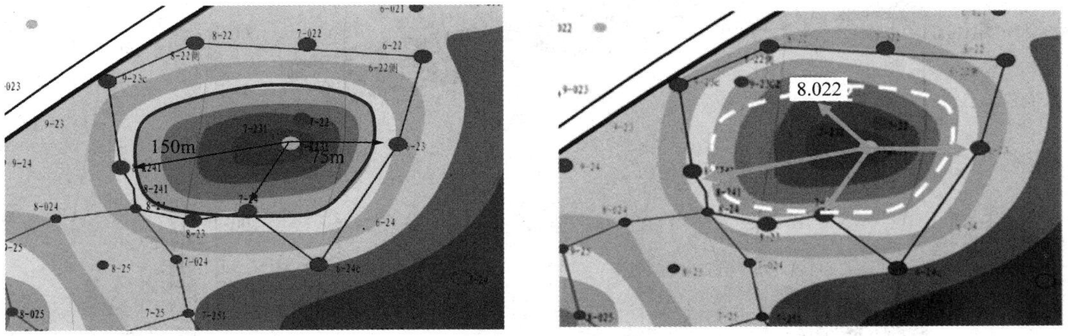

图 10　多点采液井网提高了储层平面均匀动用

转向注汽是利用采油汽窜井进行长期注汽，达到扩展汽腔的目的。从温场来看平面波及变大，纵向主力层保持不变。

直平组合技术则是通过下倾方向部署水平井，达到重力泄油的目的。

而回字形井网则加强了蒸汽外溢余热的理

由，通过一线井、二线井不同射孔厚度和孔密来提高油藏纵向动用。

3.3　多方式注汽调控

2010年以来，注汽调控技术逐渐完善成熟，在各项参数的研究中，形成了以采注比为核心的注汽调控技术。采注比即影响了地层压力的下降，又体现了注入热能与采出热能之差，因此在调控中占据核心地位，是实现蒸汽驱的关键指标。因此，只要在调控中抓住关键指标，就能保证调汽效果。

针对超覆、指进、突破等问题目前已形成了重力辅助调配、沉积相控调配、脉冲/间歇汽驱以及压差法配汽等多项调控手段，在保证老井减缓递减方面取得了较好的效果(图11)。

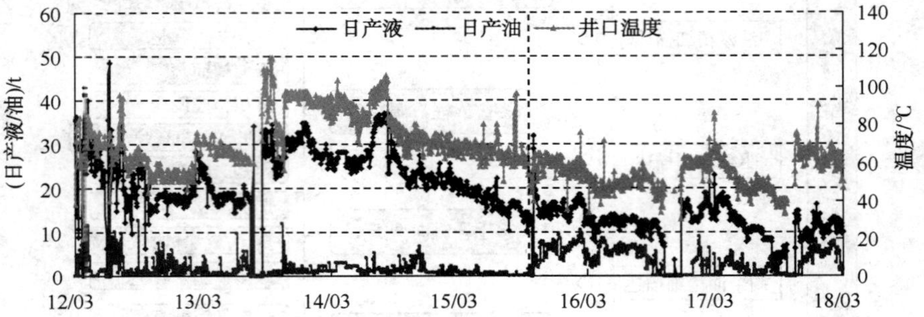

图11　调控后减缓汽窜典型井举例

3.4　多手段纵向调剖

选择性调整吸汽剖面，改善纵向渗流也取得较好效果。该项技术主要依据纵向低温层潜力由大到小，分别采取选层汽驱、注汽井重组井段、单井极差射孔、选层吞吐几项措施。

通过对纵向低温层段的论证，2017年实施了3个选层汽驱井组，实施后日产油达到80t以上，取得了较好的效果。

而针对井组进行更换注汽管柱，从吸汽剖面及井温分析得出厚层不吸汽，潜力较大区域进行重组井段，可以取得一定汽驱效果，但是目前注汽井井况问题严重，重组井段技术推广难度较大。

针对单井进行渗流极差射孔，该项技术能够应用在新井、侧钻等投产井上，有效提高纵向动用。

在单井选层吞吐方面也有新的突破，在井况完好的油井中，依据高温微差井温选择低温层进行吞吐引效，及节约了注汽量，引效效果又高于常规吞吐(图12)。

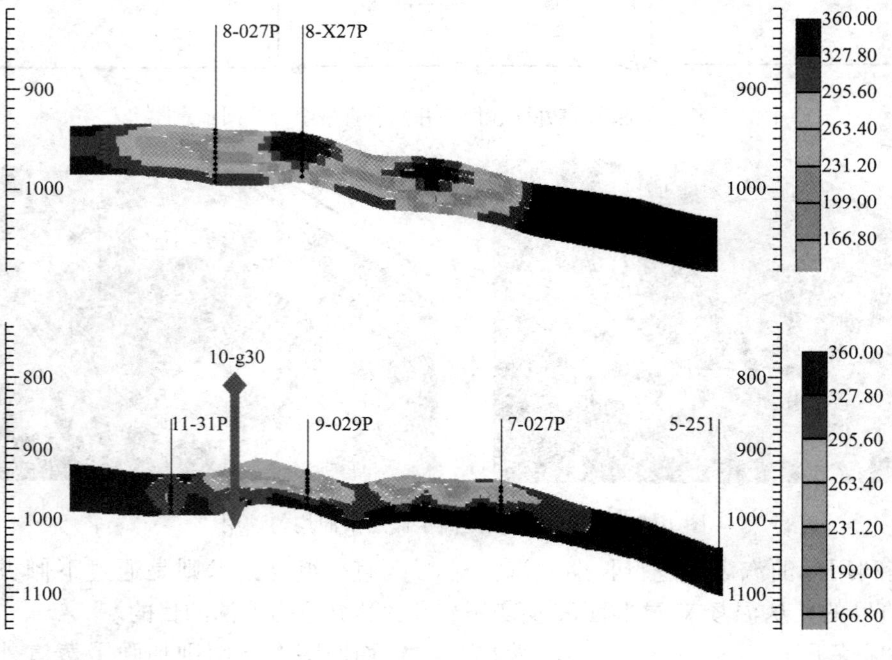

图12　极差射孔前后温场对比

3.5 多介质辅助驱替

近年来，共开展了空气辅助蒸汽驱，热空气辅助蒸汽驱，二氧化碳辅助蒸汽驱和二氧化碳辅助吞吐引效等多种介质辅助汽驱试验，均取得了一定的效果。受篇幅限制在此不再赘述。

4 应用效果及结论

在蒸汽驱开发管理的不断探索以及各项研究不断深入的条件下，蒸汽驱波及不均原因分析逐渐精准，措施调配更为有效，区块剥蚀阶段总体递减逐渐降低，由 7% 下降至 6.6%。油汽比由 0.13 提高至 0.15。近两年来实施各项注汽调控 480 井次，新井、措施 342 井次，共计节约注汽量 55×10^4t，措施增油 6.7×10^4t，创经济效益 7863.1 万元，取得了较好的社会效益及经济效益。

在对策技术取得成功的基础上，我们总结出以下两点认识：

（1）蒸汽驱系统高温高压为监测资料录取带来了一定的困难，通过驱替规律以及动用分析的研究，各项基础图版的建立，为一部分难以录取监测资料的区域进行开发技术调整带来了依据。但是蒸汽驱动用不均问题往往是多项因素多期造成的，图版在个别特殊区块的应用上依旧存在误差变大的难题。只有不断加深认识，强化研究成果才能保证蒸汽驱各阶段的开发效果。

（2）蒸汽驱各区域、井组所处阶段不一，各阶段开发难点也不断变化。四项注采调配技术系列能够解决某一时期，某一阶段问题，但是操作参数和技术界限也会随着开发时间的延长而变化。只有不断借鉴开发经验，不断完善技术界限，才能保证蒸汽驱近似均匀受效。

（3）在多介质辅助汽驱以及探索接替技术方面，存在着投资限制、机理认识不清、难以有效控制优势方向气窜等一些难题，只有不断探索，优化各项操作参数才能实现后期技术方面的接替。

参 考 文 献

[1] Chung Frank T H, Jones Ray A, Nguyen Hai T. Measurements and correlations of the physical of CO_2/heavy crude oil mixtures, SPE Reservoir Engineering, 1998, 40(8): 822-828.

[2] Huang S C, Huang Y M, Shieh S M. Vibration and stability of a rotating shaft containing a transerse crack [J], J Sound and Vibration, 1993, 162(3): 387-401.

[3] 岳清山，稠油油藏注蒸汽开发技术[M]. 北京：石油工业出版社，1996：23-24.

直井辅助在双水平井 SAGD 中的应用研究

肖武林　解阳波　陈　祥　陈　超　宁　朦

（中国石油新疆油田分公司风城油田作业区，新疆 克拉玛依　834000）

摘　要　SAGD 是国际超稠油开发的一项前沿技术，在超稠油开发领域具有高产高效的技术优势，随着开发规模的不断扩大，由储层条件变差引起的蒸汽腔扩展缓慢、发育不均匀及水平段动用不均等开发矛盾不断的暴露，提出进一步提高开发效果技术已迫在眉睫。利用 STARS 软件开展针对风城油田超稠油油藏数值模拟，提出双水平井 SAGD 开发模式下利用直井辅助方法提高产油水平和采收率技术。模拟结果明确了双水平井 SAGD 直井辅助在加速蒸汽腔扩展、提高水平段动用程度、开采隔夹层上方难动用原油等三个方面的机理，分析了辅助直井与水平井组位置关系、辅助直井射孔位置等技术因素，通过现场实施进一步验证了该技术的可行性。

关键词　SAGD；直井辅助；数值模拟；产油水平；采收率

本次研究根据风城油田双水平井 SAGD 开发区块特征，建立数模模型，利用 CMG 软件 STARS 模块展开数模分析，研究双水平井 SAGD 开发模式下利用直井辅助提高开发效果技术机理（表 1）。

表 1　模型关键参数表

参数	值
油层厚度/m	30
水平渗透率/mD	2000
垂水比	0.5
孔隙度	0.3
含油饱和度	0.7
储层温度/℃	18
50℃原油黏度/(mPa·s)	32000
SAGD 水平段长度/m	400
SAGD 注采井间距/m	5
直井与水平段平面距离/m	15
SAGD 井注汽压力/kPa	4000
sub-cool/℃	10

1　双水平井 SAGD 直井辅助技术机理

1.1　加速蒸汽腔扩展

SAGD 生产以泄油能力为核心，重力是原油向井筒流动的主要驱动力，额外增加驱动能量可有效提高原油向井筒流动能力，加速蒸汽腔扩展，提高产油水平。模拟发现，辅助直井蒸汽腔与 SAGD 蒸汽腔聚并，直井辅助后生产平台期井组日产油量平均提高 2.3t/d，采出程度提高 1.02%[1]（图 1）。

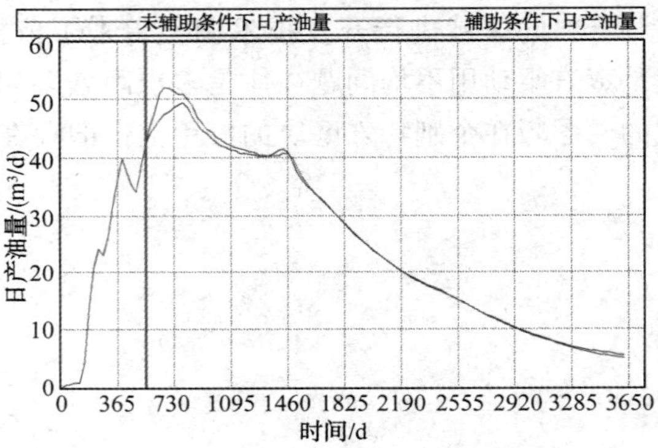

图 1　直井辅助水平段不动用段生产效果对比图

1.2　提高水平段动用程度

SAGD 启动阶段，受隔夹层、井轨迹偏移影响，水平段动用不均，整体水平段动用程度低，SAGD 生产阶段产油水平、采收率下降[2,3]。

在不动用水平段侧方部署一口辅助直井，通过直井多轮次吞吐，可实现直井蒸汽腔与 SAGD 水平井组蒸汽腔连通，使该水平段蒸汽腔逐步发育，采出难动用可采储量，提高产油水平和采收率。模拟发现，水平段 90m 不动用条件下，辅助直井蒸汽腔逐步发育并与 SAGD 蒸汽腔聚并，直

作者简介：肖武林（1988.6-），男，工程师，2011 年毕业于长江大学，本科，现从事油气田开发工作。E-mail：fcxwl@petrochina.com.cn。

井辅助后井组日产油量平均提高 5.3t/d，生产 10 年采出程度提高 6.3%[4]（图 2）。

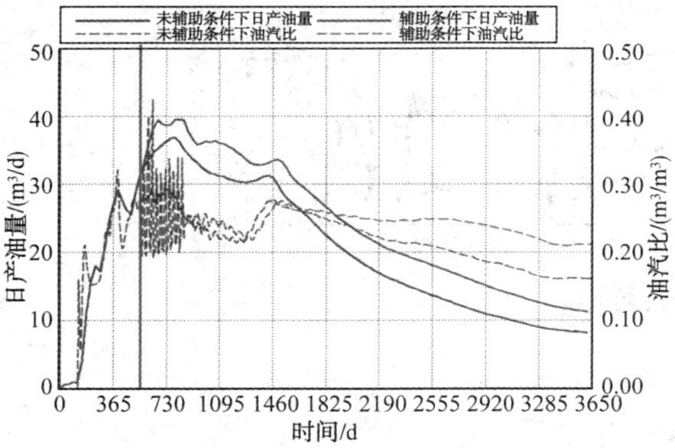

图 2　直井辅助水平段不动用段生产效果对比图

1.3　开采夹层上方难动用原油

SAGD 生产阶段，受 I 井上方隔夹层影响，蒸汽腔发育受阻，隔夹层上方原油无法动用，SAGD 生产阶段产油水平、采收率下降。

在水平井组侧方部署一口辅助直井，射开隔夹层上方油层，通过直井多轮次吞吐，实现直井蒸汽腔与 SAGD 水平井组蒸汽腔连通，可使隔夹层上方蒸汽腔逐步发育，提高产油水平和采收率。

模拟显示，I 井上方 4m 位置发育不渗透夹层遮挡 90m 水平段条件下，辅助直井蒸汽腔逐步发育，沿水平段方向绕过隔夹层，与 SAGD 蒸汽腔聚并，直井辅助后井组日产油量平均提高 4.1t/d，生产 10 年采出程度提高 4.9%（图 3）。

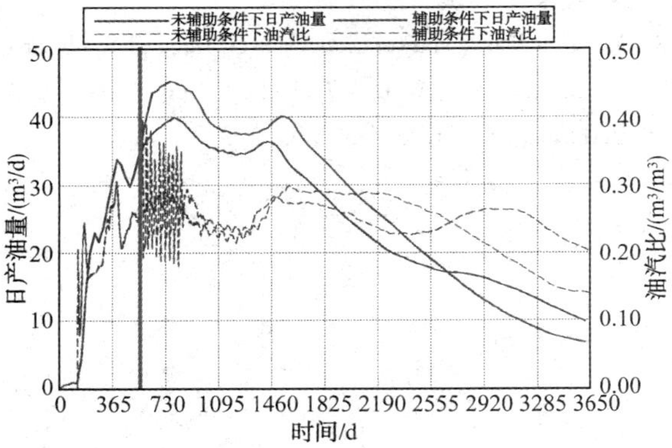

图 3　直井辅助水平段不动用段生产效果对比图

2　技术因素分析

2.1　直井与水平井位置

直井与 SAGD 井组位置关系对蒸汽腔连通速度及发育形态和 SAGD 井组辅助生产效果影响明显，主要影响体现在直井与水平井的平面位置和距离[5,6]。

（1）平面位置

SAGD 生产过程中，蒸汽腔主要向水平段两侧方向横向扩展，模拟发现，位于 SAGD 井组水平段两侧以外的直井无法与蒸汽腔形成有效热连通，因此辅助直井应部署于 SAGD 井组两侧。

（2）平面距离

直井与水平井组平面距离小于 15m 时，可迅速建立连通关系，但日增油量低于 2.3t/d，增油效果不明显；平面距离大于 40m 时，辅助直井吞吐生产 1000d 难以形成有效热连通，起不到辅助效果（图 4），由此优化直井与水平井组平面距离为 15~40m[7]。

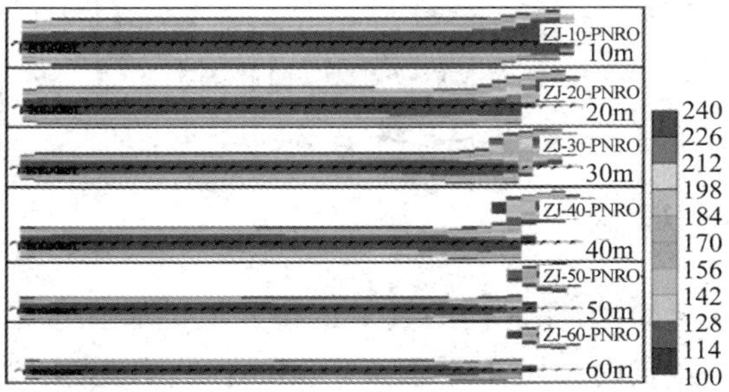

图 4　不同平面距离直井辅助 SAGD 温度剖面图（生产 1000d）

2.2　直井射孔位置

直井射孔位置低于 SAGD 生产井时，直井注汽过程中易导致蒸汽直接突破至 SAGD 生产井，造成蒸汽浪费，因此直井射孔段应高于 SAGD 生产井；直井射孔段过高时，注入蒸汽在超覆作用下直接进入 SAGD 蒸汽腔，难以有效驱替直井与 SAGD 井组间地层原油，导致油汽比降低，因此直井顶部油层需避射 5m 以上[8]。

3　实例分析

以风城油田 SAGD 开发井组为例，A 井组辅助前已进行 SAGD 生产 728 天，蒸汽腔全段发育连续，辅助直井部署于水平段后段，与水平段平面距离 35m，直井辅助后井组日增油 13.8t/d（图 5）。

B 井组辅助前已进行 SAGD 生产 343d，水平段后段蒸汽腔不发育，且上方有夹层遮挡，辅助直井部署于水平段后段，与水平段平面距离 30m，直井辅助后井组增油 5t/d（图 6）。

4　结论与建议

（1）双水平井 SAGD 直井辅助技术可有效加速蒸汽腔扩展、提高水平段动用程度、开采隔夹层上方难动用原油，明显提高原双水平 SAGD 井组产油水平和采收率；

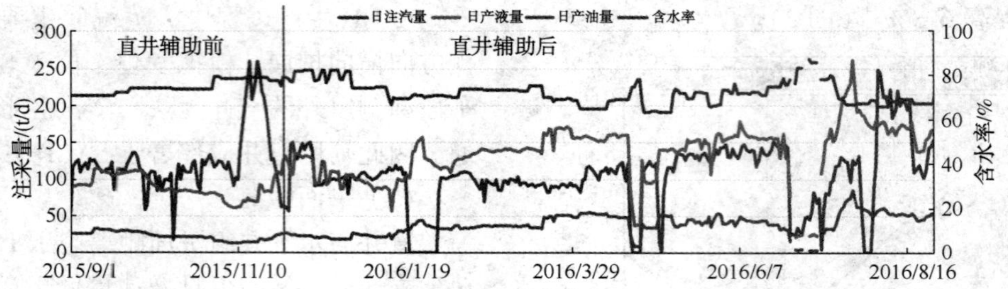

图 5　A 井组生产运行曲线

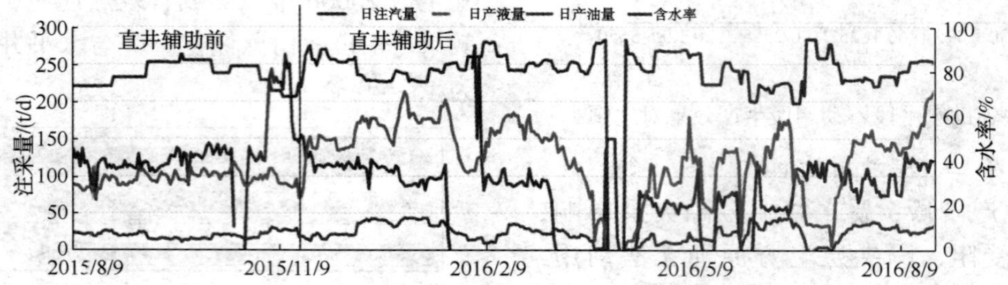

图 6　B 井组生产运行曲线

（2）为保证辅助效果，直井应部署在水平段 A、B 点内，距水平段 15～40m；直井射孔段底部高于 SAGD 生产井，顶部油层避射 5m。

参 考 文 献

[1] 孙新革，何万军，胡筱波，吴永强，等．超稠油双水平井蒸汽辅助重力泄油不同开采阶段参数优化[J]．新疆石油地质．2012.12，33(6)：697-699.

[2] 何万军，等．储集层非均质性对蒸汽辅助重力泄油开发效果的影响[J]．新疆石油地质．2014.10，35(5)：574-577.

[3] 钱根葆，孙新革，赵长虹，王涛，杨兆臣，李凌铎，熊伟．驱泄复合开采技术在风城超稠油油藏中的应用[J]．新疆石油地质，2015，06：733-737.

[4] 刘尚奇，王晓春，高永荣，等．超稠油油藏直井与水平井组合 SAGD 技术研究[J]．石油勘探与开发，2007，34(2)：234-238.

[5] 张辉登，李春兰，黄世军等．直平组合 SAGD 注采井网及参数影响研究[J]．断块油气藏(J)，2015，22(1)：94-97.

[6] 田鸿照，孙 野．直井与水平井组合吞吐转汽驱操作参数优选[J]．岩性油气藏，2013，25(3)：127-130.

[7] 王海生．超稠油驱泄复合立体开发关键参数研究与探讨[J]．西南石油大学学报：自然科学版，2014，36(4)：93-100.

[8] Yongbin Wu，Youwei Jiang，et al. Integral Study of the Influence of Well Trajectory on the SAGD Performance. SPE165443-MS.

智能型压力监测仪研究与应用

王俊英

（中国石油辽河油田分公司钻采工艺研究院，辽宁 盘锦 124010）

摘 要 针对辽河油田钻井井控风险，研发一种应用于钻井现场的智能型压力监测设备。主要开展新型蜂窝状膜片、新型引压孔封装方式等机械结构的设计；专用数据采集、通信、控制模块、信息系统设计，实现了钻井现场压力采集精确化、自动化，压力信号传输与远程显示的便携式压力监测仪器。通过辽河油田多井次现场应用，取得了理想的应用效果，对提升辽河油田钻井井控安全具有现实意义。

关键词 钻井井控；压力监测；蜂窝状膜片；无线通信；系统模块；信息系统

引言

辽河油田稠油主要采用蒸汽吞吐、注水热采、火烧油层等方式开发。多年来，随着注水、注汽开发程度不断加大，造成原有地层压力系统发生改变，局部地层因注入水、汽集中形成异常高压，造成钻井井控风险加大。2019 年上半年，辽河油区多次发生钻井溢流险情，只有准确掌握地层破裂压力，指导溢流后压井、节流循环等技术措施，才能实现钻井井控风险的有效控制。目前国内外钻井现场井控设备试压多采用机械式压力表进行监测，监测到的压力数据精度低，且不具备自动化数据录入和试压数据留存功能。为实现钻井现场各项试压数据的准确采集，研制一种具有压力信号传输与远程显示的智能便携型压力监测仪，可以实现压力数据精确采集、自动记录，通过在辽河油田 30 多口井现场实施应用，取得了理想的应用效果，对实现钻井井控安全、拓展钻井监督手段、提高钻井现场监管水平具有重要意义。

1 智能型压力监测仪的机械结构设计

1.1 新型压力传感器蜂窝状膜片设计及封装方式研究

钻井现场压力监测介质为钻井液，钻井液物理特性为固、液混合物，通过结合钻井液在作业管线内的流变规律，通过采用有限元分析的方法研究通常波纹膜片（常规压力传感器的膜片为316L型不锈钢正弦波波纹膜片）的工作半径、外形因子、膜片厚度、深度、波距和波纹数量，分析在接触式测量钻井液压力时的输出信号的误差因素，优化现用波纹状形变膜片施加压力载荷后，一旦受力不均，导致单方向形变变量不足的结构破裂的缺陷。通过设计研发了适应检测钻井液压力实际需求的蜂窝状专用形变膜片，该膜片灵敏度高且由于采用蜂窝结构不易发生应力集中导致膜片损坏现象，显著提高的压力变送器的采集性能，实现了对作业管线内的钻井液压力的精确采集。

针对钻井现场高压、强振动导致压力传感器引压孔易堵塞损毁现象，研发专用真空负压封装方式实现内部无损传递压力，解决了现用压力传感器采用直接接触式测量方式，易造成作业后残留钻井液在引压孔中滞留固化、现场人员无法清理、甚至导致压力传感器报废的严重后果。实现了压力传感器精度高、耐腐蚀、抗振动、抗压力过载、抗微颗粒频繁冲击、工作温度范围宽、不易沾污、易清洗、强度高的目的。

1.2 检测配套设施结构设计

由于压力检测仪需要安装在带压作业管线区域内，存在着严重的安全隐患，因此设计体积小、重量轻、强度高的配套专用截止阀，适合实际的螺纹连接及内通道直径的三通方式；用替换短节，实现对传感器接口螺纹的有效保护，充分满足现场连接强度与钻井液流通最佳直径之间的最佳比例，优化了现场实际需求；满足现场安全和维护更换的实际要求。

2 智能型压力监测仪的硬件系统设计

智能型压力监测仪的硬件系统主要包括：数

作者简介：王俊英（1983-），男，工程师，2008 年毕业于西南石油大学石油工程专业，现从事钻井监督管理和科研工作。E-mail：wangjuny@ petrochina. com. cn。

据采集模块、数据通信模块和控制模块三部分组成。数据采集模块依据现场实际工况，通过多参数有限元方法在综合分析温度补偿、振动补偿、谐波补偿等补偿参数对，实现了压力传感器监测到的数据本地采集和处理的功能；

数据通信模块通过分析现场共存多种遮挡物的特性，经过多次现场测试发现现场无线数据通信的直线度较差，在数据传输时存在不规律的数据信号丢失，并且不具备复现性规律。因此数据通信模块设计为分频段选择，依据现场情况确定最佳波段通信手段。定制物理标签，通过特定通信协议、通信秘钥及三次握手验证方式，实现与上位机系统的连接，并且内置独立代码，实现一对一通信，保证了与作业现场其他无线通信设备无干扰，实现了在独立信道里双工实时通信及断点续传等功能。

控制模块通过分析少数具备周期性干扰信号周期的因素，通过现场大量试验以缺陷、丢失信号作为判断依据，采用信号滤波算法，具体信号滤波算法如下：

(1) 设置滤波计算窗长度为 a(采样点数)，其中窗长度尾端始终为最新采样点 $n+a$，即窗的位置为第 a 点到第 $n+a$ 点，并随着采样点数增加而移动。

(2) 设置系统信号错误报警阈值为 b，当数据信号值超过 b 时，为出现的第 1 个报警值，且在计算窗内，继续采集计算。

(3) 当计算窗逐点采集到超过报警阈值的值时，窗内出现报警数的次数 N 逐渐叠加，当 $N \geq 10$ 时，依次解析采样点的秘钥，且需在计算窗内，通过判断通信秘钥是否相符，判断信号是否为干扰信号。不相符，则判断信号为干扰信号，剔除不显示；如果相符则继续计算 $N+1$。

通过大量现场测试知，采用此信号滤波算法后，系统误采率从 30%降至 1% 以下，极大剔除了干扰信号，提高了系统的可靠性。

3 智能型压力监测仪的信息系统设计

智能型压力监测仪的管理信息系统包含用户信息管理系统、工程信息模块系统、历时工程模块系统三大方面。通过建立用户信息管理系统、设置分配管理及运行权限、以实现专人专用的管理方式，避免了作业数据的泄露与篡改。工程信息模块，包含建立工程名称、产品名称、规格型号、监测部门、监测单位、产品编号、监测项目等作业信息；实现了坐标参数、作业时间人为设定的开放式管理模式，实现压力曲线式显示，最高压力值标识等功能。历史工程模块，可以随时进行以往作业数据的查询、显示、和打印功能。

4 智能型压力监测仪技术指标

智能型压力监测仪有效解决了剧烈震动条件下对监测精度及监测装置寿命影响、周边用电设备所产生不同谐波对信号采集与传输影响、井架及板房等金属材料的屏蔽作用对信号传输的影响、不同监测介质对监测结果准确性影响四大方面问题；确定设备技术指标如表 1 所示。

表 1 智能型压力监测仪技术指标

内容	智能型压力监测仪技术指标	原试压设备技术指标
监测介质	钻井液(对不锈钢无腐蚀)	钻井液(对不锈钢无腐蚀)
压力量程	0~100MPa	0~60MPa
精度等级	0.1%F.S	0.25%F.S
介质温度	-40~85℃	-40~70℃
环境温度	-40~85℃	-40~70℃
相应频率	≤50Hz	无
防护等级	IP65	无
传输方式	无线、有线传输	无
数据监测记录	实时监测记录，PC 端记录	无
压力阈值报警	有	无
历史作业统计	区域统计、井型统计、井队统计、按日期统计	无
报表打印	有	无

5 典型应用

智能型压力监测仪在 2017 年 12 月应用于辽河油田 H37 井三开半封闸板防喷器试压，现场试压 35MPa，结合试压仪显示数据曲线提示压力降达 0.8MPa，超过钻井工程设计要求≤0.7MPa 要求，试压不合格；2018 年 2 月应用于辽河油田 S380 井地层破裂压力试验，小排量打压直至稳定在 3.45MPa，压力为 3.38MPa 时地层出现漏失趋势，随着压力逐渐下降，继续稳定泵入钻井液，压力稳定在 2.84~2.86MPa，停泵压力缓慢下降至 1.96MPa，重新开泵，压力升高至 3.12MPa 出现平稳段，停泵试验结束。

两口井的典型应用表明现场压力表无法精确显示的压力数据，智能型压力监测仪可以更为精确显示试压数据，并清晰看到整体试压过程的曲线及实时数据，实现了一次性报表输出(图1)，显著提升了钻井现场试压水平，体现了较好是现场应用效果。

检测报告

报告编号:20171021144207

产品名称	红37井	规格型号	BXD62-T
检测单位	监督中心	产品编号	1
检测项目	三开半封试压	检查日期	2017-10-21 14:41:54
检测部门	监督中心	稳压时间	10
试验压力	35MPa	压降	0.8MPa
检测依据	1	结论	不合格
备注			

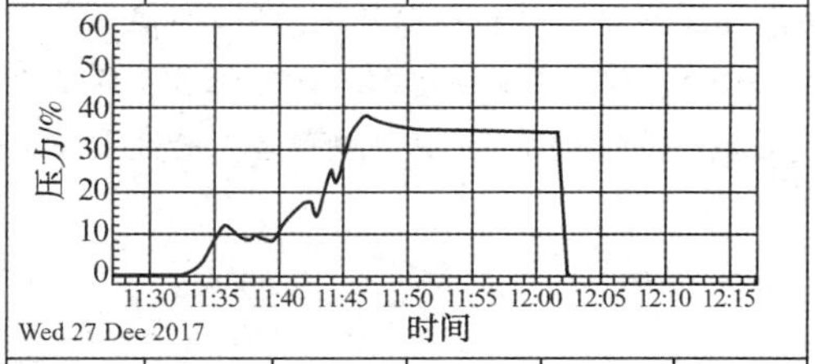

检测人		钻井队		监督	

检测报告

报告编号:2018021122955

产品名称	红380井	规格型号	BXD62-T
检测单位	监督中心	产品编号	1
检测项目	地漏实验	检查日期	2017-10-21 14:41:54
检测部门	监督中心	稳压时间	10
试验压力	3.45MPa	压降	
检测依据	1	结论	
备注			

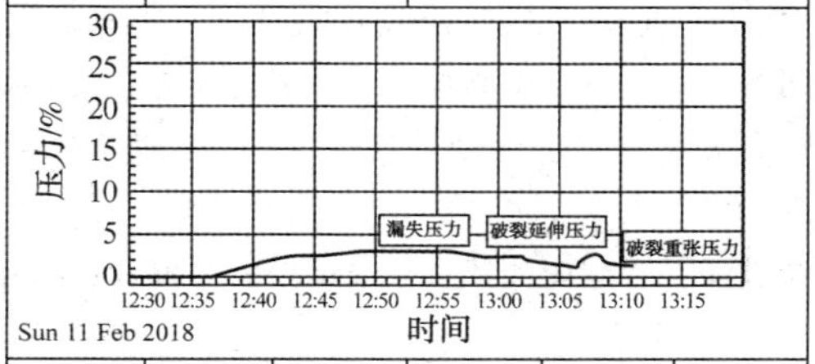

检测人		钻井队		监督	

图1　智能型压力监测仪现场应用报告

6　结论

针对井控工作中现场监督以往监督手段缺失，人工现场监测存在人身安全隐患，效率低下，数据无法实时监测的需求，设计了智能型压力监测仪，该仪器已经初步投入使用，并且具备广泛的应用价值。

(1) 提出了一种新型蜂窝状膜片的设计方法，解决了以往压力传感器在现场采集精度低、易损坏，维护保养难的问题，成为现场监督试压无盲区监测的重要技术手段；

(2) 通过数据采集模块、数据通信模块、控制模块的现场试验、设计与研发，实现了作业井场内的无线通信实时传输功能，从而保障了现场监督可以全程实时监测作业曲线及数据，远离高压管线，从而保障了人身安全；

(3) 通过信息系统的用户模块、工程信息模块和历史数据模块等设计与实施，实现了智能化监测与结果判定，一次性作业报告输出，从而数据留档与备份。

参　考　文　献

[1] 王华 . 井控装置实用手册[M]. 北京 . 石油工业出版社 . 2008.

[2] 集团公司井控培训教材编写组 . 钻井井控设备[M]. 北京 . 中国石油大学出版社 . 2008.

[3] 陆明万，罗学富 . 弹性理论基础[M]. 北京 . 清华大学出版社 . 2001.

[4] 马宏伟，吴斌 . 弹性动力学及其数值方法[M]. 北京 . 中国建材工业出版社 . 2000.

[5] 陈景秋，王宗笠 . 多维双曲面波问题的双特征方法[M]. 重庆 . 重庆大学出版社 . 2001.

重 18 块超稠油油藏火烧辅助重力泄油开发实践

高成国　木合塔尔　李永会　展宏洋

（中国石油新疆油田分公司勘探开发研究院，新疆 克拉玛依　834000）

摘　要　为解决重 18 块超稠油油藏在火烧辅助重力泄油试验过程中燃烧带前缘单向锥进和火窜的问题，运用火烧辅助重力泄油机理认识，提出了实现稳定泄油的必要条件，开展了实施该项技术的关键参数优化设计研究。研究表明：(1)注气直井上部 1/3 油层段射孔，是超覆式注汽预热腔体形成和火线扩展的基础；(2)合理的预热连通腔体和连通关系，利于转火驱初期火线稳定推进和长期效果；(3)高温点火方式是初期油层充分燃烧的重要保障；(4)小幅度多级次提气维持注采平衡可抑制火线的楔形锥进，降低火窜风险。该成果应用于重 18 块矿场试验中，实现了井组稳定泄油，空气油比、单井产量等各项开发指标符合方案预期。

关键词　超稠油油藏；火烧辅助重力泄油；稳定泄油；关键参数设计

引言

新疆油田具有丰富的超稠油资源，然而超稠油常规热采开发技术面临巨大的节能减排压力。火烧辅助重力泄油是一种极具应用潜力的技术，与常规的稠油开采技术相比，具有低能耗、低成本、低污染等优势[1-8]。2011 年，为了探索与评价超稠油火驱开发技术，经论证决定在重 18 块开展火烧辅助重力泄油矿场试验。一些专家学者对燃烧前缘展布、技术风险进行了研究，普遍认为该项技术主要存在燃烧带前缘单向锥进和火窜等实施风险[9-12]。重 18 块先后开展 003、005 两井组点火投产试验，其中 003 井组运行不到 2 个月，就因水平井井筒高温火窜、氧气突破、管柱腐蚀严重等复杂状况被迫终止试验。为此，本文从火烧辅助重力泄泊的稳定泄油条件出发，研究了实施火烧辅助重力泄油的关键技术，并将研究结果应用于 005 井组的现场试验中，取得了较好的生产效果，为超稠油油藏高效开发提供了一种新的思路和手段。

1　试验概况

试验区位于新疆风城油田重 18 井区北部，目的层为侏罗系齐古组 $J_3q_2^{2-3}$ 层，埋深为 300m。油层平均有效厚度 13.4 m，平面上连通性较好。油层上部为厚度 6~16.0 m 的致密泥岩、泥质砂岩，具有良好的封闭性。储集层岩性为中细砂岩，分选较好。胶结类型以接触式为主，多为泥质胶结、胶结疏松。目的层平均孔隙度为 31.4%，平均渗透率为 1.067μm²，平均含油饱和度为 69.9%，属高孔、高渗、高含油饱和度储集层。原始地层温度 19.3℃，原始地层压力 2.98MPa。油藏原油密度为 0.960g/cm³，地层原油黏度 20104 mPa·s，原油凝固点 18.9 ℃，原油在地下不具备流动能力，为浅层超稠油油藏。

火烧辅助重力泄油开采超稠油有多种布井方式，最为典型布井方式是将一口水平生产井平行地布在稠油油藏的底部，垂直注气井布在距离水平井端部一段距离的位置[13-15]。重 18 块火烧辅助重力泄油先导试验区按照该种布井方式，共设计 4 个火驱井组：003、004、005、006，设计水平段长度为 500m，水平井之间的井距为 70m，每个井组的注气直井与对应水平井平面投影距离为 3m(图 1)。

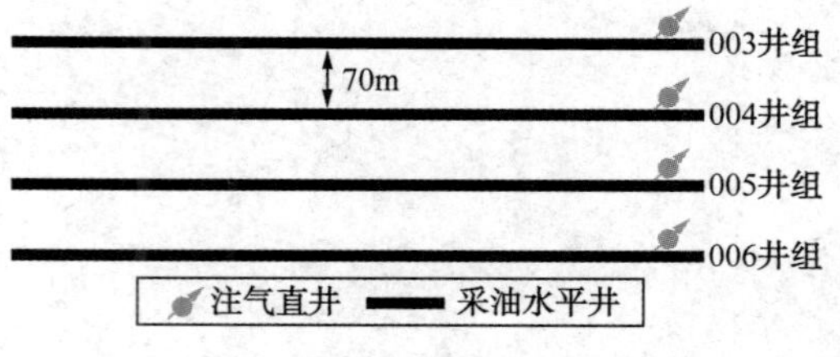

图 1　试验区井网部署示意图

重 18 块于 2014 年 9 月优先对 003 井组开展了

基金项目：中国石油集团公司专项“新疆油田浅层稠油稳产提效技术研究与应用”(2017E-0408)。

作者简介：高成国(1987-)，男，工程师，2010 年毕业于中国石油大学(华东)勘查技术与工程专业，现从事稠油开发研究工作。E-mail：sxytgcg@ petrochina. com. cn。

火驱试验，点火投产 57 天后，003 采油水平井出现燃烧带前缘沿水平井井筒方向发生窜进，并伴有高温见氧、管柱腐蚀等复杂工况问题，经多次调控无效，被迫终止试验。分析认为，导致燃烧带前缘窜进的原因主要在于对火烧辅助重力泄油稳定泄油机理认识不清，采用强化吞吐预热连通方式，造成井间预热局部层段突进，实施点火后，燃烧带前缘优先向蒸汽突进层段发育；其次是点火期间注气速度提速过快，提高了燃烧带前缘的推进速度，影响了初期燃烧腔体的均匀发育。

2 关键参数设计

2.1 稳定泄油条件分析

火烧辅助重力泄油采用 1 口注气直井对 1 口采油水平井的采油模式(图 2)，从注气直井到采油水平井可划分已燃区、结焦带、可动油区和冷油带[16]。由于高黏度冷油带形成了黏性阻挡层，从而使燃烧带之前的可动油和其他流体全部进入水平井在冷油区之前的井段。水平井引入到火烧油层的开发过程，水平井既是高温可动油和冷凝水的排泄通道，又是烟道气的排泄通道，水平井筒内同时存在气液两相流动。高温可动油经水平井产出会使水平井段所处条带的温度升高，当该处温度升高到一定程度后，一旦氧气从水平段突破，发生高温氧化(燃烧)就很难逆转。要实现稳定泄油并保证燃烧前缘不从水平井突破，就必须使空气中的氧气全部在结焦带之前消耗掉。

关文龙等人提出平缓上倾的燃烧界面有利于实现连续稳定重力泄油[17]。Greaves 等认为焦炭可以有效封堵已燃区内的空气，使之不能突破进入水平井[18]。火驱过程中，超覆式燃烧界面、结焦带封堵作用下的平稳渗流和维持注采平衡是火线稳定推进的必要条件。火烧辅助重力泄油开发过程分为两个阶段[19]：①预热阶段：注蒸汽预热，建立直井-水平井井间连通关系；②火驱阶段：直井注空气点火，火线前缘从水平井趾端向跟端持续燃烧推进。稳定泄油条件应作为设计整个燃烧过程要考虑的问题，因此为保证火线的稳定推进，须从注气直井射孔优化、注蒸汽预热、点火方式及火驱注采参数等环节进行设计。

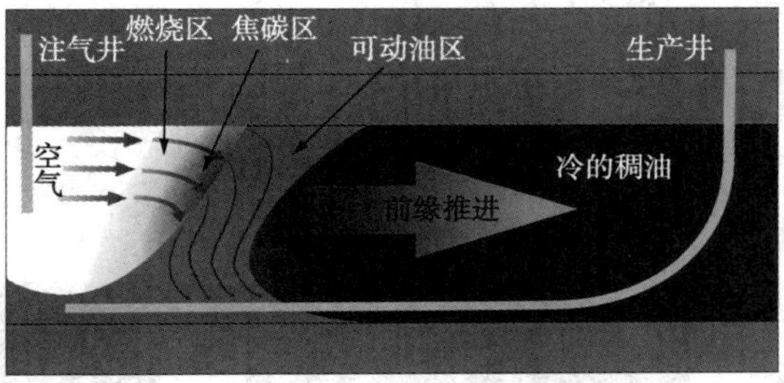

图 2　火烧辅助重力泄油机理示意图

2.2 关键参数设计

2.2.1 注气直井射孔方式优化

设计油层厚度 15m，选择注气井射开油层上部 1/3、射开下部 1/3、全部射开三种方式进行分析。研究表明注气直井射开全井段和油层下部[图 3(b)、图 3(c)]注蒸汽预热阶段注气直井与采油水平井脚尖处温度场达到 100℃左右，这种温度连通方式，在转火驱初期阶段有火线向水平井钻进风险。直井上部 1/3 油层射孔时[图 3(a)]，注蒸汽预热阶段，蒸汽超覆易于形成“倒锥型”连通模式，对后期火线稳步发育比较有利；转火驱阶段，能较好地利用重力泄油，又能促进火线前缘超覆式推进。

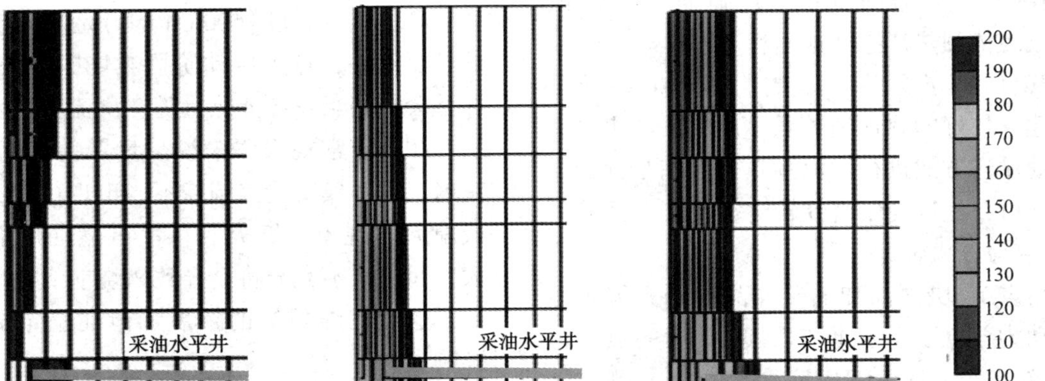

图 3　不同射孔方式预热结束后温度场

2.2.2 注蒸汽预热设计

考虑重 18 块 50℃地面脱气平均原油黏度 11400mPa·s，原油黏度高，火驱直接驱替难度大，注气直井点火前，需要对注汽直井和采油水平井进行注蒸汽预热，在井间形成热连通[20]。

利用数值模拟，采用直井循环+水平井循环、直井吞吐+水平井吞吐、直井吞吐+水平井辅助循环三种方式，以观察不同注汽预热方式对预热效果的影响。直井循环+水平井循环预热方式[图 4(a)]预热形态主体在水平井井筒上方及周围扩展，直井预热腔体扩展缓慢，循环注汽注蒸汽预热热效率低，井组预热时间相对较长，井组间很难建立热连通关系。直井吞吐+水平井吞吐预热方式[图 4(b)]预热形态主体在水平井井筒上方及周围扩展，直井预热腔体扩展相对也较快，吞吐预热使得注蒸汽预热热效率均较高，井组连通程度和预热腔体形态不易控制，易引起井组之间连通过强，同时注蒸汽能耗也相对较大。直井吞吐+水平井辅助循环预热方式[图 4(c)]预热形态以促进直井上部汽腔发育为主，与以上两种方式对比，具有预热效率高、连通程度易于控制的优势，直井吞吐促进了"倒锥形"预热腔体及有效渗流空间建立，水平井辅助循环建立水平井井筒及近井区域热场，确保井筒流体渗流，因此推荐该种注汽预热方式。

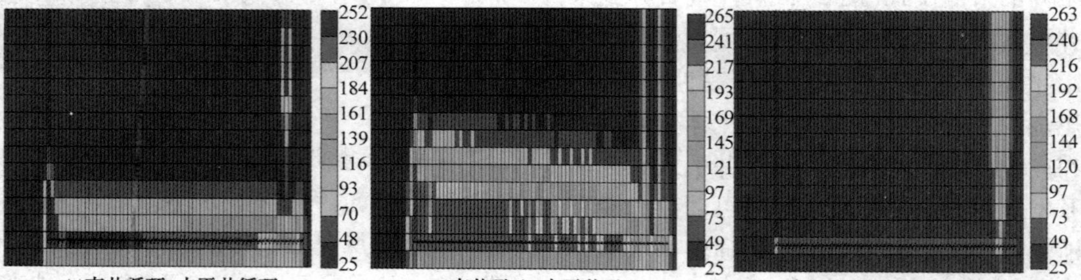

(a)直井循环+水平井循环　(b)直井吞吐+水平井吞吐　(c)直井吞吐+水平井辅助循环

图 4　不同预热方式预热连通温度场图

模拟结果显示，注气直井初期采用较低压力吞吐预热，能起到初步预热油藏的作用，充分发挥热传导作用，由于无压差引入，注气直井上方预热腔体均匀加热，并在一定程度上缓解了初始油藏初期吸汽能力差、注入压力高等矛盾；45d 后提高注汽速度，饱和蒸汽温度相应增大，大大增加了热传导效率，此阶段仍无压差引入，以直井吞吐预热为主，可初步形成"倒锥形"预热连通腔体；30d 后再通过降低注汽强度进行操作，稳固蒸汽腔体预热形态及连通程度。

注气直井注汽预热 2~3 周期后，直井-水平井井间建立较好的热连通关系，届时采油水平井采用辅助循环方式进行注汽预热，以满足井筒渗流条件即可，然后注气直井转注空气点火投产。

2.2.3 启动方式设计

利用重 18 块原油和油砂样品分别开展了原油氧化动力学实验，根据 TGA 中常用的点火温度的定义方法—TG-DTG 联合定义法，测得油样、油砂样的点火温度分别为 480℃、430℃(表 1)。研究表明油砂有利于燃烧，热流曲线显示油砂样的燃烧放热峰比油样低 50℃，其主要原因为油砂的表面效应和催化作用。为了确保油层实现高效、充分燃烧，建议点火温度设置在 500℃以上。

表 1　原油、油砂样品氧化温度统计表

序号	样品	着火温度/℃	放热峰对应温度/℃
1	原油	480	518
2	油砂	430	462

高的点火温度(500℃以上)是实现点火启动的必要条件，点火启动阶段燃烧区域相对较小，并且会有相当一部分热量随产出流体从水平井排出，相对于常规火驱来说热量聚集速度要慢[8]。室内三维物模实验因调控不当出现过点火不充分或熄火的现象，熄火后再次点燃油层的难度很大，而点火不充分将会导致燃烧前缘温度相对较低，这对燃烧前缘的扩展和泄油稳定造成不利影响。

矿场试验在点火阶段要维持足够高的点火温度，在点火成功后最好能继续注入一段时间的高温空气，以在一定程度上弥补由于热量被水平井携带出来所导致的热损失，确保良好的点火效果。

2.2.4　注采参数设计

与面积火驱相类似，在点火初期，注气速度有一个逐步提高的过程。提速过慢不利于燃烧带前缘的稳定推进和泄油面积的扩大，提速过快又会造成火线前缘沿着水平井突进[9]。通过数值模拟优化逐级提速方案，设计点火期间注气速度3000m³/d，每月提速500～1000m³，火线推进距离接近至水平井排距之半时，稳定注气速度10000～15000m³/d。

由于地层原油属于超稠油，产出烟道气在地层流体中的溶解和扩散很小，可以忽略不计。但考虑到随着燃烧带前缘从水平井的脚趾向脚跟推进的过程中，地层中的空气腔逐渐扩大会引起存气量的增大。稳定泄油阶段数值模拟研究表明采油水平井日产气9400～14100m³/d，即气体采注比控制在0.94左右，可以保持火线的稳定推进。

3　效果分析

2015年8月对005井组预热，10月形成热连通，11月点火投产。005井组点火成功后，采油水平井尾气符合高温燃烧特征，水平段监测温度最高可达400℃以上，产出液呈泡沫状、间歇出液的特征，产出油略有改质：饱和烃升高，芳香烃、胶质、沥青质总量则有不同程度的下降（表2），50℃原油黏度由17970mPa·s下降为8072mPa·s；数值模拟和电磁法监测结果表明井组已形成超覆式燃烧界面，实现井组高温燃烧和稳定泄油。

表2　005井组尾气及原油族组分化验统计表

尾气监测		原油化验		
		族组分	005井组	
高温氧化标准	005井组		火驱前	火驱后
氧气利用率>85%	98%	饱和烃	43.1	50.24
CO_2 含量>12%	15.4	芳香烃	20.88	18.48
视氢碳比1～3	2.1	胶质	33.33	28.71
N_2/CO_2 4～6	5.2	沥青质	2.69	2.57

截止到2018年10月31日，该井组矿场试验累计运行1032d，水平井单井产油量达5～10m³/d，累计注空气量485×10⁴Nm³，累计产油4409m³，空气油比1100m³/m³。目前该井组生产运行状况较为平稳，初步见到较好火驱重力泄油效果。

4　结论

（1）超覆式燃烧界面、结焦带封堵作用下的平稳渗流和维持注采平衡是火线稳定推进的必要条件，该条件应作为设计整个燃烧过程要考虑的问题。

（2）矿场实施火烧辅助重力泄油技术，从注气直井射孔位置、注蒸汽预热、点火方式设计及注气速度等关键参数进行优化设计，可进一步降低水平井火窜风险，实现稳定泄油。

（3）重18块005井组实现高温氧化，转驱后见到较好的稳定重力泄油效果，表明火烧辅助重力泄油开采超稠油原始油藏技术上可行。

参考文献

[1] M Greaves, M Al-Honi. Three-dimensional Studies of In Situ Combustion-Horizontal Wells Process with Reservoir Heterogeneities [C]. The Petroleum Society, Paper 98-07, 1998.

[2] 李伟超，吴晓东，刘平．从端部到跟部注空气提高采收率的新方法[J]. 西南石油大学学报：自然科学版，2008，30(1)：78- 80.

[3] 张敬．G油田稠油油藏火驱开发效果研究[D]. 中国石油大学(华东)，2017.

[4] 王磊．辽河油田稠油区块重力火驱开发技术研究[D]. 中国石油大学(华东)，2016.

[5] 薛宗占．深层块状稠油油藏转重力火驱研究[D]. 中国地质大学(北京)，2013.

[6] 刘佳欣．辽河油田稠油火驱新技术研究与应用[J]. 化工管理，2016(14)：132.

[7] M. GREAVES，王玉华，裴东旗，方万军，左晓红．THAI——稠油开采和就地升温的注空气新技术[J]. 国外油田工程，2001(09)：14-19.

[8] Xia T X, Greaves M. Injection well_ producer well combinations in THAI [C]. SPE75137, 2002.

[9] 刘其成，刘宝良，程海清．超稠油油藏火驱辅助重力泄油技术实验研究[J]. 特种油气藏，2015，22(01)：84-87+154.

[10] 彭小强，韩晓强，张继周，杨洋，武俊学，安斌．THAI火驱稳定燃烧的调控方法实验研究[J]. 西安石油大学学报：自然科学版，2017，32(02)：93-97+104.

[11] 关文龙，吴淑红，梁金中．从室内实验看火驱辅助重力泄油技术风险[J]. 西南石油大学学报：自然科学版，2009，31(4)：67-72.

[12] 魏易光．THAI火驱三维物理模拟及气窜特征研究[D]. 中国石油大学(北京)，2017.

[13] 孙永杰．火驱辅助重力泄油合理燃烧方式研究

[D]. 中国石油大学，2011.

[14] 王海生. 辽河稠油油藏火驱辅助重力泄油技术探索及实践[J]. 石油地质与工程，2014，28(05)：113-115+158.

[15] 曲占庆，李杨，林珊珊，蒋海岩，王鹏，黄德胜. THAI技术开发厚层稠油油藏井网参数优选[J]. 断块油气田，2014，21(05)：627-631.

[16] 梁金中，关文龙，蒋有伟，席长丰，王伯军，李晓玲. 水平井火驱辅助重力泄油燃烧前缘展布与调控[J]. 石油勘探与开发，2012，39(6)：720-727.

[17] 关文龙，席长丰，陈龙，木合塔尔，高成国，唐君实，李秋. 火烧辅助重力泄油矿场调控技术[J]. 石油勘探与开发，2017，44(05)：753-760.

[18] GREAVES M, REN S R, XIA T X. New air injection technology for IOR operations in light and heavy oil reservoirs[R]. SPE 57295, 1999.

[19] 韩国庆，吴晓东，李伟超，郭晔. THAI技术及其在稠油开发中的应用[J]. 油气田地面工程，2007，26(5)：17-18.

[20] AYASSE C, BLOOMER C, etc. First Field Pilot of the THAI 81 Process [C]. The Petroleum Society, Paper 2005-142, 2005.

空气辅助蒸汽驱注入工艺优化设计与研究

贺梦琦[1 2]

（1. 中国石油辽河油田分公司钻采工艺研究院，辽宁 盘锦 124010；
2. 中国石油塔里木油田公司油气工程研究院联合体，新疆 库尔勒 841000）

摘 要 为降低开发成本，持续提高汽驱采收率，探索利用成本低廉的空气辅助蒸汽驱开发，需设计同时满足注空气防冲蚀与注蒸汽防高温引发的交变应力与温度效应力等要求的完井管柱。应用 PipeSim 与 WellCat 等软件对管柱进行模拟分析，研究显示混合注蒸汽后，空气冲蚀速率呈现倍数级增长，控制合理空气注入量可防止冲蚀发生。注蒸汽期间，增加伸缩管补偿，各种工况下封隔器整体受力降幅达 85%以上，可以应对交变应力与温度效应力等的影响。现场试验表明，注空气辅助蒸汽驱可以节约单井注蒸汽量，混合注入的空气对于降低井口热损失有较好的辅助作用。生产完井管柱满足热采要求，注蒸汽作业期间，套管压力始终为 0，管柱整体密封可靠，施工成功率 100%，为探索空气辅助蒸汽驱提供了保障。

关键词 齐 40 块；空气；蒸汽驱；完井管柱；伸缩补偿；冲蚀

引言

齐 40 块构造上位于辽河断陷盆地西部凹陷，油藏埋深 625 ~ 1050m，50℃ 脱气原油黏度 2639mPa·s，属于高孔、高渗、中-厚层状普通稠油油藏，探明石油地质储量 3774×10^4t。按蒸汽驱开发阶段划分标准，该块已进入汽驱开发中后期[1]，区块产量递减严重。面对国际贸易单边主义抬头，进口原油形势紧张，为保证能源安全，亟需进行热采开发调整，坚持辽河油田千万吨稳产。通过 2013 年以来开展的蒸汽驱现场试验[2-4]与非烃类气体辅助蒸汽驱油藏数值模拟研究结果[5-8]表明，注空气辅助蒸汽驱可改变蒸汽流向，空气替代蒸汽地下体积，减少蒸汽注入，能够保持汽腔温度，扩大汽腔波及体积，且随日注空气量的增加，油藏动用程度呈现正相关[9]，有利于提高汽驱开发效果。

为进行空气辅助蒸汽驱开发试验，设计注汽井需克服的难点为：(1)注入空气本身存在高速气体粒子冲蚀影响，在高温蒸汽作用下空气更易发生体积膨胀，进而诱发冲蚀；(2)由于空气压缩因子较大，体积膨胀受温度影响大，高温蒸汽与空气、完井管柱换热后，会引发系统压力波动，引起的注气交变应力及温度效应力对管柱及封隔器影响严重。为满足安全高效注蒸汽，降低作业成本，研制了新型蒸汽驱完井管柱，并采用软件模拟优化配套伸缩补偿工具，实现了混合注蒸汽要求，有效降低了注气交变应力及温度效应力影响。

1 注蒸汽完井管柱

1.1 管柱结构

管柱自下而上依次为：喇叭口+ϕ114mm 隔热管 1 根(B×P)+热敏封隔器(H：810±0.5m)+锚定器+ϕ114mm 隔热管(B×P)+伸缩补偿器+ϕ114mm 隔热管(B×P)+油管悬挂器至井口，隔热管依靠外管丝扣连接，增加接箍密封器保温。管柱结构如图 1 所示。该管柱创新性的优化设计了伸缩补偿器位置为受力中和点，并在作业过程中通过设置合理的伸缩距减小了注气交变应力及温度效应力对管柱影响，进一步延长了管柱寿命。

1.2 工作原理

1.2.1 管柱坐封、验封

按照管柱结构图(图 1)将管柱连接入井，利用热效应完成封隔器坐封，同时为保证封隔器密封效果，增加锚定装置降低封隔器受力；预计注汽 1h 左右，井底温度可达 200℃，锚定器卡瓦完全张开，金属胶筒开始膨胀，封隔器总成完成初封，注汽 2h 左右封隔器完全坐封，通过环空反打压氮气，10MPa 压力不降为密封合格。

作者简介：贺梦琦(1984—)，男，高级工程师，2010 年毕业于东北石油大学油气井工程专业(第一学历)，现从事稀油、稠油、UGS 等的井工程科研与方案制定工作。E-mail：hemengqi0@ 163. com。

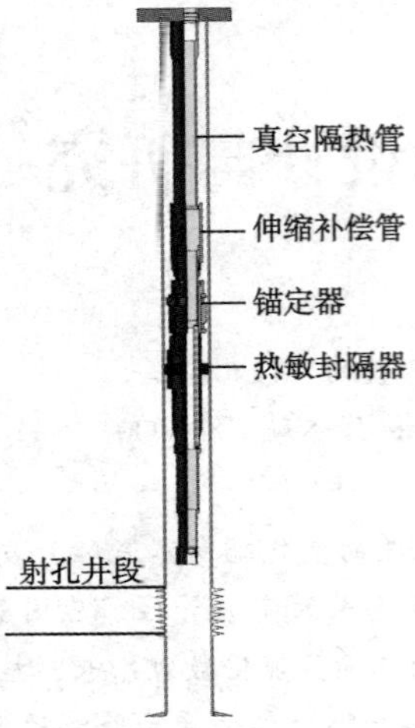

图1 注蒸汽完井管柱

1.2.2 注蒸汽与空气

注气时通过井口双翼阀门，分别向中心管注入蒸汽及空气，为保证井口压力恒定，并在两翼阀门注入端加设单流阀，减少压力波动对连续注入的影响。

1.3 工艺特点

由于注汽过程中采用伸缩补偿器补偿完井，具有封隔器坐封后补偿交变应力及温度效应力的作用，在高强度注蒸汽过程中能有效防止管柱蠕动变形，保证管柱寿命；并且在完井管柱验封环节向环空注入氮气，验证密封同时，增加了环空氮气垫，进一步防止中心隔热管与地层间的热交换损失，有助于提高井底蒸汽干度，进一步保证注汽效果。

2 配套工具

为满足注蒸汽井的管柱受交变应力及温度效应力等影响，设计了管柱伸缩补偿器、热敏封隔器等配套工具。

2.1 管柱伸缩补偿器

管柱伸缩补偿器[10]也称伸缩管，是确保注蒸汽井安全生产的重要设备，一般建议安装于受力中和点附近，由外筒、内筒、销钉、密封环等组成，具体结构示意图如图2所示。对于热采井，伸缩补偿器入井时一般处于打开状态，随注蒸汽温度升高，管柱受内压收缩、温度效应力膨胀所引起的综合作用，会导致管柱整体伸长，此时利用伸缩管补偿，完成管柱整体不发生较大变形，进而对封隔器受力、管柱抗压等起到保护作用。

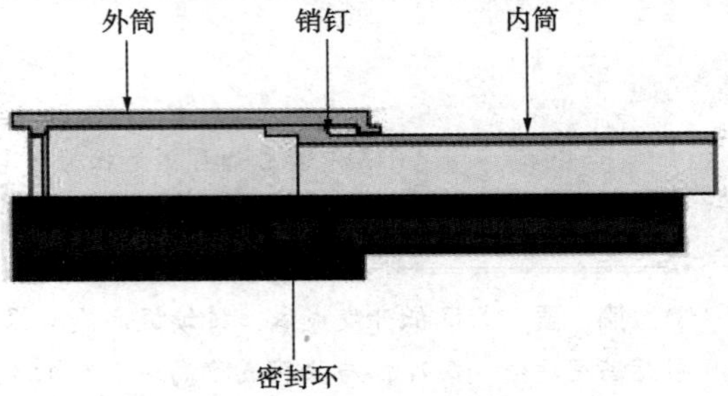

图2 伸缩补偿器

2.2 热敏封隔器总成

为降低修井作业安全风险，设计了热敏式封隔器增加锚定器固定，同样采用热力坐封，具体结构如图3所示。当注蒸汽时，锚定器先于封隔器坐封，帮助封隔器承担管柱上方传导的交变应力及温度效应力，锚定器卡瓦完全张开后，热敏封隔器金属密封筒膨胀，完成油套环空封隔。当管柱需要更换时，正注热水，使近井地带短暂降温，封隔器金属密封筒收缩，同时上提管柱，锚定器卡瓦收回，完成上提解封管柱。热敏封隔器配合锚定器总成结构，实现了管柱坐得住取得出，有效减少热采井环空带压隐患。

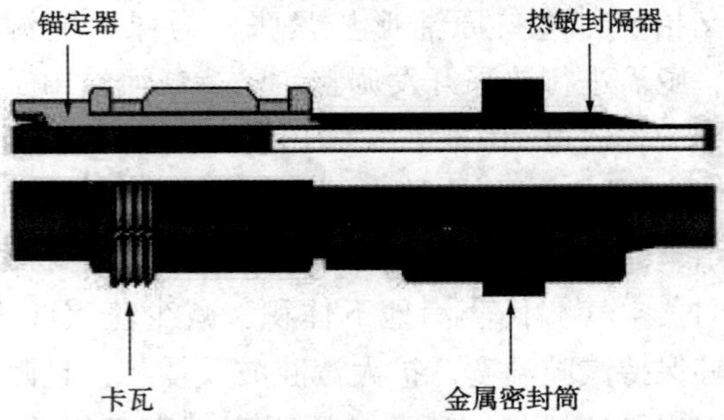

图3 热敏封隔器总成

2.3 主要技术参数

齐40完井管柱需满足注入空气与蒸汽混合后管柱受力复杂的特点，其中伸缩补偿器与热敏封隔器等主要工具技术参数如表1所示。

表1 主要技术参数

工具名称	外径/mm	内径/mm	长度/mm	耐温/℃	耐压/MPa	扣型
伸缩补偿器	146.6	70	11000	350	21	BCSG/TBG
锚定器	152.1	76	1200	350	21	
热敏封隔器	152.1	76	1100	350	21	

3 完井管柱的冲蚀与力学分析

完井管柱在高温注汽、坐封试压等过程中面临的冲蚀、受力情况复杂，一旦发生尺寸或力学设计得不合理将可能导致管柱渗漏或井下工具损坏等事故，进而造成注汽作业安全风险隐患，因此从以下两个角度对完井管柱进行分析。

齐 40-9-××井是该区块一口注空气辅助蒸汽驱井，斜深为 925.1m，垂深为 920.2m，最大井斜角 1.93°，入井油管及套管结构如表 2 所示，注入流体参数如表 3 所示。

表 2 油套管参数

类型	外径/mm	顶深/m	底深/m	钢级	壁厚/mm	线重/(kg/m)
套管	273.5	0	248.4	J55	8.89	60.27
	177.8	0	914.02	TP100H	9.19	38.21
油管	114.3×73	0	820	N80	VIT	32.05

表 3 注入流体参数基础数据表

名称	数值	名称	数值
井口蒸汽干度/%	70	空气比热容/(kJ/kg·℃)	1.4
蒸汽排量/(t/d)	60	蒸汽比热容/(kJ/kg·℃)	2.1
注空气排量/(Nm^3/d)	16000	水比热容/(kJ/kg·℃)	4.2
蒸汽井口温度/℃	370	隔热管导热等级	E
空气井口温度/℃	60		

3.1 冲蚀速率预测

完井管柱受高温蒸汽影响，由于空气压缩因子较大，受热必然引发更高的体积膨胀，进而影响混合气体压力、表观速度等参数，因此高速空气粒子对管柱可能存在冲蚀影响[11]，根据管柱设计特点，要求在配注范围内，气体不应对井下工具产生冲蚀作用，因此需对冲蚀速率进行模拟。

根据 PipeSim 软件模拟注蒸汽初期阶段井筒内压力及冲蚀速率比，结果如图 4 所示，分别计算了在单独注空气与混合气体注入前后的冲蚀速率比得出：(1)随注入深度增加，系统压力增大，冲蚀速率整体呈现下降趋势；(2)单独注空气期间，冲蚀速率较低，最高值仅为 0.02，分析原因主要是注入空气量较低，不会引发冲蚀现象；(3)当空气与蒸汽混合注入后，由于井筒温度的急剧升高，系统压力波动同时冲蚀速率也发生波动，冲蚀速率呈现倍数级别的增长，最高值达原冲蚀速率的 3 倍，但因为总注入空气量较低，也不会引发冲蚀现象，当需警惕后期开发调整时，空气注入量的安全界限，防止高温引发的空气冲蚀现象发生。此外对于注空气辅助蒸汽驱井，要实现长期安全生产，应考虑来气组分 O_2 化学腐蚀加速冲蚀的影响[12-13]，因此管柱的材质推荐采用涂层油管，并定期监测腐蚀工况，必要时使用抗腐蚀能力较强的钨合金[14]材质，同时控制注入空气中氧气含量，现场要求氧气含量在 10%以内。

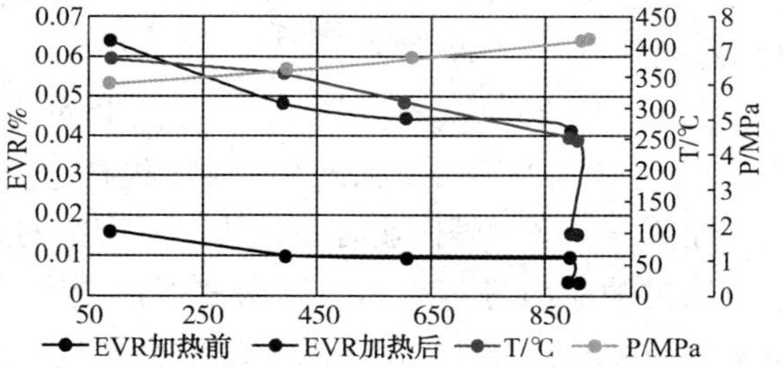

图 4 井筒压力预测及冲蚀速率比

3.2 管柱力学分析

完井管柱坐封、验封及注蒸汽过程中管柱受力情况复杂，影响因素较多。隔热管较高的自重将使完井管柱承担比常规管柱近 2 倍的轴向拉力；注蒸汽期间井筒内充满的高黏度蒸汽流体，在流体流动过程中将对管壁产生摩擦力[15]；坐封、验封及注蒸汽期间管柱内外压差不平衡将导致管柱发生膨胀变形[16]；高温井筒与地层、流体温度之间的差异将导致极大的温度变形[17]。因此在各种力的综合作用下将产生胡克效应、螺旋弯曲效应、活塞效应及温度效应等。为此，采用 WellCat 软件针对不同工况对管柱进行力学模拟。

3.2.1 注蒸汽期封隔器受力

封隔器坐封后在各种工况下受力[18-19]均不一致，计算封隔器的受力对管柱设计及封隔器选型、配套工具选择、完井作业具有重要指导作用。注蒸汽时封隔器与井口油管挂之间油管受温度效应及膨径效应将引起管柱强烈膨胀与收缩，但由于管柱两端固定，即使较小的变形也可转化为较大的轴向力，从而产生了等量反形变的胡克效应，封隔器坐封后同样较大的膨径效应力及温度效应力会导致管柱蠕动，进而导致封隔器失封，为了防止完井管柱受损，需要设计伸缩补偿工具。列举了注蒸汽工况下进行补偿前后的封隔器受力示意图。

如图5所示，根据模拟结果，在注蒸汽期封隔器整体受压，增加伸缩管补偿后，封隔器的卡瓦受力从68.5t降至8.9t，封隔器向下受力降低59.6t，通过计算各种工况下封隔器整体受力降幅达85%以上，说明通过下入伸缩补偿工具，可保证管柱受力及密封安全有效，满足不同复杂工况需求。

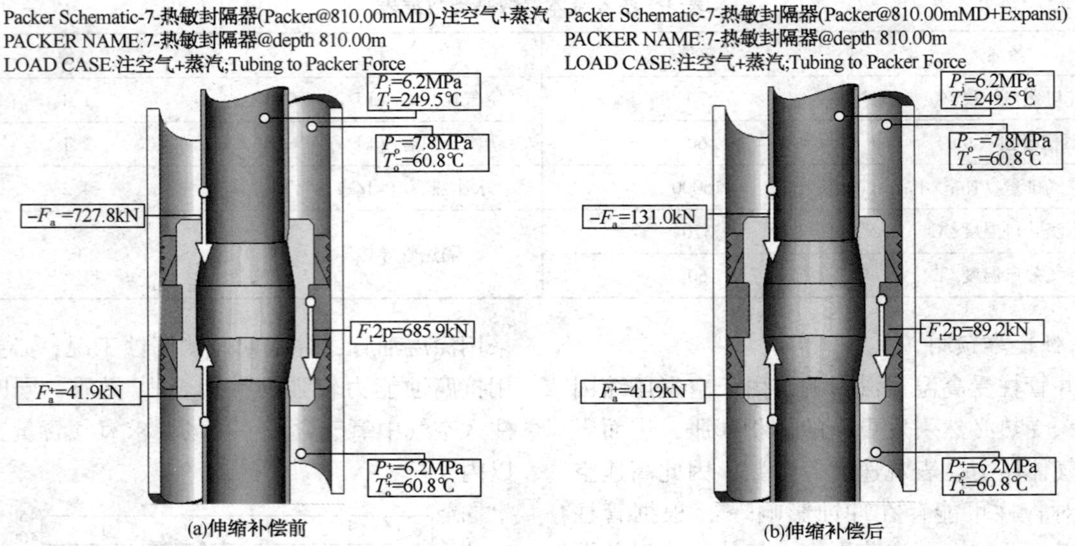

图5 封隔器受力示意图

3.2.2 注蒸汽等不同工况时管柱强度校核

注蒸汽、坐封等作业时各种效应所产生的力一般用三轴应力进行表示，以米塞斯应变[20]能量理论为基础，各种工况下若三轴应力超过了油管的屈服强度将诱发屈服失效，进而造成非塑性永久破坏，利用WellCat软件绘制出油管强度的三轴应力椭圆，若载荷在设计安全区域内则说明管柱设计满足要求。

如图6所示，根据模拟结果，在各种工况下管柱所受到的载荷均在设计区域内，表明该管柱的配置结构是安全合理的，并且根据三轴安全系数沿管柱的分布数值图可看出，除了注蒸汽工况，在各种工况下井口安全系数较小，分析原因注蒸汽期间管柱整体膨胀伸长，产生下顶力均传导至井底封隔器之上，因此井底安全系数反而较低。但各工况管柱整体安全系数均大于设定安全界限，再次表明该管柱设计安全合理。

4 现场试验

2015年9月，齐40区块首次开展注空气辅助蒸汽驱先导试验，完井管柱开展注汽后，封隔器顺利坐封，套管环空无压力，注汽作业施工成功率100%。

齐40-9-××井是齐40区块开展的第一口注空气辅助蒸汽驱井，该井位于构造中部，井深925m。如图7所示，开展空气辅助注蒸汽作业前，平均注入压力6.5MPa，注蒸汽量约70t/d，作业后，由于空气辅助作用，注蒸汽量降至60t/d，有效节约了热能。混合气注入压力初期约为6MPa，但随注空气量增加，后期注入压力略有上升，维持在6.4MPa。注空气前后井口温度略有下降，分析原因主要是由于空气携带蒸汽热能快速进入地层，变相降低了环境热损失。管柱注蒸汽期间套管环空压力变化始终为0，说明封隔器密封良好，管柱受交变应力及温度效应力产生的形变均由伸缩管成功抵消。设计参数与软件预测基本一致，且套管监测氧气含量始终低于1%，证实了管柱密封性得到保证，进而验证了生产完井管柱的安全可靠。

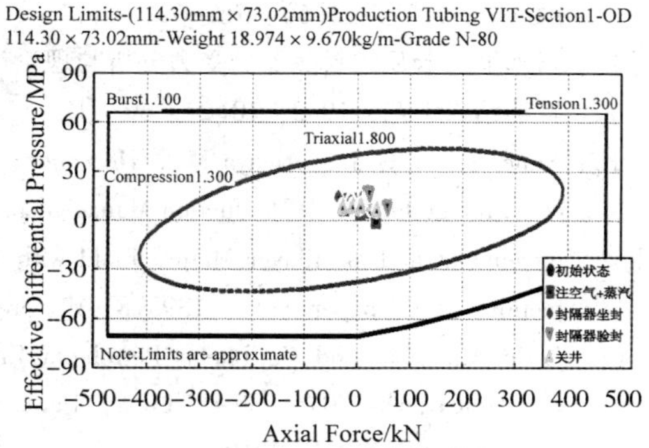

(a)不同工况三轴应力校核结果

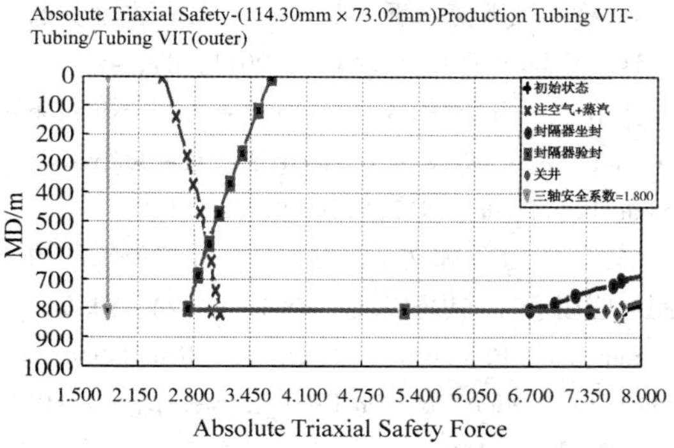

(b)不同工况三轴安全系数校核结果

图6　管柱强度校核图

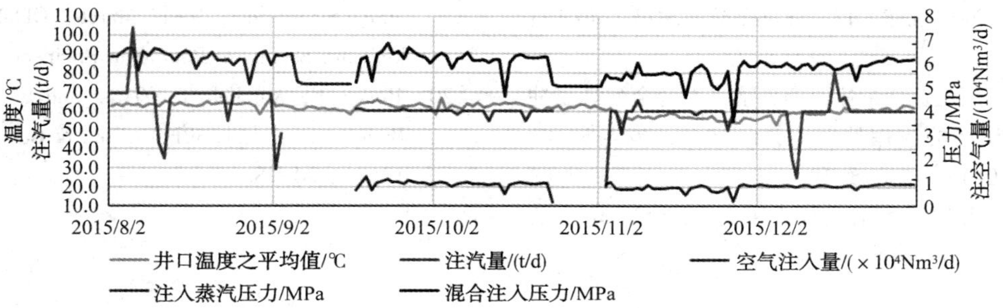

图7　注入压力与注入量关系曲线

5　结论

（1）注入完井管柱施工作业功能强，设计合理的伸缩补偿工具，可以有效抵消交变应力及温度效应力对管柱的影响，管柱注蒸汽作业期间密封可靠。

（2）混合注蒸汽后，空气冲蚀速率升高，冲蚀速率呈现倍数级别的增长，但由于整体注空气量较低，本次作业不会发生冲蚀现象，但应防范提高空气注入量可能引发的冲蚀问题。

（3）注空气辅助蒸汽驱可以在满足提高采收率同时，节约单井注蒸汽量，混合注入的空气对于降低井口热损失有较好的辅助作用。

（4）注蒸汽工况下由于管柱整体膨胀伸长，产生较高的下顶力均传导至封隔器之上，导致管柱在井底的三轴安全系数反而较低，但各工况管柱整体安全系数均大于设定安全界限。

（5）现场试验效果表明，注蒸汽完井管柱多项现场试验均达到设计要求，施工成功率100%，能够满足热采要求，为空气辅助蒸汽驱提供了保障。

参　考　文　献

[1] 蒋生健．齐40块注空气辅助蒸汽驱试验研究与应用[J]．特种油气藏，2012，19(3)：117-120.

[2] 左孝萍．注空气辅助蒸汽驱在齐40块的应用[J]．内蒙古石油化工，2011，19：145-146.

[3] 张霞林，张义堂，吴永彬，等．油藏注空气提高采收率开采技术[J]．西南石油大学学报，2007，29(6)：80-84.

[4] Fassihi M. R., Yannimaras D. V., Westfall E. E., et al. Economics of light oil air injection projects[C]// paper SPE - 35393 - MS presented at SPE/DOE Improved oil recovery symposium, 21-24 April 1996, Tulsa, USA.

[5] 王杰祥，张琪，李爱山，等．注空气驱油室内实验研究[J]．石油大学学报：自然科学版，2003，27(4)：73-75.

[6] Gutierrez D., Kumar, Vinodh K. S., Moore R. G., et al. Air injection and waterflood performance comparison of two adjacent units in buffalo field: technical analysis [C]// paper SPE - 99454-MS presented at SPE/DOE Symposium on Improved Oil Recovery, 22 - 26 April

2006, Tulsa, USA.

[7] 于天忠．中深层超稠油油藏空气辅助蒸汽吞吐试验研究[J]．特种油气藏，2013，20(5)：77-80.

[8] 张成阳．稠油油藏蒸汽吞吐后注空气工艺数值模拟研究[D]．中国石油大学(北京)，2011：41-44.

[9] Cram P. J.，Redford D. A.．Low temperature oxidation process for the recovery of bitumen[J]．The Journal of Canadian Petroleum，1977，16(3)，72-83.

[10] 石爱华，马志建，郭文军，等．管柱伸缩补偿器的研制与应用[J]．钻采工艺，2004，27(2)：70-71.

[11] Recommended Practice for Design and Installation of Offshore Production Platform Piping Systems [S]．API 2007：RP 14E，15th.

[12] 赵国仙．高温高压含CO2气井管柱腐蚀冲蚀机理及防护[J]．金属热处理，2011，36(S)：9.

[13] 方辰，陈川辉，张林进，等．高温冲蚀磨损装置的可靠性与冲蚀规律[J]．材料保护，2013，46(1)：59-61.

[14] 耿俊彦，周洪贤，朱炜，等．钴铬钨合金耐高温冲蚀保护涂层的应用研究[J]．材料开发与应用，1995，10(1)：13，18-19.

[15] 罗英俊，万仁溥．采油技术手册(下册)[M]．北京：石油工业出版社，2005：1866-1869.

[16] Mitchell，Robert F. Buckling Behavior of Well Tubing：The Packer Effect [J]．Society of Petroleum Engineers Journal，1982，22(5)：616-624.

[17] 赵远纲．卡瓦式封隔器的受力分析与理论计算[J]．石油钻采工艺，1983，10(2)：69-71.

[18] Nunez Lopez G. J.，Amaya M.，Hernandez Mora J.，et al. Integrated Sand-Production Management in a Heterogeneous and Multilayer Mature Field with Water Injection[C]// paper SPE - 139378 - MS presented at Latin American and Caribbean Petroleum Engineering Conference，1 - 3December，Lima，Peru. Society of Petroleum Engineers，2010.

[19] Eslinger D. M.，Kohli H. S. Design and Testing of a High - Performance Inflatable Packer [C]// paper SPE - -37483-MS presented at SPE Production Operations Symposium，9-11 March，Oklahoma City，Oklahoma. Society of Petroleum Engineers，1997.

[20] Robert F，Mitchell. The Twist and Shear of Helically Buckled Pipe [J]．SPE Drilling & Completion，2004，19(1)：20-28.